T0254758

Deutsche Gesellschaft für Neurologie (66. Jahrestagung)
und Sektion Neurologie der Gesellschaft
Österreichischer Nervenärzte und Psychiater
vom 16. bis 18. September 1993 in Wien

Verhandlungen der Deutschen Gesellschaft für Neurologie

9

Herausgegeben von
W. Lang, L. Deecke
und H. C. Hopf

Topographische
Diagnostik
des Gehirns

Springer-Verlag Wien GmbH

Univ.-Doz. Dr. Wilfried Lang
Oberarzt der Neurologischen Univ.-Klinik Wien, Österreich

Univ.-Prof. Dr. Lüder Deecke
Vorstand der Neurologischen Univ.-Klinik Wien, Österreich

Univ.-Prof. Dr. Hanns Christian Hopf
Direktor der Neurologischen Klinik und Poliklinik der Universität Mainz, Deutschland

Gedruckt mit Unterstützung von Amersham HEALTHCARE und Organon

Satz: Reproduktionsfertige Vorlage der Herausgeber

Gedruckt auf säurefreiem, chlorfrei gebleichtem Papier – TCF

Mit 154 zum Teil farbigen Abbildungen

Die Deutsche Bibliothek – CIP-Einheitsaufnahme
Deutsche Gesellschaft für Neurologie:
Verhandlungen der Deutschen Gesellschaft für Neurologie : ...
Jahrestagung ... – Wien ; New York : Springer.
  ISSN 0721-4510
  9. Topographische Diagnostik des Gehirns : vom 16. bis 18.
  September in Wien / Deutsche Gesellschaft für Neurologie
  (66. Jahrestagung) und Sektion Neurologie der Gesellschaft
  Österreichischer Nervenärzte und Psychiater. – 1995

ISSN 0721-4510

ISBN 978-3-211-82707-9   ISBN 978-3-7091-9415-7 (eBook)
DOI 10.1007/978-3-7091-9415-7

Vorwort

Der vorliegende Band beinhaltet Beiträge, die anläßlich der *Gemeinsamen Arbeitstagung der Deutschen Gesellschaft für Neurologie (LXVI. Jahrestagung) und der Sektion Neurologie der Gesellschaft Österreichischer Nervenärzte und Psychiater* vom 16.-18.9.1993 in Wien eingegangen sind. Übersichtsreferate, Vortrags- und Posterbeiträge als auch die Beiträge aus Fortbildungsveranstaltungen wurden um das zentrale Thema des Kongresses, die *Topographische Diagnostik des Gehirns,* gruppiert.

Die Beiträge zeigen die Fortschritte, die in den letzten Jahren nicht zuletzt dank der beachtlichen Entwicklung der bildgebenden Verfahren - sowohl strukturell wie funktionell - in der Neurologie und den Neurowissenschaften gemacht worden sind. Sie beziehen sich auf die Beschreibung von Anatomie und Physiologie des Gehirns und besonders auf die Zusammenführung und Inbeziehungsetzung von *Struktur und Funktion* in Modellvorstellungen, Pathophysiologie und Klinik und repräsentieren den aktuellen Wissensstand auf diesen Gebieten.

In vielen Bereichen sind für uns Kliniker stärkste Motivation die *therapeutischen Konsequenzen*, die sich aus Untersuchungen der Beziehung von Struktur und Funktion ergeben: In der *prächirurgischen Epilepsiediagnostik* ist eine exakte Kenntnis der Lagebeziehungen zwischen irritativer - epileptogener - Zone, strukturell faßbarer Läsion und funktionell wichtigen Hirnregionen wesentlich. Zahlreiche Arbeiten befassen sich mit diesem aktuellen Thema und den Möglichkeiten, invasive Diagnostik durch moderne, nicht-invasive Methoden zu bereichern und evt. zu ersetzen. Die Entdeckung, daß Dopaminverlust im Striatum spezifisch mit den Symptomen des Morbus Parkinson assoziiert ist, führte zu effektiver Pharmakotherapie. Neuere Studien über die funktionelle, anatomische und neurochemische Organisation der Basalganglien weisen auf die Möglichkeit hin, durch stereotaktische Eingriffe im Nucleus subthalamicus oder dem Pallidum internum das Kardinalsymptom der Akinese zu behandeln. Nachdem mit der *PET-* und - wie im vorliegenden Band gezeigt wird - auch mit der *SPECT*-Technologie der Verlust dopaminerger Neurone seit kurzem direkt *in vivo* sichtbar gemacht und gemessen werden kann, ist Neuroprotektion vor Erkrankungsbeginn denkbar geworden.

Weiterhin erwähnt sei ein Beispiel, wie neue Ergebnisse der *Topographischen Diagnostik* auf Ätiologie und Pathogenese hinweisen: Isolierte Hirnnervenläsionen werden meist auf eine Schädigung des peripheren Nerven zurückgeführt. Wie im Kapitel 'Hirnnerven/Hirnstamm/Cerebellum' ausgeführt, kann durch *elektrophysiologische Methoden* und *MRT* in einer Vielzahl der Fälle eine funktionell und/oder morphologisch faßbare Hirnstammläsion nachgewiesen werden. Die Orte der Läsionen sind oftmals im Grenzgebiet der Endaufzweigungsbereiche zweier Gefäßsysteme lokalisiert.

Der erste, umfassendste Teil des Buches ist nach *Hirnstrukturen* gegliedert. Methodische Weiterentwicklungen könnten dem Leser entgehen, wenn er sich nur auf einzelne Teile des Buches beschränkt. Aus diesem Grund soll auf Entwicklungen von *MRT*, der Emissionstomographischen Methoden *PET* und *SPECT* und *Elektrophysiologie* kurz in diesem Vorwort hingewiesen werden.

Die Sensitivität der *MRT* bei der Erfassung struktureller Veränderungen wird durch Verwendung höherer Feldstärken (*Hochfeld-MRT*) verbessert (Schneider et al., S. 442). Der Nervus opticus kann mittels geeigneter Spule mit einer Auflösung von 0,4 mm in der Bildebene dargestellt werden (Gass et al., S. 244). Regionen von Demyelinisierung und Axonverlust können mit Magnetisation Transfer innerhalb ausgedehnter ödematöser Läsionen bestimmt werden (Gass et al., S. 37). Inzwischen besteht auch die Möglichkeit, Physiologie und Anatomie des Gehirns mit der MRT darzustellen (Funktionelles MRT, *FMRT*): Zwei Studien zeigen Signaländerungen im primär motorischen Cortex bei Fingerbewegungen und gute Übereinstimmungen bei der Lokalisation des aktivierten Gebietes mit anderen Techniken wie PET (Faiss et al., S. 185) und *MEG* (Beisteiner et al., S. 189). Bei photischer Stimulation konnten zeitlich kohärente Signaländerungen in Corpus geniculatum laterale und primärem visuellen Cortex (V1) nachgewiesen werden (Kleinschmidt et al., S. 247). Somit scheint die FMRT die Möglichkeit zu bieten, Struktur-Funktions-Koppelungen von Hirnarealen in einem nachzuweisen. Interaktive Methoden der Computer-gestützten Bearbeitung drei-dimensionaler MR-Datensätze (*3D-MRT*) erleichtern die Identifikation makroskopisch sichtbarer Hirnstrukturen. Die 3D-MRT wird bei der Volumetrie (Burtscher et al., S. 546; Luef et al., S. 550) und der Parzellierung der Hirnanatomie zur Auswertung von PET-Studien eingesetzt (Mazoyer, S. 10; Höllinger et al., S. 61). Da topographische Zuordnungen auf Basis des Bildmaterials im Hirnstamm visuell schwierig sind, wurde auf Basis anatomischer Atlanten eine 3D-Strukturbeschreibung des Hirnstamms entwickelt, die interaktiv auf MR-Datensätze angepaßt werden kann. Mit dieser Methodik ist eine quantitative Beschreibung von Hirnstammläsionen in ihren topographischen Bezügen möglich (Kruggel und Conrad, S. 506). Die *in-vivo MR-Morphometrie* wird beim Erfassen struktureller Veränderungen (Weis et al., S. 30) und beim Erstellen von Beziehungen zwischen Struktur und Funktion verwendet (Strehlow et al., S. 118; Steinmetz et al., S. 334; Weis et al., S. 338).

Eine Reihe von Studien benutzen die *PET*-Methode. Genaue Beziehungen zwischen Anatomie und Physiologie werden durch individuelle Überlagerungen von PET- und MRT-Daten erreicht (Mazoyer S. 10; Höllinger et al., S. 61; Schlaug et al., S. 204). Das PET weist metabolische Suppression in Bereichen weit außerhalb des Läsionsortes nach. Funktionsdefizit kann als Störung eines distributiven Netzwerkes beschrieben werden, wobei das topographische Muster der metabolischen Suppression das gestörte Netzwerk anzeigt (Freund, S. 1; Karbe et al., S. 112, Seitz et al., S. 200). Aus dem Suppressionsmuster kann die Langzeitprognose abgeleitet werden (z.B. von Aphasien; Karbe et al., S. 112). Änderungen des PET-Aktivierungsmusters bei wiederholten Messungen nach sattgehabter Hirnläsion werden als Ausdruck der *Funktionellen Reorganisation* beim Wiedererwerb von Fähigkeiten in Verbindung gebracht (Weiller et al., S. 115; Rijntjes et al., S. 198; Schlaug et al., S. 204). Sprach-Aktivierungsstudien werden eingesetzt, um Regionen mit Verminderung von Perfusion und Metabolismus bei fokaler Epilepsie nachweisen zu können (Pawlik et al., S. 282). Ein Problem bei Aktivierungsstudien besteht darin, die Grenzen aktivierter Regionen bei Untersuchungen einzelner Personen zu bestimmen (Freund,

S. 1; Mazoyer, S. 10), was durch geeignete statistische Verfahren gelöst werden könnte (Mazoyer, S. 10; Schlaug et al., S. 204).

Die *SPECT* wird - unter Verwendung des Markers ^{99m}Tc-*HMPAO* - eingesetzt, um interiktal und sogar iktal Hirnregionen mit Perfusionsstörungen identifizieren zu können. Die Wertigkeit der ^{99m}Tc-HMPAO-SPECT im Vergleich zu Messungen von Stoffwechsel und Durchblutung mit PET wird unterschiedlich beurteilt (Podreka et al., S. 19; Pawlik et al., S. 282; Fink et al., S. 287; Baumgartner et al., S. 294). Gegenüber dem 'Goldstandard' PET zeigte die ^{99m}Tc-HMPAO-SPECT eine sehr hohe Treffsicherheit bei der Diagnostik von Patienten mit M. Huntington bzw. mit Erkrankungsrisiko (Boecker et al., S. 422). Mit der Entwicklung der Multi-Detektor-Kameras wird die Bedeutung der SPECT bei degenerativen Erkrankungen und Epilepsie zunehmen (Podreka et al., S. 19; Boecker et al., S. 422). Seit kurzer Zeit ist es möglich, mit der SPECT biochemische Vorgänge an Synapsen sichtbar zu machen (Brücke et al., S. 365). Iodobenzamid (*IBZM*) eignet sich für die Darstellung postsynaptischer Dopamin D2 Rezeptoren. Themen einzelner Studien waren: Sichtbarmachung der pharmakologischen Beeinflussung der D2 Rezeptorbindung durch verschiedene Pharmaka (Brücke et al., S. 365; Schwarz et al., S. 371; Harasko-van der Meer et al., S. 380), die Prädiktion für das Ansprechen auf dopamimetische Medikation (Schwarz et al., S. 371), die Differentialdiagnostik zwischen M. Parkinson, Olivopontocerebellärer Atrophie und Striatonigraler Degeneration (Wenger et al., S. 376; Schulz et al., S. 410) sowie die Diagnostik der Chorea Huntington (Brücke et al., S. 365) und des M. Wilson (Oder et al., S. 430). Mit einer neuen Substanz (*ß-CIT*) kann der Dopamin*transporter* an dopaminergen Nervenendigungen dargestellt werden. Damit ist es möglich, den Verlust dopaminerger Neurone direkt zu messen (Brücke et al., S. 365).

Auf dem Gebiet der *Elektrophysiologie* besteht eine große Vielfalt von Methoden:
Die Wertigkeit von Masseter-, Blink- und Kieferöffnungsreflex, Elektronystagmographie und frühen akustisch evozierten Potentialen beim Erfassen von Hirnstammläsionen wird gezeigt (Patzold, S. 461; Tettenborn, S. 473; Thömke, S. 482; Albrecht et al., S. 519; Rauh et al., S. 527). Dabei ist die Elektrophysiologie weit sensitiver als die MRT (Thömke, S. 482), da kleinste Läsionen bzw. rein funktionelle Schädigungen der MRT entgehen. Bei der topographischen Zuordnung ischämischer Hirnstammläsionen ergänzen sich klinisch-neurologische Untersuchungsergebnisse, Elektrophysiologie und MRT. Bei Patienten mit ischämischer Hirnstammläsion ergaben sich oft Hinweise auf ein multilokuläres Geschehen (Tettenborn, S. 473).
Die *Transkranielle Magnetostimulation* zeigt subklinische Läsionen des ersten motorischen Neurons (Brunhölzl und Claus, S. 166; Reuter et al., S. 168), dient der Höhenlokalisation spinaler Läsionen (Tillenburg et al., S. 171), trägt zum Verständnis der Pathophysiologie zentral-motorischer Störungen bei (Mayer et al., S.146) und wird als Methode zur Untersuchung der funktionellen und anatomischen Organisation des primären motorischen Cortex und der cortico-spinalen Bahnen eingesetzt (Meyer et al., S. 142; Röricht et al., S. 150; Ziemann et al., S. 154; Schulze-Bonhage et al., S. 158).
Die *Direkte Elektrische Stimulation* wird in der prächirurgischen Epilepsiediagnostik eingesetzt, um funktionell wichtige Hirnrindenareale zu identifizieren

VIII

und ihre topographische Beziehung zur epileptogenen Zone zu definieren (Stefan et al. S. 269; Hufnagel et al., S. 314; Ebner et al., S. 319). Direkte Elektrische Stimulationen von Hirnrinde (Grunert et al., S. 95; Römstöck et al., S. 231) und Hirnstamm (Strauss et al., S. 522) dienen bei Tumorresektionen der Identifikation anatomischer Strukturen und der intraoperativen Überwachung wichtiger Funktionen.

Biophysikalische Dipol-Modelle werden eingesetzt, um epileptische Aktivität zu lokalisieren (Stefan et al., S. 269), die Propagation der epileptischer Aktivität bei Temporallappenepilepsie und supplementär motorischen Anfällen zu untersuchen (Baumgartner et al., S. 299, S. 303) und die funktionelle Anatomie des primär motorischen (Beisteiner et al., S. 189) und des somatosensiblen Cortex zu beschreiben (Buchner et al., S. 217, S. 221; Hummel et al., S. 225).

Bewegungskorrelierte Potentiale werden bei Patienten mit Störungen der zentralen Motorik (Mayer et al. S 146; Vieregge et al., S. 387, S. 391; Deuschl et al., S. 445) untersucht. Kognitive Potentiale ermöglichen Einblicke in die funktionelle und anatomische Organisation von Leistungen des Gedächtnisses (Lalouschek et al., S. 84; Beisteiner et al., S. 87; Grunwald et al., S. 91; Lang V et al., S. 135) und der Reizklassifikation (Verleger et al., S. 130; Spiel und Benninger, S. 138; Falkenstein et al., 791). Die klinische Bedeutung *Kognitiver und Motorischer Potentiale* liegt in der Diagnostik (Anderer et al., S. 742), der Evaluation von Therapieeffekten (Wascher et al., S. 752) und dem Beitrag zum Verständnis der Pathophysiologie (Lalouschek et al., S. 84; Beisteiner et al., S. 87; Mayer et al., S. 146; Vieregge et al., S. 146, S. 387).

Unser Dank gilt den Mitgliedern des Programmkomitees für die Mitarbeit bei der Programmgestaltung und die Begutachtung der Arbeiten. Besonderer Dank gilt den Organisatoren der Fortbildungskurse und den Vortragenden. Das große Interesse und die sehr positive Resonanz zeigen den Bedarf für derartige Fortbildungskurse. Der Kongreß wurde gemeinsam mit der Wiener Medizinische Akademie organisiert. Frau Elisabeth Ribar-Maurer und ihren Mitarbeitern sei an dieser Stelle für die gute Zusammenarbeit gedankt. Unserer Sekretärin, Frau Dagmar Kranzl, möchten wir für die tatkräftige und zuverlässige Unterstützung bei der Abfassung des vorliegenden Buches danken. Die Firma Amersham HEALTHCARE hat durch Übernahme eines Teils der Druckkosten und durch Ankauf einer größeren Zahl von Exemplaren die Herausgabe des Buches unterstützt. Die Firma Organon hat ebenfalls einen namhaften Betrag zur Verfügung gestellt.

Wenn dieses Buch der *Topographischen Diagnostik des Gehirns* nun hinausgeht, so hoffen wir, daß das Werk - obwohl Kongreßband - als wichtige aktuelle Wissensquelle und durch sein systematisches (anstatt alphabetischem) Stichwortregister auch Nachschlagewerk sowohl für Kliniker der Neurologie als auch für Theoretiker der Neurowissenschaften gute Dienste leisten möge.

Wien, im März 1995

W. Lang
L. Deecke
H.C. Hopf

Programmkomitee

Deutsche Gesellschaft für Neurologie:

Th. Brandt, J. Dichgans, A. Haaß, H.C. Hopf

Sektion Neurologie der Gesellschaft Österreichischer Nervenärzte und Psychiater:

F. Aichner, L. Deecke, E. Deisenhammer, G. Goldenberg,
K. Jellinger, W. Lang, I. Podreka

Organisatoren der Fortbildungskurse und Vortragende:

Ch. Baumgartner, R. Benecke, Th. Brücke, U. Buettner (München), U. Buettner (Tübingen), A. Ceballos-Baumann, B. Conrad, D. von Cramon, J. Dichgans, M. Dietrich, G. Deuschl, F. Fazekas, G. Goldenberg, W. Grisold, H. Heinze, W.D. Heiss, H.C. Hopf, W. Lang, J.P. Malin, H. Markowitsch, W. Oertel, U. Patzold, Ch. Pierrot-Deseilligny, U. Pietrzyk, I. Podreka, W. Poewe, B. Tettenborn, P. Thier, F. Thömke, F. Uhl, A. Weindl

Sponsoren

Bundesministerium für Wissenschaft und Forschung

Allergan	Janssen	Organon
Amersham	Hoffmann La Roche	Sandoz
Behringwerke	Klinige-Pharma	Sanofi Winthrop
Bender	Kabi-Pharmacia	Schering
Ciba-Geigy	Kwizda	Upjohn
Gerot Pharmazeutika	Lilly	Wellcome
Glaxo	Merck	Zickler

Aussteller

Ärztezentrale Adressen- u. Drucksortenverlag
Albert-Roussel Pharma Ges.m.b.H.
Allergan AG
Amersham Buchler GmbH & Co. KG
B.E.S.T. Medical Systems
  Dr. Grossegger & Drbal Ges.m.b.H.
  Biotron Vertriebsges. für med. Systeme GmbH

Comesa Ges.m.b.H.
Croma-Pharma Handelsges.m.b.H.
Desitin Arzneimittel GmbH
DWL Elektronische Systeme GmbH
Ebewe Arzneimittel Ges.m.b.H.
EMS Handelsges.m.b.H.
Glaxo Pharmazeutika Ges.m.b.H.
G.L.T.-Med Handels-Ges.m.b.H.
Paul Hauser-Chepharin, Chem-Pharm. Industriegesellschaft
Hormosan-Kwizda GmbH
Erich Jaeger Austria Ges.m.b.H.
F.J. Kwizda Ges.m.b.H.
Kwizda Ges.m.b.H., Abt. Sanofi Winthrop
Lundbeck Arzneimittel Ges.m.b.H.
Madaus Schwarzer Medizintechnik GmbH &Co.KG
Medilab GmbH & Co.
MES Medizinelektronik
nbn Elektronik Medizintechnik Ges.m.b.H.
Neuraxpharm Arzneimittel GmbH & Co. KG
Organon Ges.m.b.H.
Ottiger-Hogrefe GmbH, Buchhandlung für Medizin und Psychologie
Permobil Meditech AB
UCB Pharma Ges.m.b.H.

Inhaltsverzeichnis

XIV

Primär-motorischer Cortex und cortico-spinale Bahnen

XVI

Somatosensibler Cortex

Sehbahn und visueller Cortex

Lokalisation in der prächirurgischen Epilepsiediagnostik

Strukturelle und funktionelle Hemisphärenunterschiede

Basalganglien/Diencephalon mit
  - **Morbus Parkinson**
  - **Multisystematrophie**
  - **Chorea Huntington/McLeod-Neuroakanthozytose**
  - **Morbus Wilson/hepathische Enzephalopathie**
  - **Torticollis spasmodicus/Schreibkrampf/Blepharospasmus**
  - **Thalamusinfarkt**

Hirnnerven/Hirnstamm/Cerebellum

Psychopathologie und Lokalisation

Zentrale und periphere Funktionsstörungen des autonomen Nervensystems

XXVI

Diagnostik bei verschiedenen Krankheitsbilder

Cerebrovaskuläre Erkrankungen

Entzündliche Erkrankungen

XXVIII

Hirntumore

Demenz

Andere Krankheitsbilder

Datenbank/EEG/MEG

XXX

Lokalisation von Hirnfunktion: Vergleichende Evidenz durch Läsions- und Aktivierungsstudien

H.-J. Freund

Neurologische Klinik, Medizinische Einrichtungen der Heinrich-Heine-Universität, Düsseldorf

Bis vor kurzem stützten sich die Aussagen zur Lokalisation von Hirnfunktionen ausschließlich auf Läsionsuntersuchungen. Durch die Positronen-Emissions-Tomographie (PET) und die funktionelle Magnet-Resonanz-Tomographie (MRT) und Magnet-Encephalographie (MEG) stehen fokale Aktivierungen des regionalen Metabolismus, der Durchblutung oder der elektromagnetischen Felder ebenfalls für die Untersuchung der Lokalisation von Hirnfunktionen zur Verfügung. Dabei ergibt sich die Frage, welchen Stellenwert die Aktivierungsverfahren gegenüber der klassischen Läsionsmethode haben.

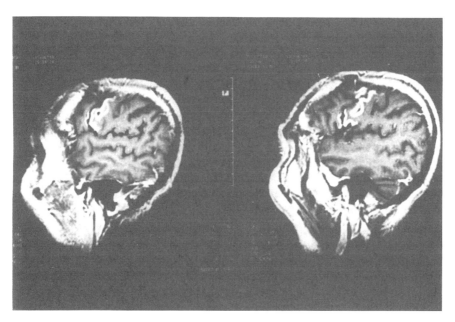

Abb. 1. Darstellung der rein corticalen Kontrastmittelstörung in 2 Sagittalabschnitten bei einem Patienten mit einem 2 Wochen alten Hirninfarkt.

Das Problem der Interpretation von Hirnläsionen

Läsion ist nicht gleich Läsion. Die Interpretation von Läsionsbefunden ist in vielfältiger Weise kompliziert. Erst durch die hohe Auflösung des MRT ist es überhaupt möglich geworden, Läsionen bezüglich ihrer Lokalisation und ihrer Nachbarschaftsbeziehungen hinreichend genau zu definieren. Ein wesentliches Problem hinsichtlich

2

der Interpretation von Läsionsbefunden ist die Frage, in welchem Ausmaß das gegebenenfalls korrelierende Defizit durch den kortikalen oder durch den subkortikalen Anteil bedingt ist. Hierzu kann in den meisten Fällen keine Aussage gemacht werden. Allerdings ist es durch die MRT möglich geworden, rein kortikale Läsionen, z. B. Infarkte mit selektiver neuronaler Nekrose, aber ohne subkortikale Anteile, zu identifizieren und auf diese Weise einige rein kortikale, umschriebene Läsionen zu untersuchen. Ein solcher Fall ist in Abb. 1 dargestellt. Er zeigt die fast ausschließlich kortikale Kontrastmittelschrankenstörung nach einem frontalen Insult.

Schließlich ist die Binnenstruktur der Läsionen, insbesondere ihrer subkortikalen Anteile, unterschiedlich. Abbildung 2 zeigt ein solches Beispiel, und zwar auf der linken Seite für die Frühphase nach einem ischämischen Hirninfarkt. Dabei ist eine recht homogene Hyperdensität im Läsionsbereich auf dem protonengewichteten Bild zu sehen. Auf der rechten Seite ist derselbe Schnitt 6 Wochen nach der ersten Aufnahme dargestellt. Dabei zeigt sich, daß ein Teil des vormals homogen erscheinenden Läsionsbezirks nekrotisch geworden ist, während andere Anteile hyperdens blieben - möglicherweise einer Gliose entsprechend - und wiederum andere Anteile normal aussehen. Die funktionellen Implikationen dieser unterschiedlichen MRT-Bildkomponenten, deren genaue pathologisch-anatomische Korrelate nicht klar sind, sind nicht bekannt. Hinzu kommen noch weitere, insbesondere auch verlaufsabhängige Phänomene wie das initiale Ödem.

Eine weitere wesentliche Variable ist die Art der Schädigung. Offensichtlich spielt das Tempo der Läsionsentwicklung eine wesentliche Rolle. Läsionen vergleichbarer Größe zeigen für Infarkte die für den Schädigungsort typischen Ausfälle, wenn auch mit unterschiedlichem Schweregrad. Dagegen bleiben Tumoren ähnlicher Ausdehnung und Lokalisation oft asymptomatisch. Reulen et al. (1992) haben kürzlich bei 50 Tumoren der Zentralregion nur bei 8 Patienten entsprechende motorische Ausfälle gesehen. Selbst postoperativ wurden nach Entfernung der meist niedergradigen Gliome keine zusätzlichen Ausfälle beobachtet. Solche Befunde legen die Vermutung nahe, daß es während der langsamen Entwicklung des Tumors zu einer fortlaufenden funktionellen Reorganisation kommt, die nach akuter Rindenläsion beim Schlaganfall nicht gegeben ist.

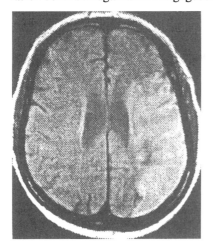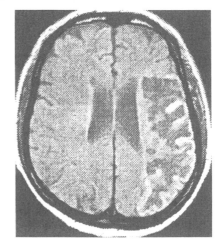

Abb. 2. Protonengewichtete Horizontalschnitte eines Hirninfarktes 2 Wochen und 8 Wochen nach dem Ereignis.

Zusammenfassend bleibt festzuhalten, daß sehr komplexe Beziehungen zwischen der Läsion und einem eventuellen funktionellen Defizit bestehen. Nur unter Berücksichtigung der genannten Zusammenhänge können Läsionsstudien kritisch interpretiert werden und zu nützlichen Aussagen kommen. Die klassischen Beiträge zur Lokalisation von Hirnläsionen und ihren Folgen wurden ja auch im wesentlichen auf der Grundlage klar definierter Hirnläsionen gemacht. Aus diesem Grunde bilden Kriegsläsionen (Dejerine 1914; Holmes 1918; Kleist 1934; Teuber et al. 1960) mit gut dokumentierten Splitterverletzungen oder aber genau aufgezeichnete chirurgische Eingriffe (Förster 1936; Penfield 1950) nach wie vor die Grundlage unserer Kenntnisse der funktionellen Gliederung der Hirnrinde.

Zentren versus distributive Funktion

Die Beziehung zwischen umschriebenen Läsionen und ihren korrelierenden Funktionsstörungen war nicht nur Grundlage der Lokalisationslehre, sondern auch der Zentrenlehre. Neuere Ergebnisse der Hirnforschung haben nachgewiesen, daß die Grundlage jeder Funktion die zeitlich kohärente Aktivität in distributiven Neuronenverbänden ist. Einblicke in diese Zusammenhänge haben auch Untersuchungen zu Läsionen mittels der Positronen-Emissions-Tomographie ergeben. Sie haben metabolische Suppression in Arealen außerhalb der Läsion gezeigt. Diese betreffen nicht nur die unmittelbare Umgebung, sondern auch entferntere Areale. Wichtig für die Aufdeckung solcher Zusammenhänge waren Untersuchungen zur metabolischen Suppression im motorischen und prämotorischen Kortex nach rein subkortikalen, kapselnahen Läsionen der Pyramidenbahn (Weiller et al. 1992; Seitz et al. 1994). Aktivierungsstudien an solchen Patienten mit kapsulären Insulten zeigten weiterhin, daß beim Gebrauch der partiell paretischen Hand nach Funktionserholung eine ausgedehntere kortikale motorisch/prämotorische und parietale Aktivierung erkennbar wird als im Normalfall. Untersuchungen zum motorischen Neglect haben nachgewiesen, daß bei Läsionen verschiedener Lokalisation (prämotorisch, parietal, thalamisch) metabolische Suppression im FDG-PET an mehreren Stellen deutlich entfernt vom Läsionsort zu sehen sind (v. Giesen et al. 1994). Das Muster solcher metabolischer Veränderungen hat die Vermutung nahegelegt, daß diese Suppression den anatomischen Faserverbindungen vom Läsionsort folgen und somit die Störung eines interaktiven Netzwerkes darstellen. Mit zunehmender Sensitivität des PET-Verfahrens und möglicherweise auch des funktionellen MRT wird es möglich werden, solche Veränderungen in läsionsabgelegenen Bezirken nachzuweisen und damit zu einem besseren Verständnis der Störungsmechanismen zu gelangen. Der Weg von der isolierten Zentrentheorie zum distributiven Netzwerk ist damit auch in der klinischen Neurologie vollzogen.

Aktivierungsstudien

Unser bisheriges Wissen über die regionale Aktivierung des Gehirns bei elementaren sensorischen und motorischen Aufgaben hat im wesentlichen zu einer Bestätigung und Erweiterung des bestehenden Wissens zur funktionellen Organisation der Hirn-

4

rinde geführt. Prinzipiell neue Einsichten in die Lokalisation nodaler funktioneller Funktionsschwerpunkte ist dadurch nicht erarbeitet worden.

Neue Gesichtspunkte haben sich aber bezüglich der kognitiven und intentionalen Verarbeitungsprozesse ergeben. Roland und Mitarbeiter (1980) haben bereits sehr früh die besondere Rolle des supplementär-motorischen Areals (SMA) für die Bewegungsinitiierung und die Planung komplexerer motorischer Handlungen herausgearbeitet. Er hat weiter das "tuning" sensorischer Projektionsareale durch selektive Aufmerksamkeit durch Aktivierung präfrontaler Rindenareale zur Darstellung gebracht. Ebenso bahnbrechend waren der Nachweis der Aktivierung visueller Assoziationsareale, etwa die Aktivierung des für das Bewegungssehen zuständigen V5-Areals selbst bei virtueller Bewegungswahrnehmung oder der Nachweis der Farbsehrinde (V4) beim Menschen. Kürzlich hat Jeannerod (1994) gezeigt, daß die sensorischen parietalen Assoziationsareale zusammen mit den prämotorischen Assoziationsarealen bei der Planung und Vorstellung von Bewegung ebenso aktiv sind wie bei deren Durchführung. Lediglich die primären somatosensiblen und motorischen Areale im Gyrus prä- und postzentralis sind dabei nicht aktiviert. Auf diese Weise eröffnen sich den Aktivierungsstudien neue Dimensionen, insbesondere seitdem die Methode in der Lage ist, die relativ schwachen regionalen Aktivierungen in Assoziationsgebieten hinlänglich zuverlässig darzustellen.

Wesentlicher Nachteil der Aktivierungsverfahren war bislang neben der schlechten zeitlichen Auflösung die fehlende Darstellung der distributiven Aktivität. Zudem, insbesondere für komplexe Leistungen wie Sprache, sind die Daten verschiedener Labors einfach noch zu unterschiedlich gewesen, um den erhobenen Befunden vertrauen zu können. Hier muß sicherlich durch weiterentwickelte Techniken, möglicherweise ergänzt durch funktionelle MRT- und MEG-Studien, erwiesen werden, wie genau die derzeitigen Daten zur regionalen Aktivierung die tatsächlichen Verhältnisse wiedergeben. Mein Eindruck ist, daß in einigen PET-Aufnahmen immer nur einzelne Areale als Aktivierungsfokus erkennbar sind, während auf anderen Aufnahmen das halbe Hirn aktiv erscheint. Vor Klärung einiger diesbezüglicher Fragen können die Befunde nur mit großer Zurückhaltung interpretiert werden. Somit ist festzustellen, daß aus Primatenversuchen bekannte neuronale Netzwerke, welche bei bestimmten Funktionsaufgaben beteiligt sind, sicherlich nicht klar, eindeutig und in verschiedenen Labors invariant und beliebig wiederholbar zur Darstellung kommen.

Für die Zukunft bleibt somit davon auszugehen, daß auch weiterhin genauere Läsionsstudien im Verbund mit Aktivierungsstudien zur Aufklärung der Hirnfunktionen beitragen werden. Dabei wird sicherlich auch die Verbindung von beiden, nämlich das Studium von Aktivierungsstudien und metabolischen Suppressionsmustern bei Patienten mit fokalen Hirnläsionen neue Einblicke in die gestörte Hirnfunktion geben, in die Plastizität des Gehirns und die für die Funktionserholung maßgeblichen Prozesse.

Literatur

Dejerine J (1914) Sémiologie des affections du sytéme nerveux. Masson et Cie, Paris

Förster O (1936) Motorische Felder und Bahnen: sensible corticale Felder. In: H. Bumke, O. Förster (eds) Handbuch der Neurologie. Springer-Verlag, Berlin, 1936, Vol.6, p.358-448

Holmes G (1918) Disturbances of vision by cerebral lesions. Br J Opththalmol 2: 353-384

Jeannerod M (1994) The representing brains: neurological correlates of motor intention and imagery. Behav and Brain Sci, 187-245 (in print)

Kleist K (1934) Gehirnpathologie. Barth, Leipzig

Penfield W, Rasmussen T (1950) The cerebral cortex of man. Macmillan, New York

Reulen HJ et al (1992) Safe Surgery of Lesions Near the Motor Cortex Using Intra-Operative Mapping Techniques: a Report on 50 Patients. Acta Neurochir 119: 23-28

Roland PE et al (1980) Supplementary motor area and other cortical areas in organization of voluntary movements in man. J Neurophysiol 43: 118-136

Seitz R et al (1994) Remote depressions of cerebral metabolism in hemiparetic stroke: topography and relation to motor and somatosensory functions. Human Brain Mapping 1 (in print)

Teuber HL (1960) Perception. In: Field J, Magoun HW, Hall VE (eds) Handbook of Physiology, 3(1). American Physiological Society, Washington, D.C., p.1595-1668

Vogt C, Vogt O. (1919) Allgemeine Ergebnisse unserer Hirnforschung. Vierte Mitteilung. Die physiologische Bedeutung der architektonischen Rindenfelderung auf Grund neuer Rindenreizungen. J. Psychol. Neurol. Lpz. 25: 399-462

Von Giesen HJ et al (1994) Cerebral network underlying unilateral motor neglect: evidence from positron emission tomography. J. Neurol. Sci. (in print)

Weiller C et al (1992) Functional reorganization of the brain in recovery from striatocapsular infarction in man. Ann. Neurol. 31: 463-472

Topographische Variationen der primären menschlichen Cortices: Bedeutung für die funktionelle Hirnanatomie

J. Rademacher[1], V.S. Caviness[2], H. Steinmetz[1], A.M. Galaburda[3]

[1]Neurologische Klinik der Heinrich-Heine-Universität, Düsseldorf, [2]Massachusetts General Hospital, Harvard Medical School, Boston, [3]Beth Israel Hospital, Harvard Medical School, Boston

Fragestellung

Stereotaktische Ansätze zum Studium von cortikaler Struktur und Funktion mit Magnetresonanztomographie (MR-Tomographie) und Positronenemissionstomographie (PET) benutzen als Referenzsystem ein idealisiertes "Standardgehirn" und vernachlässigen die anatomische intra- und interindividuelle Variabilität. Sie führen zu fehlerhaften Korrelationen von Struktur und Funktion (Steinmetz et al. 1989). Neuere Methoden beziehen zunehmend die individuelle topographische Hirnanatomie mit ein, Gyri und Sulci dienen als Landmarken. Die Beziehungen dieser invivo analysierbaren Landmarken (Rademacher et al. 1992) zu den cytoarchitektonischen Feldergrenzen sind von besonderer Relevanz, da die cytoarchitektonischen Areae als morphologisches Substrat der funktionellen Topographie und Systematik des cerebralen Cortex verstanden werden (Mesulam 1990). Unter diesem Gesichtspunkt wurde eine Analyse der topographischen Variationen der menschlichen primären visuellen, auditorischen, motorischen und sensiblen Cortices durchgeführt.

Methodik

In Celloidin eingebettete coronare Hirnschnitte von 35 µm Dicke aus zehn menschlichen Gehirnen wurden für jeden 20. Schnitt mit Cresylviolett gefärbt. Die vier primären Cortices wurden cytoarchitektonisch abgegrenzt und ihre Oberflächen planimetriert. Individuelle Hirnkarten der visuellen, auditorischen und motorischen Felder mit Beziehung zum makroskopischen Oberflächenrelief wurden rekonstruiert. Die Brodmann Areae wurden nach etablierten Kriterien (Brodmann 1909; v. Economo und Koskinas 1925; Galaburda und Sanides 1980) definiert:
    (i) Area 17 durch eine sublaminierte granuläre Schicht IV (IVa,b,c) und ein abruptes Ende der typischen Schicht IV an der Grenze zur Area 18. (ii) Area 41 durch die hohe Packungsdichte von Körnerzellen in den Schichten II-IV, eine geringe Neuronendichte in Schicht V, das Fehlen einer radialen kolumnären Anordnung der Neurone und das Fehlen größerer Pyramidenzellen in Schicht III. (iii) Area 4 durch besonders große Pyramidenzellen in Schicht V, relativ große Pyramidenzellen in Schicht IIIc, die generelle geringe Packungsdichte, fehlende scharfe laminäre Begrenzungen und die unscharfe Grenze zwischen Schicht VI und dem Marklager. (iv) Area 3b durch die hohe Packungsdichte von Körnerzellen in den Schichten II-IV und die geringe Neuronendichte in Schicht V.

Ergebnisse

Es gab zwei Klassen von Variabilität: (i) Für *Klasse I-Variabilität* sind die cytoarchitektonischen Feldergrenzen aus der individuellen gyralen und sulcalen Topographie nicht vorhersagbar. Klasse I-Variabilität war typisch für die extracalcarinen Anteile der Area 17 sowie für Area 4 auf dem Lobulus paracentralis. (ii) Für *Klasse II-Variabilität* sind die Feldergrenzen aus den makroanatomischen Landmarken ableitbar. Klasse II-Variabilität wurde für die interhemisphärischen bzw. interindividuellen Variationen in Größe und Form der einzelnen Felder nachgewiesen und überwog. (iii) Seitendifferenzen variierten: Area 17 war in 80% symmetrisch, Area 41 in 60% links > rechts. (iv) Individuelle topographische Hirnkarten zur Variationsbreite wurden erstellt (Rademacher et al. 1993).

Primärer visueller Cortex

Area 17 war im Sulcus calcarinus, auf dem Gyrus lingualis und dem Cuneus lokalisiert. Rostral bildete der Sulcus parietooccipitalis die maximale Grenze, caudal der Occipitalpol. Dorsal bildete der cuneale Sulcus, ventral der linguale Sulcus die maximale Grenze. Vom cunealen Punkt, am Schnittpunkt von Sulcus calcarinus und parietooccipitalis, bis zum Occipitalpol repräsentierte der Sulcus calcarinus ausschließlich Area 17. Mindestens 75%, meist aber mehr als 90% der Area 17 lagen caudal vom cunealen Punkt. Die intracalcarine Area 17 reichte weiter nach rostral bis zur vorderen intrasulcalen Spitze des Cuneus, sie entsprach einer Klasse II-Variation. Die bedeutende Ausdehnung der intracalcarinen Area 17 - beidseits ca. 60% der totalen Area 17 - repräsentiert den horizontalen Meridian.

Die laterale Ausdehnung der Area 17 auf dem Occipitalpol, ihre cuneale und linguale Ausdehnung waren Klasse I-Variationen. In 35% der Hemisphären reichte Area 17 auf den Occipitalpol und repräsentierte dann bis zu 13% der totalen Area 17, sonst lagen dort visuelle Assoziationscortices. Die mediale extracalcarine Area 17 variierte um den Faktor 5. Sie repräsentierte links 12-55%, rechts 22-74% des Cuneus. Die kleinere cuneale Area 17 betrug links 22-101%, rechts 34-95% der lingualen Area 17. Interindividuelle Variationen (Faktor 2) waren ausgeprägter als interhemisphärische Asymmetrien. Area 17 war in 80% der Gehirne symmetrisch, die kleinere Seite maß 83-96% der größeren.

Primärer auditorischer Cortex

Brodmann Area 41 war generell auf dem Heschl Gyrus lokalisiert. Der erste Sulcus transversus bildete die rostrale, der Heschl Sulcus die caudale Grenze. Mediale Grenze war die Insula, lateral erreichte Area 41 nicht die temporale Konvexität.

Wir fanden drei Heschl Gyrus-Variationen: (i) In 14/20 Hemisphären gab es nur einen Heschl Gyrus auf dem immer Area 41 lokalisiert war. (ii) Bei durch einen parallelen Sulcus intermedius unterteiltem Heschl Gyrus (7/20) beschränkte sich Area 41 auf den vorderen Teil des Heschl Gyrus. (iii) Bei Vorliegen mehrerer transverser Gyri war Area 41 auf der ersten rostralen Querwindung lokalisiert. Klasse II Variabilität überwog, die Lokalisation der Area 41 war von den makroanatomischen Landmarken ableitbar.

Variationen bestanden auch für die gyrale Topographie und interhemisphärische Asymmetrien. Area 41 war in 4/20 Hemisphären bilateral symmetrisch. Meist aber bestand eine linksbetonte Asymmetrie (12/20), wobei die kleinere rechte Area 41

8

durchschnittlich 78% der linken Seite betrug. Diese Asymmetrien waren unabhängig von Zahl und Asymmetrie der Querwindungen und entsprachen einer Klasse I-Variation.

Die Grenzen der Area 41 sind für strukturell-funktionelle Korrelationsstudien des Planum temporale relevant, das als Teil der Wernicke-Sprachregion auditorischen Assoziationscortex nicht aber Koniocortex repräsentiert und für Studien zur Sprachlateralisation, Händigkeit, entwicklungsbedingten (Dyslexie) oder erworbenen Sprachstörungen (Aphasieerholungsrate) von Bedeutung ist (Rademacher 1989).

Primärer motorischer Cortex
Generell war Brodmann Area 4 im rostralen Teil des Sulcus centralis lokalisiert. An der dorsomedialen Konvexität reichte Area 4 auf die Oberfläche des Gyrus präcentralis mit dem Sulcus präcentralis als maximale anteriore Grenze. Dieser extrasulcale Anteil reichte vom Interhemisphärenspalt medial bis in Höhe des Sulcus frontalis superior lateral und grenzte an die posteriore Area 6. Die genannten Befunde entsprachen Klasse II-Variationen, ebenso wie die topographische Variabilität des Sulcus centralis innerhalb stereotaktischer Koordinaten.

Klasse I-Variationen der Area 4-Topographie fanden sich überwiegend im medialen extrasulcalen Anteil, der funktionell die Beine repräsentiert. Dies ist von Bedeutung, weil elektrische Stimulationsstudien meist extrasulcal ableiten.

Medial reichte Area 4 auf den Lobulus paracentralis mit dem Sulcus cinguli als maximale inferiore Grenze (14/20), oder ein dorsaler paralleler Sulcus war begrenzend (4/20). Die aszendierenden und deszendierenden paracentralen Sulci lagen vor der Area 4 inmitten der medialen Area 6.

Der intrasulcale Teil der Area 4 im Sulcus centralis wird in der Literatur konstant beschrieben, der extrasulcale mediolaterale Anteil variiert. Bei Brodmann (1909) repräsentiert Area 4 medial den gesamten Lobulus paracentralis, bei von Economo und Koskinas (1925) ist paracentral nur eine schmale zungenförmige Ausdehnung dokumentiert. Lateral korrelierte unsere extrasulcale Area 4 gut zur Topographie von Sanides'Area 42, in den übrigen klassischen Hirnkarten wird diese Ausdehnung überschätzt.

In 14/20 Hemisphären war die laterale extrasulcale Area 4 asymmetrisch, wobei in 10/20 das links kleinere Feld durchschnittlich 82% der rechten Seite ausmachte. Die paracentrale Area 4 war in 10/20 Hemisphären asymmetrisch, wobei in 6/20 das links kleinere Feld durchschnittlich 79% der rechten Seite ausmachte. Diese Asymmetrien entsprachen Klasse I-Variationen.

Primärer sensibler Cortex
Im primären somatosensorischen Koniocortex, Brodmann Area 3b, wurden Abweichungen von der typischen Topographie im caudalen Sulcus centralis auf der Vorderwand des Gyrus postcentralis nicht gefunden. Vereinzelt wurde eine geringe dorsomediale Ausdehnung caudal an den Lobulus paracentralis angrenzend gefunden. Eine Ausdehnung auf die Konvexität des Gyrus postcentralis wurde nicht beobachtet. Klasse II-Variationen in der Position des Sulcus centralis komplizieren stereotaktische Korrelationsstudien. Klasse I-Variationen bestanden nicht, so daß individuelle morphologisch-funktionelle Korrelationsstudien reliabel sind.

Konklusion

Beide Variabilitätsklassen tragen zur Ungenauigkeit physiologisch-morphologischer Studien des cerebralen Cortex bei. Die Bestimmung der maximalen Ausdehnung der einzelnen cytoarchitektonischen Felder als beste mögliche Annäherung kann bei Überwiegen von Klasse II-Variabilität auf der Basis unserer Ergebnisse mittels individueller Lokalisation der Gyri und Sulci definiert werden. Diese Landmarken sind mit MR-Tomographie in-vivo darstellbar. Im Rahmen der durch die Klasse I-Variabilität vorgegebenen Möglichkeiten profitieren intraindividuelle Studien mit PET und funktioneller MR-Tomographie von diesen Ergebnissen. Physiologische Aktivierung kann in Beziehung zu cytoarchitektonischen Arealen untersucht werden.

Anmerkung

Kopien der erstellten individuellen cytoarchitektonischen Hirnkarten sind über den Autor zu beziehen.

Literatur

Brodmann K (1909) Vergleichende Lokalisationslehre der Grosshirnrinde. Barth, Leipzig.

Galaburda AM, Sanides F (1980) Cytoarchitectonic organization of the human auditory cortex. J Comp Neurol 190: 597-610

Mesulam M-M (1990) Large-scale neurocognitive networks and distributed processing for attention, language, and memory. Ann Neurol 28: 597-613

Rademacher J (1989) Die anatomische und kernspintomographische Morphometrie des Planum temporale mit einer Diskussion der anatomisch-funktionellen Grundlagen. Inauguraldissertation. Heinrich-Heine-Universität Düsseldorf

Rademacher J, Galaburda AM, Kennedy DN, Filipek PA, Caviness VS, (1992) Human cerebral cortex: localization, parcellation, and morphometry with magnetic resonance imaging. JCN 4: 352-374

Rademacher J, Caviness VS, Steinmetz H, Galaburda AM (1993) Topographical variation of the human primary cortices and its relevance to brain mapping and neuroimaging studies. Cerebral Cortex. Im Druck

Steinmetz H, Fürst G, Freund H-J (1989) Cerebral cortical localization: application and validation of the proportional grid system in MR imaging. J Comput Assist Tomogr 13: 10-19

von Economo C, Koskinas GN (1925) Die Cytoarchitektonik der Hirnrinde des erwachsenen Menschen. Springer-Verlag, Berlin

Funktionelle Neuroanatomie unter individueller Integration von Positronen-Emissions- und Magnet-Resonanz-Tomogramm

B.M. Mazoyer[1,2]

[1]Groupe d'Imagerie Neurofonctionelle, Service Frederic Joliot, Orsay, [2]C.H.U. Bichat, Universite Paris

Einleitung

Mit der Pionierleistung von Paul Broca in den 70er Jahren des vergangenen Jahrhunderts wurde die Suche nach Beziehungen zwischen Struktur und Funktion zu einem der faszinierendsten und umstrittensten Gebiet der Hirnforschung. Bis in die 80er Jahre dieses Jahrhunderts wurden diese Beziehungen aus Funktionsstörungen nach Läsion einer bestimmten Hirnstruktur abgeleitet. Die Einführung nicht-invasiver Methoden zur bildhaften Darstellung von Funktion und Struktur ermöglicht nun einen neuartigen Zugang zur Erstellung von Beziehungen zwischen Funktion und Struktur.

Innerhalb der letzten zehn Jahre hat sich die Positronen-Emissions-Tomographie (PET) zu einer leistungsfähigen Methode bei der Untersuchung von Hirnfunktionen und ihrer krankheitsbedingten Störungen entwickelt. In derselben Zeit wurden dreidimensionale (3D) Darstellungen der Hirnanatomie durch die fortschreitende Entwicklung der Magnet-Resonanz-Tomographie (MRT) möglich. Es kann erwartet werden, daß die Kombination beider 3D-Methoden dazu beitragen wird, einige Beziehungen zwischen Struktur und Funktion herzustellen. Insbesondere eignet sich die rasche und wiederholbare Messung der regionalen Hirndurchblutung (rCBF, regional cerebral blood flow) dazu, zirkulatorisch-metabolische Korrelate kognitiver Funktionen mit einer zeitlichen Auflösung von einer Minute zu erfassen (Posner et al. 1988). Im folgenden werden PET-Aktivierungsmuster gezeigt, die durch intraindividuelle Subtraktionen von PET-Datensätzen aus Messungen in verschiedenen Verhaltensituationen gewonnen werden (Fox et al. 1988). Diese PET-Aktivierungsmuster werden als Beispiele für die bildhafte Darstellungen der Hirnfunktion in die 3D-MRT Daten integriert.

Bei der Entwicklung einer Methodik zur gemeinsamen Analyse von dreidimensionalen funktionellen und anatomischen Bildern des Gehirns muß zunächst entschieden werden, ob Gruppen von Probanden/Patienten bearbeitet und statistisch verglichen werden sollen (Statistik-basierte, funktionelle Neuroanatomie über Personengruppen) oder einzelne Probanden/Patienten (Individuelle, funktionelle Neuroanatomie) bearbeitet werden sollen. Dann muß ein geeignetes, neuroanatomisches Referenzsystem gewählt werden, innerhalb dessen Struktur-Funktion Beziehungen hergestellt werden können. Für die Statistik-basierte, funktionelle Neuroanatomie über Personengruppen wurden im wesentlichen zwei Vorgangsweisen gewählt. Eine basiert auf der Verwendung eines statistischen, neuroanatomischen Koordinatensystems, die andere auf einer standardisierten Parzellierung des Gehirns. Erst in der letzten Zeit wurden Methoden entwickelt, die eine individuelle Integration von PET-Aktivierungsmustern und MRT ermöglichen und damit die Erforschung der individuellen funktionellen Neuroanatomie ermöglichen.

Statistik-basierte, funktionelle Neuroanatomie über Personengruppen

Um Struktur-Funktion Beziehungen in einer Personengruppe bestimmen zu können, müssen die funktionellen und anatomischen 3D-Datensätze innerhalb der Gruppe gemittelt werden. Trotz Fortschritte in jüngster Zeit (Dale und Sereno 1993) ist die Punkt-zu-Punkt Abbildung von zwei verschiedenen Gehirnen aufgrund der Komplexizität und der Variabilität der menschlichen Hirnanatomie derzeit noch nicht durchführbar. Statt dessen muß zunächst eine beschränkte Anzahl von invarianten anatomischen Landmarken gewählt werden. Diese definieren das neuroanatomische Referenzsystem und die geometrischen Transformationen, die angewendet werden müssen, um die individuellen PET-Daten in das gemeinsame Referenzsystem zu transformieren.

Aus historischen Gründen (PET-Aktivierungsstudien wurden zunächst in Zentren durchgeführt, die keinen Zugang zum MRT hatten) wurde das das stereotaktische Koordinatensystem nach Talairach das am meisten verwendete Referenzsystem. Bei der statistik-basierten funktionellen Neuroanatomie unter Verwendung des Koordinatenszstems von Talairach werden zwei invariante anatomische Landmarken, die vorderen (AC) und hinteren (PC) Kommissuren als Basis für das als Referenz verwendete kartesische Koordinatensystem gewählt. Das Ausmaß des Gehirns in die drei orthogonalen Richtungen definieren die Faktoren, die zur Transformation des individuellen PET Bildes in das Referenzsystem dienen. Bei dieser Transformation wird die Ausdehnung des Gehirns in drei Raumrichtungen normiert und somit der interindividuellen Variabilität der Hirngröße Rechnung getragen. Die Orte der vorderen und der hinteren Kommissur sowie die Gehirngröße können direkt aus dem PET-Bild (Friston et al. 1989), unter Verwendung von Röntgenaufnahmen des Schädelknochens (Fox et al. 1985) oder mit Hilfe von MRT-Bildern (Evans et al. 1989) bestimmt werden. Die PET-Aktivierungsmuster einzelner Personen können nach der Transformation gemittelt, fokale Änderungen des Signals (Aktivierungen) detektiert und in den Koordinaten des dreidimensionalen Referenzsystems angegeben werden. Die einzelnen Koordinaten werden unter Verwendung des Atlas von Talairach (Talairach und Tournoux 1988) neuroanatomisch definiert. In diesem Atlas sind Schichten eines einzelnen Gehirns zusammen mit Markierungen der Gyri, Kerngebiete und der Area nach Brodmann dargestellt. Das Ergebnis einer PET-Aktivierungsstudie unter Verwendung dieser Vorgangsweise ist in Abb. 1 dargestellt.

Diese Vorgangsweise hat zu zahlreichen, neuen Ergebnissen innerhalb der letzten 10 Jahre geführt, hat aber einige Beschränkungen. Erstens trägt diese Vorgangsweise der bekannten Asymmetrie und der anatomischen Variabilität des menschlichen Gehirns nicht Rechnung (Geschwind und Levitsky 1968; Galaburda et al. 1990; Steinmetz et al. 1991). Zweitens kann der Bezug auf einen anatomischen Atlas, der auf den Schichten eines einzelnen Gehirns aufgebaut ist, zu neuroanatomischen Fehllokalisationen führen (Drevets et al. 1992).

12

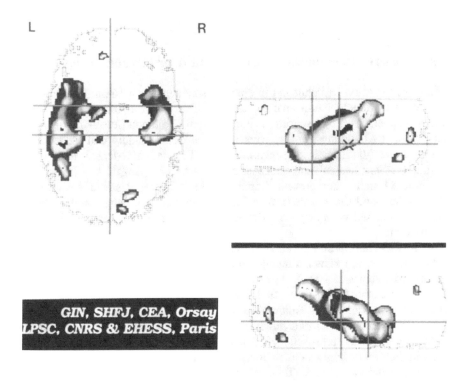

Abb.1. Beispiel für die bildhafte Darstellung der Hirnaktivität bei Mittelung der PET-Aktivierungsmuster (Differenzbilder) von 5 Personen nach Transformation in das stereotaktische Koordinatensystem nach Talairach. Für jede Person wurde das PET-Aktivierungsmuster durch Subtraktion der PET-Bilder bei Ruhe von den PET-Bildern beim Hören einer Geschichte in der Muttersprache ermittelt und in das stereotaktische Koordinatensystem transformiert. Der Temporallappen wird beidseits, aber asymmetrisch zugunsten der linken Hemisphäre, aktiviert. Aktiviert wird auch die Broca-Region.

Schließlich, und vielleicht noch wichtiger, ist, daß diese Vorgangsweise aufgrund ihrer Merkmale nicht geeignet erscheint, Beziehungen zwischen Struktur und Funktion herzustellen, da die Gyrierung der Hirnrinde zu einem großen Anteil nach der stereotaktischen Mittelung verloren geht (Evans et al. 1992). Obwohl Verbesserungen der geometrischen Transformationen vorgeschlagen wurden, um weiteren Parametern der Hirnanatomie Rechnung tragen zu können (Greitz et al. 1991), kann die beschriebene Vorgangsweise im Hinblick auf die o.g. Beschränkungen bestenfalls Wahrscheinlichkeitsangaben liefern, ob eine Hirnstruktur an einer bestimmten Funktion beteiligt ist.

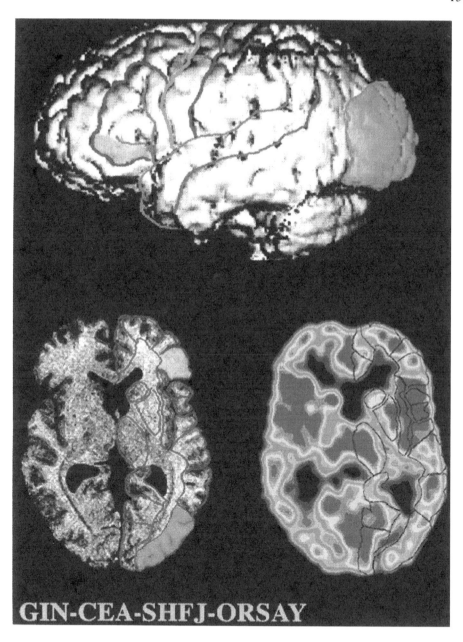

Abb.2. Definition von Hirnregionen mit anatomisch definierten Grenzen (AROI; "anatomical region of interest") in einer einzelnen Person für die Analyse einer des PET-Aktivierungs-musters. Die volumetrische Rekonstruktion des MRT (oben) wird verwendet, um die wesentlichen Gyri und Sulci zu markieren. Die Markierungen sind gleichzeitig auf den axialen Schichten vorhanden. Auf den axialen MRT Schichten werden die Regionen (AROI) abgegrenzt (unten links: linken äußerer Occipitallappen grün, pars orbitalis des linken Gyrus frontalis inferior in grün) und -nach PET/MRT Koregistrierung- auf die entsprechende CBF Schicht kopiert.

Die Vorgangsweise mittels einer standardisierten, anatomischen Parzellierung des Gehirns

Bei dieser Vorgangsweise bildet der makroskopisch sichtbare Aufbau der menschlichen Hirnanatomie in Form von Gyri und Nuclei die Grundlage für die invarianten, neuroanatomischen Landmarken. Das neuroanatomische Referenzsystem besteht aus einer Reihe von 3D-Hirnstrukturen, die durch ihre anatomischen Grenzen eindeutig definiert sind. Die geometrische Transformation, die es auf die einzelnen Gehirne anzuwenden gilt, besteht in der Parzellierung des Gehirnvolumens in 3D-Hirnregionen ("regions of interest"). Diese Vorgangsweise wurde sowohl im Zusammenhang mit der MRT Analyse von Hirnläsionen (Rademacher et al. 1991) als auch für die funktionelle Hirnanatomie (Mazoyer et al. 1993) vorgeschlagen. Die Implementierung der Methode erfordert geeignete Programme zum Umgang mit 3D-Datensätzen und neuroanatomische Kentnisse.

Die wesentlichen Schritte der Methode sind: (1) Ein 3D-Volumen wird aus einem MRT-Datensatz generiert: die äußere Oberfläche beider Hemisphären wird erstellt und kann in jeder Orientierung dargestellt werden; in jeder beliebigen Richtung können Schichten neu hergestellt werden und ermöglichen zusätzliche anatomische Betrachtungsmöglichkeiten. Die wesentlichen Sulci und Gyri des Gehirns werden identifiziert (Abb. 2, oben): ihre anatomischen Grenzen werden gleichzeitig auf der 3D-Oberfläche und auf einzelnen MRT-Schichten markiert. (2) Die anatomisch definierten Regionen der Hirnrinde werden auf den axialen MRT-Schichten markiert, wobei die Trennlinie zwischen der grauen und der weißen Substanz die innere Grenze markiert. Subcorticale Strukturen werden direkt auf den einzelnen MRT-Schichten, auf denen sie erkennbar sind, eingezeichnet (Abb. 2, unten, links). Die anatomisch definierte Hirnstruktur (AROI; "anatomical region of interest") setzt sich aus verschiedenen Teilen axialer Schichten zusammen. Ungefähr 100 Hirnregionen werden anatomisch definiert mit dieser Methode. Großere Hirnstrukturen, z.B. Temporallappen bzw. Hemisphären, lassen sich durch Summation ihrer Teilstrukturen bilden. (3) Nach Koregistrierung von PET und MRT (Abb. 2, unten, rechts) werden funktionelle und strukturelle Parameter der AROI berechnet und in einer gemeinsamen Datei gespeichert, die benutzt werden kann, um Statistik über eine Person oder eine Personengruppe zu berechnen (Abb. 3).

Diese Vorgangsweise ermöglicht die Beschreibung der Struktur/Funktion Beziehungen des Gehirns auf makroskopischer Ebene. Sie trägt der inter-individuellen Variabilität der Gyrierung Rechnung und erscheint sensitiver als die Methode mit Verwendung des stereotaktischen Koordinatensystems (Mazoyer et al. 1994). Die räumliche Auflösung der Methode ist beschränkt, beispielsweise auf einen Gyrus.

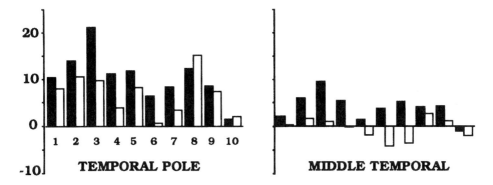

Abb.3. Inter-individuelle Variabilität der Aktivität beim Hören einer Geschichte in der Muttersprache über 10 Personen in zwei anatomisch definierten Himregionen (schwarze Balken: linke Hemisphäre, helle Balken: rechte Hemisphäre). Konsistent über alle Personen ist die Aktivität des Temporalpols (10/10) mit Bevorzugung der linken Hemisphäre (8/10) sowie die Aktivität des Gyrus temporalis medius links (9/10).

Individuelle funktionelle Neuroanatomie

Neben den Beschränkungen, die den genannten Vorgangsweisen auferlegt sind, gibt es auch andere Gründe, Methoden zu entwickeln, welche die Analyse individueller, funktioneller und anatomischer Daten ermöglichen. Insbesondere können Fragen der Variabilität funktioneller Parameter zwischen einzelnen Personen oder im Zeitverlauf, einschließlich von Phänomenen wie Reifung, Lernen, Plastizität oder funktioneller Reorganisation, ohne solche Methoden nicht konklusiv bearbeitet werden. Die Schwierigkeit liegt hierbei nicht in der Wahl eines geeingeten neuroanatomischen Bezugsystems; jede Person hat ihr eigenes räumliches Bezugsystem, innerhalb dessen die Analyse ausgeführt werden können, geometrische Transformationen sind nicht notwendig. Die Registrierung von MRT und PET innerhalb dieses Bezugsystems ist nicht mehr schwierig, zahlreiche Algorithmen sind verfügbar (siehe U. Pietrzyk, vorliegender Buchband). Trotz der Entwicklung von sensitiveren 3D PET Systemen (Cherry et al. 1993) bleibt das Hauptproblem die begrenzte Sensitivität der PET Methodik bei der Analyse von Einzelpersonen, im Wesentlichen bedingt durch Begrenzungen der Strahlendosis für einzelne Personen, Dauer der Untersuchung und die Leistungen der Apparatur. Dies führt zu Schwierigkeiten, in den PET-Aktivierungsmusters einzelner Personen die Regionen herauszufinden, welche während der Ausführung einer bestimmten Aufgabe aktiviert werden.

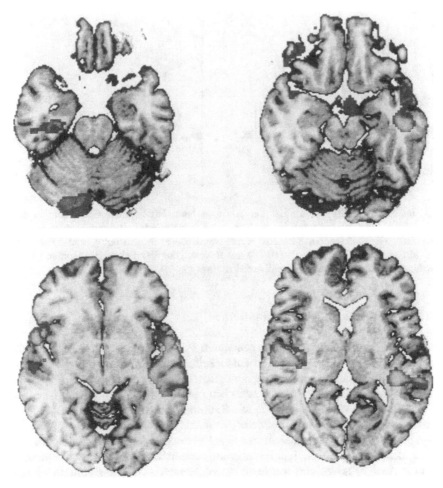

Abb.4. Individuelle funktionelle Neuroanatomie bei Sprachwahrnehmung mit Hilfe der Integration von individuellem PET-Aktivierungsmuster (bunt) und MRT. Aktivierungsregionen sind erfaßt und dem MRT überlagert worden. Sichtbar wird die Aktivierung der Heschl'schen Querwindung (unten rechts), des Gyrus temporalis medius des linken Hemisphäre (unten links) und der beiden Temporalpole (oben).

Die Detektion aktivierter Regionen in einzelnen Personen

Jüngste Berichte in der Literatur (Steinmetz et al. 1992; Poline und Mazoyer 1993) scheinen zu zeigen, daß wir in naher Zukunft in der Lage sein werden, eine zuverlässige Analyse individueller PET-Aktivierungsmuster durchzuführen. Die Methode, die wir in unserem Labor etabliert haben, basiert auf den Annahmen, daß sich eine aktivierte Region als Cluster benachbarter Volumenseinheiten manifestiert und nicht als Aktivierung einzelner Volumenseinheiten, und daß aktivierte Regionen unterschiedlicher Größe und unterschiedlichen Ausmaßes nebeneinander in einem PET-Aktivierungsmuster existieren können. Somit besteht das Problem (1) darin, die Gruppen zusammenhängender Volumenseinheiten mit großen rCBF Variationen zu identifizieren, und (2) die Wahrscheinlichkeit abzuschätzen, daß diese Cluster zufällig sind. Dies wird durch ein neuartiges Verfahren erreicht, welches folgende Schritte beinhaltet: die hierarchische Beschreibung des Bildes, die Indentifikation und Charakterisierung von Clustern in Bezug auf Größe und Ausmaß der Aktivität sowie die statistische Abschätzung der Parameter unter Einbeziehung einer Referenzverteilung, die durch numerische Simulation gebildet wird. Das Verfahren wird wiederholt angewendet unter gleichzeitiger Veränderung der Bildauflösung. Die bemerkenswertesten Eigenschaften dieses Verfahrens sind eine Verbesserung der Sensitivität und die Tatsache, daß erstmals eine statistische Beschreibung der räumlichen Begrenzung der Aktivierung möglich wird (Abb. 4). Das Verfahren könnte durch die Einbeziehung von MRT Signalen in den Erkennungsprozeß aktivierter Regionen noch verbessert werden. Diese Vorgangsweise könnte auch auf funktionelle MRT Daten angewendet werden.

Konklusion

Struktur/Funktion Beziehungen auf makroskopischer Ebene können inzwischen durch die Integration von PET (oder fMRT) und MRT Daten hergestellt werden, und zwar sowohl auf der Ebene von Gruppen von Personen als auch auf der Ebene einzelner Personen. Diese Methoden ermöglichen die Untersuchung der Neuroanatomie höherer Hirnfunktionen und ihrer krankheitsbedingten Störungen. Die nächste Herausforderung besteht in der Kombination der anatomisch/metabolischen Bilder mit der zeitlichen Information wie sie durch elektromagnetische Methoden gewonnen werden kann.

Danksagung

Der Autor bedankt sich bei F. Crivello, M. Joliot, E. Mellet, L. Petit, J.B. Poline und N. Tzourio der Groupe d'Imagerie Neurofonctionelle für ihre Beiträge zu den meisten Ideen, die in der vorliegenden Arbeit präsentiert werden.

Literatur

Cherry SR, Woods RP, Hoffman EJ, Mazziotta JC (1993) Improved Detection of Focal Cerebral Blood Flow Changes Using Three-Dimensional Positron Emission Tomography. J Cereb Blood Flow Metab 13:630-638

Dale AM, Sereno MI (1993) Improved Localization of Cortical Activity by Combined EEG and MEG with MRI Cortical Surface Reconstruction: A Linear Approach. J Cogn Neurosci 5:162-176

Drevets WC, Videen TO, Macleod AK, Haller JW, Raichle M E (1992) Pet Images of Blood Flow Changes During Anxiety - Correction. Science 256:1696

Evans AC, Marrett S, Collins L, Peters TM (1989) Anatomical-Functional correlative analysis of the human brain using three dimensional imaging systems. SPIE 1092:264-274

Evans AC, Marrett S, Neelin P, Collins L, Worsley K, Dai W, Milot S, Meyer E, Bub D (1992) Anatomical Mapping of Functional Activation in Stereotactic Coordinate Space. Neuroimage 1:43-53

18

Fox PT, Perlmutter JSA, Raichle MEA (1985) Stereotactic Method of Anatomical Localization for Positron Emission Tomography. J Comput Assist Tomogr 9:141-153

Fox PT, Mintun MA, Reiman EM, Raichle ME (1988) Enhanced detection of focal brain response using intersubject averaging and change-distribution analysis of substracted PET images. J Cereb Blood Flow Metab 8:642-653

Friston KJ, Passingham RE, Nutt JG, Heather JD, Sawle GV, and Frackowiak RSJ (1989) Localisation in PET Images: Direct Fitting of the Intercommissural (AC-PC) Line. J Cereb Blood Flow Metab 9:690-695

Galaburda AM, Rosen GD, Sherman GF (1990) Individual variability in cortical organization: its relationship to brain laterality and implications to function. Neuropsychologia 28:529-546

Geschwind N, Levitsky W (1968) Human brain: Left-Righ Asymmetries in Temporal Speech Region. Science 161:186-187

Greitz T, Bohm C, Holte S, Eriksson LA (1991) Computerized Brain Atlas: Construction, Anatomical Content, and Some Applications. J Compu. Assist Tomogr 15:26-38

Mazoyer BM, Dehaene S, Tzourio N, Frak G, Murayama N, Cohen L, Salamon G, Syrota A, Mehler J (1993) The Cortical Representation of Speech. J Cogn Neurosci 5:467-479

Mazoyer B, Tzourio N, Poline JB, Petit L, Levrier O, Joliot M (1994) Anatomical Regions of Interest Versus Stereotactic Space: A Comparison of Two Approache for Brain Activation Maps Analysis. In: Uemura K, Lassen NA, Jones T, Kanno I (eds). Quantification of Brain Function. Tracer Kinetics and Image Analysis in Brain PET, Amsterdam, Elsevier Science Publishers B.V. p. 511-518

Poline JB, Mazoyer BM (1993) Analysis of Individual Positron Emission Tomography Activation Maps Using High Signal-to-Noise-Ratio Pixel Clusters. J Cereb Blood Flow Metab 13:425-437

Posner ML, Petersen SE, Fox PT, Raichle ME (1988) Localization of Cognitive Operations in the Human brain. Science 240:1627-1631

Rademacher J, Galaburda AM, Kennedy DN, Filipek PA, Caviness Jr VS (1992) Human Cerebral Cortex: Localization, Parcellation, and Morphometry with Magnetic Resonance Imaging. J Cogn Neurosci 4:352-374

Steinmetz H, Fürst G, Freund HJ (1989) Cerebral Cortical Localization: Application and Validation of the Proportional Grid System in MR Imaging. J Comput Assist Tomogr 13(1):10-19

Steinmetz H, Volkmann J, Jäncke L, Freund HJ (1991) Anatomical Left-Right Asymmetry of Language-related Temporal Cortex Is Different in Left- and Right-Handers. Ann Neurol 29:315-319

Steinmetz H, Huang Y, Seitz RJ, Knorr U, Schlaug G, Herzog H, Hackländer T, Freund HJ (1992) Individual Integration of Positron Emission Tomography and High-Resolution Magnetic Resonance Imaging. J Cereb Blood Flow Metab 12:919-926

Talairach J, Tournoux J (1988) Co-Planar Stereotaxic Atlas Of The Human Brain. Stuttgart: Georg Thieme Verlag

Die Bedeutung der Hexamethyl-Propylen-Aminoxim-Single-Photon-Emissions-Computertomographie (HMPAO-SPECT) in der neurologischen Diagnostik

I. Podreka[1], T. Brücke[2], C. Baumgartner[2], U. Pietrzyk[3], A. Olbrich[2], D. Prayer-Wimberger[4], S. Asenbaum[2], W. Oder[2], W. Pirker[2]

[1]Neurologische Abteilung der Krankenanstalt Rudolfstiftung Wien, [2]Universitätsklinik für Neurologie Wien, [3]Max-Planck Institut für Neurologische Forschung Köln, [4]Universitätsklinik für Radiodiagnostik Wien

Einleitung

Der Fortschritt auf dem Gebiet der Mikroelektronik und Datenverarbeitung hat in den letzten 15 Jahren zu einer enormen Bereicherung der diagnostischen Möglichkeiten in der Neurologie geführt. Wie schon hinlänglich bekannt, konnte man durch die Einführung der Computer-Tomographie (CT) auf Anhieb Blutungen von ischämisch bedingten Läsionen unterscheiden oder raumfordernde intrakranielle Prozesse diagnostizieren. Eine wesentliche Verbesserung des räumlichen Auflösungsvermögens und der diagnostischen Sicherheit im infratentoriellen Bereich brachte das Magnet-Resonanz-Imaging (MRI). Letzeres unterliegt nach wie vor einer rasanten technischen Entwicklung. Derzeit wird es vorwiegend zur Darstellung der Morphologie des Hirnparenchyms verwendet, die MRI-Angiographie, mit der man Veränderungen der Halsgefäße und des Circulus arteriosus Willisii darstellen kann, findet aber immer mehr Eingang in die klinische Routinediagnostik. Die paramagnetische Eigenschaft des Deoxy-Hämoglobins, das bei der Abgabe von Sauerstoff aus dem Oxy-Hämoglobin entsteht, wird für das funktionelle MRI ausgenützt. Damit können bei guter anatomischer Information Aktivationen von Hirngewebe in ausgezeichneter zeitlicher Auflösung gesehen werden. Somit stellt diese Technik derzeit den Übergang zu den sogenannten funktionellen Abbildungsverfahren wie Positronen-Computer-Tomographie (PET) und SPECT dar. Es muß derzeit abgewartet werden, inwieweit die funktionelle MRI PET- und SPECT-Hirndurchblutungsmessungen in Zukunft ersetzen wird können.

Es steht außer Zweifel, daß die PET das zur Zeit beste Abbildungsverfahren ist, um Hirndurchblutng, Hirnstoffwechsel und Hirnrezeptoren darzustellen. Wegen des jedoch sehr hohen Aufwandes, wie Betreiben eines Zyklotrons zur Erzeugung der geeigneten Radioliganden und der mit dem Untersuchungsgang verbundener Logistik ist das Verfahren nur wenigen sehr spezialisierten Zentren vorbehalten und dient weitgehend der klinischen Grundlagenforschung. Die Darstellung der Hirndurchblutung mit dem Tc-99m markierten HMPAO ist relativ einfach durchführbar, da der Radiotracer jederzeit verfügbar ist. Voraussetzung für eine qualitativ hochstehende SPECT ist allerdings eine entsprechend moderne mehrköpfige Rotationsszintillationskamera, die ein gutes räumliches Auflösungsvermögen und eine ausreichende Impulsstatistik gewährleistet. Bei solchen Voraussetzungen kann die

HMPAO-SPECT sinnvoll bei cerebrovaskulärer Erkrankung, in der Epileptologie, in der Demenzdiagnostik und in der Neurotraumatologie eingesetzt werden.

Indikationen

Cerebrovaskuläre Erkrankung

Aus klinischer Sicht erwartet man sich bei cerebraler Ischämie von funktionellen Bildgebungsverfahren Information über das Ausmaß der Gewebsschädigung und damit über die Rückbildungsmöglichkeit neurologischer Defizite, sowie Erkennung deaktivierter, der Läsion funktionsmäßig nachgeschalteter Hirnareale (Baron et al. 1980). Weiters sollte man durch solche Abbildungstechniken Einsicht in die Wirkung der gesetzten therapeutischen Maßnahmen erhalten.

Mit der HMPAO-SPECT kann wegen der teilweise unbekannten Tracerkinetik die cerebrale Durchblutung quantitativ in ml/100g min, wie dies z.B. mit der Xe-133 Methode der Fall ist, nicht angegeben werden. Daher ist es routinemäßig nicht möglich, eine normale bzw. pathologische Durchblutungshöhe anzugeben. Dennoch kann, abgeleitet von PET-Studien beim Schlaganfall, eine prognostische Aussage aufgrund des HMPAO-SPECT Bildes getroffen werden.

Wie es allgemein bekannt ist, kommt es beim ischämischen Insult zu einer Kaskade von biochemischen Veränderungen im Hirngewebe in Abhängigkeit vom Ausmaß der akuten Durchblutungsminderung und Dauer derselben, die letzendlich zum Untergang von Neuronen führt. Wie PET Untersuchungen zeigen konnten, kann es beim ischämischen Insult zu einer Entkopplung von Hirndurchblutung und Hirnstoffwechsel kommen. Initial ist die Hirndurchblutung vermindert bei noch gut erhaltenem Glukosestoffwechsel und Sauerstoffverbrauch. Dieser Zustand wird als "early mismatch" (Kuhl et al. 1980) oder "misery perfusion"(Baron et al. 1981; Baron 1987) bezeichnet. Danach, im subakuten Stadium, steigt die ursprünglich verminderte Durchblutung wieder an obwohl Glukosestoffwechsel und Sauerstoffverbrauch des betroffenen Hirngewebes zusammengebrochen und Neuronen bereits zugrunde gegangen sind (Heiss et al. 1992).

Eine in den ersten 24-48 Stunden nach stattgehabtem Schlaganfall durchgeführte HMPAO-SPECT, die eine sehr deutliche Durchblutungsminderung zeigt, legt eine eher schlechte Prognose für die Rückbildung neurologischer Defizite nahe. Im Gegensatz dazu kann trotz schwerer klinischer Ausfallsymptomatik die HMPAO-SPECT ein nur leicht pathologisches Ergebnis zeigen, was wiederum prognostisch günstig zu werten ist. Aus HMPAO-SPECT-Verlaufskontrollen in etwa ein- bis zweiwöchigen Abständen erkennt man dann das Ausmaß des verbleibenden neurologischen Defizits. Abb. 1 soll das Gesagte verdeutlichen. In den ersten zwei Kolumnen von links sind vier in einwöchigen Abständen durchgeführte HMPAO-SPECT Studien eines 47 jährigen Patienten mit links cerebralem kompletten Schlaganfall dargestellt, der einen excessiv erhöhten Hämatokritwert von 72% hatte. Klinisch-neurologisch hatte der Patient eine Hemiplegie rechts und eine gemischte Aphasie. Die erste SPECT-Studie (A) 20 Stunden nach Beginn der Symptomatik zeigt eine deutlich verminderte Traceraufnahme links parietal und temporal mit einer angedeuteten Luxusperfusion (Lassen 1966) in der linken Centralregion. Sieben und 14 Tage später (B, C) ist es in der ursprünglich ischämischen Region zu einer deutlichen Zunahme der Hirndurchblutng gekommen ("Luxusperfusion"), die wiederum im chronischen Stadium des Insultes (D) sich zurückgebildet hat. Die klinische Symptomatik besserte sich nur insofern als der Patient zu diesem Zeitpunkt zwar wieder gehen konnte bei persistierender spastischer Hemiparese und vorwiegend amnestischer Aphasie.

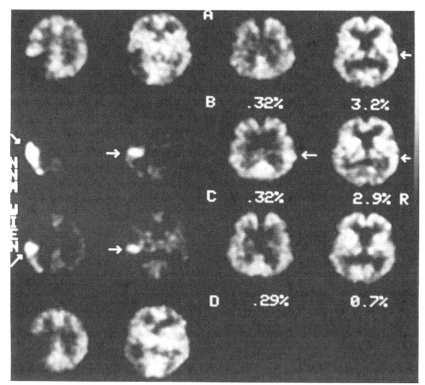

Abb. 1. Vier SPECT Studien (1. und 2. Kolumne) eines 47 Mannes nach ischämischem Insult. Studie A wurde 20 Stunden nach Auftreten der Symptome durchgeführt und zeigt eine deutlich erniedrigte Durchblutung links parietal und temporal. In Richtung Centralregion ist die Durchblutung leicht erhöht. Sieben (B) und 14 Tage später (C), erkennt man eine "Luxusperfusion" (Pfeile) in dem vorher iIschämischen Areal. Die letzte SPECT Kontrolle (29 Tage(D)) zeigt eine verminderte HMPAO-Ablagerung links parietal und temporal, wie auch in der linken Central- und laterofrontalen Region. In der 3. und 4. Kolumne sind 3 SPECT Untersuchungen einer 53 jährigen Patientin dargestellt. Die Bilder sind auf das gemeinsame Maximum gewichtet. Die Zahlen auf der linken Seite geben die globale %HMPAO Aufnahme / 100g Hirngewebe, jene auf der rechten die % links/rechts Asymmetrie an. In der 1. SPECT Studie (1 Tag nach Auftreten der Symptome) erkennt man eine geringe rechtslastige Asymmetrie (Pfeil) in der Parietal- und Temporalregion. Die SPECT- Kontrolluntersuchungen (11. und 45. Tag nach Insult) ergaben eine Abnahme der % links/rechts Asymmetrie auf Normalwerte. Die globale %HMPAO Aufnahme änderte sich während der Beobachtungszeit nicht wesentlich.

Ganz anders waren die SPECT Befunde bei einer 50 jährigen Patientin, die unter dem Bild eines progressive Stroke mit progredienter Hemiparese links aufgenommen wurde. Die Patientin stand unter Sandimmuntherapie wegen transplantierter Niere. Aus diesem Grunde wurde auf eine Angiographie verzichtet. Die erste SPECT Untersuchung erfolgte 24 Stunden nach Auftreten der Symptomatik und zeigt eher eine geringe Hyperperfusion in der rechten Hemisphäre (3.und 4. Kolumne von links (A)), die in der Folge leicht abgenommen hat (B-D). Die Hemiplegie bildete sich erst in einem Zeitraum von 5 Wochen völlig zurück. Die gute Prognose konnte man aber bereits aufgrund der SPECT Ergebnisse stellen.

Neben der Darstellung der cerebralen Durchblutung kann die Bestimmung des regionalen cerebralen Blutvolumens (rCBV) oder der cerebralen Reservekapazität mit Acetazolamid (Diamox®) für die Indikationsstellung zu einem operativen Eingriff von Bedeutung sein. Aus PET Studien ist es bekannt, daß bei vermindertem Perfusionsdruck infolge einer Gefäßstenose im betroffenen Versorgungsgebiet kompensatorisch die Gefäße weitgestellt werden und daher das regionale Blutvolumen zunimmt (Gibbs et al. 1984; Powers et al. 1987; Gibbs et al. 1989). Es ist bisher nicht gelungen einen kritischen Wert für das regionale CBV zu ermitteln ab dem sicherlich ein gefäßchirurgischer Eingriff zur Verbesserung des Perfusionsdruckes indiziert ist. Allerdings ergaben PET-Untersuchungen, daß durch den Quotienten aus rCBF/rCBV auf die maximale Weitstellung der Gefäße rückgeschlossen werden kann. Die Ratio rCBF/rCBV ist umgekehrt proportional der regionalen Transitzeit des Blutes.

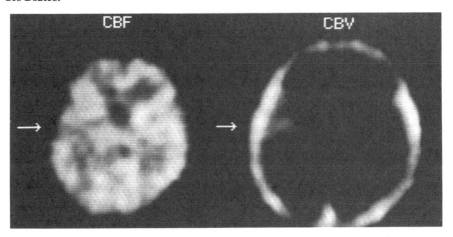

Abb. 2. CBF (HMPAO) und CBV (markierte Erythrozyten) im Subakutstadium eines links cerebralen Mediateilinfarktes. Die Pfeile zeigen die verminderte HMPAO Ablagerung und das erhöhte rCBV links temporal an. Aus der mittleren Impulsrate in der betroffenen Region beider Studien kann die rCBF/rCBV Ratio berechnet werden.

Je niedriger ihr Wert ist (von normalerweise 10 hinunter bis 5.5) umso langsamer ist die Durchblutungsgeschwindigkeit infolge Weitstellung der Gefäße und damit erhöhtem rCBV. Bei erschöpfter Reservekapazität und damit hämodynamischer Dekompensation versucht das Hirngewebe kompensatorisch durch Erhöhung der D2 Extraktion (OER) aus dem Blut den Energiebedarf aufrechtzuerhalten. Die OER beträgt normalerweise 40-50% und kann unter pathologischen Bedingungen auf 85% gesteigert werden. Da es möglich ist Erythrocyten mit Tc-99m in vivo zu markieren, kann mit der SPECT das rCBV dargestellt werden (Abb. 2) (Knapp et al. 1986, Buell et al. 1988; Toyama et al. 1990). Nach erfolgter rCBV Untersuchung wird eine HMPAO SPECT durchgeführt. Aus der durchschnittlichen regionalen Impulsrate beider Messungen berechnet man das Verhältnis rCBF/rCBV.

Die vaskuläre Reservekapazität kann man durch Inhalation von CO_2 oder durch i. v. Injektion des Karboanhydrasehemmers Acetazolamid (Diamox®) ermitteln. Beide Methoden werden als gleichwertig hinsichtlich ihrer Aussage angesehen (Ringelstein et al. 1992). Es wird angenommen, daß Acetazolamid die Umwandlung von H_2CO_3 in H_2O und CO_2 in der Lunge hemmt, wodurch der arterielle pO_2 ansteigt, was zur Weitstellung der arteriellen Gefäße führt. Normalerweise beträgt die durchschnittliche Durchblutungszunahme nach Acetazolamidgabe 31% (13-46%) (Ringelstein et al. 1992) oder nach anderen Autoren 45% (Sabatini et al. 1990).

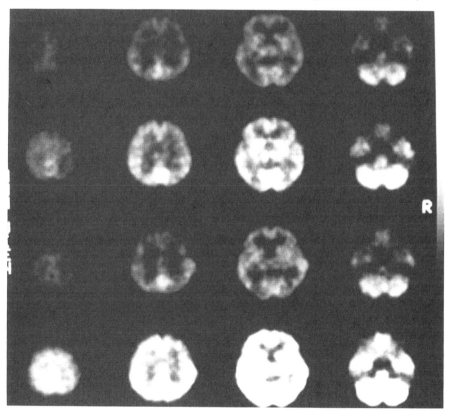

Abb. 3. HMPAO-SPECT Untersuchungen (die Bilder geben die %HMPAO Aufnahme / 100g Hirngewebe an) vor und nach i.v. Gabe von 1g Acetyzolamid (ACA) bei einer 50 jährigen Patientin mit rechts cerebralem PRIND. Angiographisch wurde eine 80% Stenose der rechten A. caroti int. diagnostiziert. Zum Ausgangsuntersuchung (1. Reihe) nahm die %HMPAO Speicherung nach ACA um 25% zu (2. Reihe). Nach Anlegen eines EC -IC Bypasses änderte sich die globale % HMPAO Ablagerung/100g im vergleich zur Erstuntersuchung nicht signifikant, die Reservekapazität nahm aber postoperativ deutlich zu (56%, 4. Reihe), wobei ein leicht minderperfundiertes Areal rechts laterofrontal (4. Reihe, 2. Bild von links) nach wie vor nachweisbar ist.

Eine deutlich erniedrigte oder fehlende Vasoreaktivität auf Acetazolamid wird im allgemeinen als eine Indikation zum etwaig geplanten gefäßchirurgischen Eingriff angesehen. So fanden Vorstrup et al. (Vorstrup et al. 1986) bei 13 von 16 Patienten eine verbesserte Reservekapazität nach Externa-Interna-Bypass-Operation (EC-IC-Bypass). Das beste postoperative Resultat in dieser Studie wurde allerdings bei 2 Patienten mit präoperativ deutlich vermindertem CBF erzielt. Ein ähnliches Ergebnis wurde von Asenbaum et al. (1991) bei 27 untersuchten Patienten mit 80-99% A. Carotis int. Stenose oder Verschluß und ischämischem Insult berichtet. Von 11 operierten Patienten (Carotisdesobliteration oder EC- IC-Bypass) wurde postoperativ nur bei 1 Patientin eine Zunahme der Reservekapazität gesehen (Abb. 3). Sabatini et al. (Sabatini et al. 1990) verglichen das rCBV und die regionale Vasoreaktivität bei Insultpatienten. Es wurde gefunden, daß die nach Acetazolamidgabe bestimmte Vasoreaktivität sich umgekehrt proportional zum Basis-rCBV-Wert verhält.

Obwohl viele Untersuchungen über die prognostische Bedeutung von Reservekapazität und klinischem Outcome nach gefäßoperativem Eingiff vorliegen muß gesagt werden, daß eindeutige Kriterien für die Auswahl von Patienten, die von einem solchen Eingriff profitieren würden, noch fehlen. Dies ist wahrscheinlich durch unterschiedliche Patientenpopulationen in den verschiedenen Studien und auch durch die polykausale Genese des Schlaganfalles bedingt.

Epilepsie

Epileptische Anfälle können sich mit unterschiedlichster Symptomatik äußern und es ist für den Kliniker gelegentlich schwierig echte epileptische Anfälle von psychosomatisch, neurasthenisch, hysterisch, vegetativ oder auch psychotisch bedingten Zuständen zu unterscheiden.

Aus bereits zahlreich vorliegenden PET und SPECT Studien (Feindel et al. 1980; Engel et al 1982; Abou-Khalil et al. 1987; Andersen et al. 1990; Engel et al. 1990; Rowe et al. 1991; Ryvlin et al. 1992) ist es bekannt, daß bei Patienten mit partiellen Anfällen je nach Untersuchungstechnik und untersuchter Patientenpopulation interictal mit 60%-90% an positiven Befunden, im Sinne von minderperfundierten Zonen, zu rechnen ist, während bei generalisierten Anfällen selten eine CBF-Abnormität sichtbar wird. Während eines partiellen Anfalles nimmt die Durchblutung in dem interictal sich minderperfundiert darstellenden Areal absolut oder zum umgebenden Hirngewebe relativ zu (Hougaard et al. 1976; Kuhl et al. 1981; Podreka et al. 1987; Lang et al. 1988). Oft wird auch in mit dem Herd funktionell gekoppelten Hirnarealen eine Zunahme des CBF beobachtet, je nach Ausdehnung der Anfallsausbreitung. Daher eignet sich die HMPAO-SPECT sehr gut für die routinemäßige Diagnose bzw. Differentialdiagnose von partiellen Anfällen.

Mit der in den letzten Jahren zu beobachtenden Zunahme epilepsiechirurgischer Eingriffe als Behandlungsmethode bei therapierefraktären Patienten hat auch die HMPAO-SPECT als diagnostisches Verfahren an Bedeutung gewonnen. Etwa 20% bis 30% der Patienten mit partiell komplexen Anfällen temporalen Ursprungs sind Kandidaten für eine chirurgische Therapie (Delgado-Escueta und Walsh 1985, Salanova et al. 1994). Für den präoperativen Nachweis des epileptogenen Focus werden zuerst nichtinvasive Untersuchungstechniken (Phase I) vor allem ein Video-EEG-Monitoring, mit dem man die klinische Anfallssymptomatik parallel zum EEG aufzeichnen kann, und die MRI zum Nachweis morphologischer Abnormitäten, verwendet. Die Lokalisation des Focus muß nach Möglichkeit sehr genau erfolgen, da davon letzendlich die Indikation zur Operation, die Art der Operationstechnik und damit der zu erwartende therapeutische Nutzen abhängt. Eine interictale und eine zum Video-EEG parallel durchgeführte ictale HMPAO-SPECT Untersuchung erhöht zweifelsohne die Sicherheit der Herdlokalisation insbesondere dann, wenn Oberflächen-EEG Ableitungen durch Bewegungsartefakte nicht konklusiv sind. Weiters sieht man mit der SPECT jene Hirnareale, in welche sich die elektrische Erregung (oder auch Hemmung) fortpflanzt (Abb. 4). Bei extratemporalen Anfällen, die einer invasiven Abklärung bedürfen (Tiefenelektroden oder intracraniell angebrachte Streifenelektroden) kann die SPECT für die Lokalisation der Elektrodenplacierung hilfreich sein.

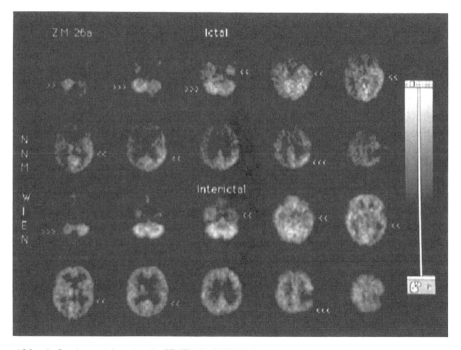

Abb. 4. Ictale und interictale HMPAO-SPECT Studien bei einer 27 jähriger Patientin mit fokalen Anfällen und sekundärer Generalisierung, die mit 2 Jahren an einem links temporoparietalen Astrozytom operiert wurde. Interictal (3., 4. Reihe) sind der Operationsdefekt und eine verminderte Tracerablagerung links temporal (Pfeile) sichtbar. Während des Anfalles (1.,2. Reihe) ist die Durchblutung um den Operationsdefekt, wie auch links temporal aber auch rechts mesiotemporal und rechts cerebellär relativ erhöht (Pfeile).Dieser Befund spricht für einen extratemporal gelegenen (auch im EEG nachweisbaren) epileptogenen Focus mit Propagation des Anfalls in beide mesiotemporalen Regionen, wie auch links sup. temporal. Das kontralaterale Cerebellum wird mitaktiviert.

Prinzipiell könnte man sich vom "SPECT-Muster" eines Anfalls eine gewisse Information über den postoperativ Grad der Anfallsreduktion erwarten. Diesbezüglich gibt es unserem Wissen nach keine eindeutigen Ergebnisse. Es ist daher notwendig in Zukunft Vergleichsuntersuchungen über die postoperativ erreichte Anfallsreduktion oder Anfallsfreiheit und den praeoperativen ictalen SPECT Befunden durchzuführen. Zusätzlich bietet der Vergleich zwischen interictalen, ictalen SPECT Befunden und der Anfallssymptomatik (unterschiedliche Auraarten, psychotische Zustände, dystone Bewegungsmuster, postictale Amnesie u.a.) letztere funktionell-anatomisch besser zuordnen und verstehen zu können.

Demenz
Mehrere neurologisch-psychiatrische oder internistische Erkrankungen können zum cerebralen Abbau führen, der sich vor allem durch gestörte Mnestik, Einschränkung höherer cerebraler Funktionen und Wesensveränderung äußert. Die Einteilung in sogenannte cortikale und subcortikale Demenzformen ist nicht besonders glücklich, da degenerative Prozesse sowohl subcortikale Strukturen als auch den Cortex selbst betreffen. Für den klinischen Alltag hat die SPECT vor allem praktische Bedeutung bei der Differenzierung zwischen einerseits dem M. Alzheimer und der senile Demenz vom Alzheimer Typ (SDAT) und andererseits von vaskulär bedingte Demenzformen (De Chiara et al. 1987; Heiss et al. 1988). Weiters kann durch einen normalen HMPAO-SPECT Befund bei sogenannter Pseudodemenz während schwer depressiver Zustände, diese von echten dementiellen Zustandsbildern abgegrenzt werden.

In mehreren PET und SPECT Studien (Haxby et al. 1985; Neary et al. 1987; Goldenberg et al. 1989; Heiss et al. 1988) konnte gezeigt werden, daß bei M. Alzheimer und SDAT (45%-60% aller Demenzformen) eine mehr oder minder charakteristisches Glukosestofwechsel- oder Durchblutungsmuster nachweisbar ist. Dabei sind beide Parameter symmetrisch vorwiegend temporal und parietal, in fortgeschrittenen Erkrankungsstadien auch frontal vermindert, während die vorderen Stammganglien und der occipitale Cortex nicht betroffen sind. Im Frühstadium der Erkrankung ist dieses Muster manchmal nicht eindeutig nachweisbar. Durch SPECT (PET) Kontrolluntersuchungen in 4- 6 monatigen Abständen erkennt man aber den fortschreitenden Neuronenverlußt und damit auch das sogenannte "Alzheimer-Durchblutungs- oder Stoffwechselmuster". Weitere krankheitspezifische Veränderunden sieht man bei der Chorea Huntington (Hayden et al. 1986; Berent et al. 1988; Grafton et al. 1990), mit verminderter Traceraufnahme im Caput nuclei caudati auch im Frühstadium der Erkrankung, bevor noch eine Atrophie desselben in der CT oder im MRI sichtbar wird. Selbstverständlich muß in diesem Zusammenhang hervorgehoben werden, daß bei der Beurteilung von SPECT oder PET Bildern morphologische Veränderungen des Hirngewebes (CT, MRI) berücksichtigt werden müssen , da z. B. symmetrisch gelegene vaskuläre Läsionen bei Multiinfarktdemenz leicht mit einem "Alzheimer-Muster" verwechselt werden können.

Literatur

Abou-Khalil B.W., Siegel GJ, Sackellares JC, Gilman S, Hichwa R, Marshall R (1987) Positron emission tomography studies of cerebral glucose metabolism in chronic partial epilepsy. Ann Neurol 22: 480-486

Andersen AR, Waldemar G, Dam M, Fuglsang-Frederiksen A, Herning M, Kruse-Larsen C, Lassen NA (1990) SPECT and EEG in focal epilepsy with and without normal CT and MRI scans - A preliminary study in 28 cases. In: Current Problems in Epilepsy. M Baldy-Moulinier, NA Lassen, J Engel Jr, S Askienazy (eds.) John Libbey, London, Paris, Rome, pp. 97-104

Asenbaum S, Podreka I, Schuster B, Czech T, Reinprecht B (1991) Regional CBF changes after acetazolamide in patients with cerebrovascular disease visualized by Tc-99m HMPAO-SPECT. J Nucl Med 1073-1074

Baron JC, Bousser MG, Comar D, Castaigne P (1980) "Crossed cerebellar diaschisis" in human supratentorial brain infarction. Trans Am Neurol Assoc 105: 459-461

Baron JC, Bousser MG, Rey A, Guillard A, Comar D, Castaigne P (1981) Reversal of focal "misery-perfusion syndrome" by extra-intracranial arterial bypass in hemodynamic cerebral ischemia. Stroke 12: 454-459

Baron JC (1987) Ischemic stroke studied by 15O-labeled compounds: Misery perfusion and luxury perfusion. In: Heiss W-D, Pawlik G, Herholz K, Wienhard K (eds.) Clinical Efficacy of Positron Emission Tomography. Dodrecht: M Nijhoff Publ; 15-23

Berent S, Giordani B, Lehtinen S, Markel D, Penney JB, Buchtel HA, Starosta-Rubinstein S, Hichwa R, Young AB (1988) Positron emission tomography scan investigations of Huntington's disease: Cerebral metabolic correlates of cognitive function. Ann Neurol 23: 541-546

Buell U, Braun H, Ferbert A, Stirner H, Weiller C, Ringelstein EB (1988) Combined SPECT imaging of regional cerebral blood flow (99mTc-Hexamethyl-propyleneamine Oxime, HMPAO) and blood volume (99mTc-RBC) to assess regional cerbral perfusion reserve in patients with cerebrovascular disease. NuklearMedizin 27: 51-56

De Chiara S, Lassen NA, Andersen AR, Gade A, Lester J, Thomsen C, Henriksen O (1987) High-resolution nuclear magnetic resonance imaging and single photon emission computerized tomography-cerebral blood flow in a case of pure sensory stroke and mild dementia owing to subcortical arteriosclerotic encephalopathy (Binswanger's disease). Am J Physiologic Imaging 2: 192-195

Delgado-Escueta AV, Walsh GO (1985) Type I complex partial seizures of hippocampal origin: Exellent results of anterior temporal lobectomy. Neurology 35: 143-154

Engel J Jr, Kuhl DE, Phelps ME (1982) Patterns of human local cerebral glucose metabolism during epileptic seizures. Science 218: 64-66

Engel J Jr, Henry TR, Risinger MW, Mazziotta JC, Sutherling WW, Levesque MF, Phelps ME (1990) Presurgical evaluation for partial epilepsy: Relative contributions of chronic depth-electrode recordings versus FDG-PET and scalp-sphenoidal ictal EEG. Neurology 40: 1670-1677

Feindel W, Yamamoto L, Thompson C, Matsunaga M (1980) Positron emission tomography for cerebral blood flow measurement and detection of focal lesions in epilepsy. In Advances in Epileptology, XIth Epilepsy International Symposium, R Canger, P Angeleri, JK Penry, New York: Raven Press pp.73-81

Gibbs JM, Wise RJS, Leenders KL, Jones T (1984) Evaluation of cerebral perfusion reserve in patients with carotid-artery occlusion. Lancet I, 310-314

Gibbs JM, Wise RJS, Thomas DJ, Mansfield AO, Ross Russel RW (1989) Cerebral hemodynamic changes after extracranial-intracranial bypass surgery. J Neurol Neurosurg Psychiatry 50: 140-150

Goldenberg G, Podreka I, Suess E, Deecke L (1989) The cerebral localisation of neuropsychological impairment in Alzheimer's disease. J Neurol 236: 131-138

28

Grafton ST, Mazziotta JC, Pahl JJ, St George-Hyslop P, Haines JL, Gusella J, Hoffman JM, Baxter LR, Phelps ME (1990) A comparison of neurological, metabolic, structural, and genetic evaluations in persons at risk for Huntington's disease. Ann Neurol 28: 614-621

Haxby JV, Duara R, Grady CL, Cutler NR, Rapoport SI (1985) Relations between neuropsychological and cerebral metabolic asymmetries in early Alzheimer's disease. J Cereb Blood Flow Metab 5: 193-200

Hayden MR, Martin WRW, Stoessl AJ, Clark C, Hollenberg S, Adam MJ, Ammann W, Harrop R, Rogers J, Ruth T, Sayre C, Pate BD (1986) Positron emission tomography in the early diagnosis of Huntington's disease. Neurology 36: 888-894

Heiss WD, Herholz K, Pawlik G, Szelies B (1988) Beitrag der Positronen-Emissions-Tomographie zur Diagnose der Demenz. Dtsch Med Wschr 113: 1362-1367

Heiss WD, Huber M, Fink GR, Herholz K, Pietrzyk U, Wagner R, Wienhard K (1992) Progressive derangement of periinfarct viable tissue in ischemic stroke. J Cereb Blood Flow Metab 12: 193-203

Hougaard K, Oikawa T, Sveinsdottir E, Skinhøj E, Ingvar DH, Lassen NA (1976) Regional cerebral blood flow in focal cortical epilepsy. Arch Neurol 33: 527-535

Jagust WJ, Budinger TF, Redd BR (1987) The diagnosis of dementia with single photon emission computed tomography. Arch Neurol 44: 258-262 (kommt im Text nicht vor!!)

Knapp W, Von Kummer R, Kübler W (1986) Imaging of cerebral blood flow to volume distribution using SPECT. J Nucl Med 27: 465-470

Kuhl DE, Phelps ME, Kowell AP, Metter EJ, Selin C, Winter J (1980) Effects of stroke on local cerebral metabolism and perfusion: Mapping by emission computed tomography of 18FDG and 13NH3. Ann Neurol 8: 47-60

Kuhl DE, Engel J Jr, Phelps ME (1981) Emission computed tomography of 18FDG and 13NH3 in partial epilepsy . In: J Mossy, OM Reinmuth (eds.) Cerebrovascular disease, Raven Press, New York, pp. 73-75

Lang W, Podreka I, Suess E, Müller Ch, Zeitlhofer J, Deecke L (1988) Single photon emission computed tomography during and between seizures. J Neurol 235: 277-284

Lassen NA (1966) The luxury-perfusion syndrome and its possible relation to acute metabolic acidosis localized within the brain. Lancet II: 1113-1115

Neary D, Snowden JS, Shields RA, Burjan AWI, Northen B, MacDermot N, Prescott MC, Testa HJ (1987) Single photon emission tomography using 99mTc-HMPAO in the investigation of dementia. J Neurol Neurosurg Psychiatry 50: 1101-1109

Podreka I, Lang W, Suess E, Wimberger D, Steiner M, Gradner W, Zeitlhofer J, Pelzl G, Mamoli B, Deecke L (1988) Hexa-methyl-propylene-amine-oxime (HMPAO) single photon emission computed tomography (SPECT) in epilepsy. Brain Topography 1: 55-60

Powers, J.W., Press, G.A., Grubb, R.L., Gado, M., Raichle, M.E. (1987): The effect of hemodynamically significant carotid artery disease on the hemodynamic status of the cerebral circulation. Ann Int Med 106: 27-35

Ringelstein EB, Van Eyck S, Mertens I (1992) Evaluation of cerebral vasomotor reactivity by various vasodilating stimuli: Comparison of CO2 to Acetazolamide. J Cereb Blood Flow Metab 12: 162-168

Rowe CC, Berkovic SF, Austin MC, McKay WJ, Bladin PF (1991) Patterns of postictal cerebral blood flow in temporal lobe epilepsy. Neurology 41: 1096-1103

Ryvlin P, Phillipon B, Cinotti L, Froment JC, Le Bars D, Mauguiere F (1992) Functional neuroimaging strategy in temporal lobe epilepsy: A comparative study of 18FDG-PET and 99mTc-HMPAO-SPECT. Ann Neurol 31: 650-656

Sabatini U, Celsis P, Viallard G, Rascol A, Marc-Vergnes JP (1990) Quantitative assessment of cerebral blood volume by single-photon emission computed tomography. Stroke 22: 324-330

Salanova V, Markland ON, Worth R (1994) Clinical characteristics and predictive factors in 98 patients with complex partial seizures treated with temporal resection. Arch Neurol 51: 1008-1013

Toyama H, Takeshita G, Takeuchi A, Anno H, Ejiri K, Maeda H, Katada K, Koga S, Ishijama N, Kanno T, Yamaoka N (1990) Cerebral hemodynamics in patients with chronic obstructive carotid disease by rCBF, rCBV, and rCBV/rCBF ratio using SPECT. J Nucl Med 31: 55-60

Vorstrup S, Brun B, Lassen NA (1986) Evaluation of the cerebral vasodilatory capacity by the Acetazolamide test before EC-IC bypass surgery in patients with occlusion of the internal carotid artery. Stroke 17: 1291-1298

Morphometrie und 3D Rekonstruktionen in der Neuroradiologie

S. Weis[1], M. Sramek[2], I. Holländer[2], G. Weber[3], E. Wenger[2], T. Hagen[4], P.A. Winkler[4]

[1]Institut für Neuropathologie, Ludwig-Maximilians Universität München, [2]Institut für Informationsverarbeitung, ÖAW, Wien, [3]Institut für Psychologie, Universität Wien, [4]Klinik für Neurochirurgie, Klinikum Großhadern, Ludwig-Maximilians Universität München

Fragestellung

Sind wissenschaftliche Untersuchungen des menschlichen Gehirns auf makroskopischer Ebene heutzutage noch angebracht? Die kombinierte Anwendung von Morphometrie und 3D Rekonstruktion einerseits sowie CT und MR andererseits, ergeben neue und interessante Aspekte für Untersuchungen des menschlichen Gehirns auf makroskopischer Ebene. Um diese Prämisse aufzuzeigen, wurden folgende Untersuchungen durchgeführt: (1) Die Veränderungen des Gehirns bei Personen mit Down Syndrom wurden morphometrisch an MR-Bildern erfaßt. (2) Mittels CT und MR wurde das menschliche Gehirn dreidimensional rekonstruiert.

Morphometrie

Das Volumen des Gehirns und seiner unterschiedlichen Teile kann sehr leicht nach dem stereologischen Prinzip von CAVALIERI bestimmt werden (Gundersen und Jensen 1987; Weis 1991). Eine Serie paralleler Schnitte bekannter Schnittdicke wird durch das Gehirn gelegt. Ein Punktraster wird jedem Schnitt randomisiert überlagert. Die Punkte, die die interessierende Struktur treffen, werden gezählt, über alle Schnitte aufsummiert und mit der Schnittdicke multipliziert. Somit ergibt sich das Volumen.

Das Volumen des Gehirns bei Personen mit Down Syndrom war signifikant reduziert (Tabelle 1). Diese Volumenreduktion war auf eine signifikante Verringerung der Hirnrinde sowie der weißen Substanz zurückzuführen. Weiterhin zeigte das Kleinhirn ebenfalls eine Volumenverringerung.

Am Mediansagittalschnitt konnten ganz spezifische Veränderungsmuster des Balkens festgestellt werden: In der normalen Alterung sind die vorderen Anteile, d.h. das fronto-temporale Interhemisphärensystem verändert (Weis et al. 1993). Bei Personen mit Down Syndrom zeigen die mittleren Balkenanteile, d.h. das parieto-temporale Interhemisphärensystem, signifikante Veränderungen.

Tab. 1. Volumenwerte (cm^3) verschiedener Gehirnstrukturen bei Personen mit Down Syndrom und gleichaltrigen Kontrollen.

	Kontrolle (n = 7) mean	(sd)	Down (n = 7) mean	(sd)	p
Gehirn	1313	(146)	1081	(81)	0.003
Hirnrinde	632	(65)	528	(40)	0.004
Weiße Substanz	462	(56)	360	(51)	0.004
Ventrikel	23	(9)	29	(13)	0.36
Thalamus	16	(4)	14	(6)	0.46
Nc. Caudatus	8	(1)	8	(2)	0.96
Nc. Lentiformis	14	(1)	14	(3)	0.76
Kleinhirn	149	(31)	121	(12)	0.05
Hirnstamm	29	(6)	24	(3)	0.07
Schädelinnenraum	1571	(231)	1443	(99)	0.20

Mittels Morphometrie und MR konnten eindeutig Veränderungen am Gehirn von Personen mit Down Syndrom gezeigt werden, welche bei der bloßen Betrachtung der MR-Bilder nicht aufgefallen wären. Durch die Kombination von Morphometrie und bildgebenden Verfahren können in adäquater Weise schon diskrete Veränderungen des Gehirns erfaßt werden und in Verlaufsuntersuchungen die Progredienz dieser Veränderungen quantitativ beschrieben werden.

3D-Visualisierung

3D-Daten, wie sie etwa vom CT oder MRT erzeugt werden, können nur beschränkt unmittelbar vom menschlichen Betrachter erfaßt werden. Die Bedienungskonsolen von CT oder MRT zeigen im allgemeinen nur einen zweidimensionalen Ausschnitt aus der wesentlich größeren dreidimensionalen Datenmenge. Um diese Datenmenge zu veranschaulichen und in Form von realitätsnahen Bildern zu visualisieren bedarf es der softwaremäßigen Aufbereitung der Daten durch die sogenannte 3D-Rekonstruktion (Weis et al. 1992).

Die Rekonstruktion erfolgt im wesentlichen in drei Schritten, d.h. (1) der Vorverarbeitung, (2) der Segmentierung und (3) der Visualisierung. Die Vorverarbeitung dient der Aufbereitung der Daten für die beiden folgenden Schritte. Der Segmentierschritt legt fest, welche Objekte betrachtet werden können. Dieser Schritt ist in vielen Fällen nicht automatisch möglich, sondern erfordert den manchmal aufwendigen Eingriff des Morphologieexperten. Die anschließende Visualisierung erstellt eine Ansicht der segmentierten Objekte (Organe, Gewebe). Dies erfolgt automatisch, ist aber bei hoher Bildqualitätsanforderung rechenintensiv.

Ein leistungsfähiges Verfahren zur Visualisierung ist die Volumenvisualisierung (Höhne 1988). Zuerst wird ein Datenquader aufgebaut. Jeder einzelne zweidimensionale Schnitt wird als eine dreidimensionale Scheibe betrachtet. Ihre Höhe entspricht dem Schnittabstand der Tomographiedaten. Die einzelnen Bildpunkte werden so zu Bildquadern (Voxel). Die Schnitte werden übereinander gestapelt und

32

bilden einen Quader (Voxelraum). Zur Visualisierung wird ein Ansichtspunkt ausgewählt und von diesem werden Strahlen auf den Voxelraum geworfen. Die Strahlen
dringen in den Voxelraum ein bis sie auf ein Objekt stoßen. Für jeden Strahl wird
ein Farb- oder Helligkeitswert berechnet. Dieses Verfahren wurde in der Computer-
graphik entwickelt und wird als Strahlverfolgungsmethode bezeichnet (Foley et al.
1990).

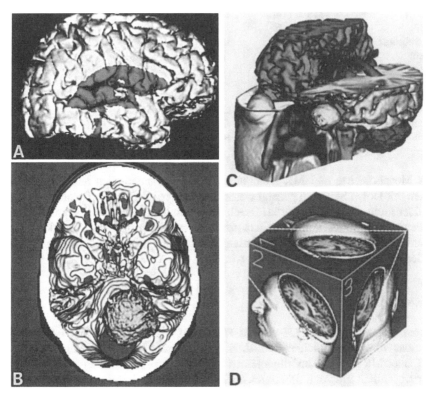

Abb. 1. Beispiele von dreidimensionalen Rekonstruktionen des Gehirns. A. Lateralansicht
auf das normale Gehirn. Telencephalon mit Transparenzansicht des Ventrikelsystems. MR
Datenmaterial. B. Ansicht von oben auf ein Schwannom im Kleinhirnbrückenwinkel. CT
Datenmaterial. C. Kombinierte Cutplanes. MR Datenmaterial. D. Illustration der Cube
Methode. MR Datenmaterial.

Die Cube-Methode hat sich zur Manipulation und Visualisierung des Voxelraumes
als sehr nützlich erwiesen. Es ist eine interaktive Methode mit der man durch den
Voxelraum navigieren, geometrische Parameter für die Visualisierung bestimmen
und Messungen durchführen kann (Holländer und Sramek 1993).

Literatur

Foley JD, van Dam A, Feiner SK, Hughes JF (1990) Computer Graphics, Principles and Practice. Addison-Wesley, New York

Gundersen HJG, Jensen EB (1987) The efficiency of systematic sampling in stereology and its prediction. J Microsc 147: 229-263

Höhne KH (1988) 3D-Computergraphik in der Medizin, Diagnose glasklar. Bild der Wissenschaft, 7

Holländer I, Sramek M (1993) An Interactive Tool for Manipulation and Presentation of 3D Tomographic Data. In: Rhodes, Lemke (eds) Proceedings of CAR 93, Springer; Berlin, pp 378-383

Weis S (1991) Morphometry in the Neurosciences. In: Wenger E, Dimitrov L (eds) Image Processing and Computer Graphics. Theory and Applications. OCG Schriftenreihe 58, Oldenburg, München-Wien, pp 306-326

Weis S, Kimbacher M, Wenger E, Neuhold A (1993) Morphometric analysis of the corpus callosum using MR: correlation of measurements with aging in healthy individuals. AJNR 14: 637-645

Weis S, Thaller R, Villringer A, Wenger E (1992) Das Gehirn des Menschen. Hogrefe Verlag für Psychologie, Göttingen

Störungen der neuronalen Hemmung in der Umgebung photochemisch induzierter corticaler Infarkte

R. Domann, M. Kraemer, G. Hagemann, H.-J. Freund, O.W. Witte

Neurologische Klinik, Heinrich-Heine-Universität, Düsseldorf

Fragestellung

Zwischen der Größe einer ischämischen Läsion in einem definierten Areal wie z.B. im Gyrus praecentralis und dem daraus resultierenden funktionellen Defizit besteht nur eine schlechte Korrelation (Freund 1987). Solche Beobachtungen deuten darauf hin, daß die Funktionsdefizite nicht nur auf Funktionsausfällen, sondern auch auf funktionellen neuronalen Störungen im Umkreis solcher Läsionen beruhen. Hinweise auf solche Funktionsstörungen ergeben sich aus der Beobachtung, daß bei 5 - 15 % der Patienten mit ischämischen Läsionen nach dem Infarkt gehäuft epileptische Anfälle auftreten (Kotila und Waltimo 1992). Der Mechanismus, der diesen Funktionsstörungen zugrunde liegt, ist noch unbekannt. Daher wurden in dieser Studie funktionelle Veränderungen von Neuronen in der Umgebung begrenzter corticaler Infarkte untersucht.

Methodik

Die Untersuchungen wurden mit Hilfe photochemisch induzierter corticaler Infarkte (Watson et al. 1985) am Neocortex von adulten Wistar-Ratten durchgeführt. Unter Halothannarkose wurde den Ratten Bengal Rosa (1,3 mg pro 100 g Körpergewicht) intravenös injiziert und der Cortex im Bereich des Vibrissenareals durch die Kalotte hindurch mit einem Kaltlichtleiter für 20 min beleuchtet. Danach wurden die Wunden vernäht und die Narkose ausgeleitet.

Elektrophysiologische Untersuchungen wurden an corticalen Hirnschnitten zwischen 1 und 60 Tagen nach Induktion des Infarktes durchgeführt. Am Untersuchungstag wurden die Ratten dekapitiert, das Hirn entnommen und coronale Hirnschnitte (400 µm) angefertigt. Die Hirnschnitte wurden sofort in die Meßkammer überführt und dort kontinuierlich mit artifizieller Cerebrospinalflüssigkeit überspült (124 mM NaCl; 26 mM $NaHCO_3$; 5 mM KCl; 2 mM $CaCl_2$; 2 mM $MgSO_4$; 1,25 mM NaH_2PO_4; 10 mM Glucose; equilibriert mit 95% O_2/5% CO_2). In verschiedenen Entfernungen von der Läsion wurden mit Glaskapillarelektroden Feldpotentiale aus der Lamina II/III bei elektrischer Reizung in der darunter liegenden Lamina VI abgeleitet. Zur Überprüfung der neuronalen Hemmung wurden jeweils Doppelpulse im Abstand von 20 ms appliziert.

Ergebnisse

Die photochemisch induzierten Infarkte führten zu klar begrenzten corticalen Läsionen mit einem Durchmesser von 1,9 ± 0,6 mm (n=12). Die Läsion erstreckte sich durch alle corticalen Laminae. Subcorticale Strukturen wurden nicht geschädigt. Innerhalb von 4 Tagen gingen in der Läsion die Neurone verloren und die Läsion wurde mit Gliazellen aufgefüllt. Das Gewebe außerhalb der Läsion unterschied sich morphologisch nicht von Geweben aus Kontrolltieren, die keinen Infarkt hatten.

Als Kontrolle wurden Hirnschnitte aus dem Bereich des Barrelcortex von Tieren ohne Infarkt untersucht. Hier induzierte der erste Reiz des Doppelreizparadigmas in Lamina II/III ein negativ gerichtetes Feldpotential (fEPSP$_1$), das im Mittel eine Amplitude von 1,17 ± 0,78 mV und eine Dauer von 10,5 ± 2,5 ms (n=78) besaß. Der zweite Reiz induzierte ein Feldpotential (fEPSP$_2$), dessen Amplitude nur 37 ± 15 % der Amplitude des fEPSP$_1$ betrug (Abb. 1A$_1$). Dieses als Doppelpulshemmung bekannte Phänomen (White et al. 1979) trat im gesamten Neocortex auf.

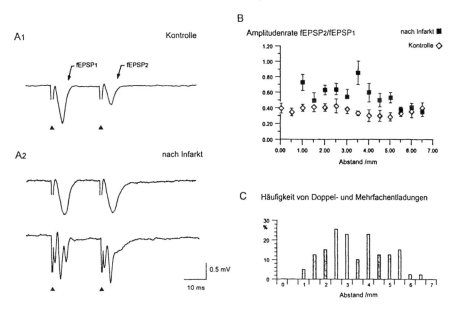

Abb. 1. Feldpotentialregistrierungen in der Umgebung corticaler Infarkte. A: Feldpotentialantworten (fEPSP) in Lamina II/III auf Doppelreize in Kontrolltieren (A$_1$) und Tieren mit Infarkt (A$_2$). Der Zeitpunkt der Reizung ist durch Dreiecke markiert. B: Räumliches Profil der Amplitudenrate fEPSP$_2$/fEPSP$_1$ als Indikator für die Doppelpulshemmung, Mittelwerte bei Kontrolltieren (Rauten) im Vergleich zu Tieren mit Infarkt (Quadrate). Die Balken zeigen den Standardfehler an. C: Räumliches Profil der Häufigkeit von Doppel- und Mehrfachentladungen bei Tieren mit Infarkt. Die Abszisse zeigt den Abstand vom Zentrum der Läsion; der Radius der Läsion betrug im Schnitt 0,96 ± 0,33 mm. In der Umgebung des Infarktes ist die Doppelpulshemmung reduziert und es treten multiple Entladungen auf.

Bei Tieren mit Infarkt konnten innerhalb der Läsion keine elektrophysiologischen Antworten erhalten werden. In der Umgebung des Infarktes traten Änderungen der elektrophysiologischen Antworten auf. Bei allen Tieren war in einem Bereich, der sich bis zu 5 mm lateral des Läsionszentrums erstreckte, die Doppelpulshemmung verringert: Die Amplituden des fEPSP$_2$ waren signifikant größer als bei Kontrolltieren (Abb. 1A$_2$), während sich die absoluten Amplituden des fEPSP$_1$ nicht signifikant von denen bei Kontrolltieren unterschieden. Das Maximum, an dem die Amplitude des fEPSP$_2$ die Amplitude des fEPSP$_1$ erreichte oder übertraf, lag 3,5 bis 4 mm vom Läsionszentrum entfernt (Abb. 1B). Überdies traten in dieser Region bei etwa 25 % der Hirnschnitte als Antwort auf die Reizung Doppel- und Mehrfachentladungen auf (Abb. 1A$_2$, 1C). Erst bei mehr als 5 mm Abstand vom Läsionszentrum unterschieden sich die elektrophysiologischen Antworten nicht mehr signifikant von denen bei Kontrolltieren. Die Veränderungen der elektrophysiologischen Antworten traten bereits am Tag 1 nach Induktion des Infarktes ein und persistierten während des gesamten Untersuchungszeitraums.

Konklusion

Die Ergebnisse zeigen, daß im Umkreis fokaler cerebraler Infarkte Störungen der neuronalen Funktion auftreten. In einem Bereich, der sich bis zu 5 mm lateral des Infarktareals erstreckt, kommt es zu einer Verringerung der Doppelpulshemmung und zu multiplen Entladungen. Dies deutet darauf hin, daß dort die neuronalen Inhibitionen reduziert sind. Es ist anzunehmen, daß daraus weitreichende funktionelle Störungen resultieren. So kann z.B. die Verminderung synaptischer Inhibitionen zu epileptischen Entladungen führen (Prince und Connors 1986; Dichter und Ayala 1987). Da das physiologisch alterierte Areal weit über das morphologisch geschädigte Areal hinaus reicht, können die neuronalen Funktionsänderungen einen erheblichen Einfluß auf das Ausmaß der resultierenden neurologischen Funktionsstörungen nach corticalen Infarkten haben.

Literatur

Dichter MA, Ayala GF (1987) Cellular mechanisms of epilepsy: a status report. Science 237: 157-164

Freund HJ (1987) Differential effects of cortical lesions in humans. Ciba Found Symp 132: 269-281

Kotila M, Waltimo O (1992) Epilepsy after stroke. Epilepsia 33: 495-498

Prince DA, Connors BW (1986) Mechanisms of interictal epileptogenesis. Adv Neurol 44: 275-299

Watson BD, Dietrich WD, Busto R, Wachtel MS, Ginsberg MD (1985) Introduction of reproducible brain infarction by photochemically initiated photothrombosis. Ann Neurol 17: 497-504

White WF, Nadler JV, Cotman CW (1979) Analysis of short-term plasticity at the perforant path-granule cell synapse. Brain Res 178: 41-53

Quantitative kernspintomographische Analyse bei Multipler Sklerose mit Magnetisation Transfer

A. Gass[1,2], G. Barker[2], C. Davie[2], P. Tofts[2], D. Miller[2], B. Kendall[2,3], W. I. McDonald[2]

[1]Neurologische Klinik, Klinikum Mannheim, Universität Heidelberg, [2]NMR Research Group, Institute of Neurology National Hospital for Neurology and Neurosurgery, London, [3]Lysholm Department of Radiology, National Hospital for Neurology and Neurosurgery, London

Fragestellung

Die Magnetresonanztomographie (MRT) des Gehirns hat wichtige Einblicke in die Dynamik der Plaqueentwicklung bei der Multiplen Sklerose (MS) geliefert und eine frühe und akkurate Diagnose ermöglicht (Ormerod et al. 1987; Paty et al. 1988). Querschnitts- und Kurzzeitverlaufsstudien zeigen allerdings keine oder eine nur geringe Korrelation von MRT Befunden und dem Ausmaß der Behinderung (Koopmans et al. 1989; Thompson et al. 1990). Mögliche Erklärungen für diese Diskrepanz sind Unterschiede in der Erkrankungsdauer, Schwierigkeiten die Läsionsmenge exakt zu quantifizieren, spinale Läsionen, die für einen Großteil der Behinderung verantwortlich sind, wie auch die nur eingeschränkte Möglichkeit der Unterscheidung zwischen den unterschiedlichen pathologischen Veränderungen in der konventionellen Magnetresonanztomographie. Signalintensive Läsionen im T2 gewichteten Bild können durch Ödem, Entzündung, Demyelinisierung, Gliose oder Axonverlust verursacht werden, aber wahrscheinlich gehen lediglich Demyelinisierung und Axonverlust mit irreversiblen Funktionseinbußen einher.

Der Austausch von Magnetisierung zwischen freiem und gebundenem Wasser nach Applikation eines off-resonance Radiofrequenzpulses, der den Pool des gebundenen Wassers absättigt, reduziert die T1 Zeit und das Magnetisierungsequilibrium. Der Umfang dieses Effekts wird als Indikator für die Menge und Komplexität von makromolekulärer Struktur angenommen (Edzes und Samulski 1977; Wolff und Balaban 1989). Aktuelle Untersuchungsergebnisse weisen darauf hin, daß entzündliche Veränderungen und Demyelinisierung aufgrund dieses Phänomens differenziert werden können (Dousset et al. 1992).

Methodik

Es wurden 43 Patienten mit klinisch definitiver MS untersucht: 10 Patienten mit primär progressivem Krankheitsverlauf vom Erkrankungsbeginn an ohne schubförmige Veränderungen (PP), 11 Patienten mit sekundär progressivem Verlauf von mindestens 6 Monaten Dauer nach initial schubförmigem Verlauf (SP), 11 Patienten mit benignem Verlauf von mindestens 10 Jahren Dauer und einem EDSS ≤ 3 (BE) und 11 Patienten mit einem schubförmigen Verlauf innerhalb der ersten 5 Jahre nach

Erkrankungsbeginn (RR). Zusätzlich wurden 10 normale Kontrollpersonen und 4 asymptomatische Patienten mit der radiologischen Diagnose small vessel disease untersucht (SVD). Es wurden Doppelechobilder (SE1500/32/80, 8 Schichten, 5 mm Schichtdicke, 2,5 mm gap) vor und nach Applikation eines 64 msec sinc Pulses 2khz ausserhalb der Wasserresonanz zur Absättigung der Resonanz der immobilen makromolekulären Protonen erstellt. Aus den beiden Bildern mit (Ms) und ohne Saturation (Mo) wurde das quantitative Magnetisation Transfer Ratio Bild berechnet (Mo-Ms)/Mo. Die Signalintensität des kalkulierten Bildes repräsentiert den Magnetisation Transfer Effekt zwischen freiem und an makromolekulärer Substanz gebundenem Wasser. Bei den Kontrollpersonen wurde die Magnetisation Transfer Ratio von 17 Regionen weißer und grauer Substanz erfaßt. Bei den 47 Patienten wurde mit Hilfe eines semiautomatisierten Verfahrens die Gesamtläsionsfläche aus den protonengewichteten Bildern berechnet. Die Magnetisation Transfer Ratio der Gesamtläsionsfläche jedes Patienten wurde berechnet.

Ergebnisse

Qualitätssicherung: Magnetisation Transfer Ratios eines Ovalbuminphantoms wurden über einen Zeitraum von 4 Monaten durchgeführt, währenddessen die Variationsbreite unterhalb von 1% lag.Normale Kontrollpersonen: Die Magnetisation Transfer Ratio in grauer Substanz betrug 23-24% und in weißer Substanz zwischen 30,1% und 33,1% in Abhängigkeit von der Lokalisation mit einer Standardabweichung von jeweils unter 1%. Patienten: Die Gesamtläsionsfläche zeigte keinen signifikanten Unterschied zwischen den verschiedenen MS Untergruppen oder zwischen MS Patienten und SVD Patienten. Die Magnetisation Transfer Ratio der Gesamtläsionsfläche war bei MS Patienten signifikant niedriger als bei Patienten mit SVD (primär progressive MS - SVD p=0,008, sekundär progressive MS - SVD p=0,0001, benigne MS - SVD p=0,017, frühe schubförmige MS - SVD p=0,0012). Die Magnetisation Transfer Ratio der Patienten der benignen MS Gruppe war signifikant höher als die der Gruppe der sekundär progressiven MS Patienten. Ebenso war die Magnetisation Transfer Ratio der nur relativ gering behinderten Patienten (EDSS≤3) gegenüber Patienten mit klinisch schwerem Verlauf (EDSS≥5) signifikant höher. In der gesamten MS Kohorte bestand eine Korrelation von Gesamtläsionsfläche mit dem Behinderungsgrad (SRCC=0,33, p=0,03), und eine stärkere inverse Korrelation von Magnetisation Transfer Ratio mit dem Behinderungsgrad (SRCC=-0,44, p=0,006). MS Patienten zeigten bei vergleichbarer Gesamtläsionsfläche häufig Läsionen mit niedriger Magnetisation Transfer Ratio (<10%), die bei SVD nicht gesehen wurden.

Konklusion

Die vorliegende Studie zeigt eine moderate Korrelation von Behinderungsgrad mit und Gesamtläsionsmenge und bestätigt, daß die Läsionsmenge auf T2 gewichteten Bildern nicht die einzige Erklärung für das Ausmaß der klinischen Behinderung bei MS Patienten ist - einige funktionell stark eingeschränkte Patienten hatten geringe Läsionsflächen und nicht wesentlich behinderte Patienten zeigten große Läsionsflächen. Mit der konventionellen Magnetresonanztomographie, die den mobilen Wasseranteil untersucht ist es nicht möglich das Ausmaß an Demyelinisierung und Axonverlust darzustellen. Dahingegen sind Magnetisation Transfer Ratios ein direkter Indikator für den gebundenen Wasseranteil und damit für die Menge von makromolekulärer Substanz im Gewebe. In der normalen weissen Substanz ist die Magnetisation Transfer Ratio insbesondere abhängig von der Konzentration, chemischen Struktur und Mobilität der Myelinbestandteile (Ceckler et al. 1992). Es ist daher möglich, daß die Messung von Magnetisation Transfer Ratios die Menge und Integrität von Myelin anzeigt.

Niedrige Magnetisation Transfer Ratios implizieren Verlust an Gewebestruktur. Bei der MS ist dies als Folge von Demyelinisierung und Axonverlust wahrscheinlich. In der vorliegenden Studie bestand eine starke inverse Korrelation zwischen Magnetisation Transfer Ratio und Behinderungsgrad, deutlicher als die Korrelation von Gesamtläsionsausmaß und Behinderungsgrad. Dies Ergebnisse weisen darauf hin, daß bei stärker behinderten Patienten destruktivere pathologische Veränderungen vorliegen.

Weitere Studien, die Magnetisation Transfer Ratios, Protonen Spektroskopie und Relaxationszeitmessungen vergleichen, sind notwendig. Magnetisation Transfer Ratio Bilder könnten hilfreich sein um den Grad der De- bzw. Remyelinisierung einzuschätzen. Die Spezität der Magnetisation Transfer Ratio Bilder sollte bei der Diagnosestellung nützlich sein und eine wichtige Rolle in der Therapieevaluierung bei MS einnehmen.

Literatur

Ormerod IEC, Miller DH, McDonald WI, et al. (1987) The role of NMR imaging in the assessment of multiple sclerosis and isolated neurological lesions: a quantitative study. Brain 110: 1579-1616

Paty DW, Oger JJF, Kastrukoff LF, et al. (1988) MRI in the diagnosis of MS: a prospective study and comparison of clinical evaluation, evoked potentials, oligoclonal banding and CT. Neurology 38: 180-184

Koopmans RA, Li DKB, Grochowski E, et al. (1989) Benign versus chronic progressive multiple sclerosis: magnetic resonance imaging features. Ann Neurol 25: 74-81

Thompson AJ, Kermode AG, MacManus DG, et al. (1990) Patterns of disease activity in multiple sclerosis: a clinical and magnetic resonance imaging study. Br Med J 300: 631-634

Edzes HT, Samulski ET (1977) Cross relaxation and spin diffusion in the proton NMR of hydrated collagen. Nature 265: 521-523

Wolff SD, Balaban RS (1989) Magnetisation Transfer Contrast (MTC) and Tissue Water Proton Relaxation in Vivo. Mag Res Med 10: 135-144

Dousset V, Grossman R, Ramer KN, et al. (1992) Experimental Allergic Encephalomyelitis and Multiple Sclerosis: Lesion characterization with Magnetization Transfer Imaging. Radiology 182(2): 483-491

Ceckler TL, Wolff SD, Simon SA, et al. (1992) Dynamic and chemical factors affecting water proton relaxation by macromolecules, J Magn Res 98: 637

Präfrontalcortex-Funktion und Homo sapiens

H.H. Kornhuber

Neurologische Universitätsklinik Ulm

Die Erforschung der Frontallappenfunktion war dadurch erschwert, daß im Gegensatz zu den hinteren Hirnlappen einseitige Läsionen ziemlich gut von der Gegenseite kompensiert werden. Nauta (1971) wies auch auf das Fehlen von neurophysiologischen Daten hin, die man durch sensorische Reize gewann. Beim Frontallappen handelt es sich aber um das höchste Zentrum für die Führung des aktiven Handelns, dazu mußte eine neurophysiologische Methode entwickelt werden, die vom aktiven Handeln ausging; dies war, als Nauta seine Übersicht schrieb, freilich schon geschehen (Kornhuber und Deecke 1964, 1965). Der präfrontale Cortex ist das Menschlichste am Menschen; denn zum vernünftigen Handeln gehört Gewissen. Auch phylogenetisch sind gewisse präfrontale Felder unsere jüngsten Erwerbungen (Spatz 1951). Es ist nicht verwunderlich, daß die Evolution diese Funktion nicht in die Nähe des Sehhirns oder des Tastcortex lokalisiert hat, sondern in Nachbarschaft zur Entscheidung über das Handeln. Daß der Fontallappen diese Führungsaufgabe hat, hätte man übrigens schon aus der Tatsache vermuten können, daß er das Hauptprojektionsgebiet des Hypothalmus und des limbischen Systems ist, der Gebiete also, in denen die vitalen Triebe lokalisiert sind.

Die erste Theorie der Willkürhandlungen, die Theorie der Apraxie von Liepmann (1900) sah eine Beteiligung des Frontallappens nicht vor. Sie kannte auch keinen vernünftigen Willen, sondern nahm so etwas wie einen cortiko-cortikalen Assoziationskreis an, der vom sensorischen zum motorischen Cortex führte. Es gab in dieser Theorie eine "Vorstellung", aber kein Abwägen, weder Planung noch Gewissen. Als das Problem der Handlung tierexperimentell angegangen wurde durch W. R. Hess (1949), geriet die Motivation ins Zwischenhirn; der Cortex wurde fortan nur als Zulieferer sensorischer Information betrachtet. Feuchtwanger (1923) wurde kaum zur Kenntnis genommen, auch Karl Kleist (1934), der zum ersten Mal verschiedene Aspekte des Willens im Frontalhirn unterschied, blieb ein Geheimtip.

Der Wille war früher ein geachtetes Forschungsgebiet, er wurde mit guten Gründen von den Trieben unterschieden, denn der Mensch zeichnet sich dadurch aus, daß sich bei ihm Triebe nicht direkt in Handlungen übersetzen, sondern dazwischen ein innerer Beratungsvorgang steht, der zu kreativen Ergebnissen führen kann. Nach dem Zweiten Weltkrieg wurde der Wille infolge des nun herrschenden Freudismus eliminiert (Heckhausen 1987). Freud lehrte Hedonismus (Strauß 1948; Frankl 1984), das Gegenteil von vernünftigem Willen. Als 1964 die neurophysiologischen Untersuchungen zum Willen begannen (Kornhuber und Deecke 1964), waren sie nicht nur innovativ - Eccles (1980) verglich sie mit Galileis Versuchen -, sondern auch im Gegensatz zur Mentalität der Zeit. Im Hintergrund der Eliminierung des Willens stand auch, daß dieser etwas mit Freiheit zu tun hatte, und Freiheit lehnten die führenden Freudisten ab, z. B. A. Mitscherlich (1972): "Es gibt keine Willensfreiheit. Sie ist eine infantile Erfindung der Selbstidealisierung". Dabei sah man infolge eines einseitigen Freiheitsbegriffs (Freiheit von, auch von Gesetzen) Freiheit als Widerspruch zur Naturgesetzlichkeit. In Wahrheit beruht jedoch alle Freiheit von

... auf Freiheiten zu..., d. h. auf Fähigkeiten und Leistungen (Kornhuber 1984; Kornhuber et al. 1989). Im Hintergrund jener neurophysiologischen Untersuchungen des Willens stand hingegen die Erfahrung, daß vernünftiger Wille wichtig ist für humanes Verhalten gerade unter schwierigen Bedingungen (Kornhuber 1961).

Etwas Willensähnliches im Bereich der Wahrnehmung hatte sich inzwischen freilich die Achtung der Wissenschaftler erhalten: die Aufmerksamkeit. Das Zentrum der Aufmerksamkeit ist aber auf cortikaler Ebene nicht im Frontalhirn, sondern näher den sensorischen Rindenfeldern in einer multsensorischen Konvergenz-Area (Kornhuber 1983): im Parietallappen (Kornhuber 1984). Mit den neurophysiologischen Daten stimmen die klinischen überein: bei Hemineglect sind die Herde gewöhnlich parietal (Hécaen und Albert 1978).

Das Bereitschaftspotential des Menschen vor Willkürbewegungen der Finger oder der Hand (Kornhuber und Deecke 1965; Kornhuber 1974) zeigt ein Maximum in der Mittellinie etwa über der supplementär-motorischen Area. Es gibt Patienten, bei denen das Potential über der Handregion des motorischen Cortex nicht mehr auftritt, sie zeigen nur das Potential in der Mittellinie (Deecke und Kornhuber 1978). Die Methode der regionalen Hirndurchblutungsmessung (Lassen et al. 1978) bestätigt die Quelle in der supplementär-motorischen Area (SMA); diese Methode hat allerdings eine so geringe zeitliche Auflösung (etwa 30 Sekunden), daß unklar bleibt, ob die neuronale Aktivierung, die zur Mehrdurchblutung führt, vor oder nach der Bewegung stattfindet. Kombiniert mit der Bereitschaftspotential-Methode, die eine Genauigkeit von etwa einer Millisekunde hat, ist aber klar, daß die Aktivität ca. 1 sec vor Bewegungsbeginn anhebt und ihr Maximum in der SMA hat.

Bei Lernversuchen, die willentliche Anstrengung erfordern, findet man eine Erhöhung der Oberflächen-negativen Spannung, die von der Kopfhaut des Menschen ableitbar ist. Diese Spannung korreliert positiv und signifikant nur über dem Frontallappen mit dem Lernerfolg (Lang et al. 1983). Man findet diese frontale Korrelation sogar je nach Aufgabe lateralisiert: bei Versuchen mit verbalassoziativem Lernen gilt sie nur für den linken Frontallappen (Lang et al. 1989), bei visuospatialem motorischem Lernen nur für den rechten (Lang et al. 1986).

Karl Kleist (1934) lehrte, daß Orbitalcortexläsion Gesinnungsverlust und Triebenthemmung macht, hingegen Läsion der fronto-lateralen Konvexität Verminderung der "tätigen Gedanken", der geistigen Initiative und Kreativität. Die Theorie des Bereitschaftspotentials (Kornhuber 1984, 1987) fügte das Startsignal hinzu; diese dritte Willensfunktion ist fronto-medial lokalisiert in der SMA (Deecke und Kornhuber 1978). Heute können wir sagen: während der orbitale Cortex, der Afferenzen vom limbischen System erhält, beiträgt zur Entscheidung über das <u>Was</u> des Tuns und die fronto-laterale Konvexität das <u>Wie</u> plant, fällt im fronto-medialen Cortex die Entscheidung über das <u>Wann</u>, das Beginnen zur rechten Zeit.

Die SMA ist nicht nur bei Extremitätenbewegung, sondern auch bei Augenbewegung (Becker et al. 1972), beim Sprechen (Grözinger et al. 1979), kurz bei allen Willkürbewegungen mit der Startfunktion beteiligt. Diese Zentralisierung ist besonders bemerkenswert angesichts der Tatsache, daß unser motorisches System weit mehr dezentralisiert ist, als unsere Lehrbücher es bisher erkennen lassen, z.B. liegt der motorische Cortex für das Sprechen nicht in der Präzentralregion oder im unteren Frontallappen, sondern in der Wernicke-Area des Schläfenlappens, nahe dem Hörfeld (Kornhuber 1984). Vielleicht hat die Zentralisierung der Startentscheidung damit zu tun, daß andere motorische Vorgänge, das Gleichgewicht und die äußere Situation berücksichtigt werden müssen und Handlungen die Aufmerksamkeit von Feinden hervorrufen können und deshalb besonderer Kontrolle bedürfen.

Die Schäden durch einseitige Frontalhirnläsionen werden durch die üblichen Intelligenztests nicht erfaßt (Hebb 1939; Petrides und Milner 1982), obgleich Patienten mit bilateralen Frontalhirnläsionen schwerste Veränderungen des Verhaltens aufweisen können (Kleist 1934; Rylander 1939; Freeman und Watts 1942; Beringer 1944). Genauer: Frontalhirnläsionen beeinträchtigen die Intelligenz nicht mehr als andere Hirnläsionen, die je Prozent verlorenes Großhirngewebe im Mittel ein Minus von etwa 4 Punkten im Wechsler-Test machen (Kornhuber et al. 1985). Obgleich einseitige präfrontale Läsionen gut kompensiert werden, sind spezifische Ausfälle durch Tests bei quantitativem Vergleich erfaßbar (Milner 1964; Jones-Gutman und Milner 1977; Petrides und Milner 1982; Regard et al. 1982; Milner und Petrides 1984; Regard 1991). - Durch Präfrontalhirnschäden hervorgerufene psychische Veränderungen werden noch oft als "kognitiv" klassifiziert, allenfalls als "emotional" oder als Defizit des "working memory". Obwohl das nicht falsch ist, ist doch das Wesentliche nicht getroffen. Die schweren Verhaltensstörungen nach ausgedehnten bilateralen Präfrontalhirnläsionen zeigen, daß der präfrontale Cortex für die Führung des Denkens und Verhaltens von ausschlaggebender Bedeutung ist, und daß es hier eine Funktion des vernünftigen Willens gibt, die wählend, planend, anregend oder hemmend mit den Trieben und Gefühlen zusammenarbeitet. Frontalhirnleistungen sind z.B. Ausdauer, Sorgfalt, Gründlichkeit, Kreativität, Selbstkritik, Tapferkeit.

Die Verminderung der Initiative und Fähigkeit zur Planung bei Präfrontalläsionen ist mehrfach bestätigt worden (Rylander 1939; Freeman und Watts 1942; Beringer 1944). Mit besonderen Tests wie dem Wisconsin Card Sorting, dem Word fluency Test (Milner 1964), bei der selbst zu ordnenden Reihenfolge von Zeigereaktionen (Petrides und Milner 1982), beim Tower of London (oder Tower of Hanoi) Test (Shallice 1982) und beim Fünf-Punkte-Zeichentest (Regard 1991) findet man auch bei unilateralen Frontalhirnläsionen signifikante Ausfälle. Alle diese Tests verlangen nicht nur Hervorbringung neuer Ideen, sondern gleichzeitig Beachung von Regeln. Verlangt wird also nicht wilde, sondern exakte Phantasie, nicht diffuse Phantasterei, sondern gründliche Planung, vernünftiges Denken. Es ist nicht hilfreich, daß in der Literatur von divergentem Denken gesprochen wird, denn tatsächlich sind auch Konzentration und Genauigkeit erforderlich. Eine Folge des verminderten eigenen Willens nach Frontalhirnläsionen ist eine erhöhte Ablenkbarkeit, die auch tierexperimentell gesichert wurde (Grueninger und Pribram 1969). Planung gehört natürlich zum vernünftigen Willen, denn ohne Pläne keine überlegten Entscheidungen. Auch ein Kurzzeit-Arbeitsgedächtnis (working memory) gehört zum Planen, dieses ist nach Läsion der lateralen präfrontalen Konvexität gestört (Pribram et al. 1964). Die Feststellung von Karl Kleist hinsichtlich der besonderen Funktion der Orbitalhirnrinde wurden durch Tierversuche und klinische Untersuchungen bestätigt (Rylander 1939; Ruch und Shenkin 1943; Harlow und Settlage 1948). Auch Einzelzellableitungen bei Affen stimmen mit Kleists klinischen Befunden überein (Rolls 1983; Thorpe et al. 1983).

Natürlich erfüllt das Frontalhirn seine Funktionen, wie andere Hirnteile, nicht in Isolation, sondern durch Zusammenarbeit mit zahlreichen anderen Zentren, vor allem den Parietal- und Temporallappen (Nauta 1971), dem prämotorischen Cortex, dem limbischen System einschließlich Amygdala und Hypothalamus, den Stammganglien (Alexander et al. 1990) sowie anderen Teilen des präfrontalen Cortex und des Gyrus cinguli (Pandya und Yeterian 1990). Der Gyrus cinguli erhält seine thalamische Afferenz vom vorderen Kern, während der präfrontale Cortex sie vom Mediodorsalkern erhält, aber auch der Nucleus anterior hat wie der Mediodorsalkern hypothalamische Afferenz, und so ist es nicht verwunderlich, daß die Affekte von Läsionen des Gyrus cinguli gewisse Ähnlichkeit mit Orbitalhirnläsionen haben; es gibt nach Gyrus cinguli-Läsionen z.B. Verlust der natürlichen Scheu (Ward 1948; Glees et al. 1950;).

Phylogenetisch ist der große Präfrontalcortex die letzte Entwicklung, die zum Homo sapiens sapiens geführt hat. Wenn man nach dem wesentlichen Merkmal des Menschen fragt, weist man heute auf die Sprache. Sprache gab es aber schon mindestens beim Homo erectus mehr als eine Million Jahre vor dem Homo sapiens, wahrscheinlich sogar zwei Millionen Jahre früher beim Homo habilis, wenn man den Schlüssen aus Schädelausgüssen trauen kann (Holloway 1983; Tobias 1987). Es gibt weitere gute Gründe für die Annahme, daß die Sprache sich schon seit Homo habilis allmählich entwickelt hat: Kommunikation und Gruppenbindung erforderten ohne Sprache zu viel Zeit, als die Gruppe größer wurde, und dies war nötig, weil das Leben im Grasland gefährlicher war als an den Rändern der Wälder (Aiello und Dunbar 1993). Noch älter sind selbstverständlich andere Voraussetzungen für die Evolution des Menschen wie Werkzeuggebrauch, Beherrschung des Feuers und lange Erziehung der Kinder in der vollständigen Familie einschließlich Vater (bei den Schimpansen kümmern sich die Väter nicht um das Aufziehen der Kinder). Die Neandertaler (Bosinski 1985; Nelson und Jurmain 1985), die sicher Sprache hatten, lebten einschließlich der Prä-Neandertaler über 200000 Jahre lang, ohne wesentliche Fortschritte in der Kultur zu machen (mit Ausnahme von Bestattung der Toten und einer geringen Verbesserung der Steinwerkzeuge am Anfang ihrer Zeit), sie entwickelten, soweit wir wissen, keine Kunst, obgleich sie im Mittel sogar 100 Gramm Gehirn mehr hatten als der rezente Homo sapiens (Eccles 1989), der CroMagnon-Mensch, der jetzt Homo sapiens sapiens genannt wird. Zu jener Zeit, in der die Neandertaler verschwanden, etwa 40000 v. Chr., entwickelte Homo sapiens sapiens alle 2000 Jahre neue Werkzeuge und dazu ein Aufzeichnungssystem (wie die Gravierungen von Blanchard zeigen) (Eccles 1989) und hochrangige Kunst wie die Gemälde von Lascaux und die Skulpturen von Vogelherd.

Zeichensprache können bekanntlich auch junge Schimpansen lernen, aber sie entwickeln im Gegensatz zu taubstummen Kindern keine Zeichensprache aus eigener Initiative (Goldin-Meadow und Feldman 1977). Der Unterschied liegt, wie bei der Kunst und dem Werkzeug, in der Kreativität. Auch Vernunft ist eine kreative Funktion. Die Grundlage dieser Kreativität des rezenten Menschen ist aber der große Präfrontalcortex: die Neandertaler hatten trotz größeren Gesamtgehirns einen kleineren Frontallappen als Homo sapiens sapiens (Kornhuber 1994). Daß Menschenaffen nur Zeichensprache, aber keine gesprochene Sprache lernen können, liegt daran, daß ihnen das Wernicke-Feld fehlt, das in Wahrheit der motorische Cortex für das Sprechen ist, denn Sprachbewegungen benötigen (außer einer taktilen Regelung zum Schutz der Zunge vor den Zähnen - das ist die erste Aufgabe des motorischen Cortex) eine rasche feine auditorische Regelung, deshalb die Nähe zum Hörfeld (Kornhuber 1984). Der Frontallappen ist nicht etwa wegen des Broca-Feldes von großer Bedeutung für den Menschen; denn nicht nur bildet das Broca-Feld nur einen relativ kleinen Teil des Frontallappens, sondern auch die Aphasie nach Verlust des Broca-Feldes ist leicht und vorübergehend (Brunner et al. 1982).

Der vernünftige Wille (Kornhuber 1992) verhält sich wie ein weitblickender Führer, ein Staatsmann oder guter Vater: er nimmt Anregungen von den Bedürfnissen, setzt Prioritäten unter den Antrieben im Blick auf längerfristige und umgreifende Ziele, veranlaßt auch Ausbildung nötiger Fähigkeiten, achtet auf Zusammenarbeit und hält den Organismus handlungsfähig, indem er u.a. für rechtzeitige Befriedigung vitalen Bedarfs sorgt. Nicht nur die Psychologie neigte seit 1968 zur Eliminierung des Willens, auch in der Encyclopedia Britannica gibt es jetzt keinen Willen mehr (außer im Sinne von Testament). Man trifft Ersatzbegriffe wie Selbstkontrolle, Persönlichkeitsstärke usw. Am Willen wird z.B. faktisch gearbeitet in der Erziehung und bei der Entwöhnung von Suchten, nach Willen wird gesucht bei der Auswahl von Managern oder Forschern, denn Kühnheit und Gründlichkeit des Denkens kommen aus dem Willen. Aus dem vernünftigen Willen und der Kreativität, im wesentlichen Frontallappenfunktionen, kommt die Freiheit des Menschen im positivem Sinn, d.h. vernünftige Selbstbeherrschung und kulturelle Leistungen. Die Freiheit von etwas, d.h. Freiheit im Sinne von Unabhängigkeit, ist erst Folge der positiven Freiheit zu etwas (Kornhuber 1984). Aus der positiven Freiheit kommt auch die Forschung und damit das tiefere Wahre. Infolge ihrer positiven Freiheit, d. h. ihrer Kreativität und ihres vernünftigen Willens sind Menschen aktiv beteiligt an ihrem eigenen Werden (neben Anlagen und Umwelt natürlich), sie wirken selbst mit an der Entwicklung ihrer Persönlichkeit. Etwa im Alter von drei Jahren wird das Motivationssystem des Kindes so komplex, daß es eine Führungsfunktion zum Setzen von Prioritäten braucht: das Selbst mit seinem überlegten Willen. Das ist eine Quelle zusätzlicher Variabilität der Individuen. Es gibt, auf jedem Niveau von Intelligenz, einen menschlichen Adel, der aus langem gutem Willen kommt. Natürlich führt Kreativität auch zu Problemen (z.B. Umweltzerstörung): wegen der Folgen seiner Kreativität mußte der Mensch Ethik entwickeln.

Durch seine Kreativität und die Möglichkeit zum Wollen mit Vernunft und Gewissen ist der Mensch in einer phylogenetisch neuen Situation und hat eine keinem andern Wesen zukommende Verantwortung. Er kann auch bloß primitiven Antrieben folgen und seine schon von Sophokles (ca. 443 v. Chr.) und Pico (1496) gesehenen kreativen Fähigkeiten in den Dienst etwa von Egoismus, Neid oder Aggression stellen; infolge seiner Selbstdomestikation tendiert er dann zu Dekadenz. Eine Falle, die in der Kreativität des großen Frontalhirns liegt, ist der Hedonismus. Eine quasi experimentelle Demonstration des Hedonismus haben wir miterlebt, Folgekosten und Leid wirken noch jetzt. Die hedonistische Lehre von 1968 trug bei zum Drogenboom jener Jahre, einer Woge von Unfreiheit. Joachim Fest sah 1970: "Das verband alle die heterogenen Gruppierungen: sie waren sich selbst das wichtigste Problem und trachteten vor allem danach, Glückszustände für den Einzelnen zu schaffen. Ihren greifbarsten Ausdruck hat die Realitätsverneinung dieser Generation im Drogengenuß gefunden". In der Bundesrepublik Deutschland stieg die Zahl der wegen Rauschgiftdelikten polizeilich festgestellten Täter unter 21 Jahren (bei diesen kleinen Dealern handelt es sich meist um selbst Abhängige) von 276 in 1967 auf 16008 in 1971 (Daten des Bundeskriminalamts). Der Alkoholismus bei Frauen hat sich seit 1968 mehr als verzehnfacht (Kornhuber und Füchtner 1992); dementsprechend gestiegen ist die Alkoholembryopathie, die früher so selten war, daß sie bis 1968 unbekannt blieb und die heute doppelt so häufig vorkommt wie das früher häufigste angeborene Leiden, das Down-Syndrom. Es ist also nicht gleichgültig, wie wir über vernünftigen Willen und positive Freiheit denken (Kornhuber 1984). Hedonismus negiert das Gewissen und die Führungsgabe des Frontalhirns und übergibt die Leitung des Verhaltens der Lustfunktion, dem Zwischenhirn. Zu dieser Verkehrung bemerkte sinngemäß Heraklit schon vor zweieinhalb Jahrtausenden (Herakleitos ca. 510 v. Chr.): Bestünde das Glück in sinnlichen Genüssen, so wäre das Vieh glücklicher als die Menschen, vorausgesetzt, daß es Erbsen als Futter findet. Von der der Stoa bis Kant und Albert Schweitzer war die Aufgabe klar; Sokrates war nur scheinbar eine Ausnahme: er legte Wert auf Einsicht, weil vernünftiger Wille für ihn selbstverständlich war; sokratische Willensstärke war im Altertum sprichwörtlich. Erst die Freudomarxisten machten den Hedonismus 1968 wieder gesellschaftsfähig.

Freilich bereitet das Frontalhirn mit seinem Gewissen uns auch Mühe und Not, wer aber, Heraklit und Kant folgend, seine Pflicht tut statt nach Lust zu suchen, lebt nicht unglücklich, im Gegenteil (Kornhuber 1992). Das meiste Glück kommt, wie schon Perikles, Aristoteles, Hölderlin und Goethe (Goethe 1796) wußten, aus sinnvollem, intensivem, tapferem Tun: es ist vom Frontalhirn induziertes Glück. Offenbar hat das Frontalhirn mit seinen Verbindungen zum limbischen System und Zwischenhirn Zugang zu den Grundlagen von jenem Glück, das nicht wie beim Hunger durch Triebentspannung, durch negative Rückkoppelung also entsteht, sondern als positive Rückkoppelung in das Tun selbst eingebaut ist wie beim Spielen der Kinder und jungen Tiere, Verhaltensweisen die der Übung für den Ernstfall dienen, deren Sinn aber, gäbe es jenes aristotelische Glück der vernünftigen Tätigkeit nicht, vom handelnden Individuum nicht erlebt werden könnte. Frontalhirn-Glück gibt es aber nicht nur bei Philosophen und Dichtern, sondern es ist, wie nüchterne Untersuchungen gezeigt haben, ein häufiges Glück bei vielen Menschen guten Willens (Csikszentmihalyi und Csikszentmihalyi 1988). Der große präfrontale Cortex des Menschen ist aber zunächst nur Hardware, d.h.eine Möglichkeit: an der humanen Software müssen wir lebenslang auch selbst arbeiten.

Literatur

Aiello LC, Dunbar RIM (1993) Neocortex size, group size, and the evolution of language. Current anthropology 34: 184-193

Alexander GE, Crutcher MD and DeLong MR (1990) Basal ganglia-thalamo-cortical circuits: parallel substrates for motor, oculomotor, "prefrontal" and "limbic" functions. Progr Brain Res 85: 119-146

Becker W, Hoehne O, Iwase K, Kornhuber HH (1972) Bereitschaftspotential, prämotorische Positivierung und andere Hirnpotentiale bei sakkadischen Augenbewegungen. Vision Res 12: 421-436

Beringer K (1944) Antriebschwund mit erhaltener Fremdanregbarkeit bei beidseitiger frontaler Marklagerschädigung. Z Neurol 176: 10-30

Bosinski G (1985) Der Neandertaler und seine Zeit. Rheinland-Verlag, Pulheim

Brunner RJ, Kornhuber HH, Seemüller E, Suger G, Wallesch CW (1982) Basal ganglia participation in language pathology. Brain and language, 16 pp. 281-299

Csikszentmihalyi M, Csikzentmihalyi IS (1988) Optimal experience. Psychological studies of flow in consciousness. Cambridge, Cambridge University Press. - S.a. Csikszentmihalyi M (1992): Flow, das Geheimnis des Glücks. Klett-Cotta, Stuttgart

46

Deecke L, Kornhuber HH (1978) An electrical sign of participation of the mesial "supplementary" motor cortex in human voluntary finger movement. Brain Res 159: 473-476

Eccles JC (1989) Die Evolution des Gehirns - Die Erschaffung des Selbst. München, Piper

Eccles JC, Zeier H (1980) Gehirn und Geist. München, Zürich: Kindler

Fest JC (1970) Die verneinte Realität. Spiegel Nr. 49. Wieder in J.C.Fest: Aufgehobene Vergangenheit, Stuttgart Deutsche Verlagsanstalt 1981

Feuchtwanger I (1923) Die Funktion des Stirnhirns, ihre Pathologie und Psychologie. Monographien aus dem Gesamtgebiete der Neurologie und Psychiatrie, Heft 38. Berlin, Springer

Frankl VE (1984) Der leidende Mensch, Bern, Huber, 2. Aufl. p. 178

Freeman W, Watts JW (1942) Psychosurgery. Springfield: Thomas

Glees P, Cole J, Whitty CWM, Cairns H (1950) The effects of lesions in the cingular gyrus and adjacent areas in monkeys. J Neurol Neurosurg Psychiat 13: 178-190

Goethe JW v. (1796) Wilhelm Meisters Lehrjahre VII, 6, Artemis-Gedenkausgabe, Zürich und Stuttgart 1948, 7: 487

Goldin-Meadow S, Feldman H (1977) The development of language-like communication without a language model. Science 179: 401-403

Grözinger B, Kornhuber HH, Kriebel J (1979) Participation of mesial cortex in speech: Evidence from cerebral potentials preceding speech production in man. In O. Creutzfeldt, H. Scheich, C. Schreiner (Eds.), Hearing mechanisms and speech p. 189-192. Berlin, Heidelberg, New York: Springer

Grueninger WE, Pribram KH (1969) Effects of spatial and nonspatial distractors on performance latency of monkeys with frontal lesions. J Comp Physiol Psychol 68: 203-209

Harlow HF, Settlage PH (1948) Effect of exstirpation of frontal area upon learning performance of monkeys. Res Publ Assoc Res Nerv Ment Dis 27: 446-459

Hebb DO (1939) Intelligence in man after large removal of cerebral tissue: report of four left frontal lobe cases. J. Gen. Psychol. 21: 73-87

Hécaen H, Albert ML (1978) Human neuropsychology. Wiley, New York

Heckhausen H (1987) Perspektiven einer Psychologie des Wollens p. 121-142 in: Heckhausen H, Gollwitzer PM, Weiner FE (Eds) Jenseits des Rubikon: der Wille in den Humanwissenschaften. Springer, Berlin

Herakleitos (ca. 510 v.Chr.) Fragment 4 (Diels)

Hess WR (1949) Das Zwischenhirn. Syndrome, Lokalisationen, Funktionen. Basel: Schwabe

Holloway RL (1983) Human palaeontological evidence relevant to language behavior. Hum Neurobiol 2: 105-114

Jones-Gutman M, Milner D (1977) Design fluency. The invention of non-sense drawings after focal cortical lesions. Neuropsychologia 15: 653-674)

Kleist K (1934) Gehirnpathologie. Leipzig: Barth

Kornhuber HH (1961) Psychologie und Psychiatrie der Kriegsgefangenschaft. p. 631-742. In H.W. Gruhle, R. Jung, W. Mayer-Gross, M. Müller (Hg.) Psychiatrie der Gegenwart Band III, Springer Verlag Berlin Göttingen Heidelberg

Kornhuber HH (1974) Cerebral cortex, cerebellum and basal ganglia: An introduction to their motor functions.In F.O. Schmitt & F.G. Worden (Eds.). The neurosciences, third study program. Cambridge, Mass: Massachusetts Institute of Technology Press

Kornhuber HH (1983) Functional interpretation of the multimodal convergence in the central nervous system of vertebrates. In E. Horn (ed) Multimodal convergences in sensory systems. Fortschritte der Zoologie Bd. 28. Stuttgart: Gustav Fischer

Kornhuber HH (1984) Von der Freiheit. In M. Lindauer und A. Schöpf (eds) Wie erkennt der Mensch die Welt? Klett, Stuttgart

Kornhuber HH (1984) Attention, readiness for action, and the stages of voluntary decision - some electrophysiological correlates in man. Exp Brain Res Suppl 9: 420-429

Kornhuber HH (1984) Mechnisms of voluntary movement. In W. Prinz, A.F. Sanders (eds.) Cognition and Motor Processes. pp. 164 - 173. Berlin Heidelberg Springer

Kornhuber HH (1987) Handlungsentschluß, Aufmerksamkeit und Lernmotivation im Spiegel menschlicher Hirnpotentiale, mit Bemerkungen zu Wille und Freiheit. pp. 376-401. In Heckhausen et al, Jenseits des Rubikon, Springer Berlin

Kornhuber HH (1992) Gehirn, Wille, Freiheit. Revue de Métaphysique et de Morale Nr. 2: 203-223

Kornhuber HH (1994) The frontal lobe and the essentials of Homo sapiens. In Albowitz B et al (eds) Structural and Functional Organization of the Neocortex. Springer, Heidelberg

Kornhuber HH, Bechinger D, Jung H, Sauer E (1985) A quantitative relationship between the extent of localized cerebral lesions and the intellectual and behavioral deficiency in children. Eur Arch Psychiat Neurol Sci 235: 129-133

Kornhuber HH, Deecke L (1964) Hirnpotentialänderungen beim Menschen vor und nach Willkürbewegungen, dargestellt mit Magnetbandspeicherung und Rückwärtsanalyse. Pflügers Arch Physiol 281: 52

Kornhuber HH, Deecke L (1965) Hirnpotentialänderungen bei Willkürbewegungen und passiven Bewegungen des Menschen: Bereitschaftspotential und reafferente Potentiale. Pflügers Arch Physiol 284: 1-17

Kornhuber HH, Deecke L, Lang W, Lang M, Kornhuber A (1989) Will, volitional action, attention and cerebral potentials in man: Bereitschaftspotential, performance-related potentials, directed attention potential, EEG-spectrum changes. In WA Hershberger: Volitional Action: 107-168, Elsevier, Amsterdam

Kornhuber HH, Füchtner J (1992) More than tenfold increase of alcoholism in women since 1968. Neurol, Psychiat Brain Res 1: 46-48

Lang M, Lang W, Uhl F, Kornhuber A (1989) Patterns of event related brain potentials in paired associative learning tasks: Learning and directed attention. In K. Maurer (ed) Topographic Brain Mapping of EEG and evoked potentials: 323-325, Springer, Heidelberg

Lang W, Lang M, Kornhuber A, Deecke L, Kornhuber HH (1983) Human cerebral potentials and visuo-motor learning. Pflügers Arch Eur J Physiol 399: 342-344

Lang W, Lang M, Kornhuber A, Kornhuber HH (1986) Electrophysiological evidence for right frontal lobe dominance in spatial visuo-motor learning. Arch Ital Biol 124: 1-13

Lassen NA, Ingvar DH, Skinhoj E (1978) Brain Function and Blood Flow. Scient Amer 239: 50-59

Liepmann H (1900) Das Krankheitsbild der Apraxie ("motorischen Asymbolie"). Mschr Psychiat Neurol 8: 14-44, 102-132, 182-197

Milner B (1964) Some effects of frontal lobectomy in man. In K Akert, JM Warren (eds) The frontal granular cortex and behavior. New York, McGraw Hill

Milner B, Petrides M (1984) Behavioural effects of frontal-lobe lesions in man. Trends Neurosci 7: 403-407

Mirsky AF, Rossvold HE, Pribram KH (1957) Effects of cingulectomy on social behavior in monkey. J Neurophysiol 20: 588-601

Mitscherlich A, zitiert nach S. Haddenbrock (1972): Strafrechtliche Handlungfähigkeit und "Schuldfähigkeit" (Verantwortlichkeit), in Göppinger, H. Witter (Hg), Handbuch der forensischen Psychiatrie, II, Berlin Heidelberg, Springer p.885

Nauta WJH (1971) The problem of the frontal lobe: a reinterpretation. J Psychiat Res 8: 167-187

Nelson H, Jurmain R (1985) Introduction to physical anthropology. 3. ed. West publishing company, St. Paul, New York, Los Angeles, San Francisco

Pandya DN, Yeterian EH (1990) Prefrontal cortex in relation to other cortical areas in Rhesus monkey: architecture and connections. Progr Brain Res 85: 63-94

Petrides M, Milner D (1982) Deficits on subject-ordered tasks after frontal- and temporal-lobe lesions in man. Neurophsychologia 20: 249-262

Pico della Mirandola (1496) De hominis degnitate. Bologna

48

Pribram KH, Ahumada A, Hartog J, Roos LA (1964) A progress report on the neurological processes disturbed by frontal lesions in primates. In JM Warren and K Akert (eds) Frontal granular cortex and behavior: 28 - 52. McGraw Hill, New York

Regard M (1991) The perception and control of emotion: Hemispheric differences and the role of the frontal lobes. Habilitationsschrift

Regard M, Strauss E, Knapp P (1982) Childrens production on verbal and non-verbal fluency tasks. Perceptual and Motor skills 55: 839-844

Rolls ET (1983) The initiation of movements. In J Massion, J Paillard, W. Schultz, M. Wiesendanger (eds) Neural coding of motor performance. Exp Brain Res suppl 7. 24

Ruch TC, Shenkin HA (1943) The relation of area 13 on orbital surface of frontal lobes to hyperactivity and hyperphagia in monkeys. J Neuro- physiol 6: 349-360

Rylander G (1939) Personality changes after operations on the frontal lobes. A clinical study of 32 cases. Acta Psychiat Scand Suppl 20: 1-327

Shallice T (1982) Specific impairments of planning. Phil Trans Roy Soc Lond 298: 199-209

Smith WK (1944) The results of ablation of the cingular region of the cerebral cortex. Fed Proc 3: 42

Sophokles (ca. 443 v. Chr.) Antigone: Anfang, Chor

Spatz H (1951) Menschwerdung und Gehirnentwicklung. Nachrichten der Giessener Hoch- schulgesellschaft 20: 32-55

Strauß EB (1948) Quo vadimus? Irrwege der Psychotherapie, Innsbruck, Tyrolia, p. 11

Thorpe SJ, Rolls ET, Maddison S (1983) The orbito-frontal cortex: Neuronal activity in the behaving monkey. Exp Brain Res 49: 93-115

Tobias PV (1987) The brain of Homo habilis: A new level of organization in cerebral evolution. J Hum Evol 16: 741-761

Ward AA (1948) The cingular gyrus: area 24. J Neurophysiol 11: 13-23

Topographie kritischer Bereiche im Frontalhirn für das unilaterale und bimanuelle motorische Lernen beim Menschen

A.W. Kornhuber[1], W. Lang[2], M. Becker[1], F. Uhl[2], G. Goldenberg[3], M. Lang[1]

[1]Abteilung Neurologie, Klinikum der Universität Ulm, [2]Abteilung Neurologie, Allgemeines Krankenhaus der Universität, Wien, [3]Neurologisches Krankenhaus Rosenhügel, Wien

Fragestellung

Frühere Hirnläsionsstudien beim Menschen (Milner 1965 und Wyke 1971), Läsionsstudien bei Primaten, elektrophysiologische Untersuchungen am Menschen (Lang et al. 1986) und an Primaten, sowie Untersuchungen der regionalen Hirndurchblutung (Lang et al. 1988) haben gezeigt, daß dem Frontalhirn eine wichtige Aufgabe der corticalen Kontrolle des motorischen Lernens zukommt. Wir haben untersucht, welche Areale beim Menschen kritisch für das unilaterale und bimanuelle motorische Lernen sind.

Methodik

Für diese Untersuchung wurden 54 Patienten mit chronischen Frontalhirnläsionen in Ulm und Wien aus über 20000 Computertomographien des Gehirns herausgesucht. Ausschlußkriterien waren: neurologisches Defizit oder Verständnisschwierigkeiten, invasiv wachsende Tumoren, ausgedehnte Blutungen oder ein apallisches Syndrom in der Vorgeschichte. Die motorische Aufgabe bestand darin, einen grünen Punkt auf einem Computermonitor mit einem zweiten roten Punkt zu verfolgen. Der Zielpunkt bewegte sich in zufälligen Richtungen auf einem unsichtbaren Vieleck (Polyeder). Die Steuerung erfolgte mit einem bzw. zwei Steuerknüppeln. Für das unilaterale Lernen wurde die horizontale Richtung der Steuerung vertauscht (Steuerknüppel nach rechts, Punktbewegung nach links). Beim bimanuellen Lernen wurden die horizontalen Richtungen zweier Steuerknüppel wie ein Storchenschnabel (Pantograph) verschaltet (vertikale Punktbewegung bei gegensinniger horizontaler Steuerknüppelbewegung, horizontal bei gleichsinniger Bewegung, sonst Bewegungen in Diagonalrichtungen). Die unilaterale Lernaufgabe wurde insgesamt achtmal für jeweils 80 Sekunden mit der Gebrauchshand durchgeführt, die bimanuelle Aufgabe fünfmal. Als Fehlermaß wurde der mittlere Abstand zwischen Ziel- und Folgepunkt für jeden Durchlauf ermittelt. Wenn sich die Patienten beim unilateralen Lernen im Mittelwert der letzten drei Durchläufe gegenüber den ersten drei verbesserten, so wurde das als intaktes motorisches Lernen gewertet, entsprechend beim bimanuellen Lernen die ersten und letzten zwei Durchläufe.

Die im Computertomogramm sichtbare Läsion wurde auf einen Standard-Raster von
3 mm Kantenlänge (9 cantomeathale Schichten) für die Computer-Auswertung übertragen.

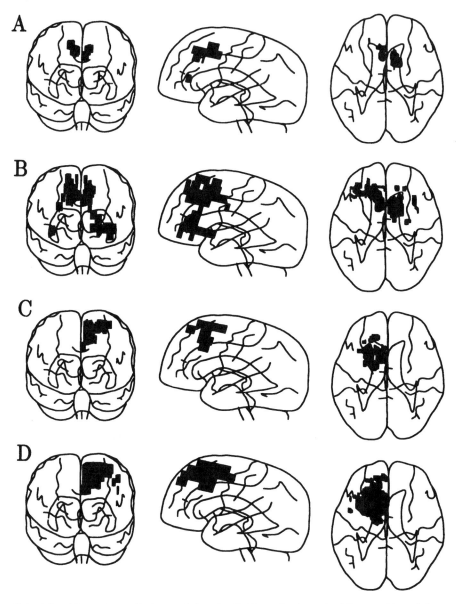

Abb. 1. Dreidimensionale Rekonstruktion der Gebiete, die einen signifikanten (A und C:
p < 0,05, B und D: p < 0,15) Zusammenhang zwischen Läsion und beeinträchtigtem motorischen Lernen zeigten. Dargestellt sind die mit 'bootstrap' (vgl. Methodik) abgesicherten
Ergebnisse. Von links nach rechts: Projektionen mit Sicht von vorn, von links und von oben.
A und B: unilaterales motorisches Lernen. C und D: bilaterales motorisches Lernen.

Für jeden Rasterpunkt wurde die einseitige exakte Irrtumswahrscheinlichkeit p der Vierfeldertafel mit Merkmalsausprägungen Läsion ja/nein vs. motorisches Lernen ja/nein für die Zusammenhangshypothese eines durch die Läsion beeinträchtigten Lernens berechnet (vgl. auch Kornhuber et al. 1992). Da ein signifikantes Ergebnis durch Zufälle vorgetäuscht werden kann, wurde die Statistik zusätzlich mit Zufallsstichproben aus der Gesamtstichprobe abgesichert. Dazu wurde zur Selektion eines jeden Falles für den Einschluß in die Statistik eine Zufallszahl zwischen 0 und 1 ermittelt. Wenn sie kleiner als 0,9 war, wurde der Fall verwendet. Mit insgesamt 10000 solcher Stichproben von durchschnittlich 90% Umfang wurde die gesamte Statistik wiederholt. Für jeden Rasterpunkt wurde die Irrtumswahrscheinlichkeit über den Umweg normalverteilter, z-transformierter Werte gemittelt. Dieses Verfahren ist eine Modifikation des von Efron beschriebenen 'bootstrap' (Efron 1979). Rasterpunkte mit einem $p < 0,05$ und $p < 0,15$ wurden in einem dreidimensionalen Aufbau zusammen mit Umrißlinien dargestellt.

Ergebnisse

Von insgesamt 53 Patienten wurden für das unilaterale Lernen Daten gewonnen (ein Patient brach die Aufgabe ab), von diesen hatten 16 ein beeinträchtiges Lernvermögen. Die bimanuelle Lernaufgabe wurde von 48 ausgeführt, 18 zeigten keine Verringerung des Fehlers. Diejenigen Patienten, die die bimanuelle Lernaufgabe nicht vollständig durchführen konnten, hatten ihre Läsion nahe der Zentralregion oder der Pyramidenbahn. Für das unilaterale motorische Lernen fand sich beidseits frontomedial im Bereich der supplementär-motorischen Area (SMA, mesiale Area 6 nach Brodmann) und des vorderen Gyrus cinguli ein signifikanter Zusammenhang zwischen Läsion und beeinträchtigtem motorischen Lernen (Abb.1, A). Bei Heraufsetzen des Signifikanzniveaus auf 0,15 zeigte sich zusätzlich ein schwacher Zusammenhang im Bereich der Inselregion links sowie Verbindungen zur SMA (Abb. 1, B). Für das bimanuelle motorische Lernen erwies sich der frontomediale und frontolaterale Anteil des linksseitigen Stirnhirns als kritisch (Abb.1, C). Dieses Gebiet entspricht in etwa den Verbindungen zwischen dem medialen Anteil der Area 8 nach Brodmann und der Area 6. Der apikale Bereich selbst, in dem die mesiale Area 8 liegt, wurde bei dieser Untersuchung nicht erfaßt. Bei Heraufsetzen des Signifikanzniveaus auf 0,15 (Abb. 1, D) wird dieses Gebiet etwas größer, es treten jedoch im Gegensatz zum unilateralen Lernen keine neuen Strukturen hinzu.

Konklusion

Die prämotorischen Gebiete (mesiale Area 8 und Area 6 nach Brodmann) der dominanten Hemisphäre erweisen sich als kritisch für das bimanuelle motorische Lernen beim Menschen.

Für das unilaterale Lernen ist die Region im Bereich der SMA und des vorderen Gyrus cinguli beidseits wichtig, ferner die Inselregion. Diese Regionen zeigen eine gute Übereinstimmung mit Ergebnissen von Messungen der regionalen Hirndurchblutung, bei Gesunden mit einer vergleichbaren Aufgabe (Lang et al. 1988) wie bei

Patienten, die sich nach striatocapsulären Insulten funktionell wieder erholt haben (Weiller et al. 1992).

Literatur

Efron B (1979) Bootstrap methods: another look at the jacknife. Annals Statist 7(1): 1-26

Kornhuber AW, Becker M, Lang W, Lang M, Uhl F (1992) Motorisches Lernen und Frontalhirn - Eine morphometrische Studie. Verh Deutsch Gesell Neurol 7: 884-885

Lang W, Lang M, Kornhuber A, Kornhuber HH (1986) Electrophysiological evidence for right frontal lobe dominance in spatial visuomotor learning. Arch Ital Biol 124(1): 1-13

Lang W, Lang M, Podreka I, Steiner M, Uhl F, Suess E, Müller Ch, Deecke L (1988) DC-potential shifts and regional cerebral blood flow reveal frontal cortex involvement in human visuomotor learning. Exp Brain Res 71: 353-364

Milner B (1965) Visually-guided maze learning in man: effects of bilateral hippocampal, bilateral frontal and unilateral lesions. Neuropsychologia 3: 317-338

Weiller C, Chollet F, Friston KJ, Wise RJS, Frackowiak RSJ (1992) Functional reorganization of the brain in recovery from striatocapsular infarction in man. Ann Neurol 31: 463-672

Wyke M (1971) The effect of brain lesions on the learning performance of a bimanual co-ordination task. Cortex 7: 59-72

Topodiagnostische Bedeutung von Augenbewegungsstörungen bei corticalen Läsionen

W. Heide[1], D. Kömpf[1], H. Brückmann[2]

[1]Klinik für Neurologie, [2]Institut für Radiologie, Medizinische Universität Lübeck

Fragestellung

Während Augenbewegungsstörungen bei Hirnstammläsionen häufig eine genaue topodiagnostische Zuordnung erlauben, ist dies bei hemisphäralen bzw. corticalen Läsionen nicht so eindeutig, insbesondere wenn sich die Patienten nicht mehr im Akutstadium befinden. Eine möglicherweise initial vorhandene Blickparese nach kontralateral gestattet topodiagnostisch lediglich die Identifikation der betroffenen Hemisphäre. Eine genauere Lokalisation okulomotorischer Funktionen in einer Anzahl corticaler Areale gelang erst durch Primaten-Experimente (Andersen und Gnadt 1989; Goldberg und Segraves 1989). Bezüglich sakkadischer Augenbewegungen sind dies der posteriore parietale Cortex (PPC), das frontale Augenfeld (FEF), der dorsolaterale präfrontale Cortex (PFC) und das supplementäre Augenfeld im Bereich der supplementär-motorischen Area (SMA). Bezüglich langsamer Augenfolgebewegungen (Pursuit) kommen zusätzlich die im parieto-occipito-temporalen Assoziationscortex gelegenen Areale MT (middle temporal visual area) und MST (medial superior temporal visual area) in Betracht sowie bezüglich vestibulärer Augenbewegungen die vestibulären corticalen Areale im Bereich des retroinsulären Cortex, des Gyrus temporalis superior und des Sulcus intraparietalis. Um die Funktion dieser Areale gezielt untersuchen und voneinander abgrenzen zu können, hat es sich als notwendig erwiesen, komplexere Stimuli zu verwenden, die die einzelnen Typen von Augenbewegungen nach Teilfunktionen untergliedern. Bei sakkadischen Augenbewegungen sind dies neben visuell geführten Sakkaden verschiedene Typen von Willkürsakkaden, wie Sakkaden zu erinnerten Zielen, Antisakkaden, explorative oder prädiktive Sakkaden.

Inwieweit die auf diese Weise tierexperimentell gewonnenen Struktur-Funktions-Zuordnungen sich auch auf die menschliche Hirnrinde übertragen lassen, wird derzeit in Läsionsstudien an Patienten mit umschriebenen Hirnschädigungen untersucht (Pierrot-Deseilligny 1991; Sharpe and Morrow 1991). Im folgenden Beitrag soll anhand der Ergebnisse eigener Läsionsstudien aufgezeigt werden, welche topodiagnostische Bedeutung den einzelnen okulomotorischen Störungsmustern zugemessen werden kann.

Methodik

Bei 50 Patienten mit chronischen, unilateralen, meist postischämischen, den Cortex einschließenden Hirnläsionen sowie einem alterskorrelierten Kontrollkollektiv von 30 Normalpersonen wurden Sakkaden und langsame Augenfolgebewegungen mittels

Infrarotokulographie und der vestibuläre und optokinetische Nystagmus mittels DC-Elektrookulographie abgeleitet. 15 Patienten hatten occipitale oder parieto-occipitale Läsionen und klinisch eine komplette oder subkomplette homonyme Hemianopsie nach kontralateral, 17 Patienten hatten Läsionen des posterioren parietalen Cortex (14 rechtshemisphärische und 3 linkshemisphärische). Bei den parietalen Läsionen handelte es sich überwiegend um ischämische Insulte im hinteren Versorgungsgebiet der A. cerebri media. Keiner dieser Patienten hatte eine Hemianopsie, 6 hatten ein leichtes oder mäßiggradiges visuelles Hemineglect-Syndrom. Die Läsionen wurden nach der von Damasio (1989) vorgeschlagenen Methode auf CT-Parallelen anatomischen Hirnschnitten rekonstruiert, das gemeinsam lädierte Areal schloß den hinteren Teil des Sulcus intraparietalis und den Grenzbereich zwischen dem Gyrus angularis und supramarginalis (Area 39 und 40 nach Brodmann) ein. 18 Patienten hatten unilaterale Läsionen des frontalen Cortex (7 rechts- und 11 linkshemisphärische). Ätiologisch handelte es sich um postischämische Defekte oder Defekte nach Tumoroperationen. Das gemeinsam lädierte Areal schloß in 8 Fällen das FEF im Bereich des Sulcus und Gyrus praecentralis ein, in 6 Fällen den anterior davon gelegenen PFC (Area 46 nach Brodmann) und in 4 Fällen die SMA. Die Untersuchungen erfolgten im Mittel 6 bis 10 Monate nach Auftreten der Läsion.

Ergebnisse

Von den sakkadischen Augenbewegungen hatten visuell geführte Sakkaden ins zur Läsion contralaterale Halbfeld nur bei den parietalen Patienten (Läsion des PPC) gegenüber dem Normalkollektiv signifikant ($p<0,05$, U-Test) verzögerte Latenzen und signifikant erniedrigte Amplituden, während bei den frontalen Patienten diese Sakkaden-Parameter im Normbereich lagen. Die Latenzverzögerung war besonders deutlich und hoch signifikant ($p<0,0001$), wenn der Fixierpunkt während der Präsentation des peripheren Blickzieles nicht erlosch (sog. "Overlap"- Stimulus). Der Anteil an sog. Express-Sakkaden (d.h. Sakkaden mit Latenzen unter 150 ms) beim "Gap"-Stimulus (Lücke von 200 ms zwischen dem Erlöschen des Fixierpunktes und dem Auftauchen des peripheren Blickzieles) war bei PPC- und FEF-Patienten signifikant reduziert.

Bei kurzer, rasch aufeinanderfolgender Präsentation zweier Zielpunkte (Dauer von 180 bzw. 100 ms), dem sog. "double-step"-Stimulus, zeigten parietale Patienten eine signifikante Dysmetrie oder ein Fehlen der Sakkade zum zweiten Blickziel, und zwar immer dann, wenn sich das erste Ziel im zur Läsion kontralateralen Halbfeld befunden hatte, auch wenn das zweite Blickziel im ipsilateralen Halbfeld lag. Diese war allerdings nur der Fall, wenn das zweite Blickziel vor der ersten Sakkade gesehen wurde, was für die räumliche Programmierung der zweiten Sakkade eine Koordinatentransformation erforderlich macht, nämlich eine Subtraktion der motorischen Koordinaten der ersten Sakkade von den retinalen Koordinaten des vom Fixierpunkt gesehenen zweiten Blickzieles. Diese Funktion wird offenbar vom PPC gesteuert. Frontale Patienten unterschieden sich in diesem Paradigma nicht signifikant von Normalpersonen, mit Ausnahme der Patienten mit SMA-Läsionen, bei denen das intersakkadische Intervall zwischen der ersten und zweiten Sakkade signifikant verlängert war. Dies unterstreicht die bereits aus der Literatur bekannte Rolle der SMA bei der zeitlichen Triggerung von Sakkaden-Sequenzen (Gaymard et al. 1990).

Im Gegensatz zu den visuell geführten Sakkaden zeigten bei den verschiedenen Typen von mehr intern generierten Willkürsakkaden sowohl frontale als auch parietale Patienten signifikante Defizite: Sakkaden zu erinnerten Blickzielen und Antisakkaden waren bei PPC-, FEF-und SMA- Patienten in beide Richtungen signifikant latenzverzögert, bei den PPC-Patienten zusätzlich nach kontralateral dysmetrisch. Bei beiden Paradigmata war die Irrtumsrate nicht unterdrückbarer, durch das Erscheinen des Lichtpunktes visuell getriggerter Reflexsakkaden in allen Patientengruppen signifikant erhöht, am deutlichsten bei FEF-Patienten, während bei isolierten PFC-Läsionen hier das Signifikanzniveau von $p<0,05$ kaum erreicht wurde. Antizipatorische Sakkaden zu einem prädiktiven Stimulus waren bei den FEF-Patienten signifikant seltener nachweisbar, bei den PPC-Patienten in ihrer Amplitude hypometrisch. Explorative Sakkaden beim Betrachten von visuellen Szenen waren bei FEF-Patienten in ihrer Frequenz signifikant verringert, zusätzlich zeigten FEF- und PPC-Patienten ein Explorationsdefizit des zur Läsion kontralateralen Halbfeldes.

Langsame Augenfolgebewegungen prädiktiver periodischer Stimuli mit entweder konstantem oder sinusförmig moduliertem Geschwindigkeitsprofil (15 und 30°/s, 0,3 Hz) zeigten bei den Patienten mit FEF-Läsionen einen reduzierten Verstärkungsfaktor (=Gain, das ist der Quotient aus Augen- und Stimulusgeschwindigkeit) bei Bewegung nach ipsilateral. Bei den parietalen Patienten war der Gain nur in etwa ein Drittel der Fälle nach ipsilateral, in den übrigen Fällen bidirektional reduziert. Die zeitliche Phasenverschiebung zwischen Stimulus und Augenfolgebewegung war nur bei parietalen Läsionen und bei SMA-Läsionen gegenüber dem Normkollektiv signifikant verlängert. Die Untersuchung mit nicht prädiktiven, aus einem Stimulussprung (step) und einer konstanten Geschwindigkeitsrampe bestehenden "step-ramp"-Stimuli (Step-Größe 3 und 8°, Geschwindigkeiten 10, 15 und 30°/s) zeigte nur bei einem Teil der parietalen Patienten, und zwar bei solchen, deren Läsionen in den temporo-parietalen Übergang hineinreichen, eine gestörte Initiierung der Augenfolgebewegungen nach Steps ins kontralaterale Halbfeld; im einzelnen war bei diesen Patienten die Augengeschwindigkeit in den ersten 100 ms reduziert, die Pursuit-Latenz verzögert und die Aufholsakkade zum Teil dysmetrisch.

Der Gain des optokinetischen Nystagmus (OKN) nach kontralateral war sowohl bei den parietalen Patienten signifikant reduziert, in etwa 70 % der Fälle, als auch bei Patienten mit parieto-occipitalen Läsionen und Hemianopsie, sofern die Läsionen nach parietal hineinreichten und eine weitgehend komplette Hemianopsie vorlag. Bei diesen Patienten war auch der optokinetische Nachnystagmus signifikant schlechter ausgeprägt als beim Normalkollektiv (Heide et al. 1990). Topodiagnostisch ist die Läsion des PPC entscheidend.

Der Gain des vestibulo-oculären Reflexes (VOR) bei Drehprüfungen im Dunkeln war bei 3 parietalen Patienten zumindest in der Akutphase nach kontralateral reduziert und nach ipsilateral eher gesteigert, z.T. größer als 1,0, ohne daß dabei immer ein Spontannystagmus nach ipsilateral vorhanden war. Die Läsionen dieser Patienten waren z.T. rein parietal, im Bereich des Sulcus intraparietalis lokalisiert, z.T. war der hintere Anteil der oberen Temporalwindung (Gyrus temporalis superior) mitbetroffen. Dies läßt sich in Übereinstimmung mit der zur Zeit gängigen Auffassung (Brandt, 1991) so interpretieren, daß wahrscheinlich mehrere vestibuläre corticale Areale existieren, und daß bei Läsionen lediglich in der Akutphase vestibuläre okulomotorische Symptome zu erwarten sind, in offenbar sehr variabler Ausprägung.

Konklusion

Während Störungen visuell ausgelöster Augenbewegungen (Initierung und räumliche Programmierung visuell ausgelöster Sakkaden, Augenfolgebewegungen, OKN) bei corticalen Läsionen relativ spezifisch auf ein Betroffensein des posterioren parietalen Cortex hinweisen, sind bei der corticalen Steuerung andere Typen von Augenbewegungen (vestibulo-oculärer Reflex, intern generierte Willkürsakkaden) parietale und temporale bzw. parietale und frontale Areale gemeinsam beteiligt, was deren topodiagnostischen Wert einschränkt.

Literatur

Andersen RA, Gnadt JW (1989) Posterior parietal cortex. In: Wurtz RH, Goldberg ME (Hrsg) The neurobiology of saccadic eye movements. Rev Oculomotor Res 3: 315-336. Elsevier, Amsterdam

Brandt T (1991) Vertigo: its multisensory syndromes. Springer-Verlag, London, pp 91-97 und 238-240

Damasio H, Damasio AR (1989) Lesion analysis in neuropsychology. Oxford University Press, New York

Gaymard B, Pierrot-Deseilligny C, Rivaud S (1990) Impairment of sequences of memory-guided saccades after supplementary motor area lesions. Ann Neurol 28: 622-626

Goldberg ME, Segraves MA (1989) The visual and frontal cortices. In: Wurtz RH, Goldberg ME (Hrsg) The neurobiology of saccadic eye movements. Rev Oculomotor Res 3: 283-314. Elsevier, Amsterdam

Heide W, Koenig E and Dichgans J (1990) Optokinetic nystagmus, self-motion sensation and their aftereffects in patients with occipito-parietal lesions. Clin Vision Sci 5: 145-156

Pierrot-Deseilligny C (1991) Cortical control of saccades. Neuroophthalmology 11: 63-75

Sharpe JA, Morrow MJ (1991) Cerebral hemispheric smooth pursuit disorders. Neuroophthalmology 11: 87-98

Funktionelle Anatomie der Vorstellung von Handbewegungen

K.M. Stephan[1,2], G.R. Fink[1,3], R.E Passingham[1], C.D. Frith[1], R.S.J. Frackowiak[1]

[1]MRC Cyclotron Unit, Hammersmith Hospital, London, [2]Neurologisches Therapiecentrum an der Universität Düsseldorf, [3]Max-Planck-Institut für neurologische Forschung, Köln

Fragestellung

Vorstellung von Bewegung ist eine Technik, die z.B. regelmässig von vielen Athleten angewandt wird, um ihre Leistungen zu verbessern. Verbesserungen ergeben sich vor allem in den Bereichen, in denen eine genaue sensorische oder visuelle Wahrnehmung und eine fein abgestufte sensomotorische Kontrolle verlangt wird (zur Übersicht: Denis 1985). Eine Möglichkeit, mehr über die Mechanismen zu erfahren, die der Vorstellung von Bewegung zugrunde liegen, ist die Messung von Änderungen der regionalen Hirndurchblutung (rCBF) mit Hilfe der Positronen-Emissions-Tomographie (PET). Roland et al. haben 1980 gezeigt, daß beim gedanklichen Wiederholen einer Sequenz von Fingerbewegungen die Supplementär motorische Area (SMA) aktiviert wird. Ziel unserer Studie war es, zu untersuchen, ob bei der Vorstellung von Bewegungen auch weitere Hirnareale beteiligt sein können. Wir wählten dazu ein Paradigma, das während der Durchführung von Bewegung SMA, laterale prämotorische und parietale Areale aktivierte (Deiber et al. 1991).

Methodik

6 gesunde rechtshändige Probanden führten jeweils 3 Aufgaben durch: 1) Vorstellung der Bewegung eines "Joy-stick" mit der rechten Hand bei vorgegebener Frequenz (akustische Stimuli: 2/3 s) und freier Wahl der Bewegungsrichtung, (B); 2) Ausführung der "Joy-stick" Bewegung mit der rechten Hand (Frequenz, akustischer Stimulus und freie Wahl der Bewegungsrichtung wie bei 1), (C); und 3) Bereitschaft zur Ausführung der "Joy-stick" Bewegung (Frequenz des akustischen Stimulus wie bei 1 und 2) als Kontrollbedingung, (A). Insgesamt wurden pro Proband 12 PET Meßungen mit $H_2{}^{15}O$ als radioaktivem Tracer durchgeführt. Jede der drei Aufgaben wurde dreimal wiederholt (A B C C B A A C B B C A). Visuell und mit Hilfe eines Oberflächen EMG's des rechten Thenars wurde kontrolliert, ob während der drei Untersuchungsbedingungen Bewegungen ausgeführt wurden. Mittelwerte aller rCBF Messungen je Untersuchungsbedingung wurden Pixel für Pixel errechnet und mit Hilfe eines T-Testes verglichen. Die statistisch signifikanten Änderungen wurden als Bilder der t-Statistik dargestellt (SPM = Statistical Parametric Mapping; Friston and Frackowiak 1991). Die Lokalisation der maximal signifikanten Veränderungen

58

wurde mit Hilfe des stereotaktischen Atlas von Talairach und Tournoux (1988) durchgeführt.

Ergebnisse

Während der Vorstellung fanden sich Aktivierungsmaxima bilateral in der SMA, im dorsolateralen prämotorischen Kortex und in der linken ventralen Brodmann-Area 6 und der linken Insula. Im parietalen Kortex lagen die Maxima der Signifikanzänderung im anterioren inferioren Gebiet links (Area 40) and bilateral in posterioren superioren Arealen (hintere Area 7).

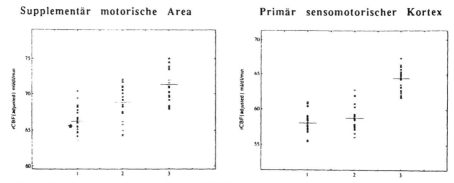

Abb. 1. Vergleich zwischen relativen rCBF Werten für linke SMA und linken primär sensomotorischen Kortex während Bereitschaft zur Bewegung (1, links), Vorstellung (2, Mitte) und Ausführung der Bewegung (3, rechts).

Die SMA zeigte links einen signifikanten rCBF Anstieg während der Bewegungsvorstellung und einer weiteren Zunahme während der Bewegungsausführung (Abb. 1a). Die rCBF Werte im hinteren Parietallappen hingegen zeigten bilateral einen signifikanten Anstieg während der Bewegungsvorstellung, jedoch keine weitere Veränderung während der Bewegungsausführung (Abb. 2a und 2b). In der linken ventralen Area 6 und Insula fand sich eine signifikanter rCBF Anstieg während Bewegungsvorstellung und -ausführung, auf der rechten Seite erreicht er nur während der Bewegungsausführung ein signifikantes Niveau. Im Gegensatz fand sich im linken primär motorischen Kortex nur während der Bewegungsausführung eine signifikante rCBF Veränderung und nicht während der Vorstellung (Abb. 1b).

Beim direkten Vergleich zwischen Bewegungsausführung und -vorstellung fanden sich zusätzliche Aktivierungsmaxima in den primär sensomotorischen Arealen der Hand und des Armes, sowie in anterioren parietalen Arealen. Aber auch in der SMA, den lateralen prämotorischen und den parietalen Arealen fanden sich weitere Zunahmen der Aktivität.

Konklusion

Während der Bewegungsvorstellung wurden viele kortikale Areale aktiviert: SMA, ventrale und in geringerem Maße dorsale laterale prämotorische Areale sowie inferiore und superiore parietale Areale. Parietale Aktivierungen sind bisher zwar während visueller Vorstellung (Roland und Friberg 1985) nicht jedoch während der Bewegungsvorstellung beobachtet worden. Dieser Unterschied kann entweder technisch bedingt sein oder er ist auf das unterschiedliche Versuchsparadigma zurückzuführen: frei gewählte "Joy-stick" Bewegungen aktivieren während der Bewegungsausführung parietale Areale; Roland et al. beobachteten eine solche Aktivierung während der Durchführung der Fingersequenz jedoch nicht.

Links superior posterior parietal   Rechts superior posterior parietal

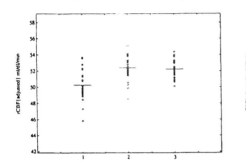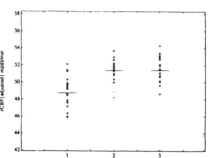

Abb. 2. Vergleich zwischen relativen rCBF Werten für rechten und linken posterioren Parietallappen während Bereitschaft zur Bewegung (1, links), Vorstellung (2, Mitte) und Ausführung der Bewegung (3, rechts).

Posteriore parietale Areale sind als Zentren für visuo-motorische Koordination bekannt (bei Affen z.B. Mountcastle et al. 1975). Corbetta et al. (1993) beobachteten, daß der posteriore parietale Kortex auch beim Menschen während einer Änderung der räumlichen Ausrichtung der Aufmerksamkeit deutlich aktiviert werden kann. Die während der Bewegungsvorstellung beobachtete parietale Aktivität kann somit als Ausdruck der 'visuo-motorischen' Koordination interpretiert werden und mag dabei teilweise auch auf eine Änderung der Aufmerksamkeitsrichtung zurückzuführen sein.

Bewegungsvorstellung kann motorische Systeme aktivieren, die viele aber nicht alle der an der Bewegungsausführung beteiligten Areale umfassen. Diese motorischen Areale: SMA, laterale prämotorische und parietale Areale, dienen vor allem der Bewegungsvorbereitung und der senso-motorischen Integration. Ihre Beteiligung an der Bewegungsvorstellung ist vermutlich ein Grund warum diese Technik, z.B. von Athleten, erfolgreich zur Verbesserung ihrer motorischen Fähigkeiten eingesetzt wird.

Literatur

Corbetta M, Miezin FM, Shulman GL, Petersen SE (1993) A PET Study of Visuospatial Attention. J Neurosci 65: 1392-1401

Deiber M-P, Passingham RE, Colebatch JG, Friston KJ, Nixon PD, Frackowiak RSJ (1991) Cortical areas and the selection of movement: a study with positron emission tomography. Exp Brain Res 84: 393-402

Denis M (1985) Visual imagery and the Use of Mental Practice in the Development of Motor Skills. Can J Appl Spt Sci 10: 4S-16S

60

Friston KJ, Frackowiak RSJ (1991) Imaging functional anatomy. In: Brain work and mental activity. Quantitative studies with radioactive tracers (Lassen NA, Ingvar DH, Raichle ME, Friberg L, eds) pp 267-279, Copenhagen: Munskgaard.

Kohl RM, Roenker DL (1989) Behavioural evidence for shared mechanisms between actual and imaged motor responses. J Hum Move Stud 17: 173-186

Mountcastle VB, Lynch JC, Georgopoulos A, Sakata H, Acuna C (1975) Posterior parietal association cortex of the monkey: Command functions for operations within extrapersonal space. J. Neurophysiol. 38: 871-908

Roland PE, Friberg L (1985) Localization of Cortical Areas Activated By Thinking. J Neurophysiol 53: 1219-1243

Roland PE, Larsen B, Lassen NA, Skinhoj E (1980) Supplementary Motor Area and other cortical areas in organisation of voluntary movements in man. J Neurophysiol 43: 113-136

Talairach J and Tournoux P (1988) Co-planar stereotaxic atlas of the human brain. Stuttgart, Thieme

Die gedankliche Vorstellung einer Bewegung:
Eine PET-Studie

P. Höllinger[1,2], W. Lang[1], L. Petit[2,3], U. Pietrzyk[4], N. Tzourio[2], L. Raynaud[2],
B. Mazoyer[2], A. Berthoz[3]

[1]Neurologische Univ. Klinik, Wien, [2]GIN-Service Hospitalier Frédéric Joliot, CEA
Orsay; Hôpital R. Debré, CHU Bichat, Paris, [3]LPPA CNRS-Collège de France, Paris,
[4]Max-Planck Institut für Neurologische Forschung, Köln

Fragestellung

Unter gedanklicher Bewegungsvorstellung (=GBV) versteht man die Vorstellung
einer bestimmten motorischen Aufgabe, ohne sie jedoch effektiv auszuführen, das
heißt, ohne daß es zu einem sichtbaren Bewegungseffekt kommt. Diese Präzisierung
erscheint deshalb von Bedeutung, da die GBV zu elektromyographischen (=EMG)
Phänomenen in der beteiligten Körperperipherie führt, die in ihrem zeitlich-
topographischen Muster der effektiven Ausführung der betreffenden Bewegung
entsprechen (Jacobson 1932; Wehner et al. 1984). Ausgehend von diesen
Ergebnissen sowie weiteren neuropsychologischen Daten wurde die Theorie
entwickelt, daß die GBV gleiche neuronale Strukturen aktiviere wie die effektive
Bewegungsausführung (Decety und Ingvar 1990). Hierbei wurde auch postuliert, daß
das bei der GBV gestartete motorische Programm auf seinem Weg zu den peripheren
Effektororganen inhibiert werden sollte.
    Eine Single-Photon-Emission-Computed-Tomography (=Spect)-Studie mit [133]Xe
betonte die Wichtigkeit der supplementär motorischen Area (=SMA) für die GBV
(Roland et al. 1980). In ähnlicher Weise zeigten zwei Untersuchungen mit derselben
Methode das Fehlen einer Aktivierung im Gyrus praecentralis während der GBV
(Ingvar und Philipson 1977; Decety et al. 1988). Eine ^{99}Tc-Hmpao-Spect-Studie
postulierte eine entscheidende Rolle des linken inferioren Parietallappens für die
GBV (Goldenberg et al. 1986).
    In der vorliegenden Arbeit soll mittels Positronen-Emissions-Tomographie
(PET) mit $H_2^{15}O$ die Frage der neuronalen Grundlagen der GBV im Vergleich zur
effektiven Bewegungsausführung untersucht werden.

Methodik

Fünf gesunde männliche Rechtshänder (Alter: 19-27) nahmen an der vom franzö-
sischen Atomenergiekommissariat bewilligten Studie teil. Das experimentelle Protokoll bestand aus der zweimaligen Wiederholung folgender Versuchsbedingungen
(Vb.): 1. Eine Ruhebedingung, während der die Versuchspersonen ohne spezielle
mentale Aktivität ruhig in der PET-Kamera liegen sollten unter Vermeidung von
Augen-, und sonstigen Körperbewegungen. Hierbei fixierten sie eine Leuchtdiode,
die sich während des gesamten Experimentes in der Mitte ihres Gesichtsfeldes

62

befand. 2. Horizontale, selbstinitiierte saccadische Augenbewegungen sollten mit maximaler Frequenz und maximaler Amplitude ausgeführt werden. 3. Diese saccadische Augenbewegung mußte in der Perspektive der ersten Person gedanklich vorgestellt werden, ohne sie jedoch tatsächlich auszuführen. Die Versuchspersonen sollten sich der zentralen Diode bedienen, um das Auftreten von Augenbewegungen während der GBV zu vermeiden. Während des gesamten Experimentes erfolgte die Kontrolle der Aufgabenausführung durch ein horizontales und vertikales Electrooculogramm (EOG).

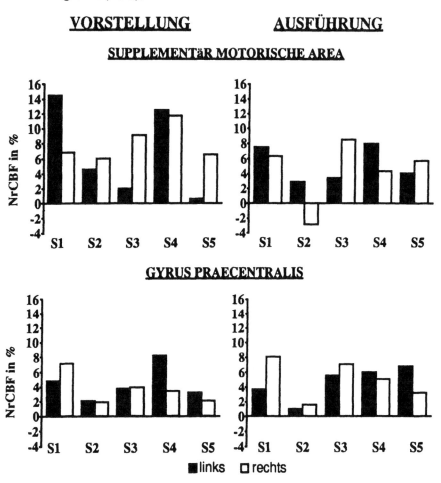

Abb.1. NrCBF-Werte in % für jede einzelne Versuchsperson (S1 bis S5) in zwei ausgewählten Regionen (Rois).

Jede Ausführung einer Vb. begann 15 Sekunden vor der i.v. Injektion von 80 mCi $H_2^{15}O$ und wurde sodann während der gesamten Datenaufnahmsdauer von 80 Sekunden fortgesetzt. Die einzelnen Vb. waren durch Zeitintervalle von 15 Minuten getrennt. Die Datenaufnahme erfolgte mit einer Siemens/Cti-Ecat 953B/31 PET-Kamera, die 31 Schichtbilder mit einer Dicke von 3,375 mm und einer räumlichen Auflösung von 5 mm produziert. 3 mm dicke axiale Magnetresonanz(=MR)-Bilder wurden angefertigt, um eine exakte anatomische Korrelation der mittels PET gemessenen funktionellen Werte zu ermöglichen. Diese MR-Bilder dienten zur Rekonstruktion eines dreidimensionalen Volumens auf einer Sun-Workstation, das mittels spezieller Programme von umgebenden Knochen und Weichteilen befreit wurde, um dann gestützt auf anatomische Atlanten die Anatomie jeder einzelnen Versuchsperson zu bestimmen. Mittels axialer, sagittaler und coronaler Schichtbilder, die aus dem dreidimensionalen Volumen generiert werden können, wurden die wichtigsten Sulci auf der Hirnoberfläche eingezeichnet. Die Querschnitte dieser Sulci auf axialen Schichtbildern dienten zur Definition von 90 Regions of interest (=Roi) auf einer Vax-Workstation. In diesen Rois wurde dann die Radioaktivität pro Volumeneinheit aus den korrespondierenden PET-Bildern berechnet. Schließlich erfolgte eine Mittelung zwischen zwei identischen Vb. und eine Differenzbildung zwischen einer Aktivationsbedingung und der Ruhebedingung. Als Signifikanzschwelle des anschließenden t-Tests (n=10) wurde ein p-Wert <0.05 festgesetzt, es wird nur über positive Werte berichtet und keine Differenzbildung erfolgt zwischen den zwei Aktivationsbedingungen.

Tab. 1. Mittlere NrCBF Differenzen (in %) zwischen Aktivationsbedingungen (Versuchsbedingungen 2 und 3) und der Ruhebedingung. Primärer visueller Cortex entspricht Area 17, medialer occipitaler Cortex entspricht Areae 18 und 19. Der mediale Gyrus cinguli setzt sich aus den cranialen, d. h. oberhalb einer durch die Oberkante des Corpus callosum gelegten Ebene befindlichen, Abschnitten beider Gyri cinguli zusammen.

Regions of interest	Ausführung		Vorstellung	
	links	rechts	links	rechts
Supplementär motorische Area	5,2**	4,4*	6,8*	8,1***
Gyrus praecentralis	4,5**	4,9***	4,3**	3,6***
Primärer visueller Cortex	2,5*	-0,05	-0,06	-1,7
Medialer occipitaler Cortex	2,9*	1,6	0,6	-0,3
Nucleus lentiformis	-0,5	5,6*	1,8	4,5
Thalamus	0,1	2,4*	0,4	1,5
Vermis cerebelli	3,1*		2,0	
Medialer Gyrus cinguli	3,0*		2,7*	

*: p<0.05; **: p<0.005; ***: p<0.0005; Student's paired t-tests (n=10)

Ergebnisse

Sowohl die effektive Ausführung der Augenbewegung als auch ihre gedankliche Vorstellung führen auf corticalem Niveau zu sehr ähnlichen Akivierungsmustern (Tabelle 1). Dies betrifft die SMA bilateral, den Gyrus praecentralis bilateral sowie den medialen Gyrus cinguli (Abb.1). Die gleichzeitig aufgenommenen EOG-Daten zeigen während Vb.2 sehr deutlich ausgeprägte saccadische Augenbewegungen (Amplitude: 37,6°±9,2°; Frequenz: 2,4±0,8Hz), wohingegen Vb.3 (gedankliche Bewegungsvorstellung) zu keinen Augenbewegungen führt. Auf subcorticalem Niveau findet sich ein größerer Unterschied zwischen den zwei Aufgaben, da nur während Vb.2 signifikante Aktivierungen im rechten Thalamus, im rechten Nucleus lentiformis sowie im Vermis cerebelli vorkommen, nicht jedoch während Vb.3. Die während der effektiven Augenbewegung auftretende Aktivierung im visuellen Cortex

64

(Brodmann Areae 17, 18, 19) läßt sich am besten mit der bei dieser Vb. vorhandenen relativen Bewegung der Leuchtdiode auf der Retina der Versuchsperson erklären, wogegen Vb.3 aufgrund des Fehlens von Augenbewegungen zu keinen derartigen Aktivierungen führt.

Konklusion

Der Vergleich zwischen der gedanklichen Vorstellung und der effektiven Aus-führung einer saccadischen Augenbewegung zeigt, daß beide Versuchsbedingungen auf corticalem Niveau zu signifikanten NrCBF(=Normalisierter-regionaler-cere-braler-Blutfluß)-Anstiegen in identischen Hirnstrukturen führen. SMA bilateral, Gyrus praecentralis bilateral sowie medialer Gyrus cinguli bilden das gleiche Ensemble an Hirnstrukturen, das in einer vorangehenden Studie als bei der Aus-führung von Saccaden signifikant aktiviert beschrieben wurde (Petit et al. 1993). Diese Studie steht auch in gutem Einklang mit unseren Ergebnissen bezüglich der subcorticalen Aktivierung von Thalamus, Nucleus lentiformis und Vermis cerebelli. Daß die GBV zu keinen signifikanten Werten in diesen Strukturen führt kann auf die geringe Versuchspersonenanzahl zurückgeführt werden, bedeutet aber nicht, daß es hier während Vb.3 überhaupt keine Aktivierung gegeben hat. Dies erscheint des-halb wichtig, da eine Blockierung eines auf corticalem Niveau freigesetzten moto-rischen Programmes auf seinem Weg zu subcorticalen Strukturen aus unserer Studie nicht abzulesen ist. Es ist nicht auszuschließen, daß Vb.3 mit einer gewissen, wenn auch geringfügigen Augenmuskelaktiviät einherging. Dies erscheint plausibel, da die GBV mit aufgabenspezifischer EMG-Aktivität verbunden ist (Wehner et al. 1984; Jacobson 1932). Weder für die entscheidende Bedeutung der SMA (Roland et al. 1980) noch des Parietallappens (Goldenberg et al. 1986) lassen sich in unserer Studie Anhaltspunkte finden, da diese erstmals auch eine signifikante Beteiligung des Gyrus praecentralis bilateral während der GBV nachweist. Es ist aber einzuschränken, daß in der vorliegenden Untersuchung eine sehr einfache motorische Aufgabe verwendet wurde.

Literatur

Decety J, Ingvar M (1990) Brain structures participating in mental simulation of motor behaviour: a neuropsychological interpretation. Acta Psychol 73: 13-34

Decety J, Philippon B, Ingvar DH (1988) rCBF landscapes during motor performance and motor ideation of a graphic gesture. Europ Arch Psychiatr Neurol Sci 238: 33-38

Goldenberg G, Suess E, Podreka I, Steiner M, Lang W, Deecke L (1986) Tc-Hmpao Spect for detection of rCBF changes caused by employment of imagery. In: Reiner,T, Binder,H, Deisenhammer,E (eds) Advances in Neuroimaging, Verlag der Medizinischen Akademie, Wien

Ingvar DH, Philipson L (1977) Distribution of cerebral blood flow in the dominant hemisphere during motor ideation and motor performance. Ann Neurol 2: 230-237

Jacobson E (1932) Electrophysiology of mental activities. Am J Psychol 44: 677-694

Petit L, Orssaud C, Tzourio N, Salamon G, Mazoyer B, Berthoz A (1993) PET study of voluntary saccadic eye movements in humans: basal ganglia-thalamocortical system and cingulate cortex involvement. J Neurophysiol 69: 1009-1017

Roland PE, Larsen B, Lassen NA, Skinhoj E (1980) Supplementary motor area and other cortical areas in the organization of voluntary movements in man. J Neurophysiol 43: 118-136

Wehner T, Vogt S, Stadler M (1984) Task-specific EMG characteristics during mental practice. Psychol Res 46: 389-401

Neuropsychologische Störungen bei Patienten mit Frontallappenepilepsie: Differentialdiagnostik zwischen frontalen und temporalen Funktionsstörungen

B. Kemper, C. Helmstaedter, C.E. Elger

Universitätsklinik für Epileptologie, Bonn

Fragestellung

Hinsichtlich der neuropsychologischen Aspekte der Frontallappenepilepsie (FLE) werfen Untersuchungen der vergangenen Jahre die Frage auf, inwieweit sich insbesondere in Abgrenzung zur Temporallappenepilepsie (TLE), spezifische Leistungsstörungen identifizieren lassen, die auf Störungen frontaler Funktionssysteme zurückzuführen sind.

Methodik

Zwecks Klärung dieser Frage wurden 23 Patienten mit FLE (6 links frontal, 17 rechts frontal) und 38 Patienten mit TLE (21 links temporal, 17 rechts temporal) hinsichtlich verschiedener Leistungen untersucht, die sich aufgrund von Läsionsstudien als relevant für das Frontalhirn herausgestellt haben.

Ergebnisse

Die "Flüssigkeitsmaße" ausgenommen, ergaben sich signifikante Unterschiede zwischen Patienten mit FLE und TLE in allen geprüften Funktionsbereichen. Die Lateralisation des epileptischen Herdes zeigte keinen signifkanten Effekt auf die Leistungen.

Konklusion

(1) Die Defizite der Patienten mit FLE können im Sinne einer reduzierten unmittelbaren Arbeits- und Aufnahmekapazität sowie unzureichenden Inhibition von Störreizen interpretiert werden. Die festgestellte Beeinträchtigung komplexerer Leistungen spricht zusätzlich für Störungen im Bereich der Konzeptbildung, des Antizipations- und Planungsvermögens sowie für Störungen in der Programmierung und Sequenzierung einfacher und komplexerer motorischer Bewegungsfolgen. Diese Defizite lassen sich gut in bestehende Modelle zu Funktionen des frontalen Cortex integrieren, in denen die zeitliche Ordnung von Handlungsprogrammen, die Organisation, Entwicklung und Umstellung auf neue Verhaltensmuster im Vordergrund stehen (Luria 1973; Pribram 1973; Fuster 1980, Shallice 1982).

Tab. 1. Ergebnisse der neuropsychologischen Untersuchung

	Frontal N=23 **M/SD**	Temporal N=38 **M/SD**	**F-Ratio**
Aufmerksamkeit			
d2-Test			
(GZ-F)	311,26/94,89	367,05/102,67	2,27
c.I.Test			
Symbolezählen	19,39/5,06	15,92/4,46	5,27*
Interferenz	28,08/11,30	20,26/4,68	14,76***
Stroop-Test			
Teil III	17,73/7,08	13,18/5,61	3,58
Zahlennachsprechen:			
vorwärts	5,34/0,92	6,23/1,36	7,29**
rückwärts	3,69/1,25	4,60/1,53	5,13*
Corsi-Block Test			
vorwärts	5,13/1,01	5,90/0,91	11,82**
rückwärts	4,52/0,94	5,31/0,92	10,20**
Flüssigkeit/Flexibilität			
Wortflüssigkeit			
gesamt Richtige	25,47/7,22	29,07/8,95	1,30
5 Punkt Test			
gesamt Richtige	26,03/11,77	30,23/8,73	2,80
Motorische Koordination			
Rechte Hand	2,17/1,19	1,26/0,76	8,45***
Linke Hand	2,17/1,30	1,23/0,67	7,68**
bimanual	2,82/1,11	1,68/0,90	14,55***
Antizipation und Planung			
Labyrinthtest			
Gesamtzeit	6,06/3,23	4,91/2,20	2,51
Gesamtfehler	15,08/8,78	9,26/6,27	14,66***
Konzeptbildung			
Visual Verbal Test			
Richtige Konzepte	51,69/14,58	64,00/9,01	11,03**

0,05 ** p < 0,01 *** p < 0,001
Über eine Diskriminanzanalyse konnten 69,57% der Patienten mit FLE und 81,58% der
* P < Patienten mit TLE in die richtige Gruppe klassifiziert werden.

(2) Über das Leistungsprofil konnte nicht zwischen einer links bzw. rechts hemisphärischen Störung unterschieden werden.

(3) Für den klinischen Gebrauch erweist sich die Testbatterie als geeignet, um
für FLE spezifische Störungen zu erfassen.

Literatur

Fuster JM (1980) The Prefrontal Cortex. Raven Press, New York.
Luria AR (1973) The Working Brain. Penguin Press, London
Shallice T (1982) Specific impairments of planning. Philosophical Transactions of the Royal
   Society, London B 298: 199-209

Kognitive Teilleistungsdefizite bei Temporallappenepilepsien

C. Helmstaedter, C. Pohl, C.E. Elger

Universitätsklinik für Epileptologie, Bonn

Fragestellung

Temporallappenpilepsien stellen mit ca. 80 % den größten Anteil pharmakoresistenter fokaler Epilepsien dar, die für eine epilepsiechirurgische Behandlung in Frage kommen. Die im Rahmen der praeoperativen Abklärung zur Anwendung kommende semiinvasive und invasive EEG/ECoG- Diagnostik erlaubt bei diesen Epilepsien einen bislang nicht gekannten Einblick in die Lokalisation des epileptischen Herdes und die iktuale und interiktuale Dynamik der epileptischen Aktivität. Die im Vergleich zu anderen Hirnschädigungen vaskulärer oder traumatischer Genese lokal eng eingrenzbare Funktionsstörung eröffnet dabei die Möglichkeit der Differenzierung umschriebener hirnlokaler Teilleistungsstörungen. Bekanntlich sind die temporo-limbischen Strukturen, allen voran die Hippokampusformation, in gedächtnisbildende Prozesse involviert. Es gibt zahlreiche Studien, die diesen Zusammenhang an operierten Patienten mit Temporallappenepilepsie belegen. Auch Untersuchungen an nichtoperierten Patienten verweisen auf das Vorliegen von Gedächtnisdefiziten, wenngleich die Befunde subtiler und weniger konsistent ausfallen. Abhängig von der Lateralisation des epileptischen Herdes in der linken (sprachdominanten) bzw. rechten Hemisphäre läßt sich zudem davon ausgehen, daß eher sprachliche bzw. nicht-sprachliche Funktionen betroffen sind. Anknüpfend an eigene Vorarbeiten zu verbalen und bildhaft/figuralen deklarativen Gedächtnisleistungen bei Temporallappenepilepsien untersuchte die vorliegende Studie materialspezifische Gedächtnisdefizite von Patienten mit strikt lateralisierten Temporallappenepilepsien und eher bitemporalen Epilepsien. Ein Kollektiv hirngesunder Probanden diente als Kontrollgruppe.

Methode

Es wurden je 30 Patienten mit rechts (RTE), links (LTE) oder bilateralen (BTE) Temporallappenepilepsien und 30 gesunde Kontrollprobanden untersucht. Lokalisation und Grad der Lateralisation des Herdes wurden anhand des invasiven und nichtinvasiven EEG-ECoG Monitoring bestimmt.

   "Bilateralität" wurde dann angenommen, wenn mindestens 30% der interiktualen epilepsietypischen Aktivität und/oder mindestens 1 Anfall kontralateral zum "führenden" Herd verzeichnet wurden. Entsprechend des intrakarotidalen Amobarbital Tests waren alle Patienten linkshemisphärisch sprachdominant. Die untersuchten Gruppen unterschieden sich weder hinsichtlich Alter, Geschlecht, Anfallsfrequenz, Manifestationsalter oder Dauer der Epilepsie, noch hinsichtlich des IQ's oder der Aufmerksamkeitsleistung.

Die zur Anwendung gekommenen Gedächtnistests waren der "Verbale Lern- und Merkfähigkeitstest" (unmittelbare Spanne, Lernleistung, freier Abruf nach Distraktion und nach zeitlicher Verzögerung, Rekognition, Fehler), eine modifizierte Form des DCS (Diagnostikum für Zerebralschädigung; unmittelbare Spanne, Lernleistung, Fehler) und der Benton Test (Richtiglösungen, Fehler - Form C, Instruktion A).

Tab. 1. ANOVA - Varianzanalyse Ergebnisse

	Kontr. N=30	RTE-Pat. N=30	LTE-Pat. N=30	BTE-Pat. N=30	F-Ratio df=116	
VLMT						
Spanne (m)	8,4	6,7	6,5	5,5	12,5	**
(sd)	(2,1)	(1,8)	(1,8)	(1,8)		
Lernleistung	12,9	12,1	11,6	10,8	6,4	**
	(1,3)	(2,0)	(1,9)	(2,1)		
Verlust nach	0,9	1,3	3,0	3,1	10,9	**
Distraktion	(1,9)	(2,0)	(1,9)	(1,9)		
Verlust nach	0,7	1,8	3,5	3,6	11,7	**
1/2 Stunde	(1,8)	(2,3)	(2,6)	(2,2)		
Rekognition	14,1	13,3	13,3	12,3	3,5	*
	(1,1)	(2,4)	(1,9)	(3,0)		
Falsch Pos.	1,7	1,8	2,6	5,3	6,6	*
	(2,5)	(2,8)	(3,3)	(5,0)		
Intrusionen	0,2	0,9	1,5	2,0	5,1	*
	(0,5)	(1,3)	(2,2)	(2,8)		
Perseverat.	5,5	3,5	4,3	5,2	1,7	ns
	(3,2)	(4,4)	(3,5)	(4,0)		
DCS						
Spanne	2,8	1,6	2,4	1,0	10,6	**
	(1,6)	(1,4)	(1,4)	(1,0)		
Lernleistung	7,5	4,1	7,1	3,5	28,6	**
	(1,3)	(2,5)	(1,8)	(2,3)		
Falsch Pos.	5,6	6,4	5,6	5,8	0,2	ns
	(4,1)	(4,3)	(4,2)	(3,7)		
Rotationen	4,6	4,3	3,9	4,6	0,2	ns
	(3,5)	(4,3)	(4,2)	(3,7)		
Perseverat.	0,3	0,5	0,5	1,0	3,4	*
	(0,5)	(0,5)	(0,5)	(0,6)		
Benton-Test						
Richtige	8,2	5,8	6,7	5,1	19,3	**
Repr.	(1,1)	(2,2)	(1,7)	(1,6)		
Fehlerhafte	2,3	6,3	4,7	7,5	18,6	**
Teilfiguren	(1,7)	(3,4)	(3,0)	(3,2)		

* : P < 0,05 ; ** : P < 0,01 ; m (sd)

Statistisch wurden das Testinstrumentarium zunächst faktorenanalytisch hinsichtlich seiner inhaltlichen Struktur untersucht. Gruppenunterschiede hinsichtlich der Gedächtnisleistungen wurden per ANOVA und post-hoc TUCKEY-Test analysiert. Zusätzlich wurden die wesentlichen Parameter anhand der Kontrollgruppe standardisiert (z-Werte) und im Profil analysiert. Schließlich wurde die differential-diagnostiche Validität der Tests mittels Diskriminanzanalyse überprüft.

Ergebnisse

Die faktorenanalytische Untersuchung des Testinstrumentariums zeigte, daß sich fünf Faktoren differenzieren ließen, die die Leistungen des "verbalen Lernens", des "bildhaften Lernens", die "unmittelbare bildhafte Merkfähigkeit", die "verbale Merkfähigkeit" und die "verbale Interferenz- und Perseverationsneigung" wider-spiegelten (Tab.1).

Einige Fehlerleistungen ausgenommen, ergaben sich signifikante Gruppen-effekte hinsichtlich aller Testparameter (Tab.2). Entsprechend des post-hoc Gruppenvergleichs zeichneten sich Patienten mit streng linkstemporalen Epilepsien durch eine umschriebene Minderleistung des freien Abrufs zuvor gelernten verbalen Materials nach Distraktion und einem Zeitintervall von 1/2 Stunde aus. In der Lern- und Rekognitionsleistung unterschieden sie sich nicht von rechts temporalen Patienten oder Gesunden.

Tab. 2. Faktoren Analyse (Berücksichtigt wurden nur Variablen mit Faktorenladungen > 0,5)

	Faktor 1	Faktor 2	Faktor 3	Faktor 4	Faktor 5
DCS Lernleist.	0,92				
DCS Spanne	0,76				
DCS Fehler	-0,53				
Benton F		-0,94			
Benton R		0,93			
VLMT Falsch Pos.			-0,65		
VLMT Lernleistung.			0,63		
VLMT Spanne			0,62		
D2 Aufmerks.			0,55		
VLMT Verlust nach 1/2 Stunde				-0,84	
VLMT Verlust nach Distraktion				-0,84	
VLMT Rekognition				0,68	
VLMT Perseveration					0,69
VLMT Intrusionen					0,61
Interpretation	bildh. Lernen	unmitt. bildh. Behalten	verb. Lernen	verb. Behalten	verb. Interfer. anfälligk.

Rechts temporale Patienten zeigten hingegen eine umschriebene Störung im Bereich der visuell/figuralen Lern- und Merkfähigkeit. Das Diagnostikum für Zerebral-schädigung zeigte dabei eine genauere Differenzierungsfähigkeit als der Benton Test.

Bei bilateralen Epilepsien erwiesen sich beide Gedächtnisbereiche in nahezu allen erhobenen Parametern deutlich gemindert.

Die z-transformierten Testdaten bestätigten das gefundene Leistungsmuster im Intragruppenvergleich. Bei LTE- Patienten fiel die freie verbale Abrufleistung signi-fikant schlechter aus als die Leistungen zum bildhaften Gedächtnis. Bei RTE-

Patienten zeigte sich das umgekehrte Muster. Innerhalb der BTE- gruppe fielen alle Lern- und Gedächtnisparameter schlechter aus als die unmittelbare Gedächtnisspanne im verbalen oder nonverbalen Bereich.

Die diskriminanzanalytische Untersuchung der differential-diagnostischen Valenz der drei verwandten Verfahren (freier verzögerter Abruf/VLMT; Lernleistung/DCS-R; Fehlerleistung/Benton) zeigte, daß 90% der Kontrollprobanden, 41 % der RTE-, 67% der LTE-, und 60% der BTE-Patienten korrekt den Untersuchungsgruppen zugeordnet wurden (Chi$_2$=39,3; 4d.f.; p<0,0001). Absolut divergente Ergebnisse von Neuropsychologie und EEG, die eine gegensätzliche Lateralisation der funktionellen Störung nahelegten, ergaben sich in nur 6% der Fälle.

Konklusion

Die Ergebnisse bestätigen zunächst die angenommene Beteiligung temporo-limbischer Strukturen an gedächtnisbildenden Prozessen. Sie bestätigen weiterhin, daß die rechte und die linke Temporalregion offensichtlich in unterschiedliche Informationsverarbeitungssysteme eingebunden sind, sodaß sich strikt lateralisierte epileptische Funktionsstörungen in materialspezifischen Gedächtnisdefiziten niederschlagen. Während Patienten mit linkstemporaler Epilepsie primär Probleme im Bereich des freien Abrufs zuvor gelernter verbaler Inhalte aufwiesen, zeigte sich bei Patienten mit rechtstemporaler Epilepsie primär eine Störung im Bereich des unmittelbaren visuell-räumlichen Lernens und Behaltens. Da die bildhaft/figuralen Tests die Parameter des freien verzögerten Abrufs und der Rekognition erfassen, muß offen bleiben, warum sich bei rechtstemporalen Epilepsien defizitäre Leistungen bereits im Bereich des unmittelbaren Behaltens zeigten, während das Verbalgedächtnis bei linkstemporalen Epilepsien bevorzugt im Bereich des verzögerten freien Abrufs- bzw. Zugriffs auf Gelerntes gestört war. Möglicherweise liegt verbalen und visuell-bildhaften Lern- und Gedächtnisleistungen eine grundsätzlich unterschiedliche Informationsverarbeitung mit unterschiedlichen En- und Decodierungsprozessen zugrunde.

Aufschlußreich sind auch die Ergebnisse der Patienten mit "bilateralen" Temporallapenepilepsien. In Analogie zum global Amnestischen Syndrom zeigt sich, daß mit Ausnahme der unmittelbaren Gedächtnisspanne, Lernen und Gedächtnis in beiden Leistungsbereichen generell reduziert waren.

Was schließlich die zur Anwendung gekommenen Tests anbelangt, erweisen sich diese als geeignetes lokalisationsdiagnostisches Instrumentarium zur Diskriminierung materialspezifischer Gedächtnisstörungen bei Temporallappenepilepsien.

Literatur

Helmstaedter C, Pohl C, Hufnagel A, Elger CE (1991) Visual Lerning Deficits in Nonresected Patients with Right temporal Lobe Epilepsy. Cortex 27: 547-555

Helmstaedter C, Durwen HF (1990) VLMT- verbaler Lern und Merkfähigkeitstest. Ein praktikables und differenziertes Instrumentarium zur Prüfung der verbalen Gedächtnisleistungen. Schweizer Archiv für Neurologie und Psychiatrie 1: 21-30

Helmstaedter C, Durwen HF, Elger CE, Penin H (1988) VLMT (verbaler Lern- und Merkfähigkeitstest) bei 24 Patienten mit psychomotorischer Epilepsie und rechts- bzw. linkstemporalem Fokus. In: P.Wolf (ed.) Epilepsie 88. Einhorn-Presse Verlag, Reinbeck, pp 240-245

Kurthen M, Helmstaedter C, Linke DB, Hufnagel A, Elger CE, Schramm J (1993) Quantitative and qualitative evaluation of patterns of cerebral language dominance. An amobarbital study. Brain and Language (in press)

Benton AL (1981) The revised visual retention test <dt.> Deutsche Berabeitung. Otfried Spreen Huber, Bern Stuttgart Wien

Benton AL (1981) The revised visual retention test <dt.> Deutsche Berabeitung. Otfried Spreen Huber, Bern Stuttgart Wien

Lokalisation des epileptischen Fokus als wesentliche Determinante der Gedächtnisdefizite bei Patienten mit Temporallappenepilepsie

H.F. Durwen, P. Calabrese

Ruhr-Universität-Bochum, Neurologische Universitätsklinik,

Knappschaftskrankenhaus

Fragestellung

Patienten mit Temporallappenepilepsie zeigen umschriebene Defizite ihrer Gedächtnisleistungen in Abhängigkeit von der Lateralisation des epileptischen Herdes (Ladavas et al. 1979; Durwen et al. 1989). Bei Patienten mit links-temporalem Fokus finden sich Defizite des Verbalgedächtnisses und bei solchen mit rechts-temporalem Herd Beeinträchtigungen der non-verbalen Gedächtnisleistungen. Die Ursachen für die Störungen der Gedächtnisfunktionen mögen sowohl in der epileptogenen Veränderung der neuronalen Strukturen als auch in den möglicherweise zugrunde liegenden morphologischen Befunden zu suchen sein. Welchem Faktor jedoch die größere Bedeutung zukommt, ist bisher unklar. Gegenstand dieser Untersuchung war daher, dieser Frage anhand der Prüfung von Funktionen des Verbalgedächtnisses nachzugehen.

Methodik

Insgesamt wurden 26 Patienten mit therapieresistenten komplex-fokalen Anfällen links-temporalen Ursprungs untersucht, die sich im Rahmen der prächirurgischen Epilepsiediagnostik in stationärer Abklärung befanden. Nach den Kriterien des OLDFIELD-Händigkeitstestes und aufgrund der Ergebnisse im WADA-Test war bei allen Probanden von einer linkshemisphärischen Dominanz für sprachgebundene Funktionen auszugehen. Es handelt sich um 11 Männer und 15 Frauen in der Altersspanne von 25 bis 38 Jahren.

Die Fokusdetermination erfolgte mit Hilfe kontinuierlicher EEG-Registrierung unter Verwendung des international standardisierten 10/20 Systems, sowie unter Einsatz bilateral plazierter Sphenoidalelektroden. In der Hälfte der Fälle wurde zusätzlich eine invasive Abklärung mit bilateral implantierten Subdural-Elektroden durchgeführt. Es wurde zwischen neotemporal und temporomesial gelegenen Herdbefunden unterschieden.

Das operativ entfernte Hirnmaterial wurde histologisch untersucht und die Lokalisation des umschriebenen pathologischen Befundes ebenfalls nach neotemporaler und temporomesialer Lage differenziert. Es wurden hier nur Patienten aufgenommen, die nachweislich einen pathologischen histologischen Befund hatten.

Im Rahmen der neuropsychologischen Untersuchung wurden attentionale Parameter und Funktionen des Verbalgedächtnisses erfaßt. Als Testinstrumentarien kamen der finger Tapping Test (Variablen: TAPR1 = Tapping rechts, TAPL1 = Tapping links), der d2-Aufmerksamkeits-Belastungstest nach BRICKENKAMP (Variablen: D2GZ1 = Mengenleistung, D2GZF1 = Gesamtleistung) und der Verbale Lern- und Merkfähigkeitstest (VLMT) Variablen: VT11 = Gedächtnisspanne; VT21, VT31 und VT41 = Lernkurvenparameter; VT51 = Lernkapazität; VT61 = Reproduktionsleistung, V5-V6 = Verlust nach Interferenz, VCR1 = Rekognitionsleistung, IFR1 = Reproduktionsleistung für Interferenzliste), eine deutsche Version des Rey Auditory Verbal Learning Test (AVLT), zum Einsatz.

Statistik

Zur Beantwortung der hier gestellten Fragen nach der Relevanz der Einflußgrößen "Epileptischer Fokus" und "Morphologischer Befund" auf die Gedächtnisfunktonen wurden die Lokalisationen (neotemporal, temporomesial) von EEG- und histologischem Befund einander gegenübergestellt. Ein solcher Untersuchungsansatz war möglich, da die untersuchten Probanden die jeweiligen Befunde in denselben Lokalisationen, jedoch in unterschiedlicher Distribution zeigten und im Rahmen des hier verwendeten Paradigmas schlechtere Gedächtnisleistungen bei temporomesialer Lokalisation des Befundes zu erwarten waren. Die Auswirkungen der Einflußgrößen auf die Zielgrößen wurden mittels zweitfaktorieller Varianzanalyse (ANOVA) untersucht. Die ANOVA schloß die Variablen EEG-Lokalisation des epileptischen Herdes (Ausprägungen: neotemproal, temporomesial) und Lokalisation des histologischen Befundes (Ausprägungen: neotemporal, temporomesial) ein. Die Mittelwerte (MW) und Standardabweichungen (SD) aller Ausprägungen, sowie die p-Werte der Haupteffekte (EEG-Lokalisation, Histologie-Lokalisation) und der Wechselwirkungen zwischen den Haupteffekten sind für alle Zielgrößen in Tabelle 1 zusammengestellt.

Ergebnisse

Wie aus Tabelle 1 hervorgeht, zeigt der Haupteffekt Lokalisation des histologischen Befundes für keine der Zielgrößen einen signifikanten Effekt; das gleiche Ergebnis trifft zu für die Wechselwirkungen der beiden Haupteffekte. Signifikante Zusammenhänge ergeben sich ausschließlich für den Haupteffekt EEG-Lokalisation des epileptischen Herdes und betreffen die Zielgrößen VT41, VT51, VT61 und VT71 ($p < 0.01$), die die Lern- und Behaltensleistungen wiederspiegeln. Patienten mit temporomesialem EEG-Herd zeigen sich dabei, wie hypothetisch zu erwarten, stets schlechtere Leistungen als solche mit neotemproalem Fokus. Für die attentionalen Parameter sind keine signifikanten Zusammenhänge nachweisbar.

ZIELGRÖSSEN:	Histologie neotemp. EEG neotemp. (N = 4)		temp.mes. (N = 8)		Histologie temp.mes. EEG neotemp. (N = 3)		temp.mes. (N = 11)		HE/WW (p-Werte)		
	MW	SD	MW	SD	MW	SD	MW	SD	P_{his}	P_{eeg}	P_w
TAPPING:											
TAPR1	57.5	2.4	58.0	11.2	53.0	3.5	61.0	5.1	0.82	0.21	0.26
TAPL1	48.5	7.1	53.4	9.2	55.0	8.5	55.0	5.5	0.23	0.47	0.47
d2-TEST:											
D2GZ1	345.8	79.4	380.6	70.8	341.7	74.2	437.1	94.9	0.49	0.10	0.43
D2GZF1	332.0	82.2	367.1	68.4	336.3	70.3	408.0	85.0	0.53	0.14	0.61
VLMT:											
VT11	7.5	0.6	6.0	1.4	6.7	1.5	6.5	2.3	0.82	0.31	0.44
VT21	9.5	1.0	8.0	1.8	9.0	2.6	8.4	2.8	0.95	0.31	0.68
VT31	11.7	2.6	9.3	1.8	10.7	0.6	10.3	1.7	0.97	0.09	0.21
VT41	13.2	1.8	9.6	1.8	11.3	0.6	10.9	1.7	0.67	0.01*	0.06
VT51	13.5	1.3	10.9	2.0	13.0	0.0	11.4	1.7	0.99	0.01*	0.51
IFR1	5.3	0.5	4.5	1.1	5.0	1.0	5.6	1.7	0.48	0.93	0.27
VT61	11.0	3.3	6.8	2.2	10.3	2.9	7.0	3.0	0.87	0.01*	0.71
VT71	10.0	4.2	6.0	3.9	11.0	2.6	6.5	3.4	0.66	0.01*	0.87
VCR1	13.5	1.9	12.0	2.8	14.0	1.0	12.5	2.3	0.62	0.17	0.98
V5-61	2.5	2.1	4.1	1.6	2.7	2.9	4.4	2.4	0.84	0.10	0.97

* markiert sind p-Werte $\leq$ 0.05

Tab. 1. Zweifaktorielle Varianzanalyse mit den Variablen EEG-Lokalisation des epileptischen Herdes (Ausprägungen: neotemporal = neotemp.; temporomesial = temp.med.) und Lokalisation des histologischen Befundes (Ausprägungen: neotemporal = neotemp.; temporomesial = temp.mes.) bei LTE Patienten (nur mit Primärdiagnose) für sämtliche Zielgrößen unter Eingangsmedikation (EM). Darstellung der Mittelwerte (MW), Standardabweichungen (SD), Haupteffekte (HE) und Wechselwirkungen (WW) (P_{his} = Haupteffekt Lokalisation Histologie, P_{eeg} = Haupteffekt EEG-Lokalisation epileptischer Herd, P_w = Wechselwirkung zwischen den Haupteffekten).

Konklusion

Patienten mit Temporallappenepilepsie zeigen materialspezifische Gedächtnisdefizite in Abhängigkeit von der Lateralisation des epieleptischen Fokus (Ladavas et al. 1979; Durwen et al. 1989). Bisher wurden diese Störungen ursächlich sowohl auf die Epilepsieerkrankung selbst als auch auf den möglicherweise zugrunde liegenden pathomorphologischen Befund zurückgeführt. Zur Beantwortung der Frage, welchem der beiden Faktoren die größere Bedeutung zukommt, wurden 26 Patienten mit links-temporalem Epilepsieherd hinsichtlich ihrer Leistungsfähigkeit in Verbalgedächtnisfunktionen untersucht.

Aufgrund der Tatsache, daß die Leistungen der Aufmerksamkeit durch keine der Prädiktorvariablen beeinträchtigt wurden, ist anzunehmen, daß die beobachteten Gedächtnisdefizite in der Tat auf eine lokale Störung der die verbalen Gedächtnisfunktionen repräsentierenden Hirnstrukturen zurückzuführen sind.

Im Rahmen des hier gewählten Paradigmas (Lokalisation von epileptischem Fokus und histologischem Befund) konnte nun gezeigt werden, daß die Gedächtnisleistungen ausschließlich von der Lokalisation des epileptischen Herdes und nicht der des histologischen Befundes bestimmt werden. Wie aufgrund hypothetischer Überlegungen und vorhergehender Untersuchungen zu erwarten, waren Patienten mit temporomesial gelegenem Epilepsieherd hinsichtlich bestimmter Gedächtnisfunktionen signifikant stärker beeinträchtigt also solche mit neotemporalen Nachweisen.

Die Ergebnisse dieser Untersuchung erlauben die Schlußfolgerung, daß der wesentliche Einfluß hinsichtlich der Gedächtnisleisutngen weniger vom pathomorphologischen Substrat als vielmehr von der epileptogen veränderten neuronalen Matrix ausgeht. Die in das Grundgeschehen involvierten Neurone sind möglicherweise nicht mehr in der Lage, die über sie noch vermittelten kognitiven Leistungen adäquat zu realisieren. Darüber hinaus unterstützen diese Befunde die Ansicht (Irle 1990), daß abgesehen von der Situation bei Infarktpatienten umschriebene morphologische Läsionen keinen wesentlichen Einfluß auf Art und Schwere eines kognitiven Defizits ausüben. So werden umliegende Neurone durch eine umschriebene morphologische Läsion nicht notwendigerweise in ihrer Funktion beeinträchtigt, während der epileptische Grundprozess die Neurone selbst affiziert und möglicherweise größere Verbände in das Geschehen involviert.

Literatur

Durwen HF, Elger CE, Helmstaedter C, Penin H (1989) Circumscribed improvement of cognitive performance in temporal lobe epilepsy patients with intractable seizures following reduction of anticonvulsant medication. J Epilepsy 2: 147-153

Ladavas E, Umilta C, Provinciali L (1979) Hemisphere-dpendent cognitive perfomance in epileptic patients. Epilepsia 20: 493-502

Irle E (1990) An analysis of the correlation of lesion size, localisation and behavioral effects in 283 published studies of cortical and subcortical lesions in old-world monkeys. Brain Res Rev 15: 181-213

Ein Fall von Urbach-Wiethe-Erkrankung

H.F. Durwen[1], P. Calabrese[1], R. Babinsky[1], D. Brechtelsbauer[2], M. Haupts[1], H.J. Markowitsch[3], W. Gehlen[1]

[1]Neurologische und [2]Radiologische Univ.-Klinik, Knappschaftskrankenhaus, Ruhr-Universität-Bochum, [3]Institut für Physiologische Psychologie, Universität Bielefeld

Einleitung

Bei der sogenannten Urbach-Wiethe-Erkrankung handelt es sich um eine lipoide Proteinose, die erstmals im Jahre 1908 von Siebermann als generalisierte Hyperkeratose der Haut unter Einbeziehung der Mucosa beschrieben wurde. Die erste umfassende Darstellung dieses Krankheitsbildes stammt von Urbach und Wiethe aus dem Jahre 1929. Anfänglich galt die Erkrankung als umschriebene Dermatose mit zusätzlicher Beteiligung der oralen Mucosa und des Larynx. Im Laufe der Jahre wurde jedoch deutlich, daß es sich bei diesem Syndrom um eine Multi-System-Erkrankung handelt, die zu Veränderungen an Augen, Magen, Rektum, Vagina, Leber, Pankreas und Gehirn führen kann. Es handelt sich um ein sehr seltenes und gutartiges, autosomal-rezessiv vererbtes Krankheitsbild.

Nachfolgend werden die wesentlichsten klinischen und zusatzdiagnostischen Charakteristika dieser Erkrankung anhand eines Fallbeispieles mit prädominant neurologischer und neuropsychologischer Symptomatik vorgestellt.

Kasuistik

E.F. ist eine bis dahin unauffällige 39jährige Hausfrau, bei der im 37. Lebenjahr erstmals klinisch beeinträchtigende Symptome aufgetreten sind. Etwa 3-4 mal pro Monat, gelegentlich auch mehrmals täglich, kommt es bei erhaltenem Bewußtsein und für nur wenige Sekunden andauernd zum plötzlichen Auftreten von rasch hintereinander ablaufenden, nicht visualisierten Gedankenfolgen, die sich inhaltlich meist auf die eigene Kindheit und Jugendzeit beziehen und fast immer emotional getönt sind. Meist werden die als erzwungen empfundenen Gedanken von einer vehementen Angst und einem Gefühl von Panik begleitet, die in ihrer Unerklärlichkeit von der Patientin als besonders quälend und verunsichernd empfunden werden. Darüber hinaus können gleichzeitig zu diesen Symptomen auch vegetative Begleitreaktionen in Form von Übelkeit, Hitzegefühl, Schwindel sowie subjektiv empfundener Luftnot auftreten.

Ferner beklagt die Patientin, seit etwa der gleichen Zeit eine zunehmende Beeinträchtigung ihrer Gedächtnisleistungen zu beobachten. So bemerkt sie, daß sowohl das Namensgedächtnis als auch das räumliche Erinnerungsvermögen nachgelassen haben. Ferner gibt sie an, daß sie bereits seit Monaten Probleme mit ihrer Regelblutung habe und die letzte reguläre Blutung etwa 6 Monate zurückliege.

78

Zur Vorgeschichte berichtet sie, daß eine Heiserkeit seit früher Kindheit bekannt sei und daß ihr deswegen wiederholt Stimmbandknötchen entfernt worden seien. Außerdem gibt sie an, daß sie seit der Pubertät mit Hautproblemen zu tun habe und wiederholt wegen einer Gesichtsakne behandelt worden sei. Die Familienanamnese wird als unauffällig geschildert.

Befunde

Der neurologische Untersuchungsbefund ist regelrecht; klinisch wirkt die Patientin kleinwüchsig und deutlich vorgealtert. Psychisch erscheint die Patientin bis auf eine leicht depressiv getönte Grundstimmung im wesentlichen unauffällig.

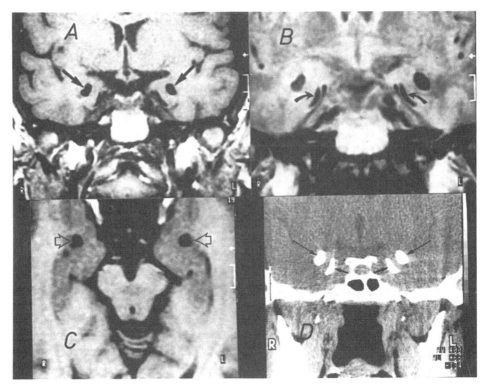

Abb. 1. Bilaterale Schädigungen der Amygdala-Region. Bild A zeigt im T1-gewichteten MRT (SE 650/30) ovale hyperdense Läsionen in der Amygdala (Pfeile). Bild B demonstriert ein PD-gewichtetes MRT (SE 2500/20) mit Läsionen im anteromesialen Cortex des Schläfenlappens, dem periamygdaloiden Gyrus (gebogene Pfeile). In Bild C ist die Amygdala-Läsion im T1-gewichteten MRT in axialer Schnittführung dargestellt (offene Pfeile). Bild D zeigt eine CCT-Darstellung der Läsionen in coronarer Schnittführung und belegt sie als Verkalkungen in der Amygdala (lange Pfeile) und im anteromesialen Cortex des Schläfenlappens (kurze Pfeile).

Die wesentlichsten Befunde der Röntgen-Diagnostik sind in Abb. 1. zusammen-gefaßt dargestellt. Es werden feine, sichelförmige Verkalkungen in der Amygdala-Region beidseits darstellbar. Ein solches Verteilungsmuster intracerebraler Verkal-kungen ist für dieses Krankheitsbild charakteristisch.

Die Ableitung des Routine-EEG mit Oberflächenelektroden nach dem inter-national standardisierten 10/20 System ist unauffällig. In den Ableitungen mit einem 8 Kanal Langzeit-EEG unter Einschluß von bilateralen Sphenoidalelektroden kommen vereinzelte Abläufe von steilen Wellen links temporomesial zur Dar-stellung.

Die Patientin zeigt bei durchschnittlicher Intelligenz (IQ=109 nach Hawie) normale Leistungen für Aufmerksamkeit, Vigilanz, mentale Flexibilität, Konzept-bildung und Altgedächtnis (d2-Aufmerksamkeits-Belastungstest nach Brickenkamp, Trail Making Test, Wisconsin Card Sorting Test, Concept Comprehension Task, Famous Events Questionnaire und Autobiographical Memory Interview). Hingegen sind die Funktionen des Neugedächtnisses für verbales und non-verbales Material deutlich beeinträchtigt, insbesondere wenn die Verarbeitung emotional getönten Materials gefordert wird (Auditory Verbal Learning Test, LGT-3, Odor Test, Word Stem Completion Task, Picture Recognition Task).

Klinischerseits ergeben sich Hinweise auf das Vorliegen einer sekundären Amenorrhoe; der Hormonstatus zeigt eine deutliche Minderung der Serumkon-zentration von Östradiol-19-beta.

Makroskopisch zeigen sich gelblich-weiße, xanthelasmenartige Infiltrationen der gesamten Gesichtshaut; histologisch handelt es sich um ausgeprägte Ablagerungen hyaliner Massen in der Dermis und im subepithelialen Bindegewebe.

Diskussion

Die hier vorgestellte Patientin zeigt in typischer Weise die wesentlichsten Charakte-ristika der Urbach-Wiethe-Erkrankung, die auch als Hyalinosis cutis et mucosae bezeichnet wird.

Klinisch fallen die Patienten durch ihre gelblich-weiße Haut auf, die weitflächig von xanthelasmenartigen Infiltrationen durchsetzt wird. Prädilektionsstellen für die Ablagerungen sind neben der Gesichtshaut und den Augenlidern, Hände, Ellen-bogen, Axilla, Knie, Glutealfalte und Skrotum. Auch die Stimmbänder sind sehr häufig betroffen, sodaß die Patienten schon früh durch eine permanente Heiserkeit auffallen.

Prominente Befunde ergeben sich ferner sowohl aus neurologischer als auch aus neuropsychologischer Perspektive. Besonders auffallend sind Befunde der bildge-benden neuroradiologischen Verfahren. Als besonders charakteristisch werden intra-kranielle Verkalkungen angesehen, die meistens, wie auch bei der hier vorgestellten Patientin, als symmetrisch angeordnete sichel- oder flügelförmige Strukturen in der Amygdala- oder Hippokampusregion nachweisbar werden. Allerdings sind solche Verkalkungen auch schon an der medialen Oberfläche der Schläfenlappen, im Nucleus cuadatus, Globus pallidus und im Bereich des Tentorium cerebelli und der Falx cerebri beschrieben worden.

Nicht selten treten bei Patienten mit Urbach-Wiethe-Erkrankung auch epilep-tische Anfälle auf. Meist handelt es sich um komplex-fokale oder emotional-affektiv getönte fokale Anfälle temporo-limbischen Ursprungs (z.B. rage attacks) oder auch um Grand mal Anfälle, die dann als sekundär generalisierte Anfälle einzuordnen sind. Bei der hier vorgestellten Patientin kommt es zur Manifestation fokaler limbischer Anfälle mit nicht visualisierten, zwanghaft auftetenden Erinnerungen, die von einer starken affektiven Tönung begleitet werden.

Die häufig anzutreffende Nähe der Verkalkungen zu Strukturen, die für die Gedächtnisfunktionen verantwortlich sind, spiegelt sich auch im neuropsychologischen Leistungsprofil dieser Patienten wider. Im Vergleich zum meist durchschnittlichen allgemeinen Intelligenzniveau erscheinen die Gedächtnisleistungen in besonderer Weise beeinträchtigt. Diese Befundkonstellation trifft auch auf die hier vorgestellte Patientin zu, die eine auffällige Minderung der verbalen und non-verbalen Gedächtnisfunktionen zeigt. Die Defizite werden besonders deutlich, wenn die Verarbeitung emotional-affektiv getönter Gedächtnisinhalte verlangt wird.

Konklusion

Zusammenfassend kann festgehalten werden, daß es sich bei der Urbach-Wiethe-Erkrankung (Hyalinosis cutis et mucosae) um ein sehr seltenes, autosomal-rezessiv vererbtes Krankheitsbild handelt, dessen Ätiologie bis heute unklar ist. Die Symptomkonstellation, bestehend aus charakteristischen intracerebralen Verkalkungen, epileptischen Anfällen, Gedächtnisdefiziten und entsprechenden Hautveränderungen, legt die Diagnose einer Urbach-Wiethe-Erkrankung nahe (Urbach und Wiethe 1929; Newton et al. 1971).

Literatur

Urbach E, Wiethe C (1929) Lipoidosis cutis et mucosae. Virchows Arch 273: 285-319
Newton FH, Rosenberg RN, Lampert PW, O'Brien JS (1971) Neurological involvement in Urbach-Wiethes's disease (lipoid proteinosis). Neurology 21: 1205-1213

Toleranz kognitiv-mnestischer Leistungen gegenüber cerebralen Läsionen bei Multipler Sklerose

M. Haupts[1], P. Calabrese[1,2], H. Markowitsch[2], W. Gehlen[1]

[1]Neurologische Universitätsklinik Knappschaftskrankenhaus, Bochum-Langendreer,
[2]Universität Bielefeld, Abt. Physiologische Psychologie, Bielefeld

Fragestellung

Die Multiple Sklerose (MS) ist durch disseminierte, im Krankheitsverlauf an Zahl und Gesamtfläche zunehmende Läsionen der weißen Substanz bis hin zur Hirnatrophie gekennzeichnet. Seit die charakteristischen Schädigungsmuster mittels Magnetresonanztomographie (MR) in vivo darstellbar geworden sind, werden meist vergeblich hirnlokale Korrelationen von neurologischer Symptomatik und ZNS-Topik verglichen. Neuropsychologische Maße können geeignet sein, "stumme" Hirnläsionen durch ihre Auswirkungen auf kognitive und mnestische Funktionen erkennbar werden zu lassen. Über den Versuch hirnlokaler Zuordnung hinaus soll geprüft werden, wieweit die Beziehungen zwischen hirnmorphologischem Befund und gestörter Hirnfunktion mittels eines semiquantitativen MR-Scores besser dargestellt werden können.

Methodik

60 stationäre Patienten der Neurologischen Universitätsklinik mit gesicherter MS gem. Poser-Committee-Kriterien im Alter von 19-64 (m 35,7) Jahren und 30 hirngesunde Kontrollpersonen (Alter 24-55 Jahre, m 35,3) wurden klinisch-neurologisch und neuropsychologisch untersucht. Der neurologische Schweregrad wurde gemäß EDSS n. Kurtzke verschlüsselt; neuropsychologisch wurden Intelligenzmaße mit der Kurzform WIP des HAWIE, Gedächtnisprüfungen mit dem Alltagsgedächtnistest AGT (Hempel et al. 1993) in Adaptation des englischen RBMT erfaßt. Die MR-Tomogramme wurden mit eigenem Score 0- III semiquantitativ klassiert (0= keine cerebralen Läsionen sichtbar, I und II =Einzelherde in zunehmender Quantität und Größe von bis zu bzw. mehr als 12 erkennbaren Läsionen, III = ausgedehnte, konfluente Läsionen und Zeichen der cerebralen Atrophie). Teststatistik wurde mittels ANOVA mit post-hoc-Scheffe-Test berechnet.

Ergebnisse

Eine Übersicht gibt die Tabelle. Alter, Verlaufsdauer und Behinderungsgrad sind ebenso wie Gedächtnisdefizite quantitativ am höchsten in der Gruppe mit konfluenten MR-Läsionen entsprechend Score III. 10 der 13 Patienten mit AGT-Ergebnissen unterhalb des „cutoff" von 90 Punkten zeigen dieses Schädigungsmuster. Hinzuweisen ist auf die relativ guten Leistungen der Patienten mit MR-Score II bei verbal strukturierten Aufgaben (Textreproduktion unmittelbar und verzögert) ebenso wie ihre deutlich schwächeren Resultate bei visuell organisierten Aufgaben (Person mit Namen erinnern, Gesichter-Rekognition).

Tab. 1. Resultate (Werte bzw. Mittelwerte; in Klammern: Standardabweichung; *Signifikanzen).

MR-Score	0	I	II	III	Kontrollen
n=	2	21	16	21	30
Alter	33	33	31	41*II	35
Verlauf (Mon.)	3 (2,8)	34 (41)	52 (57)	29 (84) * I,II	-
EDSS	4,2 (3)	3,2 (1,4)	3,0 (1,2)	4,9 (1,9)*	-
IQ	101 (11)	106 (9)	103 (15)	95 (8) * I	103 (8)
AGT	111 (22)	126 (14)	123 (16)	101 (22) * I,II,Ko	135 (6)
-Subtest Name	4	5,4	4,5	3,6 * I,Ko	5,8
" Bilder	10	9,3	9,7	8,8	9,3
" Gesicht	7	8,3	7,9	6,5 * I,Ko	9
" Text A	25	27,7	29,2	22,8 * II,Ko	29,7
" Text B	23	26,3	27,6	20,0 * I,II,Ko	29
Balken-Läsion i. MR	0	3	12	16	-

Konklusion

Gedächtnisstörungen scheinen - mehr als z.B. Intelligenzquotienten - sensible Maße für ZNS-Schädigungen zu sein. Dabei finden sich diskrete Störungen in Teilbereichen mnestischer Funktionen bereits bei Patienten mit verhältnismäßig geringen, diskreten Einzelläsionen des ZNS, wobei der Schwerpunkt auf nonverbalen Leistungen liegt. Globale Defizite dagegen finden sich erst bei Patienten mit massiven, konfluenten Läsionsmustern. - Das im semiquantitativen Score abgebildete Schädigungs-Muster scheint entscheidender als das Gesamtvolumen der Läsionen für das Ausmaß der Ausfälle. Hirnlokale Korrelationen (Balken, parieto-occipitale Region) ließen sich in Übereinstimmung mit früheren Befunden nicht sichern (Haupts et al. 1991). Offensichtlich besteht eine "Toleranz" neuropsychologischer Hirnleistungen: diskrete Einzelläsionen können bis zum Überschreiten der Schwelle zu konfluenten cerebralen Schädigungen weitgehend kompensiert werden. Ähnliche "Toleranzschwellen" werden in der Literatur auch bei cerebro-vaskulären Läsionen diskutiert (Boone et al. 1992; Tomlinson et al. 1970).

Mit freundlicher Unterstützung des DMSG-Bundesverbandes, DMSG-Landesverbandes NRW und der Gemeinnützigen Hertie-Stiftung (GHS 231/91)

Literatur

Boone K, Miller B, Lesser I, Mehringer C, Hill-Gutierrez E, Goldberg M, Berman N (1992) Neuropsychological correlates of white-matter lesions in healthy elderly subjects. Arch Neurol 49: 549-554

Haupts M, Calabrese P, Markowitsch H, Gehlen W (1991) Kognitiv-mnestische Diagnostik bei MS-Patienten. In: Firnhaber W, Dworschak K, Lauer K, Nichtweiß M (Hrsg.) Verhandlungen der Deutschen Gesellschaft für Neurologie 6. Springer-Verlag Berlin-Heidelberg-New York 104-105

Hempel U, Deisinger K, Markowitsch H, Hoffman E, Kessler J (1993) Alltagsgedächtnistest.Weinheim. Beltz Test-Verlag

Tomlinson B, Blessed G, Roth M (970) Observations on the brains of demented old people. J Neurol Sci 11: 205-242

Kognitive Potentiale beim Wiedererkennen von Wörtern - Untersuchung eines Patienten mit amnestischem Syndrom

W. Lalouschek, W. Lang, A. Marterer, G. Goldenberg, R. Beisteiner, G. Lindinger

Universitätsklinik für Neurologie Wien

Fragestellung

Patienten mit amnestischem Syndrom können Ereignisse, z.B. die Wörter einer Liste, die mehr als ein bis zwei Minuten zurückliegen, nicht oder nur sehr eingeschränkt angeben, weder durch freie Wiedergabe, noch durch Identifikation der Wörter aus einer Liste. Sie benutzen aber Wörter, mit denen sie sich - zu welchem Zweck auch immer - beschäftigt haben, bevorzugt in einer Worstamm-Kompletierungsaufgabe (Warrington und Weiskrantz 1968a,b). Es wurde gefolgert, daß Bahnung ("priming") bei den Patienten intakt ist, das "episodische Gedächtnis" ("Ereignis-Gedächtnis") hingegen hochgradig beeinträchtigt ist. Untersuchungen der elektrodermalen Aktivität haben gezeigt, daß wiederholt dargebotenes Material anders verarbeitet wird als neues Material, auch wenn die Inhalte auf Befragung nicht erinnert werden (Verfaille et al. 1991). In der vorliegenden Studie wurde die Hirnaktivität bei erstmaliger und wiederholter Darbietung von Wörtern mit ereigniskorrelierten Potentialen (EKP) untersucht. Dabei sollten Bahnungseffekte untersucht werden.

Methodik

5 Normalpersonen und ein Patient mit amnestischem Syndrom bedingt durch eine Aneurysamblutung mit mesio-basaler Frontalhirnläsion nahmen an der Untersuchung teil. Alle Personen waren rechtshändig.

Auf dem Bildschirm wurden drei Listen mit 48 konkreten, bildhaft gut vorstellbaren Wörter mit geringer Auftretenswahrscheinlichkeit im Alltagsgebrauch dargeboten. Es wurde die Anweisung gegeben, die Wörter zu merken. Anschließend wurde eine weitere Liste mit 96 Wörtern präsentiert, von denen 50% bereits in der ersten Liste erhalten waren ("altes Wort") oder nicht ("neues Wort"). Bei dieser Abfrage mußten die Versuchspersonen durch Wahlreaktion mit dem Zeigefinger anzeigen, ob das Wort "alt" oder "neu" war. Es wurden vier Klassen gebildet, neu_richtig (NR), neu_falsch (NF), alt_richtig (AR) und alt_falsch (AF), und die Reaktionszeiten berechnet.

Die EKP wurden von den Elektroden F7, F8, FT9, FT10, T3, T4, TP9, TP10 abgeleitet mit Cz als Referenz. Dabei liegen FT9 und FT10 über den Eisntichstellen der Sphenoidalelektrode, TP9 und TP10 weiter posterior. Temporo-basale Aktivität kann als Oberflächen-Negativität in diesen Ableitungen mit Schaltung gegen Cz abgeleitet werden (s. Beisteiner et al., dieser Buchband). Das EEG wurde mit einer Bandbreite von DC - 100 Hz verstärkt, die Abtastfrequenz war 250 Hz. Das Zeitintervall der EKP-Analyse betrug 1,8 s, davon 0,3 s vor der Stimuluspräsentation. Die ersten 0,2 sec wurden als Basislinie herangezogen. Für die statistische Analyse wurde der Zeitabschnitt von der Stimuluspräsentation bis 1,1 s danach in 22 Intervalle von je 50 ms unterteilt. Die Mittelung der Versuchsdurchgänge erfolgte nach Klassen (NR, NF, AR, AF) getrennt. Varianzanalytisch untersucht wurden: (1) Die Alt/Neu Unterschiede (AR/NR) in den EKP bei Kontrollpersonen, und zwar sowohl globale Effekte in allen Elektroden (AR/NR Effekt) als auch topographie-spezifische Effekte (Interaktion AR/NR mit ELEKTRODEN). (2) Das Vorhandensein von EKP Unterschieden zwischen fälschlicherweise als neu klassifizierten alten Wörtern (AF) und korrekt als neu klassifizierten Wörtern (NR) bei dem Patienten mit amnestischem Syndrom. Wiederum wurden globale (AF/NR) und topographie-spezifische (Interaktion AF/NR und ELEKTRODEN) untersucht.

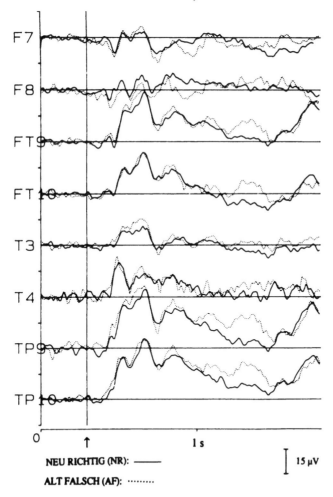

Abb. 1. Ereigniskorrelierte Potentiale (EKP) bei einem Patienten mit amnestischem Syndrom. In den Ableitungen FT9, FT10, TP9 und TP10 unterscheiden sich EKP der Klassen NR (ein neues Wort wird korrekt als neu erkannt) und AR (ein altes Wort wird fälschlicherweise als neu klassifiziert) signifikant.

Ergebnisse

Der Patient mit amnestischem Syndrom klassifizierte die alten Wörter in 31% der Fälle fälschlicher Weise als neu. Bemerkenswerter Weise war die Reaktionszeit bei AF-Entscheidungen signifikant länger als bei der NR-Entscheidung ($p < 0.01$). Abbildung 1 zeigt die EKP für die Klassen AF und NR. In den basalen Elektroden besteht eine zusätzliche Negativität im Zeitbereich 900 - 1050 ms nach Reizbeginn für die Bedingung AF. Die Interaktion des NR/AF-Effekts mit den ELEKTRODEN war signifikant. Nachfolgende Tests ergaben, daß signifikante Potentialunterschiede in den basalen Elektroden (FT9, FT10, TP9, TP10) bestanden.

Bei den Normalpersonen zeigte sich ein signifikanter AR/NR-Effekt im Sinne einer vermehrten Negativität bei alten Wörtern, insbesondere zwischen 500-800 ms in basalen Elektroden (FT9, FT10, TP9, TP10). Die Interaktion des AR/NR-Effekts mit den ELEKTRODEN war bei 4 der 5 Normalpersonen signifikant.

Konklusion

Obwohl die Wahlreaktion in beiden Fällen gleich war, bewirkten falsch klassifizierte alte Wörter bzw. korrekt klassifizierte neue Wörter unterschiedliche EKP. Die EKP-Unterschiede bestanden in Ableitungen, in denen -bei gleicher Referenz- bei gesunden Alt/Neu Unterschiede lokalisiert sind. Allerdings war bei dem Patienten die Latenz der EKP-Unterschiede deutlich verzögert. Die EKP-Unterschiede werden bei dem Patienten als Effekt der Bahnung bei Wortwiederholung interpretiert. Die Alt/Neu-Potentialunterschiede bei den Kontrollpersonen beinhalten vermutlich beides, Effekte der Bahnung bei Wortwiederholung und bewußte Rekollektion ("dual-process Theorie der Rekognition, z.B. Jacoby und Kelley 1992).

Die Topographie der Verteilung der Alt/Neu-Potentialunterschiede wird bei Normalperosnen in der Arbeit von Beisteiner et al. (dieser Buchband) diskutiert.

Literatur

Beisteiner R, Huter D, Edward V, Koch G, Eghker A, Lindinger G, Lang W (1994) Hirnpotentiale beim Wiedererkennen von Wörtern und Mustern, dieser Buchband
Verfaille M, Bauer RM, Bowers D (1991) Autonomic and behavioral evidence of "implicit" memeory in amnesia. Brain and Cognition 15: 10-25.
Warrington EK, Weiskrantz L (1968a) A new method of testing of long-term retention with special reference to amnestic patients. Nature 217: 972-974
Warrington EK, Weiskrantz L (1968b) A study of learning and retention in amnestic patients. Neuropsychologia 6: 283-291

Hirnpotentiale beim Wiedererkennen von Wörtern und Mustern

R. Beisteiner, D. Huter, V. Edward, G. Koch, A. Eghker, G. Lindinger, W. Lang

Universitätsklinik für Neurologie Wien

Fragestellung

Kognitive Potentiale wurden bei Aufgaben, die das Gedächtnis beanspruchen, sowohl von der Kopfhaut als auch im mesialen Temporallappen abgeleitet worden (zur Übersicht: Paller 1993; Rugg 1994). Bisherige Studien verwendeten entweder Wörter oder Bilder und ergaben Potentialunterschiede zwischen erstmaliger Darbietung eines Inhaltes und dessen Wiederholung.

In der hier verwendeten Untersuchungsanordnung wurden Wörter und abstrakte geometrische Muster abwechselnd dargeboten. Die Inhalte wurden mit einer Wahrscheinlichkeit von 25% wiederholt. Die Probanden hatten zu entscheiden, ob es sich um eine Erstpräsentation oder eine Wiederholung handelt. Untersucht wurde das Differenzpotential (dP) zwischen Erstpräsentation und Wiederholung als Korrelat der Alt/Neu Diskrimination. Das Differenzpotential dP zeigte im mesialen Temporallappen eine Phasenumkehr (Smith et al. 1986; Puce et al. 1991). Da Aktivität des basalen Temporallappen (z.B. epileptiforme Aktivität) mit Oberflächen-Elektroden auf Höhe der Sphenoidal-Elektroden ableitbar ist (Sutherling und Barth 1989), wurden in einem Experiment Elektroden in dieser Höhe verwendet (links: FT9 und TP9; rechts FT10, TP10).

Fragestellungen waren: Wie ist die räumliche Verteilung von dP? Ist dP entsprechend der bekannten Hemisphärenasymmetrie für verbales bzw. non-verbales Material lateralisiert? Die Motivation zur Untersuchung bestand in der Möglichkeit, einseitige gedächtnis-spefizische Dysfunktionen bei Patienten mit mesio-temporaler Epilepsie nachweisen zu können.

Methodik

In Untersuchung I waren 29 Elektroden über die Kopfoberfläche verteilt und wurden gegen die zusammengeschalteten Mastoid-Elektroden abgeleitet. Untersuchung II verwendete zusätzlich caudal gelegene Ableitungen (FT9, TP9, FT10, TP10). Referenz war hier Cz. An Untersuchung I nahmen 17, an Untersuchung II 19 Rechtshänder teil. Die abstrakten, geometrischen Muster waren aus einer Vielzahl von Quadraten und Dreiecken zusammengesetzt. Unsinnswörtern (Konsonant-Vokal-Konsonant) wurden verwendet, da sie im semantischen Gedächtnis nicht repräsentiert sind. In festem zeitlichen Abstand von 2,1 s wurden abwechselnd Wörter und Bilder dargeboten. Die Wahrscheinlichkeit der Wiederholung des Materials war 25%. Zwischen Erstpräsentation und Wiederholung war stets nur ein Stimulus eingefügt. Das kurze Zeitintervall zwischen Erstpräsentation und Wiederholung war

88

Voraussetzung dafür, daß die Leistung der Alt/Neu Diskrimination bei verbalem und non-verbalem Material nahezu gleich war. 768 Stimuli wurden in Blöcken präsentiert. Das EEG wurde mit einer Bandbreite von DC - 100 Hz verstärkt, die Abtastfrequenz war 250 Hz. Zur Datenreduktion wurden mittlere Amplituden über kleine Zeitabschnitte (50 ms in Exp. I; 100 ms in Exp. II) berechnet und varianzanalytisch ausgewertet.

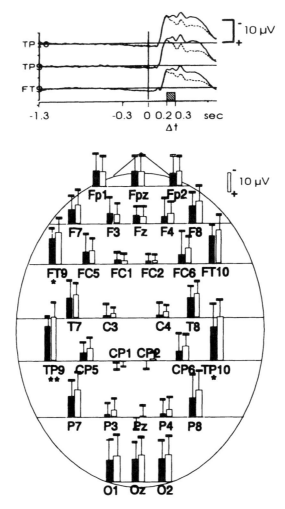

Abb. 1. Oberer Teil der Abbildung: Ereigniskorrelierte Potentiale aus Exp. II mit Ableitung basaler Positionen (FT9, TP9, TP10) gegen Cz. Im hier dargestellten Zeitbereich 200-300 ms nach Reizbeginn bestanden keine materialspezifischen Unterschiede auf die Alt/Neu-Differenzpotentiale, weshalb in dieser Abb. verbales und non-verbales Material zusammengefaßt wurde. EKP bei Wort/Bild-Wiederholungen weisen eine zusätzliche Negativität ab 200 ms nach Reizbeginn auf als bei Erstpräsentation.

Unterer Teil der Abbildung: Mittelere Potentialamplituden im Zeitbereich 200-300 ms nach Reizbeginn für Wort/Bild-Wiederholungen (weiße Säulen) sowie Wort/Bild-Erstpräsentationen (schwarze Säulen). Ableitpositionen mit signifikanten Unterschieden sind markiert: p < 0.05 bei *; p < 0.01 bei **.

Ergebnisse

In beiden Untersuchungsanordnungen waren die Potentiale im Zeitbereich von 150 - 500 ms lateralisiert: Bei Wörtern waren die Potentiale über der linken Hemisphäre negativer als über der rechten, bei abstrakten Mustern war die Lateralisation umgekehrt. Die Lateralisation war zunächst regional, und zwar parietal und temporolateral, später weiter ausgebreitet.

Mit zusammengeschalteten Mastoid-Elektroden als Referenz (Exp. I) war dP, beginnend 200 ms nach Reizbeginn, über der Mittellinie (Fz, Cz, Pz) und benachbarten Regionen signifikant. Bei Erstpräsentation waren die Amplituden negativer als bei der Wiederholung. Mit Cz als Referenz (Exp. II) fanden sich signifikante dP in caudalen Ableitungen (FT9, FT10, TP9, TP10) mit negativeren Amplituden bei Wiederholung der Inhaltes als bei Erstdarbietung (s. Abbildung 1). In keiner der beiden Untersuchungen war dP lateralisiert. Im Zeitbereich zwischen 200 -350 ms hatte das Material keinen Effekt auf dP; dP blieb auf die caudalen Ableitungen beschränkt. Anschließend fanden sich signifikante material-spezifische Effekte auf die räumliche Verteilung von dP: Bei verbalem Material war dP bitemporal verteilt, bei non-verbalem Material war es bis parietal und occipital beidseits ausgebreitet.

Auch Einzelanalysen zeigten, daß dP bilateral symmetrisch verteilt ist.

Konklusion

Das Alt/Neu-Differenzpotential dP weist eine bipolare Verteilung mit negativen Amplituden in caudalen Ableitungen (FT9, FT10, TP9, TP10) und Positivität in der Mittellinie. Diese Verteilung wäre mit der Annahme vereinbar, daß der Generator für dP im temporo-basalen Cortex lokalisiert ist. Diese Konklusion wäre auch mit den Ergebnissen aus Ableitungen im mesio-temporalen Cortex konsistent.

Die auf Untersuchungen an Patienten mit temporaler Lobektomie begründete Annahme, daß der mesio-temporale Cortex der linken Hemisphäre beim Wiedererkennen von verbalem, der mesio-temporale Cortex der rechten Hemisphäre beim Wiedererkennen von non-verbalem Material relevant ist (Milner 1958, Jones Gotman 1986), wird durch die vorliegende Studie nicht unterstützt. Material-spezifische Vorgänge wurden in lateralen Ableitungen (temporo-parietal) gefunden. Material-spezifische Gedächtnisstörungen nach einseitiger, temporaler Lobektomie könnten durch die Unterbrechung der Verbindungen zwischen basalem Temporallappen und temporo-parietalem Neocortex bedingt sein.

Der Befund, daß dP zunächst unabhäng vom Material und enger begrenzt (caudale Ableitungen in Exp. II) ist, später material-spezifisch und weiter ausgebreitet (temporo-parietaler Neocortex bis occipital) unterstützt die "dual-process" Theorie, nach der die Rekognition einerseits auf unspezifischer Vertrautheit ("familiarity") andererseits auf bewußter Rekollektion von Inhalten basiert (z.B. Mandler 1980; Jacoby und Kelley 1992).

Es wird derzeit untersucht, ob dP geeignet ist, die Seite der Dysfunktion bei Patienten mit Temporallappen-Epilepsie anzuzeigen.

Literatur

Jacoby LL, Kelley C (1992) Unconscious influences of memeory: dissociations and automaticity. In: Milner AD, Rugg MD (eds) The neurobiology of consciousness. Academic Press, London, pp. 201-234

Jones-Gotman M (1986) Memory for designs: the hippocampal contribution. Neuropsychologia 24: 193-203

Mandler G (1980) Recognising: the judgement of pevious occurence. Psychological Review 87: 252-271

Milner B (1958) Psychological defects produced by temporal-lobe excision. Res Publ Ass Res nerv ment Dis 36: 244-257

Paller KA (1993) Elektrophysiologische Studien zum menschlichen Gedächtnis. Z EEG-EMG 24: 24-33

Puce A, Andrewes DG, Berkovic SF, Bladin PF (1991) Visual recognition memory. Brain 114: 1647-1666.

Rugg M (1994) ERP studie of memory. In: Rugg MD, Coles MGH (eds) Electrophysiology of mind: Event-related brain potentials and cognition. Oxford University Press, 133-170, in press

Smith ME, Stapleton JM, Halgren E (1986) Human medial temporal lobe potentials in memory and language tasks. Electroenceph clin Neurophysiol 63: 145-159

Sutherling WW, Barth DS (1989) Neocortical propagation in temporal lobe spike foci on magnetoencephalography and electroencephalography. Ann Neurol 25: 373-381

Intrakranielle kognitive Potentiale bei Gedächtnisprozessen

T. Grunwald[1], C.E. Elger[1], K. Lehnertz[1], C. Helmstaedter[1], H.J. Heinze[2], T.F. Münte[2], M. Matzke[2], C. Leonhardt[2]

[1]Universitätsklinik für Epileptologie, Bonn, [2]Abt. f. Neurologie, Medizinische Hochschule Hannover

Fragestellung

Patienten mit Temporallappenepilepsien weisen in neuropsychologischen Tests nicht selten spezifische Gedächtnisdefizite auf. Die im Rahmen der prächirurgischen Epilepsiediagnostik häufig notwendige Implantation von Subduralelektroden und intrahippokampalen Tiefenelektroden eröffnet durch die Ableitung kognitiver Potentiale über die topologische Diagnostik hinaus die Möglichkeit der Suche nach elektrophysiologischen Korrelaten von Gedächtnisprozessen bzw. deren Beeinträchtigung.

In verschiedenen Studien wurden hippokampale kognitive Potentiale beschrieben, die mit den an der Schädeloberfläche abzuleitenden Komponenten P300 (z.B. Halgren et al. 1980; Stapleton und Halgren 1987) und N400 (z.B. Smith et al. 1985; Puce et al. 1991) korrelieren. Amplitudendifferenzen des hippokampalen P300-Äquivalents scheinen demnach die Seitenlokalisation des primären epileptogenen Areals unterstützen zu können (Meador et al. 1987; Puce et al. 1989). Ein Bezug des einseitigen Fehlens des hippokampalen P300-Äquivalents zu verbalen oder visuellen Gedächtnisdefiziten konnte bisher nicht nachgewiesen werden (Loring et al. 1988). Ziel der vorliegenden Untersuchung war die Identifikation von Eigenschaften hippokampaler kognitiver Potentiale, die mit der Gedächtnisleistung von Patienten mit Temporallappenepilepsien korrelieren und so zur Einschätzung etwaiger Vorschädigungen beitragen können.

Methodik

25 Patienten mit therapieresistenten Temporallappenepilepsien, die zur prächirurgischen Evaluation mit implantierten Subduralelektroden und stereotaktisch von occipital placierten Tiefenelektroden invasiv neurophysiologisch abgeklärt wurden, nahmen an der Untersuchung teil. Die Lokalisation des primären epileptogenen Areals erfolgte durch Langzeit-Elektrocorticographie unter simultaner Videokontrolle, die Seite der Sprachdominanz wurde durch Wada-Tests gesichtet. Bestandteil der neuropsychologischen Testung war u.a. der Verbale Lern- und Merkfähigkeitstest (vgl. Helmstaedter und Durwen 1990). Bei 16 Patienten wurde ein rechtstemporal, bei 9 ein linkstemporal gelegenes primäres epileptogenes Areal identifiziert. Aus jeder Gruppe wies ein Mitglied darüberhinaus kontralaterale Foci auf, die eine Operation ungünstig erscheinen ließen. Alle übrigen Patienten unterzogen sich nach erfolgter Abklärung einem epilepsiechirurgischen Eingriff.

Kognitive Potentiale wurden durch eine PC-gesteuerte visuelle Stimuluspräsentation evoziert. Das ECoG von bis zu 128 Kanälen wurde mit einer Abtastrate von 180 Hz (Zeitkonstante: 5 s; Tiefpaßfilter: 30 Hz) registriert und für die weitere Datenverarbeitung gespeichert. Die durchgeführten Untersuchungen umfaßten einerseits ein visuelles Oddball-Paradigma, in dem als häufiger Stimulus der Buchstabe <x> 80% und als seltener Zielreiz der Buchstabe <o> 20% der Präsentationen ausmachten. Die seltenen Reize waren mit einem Tastendruck zu beantworten. In drei Paradigmata zum Wiedererkennungsgedächtnis wurden visuelle Stimuli, von denen sich etwa 50% zu einem späteren Zeitpunkt wiederholten, sequentiell dargeboten. In getrennten Durchgängen bestanden die Stimuli dabei aus Wörtern, gegenständlichen Zeichnungen oder abstrakten Formen. Die Patienten hatten bei jedem Stimulus durch Tastendruck zu entscheiden, ob es sich um eine Erstpräsentation oder um eine Wiederholung handelte.

Ergebnisse

Die seltenen Stimuli des Oddball-Paradigmas evozierten eine deutliche hippokampale Negativierung (vgl. Abb.1). Die Auswirkungen des Fokus' im Sinne einer ipsilateralen Amplitudenreduktion erwiesen sich in der multivariaten Varianzanalyse mit p = 0,002 als signifikant. In den Untersuchungsparadigmen zum Wiedererkennungsgedächtnis fanden sich in erster Linie zwei prominente Komponenten: eine um ca. 400 ms auftretende frühere sowie eine um ca. 750 ms folgende spätere Negativierung. Fokuseffekte im Sinne einer ipsilateralen Amplitudenreduktion waren für das erstere der beiden Potentiale bei verbalem Material nicht aber bei bildhaften Stimuli hochsignifikant (p = 0,001). Ebenfalls ohne signifikanten Effekt blieb die Lagebeziehung zur Seite der Sprachdominanz in allen Modalitäten. Als Effekt der Wiedererkennung ergab sich eine deutliche Minderung der Amplitude der früheren sowie eine ausgeprägte Amplitudensteigerung der späteren Komponente.

Tab. 1. Korrelationen der Amplitude des durch Erstpräsentation evozierten Potentials um 400 ms mit der Wiedererkennungsleistung. Hc. = Hippokampus; r = Korrelationskoeffizient, p = Signifikanzniveau; VLMT = Verbaler Lern- und Merkfähigkeitstest (hier: Testphase des freien Abrufs).

		Hc. links	Hc. rechts
Wörter	r	0,58	0,53
	p	0,01	0,01
Bilder	r	0,34	0,59
	p	n.s.	0,01
Formen	r	-0,18	0,71
	p	n.s.	0,01
VLMT	r	0,76	0,31
	p	<0,0001	n.s.

Für Wörter, gegenständliche Bilder und abstrakte Formen konnten Korrelationen der Amplitude der durch Erstpräsentationen evozierten früheren Negativierung mit der Rate der erkannten Wiederholungen nachgewiesen werden (s. Tabelle 1). Eine derartige Korrelation besteht bei visuellen Stimuli lediglich für die Potentiale des rechten Hippokampus, während bei verbalen Stimuli die Potentiale beider Seiten signifikant

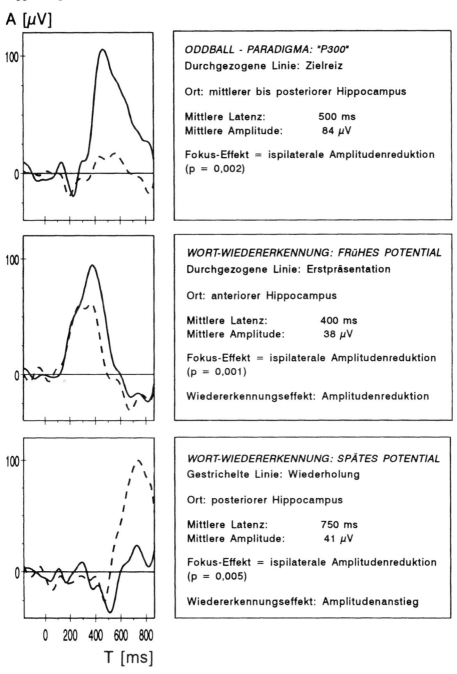

Abb. 1. Exemplarische Potentialverläufe eines Patienten (fokus-kontralateraler Hippokampus).

mit der Wiedererkennungsleistung korrelieren. Hier ergibt sich jedoch auch für die spätere Negativierung eine lediglich im Hippokampus der sprachdominanten Hemisphäre signifikante Korrelation (r = 0,52; p = 0,01). Nur auf der sprachdominanten Seite korrelieren die Amplituden des früheren Potentials darüberhinaus hochsignifikant mit der freien Abrufleistung im Verbalen Lern- und Merkfähigkeitstest (r = 0,76; p < 0,0001).

Konklusion

Die Ergebnisse der vorliegenden Untersuchung bestätigen das Auftreten einer fokusabhängigen ipsilateralen Amplitudenreduktion für das hippokampale P300-Äquivalent und weisen einen gleichartigen Fokuseffekt auch insbesondere für die mit einer Latenz um 400 ms auftretende Negativierung bei verbalen Wiederkennungsparadigmen nach, deren Berücksichtigung somit die seitenlokalisatorische Wertigkeit hippokampaler kognitiver Potentiale erhöhen kann.

Die nachgewiesene positive Korrelation der Amplitude dieses Potentials mit der Wiedererkennungsleistung verweist dabei auf seine neuropsychologisch funktionelle Bedeutung und damit auf die Relevanz des Hippokampus für Gedächtnisprozesse. Insofern als sich von diesem Parameter auf die Leistung der Patienten im Verbalen Lern- und Merkfähigkeitstest schließen läßt, scheint sich hier eine elektrophysiologische Meßgröße abzuzeichnen, der für die Einschätzung von Gedächtnisdefiziten bei Temporallappenepilepsien Bedeutung zukommen kann.

Literatur

Halgren E, Squires NK, Wilson CL, Rohrbaugh JW, Babb TL, Crandall PH (1980) Endogenous potentials generated in the human hippocampal formation and amygdala by infrequent events. Science 210: 803-805

Helmstaedter C, Durwen HF (1990) VLMT - verbaler Lern- und Merkfähigkeitstest. Ein praktikables und differenziertes Intsrumentarium zur Prüfung der verbalen Gedächtnisleistung. Schweizer Archiv für Neurologie und Psychiatrie 1: 21-30

Loring DW, Meador KJ, King DW, Gallagher BB, Smith JR, Flanigin HF (1988) Relationship of limbic evoked potentials to recent memory performance. Neurology 38: 45-48

Meador KJ, Loring DW, King DW, Gallagher BB, Gould MJ, Flanigin HF, Smith JR (1987) Limbic evoked potentials predict site of epileptic focus. Neurology 37: 494-497

Puce A, Andrewes DG, Berkovic SF, Bladin PF (1991) Visual recognition memory. Neurophysiological evidence for the role of temporal white matter in man. Brain 114: 1647-1666

Puce A, Kalnins RM, Berkovic SF Donnan GA, Bladin PF (1989) Limbic P3 potentials, seizure localization and surgical pathology in temporal lobe epilepsy. Ann. Neurol. 26: 377-385

Smith ME, Stapleton JM, Halgren E (1985) Human medial temporal lobe potentials evoked in memory and language tasks. Electroenceph. Clin. Neurophys. 63: 145-159

Stapleton JM, Halgren E (1987) Endogenous potentials evoked in simple cognitive tasks: depth components and task correlates. Electroenceph. Clin. Neurophys. 67: 44-52

Intraoperative Topographische Diagnostik bei kortikalen Tumoren in der Sprach- und Zentralregion

P. Grunert[1], W. Wagner[1], A. Perneczky[1], U. Luft[2]

[1]Neurochirurgische Klinik, [2]Abt. für Kommunikationsstörung der Johannes Gutenberg Universität Mainz

Fragestellung

Exstirpation von kortexnahen Tumoren in der Sprach- und Zentralregion birgt die Gefahr einer postoperativen neurologischen Verschlechterung. Intraoperativ ist die rein anatomisch topographische Planung des Zuganges nicht ausreichend, um diese Kortexareale funktionell genau zu lokalisieren und auszusparen. Aus diesem Grund erscheint es wichtig, während der Operation die sprachrelevanten Areale sowie die für die Motorik essentiellen kortikalen Bereiche exakt zu lokalisieren und ihre Ausdehnung zu bestimmen. Dies kann durch elektrische Stimulation des Kortex unmittelbar nach der Eröffnung der Dura mater erfolgen. Bei Eingriffen in der Sprachregion muß berücksichtigt werden, daß die Überprüfung der sprachlichen Leistung nur an wachen von der Vigilanz nicht beeinträchtigten Patienten möglich ist. Somit müssen diese Operationen in Lokalanästhesie erfolgen, was für den Patienten und das Operationsteam entsprechende Vorkehrungen erfordert.

Die intraoperative Kortexstimulation stellt methodisch kein neues Verfahren dar. Sie wurde bereits 1909 von Cushing (Cushing 1909; Uematsu et al. 1992) aus neurophysiologischem Interesse durchgeführt. Ausgedehnte topographische Stimulationsuntersuchungen wurden intraoperativ im Rahmen der Epilepsiechirurgie durchgeführt. Penfield studierte dabei nicht nur den sensomotorischen Kortex sondern auch den Einfluß der Stimulation auf das Benennen von Objekten (Penfield und Roberts 1954; Penfield 1959). Im Rahmen der minimalinvasiven mikroneurochirurgischen Operationstechnik wurde die Stimulationsmethode in den letzten Jahren auch auf die Exstirpation von kleinen Tumoren in der Sprachregion und im Bereich des sensomotorischen Kortex ausgeweitet (Black und Ronner 1987; Burchiel et al. 1989; Ebeling et al. 1990).

Patienten und Methodik

Bei 15 Patienten mit einem intrazerebralen kortexnahen Tumor in der Sprachregion (N=5) oder Zentralregion (N=10) wurde intraoperativ eine Kortexstimulation durchgeführt. 7 Patienten waren männlich und 8 weiblich. Das Alter lag zwischen 29 und 51 Jahren. Die Lokalisation der Tumore zeigt Tabelle 1. Tumore, die nicht direkt in der Zentralregion gelegen waren, grenzten entweder frontal oder parietal unmittelbar an diese Region an. Die Operationen bei Tumoren in der Sprachregion wurden in Lokalanästhesie durchgeführt, wie auch bei einem Tumor in der Zentralregion. Die übrigen 9 Eingriffe wurden in Vollnarkose vorgenommen. Die histologische

Diagnose war in 10 Fällen ein niedergradiges Astrozytom (Tab. 2). Bei 14 Patienten war der Längsdurchmesser des Tumors nicht größer als 3 cm. Nur in einem Fall handelte es sich um einen ausgedehnten Tumor fronto-temporo-parietal mit einem Durchmesser von über 6 cm.

Die Operationen in Lokalanästhesie wurden nur bei kooperativen und aufgeschlossenen Patienten nach ausführlicher präoperativer Aufklärung durchgeführt. Bei den Tumoren in der Sprachregion wurde vor und nach der Operation der Aachener Aphasietest durchgeführt.

Tab. 1. Lokalisation der Hirntumore bei 15 Patienten

Lokalisation	Anzahl
FRONTALES OPERCULUM (BROCA)	2
GYRUS TEMPORALIS SUPERIOR (WERNICKE)	3
GYRUS FRONTALIS SUPERIOR VEL MEDIUS	3
GYRUS PRAECENTRALIS	3
GYRUS POSTCENTRALIS	2
LOBULI PARIETALES	2

Tab. 2. Histologische Ergebnisse der exstirpierten Prozesse (N= 15)

NIEDERGRADIGE ASTROZYTOME	10
HÖHERGRADIGE ASTROZYTOME	2
CAVERNOM	1
GRANULOM	1
GLIOSE	1

Nachdem der Patient eine bequeme Lage am Operationstisch eingenommen hat, wurde die Haut bis zum Periost mit einem Lokalanästhetikum infiltriert. Zum Anbringen der Mayfieldklammer sowie während der Trepanation und Duraeröffnung erhielt der Patient Isoprivan als Kurznarkotikum, danach ließ man den Patienten aufwachen und begann mit der Stimulation. Gereizt wurde mit einer bipolaren Elektrode mit kugeliger Oberfläche und konstantem Abstand der Branchen von 5 mm. Wir benutzten den Ojemann Stimulator der Firma Radionics (Burlington USA) mit folgendem Stimulationsparameter: Frequenz 60 Hz, Rechteckimpulse mit einer Breite von 1ms, Reizdauer 10 bis 15 Sekunden je Stimulation. Die Reizstärke wurde je Stimulationsort in Intervallen von 2 bis 3 mA bis 10mA gesteigert. Während jeder Reizung wurde dem Patienten 3 Bilder aus dem Aachener Aphasietest gezeigt, die er benennen mußte. Zusätzlich mußte der Patient während der Stimulation einfache Bewegungen des Armes oder Beines nach verbaler Aufforderung ausführen. Die Antworten des Patienten wurden auf Tonband aufgenommen und protokolliert. Jede gereizte Kortexstelle wurde mit einer Nummer markiert. Es wurde dann jener Zugang zum Tumor gewählt, wo keine sprachlichen Ausfälle während der Stimulation aufgetreten sind. Während der nachfolgenden Tumorexstirpation wurden die spontanen sprachlichen Leistungen fortlaufend überprüft.

Operationen von Tumoren in oder in der Nähe des sensomotorischen Kortex waren durch die Möglichkeit einer Vollnarkose wesentlich einfacher. Es war lediglich darauf zu achten, daß die Patienten keine Muskelrelaxantien intraoperativ erhielten. Bei den Reizungen wurden ähnlich denen in der Sprachregion die Stromstärken sukzessive erhöht. Funktionell relevante Areale wurden durch tonische Muskelkontraktionen der kontralateralen Körperhälfte identifiziert.

Ergebnisse

Bei 11 Patienten wurde intraoperativ ein Reizeffekt beobachtet, während dies bei 4 von keinem Reizort auch bei maximaler Stärke der Fall war. Bei 5 Patienten mit einem Tumor in der Nähe der Sprachregion wurden charakteristische Ausfälle beobachtet. Bei Reizstärken zwischen 4-6 mA war der Benennungsvorgang durch Paraphasien, Perseverationen oder speech arrest gestört. Diese Ausfälle waren an bestimmten Stellen massiv ausgeprägt, während sie nur wenige Millimeter entfernt völlig fehlten. Diese Ausfälle waren in der Broca oder Wernicke Region identisch. Bei Reizung des Gyrus präcentralis kam es in Abhängigkeit von Stimulationsort zu tonischen Bewegungen im Gesicht, Arm oder Bein. Bei 3 Patienten führte die Stimulation zu einem fokal-motorischen Anfall.

Bei allen 14 Patienten mit einem Tumor unter 3 cm war das funktionelle postoperative Ergebnis zufriedenstellend. 4 Patienten hatten leichte vorübergehende neurologische Defizite: ein Patient hatte eine vorübergehende Lageempfindungsstörung im Bein, ein Patient eine diskrete Störung der Feinmotorik der Hand und ein Patient eine Störung des taktilen Erkennens von Objekten. Ein Patient mit einem Tumor in der Wernicke Region hatte über 1 Woche postoperativ leichte Paraphasien, die sich zurückgebildet haben. Nur in einem Fall kam es schon intraoperativ zu schweren neurologischen Ausfällen. Es handelte sich dabei um ein großes, die dominante Hemisphäre ausfüllendes Astrozytom. Die 4 Patienten wo kein Reizeffekt zu erzielen war, hatten ebenfalls postoperativ keine motorischen Ausfälle.

Konklusion

Die intraoperative kortikale Stimulation bei Exstirpation von Tumoren in funktionell wichtigen Hirnarealen verfolgt zwei Ziele. Einerseits soll die Kortikotomie über die der Tumor in der Tiefe erreicht wird, so gewählt werden, daß das Risiko von Ausfällen am geringsten ist, andererseits beeinflußt das Stimulationsergebnis auch die Größe des möglichen Resektionsareals. Ein besonderes Vorgehen erfordert dabei die Operation im Bereich der Sprachregion. Die Patienten müssen zur Überprüfung der Sprachregion wach sein, was sowohl für den Patienten als auch Operateur eine außergewöhnliche und belastende Situation darstellt. Patienten mit einem organischen Psychosyndrom, vorbestehender massiver Wernicke oder Broca Aphasie sowie besonders ängstliche Patienten scheiden deshalb aus. Auch Kleinkindern ist diese Situation nicht zumutbar. Neben diesen allgemeinen Kriterien bei der Indikationsstellung muß die Größe und Lokalisation des Tumors beachtet werden. Sehr große Prozesse und Tumore, durch welche wichtige Gefäße durchziehen, sollten wegen möglicher Vigilanzverschlechterung mit intraoperativen Hirnödem, welches ohne Intubation nicht therapierbar ist, ausgeschlossen werden. Bei sehr tiefgelegenen Läsionen scheidet die Stimulation auch aus neurophysiologischen Gründen aus. Die

Ergebnisse der Kortexstimulation geben keine Auskunft über die subkortikal gelegene Assoziationsbahnen, die bei der Exstirpation geschädigt werden können.

Die kortikale Stimulation sollte bei allen kleinen oberflächennahen Tumoren in der Sprachregion eingesetzt werden, die in einer absehbar kurzen Zeit exstirpiert werden können sowie bei allen Tumoren im Bereich der Zentralregion. Da aus rein morphologischen Kriterien auf die genaue Lokalisation der für die Funktion essentiellen kortikalen Arealen nicht mit Sicherheit geschlossen werden kann, stellt die elektrische Stimulation ein wenig aufwendiges Verfahren dar, welches die Entscheidungsfindung intraoperativ des konkreten kortikalen Zuganges wesentlich erleichtert und verbessert.

Literatur

Black P, Ronner S (1987) Cortical mapping in defining the limits of tumor resection. Neurosurgery 20: 914-919

Burchiel KJ, Clark H, Ojemann GA et al. (1989) Use of stimulation mapping and corticography in the excision of arterio-venous malformations in the sensorimotor and language neocortex. Neurosurgery 24: 323-327

Cushing HA (1909) Note about the faradic stimulation of the postcentral gyrus in conscious patients. Brain 32: 44-53

Ebeling U, Schmid UD, Reulen HL (1990) Tumor surgery within the central motor strip: Surgical results with the aid of electrical motor cortex stimulation. Acta Neurochir. 101: 100-107

Penfield W, Jasper HH (1954) Epilepsy and the functional anatomy of the brain. Little Brown&Co.Boston

Penfield W, Roberts L (1959) Speech and brain mechanisms. Princeton University Press, Princeton

Uematsu S, Lesser RP, Gordin B (1992) Localisation of the sensorimotor cortex: The influence of Sherrington and Cushing on the modern concepts. Neurosurgery 30: 904-913

Zeitliche und räumliche Verteilung sprachrelevanter neuronaler Netze: Positronen-Emissions-Tomographie und Magnetencephalographie

C. Weiller[1], P. Bartenstein[2], C. Eulitz[4], M. Rijntjes[1], S.P. Müller[3], J. Faiss[1], T. Elbert[4], H.C. Diener[1]

[1]Neurologische und [3]Nuklearmedizinische Kliniken Essen, [2]Nuklearmedizinische Klinik und [4]Institut für experimentelle Audiologie Münster

Fragestellung

Positronen Emissions Tomographie (PET) und Magnetencephalographie (MEG) sind nicht-invasive Verfahren zur Erhebung funktioneller Hirntopographie beim Menschen. Bei guter räumlicher Information bietet das PET nur eine begrenzte zeitliche Auflösung (gegenwärtig etwa eine halbe Minute). Magnetencephalographie und EEG haben andererseits eine sehr gute zeitliche Auflösung, sind jedoch in der Interpretation durch die Mehrdeutigkeit verschieden lokalisierter Quellen behindert. So können verteilte Quellen weder durch ein Einzel- noch durch eine Multiples Dipol-Modell sinnvoll erklärt werden. Mit der vorliegenden Untersuchung wurde versucht, den zeitlichen Ablauf der Aktivierung von verschiedenen Zentren während einer sprachlichen Aufgabe im PET durch MEG festzustellen und dabei die Analyse der MEG Daten durch zusätzliche räumliche Annahmen aufgrund der Aktivierungslokalisation im PET zu vereinfachen. Hierfür wurde die Annahme der möglichen MEG Quellen Lokalisation auf eine sphärische Oberfläche, auf der die Aktivierungen während der PET Untersuchung gefunden wurden, reduziert.

Methodik

4 gesunde, männliche Rechtshänder wurden mit der gleichen Aufgabe im PET und MEG untersucht. Alle sechs Sekunden wurde über Kopfhörer ein konkretes Substantiv mit hoher Assoziationsstärke und Familiarität präsentiert, zudem die Probanden lautlos und ohne Mundbewegung passende Verben generieren mußten (z.B. präsentiertes Substantiv: "*Brot*", typischerweise generierte Verben: "*essen - backen - schneiden*"). Der Beginn der stillen Artikulation der Verben wurde mit einem Knopfdruck vom Probanden angezeigt. Vor der Untersuchung wurden die stille Artikulation ohne Mundbewegungen mit den Probanden ausführlich geübt. Als Kontrollbedingung diente neben der eigentlichen Ruhebedingung (*Augen geschlossen, seltene, "zufällige" Daumenbewegungen*) die Präsentation eines 1000 Hz Tones alle 2 Sekunden.

PET: Jede Bedingung wurde einmal wiederholt in balanzierter Reihenfolge, ergibt 6 rCBF Messungen (ABCCBA). Die rCBF Messungen erfolgten mit einer integralen $C^{15}O_2$ Inhalationsmethode über je 2 Minuten mit einem ECAT 931-08/12 PET-Tomographen (Axiales Field of View: 5,4 cm). Nach Koregistrierung der PET

Bilder zueinander, erfolgte die weitere Analyse mit dem SPM-Programmpacket (Statistical Parametric Mapping, Hammersmith Hospital, London) mit Transformation in den standardisierten, stereotaktischen Raum, dem Atlas von Talairach und Tournoux (1988) entsprechend, Korrektur globaler Flußdifferenzen (ANCOVA) und Pixel zu Pixel-Vergleich zwischen den Bedingungen.

MEG: Es erfolgten vier MEG Messungen mit Tonpräsentation und Verbgenerierung (je eine Wiederholung über jeder Hemisphäre) während einer Sitzung mit einem 37 Kanal Neuromagnetometer mit zirkulärer Sensorenanordnung über T3 und T4. Zusätzlich erfolgte eine EEG-Überwachung mit 14 Kanälen zum Nachweis einer Befundkonstanz bei seitenwechselnder MEG Untersuchung. MEG und EEG Signale wurden auf 100Hz verstärkt bei einer Zählrate von 297 pts/s. Neben Standardanalysen wurden die MEG Daten in einen Satz auf eine sphärische Oberfläche verteilter Quellen transformiert. Lokalisation und Durchmesser dieser Oberfläche wurden durch die PET Daten definiert, sodaß die Maxima des rCBF Anstieges im PET auf dieser Oberfläche lagen. Zur Datenreduktion wurden die MEG Quellen als lokale Maxima untersucht, wobei Aktivierungsorte mit Quellenmaxima gleichgesetzt wurden. Für die Endauswertung wurden nur die lokalen Maxima berücksichtigt, die folgende Kriterien erfüllten: a) Dipol Moment ≥25 % des maximalen Dipolmomentes. b) Das Dipolmoment ist größer als der Median des Dipolmoments im Intervall 0-1 s. (Substantivperzeption).

Ergebnisse

PET: Es fand sich ein signifikanter rCBF Anstieg im linken Gyrus temporalis superior (Wernickesches Zentrum; -54,-40,8 mm in Talairach Koordinaten), im prämotorischen Kortex (-44,14,12; Brocasches Sprachzentrum), im lateralen, präfrontalen Cortex (-38,28,12) und im Putamen (-26,8,4). Zusätzlich fand sich ein geringer rCBF Anstieg in der rechten Hemisphäre im Gyrus temporalis superior (56,-26,8) und im prämotorischen Kortex (44,8,8) (Tab.1).

Tab. 1. Hirnregionen mit signifikantem rCBF Anstieg während der Verbgenerierungsaufgabe in beiden Hemisphären. In Spalte 2-4 sind die Koordinaten des maximalen rCBF Anstiegs im jeweiligen Gebiet im stereotaktischen Raum, dem Atlas von Talairach und Tournoux entsprechend, angegeben.

Hirnregionen	Kordinaten			
Linke Hemisphäre	x	y	z	z-Wert
Wernicke Area	-54	-40	8	6.0
Lateraler Präfront. Cortex	-38	28	12	4.9
Broca Area (BA 44)	-44	14	12	4.7
Stammganglien	-26	8	4	4.3
Rechte Hemisphäre				
Gyrus temporalis superior	56	-26	8	2.8
BA 44	44	8	8	2.9

MEG: Das Feldmuster im MEG war nur für kurze Zeit (0-200ms) nach der Präsentation des Substantivs bipolar und blieb multipolar für den Rest der 6 Sekunden. Im Vergleich zu den Feldern, die durch die Tonpräsentation produziert wurden, befand sich auch das stärkste Feld während der Wortpräsenation in primären und sekundären auditiven Kortices. Zu späteren Zeiten des Intervalls traten mehrere Zentren im Temporal- und Parietallappen auf. Zu keinem Zeitpunkt der Verbgenerierung konnte das Aktivierungsmuster durch einen Fokus erklärt werden, noch hätten zwei Zentren die Mehrzahl der Ergebnisse produzieren können.

Konklusion

Obwohl eine Verringerung der Freiheitsgrade der MEG Auswertung durch die räumlichen PET Informationen möglich ist, bleibt die Quellenlokalisation im MEG schwierig, wenn gleichzeitig mehrere Quellen aktiv sind. Augenscheinlich sind rCBF Anstiege im PET nicht direkt mit der Lokalisation von Quellen im MEG vergleichbar. Die Ergebnisse sprechen für eine gleichzeitige Aktivierung mehrerer Zentren während der Verbgenerierung und unterstützen daher die Sichtweise der parallelen Verarbeitung von Sprache. Eine exakte zeitliche Zuordnung ist mit diesem Paradigma nur möglich, wenn die MEG Auswertung durch weitere Annahmen verbessert werden kann.

Literatur

Talairach J, Tournoux P (1988) Coplanar stereotaxic atlas of the human brain, Georg Thieme Verlag, New York

Iktale Aphasie: eine Einzelfallstudie

J. Spatt, G. Goldenberg, B. Mamoli

Neurologisches Krankenhaus Rosenhügel, Ludwig-Boltzmann-Institut für Epilepsie, Wien

Fragestellung

Gerade aufgrund des zunehmenden Einsatzes der Anfallsbeobachtung mittels Video-EEG, hat die Phänomenologie partieller Anfälle und ihre lokalisatorische Bedeutung vermehrtes Interesse erlangt. Bei der Bedeutung der Aphasien innerhalb der Großhirnneurologie verwundert es nicht, daß Sprachstörungen auch im Rahmen epileptischer Symptomatik eine große Rolle spielen. Nun sind zwar aphasische Störungen ein häufiges und gut dokumentiertes Symptom in der Aura komplex-partieller Anfälle und ihre Bedeutung zur Seitendiagnostik ist gut dokumentiert. So fanden Gabr und Kollegen (Gabr et al. 1989) iktale Aphasie bei 12 von 16 Patienten mit Foci im dominanten Temporallappen und nur bei 2 von 19 Patienten mit Foci im nichtdominanten Temporallappen. Andererseits gibt es nur wenige Fallberichte von einfach partiellen Anfällen mit Aphasie als einzigem oder wesentlichem Symptom. Dies dürfte mehrere Gründe haben. Während motorische, sensible und sensorische Symptome vom Patienten bzw. außenanamnestisch oft gut und sicher beschrieben werden, wird wohl kaum ein Untersucher auf Grund anamnestischer Daten die Diagnose einfach aphasischer Anfälle stellen. Zu groß ist die Gefahr hier, daß völlig verschiedene Zusandsbilder, insbesonders solche mit qualitativen Bewußtseinsstörungen, zur Beschreibung "Sprachstörung" Anlaß geben. Selbst wenn eine qualifizierte Anfallsbeobachtung vorliegt, muß der beobachtete Anfall lang genug sein bzw. als Status auftreten, um eine quantitative und vor allem qualitative Aussage über eine dysphasische Sprachstörung zu ermöglichen. Weiters dürften isolierte aphasische Anfälle tatsächlich nicht allzu häufig auftreten. Darüber hinaus möchten wir jedoch die Vermutung aufstellen, daß iktale Aphasie wiederum nicht so selten ist, wie allgemein angenommen. So sahen wir im letzten Jahr 3 Patienten, bei denen aphasische Störungen im sicheren oder wahrscheinlichen Kontext mit Epilepsie auftraten und das vorherrschende Symptom darstellten. Nur eine Patientin jedoch erfüllte alle Kriterien, die Rosenbaum und Kollegen (Rosenbaum et al. 1986) als unabdingbar für die Diagnose 'simple dysphasic seizures' aufstellten. Der Patient muß während des Anfalls sprechen und die Sprache muß aphasisch sein. Die Patienten müssen wach sein und ein gleichzeitig geschriebenes EEG muß Paroxysmen zeigen, die streng mit der Klinik korrelieren.

Kasuistik

Eine 36-jährige Frau litt seit ihrem 26. Lebensjahr an Anfällen. Die Anfälle werden als komplex-partiell ohne Automatismen beschrieben, meist gehen diesen einfach partielle Anfälle im Sinne einer epigastrischen Aura voraus. In einigen Fällen war es zu einer sekundären Generalisierung gekommen. Im 29. Lebensjahr war es bei der Patientin zu einem akut entzündlichen Schub mit einer passageren Hemisymptomatik links gekommen. Die Diagnose Encephalitis disseminata wurde durch Liquorpunktion, NMR und VEP gesichert. Im 34. Lebensjahr war es erneut zu einem Schub mit Hypoglossusparese links gekommen.

10 Tage vor der aktuellen Aufnahme, bemerkte die Patientin Episoden gestörter Sprache, deren Häufigkeit im Laufe der nächsten Tage zunahm, und mit denen sie schließlich zur Aufnahme kam. Der Status war im wesentlichen unauffällig.. Während der Untersuchung kam es zu zahlreichen Episoden von Sprachstörung.

Diese Episoden dauerten circa 2 Minuten und traten circa 10 mal in der Stunde auf. Ein EEG wurde durchgeführt. Während der Ableitung kam es erneut zu zwei der eben beschriebenen Anfälle.

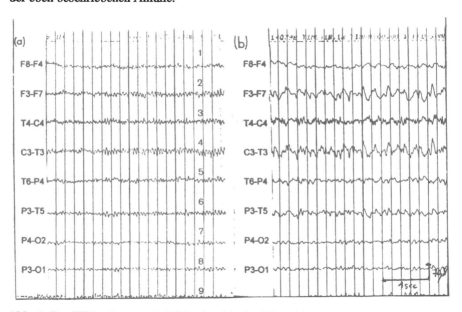

Abb. 1. Das EEG zeigt zum Anfallsbeginn (a) eine Rhytmisierung im alpha-Bereich links frontotemporal bis temporal und während des aphasischen Anfalls (b) theta-delta Aktivität sowie Auftreten steiler Wellen in gleicher Projektion.

Im Anfallsbeginn zeigte das EEG zuerst eine Rhytmisierung im Alphabereich links temporal und frontotemporal. Im weiteren Verlauf kam es zu sharp waves und Theta-Delta Gruppen in der gleichen Projektion. Die Paroxysmen zeigten strenge Korrelation zur Klinik.

Unter Diazepam und auch unter Phenytoin als Bolus und in weiterer Folge über die Motorspritze kam es zwar zu einer Reduktion der Anfallsfrequenz jedoch nicht zum Sistieren der Anfälle. Eine Computertomographie war unauffällig ebenso die Routineblute. Der Phenobarbitalspiegel lag im therapeutischen Bereich. Unter der Annahme, daß ein akut entzündlicher Schub die Ursache der Anfallshäufung war, leiteten wir eine Prednisolon Infusionsserie ein.

Eine akut durchgeführte Kernspintomographie ergab einen nicht vorbeschriebenen, rindennahen Plaque im linken Temporallappen.

Wir untersuchten wiederholt die Sprachfunktionen während und zwischen den Anfällen. Interiktal zeigte die Patientin diskrete Wortfindungsstörungen und etwas beeinträchtigtes Nachsprechen. Diese Veränderungen waren jedoch nur im Aachener Aphasietest (AAT; Huber et al. 1984) sicher zu erfahren. Ein ganz anderes Bild bot sich während der Anfälle.

Der Beginn der meisten Anfälle war durch speech arrest geprägt. In weiterer Folge war die Spontansprache durch Agrammatismus sowie durch schwere Wortfindungsstörungen und zahlreiche phonematische Paraphasien gekennzeichnet. Die Patientin verstand die einfachsten verbalen Aufforderungen nicht, befolgte die gleichen Aufforderungen aber prompt, wenn man ihr vorzeigte, was sie tun sollte. Nachsprechen war schwer eingeschränkt. Die Patientin konnte laut lesen, verstand jedoch nicht, was sie las. Benennen war überraschend gut erhalten.

Es gab kein Anzeichen quantitativer oder qualitativer Bewußtseinseinschränkung. Die Patientin reagierte während des ganzen Anfalls. Sie gab zwischen den Anfällen, detaillierte Schilderungen über ihre Empfindungen während des Anfalles und konnte sich an alle durchgeführten Untersuchungen erinnern. Das einzige nicht sprachliche Symptom, das die Patientin angab, war ein hoher zirpender Ton, der mit der Aphasie kam und ging. Dieses Symptom erlaubte der Patientin ihre Anfälle zu bemerken, auch wenn sie nicht sprach oder angesprochen wurde.

Am 5. und 6. Tag nach Aufnahme kam es zu einem rapiden Rückgang der Anfallsfrequenz und schließlich zum Sistieren der Anfälle. Die i.v. Therapie konnte beendet werden. Es kam bis heute zu keinen weiteren aphasischen Anfällen mehr.

4 Wochen später wurden Aachener Aphasietest und EEG wiederholt, die Sprache hatte sich nun vollständig normalisiert und das EEG zeigte eingestreut Theta-Delta Gruppen links temporal und frontotemporal, jedoch keine Paroxysmen mehr.

Konklusion

Welche Fragen ergeben sich aus dieser Fallgeschichte bezüglich des Themas iktaler Sprachstörungen.

Sind die aphasischen Anfälle der Patienten eindeutig als epileptisch einzuordnen? Neben einer epileptischen müßte auch ein psychogener Mechanismus erwogen werden. Die Qualität der spezifisch aphasischen Symptome dürfte selbst für einen neuropsychologisch Vorgebildeten nur äußerst schwer imitiert werden können. So wäre das Vorkommen von Paraphasien von falschen Wörtern in einem funktionellen Anfall noch vorstellbar, unserer Meinung nach jedoch kaum das Vorkommen phonematischer Paraphasien bei völligem Fehlen semantischer Paraphasien. Zu erwarten wäre vielmehr eine 'ich kann nicht sprechen' oder eine 'ich kann nicht verstehen' Symptomatik. Für die organische Genese der Sprachstörung unserer Patientin spricht auch der zeitliche Verlauf. Die straffe zeitliche Übereinstimmung nun zwischen paroxysmaler EEG-Veränderungen und aphasischer Symptome beweist schließlich die epileptische Genese. Kann die Aphasie unserer Patientin klassifiziert werden, und kann daraus lokalisationsdiagnostisch etwas gewonnen werden:

Am Anfang des Anfalles zeigte die Patientin speech arrest, welcher, wie Gabr und Kollegen gezeigt haben, nicht eindeutig als aphasische Störung zu klassifizieren ist und nicht einmal einen sichere Seitendiagnostik ermöglicht. Die weitere Symptomatik jedoch ist konsistent mit einem Fokus im hinteren Teil der oberen Temporalwindung links. Abgesehen von der Sprachstörung legen die Ohrgeräusche während des Anfalls, die wir als einfache akustische Halluzinationen deuteten, einen Fokus im Gyrus temporalis superior in der Nähe des primären akustischen Projektionsfelds - der Heschelschen Querwindung - nahe. Die milde, jedoch testpsychologisch sicher zu erfassende Leitungsaphasie der Patientin zwischen ihren Anfällen spricht wiederum für einen subkortikalen Herd im dominanten Temporallappen, wie wir ihn im MRI fanden.

Unser Fall legt in Zusammenschau mit der Literatur nahe, daß, insbesonders bei Patienten, die antikonvulsiv eingestellt sind, bei anfallsartigem Auftreten aphasischer Störungen, eine epileptische Genese erwogen werden sollte. Die Abgrenzung zu psychogenen Sprachstörungen sollte schon vor dem Nachweis entsprechender EEG-Veränderungen durch die neuropsychologische Erfassung spezifischer linguistischer Defizite möglich sein. Zum Zwecke der klinischen Fokuslokalisation wäre es wünschenswert, aphasische Syndrome in Analogie zu den vaskulären aphasischen Syndromen abgrenzen zu können.

Literatur

Gabr M, Lüders H, Dinner D, Morris H, Wyllie E (1989) Speech manifestations in lateralization of temporal lobe seizures. Ann Neurol 25: 82-7

Huber W, Poeck K, Willmes K (1984) The Aachen Aphasia Test. In: Rose F C (eds) Progress in aphasiology. Raven Press, New York, pp. 291-303

Rosenbaum DH, Siegel M, Barr WB, Rowan AJ (1986) Epileptic aphasia. Neurology 36: 822-825

Einfluß von Lokalisation und Größe der Läsion auf den Spontanverlauf und den Therapieerfolg bei Aphasien

G. Goldenberg, J. Spatt

Neurologisches Krankenhaus Rosenhügel, Wien

Fragestellung

Die Frage, wie Ausdehnung und Größe der Läsion den Typ und die linguistischen Charakteristika einer Aphasie bestimmen, beschäftigt die Aphasiologie seit ihren Anfängen. Eine davon verschiedene Frage ist, wie sich Ausdehnung und Größe der Läsion auf die Rückbildung der Aphasie auswirken. Eine Reihe von Studien, die sich mit dieser Frage beschäftigen stimmen darin überein, daß die Größe der Läsion einen negativen Einfluß auf die Rückbildung haben. Mit Bezug auf den Einfluß der Lokalisation fanden einige Studien (z. B. Brunner et al. 1982; Ludlow et al. 1986; Naeser et al. 1987; Kertesz et al. 1993), daß Läsionen der Wernicke-Area und angrenzender Teile des Temporal- und Parietallappen eine schlechtere Rückbildung verursachen, doch wurde in Zweifel gezogen, ob es sich dabei tatsächlich um einen Effekt der Lokalisation handelt und der negative Einfluß nicht dadurch zu Stande kommt, daß Läsionen, die die Wernicke Area und angrenzende Areale betreffen, im Durchschnitt größer sind als solche, die diese Gebiete aussparen (Selnes et al. 1984).

Eine Frage, die unseres Wissens nach noch nie systematisch untersucht wurde, ist, ob Größe und Lokalisation der Läsion einen verschiedenen Einfluß auf Spontanbesserung der Aphasie und auf den Erfolg einer Sprachtherapie haben.

Methode und Patienten

Patienten mit einer durch zerebrovaskulären Läsion verursachten Aphasie wurden frühestens 2 Monate nach dem Akutereignis in die Studie aufgenommen. Die folgenden 24 Wochen wurden in drei Perioden zu je 8 Wochen aufgeteilt: In den ersten 8 Wochen erhielten die Patienten maximal 45 Minuten Sprachtherapie pro Woche (Spontanbesserung. In der folgenden Periode wurden die Patienten zweimal täglich je 45 Minuten lang therapiert, erhielten also insgesamt 80 Sitzungen Sprachtherapie (Therapie). In den letzten 8 Wochen war das Maximum der Therapie wiederum 1 Sitzung zu 45 Minuten pro Woche (posttherapeutische Beobachtung). An Beginn und Ende jeder Periode wurde ein vollständiger Aachener Aphasie Test (AAT, Huber et al. 1983) durchgeführt. Als Parameter der globalen Änderungen wurde die mittlere Profilhöhe gewählt.

Die Computertomogramme aller Patienten wurden auf anatomische Schemata übertragen und klassifiziert, ob die Wernicke-Region, angrenzende Teile des Temporallappens, der untere Parietallappen, oder der basale Anteil des Temporallappens von der Läsion betroffen war (siehe Abbildung 1). Als Index der Größe der Läsion wurde die Zahl der betroffenen Pixel als Prozentsatz aller Pixel der linken Hemisphäre ausgedrückt.

Es konnten die Daten von 18 Patienten verwertet werden, von denen allerdings einer während der Nachbeobachtungsperiode an einem Myokardinfarkt verstarb.

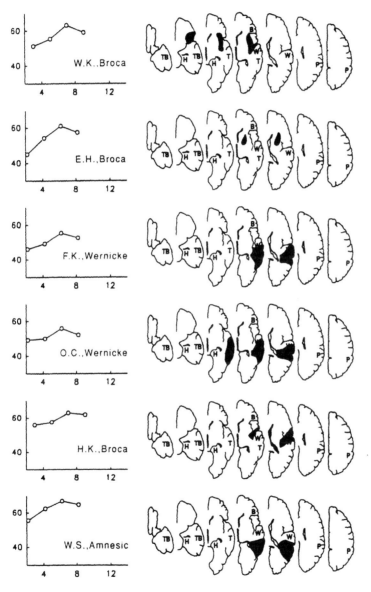

Abb. 1. a.

108

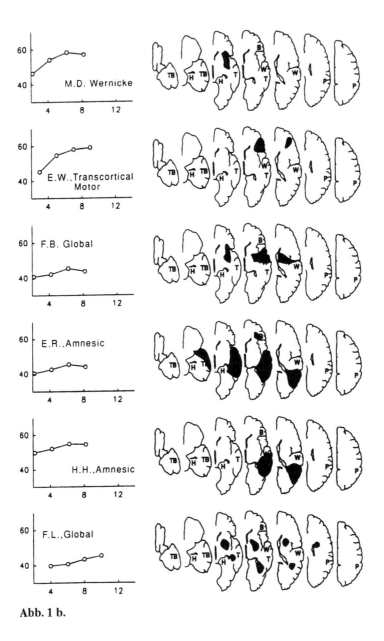

Abb. 1 b.

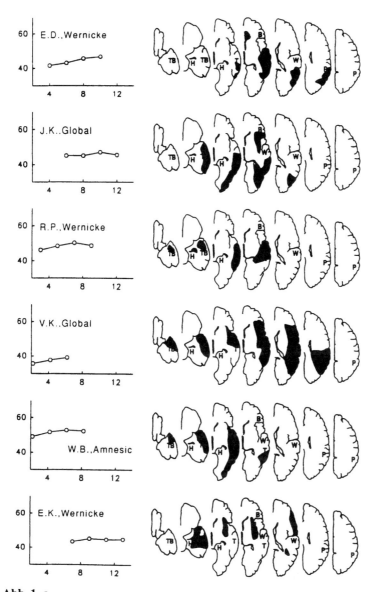

Abb. 1. c.

Abb. 1 a., b., c. Aphasieverlauf und CT-Bilder der einzelnen Patienten. Die Kurven auf der linken Seite der Abbildung zeigen die Entwicklung der AAT-Profilhöhen. Der erste Abschnitt der Kurve entspricht der Spontanbesserung, der zweite dem Therapieerfolg, der dritte der posttherapeutischen Beobachtungsperiode. Die Beschriftungen geben die Initialen der Patienten und den Aphasietyp an. Die rechte Seite der Abbildung zeigt schematische Darstellungen der linkshemisphärischen Läsionen der entsprechenden Patienten. Die analysierten Regionen sind durch Buchstaben gekennzeichnet (P=Inferior parietal; W=Wernicke Area; T=an Wernicke angrenzender Temporallappen; TB=Temporobasal; H=Hippokampusformation). Die Patienten sind in absteigender Reihenfolge nach dem Ausmaß des Therapieerfolges geordnet. Die 5 Patienten mit dem geringsten Therapieerfolg haben durchwegs temporobasale Läsionen.

Ergebnisse

Abbildung 1 zeigt die Läsionen in ihrer Beziehung zum Verlauf der AAT-Profil-höhe. Die Patienten sind nach absteigende Therapieerfolg geordnet. Bei der Inspektion dieser Daten fällt auf, daß die 5 Patienten mit dem geringsten Therapieerfolg durchwegs temporobasale Läsionen hatten, während von den restlichen 13 Patienten nur eine einziger eine solche Läsion hatte. Allerdings sieht man auch, daß die Läsionen der Patienten mit besonders schlechten Therapieerfolg durchwegs groß waren.

Zur weiteren statistischen Abklärung dieses Ergebnisses wurden Korrelationen zwischen Läsionsgröße und den Parametern des Verlaufs gerechnet und eine Reihe von Vergleichen zwischen Patienten mit und ohne Läsionen in bestimmten Lokalisationen durchgeführt (eine ausführliche Darstellung der Ergebnisse findet sich in Goldenberg und Spatt, in press). Die Größe der Läsion hatte einen signifikanten negativen Einfluß auf den Verlauf in allen Phasen. Darüberhinaus bestätigte sich aber, daß nach Minimierung des Einflusses der Läsionsgröße Patienten mit temporobasalen Läsionen sich von Patienten ohne solche Läsionen durch einen geringeren Therapieerfolg unterschieden, während der Unterschied in der Spontanbesserung nicht signifikant war.

Diskussion

In Hinblick auf die relativ geringe Fallzahl sind die Ergebnisse vorläufig und bedürfen der Replikation, um als verläßlich gelten zu können. Sie scheinen uns aber doch interessant genug, um Hypothesen über ihre mögliche Interpretation aufzustellen.

Läsionen des linken basalen Temporallappens könnten Verbindungen zwischen der Hippokampusregion und den perisylvischen Sprachregionen unterbrechen und dadurch das sprachliche Lernen beeinträchtigen. Ihr selektiver Einfluß auf den Therapieerfolg würde dann bedeuten, daß die Sprachtherapie ihren Erfolg zumindest zum Teil dem expliziten Lernen und Merken von sprachlichen Inhalten und Regeln verdankt.

Die Studie wurde durch das Projekt 7730 M des Fonds zur Förderung der Wissenschaftlichen Forschung ermöglicht. Die Sprachtherapien wurden von Christiane Grothe, Heike Dettmers und Antje Moldovan durchgeführt.

Literatur

Brunner RJ., Kornhuber HH, Seemüller E, Suger G, Wallesch CW (1982) Basal ganglia participation in language pathology. Brain and Language 16: 281-299

Goldenberg G, Spatt J (in press) Influence of size and site of cerebral lesions on spontaneous recovery of aphasia and on success of language therapy. Brain and Language

Huber W, Poeck K, Wniger D, Willmes K (1983) Aachener Aphasie Test. Göttingen, Hogreve

Kertesz A, Lau WK, Polk M (1993) The stuctural determinants of recovery in Wernicke's aphasia. Brain and Language

Ludlow CL, Rosenberg J, Fair C, Buck D, Schesselman S, Salazar A (1986) Brain lesions associated with nonfluent aphasia fifteen years following penetrating head injury. Brain 109: 55-90

Naeser MA, Helm-Estabrooks N, Haas G, Auerbach S, Sriniviasan M (1987) Relationship between lesion extent in "Wernicke's areas" on computed tomography scan and predicting recovery of comprehension in Wernicke's aphasia. Arch Neurol 44: 73-82

Selnes OA, Niccum N, Knopman DS, Rubens AB (1984) Recovery of single word comprehension: CT-scan correlates. Brain and Language 21: 72-84

Regionale Hirnstoffwechselmessung zur Beurteilung der Langzeitprognose von Aphasien nach ischämischem Hirninfarkt

H. Karbe[1], J. Kessler[2], G.R. Fink[2], K. Herholz[1], K. Ittermann[1], W.D. Heiss[1,2]

[1]Universitätsklinik für Neurologie, Köln, [2]Max-Planck-Institut für neurologische Forschung, Köln

Fragestellung

Die Rückbildung von Aphasien nach ischämischem Insult kann viele Monate dauern und ist zu Beginn der Erkrankung nur begrenzt vorherzusagen (Kertesz und Mc Cabe 1977). Frühzeitige Information über das zu erwartende, bleibende Defektmuster ist für die Therapieplanung jedoch von großem Interesse. Die Positronen-Emissions-Tomographie (PET) kann Funktionsstörungen einzelner Hirnregionen als Minderung der zerebralen Glukosestoffwechselraten (CMRGl) darstellen. Dabei werden funktionell relevante Stoffwechselminderungen auch in Hirnregionen gefunden, die außerhalb des morphologisch abgrenzbaren Infarktes liegen. Die vorliegende Studie untersucht, welche Bedeutung frühzeitig nach dem Hirninfarkt gemessene, regionale CMRGl-Minderungen für das zu erwartende, bleibende aphasische Defektsyndrom haben.

Methodik

22 Patienten (8 Frauen, 14 Männer, Durchschnittsalter 59,5 Jahre) mit einem einzelnen ischämischen Insult im linken A. cerebri media-Stromgebiet und aphasischer Sprachstörung unterschiedlichen Ausmaßes wurden mit einem CT und der PET mit ^{18}F-2-Fluor-2-deoxy-D-Glucose (FDG) in der dritten Woche nach dem Schlaganfall unter Ruhebedingung untersucht. Bei 11 Patienten lag der morphologische, im CT sichtbare Defekt in subcortikalen Strukturen (Stammganglien und Marklager), 7 Patienten hatten Mediateilinfarkte, 5 Patienten einen ausgedehnten Mediainfarkt. Alle Patienten wurden gleichzeitig mit den bildgebenden Untersuchungen neuropsychologisch getestet. Der Test umfaßte u.a. einen Test der rezeptiven Sprachstörung (Token-Test) und einen Test der verbalen Flüssigkeit (FAS-Test). Alle Patienten wurden nach ca. 2 Jahren mit derselben Testbatterie nachuntersucht.

Ergebnisse

Es bestand eine signifikante Korrelation zwischen dem ersten Token-Test, bzw. FAS-Test und den Ergebnissen der Nachuntersuchung (Pearson Korrelationskoeffizienten r = 0,84, bzw. 0,88; P < 0,001). Die durchschnittliche globale Hemisphären-CMRGl war links im Vergleich zur Gegenseite signifikant gemindert (links 26,7 µmol/100g/min (SD 3,8), rechts 29,3 µmol/100g/min (SD 3,6), t-Test: P < 0,001). Der linksseitige Hypometabolismus betraf alle kortikalen und subkortikalen Regionen in der linken Hemisphäre jenseits des morphologischen Infarktes. Bei der Analyse der einzelnen Hirnregionen korrelierten die Nachuntersuchungsergebnisse des Token-Tests signifikant mit den initial gemessenen CMRGl des linken Temporalkortex und des linken Thalamus (r zwischen 0,70 und 0,64; P < 0,001). Die Nachuntersuchungsergebnisse des FAS-Tests korrelierten signifikant mit den initial gemessenen CMRGl des linken frontalen und temporoparietalen Assoziationskortex sowie subkortikaler Regionen (Caudatum, Thalamus und Cerebellum) (r zwischen 0,65 und 0,73; P < 0,001). Partialkorrelationen wurden schließlich berechnet, um den Einfluß der globalen linkshemisphärischen CMRGl-Minderung und der initialen Testergebnisse auf die Beziehung zwischen initial gemessenen, regionalen CMRGl und den Testergebnissen der Nachuntersuchung zu korrigieren. Die Token-Testergebnisse zwei Jahre nach Insult zeigten eine signifikante Partialkorrelation mit den initial gemessene CMRGl des linken superior temporalen und auditorischen Kortex ($r_{partial}$ 0,46, bzw. 0,51; P < 0,05), die FAS-Testergebnisse zwei Jahre nach Insult mit den initial gemessenen CMRGl des linken präfrontalen ($r_{partial}$ = 0,57; P < 0.01) und des inferior temporalen Kortex ($r_{partial}$ = 0, 49; P < 0,05).

Konklusion

In Übereinstimmung mit früheren Ergebnissen besteht ein enger Zusammenhang zwischen rezeptiver Sprachstörung und dem Funktionszustand des linken superioren Temporalkortex (Karbe et al. 1989). Das Ausmaß der funktionellen Schädigung bestimmt zu einem erheblichen Anteil die Rückbildungsaussichten der Aphasie in den Monaten nach dem Schlaganfall (Heiss et al. in Druck). Die enge Beziehung zwischen FAS-Testergebnissen und den CMRGl der linken Präfrontalregion bestätigt PET-Aktivierungsuntersuchungen, die eine wesentliche Bedeutung des linken Präfrontalkortex für die Einzelwortgeneration beschreiben (Damasio 1992). Dem linken inferioren Temporalkortex, der ebenfalls in enger Beziehung zu den FAS-Testergebnissen stand, wird die Speicherfunktion für Einzelworte zugeschrieben (Damasio 1992). Die linksseitige Inferiortemporal- und Präfrontalregion umfassen somit die für die Einzelwortproduktion wichtigen Teilfunktionen des Wiederfindens eines Wortes im Wortlexikon und des sprachlichen Entwurfes mit dem Ziel der verbalen Äußerung. Die vorliegende Studie zeigt, daß frühzeitig nach dem Schlaganfall gemessene Minderungen der CMRGl in Regionen außerhalb des morphologisch abgrenzbaren Infarktkerns, erheblichen Einfluß auf das zu erwartende, bleibende Behinderungsprofil haben.

Literatur

Damasio AR (1992). Aphasia. N Engl J Med 326: 531-539
Heiss WD, Kessler J, Karbe H, Fink G, Pawlik G. Recovery of poststroke aphasia is related to glucose metabolism at rest and during activation Arch Neurol, in Druck

114

Karbe H, Herholz K, Szelies B, Pawlik G, Wienhard K, Heiss WD (1989). Regional metabolic correlates of Token test results in cortical and subcortical left hemispheric infarction. Neurology 39: 1083-1088

Kertesz A, Mc Cabe P (1977). Recovery patterns and prognosis in aphasia. Brain 100: 1-18

Funktionelle Reorganisation sprachlicher Systeme nach Schlaganfall. Eine PET-Aktivierungsstudie bei Patienten nach Restitution von Wernicke Aphasie

C. Weiller, C. Isensee, M. Rijntjes, S.P. Müller, J. Faiss, W. Huber

Neurologische Kliniken Essen und Aachen, Nuklearmedizinische Klinik Essen

Fragestellung

Beim gesunden Rechthänder ist die Sprache im Wesentlichen in der linken Hirnhälfte repräsentiert (Zaidel 1985). Trotz kompletter Infarzierung linkshemisphärischer Sprachzentren kommt es jedoch in manchen Fällen zu einer Erholung von der Aphasie. Es ist eine funktionelle Reorganisation anzunehmen. Aktivierungsstudien mit der Positronen Emissions Tomographie, die Änderungen des regionalen zerebralen Blutflusses als einem Marker der synaptischen Funktion während bestimmter Aufgaben messen, zeigten ein komplexes Muster funktioneller Reorganisation des motorischen Systems nach Schlaganfall (Weiller et al. 1992; 1993). In der vorliegenden Studie wurde das sprachliche System untersucht. Das Prinzip war wie folgt. Zunächst wurde eine sprachliche Aufgabe ausgewählt, von der bekannt ist, daß sie zu einem Anstieg des Blutflusses in den linkshemisphärischen Sprachzentren führt, den man mit PET messen kann (Wise et al. 1991). Dann wurden Patienten ausgewählt, die sich von einer Aphasie durch einen Infarkt eines dieser Sprachzentren trotz bleibendem morphologischen Defekt wieder komplett erholt hatten.

Patientengut und Methodik

Der sprachbedingte Anstieg des rCBF bei 6 rechtshändigen Patienten wurden mit dem bei 6 rechtshändigen Kontrollpersonen verglichen. Alle Patienten hatten einen embolischen Infarkt des hinteren Teils des Mediaterritoriums links, der den Gyrus temporalis superior und damit das Wernickesche Zentrum miteinschloß. Alle Patienten hatten initial eine typische Wernicke Aphasie, die mit dem Aachener Aphasie Test (AAT) 3-4 Wochen nach dem Insult erfaßt worden war. Zum Zeitpunkt der PET Untersuchung war es trotz bleibendem Defekt im MRI zur Restitution gekommen, sodaß die Patienten die Aufgabe erfüllen konnten und bei der formalen Testung keine Aphasie mehr hatten.

Das Paradigma bestand aus der internen, lautlosen Generierung von Verben die zu Substantiven, die über einen Kopfhörer alle 6 s präsentiert wurden, paßten. Als Kontrollbedingung wählten wir neben der eigentlichen Ruhebedingung, eine Aufgabe, bei der die Probanden gehörte Pseudowörtern wiederholen mußten. Die erforderlichen Substantive wurden von den Snodgras-Vanderwort Bildern (Snodgrass und Vanderwart 1980) abgeleitet und die 60 Wörter mit der höchsten Familiarität und größten Assoziationsstärke ausgewählt. Legale Neologismen wurden durch Permutation aus erster und letzter Silbe, beziehungsweise aus An- und Ablaut der ausgewählten Substantive gebildet. Jede Bedingung wurde einmal wiederholt, sodaß 6 rCBF Messungen in balanzierter Ordnung während einer Sitzung erfolgten. Nach Koregistrierung der einzelnen PET Aufnahmen eines jeden Patienten zueinander (Woods et al. 1992), wurden mittels des SPM Program Packets (Hammersmith Hospital, London) alle Aufnahmen plastisch in den stereotaktischen Raum dem Atlas von Talairach und Tournoux (1988) entsprechend, transformiert (Friston et al. 1989). Nach Ausgleich globaler Flußdifferenzen durch eine Kovarianzanalyse erfolgte Bildpunkt für Bildpunkt ein statistischen Vergleich zwischen den Bedingungen und zwischen Gruppen (Friston et al. 1990; 1991).

Ergebnisse

Bei den Normalpersonen zeigte sich bei der Verbgenerierungsaufgabe ein deutlicher rCBF Anstieg im hinteren Abschnitt des linken gyrus temporalis superior, dem Wernickeschen Zentrum entsprechend, dem unteren prämotorischen Kortex (Broca-Zentrum) und dem LPFC, sowie den Stammganglien. Ein geringer Anstieg zeigte sich auch im rechten gyrus temporalis superior und prämotorisch. Diese Befunde entsprechen den Erwartungen aus früheren PET Studien mit gleichem und ähnlichen Paradigmen. Auch die Repetition der Pseudowörter führte zu einem rCBF Anstieg im Wernickeschen und Brocaschen Zentrum, die rechtshemisphärischen Anstiege waren etwas stärker als bei der Generierungsaufgabe. Der Hauptunterschied zwischen beiden Aufgaben war die Aktivierung des LPFC (Lateraler Präfrontaler Cortex) nur bei der Generierungsaufgabe.

Bei den Patienten fand sich erwartungsgemäß keine Aktivierung im Wernickeschen Zentrum, da dieses infarziert war. Trotz des fehlenden Anstiegs dort zeigte sich eine normale Aktivierung in den frontalen Sprachregionen im Brocazentrum bei beiden und im LPFC nur bei der Verbgenerierungsaufgabe. Zusätzlichen fand sich ein starker Anstieg des rCBFs in der rechten Hemisphäre. Und zwar in Regionen, die homotop zu den linkshemisphärischen Sprachregionen waren, im hinteren Teil des gyrus temporalis superior, in der Region analog dem Brocaschen Zentrum und im LPFC, bei beiden Aufgaben ohne wesentliche Unterschiede. Diese Aktivierungen waren signifikant stärker als die geringen rechtshemisphärischen rCBF Anstiege bei den Normalpersonen.

Konklusion

Der Anstieg des rCBFs in den verbleibenden linkshemisphärischen Sprachzentren trotz zerstörtem Wernickeschem Sprachzentrum zeigt, daß die frontalen Sprachzentren nicht vollständig vom Wernickeschen Zentrum abhängig sind. Dies widerspricht der klassischen Auffassung einer hierarchischen oder sequentiellen Organisation.

Der Ausfall des Wernickezentrums führt zur Aktivierung eines ganzen Satzes rechtshemisphärischer Regionen, homotop zu den Sprachzentren der linken Hemisphäre. Da es auch bei den Probanden zu einem, allerdings sehr viel geringeren rechtshemisphärischen Anstieg kommt, ist eine funktionelle Reorganisation mit einer Verschiebung des Gleichgewichtes innerhalb eines bilateral angelegten sprachlichen Netzes anzunehmen.

Bei beiden Aufgaben wurden bei den Patienten die gleichen rechtshemisphärischen Gebiete aktiviert. Hierfür gibt es zwei mögliche Erklärungen. Entweder waren die Aufgaben für die Patienten nicht grundlegend verschieden. Oder diese rechtshemisphärischen Areale sind nicht in der Lage zwischen beiden Aufgaben zu unterscheiden und sind damit nicht funktionell komplett homologe Sprachzentren der rechten Hemisphäre, die spezialisierte Subfunktionen der Sprache einzeln verarbeiten können.

Beide Hemisphären, die linke mit den nicht zerstörten Sprachregionen und die rechte mit der Rekrutierung homotoper Areale tragen zur Restitution der Funktion beitragen.

Literatur

Friston KJ, Frith CD, Liddle PF, Dolan RJ, Lammertsma AA, Frackowiak RSJ (1990) The relationship between global and local changes in PET scans. J Cereb Blood Flow Metab 10: 458-466

Friston KJ, Frith CD, Liddle PF, Frackowiak RSJ (1991) Comparing functional (PET) images: The assessment of significant change. J Cereb Blood Flow Metab 11: 690-699

Friston KJ, Passingham RE, Nutt JG, Heather JD, Sawle GV, Frackowiak RS (1989) Localisation in PET Images: Direct fitting of the intercommisural (AC-PC) line. J Cereb Blood Flow Metab 9: 690-695

Snodgrass JG, Vanderwart M (1980) A standardized set of 260 pictures: Norms for name agreement, image agreement, familiarity and visual complexity. Journal of Experimental Psychology: Human Learning and memory 2: 174-215

Talairach J, Tournoux P (1988) Coplanar stereotaxic atlas of the human brain, Georg Thieme Verlag, New York

Weiller C, Chollet F, Friston KJ, Wise RJS, Frackowiak RSJ (1992) Functional reorganization of the brain in recovery from striatocapsular infarction in man. Ann Neurol 31: 463-472

Weiller C, Ramsay SC, Wise RJS, Friston KJ, Frackowiak RSJ (1993) Individual patterns of functional reorganization in the human cerebral cortex after capsular infarction. Ann Neurol 33: 181-189

Wise RJS, Chollet F, Hadar U, Friston KJ, Hoffner E, Frackowiak RSJ (1991) Distribution of cortical neural networks involved in word comprehension and word retrieval. Brain 114: 1803-1817

Woods RP, Cherry SR, Mazziotta JC (1992) Rapid automated algorithm for aligning and reslicing PET images. JCAT 16: 620-633

Zaidel E (1985) Language in the right hemisphere. In: Benson DF, Zaidel E (Eds.) The dual brain. Guilford, New York, pp 205-231

Symmetrie des Planum Temporale bei schwerer, persistierender Legasthenie

U. Strehlow[1], I. Breuer[1], L.R. Schad[2], M. Knopp[2]

[1]Abteilung für Kinder- und Jugendpsychiatrie der Universität Heidelberg, [2]Deutsches Krebsforschungszentrum Heidelberg

Fragestellung

Wie postmortem (z.b. Galaburda et al. 1985) und kernspintomographische (z.B. Larsen et al. 1990) Studien zeigen, findet sich bei Patienten mit einer Legasthenie durchwegs oder stark gehäuft ein symmetrisches Planum Temporale. Bei diesen Studien mit insgesamt noch kleiner Fallzahl (n=42) ist der Effekt der Händigkeit nicht kontrolliert, obwohl bekannt ist (Steinmetz et al. 1991), daß auch die Händigkeit die Symmetrie des Planum Temporale stark beeinflußt. Die vorgestellte Studie will die Frage klären, wie Händigkeit und Legasthenie das Symmetrieverhalten beeinflussen.

Methodik

Die 15 rechtshändigen und 15 linkshändigen Patienten mit dem jeweils ungünstigsten Verlauf aus einer Gruppe von 59 jetzt jungen erwachsenen Männern, bei denen vor 12 Jahren in unserer Ambulanz die Diagnose einer Legasthenie gestellt worden war und die auch bei einer aktuellen Nachuntersuchung eine schwerste Rechtschreibschwäche (R-T) gemäß den Forschungskriterien der ICD-10 zeigen, werden mit 15 Rechts- und 15 Linkshändern ohne eine Legasthenie mit gleicher nonverbaler Intelligenz (CFT-20) hinsichtlich des Asymmetriekoeffizienten verglichen. Die Bildgebung erfolgte mit dem MAGNETOM 1,5 T der Firma Siemens. Parameter der Aufnahmetechnik waren MPRAGE (8) $\alpha = 10\text{-}15°$, TR=10 ms, TE=4 ms, TI=200-350 ms, 256 x 256 Bildmatrix, sagittale Messung in 160 mm Breite in 128 Schichten. Der Asymmetriekoeffizient wurde mit der Formel $\delta pt = (R\text{-}L)/[0,5*(R+L)]$ mit R als Fläche des Planum Temporale (PT) rechts und L als Fläche des PT links berechnet. Die Flächenbestimmung erfolgte nach der Methode von Steinmetz et al. (1991), d.h. die Fläche des PT wird bestimmt durch Aufsummieren aller Längen des PT in der grauen Substanz der entsprechenden Sagittalschnitte. Die Händigkeit wurde mit dem Hand-Dominanz-Test (HDT) und Modifikation berechntet. Die Asymmetrie der Handleistungen $\delta hl := (R\text{-}L)/[0,5*(R+L)]$ wurde in Analogie zu δpt quantifiziert mit R als Leistung der rechten Hand und L als Leistung der linken Hand.

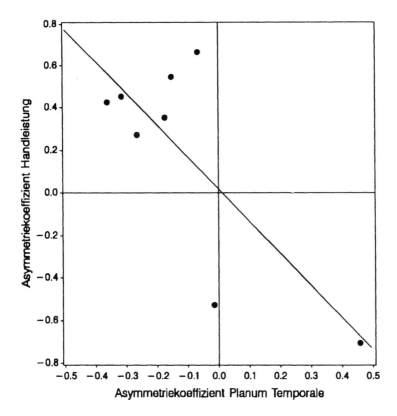

Abb. 1. Asymmetriekoeffizient der Handleistung dhl in Abhängigkeit vom Asymmetriekoeffizienten dpt des Planum Temporale. Der Zusammenhang läßt sich auch durch einen Korrelationskoeffizienten von r = -0,76 (p<0,05) beschreiben, bzw. durch eine Regressionsgleichung: dhl = - 1,5 * dpt

Ergebnisse

Bisher konnten 8 Probanden untersucht werden. Abbildung 1 zeigt den Zusammenhang von Symmetrie des Planum Temporale und der Händigkeit in der Probandengruppe.

Diskussion

Auch auf dem jetzigen, noch vorläufigem Stand unserer Untersuchung können wir feststellen, daß sich nicht in allen Fällen, wie bei (Galaburda et al. 1985) oder einer ganz eindeutigen Häufung von Fällen, wie bei (Carsen et al. 1990), ein symmetrisches Planum Temporale findet. In der Tendenz wird eher ein Effekt der Händigkeit, wie bei (Steinmetz et al. 1991) beschrieben, erkennbar. Die angestrebte größere Fallzahl wird hier weiter Aufschluß geben, ob Effekte von Händigkeit, Legasthenie und Wechselwirkung Händigkeit mit Legasthenie nachweisbar sind. Folgende Faktoren können zur Erklärung des abweichenden Ergebnis diskutiert werden: (1) unterschiedliche Falldefinitionen, (2) unterschiedliche Untergruppen (Annett und Manning 1990), (3) unterschiedliche Definition und Ausmessung der interessierenden neuroanatomischen Region und (4) unterschiedliche NMR - Bildgebungstechnik.

Sollte die Hypothese von Annett und Manning (1990) zutreffen, so wäre auch eine Symmetrie des Planum Temporale gar nicht für die gesamte Probandengruppe zu erwarten, das Ergebnis stark von der Selektion der Stichprobe (Inanspruchnahme- <=> Zufallsstichprobe) beeinflußt.

Literatur

Annett M, Manning M (1990) Reading and a balanced polymorphims for laterality and ability. Journal of Child Psychology and Psychiatry 31(4): 511-529

Galaburda AM, Sherman GF, Rosen GD, Aboitiz F, Geschwind N (1985) Developmental dyslexia: Four consecutive patients with cortical anomalies. Annals of Neurology 18: 222-233

Larsen JP, Hoin, T, Lundberg I, Odegaard H (1990) MRI evaluation of the size and Symmetrie of the Planum Temporale in adolescents with developmetal dyslexia. Brain and Language 39: 289-301

Steinmetz H, Volkmann J, Jäncke L, Freund H-J (1991) Anatomical left-right asymmetry of language related temporal cortex is different in left- and right-handers. Annals of Neuroloy 29: 315-319

Fingeragnosie und Gerstmann-Syndrom bei Patienten mit fokaler Hirnläsion

Th. Benke, L. Schelosky, M. Wagner

Universitätsklinik für Neurologie Innsbruck

Fragestellung

Seit seiner Erstbeschreibung ist das Gerstmannsyndrom (GS; Fingeragnosie [FA], Dyskalkulie, Dysgraphie, gestörte Links-Rechtsorientierung als Folge einer umschriebenen linksparietalen Läsion; Gerstmann 1924) umstritten. Besonders strittig sind die Auftretensbedingungen und der Lokalisationswert dieses in der klinischen Literatur häufig erwähnten Syndroms. Da zum GS meist Einzelfallbeschreibungen oder Studien unselektierter Patienten veröffentlicht wurden (Poeck und Orgass 1969; Gainotti et al. 1972), schien es angezeigt, eine vergleichende, prospektive Gruppenuntersuchung durchzuführen, in der Krankheitsvariable wie Ätiologie, Dauer, Lokalisation und kognitiver Begleitbefund besonders berücksichtigt wurden.

Methodik

Wir untersuchten 73 Patienten zwei bis vier Wochen nach Auftreten ihres, soweit anamnestisch eruierbaren, ersten Schlaganfalles. Einschlußkriterien waren die Fähigkeit, aufmerksam an einer neuropsychologischen Untersuchung teilzunehmen, und das Vorliegen eines einzelne Infarktgebietes im CT. Die im CT dargestellten Läsionen wurde nach der Methode von Matsui und Hirano (1978) lokalisiert. Nach Klinik und Sprachbefund (Spontansprache, Benennen, Token-Test) wurden linkshirnige Patienten mit Aphasie (LHAPH, n = 24), ohne Aphasie (LHNON, n = 22), sowie rechtshirnige Patienten (RH, n = 27) unterschieden. Alle drei Gruppen waren hinsichtlich Alter (Durchschnittswert 55,1 Jahre), Schulbildung (10,2 Jahre) und Krankheitsdauer (11,9 Tage) statistisch vergleichbar. Untersucht wurde die Identifikation von Fingern (Hand verdeckt, taktiler Reiz auf 1 oder simultan auf 2 Fingern, nonverbale Zeigereaktion auf Handschema; Benton et al. 1983), das Rechnen (5 Multiplikationen und 5 Subtraktionen auf Papier), das Schreiben nach Diktat (Beurteilung von Paragraphien, Auslassungen, Buchstabenverdopplungen, Substitutionen, der räumlichen Anordnung etc.) und die Links-Rechtsunterscheidung (20 verbale Aufforderungen, Zeigereaktion am Körper). Weitere Tests erfaßten die sprachliche, und visuell-konstruktiven Leistungen, das mentale Rotationsvermögen und das taktile Erkennen zweidimensionaler Formen.

Ergebnisse

Im gesamten Krankengut fand sich kein Fall eines reinen GS, bei dem nicht zusätzliche gravierende neuropsychologische Ausfälle (z.B. Aphasie, visuell-räumliches Defizit etc.) bestanden.

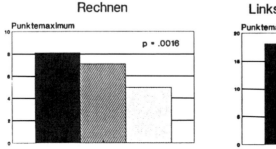

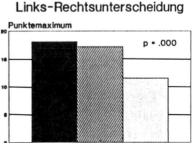

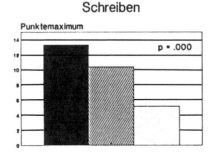

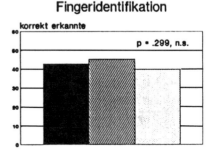

Abb. 1. Leistungen der drei untersuchten Gruppen (schwarz = RH, schraffiert = LHNON, grau= LHAPH). Fingeridentifikation repräsentiert Summenwert für rechte und linke Hand. P-Werte entsprechen nichtparametrischer Analyse (Kruskal-Wallis-Test).

Signifikante Gruppenunterschiede resultierten beim Rechnen, der Links-Rechtsunterscheidung und beim Schreiben, jedoch nicht bei den Defiziten der Fingeridentifikation. Die jeweils schlechteste Leistung erbrachte die Gruppe der Patienten mit linkshemisphärischer Läsion und Aphasie.

Bei 60% der Patienten führte eine unilaterale fokale Hirnläsion zu einer bilateralen und daher vom sensiblen Halbseitendefizit unabhängigen FA (Score korrekt identifizierter Finger ipsilateral zur Läsion < 26/30; Normen nach Benton et al. 1983). Das Auftreten einer FA war meist nicht an Läsionen im parietalen Kortex gebunden. Ebenso führten vaskuläre Läsionen in der Zentralregion, im temporalen und subkortikalen Bereich zur FA. In einer Korrelationsuntersuchung für das gesamte Kollektiv (Spearman's r) zeigten lediglich das Fingererkennen der rechten und der linken Hand hoch positive Korrelate (r= ,59, p= ,000); signifikante aber nur mäßig hohe Korrelationen ergaben sich ferner für das Rechnen und Schreiben, jeweils mit der Links-Rechtsunterscheidung. Die Symptome des GS waren mit keiner anderen Teilleistung (Sprache, visuell-räumliche Verarbeitung) nennenswert hoch korreliert.

Konklusion

Die vorliegenden Resultate können die Koexistenz von FA, Agraphie, Akalkulie und Links-Rechtsorientierungsstörung als eigenständiges Syndrom nicht bestätigen. Auch der Lokalisationswert des Syndroms ist fraglich, zumal Symptome des GS bei zahlreichen Patienten mit extraparietalen und rechtsseitigen Läsionen gefunden wurden. Es bleibt jedoch zu berücksichtigen, daß in dieser Studie Patienten kurz nach ihrem Insult untersucht wurden, und daher vaskuläre und metabolische Regulationsmechanismen (ischämische Penumbra etc.) den Lokalisationswert klinischer Symptome möglicherweise verschleiern.

Zum Pathomechanismus des GS ist kritisch anzumerken, daß die Komponenten des GS breite Kategorien darstellen, die sehr unterschiedliche spezifische Defizite beinhalten können (z.B. aphasische vs. apraktische Agraphie, primäre Akalkulie vs. Neglekt-Rechenstörung etc.). Die Symptome des GS waren zwar in der Aphasiker-gruppe am deutlichsten ausgeprägt, eindeutig faßbare Korrelate zu Leistungs-störungen der Sprache fanden sich aber nicht; ebenso zeigten sich in der RH-Gruppe keine Beziehungen des GS zu Defiziten der visuell-räumlichen Verarbeitung. Aus diesen Gründen fällt es schwer, aus dem GS ein Konzept der "Körperschemastörung" mit klar zugrundeliegenden kognitiven Pathomechanismen zu entwickeln.

Im Gegensatz zu anderen Studien (Poeck und Orgass 1969) wies eine relativ hohe Zahl von Patienten ein zwar asymmetrisches, aber deutlich bilaterales Defizit des Fingererkennens auf. FA war häufig nach Läsionen der linken Hemisphäre, hier besonders bei Aphasikern (LHNON: 62 %, LHAPH: 79 %), trat aber auch in 60 % der rechtsseitigen Läsionen auf. Fingererkennen der rechten und linken Hand waren hoch und überzufällig oft miteinander korreliert. Dieser funktionelle Zusammenhang und die Häufigkeit der FA nach fokalen Läsionen verweisen auf die mögliche Existenz eines supramodalen Fingerschemas, das in beiden Hemisphären repräsen-tiert ist und durch unilaterale Läsionen beschädigt werden kann. Theoretisch könnte dieses Schema in jenen sekundären somato-sensorischen Assoziationsarealen des Parietallappens repräsentiert sein, die sowohl kontra- wie auch ipsilaterale sensible In-formation verarbeiten können (SII; Manzoni et al. 1989; Caselli, 1993).

Literatur

Benton AL, Hamsher K deS, Varney N, Spreen O (1983) Contributions to Neuropsychological Assessment. A Clinical Manual. Oxford University Press, New York

Caselli RJ (1993) Ventrolateral and dorsomedial somatosensory association cortex damage produces distinct somesthetic syndromes in humans. Neurology 43: 762-771

124

Gainotti G, Cianchetti C, Tiacci C (1972) The influence of the hemispheric side of lesion on non verbal tasks of finger localization. Cortex 8: 364-381

Gerstmann J (1924) Fingeragnosie. Eine umschriebene Störung der Orientierung am eigenen Körper. Wiener Klinische Wochenschrift 37: 1010-1012

Manzoni T, Barbaresi P, Conti F, Fabri M (1989) The callosal connections of the primary somatosensory cortex and the neural bases of midline fusion. Experimental Brain research 76: 251-266

Matsui T, Hirano A (1978) An Atlas of the Human Brain for Computerized Tomography. Igaku-Shoin, Tokyo

Pocck K, Orgass B (1969) An experimental investigation of finger agnosia. Neurology 19: 801-807

Topische Bedeutung des Gerstmann - Syndroms

K. Kunze, M. Wüstel

Neurologische Klinik, Universitätskrankenhaus Hamburg Eppendorf

Einleitung

Unter Berücksichtigung der heutigen diffizilen Diagnostik zerebraler Symptome, die ja im wesentlichen unter Zuhilfenahme apparativer Methoden erfolgt, erscheint es wichtig, darauf hinzuweisen, daß auch neuropsychologische Befunde eine wichtige topische Bedeutung haben. Das gilt nicht nur für Aphasien und Apraxien, sondern auch für das an sich seltene Gerstmann-Syndrom, dessen topische Bedeutung seit der Erstbeschreibung diskutiert wird.

Untersuchungsergebnisse

Die drei Patienten, bei denen ein Gerstmann-Syndrom festgestellt wurde, wurden wie üblich neurologisch untersucht und es wurde eine zerebrale Computertomographie angefertigt, in einem Fall auch eine Kernspintomographie. Außerdem wurden von neuropsychologischer Seite aus Untersuchungen von Merkfähigkeit, Konzentration, Kurzzeit- und Langzeitgedächtnis, Intelligenz, Apraxie, konstruktiver Apraxie, Alexie und Aphasie (Aachener Aphasie-Test) durchgeführt.

Bei einem Patienten und einer Patientin (58 und 64 Jahre) handelte es sich um einen Mediateilinfarkt im Bereich der hinteren bzw. parietalen Mediaastgruppe und bei einem Patienten um eine intrazerebrale Blutung parietal, jeweils auf der dominanten Seite. Eine Patientin (67 Jahre) war Linkshänderin. Bei den beiden Patienten fanden sich unterschiedlich ausgeprägte Arm- bzw. armbetonte Paresen, die eine Patientin ließ nur den neuropsychologischen Befund erkennen. Alle Patienten hatten zwar ein zerebrales Allgemeinsyndrom mit einer gewissen Verlangsamung, Gedächtnis- und Merkfähigkeitsstörungen und einer geringen zeitlichen Orientierungsstörung, aber sie hatten vor allem eine Fingeragnosie, eine Rechts-Links-Störung, Agraphie und Akalkulie, also die Zeichen eines Gerstmann-Syndroms. Keiner der Patienten hatte eine Aphasie, aber es fanden sich noch einige neuropsychologische Zusatzsymptome (Tabelle 1).

Diskussion

Das von Gerstmann (1930) beschriebene Syndrom wurde von ihm in den Bereich des Gyrus angularis lokalisiert und er faßte es als ein elektives Syndrom bei umschriebener Hirnschädigung auf, die etwas mit dem "Handschema" im Sinne einer reinen Werkzeugstörung zu tun hätte. Die drei hier zitierten Patienten wiesen ein solches Syndrom auf, das mit zerebraler Computertomographie bzw. Kernspintomographie lokalisiert werden konnte. Während die beiden Patienten zusätzliche sensomotorische Symptome hatten, wies die Patientin im wesentlichen nur dieses neuropsychologische Syndrom auf. Die topische Bedeutung und auch innere Zusammengehörigkeit der einzelnen Teile dieses Syndroms wurden von Benton (1961) und Poeck und Orgass (1966) dagegen kontrovers diskutiert.

Tab.1. Neuropsychologische Befunde bei 3 Patienten mit Gerstmann - Syndrom. Pat. 1 (m, 58J) hatte zusätzlich eine armbetonte, vorwiegend die Feinmotorik betreffende Hemiparese rechts, eine Dysmetrie und Bradydiadochokinese rechts. Pat. 2 hatte die gleiche zusätzliche Symptomatik und eine homonyme Hemianopsie nach rechts. Pat. 3 hatte keine zusätzlichen Symptome.

	Pat. 1	Pat. 2	Pat. 3
Fingeragnosie	●	●	●
R/L-Störung	●	●	●
Agraphie	●	●	●
Akalkulie	●	●	●
Aphasie			
Alexie	●	●	
Konstr. Apraxie		●	
Räuml. Orientierung		●	
Allgemeinsyndrom	●	●	●

In jüngerer Zeit sind aber einige gut belegte neuere Fälle beschrieben worden und Morris et al. (1984) konnten bei einem Patienten mit therapieresistenten Partialanfällen zeigen, daß es bei elektiver Reizung im Bereich des linken hinteren parietotemporalen Cortex zu vorübergehenden neuropsychologischen Auffälligkeiten im Sinne eines Gerstmann-Syndroms gekommen war, wenn auch nur bei einem einzigen Patienten. So ergeben sich jetzt, wie auch unsere Fälle zeigen, Anhaltspunkte dafür, daß es das Gerstmann-Syndrom gibt, wenn auch nicht als elektives Syndrom und auch nicht von einer einzigen umschriebenen zerebralen Lokalisation ausgehend. Das hat inzwischen auch Benton, der ursprünglich von der "Fiktion des Gerstmann-Syndroms" gesprochen hatte (1961) in einer neueren Übersicht so gesehen (1992).

Zusammenfassung

Es wurden drei Patienten beschrieben, bei denen neuropsychologische Symptome im Sinne eines Gerstmann-Syndroms vorhanden waren. Von neuropsychologischer Seite aus war dieses das führende Syndrom. Ursächlich handelte es sich in zwei Fällen um einen Mediaterritorialinfarkt in der hinteren Astgruppe und in einem Fall um eine Blutung links parietal. Bei der einen Patientin war klinisch nur die neuropsychologische Symptomatik vorhanden. Das Gerstmann-Syndrom ist selten, nicht elektiv und geht offenbar, wie auch die letzten übrigen in der Literatur beschriebenen Fälle zeigen, nicht von einer einzigen umschriebenen Hirnregion aus.

Literatur

Benton AL (1961) The fiction of the "Gerstmann - Syndrome". J Neurol Psychiat 24: 176-181

Benton AL (1992) Gerstmann s syndrome. Arch Neurol 49: 445-447

Gerstmann J (T930) Zur Symptomatologie der Hirnläsion im Übergangsgebiet der unteren Parietal- und mittleren Occipitalwindung. Nervenarzt 3: 691-695

Morris HH, Lüders H, Lesser RP, Dinner DS, Hahn J (1984) Transient neuropsychological abnormalities (including Gerstmann's syndrome) during cortical stimulation. Neurology 34: 877-883

Poeck K, Orgass B Gibt es das Gerstmann - Syndrom? Nervenarzt 8: 342-349

Neue methodologische Ansätze zur neuropsychologischen Erfassung von Raumwahrnehmungsstörungen

R.J. Helscher, M.M. Pinter, H.K. Binder

Neurologisches Krankenhaus Maria Theresien Schlössel, Wien

Fragestellung

Viele der herkömmlichen neuropsychologischen Test- und Diagnosemethoden weisen eine Menge von Nachteilen auf. Moderne Verfahren sollten folgende Bedingungen erfüllen: eindimensionale Tests, die basale Leistungen objektivierbar machen; keine zeitliche Begrenzung der Darbietungsdauer; kurze Bearbeitungszeit der einzelnen Items; ein Beantwortungsmodus, der das Testergebnis nicht beeinflußt; adaptive Test- bzw. Rehabilitationsverfahren, bei denen die Itemschwierigkeit an die Leistung der getesteten Person automatisch angepaßt wird; eine Auswertung, die vom Computer übernommen wird und zum Testende bereits vorliegen soll.

Die Cognivision® (Helscher und Pinter 1992) ist ein Softwarepaket für die Diagnostik und das Training von kognitiven Funktionsstörungen, das den oben angeführten Bedingungen Rechnung trägt. Gegenwärtig werden mehrere Tests, die im Rahmen der Cognivision® entstanden, evaluiert. Die Cognivision® wurde im Rahmen einer rehabilitativen Philosophie am Neurologischen Krankenhaus Maria Theresien Schlössel, Wien, entwickelt und unter dem Begriff der Restaurativen Neuropsychologie zusammengefaßt. Ausgangspunkt der Überlegungen war die Ergopsychometrie (Guttmann 1982, 1984), die definitorisch die Anwendung testdiagnostischer Verfahren unter experimentell erzeugten psychischen und/oder physischen Belastungsbedingungen umfaßt. Was ist das Innovative an der Restaurativen Neuropsychologie? Sie bedient sich der Möglichkeit, beim Training von Hirnleistungsdefiziten Hilfsmethoden im Sinne von psychologischen Stimulationstechniken einzusetzen, um die defizitäre kognitive Dimension wieder herzustellen. Personen werden unter erhöhter Aktivierung oder unter psychischem bzw. physischem Streß aufgefordert, kognitive Leistungen zu trainieren. Anschließend erfolgt der Transfer des erreichten Lernzuwachses in die Alltagssituation.

Methodik

Die Tests der Cognivision® sind einfach durchzuführen. Der Test Perzeption ist eine interessante Alternative zum Benton Test. In einem zentralen Feld am Bildschirm erscheinen sechzehn Achtecke. Eines davon ändert für 110 Millisekunden seine Form und kehrt dann in den ursprünglichen Zustand zurück. Die Testperson gibt in der Folge an, welches der Vielecke seine Form geändert hat. Ist die Antwort richtig, so ändern sich nun adaptiv zwei Vielecke gleichzeitig. Auch diesmal muß die Testperson die Position jener Vielecke angeben, die sich kurzfristig geändert haben. Hat die Testperson das Item richtig gelöst, ändern nun drei Vielecke gleichzeitig für 110

Millisekunden ihre Form. Hat sich die Testperson bei der Lösung des Items geirrt, so wird im nächsten Item um ein Vieleck weniger geändert etc. Der Test Cues enthält unterschiedliche Items, die der Raumwahrnehmung dienen. Sie basieren auf der Verwendung räumlicher Hinweisreize (Tiefencues) und ihres paradoxen Einsatzes im Sinne von optischen Täuschungen.

Ergebnisse

Die ersten Ergebnisse beruhen auf der Testung von 20 gesunden Individuen in einem Alter zwischen 15 und 45 Jahren. Der Test Perzeption steht in gutem Zusammenhang mit der Gestaltbildung (Figurenauswahl aus dem IST70; r=0,75, sign.), dem schnellen Erfassen von Wahrnehmungsinhalten (Subtest 11 aus dem LPS; r=0,77, sign.) und der Fähigkeit zur Figur-Hintergrund-Trennung (Subtest 10 aus dem LPS; r=0,72, sign.). Damit weist der Test Ähnlichkeiten mit dem Benton Test (r=0,71, sign.) auf, hat als adaptiver Test Vorteile und kann auch als Rehabilitationsverfahren Verwendung finden.

Items aus dem Test Cues weisen zum Teil interessante Eigenschaften auf. So haben die Raumitems, die auf der Verschiebung von Zylindern in einem gezeichneten Raum beruhen, mit klassischen Testverfahren zur Erfassung von visuell-räumlichen Wahrnehmungsleistungen (r=0,26, n.sign.) und visuellen Raumoperationen (r=0,29, n.sign.) nur eine geringe bzw. überhaupt keine Übereinstimmung. Hingegen sind sie ein gutes Maß für praxisbezogene Leistungen wie Entfernungsschätzungen und relative Positionsschätzungen (r=0,71, sign.). Ähnliches gilt für die Verwendung der Schienentäuschung als Parameter für die Raumwahrnehmungsleistung: es besteht kein Zusammenhang mit visuellen Raumoperationen (r=0,00, n.sign.) und den visuell-räumlichen Wahrnehmungsleistungen im herkömmlichen Sinn (r=0,01, n.sign.), wohl aber mit Entfernungs- und Positionsschätzungen (r=0,63, sign.).

Konklusion

Mit der Cognivision[®] wird ein Softwarepaket geschaffen, das neuen testtheoretischen und methodologischen Kriterien gerecht wird. Die ersten Ergebnisse sind im Hinblick auf den Einsatz in Diagnostik und Rehabilitation höherer Hirnleistungsstörungen erfolgversprechend.

Literatur

Guttmann G (1982) Ergopsychometry - Testing under physical or psychological load. The German Journal of Psychology, 6: 141-144

Guttmann G (1984) Ergopsychometry. In: Corsini RJ (ed) Encyclopedia of Psychology Vol. I., Wiley, New York, 446ff

Helscher RJ, Pinter MM (1992) Cognivision[®]. Ein Softwarepaket zur Diagnostik und zur Rehabilitation kognitiver Funktionsstörungen. Kontaktadresse Dr.Mag.R.J.Helscher, Hofzeile 18-20, 1190 Wien, Austria

Die P3 im akustischen und visuellen Oddball bei Patienten mit temporo-parietalen, parietalen und frontalen Läsionen

R. Verleger, W. Heide, C. Butt, D. Kömpf

Klinik für Neurologie, Medizinische Universität zu Lübeck

Fragestellung

In dieser Untersuchung wurden ereignisbezogene EEG-Potentiale bei Patienten mit rechts temporo-parietalen, rechts parietalen und frontalen Läsionen gemessen. Aus diesen Messungen sollten sich neue Informationen darüber ergeben, welche Cortexareale für die Generierung der hauptsächlichen Komponenten dieser Potentiale verantwortlich sind, insbesondere für den P3-Komplex. Daneben sind aus Veränderungen dieser Komponenten möglicherweise auch Informationen über spezifische Defizite in jeder der untersuchten Patientengruppen zu erhalten.

Knight und Kollegen konnten zeigen, daß der parieto-temporale Übergang intakt sein muß, damit eine normale $P3_b$ auf akustische Reize (Knight et al. 1989) und auf somatosensorische Reize (Yamaguchi und Knight 1991) sowie eine normale N100 auf akustische Reize (Knight et al. 1980) entsteht. In unserer Untersuchung wollten wir ihre Befunde für akustische Reize replizieren und darüber hinaus untersuchen, ob das gleiche Ergebnis auch bei visuellen Reizen zu erhalten ist. Darüber hinaus maßen wir auch eine Reihe anderer Potentialkomponenten.

Methodik

Untersucht wurden 10 Patienten mit Läsionen des rechten hinteren parietalen Cortex (9 Insulte, 1 Tumor-Op.), die sich bei 6 Patienten bis in den oberen Temporalgyrus ausdehnte (temporo-parietale Gruppe), bei 4 Patienten nicht (parietale Gruppe), und 9 Patienten mit Läsionen des frontalen Cortex (4 Insulte, 4 Tumor-OP, 1 Hämatom; 4 rechtsseitig, 5 linksseitig). Daten über Größe, Lokalisation und Dauer der Läsion sowie über klinische Defizite wurden erhoben, können hier aber aus Platzgründen nicht dargestellt werden. Die temporo-parietalen und die parietalen Patienten waren im Mittel 63 Jahre alt, die frontalen 52 J. Gesunde Kontrollpersonen wurden so ausgewählt, daß sie den Patienten individuell altersangeglichen waren, einerseits 10 Probanden als Kontrollgruppe für die temporo-parietale und parietale Gruppe, andererseits 9 Probanden (3 aus der parietalen Kontrollgruppe und 6 jüngere) für die frontale Gruppe.

"Oddball"-Aufgaben wurden verwendet, d.h. es wurden in Zufallsfolge zwei verschiedene Reize präsentiert; der seltenere Reiz (20% Häufigkeit) war Zielreiz, auf den ein Knopf zu drücken war. Eine Aufgabe verwendete akustische Reize (Zielreize waren 2000 Hz - Töne, Nichtzielreize 1000 Hz - Töne), die andere Aufgabe visuelle

Reize (Zielreize waren gelbe Kreise, Nichtzielreize blaue Kreise). Reizabstand war 1,5 s, in jeder Aufgabe wurden 250 Reize dargeboten.

EEG wurde von Fz, Cz, Pz, C3, C4, P3, P4, O1 und O2 abgeleitet, gegen verbundene Mastoidelektroden, außerdem zur Artefakterkennung vertikales und horizontales EOG. Verstärkungsbereich war 0.16 Hz (=1 s Zeitkonstante) bis 35 Hz. Verworfen wurden Durchgänge mit Null-Linien, Augenbewegungen und Bereichsüberschreitungen sowie Durchgänge, in denen falsch reagiert worden war. Durchgänge mit Blinzelpotentialen wurden nicht verworfen, sondern korrigiert. Die gemittelten Potentiale wurden bei 20 Hz tiefpaßgefiltert.

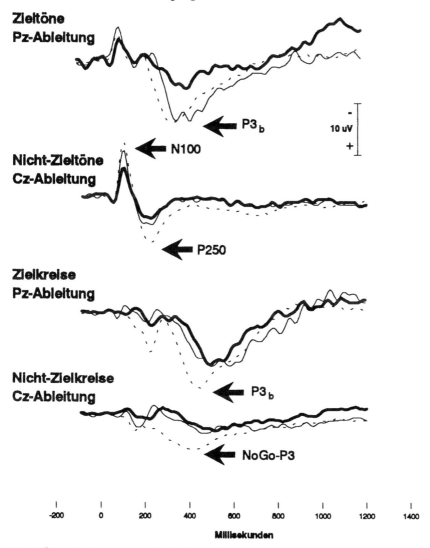

Abb. 1. Über die Gruppen gemittelte Potentiale der temporo-parietalen (fett) und der parietalen Patienten (dünn) sowie der Kontrollgruppe (gestrichelt). Diejenigen Bedingungen und Ableitepositionen sind dargestellt, welche die wesentlichen Ergebnisse veranschaulichen.

132

Die Parameter wurden wegen der Altersunterschiede der Patienten getrennt analysiert, einerseits für die temporo-parietalen und parietalen Patienten und ihre Kontrollgruppe, andererseits für die frontalen Patienten und ihre Kontrollgruppe. Berichtet werden im folgenden nur Ergebnisse, die in der Varianzanalyse mit p<.05 signifikant waren.

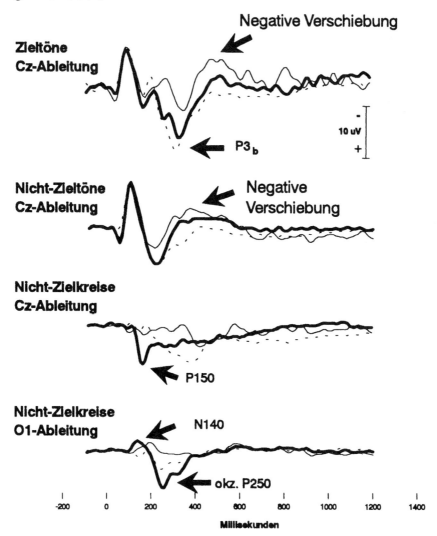

Abb. 2. Über die Gruppen gemittelte Potentiale der links-frontalen (fett) und der rechts-frontalen Patienten (dünn) sowie der Kontrollgruppe (gestrichelt). Diejenigen Bedingungen und Ableitepositionen sind dargestellt, welche die wesentlichen Ergebnisse veranschaulichen.

Ergebnisse

Temporo-parietale Patienten reagierten langsamer und verpaßten mehr Zielreize als die Kontrollgruppe. Ihre $P3_b$-Amplituden waren auf akustische Zielreize deutlich reduziert (s. Abb.1, oberste Kurve). Bei visuellen Zielreizen waren ihre $P3_b$-Amplituden nicht zuverlässig reduziert (dritte Kurve von oben in Abb.1), aber in beiden Modalitäten war die topografische Verteilung ihrer $P3_b$ auf der Scheitelllinie flach, ohne klares parietales Maximum. Ebenfalls deutlich reduziert waren die akustische N100 (s. Abb.1, die oberen beiden Kurven), die visuelle NoGo-P3 (von den visuellen Nichtzielreizen ausgelöst) und die akustische P250 (von den akustischen Nichtzielreizen ausgelöst, vermutlich das Äquivalent zur visuellen NoGo-P3, s. García-Larrea et al. 1991). (Vgl. Abb. 1, zweitoberste und untere Kurve. Der Unterschied in der P200 nach visuellen Zielreizen, Abb.1, dritte Kurve von oben, war nicht signifikant.)

Parietale Patienten reagierten nur tendenziell langsamer als die Kontrollgruppe und machten so gut wie keine Fehler. Ihre $P3_b$ unterschied sich von der Kontrollgruppe nur geringfügig, durch eine leichte Amplitudenverringerung über der rechten Hemisphäre bei visuellen Zielreizen. Jedoch war ihre von den visuellen Nichtzielreizen ausgelöste NoGo-P3 generell, an allen Ableitepositionen, reduziert (vgl. Abb.1, untere Kurve).

Frontale Patienten - sowohl rechte als auch linke Läsionen - reagierten deutlich langsamer als die Kontrollgruppe, und die rechtsfrontalen Patienten verpaßten ca. 10% aller Zielreize. Ihr P3-Komplex unterschied sich nicht von der Kontrollgruppe (vgl. Abb.2, obere Kurve). Jedoch lösten Töne eine frontozentrale langsame negative Verschiebung aus, besonders bei den rechtsfrontalen Patienten (Abb.2, die beiden oberen Kurven), und es gab auf visuelle Reize mehrere unerwartete Effekte. Bei den links-frontalen Patienten war die frontozentrale P150 auf visuelle Nichtzielreize (Abb.2, dritte Kurve von oben) und die linksokzipitale P250 auf alle visuellen Reize erhöht (Abb.2, untere Kurve). Dagegen war die okzipitale P250 bei den rechtsfrontalen Patienten im Vergleich zur Kontrollgruppe erniedrigt (Abb.2, untere Kurve). In beiden frontalen Gruppen war die okzipitale N140 bei visuellen Nichtzielreizen größer als bei Zielreizen; einen solchen Effekt gab es nicht bei der Kontrollgruppe.

Konklusion

Unsere Befunde zur Reduktion der $P3_b$ bei temporo-parietalen Patienten replizieren die Ergebnisse von Knights Gruppe. Darüberhinaus belegen magnetoenzephalographische Messungen an gesunden Probanden die Bedeutung dieses Areals für N100 (z.B. Rif et al. 1991) und $P3_b$ (Rogers et al. 1991). Ein unversehrter temporo-parietaler Übergang scheint daher in der Tat für die Generierung sowohl einer normalen $P3_b$ als auch einer N100 auf Töne unentbehrlich.

Die Reduktion der N100 auf Töne und der $P3_b$ besonders auf Töne legt nahe, daß die temporo-parietalen Patienten Defizite bei der akustischen Wahrnehmung haben könnten. Dies sollte zukünftig genauer untersucht werden. Frontale Patienten zeigten sich dagegen in ihren frühen Komponenten besonders empfindlich auf visuelle Reize. Dies legt einen modulierenden Einfluß des frontalen Kortex besonders auf die visuelle Wahrnehmung nahe, aber dieses Resultat sollte zunächst repliziert werden, bevor weitere Schlußfolgerungen gezogen werden.

134

Literatur

García-Larrea L, Lukaszewicz A-C, Mauguière, F (1992) Revisiting the oddball paradigm. Non-target vs. neutral stimuli and the evaluation of ERP attentional effects. Neuropsychologia 30: 723-741

Knight RT, Hillyard SA, Woods DL, Neville HJ (1980) The effects of frontal and temporal-parietal lesions on the auditory evoked potential in man. Electroencephalography and Clinical Neurophysiology 50: 112-124

Knight RT, Scabini D, Woods DL, Clayworth CC (1989) Contributions of temporal-parietal junction to the human auditory P3. Brain Research 502: 109-116

Rif J, Hari R, Hämäläinen MS, Sams M (1991) Auditory attention affects two different areas in the human supratemporal cortex. Electroencephalography and Clinical Neurophysiology 79: 464-472

Rogers RL, Baumann SB, Papanicolaou AC, Bourbon TW, Alagarsamy S, Eisenberg HM (1991) Localization of the P3 sources using magnetoencephalography and magnetic resonance imaging. Electroencephalography and Clinical Neurophysiology 79: 308-321

Yamaguchi S, Knight RT (1991) Anterior and posterior association cortex contributions to the somatosensory P300. The Journal of Neuroscience 11: 2039-2054

Modalitätsspezifische Organisation des Kurzzeitgedächtnisses

V. Lang[1], W. Lang[1], A. Starr[2], G. Lindinger[1], L. Deecke[1]

Universitätskliniken für Neurologie [1]Wien und [2]Irvine, USA

Fragestellung

Unterschiede der Kapazität waren erste Hinweise auf eine modalitätsspezifische Organisation des Kurzzeitgedächtnisses: Wird das Material akustisch präsentiert, können mehr Inhalte behalten werden als bei visueller Darbietung (Glanzer und Razel 1974). Elektrophysiologische Untersuchungen zum Kurzzeitgedächtnis haben das Sternberg-Paradigma (Sternberg 1966) verwendet, in welchem zunächst Lerninhalte ("memory set") dargeboten werden und anschließend -nach einem Zeitraum des Behaltens ("memory retention")- ein Testinhalt mit der Anweisung, durch Wahlreaktion anzuzeigen, ob dieser Bestandteil der Lerninhalte war oder nicht ("memory scanning"). Der Vergleich von Test- und Lerninhalten scheint seriell organisiert zu sein (Sternberg 1975). Pratt et al. (1989) fanden Unterschiede der ereigniskorrelierten Potentiale je nach Modalität der Testzahl und werteten diesen Befund als Hinweis auf eine modalitätsspezifische Organisation des Suchvorgangs ("memory scanning"). Mittels Magnetoenzephalographie fanden Kaufman et al. (1991) Hinweise auf eine Aktivität des visuellen Cortex, wenn Lerninhalt und Testzahl visuell präsentiert worden waren. In Einklang hierzu konnten Beckers und Hömberg (1991) den Suchvorgang durch fokale, transcorticale Magnetstimulation über dem occipitalen Cortex beeinträchtigen.

In der vorgestellten Untersuchung wurde das Lernmaterial entweder visuell oder akustisch dargeboten. Fragestellung war, ob das Behalten der Inhalte modalitätsspezifisch organisiert ist. In diesem Fall sollte sich die räumliche Verteilung der Hirnpotentiale beim Behalten zwischen der akustischen und der visuellen Aufgabe signifikant unterscheiden.

Methodik

21 gesunde Rechtshänder nahmen an der Untersuchung teil. Sie erhielten nach Tastendruck (Zeitpunkt t = 4s, Abb. 1) akustisch die Information, ob eine visuelle oder aksutische Aufgabe folgt. Beginnend bei t = 7s wurden im Abstand von 1,2 s nacheinander drei Zahlen entweder visuell oder akustisch dargeboten. Diese mußten für weitere drei Sekunden behalten werden. Anschließend wurde eine Testzahl dargeboten, wobei die gleiche Modalität wie beim Lernmaterial verwendet wurde. Durch Wahlreaktion mußte angezeigt werden, ob die Testzahl Bestandteil des Lernmaterial war oder nicht. Das EEG wurde mit Gleichspannungs-Verstärkern über eine Bandbreite von DC - 70 Hz abgeleitet. Abgeleitet wurde von F3, F4, T3, T4, T5, T6, P3, P4, Pz, O1 und O2 mit verbundenen Ohr-Elektroden als Referenz.

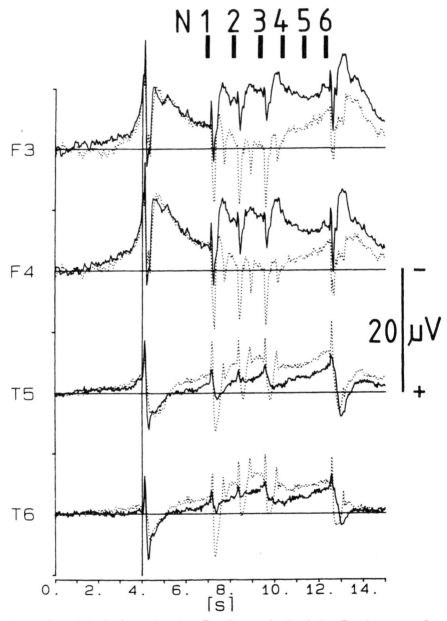

Abb. 1. Potentialverläufe im Sternberg-Paradigma mit akustischer Darbietung von Lern-inhalten und Testzahl (durchgezogene Linie) bzw. visueller Darbietung (gestrichelte Linie).

Berechnet wurden die mittleren Potentialamplituden, jeweils über Abschnitte von 200 ms. Die Amplituden N1, N2 und N3 beschreiben die Potentiale vor Darbietung der ersten, zweiten bzw. der dritten Zahl. N4, N5 und N6 beschreiben den Potentialverlauf beim Behalten (s. Abb. 1). Varianzanalytisch wurde untersucht, ob sich die räumliche Verteilung der Potentiale N1 - N6 in Abhängigkeit von der Modalität, in welcher die Lerninhalte präsentiert wurden, unterscheidet (Interaktion MODALITÄT und ELEKTRODEN).

Ergebnisse

Die mittleren Potentialverläufe über alle Probanden sind in Abb. 1 für die Elektroden F3, F4, T5 und T6 dargestellt. Ein Bereitschaftspotential geht der willkürlichen Initiierung (t = 4s) der Aufgabe voraus. Die Darbietung der Lerninhalte (t = 7,0s; t = 8,2s; t = 9,4s) und der Testzahl (t = 12,4s) bewirken evozierte Potentiale, wobei die akustische N100 in F3 und F4, die visuelle N1/P1 occipital und in T5/T6 ableitbar ist. Die Ableitung des EEGs mit DC-Potentialen bietet die Möglichkeit, die langsamen Potentialänderungen zu messen. Abb. 1 zeigt, daß sich die Topographie der langsamen Potentiale in Abhängigkeit von der Modalität unterscheidet: Sowohl bei Darbietung der Lerninhalte als auch beim Behalten ist das langsame Potential in frontalen Ableitungen (F3, F4) in der akustischen Aufgabe negativer als in der visuellen Aufgabe. Hingegen ist posterior-temporal (T5, T6) das langsame Potential in der visuellen Aufgabe negativer als in der akustischen Aufgabe. Diese topographie-spezifischen Unterschiede sind für N2 - N6 signifikant (p < 0.001).

Konklusion

Das Behalten der Information im Kurzzeitgedächtnis ist modalitätsspezifisch organisiert. Die räumliche Verteilung der langsamen Potentiale ist mit der Annahme vereinbar, daß die primär sensorischen Areale beim Behalten der Information aktiviert sind.

Literatur

Beckers G, Hömberg V (1991) Impairment of visual perception and visual short term memory scanning by transcranial magnetic stimulation of occipital cortex. Exp Brain Res 87: 421-432

Glanzer M, Razel AR (1974) The size of the unit in short-term storage. J Learn Verb Behav 5: 351-360

Kaufman L, Curtis S, Wang JZ, Williamson SJ (1991) Changes in cortical activity when subjects scan memory for tones. Electroenceph clin Neurophysiol 82: 266-284

Pratt H, Michalewski HJ, Patterson JV, Starr A (1989) Brain potentials in memory-scanning task. I. Modality and task effects on potentials to the probes. Electroenceph clin Neurophysiol 72: 407-421

Sternberg S (1966) High-speed scanning in human memory. Science 153: 652-654

Sternberg S. (1975) Memory scanning: New findings and controversies. Q J Exp Psychol 27: 1-32

Neurophysiologische Korrelate bei Ablenkung durch visuelle Reize: ein Vergleich der Ergebnisse bei Kindern und Erwachsenen

G. Spiel[1], F. Benninger[2]

[1]Abteilung für Neuropsychiatrie des Kindes- und Jugendalters und Heilpädagogik, LKH Klagenfurt, [2]Universitätsklinik für Neuropsychiatrie des Kindes- und Jugendalters Wien

Einleitung

W. Prinz (1983) ordnet das Phänomen Aufmerksamkeit/Konzentration unter die psychischen Prozesse, die zur Selektion von Stimuluskonstellationen beitragen. Er differenziert zwischen intentionaler und nicht intentionaler Aufmerksamkeit. Zusätzlich unterscheidet er vom Blickpunkt des Types der Selektion aus zwischen spezifischer und unspezifischer Selektion. Man spricht von spezifischer Selektion, wenn intentional eine Stimuluskonstellation gesucht bzw. passiv erwartet wird; von unspezifischer, wenn ein inneres mentales Modell über die Objektwelt unwillkürlich mit der "Realität" verglichen wird. Dieser Vorgang ist sozusagen sensitiv gegenüber unspezifischen Veränderungen innerer Repräsentanzen.

Eine große Anzahl von Untersuchungen beschäftigt sich mit der P300-Welle im evozierten Potential. Die P300 Welle ist ein Teil des evozierten Potentials welcher zwischen 250 und 400ms nach einem zu beachtenden Stimulus (Target) auftritt und besteht aus einer positiven Abweichung im Verlauf der Kurve wobei das Amplitudenmaximum parietocentral liegt. Um diese Reizantwort zu erhalten, werden den Patienten oder den Versuchspersonen Reize vorgegeben, wobei seltene abweichende Reize unregelmäßig in häufig auftretende Reize eingestreut sind. Der Patient oder die Versuchsperson ist angewiesen die sogenannten Targets zu finden und mit einer meist motorischen Antwort anzuzeigen.

Näätänen (1975) untersuchte systematisch die Veränderungen von evozierten Potentialen, wenn die selten auftretenden Reiz nicht beachtet wurden bzw. nicht beachtet werden sollten. Werden einem Probanden, der durch das Lesen eines Textes abgelenkt ist, Serien von Tönen (Standards) in regelmäßigen und relativ kurzen Zeitabständen angeboten, in die unregelmäßig physikalisch leicht abweichende Töne (Deviants) eingestreut sind, so tritt im akustisch evozierten Potential nach den devianten Tonreizen eine negative Schwankung, die sogenannte "Mismatch negativity" (MMN) auf. Abhängig von Grad der Differenz zwischen den beiden Reizen kann das Amplitudenmaximum zwischen 100 und 200 ms nach dem Trigger gefunden werden.

Methodik

Nach unserer Meinung hat das oben skizzierte Paradigma von Näätänen und Mitarbeiter zwei Nachteile: Einerseits erlaubt es nicht, den Grad der Ablenkung zu quantifizieren - es bezieht z.B. nicht die Leistungsparameter in die Interpretation mit ein. Andererseits ist die kognitive Tätigkeit, mit der der Proband abgelenkt wird weitaus komplexer (das Lesen eines Textes) als diejenige (Diskriminationsfähigkeit einfachster Stimuli), deren Spur im evozierten Potential das Interesse gilt. Das Design wurde folgendermaßen modifiziert: Zwei Arten von einfachen Stimuli in zwei verschiedenen Modalitäten werden präsentiert und zwar akustische Stimuli in einem Kanal und optische Stimuli im anderen Kanal wobei jeweils seltenen deviante Reize pseudorandomisiert eingestreut werden. Zuerst hatten die Versuchsperson sich auf die visuelle Modalität zu konzentrieren und die Targetreize zu entdecken und mittels Tastendruck zu reagieren. Gleichzeitig wurden der Versuchsperson akustische Stimuli (Standards und Deviants) dargeboten. Im zweiten Teil der experimentellen Untersuchung sollten die akustische Reize beachtet werden und in ähnlicher Weise reagiert werden, wobei nun von den visuellen Reizen abgelenkt wurde (Cammann et al. 1990).

Eine Gruppe besteht aus 9 erwachsenen Personen (> 20 Jahre). Die EEG-Ableitung wurde monopolar (Referenz: gemittelte Ohren) mit Elektrodenplazierungen entsprechend dem 10/20-System durchgeführt, wobei bei diesen Probanden aus technischen Gründen Fp1, Fp2, Fz, Cz und Pz nicht aufgezeichnet wurden. Die andere Gruppe setzt sich aus 9 Kindern (10 - 12 Jahre) zusammen, wobei jedes Kind zweimal an der Untersuchung teilnahm. Abgeleitet wurde monopolar mit Elektrodenplazierungen entsprechend dem 10/20 System. Die EEG Daten wurden anschließend mit dem Softwarepaket "Differentielles Neurophysiologisches Evaluationssystem DNE" (Spiel und Benninger 1990) ausgewertet.

Ergebnisse

Als ein Beispiel aus den Ergebnissen - (insgesamt ist ein Set aus 2 (Erwachsene/Kinder) * 2 (2 Versuchsdurchläufe) * 8 (evozierte Potentiale) Mittelwerte der evozierten Potentiale in 14 bzw. 19 topischen Lokalisationen zu interpretieren) wird die neurophysiolgische Reaktion in der Form visuell evozierter Potentiale auf optische Stimuli bei Ablenkung durch akustische Reize bei Erwachsenen und Kindern im Vergleich gezeigt.

Die Erwachsenen reagieren neurophysiologisch auf die devianten nicht zu beachtenden visuellen Signale mit einem negativen Shift im evozierten Potential (verglichen mit der Reaktion auf die Standardstimuli) in der Zeitspanne beginnend bei 220(240) - 320 ms (siehe Abb. 1) nach dem Stimulus über den temporalen Regionen beidseits (T3, T4, T5 und T6).

140

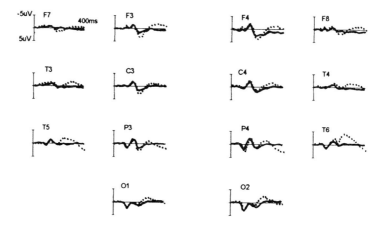

Abb. 1. zeigt die visuellen ERP's der Erwachsenen. Standards sind schwarz gezeichnet, Deviants schwarz punktiert.

Dies kann als eine Art Mismatch-Negativität interpretiert werden, wobei bei diesem Versuchsdesign keine P300 festgestellt werden konnte. Die Kinder hingegen zeigen kein ähnliches neurophysiologisches Muster in der Zeitspanne 220-320ms nach einem nicht zu beachtenden visuellen Deviant (siehe Abb. 2). Andererseits zeigt sich unter diesen Bedingungen eine etwas asymmetrische P300-Welle.

Interpretation der Ergebnisse

Diese Ergebnisse lassen annehmen daß Erwachsene cerebrale Verarbeitungsmöglichkeiten - Hemmechanismen- für irrelevante deviante Reize haben. Kinder verarbeiten solche Reize offensichtlich in gleicher Weise wie relevante. Berücksichtigt man zusätzlich Leistungsparameter zeigt sich, daß die Resistenz gegen Ablenkung bei Erwachsenen größer ist. Alle Erwachsenen lösten die Testaufgaben (Entdecken aller Targetreize in der akustischen Modalität) ohne Fehler, während Kinder etwa 10% nicht bzw. zu spät entdeckten.

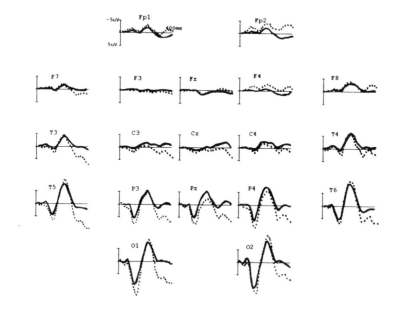

Abb. 2. zeigt die visuellen ERP's der Kinder. Standards sind schwarz gezeichnet, Deviants schwarz punktiert.

Literatur

Cammann R, Spiel G, Gierow W, Benninger F (1990) Untersuchungen zum Nachweis einer visuell evozierten Mismatch Negativity (MMN). In: Daute KH (Hrsg.) EEG 88. Friedrich Schiller Universität, Jena

Näätänen R (1975) Selective Attention and evoked potential in humans. A critical review. Biological Psychology 2: 237-307

Prinz W (1983) Wahrnehmung und Tätigkeitssteuerung. Springer Verlag, Berlin-Heidelberg-New York

Spiel G, Benninger F (1990) Strategien der computerassistierten EEG(ERP)-Analyse. In: Daute KH (Hrsg.) EEG 88. Friedrich Schiller Universität, Jena

Veränderungen interhemisphärischer und kortikospinaler Erregungsprozesse bei Patienten mit Agenesie des Corpus callosum: eine Untersuchung mit der fokalen transkraniellen Magnetstimulation

B.-U. Meyer, S. Röricht, A. Weindl, H.G. von Einsiedel

Neurologische Klinik der Technischen Universität München

Fragestellung

Mit der transkraniellen magnetischen Kortexstimulation werden nach den bisherigen Vorstellungen Zellen des motorischen Kortex vorwiegend transsynaptisch erregt. Die Stimulation führt zu "exzitatorischen" Antworten in Form von sichtbaren Muskelzuckungen und elektromyographisch ableitbaren Muskel-Summenaktionspotentialen in kontralateralen Handmuskeln und ermöglicht so eine Untersuchung der Erregbarkeit und Leitfunktion kortikospinaler ("pyramidaler") Bahnen. Ein bislang unverstandenes Phänomen exzitatorischer Antworten war die Fazilitierung kortikal in kontralateralen Handmuskeln ausgelöster Antworten durch Kontraktion von Muskeln ipsilateral zur gereizten Hemisphäre (Meyer 1992). Die Untersuchung von Patienten mit Agenesie des Corpus callosum sollte die Frage klären ob dieses Phänomen auf eine transkallosale Fazilitierung oder auf spinale Mechanismen zurückzuführen ist. Neben exzitatorischen Antworten können auch 2 inhibitorische Phänomene mit der Kortexstimulation ausgelöst werden. Erstens, die "postexzitatorische" Inhibition als eine bis zu 300 ms andauernde Innervationsstille nach einer kortikal ausgelösten Antwort im Zielmuskel (Meyer 1992). Zweitens eine als "transkallosale" Inhibition bezeichnete Innervationsstille nach Kortexstimulation in Muskeln ipsilateral zur gereizten Hemisphäre (Ferbert et al. 1992). Hier wurden Patienten mit Agenesie des Corpus callosum untersucht um die Frage zu klären, ob diese beiden inhibitorischen Phänomene auf eine Aktivierung interhemisphärischer Fasersysteme zurückzuführen sind.

Methodik

Das motorische Repräsentationsgebiet der Hand einer Hemisphäre wurde fokal mit einer Doppelspule (Außendurchmesser einer Halbspule von 8.5 cm) mit einem Magnetstimulator (2 Tesla Version des Magstim 200, Novametrix) gereizt. Die so ausgelösten EMG-Antworten und die Hemmung tonischer EMG-Aktivität wurden mit Oberflächenelektroden vom M. interosseus dorsalis I abgeleitet. Fünf Patienten mit Agenesie des Corpus callosum und ein Kontrollkollektiv von 10 gesunden Probanden wurden untersucht.

Ergebnisse

Die kortikale Reizschwellen für die Auslösung von kontralateralen exzitatorischen Antworten in Muskelruhe waren bei allen Patienten erhöht (im Mittel 66 versus 46% der maximalen gerätebedingten Reizstärke).

Die zentralen motorischen Latenzzeiten zu den spinalen Motoneuronen (6.1 vs. 6.3 ms bei Gesunden), die Amplituden der kortikal ausgelösten Muskelantworten (6.7 vs. 6.7 mV) und die Dauer der postexzitatorischen Inhibition tonischer elektromyographischer Willküraktivität (156 vs 157 ms) unterschieden sich nicht von den Befunden bei gesunden Probanden (Abb.1).

Bei gesunden Probanden und Patienten nahm die Amplitude von kontralateralen kortikal ausgelösten Muskelantworten um etwa den Faktor 2 zu, wenn die Handmuskeln ipsilateral zur gereizten Hemisphäre maximal tonisch angespannt wurden.

Bei allen gesunden Probanden bewirkte die Reizung des motorischen Kortex einer Hemisphäre in Muskeln ipsilateral zur gereizten Hemisphäre eine Hemmung der von dem motorischen Kortex der anderen Seite ausgehenden tonischen Muskelkontraktion, die nach 36 ms auftrat und für 22 ms andauerte. Diese Hemmung trat bei keinem der Patienten auf (Abb.1).

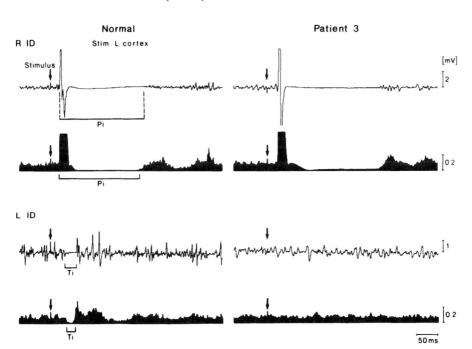

Abb. 1. Kontralaterale Antworten mit nachfolgender "postexzitatorischer Inhibition" (Pi) in rechtsseitigen Handmuskeln (R ID) nach transkranieller Magnetstimulation (Stimulus) des linken motorischen Kortex bei gleichzeitiger "transkallosaler" Inhibition (Ti) der Willkürinnervation in linksseitigen Muskeln (L ID). Bei dem Patienten mit Agenesie des Corpus callosum tritt keine "transkallosale" Inhibition auf. Einzelantworten und gemittelte rektifizierte Antworten.

144

Diskussion

Anhand der Untersuchung von Patienten mit Agenesie des Corpus callosum konnten verschiedene exzitatorische und inhibitorische Effekte der transkraniellen magnetischen Kortexstimulation insbesondere hinsichtlich ihrer Lokalisation und transkallosalen Vermittlung genauer charakterisiert werden. Die sich aus den Ergebnissen der verschiedenen Experimente ableitenden Modellvorstellungen sind stark vereinfacht in Abbildung 2 zusammengefaßt.

Befunde bei Patienten mit Agenesie des Corpus callosum:			
Erhöhte kortikale Reizschwellen in Mukelruhe	Normale "postexzitatorische" Inhibition	Normale Fazilitierung von Muskelantworten durch ipsilaterale tonische Muskel-kontraktion	Nach Kortexreiz fehlende Suppression von tonischer EMG-Aktivität in ipsilateralen Muskeln
Abgeleitete Modellvorstellung für physiologische Verhältnisse:			

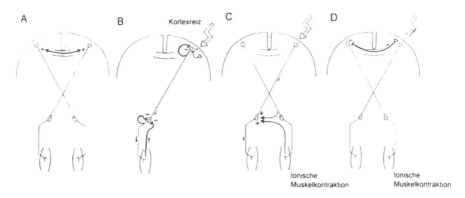

Abb. 2. Aus den Untersuchungsergebnissen der Patienten abgeleitete, stark vereinfachte Modellvorstellungen von exzitatorischen und inhibitorischen Effekten der Kortexstimulation.

Die bei den Patienten in Muskelruhe deutlich erhöhten Reizschwellen für die Auslösung von Muskelantworten weisen auf eine transkallosal vermittelte fazilitierende Interaktion beider Hemisphären hin (Abb. 2A). Da unter standardisierten Untersuchungsbedingungen mit deutlich überschwelliger Reizstärke und Ableitung während Muskelkontraktion die zentralen motorischen Latenzzeiten und die Größe der kortikal ausgelösten Antworten im Normbereich lagen, hat diese transkallosale Fazilitierung jedoch keinen Einfluß auf die mit der Magnetstimulation erfaßbare kortikospinale Erregungsleitung.

Die bei Gesunden und Patienten normale postexzitatorische Inhibition tonischer Willküraktivität weist auf einen Vorgang hin der entweder auf die vorangegangene Erregung (Refraktärphase), eine Aktivierung von Zellen mit inhibitorischen Einflüssen auf das mit der Magnetstimulation aktivierte kortikospinale System (spinal oder kortikal), oder auf durch die Muskelkontraktion ausgelöste inhibitorische Afferenzen zurückzuführen ist (Abb. 2B).

Die normale Fazilitierung von Muskelantworten durch ipsilaterale Muskelkontraktion weist auf eine spinale Lokalisation dieses Mechanismus hin (Abb. 2C)

Das bei allen Patienten beobachtete Fehlen einer Hemmung ipsilateraler tonischer Willkürinnervation nach fokaler Stimulation des motorischen Kortex einer Hemisphäre beweist, daß dieses Phänomen tatsächlich Ausdruck einer transkallosalen Inhibition ist (Abb. 2D).

Allgemein zeigt sich, daß die Untersuchung von Patienten mit ausgedehnten Hirnläsionen oder Entwicklungsstörungen, z.B. Patienten nach Hemisphärektomie (Benecke et al. 1991), Kleinhirnagenesie (Meyer et al. 1993) oder wie in diesem Fall mit Agenesie des Corpus callosum eine genauere Charakterisierung der mit der Magnetstimulation aktivierten Bahnsysteme und von fazilitierenden und inhibitorischen Einflüssen auf diese System ermöglicht. Die Untersuchung von Patienten mit Agenesie des Corpus callosum bewies hierbei das Vorliegen einer transkallosalen Inhibition bei gesunden Probanden und läßt zusätzlich eine physiologische, kallosal vermittelte gegenseitige Fazilitierung der primär-motorischen Cortices annehmen. Solche Erkenntnisse aus "experimenta naturae" können als Grundlage für ein besseres Verständnis der bei der diagnostischen Anwendung dieser Reiztechnik erhobenen Befunde dienen.

Literatur

Benecke R, Meyer B-U, Freund H-J (1991) Reorganisation of descending motor tracts in patients after hemispherektomie and severe hemispheric lesions demonstrated by magnetic brain stimulation. Exp Brain Res 83: 419-426

Ferbert A et al. (1992) Interhemispheric inhibition of the human motor cortex. J Physiol 453: 525-546

Meyer B-U (1992) Physiologische Grundlagen der magnetischen Kortexstimulation. In: Meyer B-U (eds.) Die Magnetstimulation des Nervensystems, Springer, Berlin, 75-108

Meyer B-U, Röricht S, Conrad B (1993) Does magnetic stimulation over the human occiput activate the cerebellum? Observations in a patient with agenesis of one cerebellar hemisphere. J Physiol 21P

Bilaterale bewegungs-korrelierte kortikale Potentiale bei erblichen spiegelbildlichen Mitbewegungen (Mirror-Movements)

M. Mayer[1], K. Bötzel[1], H. Plendl[1], D. Proeckel[1], A. Danek[1], W. Paulus[2]

[1]Neurologische Klinik der Ludwig-Maximilians-Universität München, [2]Abt. für klinische Neurophysiologie der Universität Göttingen

Mirror Movements (MM) treten als spiegelbildliche nicht intendierte Mitbewegungen (symmetrische Synkinesien) kontralateral zu einseitigen Willkürbewegungen auf. Sie kommen vor allem an den Muskeln der oberen Extremitäten vor. Bei Kindern sind MM eine physiologische Erscheinung, die jedoch im Verlauf der statomotorischen Entwicklung verschwinden. Persistieren MM in das Erwachsenenalter, so gelten sie als pathologisch. Sie treten in der Regel ohne sonstige neurologische Auffälligkeiten auf und sind meist autosomal dominant vererbt (Schott und Wyke 1981). Erworbene MM sind als Folge ätiologisch unterschiedlicher ZNS-Läsionen, insbesondere nach Hirninfarkten, zu beobachten.

Die Ursache von spiegelbildlichen Mitbewegungen ist ungeklärt. Eine mögliche Hypothese zu ihrer Entstehung besagt, daß MM durch eine irreguläre bilaterale kortikale Aktivierung entstehen. Diese wurde in drei Fällen mit MM bei bewegungs-korrelierten kortikalen Potentialen beobachtet (Shibasaki und Nagae 1984; Cohen et al. 1991). Wir haben bei einer Gruppe von Personen mit erblichen MM die bewegungskorrelierten kortikalen Potentiale (Movement-Related Cortical Potentials - MRCP) untersucht, um das kortikale Aktivierungsmuster vor und während der Bewegung bei erblichen MM mit dem einer Kontrollgruppe zu vergleichen.

Patienten und Methoden

In der Gruppe mit MM wurden 7 Personen ohne weitere neurologische Symptome untersucht (Alter 16-55 Jahre; 6 Rechtshänder, eine Beidhänderin). Bei 6 Personen bestand ein autosomal dominanter Erbgang, bei einer Person lag ein X-chromosomales Kallmann-Syndrom vor (Danek et al. 1992a). Die Kontrollgruppe war hinsichtlich Alter, Geschlechtsverteilung und Händigkeit mit der MM Gruppe vergleichbar (Alter 24-57 Jahre, 6 Rechtshänder, eine Beidhänderin).

Alle Personen führten in getrennten Aufzeichnungsperioden von etwa 25 Minuten Dauer eine selbstinduzierte Extension des Mittelfingers der rechten oder linken Hand durch, wobei sie angehalten wurden, die Bewegung alle 3-4 s auszuführen. Die Aufzeichnung der MRCP erfolgte durch 30 Ag/AgCl Kopfhautelektroden, wobei Cz als Referenzelektrode diente und eine Zeitkonstante von 5 s verwendet wurde (Verstärkungsfaktor 100000, Filter 70 Hz). Zwei Kanäle des Aufzeichnungsgerätes dienten zur bipolaren simultanen EMG-Ableitung mittels Ag/AgCl Oberfächenelektroden vom Musculus extensor digitorum communis (EDC) beidseits (Verstärkungsfaktor 10000; Zeitkonstante 0,03 s). Es wurde eine Abtastrate von 500 Hz verwendet, wobei die EEG- und EMG-Daten zusammen auf die Festplatte des Aufzeichnungscomputers gespeichert wurden.

Die Auswertung erfolgte Off-line mittels Average Technik, wobei der Beginn des gleichgerichteten EMG der Willkürbewegung als Triggersignal diente. Die Mittelung erfolgte im Zeitabschnitt von 1200 ms vor EMG-Beginn bis 700 ms danach. Von jeder Person wurden 300 bis 400 artefaktfreie Sweeps gemittelt. Zur Auswertung wurden die Daten über ein Computerprogramm umgerechnet mit verbundenen Mastoidelektroden als Referenz. An den Elektrodenpositionen, die etwa den Elektrodenpositionen C3 und C4 des internationalen 10/20 Systems entsprachen, also am nächsten über dem Handareal des entsprechenden Motorkortex lokalisiert waren, wurden jeweils 4 Integrale und eine Amplitude ermittelt: Das Integral von -1000 ms bis -400 ms (früher Anteil des Bereitschaftspotentials), das Integral von -400 ms bis -50 ms (später Anteil des Bereitschaftspotentials, Negative Slope), das Integral von - 50 ms bis zum Beginn des EMG sowie das Integral von EMG-Beginn bis 50 ms danach. Darüber hinaus wurde die Amplitude zum Zeitpunkt der maximalen Negativität ermittelt. Zur Errechnung der 0-Linie diente der Zeitbereich von 1200 bis 1000 ms vor EMG-Beginn. Wir werteten diese Daten für jede Versuchsperson einzeln aus und verglichen die Quotienten der beiden Elektrodenpositionen zwischen den einzelnen Gruppen im U-Test.

Ergebnisse

Bei beiden Gruppen konnten der Bewegung vorausgehende langsame Potentialänderungen (Bereitschaftspotentiale) aufgezeichnet werden. In der Kontrollgruppe wie in der MM Gruppe zeigte sich eine bilaterale Negativierung zum Zeitpunkt des frühen Bereitschaftspotentials (-1000 ms bis -400 ms vor EMG-Beginn). In dem Zeitbereich des späten Bereitschaftspotentials (-400 ms bis -50 ms) kam es zu einer deutlichen Lateralisierung über der kontralateralen Hemisphäre. Für beide Zeitbereiche zeigten sich hinsichtlich der Quotienten beider Elektrodenpositionen (IHQ) keine signifikanten Unterschiede.

Signifikante Unterschiede zwischen beiden Gruppen (U-Test $p < 0,05$) konnten jedoch für die IHQ der Zeitbereiche -50 ms bis zum EMG-Beginn sowie vom EMG-Beginn bis 50 ms danach ermittelt werden. Dies galt für beide Untersuchungsbedingungen (Bewegung rechts oder Bewegung links). In der Gruppe der MM findet sich in diesen beiden Zeitabschnitten eine signifikant stärkere Negativierung der kortikalen Potentiale über der Elektrodenposition ipsilateral zur Bewegung. Im Zeitbereich vom EMG-Beginn bis 50 ms danach sind ausgeprägtere Unterschiede hinsichtlich der Negativierung über der Elektrodenposition ipsilateral der Bewegung festzustellen als in dem Zeitbereich von -50 ms bis zum EMG-Beginn. Keine der von uns untersuchten Personen wies eine symmetrische Negativierung ihrer kortikalen Potentiale auf. Bei allen Personen findet sich eine stärkere Lateralisierung der MRCP über der kontralateralen Hemisphäre. In dem Zeitabschnitt vom EMG-Beginn bis 50 ms danach findet sich für beide Untersuchungsbedingungen (Bewegung rechts oder links) in der MM Gruppe eine Negativität über der ipsilateralen Elektrodenposition, die über 47% der kontralateralen Hemisphärennegativität liegt, bei 13 der 14 Einzelwerte sogar über 58%. In der Kontrollgruppe ist diese ipsilaterale Negativität kleiner 68% der kontralateralen Hemisphärennegativität. Interessant ist darüber hinaus, daß sich in der Kontrollgruppe einzelne

Personen finden, deren Hemisphärennegativität ipsilateral zur Bewegung nicht von denen einzelner Personen aus der MM-Gruppe unterschieden werden können.

Für die Amplitude der maximalen Negativität der MRCP konnte kein signifikanter Unterschied der IHQ (U-Test: p>0,05) zwischen beiden Gruppen ermittelt werden.

Diskussion

Unsere Ergebnisse der MRCP in der Kontrollgruppe sind mit den Ergebnissen früherer Untersucher vergleichbar (Deecke et al. 1969; Shibasaki et al. 1980). Bei einem Patienten mit MM fanden Shibasaki und Nagae bereits 1984 eine bilaterale Negativität der MRCP im Bereich des späten Bereitschaftspotentials (Negative Slope). In einer anderen Studie wurden zwei Patienten mit MM mittels MRCP untersucht, die beide im frühen Zeitbereich des sogenannten Motorpotentials eine vermehrte Bilateralität ihrer kortikalen Potentiale aufwiesen (Cohen et al. 1991). Wie auch wir fanden sie keine Tendenz zur bilateralen Negativierung im Zeitbereich des späten Bereitschaftspotentials. In unserer Studie an der bislang größten Zahl von Personen mit erblichen MM konnten wir zeigen, daß eine Tendenz zur bilateralen Negativierung besteht. Diese ist auf die Zeitbereiche 50 ms vor EMG Beginn bis zum Beginn des EMG-Signals und vom EMG-Beginn bis 50 ms danach beschränkt.

Keine sichere Korrelation besteht jedoch zwischen bilateralen kortikalen Aktivierungsmustern und dem Aufteten von nicht intendierter EMG-Aktivität. Es fanden sich nämlich auch in der Kontrollgruppe einzelne Personen, die bei starker bilateraler Negativierung dennoch keine MM zeigten. Daraus schließen wir, daß eine bilaterale Aktivierung des motorischen Kortex nicht als ursächliches Korrelat von erblichen MM zu werten ist.

Alle von uns untersuchten Personen mit erblichen und erworbenen MM zeigen in der fokalen magnetischen Kortexstimulation im Gegensatz zu Normalpersonen ipsilaterale Muskelantworten (Danek et al. 1992b; Witt et al. 1992). Aufgrund dieser Ergebnisse vermuten wir, daß die MM durch irregulär ipsilateral deszendierende motorische Bahnen verursacht werden. Im Rahmen der Aktivierung dieser ipsilateralen Bahnverbindungen kommt es dann vermutlich sekundär zu der von uns beobachteten Tendenz der bilateralen kortikalen Negativierung.

Literaturverzeichnis

Cohen LG, Meer J, Tarkka I, Bierner S, Leiderman DB, Dubinsky RM, Sanes JN, Jabbari B, Branscum B, Hallett M (1991) Congenital Mirror Movements. Brain 114: 381-403

Danek A, Heye B, Schroedter R (1992a) Cortical evoked motor responses in patients with Xp22.3-linked Kallmann syndrom and in female gene carriers. Ann Neurol 31: 299-304

Danek A, Witt TN, Winter T, Paulus W, Fries W (1992b) Motor cortex stimulation in three families with autosomal-dominant mirror movements. Electroenceph Clin Neurophysiol 85: 95-96

Deecke L, Scheid P, Kornhuber HH (1969) Distribution of Readiness Potential, Pre-motion Positivity, and Motor Potential of the Human Cerebral Cortex Preceding Voluntary Finger Movements. Exp. Brain Res. 7: 158-168

Schott GD, Wyke M (1981) Congenital mirror movements. J Neurol Neurosurg Psych 44: 586-599

Shibasaki H, Barrett G, Halliday E, Halliday AM (1980) Components of the movement-related cortical potential and their scalp topography. Electroenceph Clin Neurophysiol 49: 213-226

Shibasaki H, Nagae K (1984) Mirror Movement: Application of Movement-Related Cortical Potentials. Ann Neurol 15: 299-302

Witt THN, Mayer M, Danek A, Fries W (1992) Bilaterale Muskelantworten nach transkranieller Stimulation des Motorkortex bei hereditären und erwordenen Mirror-Movements. In: Mauritz KH, Hömberg V (eds) Neurologische Rehabilitation 2. Huber Bern, Göttingen, Toronto, Seattle, pp 253-260

Kortikal ausgelöste exzitatorische und inhibitorische Muskelantworten: Kartierung ihrer Repräsentation mit der fokalen transkraniellen magnetischen Reizung

S. Röricht, B.-U. Meyer, C. Bischoff

Neurologische Klinik der Technischen Universität München

Fragestellung

Die Interpretation von mit der Magnetstimulation erhobenen Untersuchungsbefunden zur kortikalen Repräsentation war durch die geringe Fokalität der bislang verfügbaren Standardspule erschwert (Meyer et al. 1991). Für die neu erhältliche kleine achtförmigen Reizspule (Außendurchmesser einer Halbspule von 6,5 cm, Magstim 200, Novametrix) mit fokalen Reizeigenschaften sollte geprüft werden, ob mit ihr eine transkranielle Kartierung der somatotopen Gliederung des primären motorischen Kortex möglich ist und ob inhibitorische Phänomene der Kortexstimulation von den gleichen Repräsentationsgebieten wie die exzitatorischen Antworten ausgehen. Als inhibitorisches Phänomen wurde die "postexzitatorische Inhibition" untersucht. Hierbei handelt es sich um eine "silent period", die unter tonischer Anspannung des abgeleiteten Muskels dem durch die Kortexstimulation in kontralatcralen Muskeln ausgelösten Aktionspotential folgt (Meyer 1992a).

Methoden

Über dem motorischen Repräsentationsgebiet der Hand beider Hemisphären wurde fokal mit einer Doppelspule (Außendurchmesser einer Halbspule von 6,4 cm) mit einem Magnetstimulator (2 Tesla Version des Magstim 200, Novametrix) gereizt. Die so ausgelösten EMG-Antworten (Hand- und Zungenmuskeln) und die Hemmung tonischer EMG-Aktivität (nur Handmuskeln) wurden mit Oberflächenelektroden vom M. interosseus dorsalis I abgeleitet.

Zur Kartierung der Reizeffekte wurde ein Oberflächen-Gitter parallel zur Interaurallinie und der Nasion-Inion Verbindung mit einem Linienabstand von 1 cm (Abb. 1) bzw. 2 cm (Abb. 2) der Schädelkonvexität von 5 untersuchten Probanden angepaßt und die Spule tangential über den einzelnen Schnittpunkten des Rasters plaziert. An jedem Reizort wurden 5 Reize appliziert und die mediane Amplitude, Latenzzeit und Dauer der "postexzitatorischen Inhibition" der Antworten während tonischer Aktivierung der untersuchten Muskeln ausgemessen und dreidimensional graphisch dargestellt. Zur Lokalisierung der somatosensorischen Repräsentation wurden in Längsreihen SSEP nach elektrischer Stimulation des N. medianus abgeleitet und der Ort der Phasenumkehr der frühen SSEP-Komponente bestimmt.

Ergebnisse

Mit Spulenströmen in antero-posteriorer Richtung traten kontralaterale Handmuskelantworten in einem Areal von 2x2 bis 5x5 cm Ausdehnung auf. Das Punktum maximum lag 1 cm vor der Interaurallinie und 6 cm seitlich des Vertex. Dieser Punkt lag 2 cm vor dem für die Phasenumkehr der Medianus-SSEP extrapolierten Punkt. Die postexzitatorische Inhibition trat bei Stimulation über dem gleichen Areal wie zur Auslösung von exzitatorischen Muskelantworten auf (Abb.1a). Ihre Dauer nahm mit steigender Amplitude der Muskelantworten zu.

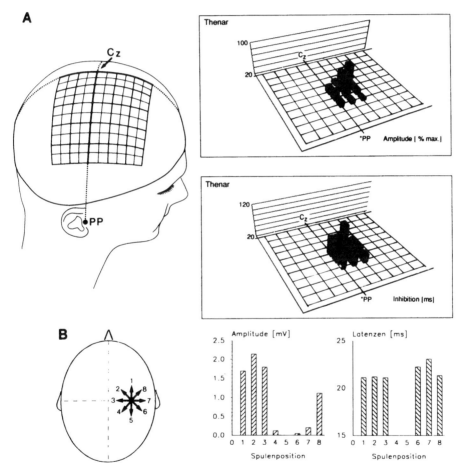

Abb.1. A) Kartierung des exzitatorischen und inhibitorischen Reizeffektes der Stimulation mit der kleinen achtförmigen Spule und mit antero-posterioren Spulenströmen. Exemplarische Ergebnisse für Antworten in Handmuskeln eines Probanden. Man sieht, daß die exzitatorischen Antworten ("Amplituden") und die postexzitatorische Inhibition ("Inhibition") von dem gleichen Kortexareal ausgehen.
B) Abhängigkeit der Amplitude und Latenz kortikal ausgelöster Antworten von der Richtung des Spulenstromes.

152

Über dem Punktum maximum traten maximale Antworten mit der kürzesten Latenz auf, wenn die im Gewebe induzierten Ströme in senkrecht zum Sulcus centralis verliefen (Abb. 1b). Bei entgegengesetzter Stromrichtung und weiter lateraler Spulenposition traten in Einzelfällen Antworten mit bis zu 5 ms längerer Latenz auf.

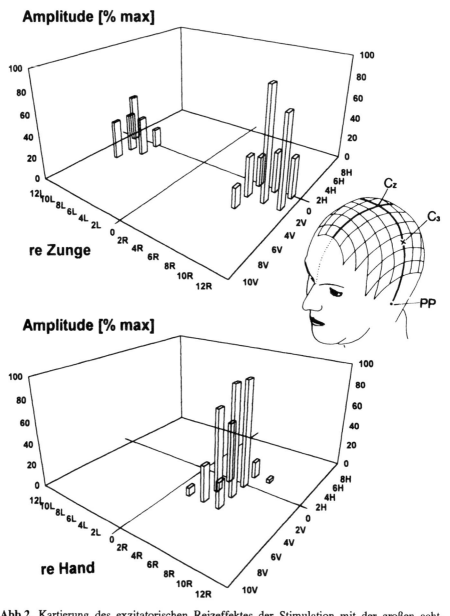

Abb.2. Kartierung des exzitatorischen Reizeffektes der Stimulation mit der großen acht-förmigen Spule und mit antero-posterioren Spulenströmen. Exemplarische Ergebnisse für Antworten in Hand- und Zungenmuskeln eines Probanden. Man sieht, die bilaterale, kontra-lateral überwiegende, Repräsentation der Zungenmuskeln und die ausschließlich kontra-laterale Repräsentation der Handmuskeln.

Das Repräsentationsfeld bilateraler Antworten in Zungenmuskeln hatte etwa die gleiche Ausdehnung und hatte sein Punctum maximum 8-10 cm lateral der Nasion-Inion-Linie und damit deutlich weiter seitlich als die Repräsentation von Handantworten (Abb.2).

Diskussion

Unter Kenntnis der somatotopen motorischen Repräsentation in der Zentralregion hat die transkranielle magnetische Kortexstimulation ein ausreichend hohes räumliches Auflösungsvermögen und kann somit als Kartierungsinstrument dienen. Dies läßt sich daraus ableiten, daß das motorische Repräsenationsgebiet der Hand und der Zunge klar räumlich voneinander abgegrenzt werden konnten (Abb. 2) und daß festgestellt werden konnte, ob ein Muskel in einer oder beiden Hemisphären motorisch repräsentiert ist. Daß die exzitatorischen Antworten und die "postexzitatorische" Inhibition das gleiche kortikale Repräsentationsgebiet aufwiesen (Abb.1A), läßt darauf schließen, daß der inhibitorische Effekt entweder eine direkte Folge der zuvor abgelaufenen Erregung darstellt (rekurrente Hemmung, Refraktärphase) oder daß Neurone mit inhibitorischem Effekt auf die kortikalen oder spinalen Motoneurone in dem gleichen Kortexareal wie die exzitatorischen Neurone liegen. Der Befund, daß die Latenzzeiten und Amplituden in Abhängigkeit von der Richtung der Spulenströme variieren (Abb. 1B), könnte eventuell die Möglichkeit zu einer neurophysiologischen Differenzierung unterschiedlicher kortikaler Strukturen eröffnen.

Kenntnisse über die mit der Magnetstimulation erfaßbare kortikale motorische Repräsentation sind als Grundlage für die zukünftige Untersuchung von kortikalen Umorganisationsprozessen nach Hirnläsionen (Meyer 1992b), aber auch nach Läsionen peripherer Nerven oder Amputation von Extremitäten (Meyer 1992c) wichtig.

Literatur

Benecke R, Meyer B-U, Schönle P, Conrad B (1988) Transcranial magnetic brain stimulation of the human brain: Responses in muscles supplied by cranial nerves. Exp Brain Res 71: 623-632

Meyer BU (1992a) Physiologische Grundlagen der magnetischen Kortexstimulation. In: Meyer BU (Hrsg) Die Magnetstimulation des Nervensystems, Springer, Berlin, 75-108

Meyer BU (1992b) Umorganisation des motorischen Kortex bei Amputierten. In: Meyer B-U (Hrsg) Die Magnetstimulation des Nervensystems, Springer, Berlin, 206-208

Meyer BU (1992c) Spiegelbewegungen. In: Meyer B-U (Hrsg) Die Magnetstimulation des Nervensystems, Springer, Berlin, 209-217

Meyer BU et al. (1991) Coil placement in magnetic brain stimulation related to skull and brain anatomy. Electroenceph Clin Neurophysiol 81: 38-46

Fokale transkranielle Kortexstimulation: "Silent Period" und Verzögerung von Reaktionszeiten

U. Ziemann, S. Oktay, J. Netz, V. Hömberg

Neurologisches Therapiecentrum, Heinrich-Heine-Universität Düsseldorf

Fragestellung

Störungen perzeptiver oder sensorimotorischer Prozesse nach transkranieller Magnetstimulation (TMS) des menschlichen Kortex sind kritisch vom Zeitpunkt und Ort der Stimulation abhängig (z.b. Amassian et al. 1989, Beckers und Hömberg 1992), so daß nicht invasiv und mit hoher Zeitauflösung Aussagen darüber möglich werden, wann welche Kortex-Areale an einem solchen Prozeß beteiligt sind. Day et al. (1989) haben gezeigt, daß TMS die motorische Antwort in einem Reaktionszeitparadigma verzögern kann, wenn die Stimulation kurz vor Beginn der erwarteten Reaktion erfolgt. Da eine nicht fokale konzentrische Reizspule mit großem Durchmesser benutzt wurde, blieb unklar ob dieser Negativ-Effekt spezifisch an die Stimulation des motorischen Kortex gebunden ist. Wir haben diese Frage in einem ähnlichen Einfachauswahl-Reaktionszeit (RZ) - Experiment mit Hilfe einer fokalen Schmetterlingsspule (Stimulator: Cadwell MES 10; maximale Feldstärke 2 Tesla) an sechs gesunden Probanden untersucht.

Methodik

Die Probanden hatten die Aufgabe, 1 s nach einem auditorischen Warnsignal ein visuelles Go-Signal so schnell als möglich mit einem isometrischen Flexor-Kraftpuls ihres rechten Index-Fingers zu beantworten. Die Kraftkurve und Oberflächen-Elektromyogramme (EMG) der Unterarmflexoren und -extensoren wurden registriert. Eine Sitzung umfaßte 200-250 Durchgänge, die in randomisierter Abfolge aus 50% Tests, 25% Kontrollen (ohne TMS) und 25% "Catches" (ohne Go-Signal aber mit TMS) zusammengesetzt waren. Die Beantwortung von mehr als zwei Catches führte zum Abbruch der Sitzung. Die RZ wurde vom Beginn des Go-Signals bis zum Beginn der Flexorantwort im EMG gemessen.

Experiment I: Das Zentrum der Reizspule wurde jeweils ausgehend von der Position niedrigster motorischer Reizschwelle (optimale Position) im Bereich der Hand-Area des linken primär-motorischen Kortex in 1 cm Schritten nach anterior, posterior, medial und lateral verschoben. Der TMS-Zeitpunkt wurde auf 150 ms nach dem Go-Signal und die TMS-Intensität auf 20% über der motorischen Schwelle fixiert. TMS bedingte RZ-Änderungen wurden für jede Spulen-Position als Differenz der Mittelwerte (n=15) zwischen Test und Kontrolle angegeben.

Experiment II: Die Spule wurde über der optimalen Position konstant gehalten. Der TMS-Zeitpunkt variierte randomisiert in 20 ms Schritten von 0 ms bis 240 ms nach dem Go-Signal. In getrennten Sitzungen wurden zusätzlich verschiedene

Stimulationsintensitäten appliziert. TMS bedingte RZ-Änderungen wurden pro TMS-Zeitpunkt und TMS-Intensität als Differenz der Mittelwerte zwischen Kontrolle und Test angegeben.

Experiment III: Der Ablauf entsprach Experiment II, allerdings wurden Areale außerhalb des zur Reaktionshand kontralateralen primär-motorischen Kortex (ipsilateraler primär-motorischer Kortex, kontralateraler prämotorischer und supplementär-motorischer Kortex, kontralateraler Parietal-Kortex, ipsilaterales Cerebellum) stimuliert, und es wurde immer mit maximaler Stimulationsintensität gearbeitet.

Während der Experimente I und II wurde zusätzlich die Dauer der TMS induzierten "silent period" (SP) in den vorgespannten Zielmuskeln gemessen.

Ergebnisse

Die RZ in den Kontrolldurchläufen gemittelt über alle Experimente und Probanden betrug 183 ± 19 ms.

Experiment I: Die durch TMS induzierte Zuckung in den Zielmuskeln führte zu einem Flexorpuls am Indexfinger, dessen Amplitude als Maß für die Effektivität der Stimulation der Hand-Area des kontralateralen primär-motorischen Kortex gesetzt werden kann. Dieser Parameter und die Negativ-Effekte, RZ-Verzögerung und SP-Dauer, waren übereinstimmend maximal wenn sich die Reizspule an der optimalen Position niedrigster motorischer Schwelle befand (Abb. 1A, B). Die optimale Position war in allen Probanden konsistent 2-3 cm anterior der Interaural-Linie und 4-6 cm lateral der Mittellinie lokalisiert. Alle Effekte fielen in parallel mit zunehmender Distanz der Spule von der optimalen Position ab und waren in einem Abstand von 2-6 cm nicht mehr auslösbar.

Experiment II: (1) Bei gegebener TMS-Intensität wurde die RZ-Verzögerung um so größer, je mehr sich der TMS-Zeitpunkt der erwarteten Reaktion näherte (Abb. 1C). Der Anstieg der RZ war in einem weiten Bereich linear, saturierte aber in den meisten Fällen mit späten TMS-Zeitpunkten. Im linearen Abschnitt betrug der mittlere Regressionkoeffizient 0,61 ± 0,11 (gemittelt über alle Experimente). Der mittlere Korrelationskoeffizient betrug 0,97 ± 0,02 (p<0.001). (2) Bei gegebenem TMS-Zeitpunkt wurde die RZ-Verzögerung mit wachsender TMS-Intensität größer (Abb. 1C). Mit TMS-Intensitäten unterhalb der motorischen Schwelle wurden keine RZ-Verzögerungen ausgelöst (Abb. 1C). (3) Bei gegebener TMS-Intensität existierte eine enge Korrelation zwischen der maximalen RT-Verzögerung (gemessen wenn der TMS-Zeitpunkt gerade noch vor der erwarteten Reaktion lag) und der SP-Dauer (Abb. 1D). Die Gleichungen der Regressionsgraden waren $Y = 0{,}96 \cdot X + 10{,}2$ ms für die Unterarmflexoren und $Y = 1{,}00 \cdot X + 9{,}3$ ms für die Extensoren. Die korrespondierenden Korrelationskoeffizienten betrugen 0,84 und 0,91 (p<0.01). Die höchsten Werte waren 141 ms für die maximale RZ-Verzögerung, und 151 ms bzw. 154 ms für die SP-Dauer in den Flexoren und Extensoren (Abb. 1D).

Experiment III: Außerhalb des zur Reaktionshand kontralateralen primär-motorischen Kortex konnten trotz maximaler Stimulationsintensität signifikante RZ-Verzögerungen an keinem der im Methodenteil genannten Stimulationsorte produziert werden.

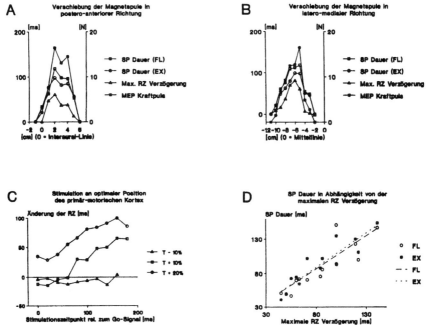

Abb. 1A., 1B. Abhängigkeit der nach Kortexstimulation ausgelösten Amplitude des Flexorpulses am Indexfinger, der Dauer der "silent period" (SP) in Unterarmflexoren (FL) und -extensoren (EX) sowie der Reaktionszeit- (RZ) Verzögerung von der Position der Reizspule über dem zur Reaktionshand kontralateralen primär-motorischen Kortex. MEP= Motorisch evoziertes Potential. Gezeigt sind die Effekte bei Veränderung des Stimulationsortes in antero-posteriorer Richtung (A) und latero-medialer Richtung (B). **1C.** Abhängigkeit der Reaktionszeit von Zeitpunkt und Intensität der Stimulation bei konstanter Position der Reizspule am Ort niedrigster motorischer Schwelle (T). Das Go-Signal ist in der Zeit 0-100 ms sichtbar. **1D.** Die SP-Dauer von FL und EX ist gegen die maximale RZ-Verzögerung (gemessen, wenn die Stimulation gerade noch vor Beginn der erwarteten Reaktion erfolgt) abgetragen. Die Regressionsgraden sind eingezeichnet.

Konklusion

RZ-Verzögerungen und Dauer der "silent period" sind negative TMS-Effekte, die kritisch von der Effektivität der Stimulation des zur Reaktionshand kontralateralen primär-motorischen Kortex abhängen. Diese topographische Spezifität ist nicht kompatibel mit gestörter Aufmerksamkeit oder einer Störung der Perzeption des Go-Signals als kausativen Faktoren der RZ-Verzögerung. Als Mechanismus ist daher ein inhibitorischer Prozeß im motorischen System zu diskutieren. Die Parallelität von SP-Dauer und maximaler RZ-Verzögerung sowie ihre enge topographische Kongruenz machen einen gemeinsamen inhibitorischen Mechanismus wahrscheinlich. Die jüngste Literatur hat eine Reihe von Evidenzen geliefert, daß zumindest der späte Teil der SP auf einer supraspinalen, sehr wahrscheinlich intrakortikalen Genese beruht (Fuhr et al. 1991, Inghilleri et al. 1993, Ziemann et al. 1993). Die intrakortikale Inhibition nach Oberflächenstimulation des Kortex ist aus der tierexperimentellen Physiologie in der Tat ein lange bekanntes Phänomen (z.B. Creutzfeldt et al. 1956). Während dieser Inhibition scheint ein willkürlicher Befehl, eine motorische Aktion zu starten oder fortzusetzen keinen effektiven Zugriff auf die Output-Neurone des kortikospinalen Systems zu haben. Das motorische Programm *per se* bleibt offenbar unzerstört und wird lediglich temporär von seiner Realisierung abgehalten. Wenn die Abhängigkeit der RZ-Verzögerung von der TMS-Intensität und vom TMS-Zeitpunkt mit einer partialen Zerstörung des motorischen Programmes erklärt werden sollte, müßte die unwahrscheinliche Annahme gemacht werden, daß das Gehirn in der Lage ist, schnell zu identifizieren welche Teile zerstört wurden und diese reprogrammieren können. Für eine Verzögerung ohne Zerstörung des Programmes spricht auch, daß bereits in der Ausführung befindliche motorische Antworten durch TMS lediglich unterbrochen und dann nicht neu begonnen, sondern "nahtlos" fortgesetzt werden (Day et al. 1989 und eigene Beobachtungen).

Negative Effekte nach fokaler transkranieller Magnetstimulation liefern Informationen wann welche Areale des menschlichen Kortex an der Durchführung einer perzeptiven oder sensori-motorischen Aktion beteiligt sind, wodurch ein verbessertes Verständnis von klinischen Defiziten bei fokal-neurologischen Krankheitsbildern gefördert werden kann.

Literatur

Amassian VE, Cracco RQ, Maccabee PJ, Cracco JB, Rudell A, Eberle L (1989) Supression of visual perception by magnetic stimulation of human occipital cortex. Electroencephalogr Clin Neurophysiol 74: 458-462

Beckers G, Hömberg V (1992) Cerebral visual motion blindness: transitory akinetopsia induced by transcranial magnetic stimulation of human area V5. Proc R Soc Lond B 249: 173-178

Creutzfeldt OD, Baumgartner G, Schoen L (1956) Reaktionen einzelner Neurone des senso-motorischen Kortex nach elektrischen Reizen. I. Hemmung und Erregung nach direkten und kontralateralen Reizen. Archiv Psychiatr Z Neurol 194: 597-619

Day BL, Rothwell JC, Thompson PD, Maertens De Noordthout A, Nakashima K, Shannon K, Marsden CD (1989) Delay in the execution of voluntary movement by electrical or magnetic stimulation in intact man. Evidence for the storage of motor programs in the brain. Brain 112: 649-663

Fuhr P, Agostino R, Hallett, M (1991) Spinal motor neuron excitability during the silent period after cortical stimulation. Electroencephalogr Clin Neurophysiol 81: 257-262

Inghilleri M, Beradelli A, Cruccu G, Manfredi M (1993) Silent period evoked by transcranial stimulation of the human cortex and cervicomedullary junction. J Physiol 466: 521-534

Ziemann U, Netz J, Szelényi A, Hömberg V (1993) Spinal and supraspinal mechanisms contribute to the silent period in the contracting soleus muscle after transcranial magnetic stimulation of human motor cortex. Neurosci Lett (im Druck)

Lokalisation cortikaler Projektionsareale zu axialen, proximalen und distalen Extremitätenmuskeln mit Hilfe fokaler transkranieller Magnetstimulation

A. Schulze-Bonhage[1], B.M. Cichon[2], A. Ferbert[1,2]

[1]Neurologische Klinik, Städtische Kliniken Kassel, [2]Neurologische Klinik, RWTH Aachen

Fragestellung

Die cortikale Repräsentation von Skelettmuskeln im primären Motorkortex ist tierexperimentell und beim Menschen (Penfield und Boldrey 1937; Cohen und Hallett 1988) durch Elektrostimulation untersucht worden. Beim Menschen wurde dabei physiologischerweise eine rein kontralaterale Repräsentation distaler Extremitätenmuskeln beschrieben, während bei stammnahen Muskeln auch eine ipsilaterale Projektion diskutiert wird (Penfield und Boldrey 1937; Freund und Hummelsheim 1985; Cohen et al. 1991). Die transkranielle Magnetstimulation eröffnet die Möglichkeit, nicht-invasiv die Funktion der Pyramidenbahn-Neurone zu untersuchen. Mit einer achtförmigen Magnetspule können Areale von wenigen cm^2 Cortexoberfläche stimuliert und motorische Antworten registriert werden. In der vorliegenden Studie wurde die Frage der ipsilateralen und kontralateralen Repräsentation eines axialen Muskels (M. erector spinae; cf. Ferbert et al. 1992), eines proximalen Extremitätenmuskels (M. deltoideus) und eines distalen Extremitätenmuskels (M. interosseus dorsalis I, IOD I) vergleichend untersucht.

Methodik

Gesunde Probanden wurden transkortikal magnetisch stimuliert und die motorisch evozierten Potentiale registriert. Stimulation erfolgte mit einem Magnetstimulator (Magstim 200) mit einer maximalen Leistung von 2,5 kW mittels einer 8-förmigen, ebenen Magnetspule mit einem Außendurchmesser von 9 cm. Stimulationsorte waren Cz sowie Punkte in 2 cm-Abständen auf einer Verbindungslinie von Cz zum jeweiligen Tragus, bei einem Teil der Probanden erfolgte zusätzlich ein anterior-posteriores Mapping. Die Spule wurde so positioniert, daß die cortikal induzierten Ströme von posterior nach anterior gerichtet waren. Zur Lokalisation des cortikalen Areals, von dem aus maximale Muskelsummenaktionspotentiale auslösbar sind, wurde zunächst die Schwellenintensität des Auftretens motorischer Antworten bestimmt und anschließend vergleichend mit einer Intensität von 15 % oberhalb der Schwellenintensität gereizt. Das Vorkommen ipsilateraler motorischer Antworten wurde mit maximaler Reizstärke untersucht. Muskelaktionspotentiale wurden mit Oberflächenelektroden vom M. erector spinae 3,5 cm lateral des Processus spinosus von LWK 3 (n=9), über dem M. deltoideus (n=21) und über dem IOD I (n=21) registriert; bei Auftreten ipsilateraler motorischer Antworten im M. erector spinae wurden diese zum Ausschluß von Artefakten durch Volumenleitung mit Nadelelektroden kontrolliert. Vorinnervation erfolgte durch leichte Vorneigung oder gerades Sitzen (M. erector spinae), Abduktion des Armes um 90° (M. deltoideus) bzw. Radialabduktion des Zeigefingers (IOD I).

Abb.1a   IOD I

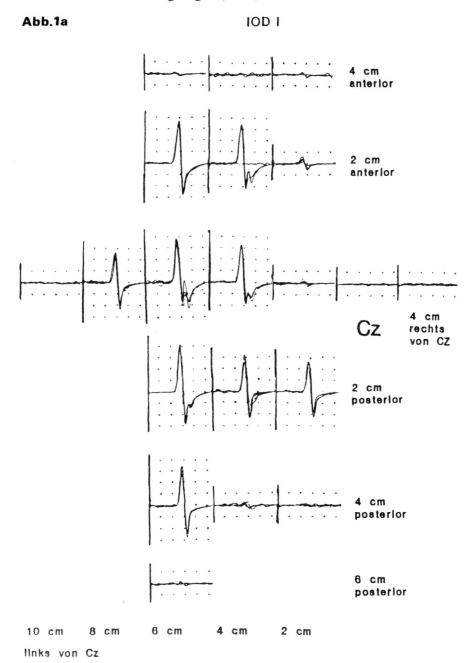

4 cm
anterlor

2 cm
anterlor

Cz   4 cm
rechts
von CZ

2 cm
posterlor

4 cm
posterlor

6 cm
posterlor

10 cm   8 cm   6 cm   4 cm   2 cm

llnks von Cz

160

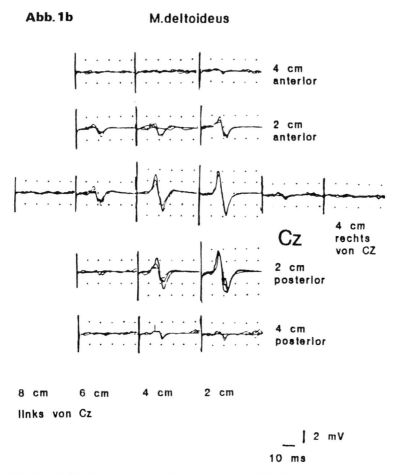

Abb. 1b M.deltoideus

4 cm anterior

2 cm anterior

Cz

4 cm rechts von CZ

2 cm posterior

4 cm posterior

8 cm   6 cm   4 cm   2 cm

links von Cz

2 mV

10 ms

Abb. 1a., b. Muskelantwortpotentiale des rechten IOD I (1a) und M. deltoideus (1b) nach fokaler Magnetstimulation über Cz sowie 2 cm, 4 cm, 6 cm und 8 cm links von Cz sowie anterior und posterior dieser Positionen bei dem selben Probanden; Superposition von je 4 Muskelsummenaktionspotentialen. Stimulation mit einer Intensität 15 % oberhalb der Schwellenintensität für den M. deltoideus. Registrierung mit Oberflächenelektroden. Muskelantwortpotentiale treten nur kontralateral zur Stimulationsseite auf. Maximale Amplituden der Muskelantworten resultieren beim IOD I bei Stimulation weiter lateral als beim M. deltoideus.

Ergebnisse

Über dem M. erector spinae konnten bei 5 von 9 Probanden gut reproduzierbare - Muskelsummenaktionspotentiale registriert werden. Bei 3 dieser 5 Probanden ließen sich auch ipsilateral zum Stimulationsort motorische Antworten kurzer Latenz auslösen; in 2 Fällen waren motorische Antworten nur bei Stimulation einer Hemisphäre auslösbar. Über den Mm. deltoideus und IOD I ließen sich bei allen 21 Probanden Muskelantworten kontralateral zur Stimulationsseite ableiten; in keinem Fall konnten frühe ipsilaterale Muskelpotentiale registriert werden.

Maximale Muskelantwortpotentiale wurden gemessen beim M. erector spinae bei Stimulation 4 cm lateral von Cz, für den M. deltoideus 4 cm lateral von Cz und für den IOD I 6 cm lateral von Cz; bei einer gegebenen Versuchsperson lag der Stimulationsort mit maximaler Muskelantwort für den IOD I stets 2-4 cm weiter lateral als für den M. deltoideus. Die laterale Ausdehnung der Stimulationsareale mit nachweisbarer motorischer Antwort betrug bei der o.g. Reizintensität für den M. erector spinae 0-6 cm, für den M. deltoideus 2-8 cm und für den IOD I 2-10 cm lateral von Cz. Unterschiede hinsichtlich der anterior-posterioren Ausdehnung der Stimulationsareale waren nicht nachweisbar.

Die Peak-to-peak-Amplitude der ausgelösten motorischen Summenaktionspotentiale lag über dem M. erector spinae deutlich unter 1 mV, über dem M. deltoideus und beim IOD I bei 1-15 mV mit erheblicher Streuung. Die Latenz der direkten motorischen Antwort betrug über dem M. erector spinae neben LWK 3 bei erheblicher interindividueller Variabilität 13-24 ms; beim M. deltoideus betrug die mittlere Latenz 13 ms, beim IOD I 22 ms.

Konklusion

Die Ergebnisse der fokalen Magnetstimulation bestätigen die topographisch unterschiedliche Verteilung der cortikalen Hauptprojektionsareale der untersuchten Skelettmuskeln. Eine bilaterale cortikale Repräsentation war nur für den axialen M. erector spinae bei einem Teil der Probanden nachweisbar; motorische Antworten in M. deltoideus und IOD I traten nur bei kontralateraler Magnetstimulation auf. Der stammnahe Extremitätenmuskel M. deltoideus verhält sich bezüglich der Lateralisierung der cortikalen Repräsentation somit wie distale Extremitätenmuskeln. Die Lokalisation des Hauptprojektionsareals für den IOD I lag weiter lateral als für den M. erector spinae und für den M. deltoideus. Das Stimulationsareal mit nachweisbaren Muskelaktionspotentialen war beim M. IOD I ausgedehnter als bei den stammnahen Muskeln, was mit einer größeren cortikalen Repräsentation willkürlich feinmotorisch abgestimmter Muskeln vereinbar ist.

Ein Teil der Untersuchungen wurde in der Human Movement and Balance Unit, London, durchgeführt.

Literatur

Cohen LG, Hallett M (1988) Methodology for non-invasive mapping of human motor cortex with electrical stimulation. Electroenceph clin Neurophysiol 69: 403-411

Cohen LG, Roth BJ, Wassermann EM, Topka H, Fuhr P, Schulz J, Hallett M (1991) Magnetic stimulation of the human cerebral cortex, an indicator of reorganization in motor pathways in certain pathological conditions. J Clin Neurophysiol 8(1): 56-65

Ferbert A, Caramia D, Priori A, Bertolasi L, Rothwell JC (1992) Cortical projection to erector spinae muscles in man as assessed by focal transcranial magnetic stimulation. Electroenceph clin Neurophysiol 85: 382-387

Freund HJ, Hummelsheim H (1985) Lesions of premotor cortex in man. Brain 108: 697-733

Penfield W, Boldrey E (1937) Somatic motor and sensory representation in the cerebral cortex of man as studied by electrical stimulation. Brain 60: 389-443

Transkranielle Magnestimulation und klinischer Befund nach ischämischem Insult

P.J. Hülser, A. Eggenweiler

Neurologische Klinik im RKU, Klinik der Universität Ulm

Fragestellung

Die transkranielle Magnetstimulation erlaubt eine nicht invasive Untersuchung der Erregungsleitung vom motorischen Kortex bis zur Skelettmuskulatur. Es wird der Frage nachgegangen, in wie weit nach einem ischämischen Insult mit Beteiligung des Tractus corticospinalis motorische Ausfallserscheinungen und Ergebnisse dieser elektrophysiologischen Methode korrelieren.

Methodik

Es wurden 40 Patienten (12 Frauen, 28 Männer, Alter 21 bis 89 Jahre, Mittel 64 Jahre) zwischen 2 Wochen und 2 Monaten nach einem flüchtigen (3 Pat.) bzw. persistierenden ischämischen Hirninfarkt (37 Pat., davon 9 mit bilateralen Insulten) untersucht. Andere Ursachen der zentralnervösen Symptomatik waren durch computertomographische Untersuchung ausgeschlossen. Nach Anamnese und klinischem Befund lagen keine zusätzlichen neurologischen Krankheiten vor. Die klinische Klassifizierung erfolgte nach der betroffenen Extremität und nach dem Ausmaß der Lähmung (Plegie, schwere Parese = nur Massenbewegungen möglich, leichte Parese = differenzierte Innervation möglich). 7 Patienten (3 TIA, 2 Fazialisparesen, 2 Aphasien) hatten zum Zeitpunkt der Untersuchung keine Extremitätenparesen. Die transkranielle Magnetstimulation wurde mit einem Novametrix Magstim 200 Stimulator (maximale Magnetfeldstärke 1,5 Tesla, Spulendurchmesser 9,5 cm) durchgeführt, die Ableitung erfolgte von Hand- und Fußmuskeln (Mm. abductor pollicis brevis, extensor digitorum brevis und abductor hallucis brevis) beidseits mittels Oberflächenelektroden. Wenigstens 8 Antworten ohne wesentliche Artefakte wurden unter leichter Vorspannung des Zielmuskels bzw., bei Plegie, des homologen Muskels der Gegenseite registriert (Nihon Kohden Neuropack 8, Filter 0,5 Hz bis 3 kHz). Die Latenzen der evozierten Muskelaktionspotentiale wurden mit laborinternen, größenkorrigierten Normwerten (46 gesunde Probanden, zwischen 21 und 43, Mittel 27 Jahre) verglichen. Diese betragen für eine "Normperson" mit 170 cm Körpergröße für den Daumenballen 19,9 ms, für den M. extensor digitorum brevis 34,6 ms, den M. abductor hallucis brevis 35,4 ms. Bei abweichender Körpergröße wurde die größennormierte Latenz errechnet (Handmuskel: gemessene Latenz [ms] - 0,107 x {Größe [cm] - 170 cm}, SA 1,4 ms; Fußmuskel: gemessene Latenz [ms] - 0,245 x {Größe [cm] - 170 cm}, SA 2 ms).

Ergebnisse

Als pathologisch wurde das Fehlen eines Antwortpotentiales oder ein Überschreiten des Normbereiches der Latenz (Mittelwert + doppelte Standardabweichung) gewertet. Bei 23 der 24 Ableitungen von plegischen Extremitäten konnte kein Antwortpotential im Gegensatz zu nur 3 an 86 paretischen Extremitäten erhalten werden. Bei 5 paretischen Armen und 3 paretischen Beinen lagen die gemessenen Latenzen im oberen Normbereich, in allen anderen Fällen darüber. Eine Korrelation zwischen dem Ausmaß der Parese und der Latenzverlägerung ließ sich jedoch nicht feststellen (Abb. 1).

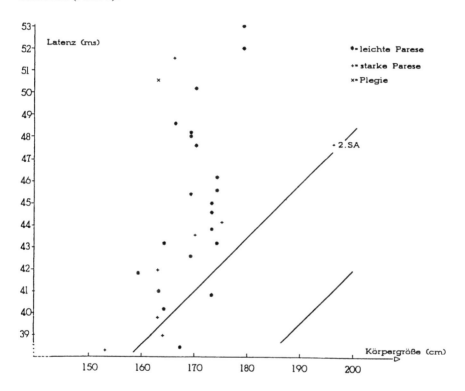

Abb. 1. Latenzen der motorischen Antworten abgeleitet vom M. extensor digitorum brevis an klinisch betroffenen unteren Extremitäten, eingetragen in das Größen-Normogramm von 7 plegischen Beinen konnte kein Antwortpotential abgeleitet werden

Die Verteilungen der Latenzen der Antwortpotentiale, die von den kontralateralen, klinisch gesunden Extremitäten der Insultpatienten abgeleitet wurden, wichen an den unteren deutlicher als an den oberen von der der Gesunden ab (Abb. 2); es wurden in 20 Fällen, darunter bei drei der sieben Patienten ohne Extremitätenparesen, über die Norm hinaus verlängerte Latenzen gemessen.

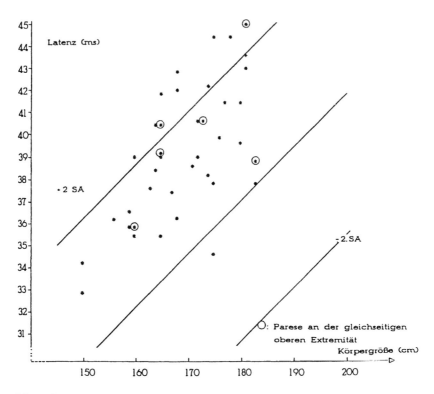

Abb. 2. Latenzen der motorischen Antworten abgeleitet vom M. extensor digitorum brevis klinisch nicht paretischer Beine, eingetragen in das Größen-Normogramm

Konklusion

Eine generell gute Übereinstimmung zwischen dem klinischen Befund und dem Ergebnis der transkraniellen Stimulation konnten wir im Gegensatz zu Segura et al. (1990) und Tsai et al. (1992) nicht nachweisen. Zwar zeigen unsere Ergebnisse einen deutlichen Zusammenhang zwischen Plegie und Ausfall der motorischen Antwort (wie auch Berardelli et al. 1987; Macdonnell et al. 1989). Die fehlende Korrelation im Bereich der Teillähmung spricht jedoch dafür, daß Latenzverzögerung und Parese unterschiedliche Mechanismen zugrunde liegen. Prinzipiell könnte die Amplitude der motorischen Antwort ein besserer Maßstab sein; die schon bei Gesunden erhebliche Schwankungsbreite erlaubte keine Anwendung. Pathologisch verlängerte Latenzen auf der klinisch gesunden Seite nach kortikaler Magnetstimulation führen zu der Hypothese, daß infolge eines allgemeinen, dem Insultereignis zugrunde liegenden Gefäßprozesses klinisch stumme Infarktareale hierfür verantwortlich sind (Berardelli et al. 1987), wie dies auch für verlängerte Latenzen somatosensibel evozierter Potentiale bei Insultpatienten nach Stimulation der klinisch nicht betroffenen Seite (Kovala et al. 1991) postuliert werden kann. Um dies zu untermauern, muß zunächst überprüft werden, ob die Latenzen nach transkortikaler Magnetstimulation altersunabhängig sind (Claus 1989). Die vorgestellten Norm-kollektive sind wie auch unsere jünger als die vorliegende Patientengruppe.

Literatur

Berardelli A, Inghilleri M, Manfredi M, Zamponi A, Cecconi V, Dolce G (1987) Cortical and cervical stimulation after hemispheric infarction. J Neurol Neurosurg Psychiatry 50: 861-865

Claus D (1989) Die transkranielle motorische Stimulation. G Fischer, Stuttgart New York

Kovala T, Tolonen U, Pyhtinen J (1991) Median nerve and posterior tibial nerve somatosensory evoked potentials in the non-affected hemisphere: a prospective one-year follow-up study in patients with supratentorial cerebral infarction. Electromyogr Clin Neurophysiol 31: 81-92

Macdonell RAL, Donnan GA, Bladin PF (1989) A comparison of somatosensory evoked and motor evoked potentials in stroke. Ann Neurol 25: 68-73

Segura MJ, Gandolfo CN, Sica RE (1990) Central motor conduction in ischaemic and hemorrhagic cerebral lesions. Electromyogr Clin Neurophysiol 30: 41-45

Tsai SY, Tchen PH, Chen JD (1992) The relation between motor evoked potential and clinical motor status in stroke patients. Electromyogr Clin Neurophysiol 32: 615-620

Die zentralmotorische Leitungszeit bei zervikalen spinalen Prozessen

Ch. Brunhölzl, D. Claus

Neurologische Universitätsklinik, Erlangen

Fragestellung

Mit der vorliegenden Untersuchung sollte der Nutzen der Messung der zentralmotorischen Leitungszeit (ZML) zur oberen und zur unteren Extremität nach transkranieller Magnetstimulation des Kortex bei der Diagnose zervikaler spinaler Prozesse untersucht werden.

Methodik

Untersucht wurden 47 Patienten (13 Frauen, 34 Männer) im Alter von 24-78 Jahren (mittleres Alter: 51 Jahre). 31 der Patienten litten an einer spondylodegenerativ bedingten zervikalen Myelopathie, 8 an einer Syringomyelie und 8 an Tumoren. Bei 27 Fällen mit zervikaler Myelopathie und in allen Fällen mit Tumoren konnte radiologisch (mittels Myelographie, Computertomographie und Kernspintomographie) eine Rückenmarkskompression nachgewiesen werden.

Die Magnetstimulation des Kortex (Magstim 200, Rundspule) erfolgte mit über Cz aufgelegter Spule für Messungen zur oberen und weiter rostral positionierter Spule für Messungen zur unteren Extremität. Als Zielmuskel für die Ableitung der Muskelsummenpotentiale wurden der M. abductor digiti minimi (ADM) und der M. tibialis anterior (TA) beidseits gewählt. Einzelheiten der Technik und Normwerte wurden früher publiziert (Claus 1990). Die Bestimmung der peripheren Nervenleitgeschwindigkeit erfolgte in üblicher Technik nach supra-maximaler elektrischer Stimulation des N. ulnaris am Handgelenk und der zervikalen Nervenwurzeln über C7/Th1 bzw. des N. peronäus communis am Fibulaköpfchen und der lumbalen Nervenwurzeln über Th12/L1.

Ergebnisse

Die untersuchten Patienten wurden zwei Gruppen zugeordnet: einer mit extramedullär (n=37) und einer mit intramedullär (n=10) gelegenen Prozessen. Insgesamt war die ZML zum ADM bei 47% (n=22) und zum TA bei 58% (n=25) verlängert. Die ZML zum ADM war bei 51% (n=19) und zum TA bei 70% (n=26) der Fälle mit extramedullären Prozessen verlängert. Bei intramedullären Prozessen war die ZML zum ADM bei 30% (n=3) und zum TA bei ebenfalls 30% (n=3) verlängert. Der Unterschied zwischen extra- und intramedullären Läsionen war statistisch nicht signifikant. Die Korrelation einer pathologischen ZML zu klinischen Zeichen einer

Schädigung des ersten motorischen Neurons (Spastizität, gesteigerte Muskeleigenre-flexe, Pyramidenbahnzeichen) erwies sich in beiden Gruppen als signifikant (extramedullär: rs=0,354, p<0,01 [ADM]; rs=0,366, p<0,01 [TA]; intramedullär: rs=0,895, p<0.005 [ADM]; rs=0,650, p<0,01 [TA]). Ebenfalls signifikant war die Korrelation zwischen verlängerter ZML und radiologisch nachgewiesener Rücken-markskompression (extramedullär: rs=0.889, p<0,005 [ADM]; rs=0,767, p<0.005 [TA]; intramedullär: rs=0,621, p<0.01 [ADM]; rs=0,485, p<0,01 [TA]). Bei Patienten ohne klinische Zeichen einer Beteiligung des ersten motorischen Neurons fand sich in 42% (n=8) eine verlängerte ZML, und zwar in 26% (n=5) zum TA und in 16% (n=3) zum ADM.

Konklusion

Während bei intramedullären Prozessen die Sensitivität der Messung zum TA nicht höher ist als die zum ADM, erweist sich die Messung zum TA bei extramedullären Prozessen als deutlich, wenn auch nicht signifikant, empfindlicher. Dies beruht auf den anatomischen Gegebenheiten: kortikospinale Faserbündel, die für die Impulslei-tung zur unteren Extremität verantwortlich sind, liegen im zervikalen Mark dorso-lateral im Vergleich zu den zur oberen Extremität leitenden (Davidoff 1990). Daher sollte die Untersuchung nicht auf die Ableitung von der oberen Extremität be-schränkt bleiben. Von Bedeutung für diagnostische und therapeutische Ent-scheidungen ist, daß subklinische Läsionen des ersten motorischen Neurons in fast der Hälfte der Fälle erkannt wurden. Die gute Korrelation zwischen pathologischer ZML und radiologisch bewiesener Markkompression einerseits und zu klinischen Zeichen einer Mitbeteiligung des ersten motorischen Neurons andererseits bestätigen die Verläßlichkeit und Empfindlichkeit der Methode, und erhärten ihre Bedeutung auch für die Diagnose zervikaler spinaler Prozesse.

Die Arbeit wurde von der Wilhelm-Sander-Stiftung gefördert

Literatur

Claus D (1990) Central motor conduction: methods and normal results. Muscle Nerve 13: 1125-1132
Davidoff RA (1990) The pyramidal tract. Neurology 40: 332-339

Myelitis bei viraler Meningoenzephaloradikulitis - Nachweis durch Motorisch evozierte Potentiale (MEP)

I. Reuter, K. Stecker, W. Enzensberger, P.-A. Fischer

Klinik für Neurologie, J.W. Goethe-Universität Frankfurt/Main

Fragestellung

Bei einem 16jährigen Jungen mit viraler Meningoenzephalitis (LP: 692/3 Zellen, lymphoplasmazelluläres Bild, Virusserologie und Kulturen negativ), der klinisch nach einer Woche eine Polyradikulitis entwickelte, stellte sich uns die Frage der myelitischen Beteiligung.

Tab. 1. MEP-Befunde eines Patienten mit Myelitis bei Meningoenzephaloradikulitis im klinischen Verlauf

a.) Arme (M. abductor digiti minimi)

Untersuchungstag	05.01.93		18.01.93		04.02.93		19.04.93		31.08.93	
	re.	li.	re.	li.	re.	li.	re.	li.	re.	li.
Transkranielle Stimulation										
Latenz (ms)	22,6	22,2	22,3	22,3	21,3	20,7	20,2	21,2	17,9	19,4
MSAP (mV)	0,7	0,7	1,6	0,9	0,7	1,2	1,7	1,6	1,5	1,5
Periphere Stimulation										
Latenz (ms)	13,6	14,2	13,3	13,7	12,9	13,4	13,4	13,7	12,5	12,7
CMCT (ms)	9,0	8,0	9,0	8,6	8,4	7,3	6,8	7,5	5,4	6,7

b.) Beine (M. tibialis anterior)

Untersuchungstag	05.01.93		18.01.93		04.02.93		19.04.93		31.08.93	
	re.	li.	re.	li.	re.	li.	re.	li.	re.	li.
Transkranielle Stimulation										
Latenz (ms)	0	0	36,4	38,9	33,3	34,9	34,1	33,9	29,6	32,1
MSAP (mV)	0	0	0,8	0,1	0,8	0,4	0,5	0,3	2,3	1,5
Periphere Stimulation										
Latenz (ms)	13,2	14,1	15,0	13,7	14,5	14,0	13,3	13,1	13,3	13,0
CMCT (ms)	0	0	21,4	25,2	18,8	20,9	20,8	20,8	16,3	19,1

Methodik

Wir führten hierzu während des stationären Aufenthaltes MEP-Untersuchungen und zur Beurteilung peripherer Schädigungen Neurographien in regelmäßigen Abständen durch. Zusätzlich erfolgten zwei ambulante Kontrolluntersuchungen im April und August 93.

Ergebnisse (siehe Tabelle)

Die erste MEP-Ableitung zeigte eine Amplitudenreduktion des MSAP vom M. abductor digiti minimi; vom M. tibialis ant. ließ sich kein Potential erhalten. Bei lumbaler Stimulation stellten sich gut reproduzierbare Potentiale dar. 3 Tage später entwickelte der Patient auch klinische Myelitiszeichen (sensible Grenze bei TH 6, Blasenentleerungsstörungen, positives Babinski-Zeichen). Bei der MEP-Kontrolle nach 13 Tagen konnten bei transkranieller Stimulation niedrigamplitudige Potentiale bei Ableitung vom M. tibialis ant. mit Verlängerung der Latenzen (36 / 38 ms) und verlängerter CMCT (25 ms) erhalten werden. Die Kontrolle nach 4 Wochen ergab eine weitere Verkürzung der Latenzen (33,3 / 34,9 ms) und der CMCT (20,9 ms) sowie eine Erhöhung der Amplituden. Die klinische und die MEP - Besserung setzten sich bei Kontrollen im April und August 93 fast bis zur Normalisierung fort. Die spinale Kernspintomographie war während des gesamten Beobachtungszeitraumes unauffällig.

Konklusion

Zusammenfassend zeigten die MEP-Untersuchungsbefunde noch vor der Klinik eine myelitische Beteiligung an. Auch bei der Rückbildung ging die Besserung der MEP-Befunde der klinischen Remission voran. Das Erkennen einer myelitischen Komponente bei Polyradikulitis kann bezüglich der Prognose wichtig sein. Die MEP - Methode ist zur frühzeitigen Erkennung einer Myelitis und deren Verlaufsbeobachtung besonders geeignet, zumal die Untersuchung auch auf der Intensivstation, ohne Transport des Patienten, jederzeit durchführbar ist.

Aufgrund dieser Erfahrung führen wir jetzt eine MEP-Studie durch, deren Ziel es ist, die Häufigkeit und den zeitlichen Verlauf der myelitischen Beteiligung bei Patienten mit Polyradikulitis systematisch zu erfassen.

Literaturverzeichnis

Britton TC, Meyer B-U, Benecke R (1990) Clinical use of the magnetic stimulator in the investigation of peripheral conduction time. Muscle Nerve 13: 396-406

Brown W, Feasby T (1984) Sensory evoked potentials in Guillain-Barré polyneuropathy. J Neurol Neurosurg Psychiat 47: 288-291

Chokroverty S, Sachdeo R, DiLullo J, Duvoisin RC (1989) Magnetic stimulation in the diagnosis of lumbosacral radiculopathy. J Neurol Neurosurg Psychiat 52: 767-772

Dressler D, Benecke R, Meyer B-U, Conrad B (1988) Die Rolle der Magnetstimulation in der Diagnostik des peripheren Nervensystems. Z EEG EMG 19: 260-263

Eisen AA, Shtybel W (1990) Clinical experience with transcranial magnetic stimulation. Muscle Nerve 13: 995-1011

Ludolph A C, Spille M, Masur H, Elger C E (1988) Befunde im peripher-motorischen System nach Stimulation der motorischen Wurzeln; Polyradikulitis, amyotrophe Lateralsklerose und Polyneuropathie. Z EEG-EMG 19: 255-259

McLeod J G (1981) Electrophysiological Studies in the Guillain-Barré Syndrome. Ann Neurol 9 (suppl): 20-27

Meyer B-U (1992) Die Magnetstimulation des Nervensystems. Springer Verlag Berlin, Heidelberg, New York

Middleton L, Malikkides A, Pattichis C, Petrondas D (1990) Central and proximal peripheral motor conduction in demyelinating neuropathies. Electroencephalogr Clin Neurophysiol 75: S 97

Olney R, Aminoff M (1990) Electrodiagnostic features of the Guillain-Barré Syndrome: The relative sensitivity of different techniques. Neurology 40: 471-475

Ropper AH, Eelco FM, Wijdicks MD, Shahani BT (1990) Electrodiagnostic Abnormalities in 113 Consecutive Patients with Guillain-Barré Syndrome. Arch Neurol 47: 881-887

Elektrophysiologische Verlaufsuntersuchungen (SEP, MEP) bei der chronischen experimentellen allergischen Encephalomyelitis des Kaninchens

B. Tillenburg[1], H. Gerhard[2], G. Schwendemann[3], P. Faustmann[4]

[1]Elisabeth Krankenhaus Essen, [2]Neurologische Abteilung Philippusstift Essen, [3]Neurologische Abteilung Zentralkrankenhaus Bremen-Ost, [4]Neurologische Universitätsklinik Essen

Fragestellung

Die experimentelle allergische Encephalomyelitis (EAE) gilt als das anerkannte Tiermodell der Multiplen Sklerose, wobei die in dieser Versuchsanordnung gewählte chronisch remittierende Verlaufsform der humanen Erkrankung am nächsten kommt (Lassmann und Vass 1987). Die elektrophysiologische Untersuchung der somatosensorisch und der motorische evozierten Potentiale haben in der Diagnostik der Multiplen Sklerose seit längerer Zeit einen festen Platz (Mills und Murray 1985; Stöhr et al. 1989). Ziel der vorliegenden Studie war es, die Wertigkeit neurophysiologischer Parameter beim Nachweis der Erstmanifestation und Verlaufs bei der EAE des Kaninchens darzustellen. Desweiteren sollte der Unterschied der Sensitivität beider neurophysiologischer Methoden (SEP nach Einzel und Doppelreizstimulation, MEP) untersucht werden. Eine weitere Fragestellung war, ob durch Ableitung von motorisch evozierten Potentialen aus den Mm. interspinosi der Segmente BWK7/8, LWK1/2 und LWK5/6 eine Lokalisation des entzündlichen Rückenmarksprozesses möglich ist.

Methodik

Bei 22 weiblichen Kaninchen wurde eine chronische Verlaufsform der EAE erzeugt. Unter Narkose (Ketamin, Pentobarbital) erfolgten die neurophysiologischen Untersuchungen vor Beimpfung, nach 3 Wochen, 3 und 6 Monaten nach der Inokulation. Bei jeder Untersuchung wurden die Einzel und Doppelreiz-Skalp SEP mit Refraktärzeitbestimmung nach Stimulation des N. tibialis und die motorische evozierten Potentiale (MEP) nach elektrischer und magnetischer Stimulation über dem Skalp aus dem M. tibialis anterior, den Mm. interspinosi BWK 7/8, LWK1/2, und LWK5/6 abgeleitet. Die Doppelreizstimulation erfolgte mir variablen Interstimuluszeiten von 100, 70, 60, 50, 40, 30, 20 ms. Der klinische Befund wurde nach Ikeda et al. (1980) klassifiziert. Bei allen Tieren wurde das Rückenmark histopathologisch untersucht.

172

Ergebnisse

Bei der Erstmanifestation der EAE im akuten Stadium der Erkrankung zeigten sich die Latenzen sowohl des SEP nach Einzelreizstimulation als auch des MEP nicht verändert. Die Amplitude des Primärkomplexes des SEP's als auch die des N1-Potentials des MEP's war zu diesem Zeitpunkt der Erkrankung bereits um 50% reduziert. Bei chronisch progredientem Verlauf zeigte sich eine pathologische Verlängerung der Latenzen bei beiden Methoden und eine weitere Amplitudenreduktion. Die Refraktärzeitbestimmung des SEP erwies sich dabei als empfindlichster Parameter. Bereits im akuten Stadium der Erkrankung zeigte sich eine pathologische Refraktärzeit des SEP. Die MEP-Untersuchung war bei der Früherkennung der entzündlichen Veränderungen des Rückenmarks bei der EAE wenig empfindlich. Beim chronischen Verlauf der Erkrankung zeigte sich eine gute Korrelation der MEP- Veränderungen zum klinische Bild. Das MEP nach Skalpstimulation zeigte bei den chronisch erkrankten Tieren eine N1-Latenz-Verlängerung um 62 % und eine Amplitudenreduktion (P0/N1) um 60 %.

Die Ableitung der motorisch evozierten Potentiale über dem Rückenmark zeigte, daß die motorisch evozierten Potentiale nur in der Etage LWK5/6 pathologisch verändert war. In den Etagen LWK1/2 und BWK7/8 konnte kein pathologisch verändertes MEP aus den M. interspinosi abgeleitet werden. Die histologischen Untersuchungen zeigten bei chronischem Verlauf der Erkrankung eine zunächst auftretende Demyelinisierung des Hinterstrangsystems und erst im weiteren Verlauf auch eine Demyelinisierung der Pyramidenbahnen.

Konklusion

Bei der chronisch remittierenden Verlaufsform der EAE des Kaninchens lassen sich mittels elektrophysiologischer Untersuchungen der somatosensorisch und der motorisch evozierten Potentiale entzündliche Veränderungen des Rückenmarks im zeitlichen Ablauf und in der Lokalisation nachweisen. Die Bestimmung der Refraktärzeit des SEP erweist sich als empfindlicher Indikator bei der Erstmanifestation der Erkrankung. Eine Erklärung dafür ist sicherlich der Nachweis von entzündlichen Veränderung im Bereich der Hinterstränge des Rückenmarks in der Frühphase der Erkrankung. Die motorisch evozierten Potentiale eignen sich bei der EAE insbesonders zur Verlaufsuntersuchung und zur Lokalisationsdiagnostik.

Literatur

Ikeda H, UshidoY, Hayakawa T, Morgami H (1980) Edema and circulatory disturbance in the spinla cord compressed by epidural neoplasmas in rabbits. J Neurosurg 52 : 203-209
Lassmann, Vass K (1987) Modells of chronic experimental allergic encephalitis: Their relationship to multiple sclerosis. In: Ardi JA, Behan WM, Behan PO (eds.) Clinical Neuroimmunology. Blackwell Scientific Publications pp 79-87
Mills KR, Murray MF (1985) Corticospinal tract conduction time in multiple sclerosis. Ann Neurol 18: 601-605
Stöhr M, Dichgans J, Diener HC, Buettner UW (1989) Evozierte Potentiale. SEP-VEP-AEP-EKP MEP. Springer- Verlag Berlin, Heidelberg New York

Nachweis verschiedener Stadien des Bewegungsablaufes im evozierten Potential

K. Bötzel[1], M. Mayer[1], W. Paulus[2]

[1]Neurologische Klinik der Ludwig-Maximilians-Universität München, [2]Abteilung Klinische Neurophysiologie der Universität Göttingen

Fragestellung

Bewegungsabläufe, die durch äußere Reize ausgelöst werden, können in verschiedene Stadien unterteilt werden: Erwartung, Reizwahrnehmung, Planung, motorische Ausführung und Aufnahme reafferenter Information. Das Ziel dieser Studie war, diese Stadien im evozierten Potential nachzuweisen. Längerfristig könnten hiermit pathologisch veränderte Bewegungsabläufe analysiert werden.

Methodik

Wir wendeten ein Reiz-Reaktionszeitparadigma (einfache und Wahl-Reaktionszeit) bei 11 gesunden jungen Versuchspersonen an. Bei der einfachen Aufgabe musste der Zeigefinger der rechten Hand zum Daumen geführt werden, wenn eine Leuchtdiode aufleuchtete. Bei der Wahl-Aufgabe wurde einer von 4 Fingern, je nachdem welche von 4 Leuchtdioden aufleuchtete, zum Daumen geführt. Das EEG wurde von 31 Kopfhautelektroden abgeleitet. Zugleich wurden der Zeitpunkt des Reizes sowie der Beginn (EMG) und das Endes der Bewegung (Tastschalter am Daumen) registriert.

Ergebnisse

Durch getrennte Mittelung des EEG entsprechend den 3 Ereignissen (Reiz, Bewegungsanfang, Bewegungsende) erhielten wir verschiedene evozierte Potentiale, deren topographische Analyse Rückschlüsse auf die beteiligten Hirnstrukturen zuließ: In der Erwartungsphase vor dem Reiz sahen wir zusätzlich zu einer parietalen Negativierung (bekannt als contingent negative variation, Grey Walter 1964) eine frontale Positivierung, die bei der einfachen Aufgabe signifikant stärker als bei der Wahl-Aufgabe war. Die Potentiale nach dem visuellen Stimulus zeigten zwei occipitale Maxima mit einer Latenz von 136 ms. Diese wurden gefolgt von einer starken parietalen Positivierung, die wir als Korrelat der Bewegungsplanung interpretierten. Zum Zeitpunkt des Bewegungsbeginns sahen wir ein contralaterales Potential, das am Ende der Bewegung seine Polarität wechselte. Wir untersuchten die Daten mit einem Programm zur Analyse intracranieller Potentialquellen (BESA) und fanden, daß sich das Potential am Bewegungsbeginn auf den praecentralen Gyrus und das zum Ende der Bewegung auf den Gyrus postcentralis abbilden ließen. Während der Bewegungsausführung fand sich eine Summenquelle in parietalen Hirnarealen, die bei der Wahl-Aufgabe deutlich stärker ausgeprägt war als bei der einfachen Aufgabe.

Konklusion

Dieses Paradigma erlaubt die gleichzeitige Erfassung von psychophysischen Parametern (Reaktionszeit, Kontraktionszeit) sowie die Darstellung physiologischer Hirnaktivität mit nicht-invasiven Methoden. Die Zeitauflösung der Methode ist im Bereich von Millisekunden. Wir fanden Potentiale, die der Erwartung, der Auslösung, dem Beginn, der Durchführung und dem Ende der Bewegung entsprechen. Dieser neue Versuchsablauf eröffnet damit die Möglichkeit, die sequentiellen Stadien normaler und pathologisch veränderter Bewegungen am Menschen zu studieren.

Unterstützt vom Bundesministerium für Forschung und Technologie der Bundesrepublik Deutschland.

Literatur

Grey Walter W, Cooper R, Aldridge VJ, McCallum WC, Winter AL (1964) Contingent negative variation: an electric sign of sensori-motor association and expectancy in the human brain. Nature 25: 380-384

Atypisches Bereitschaftspotential bei Normalpersonen: Regelmäßigkeiten in einem nicht-regelmäßigen Phänomen

B. Kotchoubey, B. Grözinger, H. End, H.H. Kornhuber

Fragestellung

In der Regel stellt das Bereitschaftspotential (BP) ein langsam ansteigendes, negatives Potential dar, welches einer Willkürbewegung vorausgeht. Üblicherweise steigt die Negativität bis zum Zeitpunkt der Bewegungsausführung an (Abbildung 1A). In Mittelungen über eine große Zahl von Personen findet sich stets diese Form des BPs. Aufgrund der zunehmenden Tendenz, in Veröffentlichungen ausschließlich Mitteilungen über eine Vielzahl von Personen abzubilden, bekommt der Leser den Eindruck, daß diese Form des BPs die einzig existierende ist, obwohl sie nur die am häufigsten vorhandene Form des BPs ist.

Jedem, der das BP abgeleitet hat, ist bekannt, daß es eine Viehlzahl von atypisch konfigurierten BPen gibt. Einige von diesen sind in der Literatur erwähnt (Deecke et al. 1984; Malykh et al. 1992; Vaez Mousavi und Barry 1992). Allerdings sind die Besonderheiten der abweichenden BP-Muster, beispielsweise die raum-zeitliche Verteilung über der Kopfoberfläche, kaum beschrieben worden. Es finden sich nur allgemeinere Hinweise, wie zum Beispiel, daß das BP in frontalen Ableitungen positiv sein kann (Deecke et al. 1984). Wir konnten keine systematische Beschreibung des von der "klassischen Form" abweichenden BPs finden.

Methode

18 gesunde Rechtshänder (10 männlich, 8 weiblich) erhielten die Anweisung, eines von zwei Ereignissen mit unterschiedlicher Auftrittswahrscheinlichkeit (grünes bzw. rotes Licht) vorherzusagen. Die Vorhersage wurde durch Niederdrücken eines von zwei Tastern mit dem rechten Zeigefinger getroffen. Vor jedem Versuchsdurchgang erhielten die Probanden einen informativen Reiz, der die Auftrittswahrscheinlichkeit des nächsten Ereignisses enthielt: Der informative Reiz kündigte entweder mit großer Wahrscheinlichkeit (HP: "highly-probable cue") das nächste Ereignis an (Auftrittswahrscheinlichkeit für das angekündigte Ereignis: 0,8; Auftrittswahrscheinlichkeit für das nicht angekündigte Ereignis: 0,2) oder aber mit Zufallswahrscheinlichkeit (LP: "low-probable cue"). Die Probanden konnten diese Hinweise annehmen oder verwerfen, durften aber frühestens 3 s nach dem informativen Reiz den Taster niederdrücken. Sie wurden für jede korrekte Vorhersage bezahlt, wobei die Belohnung höher war, wenn sie nach einem LP-Reiz als nach einem HP-Reiz richtig handelten. Die BPe wurden in vier Bedingungen (2 informative Ereignisse, zwei Vorhersagemöglichkeiten) getrennt gemittelt.

Das EEG wurde an den Positionen F3, F4, FCz, C3', C4' (1 cm vor C3 bzw. vor C4), Cz, P3, P4 und Pz gegen die verbundenen Ohrelektroden mit Ag-AgCl Elektroden und Grass Elektrodencreme abgeleitet. Elektrodenwiderstände waren kleiner

176

als 5 kOhm. Das EOG wurde mit einer schrägen Montage (mitte-oben gegen lateral-unten) abgeleitet. Versuchsdurchgänge, die EOG Artefakte enthielten wurden ebenso wie solche, in denen das Intervall zwischen informativem Reiz und Handlung weniger als 3 s betrug, von der Auswertung ausgeschlossen.

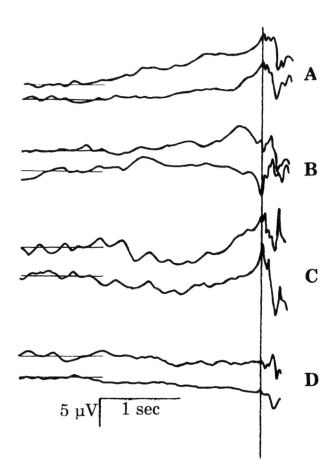

Abb.1. Beispiele für ein typisches BP (A) und drei abweichende Formen (B,C,D). Negativität nach oben; Tastendruck durch vertikale Linie gekennzeichnet. Die abgebildeten 8 Potentialformen wurden in 8 verschiedenen Probanden abgeleitet.

Das Signal wurde mit DC-Verstärkern ("Tönnies"; Zeitkonstante über 70 s, Tiefpaß bei 30 Hz) verstärkt und in Abschnitten von 6 s, davon 3 s vor dem Tastendruck, digitalisiert (PDP-11; Abstand zweier Datenpunkte: 6 ms). Die mittlere Amplitude der ersten 100 Datenpunkte (600 ms) wurde als Basislinie gewählt. Die Amplituden wurden zu den Zeitpunkten 2 s, 1,2 s, 800 ms, 400 ms, 200 ms, 100 ms und 0 ms vor der Bewegung berechnet.

Ergebnisse

Insgesamt wurden 648 BP-Kurven (4 Bedingungen, 9 Elektroden, 18 Probanden) gewonnen. Neben dem "klassischen" BP (Typ I; Abb. 1A) konnten 3 weitere Formen getrennt werden. Typ II zeigt eine deutliche Abnahme der Negativität während der letzten 200 ms vor Bewegungsbeginn (Abb. 1B) und wurde durch eine relative Potentialabnahme zu den Zeitpunkten 100 ms und 0 ms im Vergleich zum Zeitpunkt von 200 ms definiert. Manchmal, aber nicht immer, waren die Absolutwerte positiv in Bezug auf die Basislinie. Typ III stellte eine positiv-negative Wellenform dar, wobei der positive Verlauf bei 1800 bis 1000 ms vor Bewegung begann, den negative Anstieg innerhalb der letzten 500-200 ms (Abb. 1C). Typ IV stellte ein positives BP, eine Art Spiegelbild des "klassischen" BP dar (Abb. 1D). Die Arten II, III und IV wurden in 49 (7,6%), 91 (14%) bzw. in 57 (9,1%) beobachtet. Die Häufigkeit eines atypischen BPs innerhalb einer Person variierte von 3% (1 Person) bis 72%. Die BP-Arten waren heterogen innerhalb der Population verteilt (chi-Quandrat (17)= 143,3; 166,9 und 82,5 für die Arten I, II und III; jeweils p<0,0001). Hierbei sollte erwähnt werden, daß jeder Proband mindestens in einer Kurve ein positives BP (Typ III oder Typ IV) hatte.

Das Typ II BP wurde in 29 Fällen in parietalen Ableitungen gefunden; zentral in 15, frontal in nur 5 Fällen. Der topographische Unterschied war signifikant (Chi-Quadrat (8)= 21,1; p<0.01). Signifikante Unterschiede wurden auch zwischen parietalen und zentralen Positionen (t=2,24; p<0,05), zwischen parietalen und frontalen (t=4,38; p<0,01) sowie zwischen zentralen und frontalen Positionen (t=2,3; p<0,05) gefunden. Im Unterschied hierzu fanden sich die Arten III und IV am häufigsten über dem frontalen Cortex: 15 (Typ III, 21%) and 10 (Typ IV, 14%) Fälle wurden in F3 beobachtet. Entsprechend fanden sich 19 (26%) und 17 (24%) der Fälle in F4 sowie 14 (19%) und 5 (7%) in FCz. Im Vergleich dazu wurde der Typ III BP in C3, Cz und P4 jeweils siebenmal (10%), in C4 und P3 jeweils achtmal (11%) und in Pz sechsmal (10%) beobachtet. In 2-4 Fällen wurde das Typ IV BP in jeder der zentralen und in 4-5 Fällen in jeder der parietalen Ableitungen beobachtet. Die Verschiedenheit der Verteilung über der Kopfoberfläche ist signifikant (chi-Quadrat (8)= 27,3; p<0,005 für Typ III; chi-Quadrat (8) = 17,3; p<0.025 für Typ IV). Diese topographischen Unterschiede waren durch die lateralen frontalen Ableitungen bedingt: nach Herausnahme von F3 und F4 wurden beide chi-Quadrat-Tests nicht signifikant. Der Vergleich der topographischen Verteilung der BP-Typen III und IV war statistisch nicht signifikant (c^2(8)= 11,54, ns). Die Verteilung des Typs II unterschied sich ganz wesentlich von der des BP-Typs III (c^2(8)= 78,82; p<0,001) und des BP-Typs IV (c^2(8)= 64,11; p<0,001). Die Auftrittswahrscheinlichkeit einer atypischen BP-Form über der rechten bzw. der linken Hemisphäre war vergleichbar: t= 0,36 (Typ II); t= 1,02 (Typ III); t= 0,88 (Typ IV). Das bedeutet, daß keine Lateralisation bei der Verteilung dieser BP-Arten beobachtet wurde.

An jeder der 162 Ableitungspositionen (9 Elektrodenpositionen, 18 Probanden) konnte ein bestimmter BP-Typ in 0, 1, 2, 3 oder 4 Fällen (4 Bedingungen) auftreten. Die Wahrscheinlichkeiten all dieser Kombinationen wurde mit der Null-Hypothese getestet, daß das atypische BP ein Zufallsereignis darstellt, d.h. daß die Beobachtung eines solchen Falles in einer experimentellen Bedingung keine erhöhte Wahrscheinlichkeit darstellt, denselben Fall in einer anderen Bedingung wieder zu finden. Diese Null-Hypothese wurde für alle beschriebenen Formen des BPs verworfen: $c^2(4)=2426$; $c^2(4)=1119$; $c^2(4)=834$ für die Typen I, II bzw. III (jeweils p<0,0001). Die vorgefundenen Verteilungen unterschieden sich von den Zufallsverteilungen dadurch, daß das Vorhandensein einer bestimmten Potentialform in entweder allen 4 Bedingungen oder in keiner Bedingung jeweils wahrscheinlicher war, und daß das Vorhandensein einer BP-Form in einer einzigen Bedingung jeweils weniger wahrscheinlich war als aufgrund der Null-Hypothese anzunehmen gewesen wäre. Dasselbe galt für die BP-Typen III und IV zusammengenommen ($c^2(4)= 172,4$; p<0,0001), was bedeutet, daß das Auftreten eines Typ III BP an einer bestimmten Position die Wahrscheinlichkeit erhöhte, in einer anderen Bedingung ein Typ IV BP vorzufinden und umgekehrt.

Typ II BP wurde signifikant häufiger (in 36 Fällen) vor einer LP Prädiktion als vor einer HP Prädiktion (in 13 Fällen) gefunden (t=3,45; p<0,01). Die entsprechenden Werte für das Typ III BP waren 24 bzw. 33 (t= 0,75; ns), für das Typ IV BP 43 bzw 48 (t= 0,11; ns).

Diskussion

Zwei verschiedene Arten von positiven Potentialverfäufen wurden gefunden. Jene BPe, die -wie gewöhnlich- mit einer Negativierung beginnen und innerhalb der lezten 200 ms vor Bewegungsbeginn positiv werden, wurden üblicherweise in parietalen Ableitungen gefunden und waren von der Aufgabe abhängig. Im vorliegenden Rate-Paradigma fand sich dieser BP-Typ dreimal häufiger, wenn der Proband eine wenig wahrscheinliche Prädiktion machte. Diese Situation mag spezifische Willensanstrengung bedeuten (Hink et al. 1982). Wir nehmen an, daß dieser BP-Typ eine funktionelle Bedeutung besitzt, wobei ihr Wesen noch unklar ist. Man kann spekulieren, daß der parietale Cortex eine besondere Bedeutung in frühen Stufen der Bewegungsprogrammierung besitzt, und daß die späte Positivierung eine Relaxation in Bereichen dieser Hirnregion beinhaltet, nachdem diese Aufgabe erfüllt wurde.

Eine ganz andere Art des BPs wird durch die frühe Positivierung charakterisiert. Die Häufigket dieser BP-Form nimmt, im Unterschied zu der zuvor erwähnten, von frontal nach parietal ab. Es könnte behauptet werden, daß der positiv-negative Potentialverlauf beim Typ III BP ein Artefakt darstellt, welches durch einen negativen Anstieg der Basislinie bedingt ist. Drei Argumente können gegen diese Annahme vorgebracht werden. Zunächst war die Incidenz des Typ III BP unanhängig vom vorausgehenden Reiz (informativer Stimulus), welcher eine Verschiebung der Basislinie bedingen könnte. Weiterhin ist die Latenz der positiven BP-Komponente (1800-1000 ms) charakteristisch für die Latenz des BPs, nicht aber die Latenz der negativen Komponente (500-200 ms). Sollte demnach jemand vorschlagen, daß die erstere Komponente aus einer falschen Basislinie resultiert und nur die zweite Komponente das eigentliche BP darstellt, müßte dieser den späten Beginn der zweiten Komponente erklären. Schließlich kann eine solche Basislinien-Hypothese das Typ IV BP nicht erklären, bei welchem keine prämotorische Negativität existiert. Es konnte aber gezeigt werden, daß Typ III BP und Typ IV BP die gleiche Topographie haben und sich in ihrer Existenz gegenseitig bedingen (d.h. das einmalige Vorhandensein des Typ III BP an einer bestimmten Position erhöht die Auftrittswahrscheinlichkeit des Typ IV BP in einer anderen Versuchsbedingung innerhalb derselben Person und umgekehrt), was auf einen gemeinsamen Entstehungsmechanismus hindeutet. Sie sind, unserer Meinung nach, zwei Ausprägungen desselben Phänomens.

Der Befund, daß die beschriebenen Abweichungen der BP-Form wiederholt an denselben Orten auftreten, deutet auf eine räumliche Variation der neuronalen Struktur hin, welche das Potential generiert. Beispielsweise, könnte eine unübliche Lage eines oder mehrerer Dipole das Potential an der Oberfläche erklären.

Unabhängig vom Entstehungsmechanismus der atypischen Formen des BPs sollte ihre hohe Auftrittswahrscheinlichkeit betont werden. Obwohl allgemein akzeptiert wird, daß das BP ein oberflächlich negatives Potential darstellt, zeigen die vorliegenden Daten, daß ein positives BP keine Ausnahme darstellt. Wir fanden, daß praktisch jede BP-Form zumindest einmal bei jeder Person, jeder experimentellen Bedingung und in jeder Ableitposition (einschließlich über dem Vertex in der Rolandischen Region) abgeleitet werden kann. Dieser Befund zeigt, daß das positive BP einer besonderen Untersuchung und Auswertung bedarf.

Literatur

Deecke L, Bashore T, Brunia C, Grünewald-Zuberbier E, Grünewald G, Kristeva R. (1984) Movement-associated potentials and motor control. Report of the EPIC VI Motor Panel. Annals of the New York Academy of Sciences, 425: 398-428

Hink RF, Kohler H, Deecke L, Kornhuber HH (1982) Risk-taking and the Bereitschaftspotential. EEG and Clinical Neurophysiology, 53(3): 361-373

Malykh SB, Kuznetzova IV, Sushko IN (1992) Brain movement-related potentials in 6-7-years-old children. Zhurn. vysh. nerv. deyatel'nosti, 42, No 5. (in Russian)

Vaez Mousavi SM, Barry RJ (1992) Positive and negative shifts of the Bereitschaftspotential in a single trial analysis: Preparatory effects. In: 6th International Congress of Psychophysiology, Berlin, September 2-6 1992 (Abstract)

Neuronale Aktivierungen in kortikalen und subkortikalen Hirnregionen bei der Durchführung von Beinbewegungen

G.R. Fink[3], L. Adams[2], J.D.G. Watson[1], K. Murphy[2], K.M. Stephan[1], B. Wuyam[2], I. Kobayashi[2], J.A. Innes[2], D. Corfield[2], T. Jones[1], R.S.J. Frackowiak[1], A. Guz[2]

[1]MRC Cyclotron Unit, London, [2]Department of Medicine, Charing Cross & Westminster Medical School, London, [3]Max-Planck-Institut für neurologische Forschung, Köln

Fragestellung

Bereits im Jahr 1936 hat der Neurochirurg Foerster seine auf elektrokortikalen Stimulationen beruhende Hirnkarte publiziert, die die kortikale Repräsentation des menschlichen Körpers zeigt (Foerster 1936). Besonders ausführlich stellte er die somatotope Differenzierung innerhalb des primär motorischen und sensorischen Kortex dar, wie sie in weiteren Untersuchungen auch von Penfield und Mitarbeitern bestätigt wurde (Penfield und Boldrey 1937). Trotz einer ausgeprägten inter- und intraindividuellen Variabilität der stimulierbaren Bereiche hat dies zu dem didaktisch vereinfachenden Konzept der "homunculus"-artigen Repräsentation des menschlichen Körpers im Kortex geführt. Allerdings ist sowohl den elektrokortikalen wie auch den mittlerweile durchführbaren transkraniell magnetischen Stimulationen beim Menschen (zumindest im Regelfall) nur die kortikale Konvexitätsoberfläche zugängig. Auch Penfield und Förster haben die Repräsentation im Interhemispherenspalt "extrapoliert", wie beim Studium ihrer Originaldaten zu erkennen ist. Die meisten Informationen, die wir heute über andere an der Durchführung von Bewegungen beteiligte kortikale und subkortikale Areale (wie z.B. die supplementär motorische Area, den Gyrus cinguli, die Brodman Areae 5 und 6 sowie das Putamen) haben, basieren deswegen hauptsächlich auf tierexperimentellen Befunden.

Die Positronen-Emissions-Tomographie erlaubt Messungen der regionalen Hirndurchblutung, die eng mit der neuronalen Aktivität von Hirngewebe gekoppelt ist. Mit diesem Verfahren sind Aktivierungen bei Finger-, Arm- oder auch Schulterbewegungen gezeigt worden (u.a. Grafton et al. 1993; Paus et al. 1993). Wir wollten jetzt beim Menschen das gesamte über den Motorkortex hinausgehende Netzwerk kortikaler und subkortikaler Aktivierungen bei der Durchführung von Beinbewegungen darstellen.

Methodik

Sechs normale männliche Probanden im Alter von 31-43 Jahren führten - während sie mit dem Kopf in der Öffnung des Positronen-Emissions-Tomographen lagen - im rechten Knie eine Flexions- und Extensionsbewegung gegen einen viskösen Widerstand durch. Kopf- und Körperbewegungen wurden durch geeignete Maßnahmen minimiert. Die Aktivität der an der Durchführung der Bewegung beteiligten Mus-

keln wurde elektromyographisch dokumentiert. Nach intravenöser Injektion radioaktiv markierten Wassers wurde die relative regionale Hirndurchblutung (rCBF)
alternierend während der folgenden Untersuchungszustände gemessen: (1) zum
einen beugten und streckten die Probanden ihr rechtes Knie wiederholt gegen den
viskösen Widerstand, zum anderen (2) wurde das rechte Knie vom Untersucher
"passiv" gestreckt und "gebeugt". Als Kontrollbedingung ruhte das Bein.

Die relative regionale Hirndurchblutung (rCBF) wurde nach Rekonstruktion und
Verarbeitung der Daten zu Durchblutungsbildern Pixel für Pixel analysiert. Für die
Gruppenanalyse wurde hierzu zunächst eine Normalisierung der individuellen Gehirne in den stereotaktischen Raum nach Talairach und Tournoux (1988) vorgenommen. Damit wurden Differenzen zwischen den Probanden bezüglich Hirngröße und -
form ausgeglichen. Veränderungen des rCBF können sowohl durch regionale spezifische Aktivierungen wie auch durch Änderungen der globalen Hirndurchblutung
hervorgerufen werden. Um solchen globalen Effekten Rechnung zu tragen, wurde
eine Kovarianzanalyse (ANCOVA) mit der globalen Hirndurchblutung als Kovariate
durchgeführt (Friston et al. 1990). Zur Erfassung der Zunahme des rCBF, die mit
der neuronalen Aktivierung unter der Beinbewegung einhergeht, wurden dann für
jeden Pixel die Mittelwerte aller PET-Messungen aller Probanden für jeden Untersuchungszustand (aktiv bzw. passiv) errechnet. Diese Mittelwerte wurden mittels t-
Statistik verglichen und im Verhältnis zur Normalverteilung dargestellt. Die
resultierenden Bilder wurden als koronare, transaxiale und sagittale SPM-Bilder
(Statistical Parametric Mapping; Friston und Frackowiak 1991) dargestellt und
zeigten in Projektion auf den stereotaktischen Raum alle rCBF-Zunahmen, die eine
definierte Signifikanz-Schwelle überschritten. Die stereotaktischen Koordinaten der
Aktivierungsmaxima wurden bestimmt und ihre Lokalisation wurde im stereotaktischen Atlas von Talairach und Tournoux (1988) festgestellt.

Die Einzelfallanalyse wurde prinzipiell nach dem gleichen statistischen Verfahren, jedoch ohne stereotaktische Transformation der individuellen Daten durchgeführt. Die resultierenden individuellen SPM-Bilder wurden mit den individuellen
Bildern der Kernspintomographie coregistriert. Damit konnte die exakte anatomische Lokalisation der funktionellen Veränderungen überprüft werden.

Ergebnisse

Die Gruppenanalyse zeigte signifikante rCBF-Steigerungen (modifizierte
Bonferroni-Korrektur, $p < 0,05$) in den folgenden Arealen: linker (L) superomedialer
Motorkortex (MI), rechter (R) superomedialer MI, L superomedialer sensorischer
Kortex (SI), R supplementär motorische Area (SMA), L SMA, L medialer parietaler
Kortex (MPK), L Thalamus, L Putamen, R Putamen, R Globus pallidus, oberer an-
teriorer Vermis (Abb. 1). Im Motorkortex konnten somit beidseits superomedial
Aktivierungsfoci nachgewiesen werden. Die Auswertung der EMG-Daten zeigte in 3
der 6 Probanden reziproke Aktivität im L Quadrizeps während der Flexion und Ex-
tension im R Knie.
Die Koordinaten der Pixel mit den größten Signifikanzwerten sind in Tabelle 1 wiedergegeben (x,y und z in mm, bezogen auf das stereotaktische Koordinatensystem).

182

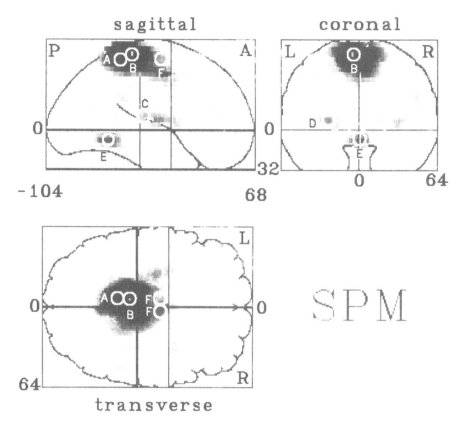

Abb. 1. Ergebnisse der Gruppenanalyse für den Vergleich aktiver Knieflexion und -extension im rechten Knie gegen Ruhe (Bilder der t-Statistik). Die Grafiken repräsentieren das stereotaktische Koordinatensystem (Talairach und Tournoux, 1988). Dargestellt sind in sagittaler, koronaler und transaxialer Projektion alle signifikanten Steigerungen der regionalen Hirndurchblutung (modifizierte Bonferroni-Korrektur, p<0.05) unter Durchführung der Kniebewegung. Beschriftung der Grafiken (großer Font): A = anterior, P = posterior, L = links, R = rechts. Beschriftung der Durchblutungszunahmen (kleiner Font): A = primär sensorischer Kortex (SI), B = primär motorischer Kortex (MI), C = Thalamus, D = Putamen, E = oberer vorderer Vermis, F = Supplementär Motorische Area (SMA).

Die Einzelfallanalysen nach Co-Registrierung der individuellen MRI-Bilder mit den Bildern der t-Statistik bestätigte die korrekte anatomische Lokalisation der Gruppenanalyse. Probanden, die ihr linkes Bein während der rechten Kniebewegung vollständig relaxieren konnten, zeigten zwar auch Durchblutungszunahmen im rechten superomedialen Motorkortex, diese erreichten jedoch nicht das vorgegebene Signifikanzniveau.

Tab.1. Daten der Gruppenauswertung für den Vergleich aktiver Knieflexion und -extension im rechten Knie gegen Ruhe. Koordinaten der Pixel mit den größten Signifikanzwerten der Zunahme der regionalen Hirndurchblutung in mm (in x,y,z, bezogen auf das stereotaktische Koordinatensystem; Talairach und Tournoux 1988).

Lokalisation	links Koordinaten x	y	z	Z-Wert	rechts Koordinaten x	y	z	Z-Wert
Gyrus präcentralis	-4	-32	60	10.68	8	-26	64	9.07
Gyrus postcentralis	-10	-44	52	7.13				
SMA (Area6)	-10	-6	56	5.43	6	-8	52	5.56
Parietalkortex (Area 5/7)	-2	-34	44	5.74				
Thalamus	-22	-20	12	5.1				
Putamen	-28	-8	12	4.97	32	4	8	4.82
Globus pallidus					20	-6	0	4.1
Anteriorer Vermis	4	-46	-8	7.28				

Konklusion

Sowohl die Gruppen- wie auch die Einzelfallanalysen haben während der Knieextension und -flexion signifikante Durchblutungszunahmen in einem ganzen Netzwerk kortikaler und subkortikaler Areale gezeigt. Diese Durchblutungszunahmen korrelieren eng mit neuronalen Aktivierungen.

Die superomediale neuronale Aktivierung in MI repräsentiert die kortikale Steuerung der Bein- und Becken-Muskulatur (Foerster 1936; Penfield und Boldrey 1937). Auch die Aktivierung im superomedialen primär sensorischen Kortex SI stimmt gut mit den elektrokortikalen Befunden überein. Darüberhinaus konnten neuronale Aktivierungen in weiteren kortikalen (parietal, supplementär motorische Area) und subkortikalen Arealen (Cerebellum, Putamen, Thalamus und Globus pallidus) gezeigt werden; diese sind in typischerweise in die Durchführung von Bewegungen miteinbezogen, wie zum Teil aus PET- Untersuchungen (u.a. Grafton et al.), hauptsächlich jedoch aus tierexperimentellen Studien bekannt ist.

Aufgrund der Co-Registrierung von PET-Bildern mit den Aufnahmen hochauflösender Kernspintomographien läßt sich innerhalb der aktivierten Hirnstrukturen eine weitere topographische Zuordnung vornehmen. Diese wird durch Einzelzellableitungen, Einzelzellstimulationen und neuroanatomische Tracerstudien beim Primaten gestützt (u.a. Dum und Strick 1991).

Mit Unterstützung durch den Wellcome Trust, London, U.K.

184

Literatur

Dum RP, Strick PL (1991) The origin of corticospinal projections from the premotor areas in the frontal lobe. Journal of Neuroscience 11:667-689

Foerster O (1936) Motorische Felder und Bahnen. In: Bumke O, Foerster O (eds) Handbuch der Neurologie, Springer, Berlin Vol. 6., pp 50-51

Friston KJ, Frackowiak RSJ (1991) Imaging functional anatomy. In: Lassen NA, Ingvar DH, Raichle ME, Friberg L (eds) Brain work and mental activity. Quantitative studies with radioactive tracers. Copenhagen, Munksgaard pp 267-279

Friston KJ, Frith CD, Little PF, Dolan RJ, Lammertsma AA, Frackowiak RSJ (1990) The relationship between global and local changes in PET scans. Journal of Cerebral Blood Flow and Metabolism 10:458-466

Grafton ST, Woods RP, Mazziotta JC (1993) Within-arm somatotopy in human motor areas determined by positron emission tomography imaging of cerebral blood flow. Experimental Brain Research 95: 172-176

Paus T, Petrides M, Evans AC, Meyer E (1993) Role of the human anterior cingulate cortex in the control of oculomotor, manual, and speech responses: a positron emission tomography study. Journal of Neurophysiology 70(2) in press

Penfield W, Boldrey E (1937) Somatic motor and sensory representation of the diaphragma in man. Brain 60:389-443

Talairach J, Tournoux P (1988) Coplanar Stereotaxic Atlas of the Human Brain. Thieme, Stuttgart

Funktionelles Mapping des menschlichen Motor-Cortex mit konventionellem MRI (1.5T) und Korrelation mit PET-Daten

J.H. Faiss[1], C. Weiller[1], T. Bauermann[3], M. Rijntjes[1], F. Block[2], M. Krams[1], M. Jüptner[1]

Abteilungen für Neurologie der Universitäten [1]Essen und [2]Aachen, [3]Zentrales Röntgeninstitut der Universität Essen

Fragestellung

Neuere Entwicklungen auf dem Gebiet der nicht-invasiven bildgebenden Methoden bieten die Möglichkeit, neben der Morphologie auch die Hirnfunktion abzubilden. Diese Methoden des "funktionellen brain mappings" basieren auf der Tatsache, daß physiologische Veränderungen der Hirnfunktion unter Aktivierung des visuellen, motorischen und anderer neuronaler Systeme eintreten. Die am besten etablierte Methode, Hirnfunktion abzubilden ist die Positron-Emissions-Tomographie (PET) (Fox und Raichle 1986; Fox et al. 1988). Die PET-Daten zeigen, daß bei cerebraler Aktivierung ein Anstieg der lokalen venösen Blut-Oxygenierung eintritt. Diese Befunde liefern eine mögliche Erklärung für den Signal-Anstieg nach Aktivierung des Motor-Cortex in der Magnet-Resonanz-Tomographie (MRT) (Kwong et al. 1992; Bandetti et al. 1992; Stehling et al. 1993). Bisher wurden die meisten funktionellen MRT-Studien mit dem sogenannten Echo-Planar-Imaging (Stehling et al. 1991) oder an Magneten mit sehr hoher Feldstärke (2 - 4T) durchgeführt. In dieser Studie berichten wir über unsere ersten Ergebnisse einer Aktivierungsstudie des Motor-Cortex mit einem konventionellen MR-System (1.5T) bei 10 gesunden Probanden.

Methoden

Die MR-Untersuchungen wurden nach einem standardisierten Protokoll durchgeführt. Nach sagittalen und coronaren T1-gewichteten Übersichtsaufnahmen folgte eine single-slice Gradienten-Echo-Sequenz mit langer Echozeit (60 ms, Connelly et al. 1993), einer Schichtdicke von 10 mm und einer Bildmatrix von 128 x 64 in paraxialer und parasagittaler Schichtführung durch die Zentralregion in Ruhe und unter Aktivierung. Die Daten wurden aus jeweils 6 Durchgängen in Ruhe und während motorischer Aktivierung gewonnen (30 s Meßzeit/Bild). Diese Prozedur wurde 5 mal wiederholt. Die Visualisierung des bewegungsabhängigen Signalanstiegs erfolgte durch Subtraktion der Datensätze unter Ruhebedingungen von jenen unter Aktivierung. Mit Hilfe einer computergestützten Schwellwertbestimmung wurden die Daten auf entsprechende anatomische Referenzbilder (T1-gewichtet; Abb. 1) übertragen.

Die PET-Studien beinhalteten vier rCBF-Messungen in balancierter Reihenfolge. Nach Co-Registrierung der einzelnen PET-Aufnahmen eines Patienten zueinander, verwandten wir das SPM-Programm-Paket (Statistical Parametric Mapping, MRC Cyclotron Unit, Hammersmith Hospital, London, UK) mit plastischer Transformation in den stereotaktischen Raum, dem Talairach-Atlas entspechend. Dem Ausgleich globaler Fußdifferenzen durch eine Covarianz-Analyse folgte ein Pixel-zu-Pixel-Vergleich zwischen den Bedingungen.

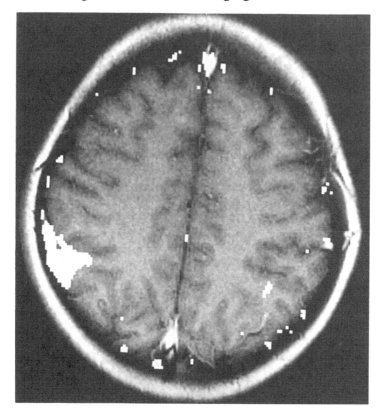

Abb. 1. Signalanstieg im sensomotorischen Cortex unter motorischer Aktivierung nach Übertragung in ein anatomisches MR-Bild (T1-gewichtet).

Das motorische Paradigma bestand für PET- und MR-Untersuchungen aus einer sequentiellen Finger-Daumen-Opposition.

Ergebnisse

Bei den von uns untersuchten 10 Probanden konnten wir bei den MR-Aktivierungs-Studien einen bewegungsabhängigen Signalanstieg nachweisen (Abb. 1). Dieser betrug maximal 6 % während der Ausführung des motorischen Paradigmas im Vergleich zu einem Anstieg des rCBF von 16 % bei den PET Aktivierungs-Studien. Die aktivierte Hirnregion entsprach in ihrer Lokalisation und Ausdehnung dem Handfeld innerhalb des sensomotorischen Cortex in einem gemessenen apikalen Abstand von 36 - 52 mm zur ACPC-Linie.

Bei wiederholer Aktivierung war im Verlauf eine Abnahme der Signalintensität sowohl für die linke als auch für die rechte Hemisphäre festzustellen (Abb. 2). Im Vergleich zwischen getesteten Links- und Rechtshändern zeigte sich in der Tendenz eine jeweils geringere Ausprägung der Aktivierung der dominanten Hemisphären. Eine abschließende Bewertung ist hierbei jedoch noch nicht möglich.

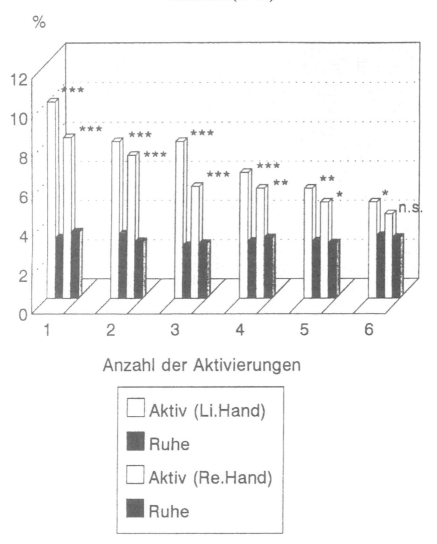

Signaländerungen bei motorischer Aktivität
Mittelwerte (N = 10)

Abb. 2. Darstellung des durchschnittlichen Signalanstieges bei sequentieller motorischer Aktivierung der linken und rechten Hemisphäre bei 10 Probanden in Relation zu Ruhe-Aufnahmen (Signifikanzen im paarigen t-Test).

188

Diskussion

Unsere Ergebnisse zeigen, daß bewegungsabhängige Hirnaktivierung mit konventionellen MR-Scannern darstellbar ist. Dabei erscheinen drei Aspekte besonders bemerkenswert. Erstens gestattet die von uns eingesetzte MR-Technik hinsichtlich der Ortsauflösung eine genaue anatomische Zuordnung der aktivierten Hirnregion. Zweitens beeinflußt die Schichtauswahl, die Voxel-Größe und die Echozeit sehr stark das Ausmaß des beobachteten Signalanstiegs. Drittens sind unsere Untersuchungen an einem konventionellen 1.5T-System ohne Veränderungen der Hardware durchgeführt worden. Dies eröffnet bemerkenswerte Anwendungsmöglichkeiten für klinische Fragestellungen. PET-Studien belegen, daß es nach corticalen Läsionen (z.B. nach cerebralen Infarkten, Weiller et al. 1992) zu einer funktionellen Reorganisation von intaktem Hirngewebe kommt. Unsere ersten Erfahrungen mit Patienten nach Schlaganfall zeigen, daß eine solche funktionelle Reorganisation auch mit Hilfe einer MR-Aktivierung nachweisbar ist, so daß zukünftig bei der Erforschung vieler neurologischer Erkrankungen und für das Verständnis der Hirnfunktion und -dysfunktion eine brauchbare Alternative zur PET-Untersuchung zur Verfügung steht.

Literatur

Bandetti PA, Wong EC, Hinks RS et al. (1992) Time course EPI of human brain function during task activation. Magn Reson Med 25: 390-397

Connelly A, Jackson GD, Frackowiak RSJ et al. (1993) High-resolution functional mapping of activated human primary cortex using a clinical magnetic resonance imaging system. Radiology (in press)

Fox PT, Raichle ME (1986) Focal physiological uncoupling of cerebral blood flow and oxidative metabolism during somatosensory stimulation in human subjects. Proc Nat Acad Sci USA 83: 1140-1144

Fox PT, Raichle ME, Mintun MA, Dence C (1988) Nonoxidative glucose consumption during focal physiologic neural activity. Science 241: 462-464

Kwong KK, Belliveau JW, Chesler DA et al. (1992) Dynamic magnetic resonance imaging of human brain activity during primary sensory stimulation. Proc Nat Acad Sci USA 89: 5675-5679

Stehling MK, Turner R, Mansfield P (1991) Echo-planar-imaging in a fraction of a second. Science 254: 43-50

Stehling MK, Schmitt F, Ladebeck R (1993) Echo-planar MR imaging of human brain oxygenation changes. JMRI 3: 471-474

Weiller C, Chollet F, Friston KJ et al. (1992) Functional reorganization of the brain in recovery from striatocapsular infarction in man. Ann Neurol 31: 463-472

Funktionelles Magnet Resonanz Imaging (FMRI) - Ergebnisse und Kombinationsmöglichkeiten mit der Magneto- und Elektroenzephalographie

R. Beisteiner[1], G. Gomiscek[2,3], M. Erdler[1], C. Teichtmeister[2], E. Moser[2,3], L. Deecke[1]

[1]Neurologische Universitätsklinik, [2]Institut für Medizinische Physik und [3]Institut für Magnetresonanz, Wien

Fragestellung

Es wurde versucht, die Aktivität des sensomotorischen Kortex mittels FMRI und MEG darzustellen. MEG mißt die neuronale Aktivität (Deecke et al. 1982, Lang et al. 1991), FMRI die hierdurch ausgelösten Durchblutungsänderungen (Belliveau et al. 1991, Gomiscek et al. 1993). Das Zentrum neuronaler Aktivität sowie das der reaktiven Mehrdurchblutung wurden bestimmt und anschließend auf lokalisatorische Übereinstimmung geprüft.

Methodik

4 gesunde Versuchspersonen (22 - 27 Jahre alt) mußten für ca. 3 s rasche repetitive Tippbewegungen mit dem rechten Zeigefinger ausführen. Anschließend mußte für ca. 3 s pausiert werden.

MEG-Experiment

Die Magnetfelder des Gehirns wurden mit einem 7 Kanal Magnetometer der Firma BTI (BTI Model 607, Biomagnetic Technologies Inc., San Diego, USA) durchgeführt. Mittels 4 Positionierungen des Meßkopfes konnten an 28 verschiedenen Stellen, über einem großen Gebiet der links-zentralen Hemisphäre, bewegungskorrelierte Magnetfelder aufgezeichnet werden. Die verstärkten Signale (untere Grenzfrequenz 0,1 Hz, obere Grenzfrequenz 50 Hz) wurden mit einer Abtastrate von 150 Hz aufgezeichnet. Die Datenaufnahme wurde durch den Bewegungsbeginn getriggert, welcher über ein Elektromyogramm aufgenommen wurde. Die Magnetfelder wurden über eine Epoche von 1,5 S vor bis 1,5 S nach Bewegungsbeginn aufgenommen. Insgesamt wurden bei jeder Positionierung 300 Epochen aufgenommen. Als Referenzpunkte für die Berechnung der Zentren neuronaler Aktivität wurden das Nasion sowie die beiden präurikulären Punkte verwendet und mit einem dreidimensionalen Punktmessystem (3space Inc.) vermessen. Während des Experiments lag der Proband auf einem Holzbett und Kopf und Schultern wurden mit einem Vakuumkissen fixiert. Artefaktfreie Epochen wurden gemittelt und anschließend wie folgt weiterverarbeitet. Im Zeitraum -200 ms vor bis +100 ms nach EMG Beginn wurde ein Zeitfenster maximaler Dipolarität zur Dipollokalisation verwendet. Dieser Zeitbereich wurde gewählt, da die Synchronisation der Bewegungsphase mit der gemessenen Feldverteilung am (durch das Elektromyogramm exakt erfaßten) Anfang der Bewegungssequenz am besten war. Zudem ist zu erwarten, daß innerhalb des gewählten Zeitbereichs bereits mehr oder weniger alle überhaupt an der Aufgabe beteiligten Hirnareale (beide SMA's, beide primären Motor Kortizes und der kontralaterale sensorische Kortex) aktiv sein sollten. Dies ist von besonderer Bedeutung, da die FMRI Bilder einen Mittelwert aller über einen Zeitraum von 24 S (möglicherweise sequenziell) aktivierten Hirnareale liefern (in unserem Fall wurde tatsächlich nur der primäre sensomotorische Kortex vermessen). Um darzustellen, wo die Zentren neuronaler Aktivität liegen, welche zu der gemessenen Feldverteilung beitragen, werden bei MEG Untersuchungen Dipolmodelle verwendet. Durch ihre Lokalisation, ihre Stärke und ihre Orientierung wiederspiegeln die Dipole Art und Ausmaß der Aktivierung verschiedener Hirnregionen. Bei diesem Experiment wurden für den FMRI Vergleich nur die 2 linkszentralen Dipole über dem primären motorischen und dem primären sensorischen Kortex berücksichtigt (siehe Abb.1a, 1b). Die Mitte zwischen beiden wurde als neuronales Zentrum definiert.

FMRI Experiment
Hier wechselten 3 min Ruhe mit 3 min Motoraktivität. Motoraktivität wurde definiert als 3 S Ruhe abwechselnd mit 3 S Fingertippen. Dies wurde gemacht, um während der 3 minütigen Meßphase wiederholt Bewegungsstarts enthalten zu haben. Wie später beschrieben, wurde nämlich der Aktivitätszustand des Gehirns bei Bewegungsstart zur Lokalisation der neuronalen Zentren im MEG verwendet. Aus diesem Grund sollte auch der Bewegungsbeginn gut in der 3 minütigen FMRI Aktivitätsphase enthalten sein. Während dieser 3 Minuten wurden insgesamt 5 FMRI Aktivtätsbilder aufgenommen, entsprechend in den 3 minütigen Ruhphasen jeweils 5 Ruhebilder. Die Aufnahme eines Bildes dauerte 24 S und repräsentiert daher die mittlere Durchblutungssituation über diesen Zeitraum. Drei parallele, lateral geneigte Transversalschichten über der linken Hemisphäre wurden vermessen. Verwendet wurde ein SIEMENS MAGNETOM SP (Siemens AG, Erlangen), 1,5 Tesla, mit der Standard Kopfspule. Eine flußkompensierte Gradientenechosequenz mit TE = 60 ms, TR = 91 ms, Flip Winkel = 40°, Matrix = 256*256, FOV = 230 mm und 3 mm Schichtdicke wurde angewendet. Neben funktionellen Bildern wurden auch T1 gewichtete anatomische Bilder von jeder Schicht aufgenommen, um über die individuelle Anatomie die Zentren neuronaler und vaskulärer Aktivität eintragen zu können. Dieselben Referenzpunkte wie beim MEG Experiment wurden verwendet. Durch Befestigung von kleinen ölhaltigen Zylindern, konnten die Referenzpunkte auf den MR Bildern sichtbar gemacht werden. Der Kopf wurde auch hier durch ein Vakuumkissen stabilisiert. Die FMRI Bilder wurden mittels IDL (Interactive Data Language, CreaSo, Gilching, Germany) analysiert. 2 Kriterien wurden verwendet um Pixel mit spezifischen Signaländerungen während der Motoraktiviät herauszufiltern. Zunächst wurde als Signalanstieg nur ein Wert zwischen 3% und 10% erlaubt um Rauschen (<3%) und Artefakte bzw. große Gefäße (>10%) auszuschließen. Die FMRI Bilder wurden mittels IDL (Interactive Data Language, CreaSo, Gilching, Germany) analysiert.

Abb. 1a   Abb. 1b

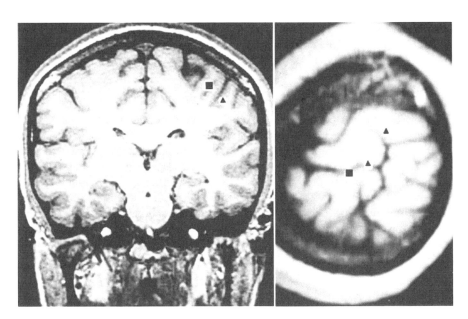

Abb.1a) Koronalschnitt durch den Kopf eines Probanden. Rechts ist links. Das Quadrat zeigt das FMRI Aktivitätszentrum, das Dreieck das MEG Aktivitätszentrum an.

Abb.1b) Lateral geneigter Transversalschnitt deselben Probanden. Oben ist anterior, rechts ist links. Die beiden Dreiecke repräsentieren den präzentralen MEG Dipol auf dem Gyrus präzentralis bzw. den postzentralen Dipol auf dem Gyrus postzentralis. Das Quadrat zeigt das FMRI Aktivitätszentrum an.

2 Kriterien wurden verwendet, um Pixel mit spezifischen Signaländerungen während der Motoraktiviät herauszufiltern. Zunächst wurde als Signalanstieg nur ein Wert zwischen 3% und 10% erlaubt um Rauschen (<3%) und Artefakte bzw. große Gefäße (>10%) auszuschließen. Als zweites Kriterium galt, daß die Korrelation zwischen dem Signalverlauf und dem Zyklus der Ruhe- und Bewegungphasen mindestens 60% der maximal im gesamten Bild vorkommenden Korrelation betrug. Dies diente zum Ausschluß von zufälligen Signalfluktuationen. Pixel die beide Kriterien erfüllten wurden verwendet um das Zentrum vaskulärer Aktivität zu bestimmen (= Schwerpunkt aller Pixel). Seine Lage wurde mittels eines Quadrats, dem anatomischen T1 Bild überlagert, visualisiert (siehe Abb.1a, 1b). Wir versuchten nicht, prä- und postzentrale Gefäßaktivität zu trennen, da die individuellen Gefäßnetzwerke nicht bekannt waren und daher einzelne Pixel nicht mit Sicherheit prä- oder postzentraler Aktivität zugeordnet werden konnten. Besonders traf dies für Pixel im Bereich des Sulcus centralis zu.

192

Ergebnisse

Der Abstand des Zentrums neuronaler Aktivität vom Zentrum der reaktiven Mehrdurchblutung wurde berechnet und ist bei den 4 Versuchspersonen wie folgt: Vp1: 27,8 mm, Vp2: 15,5 mm, Vp3: 13,7 mm, Vp4: 15,1 mm.

Konklusion

FMRI ist ein vielversprechendes Verfahren zur völlig gefahrlosen und uneingeschränkt wiederholbaren Untersuchung von Hirnaktivität. Ein besonderer Vorteil besteht in der gleichzeitigen Darstellung von hochauflösender Anatomie und Funktion. Wie unsere Studie erstmals an mehreren Versuchspersonen zeigen konnte, läßt sich durchaus erwarten, daß mit Funktionellem Magnet Resonanz Imaging neuronale Aktivität lokalisiert werden kann. Es ist mit dieser Methode daher hervorragend möglich dreidimensional Zentren aufgabenspezifischer Hirnaktivität zu finden. Eine Kombination mit den durchblutungsunabhängigen und daher in der zeitlichen Auflösung überlegenen magneto-/elektrophysiologischen Verfahren erlaubt dann zusätzlich die Auflösung ihres zeitlichen Zusammenspiels.

Literatur

Belliveau JW, Kennedy DN, McKinstry RC, Buchbinder BR, Weisskoff RM, Cohen MS, Vevea JM, Brady TJ, Rosen BR (1991) Functional mapping of the human visual cortex by magnetic resonance imaging. Science 254: 716-719

Deecke L, Weinberg H, Brickett P (1982) Magnetic fields of the human brain accompanying voluntary movement: Bereitschaftsmagnetfeld. Exp Brain Res 48: 144-148

Gomiscek G, Beisteiner R, Hittmair K, Mueller E, Moser E (1993) A possible role of inflow effects in functional MR-imaging. MAGMA 1: 109-113

Lang W, Cheyne D, Kristeva R, Beisteiner R, Lindinger G, Deecke L (1991) Three-dimensional localization of SMA activity preceding voluntary movement. A study of electric and magnetic fileds in a patient with infarction of the right supplementary motor area. Exp Brain Res 87: 688-695

Nachweis einer Beteiligung des primär motorischen Kortex an der Atemsteuerung des Menschen während körperlicher Belastung

G.R. Fink[1,3], L. Adams[2], J.D.G. Watson[1], K. Murphy[2], B. Wuyam[2], I. Kobayashi[2], J.A. Innes[2], D. Corfield[2], T. Jones[1], R.S.J. Frackowiak[1], A. Guz[2]

[1]MRC Cyclotron Unit, London, [2]Department of Medicine, Charing Cross & Westminster Medical School, London, [3]Max-Planck-Institut für neurologische Forschung, Köln

Fragestellung

Der menschliche Atemrhythmus unter Schlaf- oder normalen Ruhebedingungen wird durch "atmungsspezifische" Neurone im Hirnstamm gesteuert. Während vieler menschlicher Aktivitäten, wie z.B. Sprechen, willkürliches Ein- und Ausatmen oder Veränderungen von Gefühlslagen, kommt es zu einer Modulierung der Atmung; hierfür sind vermutlich Strukturen des Zentralnervensystems oberhalb des Hirnstamms zuständig.

Auch die neurophysiologische Basis der Regulation von Atmung während körperlicher Anstrengung und Belastung ist ungeklärt. Eingehend untersucht sind "Feedback"-Mechanismen z.B. durch Mechano- oder Chemorezeptoren, die im Hirnstamm "atmungsspezifische" Neurone aktivieren. Die präzise Kopplung von körperlicher Belastung und Atemarbeit wird dadurch alleine aber nicht hinreichend erklärt. "Feedforward"-Mechanismen, die die Atemmuskulatur in Abhängigkeit vom Ausmaß der körperlichen Anstrengung aktivieren, sind deswegen vielfach postuliert worden; ihre Existenz ist jedoch bis heute nicht nachgewiesen.

Willkürliche Ein- und Ausatmung führt beidseits im superolateralen Teil des Motorkortex zu neuronaler Aktivierung, wie wir mittels Meßungen der regionalen Hirndurchblutung (rCBF) mit Positronen-Emissions-Tomographie (PET) bereits nachgewiesen haben (Ramsay et al. 1993). So demonstrierte Aktivierungen finden sich in Gebieten, die bei direkter (während neurochirurgischen Eingriffen durchgeführter) elektrokortikaler oder bei transkraniell-magnetischer Stimulation zu einer Kontraktion des Diaphragmas führen (Foerster 1936; Maskill et al. 1991).

Mit der jetzt vorgestellten Arbeit sollte untersucht werden, ob diese oder andere Gebiete oberhalb des Hirnstamms auch bei der durch körperliche Anstrengung hervorgerufenen Hyperpnoe aktiviert sind. Dazu wurden die neuronalen Aktivierungen mittels rCBF-PET-Meßungen und deren Lokalisation nach Co-Registrierung von PET- und Kernspintomographiebildern (MRI) dargestellt.

194

Methodik

Bei 6 gesunden, männlichen Probanden (Alter 31-43 Jahre) wurde die relative regionalen Hirndurchblutung (rCBF) nach i.v. Injektion des Radiotracer $H_2{}^{15}O$ mittels PET gemessen. Alternierend wurden pro Proband je 4 rCBF-Meßungen während körperlicher Anstrengung und spontaner Hyperpnoe sowie je 4 rCBF-Meßungen als Kontrolle unter "passiver" Bewegung (durch den Untersucher) und "passiver" Beatmung (intermittent positive pressure ventilation = IPPV, bei entspannter Atemmuskulatur, nach vorausgegangenem Training) durchgeführt. Die körperliche Belastung wurde (im PET-Scanner) durch wiederholte willkürliche Flexion und Extension des rechten Knie (Frequenz ~ 1Hz) gegen einen viskösen Widerstand und Gewicht hervorgerufen. Die einseitige Beinbewegung wurde unter der Annahme gewählt, daß jede atmungsrelevante Aktivierung in der Hemisphäre, die nicht primär mit der Durchführung der Beinbewegung beschäftigt ist, deutlicher erkennbar sein sollte. Körper- und Kopfbewegungen wurden durch geeignete Haltemaßnahmen minimiert. Elektromyographische Untersuchungen (EMG) der Bein-, Rücken- und Bauchdeckenmuskulatur kontrollierten auf beiden Seiten die Relaxation bzw. Aktivität der entsprechenden Muskeln. Zur Erfassung der individuellen Anatomie wurde bei allen Probanden ein MRI durchgeführt.

Während der körperlichen Belastung erhöhte sich die Ventilation isokapnisch von 13,2±2,6 (MW±SD) auf 23±3,5 l/min; der Sauerstoff-Verbrauch stieg um ca. 600 ml/min. Die passive Beatmung wurde dem jeweiligen individuellen Atemniveau unter Belastung angepaßt.

Die relative regionale Durchblutung (rCBF) wurde - nach Rekonstruktion und Verarbeitung der Daten zu Durchblutungsbildern - Pixel für Pixel analysiert. Für die Gruppenanalyse wurde hierzu zunächst eine Normalisierung der individuellen Gehirne in den stereotaktischen Raum nach Talairach und Tournoux (1988) vorgenommen. Damit wurden Differenzen zwischen den Probanden bezüglich Hirngröße und -form ausgeglichen. Veränderungen des rCBF können sowohl durch regionale spezifische Aktivierungen wie auch durch Änderungen der globalen Hirndurchblutung hervorgerufen werden. Um solchen globalen Effekten Rechnung zu tragen, wurde eine Kovarianzanalyse (ANCOVA) mit der globalen Hirndurchblutung als Kovariate durchgeführt (Friston et al. 1990). Zur Erfassung der Zunahme des rCBF, die mit der neuronalen Aktivierung unter der körperlichen Belastung einhergeht, wurden dann für jeden Pixel die Mittelwerte aller PET-Meßungen aller Probanden für jeden Untersuchungszustand (aktiv bzw. passiv) errechnet. Diese Mittelwerte wurden mittels t-Statistik verglichen und im Verhältnis zur Normalverteilung dargestellt (Z-Statistik). Die resultierenden Bilder wurden als koronare, transaxiale und sagittale SPM-Bilder (Statistical Parametric Mapping; Friston und Frackowiak 1991) dargestellt und zeigten in Projektion auf den stereotaktischen Raum alle rCBF-Zunahmen, die eine definierte Signifikanz-Schwelle überschritten. Die stereotaktischen Koordinaten der Aktivierungsmaxima wurden bestimmt und ihre Lokalisation wurde im stereotaktischen Atlas von Talairach und Tournoux (1988) festgestellt.

Die Einzelfallanalyse wurde prinzipiell nach dem gleichen statistischen Verfahren, jedoch ohne stereotaktische Transformation der individuellen Daten durchgeführt. Die resultierenden individuellen SPM-Bilder wurden mit den individuellen

MRI-Bilder co-registriert. Damit konnte die exakte anatomische Lokalisation der funktionellen Veränderungen überprüft werden.

Ergebnisse

Die Gruppenanalyse zeigte signifikante rCBF-Steigerungen (modifizierte Bonferroni-Korrektur, p<0,05) in den folgenden Arealen: linker (L) superomedialer Motorkortex (MI), rechter (R) superomedialer MI, L superolateraler MI, R superolateraler MI, R supplementär motorische Area (SMA), L medialer parietaler Kortex (MPK), R MPK, L ventroposterolateraler Thalamus, R Globus pallidus, Vermis (Abb. 1). Im Motorkortex konnten somit beidseits superomedial und superolateral Aktivierungsfoci nachgewiesen werden. Die Auswertung der EMG-Daten zeigte in 3 der 6 Probanden reziproke Aktivität im L Quadrizeps während der Flexion und Extension im R Knie. Die Koordinaten der Pixel mit den größten Signifikanzwerten sind in Tabelle 1 wiedergegeben (x,y und z in mm, bezogen auf das stereotaktische Koordinatensystem).

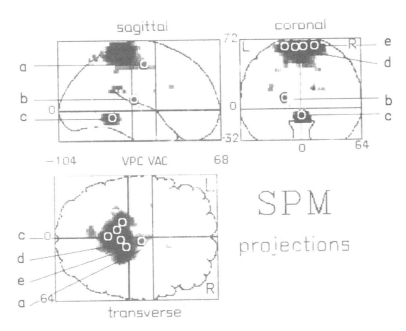

Abb. 1. Ergebnisse der Gruppenanalyse (Bilder der t-Statistik). Die Grafiken repräsentieren das stereotaktische Koordinatensystem (Talairach und Tournoux 1988). Dargestellt sind in sagittaler, koronaler und transaxialer Projektion alle signifikanten Steigerungen der regionalen Hirndurchblutung (modifizierte Bonferroni-Korrektur, p<0,05) unter körperlicher Anstrengung und dadurch induzierter Hyperpnoe. A = Senkrechte durch die anteriore Kommissur, P = Senkrechte durch die posteriore Kommissur, L = links, R = rechts; a = supplementär motorische Area (SMA), b = Thalamus, c = oberer anteriorer Vermis, d = superomedialer primär motorischer Kortex (MI), e = superolateraler MI.

Die Einzelfallanalysen nach Co-Registrierung der individuellen MRI-Bilder mit den Bildern der t-Statistik bestätigte die korrekte anatomische Lokalisation der Gruppenanalyse. Probanden, die ihr linkes Bein während der rechten Kniebewegung vollständig relaxieren konnten, zeigten keine signifikante rCBF-Steigerung im rechten superomedialen Motorkortex.

Tab. 1. Daten der Gruppenauswertung. Koordinaten der Pixel mit den größten Signifikanzwerten der Zunahme der regionalen Hirndurchblutung in mm (in x,y und z, bezogen auf das stereotaktische Koordinatensystem; Talairach und Tournoux 1988).

Lokalisation	Links				Rechts			
	Koordinaten			Z-Wert	Koordinaten			Z-Wert
	x	y	z		x	y	z	
Gyrus präcentralis, superomedial (MI)	-4	-34	64	7,10	8	-34	60	7,37
Gyrus präcentralis, superolateral (MI)	-18	-32	63	6,54	14	-28	64	7,53
Gyrus postcentralis	-2	-42	48	5,14	2	-32	52	6,48
SMA					4	-12	48	4,58
Gyrus cinguli (Brodman Area24)	-2	-2	44	4,43				
medialer parietaler Kortex	-4	-64	52	4,27	10	-54	56	4,36
Globus pallidus					16	-8	0	4,21
Thalamus	-18	-20	12	4,38				
oberer Vermis	0	-46	-8	7,83				

Konklusion

Sowohl die Gruppen- wie auch die Einzelfallanalysen haben während körperlicher Belastung und dadurch induzierter Hyperpnoe signifikante Steigerungen der regionalen Hirndurchblutung, die neuronale Aktivierungen widerspiegelt, gezeigt. Die superomediale neuronale Aktivierung in MI repräsentiert die kortikale Steuerung von Bein- und Becken-Muskulatur (Foerster 1936; Penfield und Boldrey 1937). Die superolateralen Aktivierungen wurden in jenen Bereichen gefunden, die mit willkürlicher Atmung assoziiert werden (Foerster 1936; Maskill et al. 1991; Ramsay et al. 1993). Weitere kortikale und subkortikale neuronale Aktivierungen (u.a. SMA, Thalamus, Cerebellum) können sowohl mit der Beinbewegung als auch der Atmung zusammenhängen und mit den Daten dieser Arbeit nicht weiter differenziert werden.

Bereits 1913 haben Krogh und Lindhard postuliert, daß Aktivierungen des Motorkortex nicht nur zur Bewegung von Muskeln und damit körperlicher Belastung führen, sondern auch durch "Irradiation" (Ausstrahlung) gleichzeitig Gebiete aktivieren, die für die Kontrolle von Atmung verantwortlich sind.

Wir haben - während körperlicher Belastung und räumlich getrennt von den neuronalen Aktivierungen, die diese körperliche Belastung verursachen - im superolateralen MI neuronale Aktivierungen nachweisen können. Diese Areale entsprechen der Repräsentation des Diaphragma im Motorkortex (Foerster 1936). Unseres Wissens sind diese Daten der erste Nachweis einer kortikalen Beteiligung an der Atemsteuerung während körperlicher Belastung. Diese Ergebnisse führen zu der Annahme, daß die bei körperlicher Belastung auftretende Hyperpnoe über eine direkte Aktivierung der Atemmuskeln durch den Motorkortex hervorgerufen wird.

Mit Unterstützung durch den Wellcome Trust, London, G.B.

Literatur

Foerster O (1936) Motorische Felder und Bahnen. In: Bumke O, Foerster O (eds) Handbuch der Neurologie, Springer, Berlin. Vol. 6., pp 50-51

Friston KJ, Frackowiak RSJ (1991) Imaging functional anatomy. In: Lassen NA, Ingvar DH, Raichle ME, Friberg L (eds) Brain work and mental activity. Quantitative studies with radioactive tracers. Copenhagen, Munksgaard. pp 267-279

Friston KJ, Frith CD, Liddle PF, Dolan RJ, Lammertsma AA, Frackowiak RSJ (1990) The relationship between global and local changes in PET scans. Journal of Cerebral Blood Flow and Metabolism 10: 458-466

Krogh A, Lindhard J. (1913) The regulation of respiration and circulation during the initial stages of muscular work. Journal of Physiology 47: 112-136

Maskill D, Murphy K, Mier A, Guz A (1991) Motor cortical representation of the diaphragma in man. Journal of Physiology 443: 105-121

Penfield W, Boldrey E (1937) Somatic motor and sensory representation in the cerebral cortex of man as studied by electrical stimulation. Brain 60: 389-443

Ramsay SC, Adams L, Murphy K, Corfield DR, Grootonk S, Bailey DL, Frackowiak RSJ, Guz A (1993) Regional cerebral blood flow during volitional expiration in man: a comparison with volitional inspiration. Journal of Physiology 461: 85-101

Talairach J, Tournoux P (1988) Coplanar Stereotaxic Atlas of the Human Brain. Thieme, Stuttgart.

Mitbewegungen nach ischämischem Infarkt: eine PET-Aktivierungsstudie

M. Rijntjes, C. Weiller, S. Müller, J. Faiss, C. Kappeler, H.C. Diener

Kliniken für Neurologie und Nuklearmedizin, Uniklinikum Essen

Fragestellung

Wenn sich ein Patient nach einer Hemiparese durch Schlaganfall erholt, kann man häufig beobachten, daß bei fraktionierten Bewegungen der paretischen bzw. plegischen Hand (sequentielle Fingeropposition) die andere Hand leichte oder stärkere Mitbewegungen macht. Nicht alle Patienten zeigen dieses Phänomen, aber schätzungsweise kommt es bei circa 60 % der Patienten vor, die sich soweit erholt haben daß sie diese Bewegung wieder machen können. Wenn sich ein Patient nach einem ischämischen Infarkt trotz persistierender Destruktion bessert, muß es andere Hirnareale geben, die die Funktion übernommen haben. Mit der Positron-Emissions-Tomographie kann man den Anstieg des Blutflusses messen während ein Patient diese Fingeropposition macht und sehen, welche Hirnareale rekrutiert werden, um diese Aufgabe durchzuführen.

Methodik

Fünf Patienten ohne und zwölf mit Mitbewegungen der Gegenseite wurden untersucht. Es waren alle Patienten mit einem erstmaligen Insult, die im CT oder MR eine einzige, passende, ischämische Läsion hatten. Die Läsionen variierten von Hirnstamminfarkt bis rein kortikaler Läsion. Durchschnittliche Zeit nach dem Infarkt und mittleres Alter waren in beiden Gruppen gleich.

Es wurde zweimal in Ruhe gemessen und zweimal während einer sequentiellen Fingeropposition der betroffenen Hand in einer balanzierten Reihenfolge. Die einzelnen PET Aufnahmen eines jeden Patienten wurden aufeinander koregistriert, und wenn der Infarkt rechts war, wurden die Bilder um die x-Achse gespiegelt, sodaß alle Patienten den Infarkt links hatten. Die Aufnahmen wurden in den stereotaktischen Atlas von Talairach und Tournoux gebracht und nach Ausgleich von globalen Flußdifferenzen mittels Kovarianzanalyse folgte ein statistischer Vergleich, und zwar Pixel für Pixel zwischen den Bedingungen.

Ergebnisse

Patienten ohne Mitbewegungen benutzen einen ziemlich kleinen Teil des Cortex, um diese Aufgabe durchzuführen, und zwar den sensomotorischen Kortex und das dahinterliegende parietale Areal. Patienten mit Mitbewegungen dagegen brauchen einen viel größeren Teil des Cortex, und zwar die bilaterale SMA, Gyrus cinguli, eine kaudale und laterale Ausdehnung im parietalen Assoziationscortex, und auf der Hemisphäre ipsilateral zu der bewegten Hand den sensomotorischen Cortex.

Diskussion

Patienten mit Mitbewegungen rekrutieren stärker in Intensität und Ausdehnung nicht primär motorische kortikale Areale. Vom Gyrus cinguli ist aus PET-Studien bekannt, daß es aktiviert wird, wenn sich Patienten oder Probanden besonders konzentrieren müssen. Die SMA spielt eine wichtige Rolle bei der Planung einer Bewegung, was man aus elektrophysiologischen und PET-Studien weiß. Die größere Aktivierung im Parietallappen könnte bedeuten, daß die Patienten mit Mitbewegungen eine viel größere sensorische Information brauchen um zum gleichen Ergebnis zu kommen. Der parietale Assoziationscortex hat starke Verbindungen zur SMA beidseits. Die Aktivierung nach kaudal reicht in das Areal, das mit der visomotorischen Integration assoziiert wird. Es ist anzunehmen, daß die Aktivierung im ipsilateralen sensomotorischen Cortex das Auftreten von assoziierten Mitbewegungen erklärt. Für diese Aktivierung gibt es verschiedene Möglichkeiten. Es gibt ipsilaterale Pyramidenbahnfasern, und es könnte sein, daß diese einen Beitrag zur Besserung liefern. Eine weitere Möglichkeit ist, daß durch die bilaterale SMA-Aktivierung, oder transkallosal durch die ausgedehnte parietale Aktivierung, der ipsilaterale sensomotorische Cortex passiv mitaktiviert wird, und daß die Mitbewegungen ein Epiphenomen sind. Es gibt noch andere Syndrome, bei denen Mitbewegungen auftreten, und es könnte sein, daß bei Patienten nach einem Schlaganfall verschiedene Mechanismen zusammenkommen. Mitbewegungen werden unter anderem auch gesehen bei kongenitalen Spiegelbewegungen, bei Dysraphien (z.B. beim Klippel-Feil Syndrom) und auch bei Patienten mit einer kongenitalen Läsion einer Hemisphäre.

Die Untersuchung von einer Person mit kongenitalen Spiegelbewegungen ergab, im Vergleich mit zehn Normalpersonen, bei Fingeropposition der rechten Hand eine stärkere Aktivierung des gleichen lateralen parietalen Areals wie bei den hier vorgestellten Patienten mit Mitbewegungen. In einer MR-Aktivierungsstudie, eines Patienten mit einer kongenitalen Hemiparese links (im MR eine Lakune in der vorderen inneren Kapsel) der seine linke Hand bewegte, gab es eine bilaterale Aktivierung des sensomotorischen Cortex.

Konklusion

Mitbewegungen der Gegenseite nach Schlaganfall sind in Zusammenhang mit der funktionellen · Reorganisation zu sehen. Verschiedene Ursachen können angenommen werden. Klinisch besteht der Eindruck, daß bei Patienten mit Mitbewegungen nach Insult eine verstärkte Anstrengung bei der Bewegungsausführung besteht, welche für die Aktivierungseffekte im PET eine Rolle spielen mag.

Topographie und Bedeutung kortikaler Stoffwechselstörungen bei hemiparetischem Hirninfarkt

R. J. Seitz, G. Schlaug, A. Kleinschmidt, U. Knorr, H. Steinmetz, R. Benecke, H.-J. Freund

Neurologische Klinik der Heinrich-Heine-Universität Düsseldorf

Fragestellung

In dieser Studie sollte untersucht werden, welche Hirnstrukturen nach Auftreten eines hemiparetischen Schlaganfalls Störungen des Hirnstoffwechsels aufweisen. Insbesondere wurde die Frage gestellt, ob bei klinisch nicht unterscheidbarer Symptomatologie, nämlich einer brachial betonten Hemiparese, unterschiedliche Muster von Hirnstoffwechselstörungen auftreten und ob diese Störungen mit dem Paresegrad zusammenhängen.

Methodik

Es wurden 28 Patienten mit striatokapsulären (n = 10), thalamokapsulären (n = 8) und kortiko-subkortikalen Infarkten der Zentralregion (n = 10) nach 9 +/- 4 (SEM) Monaten sowie zum Vergleich ein 67-jähriger Mann 18 Monate nach Auftreten eines rechtsseitigen Kapsel-Infarktes (Abb. 1a), der initial mit leichter, innerhalb von 2 Tagen vollständig zurückgebildeter brachiofacialer Hemiparese links einherging, untersucht. Die Läsionen wurden in T1-gewichteten kernspintomographischen Bildern lokalisiert und das Ausmaß der Hemiparese nach Demeurisse et al. (1980) quantifiziert. Der regionale zerebrale Glukosestoffwechsel (rCMRGlu) wurde mit [^{18}F]-2-deoxy-D-Glukose und der SCX PC4096-WB PET-Kamera gemessen und nach dem autoradiographischen Modell (Phelps et al. 1979) mit einer Lumped Constant von 0,52 quantifiziert. Die rCMRGlu-Störungen wurden gruppenweise im Vergleich zu einer altersäquivalenten Kontrollgruppe (n = 12) Pixel-für-Pixel auf Signifikanz geprüft und im anatomischen Referenzsystem von Greitz et al. (1991) lokalisiert. Messungen der Magnet-evozierten motorischen Potentiale (MEP) und der somatosensorisch evozierten Potentiale (SSEP) wurden nach publiziertem Verfahren durchgeführt (Stöhr et al. 1983; Benecke et al. 1991). Sie dienten der Bestimmung des Schädigungsausmaßes der efferenten kortiko-spinalen und der afferenten somatosensorischen Bahnen und wurden im Vergleich zur nicht betroffenen Gegenseite im gepaarten t-Test beurteilt.

Ergebnisse

Bei allen drei Patientengruppen fanden sich signifikante extraläsionale rCMRGlu-Herabsetzungen in umschriebenen Arealen des prämotorischen, präzentralen und parietalen Kortex der ipsilateralen Großhirnhemisphäre. Dabei waren die topographische Verteilung und Gewichtung innerhalb der drei Patientengruppen außerordentlich unterschiedlich (Tabelle 1). Als einzige Region war der Thalamus in jeder Gruppe betroffen, obwohl bei striatokapsulären und kortiko-subkortikalen Patienten eine strukturelle Thalamusläsion nicht nachweisbar war. Innerhalb des Thalamus war der rCMRGlu vor allem im dorsalen Anteil bei der striato-kapsulären und kortiko-subkortikalen Gruppe herabgesetzt, während der anteriore Anteil bei der thalamo-kapsulären Gruppe schwerpunktmäßig betroffen war. Die MEPs vom M. interosseus dorsalis I waren bei den Patienten mit kortiko-subkortikalen Infarkten mittelgradig amplitudenreduziert (p < 0,05) und leichtgradig latenzverlängert (p < 0,05) sowie bei der striato-kapsulären Patientengruppe hochgradig amplitudenreduziert (p < 0,001) und mittelgradig latenzverlängert (p < 0,05). Die Patienten mit thalamo-kapsulärer Läsion hatten MEPs ohne signifikante Seitendifferenz (Abb. 1b). Die SSEPs waren lediglich bei der kortiko-subkortikalen Gruppe amplitudenreduziert (p < 0,005). Das Ausmaß der Parese und die MEP-Veränderungen waren bei einer Analyse über die 28 Patienten signifikant mit einer Stoffwechselminderung im Striatum korreliert (p < 0,001, Spearman-Rang-Test). Bei dem asymptomatischen Patienten mit der kapsulären Infarktläsion (Abb. 1a) fanden sich signifikante rCMRGlu-Minderungen (rCMRGlu < 2SD des mittleren rCMRGlu der Kontrollgruppe) lediglich im Caudatum und Putamen rechts aber nicht im Thalamus oder der ipsilateralen Großhirnrinde. Die MEPs dieses Patienten zum kontralateralen M. interosseus dorsalis I (5,8 mV, 6,4 ms) und zum M. tibialis anterior (4,6 mV, 16,4 ms) waren seitengleich und lagen im Normbereich.

Tab. 1 Signifikante rCMRGlu-Minderungen in der ipsilateralen Großhirnhemisphäre bei hemiparetischem Hirninfarkt

Anatomische Hirnregion	Striato-kapsulär (n = 10)	Thalamo-kapsulär (n = 8)	Kortiko-subkortikal (n = 10)
Gyrus praecentralis	+		+*
Gyrus postcentralis	+		+*
Prämotorischer Kortex		+	+
Frontales Augenfeld			+
Lobulus parietalis sup.			+
Parietales Operculum		+	+
Gyrus supramarginalis			+
Gyrus angularis	+		
Frontales Operculum	+		
Gyrus temporalis sup.	+		+
Inselrinde	+		
Gyrus frontoorbitalis	+		
Mittl. Präfrontalkortex		+	
Gyrus cinguli		+	

* Bereich struktureller Läsion bei jedem Patienten.

Abb. 1.a)

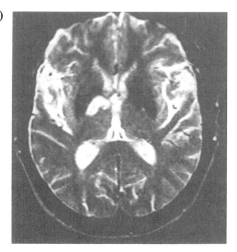

Abb. 1.b)

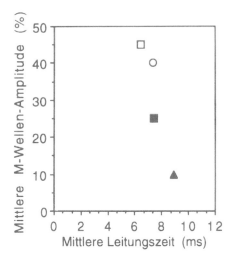

Abb. 1. a) Asymptomatische subkortikale Hirnläsion bei einem 67-jährigen Mann im T2-gewichteten MRT-Bild. Die Infarktläsion liegt im mittleren Anteil der Capsula interna rechts unter Aussparung des angrenzenden Nucleus lentiformis und Thalamus. **b)** Veränderungen der MEPs zum M. interosseus dorsalis I im Vergleich zur nicht betroffenen Seite (□) bei der thalamo-kapsulären Gruppe (o), der striato-kapsulären Gruppe (▲) und der kortiko-subkortikalen Gruppe (■). Die relative M-Wellen-Amplitude ist das Verhältnis der kortikalen Anwort zu der maximalen Anwort nach radikulärer Stimulation.

Konklusion

Vorangegangene PET-Studien haben gezeigt, daß Hirninfarkte mit ausgedehnten Störungen des regionalen zerebralen Blutflusses und des regionalen Hirnstoffwechsels einhergehen. Diese sind vorzugsweise im vaskulären Versorgungsgebiet der Infarktläsion vorhanden und zeigen im Verlauf vielgestaltige Entkopplungsphänomene und progrediente Ausprägungen (Heiss et al. 1992). Sie können aber auch in entfernt liegenden Hirnregionen, wie beispielsweise im kontralateralen Zerebellum auftreten und sind somit nicht hämodynamisch bedingt, sondern spiegeln funktionelle Zusammenhänge wieder (Feeney und Baron 1986). Unsere Befunde deuten darauf hin, daß diese entfernt liegenden Störungen des Hirnstoffwechsels eine topische Verteilung haben, die mit der Lokalisation des Infarkts zusammenhängen. Eine signifikante Beteiligung der kontralateralen Kleinhirnhemisphäre war in unserer Serie lediglich bei der striato-kapsulären Gruppe nachweisbar. Besondere Bedeutung für den Schweregrad der kontralateralen Hemiparese bzw. der Störung der Magnet-evozierten motorischen Potentiale zeigten dabei Stoffwechselstörungen im rostralen Anteil des Putamens. Unser asymptomatischer Vergleichspatient unterstreicht aber, daß diese Kopplung offensichtlich dann vorliegt, wenn gleichzeitig deszendierende Bahnsysteme aus motorischen oder prämotorischen Kortexregionen affiziert sind. In Übereinstimmung zu den Befunden von Fries et al. (1993) fanden wir bei Schädigung dieser Lokalisation eine gute Prognose der Pareserückbildung. Die kortikalen rCMRGlu-Störungen waren nicht mit dem Paresegrad oder der Schädigung des Tractus kortiko-spinalis korreliert, vielmehr weist ihre Topographie auf Schädigungen kortiko-kortikaler und kortiko-subkortikaler Projektionsbahnen hin.

Literatur

Benecke R, Meyer B-U, Freund H-J (1991) Reorganisation of descending motor pathways in patients after hemispherectomy and severe hemispheric lesions demonstrated by magnetic brain stimulation. Exp Brain Res 83: 419-426

Demeurisse G, Demol O, Robaye E (1980) Motor evaluation in vascular hemiplegia. Eur Neurol 19: 382-389

Feeney DM, Baron J-C (1986) Diaschisis. Stroke 17: 817-830

Fries W, Danek A, Scheidtmann K, Hamburger C (1993) Motor recovery following capsular stroke: role of descending pathways from multiple motor areas. Brain 116: 369-382

Greitz T, Bohm C, Holte S, Eriksson L (1991) A computerized brain atlas: construction, anatomical content, and some applications. J Comp Ass Tomogr 15: 26-38

Heiss W-D, Huber M, Fink GR, Herholz K, Pietrzyk U, Wagner R, Wienhard K (1992) Progressive derangement of perinfarct viable tissue in ischemic stroke. J Cereb Blood Flow Metab 12: 193-203

Phelps ME, Huang SC, Hoffman EJ, Selin C, Sokoloff L, Kuhl DE (1979) Tomographic measurement of local cerebral glucose metabolic rate in humans with (F-18)2-fluoro-2-deoxy-D-glucose: validation of method. Ann Neurol 6: 371-388

Stöhr M, Dichgans J, Voigt K, Buettner UW (1983) The significance of somatosensory evoked potentials for localization of unilateral lesions within the cerebral hemispheres. J Neurol Sci 61: 49-63

Motorische Aktivierungsstudien bei Hirnläsionen mit der Positronen-Emissions-Tomographie (PET): Gruppen- und Einzelfallanalysen

G. Schlaug[1], B. Weder[1], U. Knorr[1], Y. Huang[1], L. Tellmann[2], H. Steinmetz[1], B. Nebeling[3], H. Herzog[2], R.J. Seitz[1]

[1]Neurologische Klinik der Heinrich-Heine-Universität Düsseldorf, Institut für [2]Medizin und [3]Nuklearchemie, Forschungsanlage Jülich

Fragestellung

Akute Läsionen des menschlichen Gehirns führen zu neurologischen Störungen, die sich im weiteren Krankheitsverlauf in unterschiedlichem Ausmaß zurückbilden können. Es wird postuliert, daß dieser Funktionsrestitution plastische Reorganisationsvorgänge im Gehirn zugrunde liegen. Da die Mechanismen der Funktionserholung aber weitgehend unbekannt sind, gibt es in der akuten Krankheitsphase keine Prädiktoren für den Umfang der möglichen Funktionserholung. Messungen des regionalen zerebralen Blutfluß (rCBF) mit der Positronen-Emissions-Tomographie (PET) erlauben, die menschliche Hirnfunktion zu untersuchen. Ziel unserer PET-Untersuchungen war es, mit sensomotorischen Aktivierungen plastische Veränderungen infolge fokaler Hirnläsionen nachzuweisen.

Bei PET-Aktivierungsstudien werden üblicherweise statistische Verfahren der Gruppenanalyse nach räumlicher Standardisierung der PET-Bildern verwendet. Die interindividuelle Variabilität der Hirnanatomie und der Topographie kortikaler Areale sowie die unterschiedliche klinische Ausprägung neurologischer Störungen macht aber individuelle Bildanalyseverfahren erforderlich (Steinmetz und Seitz 1991). Von unserer Arbeitsgruppe sind hierzu kürzlich Verfahren entwickelt und validiert worden (Steinmetz et al. 1992, Knorr et al. 1993). In dieser Studie an Schlaganfallspatienten haben wir einen Vergleich der Gruppen- und Individualanalyse von PET-Aktivierungsstudien durchgeführt.

Methodik

Bei zehn Patienten mit kortikalen (n = 2), striatokapsulären (n = 6) und thalamokapsulären (n = 2) Hirninfarkten, die zu schweren Störungen der Handmotorik führten, wurde der rCBF nach i.v.-Bolus-Injektion des frei diffusiblen Tracers [15O]-Butanol mit der SCX PC4096/15WB PET-Kamera gemessen und nach einem dynamisch-autoradiographischen Modell quantifiziert (Herzog et al. 1993). Die Patienten wurden während der Ausführung explorativer Fingerbewegungen (Seitz et al. 1991) und in Ruhe untersucht. Die parametrischen rCBF-Bilder der Patienten mit subkortikalen Läsionen wurden räumlich standardisiert, und mit Pixel-für-Pixel-Analysen statistisch sowie mit einem computerisierten Hirnatlas anatomisch ausgewertet (Seitz et al. 1990). Außerdem wurden in den Differenzbildern der einzelnen Patienten

Aktivierungsareale mit der von uns entwickelten Individualanalyse statistisch identifiziert und nach räumlicher Überlagerung mit den zugehörigen MRT-Bildern anatomisch lokalisiert (Steinmetz et al. 1992, Knorr et al. 1993). Messungen der
Magnet-evozierten motorischen Potentiale dienten der Bestimmung des
Schädigungsausmaßes der efferenten kortiko-spinalen Bahn (Benecke et al. 1991).

Ergebnisse

Tabelle 1 zeigt die signifikanten rCBF-Aktivierungsareale bei den explorativen Fingerbewegungen bei Patienten mit striatokapsulären, beziehungsweise thalamo-
kapsulären Infarkten. Man erkennt, daß mittels der Gruppenanalyse gemeinsame
Aktivierungsareale kontralateral im primär motorischen und somatosensorischen
Kortex sowie im Lobulus parietalis superior auftraten. Dieses Aktivierungsmuster
war defizient im Vergleich zu dem bei Normalpersonen, zeigte aber, daß die somatosensorische Information zur Erkennung der makrogeometrischen Stimulations-
objekte verarbeitet wurde (Seitz et al. 1991). Außerdem wurde deutlich, daß abnorme
Aktivierungen im prämotorischen Kortex ipsilateral zur stimulierten Hand und im
kontralateralen Kleinhirn auftraten (Tabelle 1). Diese Befunde weisen auf eine
Aktivierung des ipsilateralen motorischen Systems hin.

Tab. 1. Signifikante rCBF-Änderungen bei explorativen Fingerbewegungen nach subkortikalem Schlaganfall

Anatomische Hirnregion	Gruppenanalyse: Gemeinsame Areale	Individualanalyse: Konsistente Maxima
Motorkortex, kontra-lateral	+	+
Somatosensorischer Kortex, kontralateral	+	+
Lobulus parietalis superior, kontralateral	+	
Prämotorischer Kortex, ipsilateral	+	
Kleinhirnhemisphäre, kontralateral	+	

Die Individualanalyse ergab, daß konsistente Maxima nur im primär motorischen
und primär somatosensorischen Kortex nachweisbar waren (Tabelle 1). Auch hier
fand sich ein Unterschied zu den Normalpersonen, bei denen konsistente Maxima
darüber hinaus auch im prämotorischen Kortex, im Lobulus parietalis superior als
auch im Gyrus supramarginalis und angularis auftraten. Diese Befunde unterstreichen das defiziente kortikale Aktivierungsmuster bei unseren Patienten. Abbildung 1 zeigt demgegenüber jedoch, daß bei den Patienten zahlreiche Areale mit
maximaler Aktivierung nachweisbar waren. Diese variierten aber von Patient zu
Patient hinsichtlich der Lokalisation im prämotorischen, parietalen und präfrontalen
Kortex sowie hinsichtlich der Höhe des rCBF-Anstiegs und der Größe der Aktivie-
rungsfelder. Dabei waren die rCBF-Anstiege umso höher, je ausgeprägter der Ruhe-
rCBF supprimiert war. Die Aktivierungen im kontralateralen sensomotorischen
Handareal waren bei Patienten mit deutlicher Affektion des Tractus cortico-spinalis

höher als bei Patienten mit durch MEP-Ableitungen nicht meßbarer Affektion des Tractus cortico-spinalis. Bei Patienten mit assoziierten Bewegungen der gesunden Hand traten Aktivierungen im Handareal der nicht betroffenen Hirnhälfte auf.

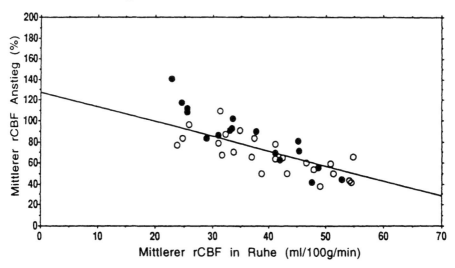

Abb. 1. rCBF-Anstiege während somatosensorischer Diskrimination bei 5 Patienten mit subkortikalem Hirninfarkt. Die Regessionsgrade (r = -0,80) der Regionen < 200 mm^2 (O) und der Regionen > 200 mm^2 (●) folgt der Formel: y = 2,29x + 164.9.

Konklusion

PET-Messungen des rCBF ermöglichen bei Patienten mit fokalen Hirnläsionen eine Erfassung plastischer Veränderungen, die sich im Verlaufe der Funktionsrestitution nach umschriebenen Hirninfarkten einstellen. Unsere Patienten mit subkortikalen Infarkten zeigten eine gute motorische Restitution der Handfunktion mit entsprechend konsistenter Aktivierung des sensomotorischen Kortex der betroffenen Hirnhälfte. In Übereinstimmung mit Befunden von Benecke et al. (1991) scheinen bei Patienten mit Schädigung des Tractus cortico-spinalis kompensatorische Mechanismen das motorische System der nicht betroffenen Hemisphäre zu beteiligen. Dabei waren rCBF-Anstiege im primär sensomotorischen Kortex mit assoziierten Bewegungen der gesunden Hand vergesellschaftet. Die von uns beobachtete ausgeprägte individuelle Variabilität der maximalen Aktivierungen korrespondiert zu ähnlichen Interpretationen von Weiller et al. (1993). Die Analyse der Diskriminationsleistung ergab, daß die Patienten signifikant langsamer als Normalpersonen waren. Entsprechend der langsameren somatosensorischen Informationsverarbeitung war das Aktivierungsmuster bei den Patienten im Vergleich zu gesunden Kontrollpersonen defizient. Dies bedeutet, daß fokale Hirnläsionen subkortikaler Lokalisation trotz guter Erholung motorischer Fertigkeiten subtile kognitive Leistungseinbußen beibehalten können.

Literatur

Benecke R, Meyer B, Freund H-J (1991) Reorganisation of descending motor pathways in patients after hemispherectomy and severe hemispheric lesions demonstrated by magnetic brain stimmulation. Exp Brain Res 83: 419-426

Herzog H, Seitz RJ, Tellmann L, Rota-Kops E, Schlaug G, Jülicher F, Jostes C, Nebeling B, Feinendegen LE (1993) Measurement of cerebral blood flow with PET and butanol using a combined dynamic single-scan approach. In: Uemura K (ed) Quantification of brain function. Tracer kinetics and image analysis in brain PET. Elsevier Science Publishers B. V., im Druck

Knorr U, Weder, B, Kleinschmidt A, Wirrwar A, Huang Y, Herzog H, Seitz RJ (1993) Identification of task-specific rCBF changes in individual subjects: validation and application for positron emission tomography. J Comput Assist Tomogr 17: 517-528

Seitz RJ, Bohm C, Greitz T, Roland PE, Eriksson L, Blomkvist G, Rosenkvist G, Nordell B (1990) Accuracy and precision of the computerized brain atlas programme (CBA) for localization and quantification in positron emission tomography. J Cereb Blood Flow Metab 10: 443-457

Seitz RJ, Roland PE, Bohm C, Greitz T, Stone-Elander S (1991) Somatosensory discrimination of shape: tactile exploration and cerebral localization. Eur J Neurosci 3: 481-492

Steinmetz H, Seitz RJ (1991) Functional anatomy of language processing: neuroimaging and the problem of individual variability. Neuropsychologia 29: 1149-1161

Steinmetz H, Huang Y, Seitz RJ, Knorr U, Schlaug G, Herzog H, Hackländer T, Kahn T, Freund H-J (1992) Individual integration of positron emission tomography and high-resolution magnetic resonance imaging. J Cereb Blood Flow Metab 12: 919-926

Weiller C, Ramsay SC, Wise RJS, Friston KJ, Frackowiak RSJ (1993) Individual patterns of functional reorganization in the human cerebral cortex after capsular infarction. Ann Neurol 33: 181-189

Ursachen und CT-Morphologie des rein motorischen Hemisyndroms bei 219 konsekutiven Fällen aus der Klosterneuburger Schlaganfall-Datenbank

M. Brainin[1,2], P. Bosak[2], M. Steiner[2], A. Dachenhausen[1]

[1]Institut zur Erforschung und Verhütung des Schlaganfalls der niederösterreichischen wissenschaftlichen Landesakademie, [2]Neurologische Abteilung der Landesnervenklinik Gugging

Fragestellung

Fisher und Curry beschrieben 1965 das rein motorische Hemisyndrom (rmH) als Syndrom eines akuten ischämischen Insults, welcher Gesicht, Arm und Bein einer Körperhälfte betrifft ohne Hinweis auf begleitende Ausfälle der Sensibilität, des Gesichtsfeldes oder der höheren kortikalen Funktionen (Fisher and Curry 1965). Detaillierte autoptische Serienschnitte zeigten als häufigste Ursache ein stenosierendes Atherom am Abgang eines zur inneren Kapsel oder zur Basis pontis führenden penetrierenden Gefäßes mit oder ohne superponierten Thrombus, seltener war auch eine embolische Genese wahrscheinlich (Fisher 1991). Heutzutage gilt das rmH als das häufigste Syndrom eines lakunären Infarkts. Auch hemiparetische Varianten mit Betonung der faziobrachialen oder brachiokruralen Parese, in denen jedoch immer in einem gewissen Ausmaß Gesicht, Arm und Bein betroffen sind, zählen zu den häufigeren klinischen Verlaufsformen des rmH.

Ziel dieser Studie war die klinisch-radiologische Beschreibung einer größeren Zahl von konsekutiv behandelten Patienten mit isoliertem rmH, um die Variabilität der Topographie, der Risikofaktoren, der Umstände des Auftretens, der klinischen Befunde und der Ätiologie zu demonstrieren.

Patienten und Methode

Wir selektierten alle Patienten mit der Diagnose eines rein motorischen Hemisyndroms aus der Klosterneuburger Schlaganfall-Datenbank, einem prospektiven unizentrischen Register von Schlaganfallpatienten, welches am 1.März 1988 an der Landesnervenklinik Gugging etabliert wurde. Die Charakteristika dieser Datensammlung sind an anderer Stelle ausführlicher dargelegt (Brainin 1990). In dieser Langzeitbeobachtung werden alle Patienten, die an dieser Klinik wegen eines akuten zerebralen Insults zur Aufnahme gelangen, mit über 300 Items prospektiv erfaßt, fortlaufend dokumentiert und jährlich nachuntersucht. Die Daten umfassen die medizinische und soziale Anamnese, Risikofaktoren, Umstände des Auftretens, Labordaten, den kardiologischen Befunden, neurologischen Status, Ergebnisse der Gefäßuntersuchung (Angiographie, Duplexsonographie, transkranielle Sonographie) und der Computertomographie (zumeist zwei Untersuchungen), Therapie und Komplikationen im Verlauf. Die Ätiologie und das klinische Syndrom werden ebenfalls dokumentiert. Die Definitionen der unterschiedlichen Ätiologien sind andernorts publiziert (Brainin 1990), ebenso die Klassifikation der ischämischen CT-Läsionen und deren Interratervariabilität (Brainin et al. 1991).

Für die Zwecke dieser Studie wurden alle Schlaganfallpatienten mit der Diagnose rmH im Zeitraum zwischen März 1988 und Dezember 1992 selektiert. Das rmH wurde definiert als isolierte Hemiparese, welche in gleichem oder unterschiedlichem Ausmaß Gesicht, Arm und Bein betrifft und keine begleitende Störung der Sensibilität, des Gesichtsfeldes und der höheren Hirnleistungen zeigt. Bei Patienten mit Beteiligung der nicht-dominanten Hemisphäre wurden zumindest am Krankenbett applizierbare Tests für halbseitige Vernachlässigung und visuokonstruktive Störungen durchgeführt. Patienten mit isolierten Monoparesen und Patienten mit neuropsychologischen Begleitstörungen wurden ausgeschlossen.

Die Auswertungen der Daten erfolgte vorwiegend univariat und dient zunächst der Beschreibung dieser Population sowie dem Vergleich mit ähnlichen Populationen aus anderen Studien. Multivariate Analysen der klinischen Rückbildungsprofile und deren Prädiktoren sind Gegenstand einer weiteren Arbeit.

Ergebnisse

Es wurden 219 Patienten mit rmH gefunden. Dies entspricht 19,8% von insgesamt 1104 Patienten aus dem Beobachtungszeitraum. Das Durchschnittsalter betrug 68,3 ± 10,8 Jahre, die Altersgrenzen lagen zwischen 31 und 91 Jahren. Der Anteil männlicher Patienten betrug 48,9%, entsprechend 107 Patienten. Sämtliche Patienten wurden bei der Aufnahme klinisch ausführlich untersucht, laborchemische und CT-Untersuchungen wurden an allen Patienten durchgeführt. Weitere Untersuchungsraten betrugen für selektive zerebrale Angiographie 6,8%, Duplex- und transkranielle Sonographie 73,2% und Echokardiographie 15,5%. Entlassungsuntersuchungen mit einer standardisierten Erhebung des ADL und des Schlaganfall-Schweregrad-Scores wurden ebenfalls bei allen Patienten systematisch durchgeführt, Obduktionsbefunde wurden inkludiert. Von allen Überlebenden werden jährlich Nachuntersuchungen über drei Jahre durchgeführt. Von den bisher erfolgten Untersuchungen konnten nach 12 Monaten 7 von 190 Patienten nicht aufgefunden werden, nach 24 Monaten waren es 10 von 135 und nach 36 Monaten waren es 14 von 69 Patienten. Die Follow-up Quoten betragen daher nach 12, 24 und 36 Monaten jeweils 96,3%, 92,6% und 79,7%.

Als Insultursache wurde in 131 Fällen eine Mikroangiopathie festgestellt (59,9%), in 49 Fällen konnte die Ätiologie nicht geklärt werden (22,3%), in 22 Fällen wurde eine Atherothrombose der großen kraniozervikalen Gefäße festgestellt (10%), in 15 Fällen eine kardiogene Embolie (6,8%), in zwei Fällen eine spontane intrazerebrale Blutung (0,9%), sowie in einem weiteren Fall ein Migräne-Schlaganfallsyndrom (0,5%). Die CT-Befunde sind in Tabelle 1 aufgeschlüsselt.

210

Tab. 1. CT-Befunde bei 219 konsekutiven Fällen von reinmotorischem Hemisyndrom

	n (%)
Normaler Befund	82 (37.4)
Infarkt im hinteren Schenkel d.Capsula interna	26 (11.9)
Infarkt im suprakapsulären Marklager	30 (13.7)
Infarkt in der paramedianen Pons	8 (3.7)
Striatokapsulärer Infarkt	13 (5.9)
Multiple Läsionen	16 (7.3)
Großer, subkortikaler Infarkt	11 (5.0)
Kortikaler Infarkt	12 (5.5)
Teilinfarkte der ACM	10 (4.5)
Teilinfarkte der ACA	3 (1.4)
Teilinfarkte der ACP	1 (0.5)
Innerer Mediagrenzzoneninfarkt	5 (2.3)
Primär intrazerebrales Hämatom	2 (0.9)

Die 30-Tage Mortalität betrug 2,7% (6 Patienten), was einerseits auf eine günstige Frühprognose dieses Syndroms hinweist, andererseits Ausdruck dessen ist, daß eine Reihe von Patienten mit primär ungünstiger Prognose aus einem erstversorgenden Krankenhaus nicht transferiert worden waren. Denn die Patienten aus dieser Serie wurden durchschnittlich 9 Tage nach dem Insult in die Datenbank aufgenommen. Die akuten Todesursachen waren in 2 Fällen eine interkurrente andere Erkrankung, in je einem weiteren Fall Reinsult, kardiale Dekompensation und Lungenembolie. Im sechsten Fall ist eine Todesursache nicht bekannt. Die Mortalität über die nächsten zwei Jahre betrug 16,4% (35 Patienten), was ebenfalls einer sehr günstigen Prognose entspricht und die bekannte Tatsache reflektiert, daß lakunäre Infarkte eine verhältnismäßige günstige Prognose aufweisen (Brainin et al. 1992). Die Langzeitmortalität zeigte als häufigste Ursache Reinsult (14 Fälle), kardiale Erkrankungen (4 Fälle), Lungenembolie (1 Fall), interkurrente andere Erkrankungen (1 Fall), konsumierende Erkrankungen (6 Fälle) und in weiteren 9 Fällen war keine Todesursache eruierbar.

Tab. 2. Risikofaktoren als mögliche Prognoseindikatoren bei 219 konsekutiven Fällen von rein motorischem Hemisyndrom

	ALLE n (%)	VERSTORBEN n (%)	SIGNIFIKANZ p
Art. Hypertonie	159 (72.6)	28 (12.8)	N.S.
Diabetes	79 (36.1)	16 (7.3)	N.S.
Vorinsult	30 (13.7)	7 (3.2)	N.S.
TIA	25 (11.4)	7 (3.2)	N.S.
Herzinfarkt	24 (11.4)	5 (2.4)	N.S.
Herzkrankheit	78 (35.5)	23 (10.5)	0.002
Nikotin	42 (19.2)	4 (1.8)	N.S.
Alkohol	68 (30.9)	10 (4.5)	N.S.

Die weiteren Aufschlüsselungen beziehen sich auf die Frage, ob es mögliche Prädiktoren der Mortalität gibt, welche bei Patienten mit rmH eine Rolle spielen. Am deutlichsten war ein höheres Erkrankungsalter mit Mortalität verbunden: Die Verstorbenen zeigten ein höheres Erkrankungsalter bei Auftreten des Insults (durchschnittliches Alter $73{,}7\pm8{,}2$ versus $67{,}0\pm11{,}0$, $t=3{,}56$, $df=218$, $p < 0{,}0001$). Als weitere Indikatoren fanden sich bei den Risikofaktoren lediglich jede Art von Herzkrankheiten (Tabelle 2).

Bei den klinischen Aufnahmebefunden waren mögliche Prädiktoren Vomitus/Nausea sowie Kopfschmerzen bei Auftreten des Insults. Verschiedene Marker des Schweregrads der Hemiparese zeigten sich nicht unterschiedlich verteilt zwischen den Überlebenden und Verstorbenen, lediglich bilaterale Pyramidenbahnzeichen zeigten eine signifikante Tendenz zu erhöhter Mortalität. Aus dem Entlassungsstatus lassen sich die ADL-Unabhängigkeit und fehlende oder geringe Restbehinderung im Schlaganfall-Schweregrad-Score als wahrscheinliche günstige Faktoren für das Langzeitüberleben erkennen.

Tab. 3. Klinische Befunde als mögliche Prognoseindikatoren bei 219 konsekutiven Fällen von reinmotorischem Hemisyndrom

	ALLE n (%)	VERSTORBEN n (%)	SIGNIFIKANZ p
Bewußtseinslage initial nicht klar	4 (1.8)	1 (0.5)	N.S.
Vomitus/Nausea (n=215)	25 (11.6)	1 (0.5)	0.046
Kopfschmerzen bei Auftreten (n=211)	40 (19.0)	3 (1.4)	0.046
Hemiplegie	13 (5.9)	5 (2.3)	N.S
Fehlende Motilität des Armes proximal	48 (21.9)	13 (5.9)	N.S.
Fehlende Motilität des Armes distal	68 (31.1)	16 (7.3)	N.S.
Fehlende Feinmotiliät der Hand	68 (31.1)	16 (7.3)	N.S.
Pyramidenzeichen beidseits	17 (7.8)	7 (3.2)	0.013
Schlaffer Tonus des Beins	21 (9.6)	6 (2.7)	N.S.
ADL unabhängig	25 (11.4)	8 (3.6)	0.039
Schlaganfall-Schweregrad-Score gering behindert	90 (40.9)	9 (4.1)	0.006
Insult nicht lakunär	90 (40.9)	20 (9.1)	N.S.

Auch die Ätiologie des Infarkts, aufgeschlüsselt nach lakunärer und nicht-lakunärer Ursache, ergab keinen Unterschied in der Mortalität nach 24 Monaten (Abb. 1).

Diskussion

Die Vorstellung, ein isoliertes motorisches Hemisyndrom sei am häufigsten durch eine thrombotische Verlegung eines penetrierenden Astes in der inneren Kapsel oder in der Pons verursacht, beruht auf minutiös durchgeführten Seriensektionsbefunden an 14 Verstorbenen mit klinisch dokumentiertem rmH (Fisher 1991). In der vorliegenden konsekutiven Serie von 219 Patienten bestand diese klassische Lokalisation lediglich in 16% der Fälle (12% hinterer Schenkel der inneren Kapsel, 4% parame-

212

diane Pons). Ähnlich häufige Lokalisationen betrafen das suprakapsuläre Marklager, die striatokapsuläre Region, variierende kortiko-subkortikale Territorien der ACM, vereinzelt sogar innere Grenzzonen im Mediastrombereich und in zwei Fällen war sogar ein primär intrazerebrales Hämatom in der Präzentralregion die klinisch relevante Läsion. Was die Ursachen dieser Infarkte anlangt, war in 33% der Fälle eine nicht-lakunäre Ursache wahrscheinlich. Immerhin waren in 10% der Fälle eine symptomatische Karotisstenose und in weiteren 7% eine definierte kardiogene Embolie auslösende Ursache des Infarkts. Allerdings ist die Langzeitmortalität unabhängig von der Ätiologie des Insults, entscheidend für die Mortalität ist in erster Linie hohes Alter und - etwas weniger gewichtig- die funktionelle Restbehinderung bei Entlassung aus der Krankenhausbehandlung.

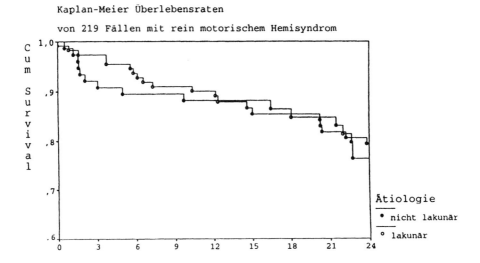

Abb. 1. Kaplan-Meier Überlebensraten von 219 Patienten mit rmH aufgeschlüsselt nach lakunärer und nicht-lakunärer Ätiologie

Daß lediglich CT-Daten zur Korrelation der klinischen Befunde mit der Läsionstypologie verwendet wurden, trägt zweifellos zur Einschränkung der Aussagen bei. Die verhältnismäßig hohe Rate an CT-Normalbefunden läßt zwar keinen positiven Rückschluß auf die Lokalisation des Insults zu, allerdings kann man durch die Tatsache, daß in diesen Fällen die CT-Untersuchung nach einigen Tagen stets wiederholt worden war, annehmen, daß die Ursache des Insults ein im CT nicht sichtbarer Infarkt durch Verschluß eines kleinen penetrierenden Astes die Ursache war. Tatsächlich zeigen unsere bisherigen Erfahrungen mittels MRI, daß in solchen Fällen ein kleiner Infarkt in der inneren Kapsel häufig gesehen werden kann. Auch haben wir öfters die Erfahrung gemacht, daß mittels MRI eine weitere Lakune sichtbar gemacht werden kann (zumeist im Hirnstamm), die ebenso als klinisch relevante Läsion in Frage kommt. Auch kortikale Läsionen werden mittels MRI häufiger bei solchen Patienten gesehen (Melo et al. 1992).

Die verhältnismäßig späte neurologische Erstuntersuchung der Infarktpatienten (durchschnittlich am 9. Tag nach dem Insult) läßt transiente sensible und andere Begleitausfälle, welche rasch reversibel sind, unberücksichtigt. Der Einfluß dieses Zeitfaktors wird von uns als gering angesehen, da ein Vergleich frühdokumentierter mit spätdokumentierten Fällen keine Unterschiede ergab. Ferner mag die Tatsache, daß in vielen Fällen die neuropsychologische Untersuchung (wenn auch wiederholt) lediglich am Krankenbett durchgeführt worden war, dazu beitragen, daß in einigen Fällen gering ausgeprägte Syndrome der halbseitigen Vernachlässigung oder visuokonstruktive Störungen nicht entdeckt worden sind.

Ein Vergleich mit ähnlichen Serien von Schlaganfallpatienten ergibt einige aufschlußreiche Ähnlichkeiten sowie Unterschiede. Norrving und Staaf (1991) untersuchten 180 konsekutive Patienten mit isolierter motorischer Hemiparese aus der Region Lund, Schweden, schlossen jedoch alle Patienten aus, bei denen aufgrund der klinischen Ausfälle oder des CT eine andere Ursache als ein lakunärer Infrakt anzunehmen war. Ihre Analyse ist daher ausschließlich auf wahrscheinliche lakunäre Infarkte beschränkt. Sie fanden mittels CT eine klinisch relevante supratentorielle Läsion im Versorgungsgebiet eines tiefen, penetrierenden Astes in 49% der Fälle, geben allerdings keine weitere Aufschlüsselung. Melo et al. (1992) berichten über 255 Patienten mit isolierter motorischer Hemiparese aus dem Lausanne Stroke Registry. Sie berichten über mikroangiopathisch verursachte Insulte in 33% der Fälle, atherothrombotisch bedingte Insulte in 25% und in weiteren 17% über kardiogene Embolien. Klinisch relevante Läsionen im Marklager bestanden in 47% der Fälle. Genauere topisch-klinische Angaben werden nicht berichtet. Libman et al . (1992) analysierten 65 solche Patienten aus der NINDS-Stroke Data Bank und fanden "tiefe, kleine" Infarkte in 29% der Fälle.

Zusammenfassend sind die für das rmH verantwortlichen vaskulären Läsionen äußerst variabel, soweit sie mittels struktureller bildgebender Methoden differenzierbar sind. Die klassischen Lokalisationen in der inneren Kapsel oder in der Pons sind zweifellos seltener als alle anderen zusammen, die ein Spektrum ergeben, das von einem rein kortikalen Infarkt bis zu einem striatokapsulären oder Grenzzoneninfarkt reicht. Auch die Schlaganfallursachen sind vielfältig, lakunäre Infarkte machen etwa die Hälfte bis zwei Drittel aus.

Literatur

Brainin M (1990) Zur ätiologischen Klassifikation des zerebralen Insults. Erfahrungen aus einem prospektiven Datenregister. Nervenarzt 61: 719-724

Brainin M, Omasits M, Lang S, Haitzinger W (1991) CT beim zerebralen Insult: Interraterunterschiede und Validität eines einfachen Dokumentationsschemas. Akt Neurol 18: 26-31

Brainin M, Seiser A, Czvitkovits B, Pauly E (1992) Stroke subtype is an age-independent predictor of first-year survival. Neuroepidemiology 11: 190-195

Fisher CM, Curry HB (1965) Pure motor hemiplegia of vascular origin. Arch Neurol 13: 30-44

Fisher CM (1991) Lacunar infarcts -a review. Cerebrovasc Dis 1: 311-320

Libman RB, Sacco RL, Shi T, Tatemichi TK, Mohr JP (1992) Neurologic improvement in pure motor hemiparesis. Neurology 42: 1713-1716

Melo TP, Bogousslavsky J, Van Melle G, Regli F (1992) Pure motor stroke: A reappraisal. Neurology 42: 789-795
Norrving B, Staaf G (1991) Pure motor stroke from presumed lacunar infarct. Cerebrovasc Dis 1: 203-209

Zungenabweichen: Ein fragliches lokalisatorisches Symptom

A. Danek, S. Förderreuther, C. Helmchen, F. von Rosen

Neurologische Klinik, Ludwig-Maximilians-Universität München

Einleitung

Die Vorstellung einer bilateralen hemisphärischen Kontrolle über die von den basalen Hirnnerven innervierten Muskeln wird allgemein akzeptiert. Nach diesem Konzept steuert der motorische Kortex einer Hemisphäre über bilaterale kortikonukleäre Verbindungen sowohl die gegenseitige wie die gleichseitige Muskulatur von Gaumen, Kehlkopf und Zunge. Ein Abweichen der Zunge nach einer Seite gilt als Zeichen einer Schädigung des Nervus hypoglossus in seinem peripheren Anteil oder in seinem Verlauf durch den Hirnstamm (Faszikel oder Kern).

Bei Zungenabweichen besteht aber die Gefahr, fälschlicherweise eine Hirnstammschädigung anzunehmen: es ist seit langem bekannt, daß das Symptom auch bei supratentoriellen Läsionen auftritt, meist, aber nicht immer, als passageres Phänomen (Foerster 1936). Diese Gefahr einer topischen Fehlzuordnung ist daher besonders beim akutem Auftreten von Zungenabweichen zu berücksichtigen, in der auch die für infratentorielle Läsionen typische einseitige Atrophie der Zunge noch nicht entwickelt ist (Tommasi-Davenas et al. 1990).

Die folgenden Fallberichte, bei denen Zungenabweichen *ohne* infratentorielle Läsion auftrat, sollen daher an eine potentielle Fehlerquelle der klinischen Lokalisationsdiagnostik erinnern.

Kasuistiken

Fall 1 und 2: Ein 56jähriger Patient und eine 28jährige Patientin zeigten plötzlich folgende neurologische Symptome: Zungenabweichen nach rechts, Dysarthrie, Hypästhesie der rechten Gesichtshälfte sowie Fazialisparese rechts nur für Willkürbewegungen (mit symmetrisch erhaltener emotionaler Innervation des Gesichtes). Grund der Zuweisung des Patienten war die gleichzeitig vorhandene Schluckstörung, bei Fall 2 stand eine brachiofazial betonte Hemiparese rechts im Vordergrund. Erst die Kernspintomographie war bei beiden Patienten in der Lage zu zeigen, daß der Gyrus präcentralis links in seinem unteren Teil, entsprechend der kortikalen Repräsentation der orofazialen Muskulatur, durch einen umschriebenen Infarkt geschädigt war. Bei Fall 1 lag eine diabetische Angiopathie vor, bei Fall 2 eine kardiale Embolie.

Fall 3: Ein 65jähriger Mann stellte sich nach einem Sturz mit Kopfverletzung vor und zeigte Zungenabweichen nach links sowie Dysarthrie, gestörte Feinmotorik der linken Hand und eine brachiofaziale Hemihypästhesie links. Korrelat war ein

216

subdurales Hämatom über der rechten Hemisphäre mit lokalem Ödem, vor allem in der Zentralregion und dem frontalen und parietalen Operculum.

Diskussion

Diese Kasuistiken unterstreichen die Tatsache, daß Zungenabweichen nicht nur bei Hirnstammschädigung, sondern auch bei Läsionen der Hemisphären zu beobachten ist. Einseitige Operculum-Läsionen sind geradezu als "diagnostische Fallen" bezeichnet worden, da sie zur irrtümlichen Annahme einer peripher oder faszikulär lokalisierten Hirnnervenstörung verleiten (Crumley 1979).

Klinisch war es unmöglich, die Läsionen unserer Patienten topisch zuzuordnen. Im Verlauf kam es zwar bei allen zu einer langsamen Rückbildung des Zungenabweichens, in der Akutsituation ist aus diesem Charakteristikum supratentorieller Läsionen aber kein lokalisatorisch-diagnostischer Hinweis zu gewinnen.

Auch durch die Begleitsymptome war bei allen drei Patienten keine Entscheidung zwischen dem Vorliegen einer supratentoriellen oder einer infratentoriellen Läsion möglich.

Eine "ungekreuzte" Hemiparese (zur Seite des Zungenabweichens, Fall 2 und 3) kann auch bei Hirnstammläsionen mit Zungenabweichung auftreten (Fall 30 von Tommasi-Davenas et al. 1990). Ebenso ist durch die "emotional-willkürliche Dissoziation" der Gesichtsbewegungen (Fall 1 und 2) kein sicherer Ausschluß einer Hirnstammläsion möglich (Eblen et al. 1992), obwohl dieses Phänomen die supranukleäre, am ehesten doch supratentorielle Genese der Fazialisparese belegt.

Die mangelnde lokalisatorische Wertigkeit des Zungenabweichens und die daraus folgenden Schwierigkeiten der Zuordnung zerebrovaskulärer Erkrankungen zur Carotis-Strombahn oder zum vertebro-basilären System hat dann eine wesentliche praktische Konsequenz, wenn die Indikation zur Angiographie diskutiert wird. Bevor die Entscheidung für eine potentiell risikoreichere Untersuchung der hinteren Strombahn getroffen wird, sollte daher die Kernspintomographie herangezogen werden, um eine Läsion des Hirnstamms auf der Seite des Zungenabweichens auszuschließen bzw. um eine gegenseitige Hemisphärenläsion nachzuweisen.

Für die theoretische Deutung muß man aus diesen Beobachtungen einen gewissen Grad an Lateralisierung der kortikalen Kontrolle über die basalen Hirnnerven ableiten.

Literatur

Crumley RL (1979) The opercular syndrome - diagnostic trap in facial paralysis. Laryngoscope 89: 361-365

Eblen F, Weller M, Dichgans J (1992) Automatic-voluntary dissociation: an unusual facial paresis in a patient with probable multiple sclerosis. Eur Arch Psychiatry Clin Neurosci 242: 93-95

Foerster O (1936) Motorische Felder und Bahnen. In: Bumke O, Foerster O (eds) Handbuch der Neurologie, Band 7. Springer, Berlin, pp 1-352 (p 203)

Tommasi-Davenas C, Vighetto A, Confavreux C, Aimard G (1990) Causes des paralysies du nerf grand hypoglosse. A propos de 32 cas. Presse Méd 19: 864-868

Somatotopie der fingerstimulierten SEP - Dipolquellen: Lokalisation und 3D-NMR

H. Buchner[1], A. Müller[1], L. Adams[2], A. Knepper[2], A. Thron[3], M. Scherg[4]

[1]Klinik für Neurologie RWTH Aachen, [2]Lehrstuhl für Meßtechnik RWTH Aachen, [3]Klinik für Radiologie und Neuroradiologie RWTH Aachen, [4]Department of Neuroscience Albert-Einstein-College New York

Die somatotopische Gliederung entlang des Sulcus zentralis ist seit langem bekannt. Mit nicht-invasiven Methoden, dem Mapping von an der Kopfoberfläche registrierten SEP (Deiber et al. 1986) und der Dipol-Lokalisation somatosensorischer magnetischer Felder (Baumgartner et al. 1991) konnte die somatotopische Gliederung der Finger entlang des Sulcus zentralis nachvollzogen werden. Untersuchungen der funktionellen Lokalisation relativ zur individuellen Anatomie wurden bisher nur mit invasiven Techniken ausgeführt.

Methodik

Bei acht gesunden jungen rechtshändigen Versuchspersonen wurde der N. medianus, die Finger I, III und V in üblicher Technik stimuliert. Die SEP wurden von 65 Elektroden aufgenommen, wobei 48 Elektroden über der reiz-kontralateralen rechtsseitigen Hemisphäre plaziert wurden. Nach der elektrischen Datenaufnahme wurden Fettmarkierungs-Punkte an die Positionen der Ableitelektroden gebracht und anschließend ein 3D-NMR aufgenommen.

Die NMRs wurden in eine Bildverwaltungs-Work-Station eingelesen und die Elektrodenmarkierungspunkte vermessen. In die Koordinaten der Markierungen wurde eine Kugel eingepaßt und ein Koordinaten-System definiert. In diesem Koordinaten-System wurde mit dem BESA-Programm (Brain-Electric-Source-Analysis, NeuroScan, Herndon, VA) die Quellenanalyse ausgeführt. Die Details der Datenaufnahme und Datenbearbeitung wurden ausführlicher beschrieben in Buchner et al. (1993a, b).

Die berechneten Quellenlokalisationen wurden in das Kernspin-Koordinaten-System transformiert und in die Bildgebung eingezeichnet.

Ergebnisse

Die vermessenen Elektroden-Positionen hatten von der Oberfläche der eingepaßten Kugel einen mittleren radiären Abstand von 3,7 - 5,4 mm und über der stimulierten rechten Hemisphäre ein mittleren Abstand zwischen 2,0 und 4,2 mm.

In einem standardisierten Vorgehen wurde die Dipolquellen-Lokalisation bei allen Datensätzen ausgeführt. Dieses Vorgehen ist im einzelnen beschrieben in Buchner et al. (1993a, b). Das aus diesem Vorgehen resultierende drei Dipol-Modell ist wiedergegeben in der Abb. 1. Die zuerst aktive Quelle (B) lokalisierte am Unterrand des Kugelmodells und erklärte das P14 Potential an der Kopfoberfläche. Die zweite

218

aktive Quelle (T) zeigte eine überwiegend tangentiale Orientierung und erklärte das Potential N20-P20. Diese Quelle wurde gefolgt von einem dritten Dipol (R) mit überwiegend radiärer Orientierung. Beide letzteren Dipol-Quellen lokalisierten in der rechten, aktivierten Hemisphäre. Dieses Modell erklärte im Mittel 96,9 % der Varianz der Daten.

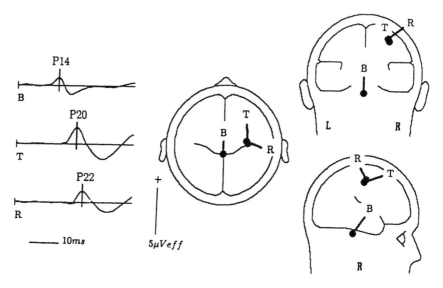

Abb. 1. Dipol-Quellen-Modell
Auf der linken Seite der Graphik ist die Quellstärke der einzelnen drei Dipole über die Zeit aufgetragen, auf der rechten Seite die Lokalisation und Orientierung der Dipol-Quelle im sphärischen Kopfmodell.

Die Quellen-Lokalisation des tangential orientierten Dipols (T) wurde in die Bildgebung der Bildverarbeitungs-Work-Station eingebracht und ihre Position relativ zur Hinterwand des Sulcus zentralis vermessen. 14 Dipol-Lokalisationen zeigten einen Abstand von unter 3 mm von der Hinterwand des Sulcus zentralis, 10 einen Abstand von unter 6 mm und alle übrigen einen Abstand von unter 9 mm. Bei sechs Versuchspersonen reihten sich die Lokalisationen der finger-stimulierten SEP-Quellen in der Ordnung V. Finger, II. Finger und I. Finger von medial nach lateral, bei einer Versuchsperson (PS) war die Lokalisation der Finger I und III und bei einer Versuchsperson (DP) die Lokalisation der Finger III und V nicht entsprechend der erwarteten Reihenfolge. Die Abb. 2 zeigt Digitalisierungen des Interhemisphären-Spaltes, des Sulcus präzentralis, des Sulcus zentralis und des Sulcus postzentralis mit der gefundenen Quellen-Lokalisation.

Diskussion

Das berechnete Dipol-Modell separierte signifikante Aktivität von drei Quellen bei N. medianus und fingerstimulierten SEP. Der Beginn und der Gipfel der Quellaktivität, sowie deren Lokalisation und Orientierung entsprachen dem Ablauf der Aktivierung im somatosensorischen System (Buchner und Scherg 1991; Franssen et al. 1992).

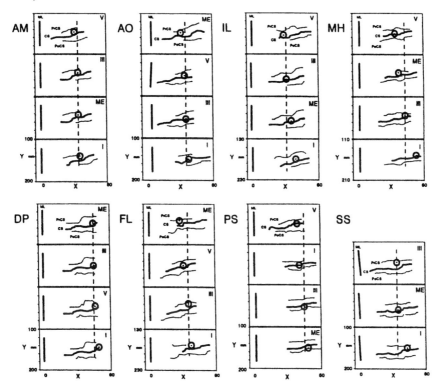

Abb. 2 Lokalisation

Lokalisation der tangential orientierten Quelle der N. medianus und fingerstimulierten SEP relativ zum Sulcus zentralis bei allen acht Versuchspersonen. Die Diagramme zeigen digitalisierte axiale NMR-Schnitte (X Achse nach rechts, Y-Achse von frontal nach occipital). Die Lokalisation der Dipol-Quellen ist gekennzeichnet durch ein Kreuz in einem Kreis, dargestellt relativ zum Interhemisphären-Spalt (ML), zum Sulcus zentralis (CS), zum Sulcus präzentralis (PrCS) und zum Sulcus postzentralis (PoCS). Bei der Versuchsperson SS war eine Quellen- Berechnung der SEP vom V. Finger wegen eines schlechten Signal-Rausch-Verhältnisses nicht möglich.

Die erste Dipol-Quelle (B) lokalisierte am Unterrand des Kugelmodells und erklärte das Potential P14 an der Kopfoberfläche. Diese Quelle entspricht demnach einer Quelle im Lemniscus medialis. Die zweite aktive Quellstruktur (Dipol T) entspricht der ersten Aktivierung des somatosensorischen Kortex und erklärte die Potentialgipfel N20-P20 an der Kopfoberfläche. Die Orientierung und Lokalisation dieser Quellaktivität mit einer mittleren Tiefe von der Kopfoberfläche von 3,1 cm entspricht der vermuteten Entstehung dieses Potentials an der Hinterwand des Sulcus zentralis. Dieser ersten kortikalen Aktivität folgt eine zweite, repräsentiert durch die dritte Dipol-Quelle (R). Diese zeigte eine überwiegend radiäre Orientierung und mehr oberflächliche Lage mit einer mittleren Tiefe von der Kopfoberfläche von 2,6 cm. Sie entspricht demnach einer Quellstruktur an der Oberfläche des Gehirns. Die

220

Quellenlokalisation dieses Potentials war jedoch zu ungenau um zu klären, ob sie präzentral (area 4) oder postzentral (area 1) entsteht (siehe dazu auch Literatur). Die Quellenlokalisation der ersten kortikalen Aktivität, der tangentialen Dipol-Quelle (T) entsprach bei sechs der acht Versuchspersonen der bekannten somatotopischen Gliederung der Repräsentation der Finger entlang des Sulcus zentralis. Der Abstand zwischen den Dipol-Quellen des I. zum III. bzw. zum V. Finger betrug im Mittel 12 mm. Daraus ergibt sich eine gesamte Länge der Handrepräsentation entlang des Sulcus zentralis von ca. 30 mm. Diese Länge entspricht sehr gut Ergebnissen direkter kortikaler Stimulation (Penfield und Boldery 1937). Die Dipol-Quellen-Lokalisation aus elektrischen Daten zeigte in der beschriebenen Anwendung eine unerwartet hohe Genauigkeit mit einem Lokalisationsfehler von im Mittel unter 6 mm. Dies ist erheblich besser als ursprünglich vermutet (Cuffin et al. 1991). Der Grund dafür dürfte zum einen die exakte Vermessung der Elektrodenpositionen aus der 3D-NMR-Tomographie sein, des weiteren die günstige Lage des Sulcus zentralis am Kopf, dort wo seine geometrische Form durch eine Kugel relativ gut repräsentiert werden kann. Weitere Verbesserungen können erwartet werden von mehr realistischen Kopfmodellen. Erst dann kann erwartet werden, daß eine Quellenlokalisation auch in anderen Regionen des Gehirns erfolgreich ist.

Literaturverzeichnis

Baumgartner C, Doppelbauer A, Deecke L, Barth D S, Zeitlhofer J, Lindinger G, Sutherling W W (1991) Neuromagnetic investigation of somatotopy of human hand somatosensory cortex. Exp Brain Res, 87: 641-648

Buchner H, Adams L, Knepper A, Rüger R, Laborde G, Ludwig I, Reul J, Scherg M (1993) Pre-invasive determination of the central sulcus by dipole source analysis of early somatosenory evoked potentials and 3D-NMR-tomography. J Neurochir in press

Buchner H, Adams L, Müller A, Ludwig I, Knepper A, Thron A, Niemann K, Scherg M (1993) Somatotopy of human hand somatosensoty cortex revealed by dipole source analysis of early somatosensory evoked potenitals and 3D-NMR-tomography. Electroenceph clin Neurophysiol in press

Buchner H, Fuchs M, Wischmann H A, Dössel O, Ludwig I, Knepper A, Berg P (1993) Source analysis of median nerve and finger stimulated somatosensory evoked potenitals multichannel simultaneous recording of electric and magnetic fields combiend with 3D-MR-tomography. Brain Topographie. in press

Buchner H, Scherg M (1991) Analyse der Generatoren früher kortikaler somatosensibel evozierter Potentiale (N. medianus) mit der Dipolquellenanalyse Erste Ergebnisse. Z EEG-EMG 22: 62-69

Cuffin B N, Cohen D, Yunokuchi K, Maniewsi R, Purcell Ch, Cosgrove G R, Ives J, Kennedy J, Schomer D (1991) Tests of EEG localisation accuracy using implanted sources in the human brain. Ann Neurol 29: 132-138

Deiber MP, Giard MH, Mauguiere F (1986) Separate generators with distinct orientations for N20 and P22 somatosensory evoked potentials to finger stimulation. Electroenceph clin Neurophysiol 65: 321-334

Franssen H, Stegeman D F, Moleman J, Schoobaar R P (1992) Dipole modelling of median nerve SEPs in normal subjects and patients with small subcortical infarcts. Electroenzeph clin Neurophysiol 84: 401-417

Penfield W, Boldrey E (1937) Somatic motor and sensory representation in the cerebral cortex of man as studied by electrical stimulation. Brain 60: 389-443

MEG- und EEG-Methodenvergleich am Beispiel der N. medianus SEP

H. Buchner[1], O. Dössel[2], I. Ludwig[1], H.-A. Wischmann[2], M. Fuchs[2], A. Knepper[3]

[1]Klinik für Neurologie RWTH Aachen, [2]Philipps GmbH Forschungslaboratorien Hamburg, [3]Lehrstuhl für Meßtechnik RWTH Aachen

Fragestellung

Zur Zeit gibt es eine sehr kontroverse Diskussion über den Wert des MEG im Vergleich zum EEG, ausgelöst durch eine vergleichende Untersuchung von Cohen et al. (1990). Diese Diskussion fokussiert auf die Lokalisationsgenauigkeit mit beiden Methoden und vernachlässigt gravierende prinzipielle Unterschiede zwischen beiden. Aus theoretischen Studien und Überlegungen ist seit langem bekannt, daß die MEG nur tangential orientierte und oberflächennahe Quellaktivität aufzeichnet, während das EEG wegen der Volumenleiteigenschaften des Kopfes die gesamte elektrische Aktivität des Gehirns aufnimmt (Cuffin and Cohen 1979; Lopes da Silva et al. 1991). Welche Auswirkung diese und andere methodische Unterschiede zwischen dem MEG und dem EEG auf die Analyse natürlicher Signale haben, wurde bisher kaum untersucht. Ein einfaches Paradigma dies zu tun, ist die elektrische Registrierung somatosensibel evozierter Potentiale (SEP) synchron mit der Aufzeichnung der magnetischen Felder (SEF).

Methodik

In einem kombinierten Vorgehen mit der 3D-NMR-Tomographie wurden simultan multikanal elektrische und magnetische Messungen des N. medianus stimulierten SEP bzw. SEF bei drei Versuchspersonen ausgeführt. Die 32 Elektroden wurden überwiegend über der reiz-kontralateralen Hemisphäre plaziert, darüber das 31-Kanal-MEG-System. Vor und nach der Datenaufnahme wurde die exakte Position des Kopfes relativ zum MEG-System mit einer von Fuchs et al. (1993) beschriebenen Methode bestimmt. An der Position der EEG-Elektroden wurde vor der NMR-Tomographie spezielle Marken befestigt. In einer Rekonstruktion der Kopfoberfläche aus der Kernspintomographie wurden die Marken vermessen und eine Kugel als Modell des elektrischen Volumenleiters eingepaßt. Dieses technische Vorgehen wurde ausführlicher beschrieben in Buchner et al. (1993a, b). Die magnetischen Quell-Lokalisationen konnten mit einem Fehler von unter 2 mm in die Anatomie übertragen werden. Die elektrische Quellenanalyse wurde mit einem drei-Schalen-Kugelmodell und einem spatio-temporalen Vorgehen ausgeführt.

Ergebnisse

Die Amplitude des Signals im Zeitbereich von +/- 5 ms um das Potential N20 wurde ins Verhältnis gesetzt zur Amplitude des Signals im Prästimulus-Abschnitt. Die magnetischen Signale hatten ein um 2,1; 3,0 bzw. 3,5 besseres Signal-Rausch-Verhältnis in diesem Zeitbereich in Vergleich zu den elektrischen Signalen.

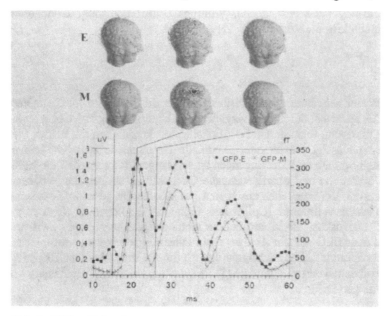

Abb. 1. GFP und Mapping
Globale Feldstärke der SEP (GFP-E) und SEF (GFP-M). Mapping der elektrischen (E) und magnetischen (M) Felder zu drei markierten Zeitpunkten.

Von Lehmann (1987) wurde als sehr einfacher Descriptor für die Veränderung der Potentialfelder über die Zeit die globale Feldstärke (GFP) vorgeschlagen. Die Abb. 1 zeigt die GFP der SEP und SEF einer Versuchsperson. Bei 15 ms poststimulus wurde ein elektrisches Signal erfaßt, während die MEG keine Feldstärke zeigte. Bei 21 ms poststimulus war ein nahezu gleich hohes elektrisches wie magnetisches Feld feststellbar. Bei ca. 22 ms poststimulus gab es ein deutliches elektrisches, aber nahezu kein magnetisches Signal. Die Darstellung der elektrischen und magnetischen Felder zu diesen Zeitpunkten zeigten ein weit verteiltes elektrisches Feld des P14 Potentials entsprechend einer tief lokalisierten Quelle, die vom MEG nicht erfaßt wurde. Zum Zeitpunkt der N20 gab es ein bipolares Feld der SEP und SEF entsprechend einer oberflächennahen tangential orientierten Quellaktivität. Zum Zeitpunkt des Potentials P22 zeigte das elektrische Feld eine monopolare Struktur, entsprechend einer radial orientierten Quellaktivität, die vom MEG nicht gesehen wurde.

Die Berechnung eines einzelnen äquivalenten Dipols für die elektrischen und magnetischen Signale zeigte eine gute Erklärung (über 95 % der Varianz) der magnetischen Signale, aber nur eine unzureichende Erklärung für die Quellstruktur der elektrischen Signale. Die SEP wurden durch ein Drei-Dipol-Quellenmodell mit zeitlich überlagernder Aktivität modelliert (Buchner et al. 1993a, b). Die kortikale tangential orientierte Quelle der SEP bzw. SEF sollte an der Hinterwand des Sulcus zentralis lokalisiert sein. Die Lokalisation dieser Dipolquellen wurde in die 3D-NMR übertragen und in orthogonalen Schnittbildern dargestellt (Abb. 2). Die magnetischen Dipolquellen lokalisierten in einem Abstand von weniger als 3 mm und die elektrischen in einem Abstand von 3-6 mm von der Hinterwand des Sulcus zentralis.

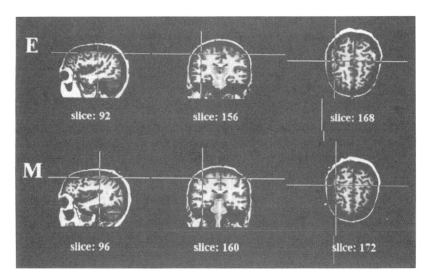

Abb. 2. Quellenlokalisation aus MEG und EEG im 3D-NMR
(E) elektrische Lokalisation ←, magnetische Lokalisation → (links oben) bzw. ↓ und ↑ (rechts oben).
(M) magnetische Lokalisation →, elektrische Lokalisation ← (links unten) bzw. ↑ und ↓ (rechts unten).

Diskussion

Das MEG sieht nur einen Teil der gesamten Quellaktivität der N. medianus stimulierten somatosensorisch evozierten Potentiale. Die im Hirnstamm entstehende P14 und die kortikale P22 Komponente entgehen dem MEG, weil sie zu weit vom MEG-System entfernt entstehen bzw. eine radiäre Orientierung ihrer Quellaktivität zeigen. Dies kann als Nachteil des MEG gewertet werden oder auch ein Vorteil im Vergleich zum EEG sein. Das MEG sieht so weniger Artefaktquellen und zeigt entsprechend ein besseres Signal-Rausch-Verhältnis. Die Lokalisationsgenauigkeit ist deswegen und wegen der sehr einfachen Modellannahme einer Kugel als Volumenleiter für die elektrische Quellenanalyse beim MEG sicherlich höher, wenn auch der Unterschied zum EEG im Falle der SEP nur gering ist.

Die unterschiedliche Sicht des MEG und des EEG auf die elektro-magnetische Aktivität des ZNS eröffnet die Möglichkeit auch komplexere Quellstrukturen als dies die SEP bzw. SEF sind zu analysieren. Während Quellenanalysen elektrischer Signale wegen der zeitlich überlappenden Aktivität vieler Quellen zu Unsicherheiten

224

führten, kann das MEG in diesem Falle den Anteil tangential orientierter ober-flächen-naher Aktivität aufdecken. In einem kombinierten Vorgehen kann die EEG-Quellenanalyse stabilisiert werden. Am Beispiel der SEP klärt das kombinierte Vor-gehen, daß die späteren Potentialanteile von einer tangential-orientierten Quelle stammen, lokalisiert an der Hinterwand des Sulcus zentralis, der Area 3b und nicht wie häufig vermutet von zwei radiären Generatoren (Desmedt and Thomberg 1989; Buchner et al. 1993a).

Die Entwicklung einer generellen Strategie für eine kombinierte Analyse von MEG und EEG wird jedoch erst möglich werden, wenn individuell angepaßte mög-lichst realistische Volumenleiter-Modelle für die EEG-Quellen-Analyse zur Verfü-gung stehen.

Literatur

Buchner H, Adams L, Müller A, Ludwig I, Knepper A, Thron A, Niemann K, Scherg M (1993) Somatotopy of human hand somatosoty cortex revealed by dipole source analysis of early somatosensory evoked potenitals and 3D-NMR-tomography. Electroenceph clin Neurophysiol, in press

Buchner H, Adams L, Knepper A, Rüger R, Laborde G, Reul J, Scherg M (1993) Pre-operative determination of the central sulcus by dipole source analysis of early somatosensory evoked potentials and 3D-NMR-tomography. J Neurochir in press

Cohen D, Cuffin B N, Yunokuchi K, Maniewski R, Purcell C, Cosgrove G R, Ives J, Kennedy J G, Schomer D L (1990) MEG versus EEG localization test using implanted sources in the human brain. Ann Neurol 28: 811-817

Cuffin N, Cohen D (1979) Comparison of the magnetoencephalogram and electroencephalo-gram. Electroenceph clin Neurophysiol 47: 132-146

Desmedt J, Tomberg C (1989) Mapping early somatosensory evoked potentials in selective attention: critical evaluation of control conditions used for titrating by difference the cognitive P30, P40, P100 and N140. Electroenceph clin Neurophysiol 74: 321-346

Fuchs M, Kullmann W H, Dössel O (1993) Functional imaging of neuronal brain activities: overlay of distributed neuromagnetic current density images and morphological MR images. Eur Radiol 3: 41-46

Lehmann, D (1987) Principles of spatial analysis. In: Gevins A S, Remond A (eds) EEG Handbook (Methods of analysis of brain electrical and magnetic signals.) Elsevier, Amsterdam, pp 309-354

Lopes da Silva F H, Wieringa H J, Peters M J (1991) Source localization of EEG versus MEG: Empirical comparison using visually evokedresponses and theoretical considerations. Brain Topography 4: 133-142

Dreidimensionale Quellenlokalisation somatosensorisch evozierter Magnetfelder nach elektrischer Reizung der Nn. medianus (Handgelenk und Finger) und tibialis

C. Hummel, S. Klein, H. Stefan

Neurologische Klinik mit Poliklinik der Universität Erlangen-Nürnberg

Fragestellung

Bei der Planung neurochirurgischer Eingriffe ist die Abgrenzung funktionell wichtiger Gehirnareale wichtig. Quellenlokalisationen evozierter Aktivität aus dem Magnetoenzephalogramm (MEG) bieten sich hierfür an (Kaufmann und Williamson 1980; Sutherling et al. 1988; Hari et al. 1990; Baumgartner et al. 1991; Yang et al. 1993). Die vorliegende Pilotstudie soll zur differenzierten Lokalisation sensibler Rindenareale aus somatosensorisch evozierten Feldern (SEF) einen Beitrag leisten. Insbesondere soll die Projektion der MEG-Daten in die individuellen hirnanatomischen Schnittbilder demonstriert und die Reproduzierbarkeit der Lokalisationen unter verschiedenen Registrierbedingungen überprüft werden.

Methodik

Sechs gesunde freiwillige Versuchspersonen wurden magnetenzephalographisch untersucht. Das verwendete Biomagnetismussystem (KRENIKON® Siemens Erlangen) verfügt über 37 in einer Ebene angeordnete Gradiometer erster Ordnung (baseline 60 mm) und ist in einer magnetischen Abschirmkammer (Vakuumschmelze Hanau) installiert. Die Daten wurden mit 2000 Hz Abtastfrequenz und Bandpass 1-500 Hz aufgezeichnet.

Evozierte kortikale Reizantworten wurden durch elektrische Stimulation des n. medianus am Handgelenk, des n. tibialis am Innenknöchel und der Fingerbeeren ausgelöst. Alle Reize wurden rechtsseitig dargeboten. Rechteckförmige Stromimpulse wurden mit einem Konstantstromreizgerät (Fa. Schwind, Erlangen) appliziert; die Reizfolgefrequenz betrug 3 Hz, die Reizdauer 1 msec. Als Reizstromstärke wurde bei Fingerstimulation die zweifache sensible Schwellenstromstärke verwendet; der Abstand der Ringelektroden betrug etwa 5 mm. Bei Reizung der nn. medianus und tibialis wurde knapp oberhalb der motorischen Schwelle stimuliert (Elektrodenabstand 20 mm). Insgesamt lagen die Stromstärken im Bereich zwischen 1,6 und 4,8 mA.

Während der Messungen lagen die Probanden entspannt in Seiten- oder Rückenlage. Zur Kopffixierung wurden zwei Methoden eingesetzt: Zum einen diente ein an der Liege in definierter Position verankerter Oberkieferabdruck der Versuchsperson als Haltevorrichtung, zum anderen wurden Vakuumkissen verwendet, auf denen der Kopf stabil gebettet werden konnte. Um die MEG-Daten in Kernspintomogramme transportieren zu können, wurden ebenfalls zweierlei Verfahren genutzt: Das eine bestand in der Verwendung des Kieferabdrucks als gemeinsame räumliche Referenz, wobei der Abdruck während der MR-Untersuchung an einer mit kontrastgebenden Markierungen versehenen Halterung befestigt war. Beim zweiten Verfahren wurden EEG-Elektrodenpositionen der internationalen 10/20-Klassifikation als direkte Referenzpunkte an der Kopfoberfläche verwendet. Die Koordinaten der entsprechenden Punkte wurden bei der MEG-Messung, auf die Sensorpositionen bezogen, digitalisiert (Polhemus Isotrac) und in den MR-Bildern anhand von Markierungskügelchen identifiziert, die am Kopf angebracht waren.

Die MEG-Registrierungen erfolgten in zwei verschiedenen Anordnungen der Magnetsensoren relativ zum Kopf: Bei Finger- und Handgelenksreizung wurde das MEG monohemisphärisch über der Temporoparietalregion kontralateral zur Reizseite aufgezeichnet, wobei die Probanden in Seitenlage positioniert waren. Meßwiederholungen mit Handgelenksstimulation und die Registrierung während Tibialisreizung wurden bihemisphärisch über der Vertexregion - in Rückenlage der Versuchspersonen - vorgenommen. In die Mittelung zu somatosensorisch evozierten Feldern (SSEF) gingen in der Regel 1000 artefaktfreie reizkorrelierte Datenabschnitte von 220 ms Länge, beginnend mit dem Reiz, ein. Generatorlokalisationen wurden mittels des Modells eines Dipols in einer homogen leitenden Kugel errechnet. Die Lokalisationsergebnisse wurden validiert anhand des Signal-Rausch-Verhältnisses (signal-to-noise-ratio = SNR) und der 95%-Konfidenzgrenzen.

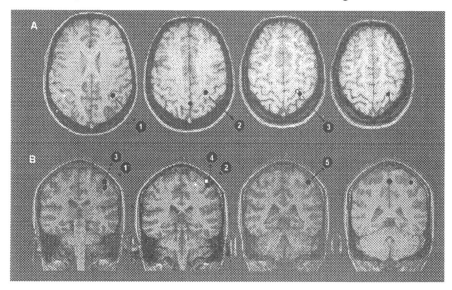

Abb.1. SEF nach elektrischer Reizung. Registrierung links temporoparietal: Finger der rechten Hand, ❑ n. medianus, rechts, Handgelenk; - Registrierung zentral (Vertex): ■ n. medianus rechts, Handgelenk; ◆ n. tibialis rechts, Innenknöchel. A. Proband GM; B. Proband KB

Ergebnisse

Unter allen Reiz- und Registrierbedingungen konnten evozierte MEG-Antworten gewonnen werden. Die frühesten Anteile traten reproduzierbar bei Reizung am Handgelenk mit Latenzzeiten um 20 ms, bei Tibialisstimulation um 40 ms auf. In den SEF nach Fingerstimulation waren die ersten Komponenten im Bereich um 25 ms nach Reizbeginn zu erkennen.

Dipollokalisierungen über den gesamten Bereich bis 150 ms nach dem Reiz ergaben zunächst - bei Einschränkung auf SNR>2,0 - dichte Dipolcluster im postzentralen Cortex, die eindeutig den Hand- bzw. Fußarealen eines "Homunkulus" zuzuordnen waren. Bei separater Analyse erwiesen sich die Signalkomponenten mit Latenzzeiten größer als etwa 30 ms bei Hand- und größer als 55 ms bei Fußreizung als ergiebiger gegenüber den ersten Antwortanteilen. Vereinzelt gelang jedoch auch, reproduzierbar für beide Registrierpositionen, die Quellenlokalisation aus SEF des n. medianus bei Latenzzeiten um 23 ms.

Systematische topographische Unterschiede zwischen den verschiedenen Signalanteilen zeigten sich nicht; die den einzelnen Komponenten entsprechenden Dipolcluster erwiesen sich im wesentlichen als einheitlich lokalisiert.

Tab.1. VP= Versuchsperson; L=Registrierung links temporo-parietal; Z=Registrierung zentral (Vertex); d1 ... d 5: Finger der rechten Hand; med=n. medianus (Handgelenk); tib=n. tibialis (Innenknöchel)

VP		Ld1	Ld2	Ld3	Ld4	Ld5	Lme	ZME	Ztib
GM	Latenz (ms)	89,5	38,5	30,5			23,5	25,5	41,0
	SNR	4,27	4,04	4,01			3,45	3,47	7,62
	2σ mm	9,2	3,2	9,1			<1	3,4	6,3
KB	Latenz (ms)	36,0	39,0	38,0	100,5	32,5	28,5	76,5	70,5
	SNR	2,15	4,17	5,76	2,70	4,20	10,04	3,38	6,16
	2σ mm	11,9	4,7	2,5	12,4	1,0	<1	23,4	18,0
MR	Latenz (ms)	88,0	44,0	48,0	114,0	56,0	72,5	80,0	40,5
	SNR	4,19	3,75	4,76	3,90	5,04	8,88	5,73	3,72
	2σ mm	4,7	1,3	6,0	5,9	3,3	12,8	19,5	<1
SB	Latenz (ms)	68,0	34,0	56,0	72,0	140,0	32,0	235,5	62,0
	SNR	3,44	3,00	4,45	3,48	2,41	5,14	4,00	6,05
	2σ mm	6,2	9,4	7,9	11,0	7,7	1,4	7,5	<1

Die Dipole mit dem günstigsten Verhältnis von SNR und Varianz wurden aus den Gesamtclustern isoliert; Latenzzeiten, SNR- und 2σ-Werte dieser repräsentativen Dipole sind in Tabelle 1 zusammengefaßt. Am Beispiel zweier Versuchspersonen werden die entsprechenden Quellenlokalisationen der SEF, in die MR-Schichten eingetragen, in Abbildung 1 demonstriert. Bei einer Versuchsperson gelang die topographische Rekonstruktion der unterschiedlichen Fingerrepräsentationen im sensiblen Cortex (s. Abb. 1A); im übrigen fanden sich die Quellenlokalisationen der Finger überlappend in einem eng umschriebenen Areal (s. Abb. 1B). Die unter

228

verschiedenen Registrierbedingungen gewonnenen Dipollokalisationen nach Medianusstimulation am Handgelenk zeigten gute Reproduzierbarkeit und lagen zwischen 3,7 und 21,1 mm voneinander entfernt.

Konklusion

Quellenlokalisationen somatosensorisch evozierter Magnetfelder, in Kernspintomogramme projeziert, bieten eine für Routineanwendungen geeignete Möglichkeit, sensible Rindenfelder zu bestimmen und anatomisch anschaulich zu machen. Registrierungen über dem Vertexbereich erlauben überdies simultane bihemisphärische Untersuchung von SEF.

Literatur

Baumgartner C, Doppelbauer A, Deecke L, Barth DS, Zeitlhofer J, Lindinger G, Sutherling WW (1991) Neuromagnetic investigation of somatotopy of human hand somatosensory cortex. Exp Brain Res 87: 641-648

Hari R, Hämäläinen H, Hämäläinen M, Kekoni J, Sams M, Tiihonen J (1990) Separate finger representations at the human second somatosensory cortex. Neuroscience 37: 245-249

Kaufman L, Williamson SJ (1980) The evoked magnetic field of the human brain. Annals New York Academy of Sciences 75: 45-65

Sutherling WW, Crandall PH, Darcey TM, Becker DP, Levesque MF, Barth DS (1988) The magnetic and electric fields agree with intracranial localizations of somatosensory cortex. Neurology 38: 1705-1714

Yang TT, Gallen CC, Schwartz BJ, Bloom FE (1993) Noninvasive somatosensory homunculus mapping in humans using a large-array biomagnetometer. Neurobiology 90: 3098-3102

Das Auftreten einer zusätzlichen Negativität zwischen den SEP-Komponenten N20 und P27: Untersuchungen zur Topographie

H. Emmert, K. A. Flügel

Neurologie und Klinische Neurophysiologie, Krankenhaus Bogenhausen, München

Fragestellung

Der corticale Primärkomplex des Medianus SEP zeigt unter bestimmten - teils physiologischen, teils pathologischen - Bedingungen eine charakteristische Formänderung: zwischen den Komponenten N20 und P27 bildet sich eine zusätzliche Negativität aus, die meist als Stufe im absteigenden Schenkel des N20, gelegentlich als Verdoppelung des N20 oder als Aufsplitterung im Zeitbereich des P27 imponiert. Zu beobachten ist diese Formänderung insbesondere bei Müdigkeit und leichtem Schlaf und unter Sedierung. Regelhaft tritt sie unter Thiopental (im Serumkonzentrationsbereich um 15 - 25 mg/l) auf. Art und Lokalisation der dieser Komponente zugrunde liegenden neuronalen Aktivität sind nicht bekannt. Wir führten daher Multikanalableitungen durch, um in einem ersten Schritt die topische Verteilung dieser Komponente zu klären.

Methodik

Die Stimulation des N. medianus erfolgte mit Standardparametern (200 µs breite Rechteckstromimpulse; 4 mA über der motorischen Schwelle; Stimulationsfrequenz 4,3/s). Zur Ableitung wurden 23 oder 32 Skalpelektroden an den Positionen des erweiterten 10/20-Systems mit den verbundenen Ohrerelektroden als Referenz verwendet. Gemittelt wurden pro Untersuchung zweimal 700 Einzelsweeps mit einer Analysezeit von -20 bis 80 ms und einer Filtereinstellung von 5 bis 500 Hz.

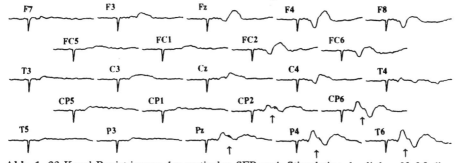

Abb. 1. 23-Kanal-Registrierung der corticalen SEP nach Stimulation des linken N. Medianus. Summenkurven aus zweimal 700 Mittlungen. Zeitachse -20 bis 80 ms. Die Anordnung der Kurven entspricht der Position der Ableiteelektroden. Die Pfeile und die Schraffuren zeigen die zusätzliche Negativität zwischen N20 und P27.

Ergebnisse

Die Abb. 1 zeigt die Ausprägung der zusätzlichen, zwischen N20 und P27 auftreten-
den Negativität. Diese findet sich umschrieben im Areal der Elektroden CP2, CP6,
Pz, P4 und P6 (bei linksseitiger Stimulation). Das Amplitudenmaximum ist an den
Positionen CP2 und CP6 zu sehen. Diese topische Verteilung gleicht der des N20.
Aufgrund ihrer Latenz läßt sich die zusätzliche Komponente von den anderen SEP-
Komponenten abgrenzen. So liegt ihr Gipfel mit seinem Latenzbereich um 24 ms
auch nicht zeitgleich mit dem Maximum des frontalen P22. In der kartographischen
SEP-Darstellung verlaufen die Isopotentiallinien zum Zeitpunkt des Maximums der
zusätzlichen Negativität in einer Anordnung, die durch einen tangentialen, von
kontralateral parietal nach ipsilateral frontal weisenden Dipol zu erklären ist.

Konklusion

Die Ergebnisse sprechen dafür, daß es sich bei der zusätzlichen Negativität, deren
Vorkommen wiederholt dokumentiert worden ist (Desmedt und Bourguet 1985;
Buchner und Scherg 1991), um eine eigenständige SEP-Komponente handelt. Sie ist
parietal lokalisiert und zeigt die gleiche topographische Verteilung und Orientierung
wie das N20. Sie ist aber von diesem abzugrenzen und muß Ausdruck einer unterschiedlichen neuronalen Aktivität sein, da sie selektiv supprimiert werden kann, wie
Untersuchungen unter Thiopentalnarkose gezeigt haben (Emmert und Flügel 1991).

Literatur

Buchner H, Scherg M (1991) Analyse der Generatoren früher kortikaler somatosensibel evo-
    zierter Potentiale (N. medianus) mit der Dipolquellenanalyse: Erste Ergebnisse. Z. EEG-
    EMG 22: 62-69
Desmedt JE, Bourguet M (1985) Color imaging of parietal and frontal somatosensory
    potential fields evoked by stimulation of median or posterior tibial nerve in man.
    Electroenceph. clin. Neurophysiol. 62: 1-17
Emmert H, Flügel KA (1991) Selective changes of SEP and VEP waves during high-dose
    barbiturate therapy. Electroenceph. clin. Neurophysiol. 78: 40P

Intraoperative Identifikation des Sulcus centralis bei Raumforderungen in der Zentralregion mittels Direktableitung somatosensorisch evozierter Potentiale und corticaler Elektrostimulation

J. Romstöck, C. Strauss, O. Ganslandt, C. Nimsky, R. Fahlbusch

Neurochirurgische Universitätsklinik Erlangen-Nürnberg

Fragestellung

Raumforderungen in der Zentralregion können dank computergestützter Bildgebung zunehmend exakter in ihrer topographischen Beziehung zu benachbarten Strukturen dargestellt werden. Tumoren mit infiltrativem, verdrängendem Wachstum und perifokalem Ödem führen jedoch regelmäßig zu einer erheblichen Verlagerung und Kompression des Hirnfurchungsreliefs, sodaß sichere anatomische Landmarken (Distanz zur Coronarnaht, Winkel zum Gyrus frontalis sup.) intraoperativ nicht mehr zur Verfügung stehen. Ebenso erhebt sich bei einem kleinen, subcortical gelegenen Tumor ohne sichtbare Veränderung der Hirnfurchen die Frage nach dem optimalen Zugangsweg über die corticale Inzision. Die sichere Identifikation von Gyrus prä- und postcentralis ist deshalb mit dem Ziel der funktionserhaltenden und vollständigen Tumorresektion unverzichtbar.

Die Phasenumkehr des somatosensorisch evozierten Potentials bei Ableitung vom Cortex wird seit einigen Jahren zur Lokalisierung der zentralen Rindenstrukturen eingesetzt (Woolsey et al. 1979; Gregorie and Goldring 1984; Wood et al. 1988). Schon seit den 90-er Jahren des vergangenen Jahrhunderts ist andererseits bekannt, daß elektrische Stimulationen des Cortex motorische Rindenareale intraoperativ lokalisieren können (Fritsch und Hitzig 1870; Ebeling et al. 1989). Beide Methoden wurden anhand eines größeren Kollektivs von Patienten mit zentralen Tumoren auf ihre lokalisatorische Eignung geprüft, wobei insbesondere der Einfluß der Raumforderung untersucht wurde.

Methodik

Seit 1989 wurde die Phasenumkehr des SEP bei 100 Patienten mit zentralen Tumoren intraoperativ eingesetzt. In den letzten 40 Fällen wurde zusätzlich der Cortex elektrisch stimuliert. Es handelte sich vorwiegend um Gliome (n=49), ferner um Meningeome (n=11), Metastasen (n=18) und andere Tumoren (n=22) mit etwa zu gleichen Teilen vorwiegend prä- oder postzentraler Lokalisation. Zumeist stand präoperativ ein NMR zur Verfügung, die Tumorgröße betrug - soweit abgrenzbar - in der Mehrzahl 20 bis 40 mm Durchmesser.

Eine flexible 20-polige Flächenelektrode wurde nach Eröffnung der Dura auf die Hirnoberfläche aufgelegt und über dem mutmaßlichen Sulcus centralis plaziert.

Diese konnte problemlos über den Trepanationsrand hinaus nach subdural vorge-
schoben werden, danach erfolgte die reihenweise Ableitung des SEP nach Stimulation des N. medianus am Handgelenk in 20-kanaliger Registrierung gegen eine
gemeinsame frontale Referenz. Die Analysenzeit betrug 50 ms, zumeist reichten 50-
100 Mittelungsschritte, die weiteren Reiz- und Ableiteparameter entsprachen der
SEP-Standardtechnik.

Danach wurde die Matrixelektrode in identischer Position in sukzessiver, bi-
polarer Schaltung mit dem stromkonstanten SEP-Stimulator konnektiert, sodaß
jeweils zwei 10 mm benachbarte Pole in sagittaler Richtung als Reizelektroden
dienten. Beginnend bei 1 mA wurde in 3er Schritten die Stromstärke sukzessive
erhöht. Die Anzahl der Rechteckimpulse von 0,1 ms Dauer wurde bei max. 250
festgesetzt, die Reizfrequenz betrug in der Regel 50 Hz, bei 5 Patienten kamen zusätzlich Reizfrequenzen mit 20, 30 und 40 Hz zum Einsatz. Als Reizerfolg wurde die
motorische Antwort - in der Regel eine geringe, tonische Bewegung der kontralateralen Finger oder der Hand - visuell registriert.

Ergebnisse

Die Identifikation des Sulcus centralis mit der SEP-Phasenumkehr war bei 94
Patienten möglich. Anhand der Matrixanodnung von 5 Polen in sagittaler und 4
Polen in transversaler Richtung konnte ein zweidimensionaler Verlauf des Sulcus
centralis kartographiert werden. In 83 Fällen zeigte sich eine typische Umkehrung
der Polarität der postcentralen Welle N20 zu einem präzentralen P20 sowie des P25
oder P30 zu einem N25 bzw. N35. Die maximalen Amplituden von N20 und P20
wurden unmittelbar zwischen benachbarten Elektroden frontal, bzw. parietal des
Sulcus centralis beobachtet. Zumeist lag jedoch keine strenge Spiegelbildlichkeit vor,
sondern eine variable, geringe Verzerrung oder Faltung der Wellen, sowie eine Verschiebung des positiven Amplitudenmaximums von P20 zu P22.

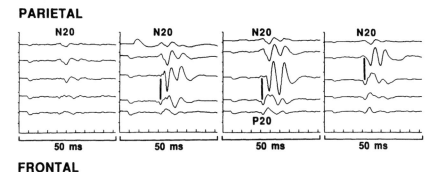

Abb. 1. Phasenumkehr der von der rechten Cortexoberfläche registrierten N.medianus-SEP
in 20-kanaliger Ableitung. Durch die markierte Polaritätsinversion bei 20 ms in der Mitte der
rechten drei Reihen konnte der Verlauf des Sulcus centralis eindeutig bestimmt werden. Postzentral (oben) fällt eine relativ hochgespannte, polyphasische Wellenabfolge bei 25-35 ms
auf, die nur teilweise eine präzentrale (unten) Phasenumkehr erfahren.

Bei 63 Patienten stellte sich die Umkehr der späteren Wellen bei 25 bis 35 ms nicht zwischen zwei 10 mm benachbarten Ableitungen dar, sondern über mindestens 20 mm Distanz oder mehr. Dazwischen fand sich keine Null-Potentiallinie, sondern ein polyphasisches Übergangsmuster.

Bei 11 Patienten zeigte sich abweichend von der N20/P20-Phasenumkehr im Bereich des Sulcus centralis eine breite, hochgespannte und polyphasische Welle mit variabler Polaritätsinversion. Diese reichte von etwa 20 bis zumeist über 35 ms und wurde teilweise über eine sagittale Ausdehnung von bis 30 mm Elektrodenabstand beobachtet. Die über dem Gyrus postcentralis gemessenen Amplituden waren dabei ausnahmslos größer, als die hierzu frontal generierten.

Bei 6 Patienten konnte weder eine Umkehr früher (bei 20 ms) noch später (25 bis 40 ms) Wellen gefunden werden. Hierbei zeigte sich nur eine abnorm breite Welle N20, deren Amplitude nach frontal ohne Form- oder Polaritätswechsel rasch abnahm. Es handelte sich dabei um Patienten mit großen höhergradigen, teils zystischen Gliomen oder Metastasen, sowie bereits präoperativ ausgeprägtem motorischem Defizit.

Die elektrische Cortexstimulation war bei 37 von 40 Patienten erfolgreich. Distale tonische Extremitätenkontraktionen wurden bereits nach 2 mA Stromstärke und 80 Einzelimpulsen beobachtet. Auffällig war, daß sowohl prä- als auch postzentral Reizerfolge erzielt wurden, sodaß stets das motorische Rindenareal von Hand oder Finger durch Reihenstimulationen in Längs- und Querausdehnung erarbeitet werden mußte. Dieser sog. "hot spot" zeigte sich regelmäßig als eng umschriebener Punkt der geringsten erforderlichen Stromintensität. Bei 3 Patienten mit an die Oberfläche reichenden vorwiegend präzentralen Glioblastomen, bzw. einer Metastase konnten bis max. 30 mA Reizstärke keine motorischen Antworten gesehen werden. Zweimal kam es bei bereits präoperativ bekannten Anfällen zu einem fokalmotorischen Krampfanfall, davon einmal schon während Plazierung der Elektrode.

Bei 5 Patienten führten wir niedrigere Stimulationsfrequenzen mit 40, 30 und 20 Hz durch. In allen Fällen konnten auch dabei Reizerfolge erzielt werden, allerdings nur mit zunehmend höheren Stromstärken und mehr Reizimpulsen. Die Gesamtladungsdichte als Produkt aus Strom und Zeit bezogen auf die Elektrodenfläche stieg damit bei niedriger Stimulationsfrequenz an (bei 50 Hz etwa 90 $\mu C/cm^2$, bei 20 Hz 400 $\mu C/cm^2$).

Entsprechend fanden wir bei konstanter Stimulationsfrequenz von 50 Hz und Erhöhung der Stromstärke um 3 mA über die motorische Reizschwelle hinaus eine Abnahme der Gesamtladungsdichte auf circa 75 $\mu C/cm^2$.

Gemessen am postoperativen Ergebnis boten beide Techniken eine hohe Verlässlichkeit. 92 Patienten zeigten postoperativ kein, ein gebessertes oder identisches motorisches Defizit, bei 8 Patienten mit bereits vorbestehender zumindest mittelgradiger Armparese kam es unmittelbar postoperativ zu einer Zunahme der motorischen Ausfälle (5 Gliome III°-IV° , 1 Angiom, 1 Meningeom, 1 Metastase), welche sich in 6 Fällen binnen 1 Woche komplett zur präoperativen Ausprägung rückbildeten.

Konklusion

Die Ableitung somatosensorisch evozierter Potentiale vom sensomotorischen Cortex bewährte sich als rasch durchführbare Methode zur Lokalisierung des Sulcus centralis. Drei Hauptmuster wurden angetroffen: In den meisten Fällen liegt eine Spiegelung von N20 zu P20 vor, die charakteristischen Wellenformen und Latenzen ermöglichen eine rasche Zuordnung der Strukturen insbesondere bei Patienten mit kleineren Raumforderungen und geringer Verlagerung der Gyri. Ohne Ausprägung eines klassischen N20/P20-Komplexes wurden polyphasische Polaritätswechsel bei 25 bis 35 ms mit einem Amplitudenmaximum über dem Gyrus postcentralis beobachtet. Aufgrund der inkonstanten Muster über eine sagittale Ausdehnung von 30 mm und mehr, sowie der mehrfachen Phasenumkehr dieser bis zu sechs Einzelkomponenten, kann eine sichere Identifizierung des Sulcus centralis erschwert sein, als Hinweis auf den Gyrus postcentralis kann nur das absolute Amplitudenmaximum verwertet werden. Die Methode versagt bei fehlender Polaritätsinversion jeglicher Wellen (6%), da die entscheidende Information über die Lage des Gyrus präcentralis fehlt. Ungünstig gelegene Tumoren, welche eine Abdrängung von Gyrus prä- oder postcentralis unter die Oberfläche oder eine Kompression der afferenten und efferenten Bahnen bedingen, führen vermutlich zu einer Verlagerung des von Allison und Desmedt 1980 beschriebenen horizontalen elektrischen Dipols bei 20 ms in Area 3b, bzw. des longitudinalen Dipols bei 22 ms, welcher als corticale präzentrale Welle P22 gemessen wird.

Die variable räumliche Überlagerung der postcentralen Welle P25 mit den präzentralen Wellen P22 und N25 erschwert das Verständnis über die Phasenumkehr des P25/N35-Komplexes, wodurch Vorhersagen über die jeweils anzutreffenden Meßergebnisse unter dem zusätzlichen Einfluß einer räumlichen Verlagerung kaum mehr möglich sind. Folgt man dem Modell mehrerer Dipole in einem Volumenleiter, so ist auf der Hirnoberfläche ein variabler Effekt von Amplitudensummation und -auslöschung zu erwarten, insbesondere wenn durch eine Läsion eine Behinderung des afferenten Impulseinstroms im Sinne der klassischen Latenzverzögerung und Amplitudenminderung hinzukommt.

Da die motorische Region bei Patienten mit großen Raumforderungen nicht direkt bestimmt werden kann, muß bei stark verlagerten Gyri auf die direkte motorische Cortexstimulation ausgewichen werden.

Die elektrische Rindenstimulation ist mit Reizintensitäten zwischen 2 und 30 mA möglich, aus der absoluten Stromstärke kann bei einem Reizerfolg jedoch kein Rückschluß auf das unmittelbar gereizte corticale Areal oder die aktuelle motorische Funktion getroffen werden. Auch bei postzentraler Reizung wurden im Bereich des dem motorischen Handareal gegenüberliegenden Gyrus postcentralis motorische Antworten beobachtet. Eine zweidimensionale Bestimmung der geringsten erforderlichen Reizstärke ("hot spot") ist deshalb trotz des deutlich höheren Zeitaufwandes unabdingbar.

Bei unseren 100 Patienten fand sich kein Fall, bei dem beide Methoden versagten und keine lokalisatorische Aussage getroffen werden konnte - dies ist bei zunehmender Fallzahl jedoch durchaus zu erwarten. Offensichtliche Falschaussagen fanden sich anhand der postoperativen klinischen Resultate nicht, widersprüchliche Einschätzungen durch den Operateur und die Autoren bestanden ebenfalls nicht.

Durch die SEP-Phasenumkehr und die corticale Elektrostimulation stehen unverzichtbare Informationen über die funktionelle Cortexanatomie zur Verfügung. Durch die Wahl der Rindeninzision, die Bestimmung der Resektionsgrenzen bei infiltrativen Gliomen und die Zuordnung corticaler Gefäße zu einem funktionell wichtigen Areal wird die operative Strategie entscheidend beeinflußt. Durch eine intermittierende Elektrostimulation könnte zukünftig auch während der Tumorpräparation eine Kontrolle über absteigende, der Resektionshöhle angrenzende Bahnen erzielt werden.

Literatur

Allison T, Goff WR, Williamson PD, VanGilder JC (1980) On the Neural Origin of Early Components of the Human Somatosensory Evoked Potentials. In: Desmedt JE (ed) Clinical Uses of Cerebral Brainstem and Spinal Somatosensory Evoked Potentials, Vol. 7. Karger, Basel, pp 51-68

Desmedt JE, Brunko E (1980) Functional Organisation of Far-Field and Cortical Components of Somatosensory Evoked Potentials in normal Adults. In: Desmedt JE (ed) Clinical Uses of Cerebral Brainstem and Spinal Somatosensory Evoked Potentials, Vol. 7. Karger, Basel, pp 27-50

Ebeling U, Schmidt UD, Reulen HJ (1989) Tumour-Surgery Within the Central Motor Strip, Surgical Results with the Aid of Electrical Motor Cortex Stimulation. Acta Neurochir 101: 100-107

Fritsch G, Hitzig E (1870) Über die Elektrische Erregbarkeit des Großhirns. Arch Anat Physiol 37: 300-332

Gregorie E, Goldring S (1984) Localization of Function in the Excision of Lesions from the Sensorimotor Region. J Neurosurg 61: 1047-1054

Wood CC, Spencer DD, Allison T, McCarthy G, Williamson PD, Goff WR (1988) Localization of Human Sensorimotor Cortex during Surgery by Cortical Surface Recording of Somatosensory Evoked Potentials. J Neurosurg 68: 99-111

Woolsey CN, Erickson TC, Gilson WE (1979) Localization in Somatic Sensory and Motor Areas of Human Cerebral Cortex as Determined by Direct Recording of Evoked Potentials and Electrical Stimulation. J Neurosurg 51: 476-506

SSEP: Abhängigkeit der Amplituden früher kortikaler Komponenten und der Latenzen später Komponenten bei Reizfrequenzen zwischen 1 Hz und 5 Hz.

A. Simic

Ludwigshafen/Rhein

Fragestellung

Die meisten Autoren geben an, daß Reizfrequenzen von 3 Hz - 5 Hz keinen wesentlichen Einfluß auf Latenzen oder Amplituden der primären kortikalen Antworten nach Medianus- und Tibialis-Reizung nehmen (Kritchevsky und Wiederholt 1978). Bei eigenen Untersuchungen an gesunden Probanden mit Dermatom-Reizung fiel die Änderung der Amplituden der frühen kortikalen Reizantworten bei Änderung der Reizparameter auf. Die frühen kortikalen Reizantworten erreichten nur bei niedriger Reizfrequenz optimale Amplituden. Aufgrund dieser Feststellung haben wir das Verhalten der Amplituden der kortikalen Reizantworten nach Medianus- und Tibialis-Reizung überprüft.

Methodik

Es wurden je 10 weibliche und männliche gesunde freiwillige Probanden zwischen 16 und 56 Jahren (Durchschnitt 36 Jahre) mit einer Körpergröße von 156 cm bis 189 cm (Durchschnitt 172,5 cm) untersucht. Die Reizung erfolgte mit überschwelligen Rechteckimpulsen von 0,2 ms Dauer und einer Intensität von 3 - 4 mA über der motorischen Schwelle (Giblin 1980; Goff et al. 1980). Die Reizfrequenzen variierten zwischen 1 Hz und 5 Hz. Es wurden bipolare Oberflächenelektroden am Handgelenk über dem N. medianus und am Innenknöchel über dem N. tibialis verwendet. Die Kathode lag jeweils proximal. Die Position der Ableitelektroden folgte dem internationalen 10-20-System. Bei Medianus-Reizung wurde die differente Ableitelektrode 2 - 3 cm hinter C3 bzw. C4 (Giblin 1964) und bei Tibialis-Reizung 3 cm hinter Cz plaziert. Die Referenzelektrode lag bei Fz. Als konstante Parameter dienten: Verstärkerempfindlichkeit 10 μV, obere und untere Grenzfrequenz 5 Hz - 1 KHz, Zeitachse 100 ms, Reizdauer 0,2 ms.
  Zunächst wurden 100 - 300 Reize (Medianus-Reizung) und 100 - 500 Reize (Tibialis-Reizung) aufsummiert. Später wurden die Summationskurven nach jeweils 50 Reizschritten (50, 100, 150, 200) getrennt dargestellt.

Ergebnisse

Die initiale kortikale Komponente (N30/P40 nach Tibialis-Reiz, N20/P25 nach Medianus-Reiz) bleibt bei Reizfrequenzen von 1 Hz und 2 Hz annähernd stabil. Erhöhung der Reizfrequenz auf 3 Hz - 5 Hz führt zu einer Amplitudenabnahme von ca. 2 µV. Die Latenzen dieser Komponenten ändern sich dabei nicht. Nur bei Tibialis-Reizung stellt sich eine geringe Amplitudenabnahme innerhalb einer Reizserie von 500 Reizen dar. Dies ergibt der Vergleich der Antwort nach den ersten 100 Reizen.

Die Einzelanalyse zeigt, daß bei höherfrequenter Reizung erwartungsgemäß vor allem die späteren Potentialanteile betroffen sind. Dies ergibt sich sowohl für die Medianus-Antwort als auch für die Tibialis-Antwort. Dabei sind die Veränderungen gegen Ende der Reizserie (Summation der Reize 151 - 200) sehr viel ausgeprägter als am Anfang (Reiz 1 - 50). Bei der 5 Hz-Reizung verändern sich auch die Latenzen der späten Wellen. Dagegen ändert sich nur die Amplitude, nicht die Latenz der frühesten Komponente. (Abb. 1a/1b und Abb. 2a/2b)

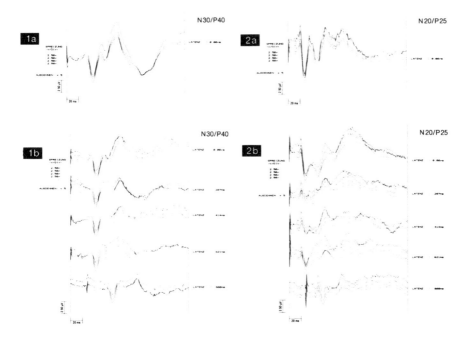

Abb.1a und 1b. Frühe und mittlere kortikale Reizantworten nach Tibialis-Reizung mit 1 Hz (Abb.1a) und 5 Hz (Abb.1b).
Abb.2a. und 2b. Frühe und mittlere kortikale Reizantworten nach Medianus-Reizung mit 1 Hz (Abb. 2a) und 5 Hz (Abb. 2b).

Konklusion

Die Medianus- und Tibialis-Reizung mit einer Frequenz von 1 Hz erlaubt frühe und mittlere Reizantworten präzise darzustellen. Bei Erhöhung der Reizfrequenz über 2 Hz treten eine deutliche Amplitudenminderung der frühen Komponenten, sowie Amplitudenminderung und Latenzveränderung später Komponenten auf. Beim Aufsummieren längerer Reizserien sind die beschriebenen Veränderungen bis zum

238

50. Reiz kaum oder wesentlich geringer ausgeprägt als nach dem 100. oder 200. Reiz.

Literatur

Giblin DR (1964) Somatosensory evoked potentials on healthy subjects and in patients with lesions of the nervous system. Ann NY Acad Sci 112: 94 - 142

Giblin DR (1980) Scalp-recorded somatosensory evoked potentials. In: Aminoff MJ (ed) Electrodiagnosis in Clinical Neurology. Livingstone, New York Edinburgh London, pp 415 - 450

Goff WR, Williamson PD, Van Gilder JC, Allison T, Fisher TC (1980) Neural origins of long latency evoked potentials recorded from the depth and from the cortical surface of the brain in man. In: Desmedt JE (ed) Clinical uses of cerebral brainstem and spinal somatosensory evoked potentials. Karger, Basel, pp 126 - 145

Kritchevsky M, Wiederholt WC (1978) Short latency somatosensory evoked potentials. Arch Neurol 35: 706 - 711

ERG und VEP in der Topodiagnostik des visuellen Systems

K. Lowitzsch

Neurologische Klinik, Klinikum Ludwigshafen/Rhein, Akademisches Lehrkrankenhaus der Universität Mainz

Einleitung

Das visuelle System mit Rezeptorapparat und retino-kortikalen Projektionsbahnen stellt ein sehr komplexes Beispiel der zentralnervösen Informantionsverarbeitung dar. Dabei sind die anatomischen Strukturen und die sinnesphysiologischen Mechanismen weitgehend aufgeklärt und analysiert. Krankheitsprozesse auf den verschiedensten Ebenen der neuronalen Verarbeitung von Sehreizen führen zu Sehstörungen, deren Abklärung zunächst in topographischen Dimensionen erfolgt, ehe ätiologische Faktoren eruiert werden.

Da der Sehvorgang von chemischen und elektrischen Phänomenen begleitet wird, können diese durch geeignete Methoden sicht- und meßbar gemacht werden. Zu diesen elektrophysiologischen Methoden gehören das EOG, das ERG und das VEP (Lowitzsch 1993). Im folgenden soll der topodiagnostische Stellenwert von ERG und VEP dargestellt werden.

Methodik

Helligkeits-ERG

Durch Ganzfeld-Reizung mit Blitzen verschiedener Wellenlänge und Intensität läßt sich über die Kornea eine triphasische Antwort mit den Komponenten a, b und c ableiten. Die negative a-Welle repräsentiert die Photorezeptoren, die b-Welle entstammt den Bipolar- und Müllerzellen der mittleren Netzhautschichten. Zusätzlich wird ein DC-Potential sowie die aus dem Pigmentepithel herrührende c-Welle überlagert (Celesia und Tobimatsu 1990). Je nach Wahl der Wellenlänge des Testreizes und des Adaptationszustandes läßt sich entweder die Stäbchenfunktion (skotopisches Sehen) oder die Zapfenfunktion (photopisches Sehen) untersuchen: Nach Dunkeladaptation von 25 s Dauer wird das skotopische ERG mit blauem Testlicht erzeugt, die b-Welle hat hier eine Latenz von 100-200 ms und eine Amplitude von 500 µV. Nach Helladaptation und Applikation eines orangefarbigen Testlichtes auf blauem Hintergrund werden dagegen die Zapfen selektiv gereizt. Auch bei Flickerreizung mit Frequenzen über 20 Hz antwortet allein der Zapfenapparat.

Kontrast-ERG

Strukturierte Sehreize wie Schachbrett- oder Streifenmuster als Kontrastreiz ohne Änderung der Gesamtillumination lösen eine ERG-Antwort (pqr) wesentlich kleinerer Amplitude (2-8 µV) aus. Daher muß ein Averageverfahren angewandt werden. Celesia und Tobimatsu (1990) konnten nachweisen, daß bei mittlerer Helligkeit eine deutliche Amplituden-Mustergrößen-Abhängigkeit besteht mit Abnahme unterhalb von 0.5 cpd entsprechend 85'. Die Autoren schlossen aus diesem Verhalten, daß bei kleineren Mustern Zellsysteme mit lateraler Hemmung antworten. Es kann sich hierbei nur um retinale Ganglienzellen handeln, wie Durchschneidungsversuche am Opticus der Katze gezeigt haben. Das Muster-ERG ist daher eine vorwiegend foveal ausgelöste Antwort, die in der proximalen Retina entsteht und von der Integrität der retinalen Ganglienzellen sowie auch der Amakrinen abhängt. Man unterscheidet eine negative p-Welle bei etwa 30 ms von einer deutlichen Positivität bei 50 ms (P50=q), gefolgt von einer Negativität bei 95 ms (N95=r).

Kontrast-VEP

Durch <u>Schachbrettmusterumkehr</u> wird bei kantenscharfer Abbildung des Musters auf der Retina ein in seiner Form, Latenz und Amplitude in erster Linie von der Mustergröße abhängiges Potential mit Amplitudenmaximum über OZ' evoziert. Dabei erfolgt die Trennung der verschiedenen visuellen Funktionen bereits auf retinalem Niveau und setzt sich in Form parallel laufender neuronaler Kanäle nach zentral hin fort. Zwei Hauptkanäle werden unterschieden: die magno- und die parvozellulären Bahnsysteme.

<u>Der magnozelluläre Kanal</u> hat seine Bezeichnung von den magnozellulären Schichten im corpus geniculatum laterale und teilt sich in zahlreiche Subkanäle mit Verbindungen zu verschiedenen Areae des occipitalen und dann weiter des posterioren Parietallappens auf. Dieses System spricht auf Bewegungsreize an und ist mit den größeren und rascher fortleitenden Y-Ganglienzellen parafoveal und peripher verbunden.

<u>Das parvozelluläre System</u> hat wiederum mehrere Subsysteme und ist hauptsächlich assoziiert mit Farbselektivität und hoher Kontrastsensitivität (Holder 1991) sowie Raum- und Musterorientierung. Dieses System ist den foveal konzentrierten kleineren und langsameren X-Zellen zugeordnet. Im visuellen Kortex (IV. Schicht) sind die magno- und parvozellulären Zielneurone weiterhin getrennt, wobei die Anzahl der maculaabhängigen Neurone wesentlich höher ist als aus vergleichbaren peripheren Retinaabschnitten.

Die <u>Hauptkomponente P100</u> des VEP ist das Ergebnis postsynaptischer Veränderungen der soma-dendritischen Polarisation primär visueller Kortexneurone. Aber auch die vorangehende negative Komponente N70 ist bereits kortikalen Ursprungs. Die Lokalisation der einzelnen Generatoren des VEP ist weiterhin unsicher, wenngleich neuere Untersuchungen mit MEG-Ableitungen weitere Erkenntnisse bringen (Harding 1991). Entsprechend der retino-kortikalen Projektion der parvo- und magnozellulären Systeme hängen Ort und Richtung der Generatordipole in Calcarina und occipitalem Kortex entscheidend von der dargebotenen Mustergröße ab, wie insbesondere Halbfeldreizungen gezeigt haben.

Ergebnisse

Die kombinierte ERG-VEP-Untersuchung deckt auf, daß bei retinalen Erkrankungen in erster Linie das ERG betroffen ist. 15 Augen mit Retinopathie zeigten in 14/15 Latenzverzögerungen und/oder Amplitudendepressionen des M-ERG und in 11/15 eine Amplitudenreduktion des 30 Hz-Flicker-ERG als Ausdruck der Zapfenfunktionsstörung; das VEP war nur bei 6/15 verändert (Tabelle 1).

Tab. 1. Rate pathologischer Ausfälle von M-VEP, M-ERG und Flicker-ERG bei 15 Augen mit Retinopathie und 12 Augen mit Opticopathie

	Retinopathien (n=15 Augen)	Optikopathien (n=12 Augen)
M-VEP pathol.	6/15	12/12
M-ERG pathol.	14/15	3/12
Flicker-ERG pathol.	11/15	4/11

Als Beispiel werden ein 61-jähriger Patient mit vaskulärer Retinopathie (H.P.) und ein 73-jähriger Patient mit trockener Makuladegeneration (R.B.) demonstriert (Abb. 1).

An 38 Glaukomaugen verschiedener Stadien konnten wir nachweisen, daß in absteigender Reihenfolge der Zapfenapparat der Makula (a-Welle des Blitz-ERG, 30-Hz-Flicker-ERG), die peripher liegenden Stäbchenrezeptoren, die retinalen Neurone der mittleren Netzhautschichten (b-Welle des Blitz-ERG) und schließlich die retinalen Ganglienzellen (P50 des M-ERG) betroffen sind (Lowitzsch und Welt 1991). Das VEP wird erst pathologisch, wenn Visusreduktion und Gesichtsfeldausfälle als Folge der sekundären axonalen Degeneration auftreten. Die retino-kortikale Leitzeit bleibt in der Regel normal.

Vaskuläre Prozesse der Retina wie arterielle Gefäßverschlüse der A.centralis retinae und ihrer Endäste mit Ausfall innerer Netzhautschichten führen zu einer Reduktion der b-Welle und zum Erlöschen der oszillatorischen Potentiale; das VEP wird lediglich in der Amplitude reduziert (Celesia und Tobimatsu 1990). Die Rezeptorenschicht bleibt erhalten und mit ihr die a-Welle. Bei einer Netzhautablösung fällt dagegen das gesamte ERG aus, da auch die Blutvesorgung der Rezeptorschicht gestört ist.

Die akute, vordere ischämische Opticusneuropathie mit plötzlichem partiellen oder totalen Visusverlust im höheren Lebensalter führt zu einem hochgradigen Axonverlust mit erheblicher Amplitudenreduktion des VEP ohne Latenzverzögerung; im EOG findet sich ein reduzierter Lichtanstieg, im ERG verschwinden die oszillatorischen Potentiale.

Die Amblyopie als Folge einer Störung des binokularen Sehens in der Kindheit hat eine Amplitudenreduktion des VEP besonders für foveale Reizung zur Folge. Pigmentepithel und Rezeptoren sind intakt, das H-ERG ist normal, das M-ERG jedoch ist reduziert, die retinokortikale Leitzeit z.T. verlängert (Teping et al. 1987).

242

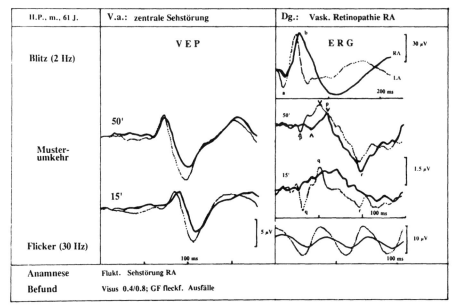

| II.P., m., 61 J. | V.a.: zentrale Sehstörung | Dg.: Vask. Retinopathie RA |

Abb. 1. VEP und ERG eines 61-jährigen Patienten H.P. mit vaskulärer Retinopathie des rechten Auges (RA, ausgezogene Kurven).

Läsionen des N.opticus haben charakteristische VEP-Veränderungen mit Latenzverzögerung, Amplitudenreduktion und Formveränderungen zur Folge (Lowitzsch 1993). Das M-ERG ist in der Amplitude reduziert, wobei in erster Linie N95 verändert ist (Holder 1991). N95 repräsentiert die retinalen Ganglienzellen, die bei ON wahrscheinlich durch retrograde Degeneration untergehen. Froehlich and Kaufmann (1993) haben in Verlaufsuntersuchungen an 12 Patienten mit ON den prognostischen Wert von P95 in bezug auf die Erholung der Funktionen hervorgehoben.

Auch bei kompressiven Läsionen der prägenikulären Sehbahn etwa bei Sellatumoren kommt es nach Wochen bis Monaten zu Veränderungen des M-ERG, wenn eine absteigende degenerative Dysfunktion der Retinaganglienzellen eingetreten ist. Liegt dagegen noch ein normales M-ERG trotz VEP-Veränderungen vor, kann postoperativ mit einer Erholung der Sehfunktion gerechnet werden (Lorenz et al. 1989).

Konklusionen

Die kombinierte ERG-VEP-Untersuchung ermöglicht eine topografische Zuordnung pathologischer Befunde zu Läsionen des retino-neuronalen visuellen Systems. Das Blitz-ERG nach Hell- und Dunkeladaption und bei Reizung mit verschiedenen Wellenlängen und Frequenzen des Testreizes differenziert zwischen Zapfen- und Stäbchenfunktionsstörungen (Photorezeptoren). Das Muster-ERG läßt Aussagen über die Funktion der retinalen Ganglienzellen zu, wobei P50 bei retinaler, N95 bei neuronaler Dysfunktion verändert ist (retinale Ganglienzellen, Opticus). Das Kontrast-VEP als retino-kortikale Antwort erlaubt durch Applikation verschiedener

Mustergrößen die Differenzierung zwischen fovealer, parafovealer und peripherer Störung, durch seitengetrennte Halbfeldreizung zusätzlich eine postchiasmale Differenzierung.

Literatur

Celesia GG, Tobimatsu S (1990) Electroretinograms to flash and to patterned visual stimuli in retinal and optic nerve disorders. In: J.E. Desmedt (ed) Visual Evoked Potentials. Elsevier, Amsterdam, pp 45-55

Froehlich J, Kaufmann DI (1993) The pattern electroretinogram: N95 amplitudes in normal subjects and optic neuritis patients. Electroenceph clin Neurophysiol 88: 83-91

Harding GF, Janday B, Armstrong RA (1991) Topographic mapping and source localization of the pattern reversal visual evoked magnetic response. Brain Topogr 4: 47-55

Holder GE (1991) The incidence of abnormal pattern electroretinography in optic nerve demyelination. Electroenceph clin Neurophysiol 78:18-26

Lorenz R, Steudel W, Heider W, Dodt E (1989) Postoperative Erholung der Sehfunktion bei Sellatumoren: Prognostische Einschätzung durch elektroophthalmologische Untersuchungen. Fortschr Ophthalmol 86: 706-709

Lowitzsch K, Welt R (1991) VEP und ERG durch Musterumkehrreizung in der Frühdiagnostik des Glaukoma chronicum simplex. EEG-EMG 22: 217-223

Lowitzsch K (1993) Visuell evozierte Potentiale; Klinische Elektroretinographie (ERG) In: Lowitzsch K, Maurer K, Hopf HC

Claus D, Tackmann W (eds) Evozierte Potentiale im Erwachsenen- und Kindesalter (VEP-ERG-AEP-P300-SEP-MEP). 2.Auflage, Thieme, Stuttgart, pp 16-123, pp 124-141

Teping CT, Kau T, Vomberg E, Schippers V, Hunold W (1987) VECP-Befunde bei amblyopen Kindern. Fortschr Ophthalmol 84: 283-286

Fortschritte bei der kernspintomographischen Darstellung des N. opticus

A. Gass[1,2], G. Barker[2], D. MacManus[2], D. Miller[2], W. I. McDonald[2], I. Moseley[2,3]

[1]Neurologische Klinik, Klinikum Mannheim, Universität Heidelberg, [2]NMR Research Group, Institute of Neurology National Hospital for Neurology and Neurosurgery, London, [3]Lysholm Department of Radiology, National Hospital for Neurology and Neurosurgery, London

Einleitung

Jeder N. opticus besteht aus annäherungsweise 1 Million myelinisierter Fasern; der Komplex von Nerv und Nervenscheide mißt 4-6 mm im Querschnitt und seine Länge beträgt 45-55 mm vom Augapfel bis zum chiasma opticum. Die magnetresonanztomographische Darstellung des N. opticus ist schwierig, da es sich um einen gekrümmt verlaufenden Nerv handelt, der intraorbital von signalreichem Fettgewebe umgeben ist, im canalis opticus von signalarmem Knochen umgeben ist und in seinem Verlauf von Liquor in der Nervenscheide bedeckt ist. Intracraniell besteht eine enge topographische Beziehung zur arteria carotis. Die Magnetresonanztomographie (MRT) hat sich in den vergangenen 10 Jahren als sensitive Methode zur Darstellung von pathologischen Veränderungen des N. opticus gezeigt (Moseley 1992). Hierbei sind vor allem Short Inversion Time Inversion Recovery (STIR) und frequenzselektive Fettsignalsuppression (FatSat) verwandt worden, um Überlagerungen von pathologischen Veränderungen durch Orbitafettsignal zu vermeiden (Johnson et al. 1987; Miller et al. 1988). Eine der Hauptschwierigkeiten verblieb die anatomische Auflösung der kleinen Struktur. Oberflächenspulentechnologie konnte den intraorbitalen Anteil eines einzelnen N. opticus mit hoher Auflösung darstellen, war aber in der Vergangenheit auch durch die Dauer von konventionellen SpinEcho Sequenzen begrenzt. Zwei technische Neuerungen erlauben, es hochauflösende magnetresonanztomographische Bilder zu erstellen: Fast Spin Echo und Phased Array Oberflächenspulen. Wir berichten über unsere Ergebnisse mit der Kombination dieser beiden neuen Techniken zur verbesserten Visualisierung des N. opticus.

Methodik

Fast Spin Echo: Fast Spin Echo basiert auf der "Rapid aquisition relaxation enhancement" Sequenz zuerst von Hennig beschrieben. Nach jeder Anregung wird eine Abfolge von mehreren (typischerweise 4,8,16) Echos aquiriert. Mit jedem Echo wird ein unterschiedlicher Phasenkodierpuls verwandt, so daß mehrere Datenlinien nach jeder Anregung erzielt werden können. Dadurch wird die notwendige Zeit im Vergleich zur konventionellen SpinEcho Sequenz drastisch gesenkt (Henning et al. 1986; Constable et al. 1992).

Fett Suppression: Auf Hochfeldmaschinen kann die orbitale Fettsuppression mit einem frequenzselektiven Saturationspuls erreicht werden. Dies ermöglicht den Nerv klar vom umgebenden Gewebe zu unterscheiden. Der Fettsuppressionspuls verändert das Kontrastverhalten der übrigen Gewebe nicht. In der Kombination mit Fast Spin Echo werden hochauflösende fettsupprimierte Bilder möglich (Simon et al. 1988).

Phased Array Spulen: Phased array Spulen kombinieren das hohe Signal zu Rausch Verhältnis einer kleinen Oberflächenspule mit dem Field of View einer wesentlich größeren Spule. Diese Spulen sind insbesondere sinnvoll zur Darstellung von großen oberflächennahen Regionen oder aber um simultan mehrere kleine Strukturen darzustellen. Wir verwandten Phased array Prototypspulen, die ursprünglich für das Kiefergelenk konstruiert worden waren (Roemer et al. 1990; Hyes und Roemer 1990).

Für die Untersuchungen wurde eine phased array Spule bestehend aus 2 7,5 cm lokalen Spulen auf einem Standard MR Gerät (1,5T, General Electric, Milwaukee, USA) verwandt. Patienten und Kontrollpersonen wurden mit einer optimierten mild T2 gewichteten, coronaren, fettsupprimierten Fast Spin Echo Sequenz untersucht (TR3250/Tef68, ETL 16, NEX=6, rechteckiges asymmetrisches 20cm Field of View, 3mm konsekutive Schichten, 512x512 Matrix). Sequenzdauer ca. 11min.

Die Phased array Spulen wurden lateral temporal positioniert, so daß eine optimale Nähe zum N. opticus gegeben war. Die Auflösung in der Bildebene lag unter 0,4 mm bei 3 mm konsekutiven Schichten. Die coronare Bildebene wurde bevorzugt um Partialvolumeneffekte zu vermeiden. T1 gewichtete Bilder nach Gadoliniumgabe wurden erstellt, wenn zusätzliche relevante Informationen zu erwarten waren.

Bei 15 normalen Kontrollpersonen und 60 Patienten mit Affektionen des N. opticus wurden zu diagnostischen oder wissenschaftlichen Zwecken MR Untersuchungen durchgeführt. Untersuchte Erkrankungen umfassten u.a. Neuritis N. optici, Optikusneuropathie bei Sarkoidose, alkoholtoxische Amblyopie, anteriore ischaemische Optikusneuropathie, Verschluß der A. centralis retinae, Optikusscheidenmenigiome, Optikusgliome, Lebersche hereditäre Optikusatrophie, Pseudotumor cerebri, endokrine Ophthalmopathie.

Ergebnisse

Die verwandten Sequenzen waren sensitiv gegenüber Veränderungen des N. opticus. Die Kombination von Fast Spin Echo, Phased array Spulen und eines asymmetrischen FOV ermöglichte hochauflösende fettsignal-supprimierte moderat T2 gewichtete Bilder in Sequenzzeiten von einer Dauer von ca. 11 Minuten. Die Visualisierung des N. opticus und seiner Binnenstruktur war deutlich verbessert. Die Abgrenzung des Nerv von ihn umgebendem Liquor und Durascheide, wie auch die topographische Beziehung zueinander wurde demonstriert. Die Weite der meningealen Opticusscheide war symmetrisch bei normalen Kontrollpersonen, variierte aber zwischen Individuen.

Die anatomische Definition von Tumor- und Weichteilgewebe erfolgte präziser. Bei Patienten mit Neuritis nervi optici zeigten die symptomatischen nervi optici signalintensive Läsionen. Bei Patienten mit Pseudotumor cerebri konnte ein erweiterter, den Nerv umgebender, Subarachnoidalraum demonstriert werden. Gadoliniumgabe lieferte zusätzliche Information bei akuten Neuropathien. Bei Optikus-

246

scheidenmeningiomen konnten intraorbitale, intracanaliculäre und intracranielle Tumorausdehnung demonstriert werden. Es zeigte sich ein typisches ringförmiges, den N. opticus umgebendes Kontrastmittelenhancement. Bei Optikusgliomen konnte ein intrinsischer Tumor des N. opticus im Gegensatz zum Optikusscheiden-meningeom eindeutig demonstriert werden. Intraorbitale Weichteilschwellung konnte bei der endokrinen Ophthalmopathie demonstriert werden. Die coronare Bildebene reduzierte Partialvolumeneffekte, und bereits geringe Seitendifferenzen konnten bei der Bildinterpretation verwertet werden.

Konklusion

Hochauflösende Magnetresonanztomographie des N. opticus mit Fast Spin Echo und Phased Array Spulen, als diagnostische oder wissenschaftliche Untersuchungsme-thode, ermöglicht verbesserte pathologische Informationen bei Affektionen der ante-rioren Sehbahn. Das verbesserte Signal zu Rausch Verhältnis ermöglicht neue quan-titative Methoden wie Magnetisation Transfer und T2 Verlaufskurven, um patho-physiologische Mechanismen bei Prozessen des N. opticus untersuchen zu können.

Literatur

Moseley IF.(1992) Diagnostic imaging in visual loss: a problem oriented approach. Imaging 4: 151-155

Johnson G, Miller DH, MacManus DG et al.(*1987*) STIR sequences in NMR imaging of the optic nerve. Neuroradiology 29: 238-245

Miller DH, Newton MR, van der Poel JC et al.(1988) Magnetic resonance imaging of the optic nerve in optic neuritis. Neurology 38: 175-179

Henning J, Naureth A, Friedburg H (1986) Rare imaging: a fast imaging method for clinical MR. Magn Reson Med 3: 823-833

Constable RT, Anderson AW, Zhong J et al. (1992) Factors influencing contrast in fast spin-echo MR Imaging. Magn Reson Ima 10: 497-511

Simon J, Szumowski J, Tottermann S et al. (1988) Fat suppression MRI of the orbit. AJNR 9: 961-968

Roemer PB, Edelstein WA, Hayes CE et al. (1990) The NMR Phased Array. Magn Reson Med 16: 192-225

Hayes CE, Roemer PB (1990) Noise correlations in Data simultaneously Acquired from Mul-tiple Surface Coil Arrays. Magn Reson Med 16: 181-191

Funktionelle Magnetresonanztomographie visueller Stimulation der primären Sehbahn

A. Kleinschmidt[1,2], J. Frahm[2], K.-D. Merboldt[2], W. Hänicke[2], H. Steinmetz[1]

[1]Neurologische Klinik der Heinrich-Heine-Universität Düsseldorf, [2]Biomedizinische NMR am Max-Planck-Institut für biophysikalische Chemie Göttingen

Fragestellung

Untersuchungen mit der Magnetresonanztomographie (MRT) haben über die vergangenen Jahre hinweg die klinische Neurologie entscheidend verändert. Mit bis dahin unvorstellbarer räumlicher Auflösung läßt sich durch MRT nicht-invasiv die Anatomie des menschlichen Gehirns in-vivo darstellen. In jüngster Zeit wurden Verfahren beschrieben, mit denen die Physiologie des Gehirns untersuchbar ist (Bandettini et al. 1992, Frahm et al. 1992, Kwong et al. 1992). Wie bei den meisten anderen funktionell bildgebenden Verfahren ist auch hier die Grundlage in der Koppelung des zerebralen Blutflusses an neuronale Aktivität zu sehen. Da die unter Stimulation im Laufe von Sekunden auftretenden Blutflußanstiege das Ausmaß gleichzeitiger Erhöhung des Sauerstoffmetabolismus übersteigen, kommt es bei neuronaler Aktivierung zu einer venösen Hyperoxygenierung (Frostig et al. 1990). Diese Änderungen des Oxygenierungsgrades schlagen sich im Suszeptibilitätskontrast nieder, der z.B. bei Verwendung von Gradienten-Echo-Sequenzen mittels MRT erfaßt werden kann (Ogawa et al. 1990). Im Gegensatz zum diamagnetischen Oxy-Hämoglobin dephasiert paramagnetisches Deoxy-Hämoglobin umgebende Kernspins mit der Folge einer Signalminderung. Die bei Aktivierung auftretende Abnahme an Deoxy-Hämoglobin ist somit als Signalanstieg registrierbar.

Erste Anwendungen dieser Methode haben vor allem die Aktivierung großer primärer kortikaler Areale gezeigt, die durch andere Modalitäten funktioneller Bildgebung hinreichend bekannt ist. Welche Anwendungsmöglichkeiten lassen sich jedoch aus den spezifischen Vorteilen hoher räumlicher und adäquater zeitlicher Auflösung ableiten? Diese Studie untersuchte, ob 1.) die Aktivierung kleiner subkortikaler Strukturen meßbar ist, die anderen Techniken entgeht, und 2.) aus dem Zeitgang der Signale die Koppelung funktionell kooperierender Strukturen bestimmbar ist. Die primäre Sehbahn mit dem Corpus geniculatum laterale (CGL) als kleinem Relaiskern für thalamokortikale Übertragung bietet für diese Fragen das geeignete Modell.

Methodik

Acht gesunde Probanden (Durchschnittsalter 25±4 Jahre) wurden bei 2,0 T (Siemens Magnetom) mit konventioneller Kopfspule untersucht. Die visuelle Stimulation erfolgte in mehreren Zyklen von Dunkelheit im Wechsel mit 10 Hz Flickerlicht einer binokularen 4x5 LED-Matrix. Zeitgleich wurden dynamisch MRT-Bilder parallel der Bikommissuralebene aufgenommen (T1-gewichtete fast low angle shot (FLASH) Sequenz mit TR/TE/α=47ms/30ms/40°, RF-Spoiling, 128x256 Matrix bei FOV von 20cm und Schichtdicke von 4mm, zeitliche Auflösung 6s). Die Wahl der Schicht illustrieren Abb. 1a und b.

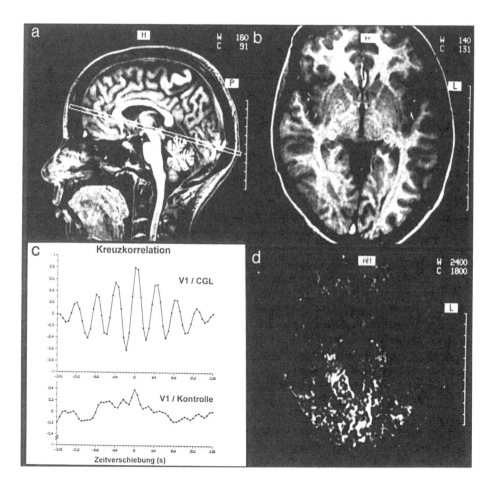

Abb. 1. a.) Mediosagittales Schnittbild mit Definition der Schicht zur dynamischen Datenregistrierung. Diese entspricht der Bikommissuralebene. **b.)** Anatomisches Bild entsprechend der Definition in a.) Die weißen Kreise entsprechen den Maxima zu V1 korrelierter epithalamischer Signalintensität, die aus dem Kreuzkorrelationsbild in d.) bestimmt wurden. **c.)** Kreuzkorrelationsfunktionen von Zeitintensitätskurven einer Referenzregion in V1 mit dem anatomisch definierten CGL bzw. einer Kontrollregion in grauer Substanz. **d.)** Kreuzkorrelationsbild zur Darstellung an V1 gekoppelter Aktivierung. Neben den visuellen kortikalen Arealen zeigen sich Maxima in einer Lokalisation, die bei Übertragung auf das anatomische Bild in b.) dem CGL entsprechen.

Ergebnisse

Bei allen Probanden konnten die Effekte photischer Stimulation bei einer "region-of-interest" Analyse als Signalanstiege sowohl im primären visuellen Kortex (V1) als auch im CGL nachgewiesen werden. Die Anstiegsamplituden waren im CGL um ein Mehrfaches kleiner als kortikal, sodaß sich die Aktivierung nicht in einem konventionellen Subtraktionsbild gemittelter "Stimulations-" und "Ruhebilder" darstellen ließ. Die enge Koppelung der Signaländerungen im CGL und V1 konnte jedoch durch die Erstellung der Kreuzkorrelationsfunktion der Zeitintensitätskurven gezeigt werden (Abb. 1c). Um die Spezifität dieses Befundes zu untermauern, wurden Kreuzkorrelationsbilder erzeugt: Unter Verwendung des zeitlichen Intensitätsprofiles in einer Referenzregion in V1 wurde die Kreuzkorrelation mit dem Signalverlauf in jedem Einzelpixel der dynamischen MRT-Serie berechnet. Der Grad funktioneller Koppelung jedes Pixels an V1 ließ sich durch eine Grauwertkodierung des Korrelationskoeffizienten oder - besser noch - des Integrals der Kreuzkorrelationskoeffizienten -1. bis 1. Ordnung in ein Bild umsetzen. In solchen Bildern sieht man die kohärente Aktivierung kortikaler (auch extrastriärer) visueller Areale zusammen mit lokalisierter Aktivierung im CGL (Abb. 1b und d).

Konklusion

Auf zerebralen Perfusionsänderungen beruhende funktionelle Bildgebung ist gegenüber elektrophysiologischen Verfahren in der zeitlichen Auflösung beschränkt. Dies liegt an dem vergleichsweise langsamen Ansprechen der hämodynamischen Reaktion. Bei funktioneller MRT fungiert Deoxy-Hämoglobin als endogenes Kontrastmittel. Die hiermit darstellbaren Effekte sind somit maßgeblich durch die zugrundeliegende Gefäßarchitektur geprägt. In ersten Anwendungen der Methode hat dies bewirkt, daß Stimulationseffekte vor allem in großen drainierenden Venen gezeigt wurden. In diesen treten zwar teilweise hochamplitudige Effekte auf, aber die präzise funktionelle Topographie wird verwischt. Durch hochauflösende Bildgebung lassen sich jedoch solche Effekte größeren Gefäßen gut zuordnen. Mit abnehmendem Kaliber der signalgebenden postkapillären Gefäße steigt die topographische Spezifität der gemessenen Signaländerungen. So bildet sich die über Kreuzkorrelation ermittelte Aktivierung genau entlang der grauen Substanz visueller kortikaler Areale ab, die in identischer Schnittführung dargestellt werden kann (vgl. Abb. 1b und d).

Die Kapillaren selber schließlich sind beim Primaten in V1 besonders dicht in den Cytochromoxidase-reichen Bezirken ("blobs") und in der vierten Kortexschicht (Zheng et al. 1991). Nach letzterem Befund ist eine deutliche thalamokortikale Koppelung gerade für einen perfusionsbedingten Effekt zu erwarten. Ebendies belegen die geschilderten Ergebnisse durch die Darstellung kohärenter Aktivierung im CGL und V1. Die erwähnte Angioarchitektur von V1 ist Bestandteil eines komplexen Systems überlagerter Syteme funktioneller Architektur (Okulardominanz, Orientierung, Metabolismus). Zukünftige Studien müssen klären, ob solche funktionellen Module durch hochauflösende MRT untersucht werden können. Für strukturelle Bildgebung hat MRT inzwischen bereits die Darstellung des Gennari-Streifens erreichen können, der beim Menschen zur Bezeichnung von V1 als Area striata geführt hat (Clark et al. 1992).

Zusammenfassend wurde in dieser Studie erstmalig die Aktivierung des menschlichen CGL durch visuelle Stimulation dargestellt. Die Grundlage hierfür bildeten die hohe räumliche Auflösung funktioneller MRT und eine zeitliche Auflösung, die das kinetische Signalprofil in einzelnen Bildelementen registriert (Frahm et al. 1993). Der letztere Aspekt ermöglicht die Darstellung funktioneller Koppelung von kooperierenden Arealen am intakten und individuellen menschlichen Gehirn. Hohe räumliche Auflösung hingegen erweitert solche Studien funktioneller Konnektivität um kortiko-subkortikale Interaktionen. Mit diesen beiden spezifischen Vorteilen funktioneller MRT werden bisher der Hirnforschung am Menschen verschlossene Fragestellungen untersuchbar.

Literatur

Bandettini PA, Wong EC, Hinks RS, Tikofsky RS, Hyde JS (1992) Time course EPI of human brain function during task activation. Magn Reson Med 25: 390-397

Clark VP, Courchesne E, Grafe M (1992) In vivo myeloarchitectonic analysis of human striate and extrastriate cortex using magnetic resonance imaging. Cer Cortex 2: 417-424

Frahm J, Bruhn H, Merboldt KD, Hänicke W. (1992) Dynamic MRI of human brain oxygenation during rest and photic stimulation. J Magn Reson Imaging 2: 501-505

Frahm J, Merboldt KD, Hänicke W (1993) Functional MRI of human brain activation at high spatial resolution. Magn Reson Med 29: 139-144

Frostig RD, Lieke EE, Ts'o DY, Grinvald A (1990) Cortical functional architecture and local coupling between neuronal activity and the microcirculation revealed by in vivo high-resolution optical imaging of intrinsic signals. Proc Natl Acad Sci USA 87: 6082-6086

Kwong KK, Belliveau JW, Chesler DA, Goldberg IE, Weisskopf RM, Poncelet BP, Kennedy DN, Hoppel BE, Cohen MS, Turner R, Cheng HM, Brady TJ, Rosen BR (1992) Dynamic magnetic resonance imaging of human brain activity during primary sensory stimulation. Proc Natl Acad Sci USA 89: 5675-5679

Ogawa S, Lee TM, Kay AR, Tank DW. (1990) Brain magnetic resonance imaging with contrast dependent on blood oxygenation. Proc Natl Acad Sci USA 87: 9868-9872

Zheng D, LaMantia AS, Purves D (1991) Specialized vascularization of the primate visual cortex. J Neurosci 11: 2622-2629

Die Repräsentation des Sehfeldes im visuellen Cortex - zentrales und peripheres Sehen

T.Hölzer[1], J.Weber[2], H.Weigl[1], M.Huber[1]

[1]Neurologische Universitätsklinik Köln, [2]Universitätsaugenklinik Köln

Fragestellung

Die Repräsentation des Sehfeldes im menschlichen Großhirncortex wurde zuerst von Inouye (1909) und später von Holmes (1918) untersucht. Sie korrelierten durch Schußverletzungen entstandene Gesichtsfelddefekte mit den indirekt geschätzten Hirnverletzungen. Später wurde die retinooptische Organisation des Affencortex mittels elektrophysiologischer Techniken vermessen. Daniel und Whitteridge (1961) formten danach den Begriff des "Linearen Verstärkungsfaktors" (Millimeter Cortex pro 1° Sehfeld). Der Vergleich der Arbeiten zeigte deutliche Unterschiede im Anteil des für das zentrale Sehfeld zuständigen Cortex, das beim Affen einen deutlich größeren Anteil des visuellen Cortex ausmachte.

Methodik

Wir untersuchten einen Patienten, der einen ischämischen Infarkt des durch die A. calcarina versorgten visuellen Cortex erlitten hatte. Trotzdem wurde auf beiden Augen ein Visus von 100% gemessen. Das Sehfeld wurde mittels des Humphrey Feld Analyzers (HLA) aufgezeichnet. Kernspintomogramme des Schädels wurden in coronaren und transversalen Schnittebenen in T1-Wichtung mit und ohne Gadolinium sowie in PD- und T2- gewichteten Sequenzen registriert.

Ergebnisse

In den T2 gewichteten und besonders in den T1 gewichteten Bildern mit Kontrastmittel konnte ein umschriebener ischämischer Infarkt, im wesentlichen begrenzt auf die linke Calcarina (Brodmann's Area 17), abgegrenzt werden. Der Abstand vom Occipitalpol bis zum Confluence des sulcus calcarinus und parieto-occipitalis betrug 5 cm, der Infarkt begann 2 cm vor dem Pol und reichte 3 cm nach frontal. Im HFA-Zentralfeld Schwellentest zeigte sich eine homonyme Hemianopsie nach rechts mit erhaltenem zentralen Sehen (ca. 2,5° und nicht wie nach Holmes erwartet 15°).

Der retinooptische Repräsentation des Sehfeldes von zentral nach peripher entspricht im Cortex eine Anordnung von occipital nach frontal. Dabei ist ein großes am Occipitalpol gelegenes Areal für das exaktere zentrale Sehen, das nur einen kleinen Anteil des Gesichtsfeldes ausmacht, reserviert. Der dadurch resultierende große Verstärkungfaktor ist die Erklärung für das zentrale Sehen beim Menschen wie beim Affen. Unterschiede von frühen Untersuchungen am Menschen und späteren elektrophysiologischen am Affen sind durch methodisch bedingte Einschränkungen der frühen Pionierarbeiten zu erklären. Azzopardi and Cowey (1993) zeigten mittels retrograder Markierung von Retinaganglienzellen, daß auch das Verhältnis der Anzahl von Cortexzellen zur Anzahl der Retinaganglienzellen im Bereich der Fovea höher als peripher ist.

Literatur

Azzopardi P and Cowey A (1993) Preferential representation of the fovea in the primary visual cortex. Nature 361: 719-20

Daniel PM and Whitteridge DJ (1961) The representation of the visual field on the cerebral cortex in monkeys. J Physiol 159:203-21

Holmes G (1918) Disturbances of vision by cerebral lesions. Br J Ophthalmol 2: 353-84

Inouye T (1909) Die Sehstörungen bei Schussverletzungen der kortikalen Sehsphäre. W Engelmann, Leipzig

Zweizeitiger beidseitiger Infarkt der A. cerebri posterior: klinische und apparativ-diagnostische Befunde

M. Bara, Th.W. Kallert

Klinik für Neurologische Rehabilitation Bayreuth

Einleitung

Unter den Infarkten im hinteren Hirnkreislauf, die 10-20 % der zerebralen Perfusionsstörungen ausmachen, stellt das beidseitige Betroffensein des Posterior-Territoriums eine Rarität dar. Anhand einer Kasuistik werden klinische Symptomkonstellation sowie typische apparativ-diagnostische Befunde bei dieser Infarktlokalisation vorgestellt.

Kasuistik

Binnen einer Woche erlitt eine 58-jährige Patientin in zweizeitigem Ablauf - dokumentiert durch CT-Verlaufsuntersuchungen - beidseitige A. cerebri posterior (ACP)-Infarkte. An Gefäßrisikofaktoren konnten langjährige arterielle Hypertonie und Nikotinabusus eruiert werden; 6 Monate vor der aktuellen Erkrankung war nach einer passageren armbetonten linksseitigen Hemiparese eine Thrombendarteriektomie der A. carotis interna rechts durchgeführt worden.

Im klinischen Bild imponierten - bei ansonsten unauffälligem neurologischen Status - neben einer kortikalen Blindheit, für die eine Anosognosie bestand, und einem beidseitig hochgradig gestörten Tasterkennen vor allem neuropsychologische Auffälligkeiten: Ausgeprägte zeitliche, örtliche und räumliche Orientierungsstörungen waren ebenso manifest wie Akalkulie, Beeinträchtigungen der selektiven Aufmerksamkeit und ein amnestisches Syndrom, das bei weitgehend intaktem Kurzzeitgedächtnis v.a. durch eine ausgeprägte Störung der En- und Dekodierung verbalen Materials gekennzeichnet war.

Die CT-Kontrolluntersuchung (1 Monat nach Erkrankungsbeginn) zeigte weitgehend symmetrische Befunde von ausgedehnten Defekten nach ACP-Infarkten beidseits, wobei Occipitalpole und Sehrinde beiderseits voll miterfaßt waren; zudem fiel eine ausgeprägte Sklerose, Verdickung und Elongation der A. basilaris auf. Die umfangreiche kardiologische Abklärung ergab keinen pathologischen Befund. Im Rahmen der Ultraschall-Diagnostik hirnversorgender Arterien erbrachte die transkranielle Doppler-Sonographie des vertebro-basilären Systems bis 90 mm Tiefe ein von der Sonde weg gerichtetes Strömungssignal, das in 92-96 mm Tiefe von einem bidirektionalen flow abgelöst wurde; ab 98 mm Tiefe war ein auf die Sonde zu gerichtetes Strömungssignal zu erhalten. Die maximalen Strömungsgeschwindigkeiten lagen über die gesamte Strecke hinweg (bis 108 mm Tiefe) bei ca. 20 cm/s. Kortikale Medianus-SEP, transkranielle Magnetstimulation und Blinkreflex waren unauffällig. Blitzevozierte VEP konnten reproduzierbar erhalten werden. Bei Stimulation links wiesen die unauffällig konfigurierten FAEP Latenzverzögerungen der Peaks IV und V auf (Stimulation rechts: Normalbefund). Fraglich korrespondierend zum Auftreten optischer Halluzinationen konnte bei EEG-Ableitungen in den ersten beiden Monaten nach den zerebralen ischämischen Ereignissen eine Vielzahl spezifischer epileptischer Veränderungen (Spikes, Polyspikes, Sharp waves, Spike-wave-Komplexe) mit occipitaler Betonung beidseits registriert werden. Neben vollständiger Rückbildung der Zeichen zerebraler Erregbarkeitssteigerung war bei späteren EEG-Untersuchungen unverändert ein fehlender Blockierungseffekt beim Augenöffnen manifest.

Diskussion

Das aus dieser Infarktlokalisation resultierende klinische Syndrom geht über die klassischen Beschreibungen einer Anosognosie für die bestehende kortikale Blindheit und die fehlende Raumorientierung, die durchaus auch eine Akalkulie vortäuschen kann, hinaus. Die zusätzlich vorhandene Gedächtnisstörung ähnelt am ehesten einer dienzephalen Amnesie z.B. nach bilateralem Thalamusinfarkt. Eine Störung der Aufmerksamkeitsfokussierung soll insbesondere bei einer Läsion thalamischer Anteile der Formatio reticularis entstehen (Poeck 1989). Das hier in einem 12-wöchigen Beobachtungszeitraum weitestgehend irreversible klinische Syndrom ergibt somit -sensitiver als die CT-Untersuchung - Hinweise auf das Vorliegen einer aus der Gefäßversorgung erklärlichen Thalamusbeteiligung.

Hiergegen sprechen auch nicht die Ergebnisse der elektrophysiologischen Diagnostik. Aus der Literatur sind gerade bei ACP-Infarkten mit Thalamuseinschluß unauffällige Befunde der transkraniellen Magnetstimulation bekannt; SEP-Ableitungen erlauben nur bei Prozessen mit Affektion der sensiblen thalamischen Relaisstationen eine objektive Funktionsprüfung der epikritischen Sensibilität. VEP-Befunde bei kortikaler Blindheit sind uneinheitlich; insbesondere nach Blitzreizung sind im Schrifttum sowohl erloschene wie reproduzierbar erhaltene VEP berichtet (Stöhr et al. 1989). Die pathologischen FAEP belegen, daß das Infarktareal hier über die ACP-Territorien hinausreicht und auch das A. basilaris-Versorgungsgebiet erfaßt.

Die transkranielle Doppler-Sonographie ergab in Übereinstimmung mit der CT-Darstellung einen hochpathologischen Befund mit erheblich reduzierten Flußgeschwindigkeiten und einer Strömungsumkehr (transnuchaler Zugang, 90-108 mm Tiefe), der mit ausreichender Sicherheit der A. basilaris zuzuordnen ist (von Reutern und Büdingen 1989). Dieser Gefäßprozeß darf als ursächlich für die beidseitigen ACP-Infarkte gelten, ist auch mit der Zweizeitigkeit der ischämischen Ereignisse vereinbar.

Als für die vorgestellte Infarktlokalisation typisch müssen die registrierten EEG-Pathologika angesehen werden. Eine iktale Genese der auftretenden (mehr bildhaften) optischen Halluzinationen kann hieraus aber nicht zwingend abgeleitet werden (Kömpf 1993).

Literatur

Kömpf D (1993) Visuelle Halluzinationen - neurologische Aspekte. Nervenarzt 64: 360-368

Poeck K (1989) Klinische Neuropsychologie. G. Thieme, Stuttgart, S. 226-254, 314-318, 340-350

Stoehr M, Dichgans J, Diener HC, Büttner UW (1989) Evozierte Potentiale. Springer, Berlin, S. 228-241, 360-361

von Reutern GM, Büdingen HJ (1989) Ultraschalldiagnostik der hirnversorgenden Arterien. G. Thieme, Stuttgart

Wo entstehen die Defizite der Migraine Accompagnée? Eine klinisch-neuroradiologische Analyse von Migräne-Komplikationen

M. Nichtweiß[1], S. Weidauer[2]

[1]Neuroradiologische Abteilung der Universität Frankfurt, [2]Neurologische Klinik der Städtischen Kliniken Darmstadt

Einleitung

Treten während eines Migräneanfalls passagere neurologische Defizite auf, werden diese seit langem mit Veränderungen der zerebralen Durchblutung in Zusammenhang gebracht. Mit unterschiedlichen, zum Teil aufwendigen Verfahren gelang es, den zerebralen Blutfluß während Migräneattacken mit Aura (M. acc.) zu quantifizieren. Ob so gefundene Flußminderungen allerdings ausreichen, um Ischämien zu verursa-chen, oder vielmehr Folge primär neuronaler Vorgänge sind, ist noch in Diskussion (Friberg 1991) Darüberhinaus ist auch der Entstehungort solcher Begleiterscheinungen strittig. Obwohl eine "Dissoziation von Zeit und Ort fokaler Symptome und Oligämie" konstatiert wurde, sah man sie als Argument für eine kortikale Lokalisation der Symptome (Lauritzen et al. 1983). G.W. Bruyn, der eine Lokalisation im "carrefour sensitif" respective im Thalamus annahm (Bruyn 1968), führte u.a. folgende Argumente gegen einen kortikalen Entstehungsort der häufigen sensiblen Begleiterscheinungen an: 1. die Entwicklung vollzieht sich langsamer als bei Anfällen. 2. die "cheiroorale distribution" der Mißempfindungen widerspricht dem Typ kortikaler Sensibilitätsstörung 3. die kortikalen Repräsentationen sind räumlich diskontinuierlich.

Da im Falle migränöser Infarzierung bleibende Defizite Bezug zu den passageren Erscheinungen besitzen, und unterstellt werden kann, daß diese Beziehung auch in topischer Hinsicht Gültigkeit besitzt, scheinen Migräneinfarkte geeignet, um Hinweis auf den Ort der Entstehung von M. acc. Symptomen zu geben.

Methodik

In einer Serie von 120 konsekutiven, zwischen 1980 und 1992 stationär behandelten und vollständig abgeklärten Kranken mit Hirninfarkten unter 45 J., fanden sich 16 Patienten die folgender Definition des migränösen Hirninfarkt genügten: 1. Migräne ohne oder mit Aura, vor, und/oder nach dem Insult. 2. Infarkt während einer typischen Attacke oder während einer zwar kopfschmerzfreien, aber nach vorbekanntem Muster ablaufenden Attacke.

Alle Kranken waren mehrfach durch die Autoren, sowohl initial, als auch im weiteren Verlauf untersucht worden. 2 Patienten wurden von der weiteren Analyse ausgeschlossen, da computertomographisch kein Gewebsschaden zu objektivieren war, eine Pat. , deren Hemianopie mit Halbfeldstimulation gesichert worden war, verblieb.

Ergebnisse

Nur bei einer Patientin ließ sich die Diagnose Migräne erst aus dem weiteren Verlauf stellen und nur ein Kranker, der seit einem massiven Halswirbelsäulentrauma an M. acc. litt, konnte nicht über familiäres Vorkommen berichten. Acht der 10 Frauen hatten einen Ovulationshemmer eingenommen, zwei erst über wenige Tage. Ganz von weiteren Gefäßrisikofaktoren frei waren nur zwei Kranke. 13 / 14 berichteten über allmählich voranschreitende und sich langsam wandelnde, visuelle oder sensible Phänomene während der Attacke die zum Infarkt führte. Nur in einem Teil der Fälle wurde der Übergang von Photopsien in ein Defizit klar registriert, typischerweise trat der Infarkt während einer ungewöhnlich schweren Attacke auf, deren genauer Ablauf nicht immer klar zu schildern war. Er wurde zum Teil von Schlaf unterbrochen oder amnesiert. So konnte für sensomotorische Phänomene, aber auch für Gesichtsfelddefekte mehrfach nur ein im nachhinein registriertes Fortbestehen angegeben werden (Schilderungen der Pat. 6, 5, 9, 7 und 8 bei 6).

Sämtliche Infarzierungen waren im Versorgungsgebiet der Arteria cerebri posterior gelegen. 7 mal entsprachen sie exklusiv der Ausbreitung parietookzipitaler Endäste, 4 mal waren sie sowohl im Gebiet von kortikálen, als auch von thalamischen Ästen, 3 mal allein dienzephal nachzuweisen (s. Tabelle 1, unter den weiteren 104 Pat. des Kollektivs waren 3 okzipitale und 7 thalamische Infarktlokalisationen beobachtet worden). Angiographisch (13 Pat.) wurden 5 Normalbefunde erhoben (3 dieser Unters. erfolgten nach mehr als vier Wochen), zweimal wurden Verschlüsse des P 2 Segmentes gefunden und fünfmal bestanden umschriebene Einengungen, allen anderen bekannten Angiopathien unähnlich: in vier Fällen weit proximal gelegen, waren sie von zirkulärem Aspekt, ganz umschrieben und z.T. von umschriebenen Dilatationen begleitet (Abb. 1, weitere Abbildungen angiographischer und computertomographischer und Befunde in Nichtweiß 1986; Nichtweiß et al. 1990).

Tab. 1. Migränöse Infarkte - Defizite und Lokalisation

	Geschl.	Alter	Defizit	Infarktlokalisation	Besonderheiten
1	f	24	H	po	während init. Aura
2	f	33	H	po	
3	f	41	HQ, S, A	po	10 T. Ovulationsh.
4	f	30	H, M, S, Verwirrtheit	po, Thalamus, lat.	während init. Aura
5	m	32	H, S, traumhaftes Erleben	po	
6	f	42	H, S, A, Stimmungsveränd.	po, tm, Thalamus, lat.	
7	f	26	H, S, traumhaftes Erleben	po	
8	f	20	H, S, A	po, Thalamus, lat.	
9	f	22	A, Aphasie, Stimmungsveränd.	Thalamus, ventrolat.	kopfschmerzfrei
10	m	36	H, S	po	
11	f	35	H	Sehstrahlung	während init. Aura
12	f	17	B, M, okulomot. Störung	Thalamus, med.	7 T. Ovulationsh.
13	m	40	HQ, S	po	
14	m	29	H, M, S, fokaler Anfall	po, Thalamus, lat.	

H: Hemianopie, HQ: Hemiquadrantopie, M: Hemiparese, S: sensible Deficite,
B: Bewußtseinstrübung, A: Amnesie, po: parietooccipital, tm: mediotemporal

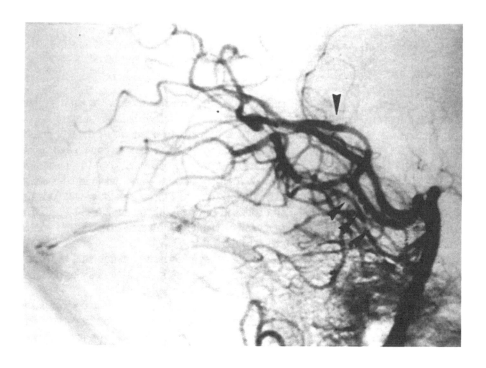

Abb. 1. Angiogramm von Pat. 5. Der einzelne Pfeilkopf weist auf eine distale Wandunregelmäßigkeit, die drei Pfeilköpfe zeigen auf schnürringförmige Einengungen im ambienten Segment der A. cerebri post.

Konklusion

Zwar gelten der Posteriorinfarkt, respektive seine konstante klinische Entsprechung, Hemianopsie, als typischste Migränekomplikation (Bartleson 1984), eine so ausschließliche Beschränkung migränöser Infarkte auf dieses Gefäßversorgungsareal wie in dieser Serie ist aber ungewöhnlich und vermutlich Folge der oben gegebenen, restriktiven Definition, die u.a. auch den Migräneanfall unmittelbar nach Insult ausschließt. Alle passageren wie permanente Defizite konnten zwanglos aus den computertomographisch nachgewiesenen Läsionen verstanden werden, dies gilt auch für dysphasische Phänomene und Amnesien (Nichtweiß 1986; Ott und Saver 1993). Zentrale Paresen (3 Pat.) waren mit Schädigung des hinteren Schenkel der inneren Kapsel erklärt.

Entsprechend sehen wir den Nachweis von Infarzierungen in Arealen proximaler Äste der Arteria cerebri posterior - bei phänomenologisch und zeitlich dichtem Zusammenhang zwischen begleitenden flüchtigen Erscheinungen und bleibenden Defiziten - als Indiz für die dienzephale Entstehung der nichtvisuellen Begleiterscheinungen von M. acc. an. Die angiographisch erhobenen Befunde sind dabei nicht zwingend ursächlich aufzufassen, sondern - ähnlich wie kortikale Oligämien -

auch als Epiphänomene interpretierbar, vermittelt etwa durch Nervi vasorum, deren Existenz ein wohletabliertes Faktum darstellt (Kodama et al. 1980). Sie werden entlang der großen Hirnbasisarterien, auch an Aufzweigungen der A. communicans und der A. cerebri posterior, nicht aber an kleinen Piaarterien der Konvexität nachgewiesen.

Literatur

Bartleson JD (1984) Transinient and persistent neurological manifestations of migraine. Stroke 15 II: 383 - 386

Bruyn GW (1968) Complicated migraine. In: Vinken PJ, Bruyn GW (eds) Handbook of clinical neurology North Holland Publ. Comp., Amsterdam pp 59 - 95

Friberg L (1991) Cerebral blood flow changes in migraine: methods, observations and hypotheses. J Neurol 238 (Suppl 1): S12 -S17

Kodama N et al. (1980) Anatomical mapping of the cerebral nervi vasorum and changes after cervical sympathetic ganglionectomy. In: Wilkins RH (ed) Cerebral Arterial Spasm. Williams and Wilkins, Baltimore pp 44 - 49

Lauritzen M et al. (1983) Changes in regional cerebral blood flow during the course of classic migraine attacks. Ann Neurol 13: 633 -641

Nichtweiß M (1986) Hirninfarkte als Migränekomplikation. Nervenarzt 57: 408 - 414

Nichtweiß M Wiegand C, Hundsdorf W (1990) Zerebrale Ischämien jüngerer Erwachsener. Nervenarzt 61: 472 - 481

Ott BR, Saver JL (1993) Unilateral amnestic stroke. Stroke 24: 1033 - 1024

Visuelle Desintegrationsymptome bei zwei Patienten mit Spleniumsläsion

Th. Benke, L. Kaufmann, F. Gerstenbrand

Klinik für Neurologie Innsbruck

Fragestellung

Über die Funktionsweise kognitiver Prozesse in beiden hinteren Hirnhälften und die Rolle des Corpus Callosum bei der Integration visueller Stimuli herrscht in vielen Punkten Unklarheit. So sind z.B. nur wenige Details über die hemisphärentypische Verarbeitung von Wörtern, Farben und anderen lateralisiert dargebotenen visuellen Reizen bekannt. Wie die vorliegende Studie zeigt, bieten Patienten mit umschriebenen Läsionen hinterer Balkenanteile mitunter die Möglichkeit, Funktionen beider Occipitalregionen isoliert zu erfassen und Aussagen über die Rolle des Spleniums zu machen.

Methodik

HS und NP, zwei rechtshändige Patienten mit Balkenläsionen waren hinlänglich kooperativ und aufmerksam, um wiederholt an Studien mit tachistoskopischer Stimulusdarbietung teilnehmen zu können. Bei HS, einem 45-jährigen Mann mit einer Marchiafava-Bignami-Erkrankung (Berek et al. 1993) zeigte die Strukturabklärung (MRI) eine fokale Nekrosezone, die etwa die Hälfte des Spleniums erfaßte. NP, einer 64-jährige Frau, befand sich in Behandlung eines Schmetterlingsglioms mit Invasion des gesamten Spleniums und angrenzender Bezirke der weißen Substanz. Die klinische Prüfung von Gesichtsfeld (GF), Visus, Sprache, Lesen, Farbenbenennen und seitenbezogener visueller Exploration erbrachte jeweils unauffällige Befunde.

Die Aufgabe bei der Lesestudie bestand für beide Patienten darin, Buchstaben und Einzelwörter in Blockschrift zu benennen, die tachistoskopisch nach Zufallsreihenfolge ins rechte oder linke GF projiziert wurden. In der Neglektuntersuchung wurden nach der Methode der bilateral-simultanen Stimulation alternierend Einzelstimuli (links oder rechts) und Doppelstimuli (links und rechts) dargeboten, die ebenfalls zu benennen waren. Alle Stimuli (Buchstaben, Farbbalken) wurden über Computerbildschirm und unter Berücksichtigung der üblichen Maßeinheiten für foveale und parafoveale Stimuli dargeboten; die Antwortreaktionen erfolgten verbal.

Ergebnisse

Die Resultate der Lesestudie sind in Tabelle 1 dargestellt.

Tab. 1. Prozent richtig erkannter Buchstaben und Wörter im rechten und linken Gesichtsfeld (Präsentationszeit 100 ms).

		Pat. HS		Pat. NP	
Gesichtsfeld		L	R	L	R
Buchstabenzahl	1	92	100	0	83
(Wortlänge)	3	72	99	0	75
	4	53	100	0	83
	5	42	93	0	58
	6	32	92	0	25
	7	27	75	0	17

HS und NP erbrachten im rechten GF Leseleistungen, die mit zunehmender Wortlänge langsam und kontinuierlich abfielen. Pat. NP war im linken GF für Einzelbuchstaben alexisch, während Pat. HS links Buchstaben und Wörter lesen konnte, dort allerdings einen abnorm starken Wortlängeneffekt (proportional zur Wortlänge zunehmende Lesestörung) aufwies. Tabelle 2 erfaßt einige Ergebnisse der Neglektstudie.

Tab. 2. Prozent richtig benannter Buchstaben uni- (L, R) und bilateral-simultan (biL, biR) dargebotener Buchstaben bei zwei Präsentationszeiten (PZ in ms).

	Pat. HS					Pat. NP			
	L	biL	biR	R		L	biL	biR	R
PZ 100	90	12	87	92	PZ 100	1	0	87	92
PZ 200	90	44	81	100	PZ 300	72	2	100	100

Beide Patienten vernachlässigten visuelle Reize im linken GF, wenn diese gleichzeitig mit Konkurrenzstimuli im rechten GF präsentiert wurden. Diese Störung der Verarbeitung bestand gelegentlich in einer vollständigen Extinktion (Auslöschung), zumindest aber in einer viel schlechteren Benennleistung für linksseitige Buchstaben. Pat. NP, bei der diese Effekte deutlicher auftraten, zeigte bei kurzer Präsentationszeit (100 ms) sogar eine Vernachlässigung einzelner linksseitiger Stimuli. Eine Verkürzung der Stimuluspräsentation führte zu einer Zunahme aller Neglektphänomene. Auch bei der simultan-beidseitigen Präsentation von Farbbalken benannten beide Patienten linksseitige Stimuli fehlerhafter, wogegen färbige Einzelreize links nur gering schlechter als rechts identifiziert wurden.

Konklusion

Die vorliegende Studie untersucht das Lesevermögen und die Verarbeitung lateralisiert dargebotener visueller Stimuli bei zwei Patienten mit Spleniumsläsionen verschiedenen Ausmaßes. Beim Versuch, Buchstaben und Wörter im linken und rechten GF laut zu lesen, fanden sich bei beiden Personen Lesestörungen unterschiedlichen Charakters. Wie bei vergleichbaren Fällen einer vollständigen Balkendurchtrennung (Reuter-Lorenz und Baynes 1992) bot NP eine komplette linksseitige Hemialexie; dieser Befund läßt auf eine umfassende Unterbrechung des Transfers visueller Information zwischen den Hemisphären schließen. Dadurch werden im linken GF wahrgenommene symbolhafte Stimuli zwar in der rechten Hemisphäre vorverarbeitet, jedoch nicht im Splenium jenen linkshemisphärischen Zentren zugeführt, die für komplexere Lesevorgänge und eine overte verbale Reaktion relevant sind. Dieser Transfer war bei HS, bei dem strukturell eine inkomplette Spleniumsläsion nachweisbar war, zumindest teilweise erhalten; HS konnte daher Buchstaben und Wörter im linken GF wahrnehmen und laut vorlesen. Ein bei ihm im linken GF auftretender ausgeprägter Wortlängeneffekt zeigt aber, daß zwischen den prälexikalischen Lesemechanismen beider Hemisphären offensichtlich große Unterschiede bestehen, die bei Studien an gesunden Probanden (Chiarello 1988) und bei Patienten mit reiner Alexie bereits ähnlich dargestellt worden sind (Patterson und Kay 1982). Die linke Hemisphäre scheint diesen Befunden zufolge über einen rasch arbeitenden, effizienten, vermutlich parallel ablaufenden Verarbeitungsprozeß zu verfügen, der ganzheitliches Lesen ermöglicht. Der Lesemechanismus der rechten Hemisphäre besteht hingegen eher in einer langsamen, sequentiellen Aufarbeitung von Symbolen und ist daher ungeeignet für das rasche Erfassen längerer, seltener Wörter. Diese Funktionsunterschiede sind bei Patienten mit Spleniumsläsionen wegen der gestörten oder fehlenden interhemisphärischen Integration besonders deutlich zu beobachten.

Eine weitere integrative Funktion scheint das Splenium für jene Mechanismen zu haben, die die visuelle Aufmerksamkeit für beide Raumhälften regulieren. Beide Patienten reagierten auf simultan dargebotene visuelle Reize (Buchstaben, Farben) mit Auslöschungen bzw. Vernachlässigungen linksseitiger Stimuli, wie sie üblicherweise beim Neglektsyndrom nach rechtshemisphärischen Läsionen auftreten. Ähnliche visuelle Neglekt-, aber auch Vervollständigungssymptome sind früher bereits vereinzelt bei Split-Brain-Patienten berichtet worden (Teng und Sperry 1972; Trevarthen 1990). Die beobachtete Wahrnehmungsdeviation zugunsten rechtsseitiger Stimuli kann durch eine perzeptuelle Asymmetrie zustandekommen; eher scheint sie aber daher zu stammen, daß alle Antwortreaktionen der hier durchgeführten Untersuchungen sprachlich und somit linkshemisphärisch vermittelt waren, wodurch eine Dominanz linkshirniger Mechanismen in der Rivalität beider Hemisphären um höhere Wahrnehmungs- und Verarbeitungsprozesse erzeugt wurde. Insgesamt weist dieses Phänomen auf eine Balance links- und rechtsseitiger visueller Verarbeitungsmechanismen beim Gesunden hin, die durch konstanten Austausch visueller Information aus beiden Hemisphären über das Splenium aufrechterhalten und kontrolliert wird. Aus diesen Resultaten folgt, daß das Splenium ein wichtiges Vermittlungs- und Kommunikationsorgan für beidhirnig ablaufende visuelle Prozesse ist, so etwa für das Lesen oder die visuelle Aufmerksamkeit und Exploration.

Literatur

Berek K, Wagner M, Chemelli AP, Aichner F, Benke T (in press) Hemispheric disconnection syndrome in Marchiafava-Bignami disease: clinical, neuropsychological and MRI findings. Journal of Neurological Sciences

Chiarello C (1988) Lateralization of lexical processes in the normal brain: a review of visual half-field research. In: Whitaker HA (ed) Contemporary Reviews in Neuropsychology

Patterson K, Kay J (1982) Letter-by-letter reading: psychological descriptions of a neurological syndrome. Quarterly Journal of Experimental Psychology 34A: 411-441

Reuter-Lorenz P, Baynes K (1992) Modes of access in the callosotomized brain. Journal of Cognitive Neuroscience 4: 156-164

Teng E, Sperry R (1972) Interhemispheric interaction during simultaneous bilateral presentation of letters or digits in commissurotomized patients. Neuropsychologia 11: 131-140

Trevarthen C (1992) Integrative functions of the cerebral commissures. In: Boller F und Grafman J (eds) Handbook of Neuropsychology. Elsevier, Amsterdam

34-jähriger Musiker mit visueller Agnosie - ein weiterer Fall von langsam progredienter posteriorer corticaler Demenz?

J. Pantel[1], M. Schwarz[2], R. De Blezer[2], A. May[1], M. Rijntjes[1], H. Wilhelm[1], C. Weiller[1]

[1]Neurologische Universitätsklinik Essen, [2]Neurologische Klinik der RWTH Aachen

Einleitung

Langsam progrediente neuropsychologische Symptome ohne echte fokale Ausfälle - wie z.B. die "slowly progressive aphasia", die "slowly progressive apraxia" oder die "posterior cortical dementia" - werden als isolierte Syndrome, aber auch in Frühstadien verschiedener Arten der Demenz beschrieben (Mesulam 1982; De Renzi 1986; Benson et al. 1988; Mandell et al. 1989; Levine et al. 1993). Umstritten ist, ob es sich auch neuropathologisch um abgegrenzte Entitäten handelt, oder aber um Sonderformen bekannter neurodegenerativer Erkrankungen. Wir berichten den Fall eines jungen Patienten mit schwerster visueller Agnosie als Erstsymptom einer späteren Demenz.

Kasuistik

Ein 34-jähriger bislang vollständig gesunder Musiklehrer wurde uns überwiesen, nachdem sich seine Sehfähigkeit im Laufe eines Jahres zunehmend verschlechtert hatte. Hatte er zunächst nur über flüchtige visuelle Verzerrungen geklagt sowie auch gelegentlich die Gesichter vertrauter Personen verkannt, entwickelte er im weiteren Verlauf erhebliche Schwierigkeiten, sich in der häuslichen Umgebung visuell zurechtzufinden. Während dieser Zeit verursachte er drei Autounfälle. Leichte Konzentrations- und Gedächtnisstörungen traten hinzu. Lesen und Schreiben fielen zunehmend schwerer. Eine weitere Verschlechterung der als psychosomatisch eingestuften Beschwerden erzwang schließlich die Arbeitsunfähigkeit.

Bei Aufnahme war der Patient wach, orientiert, kooperativ und hinsichtlich seiner Beschwerden voll einsichtsfähig. Er verhielt sich, als sei er blind und mußte geführt werden, um nicht in Gegenstände oder Personen zu laufen. Die neuropsychologische Untersuchung ergab als Hauptsymptom eine schwere apperzeptive Agnosie bei erhaltener sprachlicher Verarbeitung auditiver Stimuli. Form und Farbwahrnehmung waren für statische Gegenstände völlig aufgehoben. Durch Bewegung der Objekte konnte die Wahrnehmung jedoch verbessert werden. Weniger ausgeprägt war eine Störung des taktilen Erkennens, Störungen der assoziativen Merkfähigkeit und der Gedächtnisleistung für verbale Inhalte, eine leichte ideomotorische Apraxie, eine Agraphie und eine Dyskalkulie. Klinisch-neurologisch konnte eine aufgehobene visuelle Folgebewegung, eine Sakkadenstörung im Sinne einer "flutter dysmetria" und ein leichter Rigor der oberen Extremitäten ermittelt werden. Visuell evozierte Potentiale sowie eine augenärztliche Untersuchung waren unauffällig. Die Gesichtsfelder waren nicht zu beurteilen. Alle Ursachen einer sekundären Demenz ließen sich ausschließen. Wiederholt durchgeführte EEG-Ableitungen zeigten eine mittelgradige Allgemeinveränderung, ohne spezifische Veränderungen (triphasische Wellen etc.). Die Kernspintomographie demonstrierte nur eine mäßige fokale linksbetonte bilaterale Atrophie des occipitoparietalen Übergangs. Ein FDG-PET-Scan hingegen wies einen schweren Hypometabolismus bilateral (links > rechts) im unteren und hinteren Anteil des Temporallappens sowie in weiten Teilen des Parietallappens unter Aussparung der primären Rindenfelder und der Stammganglien nach. Trotzdem wirkten die Symptome einer fast ausgestanzten visuellen Agnosie für viele Untersucher psychogen.

Sechs Monate später bestand eine schwere Demenz. Klinisch-neurologisch fanden sich jetzt ein ausgeprägter Rigor aller vier Extremitäten und auslösbare Primitivreflexe sowie intermittierend auftretende Myoklonien. Der kernspintomographische Befund war unverändert, ein erneuter PET-Scan zeigte jedoch eine weitere dramatische Abnahme des Glukosestoffwechsels der Assoziationsfelder im Temporal- und Parietallappen, sowie jetzt auch einen schweren Hypometabolismus des linken und von Teilen des rechten Frontallappens unter Aussparung der primärem Rindenanteile (motorischer und visueller Cortex). Ein weiteres halbes Jahr später - zwei Jahre nach Auftreten der ersten Symptome - war der Patient komplett bettlägerig, inkontinent und zu keiner sprachlichen Äußerung oder adäquaten Reaktion auf Ansprache mehr fähig. Erneut wurde eine Kernspintomographie durchgeführt, die jetzt eine globale corticale Atrophie zeigte.

Diskussion

Sowohl hinsichtlich der initialen klinischen Präsentation mit ausgestanzten neuropsychologischen Ausfällen als auch bezüglich der erhobenen PET und kernspintomographischen Befunde mit schwerem Hypometabolismus beschränkt auf corticale Assoziationsfelder handelt es sich bei dem vorliegenden Fall um eine "Posteriore corticale Demenz" (Benson et al. 1988). Der Verlauf dieser Erkrankung ist langsam progredient und das initiale klinische Bild ist durch Störungen der höheren visuellen Funktionen einschließlich Objektagnosie, Prosopagnosie, Alexie und räumlichen Orientierungsstörungen charakterisiert. Inkomplette und komplette Formen eines Balint- oder Gerstmannsyndroms können im Verlauf auftreten. Gedächtnis und Urteilsvermögen sind zu Beginn erhalten, obwohl viele der Patienten schließlich eine generalisierte Demenz entwickeln. Ein charakteristischer neuroradiologischer Befund ist eine vorwiegend parietooccipital lokalisierte corticale Atrophie. In einem Fall konnte - wie bei unserem Patienten - ein bilateraler, linksbetonter occipitotemporoparietaler Hypometabolismus im PET-Scan demonstriert werden (Freedman et al. 1991). Da bisher nur wenige neuropathologische Befunde vorliegen, ist die Ätiologie der "Posterioren corticalen Demenz" unklar. Diskutiert wird zum einen eine posteriore Variante einer fokalen lobären Degeneration ähnlich der Pick'schen Erkrankung, zum anderen eine atypische Form der Alzheimer'schen Erkrankung (Freedman et al. 1991). Die dritte Möglichkeit besteht in dem Vorliegen einer eigenen bisher unbekannten neuropathologischen Entität, wie sie auch für die ebenfalls fokal beginnende "slowly progressive aphasia" angenommen wird

(Kirshner et al. 1987). Das Vorliegen einer Alzheimer-Variante wird unterstützt durch eine Reihe von histologisch gesicherten Alzheimer Fällen, die sich initial mit visuellen Symptomen manifestierten. In unserem Fall spricht das junge Alter des Patienten, der rasche Verlauf und die extrapyramidalmotorischen Symptome und Myoklonien eher gegen eine Alzheimer Demenz.

Wahrscheinlicher ist das Vorliegen eines Heidenhain Syndroms. Diese seltene occipitoparietale Variante der Jakob-Creutzfeld Erkrankung ist initial gekennzeichnet durch visuelle Agnosie bzw. corticale Blindheit, gefolgt von einer rasch progredienten Demenz sowie einem dyskinetisch-rigiden Syndrom (Heidenhain 1929). Das Alter des Patienten, die Myoklonien sowie die relativ rasche Progredienz scheinen diese Möglichkeit gegenüber dem Vorliegen einer Alzheimer Variante zu favorisieren. Desweiteren wurde von Mandell et al. (1989) ein histologisch gesicherter Fall einer Jakob-Creutzfeldt Erkrankung mitgeteilt, der sich initial als isolierte "progressive aphasia" präsentierte, gefolgt von einem raschen intellektuellen Abbau etwa ein Jahr nach Erkrankungsbeginn.

Da der dargestellte Fall Merkmale beider Syndrome (Heidenhainssyndrom und posterior cortical dementia) aufweist, und somit als klinisches Bindeglied zwischen diesen erscheint, ist er u.E. als weiterer Hinweis auf eine ätiologische Heterogenität der "langsam progredienten cortikalen Demenzen" anzusehen.

Literatur

Benson DF, Davis JR, Snyder BD (1988) Posterior cortical atrophy. Arch.Neurol 45: 789-793

De Renzi E (1986) Slowly progressive visual agnosia or apraxia without dementia. Cortex 22: 171-180

Freedman L, Selchen DH, Black SE, Kaplan R, Garnett ES, Nahmias C (1991) Posterior cortical dementia with alexia: neurobehavioral, MRI, and PET findings. J Neurol Neurosurg Psychiat 54: 443-448

Heidenhain A (1929) Klinische und anatomische Untersuchungen über eine eigenartige organische Erkrankung des Zentralnervensystems im Praesenium. Z. f. d. ges. Neur. u. Psych. 118: 49-116

Kirshner HS, Tanridag O, Thurman L, Whetsell WO (1987) Progressive aphasia without dementia: two cases with focal spongiform degeneration. Ann Neurol 22: 527-532

Levine DN, Lee JM, Fisher CM (1993) The visual variant of Alzheimer's disease. Neurology 43: 305-313

Mandell AM, Alexander MP, Carpenter S (1989) Creutzfeldt-Jakob disease presenting as isolated aphasia. Neurology 39: 55-58

Mesulam MM (1982) Slowly progressive aphasia without generalised dementia. Ann Neurol 11: 592-598

Welche Funktion hat die Sehrinde bei Menschen, die seit Geburt an peripherer Blindheit leiden ? - Eine Zusammenfassung

F. Uhl , G. Lindinger, W. Lang, L. Deecke

Neurologische Universitätsklinik and Radiologisches Institut Wien

Fragestellung

Die Beobachtung, daß Geburtsblinde das Augenlicht nicht wiedererlangen, wenn ihr Auge zu spät operiert wird, regte zur Untersuchung von Struktur und Funktion des Okzipitalkortex bei Erblindung peripherer, meist oculärer, Ursache an. Wir berichten zusammenfassend über Ergebnisse unserer Arbeitsgruppe.

Übersicht eigener Arbeiten

Im HMPAO-SPECT zeigten die Geburtsblinden eine erhöhte Aufnahme der markierten Substanz inferior-occipital und cerebellär (Uhl et al. 1993). Jedoch variierte die Traceraufnahme nicht in Abhängigkeit davon, ob eine aktive Tastaufgabe (Braille-Lesen) durchgeführt wurde, oder ob taktile Reize passiv appliziert wurden. Dieses Fehlen einer aufgaben-abhängigen Modulation kann möglicherweise durch die geringere Sensitivität der Methode erklärt werden. Hingegen zeigen von der occipitalen Kopfhaut abgeleitete ereignis-bezogene negative Gleichspannungspotentiale aufgabenspezifische Effekte. Beim aktiven Tasten waren diese Potentiale größer als bei passiver Reizdarbietung. Zudem zeigten die Blinden sogar bei passiver Reizdarbietung   höhere occipitale Gleichspannungspotentiale als Sehende in derselben Versuchssituation (Uhl et al. 1991).

Das MRT ergab Hinweise auf eine Degeneration (Atrophie) der visuellen Leitungsbahnen, wie des Nervus opticus, Chiasma und Geniculatum lat. Dagegen erschien der occipitale Cortex unauffällig (Uhl et al. 1994).

Doch nicht nur während taktiler Wahrnehmung, sondern auch bei alleiniger taktiler Vorstellung wird der Okzipitallappen des Blinden aktiviert: Zwar waren während des taktilen Vorstellens die absoluten Amplituden der DC-Potentiale bei Blinden niedriger als bei Sehenden, jedoch zeigte die topographische Analyse, daß, verglichen mit Sehenden, die Verteilung der Negativität über der Kopfhaut bei Blinden deutlich zugunsten occipitaler Ableitungen verschoben war (Uhl et al. 1994). Weiters waren die parietalen DC-Potentiale jeweils negativer über derjenigen Hemisphäre, die zur taktil-vorstellenden Hand contralateral war. Dies deutet vielleicht auf eine Rolle des kontralateralen parietalen Assoziationskortex beim taktilen Vorstellen hin. Interessanterweise wurde die o.g. Modulation der Hemisphärenverteilung nur für parietale, nicht aber für die über dem primär-sensomotorischen Cortex liegenden zentralen Elektroden beobachtet. Dieses parietale Phänomen war aber nur bei den Sehenden, nicht bei den Geburtsblinden zu beobachten.

Literatur

Uhl F, Franzen P, Lindinger G, Lang W, Deecke L (1991) On the functionality of the visually deprived occipital cortex in early blind persons. Neuroscience Letters 124: 256-259

Uhl F, Franzen P, Podreka I, Steiner M, Deecke L (1993) Increased regional cerebral blood flow in inferior occipital cortex and cerebellum of early blind humans. Neuroscience Letters 150: 162-164

Uhl F, Kretschmer T, Lindinger G, Goldenberg G, Lang W, Oder W, Deecke L (1994) Tactile mental imagery in sighted persons and in patients suffering from peripheral blindness early in life. Electroenceph Clin Neurophysiol 91: 249-255

Uhl F, Breitenseher M, Wimberger-Prayer D (1994) Morphological Dissociation between visual Pathways and Cortex - Magnetic Resonance Tomography of visually-deprived Patients suffering from congenital peripheral blindness, eingereicht

von Senden, M (1932) Raum- und Gestaltauffassung bei operierten Blindgeborenen vor und nach der Operation. Barth/Leipzig

Multimethodologische (MEG/EEG/MRT/SPECT) Analyse der topographischen Beziehung von Fokus, Läsion und funktional wichtiger Hirnregionen

H. Stefan[1], C. Hummel[1], F. Feistel[2], P. Schüler[1], W.J. Huk[3], F.L. Quesney[4], M. Weis[1], G. Deimling[5], E. Pauli[1]

Kliniken für [1]Neurologie und [2]Nuklearmedizin sowie [3]Abteilung für Neuroradiologie der Universität Erlangen, Nürnberg, [4]Montreal Neurological Institute, [5]Siemens Medizinische Technik, Erlangen

Einleitung

Wesentliche Voraussetzungen für die Indikation und Durchführung selektiver, epilepsiechirurgischer Eingriffe sind die Analyse der räumlichen Beziehung von funktionell unverzichtbaren Hirnregionen (z.B. Sprach-, somato-sensorischer, akustischer Cortex etc.) und epileptogener Hirnregion sowie des morphologisch-läsionell veränderten Hirngewebes. Zur Diagnose des epileptogenen Areals ist sowohl die Bestimmung der interiktualen Spikeaktivität, als auch der Schrittmacherzone für die Anfälle erforderlich. Aus der Verteilung der interiktualen Spikes läßt sich elektrophysiologisch eine Hypothese für die interiktuale irritative Zone ableiten. Hierzu muß die Spikeaktivität hinsichtlich räumlichen und zeitlichen Auftretens der elektrischen Signale als auch der Feldverteilung von Maximum und Minimum sowie die Spikedichte analysiert werden. Das Auftreten von interiktualen Spikes kann relativ große Hirnareale betreffen. Hieraus wurde häufig der Schluß gezogen, daß auch die irritative Zone relativ groß sein müsse. Dies ist jedoch nicht unbedingt der Fall. Durch entsprechende Analysen kann diese relativ große pseudo-irritative Zone eingegrenzt werden und die wirkliche, umschriebene, irritative Zone definiert werden. Elektrophysiologische Untersuchungen müssen also die interiktuale Spikezone in ihrer Mikrostruktur weiter aufschlüsseln, um zu dem, für die Anfälle des Patienten relevanten Areals hinzuführen. Die für die Anfälle wichtige Schrittmacherzone wird in der Regel durch Ableitungen im epileptischen Anfall bestimmt. Aus den Ausführungen geht hervor, daß man zwischen einer Spikezone, einer irritativen Zone und einer Anfallsbeginn-Zone unterscheiden muß.

Die fokale epileptische Aktivität muß jedoch auch im Funktionszusammenhang mit der Zone des funktionellen Defizites und der Läsion gesehen werden. Nur so kann man wichtige Anhaltspunkte für das epileptogene Hirngewebe erhalten. Je nach betroffener Hirnregion muß die Analyse der genannten Zonen in einer unterschiedlichen Sichtweise erfolgen. Bei der Temporallappenepilepsie besteht häufig eine duale Pathologie und pathologische Aktivitäten sowohl im temporalen Neokortex als auch amygdalo-hippokampo-parahippokampalen Bereich. Hierbei muß man zwischen der irritativen Triggerzone, welche sich u. U. neokortikal befindet, und dem Anfallsgenerator oder -verstärker, z.B. im hippokampo-parahippokampalen Bereich, unterscheiden. Es kann also eine räumliche Distanz zwischen irritativer

270

Zone und Anfallsgenerator-Zone bestehen. Bei extratemporalen Epilepsien findet man häufiger eine stärkere Überlappung der Zonen.

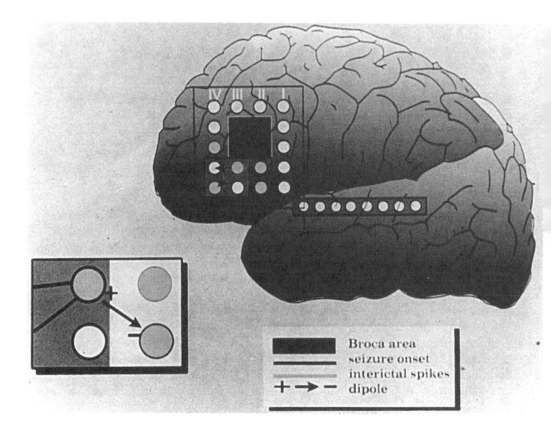

Abb. 1. Räumliche Beziehung von Läsion (graues Viereck), motorische Sprachregion (schwarzes Viereck) und fokale epileptische Aktivität (graue Elektroden) und nicht-invasive sowie invasive Dipollokalisation im Bereich der epileptogenen Zone bei einer Patientin mit Frontalhirnepilepsie in der dominanten Hemisphäre. Durch die vergleichenden Untersuchungen von MRT/MEG/EEG/SPECT und invasiver Ableitung einschließlich Sprachstimulation konnte ein selektiver Eingriff knapp unter dem Sprachzentrum durchgeführt werden. Die Patientin ist seit zwei Jahren anfallsfrei ohne neurologisches Defizit. Postoperativ zeigte sich sogar eine Verbesserung der Aufmerksamkeitsleistungen.

Methodik

Während früher ausschließlich direkte invasive Stimulationen des Kortex intraoperativ durchgeführt wurden, werden heute in einem multimethodologischen, lokalisationsdiagnostischen Verfahren sowohl verschiedene nicht-invasive Untersuchungsmethoden zur Topodiagnostik eingesetzt als auch u. U. präoperative invasive Ableitungen mit Subduralelektroden oder intrazerebralen Tiefenelektroden. In

Ergänzung zu den neurologischen und psychologischen Befunden, der Elektrophysiologie (EEG/MEG, invasiver Ableitungen) werden die Kernspintomographie (MRT), die Positronenemissionstomographie (PET) und die Einzelphotonen-Emissionstomographie (SPECT) eingesetzt. Multikanal MEG/EEG Registrierungen in Kombination mit 3D-Neuroimaging werden jetzt auch zur Korrelation von Funktions- und Läsionsdiagnostik bei Patienten mit pharmakoresistenten fokalen Epilepsien präoperativ eingesetzt.

Zur Beantwortung der Frage, inwieweit sich invasive präoperative Untersuchungstechniken durch nicht-invasive Verfahren ergänzen bzw. ersetzen lassen, wurden multimethodologische Untersuchungen bei Patienten mit pharmakoresistenten fokalen Epilepsien im Vergleich durchgeführt. Die vergleichenden Untersuchungen morphologischer Veränderungen mit dem MRT (1,5 Tesla Siemens Magnetom) und funktionellen Untersuchungen (Tc HMPAO-SPECT), Multikanal-MEG (Krenikon) sowie elektrophysiologischen nicht-invasiven und invasiven Untersuchungen zur Spontanaktivität und evozierter Aktivität werden dargestellt.

Ergebnisse

Bei partiellen Epilepsien mit umschriebener fokaler epileptischer Aktivität kann eine Lokalisation des Zentrums der fokalen Aktivität sowohl im Bereich des Neokortex als auch in tieferen Schichten des Gehirns erfolgen. Experimentelle Untersuchungen mit durch elektrische Stimulation errzeugte Dipolaktivität zeigten, daß durch die nicht-invasive Lokalisation in der Tiefe des Temporalhirns ein mit einer Genauigkeit eines Lokalisationsfehlers von 8 mm bis 1,5 cm mittels MEG lokalisiert wurde. Funktionell wichtige Zonen der Finger-, Hand-, Fuß- und Gesichtsregion können über somato-sensorisch evozierter Feldanalysen lokalisiert werden. Entsprechendes gilt auch für akustisch evozierte und visuell evozierte Feldaktivität. Die Untersuchungen der epileptischen Spontanaktivität von Patienten mit Temporalhirn- und Extratemporalhirnepilepsie werden anhand von multimethodologischen Vergleichen hinsichtlich EEG/MEG, MRT und SPECT dargestellt. Bei erfolgreich operierten Patienten mit Temporalhirnepilepsie wurde eine räumliche Korrelation der prädominanten fokalen epileptischen Aktivität im Multikanal-MEG und anderen Lokalisierungsverfahren der prächirurgischen Diagnostik sowie auch intraoperativer Kortikographie bei 72 % der Patienten gefunden. Durch die Kombination von MEG/EEG/MRT und SPECT können bestimmte Patienten nicht-invasiv präoperativ untersucht werden. Die räumliche Beziehung zwischen der Läsion im linken Frontallappen (grau) und der interiktualen sowie iktualen epileptischen Aktivität im MEG/ECoG sowie der Lokalisation der motorischen Sprachregion (schwarzes Quadrat) ist in Abb. 1. dargestellt. Durch die invasiven elektrophysiologischen Untersuchungen konnte hier die nicht-invasive Dipollokalisation bestätigt werden. Bei der Planung der Elektrodenpositionierung konnte die nicht-invasive Information durch das MEG genutzt werden. Aufgrund der multimethodologischen Analysen wurde die fokale Aktivität in der unmittelbaren Umgebung der Läsion unterhalb der Sprachregion festgestellt. Hierdurch konnte eine selektive Operation des epileptogenen Gewebes unter Schonung der Sprachregion erfolgen. Neben der Broca-Sprachregion kommt natürlich auch der Lokalisation der Wernicke-Sprachregion, der temporo-basalen Sprachregion, der sog. "negative motor area" im Frontalhirn

(Lüders et al. 1987) und anderer "motorischer" Regionen, wie z.B. der supplementär-motorischen Region, Bedeutung zu. Das funktionelle magnetische Imaging, mit Hilfe spezieller Techniken der Kernspintomographie (fast imaging, flash, echoplanar-imaging etc.), liefert wichtige neue Ansätze. Die nicht-invasive Lokalisation der supplementär-motorischen Region ist in Abb. 2. im Kernspintomogramm dargestellt (Stefan et al. 1993). Gleichzeitig mit der supplementär-motorischen Region werden zentrale motorische Rindenregionen aktiviert.

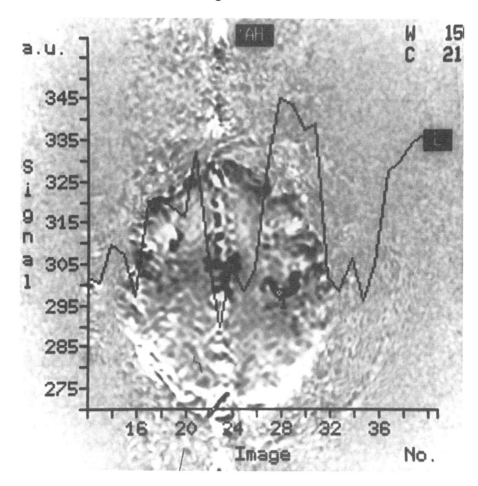

Abb. 2. Darstellung der supplementär-motorischen Aktivität durch das Vorstellen eines motorischen Paradigmas. Die Darstellung der supplementär-motorischen Aktivität während dieser Aufgabe erfolgt durch eine Signalintensitätszunahme T2 gewichteter Bildsignale infolge Abnahme des paramagnetischen Deoxyhämoglobins mit gradienten Echosequenzmessungen.

Diskussion

Die multimethodologische Topodiagnostik von Hirnfunktion und regionaler epileptischer sowie nicht-epileptischer Dysfunktion liefert ein diagnostisches Mosaik, das unser Verständnis der Zusammenhänge verbessert. Als Critchley schon im 19. Jhd. feststellte: "Epilepsy is the window to the brain", konnte er nur prinzipiell vorausahnen, daß die Lokalisationsdiagnostik wichtige Beiträge zum besseren Verständnis der menschlichen Hirnfunktionen und ihrer pathologischen Störungen liefern wird. Die Entwicklung neuer diagnostischer Technologien versetzt uns heute mehr und mehr in die Lage, Hirnfunktion und Funktionsstörung von verschieden Warten zu sehen und zu verstehen. Die Untersuchungsmethoden sind hierbei als komplementär zu verstehen. Entscheidend für den Einsatz dieser Untersuchungsmethoden bleibt jedoch das klinische Wissen und die Fähigkeit zur Hypothesenbildung klinischer Syndrome von Hirnfunktionsstörungen. Letztlich dienen die Methoden bei der klinischen Anwendung der Bestätigung oder Verneinung der klinisch vermuteten topodiagnostischen Zuordnung einer Funktion oder Funktionsstörung. Durch die direkte Ableitung vom Kortex im Rahmen der intraoperativen Elektrokortikographie kann die vermutete topodiagnostische Zurordnung zu einer Hirnfunktion durch Stimulation bzw. Ausschaltung im Verlauf z. B. einer Resektion überprüft werden. Verlaufsuntersuchungen vor und nach Operationen können unsere Kenntnisse über die Plastizität der Gehirnfunktion künftig verbessern. Bei 72 % der Patienten mit erfolgreich operierter Temporalhirnepilepsie wurde eine räumliche Korrelation der prädominanten fokalen epileptischen Aktivität im Multikanal-MEG und anderen Lokalisierungsverfahren der prächirurgischen Diagnostik sowie auch intraoperativen Kortikographie gefunden. Bei einigen Fällen wurde zusätzlich zur interiktualen Aktivität auch das iktuale MEG analysiert und mit morphologischen Veränderungen invasiver Registrierungen epileptischer Spontanaktivität sowie Stimulation funktionell wichtiger Zonen oder evozierter Aktivität in Beziehung gesetzt. Während das konventionelle EEG hauptsächlich Informationen über interiktuale und iktuale Befunde liefert, die zur Lateralisation und Regionalisation beitragen, stellt die Multikanal-MEG Ableitung überwiegend interiktuale Befunde zur Verfügung, welche wichtige ergänzende Informationen besonders zur intralobären Korrelation der prädominanten fokalen Aktivität und Hirnanatomie (Läsion oder funktionell wichtiger Zone) liefern. Die topographische Aussagekraft der nicht-invasiven Diagnostik wird durch eine dreidimensionale Blickweise auf morphologische und funktionelle Veränderungen verbessert. Erstmalig erlaubt die Kernspintomographie durch das magnetische Funktionsimaging auch den nicht-invasiven Nachweis der supplementär-motorischen Region.

Literatur

Lüders H, Lesser RP, Morris HH, Dinner DS, Hahn J (1987) Negative motorr responses elicited by stimulation of the human cortex. Adv Epileptol 16: 229-231
Stefan H, Feistel H, Quesney F, Schüler P, Weis M, Hummel C, Pauli E (1993) Multimethodological topodiagnosis of brain function and regional disturbance of function. Epilepsy and the Functional Anatomy of the Frontal Lobe. Saint-Vincent, Valle d'Aosta, July 14-17

Stefan H, Deimling M, Hummel C, Jahnke U (1993) Funktionelle Bildgebung MRT/MEG: Korrelation mit Hirnanatomie. Gemeinsame Jahrestagung der Deutschen-Italienischen-Österreichischen Liga gegen Epilepsie, Meran 7.-10.10.1993

Stefan H (1989) Präoperative Diagnostik für die Epilepsiechirurgie. Springer Verlag Berlin, Heidelberg, New York

Stefan H, Schüler P, Abraham-Fuchs K, Schneider S, Gebhardt M, Neubauer U, Hummel C, Huk WJ, Thierauf P. Magnetic source localization and morphological changes in temporal lobe epilepsy: Comparison of MEG/EEG, ECoG and volumetric MRI in presurgical evaluation of operated patients. Acta Neurol Scand, in press

Dynamische Änderungen des regionalen cerebralen Metabolismus bei fokaler epileptischer Aktivität

O. W. Witte[1], G. Schlaug[1], C. Brühl[1], I. Tuxhorn[2], R.J. Seitz[1]

[1]Neurologische Klinik, Heinrich Heine Universität, Düsseldorf und, [2]Epilepsie-Zentrum Bethel, Bielefeld

Fragestellung

Für die Lokalisierung fokaler epileptischer Herde hat sich die Positronen-Emisssions-Tomographie (PET) mit [18F]-Deoxyglucose als hilfreich erweisen. Dabei wird üblicherweise eine statische Untersuchung durchgeführt in der impliziten Annahme, daß die metabolischen Veränderungen gering variieren. Interiktal stellen sich epileptische Foci in der Regel im PET als hypometabole Areale dar, während iktal ein Hypermetabolismus zu beobachten ist (Theodore et al. 1992). Dagegen wurde berichtet, daß tierexperimentell induzierte Foci in der Autoradiographie mit [14C]-Deoxyglucose auch im interiktalen Zustand hypermetabol sind (Ackermann et al. 1986). Hier berichten wir über eine vergleichende Untersuchung des Hirnmetabolismus in Tierexperimenten und beim Menschen. Ziel unserer Untersuchungen war es, Gründe für die unterschiedlichen Resultate in experimentellen und klinischen Studien aufzuzeigen.

Methodik

Experimentelle Untersuchungen wurden an männlichen erwachsenen Wistar-Ratten durchgeführt. Die Tiere wurden mit Halothan narkotisiert, tracheotomiert und relaxiert. Der Schädel oberhalb des motorischen Cortex und in verschiedenen anderen Arealen, in denen elektrophysiologische Registrierungen durchgeführt werden sollten, wurde trepaniert und die Dura entfernt. Durch Applikation kleiner Mengen einer Lösung, die 50 000 IU Penicillin pro ul enthielt, wurde fokale interictale epileptische Aktivität induziert. Das epicortikale EEG wurde aus dem Bereich des Fokus über eine Agar-Brücke registriert. Nachdem sich die fokale epileptische Aktivität stabilisiert hatte, wurde [14C]-Deoxyglucose in die Femoralvene injiziert und Blutproben für die quantitative Autoradiographie aus der Femoralarterie entnommen. Nach dem Experiment wurde die Konzentration der [14C]-Deoxyglucose photographisch von 20 μm dicken Hirnschnitten bestimmt und die metabolische Rate der verschiedenen Hirnareale berechnet.

Die Untersuchung des regionalen cerebralen Glucosemetabolismus bei der 4 Monate alten Patientin wurde mit der Scanditronix PC4096/WB PET Kamera mit einem Hanning Filter von 5 mm durchgeführt, so daß sich eine Bild-Auflösung (full width half maximum, FWHM) von 7.1 mm ergab (Rota Kops et al., 1990). Das Mädchen wurde mit 1,2 g Chloralhydrate rektal sediert. Acht Oberflächenelektroden wurden an den Positionen F3, F4, C3, C4, P3, P4, O1, und O2 auf der Kopfhaut befestigt und das EEG während der gesamten Dauer der Untersuchung registriert. Ein Bolus von 90 MBq 2[^{18}F]fluoro2deoxyDglucose (FDG) wurde intravenös injiziert. Simultan mit der Injektion wurde die PET Registrierung begonnen. Die Registrierintervalle nahmen dabei von initial 10 s auf 10 min nach 20 min zu, Zwischen 400000 und 1450000 Counts wurden pro Scan registriert. Die regionalen Werte wurden normalisiert auf den Wert der weißen Substanz der Hemisphären.

Ergebnisse

Nach Applikation von Penicillin auf den motorsichen Kortex der Tiere entwickelte sich regelmäßige, in Intervallen von 1 bis 2 Sekunden auftretende epileptische Spitzen in der EEG-Ableitung vom Kortex. Diese Aktivität blieb für ca. drei Stunden konstant. Etwa eine Stunde nach Beginn der epileptischen Aktivität wurde [^{14}C]-Deoxyglucose intravenös injiziert. Die Auswertung der Autoradiographien ergab, daß innerhalb des experimentell-induzierten epileptischen Fokus der Metabolismus um bis zu 200 % im Vergleich zu Kontrolltieren erhöht war. Das hypermetabole Areal hatte einen Durchmesser von etwa 2 mm. In der Umgebung des Fokus fand sich ein ausgedehntes Areal mit einer Reduzierung des Metabolismus um 10 bis 40 %. Dieses hypometabole Areal umfaßte nahezu den gesamten ipsilateralen Kortex.

In einer weiteren Serien von Experimenten wurden Hirne untersucht, bei denen die epileptische Aktivität seit etwa einer Stunde wieder sistiert hatte. Hier fanden sich wieder normale metabolische Werte, d.h sowohl der fokale Hypermetabolismus wie auch der perifokale Hypometabolismus waren reversibel.

Das vier Monate alten Mädchen hatte seit dem zweiten Lebenstag eine Vielzzahl täglicher epileptischer Anfälle. Klinisch begannen diese mit einem Verhaltensarrest, gefolgt von bilateralen Lidzuckungen und einem feinen Nystagmus, später einem Opsoklonus. Im weiteren Verlauf traten dann auch variable motorische Symptome mit langsamer tonischer Extension des Rückens, tonischem Grimmassieren, fokalen perioralen klonischen Bewegungen und vereinzelt einer Extension des rechten Armes und Beines auf. Elektroencephalographisch begannen die Anfälle stets links parietal. In der Kernspintomographie zeigte sich hier eine ausgedehnte occipitoparietale Gyrierungsstörung. Nach der PET Untersuchung wurde bei der Patientin eine parietale Lobektomie durchgeführt. Die Patientin ist seit numehr mehr als einem halben Jahr unter einer Monotherapie mit Primidon anfallsfrei. Die Meilensteine der Entwicklung sind nahezu normal.

Das PET zeigte im interiktalen Zustand einen hypometabolen Herd links parietal. Mit Auftreten iktaler Aktivität im EEG zeichneten sich im PET ein hypermetaboler Fokus im Zentrum des hypometabolen Areals ab. Gleichzeitig nahm das Ausmaß des perifokalen Hypometabolismus sowie die Größe des hypometabolen Areals zu.

Konklusion

Unsere Untersuchungen zeigen, daß ein hypermetaboler Fokus umgeben von einem hypometabolen Areal sowohl bei Patienten wie auch im Tierexperiment beobachtbar ist. Ausprägung und Ausdehnung der metabolen Veränderungen variiern in Abhängigkeit von der Aktivität des Fokus. Ein sehr kleines hypermetaboles Zentrum kann sich im PET aufgrund des "partial volume"-Effektes der Beobachtung entziehen.

Literatur

Ackermann RF, Engel J Jr, Baxter L (1986) Positron emission tomography and autoradiographic studies of glucose utilization following electroconvulsive seizures in humans and rats. Ann NY Acad Sci 462: 263-269

Rota Kops E, Herzog H, Schmid A, et al. (1990) Performance characteristics of an eightring whole body PET scanner. J Comput Assist Tomogr 14: 437-445

Theodore WH, Sato S, Kufta C et al. (1992) Temporal lobectomy for uncontrolled seizures: the role of positron emission tomography. Ann Neurol 32: 789-794

Präoperative Herdlokalisation fokaler Epilepsien mit der Positronen-Emissions-Tomographie (PET)

G. Schlaug[1], S. Arnold[1], O. W. Witte[1], A. Ebner[2], H. Lüders[2], R. J. Seitz[1]

[1]Neurologische Klinik der Heinrich-Heine-Universität Düsseldorf, [2]Epilepsie-Zentrum Bethel, Bielefeld

Fragestellung

Voraussetzung für die chirurgische Behandlung pharmakoresistenter fokaler Epilepsien ist eine genaue Lokalisation des epileptogenen Fokus. Invasive elektrophysiologische Methoden erlauben zwar eine genaue Lokalisation mit einer hohen Spezifität, beinhalten aber zusätzliche Komplikationsmöglichkeiten für den Patienten. Daher werden die nichtinvasiven bzw. semiinvasiven elektrophysioligschen Verfahren mit den ebenfalls nichtinvasiven struktur- und funktionsabbildenden Verfahren (MRT und PET) ergänzt. Es sollte in dieser Studie der Frage nachgegangen werden, wie hoch die Sensitivität des interiktalen FDG-PET in der Detektion eines epileptogenen Herdes bei fokalen Epilepsien temporalen (TLE) als auch frontalen (FLE) Ursprungs ist. Zudem sollte der positiv prädiktive Wert in Bezug auf die Anfallsfreiheit bzw. signifikante Anfallsreduktion ($\geq$90%) nach Operation der nichtinvasiven prächirurgischen Untersuchungsmethoden bestimmt werden.

Methodik

Es wurden 150 medikamentös therapierefraktäre Patienten, die sich in der prächirurgischen Abklärung befanden, untersucht. Diese Patienten wurden einer stationären Monitoringphase mit interiktalen und iktalen nichtinvasiven EEG-Ableitungen zugeführt. Etwa zwei Drittel der Patienten hatten eine Epilepsie temporalen (TLE), etwa ein Drittel extratemporalen Ursprungs. Von den Patienten mit TLE haben sich bisher 21 Patienten einer anterioren Temporallappenresektion und einer mindestens 6-monatigen postoperativen Verlaufskontrolle unterzogen. Von den 22 Patienten mit FLE bzw. fokaler Epilepsie frontalen Ursprungs wurden bisher 7 Patienten operiert. Im Rahmen der Phase I der prächirurgischen Abklärung wurden sowohl kernspintomographische Untersuchungen als auch interiktale FDG-PET Untersuchungen durchgeführt. Der regionale zerebrale Glukosestoffwechsel (rCMRGlc) wurde mit [^{18}F]-2-deoxy-D-Glukose und der SCX PC4096-WB PET-Kamera gemessen und nach dem autoradiographischen Modell (Phelps et al. 1979) mit einer lumped constant von 0,52 quantifiziert. Die Auswertung erfolgte sowohl visuell semiquantitativ von zwei unabhängigen erfahrenen Untersuchern, die hinsichtlich der Identifikation, jeglicher klinischer und elektrophysiologischer Information geblindet waren, als auch quantitativ, semigeblindet, in Anlehnung an Hajek et al. (1993) anhand von anatomisch orientierten "regions of interest" (ROIs).

Ergebnisse

Bei allen Patienten mit einer TLE konnte bei der quantitativen PET-Analyse ein fokaler temporaler Hypometabolismus festgestellt werden, der in allen Fällen mit der endgültigen EEG-Klassifikation bzw. der Seite der anterioren Temporallappen-resektion übereinstimmte (Tabelle 1). Die Asymmetrieindices für die temporomesiale bzw. temporolaterale Region waren jeweils signifikant unterschiedlich zu den sehr geringen Seitenunterschieden in einem gesunden Normalkollektiv (gepaarter t-Test; p<0,05). Invasive EEG-Ableitungen, die bei 7 Fällen wegen diskrepanter Befunde der funktionellen Bildgebung und der nichtinvasiven EEG-Diagnostik durchgeführt wurden, bestätigten den in der quantitativen FDG-PET-Analyse beschriebenen Herd. Die geblindete visuelle Auswertung ergab für den Untersucher mit dem besten Ergebnis eine Übereinstimmung mit der endgültigen EEG-Klassifikation in 19 von 21 Fällen; einmal konnte kein fokaler Hypometabolismus erkannt werden und ein-mal wurde bei bitemporaler, aber unilateral betonter, Minderung des rCMRGlc eine inkorrekte Lateralisation vorgenommen. Die Reliabilität zwischen den beiden Unter-sucher lag bei 0,86. Da von den 21 Patienten 20 bisher anfallsfrei sind bzw. eine mehr als 90% Reduktion ihrer Anfälle haben, erreicht die semigeblindete quan-titative Auswertung der FDG-PET Daten einen positiv prädiktiven Wert hinsichtlich der Vorhersagbarkeit der Anfallsfreiheit bzw. signifikanten Anfallsreduktion von 100% gefolgt von der geblindeten semiquantitativen FDG-PET-Analyse (90%) und der nichtinvasiven iktalen EEG-Diagnostik (80%).

Tab. 1. Lateralisierung des epileptogenen Herdes in 21 operierten Patienten mit medika-mentös therapierefraktärer TLE

	Klassifikation Phase I	EEG interiktal	MRT iktal	PET qual	qual	quant
Lateralisierung						
korrekt	9	8	16	11	19	21
inkorrekt				1	1	1
keine	12	13	4	9	1	
Anfallsfrei oder > 90% reduziert (n = 20) Positiv prädik. Wert	9	8	16	11	18	20

Die Identifizierung der epileptogenen Zone bei fokalen Epilepsien frontalen Ur-sprungs ist im Vergleich mit den TLE schwieriger und in nur einem wesentlich geringeren Prozentsatz wird eine signifikante Reduktion der Anfälle erreicht (Swartz et al. 1989; Salanova et al. 1993). Bisher wurden 22 Patienten mit der auf nichtinvasiver Diagnostik basierenden Epilepsie-Klassifikation "Fokale Epilepsie frontalen Ursprungs" untersucht. Das interiktale FDG-PET konnte zusätzlich zu den 14 durch nichtinvasive EEG-Untersuchungen bereits lateralisierten und zum Teil lokalisierten epileptogenen Herden bei weiteren 8 Patienten Hinweise zur Loka-lisation geben (Tabelle 2). Die semigeblindete quantitative FDG-PET Analyse hatte mit 91% eine hohe Sensitivität in der Detektion eines epileptogenen Herdes. Die MRT zeigte in 7 Fällen einen lateralisierten, auffälligen Befund. Bisher wurden 7

Patienten operiert, wobei das interiktale FDG-PET in 5 Fällen durch Überlagerung mit strukturellen Bilddaten einen Herd lokalisieren konnte. In einem Fall ergab die PET-Bild Analyse keinen Hinweis auf einen fokalen Hypometabolismus. In einem weiteren Fall konnte ein mittelliniennaher Herd in der supplementärmotorischen Region (SMA) nicht eindeutig nach rechts oder links lateralisiert werden. Nach Resektion der rechten frontomesialen Region war dieser Patient anfallsfrei.

Tab. 2. Lateralisation des epileptogenen Herdes in 22 Patienten mit medikamentös therapierefraktärer FLE

Lateralisierung	EEG interiktal	EEG iktal	MRT ii+i	PET qual	qual	quant
korrekt	12	12	14	7	12	20
keine	10	10	8	15	10	2
Konkordant mit EEG (ii+i)		14	5	8	12	
Zusätzlich lateralisierend zu EEG (ii+i)		1	5	8		

Konklusion

Das interiktale FDG-PET hat möglicherweise wegen der verbesserten räumlichen Auflösung der neuen PET-Scanner auch bei unauffälligem MRT eine höhere Sensitivität hinsichtlich der Lokalisierung fokaler Epiepsien einschließlich derer frontalen Ursrungs als bisher beschriebenen wurde (Swartz et al. 1989). Bei den TLE können in vielen Fällen durch eine Kombination aus nichtinvasiven EEG-Methoden und funktionellen abbildenden Verfahren invasive EEG-Methoden mit ihren Komplikations- und Risikomöglichkeiten für den Patienten vermieden werden (Engel et al. 1990). Bei den fokalen Epilepsien extratemporalen Ursprungs, insbesondere den FLE, bietet die FDG-PET die Möglichkeit, die epileptogene Zone auch bei unauffälligem MRT zu lokalisieren. Damit kann das interiktale FDG-PET im Zusammenwirken mit nichtinvasiven bzw. semiinvasiven EEG-Untersuchungen bei FLE zu einer gezielten und zirkumskripten invasiven EEG-Diagnostik, die bei FLE auch aufgrund schonender Kortexresektionen in der Nachbarschaft primärer Kortexareale notwendig ist, beitragen. Insgesamt hat die FDG-PET Methode einen hohen positiven Vorhersagewert hinsichtlich Anfallsfreiheit bzw. einer signifikanten Anfallsreduktion nach Operation.

Literatur

Engel J Jr, Henry TR, Risinger MW, Mazziotta JC, Sutherling WW, Levesque MF, Phelps ME (1990) Presurgical evaluation for partial epilepsy: relative contributions of chronic depth-electrode recordings versus FDG-PET and scalp-sphenoidal ictal EEG. Neurology 40: 1670-1677

Hajek M, Antonini A, Leenders KL, Wieser HG (1993) Mesiobasal versus lateral temporal lobe epilepsy: Metabolic differences in the temporal lobe shown by interictal ^{18}F-FDG positron emission tomography. Neurology 43: 79-86

Phelps ME, Huang SC, Hoffman EJ, Selin C, Sokoloff L, Kuhl DE (1979) Tomographic measurement of local cerebral glucose metabolic rate in humans with (F-18)2-fluoro-2-deoxy-D-glucose: validation of method. Ann Neurol 6: 371-388

Salanova V, Morris HH III, Van Ness PC, Lüders H, Dinner D, Wyllie E (1993) Comparison of scalp electroencephalogram with subdural electrocorticogram recordings and functional mapping in frontal lobe epilepsy. Arch Neurol 50: 294-299

Swartz BE, Halgren E, Delgado-Escueta AV, Mandelkern M, Gee M, Quinones N, Blahd WH, Repchan J (1989) Neuroimaging in patients with seizures of probable frontal lobe origin. Epilepsia 30: 547-558

Sprachaktivierungs-PET und iktuale SPECT-Untersuchungen zur Lokalisation epileptogener Zonen bei Temporallappenepilepsie

G. Pawlik[1], G.R. Fink[1], H. Stefan[2], H.Feistel[3], W.-D. Heiss[1]

[1]Klinik für Neurologie der Universität zu Köln und Max-Planck-Institut für neurologische Forschung, Köln, [2]Neurologische Klinik und [3]Klinik für Nuklearmedizin der Universität Erlangen-Nürnberg, Erlangen

Fragestellung

Begrenzte epilepsiechirurgische Eingriffe zur Behandlung pharmakotherapieresistenter lokalisationsbezogener Anfallsleiden gewinnen insbesondere bei Temporallappenepilepsien (TLE) zunehmend an klinischer Bedeutung. Auch wenn selbst nach ausgedehnten Resektionen grobe klinische Ausfälle eher selten sind (Crandall et al. 1990), ist bei umschriebenen Resektionen des epileptogenen Gewebes (Topektomien) gegenüber den herkömmlichen Standard-En-bloc-Resektionen eine Verringerung des Risikos neuropsychologischer Defizite zu erwarten. Ziel der prächirugischen Epilepsiediagnostik ist deshalb - neben der sicheren Zuordnung zu Seite und Hirnlappen - eine möglichst umschriebene intralobäre Eingrenzung des funktionsgestörten Gewebes (Spencer und Spencer 1991).

Funktionell bildgebende Verfahren wie die Einzelphotonen- (SPECT) oder die Positronen-Emissions-Tomographie (PET) nutzen regionale Veränderungen der Hämodynamik und des Gewebestoffwechsels, um interiktual oder iktual dysfunktionelle Zonen, die vermutlich das epileptogene Gewebe einschließen, nachzuweisen. Sie werden in der prächirurgischen Epilepsiediagnostik eingesetzt, um ihre Ergebnisse mit den durch Elektro- (EEG) bzw. Magnetoenzephalographie (MEG) gewonnenen elektrophysiologischen Informationen sowie den morphologischen Informationen der Kernspintomographie (MRI) zu vergleichen. Die Integration solch komplementärer Befunde kann zu einer rational begründeten, individualisierten Operationsstrategie führen.

Gerade bei Temporallappenepilepsien sind die interiktualen Veränderungen der regionalen Durchblutung oder des Stoffwechsels jedoch keineswegs nur eng umschrieben; die Zone der maximalen Funktionsstörung ist deswegen oft nur schwer von der Umgebung abzugrenzen. Bei der SPECT hat in den letzten Jahren - neben rein technischen Verbesserungen - vor allem die Einführung iktualer Untersuchungen zu einer Steigerung der diagnostischen Aussagekraft geführt (Stefan et al. 1990). Demgegenüber ließ sich aufgrund methodischer Besonderheiten in wiederholten interiktualen PET-Untersuchungen des Hirnglukosestoffwechsels (rCMRGlc) in Ruhe und unter neuropsychologischer Aktivierung der Kontrast zwischen dem maximal funktionsgestörten Fokus und dem umgebenden funktionell rekrutierbaren Gewebe erheblich verstärken und somit das Resektionsareal besser von lediglich sekundär inaktivierten Zonen abgrenzen (Pawlik et al. 1989).

In der hier vorgestellten Untersuchung werden SPECT (interiktual und iktual) und PET (interiktual unter verschiedenen neuropsychologischen Funktionszuständen) bezüglich ihrer Wertigkeit zur Lokalisation von Gewebefunktionsstörungen bei TLE verglichen.

Methodik

Siebzehn Patienten (9, 8; Alter: 22-52 Jahre) mit einer seit 16±12,8 Jahren (Mittelwert ± Standardabweichung) bestehenden Temporallappenepilepsie (nach ILAE-Klassifikation) wurden untersucht. Alle Patienten hatten komplex-partielle Anfälle und waren gegenüber den üblichen antiepileptischen Pharmakotherapien refraktär. Im Rahmen der durchgeführten EEG-Diagnostik (Langzeit-EEG/Video-Aufzeichnungen; Sphenoidal- und Multikontakt-Foramen-ovale-Elektroden sowie subdurale Elektrodenstreifen) fand sich kein Hinweise auf eine bilaterale Herdbildung. Acht Patienten hatten den Herd links, 9 rechts. Die Kernspintomographie (MRI) war bei 3 Patienten negativ, 4 hatten eine quantifizierbare temporale Atrophie, pathologische Signalintensitätsveränderungen fanden sich bei 4 Patienten im Hippokampus, bei 2 Patienten temporal anterobasal und bei einem Patienten in weiten Anteilen des Mediastromgebietes. Zwei Patienten hatten temporal ein kryptisches Angiom, 1 Patient ein temporobasales Astrozytom.

Iktuale und interiktuale SPECT-Untersuchungen des zerebralen Perfusionsmusters wurden während des EEG-Internsivmonitoring durchgeführt. Die Tracerapplikation von ca. 500 MBq ^{99m}Tc-HMPAO erfolgte für die iktuale Untersuchung ca. 72 s (12-160s) nach dem durch EEG- und Videomonitoring dokumentierten Anfallsbeginn. Die Messungen (iktual sowie interiktual) wurden innerhalb einer Stunde nach Tracerinjektion mit einer Siemens Doppelkopf-Rotacamera mit hochauflösendem Kollimator vorgenommen. Die Rotation erfolgte in 6^0-Schritten für jeweils 1 min pro Winkelstellung. Transaxiale, schräge und koronare Tomogramme wurden in Form einer 64x64 Bildmatrix mit Butterworth-Filterung rekonstruiert.

Die PET-Untersuchungen des Hirnglukosestoffwechsels wurden interiktual mit einer Scanditronix PC384-7B PET-Kamera nach i.v. Injektion von ca. 185 MBq ^{18}F-Fluordeoxyglukose durchgeführt. Absolutwerte zur metabolischen Quantifizierung wurden optimiert errechnet (Wienhard et al. 1985). Neben der Basis-Ruheuntersuchung im Liegen mit geschlossenen Augen bei geringem Geräuschhintergrund in einem abgedunkelten Raum wurde der Hirnglukosestoffwechsel unter Aktivierung durch 30minütige Spontansprache zu emotionsbeladenen persönlichen Erlebnissen registriert.

SPECT- und PET-Bilder wurden visuell ausgewertet. Die PET-Messungen wurden zusätzlich mittels Regions-of-Interest-Analyse quantitativ ausgewertet (Herholz et al. 1985). Alle Untersuchungen wurden zunächst von den jeweiligen Spezialisten ohne Kenntnis der übrigen Ergebnisse des Patienten bezüglich der Herdlokalisation beurteilt. Anschließend erfolgte eine gemeinsame Wertung der Ergebnisse im Vergleich zu den durch EEG-Intensiv-Monitoring und Tiefenableitung festgelegten Orten von Anfallsursprung und -ausbreitung. Die Methoden wurden mit orthogonalen Vorzeichen-Testen auf signifikante Unterschiede bezüglich der Richtigkeit und Prägnanz der lobären und intralobären Lokalisation überprüft.

Ergebnisse

SPECT

Nur in einem Fall erbrachte SPECT keinen Seitenhinweis. Bei 12 Patienten war der interiktuale SPECT-Befund einer regionalen Hypoperfusion bezüglich der Herdlokalisation am aussagekräftigsten. Das iktuale SPECT zeigte in 4 weiteren Fällen (mit relativ uninformativem interiktualen Untersuchungsbefund) zumindest die Seite oder den betroffenen Hirnlappen durch Hyper- oder auch Hypoperfusion.

PET

Bei allen Patienten belegte PET einen ein- oder auch asymmetrisch beidseitigen Hypometabolismus innerhalb des Temporallappens schon unter Ruhebedingungen. Der Kontrast dieses funktionsgestörten Gebietes wurde bei allen Patienten durch Sprachaktivierung deutlich verbessert, wobei sich eng umschriebene anterobasale, hippokampale oder auch posterolaterale neokortikale Herde eindeutig unterscheiden ließen. Die lokalisatorische Aussagekraft der PET-Untersuchungen war daher unter psychophysischer Aktivierung signifikant besser (P<0.01) als in Ruhe. Zwischen EEG und PET gab es in Bezug auf die Herdlateralisation keine Diskrepanzen.

Methodenvergleich

Die Prägnanz.der Herddarstellung, d.h. der Kontrast zwischen Fokus und umgebendem funktionstüchtigen Gewebe, sowie die Seiten- und Lappenlokalisation durch SPECT und PET wurden miteinander verglichen und mit den EEG-Befunden in Beziehung gesetzt. In jedem einzelnen Fall kamen die verschiedenen Untersucher problemlos zu einem Konsensurteil. Während SPECT interiktual meist die funktionsgestörte Hemisphäre oder den betroffenen Lappen erkennen ließ, zeigten iktuale Befunde - wohl in Abhängigkeit vom zeitlichen und räumlichen Anfallsablauf - variable Perfusionsauffälligkeiten. PET hingegen erlaubte stets eine sichere intralobäre Herdlokalisation, die jeweils in guter Übereinstimmung mit dem EEG-dokumentierten Anfallsbeginn stand.

Konklusion

Dem EEG kommt nach wie vor in der prächirurgischen Epilepsie-Diagnostik eine besondere Rolle zu, da es als einzige Methode in der Lage ist, epileptische Aktivität spezifisch zu erfassen. Das EEG wird deswegen oft - gerade weil es auch intraoperativ zur Verfügung steht - als eine Art Goldstandard betrachtet, obwohl irritative und epileptogene Zone nicht deckungsgleich sein müssen.

Da die eng begrenzte Resektion unter weitgehender Schonung funktionstüchtigen Hirngewebes als Alternative zu großzügigen En-bloc-Resektionen zunehmend Interesse gewinnt, kommt den prächirurgisch eingesetzten morphologisch und funktionell bildgebenden Verfahren mehr und mehr Bedeutung zu. Die Zusammenschau konvergierender Befunde erhöht die Sicherheit einer Herdlokalisation und kann zu rationalen, individualisierten Entscheidungen für das operative Vorgehen führen. Ein weiterer Vorteil der bildgebenden Verfahren ist ihre geringe Invasivität, die einen risikoarmen Einsatz ermöglicht, ohne einen tage- oder gar wochenlangen stationären Krankenhausaufenthalt zu erfordern. Vor allem Fälle, die keine eindeutige Läsion im CT oder MRI als mögliche Anfallsursache erkennen lassen, stellen die diagnostische Domäne der funktionell bildgebenden Verfahren dar.

SPECT hat gegenüber PET nach wie vor erhebliche methodische Probleme. Zu nennen ist zum einen die üblicherweise unbefriedigende räumliche Auflösung. Zum anderen gibt es Befunde dafür, daß in epileptogenem Gewebe nicht selten eine Entkoppelung von Durchblutung und Glukosemetabolismus besteht, die generell Perfusionsdarstellungen ungeeigneter als Stoffwechsel- oder Rezeptoruntersuchungen erscheinen läßt (Fink et al. 1993). Auch der vermeintliche Vorteil von SPECT gegenüber PET, bei entsprechender aufwändiger Logistik am Krankenbett im Anfall verfügbar zu sein, zahlte sich in dieser Vergleichsstudie nicht aus. Die iktualen Befunde waren inkonsistent (sowohl Hyper- als auch Hypoperfusionen) und lokalisatorisch nicht besser verwertbar als die meisten interiktualen Untersuchungen. In einigen Fällen mit unauffälligem interiktualen Befund führten die iktualen SPECT-Untersuchungen jedoch wenigstens zu einer eindeutigen Seitenlokalisation.

PET - insbesondere unter einem geeigneten psychophysischen Aktivierungsparadigma - zeigte in allen außer einem Fall eine eindeutige, regional eng umschriebene und gut vom umgebenden Gewebe differenzierbare Stoffwechselstörung. Lediglich bei dem Patienten mit einer großen konnatalen Schädigung im Mediastromgebiet war mittels PET eine umschriebene und sicher abgrenzbare dysfunktionelle Zone nicht festzulegen. Eingeschlossen in die mit PET dargestellte Störung des Glukosestoffwechsels waren allerdings auch diejenigen Strukturen (hippokampal, parahippokampal oder temporal neokortikal), die bei TLE typischerweise epileptogen wirken. Sind diese hypometabolen Zonen auch unter geeigneter neuropsychologischer Aktivierung funktionell nicht rekrutierbar, lassen sie also im Gegensatz zu Normalpersonen und zum umgebenden Gewebe keine wesentliche Steigerung des Glukosestoffwechsels erkennen, so darf eine derart starke funktionelle Beeinträchtigung angenommen werden, daß dieses Gewebe ohne Verlust für den Patienten reseziert werden kann.

Literatur

Crandall PH, Risinger MW, Sutherling W, Chugani H, Peacock W, Levesque MF (1990) Surgical treatment of the partial epilepsies. In: Dam M, Gram L (Hsg.) Comprehensive Epileptology. Raven Press, New York, pp. 683-714

Fink GR, Pawlik G, Wienhard K, Heiss WD (1993) Differential demonstration of epileptogenic foci using [18]FDG and ^{15}O-Butanol positron emission tomography. J Cereb Blood Flow Metab 13(Suppl. 1): S357

Herholz K, Pawlik G, Wienhard K, Heiss WD (1985) Computer assisted mapping in quantitative analysis of cerebral positron emission tomograms. J Comput Assist Tomogr 9: 154-161

Pawlik G, Holthoff V, Löttgen J, Hebold IR, Heiss WD (1989) Interictal positron emission tomography in temporal lobe epilepsy: Functional contrast enhancement by speech activation. J Cereb Blood Flow Metab 9(Suppl. 1): S229

Spencer SS, Spencer DD (1991) Dogma, data, and directions. In: Spencer SS, Spencer DD (Hsg.) Contemporary issues in neurological surgery. Surgery for epilepsy. Blackwell Scientific Publications, Boston, pp. 181-190

Stefan H, Bauer J, Feistel H, Schulemann H, Neubauer U, Wenzel B, Wolf F, Neundörfer B, Huk WJ (1990) Regional cerebral blood flow during focal seizures of temporal and frontocentral onset. Ann Neurol 27: 162-166

Wienhard K, Pawlik G, Herholz K, Wagner R, Heiss WD (1985) Estimation of local cerebral glucose utilization by positron emission tomography of [^{18}F]2-fluoro-2-deoxy-D-glucose: a critical appraisal of optimization procedures. J Cereb Blood Flow Metab 5: 115-125

Epileptogene Herde bei Temporallappenepilepsie: Dissoziation von Durchblutung und Stoffwechsel

G.R. Fink[1], G. Pawlik[1], B. Szelies[1], H. Stefan[2], B. Bauer[1], U. Pietrzyk[1,3]
K. Wienhard[1], W.-D. Heiss[1]

[1]MRC Cyclotron Unit, London, [2]Department of Medicine, Charing Cross &
Westminster Medical School, London, [3]Max-Planck-Institut für neurologische
Forschung, Köln

Fragestellung

Der Erfolg epilepsiechirurgischer Eingriffe hängt wesentlich von der Genauigkeit
der prächirurgischen Lokalisation epileptogener Zonen ab. Daher werden zahlreiche
diagnostische Verfahren eingesetzt, die eine Fülle unterschiedlicher morphologischer
und pathophysiologischer Informationen liefern. So können intrakraniell plazierte
EEG-Elektroden oft eine epileptisch aktive Hirnregion anzeigen. Auch das MEG
kann Ursprung und Propagation epileptiformer Entladungen erfassen.

Die epileptische bzw. irritative Zone ist jedoch nicht unbedingt mit dem epileptogen wirkenden Gewebe identisch. Daher werden CT und MRI eingesetzt, um eine
eventuell epileptogene morphologische Läsion festzustellen. Demgegenüber zeigen
SPECT und PET dysfunktionelle Zonen interiktual geminderter Hirndurchblutung
(rCBF) und erniedrigten Hirnglukosestoffwechsels (rCMRGlc). Ihr Einsatz wird gemeinhin als austauschbar betrachtet, obwohl die zugrundeliegende Annahme einer
erhaltenen Koppelung von Stoffwechsel und Durchblutung fraglich ist (Leiderman et
al. 1992). Ziel unserer Arbeit war es deshalb, bei fokalen Epilepsien den Zusammenhang zwischen Herdstoffwechsel und -durchblutung zu untersuchen.

Methodik

Dreizehn Patienten [Alter: 22 -56 Jahre; unauffälliges MRI (n=7), temporale Atrophie (n=2), temporaler Kalkherd (n=1), Subarachnoidalzyste (n=1), alter Kontu-
sionsherd (n=2)] mit einseitiger Temporallappenepilepsie (TLE; ILAE-Klassifikation) mesolimbischen Ursprungs (definiert durch EEG-Intensiv-Monitoring)
wurden interiktual untersucht. Alle Patienten hatten komplex-partielle Anfälle, 4
zusätzlich tonisch-klonische Anfälle. Bei 8 Patienten war der Fokus rechts, bei 5
links.

Mit einer Scanditronix PC384-7B PET-Kamera wurden rCBF (mit ^{15}O-Buta-
nol) und rCMRGlc (mit ^{18}FDG) dynamisch gemessen. Glukoseextraktionsfraktion
(rGEF) und kinetische Konstanten für ^{18}FDG (K_1, k_2 und k_3 für Blut-Hirn-, Hirn-
Blut-Transport sowie FDG-Phosphorylierung) wurden errechnet. Die Bilder wurden
visuell und quantitativ in Regions-of-Interest (ROIs) ausgewertet. Absolutwerte für
rCMRGlc, rCBF, rGEF und die kinetischen Konstanten wurden im Seitenvergleich

statistisch mittels Bonferroni-korrigierter Wilcoxon-Teste und multivariater Varianzanalyse geprüft.

Ergebnisse

Es fanden sich weder klinisch noch elektroenzephalographisch Hinweise auf epileptiforme Aktivität unmittelbar vor oder während der PET-Untersuchungen.

Die Betrachtung der rCMRGlc-Bilder ermöglichte bei allen Patienten eine eindeutige Angabe des betroffenen Temporallappens. In 11 Fällen war (im Vergleich zur homotopen kontralateralen Referenzregion) ein umschriebener Hypometabolismus in temporobasalen mesiolimbischen Strukturen erkennbar. Während EEG und rCMRGlc-PET bezüglich der Herdlateralisation stets übereinstimmten, war die Interpretation der rCBF-Bilder schwieriger. Lediglich in 6 Fällen war ipsilateral eine Hypoperfusion eindeutig erkennbar, 3 waren nicht sicher pathologisch, und 4 Patienten zeigten sogar kontralateral die niedrigere Durchblutung.

Alle Patienten hatten in den temporomesialen Strukturen auf der Seite des EEG-Herdes einen erniedrigten Glukosestoffwechsel im Vergleich zur homotopen kontralateralen Referenzregion ($p<0,001$). Eine relative Hypoperfusion wurde ipsilateral in 9 Fällen gemessen, während sich bei 4 Patienten auf der Herdseite eine relative Steigerungen der Durchblutung fand. Entsprechend war die Differenz zwischen ipsi- und kontralateralem rCBF im Gruppenmittel nicht signifikant, während die temporomesiale rGEF ipsilateral erniedrigt ($p<0,05$) war. Die Analyse der kinetischen Konstanten zeigte einen im Schnitt unveränderten Blut-Hirn-Transport (K_1), einen leicht gesteigerten Hirn-Blut-Transport (k_2) sowie eine stark erniedrigte Glukosephosphorylierung (k_3) ($p<0,0001$).

Konklusion

Untersuchungen des Glukosestoffwechsels eignen sich zur Prognose der Anfallskontrolle nach Temporolobektomie (Radtke et al. 1993) sowie zur Differentialdiagnose mesialer bzw. lateraler Anfallsursprünge bei TLE (Hajek et al. 1993). Interiktuale Durchblutungsuntersuchungen können Probleme mit der Lateralisation eines Fokus haben und korrelieren nicht mit den EEG-Befunden oder dem postoperativen Epilepsieverlauf (Leiderman et al. 1992; Rowe et al. 1991).

In dieser Studie fand sich an einem relativ homogenen Kollektiv mit TLE mesiolimbischen Ursprungs eine interiktuale Dissoziation von Hämodynamik und Stoffwechsel in temporomesialen Strukturen ipsilateral zum EEG-Fokus. Demnach sind im allgemeinen PET-Untersuchungen des Glukosestoffwechsels in Bezug auf Lateralisation und Präzision der intralobären Herddarstellung selbst den mit gleichem Gerät durchgeführten Durchblutungsuntersuchungen überlegen. Darüber hinaus zeigten die kinetischen Daten, daß der Transport von Glukose in das Hirngewebe im Mittel unbeeinträchtigt und nur die Glukoseutilisation vermindert ist.

Dem umschriebenen PET-Hypometabolismus bei TLE liegt oft ein Neuronenverlust mit fokaler Gliose zugrunde. In Verbindung damit legen unsere Beobachtungen die Interpretation nahe, daß dysfunktionelle Zonen bei unilateraler TLE nach Abschluß der postnatalen Ausdifferenzierung des Kapillarsystems entstehen.

Diese Ergebnisse sind auch für interiktuale SPECT-Untersuchungen von Bedeutung, da sie eine pathophysiologische Erklärung für die durchschnittlich geringere Sensitivität dieser Methode bieten - unabhängig von technischen Faktoren, wie dem schlechteren räumlichen Auflösungsvermögen.

Literatur

Hajek M, Antonini A, Leenders KL, Wieser HG (1993) Mesiobasal versus lateral temporal lobe epilepsy: metabolic differences in the temporal lobe shown by interictal ^{18}F-FDG positron emission tomography. Neurology 43: 79-86
Leiderman DB, Balish M, Sato S, Kufta C, Reeves P, Gaillard WD, Theodore WH (1992) Comparison of PET measurements of cerebral blood flow and glucose metabolism for the localization of human epileptic foci. Epilepsy Research 13: 153-157
Radtke RA, Hanson MW, Hoffman JM, Crain BJ, Walczak TS, Lewis DV, Beam C, Colemane RE, Friedman AH (1993) Temporal lobe hypometabolism on PET: predictor of seizure control after temporal lobectomy. Neurology 43: 1088-1092
Rowe CC, Berkovic SF, Austin MC, Saling M, Kalnius RM, McKay WJ, Bladin PF (1991) Visual and quantitative analysis of interictal SPECT with Technetium -99-m-HMPAO in temporal lobe epilepsy. J Nucl Med 32(9): 1688-1694

Duale Pathologie - arterio-venöse Malformationen und Hippokampusatrophie

S. Aull[1], C. Baumgartner[1], G. Wiest[1], I. Podreka[1], G. Lindinger[1], K. Hittmaier[2], A. Olbrich[1], K. Novak[1], L. Deecke[1]

[1]Neurologische Universitätsklinik, [2]Radiologische Universitätsklinik, Wien

Fragestellung

Die mesiale Temporallappenepilepsie oder limbische Epilepsie ist ein klar umschriebenes elektroklinisches Syndrom. Das pathologisch-anatomische Substrat einer limbischen Epilepsie stellt die Hippokampusatrophie dar, wobei das in der Kernspintomographie ermittelte Ausmaß der Hippokampusatrophie mit dem neuronalen Zellverlust korreliert.

Ist bei einem Patienten mit Temporallappenepilepsie eine extrahippokampale Läsion mit einer Hippokampusatrophie assoziiert, wird dies als 'duale Pathologie' (Lévesque et al. 1991) bezeichnet. Der Entstehungsmechanismus (Fried et al. 1992) einer solchen dualen Pathologie wird kontroversiell beurteilt. Während wiederholter Anfälle könnten ischämische oder anoxische Insulte zu einem kritischen Zellverlust im Bereich des Hippokampus führen, wobei diese Hypothese auf der besonderen Vulnerabilität dieser Region basiert. Auch wäre eine Schädigung des Hippokampus durch die Propagation exzitatorischer Impulse, die aus dem Bereich der extrahippocampalen Läsion ihren Ursprung nehmen, denkbar, die exzessive Freisetzung von exzitotoxischen Substanzen wie Glutamat und Aspartat sowie der während Anfällen vermehrte Calcium-Einstrom in die Zelle spielen dabei die Hauptrolle. Letztlich kann eine extrahippokampale Läsion im umgebenden Gewebe Veränderungen im Sinne von glialer Proliferation induzieren und über den Mechanismus der anterograden, transsynaptischen Degeneration zum neuronalem Zellverlust im Hippokampus führen.

Sowohl die Häufigkeit einer dualen Pathologie als auch das Ausmaß des hippokampalen Zellverlustes korrelieren mit der Art der extrahippokampalen strukturellen Läsion. Heterotopien sind häufig, Gliome seltener und AV-Malformationen extrem selten mit einer Hippokampusatrophie assoziiert. Ausgeprägter hippokampaler Zellverlust tritt vor allem bei Heterotopien auf, mässiger Zellverlust hingegen bei Gliomen und überwiegend bei AV-Malformationen. Weiters scheint das Ausmaß der hippokampalen Schädigung in keinem Zusammenhang mit der Lage der extrahippokampalen Läsion, der Anfallshäufigkeit, dem Alter zum Zeitpunkt des Anfallsbeginns und der Zahl der generalisierten Anfälle zu stehen.

Die klinische Bedeutung einer dualen Pathologie liegt in der Frage des Ausmaßes eines eventuellen epilepsie-chirurgischen Vorgehens, welches einerseits die alleinige Resektion der extrahippokampalen Läsion, andererseits die Resektion von Läsion und epileptogenem Gewebe betrifft (Cascino et al. 1992).

Kasuistik

Eine 46-jährige Patientin leidet seit ihrer Kindheit an migräniformen Kopfschmerzen, anamnestisch finden sich keinerlei Hinweise auf das Vorliegen eines Anfallsleidens, insbesondere kein Auftreten von Fieberkrämpfen in der Kindheit. 6 Monate nach der Operation eines rupturierten Angioms im Bereich der Arteria cerebri media links erlitt die Patientin im Mai 1991 erstmals einen epileptischen Anfall. Der Beobachtungszeitraum betrug 2 Jahre.

In der klinisch-neurologischen Untersuchung zeigen sich eine homonyme Hemianopsie von rechts, eine diskrete zentrale Facialisparese rechts, rechtsakzentuierte Sehnenreflexe und Störungen der höheren kortikalen Hirnfunktionen mit Agraphie, Apraxie, Alexie und Akalkulie.

Bei der Patientin bestehen partielle Anfälle mit einfacher und komplexer Symptomatik. Klinisch sind die Anfälle folgendermaßen charakterisiert: Im Anschluß an eine Aura mit komplexen visuellen Halluzinationen entwickelt sich eine Globalaphasie, etwas weniger häufig kommt es zu einer Bewußtseinsstörung mit Hand- und oralen Automatismen, gelegentlich tritt ein nicht-konvulsiver Status epilepticus auf.

Trotz hochdosierter Antiepileptika-Medikation besteht eine hohe Anfallsfrequenz mit 2-3 visuellen Auren täglich, 3-4 Anfällen mit iktaler Aphasie und ein psychomotorischen Anfall pro Woche.

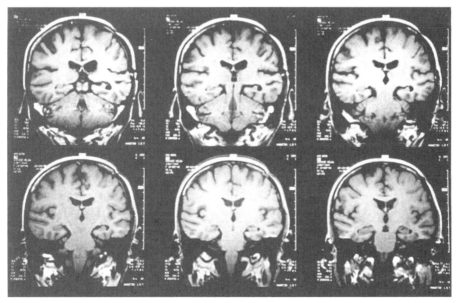

Abb. 1. MRT in coronarar Schichtführung: Hippokampusatrophie links

EEG

Die EEG-Ableitung erfolgte von einem erweitertem 10-20 System. Im interiktalen EEG zeigen sich eine kontinuierliche Verlangsamung regional links parietal und Spikes regional links parietal mit einer Phasenumkehr bei P3. Der iktale Anfallsbeginn war ebenfalls regional links parietal lokalisiert, anschließend erfolgte eine Propagation nach links temporo-basal und mesiotemporal.

Kernspintomographie

In der Magnetresonanz-Tomographie kommt neben dem Substanzdefekt links parieto-occipital in coronarer Schichtführung eine ausgeprägte Hippokampusatrophie links zur Darstellung, die bereits zu Beginn des Anfallsleidens unserer Patientin im Mai 1991 mittels MRT nachgewiesen werden konnte.

SPECT

Nach i.v.-Injektion von ^{99m}Tc-markiertem HMPAO ergab die interiktale SPECT-Studie einen Speicherdefekt links hochparietal bis zum parieto-temporalen Übergang reichend und eine Minderperfusion links temporal, occipital und im Thalamus. Der HMPAO-SPECT während eines psychomotorischen Status unserer Patientin zeigte eine Hyperperfusion links occipital, temporal und in den vorderen Stammganglien. Postiktal fand sich eine erhöhte HMPAO-Speicherung links superior occipital.

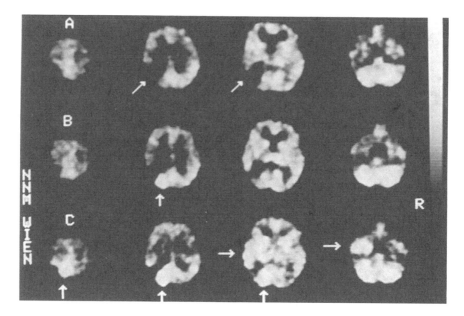

Abb. 2. HMPAO-SPECT: In Reihe A interiktal Speicherdefekt links hochparietal bis zum parieto-temporalen Übergang und Hypoperfusion links temporal. In Reihe B postiktal Hyperperfusion links superior occipital. In Reihe C iktal Hyperperfusion links occipital, temporal und in den vorderen Stammganglien.

Konklusion

Unsere Ergebnisse dokumentieren die Existenz einer dualen Pathologie bei Zustand nach Operation eines rupturierten Angioms im Bereich der Arteria cerebri media links. Da bei unserer Patientin die Hippokampusatrophie vor bzw. unmittelbar nach Beginn ihres Anfallsleidens nachgewiesen werden konnte, erscheinen als Entstehungsmechanismus sowohl die Propagation exzitatorischer Impulse als auch ischämische bzw. anoxische Insulte während rezidivierender, subklinischer Anfälle im Sinne einer sekundären Epileptogenese (Morell 1985) eher unwahrscheinlich. Gegen diese Theorie sprechen auch die Ergebnisse von EEG- und SPECT-Untersuchungen, wo als irritative bzw. epileptogene Zone die temporo-parietale Region identifiziert wurde, der mesiale Temporallappen und der Hippokampus werden erst durch Propagation in die epileptische Aktivität einbezogen. In unserem Fallbeispiel kommt als Entstehungsmechanismus am ehesten eine anterograde transsynaptische Degeneration in Frage.

Die Signifikanz der Hippokampusatrophie für das Anfallsleiden unserer Patientin ist somit fraglich, eine unabhängige epileptogene Funktion des Hippokampus erscheint eher unwahrscheinlich, möglicherweise fungiert die Hippokampusatrophie als Verstärker bei der Anfallsausbreitung.

Literatur

Cascino GD, Jack J, Parisi JE, Sharbrough FW, Schreiber CP, Kelly PJ, Trennery MR (1993) Operative strategy in patients with MRI-identified dual pathology and temporal lobe epilepsy. Epilepsy-Res 14: 175-182

Fried I, Kim JH, Spencer DD (1992) Hippocampal pathology in patients with intractable seizures and temporal lobe masses. J Neurosurg 76: 735-750

Lévesque MF, Nakasato N, Vinters HV, Babb TL (1991) Surgical treatment of limbic epilepsy associated with extrahippocampal lesions: the problem of dual pathology. J Neurosurg 75: 364-370

Morell F (1985) Secondary epileptogenesis in man. Arch Neur 42: 318-335

Negativ motorische Anfälle aus dem prämotorischen Kortex - eine EEG-SPECT Studie

C. Baumgartner[1], I. Podreka[1,2], G. Lindinger[1], S. Lurger[1], S. Aull[1], W. Serles[1], A. Olbrich[1], G. Wiest[1], K. Novak[1], L. Deecke[1]

[1]Universitätsklinik für Neurologie, [2]Universitätsklinik für Nuklearmedizin Wien

Einleitung

Das klinische Phänomen des 'epileptischen negativen Myoklonus' (ENM) wurde erstmals 1981 von Tassinari (Tassinari 1981) beschrieben und ist durch repetitive, kurzzeitige Verluste des Haltetonus einer oder mehrerer Extremitäten gekennzeichnet. Dieser Tonusverlust ist zeitlich mit Spikes über der kontralateralen Zentralregion und einem Sistieren der EMG-Aktivität für die Dauer von 100-400 msec gekoppelt (Guerrini et al. 1993). Seit der Erstbeschreibung wurden einige wenige weitere Fälle berichtet (Guerrini et al. 1993; Oguni et al. 1992; Cirignotta and Lugaresi 1991; Kanazawa and Kawai 1990; Wang et al. 1984). Der epileptische negative Myoklonus muß gegen andere, ähnliche klinische Entitäten abgegrenzt werden. Der Aktionsmyoklonus, bei dem es zu myoklonischen Zuckungen während Willkürinnervation kommt, tritt einerseits bei progressiven Myoklonusepilepsien und andererseits im Rahmen des Lance-Adams Syndroms nach hypoxischem Hirnschaden auf. Die Asterixis ist durch kurzzeitige Verluste des Haltetonus bei fehlender EMG-Aktivität definiert und tritt bei unterschiedlichen metabolischen Encephalopathien auf (Fahn et al. 1986).

Bisher wurde das Phänomen des epileptisch negativen Myoklonus durch eine Interferenz epileptischer Aktivität mit der Funktion des sensomotorischen Kortex erklärt (Guerrini et al. 1993). Eine exakte Zuordnung der Spike-Aktivität zu anatomischen Strukturen ist uns aus der Literatur allerdings nicht bekannt.

Andererseits haben invasive EEG-Ableitungen von chronisch implantierten subduralen Plattenelektroden gezeigt, daß epileptische Entladungen im primär motorischen Kortex fokale klonische Anfälle erzeugen. Zudem werden durch direkte kortikale Stimulationen des Gyrus präcentralis klonische Kontraktionen der kontralateralen Körperhälfte - sog. positive motorische Antworten - hervorgerufen. Stimulationen des prämotorischen frontalen Kortex hingegen bewirken sog. negative motorische Antworten. Diese sind durch einen fehlenden positiven Bewegungseffekt in Ruhestellung gekennzeichnet, hingegen können einfache, alternierende Bewegungen nicht fortgesetzt ausgeführt werden (Lesser et al. 1987).

Wir berichten deshalb über die Ergebnisse einer simultanen iktalen EEG und SPECT-Untersuchung einer Patientin mit epileptisch negativem Myoklonus. Sowohl die EEG als auch die SPECT-Lokalisation deuten auf eine Aktivierung des prämotorischen Kortex hin, sodaß wir - in Analogie zur Terminologie bei kortikalen Stimulationen - den Begriff 'negativ motorische Anfälle' einführen.

Methodik

Die 17-jährige Patientin litt seit dem Alter von 8 Monaten an epileptischen Anfällen. Die Ätiologie des Anfallsleidens war unbekannt. Der neurologische Status und die neuropsychologische Untersuchung waren unauffällig. Die Patientin war Linkshänderin. Das Kernspintomogramm ergab einen unauffälligen Befund.

Klinisch hatte die Patientin zwei unterschiedliche Anfallstypen. Einerseits bestanden Anfälle mit epileptisch negativem Myoklonus bzw. mit negativ motorischer Symptomatik, die durch langdauernde Zustände mit kurzzeitigem, Bruchteile von Sekunden dauernden, repetitivem Verlust des Haltetonus im Bereich der rechten oberen und seltener auch der rechten unteren Extremität bei voll erhaltenem Bewußtsein charakterisiert waren. Die Anfallsfrequenz dieser Anfälle betrug 1-2 / Woche. Andererseits traten sekundär generalisierte tonisch-klonische Anfälle ohne klinisch faßbare initiale fokale Phase mit einer Frequenz von 1 / Woche auf.

Die Patientin wurde einem prolongiertem Video-EEG-Monitoring unterzogen. Die EEG-Ableitung erfolgte dabei von 32 Kanälen mit einem erweiterten 10-20 System, wobei insbesondere der Frontal- und Parietallappen durch zusätzliche Elektroden abgedeckt wurden. Die EEG-Daten wurden verstärkt, gefiltert (Bandpass 0.3-70 Hz) und on-line analog-digital konvertiert (256 Hz, 12 bit). Die Datenauswertung erfolgte off-line mittels eines Computers mit den Möglichkeiten der beliebigen Reformatierung und digitalen Filterung.

Es wurde eine interiktale, eine iktale und eine postikale SPECT-Untersuchung durchgeführt.

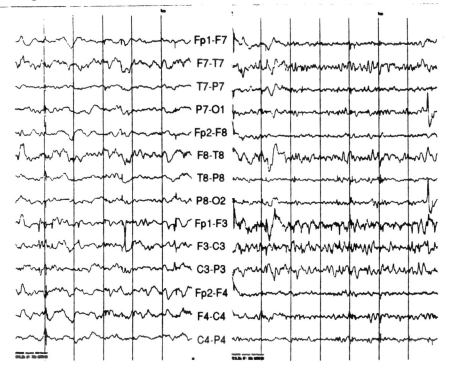

Abb. 1. Interiktales und iktales EEG. Interiktal (links): Spikes mit Phasenumkehr bei F3. Iktal (rechts): Repetitive Spikes, links frontal

Ergebnisse

Im interiktalen EEG zeigten sich häufige Spikes links hochfrontal (Abb.1). Im iktalen EEG waren die Anfälle mit negativ motorischer Symptomatik durch repetitive
Spikes ebenfalls links hochfrontal gekennzeichnet (Abb.1). Da auch im interiktalen
EEG nahezu ständig Spikes zu beobachten waren, war eine klare Differenzierung
zwischen interiktalem und iktalem Zustand für diesen Anfallstyp nicht eindeutig
möglich. Bei den sekundär generalisierten tonisch-klonischen Anfälle war auf Grund
einer starken Artefaktüberlagerung eine Lokalisation des EEG-Anfallsbeginns nicht
möglich. Postiktal zeigte sich eine Unterdrückung der Hintergrundaktivität über der
gesamten linken Hemisphäre. Technetium-HMPAO-SPECT-Studien wurden
interiktal, iktal und postiktal durchgeführt. Während sich interiktal ein unauffälliger
Befund ergab, zeigte sich während der negativ motorischen Anfälle eine erhöhte
HMPAO-Speicherung links hoch-frontal, links parieto-occipital, im linken Putamen
und im linken Thalamus (Abb. 2). Der postiktale SPECT nach einem sekundär
generalisierten Anfall zeigte eine erniedrigte HMPAO-Speicherung links frontal,
parietal, occipital und latero-temporal (Abb. 2).

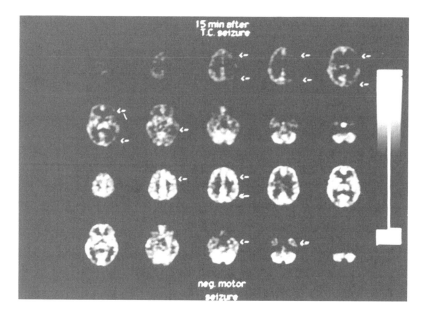

Abb. 2. Postiktale und iktale Technetium-HMPAO-SPECT-Studie.
Postiktal (oberer Teil der Abbildung): Erniedrigte HMPAO-Speicherung links frontal, parietal, occipital und latero-temporal
Iktal (unterer Teil der Abbildung): Erhöhte HMPAO-Speicherung links hoch-frontal, links
parieto-occipital, im linken Putamen und im linken Thalamus

Diskussion

Unsere Ergebnisse dokumentieren, daß epileptische Aktivität im prämotorischen Kortex zu sog. Anfällen mit negativ motorischer Symptomatik führen kann, die durch einen repetitiven, kurzzeitigen Tonusverlust bei fehlendem positivem Bewegungseffekt gekennzeichnet sind. Entscheidend für die eindeutige Differentialdiagnose zwischen interiktalem und iktalem Zustandsbild bei diesem Anfallstyp war die Kombination aus klinischer Anfallsbeobachtung, EEG und iktalem SPECT. Aus der simultanen Video-EEG-Aufzeichnung allein war diese Unterscheidung nicht eindeutig möglich, da auch im interiktalen EEG nahezu ständig Spikes zu beobachten waren. Eine Kombination aus funktionellen (negativ motorische Anfälle) und epileptischen (sekundär generalisierten) Anfällen wurde deshalb bei unserer Patientin mehrfach diskutiert. Die SPECT-Untersuchung ermöglichte eine klare Unterscheidung zwischen interiktalem und iktalem Zustand, da sich interiktal ein unauffälliger Befund ergab, während sich iktal eine erhöhte Technetium-HMPAO-Speicherung links hochfrontal, aber auch links parieto-occipital, im linken Putamen und im linken Thalamus zeigte. Sowohl das EEG als auch der SPECT weisen auf eine Aktivierung des prämotorischen Kortex hin, obwohl eine eindeutige Zuordnung der epileptischen Aktivität zu anatomischen Strukturen aus unseren Daten nur eingeschränkt möglich ist und definitiv wohl nur durch invasive EEG-Ableitungen mit subduralen Plattenelektroden gelingt. Unsere Ergebnisse stehen in guter Übereinstimmung mit den Resultaten von direkten Stimulationen der Hirnoberfläche, bei denen vom motorischen Kortex positive motorische Reizantworten und vom prämotorischen Kortex negativ motorische Effekte bewirkt werden (Lesser et al. 1987). Anfälle mit negativ motorischer Symptomatik stellen ein bisher wenig beschriebenes elektroklinisches Syndrom dar, da sie nur durch neurologische Testung während des Anfalls klinisch erfaßt werden können. Unsere Ergebnisse könnten auch für die operative Epilepsiebehandlung von Bedeutung sein, da Resektionen im Bereich des prämotorischen Kortex - im Gegensatz zu Operationen im Bereich des Gyrus präcentralis - zu keinen bleibenden neurologischen Ausfallserscheinungen führen.

Literatur

Cirignotta F, Lugaresi E (1991) Partial motor epilepsy with "negative myoclonus". Epilepsia 32: 54-58

Fahn S, Marsden CD, Van Woert MH (1986) Definition and classification of myoclonus. In: Fahn S, Marsden CD, Van Woert HH (Ed.), Advances in Neurology, Vol. 43. Raven Press, New York, pp 1-5

Guerrini R, Dravet C, Genton P, Bureau M, Roger J, Rubboli G, Tassinari CA (1993) Epileptic negative myoclonus. Neurology 43: 1078-1083

Kanazawa O, Kawai I (1990) Status epilepticus characterized by repetitive asymmetrical atonia: two cases accompanied by partial seizures. Epilepsia 31: 536-543

Lesser RP, Lüders H, Klem G, Dinner DS, Morris HH, Hahn JF, Wyllie E (1987) Extraoperative cortical functional localization in patients with epilepsy. J Clin Neurophysiol 4: 27-53

Oguni H, Sato F, Hayashi K, Wang PJ, Fukuyama Y (1992) A study of unilateral brief focal atonia in childhood partial epilepsy. Epilepsia 33: 75-83

Tassinari CA (1981) New perspectives in epileptology. In: Japanese Epilepsy Association (Ed), Trends in Modern Epileptology. Proceedings of the International Public Seminar on Epileptology, Tokyo, pp 42-59

Wang PJ, Omori K, Utsumi H, Izumi T, Yajima K, Fukuyama Y. Partial inhibitory seizures: a report on two cases. Brain Dev 6: 553-559

Zur Pathophysiologie der supplementär motorischen Anfälle

C. Baumgartner[1,2], R. Flint[2], I. Tuxhorn[2,3], D.S.Dinner[2], P. Van Ness[2], G. Lindinger[1], K. Novak[1], A. Olbrich[1], H.O. Lüders[2,3]

[1]Universitätsklinik für Neurologie, Wien, [2]Department of Neurology, Cleveland Clinic Foundation, Cleveland, [3]Epilepsiezentrum Bethel

Fragestellung

Anfälle aus der supplementär motorischen Area stellen eine gut definierte Untergruppe der Frontallappenepilepsien dar (Penfield and Welch 1951; Morris et al. 1988). Die Frontallappenepilepsie stellt eine Problemgruppe in der operativen Epilepsiebehandlung dar, da die Prognose bei Patienten ohne strukturelle Läsion etwa im Vergleich zur mesialen Temporallappenepilepsie ungünstig ist: Während 68% der Patienten mit mesialer Temporallappenepilepsie anfallsfrei werden, kann bei extratemporalen Fällen ohne Läsion nur in 45% Anfallsfreiheit erreicht werden (Engel et al. 1993). Ein Grund für diese ungünstigere Prognose sind die komplexen funktionellen Verbindungen innerhalb des Frontallappens, die eine rasche Anfallsausbreitung zur Folge haben und so die Lokalisation der epileptogenen Zone erschweren. Zudem ist die funktionelle Organisation des menschlichen Frontallappens noch unzureichend aufgeklärt. Die Kenntnis der Propagationsmuster epileptischer Entladungen bei Frontallappenanfällen ist deshalb von unmittelbarer klinischer Bedeutung.

Die supplementär motorische Area ist im mesialen Frontallappen (Area 6 nach Brodmann) lokalisiert. Tierexperimentelle Untersuchungen haben gezeigt, daß direkte - wahrscheinlich somatotopische - Projektionen über Assoziationsbahnen einerseits mit dem primär motorischen Kortex und andererseits mit dem prämotorischen Kortex bestehen (Wiesendanger 1986).

Ziel der vorliegenden Studie war es, die funktionellen Verbindungen der supplementär motorischen Area mit anderen Strukturen des Frontallappens hinsichtlich der Ausbreitung interiktaler und iktaler epileptischer Entladungen bei Patienten mit chronisch implantierten subduralen Plattenelektroden zu untersuchen.

Methodik

6 Patienten im Alter von 13 - 38 Jahren mit Anfällen aus der supplementär motorischen Area wurden untersucht. Alle Patienten hatten therapieresistente Anfälle und wurden im Rahmen der prächirurgischen Epilepsiediagnostik abgeklärt. Alle Patienten wurden einer entsprechenden nicht-invasiven Vorabklärung mit prolongiertem Oberflächen-EEG-Video-Monitoring unterzogen. Falls aus dieser nicht-invasiven Abklärung und/oder anderen Tests wie Magnetresonanztomographie oder Positron-Emissions-Tomographie keine zuverlässige Lateralisation des Anfalls-

beginns gelang, wurde eine semi-invasive Abklärung mit epiduralen Peg-Elektroden angeschlossen. Bei allen Patienten erfolgte schließlich eine invasive Abklärung mit chronisch implantierten subduralen Plattenelektroden. Die Plattenelektroden (Cleveland Clinic Biomedical Engineering Department) wurden dabei sowohl über den dorsolateralen frontalen Neokortex als auch in den Interhemisphärenspalt plaziert. Die Ableitung erfolgte unipolar gegen eine nicht involvierte kontralaterale Referenz. Die Dauer der invasiven Ableitung betrug 7 - 14 Tage. Die EEG-Signale wurden mittels Grass-Verstärkern verstärkt, mit einer Abtastfrequenz von 200 Hz analog-digital konvertiert, auf einer HP-Workstation digital gespeichert und off-line analysiert. Bei allen Patienten wurden kortikale Stimulationen mittels eines Grass S88 Stimulators zur Lokalisation essentieller Hirnregionen (Motorik, Sensorik, Sprache) durchgeführt. Die Stimuli bestanden aus alternierenden Rechtecksimpulsen mit einer Dauer von 0.3 ms und einer Frequenz von 50 Hz. Die Stimulusintensität wurde schrittweise von 1 mA bis auf maximal 15 mA gesteigert (Lesser et al. 1987).

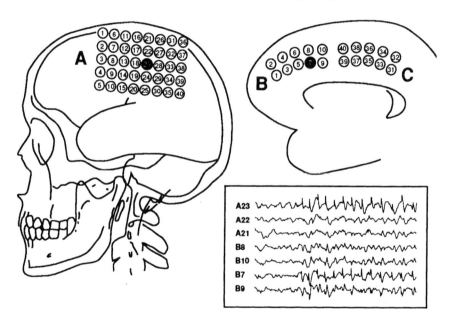

Abb. 1. Interiktale Spikes. Die Lokalisation der subduralen Plattenelektroden ist auf einem seitlichen Schädelröntgen dargestellt. Die von der Spike-Aktivität erfaßten Elektroden (A23 und B7) sind durch 'stumme' Elektroden getrennt (A21, A22, B8).

Ergebnisse

Das interiktale EEG zeigte 3 Klassen von Spikes: Solche, die lediglich die Elektroden über dem dorsolateralem Neokortex involvierten (Klasse 1), solche die lediglich an den Elektroden im Interhemisphärenspalt registriert werden konnten (Klasse 2) und schließlich solche, die nahezu simultan die supplementär motorische Area und den primär motorischen Kortex an der lateralen Oberfläche des Frontallappens erfaßten (Klasse 3). Spikes der Klasse 3 waren dadurch gekennzeichnet, daß die 'aktiven' Elektroden durch 'stumme' Elektroden getrennt waren, an denen keine epileptische Aktivität nachweisbar war. Bei 3 der 6 untersuchten Patienten konnten Spikes der Klasse 3 abgeleitet werden. Die Spikes in der supplementär motorische Area gingen denen im primär motorischen Kortex mit einer durchschnittlichen Latenz von 10-15 ms voraus. Abb. 1 zeigt typische Spikes der Klasse 3. Die Lokalisation der subduralen Plattenelektroden ist auf einem seitlichen Schädelröntgen dargestellt. Man erkennt, daß die von der Spike-Aktivität erfaßten Elektroden (A23 und B7) durch 'stumme' Elektroden getrennt sind (A21, A22, B8).

Im iktalen EEG zeigte sich bei denselben 3 Patienten ein nahezu simultaner Anfallsbeginn in der supplementär motorische Area und im primär motorischen Kortex, wobei erneut die 'aktiven' Elektroden durch 'stumme' Elektroden getrennt waren. Die am Anfallsbeginn involvierten Elektroden waren weitgehend mit den durch die interiktalen Spikes erfaßten Elektroden identisch. Abb. 2 zeigt ein EEG Anfallsmuster (paroxysmale schnellen Aktivität) an den Elektroden A23, B7 und B9, wobei die dazwischen liegenden Elektroden (A21, A22, B8, B10) nicht von der epileptischen Aktivität erfaßt wurden.

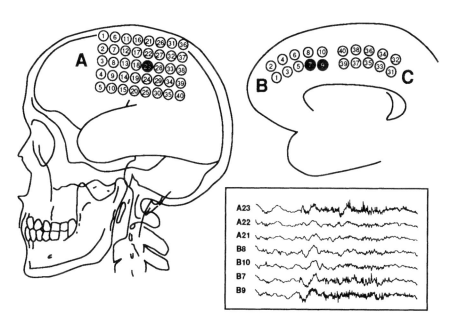

Abb. 2. Iktales EEG. Paroxysmale schnelle Aktivität an den Elektroden A23, B7 und B9. Die dazwischen liegenden Elektroden (A21, A22, B8, B10) wurden nicht von der epileptischen Aktivität erfaßt

Die direkte kortikale Stimulation der durch die interiktale und iktale epileptische Aktivität erfaßten Elektroden zeigte sowohl an den mesialen und lateralen Elektrodenkontakten topographisch korrespondierende motorische Antworten der oberen Extremitäten.

Bei einer Patienten waren die Anfälle durch eine initiale tonische Kontraktion (supplementär motorische Area) mit nachfolgender klonischer Aktivität (primär mo-

302

torischer Kortex) der rechten oberen Extremität gekennzeichnet, wobei in den anderen Extremitäten keine motorischen Entäußerungen zu beobachten waren. Dies spricht ebenfalls für eine Propagation der epileptischen Aktivität von der supplementär motorischen Area in den primär motorischen Kortex und gegen eine Ausbreitung per continuitatem.

Konklusion

Die vorliegenden Ergebnisse dokumentieren die Propagation interiktaler und iktaler epileptischer Entladungen zwischen somatotopisch korrespondierenden Strukturen der supplementär motorischen Area und des primär motorischen Kortex. Sowohl die EEG-Daten (stumme Elektroden zwischen den aktiven Elektroden) als auch die klinischen Anfallsmuster (Übergang eines tonischen in ein klonisches Anfallsmuster derselben Extremität ohne Ausbreitung auf andere Körperteile) unterstützen die Hypothese einer direkten Propagation über Assoziationsfasern. Es ist anzunehmen, daß auch physiologische Aktivität über die gleichen Bahnen geleitet wird, sodaß die supplementär motorische Area bei der Planung und Initiation von Bewegungen eine entscheidende Rolle spielen dürfte (Deecke 1987). Diese Ergebnisse stehen in guter Übereinstimmung mit tierexperimentellen Ergebnissen, bei denen direkte Faserprojektionen von der supplementär motorischen Area in den primär motorischen Kortex nachgewiesen werden konnten (Wiesendanger 1986).

Von klinischer Relevanz erscheint, daß der EEG-Anfallsbeginn bei unseren Patienten simultan in der supplementär motorischen Area und im primär motorischen Kortex erfolgte und die Patienten nach alleiniger Resektion der supplementär motorischen Area unter Aussparung des primär motorischen Kortex anfallsfrei waren. Dies unterstreicht die Bedeutung der Berücksichtigung von funktionellen Verbindungen für die erfolgreiche epilepsiechirurgische Behandlung von Patienten mit Frontallappenepilepsie.

Literatur

Deecke L (1987) Bereitschaftspotential as an indicator of movement preparation in supplementary motor area and motor cortex. In: Porter R (Ed), Motor Areas of the Cerebral Cortex. Wiley, Chichester, pp 231-250

Engel J Jr, Van Ness PC., Rasmussen T B, Ojemann LM (1993) Outcome with respect to epileptic seizures. In: Engel J Jr (Ed), Surgical Treatment of the Epilepsies. Raven Press, New York, pp 609-622

Lesser RP, Lüders H, Klem G, Dinner DS, Morris HH, Hahn JF, Wyllie E (1987) Extraoperative cortical functional localization in patients with epilepsy. J Clin Neurophysiol 4: 27-53

Morris HH, Dinner DS, Lüders H, Wyllie E, Kramer R (1988) Supplementary motor seizures: clinical and electroencephalographic findings. Neurology 38: 1075-1082

Penfield W Welch K (1951) The supplementary area in the cerebral cortex of man. Arch Neurol Psychiatr 66: 289-317

Wiesendanger M (1986) Recent developments in studies of the supplementary motor areas of primates. Rev Physiol Biochem Pharmacol 103: 1-59

Propagation interiktaler und iktaler epileptischer Aktivität bei Temporallappenepilepsie

C. Baumgartner[1,2,] G. Lindinger[1], A. Ebner[2,3], S. Aull[1], W. Serles[1], A. Olbrich[1], K. Novak[1], G. Wiest[1], S. Lurger[1], H. Lüders[2,3]

[1]Universitätsklinik für Neurologie, Wien, [2]Department of Neurology, Cleveland Clinic Foundation, Cleveland, [3]Epilepsiezentrum Bethel

Fragestellung

Propagationsmuster bei Temporallappenepilepsie sind sowohl von klinischem als auch von wissenschaftlichem Interesse. In der präoperativen Abklärung von Epilepsiepatienten könnte durch die genaue Kenntnis der Propagationswege epileptischer Entladungen die epileptogene Zone besser definiert werden. Dadurch könnten selektivere Operationsmethoden und eine Minimierung neuropsychologischer Ausfälle ermöglicht werden (Wieser 1986). In wissenschaftlicher Hinsicht ist die Kenntnis der Ausbreitungswege epileptischer Entladungen für das Verständnis der Pathophysiologie der menschlichen Epilepsie unerläßlich.

Während die Propagation epileptischer Entladungen innerhalb des Hippokampus in der anterior-posterioren Richtung gut dokumentiert ist, ist die funktionelle Beziehung zwischen mesio-basalen und lateralen temporalen Strukturen kontroversiell. Während manche Autoren zwischen diesen Strukturen keine nennenswerte Propagation finden konnten (Buser und Bancaud 1983), konnte in einigen neueren Studien eine Propagation interiktaler epileptischer Aktivität von mesial nach lateral gezeigt werden (Sutherling und Barth 1989; Ebersole 1991; Scherg und Ebersole 1993).

Ziel der vorliegenden Studie war es deshalb, Propagationsmuster zwischen mesio-basalen und lateralen temporalen Strukturen zu untersuchen. Da durch die Propagation epileptischer Entladungen multiple Hirnregionen zeitlich überlappend aktiviert werden, wurde eine räumlich-zeitliche Dipolanalyse angewandt (Baumgartner et al. 1989; Scherg 1990; Baumgartner 1993). Diese Methode erlaubt es, die Zahl, die dreidimensionale intrazerebrale Lokalisation, die Orientierung, die zeitliche Aktivität und schließlich die Interaktion der den epileptischen Entladungen zu Grunde liegenden Neuronenpopulationen zu studieren.

Methodik

3 Patienten mit Temporallappenepilepsie wurden im Rahmen der präoperativen Epilepsiediagnostik mittels prolongiertem Video-EEG-Monitoring untersucht. Die EEG-Ableitung erfolgte von einem erweiterten 10-20 System und von bilateral plazierten Sphenoidalelektroden, wobei unipolar gegen eine gemeinsame Referenz (Pz) abgeleitet wurde, sodaß eine beliebige off-line Reformatierung möglich war. Die EEG-Signale wurden verstärkt (x 20.000), gefiltert (Bandpass 1 - 70 Hz) und on-line analog-digital konvertiert (200 Hz, 12 Bit).

Die räumlich-zeitliche Analyse der Spikes und der Anfälle erfolgte mit einem Modell mit multiplen Dipolen (Baumgartner et al. 1989; Baumgartner 1993). Die grundlegende Modellannahme war, daß die Dipole räumlich fixiert waren und sich lediglich die Dipolstärke über die Zeit änderte. Das Ziel der Modells war es somit, jene Kombination von multiplen räumlichen Dipol-Potentialverteilungen zu ermitteln, die - mit den jeweiligen zeitlichen Aktivitäten gewichtet - die Daten am besten approximieren konnten. Jeder Dipol war durch 6 Parameter - 3 Lokalisationsparameter, 2 Orientierungsparameter und einen über die Zeit variablen Dipolstärkeparameter bestimmt. Als Volumenleiter wurde ein kugelförmiges 4-Schalen-Modell mit konzentrischen Leitfähigkeitsänderungen für Hirngewebe $(0,33 \ (\Omega\,\mathrm{m})^{-1})$, Liquor cerebrospinalis $(1,0 \ (\Omega\,\mathrm{m})^{-1})$, Schädel $(0,0042 \ (\Omega\,\mathrm{m})^{-1})$ und Kopfhaut $(0,33 \ (\Omega\,\mathrm{m})^{-1})$ angenommen. Die Berechnung der optimalen Dipolparameter erfolgte mit Hilfe des Simplex-Algorithmus.

Ergebnisse

Sowohl interiktale als auch iktale epileptische Entladungen wurden durch multiple neuronale Generatoren erzeugt, deren Potentialverteilungen sich räumlich und zeitlich in komplexer Weise überlagerten. Die Potentialbeiträge der einzelnen Generatoren waren aus der visuellen Inspektion der Rohdaten nicht klar ersichtlich.

Interiktale Spikes wurden durch zwei Generatoren erzeugt. Der erste Generator konnte mesio-basalen, temporalen Strukturen zugeordnet werden und erzeugte eine umschriebene Negativität an der ipsilateralen Sphenoidalelektrode und eine räumlich ausgedehnte Positivität über dem Vertex. Der zweite Generator war im lateralen, temporalen Neokortex lokalisiert und war mit einer Negativität über dem ipsilateralen temporalen Neokortex und einer Positivität über dem kontralateralen temporalen Neokortex assoziiert. Die Lokalisation der Generatoren ist aus Abb. 1 ersichtlich, in der die Resultate für einen rechts temporalen Spike dargestellt sind.

Die Aktivität des mesialen Generators ging der des lateralen um ca. 30 ms voraus, sodaß unter Berücksichtigung von Leitgeschwindigkeit kortiko-kortikaler Verbindungsfasern, synaptischer Übertragungszeit und Zeit zur Generation eines synpatischen Potentials, eine zumindest monosynaptische Propagation anzunehmen ist.

Auch die iktalen epileptischen Entladungen wurden im wesentlichen durch zwei Generatoren erzeugt, deren Lokalisation und Orientierung gut mit den Generatoren der interiktalen Spikes übereinstimmte: Während ein mesio-basaler Generator mit seinem negativen Pol gegen die ipsilaterale Sphenoidalelektrode gerichtet war, zeigte ein lateraler neokortikaler Generator mit seinem negativen Pol gegen den lateralen temporalen Neokortex. In Abb. 2 sind die Dipollokalisationen für eine Anfall aus dem rechten Temporallappen dargestellt. Die zeitliche Aktivität der beiden Generatoren zeigte eine komplexe Überlagerung.

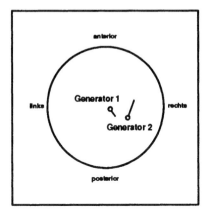

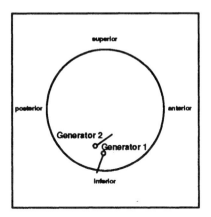

AXIALER SCHNITT

SAGITTALSCHNITT

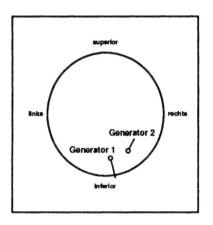

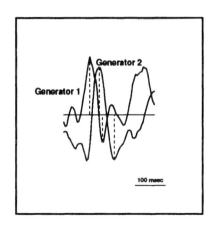

KORONALER SCHNITT

ZEITLICHE AKTIVITÄT

Abb.1. Ergebnis der Dipolanalyse für einen rechts temporalen Spike. Die Dipollokalisationen sind in axialer, sagittaler und koronaler Schnittführung dargestellt. Die zeitliche Aktivität der Dipole zeigt eine sequentielle Aktivierung der beiden Dipole mit einem Latenzunterschied von ca. 30 ms.

Konklusion

Unsere Ergebnisse dokumentieren, daß sowohl interiktale als auch iktale epileptische Entladungen durch multiple Generatoren erzeugt werden, deren Potentialbeiträge sich in komplexer Weise räumlich und zeitlich überlagern. Das biophysikalische Modell mit multiplen Dipolen war der visuellen Inspektion insofern überlegen, als weder die Zahl der Generatoren noch deren Potentialbeiträge aus der visuellen Analyse ersichtlich waren. Die Dipolmodelle erlaubten es, aus nicht-invasiven Messungen zwischen Aktivität im mesio-basalen Temporallappen und im lateralen temporalen Neokortex zu differenzieren. Insbesondere konnten mit unserem Modell zwei signifikante Generatoren identifiziert werden. Ein Generator im mesio-basalen Temporallappen erzeugte eine umschriebene Negativität an der ipsilateralen Sphenoidalelektrode und eine räumlich ausgedehnte Positivität über dem Vertex.

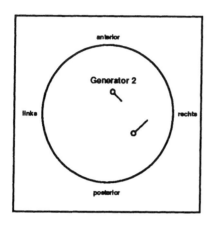

AXIALER SCHNITT

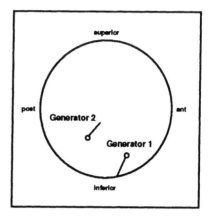

SAGITTALSCHNITT

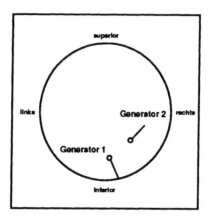

KORONALER SCHNITT

Abb. 2. Ergebnis der Dipolanalyse für einen Anfall aus dem rechten Temporallappen. Die Dipollokalisationen sind in axialer, sagittaler und koronaler Schnittführung dargestellt.

Ein zweiter Generator im lateralen temporalen Neokortex erzeugte eine relativ umschriebene Negativität an den lateralen temporalen Elektroden und eine Positivität an den kontralateralen temporalen Elektroden. Für die interiktalen Spikes konnte eine Propagation epileptischer Aktivität von mesio-basalen in laterale temporale Strukturen nachgewiesen werden. Dies steht in guter Übereinstimmung mit den Ergebnissen anderer Arbeitsgruppen (Sutherling und Barth 1989; Ebersole 1991; Scherg und Ebersole 1993). Für die iktalen Entladungen wurde eine komplexe

Überlagerung der zeitlichen Aktivität der beiden Generatoren gefunden, was im Sinne von kreisender epileptischer Erregung interpretiert werden könnte.

Mit den verwendeten Dipolmodellen kann jeweils nur das Zentrum des epileptisch aktiven Gewebes, nicht aber dessen räumliche Ausdehnung bestimmt werden. Es erscheint deshalb wichtig zu betonen, daß nicht so sehr die absolute Lokalisation der Dipole von entscheidender Bedeutung ist, sondern vielmehr ihre relative Lokalisation, ihre Orientierung und ihre zeitliche Aktivität.

Unsere Ergebnisse sollten zum Verständnis der Ausbreitung epileptischer Aktivität im menschlichen Temporallappen beitragen und die Aussagekraft nicht-invasiver Methoden in der prächirurgischen Epilepsiediagnostik verbessern.

Literatur

Baumgartner C (1993) Clinical Electrophysiology of the Somatosensory Cortex. Springer, Vienna - New York

Baumgartner C, Sutherling WW, Di S, Barth D S (1989) Investigation of multiple simultaneously active brain sources in the electroencephalogram. J Neurosci Meth 30: 175-184

Buser P, Bancaud J (1983) Unilateral connections between amygdala and hippocampus in man. A study of epileptic patients with depth electrodes. Electrocenceph Clin Neurophysiol 55: 1-12

Ebersole JS (1991) EEG dipole modeling in complex partial epilepsy. Brain Topography 4: 113-123

Scherg M (1990) Fundamentals of dipole source potential analysis. In: Grandori F, Hoke M, Romani GL (eds), Auditory Evoked Magnetic Fields and Electric Potentials. Advances in Audiology. Vol. 6. Karger, Basel, pp 40-69

Scherg M, Ebersole JS (1993) Models of brain sources. Brain Topography, 1993, 419-423

Sutherling WW, Barth DS (1989) Neocortical propagation in temporal lobe spike foci on magnetoencephalography and electroencephalography. Ann Neurol 25: 373-381

Wieser HG (1986) Selective amygdalohippocampectomy: indications, investigative technique and results. In: Symon L, Brihaye J, Guidetti B, Loew F, Miller JD, Nornes H, Pasztor E, Pertuiset B, Yasargil MG (eds) Advances and Technical Standards in Neurosurgery, Vol. 13. Springer, Vienna, pp 39-133

Benigne Partialepilepsie des Kindesalters - Stellenwert verschiedener EEG-Charakteristika in der nosologischen Abgrenzung

M. Feucht[1], F. Benninger[1], F. Uhl[2], M. Kutzer[1]

[1]Universitätskliniken für Neuropsychiatrie des Kindes- und Jugendalters und für [2]Neurologie, Wien

Einleitung

Die nosologische Abgrenzung des Syndroms der benignen Partialepilepsie mit centrotemporalem Spitzenherd (BECT) basiert vorwiegend auf electroklinischen Kriterien. Besondere Bedeutung kommt hiebei den charakteristischen EEG-Veränderungen zu. Speziell Morphologie und Topik der hypersynchronen Veränderungen sowie ihre Äquipotentialverteilung wird als spezifisch angesehen (Lüders et al. 1987; Roger et al. 1992). In den Abbildungen 1a und 1b sind Kurvenausschnitte aus einer Routineableitung eines Kindes mit prototypischen nächtlichen Anfällen dargestellt. Die vorliegende Studie untersucht - ausgehend von der typischen Morphologie der hypersynchronen Veränderungen - räumlich-zeitliche Eigenschaften (speziell auch die von verschiedenen Autoren als geradezu pathognomisch beschriebenen Dipolcharakteristika) in Hinblick auf ihre Wertigkeit bei der Syndromabgrenzung.

Methodik

Aus allen Routine-EEGs (entspannter Wachzustand, übliche Provokationsmethoden, 10-20 System, Referenzableitung gegen die gemittelten Ohren, Digitalisierung der Rohdaten mit einer Abtastrate von 2ms, Möglichkeit der computer-assistierten Weiterverarbeitung der gespeicherten Daten), die im Zeitraum Jänner - Dezember 1992 an der Klinik für Neuropsychiatrie des Kindes- und Jugendalters abgeleitet wurden, wurden nach visueller Analyse und ohne Wissen des Zuweisungsgrundes bzw. der klinischen Daten der Kinder jene ausgewählt, die die folgenden Kriterien erfüllten:
a) altersentsprechende bis leichtgradig verlangsamte Hintergrundaktivität
b) kein Hinweis auf eine lokalisierte Hirnfunktionsstörung im Sinne eines Herdes langsamer Wellen
c) lokalisierte Zeichen erhöhter cerebraler Erregungsbereitschaft in Form von bi- oder triphasischen Spitzen oder steilen Wellen, uni- oder bilateral ausgeprägt. Topische Kriterien wurden nicht berücksichtigt.

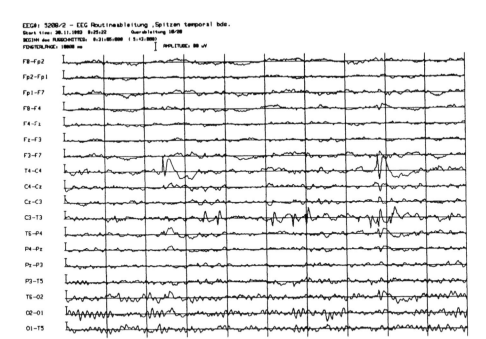

EEG#: 5208/2 – EEG Routineableitung ,Spitzen temporal bds.
Start time: 20.11.1993 9:25:22   Querableitung 10/20
BEGINN des ABSCHNITTES: 0:31:05:000 (5:43:000)
FENSTERLÄNGE: 10000 ms   AMPLITUDE: 80 uV

F8-Fp2
Fp2-Fp1
Fp1-F7
F8-F4
F4-Fz
Fz-F3
F3-F7
T4-C4
C4-Cz
Cz-C3
C3-T3
T6-P4
P4-Pz
Pz-P3
P3-T5
T6-O2
O2-O1
O1-T5

Abb. 1a

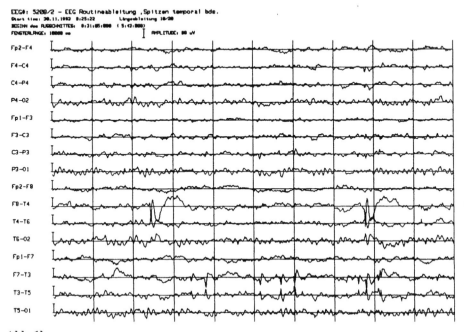

EEG#: 5208/2 – EEG Routineableitung ,Spitzen temporal bds.
Start time: 20.11.1993 9:25:22   Längsableitung 10/20
BEGINN des ABSCHNITTES: 0:31:05:000 (5:43:000)
FENSTERLÄNGE: 10000 ms   AMPLITUDE: 80 uV

Fp2-F4
F4-C4
C4-P4
P4-O2
Fp1-F3
F3-C3
C3-P3
P3-O1
Fp2-F8
F8-T4
T4-T6
T6-O2
Fp1-F7
F7-T3
T3-T5
T5-O1

Abb. 1b
Abb. 1a und 1b Kurvenbeispiele aus der Routineableitung eines Kindes

Alle verfügbaren EEGs der auf diese Weise ausgewählten Kinder (mindestens 5 mußten vorhanden sein) wurden visuell und mittels computerassistierter Verfahren in Hinblick auf räumlich-zeitliche Charakteristika der hypersynchronen Veränderungen und die Konstanz der Befunde untersucht. Folgende Strategien aus einem an der Klinik entwickelten, flexiblen Software-Paket gelangten zur Anwendung (Spiel und Benninger 1990; Feucht et al. 1990): Dehnung bzw. Kompression der Zeitachse und der Amplitude, topische Darstellung einzelner Kurvenabschnitte, Reformatierung, Darstellung der Äquipotentialverteilungen in Form von Farbmaps, Kreuzkorrelationsfunktionsanalyse und Darstellung der Ergebnisse mittels Farbmaps. Von einem zweiten Untersucher, dem die EEGs nicht bekannt waren, wurden die klinischen Daten der Kinder dokumentiert. Kinder mit einer Verlaufsdokumentation kürzer als ein Jahr wurden ausgeschlossen. In der Folge wurden Zusammenhänge zwischen bestimmten EEG-Charakteristika und gleichartiger bzw. ähnlicher klinischer Symptomkonstellation gesucht.

Ergebnisse

Stichproben
48 Kinder, 35 Knaben und 13 Mädchen im Alter von 4 - 13 Jahren, wurden entsprechend den Einschlußkriterien in die Untersuchung aufgenommen. In 22 Fällen bestand ein cerebrales Anfallsleiden, in 26 Fällen war der Zuweisungsgrund das Vorliegen von Cephalea und/oder Migräne (6 Kinder) bzw. Lernstörungen (20 Kinder). Nur in drei Fällen (Kinder mit therapierefraktären fokalen Anfällen) fanden sich entsprechend der klinisch neurologischen Untersuchung und anhand der Ergebnisse von CT/MRI Hinweise auf eine zugrundeliegende ZNS-Läsion. Bei den restlichen 19 Kindern mit cerebralen Anfällen waren 13 Fälle anhand der klinischen Phänomenologie, des Erkrankungsalters und von Verlaufskriterien dem Syndrom der "Rolandischen Epilepsie" zuzuordnen. In zwei Fällen bestand eine Pyknolepsie (anfallsfrei unter medikamentöser Einstellung), in einem Fall bestanden partiell komplexe Anfälle mit Anfallsfreiheit unter Medikation, in drei weiteren Fällen fanden sich in der Anamnese Gelegenheitskrämpfe.

EEG - Analyse
Topik:
In allen Fällen fand sich das Maximum der hypersynchronen Veränderungen über der Mediotemporal-, Zentral-, aber auch Parietal- und Occipitalregion. Konstanz bezüglich einer bestimmten Lokalisation bei ein und dem selben Kind war nach Durchsicht aller verfügbaren EEGs nicht nachzuweisen. Allerdings ergab sich ein Trend, daß, je jünger die Kinder waren, desto eher das Maximum der Veränderungen parietal und occipital zur Darstellung kam. Eindeutige Unterschiede bezüglich bevorzugter Lokalisation der Spitzen und klinischer Symptomatik ergaben sich nicht.

Dipolcharakteristika:
Die vielfach in der Literatur als pathognomisch angesehene Dipollokalisation (Gregory und Wong 1984) fand sich zwar häufig, jedoch weder konstant bei ein und demselben Kind noch pathognomisch für eine bestimmte klinische Symptomkonstellation.

Diskussion

Die Ergebnisse der durchgeführten Untersuchung zeigen, daß die primären Selektionskriterien (morphologische Charakteristika) in der überwiegenden Mehrzahl der Fälle eine Zuordnung idiopathisch versus symptomatisch ermöglichten und in Verbindung mit klinisch-phänomenologischen Kriterien die Syndromzuordnung erleichterten.

Topische Charakteristika (d.h. die ausschließliche Berücksichtigung von Spitzen in der Centrotemporalregion) sowie spezifische Dipolcharakteristika waren als Unterscheidungsmerkmal unzureichend.

Literatur

Feucht M, Spiel G, Benninger F (1990) Computerassistierte Analyse paroxysmaler EEG-Veränderungen bei Kindern mit fokalen ZNS-Läsionen. Epilepsie 90 (Edited by D. Scheffner) Einhorn-Presse Verlag pp 348-355

Gregory DL, Wong PK (1984) Topographical Analysis of Centrotemporal Discharges in Benign Rolandic Epilepsy of Childhood. Epilepsia 25(6): 705-711

Lüders H et al. (1987) Benign Focal Epilepsy of Childhood in Epilepsy - Electroclinical Syndromes. In: Lüders H and Lesser RP (eds.) Springer Verlag

Roger J, Bureau M, Dravet C, Dreifuss FE, Perret A, Wolf P (1992) Epilepitic Syndromes in Infancy, Childhood and Adolescence (Second Edition). John Libbey & Company Ltd. pp 189-199

Spiel G, Benninger F (1990) Strategien der Computerassistierten EEG(ERP)-Analyse. In: Daute KH, Wässer St (eds.) 88 - Klinische Neuro-Elektrodiagnostik, Friedrich Schiller Universtät Jena pp 67-74

MRT-Diagnostik der Ammonshornsklerose bei Patienten mit pharmakoresistenter Temporallappenepilepsie

M. G. Campos[1], B. Ostertun[2], L. Solymosi[2], H. K. Wolf[3], J. Zentner[1], A. Hufnagel[4], Ch. E. Elger[4], J. Schramm[1]

[1]Neurochirurgische und [4]Epileptologische Universitätsklinik, [2]Abteilung für Neuroradiologie, [3]Institut für Neuropathologie, Universität Bonn

Fragestellung

Die Ammonshornsklerose (AHS), eine Folge von Neuronenverlust mit reaktiver Gliose und Atrophie der Hippocampusformation, steht in enger kausaler Beziehung zur Temporallappenepilepsie, deren Ursachen allerdings im einzelnen kaum bekannt sind (Gates und Cruz-Rodriguez 1990). Ziel dieser Studie war es zu prüfen, inwieweit die AHS durch Magnet-Resonanz-Tomographie (MRT) erfaßt werden kann.

Methodik

Im Zeitraum November 1987 bis Januar 1993 wurden insgesamt 216 Patienten wegen einer pharmakoresistenten Temporallappenepilepsie operativ behandelt. Die histologische Aufarbeitung der Operationspräparate ergab in 38 Fällen (17,6%) eine AHS als ausschließliche Abnormalität. Von diesen 38 Patienten wurden die präoperativen MRT-Diagnosen ausgewertet. Folgende MRT-Kriterien der AHS wurden gewählt: Signalerhöhung auf den T2-gewichteten Bildern oder Atrophie des mesialen Temporallappens mit Erweiterung des Unterhorns.

Ergebnisse

Wie aus Tabelle 1 hervorgeht, waren die MRT-Kriterien der AHS in insgesamt 20 Fällen (53%) erfüllt. Bei 2 Patienten (5%) wurde aufgrund einer stark erhöhten Signalintensität Tumorverdacht geäußert. Unter den 4 Fällen (10%) mit unklarem Befund waren 2 Patienten, die bereits am Temporallappen voroperiert waren. Bei allen 12 Patienten (32%) mit "unauffälligem" MRT-Befund waren die Bilder technisch unzureichend.

Tab.1. Präoperative MRT-Diagnosen bei 38 Patienten mit histologisch gesicherter AHS.

MRT-Diagnose	Patienten	
	N	%
Ammonshornsklerose	20	53
Tumor	2	5
Unklar	4	10
"Unauffällig"	12	32

Schlußfolgerungen

Unsere Ergebnisse zeigen in Übereinstimmung mit der Literatur (Berkovic et al. 1991; Bronen et al. 1991), daß die MRT einen wesentlichen Beitrag zur Diagnostik der AHS zu leisten vermag, auch wenn die Sensitivität eingeschränkt ist. Falschnegative MRT-Befunde beruhen häufig auf einer unzureichenden Technik: zu große Schichtdicke, Schnittführung nicht parallel zur Ebene des Hippocampus, fehlende koronare Aufnahmen sowie mangelhafte Bildqualität. Durch optimale Technik wäre zweifellos noch eine höhere Rate korrekter Befunde zu erzielen.

Literatur

Berkovic SF, Andermann F, Olivier A, Ethier R, Melason D, Rovitaille Y, Kuzniecky R, Peters T, Feindel W (1991) Hippocampal sclerosis in temporal lobe epilepsy demonstrated by Magnetic Resonance Imaging. Ann Neurol 29: 175-182

Bronen RA, Cheung G, Charles JT, Kin JH, Spencer DD, Spencer SS, Sze G, McCarty G (1991) Imanging findings in hippocampal sclerosis: Correlation with pathology. AJNR 12: 933-940.

Gates JR, Cruz-Rodriguez R (1990) Mesial Temporal Sclerosis: Pathogenesis, diagnosis and treatment. Epilepsia 31 (Suppl.): 55-66

Die Wertigkeit der cortikalen Elektrostimulation für die prächirurgische Epilepsiediagnostik

A. Hufnagel, C.E. Elger, C.E. Helmstaedter, G. Fernandez, J. Steinkamp

Universitätsklinik für Epileptologie Bonn

Einführung und Fragestellung

Im Rahmen der prächirurgischen Epilepsiediagnostik wird die cortikale Elektrostimulation zum einen zur Induktion epileptischer Anfälle und zum anderen zur individuellen Kartierung funktionell wichtiger Hirnareale eingesetzt (Penfield und Jasper 1954; Lüders et al. 1987; Ojemann und Engel 1987; Bernier et al. 1990). Während die Anfallsinduktion Aufschluß über die Lokalisation des epileptogenen Hirnareals geben soll, wird mit Hilfe des topographischen Mappings die Nachbarschaftsbeziehung des zu resezierenden Gebietes zu den funktionell wichtigen Hirnarealen festgestellt. Ziel der vorliegenden Untersuchung war es, die prognostische Relevanz der Anfallsinduktion und die klinische Wertigkeit des funktionell topographischen Mappings für die prächirurgische Epilepsiediagnostik an einem größeren Kollektiv von Patienten zu analysieren. Bei weiteren 29 Patienten wurde untersucht, ob sich die verbale oder visuell-räumliche Gedächtnisleistung durch intrahippokampale Elektrostimulation über chronisch implantierte intracerebrale Elektroden beeinflussen läßt und dadurch womöglich Rückschlüsse auf ein zu erwartendes postoperatives Gedächtnisdefizit nach hippokampaler Resektion möglich werden.

Patienten und Methoden

Die folgenden Patientengruppen wurden untersucht: 1. cortikale Elektrostimulation zur Anfallsinduktion (n=56); 2. funktionell topographisches Mapping (n=16); 3. intrahippokampale Elektrostimulation zur prächirurgischen Gedächtnistestung (n=29). Alle Patienten im Alter von 8-48 Jahren (x = 29 Jahre) hatten eine langjährige, medikamentös-therapieresistente Epilepsie mit komplex-partiellen und/oder sekundär generalisierten tonisch-klonischen Anfällen. Bei allen Patienten waren 4-16 subdurale Streifenelektroden mit 16-114 Elektrodenkontakten zur Fokuslokalisation implantiert worden. Bei den 16 Patienten, bei welchen ein funktionell topographisches Mapping durchgeführt wurde, war zusätzlich eine 64 Kontakt-Gitterelektrode implantiert worden. Die intrahippocampale Stimulation erfolgte stets über zusätzliche, longitudinal im Hippocampus implantierte, intracerebrale Elektroden. Die Parameter der cortikalen Elektrostimulation waren wie folgt: Stimulationsintensität: 20-30 V; Stimulusform: biphasischer Puls von 2,5 ms Dauer; Stimulationsfrequenz: 5-60 Hz; Stimulationsdauer: 4-10 s zur Anfallsinduktion bzw. 5 s bis 3 h Dauer zur Gedächtnistestung.

Für die Gedächtnistestungen wurden seriell computerisierte Versionen eines sprachlichen (Verbaler Lern- und Merkfähigkeitstest) und eines visuell-räumlichen (Schachbrettmuster-Test) neuropsychologischen Tests parallel zur oder unmittelbar im Anschluß an die Stimulation durchgeführt. Die zu merkenden Items (Wörter oder Konfigurationen eines Schachbrettes) mußten unmittelbar im Anschluß an die Stimulation an Hand von Auswahllisten reproduziert werden (passiver Abruf). Im einzelnen wurden die folgenden 3 Testprotokolle verfolgt: Gruppe A (n=9): Stimulation mit 2 Hz und 2 V über 3 Stunden (niederintense langdauernde Stimulation) - wiederholte computerisierte Gedächtnistestung alle 30 Minuten. Gruppe B (n=10): Serien intermittierender Stimulation mit 30 V und 30 Hz für jeweils 5 s und nachfolgend 10 s Pause während 10 Minuten (intermittierende hochintense Stimulation) - neuropsychologische Testung unmittelbar im Anschluß an die 10-minütige Serie; Gruppe C (n=10): Stimulation kontinuierlich für 1 Minute mit 30 Hz und 30 V (kurze, hochintense Stimulation) - neuropsychologische Testung unmittelbar im Anschluß an die Stimulation. Allen Testungen gingen mehrere Baseline-Testungen voraus. Im Anschluß an die Stimulation folgten weitere Kontrolltestungen in 30-minütigem Abstand nach der Stimulation für die Dauer von zumindest 3 Stunden.

Ergebnisse

Anfallsinduktion
Anfälle oder Auren konnten bei 26 von 56 Patienten (= 46 %) induziert werden. Eine Übersicht über die postoperative Anfallssituation nach 6-64 Monaten im Verhältnis zur Anfallsinduktion gibt Abb. 1.

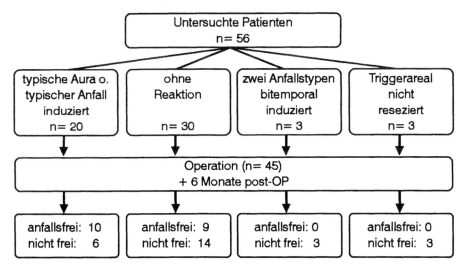

Abb. 1. Ergebnisübersicht über die Anfallsinduktion durch cortikale Elektrostimulation über chronisch implantierte subdurale Streifen- oder Gitterelektroden im Verhältnis zur postoperativen Anfallssituation.

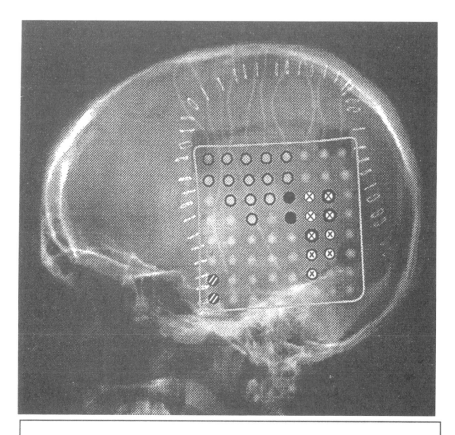

O Motorischer Spracharrest   ⊗ Aura - Induktion
  Corticale Dysarthrie

⊘ Senso-motorische   ⊗ Anfallsbeginn
  Dysphasie

● Tumor   ⊗ Rezeptive Dysphasie

Abb. 2. Funktionell topographisches Mapping über ein links temporo-parietal implantiertes subdurales Elektrodengitter bei einem Epilepsiepatienten mit einem Gangliogliom und epileptogenen Fokus im Bereich des Wernicke Sprachareals. Erkennbar ist, daß insbesondere die rezeptiven Sprachfunktionen nach temporo-occipital verlagert wurden. Desweiteren waren sensorische Sprachfunktionen auch im Broca Sprachareal blockierbar, was für eine Übernahme sensorischer Funktionen durch dieses Hirnareal spricht.

Mit zwei Ausnahmen handelte es sich um Anfälle, welche semiologisch dem bekannten Anfallsbild des Patienten entsprachen. Patienten bei welchen Anfälle induziert werden konnten zeigten tendentiell eine bessere postoperative Anfallssituation als Patienten bei denen keine Anfälle induziert werden konnten. Dieser Unterschied war statistisch jedoch nicht signifikant. Auffällig war jedoch, daß keiner der 3 Patienten, bei welchen zwei verschiedene Anfallstypen, jeweils bitemporal, induziert werden konnten, anfallsfrei wurde. Überdies wurde keiner der 3 Patienten, bei denen das Triggerareal des Anfalls nicht reseziert werden konnte, anfallsfrei.

Funktionell topographisches Mapping
Funktionell wichtige, den implantierten subduralen Gitterelektroden unterlagernde, Hirnareale wie der primär motorische Cortex, sprachrelevanter Cortex oder visueller Cortex konnten in ihrer Nachbarschaftsbeziehung zum epileptogenen Hirnareal stets dargestellt werden. Die Möglichkeit einer Aktivierung oder Blockierung der jeweiligen Funktion war naturgemäß abhängig von der exakten Positionierung der subduralen Gitterelektroden über dem zu untersuchenden Hirnareal.

Insbesondere im Bereich der Sprachzonen und des primär motorischen Cortex waren hierbei intrahemisphärische shifts von Teilfunktionen aus funktionell-epileptisch oder strukturell veränderten Hirngebieten in benachbarte, nicht betroffene, Hirnareale erkennbar. Eine Verlagerung insbesondere rezeptiver Sprachfunktionen nach occipitalwärts ist in Abb. 2 erkennbar.

Intrahippokampale Elektrostimulation und Gedächtnistestung
Bei den untersuchten Gruppen A und B konnten keinerlei systematische oder signifikante Abweichungen der Gedächtnisleistung während oder unmittelbar nach der Stimulation von den jeweiligen Baseline-Ergebnissen erkannt werden. Bei der Untersuchungsgruppe C kam es unmittelbar im Anschluß an die linksseitige intrahippocampale Stimulation bei 3 von 10 Patienten zu einer signifikanten Verminderung der verbalen Gedächtnisleistungen, welche sich jedoch spätestens nach 30 Minuten wieder restituiert hatte. Diese 3 Patienten wurden 1/2 Jahr nach erfolgter Temporallappenresektion mit gleicher Methode nachgetestet. Ein permanentes verbales Gedächtnisdefizit konnte dabei nur bei einem der drei Patienten beobachtet werden.

Konklusion

Die Anfallsinduktion mittels cortikaler Elektrostimulation ist eine wertvolle Zusatzuntersuchung zur Bestimmung des epileptogenen Hirnareals im Rahmen der prächirurgischen Epilepsiediagnostik insofern das typische Anfallsmuster des Patienten reproduziert werden kann. Können verschiedene Anfälle in verschiedenen Hirnarealen induziert werden oder wird das Triggerareal des Anfalls nicht reseziert, ist die Prognose sehr ungünstig. Die Kartierung funktionell wichtiger Hirnareale läßt sich mittels cortikaler Elektrostimulation über implantierte subdurale Gitterelektroden regelmäßig durchführen. Die Methode ist jedoch von einer exakten Positionierung des Elektrodengitters abhängig. Besonderes Augenmerk sollte auf intrahemisphärische Verschiebungen von Funktionen aus dem Bereich des epileptogenen Fokus in benachbarte Zonen gelegt werden. Verbale oder visuell-räumliche Gedächtnisdefizite (Abrufstörungen) lassen sich mittels niederintenser lang-

318

dauernder oder hochintenser nur kurz während intrahippokampaler Elektrostimulation nicht induzieren. Lediglich bei hochintenser Elektrostimulation über die Dauer von 1 Minute ließ sich bei 3 von 10 Patienten ein verbales Gedächtnisdefizit induzieren. Dies korrelierte jedoch nur bei einem dieser 3 Patienten mit einem postoperativen verbalen Gedächtnisdefizit. Mit den untersuchten Stimulationsparametern ist somit eine präoperative Abschätzung des Risikos auf ein permanentes visuellräumliches oder verbales Gedächtnisdefizit durch die Operation nicht möglich.

Literatur

Bernier GP, Richer F, Giard N, Bouvier G, Mercier M, Turmel A, Saint-Hilaire JM (1990) Electrical stimulation of the human brain in epilepsy. Epilepsia 31: 513-520

Lüders H, Lesser RP, Dinner DS, Morris HH, Hahn JF, Friedman L, Skipper G, Wyllie E, Friedman D (1987) Commentary: Chronic intracranial recording and stimulation with subdural electrodes. In: Engel J, (ed), Surgical treatment of the epilepsies. New York, Raven Press, pp 297-321

Ojemann GA, Engel J (1987) Acute and chronic intracranial recording and stimulation. In: Engel J, (ed), Surgical treatment of the epilepsies. New York, Raven Press pp 263-288

Penfield W, Jasper H (1954) Epilepsy and the Functional Anatomy of the Human Brain., Boston, Little Brown

Funktionelle kortikale Kartierung beim Menschen mittels extraoperativer elektrischer Reizung

A. Ebner[1], H. Holthausen[1], H. Pannek[2], I. Tuxhorn[1], S. Noachtar[1]

[1]Epilepsiezentrum, Klinik Mara I, [2]Neurochirurgie, Klinik Gilead I, Bethel, Bielefeld

Im Rahmen der präoperativen Abklärung vor einem epilepsiechirurgischen Eingriff ist neben der genauen Lokalisierung des epileptischen Fokus häufig die Kenntnis der individuell unterschiedlichen Lage und Ausdehnung funktionell wichtiger Areale, wie z.B. der Zentralregion oder sprachtragender Areale erforderlich. Dies gilt vorallem bei fokalen Epilepsien, die ihren Ursprung im neokortikalen Bereich haben. Neben der lange bekannten intraoperativen elektrischen Stimulation hat sich in den letzten Jahren die chronische extraoperative Reizung mittels subdural plazierter Plattenelektroden als hilfreich erwiesen, zumal hiermit auch interiktale und iktale elektrokortikographische Registrierungen möglich sind. Aufgrund des invasiven und damit potentiell risikobehafteten Eingriffs ist eine möglichst genaue Hypothese über den Anfallsursprungsort unabdingbar. Die Indikation für eine Plazierung ist gegeben, wenn aufgrund der präoperativ durchgeführten Untersuchungen (EEG/Video Monitoring, MRT, PET, SPECT, Neuropsychologie, Wadatest) das Vorliegen einer unifokalen Epilepsie gesichert ist und eine fundierte Hypothese über den Anfallsursprungsort aufgestellt werden kann.

Methodik

Die Größe (maximal 8x8 Elektroden, Abstand der Kontakte 1cm) und Plazierung der Plattenelektroden richtet sich -basierend auf den präoperativen Befunden- nach der Ausdehnung des in Frage kommenden Resektionsareals und des u. U. nahegelegenen oder in die epileptogene Zone involvierten essentiellen Kortex. Nach der Plazierung der Elektroden werden über einige Tage spontane Anfälle des Patienten aufgezeichnet. Im Anschluß erfolgt dann die elektrische Stimulation, wobei der Patient vorab über mögliche Reaktionen (primär motorische Antworten in Form von Kloni, tonische Antworten bei Reizung der supplementär motorischen Region, negativ motorische Reaktionen im Bereich des prämotorischen und frontomesial gelegenen Kortex, sensible Reizerscheinungen an Gesicht und Extremitäten, Spracharrest und Sprachverständnisstörungen, andere neurologische und neuropsychologische Symptome) aufgeklärt wird. Das Auslösen von Anfällen ist - obwohl manchmal unvermeidlich - nicht Teil des Reizprotokolls und wird durch Gabe von hochdosierten Antiepileptika möglichst vermieden. Die verwendeten Reizparameter sind: 0,3 ms dauernde Impulse alternierender Polarität mit einer Frequenz von 50 Hz, die Reizdauer beträgt zwischen 1 bis 5 sec, die Reizintensität variiert von 1 bis 15 mA. Von den die stimulierte Elektrode umgebenden Elektroden wird das ECoG fortlaufend abgeleitet um sog. Nachentladungen, d.h. elektrische Anfälle zu erfassen, deren Auftreten nicht mehr gewährleistet, daß nur das von der gereizten Elektrode aktivierte kortikale Areal die beobachtete Antwort generiert. Bei jeder Elektrode wird mit einer niedrigen Reizintensität von 1 mA begonnen und schrittweise um 0,5 oder 1 mA erhöht bis entweder eine Reaktion auftritt oder die beschriebenen Nachentladungen auftreten. Im letzteren Fall wird die Reizintensität reduziert und es wird, wie auch bei Erreichen der maximalen Intensität von 15 mA ohne subjektive oder beobachtbare Reaktion, z.B Lesen als Sprache involvierende Aufgabe getestet um sprachtragende Areale nicht zu übersehen.

Die Untersuchungszeit richtet sich nach der individuellen Belastbarkeit des Patienten. Wiederholungen zur Überprüfung der Ergebnisse sind möglich. In der Regel stehen bei unserem Vorgehen für 64 bis 96 Elektroden drei Tage für die extraoperative Testung zur Verfügung.

Ergebnisse

Bei bislang 12 Patienten wurden im Rahmen unseres Epilepsiechirurgieprogramms in Bethel subdurale Plattenelektroden implantiert (10 über der frontalen bzw. frontozentralen Region mit zusätzlichen 2x5 Elektrodenstreifen im ipsilateralen Interhemisphärenspalt bei 2 Patienten, 1 über der temporoparietalen und 1 über der parietookzipitalen Region). Bei keiner der Implantationen kam es zu Komplikationen im Sinne von z.B. subduralen Blutungen, Hirnödem oder Infektionen. Bei allen Patienten war die Registrierung von spontanen Anfällen möglich, die die Abgrenzung der iktalen Anfallsursprungszone erlaubten. Je nach Lage der Platte konnten die funktionell wichtigen Kortexareale (Zentralregion und sprachtragende Areale) bestimmt und danach die Resektionsgrenzen, die sich aus der Lage und Ausdehnung der eventuell vorhandenen epileptogenen Läsion, der iktalen Ursprungszone sowie der individuellen Abgrenzung der funktionellen Areale bestimmen, festgelegt werden. Bei keinem Patienten war so ein anhaltendes zusätzliches postoperatives neurologisches Defizit zu verzeichnen.

Kasuistik

Der 26-jährige rechtshändige Patient hatte fokalmotorische Anfälle der rechten Körperseite, die seit 14 Jahren bestanden und bis vor einem Jahr mit klonischen Zuckungen der rechten Hand begannen, dann jedoch initial die rechte Oberarm- und Schultermuskulatur erfaßten und sich variabel auf die rechte Körperseite ausdehnten. Ursächlich war vor 7 Jahren ein im frontozentralen Marklager gelegener Tumor diagnostiziert worden, bei dem wegen der Nähe zur primär motorischen Rinde und der fehlenden Größenänderung im Verlauf eine Operation außerhalb abgelehnt wurde. Bei einer kernspintomographischen Kontrolle unmittelbar vor der Plattenimplantation zeigte sich, daß im Abstand von 5 Monaten eine Größenzunahme des Tumors um etwa das Doppelte zu verzeichnen war. Die Ergebnisse der Evaluation mit der subduralen Platte sind in der Abb. zusammengefaßt.

Die elektrische Stimulation ergab eine klare Definition der zentralen Furche durch Nachweis der motorischen und sensiblen Reaktionen. Die Lokalisation der Repräsentation der Gliedmaßen zeigt im Bereich der Mantelkante Reaktionen der unteren Extremität, gefolgt von Hand- und Kopfareal in laterokaudaler Richtung. Die Repräsentation der Augen findet sich zwischen oberer Extremität und Kopfareal.

Im Bereich der Mantelkante konnten komplexe motorische Reaktionen mit tonischer Elevation der Extremitäten ausgelöst werden. Sprachverständnisprobleme traten bei Reizung der Elektroden im Bereich der Wernickeregion auf. Auffällig ist die ausgedehnte Repräsentation der primär motorischen Antworten, die einen Streifen von 3 bis 4 cm umfaßt.

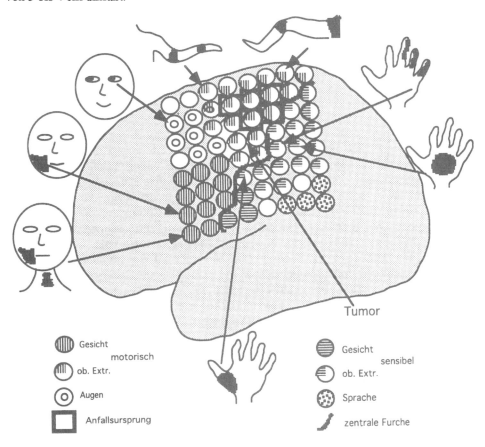

Abb.1. Ergebnisse der Registrierung iktaler ECoG und extraoperativer elektrischer Stimulation bei einem Patienten mit einem in der Präzentralregion gelegenen Tumor und fokal motorischer Epilepsie der rechten Körperseite. Die Figuren geben einige der Reaktionen wieder. Von links unten im Uhrzeigersinn: klonische Zuckungen der rechten Mundregion und der Schlundmuskulatur, klonische Zuckungen der rechten Mundregion, Deviation der Augen nach rechts, tonische Elevation der rechten Extremitäten mit Beugung im Ellenbogen- und Handgelenk bzw. Hüft- und Kniegelenk, Kribbelparästhesien an den drei ulnaren Fingern, der Palmar- und Thenarregion rechts. Die zentrale Furche läßt sich klar abgrenzen. Die Anfallsursprungszone liegt im Bereich der primär motorischen Rinde. Siehe auch Text.

Das iktale EEG der habituellen Anfälle des Patienten zeigte eine Überlappung der iktalen Ursprungszone mit primär motorischen Arealen der rechten oberen Extremität. Von daher war neben der Läsionektomie nur eine sehr begrenzte Resektion des epileptischen Fokus, die sich auf zwei Elektroden beschränkte, möglich. Postoperativ fand sich eine leichte proximale Parese des rechten Armes, die bei Kontrollen 3 und 6 Monate später deutlich gebessert war (Kraftgrad 4 - 5). Die histologische Untersuchung ergab ein Astrozytom Grad 3 bis 4, so daß die Prognose des bislang postoperativ anfallsfrei gebliebenen Patienten zurückhaltend zu stellen ist.

Diskussion

Die chronische extraoperative Elektrostimulation mittels subduraler Plattenelektroden ist geeignet die für eine neokortikale Resektion erforderliche Information, nämlich Definition des epileptischen Fokus und der essentiellen funktionellen Areale zu gewährleisten. Während die seit Jahrzehnten geübte intraoperative elektrische Stimulation es erlaubt, die funktionellen Areale, insbesondere die Zentralregion abzugrenzen, ist mit der chronischen extraoperativen Stimulation und Elektrokortikographie, die zusätzliche Definition des iktalen Ursprungsareals möglich. Ein weiterer Vorteil dieser Methode ist, daß die Stimulation nicht unter Zeitdruck erfolgen muß. Dem steht als Nachteil das potentielle Risiko vorallem der Blutung, Ödembildung und Infektion gegenüber. Bei bislang 12 mit großen Plattenelektroden evaluierten Patienten gelang ohne Auftreten von Komplikationen der Nachweis des epileptischen Fokus und der sensomotorischen und sprachtragenden Areale, so daß eine Resektion der neokortikalen epileptogenen Areale ohne bleibendes neurologisches Defizit erfolgen konnte. Aufgrund der Überlappung der epileptogenen Areale (iktale Ursprungszone) mit essentiellem Kortex (s.Abb.) ist es nicht immer möglich erstere vollständig zu resezieren. Dies erklärt u.a. die schlechteren Ergebnisse der Epilepsiechirurgie neokortikaler fokaler Epilepsien im Vergleich zu mesiotemporaler Epilepsie, bei der in der Regel eine vollständige Entfernung des Fokus möglich ist.

Wie in der Abb. zu erkennen ist, ist hier die Ausdehnung des primär motorischen Kortex wesentlich ausgedehnter als es der klassischen Vorstellung vom "narrow motor strip" entspricht. Dies deckt sich mit Befunden, die von Uematsu et al. (1992) erhoben wurden. Diese Autoren fanden bei 35 mit subduralen Plattenelektroden untersuchten Patienten, daß in in einem Drittel der Patienten primär motorische Antworten beobachtbar waren, die weiter als 10 mm anterior der rolandischen Fissur ausgelöst wurden. Die Schlußfolgerung hieraus ist, daß der primär motorischer Kortex sich über den unmittelbar nach anterior der zentralen Furche angrenzenden Gyrus erstrecken kann.

Abschließend soll betont werden, daß die Indikation zur Implantation von subduralen Plattenelektroden aufgrund des potentiell riskanten Eingriffs eng gestellt werden muß. Dies ist nur für die Fälle vorbehalten, bei denen durch die vorangehenden Untersuchungen hinreichend gesichert ist, daß ein resezierbares Kortexareal besteht, zu dessen exakter Abgrenzung dann die epikortikalen Ableitungen benötigt werden.

Literatur

Lüders H et al. (1987) Commentary: chronic intracranial recording and stimulation with subdural electrodes. In: Engel J (ed) Surgical treatment of the epilepsies. Raven Press, New York, pp 297-321

Lesser RP et al. (1987) Extraoperative cortical functional localization in patients with epilepsy. J clin Neurophysiol 4: 27-53

Uematsu S et al. (1992) Motor and sensory cortex in humans: topography studied with chronic subdural stimulation. Neurosurgery 31: 59-72

Verlust der neuronalen Komplexität als möglicher Indikator für das spatio-temporale Ausmaß des epileptogenen Areals

K. Lehnertz und C.E. Elger

Universitätsklinik für Epileptologie, Bonn

Einleitung

Tierexperimentelle Untersuchungen haben gezeigt, daß "epileptische" Neurone selbst unter Aufgabenstellungen permanent hochfrequente pathologische Entladungen im Sinne einer paroxysmalen Depolarisation produzieren (Wyler 1983), und daß es trotz einer den Fokus umgebenden Hemmzone (Prince und Wilder 1967; Elger und Speckmann 1983) zu einer Ausbreitung der epileptogenen Aktivität auf umliegende Neuronenverbände kommen kann. Diese Ergebnisse können dahingehend interpretiert werden, daß die Aktivität "epileptischer" Neurone während der Entwicklung und Manifestation des epileptischen Prozesses einen Verlust ihrer Komplexitätseigenschaften erleidet. Es kann daher vermutet werden, daß der Nachweis einer reduzierten neuronalen Komplexität als zusätzlicher Indikator für das spatio-temporale Ausmaß des epileptogenen Areals herangezogen werden kann.

Mit Hilfe von Parametern zur Beschreibung nicht-linearer chaotischer Dynamik (Schuster 1984) läßt sich neuronale Komplexität in vielen Fällen eindeutiger analysieren als es mit linearen Methoden wie z.B. der Fourieranalyse möglich ist (z.B. Pijn et al. 1991). Die Bestimmung der sog. Korrelationsdimension erlaubt nicht nur eine qualitative Zuordnung eines Signals in die Kategorien deterministisch, chaotisch oder stochastisch, sondern darüberhinaus auch eine quantitative Abschätzung der Anzahl der Freiheitsgrade und damit der Komplexität und der Dynamik des untersuchten Systems.

Methodik

Zur Quantifizierung des spatio-temporalen Ausmaßes epilepsie-induzierter neuronaler Komplexitätsveränderungen wurde das Elektrocorticogramm (ECoG) von bisher 10 Patienten mit pharmakoresistenten Temporallappenepilepsien analysiert. Das ECoG wurde während der prächirurgischen Abklärung mit Hilfe von chronisch implantierten Subdural- und intrahippokampalen Tiefenelektroden registriert. Von ausgewählten Ableitepositionen im fokalen Areal, angrenzenden Arealen und von homologen kontralateralen Ableitepositionen wurden Korrelationsdimensionprofile für ECoG-Datensätze einer mittleren Dauer von 20 min aus inter-iktualen (N=35, sowohl mit als auch ohne pathologische Aktivitätsmuster) und iktualen (N=15, inklusive der prä- und post-iktualen Phasen) Zuständen bestimmt. Dazu wurden die ECoG-Datensätze in überlappende 30 sec Segmente unterteilt und für jedes Segment aller ausgewählten Ableiteposition die Korrelationsdimension mit Hilfe des

Grassberger-Procaccia-Verfahrens (Grassberger und Procaccia 1983) bestimmt. Da der Absolutwert der Korrelationsdimension sowohl von Parametern des Analyseverfahrens als auch von Aufzeichnungsparametern abhängt (Albano et al. 1987; Lehnertz, 1992) wurden nur Änderungen der Dimension bei fest vorgegebenen Berechnungs- und Aufzeichnugsparametern in Betracht gezogen.

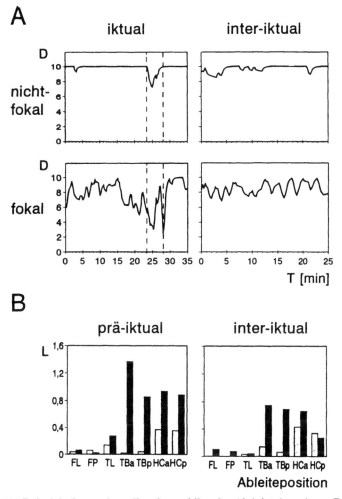

Abb. 1. (A) Beispiele für aus inter-iktualer und iktualer Aktivität berechnete Dimensionsprofile einer ausgewählten Ableiteposition im fokalen Areal und der homologen kontralateralen Position. Außerhalb der Auflösungsgrenze des Verfahrens liegenden Dimensionswerten wurde ein konstanter Grenzwert (D=10) zugewiesen. Die beiden vertikalen Linien markieren Beginn und Ende des klinischen Anfalls (komplex-partieller Anfall temporalen Ursprungs; Histologischer Befund: Ammonshornsklerose). (B) Aus prä-iktualer und inter-iktualer Aktivität berechnete Komplexitätsverlustmaße L (fokale Seite: schwarze Balken; nicht-fokale Seite: schraffierte Balken). Ableitepositionen: FL = frontolateral, FP = frontopolar, TL = temporolateral, TBa/TBp = temporo-basal anterior/posterior, HCa/p = Hippocampus anterior/posterior.

326

Außerhalb der Auflösungsgrenze des Verfahrens liegenden Dimensionswerten wurde ein konstanter Grenzwert zugeordnet. Eine Vereinfachung durch Reduktion des hochkomplexen Informationsgehaltes der zeitabhängigen Dimensionsprofile konnte durch die Definition einer zeitunabhängigen Variablen erreicht werden.

Dieses "Komplexitätsverlustmaß" wurde berechnet als die bezüglich der zeitlichen Länge des analysierten ECoG-Datensatzes normierte Fläche zwischen dem Dimensionsprofil und der Auflösungsgrenze. Das Komplexitätsverlustmaß erlaubt einen direkten Vergleich der Analyseergebnisse von ECoG-Datensätzen, die an verschiedenen Tagen der prächirurgischen Abklärung registriert worden sind.

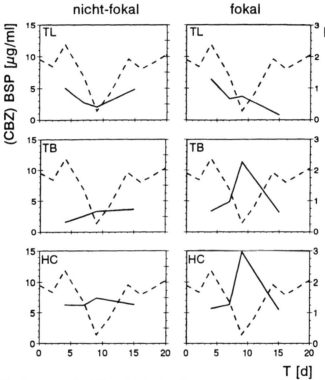

Abb. 2. Spatio-temporale Abhängigkeit des Komplexitätsverlustmaßes L von der antikonvulsiven Medikation (Carbamazepin). Das Zeitprofil des Serumblutspiegels ist als gestrichelte Linie dargestellt; die durchgezogene Linie zeigt das Zeitprofil des Komplexitätsverlustmaßes verschiedener ausgewählter Ableitepositionen der fokalen und nicht-fokalen Seite (TL = temporo-lateral; TB = temporo-basal, HC = Hippokampus). Komplex-partielle Anfälle temporo-mesialen Ursprungs. Histologischer Befund: Ganglienzellausfälle im Pyramidenzellband mit reaktiver Gliose.

Ergebnisse

Die den iktualen Zustand begleitende hochsynchronisierte Aktivität zeichnet sich durch einen niederdimensionalen Systemzustand sowohl im fokalen Areal als auch in den während der Anfallsausbreitung rekrutierten Nachbararealen aus. Während der prä-iktualen Phasen finden sich besonders in der Aktivität fokus-bezogener und weniger ausgeprägt auch in angrenzenden Ableitepositionen zeitweilige Übergänge von hoch- zu niederdimensionalen Systemzuständen. In homologen kontralateralen Ableitepositionen sind diese Dimensionsänderungen nicht oder nur in geringem Maße nachweisbar (Abb. 1A).

Weiterhin weist die prä-iktuale Aktivität im fokalen Areal einen Übergang zu einem quasi-konstànten niederdimensionalen Niveau auf, welcher dem klinischen Anfallsbeginn um ca. 10 min vorangeht. Im Vergleich zu den prä-iktualen Phasen sind die Dimensionsänderungen während der inter-iktualen Phasen insgesamt weniger stark ausgeprägt, zeigen jedoch eine vergleichbare räumliche Differenzierung.

Eine Vergleich der Komplexitätsverlustmaße verschiedener Ableitepositionen erlaubt eine Abschätzung der räumlichen Ausdehnung des fokalen Areals (Abb. 1B) aus sowohl prä-iktualer als auch inter-iktualer Aktivität.

Die aus verschiedenen ECoG-Datensätzen, registriert an aufeinanderfolgenden Tagen der prächirurgischen Abklärung, gewonnen Komplexitätsverlustmaße fokaler Ableitepositionen weisen gegenüber den nicht-fokalen Positionen eine hohe Variabilität auf. Als ein möglicher, diese Variabilität beeinflußender Parameter ist die antikonvulsive Medikation zu berücksichtigen. Wie die Kurvenverläufe in Abb. 2 zeigen, weist nur die zeitliche Änderung des Komplexitätsmaßes der fokalen Ableitepositionen eine inverse Korrelation mit dem Blutspiegel von z.B. Carbamazepin auf.

Konklusion

Die Ergebnisse der vorliegenden Studie bestätigen die eingangs aufgestellte Hypothese einer Relation zwischen neuronalem Komplexitätsverlust und dem Grad der epileptogenen Störung. Das aus den Dimensionsprofilen errechnete Komplexitätsverlustmaß stellt nicht nur eine Reduktion der im ECoG registrierten komplexen Dynamik der epileptogenen Aktivität auf eine einzelne Zahl dar, sondern erlaubt auch eine Lokalisation und Abschätzung der räumlichen Ausdehnung des epileptogenen Areals. Darüberhinaus konnte eine hohe Übereinstimmung mit den Ergebnissen anderer Untersuchungsmethoden der prächirurgischen Diagnostik erzielt werden. Die ausschließlich im fokalen Areal gefundene inverse Korrelation des Komplexitätsverlustmaßes mit dem Antikonvulsiva-Blutspiegel kann als ein weiterer Indikator für die hochkomplexen dynamischen Eigenschaften des epileptogenen Areals angesehen werden. Ob die in den prä-iktualen Phasen gefundene, dem klinischen Anfallsbeginn vorhergehende Dimensionsreduzierung als Indikator für einen bevorstehenden Anfall angesehen werden kann, bleibt an einer größeren Fallzahl zu überprüfen.

Literatur

Albano AM, Mees AF, de Guzman GC, Rapp PE. (1987) Data requirements for reliable estimation of correlation dimensions. In: Degn H, Holden AV, Olsen LF (eds.) Chaos in biological systems. Plenum Press New York, 207-219

Elger CE, Speckmann E-J (1983) Penicillin induced epileptic foci in the motor cortex: Vertical inhibition. Electroencephalogr clin Neurophysiol 56: 604-622

Grassberger P, Procaccia I (1983) Characterization of strange attractors. Phys Rev Lett 50: 346-349.

Lehnertz K (1992) Influence of sampling rate and filtering on the correlation dimension of the human alpha EEG and MEG. In: Hoke M, Erne SN, Okada YC, Romani GL (eds.): Biomagnetism. Clinical Aspects. Elsevier Amsterdam

Pijn JP, van Neerven J, Noest A, Lopes da Silva FH (1991) Chaos or noise in EEG signals; dependence on state and brain site. Electroencephalogr clin Neurophysiol 79: 371-381

Prince DA, Wilder BJ (1967) Control mechanisms in cortical epileptogenic foci: "Surround" inhibition. Arch Neurol 16: 194-202

Schuster HG (1984) Deterministic chaos. Physik-Verlag. Weinheim

Wyler AR (1983) Firing patterns of epileptic neurons from motor cortex of awake, behaving monkeys. In Speckmann E-J, Elger CE (eds.) Epilepsy and motor system. Urban and Schwarzenberg, München, Wien, Baltimore, 179- 200

Topographische Darstellung epileptischer Spikes mit Hilfe von sphärischen Splines und sphärischen Spline-Laplacian (CSD)

G. Lindinger[1], C. Baumgartner[1], Jan v. Pfaler[2], R. Burgess[3], H. Lueders[3], L. Deecke[1]

[1]Neurologische Universitätsklinik Wien, [2]University of Helsinki, Finnland, [3]Department of Neurology, Cleveland Clinic Foundation, Cleveland

Fragestellung

Ziel der präoperativen Epilepsiediagnostik ist die exakte Lokalisation der epileptogenen Zone. Bei einem signifikanten Anteil der Patienten ist hiefür eine semi- (Foramen-ovale Elektroden, epidurale Peg-Elektroden) bzw. invasive (stereotaktisch implantierte Tiefenelektroden, subdurale Streifen- oder Plattenelektroden) elektrophysiologische Diagnostik erforderlich, die einerseits mit Risiken für den Patienten und andererseits mit beträchtlichen Kosten verbunden ist. Die Verbesserung der nicht-invasiven EEG-Diagnostik ist deshalb von großer klinischer Relevanz. Ziel der vorliegenden Studie war es, die Lokalisation der epileptogenen Zone aus dem Oberflächen-EEG mittels Stromquellendichteanalyse (CSD) und dreidimensionaler topographischer Methoden zu verbessern.

Methodik

Zur Interpolation der Potentialwerte und Berechnung der CSD wurde ein sphärisches Spline-Modell verwendet. Perrin et al. (1989) untersuchten zwei von Whaba (1981, 1982) vorgestellte sphärische Interpolationsmethoden: sphärische Splines und pseudo-sphärische Splines. Pseudo-sphärische Splines haben im Vergleich mit sphärischen Splines den Vorteil einfacherer (und schnellerer) mathematischer Berechnung, zeigen jedoch einen grösseren Fehler bei geringer Elektrodendichte. Bei der hier vorgestellten Untersuchung wurde daher nur die Methode der sphärische Splines verwendet. Bei der Berechnung der Splinefunktionen muß eine ganzzahlige Konstante (in Abb.1 und Abb. 2 mit M bezeichnet, M größer 1) gewählt werden. Diese Konstante beeinflußt die glättende Eigenschaft der Splinefunktion: je größer M gewählt wird, desto stärker die Glättung.

Mit Hilfe einer Modellrechnung (3-Schalen-Modell: tangentialer Dipol im Bereich des Kortex) (Stok 1986) wurde zuerst der Einfluß der Konstante M sowie der Einfluß der Elektrodenpositionen auf die Topographie untersucht (Abb. 1). Weiters wurden in der vorliegenden Studie interiktale Spikes von Patienten mit temporaler und extratemporaler Epilepsie, die einem prolongierten Video-EEG Monitoring unterzogen wurden, untersucht (Abb. 2)

330

Sowohl bei der Modellrechnung als auch beim Video-EEG Monitoring wurden folgende 40 Elektrodenpositionen verwendet: FP1, AF7, SP1, F7, FP2, AF8, SP2, F8, FT7, T7, TP7, P7, FT8, T8, TP8, P8, F9, FT9, T9, TP9, F10, FT10, T10, TP10, FC5, C5, CP5, O1, FC6, C6, CP6, O2, F3, C3, P3, F4, C4, P4, FZ, CZ. Die EEG-Daten wurden mit 256 Hz abgetastet.

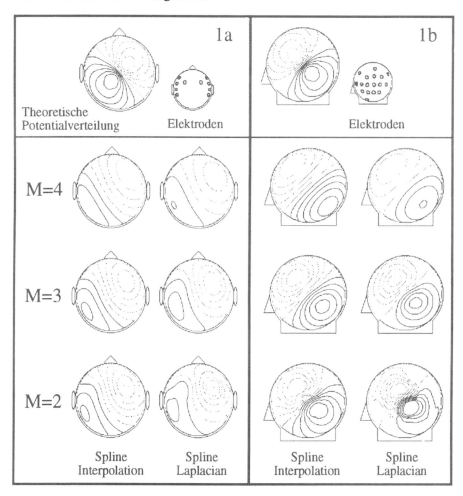

Abb. 1. Vergleich unterschiedlicher Konstanten M (M=2,3,4) und unterschiedlicher Elektrodendichte mit Hilfe eine Dipolmodels. *Theoretische Potentialverteilung*: berechnete Potentialverteilung eines tangentialen Dipols in einem kugelförmigen 3-Schalenmodell im Bereich des Kortex. *Elektroden*: symbolische Darstellung der Elektrodenpositionen aus dem jeweiligen Betrachtungswinkel. *Spline Interpolation*: von der theoretischen Potentialverteilung werden an den 40 Elektrodenpositionen die Potentialwerte berechnet und interpoliert. *Spline Laplacian*: CSD-Analyse der 40 Potentialwerte. 1a: basaler tangentialer Dipol, Blick auf die Unterseite des Kopfes, geringe Elektrodendichte. 1b: linkstemporaler tangentialer Dipol, Blick auf die linke Seite des Kopfes, große Elektrodendichte.

Ergebnisse

Es konnte gezeigt werden, daß in vielen Fällen die CSD im Vergleich zur Potential-verteilung eine verbesserte Lokalisation ermöglicht. Dies könnte insbesondere bei extratemporaler Epilepsie von klinischer Relevanz sein. Das Ergebnis der topo-graphische Analyse war abhängig von der Elektrodenkonfiguration, besonders stark an Stellen mit geringer Elektrodendichte. Dies unterstreicht die Notwendigkeit einer strategisch der jeweiligen klinischen Fragestellung angepaßten Elektrodenkonfigura-tion.

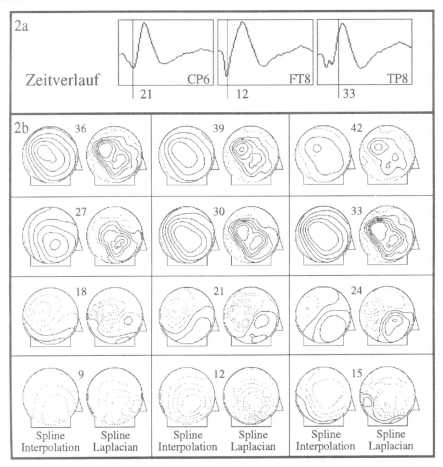

Abb. 2a. Zeitverlauf eines rechts-temporalen Spike-Komplexes (Daten von der Cleveland Clinic) an drei Elektroden. Man sieht deutlich zwei getrennte Spikes: negative Maxima bei FT8 (12) und CP6 (21). Die positiven Maxima verschmelzen ineinander, was bei TP8 (33) zu sehen ist.

Abb. 2b. Spline-Interpolation (Potential) und Spline-Laplacian (CSD) des Spike-Komplexes in Isopotentiallinien: Jedes Map stellt einen Abtastpunkt (4ms) dar, die Nummer des Ab-tastpunktes ist zwischen den Maps angegeben. Die durchgezogene Linie zeigt positives Potential, die punktierte Linie negatives Potential. Im Gegensatz zur Potentialinterpolation werden die beiden Spikes durch die CSD-Analyse im Bereich des positiven Anstieges noch getrennt (siehe Nummer 30 und 33). Für die Maps wurde M=2 gewählt.

Abbildung 1a zeigt einen basalen Dipol, es gibt nur wenige Elektroden, der Bereich wird nur durch zwei Sphenoidalelektroden abgedeckt. Abbildung 1b zeigt einen links-temporalen tangentialen Dipol und eine große Elektrodendiche. Man sieht, daß bei geringer Elektrodendichte die Interpretation der Maxima und Minima sowohl bei der Potentialverteilung als auch bei der CSD nur bedingt möglich ist.

Anhand von Modellrechnungen konnte weiters gezeigt werden, daß bei Erhöhung der Konstante M der Vorteil der CSD-Analyse teilweise aufgehoben wird. Bei tangential orientierten neuronalen Quellen wird der Abstand der Quellen und Senken verbreitert, bei radial orientierten Quellen werden die Maxima und Minima in ihrer räumlichen Ausbreitung verbreitert. In Abb. 1b sieht man bei M=4 einen wesentlich größeren Abstand zwischen Quelle und Senke als bei M=2. Im Vergleich der CSD-Analyse mit der theoretischen Potentialverteilung ist die beste Übereinstimmung bei M=2. Man sieht jedoch auch, daß bei M=2 die Verteilung der CSD etwas verrauscht wird. Ursache sind die in Bezug auf die Dipolposition unsymmetrischen Elektrodenpositionen. Ähnliche Effekte erzeugt auch ein geringes Signal/Rauschverhältnis bei echten Daten. Hier würde die Wahl eines höheren Wertes für M diese Effekte verringern. Perrin et al. (1989) geben als optimalen Wert M=4 an. Dies kann jedoch aus den hier vorliegenden Ergebnissen nicht empfohlen werden, da wie aus Abb. 1b ersichtlich ist, dabei bei tangentialen Dipolen keine nennenswerte lokalisatorische Information mehr enthalten ist. Ein akzeptabler Kompromiss wäre M=3.

Bei der Untersuchung eines rechts-temporalen Spike-Komplexes (sehr gutes Signal/Rauschverhältnis) wurde M=2 gewählt. Es zeigt sich hier sehr gut der lokalisatorische Vorteil der CSD gegenüber der Potentialverteilung. Man sieht in Abb. 2b im Zeitaugenblick 30 und 33, daß die CSD die beiden Maxima, die im Bereich des positiven Anstiegs ineinander verschmelzen, im Gegensatz zur Potentialverteilung sehr wohl noch trennen kann.

Konklusion

Diese Methode ermöglicht im Gegensatz zu den bisher üblichen zweidimensionalen Mapping-Verfahren eine dreidimensionale Darstellung der Daten, was insbesondere bei Verwendung von Sphenoidalelektroden und basalen temporalen Elektroden zur kompletten Erfassung epileptischer Aktivität unerläßlich ist. Diese Methode könnte in vielen Fällen eine wichtige Zusatzinformation in der prächirurgischen Epilepsiediagnostik liefern, wobei die klinische Wertigkeit erst durch weitere Studien an einer größeren Patientenzahl endgültig beurteilt werden kann.

Aufgrund der Abhängigkeit der topographischen Verteilung von der Zahl und Position der verwendeten Elektroden und von der Wahl der Konstanten M sollte die Interpretation der Ergebnisse nur unter Berücksichtigung dieser Effekte durchgeführt werden.

Literatur

Perrin F, Pernier J, Bertrand O, Echallier JF (1989) Spherical splines for scalp potential and current density mapping. Electroenceph Clin Neurophysiol 66: 75-81

Stok CJ (1986) The inverse problem in EEG and MEG with application to visual evoked potential. Proefschrift, University Twente

Whaba G (1981) Spline interpolation and smoothing on the sphere. SIAM J Sci Stat Computing 2: 5-16

Whaba G (1982) Eratum: Spline interpolation and smoothing on the sphere. SIAM J Sci Stat Computing, 3: 385-386

Strukturelle Korrelate funktioneller Hemisphärenasymmetrie

H. Steinmetz[1], J. Rademacher[1], L. Jäncke[2]

[1]Neurologische Klinik, [2]Institut für Allgemeine Psychologie I, Heinrich-Heine-Universität Düsseldorf

Fragestellung

Die strukturellen Substrate der Hirnfunktionen sind ein klassisches Thema der Neurologie. Daß intrahemisphärischer funktioneller Spezialisierung morphologische Korrelate zugrundeliegen, ist seit den cytoarchitektonischen Beschreibungen der Hirnrinde zu Anfang unseres Jahrhunderts leicht einsehbar und allgemein akzeptiert. Dagegen sind morphologisch basierte Theorien interhemisphärischer Spezialisierung vor allem deshalb spekulativ geblieben, weil eine lateralisierte Differenzierung des Gehirns anatomisch weit weniger offensichtlich ist. Sucht man dennoch nach strukturellen Korrelaten asymmetrischer phylogenetischer Fortentwicklung, so finden sich diese in der Gegend der hinteren Sylvischen Fissur, d.h. im Gyrus temporalis superior, im Gyrus supramarginalis und Gyrus angularis. Im Gegensatz zu anderen Primaten zeigt der Mensch hier eine klare Größenasymmetrie zugunsten linksseitiger Strukturen, insbesondere des intrasylvisch auf dem hinteren Schläfenlappen gelegenen sog. Planum temporale (PT), das den ungefähren Kern des anatomisch so variabel beschriebenen "Wernicke-Areals" bildet (Übersichten bei Galaburda und Geschwind 1987; Witelson und Kigar 1988; Steinmetz 1992). Die mehr oder weniger vorsichtig geäußerte Vermutung einer anatomischen Grundlage funktioneller Hemisphärenasymmetrie, insbesondere der Sprachdominanz, lag also schon früher nahe (von Economo und Horn 1930; Geschwind und Levitsky 1968), war im Zeitalter der ausschließlichen Postmortem-Forschung aber aus naheliegenden Gründen schwer überprüfbar. Wir haben die gestellte Frage mit der In-vivo-Magnetresonanz (MR)-Morphometrie des PT an gesunden Probanden untersucht.

Methodik

Wir untersuchten insgesamt 52 gesunde Rechtshänder (RH) und Linkshänder (LH). Die quantitative Händigkeitsmessung in den altersgleichen Gruppen erfolgte mit einem modifizierten Hand-Dominanz-Test (HDT) der motorischen Handleistung (Steinmetz 1992). Die MR-Untersuchung (Siemens 1,5 Tesla-Magnetom) wurde mit einer hochauflösenden volumetrischen Gradienten-Echo-FLASH-Sequenz durchgeführt (128 lückenlose Sagittalschnitte, 1,17 mm Schichtdicke, 1 mm x 1 mm Pixelgröße). Die Morphometrie erfolgte durch mehrere "blinde" Untersucher, die die gesamte gefaltete PT-Oberfläche rechts (R) und links (L) vermaßen und den anatomischen Asymmetriequotienten $\delta PT=(R-L)/[0.5(R+L)]$ bestimmten (zu MR-methodischen und anatomischen Details siehe Steinmetz und Galaburda 1991; Steinmetz

1992). Die Korrelationskoeffizienten für δPT zwischen 2 Untersuchern (insgesamt 4 unabhängige Untersucher) lagen zwischen r=0,87 und r=0,90. Die aus einer Messung eines Gehirns aus Anschauungsgründen extrahierte PT-Oberflächenprojektion zeigt Abb. 1.

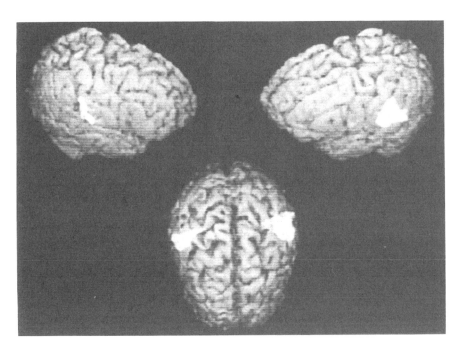

Abb. 1. Laterale (oben) und superiore (unten) Oberflächenprojektionen des linken (rechts oben) und rechten (links oben) Planum temporale (erhelltes Areal), rekonstruiert aus einem FLASH-MR-Datensatz eines Probanden. Das Planum temporale bedeckt den gesamten hinter dem Gyrus transversus primus (Gyrus Heschl) intrasylvisch gelegenen Teil des Temporallappens und ist medial durch die Insel begrenzt. Man beachte die deutliche physiologische Links-Rechts-Asymmetrie.

Ergebnisse

Nach den Ergebnissen der HDT-Handleistungstestung waren 29 Probanden RH, und 20 LH. Drei Probanden waren handmotorisch nicht lateralisiert und wurden aus der folgenden Analyse ausgeschlossen: (i) Sowohl RH als auch LH waren als Gruppen hinsichtlich des PT signifikant linkswärts asymmetrisch (2p<0,05; U-Test). (ii) LH unterschieden.sich von RH im Grad der anatomischen PT-Asymmetrie (2p<0,05), wobei LH weniger asymmetrisch waren. (iii) Die LH-Subgruppe mit linkshändigen erstgradigen Verwandten (n=8) unterschied sich von LH ohne solche Familienanamnese (2p<0,05), wobei erstere eine anatomisch symmetrische Subgruppe abgaben (Abb. 2).

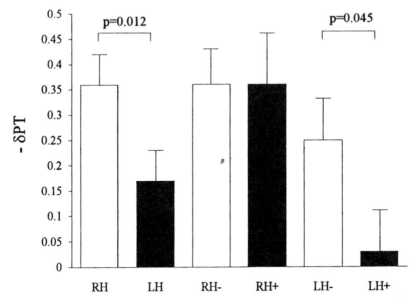

Abb. 2. Anatomische Asymmetriegrade des Planum temporale (y-Achse) bei Rechtshändern (RH), Linkshändern (LH), Rechtshändern ohne oder mit linkshändigen erstgradig Verwandten (RH-, RH+), Linkshändern mit oder ohne linkshändigen erstgradig Verwandten (LH-, LH+). Die y-Achse entspricht zunehmender linksgerichteter Planum temporale-Asymmetrie (-δPT). Fehlerbalken: Standard Error.

Konklusion

Folgende Befunde sprachen schon vor unseren Untersuchungen für eine funktionelle Bedeutung der anatomischen PT-Asymmetrie: (i) Eine Vielzahl übereinstimmender Postmortem-Studien hatte gezeigt, daß im Mittel 73.5% unausgelesener Hirne eine deutliche linksgerichtete PT-Asymmetrie aufweisen; (ii) Das PT links entspricht lokalisatorisch dem gemeinsamen Kern des von vielen Autoren sehr variabel beschriebenen "Wernicke-Areals"; (iii) Die PT-Asymmetrie entwickelt sich pränatal um die 31. Gestationswoche, d.h. mutmaßlich vor sprachlichem Lernen (Chi et al. 1977); (iv) Das PT ist vorwiegend von wahrscheinlich sprachrelevantem auditorischem Assoziationskortex bedeckt (von Economo und Horn 1930; Geschwind und Galaburda 1987); (v) Die makroskopische PT-Asymmetrie hat ein cytoarchitektonisches Substrat: Sie wird moduliert durch die Asymmetrie der auditorisch-assoziativen Area TB nach von Economo und Horn (1930) bzw. Area Tpt nach Galaburda (Geschwind und Galaburda 1987); (vi) Phylogenetisch erscheint die PT-Asymmetrie erstmals beim Schimpansen und wird noch deutlicher beim Menschen (Yeni-Komshian und Benson 1976), was eine Beziehung zur Sprachevolution ebenfalls nahelegt.

In der hier vorgestellten Studie unterschieden sich folgende drei funktionell definierte Probandengruppen im Hinblick auf die hirnanatomische PT-Asymmetrie (in der Reihenfolge abnehmenden anatomischen Asymmetriegrads): RH; LH ohne Familienanamnese; LH mit Familienanmnese (Abb. 2). Dies stützt die Annahme einer funktionellen Relevanz der PT-Asymmetrie. Die Befunde passen außerdem zu der in o.g. Reihe ebenfalls abnehmenden neuropsychologischen Asymmetrie, z.B. der Sprachlateralisation. Dies erlaubt zwei weitergehende Hypothesen zu biologischen Entstehungsmechanismen cerebraler Asymmetrie: Da die PT-Asymmetrie pränatal determiniert ist (Chi et al. 1977), ist dies für hiermit assoziierte funktionelle Asymmetrien ebenfalls wahrscheinlich. Die vorliegenden Daten stützen damit die Annahme eines weitgehenden Präformiertseins funktioneller Lateralisation durch strukturelle Faktoren.

Literatur

Chi JG, Dooling EC, Gilles FH (1977) Left-right asymmetries of the temporal speech areas of the human fetus. Arch Neurol 34: 346-348

von Economo C, Horn L (1930) Über Windungsrelief, Maße und Rindenarchitektonik der Supratemporalfläche, ihre individuellen und ihre Seitenunterschiede. Z Neurol Psychiat 130: 678-757

Geschwind N, Galaburda AM (1987) Cerebral lateralization: biological mechanisms, associations, and pathology. MIT Press, Cambridge

Geschwind N, Levitsky W (1968) Human brain: Left-right asymmetries in temporal speech region. Science 161: 186-187

Steinmetz H (1992) Anatomische und funktionelle Hemisphären-Asymmetrie. Hippokrates, Stuttgart

Steinmetz H, Galaburda AM (1991) Planum temporale asymmetry: In-vivo morphometry affords a new perspective for neurobehavioral research. Reading Writing 3: 329-341

Witelson SF, Kigar DL (1988) Asymmetry in brain function follows asymmetry in anatomical form: gross, microscopic, postmortem and imaging studies. In: Boller F, Grafman J (eds) Handbook of Neuropsychology, Vol 1. Elsevier, Amsterdam, pp 111-142

Yeni-Komshian GH, Benson DA (1976) Anatomical study of cerebral asymmetry in the temporal lobe of humans, chimpanzees, and rhesus monkeys. Science 192, 387-389

Morphometrische Aspekte cerebraler Asymmetrien

S. Weis[1], I.C. Llenos[1], P. Mehraein[1], H. Haug[2]

[1]Institut für Neuropathologie, Ludwig-Maximilians Universität München, [2]Institut für Anatomie, Medizinische Universität Lübeck

Fragestellung

Unter Anwendung stereologischer Verfahren wird untersucht, ob auf makroskopischer Ebene, morphologische Unterschiede im menschlichen Gehirn zwischen der linken und rechten Hemisphäre bestehen.

Methodik

Das Volumen des Gehirns und seiner unterschiedlichen Teile kann sehr leicht nach dem stereologischen Prinzip von Cavalieri bestimmt werden (Gundersen und Jensen 1987; Weis 1991). Eine Serie paralleler Schnitte bekannter Schnittdicke wird durch das Gehirn gelegt. Ein Punktraster wird über jeden Schnitt randomisiert überlagert. Die Punkte, die die interessierende Struktur treffen werden gezählt, über alle Schnitte aufsummiert und mit der Schnittdicke multipliziert. Somit ergibt sich das Volumen.

Tab. 1. Ergebnisse der morphometrischen Untersuchungen der linken und rechten Hemisphäre.

	linke Hemisphäre		rechte Hemisphäre		
Volumen (cm^3)	MW	SD	MW	SD	p
Hemisphäre	534,40	(50,6)	538,20	(49,2)	0,06
Rhinencephalon	2,31	(0,64)	2,57	(0,66)	0,02
Hippocampus	3,43	(0,57)	3,69	(0,47)	0,02
fronto-orbital Rinde	9,53	(1,64)	10,56	(1,75)	0,00
Seitenventrikel	11,69	(6,43)	10,96	(5,99)	0,09
occipitaler Anteil	3,85	(2,71)	3,42	(2,31)	0,06
Mittlere Rindendicke					
Frontal precentral	2,92	(0,30)	2,78	(0,28)	0,02
Gyrus parahippocampalis	2,22	(0,20)	2,37	(0,26)	0,00
Temporal basal	2,28	(0,17)	2,37	(0,19)	0,02

Ergebnisse

Die Unterschiede zwischen der linken und rechten Hemisphäre sind in Tabelle 1 zu finden. Das Volumen des Rhinencephalon, des Hippocampus sowie der fronto-orbitalen Rinde waren in der rechten Hemisphäre signifikant erhöht. Weiterhin war die mittlere Rindendicke des Gyrus precentralis der rechten Hirnhälfte signifikant verkleinert, während die mittlere Rindendicke des Gyrus parahippocampalis und des basalen Temporallappens rechts signifikant verbreitert waren.

Konklusion

Seit der Beschreibung der Lokalisation des Sprachzentrums bei Rechtshändern in der linken Hemisphäre durch Broca, wurde öfters versucht, morphologische Korrelate für weitere lateralisierte Funktionen im menschlichen Gehirn zu finden. Großes Gewicht wurde unter anderem den Querwindungen des Temporallappens beigemessen.

Viele dieser Untersuchungen gehorchen nicht den Regeln der stochastischen Geometrie. Wendet man jedoch diese Methoden an, und bestimmt das Volumen, die Oberfläche und die mittlere Rindendicke corticaler Strukturen sowie das Volumen subcorticaler Strukturen, so ergeben sich andere Ergebnisse als die zuvor berichteten. Unsere Untersuchungen zeigen, daß in nur wenigen Regionen signifikante Unterschiede des Volumens, der Oberflächen oder der mittleren Rindendicke zu finden sind. Lineare, d.h. eindimensionale Messungen ergeben keine reliablen Werte. Nur so kann man die beschriebenen Ergebnisse, welche eine "morphologische Dominanz" der linken Hemisphäre favorisieren, interpretieren.

Literatur

Broca P (1865) Sur la faculté du language articulé. Bulletin et Mémoires de la Société d' Anthorpologie de Paris 6: 377-393

Gundersen HJG, Jensen EB (1987) The efficiency of systematic sampling in stereology and its prediction. J Microsc 147: 229-263

Weis S (1991) Morphometry in the Neurosciences. In: Wenger E, Dimitrov L (eds) Image Processing and Computer Graphics. Theory and Applications. OCG Schriftenreihe 58, Oldenburg, München-Wien, pp 306-326

Aspekte funktioneller Hemisphärenasymmetrie in neuropsychologischen Tesverfahren

J. Ließ, C. Härting, P. Calabrese, M. Haupts, W. Gehlen

Neurologische Universitätsklinik (Knappschaftskrankenhaus) Bochum-Langendreer

Fragestellung

Streng lokalisationistische Betrachtungsweisen cerebraler Funktionsstörungen, wie sie noch in der klassischen Hirnpathologie vorherrschten (Kleist 1934), besitzen heute keine so große Bedeutung mehr. Die, die klassische Hirnpathologie ablösende, klinische Neuropsychologie und die modernen bildgebenden Verfahren haben eine komplexere und differenziertere Sicht auf funktionell-neuroanatomische Zusammenhänge eingeleitet (Kertesz 1983; Bigler et al. 1989; Damasio und Damasio 1989). Hirnleistungen werden heute vielmehr als Produkt integrativer Aktivitäten neuronaler Netzwerke verstanden, die ein gleichzeitiges Zusammenwirken verschiedenster Hirnareale erfordern. Trotz einer solchen differenzierten Betrachtungsweise besitzt die Frage nach der interindividuellen Vergleichbarkeit von Beziehungen zwischen cerebralen Schädigungslokalisationen und meßbaren Hirnleistungsstörungen nach wie vor klinisch-diagnostische Relevanz. Dabei kommt dem Konzept einer funktionellen Hemisphärenasymmetrie, d.h. der Anwesenheit von Lateralisierungsmerkmalen in bestimmten materialspezifischen Testleistungen bei fokalen Läsionen, immer noch die größte Bedeutung zu. In der folgenden Untersuchung sollte deshalb auch aus testtheoretischer Überlegung der Frage nachgegangen werden, inwieweit bestimmte material- und methodenspezifische Testverfahren sensibel für bestimmte cerebrale Schädigungslokalisationen sind.

Methodik

Untersucht wurden 30 neurologische und neurochirurgische Patienten einer universitären Akutklinik. Die Altersverteilung reichte von 19 - 70 Jahre, wobei das Mittel bei 41 Jahre lag. Von den Pat. waren 9 Frauen und 21 Männer. Hinsichtlich einer mittels CCT bestimmten, hemispährenorientierten Schädigungszuordnung bestand das Kollektiv aus 15 links- und 15 rechtshirngeschädigten Pat. Die Altersverteilung in den beiden Untersuchungsgruppen war ähnlich (Lhgesch.: 40 J. ; Rhgesch.: 43 J.), während sich in der Geschlechtsverteilung große Unterschiede zeigten (Lhgesch.: Fr = 7 / Mä = 8; Rhgesch.: Fr = 2 / Mä = 13). Das cortikale Verteilungsmuster der Schädigungslokalisationen in den beiden Gruppen war vergleichbar, jede Gruppe umfaßte 5 anterior (frontal) und 10 posterior (parietal und temporal) geschädigte Pat. Ursprung der fokalen Läsionen waren Infarkte oder Tumoroperationen . Diagnostisch waren alle Pat. neurologisch voruntersucht um primäre perzeptive, motorische oder aphasische Störungsbilder auszuschließen. Die neuropsychologische Diagnostik erfolgte mit einer Testbatterie, die Aufmerksamkeits- und Konzentrationsleistungen, das intellektuelle Leistungsniveau, kurz- und mittelfristige verbale und nonverbale Gedächtnisleistungen sowie das Planungs- und Handlungsvermögen erfaßte.

Ergebnisse

Die statistischen Vergleiche beider Patientengruppen wurden mittels non-parametrischer Verfahren berechnet. Soweit sich signifikante Unterschiede ergaben, bestehen sie auf einem Alphaniveau von $p < 0,05$. Bei drei Verfahren zeigten sich signifikante Gruppenunterschiede.

Im Wisconsin-Kartensortiertest (WCST nach Nelson) zeigten sich, gemessen anhand der Anzahl erreichter Kategorien, links anterior und rechts posterior geschädigte Pat. am meisten beeinträchtigt. Die Lernleistungen beider Patientengruppen in der Komplexen-Figur nach Rey zeigten vor allem für rechtshemisphärisch posterior geschädigte Pat. die größten Leistungseinbußen. Auch im Mosaiktest, einem Untertest des reduzierten Wechsler-Intelligenztests nach Dahl, zeigten rechtshemisphärisch posterior geschädigte Pat. (vor allem parietal) im Vergleich die niedrigsten Ergebnisse.

Konklusion

Trotz einer relativ hohen Heterogenität des Patientenkollektives hinsichtlich Ätiologie, Umfang und Lokalisation der Schädigung, erscheinen die Lateralitätshinweise in den Ergebnissen als robust und entsprechen der Literatur. Die aufgeführten Testverfahren zeigen somit eine materialspezifische Sensibilität für läsionsbedingte Ausfälle entsprechend einer funktionellen Hemisphärenasymmetrie. Die Bestimmung einer solchen, zudem validen und reliablen Sensibilität neuropsychologischer Meßinstrumente sollte, trotz einer enormen Treffsicherheit moderner bildgebender Verfahren, nicht als obsolet erscheinen. Zum Einen muß die neuropsychologische Diagnostik nach wie vor in den nicht wenigen Fällen, bei denen ein neuro-radiologisch noch nicht erfaßbarer cerebraler Substanz- oder Systemdefekt besteht und auch zu Funktionsstörungen führt, diesen aufdecken und für weitere Untersuchungen richtungsweisend beschreiben können. Auch die präoperative Diagnostik in der Epilepsiechirurgie und das neuropsychologische Monitoring in der Angiographie brauchen weiterhin gemäß einer groben cerebralen Funktionstopographie sensible Testverfahren. Zum Anderen müssen neuropsychologische Testinventare entsprechend der Leistungsfähigkeit moderner bildgebender Verfahren überprüft und weiterentwickelt werden. Das bereits erwähnte, zunehmend komplexer werdende Bild von der arealübergreifenden, integrativen Funktionsweise des Gehirns, spiegelt sich auch in den Untersuchungsergebnissen wieder. Besonders deutlich zeigt sich dieser Sachverhalt beim Wisconsin-Kartensortiertest, bei dem sowohl linkshemisphärisch anterior, als auch rechtshemisphärisch posterior geschädigte Pat. am meisten Beeinträchtigungen zeigten.

Literatur

Bigler ED, Yeo RA, Turkheimer E (1989) Neuropsychological Function an Brain Imaging. Plenum Press, New York

Damasio H, Damasio AR (1989) Lesion Analysis in Neuropsychology. Oxford University Press, New York

Kertesz A (1983) Localization in Neuropsychology. Academic Press, New York

Kleist K (1934) Gehirnpathologie. Barth, Leipzig

Quantifizierung der interhemisphärischen Verteilung sprachlicher Funktionen im intrakarotidalen Amobarbital Test

M. Kurthen[1], Ch. Helmstaedter[2], L. Solymosi[3], D.B. Linke[1], C.E. Elger[2], J. Schramm[1]

[1]Neurochirurgische Klinik, [2]Epileptologische Klinik, [3]Radiologische Klinik/Neuroradiologie, Rheinische Friedrich-Wilhelms-Universität Bonn

Fragestellung

Der intrakarotidale Amobarbital Test (IAT) (Wada und Rasmussen 1960) ist ein neuropsychologischer Kurztest unter den Bedingungen einer kurzzeitigen mono-hemisphärischen Amobarbitalanästhesie, die durch intrakarotidale Injektion des Wirkstoffs erzielt wird. Dieser Test dient vornehmlich der Bestimmung der zere-bralen Sprachdominanz und hemisphärendifferenten Gedächtnisleistungen im Rahmen der prächirurgischen Epilepsiediagnostik. Hinsichtlich der Sprachdominanz werden aufgrund von IAT-Daten üblicherweise unterschieden die links- und rechtshemisphärische Dominanz und die bilaterale Sprachrepräsentation (Hart et al. 1991). Bei der bilateralen Sprachrepräsentation wurde zuletzt noch zwischen weitgehend symmetrischer Bilateralität und relativer (inkompletter) Dominanz einer Hemisphäre differenziert (Loring et al. 1990; Kurthen, Linke et al. 1992). In der hier vorliegenden Studie wird eine auf der Grundlage ausführlicher IAT-Sprach-prüfungen vorgenommene quantifizierende Bestimmung der Sprachdominanz prä-sentiert. Eine solche Analyse sollte eine weitergehende Differenzierung von Sprachdominanzmustern ermöglichen, insbesondere bei der bilateralen Sprach-repräsentation.

Patienten und Methoden

Bei 173 Patienten (84 Frauen, 89 Männer, Alter 7-56 Jahre, Mittel: 28, 6) wurde der IAT im Rahmen der prächirurgischen Diagnostik durchgeführt. 142 Patienten (82%) waren Rechtshänder, 25 (14%) Linkshänder und 6 (4%) ambidexter. Der primäre epileptische Fokus fand sich rechts temporal bei 46 Patienten (27%), links temporal bei 45 (26%); extratemporale, bilaterale oder multiple Foci wiesen 84 Patienten (47%) auf. Bei 112 (65%) der Patienten konnten im MRT oder CCT morphologische Läsionen nachgewiesen werden. Sämtliche Patienten durchliefen eine neuropsycho-logische Testbatterie (Helmstaedter et al. 1991).

Der IAT wurde rechts wie links mit 200mg Amobarbital durchgeführt. Während der Phase der maximalen Amobarbitalwirkung (gekennzeichnet durch eine kontra-laterale brachiale Plegie und ein ipsilaterales Delta-EEG) erfolgte die standardisierte Sprach- und Gedächtnisprüfung (Kurthen, Helmstaedter et al. 1992). Die Sprachprü-fung berücksichtigte folgende sieben Teilfunktionen: Reihensprechen, Satzverständnis, Sprachverständnis für Körperbewegungsaufforderungen, Benennen, Nachsprechen, Lesen, Spontansprache. Die Leistung in jeder Aufgabe wurde mit maximal 2 Punkten bewertet (2 Punkte für eine fehlerfreie Leistung, 1 Punkt für eine fehlerbehaftete Ausführung, kein Punkt für einen völligen Ausfall), so daß sich für jeden IAT ein Score von maximal 14 Punkten ergab. Aus den beiden IAT-Scores ("R", "L") wurde dann nach der Formel (R-L/R+L) × (n/m) ein Lateralisationsindex L errechnet. Dabei steht "n" für den höheren der beiden IAT-Scores, "m" für den maximal möglichen Score (bei einem komplett durchgeführten IAT ohne sprachliche Ausfälle wäre also n/m=14/14=1). n/m dient im wesentlichen als Korrekturfaktor bei Patienten mit Nullscore in einem IAT und Score ⟨ 14 im anderen IAT. Der Index L kann kontinuierlich Werte zwischen 1 (komplett linkshemisphärische Sprachdominanz, CLD) und -1 (komplett rechtshemisphärische Sprachdominanz, CRD) annehmen. In erster Annäherung können alle Indizes ungleich 1 und -1 als Anzeichen für bilaterale Sprachrepräsentation (BR) genommen werden. Je näher der Wert von L bei Null liegt, umso stärker ist die Bilateralität.

Ergebnisse

Verteilung der Dominanzmuster und Lateralitätsindizes: In der Gesamtgruppe waren die Dominanzmuster folgendermaßen verteilt: CLD 56% (n=96), CRD 8% (n=14), BR 36% (n=63). In der BR-Untergruppe ergaben sich recht häufig Indizes nahe 1 oder -1. So wiesen allein 16 Patienten (25%) Indizes von 0,9 bis 0,93 auf. Bei manchen dieser Fälle lagen IAT-bedingte Artefakte vor (etwa Zählperseverationen als rein motorisches Phänomen), so daß klinisch eher eine CLD zu diagnostizieren wäre (Kurthen, Linke et al. 1992). Im folgenden wird aber der Übersicht halber jeder Index zwischen 1 und -1 als "BR" eingestuft. In der BR-Gruppe bildeten sich im wesentlichen zwei weitere Untergruppen aus: ausgeprägte Bilateralität mit Indizes zwischen 0,3 und -0,3 (n=12, 19%) und inkomplett linkshemisphärische Dominanz mit Indizes über 0,5 (n=48, 76%). Die verbleibenden drei Patienten zeigten Indizes von -0,43 und zwischen -0,85 und -1. Zwischen diesen Clustern bildeten sich komplette Lücken im Lateralitätsspektrum aus. So fanden sich keine Patienten mit Indizes zwischen 0,3 und 0,5, zwischen -0,2, und -0,4 sowie zwischen -0,5 und -0,8. Bei Patienten mit Indizes nahe Null dürfen die Scores der beiden IAT's nur gering differieren. Über die rein quantitative Indexanalyse hinaus ist es gerade bei diesen Patienten wichtig, die Scores in den Einzelprüfungen zu vergleichen. So zeigten 4 Patienten in der ausgeprägt bilateralen Untergruppe eine interhemisphärische Dissoziation expressiver und rezeptiver Sprachfunktionen, erkennbar im wesentlichen an komplementären Scores für das Reihensprechen und die Verständnisaufgaben (Kurthen, Helmstaedter et al. 1992).

Beziehungen der Dominanzmuster zur Händigkeit: Dominanzmuster lassen sich zu vielfältigen klinischen Variablen korrelieren. Beispielhaft sei die Händigkeit angeführt. Für die Analyse dieser Beziehungen empfiehlt sich eine klinisch orientierte Fünferklassifikation von Dominanzmustern: Links- und rechtshemisphärische Dominanz mit Indizes von | 0,85 | bis | 1 |, inkomplett links- und rechtshemisphärische Dominanz mit Indizes von | 0,5 | bis | 0,85 | sowie starke Bilateralität (SB) mit Indizes zwischen 0,5 und -0,5 (Kurthen 1993). Nach dieser Klassifikation fanden sich in der Gesamtgruppe folgende Verteilungen: LD 68% (n=117), ILD 16%

(n=28), RD 9% (n=15), SB 7% (n=13). Von 142 Rechtshändern waren 110 (77%) LD, 19 (13%) ILD, 8 (6%) SB und 5 (4%) RD. Von 25 Linkshändern waren 4 (16%) LD, 8 (32%) ILD, 3 (12%) SB und 10 (40%) RD. Von den 6 Ambidextern schließlich waren 3 (50%) LD, 1 (17%) ILD und 2 (33%) SB. Diese Daten entsprechen z.T. den aus der Literatur gespeisten Erwartungen. Immerhin sind 23% der Rechtshänder nicht LD, 4% sogar rechtshemisphärisch sprachdominant. Die Tatsache, daß sehr wenige Linkshänder links dominant sind, zeigt an, daß es sich hier um ein hochselektives Patientengut mit überproportional häufigem krankheitsbedingtem Sprachtransfer handelt.

Konklusionen

1. Die quantifizierende Bestimmung der Sprachdominanz auf der Basis einer ausführlichen IAT-Sprachtestung erlaubt eine Einschätzung des Grades bihemisphärischer Sprachrepräsentation. Eine solche Einschätzung ist angesichts der Heterogenität der BR-Untergruppe klinisch bedeutsam. Das alte einfache Klassifikationsschema, demzufolge alle Patienten mit sprachlichen Defiziten in beiden IAT´s als bilateral eingestuft werden (Hart et al. 1991), ist als zu grob zurückzuweisen.

2. Auch in einem großen Patientenkollektiv sind die Dominanzmuster nicht kontinuierlich verteilt. Es bilden sich vielmehr Dominanz"cluster" aus bei Werten um 0 (extreme Bilateralität), -1 (rechtshemisphärische Dominanz) und zwischen 0,5 und 1 (inkomplette bis komplette linkshemisphärische Dominanz). Inkomplette rechtshemisphärische Dominanz kommt nicht oder nur extrem selten vor. Die dominante linke Hemisphäre kann offenbar mit einer gewissen Flexibilität die rechte Hemisphäre an einzelnen Teilfunktionen partizipieren lassen, während dies für die dominante rechte Hemisphäre nicht in gleichem Maße gilt. Dies mag damit zusammenhängen, daß bei den meisten rechts dominanten Epilepsiepatienten anamnestisch ein krankheitsbedingter kompletter Sprachtransfer von links nach rechts nahegelegt wird.

3. Die ausführliche Testung unterschiedlicher sprachlicher Subfunktionen im IAT erlaubt auch eine Differenzierung der Hemisphärenasymmetrie für bestimmte Teilleistungen. Dies wird für die Operationsentscheidung und -planung insbesondere dann relevant, wenn bei geplanten Resektionen in mutmaßlich sprachrelevanten Arealen Dissoziationen vorkommen, die auch eine intrahemisphärische anatomische Zuordnung erlauben, etwa im Falle der oben erwähnten interhemisphärischen Dissoziation expressiver (Broca) und rezeptiver (Wernicke) Teilfunktionen (Kurthen, Helmstaedter et al. 1992).

Literatur

Hart J, Lesser RP, Fisher RS, Schwerdt P, Nicholas Bryan R, Gordon B (1991) Dominant-side intracarotid amobarbital spares comprehension of word meaning. Arch Neurol 48: 55-58

Helmstaedter C, Pohl C, Hufnagel A, Elger CE (1991) Visual learning deficits in non-resected patients with right temporal lobe epilepsy. Cortex 27: 547-555

Kurthen, M (1993) Die Bestimmung der zerebralen Sprachdominanz im intrakarotidalen Amobarbital Test. Fortschr Neurol Psychiat 61: 77-89

346

Kurthen M, Helmstaedter C, Linke DB, Solymosi L, Elger CE, Schramm J (1992) Interhemispheric dissociation of expressive and receptive language functions in patients with complex-partial seizures: an amobarbital study. Brain Lang 43: 694-712

Kurthen M, Linke DB, Elger CE, Schramm J (1992) Linguistic perseveration in dominant-side intracarotid amobarbital tests. Cortex 28: 209-219

Loring DW, Meador KJ, Lee GP, Murro AM, Smith JR, Flanigin HF, Gallagher BB, King DW (1990) Cerebral language lateralization: evidence from intracarotid amobarbital testing. Neuropsychologia 28: 831-838

Wada J, Rasmussen T (1960) Intracarotid injection of sodium amytal for the lateralization of cerebral speech dominance. J Neurosurg 17: 266-282

Atypische Dominanzmuster für Sprache bei linkshemisphärischen fokalen Epilepsien

C. Helmstaedter[1], M. Kurthen[2], D.B. Linke[2], C.E. Elger[1]

[1] Universitätsklinik für Epileptologie, [2] Universitätsklinik für Neurochirurgie, Bonn

Fragestellung

Bekanntlich finden sich bei Patienten mit fokalen Epilepsien auffällig häufig atypische Dominanzmuster für Sprache. Da die Inzidenz genetisch determinierter atypischer Sprachdominanzmuster als allgemein niedrig angenommen wird, muß ein Großteil atypischer Dominanzmuster bei fokalen Epilepsien als Resultat plastischer Umstrukturierungsprozesse bei strukturell/funktionellen Hirnstörungen angesehen werden. Der Grad, mit dem die rechte Hemisphere zu Sprachleistungen in der Lage ist, ist beträchtlich. Das Alter bei Erkrankungsbeginn, die zerebrale Lateralisation und Ausdehnung der Störung, der Grad der Isolation einer Hemisphäre (vgl. Hemisphärektomien) und die Dauer der Rekonvaleszenz werden als maßgebliche Faktoren für die rechtshemisphärische Restitution von Sprachfunktionen angesehen. Dabei gehen die Meinungen auseinander, inwieweit von einer prinzipiellen Equipotentialität beider Hemisphären hinsichtlich des Spracherwerbs auszugehen ist, bzw. inwieweit die linke Hemisphäre grundsätzlich praedisponiert ist, Sprachfunktionen zu leisten. Vor diesem Hintergrund untersuchte die vorliegende Studie bei 81 Patienten mit linkshemisphärischen Epilepsien den Grad der links- bzw. rechtshemisphärischen Lateralisation von Sprachfunktionen in Abhängigkeit von Läsion, epileptischem Herd und Alter bei Beginn der Epilepsie. Zusätzlich wurde anhand des Vergleichs von links dominanten und atypisch dominanten Patienten geprüft, welche kognitiven Konsequenzen sich aus den unterschiedlichen Dominanzmustern ergeben.

Methodik

Bei allen Patienten wurden an aufeinander folgenden Tagen je ein linker und ein rechter Intracarotidaler Amobarbital Test (200 mg in 10% Lösung) durchgeführt, bei dem jeweils Spontansprache, Sprachverständnis (Typ 1: zeigen auf "Gegenstand", Typ 2: Bewegen von Hand, Arm), Nachsprechen, Benennen und Lesen geprüft wurden. Die Amobarbitalwirkung wurde per simultan durchgeführter EEG-(ECoG) Ableitungen kontrolliert. Zusätzlich erfolgte eine ausführliche neuropsychologische Untersuchung sprachlicher wie nichtsprachlicher kognitiver Funktionen. Die Händigkeit wurde mittels des Oldfield Edinburgh Inventory erfaßt (Oldfield 1971). Läsionen und deren Lokalisation wurden per MRT bestimmt, die Lokalisation und Ausbreitung des führenden epileptischen Herdes über interiktuale und iktuale nichtinvasive, semiinvasive und invasive EEG (ECoG) Diagnostik.

Tab. 1. Patientencharakteristika bei atypischer Sprachdominanz und Linksdominanz

Geschlecht	männlich		weiblich
gesamt	49/60%		32/40%
Index < 0,8	11		38
Index > 0,7 (LHD)	14		18
Chi^2=3,18 p= 0,07[*]; Fisher Test p= 0,03			
Händigkeit	rechts	links	ambidexter
gesamt	63/78%	16/20%	2/2%
RHD	4	8	0
BLR	0	3	1
ILHD	5	3	1
Index < 0,8	9/36%	14/56%	2/8%
Index > 0,7 (LHD)	54/96%	2/4%	0/0%
Chi^2=36,65 p< 0,0001 2 d.f.[*]			
Beginn der Epilepsie (Alter)	0-5	6-13	>13
gesamt	23/29%	30/37%	27/34%
RHD	7	3	1
BLR	3	1	0
ILHD	3	5	1
Index < 0,8	13/54%	9/38%	2/8%
Index > 0,7 (LHD)	10/18%	21/38%	25/44%
Chi^2 = 14,27 p=0,0008 2 d.f.[*] / Korrelation r=0,3 p< 0,001			
Epileptischer Herd	temporal		extratemporal/ ausgedehnt
gesamt	62/76%		19/24%
RHD	4		8
BLR	2		2
ILHD	8		1
Index < 0,8	14/56%		11/44%
Index > 0,7 (LHD)	48/86%		8/14%
Chi^2 = 6,93 p=0,008 1 d.f.[*]			
Läsion	keine extratemporal/ Läsion	temporal	ausgedehnt
gesamt	28/34%	32/40%	21/26%
RHLD	2	2	8
BLR	2	1	1
ILHLD	6	3	0
Index < 0,8	10/40%	6/24%	9/36%
Index > 0,7 (LHLD)	18/33%	26/46%	12/21%
Chi^2 = 3,92 p=0,14 2 d.f.[*]			

*Chi^2 mit Yates Korrektur

Ergebnisse

(vgl. Tabellen 1 & 2) Das mittlere Alter des untersuchten Kollektivs lag bei 26,9 Jahren (sd 10,2), der mittlere Beginn der Erkrankung lag bei 10,5 Jahren (sd 7,1). Entsprechend eigens berechneter Lateralisationsindezes (Kurthen et al. 1992), die die Leistung unter der linken zur Leistung unter der rechten Amobarbitalprozedur in Relation setzen, waren 12 Patienten komplett rechts- (RHD), 4 bilateral (BR), 9 incomplett links (ILHD), 56 (69%) komplett links dominant (LHD). Kein Patient zeigte eine inkomplette rechtshemisphärische Sprachdominanz (IRHD). Eine atypische Sprachdominanz kam mit 44% bei Frauen signifikant haüfiger vor als bei Patienten männlichen Geschlechts (22%). Patienten mit atypischem Dominanzmuster waren signifikant häufiger Linkshänder oder Ambidexter (64%) als links dominante Patienten (4%). Der Beginn der Epilepsie lag bei 92% der Patienten mit atypischem Dominanzmuster vor dem 13. bei 54 % vor dem 6. Lebensjahr. Der Grad der Rechtsdominanz war signifikant negativ korreliert zum Zeitpunkt der Erstmanifestation der Epilepsie (r=0,3; p< 0,001).

Tab. 2. Kognitive Leistungen bei Linksdominanz und atypischer Dominanz und deren Korrelation zum Lateralisationsgrad

	Korrelation zum Lateralisationsgrad		atypische Dominanz versus Linksdominanz		
	r/Korrel. p/signif.		Rang nld/ld	z/Statistik p/signif.	
IQ Wortschatz	r = 0,06 p = 0,62		30/34	z= 0,85 p= 0,39	
Aufmerksamkeit.- & Tempo	r = 0,29 p = 0,013	*	28/42	z= 2,69 p= 0,007	**
Sprach- Verständnis/ Flüssigkeit	r = 0,14 p = 0,21		29/41	z= 2,16 p= 0,02	*
Sprachliche- Abstraktion	r = 0,15 p = 0,23		19/35	z= 2,38 p= 0,01	*
Verbales Gedächtnis	r = -0,12 p = 0,27		40/37	z= -0,57 p= 0,56	
Figurales Gedächtnis	r = 0,34 p = 0,003	**	26/41	z= 2,76 p= 0,005	
Visuokonstruktion /Mentale Rotation	r = 0,42 p = 0,001	**	20/34	z= -3,27 p= 0,001	**

Wilcoxon Test
nicht links dominant = (nld)
versus links dominant = (ld)

Spearman Rang Korrelation
r= Korrelationskoeffizient
p= Signifikanzniveau

Atypische Dominanzmuster waren nicht notwendig an Läsionen gebunden (bei 40% ließ sich keine Läsion nachweisen). Allerdings ergab sich insbesondere bei kompletter Rechtsdominanz eine Beziehung zu extratemporalen bzw. ausgedehneten Läsionen und epileptischen Herden, die auch sprachrelevante Hirnareale betrafen. Schließlich wiesen Patienten mit atypischer Hemisphärendominanz im Vergleich zu komplett linksdominanten Patienten signifikant schlechtere sprachlich orientierte und hoch signifikant schlechtere nicht sprachlich orientierte Leistungen auf. Während die sprachlichen Leistungen in keiner signifikanten Beziehung zum Grad der rechtshemisphärischen Sprachbeteiligung standen, erwiesen sich die nichtsprachlichen Leistungen mit zunehmender Rechtsdominanz zunehmend reduziert.

Konklusion

Die deutliche Bindung der atypischen Dominanzmuster an einen frühen Erkrankungsbeginn spricht in den vorliegenden Fällen für weitgehend symptomatisch determinierte Abweichungen von einer kompletten Linksdominanz. Läsionen sind offensichtlich keine unabdingbare Voraussetzung für atypische Dominanzmuster und es muß davon ausgegangen werden, daß auch epilepsiebedingte Funktionsstörungen zu einer Verschiebungen im Dominanzmuster führen können. Daß auch Anlagefaktoren in die Erwägungen hinsichtlich des Zustandekommens atypischer Dominanzmuster mit einbezogen werden müssen, zeigt das verstärkte Vorkommen atypischer Dominanzmuster bei Frauen. Die interhemisphärische Distribution der Sprachfunktionen spricht gegen die Annahme eines Kontinuums zwischen links- und rechtshemisphärischer Sprachdominanz und somit gegen eine prinzipielle Equipotentialität beider Hemisphären. Während die Ergebnisse auf eine graduelle Abstufung zwischen einer kompletter Linksdominanz und einer bilateralen Sprachrepräsentation verweisen, ließ sich hinsichtlich der Rechtsdominanz keine Abstufung feststellen. Insofern läßt sich spekulieren, daß im Falle eines Sprachtransfers die linke Hemisphäre soweit wie möglich in die Sprachverarbeitung involviert bleibt, wohingegen ein kompletter Sprachtransfer nach rechts eine Art Notlösung im Sinne des "Alles oder Nichts" darstellt. Letzteres scheint insbesondere bei Vorliegen extratemporaler und ausgedehnter linkshemisphärischer Läsionen und Epilepsien der Fall zu sein.

Die Korrelation des Lateralisationsgrades zum Alter bei Erkrankungsbeginn legt dabei eine bis zur Pubertät stetig abnehmende Plastizität des Gehirns nahe (vgl. Lenneberg 1967). Die trotz des partiellen oder totalen Sprachtransfers feststellbaren Leistungsdefizite zeigen, daß das Ergebnis der rechtshemisphärischen Restitution und Kompensation originär linkshemisphärischer Sprachfunktionen weitgehend suboptimal ist und nicht an die Sprachleistungen der linken Hemisphäre heranreicht. Es findet sich keine Abstufung in der Güte der Sprachleistungen in Abhängigkeit vom Lateralisationsgrad. Originär rechtshemisphärische Leistungen im figural-bildhaften Bereich erweisen sich hingegen mit zunehmendem Grad der rechtshemisphärischen Sprachbeteiligung zunehmend defizitär. Letzterer Effekt läßt sich im Sinne einer beschränkten Verarbeitungskapazität der rechten Hemisphäre bzw. im Sinne interferierender inkompatibler Informationverarbeitungsprozesse (analytisch/holistisch) erklären.

Literatur

Kurthen M, Helmstaedter C, Linke DB, Solymosi L, Elger CE, Schramm J (1992) Interhemispheric dissociation of expressive and receptive language functions in patients with complex-partial seizures: An amobarbital study. Brain and Language 43: 694-712

Oldfield RC (1971). The assessment and analysis of handedness: The Edinburgh Inventory. Neuropsychologia 9: 97-113

Lenneberg E (1967) Biological foundations of language. New York, Wiley and Sons

Bilaterale Perfusionsänderungen im Mediastromgebiet bei verschiedenen hemisphärenspezifischen Hirnleistungen

J. Klingelhöfer, G. Matzander, D. Sander, B. Conrad

Neurologische Klinik und Poliklinik der Technischen Universität München

Fragestellung

Zerebrale Aktivierungsmuster bei definierten Hirnleistungen gehen mit regionalen Unterschieden der Hirndurchblutung einher (Roland 1982). In der vorliegenden Studie wurde der Frage nachgegangen, inwieweit bei definierten hemisphärenspezifischen Hirnleistungen funktionelle zerebrale Asymmetrien mit raschen zerebralen Perfusionsänderungen bilateral simultan im Mediastromgebiet korrelieren.

Methodik

Die Änderungen der Strömungsgeschwindigkeiten in rechter und linker A. cerebri media wurden mit Hilfe eines gepulsten Dopplersystems (2 MHz, DWL, Sipplingen) bilateral simultan bei 24 gesunden rechtshändigen Probanden (12 weibliche, 12 männliche) während der Durchführung hemisphärenspezifischer Hirnleistungen untersucht. Gleichzeitig erfolgte eine kontinuierliche Registrierung von endexpiratorischem CO_2-Gehalt und peripherem arteriellen Blutdruck. Als hemisphärenspezifische Hirnleistungen kamen reine Fingeraktivitäten, räumliche Aufgaben, ein Gedächtnistest und akustische Stimuli zur Anwendung. Bei der visuell-motorisch räumlichen Aufgabe war ein Vergleich von visuell und der rechten bzw. linken Hand taktil dargebotener Holzfiguren durchzuführen. Der Gedächtnistest beinhaltete eine Serie von 50 Strichzeichnungen. Während der Einprägungsphase bekamen die Probanden 10 Zeichnungen aus dieser Serie gezeigt, die sie anschließend aus der Gesamtserie wiedererkennen sollten. Als akustische Stimuli wurden zum einen weißes Rauschen, das alle Frequenzen des hörbaren Spektrums umfaßte, zum anderen Sprache in Form einer Kurzgeschichte eingesetzt. Alle Daten wurden auf einem Computersystem aufgezeichnet. Die mittlere Strömungsgeschwindigkeit (MFV) wurde von Herzzyklus zu Herzzyklus mit Hilfe eines speziell entwickelten computergestützten Integrationsverfahrens anhand der Originalableitungen ermittelt (Conrad und Klingelhöfer 1989). Die auf 1 (initiale Ruhephasen) normierten MFV-Kurven aller Probanden wurden bei jedem Stimulus gemittelt (Averager), wobei als Trigger der Beginn der Stimuluspräsentation gewählt wurde.

Ergebnisse

Gegenüber den Ruhephasen ließen sich bei allen Stimuli signifikante bilaterale Zunahmen der über mehrere Versuchsdurchgänge gemittelten MFV zwischen 2,5% und 9,2% nachweisen. Bei Durchführung der reinen Fingeraktivitäten nahm die MFV (gemittelt über die gesamte Stimulationsphase) bei Aktivität der linken Hand in der rechten A. cerebri media um 7,1 ± 2,6% zu und in der linken A. cerebri media um 4,3 ± 2,6% zu, bei Aktivität der rechten Hand in der linken A. cerebri media um 7,0 ± 2,6% und in der rechten A. cerebri media um 4,1 ± 2,2% (p<0,0001). Die Differenzen zwischen rechter und linker A. cerebri media bei Aktivität der kontralateralen bzw. ipsilateralen Hand waren jeweils nicht signifikant.

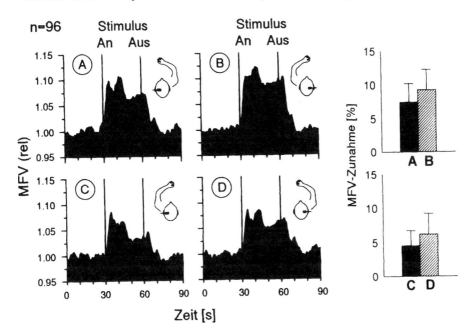

Abb. 1. Änderungen der mittleren Strömungsgeschwindigkeiten (MFV) der A. cerebri media rechts und links bei Durchführung der visuell-motorisch räumlichen Aufgabe mit der kontra- (A, B) bzw. ipsilateralen Hand (C, D) errechnet aus 96 Einzelableitungen (24 Probanden; jeweils 4 Versuchsdurchgänge). Zeitlicher Referenzpunkt bei der Aufsummierung ("averaging") war der Beginn der Stimulation. Prozentuale Zunahmen der MFV (gemittelt über die gesamte Stimulationsphase) für die 4 Modalitäten A-D (Säulendiagramme, rechter Abbildungsteil)

Bei Durchführung der visuell-motorischen räumlichen Aufgabe nahm die MFV (gemittelt über die gesamte Stimulationsphase) bei Aktivität der linken Hand in der rechten A. cerebri media um 9,2 ± 3,0% und in der linken A. cerebri media um 4,5 ± 2,2% zu (Abb. 1; p<0,0001). Bei der Aufgabendurchführung mit der rechten Hand betrug der MFV-Anstieg in der linken A. cerebri media 7,4 ± 2,8% und in der rechten A. cerebri media 6,2 ± 3,0% (p<0,01). Bei Aufgabendurchführung mit der kontralateralen Hand fand sich in der A. cerebri media ein um 3,0% (A. cerebri media rechts) bzw. 2,9% (A. cerebri media links) höherer Geschwindigkeitsanstieg als bei Anwendung der ipsilateralen Hand. Darüber hinaus waren die Geschwindigkeitszunahmen in der rechten A. cerebri media um 1,8% (Aufgabendurchführung mit der kontralateralen Hand) bzw. 1,7% (Aufgabendurchführung mit der ipsilateralen Hand) höher als bei Ableitung der linken A. cerebri media unter korrespondierenden Versuchsbedingungen (Aufgabendurchführung mit der kontra- bzw. ipsilateralen Hand; Abb.1).

Im Rahmen des Gedächtnistestes kam es während des Einprägens des dargebotenen Bildmaterials zu einem Geschwindigkeitsanstieg von $5,8 \pm 3,1\%$ in der rechten und um $5,3 \pm 2,9\%$ in der linken A. cerebri media (nicht signifikant). Beim Wiedererkennen des dargebotenen Bildmaterials fand sich in der rechten A. cerebri media ($7,4 \pm 3,0\%$) ein um $2,4 \pm 1,6\%$ ($p<0,0001$) höherer Geschwindigkeitsanstieg als in der linken A. cerebri media ($5,0 \pm 2,6\%$). Vergleicht man wiederum die Geschwindigkeitsreaktionen zwischen Einprägen und Wiedererkennen, fand sich in der linken A. cerebri media kein signifikanter Geschwindigkeitsunterschied, dagegen in der rechten A. cerebri media ein höherer Geschwindigkeitszuwachs beim Wiedererkennen von $1,7 \pm 2,6\%$ ($p<0,01$).

Die Stimulation mit Rauschen hatte in beiden Aa. cerebri mediae nur kleine Geschwindigkeitszunahmen zur Folge, wobei sich keine signifikanten Seitendifferenzen nachweisen ließen. Dagegen fand sich bei der Darbietung von Sprache in der linken A. cerebri media ($5,2 \pm 1,8\%$) ein signifikant höherer Geschwindigkeitsanstieg ($p<0,0001$) als in der rechten A. cerebri media ($3,0 \pm 1,8\%$). Gegenüber der Stimulation mit Rauschen war der Geschwindigkeitszuwachs mit $2,7 \pm 2,2\%$ in der linken A. cerebri media ebenfalls signifikant ($p<0,001$) erhöht, nicht jedoch in der rechten A. cerebri media mit $0,5 \pm 2,3\%$.

Konklusion

Für alle Stimulationsformen konnte bei simultaner Ableitung der A. cerebri media bds. eine signifikante bilaterale Zunahme der MFV gegenüber der MFV unter Ruhebedingungen nachgewiesen werden. Bei einfachen Fingerbewegungen zeigten sich in der zur aktiven Hand kontralateralen Hemisphäre signifikant höhere MFV-Anstiege als in der ipsilateralen. Hierin kam die Aktivierung motorischer und sensorischer Areale, die der jeweils kontralateralen Hand zugeordnet sind, zum Ausdruck (Colebatch et al. 1991). Eine generelle, unspezifische kortikale Aktivitätszunahme sowie die Involvierung auch ipsilateraler Areale wurde durch die Geschwindigkeitszunahmen in der jeweiligen ipsilateralen A. cerebri media deutlich. Ein Vergleich der MFV-Änderungen in rechter und linker A. cerebri media, der weder bei kontralateraler noch bei ipsilateraler Fingeraktivität signifikante Seitendifferenzen ergab, spricht dafür, daß einfache, stereotype Bewegungen der dominanten bzw. nichtdominanten Hand mit gleichartigen (jedoch spiegelsymmetrischen) kortikalen Aktivierungsmustern einhergehen. Die visuell-motorische räumliche Aufgabe bedingte eine Aktivierung von visuellen, sensorischen, motorischen und assoziativen Arealen. Der visuelle Input betraf dabei beide Hemisphären gleichermaßen, während der sensorische Input und die Steuerung der ausführenden Hand von der jeweils kontralateralen Hemipshäre übernommen wurde. Die kognitive Komponente der Aufgabe beinhaltete die mentale Rotation der Holzfiguren im dreidimensionalen Raum und stellte eine rechtshemisphärische Teilleistung dar. Bei Durchführung dieser Aufgabe mit der ipsi- bzw. kontralateralen Hand konnte eine entsprechende Differenz der Geschwindigkeiten aufgezeigt werden. Die hierbei in der linken A. cerebri media gemessenen MFV-Zunahmen waren denen bei einfachen Fingerbewegungen ähnlich. Höhere Geschwindigkeitszunahmen in der rechten A. cerebri media sowohl bei kontralateraler als auch bei ipsilateraler Handaktivität korrelierten mit der führenden Rolle der bei Rechtshändern nicht dominanten Hemisphäre bei räumlichen Aufgaben (Gur et al. 1982; Skolnick et al. 1993). Seitenunterschiede der reaktiven MFV-Zunahmen fanden sich auch beim Wiedererkennen des dargebotenen Bildmaterials bei Durchführung des Gedächtnistestes, wobei in der rechten A. cerebri media ebenfalls höhere Werte gemessen wurden. Beim Einprägen des Testmaterials fand sich dagegen keine Lateralisierung der reaktiven MFV-Zunahmen. Diese Ergebnisse belegen unterschiedliche kortikale Aktivierungsmuster beim Lernen und Abrufen von Gedächtnisinhalten (Roland et al. 1990). Darüber hinaus befinden sich die beim Wiedererkennen rechtsseitig höheren Geschwindigkeitszunahmen im Einklang mit einer größeren Aktivierung der rechten Hemisphäre bei visuellen Gedächtnisleistungen (Deutsch et al. 1986). Bei Stimulation mit Sprache fanden sich in der linken A. cerebri media sowohl gegenüber der rechten als auch gegenüber der Darbietung von Rauschen signifikant größere MFV-Zunahmen, welche die Dominanz der linken Hemisphäre bei der Verarbeitung von sprachlichem Material widerspiegeln (Mazziotta et al. 1982). Die Ergebnisse belegen, daß hemisphärenspezifische Hirnleistungen ein differenziertes Perfusionsverhalten in rechter und linker A. cerebri media erkennen lassen, das hinsichtlich quantitativer und qualitativer Aspekte mit Vorstellungen über die funktionelle Organisation des Kortex übereinstimmt.

Literatur

Colebatch JG, Deiber MP, Passingham E, Friston KJ, Frackowiak RSJ (1991) Regional cerebral blood flow during voluntary arm and hand movements in human subjects. J Neurophysiol 65: 1392-1401

Conrad B, Klingelhöfer J (1989) Dynamics of regional cerebral blood flow for various visual stimuli. Exp Brain Res 77: 437-441

Deutsch G, Papanicolaou AC, Eisenberg HM, Loring DW, Levin HS (1986) CBF gradient changes elicted by visual stimulation and visual memory tasks. Neuropsychologia 24: 283-287

Gur RC, Gur RE, Obrist WD, Hungerbuhler JP, Younkin D, Rosen AD, Skolnick BE, Reivich M (1982) Sex and handedness differences in cerebral blood flow during rest and cognitive activity. Science 217: 659-661

Mazziotta JC, Phelps ME, Carson RE, Kuhl DE (1982) Tomographic mapping of human cerebral metabolism: Auditory stimulation. Neurology 32: 921-937

Roland PE (1982) Cortical regulation of selective attention in man. A regional cerebral blood flow study. J Neurophysiol 48: 1059-1078

Roland PE, Gulyas RJ, Bohm C, Stone-Elander S (1990) Functional anatomy of storage, recall, and recognition of a visual pattern in man. Neuroreport 1: 53-56

Skolnick BE, Gur RC, Stern MB, Hurtig HI (1993) Reliability of regional cerebral blood flow activation to cognitive tasks in elderly normal subjects. J Cereb Blood Flow Metab 13: 448-453

Transmittersysteme der Basalganglien und ihre funktionelle Bedeutung

O. Hornykiewicz

Institut für Biochemische Pharmakologie, Universität Wien

Einleitung

Die funktionelle Bedeutung der Basalganglien (Stammganglien) ist noch nicht vollständig bekannt. Durch die Entdeckung der Bedeutung, die dem Neurotransmitter Dopamin für die Pathophysiologie und Pharmakotherapie der Parkinson'schen Erkrankung zukommt, ist jedoch in den letzten 30 Jahren das Interesse an den Basalganglien deutlich gestiegen. Dabei sind vor allen zwei Beobachtungen entscheidend gewesen: (1) Die Entdeckung, daß der schwere Dopaminverlust im Striatum (Nucleus caudatus und Putamen) ein spezifisches neurochemisches Charakteristikum der Parkinson'schen Erkrankung ist (Ehringer und Hornykiewicz 1960) und darüberhinaus mit dem Schweregrad der Parkinsonsymptome korreliert (Bernheimer et al. 1973), und (2) die Tatsache, daß der Dopaminersatz mit L-Dopa die wirksamste Pharmakotherapie der Parkinson'schen Erkrankung darstellt (Birkmayer und Hornykiewicz 1961, 1962). Diese zwei klinisch hoch relevanten Entdeckungen warfen sofort die Frage nach der Rolle nicht nur des Dopamins, sondern überhaupt von Neurotransmittern für das Funktionieren der Basalganglien auf.

Das Dopamin, das sich in den Kernen des Striatum vorfindet, stammt aus den Nervenendigungen der Melanin-hältigen Nervenzellen der Zona compacta der Substantia nigra, von wo eine mächtige nigrostriatale Dopaminbahn ihren Ursprung nimmt. Gleich zu Beginn unserer Studien über die Parkinson'sche Erkrankung ist es uns aufgefallen, daß der Dopaminverlust im Putamen stärker ausgeprägt war als im Nucleus caudatus (Ehringer und Hornykiewicz 1960). Im Putamen, nicht aber im Nucleus caudatus, überschreitet der Dopaminverlust bei jedem Parkinsonkranken die kritische Grenze von 80% (Hornykiewicz und Kish 1986). Diese Beobachtung ließ zwei Vermutungen zu, und zwar, daß (1) die Parkinson'sche Erkrankung als eine Störung der extrapyramidalen Motorik im wesentlichen eine Störung der Putamenfunktion ist und, daraus folgend (2) daß das Putamen der eigentliche motorische Kern des Striatum ist.

Die Schlußfolgerungen, die sich aus unseren biochemischen Dopamin-Parkinson-Studien ergaben, wurden durch faseranatomische und neurophysiologische Studien an Primaten auf eine sehr schöne Weise bestätigt. Danach kann angenommen werden, daß das Putamen ein wesentliches Glied der sog. motorischen kortiko-subkortiko-kortikalen Schleife ist, indem es Afferenzen vorzugsweise vom prämotorischen und motorischen Kortex empfängt und seinerseits diese Information auf dem Wege des (medialen) Pallidum/Substantia nigra (reticulata) und Thalamus zurück zu den motorischen Hirnrindenregionen projiziert (siehe DeLong und Georgopoulos 1981).

Funktionell-anatomische Organisation des Striatum

Die Frage, die sich sofort aufdrängt, ist: Warum ist Dopamin des Striatum für das Funktionieren der motorischen Schleife von derart entscheidender Bedeutung, daß sein Fehlen so schwere motorische Defizite, wie sie bei der Parkinson'schen Erkrankung vorliegen, hervorruft? Fortschritte bei der Beantwortung dieser Frage waren solange gering, solange das altherkömmliche Bild von der Funktion der Basalganglien vorherrschte. Danach wurde das Striatum als ein Trichter aufgefaßt, in dem die aus verschiedenen Hirnregionen, vor allem aus der Hirnrinde, konvergierende Information durch die große Zahl der mittelgroßen Nervenzellen, die als Interneuronen aufgefaßt wurden, integriert wird, und daraufhin durch ein einziges efferentes System (dessen Ursprung in den wenigen großen Striatumzellen gesehen wurde) wie durch einen engen Trichterhals in die größenordnungsmäßig wesentlich kleineren Striatum-Zielregionen (Globus pallidus/Substantia nigra) projiziert wurde (siehe Smith und Bolam 1990).

Diese traditionelle Vorstellung von der funktionellen Organisation des Striatum wurde neuerdings als unrichtig erkannt. Die mittelgroßen, meist dornentragenden Nervenzellen (die etwa 95% der Striatumzellen ausmachen) sind nicht, wie früher geglaubt, Interneuronen, sondern in Wirklichkeit Projektionsneuronen des Striatum, die für die Funktion des Striatum eine Schlüsselposition einnehmen (siehe Smith und Bolam 1990). Sie sind die Empfangsstationen sämtlicher Afferenzen, die ins Striatum eintreten, und sie projizieren ihrerseits topisch geordnet und im wesentlichen ohne Vermischung des Informationsinhaltes in parallelen Regelkreisen zu den Zielregionen des Striatum. (Ein gewisser Grad an Integration erfolgt im Striatum durch kolaterale Kontakte, die zwischen den Projektionsneuronen bestehen.)

Die Schlüsselposition, die die mittelgroßen Projektionsneuronen für die Striatumfunktion einnehmen, stellt die Frage nach der funktionellen Bedeutung der Basalganglien-Neurotransmitter auf eine neue Ebene. Es ist schon seit längerem bekannt gewesen, daß das Striatum neben Dopamin eine große Anzahl anderer Neurotransmitter enthält. Solange jedoch die funktionell-anatomische Organisation des Striatum ungeklärt war, war man auch über die Bedeutung seiner Neurotransmitter bloß auf Vermutungen angewiesen.

Neurotransmitter-Organisation des Striatum

Aufgrund einer großen Anzahl histologischer, biochemischer und immunozytochemischer Studien der letzten Jahre kann man sich nunmehr das folgende Bild über Neurotransmitter-Verschaltungen im Striatum machen (Smith und Bolam 1990): An den Dendriten (aber zum Teil auch an den Zellkörpern) der mittelgroßen, dornentragenden Striatum-Projektionsneuronen enden synaptisch (1) die massiven Afferenzen aus der Hirnrinde, die vor allem Glutamat als exzitatorischen Neurotransmitter enthalten (Spencer 1976; Divac et al. 1977); (2) die nigrostriatale Nervenbahn mit Dopamin als Neurotransmitter (Freund et al. 1884); und (3) wahrscheinlich die Serotonin-hältige Raphe-Striatum Verbindung. Durch Kombination von Kortex-Läsionen (mit anterograder Degeneration) bzw. der Golgi-Silberimprägnationsmethode, mit dem immunozytochemischen Nachweis des Dopaminneuronen-Markerenzyms Tyrosinhydroxylase konnte besonders schön gezeigt werden, daß die

Afferenzen aus der Hirnrinde und die Dopaminneuronen aus der Substantia nigra an identischen Dendriten ein und derselben mittelgroßen Striatumzellen synaptisch enden (Freund et al. 1984; Bouyer et al. 1984). Diese konvergierende Anordnung der Striatum-Afferenzen ergibt die Möglichkeit von mannigfaltigen funktionellen Wechselwirkungen zwischen den betreffenden Neurotransmittersystemen auf der Ebene der Feinstruktur der Striatum-Projektionsneuronen. Durch analoge (immunozytochemische) Untersuchungen konnten die Neurotransmitter der (wenigen) Interneuronen des Striatum, nämlich Gamma-Aminobuttersäure (GABA), Azetylcholin, Substanz P und Somatostatin, identifiziert und darüberhinaus nachgewiesen werden, daß diese Interneuronen mit dem vorherrschenden Zelltyp, den mittelgroßen, dornentragenden Projektionsneuronen, synaptisch in Kontakt treten (Bolam und Izzo 1988; Bolam et al. 1983a, 1983b, 1984, 1985, Izzo und Bolam 1988).

Vom funktionellen Gesichtspunkt aus ist es entscheidend zu wissen, welchen Neurotransmitter die Projektionsneuronen, d.h. die mittelgroßen Nervenzellen, benützen. Alle diesbezüglichen Untersuchungen, vor allem der immunozytochemische Nachweis des Enzyms Glutamatdekarboxylase, weisen übereinstimmend darauf hin, daß diese Neuronen den inhibitorischen Transmitter GABA enthalten (Penny et al 1986; Dubé und Descarries 1987; siehe auch Smith und Bolam 1990). Weitere Untersuchungen haben gezeigt, daß zwei Arten von GABA-Projektionsneuronen unterschieden werden können (Izzo et al. 1987): solche, die als Co-Transmitter das Neuropeptid Substanz P enthalten, und solche mit Enkephalin als Neuropeptid-Co-Transmitter.

Die inhibitorischen GABAergen mittelgroßen Nervenzellen, also die überwältigende Masse der Striatumzellen, projizieren zu zwei Zielregionen (siehe Graybiel und Ragsdale 1983): Die GABA-Enkephalin Neuronen zum medialen Globus pallidus, und die GABA-Substanz P Neuronen zur Zona reticulata der Substantia nigra. Die zwei "Output"-Kerne des Striatums, der mediale Globus pallidus und die Substantia nigra reticulata, projizieren ihrerseits, wieder mit GABA als inhibitorischem Transmitter, zu den motorischen Kernen des Thalamus, von wo die Information mittels einer exzitatorischen (glutamatergen?) Bahn zur Hirnrinde weitergeleitet wird (Penney und Young 1981; Chevalier et al. 1985; Deniau und Chevalier 1985).

Die Rolle der Basalganglien-Neurotransmitter innerhalb der striato-thalamo-kortikalen Schleifensysteme

Neurophysiologische Untersuchungen haben neuerdings zu der Erkenntnis geführt, daß sich die GABAergen Basalganglien-"Output"-Neuronen anatomisch und funktionell in zwei funktionelle Systeme aufteilen lassen: (1) Die sog. "direkte" Bahn, die die kortikalen Impulse, die ins Striatum einströmen, zum medialen Pallidum bzw. zur Nigra reticulata und von dort zum Thalamus weiterleitet (Albin et al. 1989; Graybiel und Ragsdale 1983); diese Bahn hat zwei nacheinander geschaltete inhibitorische (GABA) Neurone und bewirkt daher eine Desinhibition der (exzitatorischen) thalamo-kortikalen Projektionen (Chevalier et al. 1985; Deniau und Chevalier 1985); (2) die "indirekte" Bahn, die die kortiko-striatalen Impulse über den "Nebenschluß" lateraler Globus pallidus-Nucleus subthalamicus zum medialen

Pallidum bzw. zur Nigra reticulata (und damit wieder zum Thalamus) weitergibt. Innerhalb der "indirekten" Bahn ist nach zwei nacheinander geschalteten inhibitorischen (GABA) Neuronen (vom Striatum zum lateralen Pallidum und von dort zum Nucleus subthalamicus) ein exzitatorisches Glutamatneuron (zwischen dem Nucleus subthalamicus und dem medialen Pallidum bzw. der Substantia nigra) eingeschaltet (Nakanishi et al. 1987; Smith und Parent 1988). Diese komplizierte Verschaltung dieses Nebenschlusses hat zur Folge, daß im Gegensatz zu der "direkten" Bahn die Aktivierung der "indirekten" Bahn durch kortiko-striatale (glutamaterge) Impulse zur Hemmung der Impulsübertragung in den exzitatorischen thalamo-kortikalen Neuronen führt.

Der unterschiedliche Neurotransmitter-Aufbau des "direkten" bzw. des "indirekten" Basalganglien-"Outputs" führt dazu, daß die Weitergabe der Information, die das Striatum von der Hirnrinde empfängt und mittels der (kortiko)striato-thalamo-kortikalen Schleife zurück zum Kortex leitet, durch Aktivierung der "direkten" Bahn gefördert, durch den "indirekten" Weg aber gehemmt (gesperrt) wird. Diese Verhältnisse lassen erkennen, daß nur ein fein abgestimmtes Gleichgewicht und (zeitlich-räumliches) Wechselspiel zwischen diesen Systemen das normale Funktionieren der Basalganglien gewährleistet. Dieses besteht darin, die kortikale Information, mit der das Striatum versorgt wird, über die "Output"-Kerne der Basalganglien und den Thalamus zurück zur Hirnrinde zu leiten. Die Rolle der Neurotransmitter ist es dabei, den Fluß der kortikalen Information durch die verschiedenen Stationen der Basalganglien zu ermöglichen und den jeweiligen Erfordernissen anzupassen.

In diesem Zusammenhang ist es von entscheidender Bedeutung zu wissen, welcher Neurotransmitter für die funktionelle Feinabstimmung zwischen den beiden entgegengesetzt wirkenden, "direkten" bzw. "indirekten" Systemen, durch welche die kortikale Information strömt, verantwortlich ist. Allen experimentellen Befunden nach ist dieser Transmitter das nigrostriatale Dopamin. Elektrophysiologische Studien haben schon seit längerem gezeigt, daß die Entladungsaktivität mancher Striatumneuronen durch Dopamin gehemmt wird, während andere Striatumneuronen durch Dopamin aktiviert werden. Die Weiterführung dieser Untersuchungen hat in neuester Zeit ergeben, daß Dopamin im Striatum auf die GABA-Projektionsneuronen der "direkten" Bahn erregend wirkt und somit ihren desinhibitorischen, fördernden Einfluß auf die Aktivität der exzitatorischen thalamo-kortikalen Neuronen verstärkt. Im Gegensatz dazu werden die GABA-Projektionsneuronen der "indirekten", inhibitorischen Bahn durch Dopamin in ihrer Aktivität gehemmt, sodaß ihr hemmender Einfluß auf die Informationsübertragung durch die thalamo-kortikalen Neurone verringert wird (siehe Alexander und Crutcher 1990).

Im Zusammenhang betrachtet fördert demnach das Dopamin durch seine differenzierten und entgegengesetzten Wirkungen im Striatum den kortikalen Informationsfluß durch die Basalganglien und den Thalamus. Auf diese Weise wird durch das nigro-striatale Dopamin auch das richtige Funktionieren der motorischen Schleife der Basalganglien erst möglich gemacht.

Funktionelle Neurochemie der Basalganglien-Erkrankungen

Die neueren neurophysiologischen Erkenntnisse über die Bedeutung der Transmitter für die Funktion der Basalganglien führen zu völlig neuen Vorstellungen über die Rolle der Neurotransmitter bei Basalganglien-Erkrankungen (siehe DeLong 1990). So z.B. wird es erst verständlich, warum das Fehlen des striatalen Dopamins (und damit praktisch vollkommener Wegfall seiner fördernden Wirkung auf den Basalganglien-thalamo-kortikalen Informationsfluß) bei der Parkinson'schen Erkrankung eine so schwere Störung der motorischen Funktionen der Basalganglien verursacht. Demgegenüber können durch L-Dopa hervorgerufene Dyskinesien als eine (Dopamin-bedingte), über das Ziel hinausschießende Desinhibition der fördernden "direkten" Bahn betrachtet werden. Bei Hemiballismus liegt offenbar ein exzessiver positiver "Feedback" zum Kortex vor, verursacht durch die Ausschaltung der "indirekten" hemmenden Bahn (Läsion des Nucleus subthalamicus). Schließlich scheint es bei der choreatischen Bewegungsstörung der Huntington'schen Erkrankung durch ein (relativ) selektives Zugrundegehen der striatalen GABA/Enkephalin-Projektionsneuronen der "indirekten" Bahn zu einem verstärkten enthemmenden Einfluß des nigro-striatalen Dopamins auf die thalamo-kortikale Neuronenaktivität zu kommen. Dementsprechend übt Verringerung der striatalen Dopaminaktivität durch die Dopaminrezeptor-blockierenden Neuroleptika oder durch Reserpin durch Unterdrückung des relativen Übergewichts der "direkten" Bahn einen therapeutisch günstigen Effekt bei Hemiballismus und bei der Huntington'schen Erkrankung aus.

Die Schlüsselstellung, die Dopamin für das richtige Funktionieren der Basalganglien innehat, muß, allem Anschein nach, besonders kritisch und ausschlaggebend sein. Sowohl die Parkinson'sche Erkrankung selbst als auch alle ihre Tiermodelle, insbesondere der MPTP-Parkinsonismus bei Primaten, zeigen eindeutig, daß die Basalganglien ohne Dopamin ihre normale Funktion nicht ausüben können. Diese Tatsache ist auch die Grundlage für den erstaunlichen therapeutischen Erfolg der Dopamin-Substitutionstherapie der Parkinson'schen Erkrankung mittels L-Dopa.

Gibt es neue therapeutische Möglichkeiten bei Basalganglien-Erkrankungen?

Die neueren Erkenntnisse über die Rolle der Neurotransmitter für die Funktion der Basalganglien führen zu einer klinisch sehr relevanten Frage: Kann man aus diesen Erkenntnissen neue therapeutische Konsequenzen ziehen, die z.B. bei der Therapie der Parkinson'schen Erkrankung über das Dopaminersatzkonzept hinausführen würden? Da bei der Parkinson'schen Erkrankung der schwere Dopaminmangel im Striatum zu einem Übergewicht der exzitatorischen "indirekten" Bahn vom Nucleus subthalamicus zum medialen Pallidum führt, ist es im Prinzip vorstellbar, daß Aushaltung dieser abnorm aktiven glutamatergen Nervenbahn die Parkinsonsymptomatik verbessern könnte. Tatsächlich konnte bei Affen mit MPTP-Parkinsonismus gezeigt werden, daß durch Läsion der Subthalamicus-Neuronen (mit Ibotensäure) die Parkinsonsymptomatik deutlich verringert werden kann (Wichmann und DeLong 1993). Klinisch interessanter sind aus praktisch-therapeutischen Gründen Glutamat-Antagonisten, wie z.B. MK-801, oder das, allerdings schwach wirksame, Memantin. Von diesen Stoffen wurde tatsächlich gezeigt, daß sie sowohl bei unbehandelten

Tieren als auch bei Tieren mit experimentell erzeugtem Gehirn-Dopaminmangel (z.B. durch Reserpin) die motorische Aktivität steigern können (Schmidt 1986; Carlsson und Carlsson 1989).

Die Aussicht, durch Glutamat-Antagonisten zu einer neuartigen Parkinson-therapie zu gelangen, wird durch eine Überlegung wesentlich eingeschränkt. Die Beseitigung der hemmenden Wirkung der abnorm überaktiven "indirekten" Bahn durch Blockade der glutamatergen Übertragung in den subthalamo-pallidalen Neuronen korrigiert in keiner Weise die andere Folge des Dopaminmangels, nämlich den fehlenden fördernden Einfluß des Dopamins auf das Funktionieren der "direkten" desinhibierenden Bahn. Es ist demnach zu erwarten, daß Glutamat-Anta-gonisten bzw. gezielte Läsionen (z.B. im Nucleus subthalamicus oder dem medialen Pallidum) die motorische Beweglichkeit der Parkinsonpatienten zwar steigern könnten, dies aber - wie das Beispiel des Memantins zu zeigen scheint - auf einem niedrigeren als normalen Niveau vor sich gehen würde. Das dürfte auch die Erklärung sein, warum Patienten mit erfolgreicher postero-medialen Pallidotomie noch immer einer Dopamin-Substitutionstherapue bedürfen. Es hat demnach den Anschein, daß der Dopaminersatz als einzige rationale Parkinsontherapie in der Lage ist, das gestörte Neurotransmitter-Gleichgewicht der Basalganglien auf einem funktionell normalen Niveau wiederherzustellen und L-Dopa daher zur Zeit auch das einzige Medikament bleibt, das eine volle therapeutische Wirksamkeit entfalten kann. Stereotaktischen Eingriffen bzw. Glutamatantagonisten könnte jedoch in der Zukunft eine wichtige Rolle als Adjuvantien der Dopamin-Substitutionstherapie zukommen.

Zusammenfassung

Die moderne Ära der Erforschung der Basalganglien-Neurotransmitter begann mit der Entdeckung des Dopaminmangels bei der Parkinson'schen Erkrankung und dem Erfolg der Dopamin-Substitution durch L-Dopa.

Neuroanatomische, neurophysiologische und neurochemisch-pharmakologische Studien haben nunmehr zu der Erkenntnis geführt, daß (1) die mittelgroßen, dornen-tragenden Neuronen des Striatum, die etwa 95% der Striatum-Nervenzellen ausma-chen, Projektionsneuronen sind; (2) das Striatum die Information, die es durch die massiven, an den Projektionsneuronen endenden kortikalen Afferenzen empfängt, in parallel angeordneten Regelkreisen über die Basalganglien-"Output"-Kerne (mediales Pallidum, Substantia nigra reticulata, sowie den "Nebenschluß" laterales Pallidum-Nucleus subthalamicus) zum Thalamus (und von dort wieder zur Hirn-rinde) weiterleitet; (3) Glutamat der Neurotransmitter der kortiko-striatalen Projek-tionen sowie der subthalamisch-(med.)-pallidalen bzw. Nigra reticulata Bahn ist, während alle anderen Basalganglienprojektionen hauptsächlich GABA als Neuro-transmitter benützen; und (4) innerhalb der parallel angeordneten Basalganglien-thalamo-kortikalen Schleifen dem nigro-striatalen Dopamin eine Schlüsselstellung zukommt, indem es durch exzitatorische und inhibitorische Effekte einen Netto fördernden Einfluß auf die Weiterleitung des Informationsflusses, den das Striatum von der Hirnrinde empfängt, ausübt und für eine Feinabstimmung zwischen den exzitatorischen ("direkten") und den inhibitorischen ("indirekten") Regelkreisen sorgt.

Die kritische, fördernde Rolle, die Dopamin für den kortikalen Informationsfluß durch die Basalganglien hat, erklärt, warum Dopaminmangel, wie z.B. bei der Parkinson'schen Erkrankung, zum Zusammenbruch der Striatumfunktionen und damit zu dem hypokinetischen Symptomenkomplex führt. Ebenso können hyperkinetische Syndrome (Huntington'sche Erkrankung bzw. L-Dopa-Dyskinesien) durch Ausfall bestimmter GABA Neuronen bzw. durch zu starken, positiven "Feedback" zum Kortex, verursacht durch ein Zuviel an Dopamin, erklärt werden. Klinisch ergibt sich daraus die Möglichkeit, durch stereotaktische Ausschaltung bzw. medikamentöse Drosselung (mittels Glutamatantagonisten) der übererregten (inhibitorischen) medialen Pallidumneuronen bei Parkinsonpatienten therapeutisch die L-Dopatherapie zu unterstützen bzw. ihre Nebenwirkungen (vor allem Dyskinesien) zu mildern.

Literatur

Albin RL, Young AB, Penney JB (1989) The functional anatomy of basal ganglia disorders. Trends Neurosci 12: 366-375

Alexander GE, Crutcher MD (1990) Functional architecture of basal ganglia circuits: neural substrates of parallel processing. Trends Neurosci 13: 266-271

Bernheimer H, Birkmayer W, Hornykiewicz O, Jellinger K, Seitelberger F (1973) Brain dopamine and the syndromes of Parkinson and Huntington. J Neurol Sci 20: 415-455

Birkmayer W, Hornykiewicz O (1961) Der L-3,4-Dioxyphenylalanin (=DOPA)-Effekt bei der Parkinson-Akinese. Wr Klin Wochenschr 73: 787-788

Birkmayer W, Hornykiewicz O (1962) Der L-Dioxyphenylalanin (L-DOPA)-Effekt beim Parkinson-Syndrom des Menschen: Zur Pathogenese und Behandlung der Parkinson-Akinese. Arch Psychiat Nervenkr 203: 560-574

Bolam JP, Clarke DJ, Smith AD, Somogyi P (1983a) A type of a spiny neuron in the rat neostriatum accumulates [^{3}H]-γ-aminobutyric acid: combination of Golgi-staining, autoradiography and electron microscopy. J Comp Neurol 213: 121-134

Bolam JP, Izzo PN (1988) The postsynaptic targets of substance P-immunoreactive terminals in the rat neostriatum with particular reference to identified spiny striatonigral neurons. Exp Brain Res 70: 361-377

Bolam JP, Powell JF, Wu J-Y, Smith AD (1985) Glutamate decarboxylase-immunoreactive structures in the rat neostriatum. A correlated light and electron microscopic study. J Comp Neurol 237: 1-20

Bolam JP, Somogyi P, Takagi H, Fodor I, Smith AD (1983b) Localization of substance P-like immunoreactivity in neurons and nerve terminals in the neostriatum of the rat: a correlated light and electron microscopic study. J Neurocytol 12: 325-344

Bolam JP, Wainer BH, Smith AD (1984) Characterization of cholinergic neurons in the rat neostriatum. A combination of choline acetyltransferase immunocytochemistry, Golgi-impregnation and electron microscopy. Neuroscience 12: 711-718

Bouyer JJ, Park DH, Joh TH, Pickel VM (1984) Chemical and structural analysis of the relation between cortical inputs and tyrosine hydroxylase-containing terminals in rat neostriatum. Brain Res 302: 267-275

Carlsson M, Carlsson A (1989) The NMDA antagonist MK-801 causes marked locomotor stimulation in monoamine-depleted mice. J Neural Transm 75: 221-226

Chevalier G, Vacher S, Deniau JM, Desban M (1985) Disinhibition as a basic process in the expression of striatal functions. I. The striato-nigral influence on tecto-spinal/tecto-diencephalic neurons. Brain Res 334: 215-226

DeLong MR (1990) Primate models of movement disorders of basal ganglia origin. Trends Neurosci 13: 281-285

DeLong MR, Georgopoulos AP (1981) Motor functions of the basal ganglia. In: Brookhart JM, Mountcastle VB, Brooks VB, Geiger SR (eds) Handbook of Physiology (Sect 1: The Nervous System; vol II: Motor Control). American Physiology Society, Bethesda, pp 1017-1061

Deniau JM, Chevalier G (1985) Disinhibition as a basic process in the expression of striatal functions. II. The striato-nigral influence on thalamocortical cells of the ventromedial thalamic nucleus. Brain Res 334: 227-233

Divac I, Fonnum F, Storm-Mathisen J (1977) High affinity uptake of glutamate in the terminals of cortico-striatal axons. Nature 266: 377-378

Dubé L, Descarries L (1987) Morphological features of GABA-containing neostriatal neurons projecting to the substantia nigra. Neuroscience 22: S798

Ehringer H, Hornykiewicz O (1960) Verteilung von Noradrenalin und Dopamin (3-Hydroxytyramin) im Gehirn des Menschen und ihr Verhalten bei Erkrankungen des extrapyramidalen Systems. Klin Wochenschr 38: 1236-1239

Freund TF, Powell JF, Smith AD (1984) Tyrosine hydroxylase-immunoreactive boutons in synaptic contact with identified striatonigral neurons, with particular reference to dendritic spines. Neuroscience 13: 1189-1215

Graybiel AM, Ragsdale CW Jr (1983) Biochemical anatomy of the striatum. In: Emson PC (ed) Chemical Neuroanatomy. Raven Press, New York, pp 427-504

Hornykiewicz O, Kish SJ (1986) Biochemical pathophysiology of Parkinson's disease. Adv Neurol 45: 19-34

Izzo PN, Bolam JP (1988) Cholinergic synaptic input to different parts of spiny striatonigral neurons in the rat. J Comp Neurol 269: 219-234

Izzo PN, Graybiel AM, Bolam JP (1987) Characterization of substance P- and [Met]enkephalin-immunoreactive neurons in the caudate nucleus of cat and ferret by a single section Golgi procedure. Neuroscience 20: 577-587

Nakanishi H, Kita H, Kitai ST (1987) Intracellular study of rat substantia nigra pars reticulata neurons in an in vitro slice preparation: electrical membrane properties and response characteristics to subthalamic stimulation. Brain Res 437: 45-55

Penney JB Jr, Young AB (1981) GABA as the pallidothalamic neurotransmitter: Implications for basal ganglia function. Brain Res 207: 195-199

Penny GR, Afsharpour S, Kitai ST (1986) The glutamate decarboxylase-leucine enkephalin-, methionine enkephalin- and substance P-immunoreactive neurons in the neostriatum of the rat and cat: evidence for partial population overlap. Neuroscience 17: 1011-1045

Schmidt WJ (1986) Intrastriatal injection of DL-2-amino-5-phosphonovaleric acid (AP-5) induces sniffing stereotypy that is antagonized by haloperidol and clozapine. Psychopharmacology (Berlin) 90: 123-130

Smith AD, Bolam JP (1990) The neural network of the basal ganglia as revealed by the study of synaptic connections of identified neurones. Trends Neurosci 13: 259-265

Smith Y, Parent A (1988) Neurons of the subthalamic nucleus in primates display glutamate but not GABA immunoreactivity. Brain Res 453: 353-356

Spencer HJ (1976) Antagonism of cortical excitation of striatal neurons by glutamic acid diethylester: evidence for glutamic acid as an excitatory transmitter in the rat striatum. Brain Res 102: 91-101

Wichman T, DeLong MR (1993) Pathophysiology of parkinsonian motor abnormalities. Adv Neurol 60: 53-61

Klinische Bedeutung von Dopaminrezeptor- und Dopamintransporter Messungen im SPECT

T. Brücke[1], P. Angelberger[2], S. Asenbaum[1], S. Aull[1], C. Harasko-van der Meer[1], S. Hornykiewicz[2], J. Kornhuber[2], W. Pirker[1], A. Pozzera[1], S. Wenger[1], Ch. Wöber[1], I. Podreka[1]

[1]Neurologische Universitätsklinik Wien, [2]Forschungszentrum Seibersdorf

Fragestellung

Die Entwicklung der Positronen Emissionstomographie (PET) und geeigneter Liganden hat es vor mehr als 10 Jahren erstmals möglich gemacht, biochemische Vorgänge an Synapsen im menschlichen Gehirn *in vivo* zu untersuchen und sichtbar zu machen. Erst seit kürzerer Zeit können ähnliche Untersuchungen auch mit der leichter verfügbaren und billigeren Single Photon Emissions Computer Tomographie (SPECT) durchgeführt werden. Dazu werden sogenannte "Tracer" verwendet, die mit Gammastrahlen-emittierenden Isotopen, wie z.B. 123J markiert sind, sich an bestimmte biochemische Strukturen binden und mit einer Gammakamera sichtbar gemacht werden können. Unsere bisherigen Studien befassen sich vorwiegend mit dem dopaminergen System. Es konnte gezeigt werden, daß die Substanz Jodobenzamid (IBZM) ein hochaffiner und spezifischer Ligand für Dopamin D2 Rezeptoren ist, der sich gut für SPECT Messungen eignet (Brücke et al. 1988). Mit dieser Substanz werden vorwiegend postsynaptische Strukturen im Striatum dargestellt. Seit 1988 wurden an unserer Klinik über 500 Studien mit IBZM an Patienten und Kontrollen durchgeführt, wobei vor allem Patienten mit extrapyramidalen Erkrankungen, aber auch die pharmakologische Beeinflußung der D2 Rezeptorbindung durch verschiedene Pharmaka untersucht wurden (Brücke et al. 1991). Ein weiteres Interessensgebiet betraf Patienten mit Hypophysenadenomen. Seit kurzer Zeit steht auch für den präsynaptischen Anteil des dopaminergen Systems ein Ligand zur Verfügung, der für SPECT Studien verwendet werden kann. Es handelt sich um das Kokainderivat 2-ß-carbomethoxy-3-ß-(4-iodophenyl)-tropane (ß-CIT), das mit hoher Affinität den Dopamintransporter an dopaminergen Nervenendigungen, aber auch den Serotonintransporter an serotonergen Neuronen markiert (Innis et al. 1991). Es soll im Folgenden einerseits ein Überblick über die Ergebnisse der IBZM Untersuchungen gegeben werden, wobei in mehreren Beiträgen dieses Bandes einige dieser Studien näher behandelt werden (Wenger et al. 1994; Harasko-van der Meer et al. 1994; Pirker et al. 1994; Oder et al. 1994) und andererseits sollen erste Ergebnisse der ß-CIT Studien bei Patienten mit Parkinson'scher Erkrankung präsentiert werden.

Methodik

Die angewandte Methodik und die Charakteristika der Patientengruppen, bei denen IBZM-SPECT Untersuchungen durchgeführt wurden, werden in den einzelnen Beiträgen unserer Arbeitsgruppe näher beschrieben (Wenger et al. 1994; Harasko-van der Meer et al. 1994; Pirker et al. 1994; Oder et al. 1994). Nicht enthalten sind in diesen Beiträgen 23 Patienten mit Chorea Huntington (40,6 ± 11,4 / 11-70 Alter, MW ± SD / Bereich) und 11 Patienten mit fokalen Dystonien (43,8 ± 12,5 / 25-63). Die Synthese und Markierung der Substanz [123I]ß-CIT und Details der in diesen Untersuchungen verwendeten SPECT Technik sind ebenfalls beschrieben (Brücke et al. 1993). Untersuchungen mit diesem Tracer wurden mit einer Drei-Kopf-Kamera (Siemens Multispect 3) und "Medium Energy" Kollimatoren gemacht, wobei die Aufnahmen 2, 4, 16, 20 und 24 Stunden nach i.v. Applikation erfolgten. Zur Berechnung der Bindungsdaten wurden Regionen im Striatum und Cerebellum gezeichnet und sowohl die Ratio Striatum/Cerebellum als semiquantitativer Index für die Bindungsdichte der Dopamintransporter im Striatum, als auch die spezifische Bindung (Striatum minus Cerebellum) als counts/Pixel korrigiert auf die verabreichte Dosis und das Körpergewicht berechnet. Es wurden 11 Kontrollen untersucht (43,5 ± 17,6 / 26 -70) und 37 Patienten mit Morbus Parkinson (64,0 ± 9,6 / 45-82) in unterschiedlichen Stadien der Erkrankung (Hoehn und Yahr 1 - 5). Parkinson Patienten wurden klinisch außerdem nach der "Unified Parkinson's Disease Rating Scale" (UPDRS) getestet. Die statistische Auswertung erfolgte mittels 2-seitigem t-Test für gepaarte bzw ungepaarte Stichproben bzw mit der ANOVA.

Ergebnisse

1) IBZM Untersuchungen:

Die Resultate der IBZM Untersuchungen an einer relativ großen Gruppe von Parkinson Patienten (n = 91) zeigen eine altersabhängige Abnahme der D2 Rezeptorbindung im Striatum im selben Ausmaß wie in der Kontrollgruppe, welche etwa 5% pro Dekade beträgt. Keine Korrelation findet sich zwischen der IBZM Bindung und dem Schweregrad der Erkrankung, was auf die relative Intaktheit postsynaptischer Strukturen hinweist. Im Gegensatz dazu ist die D2 Rezeptorbindung bei Patienten mit progressiver supranukleärer Lähmung (PSP) oder Multi-System-Atrophien (MSA) deutlich vermindert. Ein Hinweis für das Vorliegen einer gewissen Rezeptor-Supersensitivität ergibt sich aus der Untersuchung von 18 Patienten mit Hemiparkinsonsyndrom (Hoehn und Yahr Stadium 1), bei denen sich eine im Seitenvergleich erhöhte IBZM Bindung im Striatum kontralateral zur Seite der klinischen Symptomatik nachweisen läßt. Dieser Unterschied ist zwar nicht sehr groß (7,6%) aber hoch signifikant (Wenger et al. 1994). Wenn man die Region über dem Striatum in eine dem Kopf des Nucleus Caudatus und eine dem Putamen entsprechende Region unterteilt, zeigt sich dieser signifikante Unterschied nur im Bereich des Putamens, während die Bindung im Caudatuskopf annähernd gleich ist (Kornhuber et al. in Vorbereitung). In der Gruppe der Patienten mit Chorea Huntington fand sich, wie auch früher beschrieben (Brücke et al. 1991) eine deutliche und hoch signifikante

Abnahme der IBZM Bindung im Vergleich zur Kontrollgruppe (1,36 ± 0,12 vs 1,72 ± 0,10, Ratio Striatum/frontaler Cortex, p=0,0001), was einer Abnahme der spezifischen Bindung von etwa 50% entspricht. Bei einigen dieser Patienten wurde die Untersuchung nach zwei Jahren wiederholt, wobei eine leichte weitere Abnahme der Werte beobachtet wurde. Bei 5 der 11 Patienten mit Torticollis fanden sich deutliche Seitenunterschiede der Bindung mit höheren Werten im Striatum kontralateral zur Drehrichtung. In der Gesamtgruppe war der Seitenunterschied schwach signifikant (1,72 ± 0,11 vs 1,68 ± 0,09; p=0,037).

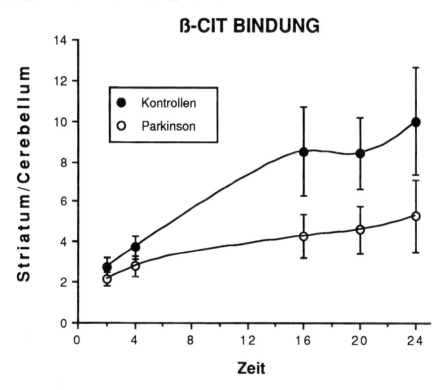

Abb. 1. Spezifische Bindung von ß-CIT im Striatum (Striatum minus Cerebellum) korrigiert auf die Höhe der applizierten Dosis, das Körpergewicht und die Aktivität zum Zeitpunkt der Applikation bei 11 Kontrollen (●) und 37 Parkinsonpatienten (○). Zu jedem der gemessenen Zeitpunkte besteht eine hoch signifikante Abnahme der Bindung in der Gruppe der Parkinsonpatienten. (2 Stunden: p < 0,004; 4, 16, 20 und 24 Stunden: p = 0,0001).

2) ß-CIT Untersuchungen:

Die Bindungskinetik zeigte in der Gruppe der normalen Kontrollen ein Maximum der spezifischen Bindung im Striatum nach 20 Stunden, wobei bereits nach etwa 16 Stunden fast das Plateau der Bindung erreicht war und bis nach 24 Stunden nur geringgradig abfiel. In der Gruppe der Parkinsonpatienten verlief die Bindungskurve deutlich flacher und die Werte waren zu jedem der untersuchten Zeitpunkte signifikant niedriger. Nach 20 Stunden betrug die Bindungsratio in der Kontrollgruppe 8,7 ± 1,7 und in der Parkinsongruppe 4,4 ± 1,1 (p = 0,0001), was einer Abnahme der spezifischen Bindung an den Dopamintransporter von durchschnittlich 50% entspricht (Abb 1). Bei 11 Hemiparkinsonpatienten (Hoehn und Yahr Stadium 1) zeigte sich im Seitenvergleich eine hoch signifikant niedrigere Bindung kontralateral zur klinischen Symptomatik (4,7 ± 0,7 vs 5,3 ± 0,9, p = 0,0001). Die Werte der klinisch noch nicht betroffenen Seite waren im Vergleich zur normalen Kontrollgruppe ebenfalls hoch signifikant vermindert (p = 0,0001). Es fand sich außerdem eine deutliche Korrelation zwischen der Abnahme der ß-CIT Bindung und dem klinischen Schweregrad der Erkrankung gemessen nach der Hoehn und Yahr Skala (Abb 2) bzw nach der UPDRS Skala. Sowohl in der Kontrollgruppe als auch in der Gruppe der Parkinsonpatienten kommt es mit zunehmendem Alter zu einer Abnahme der ß-CIT Bindung an den Dopamintransporter (Abnahme der Ratio Striatum/Cerebellum bei Kontrollen von etwa 10 im 20. Lebensjahr auf 6,5 im 90., p = 0,05).

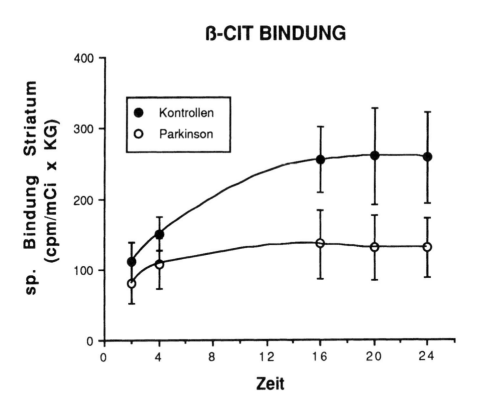

Abb. 2. Korrelation zwischen der Ratio der Aktivität im Striatum und Cerebellum 20 Stunden nach ß-CIT Gabe und dem Schweregrad der Parkinsonerkrankung nach der Hoehn und Yahr Skala. Es besteht eine hoch signifikante Korrelation (p = 0,0001). Dies weist darauf hin, daß diese Ratio einen verläßlichen semiquantitativen Parameter für die Dichte der Dopaminaufnahmestellen und damit für die Zahl dopaminerger Nervenendigungen im Striatum darstellt.

Diskussion

Die vorliegende Arbeit zeigt, daß es durch die Entwicklung neuer Tracer nun auch im SPECT möglich geworden ist, sowohl den präsynaptischen als auch den postsynaptischen Schenkel des dopaminergen Systemes zu untersuchen. Eine relativ große Zahl von IBZM SPECT Studien demonstriert, daß bei der Parkinson'schen Erkrankung die postsynaptischen Strukturen, an denen im wesentlichen Dopamin D2 Rezeptoren lokalisiert sind, intakt bleiben. Auch mit zunehmendem Schweregrad der Erkrankung bleibt die IBZM Bindung erhalten. Eine deutliche Altersabhängigkeit mit Abnahme der IBZM Bindung mit zunehmendem Alter findet sich sowohl in der Gruppe der normalen Kontrollen als auch in der Gruppe der Parkinsonpatienten. Diese Abnahme ist in beiden Gruppen etwa gleich ausgeprägt und beträgt 5% pro Dekade (Wenger et al. 1994). Aufgrund dieser Altersabhängigkeit ist bei IBZM SPECT Untersuchungen unbedingt darauf zu achten, daß Ergebnisse mit altersentsprechenden Kontrollwerten verglichen werden. Bei Hemiparkinsonpatienten kann auf der kontralateral zur klinischen Symptomatik gelegenen Seite eine höhere IBZM Bindung gemessen werden, was einer postsynaptischen Rezeptorsupersensitivität bei stärkerer Denervierung entspricht (Wenger et al. 1994). Bei subregionaler Auswertung der Daten zeigt sich, daß diese Supersensitivität auf das Putamen beschränkt ist, wo die dopaminerge Denervation am stärsten ausgeprägt ist (Kornhuber et al. in Vorbereitung). Im Gegensatz zur Intaktheit postsynaptischer Strukturen mit normaler IBZM Bindung bei der Parkinson'schen Erkrankung ist die IBZM Bindung bei Patienten mit MSA bzw PSP vermindert. Da über 20% aller klinisch als Parkinsonsyndrom diagnostizierter Patienten in Wirklichkeit andere pathologische Grundlagen haben und MSA und PSP einen wesentlichen Teil davon ausmachen (Jellinger 1986) erscheint es wesentlich, daß diese Erkrankungen durch IBZM SPECT Untersuchungen von der Parkinson'schen Erkrankung abgegrenzt werden können.

Die SPECT Untersuchungen mit dem präsynaptischen Liganden ß-CIT zeigen, daß hier zum ersten Mal eine in der klinischen Routinediagnostik anwendbare Methode zur Verfügung steht mit der die dopaminerge Läsion bei der Parkinson'schen Erkrankung sichtbar gemacht und quantifiziert werden kann. Die kinetischen Daten demonstrieren ein Bindungsgleichgewicht mit annähernd gleichbleibender spezifischer Bindung im Striatum zwischen 16 und 24 Stunden. In der Gesamtgruppe der Patienten fand sich in diesem Zeitraum eine Verminderung der Bindung an den Dopamintransporter im Striatum von etwa 50% und eine gute Korrelation dieser Abnahme mit dem klinischen Schweregrad der Erkrankung. Interessant erscheint, daß eine deutliche Verminderung der ß-CIT Bindung auch bei Hemiparkinson-Patienten auf der klinisch noch nicht betroffenen Seite gemessen wurde. Das bedeutet, daß in diesem Fall die Läsion noch im präklinischen Stadium erfaßt werden konnte. Es fand sich eine Abnahme der ß-CIT Bindung mit zunehmendem Alter was in guter Übereinstimmung mit der Literatur den altersbedingten Verlust dopaminerger Neuronen anzeigt. Es ist zu hoffen, daß mit dieser Methode ein Verfahren zur Verfügung steht, mit dem präklinische dopaminerge Läsionen entdeckt und dadurch rechtzeitig eine neuroprotektive Therapie eingeleitet werden kann. Solche mögliche neuroprotektive Therapiestrategien können mit dieser Methode auch wesentlich besser evaluiert werden, als dies nach rein klinischen Gesichtspunkten möglich wäre.

Literatur

Brücke T, Tsai YF, McLellan C, Singhanyom W, Kung HF, Cohen RM, Chiueh CC (1988) In vitro binding properties and autoradiographic imaging of 3-iodobenzamide ([125I]-IBZM): a potential imaging ligand for D-2 dopamine receptors in SPECT. Life Sci 42: 2097-2104

Brücke T, Podreka I, Angelberger P, Wenger S, Topitz A, Küfferle B, Müller Ch, Deecke L (1991) Dopamine D2 receptor imaging with SPECT. Studies in different neuropsychiatric disorders. J Cereb Blood Flow Metab 11: 220-228

Brücke T, Kornhuber J, Angelberger P, Asenbaum S, Frassine H, Podreka I (1993) SPECT imaging of dopamine and serotonin transporters with [123I]ß-CIT. Binding kinetics in the human brain. J Neural Transm (GenSect) 94: 137-146

Harasko-van der Meer C, Wöber Ch, Wenger S, Podreka I, Brücke T (1994) Dopaminrezeptorblockade durch verschiedene Kalziumantagonisten erklärt extrapyramidale Nebenwirkungen. In: Deecke L, Hopf HC, Lang W (eds) Topographische Diagnostik des Gehirns, Springer Verlag Wien (in Druck)

Innis R, Baldwin R, Sybirska E, Zea Y, Laruelle M, Al-Tikriti M, Charney D, Zoghbi S, Smith E, Wisniewski G, Hoffer P, Wang S, Milius R, Neumeyer J (1991) Single photon emission computed tomography imaging of monoamine reuptake sites in primate brain with [123I]CIT. Eur J Pharmacol 200: 269-270

Jellinger K (1986) Pathology of Parkinsonism. In: Fahn S., Marsden C.D., Jenner P. und Teychenne P. (eds) Recent Developments in Parkinson's Disease, Raven Press, New York, pp 33-66

Oder W, Brücke T, Spatt J, Ferenci P, Asenbaum S, Podreka I, Deecke L (1994) Klinische und IBZM-SPECT Befunde bei Morbus Wilson: Erste Ergebnisse einer Korrelationsstudie. In: Deecke L, Hopf HC, Lang W (eds) Topographische Diagnostik des Gehirns, Springer Verlag Wien (in Druck)

Pirker W, Brücke T, Riedl M, Clodi M, Luger A, Asenbaum S, Podreka I (1994) Dopamin D2-Rezeptor SPECT mit [Jod 123] S(-)IBZM: Untersuchungen bei 15 Patienten mit Hypophysentumoren. In: Deecke L, Hopf HC, Lang W (eds) Topographische Diagnostik des Gehirns, Springer Verlag Wien (in Druck)

Wenger S, Brücke T, Harasko-van der Meer C, Pirker W, Podreka I (1994) Dopaminrezeptormessung bei der Parkinsonkrankheit. In: Deecke L, Hopf HC, Lang W (eds) Topographische Diagnostik des Gehirns, Springer Verlag Wien (in Druck)

Die Darstellung von Dopamin-D2-Rezeptoren mit IBZM-SPECT bei Patienten mit De Novo Parkinson-Syndrom

J. Schwarz[1], K. Tatsch[2], G. Arnold[1], M. Ott[1], C.-M. Kirsch[2], W. H. Oertel[1]

[1]Neurologische Klinik and [2]Abt. für Nuklearmedizin, Klinikum Großhadern, Ludwig-Maximilians-Universität, München

Fragestellung

Dopamin-D2-Rezeptoren sind im ZNS fast ausschließlich an postsynaptischen striatalen neuronalen Membranen lokalisiert (Dawson et al. 1985). Die Darstellung dieser Rezeptoren ist daher vor allem bei solchen Erkrankungen sinnvoll, für die ausreichende neuropathologische Befunde über die Intaktheit bzw. die Veränderungen des Striatums bekannt sind, wie z.B. bei Parkinson-Syndromen (Jellinger 1987). Das Ansprechen auf L-DOPA ist ein wichtiger Parameter in der Abgrenzung des Morbus Parkinson von anderen Basalganglien-Erkrankungen. Funktionell intakte postsynaptische striatale Dopamin-Rezeptoren scheinen eine Voraussetzung für das Ansprechen auf dopamimetische Medikation zu sein (Kempster et al. 1990).

Wir stellten die Frage, inwieweit die Darstellung postsynaptischer Dopamin-D2-Rezeptoren mittels [123]J-IBZM-SPECT bei unbehandelten Parkinson-Patienten das Ansprechen auf eine L-DOPA-Therapie vorhersagen kann und welche Bedeutung diese Methode in der Differentialdiagnose von Parkinson-Syndromen hat. Die Ergebnisse der [123]J-IBZM-SPECT wurden 1) mit dem Ansprechen auf Apomorphin und 2) dem Erfolg einer mindestens drei-monatigen Therapie mit L-DOPA oder Dopamin-Agonisten korreliert. Zusätzlich verglichen wir bei ursprünglich unbehandelten Patienten intraindividuell den Effekt auf die striatale IBZM-Bindung einer vergleichsweise kurzen (3 bis 6 Monate) dopamimetischen Therapie mit L-DOPA und/oder einem Dopamin-Agonisten.

Methodik

Die Markierung von 3-Jod-6-Methoxybenzamid, eines selektiven Dopamin-D2-Rezeptor-Antagonisten, mit [123]Jod wurde 1989 zuerst von Kung und Mitarbeitern beschrieben (Kung et al.). Die IBZM-Bindung wurde bei unseren Untersuchungen zwei Stunden nach intravenöser Applikation von ca. 185 MBq IBZM (3-Jod-6-Methoxybenzamid, Cygne BV, Niederlande/DuPont de Nemours, FRG) gemessen. Die vorgestellten Daten wurden mit einer rotierenden Doppelkopf-Gamma-Kamera (Siemens Rota II, hochauflösender Kollimator) erhoben. Es wurden 60 Projektionen (360° Rotation) in einer 64x64 Matrix durchgeführt und die Bilder mittels gefilterter Rückprojektion (Butterworth Filter) rekonstruiert. Eine Schwächungskorrektur wurde in den Ebenen mit der höchsten spezifischen [123]J-IBZM-Bindung nach einem speziell für diese Untersuchungen entwickelten Programm angewandt (Tatsch et al. 1991). Die Dichte der Dopamin-D2-Rezeptoren wurde durch einen Quotienten der Aktivität in den Basalganglien, dividiert durch die Aktivität im frontalen Kortex (BG/FC), mit Hilfe der "Region of Interest" (ROI) Methode semiquantitativ bestimmt.

83 Patienten (mittleres Alter: 57 Jahre, 22 bis 82 Jahre) wurden prospektiv untersucht, die vorher nicht mit Dopamimetika behandelt waren. Alle diese de novo Patienten hatten klinische Symptome, die mit der Diagnose Morbus Parkinson vereinbar waren. Zum Vergleich wurden 14 Kontrollpatienten untersucht (mittleres Alter: 48 Jahre, 25 - 85 Jahre), die keinen Hinweis auf ein zentralnervöses Defizit hatten. 24 zunächst unbehandelte Patienten wurden nach Behandlung erneut prospektiv untersucht, um den Einfluß einer Therapie mit L-DOPA oder Dopamin-Agonisten auf die ^{123}J-IBZM-Bindung in einer intraindividuellen Studie zu überprüfen. Alle diese Patienten hatten initial eine normale ^{123}J-IBZM-Bindung und einen positiven Apomorphin-Test. 9 Patienten erhielten eine L-DOPA Monotherapie (300-500 mg), 7 Patienten wurden nur mit Dopamin-Agonisten behandelt (Lisurid 0,4-1,6 mg) und 8 Patienten erhielten eine Kombinationstherapie mit L-DOPA und Dopaminagonisten (L-DOPA 200-400 mg, Lisurid 0,3-1,2 mg oder Bromocriptin 7,5 mg). Bei allen Patienten kam es subjektiv und objektiv zu einer klinischen Besserung der Symptome. Die UPDRS Werte waren bei den mit L-DOPA behandelten Patienten um ca. 20% und bei den mit Dopamin-Agonist (Monotherapie oder in Kombination mit L-DOPA) behandelten Patienten um 34% gebessert.

Ergebnisse

Erstuntersuchung bei de novo Patienten
Bei den 14 Kontrollpatienten wurde ein mittlerer BG/FC-Quotient von 1,54 ± 0,05 (Mittelwert ± Standardabweichung) ermittelt. Die ^{123}J-IBZM-Bindung wurde als pathologisch beurteilt, wenn der BG/FC-Quotient kleiner war als 1,44 (1,54 - doppelte Standardabweichung). Alle Kontrollpatienten hatten einen BG/FC- Quotienten > 1,44.

Von den 83 Patienten mit Parkinson Syndrom hatten 66 Patienten einen BG/FC-Quotienten >/= 1,44 und 17 Patienten einen BG/FC-Quotienten < 1,44. Alle 54 Patienten mit positivem Apomorphin-Test hatten eine normale ^{123}J-IBZM-Bindung. Von 22 Patienten mit negativem Apomorphin-Test zeigten 15 Patienten eine reduzierte und 7 Patienten eine normale ^{123}J-IBZM-Bindung. Bei 7 Patienten war das Ergebnis des Apomorphin-Tests fraglich. 5 dieser Patienten hatten eine normale und 2 Patienten eine reduzierte ^{123}J-IBZM-Bindung. Die Korrelation von ^{123}J-IBZM-SPECT und Apomorphin-Test ist in einer Mehrfelder-Tafel (Tabelle 1) dargestellt.

Die Sensitivität/Spezifität der ^{123}J-IBZM-SPECT Ergebnisse für das Ansprechen auf Apomorphin betrug 100%/71%. Der positive Vorhersagewert hierfür war 80%; der negative Vorhersagewert 92%. Insgesamt konnte bei 84% der Patienten das Ansprechen auf Apomorphin richtig vorhergesagt werden.

Tab.1. Korrelation von [123]J-IBZM-SPECT und Apomorphin-Test

		SPECT		
		normal	reduziert	total
APO	pos	54(65%)	0	54(65%)
	fragl	5(6%)	2(2%)	7(8%)
	neg	7(8%)	15(18%)	22(26%)
	total	66(80%)	17(20%)	83(100%)

Bei 62 Patienten wurde der Effekt einer oralen adäquaten Therapie mit L-DOPA/Dopamin-Agonist dokumentiert. Die Korrelation von [123]J-IBZM-SPECT und Ansprechen auf eine orale dopamimetische Therapie ist in Form einer Vierfelder-Tafel dargestellt (Tabelle 2).

Tab.2. Korrelation von [123]J-IBZM-SPECT und dopaminetischer Therapie

		SPECT		
		normal	reduziert	total
DOPA	pos	45(73%)	2(3%)	47(76%)
	neg	6(10%)	9(14%)	15(24%)
	total	51(83%)	11(17%)	62(100%)

Die Sensitivität/Spezifität der [123]J-IBZM-Bindung für das Ansprechen auf die orale Langzeittherapie mit Dopamimetika errechnete sich zu 96%/60%. Der positive Vorhersagewert betrug 88%; der negative Vorhersagewert 82%. Insgesamt konnte bei 87% der Patienten das Ansprechen auf eine orale Langzeittherapie mit Dopamimetika richtig vorhergesagt werden. Von 7 Patienten, bei denen der Apomorphin-Test nicht eindeutig beurteilt werden konnte, zeigten 4 Patienten eine normale [123]J-IBZM-Bindung und ein positives Ansprechen auf die L-DOPA-Langzeittherapie. 1 Patient hatte eine reduzierte [123]J-IBZM-Bindung und seine Symptome konnten durch die L-DOPA-Langzeittherapie nicht gebessert werden. Bei den beiden übrigen Patienten (1 Patient mit normaler und ein Patient mit reduzierter [123]J-IBZM-Bindung) stimmte das Ergebnis der [123]J-IBZM-SPECT-Untersuchung nicht mit dem erwarteten Ansprechen auf eine orale L-DOPA-Therapie überein.

Therapieeffekt

Patienten mit L-DOPA Monotherapie (n = 9) hatten vor Therapiebeginn eine [123]J-IBZM-Bindung von 1,51 ± 0,06 (MW ± SD) und nach Therapie von 1,50 ± 0,07 (MW ± SD). Statistisch fand sich kein signifikanter Unterschied.

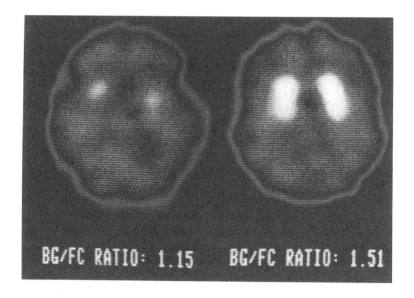

Abb. 1. Transversalschnitt eines [123]J-IBZM-SPECT Befundes eines Patienten mit reduzierter [123]J-IBZM-Bindung und negativem Apomorphin-Test (links, BG/FC: 1.15) und eines Patienten mit normaler [123]J-IBZM-Bindung und positivem Apomorphin-Test (rechts, BG/FC: 1.51). Diese Bilder werden generiert aus den zwei Transversalschnitten mit der höchsten spezifischen Aktivität.

Patienten, die mit Dopamin-Agonisten allein oder in Kombination mit L-DOPA behandelt wurden (n = 15), zeigten vor Therapie eine [123]J-IBZM-Bindung von 1,53 ± 0,08 und nach Therapie von 1,48 ± 0,08 (MW ± SD). Dieser Unterschied war statistisch signifikant ($p < 0,05$, t-Test für gepaarte Stichproben).

Konklusion

Die Darstellung postsynaptischer striataler Dopamin-Rezeptoren mittels [123]J-IBZM und SPECT ermöglicht, bei Patienten mit Parkinson Syndromen das Ansprechen auf dopamimetische Medikation mit hoher Wahrscheinlichkeit vorherzusagen (Apomorphin: 84%; orale Dopamimetika: 87%).

Eine Therapie mit niedrig dosiertem L-DOPA beeinflußt die spezifische [123]J-IBZM-Bindung zumindest in den ersten Monaten nicht. Hingegen führt die Gabe von Dopamin-Agonisten zu einer Reduktion der spezifischen [123]J-IBZM-Bindung. Ob es sich hier um eine Veränderung der Rezeptordichte oder lediglich um eine Verdrängung des Radioliganden vom Rezeptor handelt, wird derzeit untersucht. Es scheint daher sinnvoll, die Gabe von Dopamin-Agonisten für Untersuchungen bei behandelten Parkinson-Patienten vor der Durchführung der [123]J-IBZM-SPECT abzusetzen. Nach vorläufigen Ergebnissen sollte diese Therapiepause mit Dopamin-Agonisten etwa 7 Tage betragen.

Literatur

Dawson TM, Gehlert DR, Wamsley JK (1985) Quantitative autoradiographic demonstration of high and low affinity agonist binding of D2 dopamine receptors. Clinical Res 33: 69A

Jellinger K (1987) The pathology of parkinsonism. In: Marsden CD, Fahn S, eds: Movement disorders vol 2. London, Butterworths 124-165

Kempster PA, Frankel JP, Stern GM, Lees AJ (1990) Comparison of motor response to apomorphine and levodopa in Parkinson's disease. J Neurol Neurosurg Psychiatry 53: 1004-1007

Kung HF, Pan S, Kung MP, Kasliwal R, Reilly J, Alavi A (1989) In vitro and in vivo evaluation of [^{123}I]IBZM: a potential CNS D-2 dopamine receptor imaging agent. J Nucl Med 30: 88-92

Tatsch K, Schwarz J, Oertel WH, Kirsch CM (1991) SPECT imaging of dopamine D2 receptors with ^{123}I-IBZM: initial experiences in controls and patients with Parkinson syndromes and Wilson's disease. Nucl Med Commun 12: 699-707

Dopaminrezeptormessung bei der Parkinsonkrankheit

S. Wenger, T. Brücke, C. Harasko-van der Meer, W. Pirker, I. Podreka

Universitätsklinik für Neurologie Wien

Fragestellung

Dopaminrezeptoren sind als Wirkorte des Dopamins sowie der Dopaminagonisten bei der Behandlung der Parkinsonkrankheit von Bedeutung. Die Darstellung und Messung der Dopamin D2 Rezeptoren ist in vivo mit der SPECT-Technik (Single-Photon- Emissions- Tomographie) sowie einem selektiven Liganden, dem J-123 markierten Jodobenzamid, möglich. Es ist von Interesse, in wieweit bei Patienten mit Morbus Parkinson sowie mit Multisystemdegenerationen eine Änderung der Dopamin D2 Rezeptordichte im Vergleich mit einer Kontrollgruppe festzustellen ist. Wir versuchten, klinische Befunde und Wirksamkeit der Therapie mit diesen Ergebnissen zu korrelieren.

Methodik

Die Herstellung von S(-)IBZM erfolgte nach einer Modifikation der von De Paulis und Mitarbeitern beschriebenen Methode (de Paulis et al. 1985). Die Aufnahmen erfolgten 1 Stunde nach i.v. Injektion von IBZM mit einer Doppelkopfkamera (Siemens Dual Rota ZLC 37), die Kamera- Köpfe waren mit LEAP (low-energy-all-purpose) Kollimatoren ausgestattet. Die Aufnahmebedingungen und die Bild - Rekonstruktion wurden bereits früher im Detail beschrieben (Podreka et al. 1989; Brücke et al. 1991). In einer 15,6 mm dicken axialen Schicht, in der das Striatum am besten dargestellt war, wurden Regionen (ROIs) von ein und demselben Untersucher im linken und rechten Striatum und im linken und rechten frontolateralen Cortex eingezeichnet. Als semiquantitativer Index der Rezeptorbindung wurde eine Ratio zwischen der mittleren Zählrate im Striatum und der Referenzregion im laterofrontalen Cortex gebildet. Wir untersuchten 21 Kontrollen, 91 Parkinsonpatienten, 5 Patienten mit progressiver supranukleärer Lähmung und 2 Patienten mit Multi-System-Atrophie. 38 Parkinsonpatienten wurden mit L-Dopa behandelt, 24 mit L-Dopa und Dopaminagonisten. 29 Parkinsonpatienten waren unbehandelt. Die Kontrollgruppe bestand aus gesunden Versuchspersonen oder Patienten mit peripheren neurologischen Problemen (mittleres Alter 52,9; SD 13,9). 58 Parkinsonpatienten konnten einem klinischen Stadium (Stadium I-V nach Hoehn und Yahr) zugeordnet werden. 14 Patienten waren in Stadium I (Alter; 51,3; SD 10,2), 9 in Stadium II (60,4; 9,91), 19 in Stadium III (64,1; 10,72), 11 in Stadium IV (68,8; SD 7,3) und 5 in Stadium V (65,4; SD 7,99). Das mittlere Alter der Patienten mit Multi-System-Atrophie und progressiver supranukleärer Lähmung lag bei 63,3; SD 8,1.

Ergebnisse

Sowohl in der Kontrollgruppe, als auch bei den Patienten mit Morbus Parkinson zeigt sich eine signifikante Altersabhängigkeit mit Abnahme der Dopamin D2 Rezeptorbindung mit zunehmendem Alter (siehe Abb.1). Im Vergleich mit der alterskorrelierten Kontrollgruppe läßt sich bei mit dopaminergen Substanzen behandelten Patienten eine deutlich signifikante Abnahme der Rezeptorbindung feststellen (Ratio Str/fr. Cortex: 1,62; SD 0,14: 1,72; SD 0,10, Patienten: Kontrollen; p = 0,0001). Zwischen mit L-Dopa behandelten Patienten (1,62; SD 0,14) sowie Patienten, die sowohl Dopa als auch Dopaminagonisten erhielten (1,63; SD 0,13), zeigt sich in der Untersuchung kein signifikanter Unterschied der Rezeptorbindung.

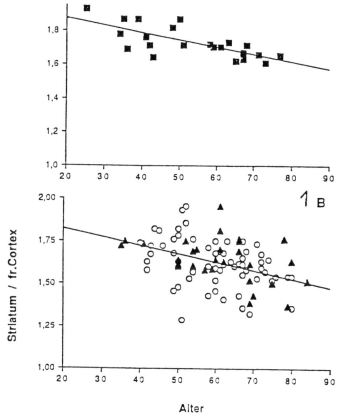

Abb. 1. Altersabhängige Abnahme der D2-Rezeptorbindung bei der Kontrollgruppe (1A) sowie bei den Patienten mit Morbus Parkinson - unbehandelte▲, behandelte○ Patienten (1B)

Keine Korrelation läßt sich zwischen den Schweregrad der Erkrankung und der Rezeptorbindung feststellen (Abb. 2). Bei 18 Hemiparkinsonpatienten findet sich im Seitenvergleich eine signifikant höhere Dopamin D2 Rezeptorbindung kontralateral der klinischen Symptomatik (1,71; SD 0,11 vs. 1,66; SD 0,09; p=0,0014). 5 Patienten mit Progressiver supranukleärer Lähmung sowie 2 Patienten mit Multi-

378

System-Atrophie zeigen eine, im Vergleich mit den Parkinsonpatienten, deutlich niedrigere Bindungsdichte (1,40; SD 0,09; p=0,0001).

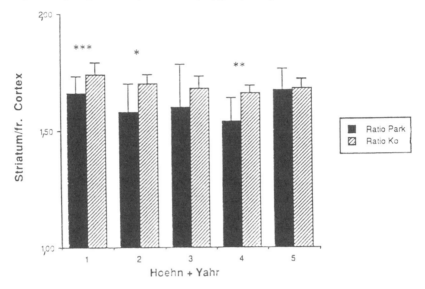

Abb. 2. 58 Parkinsonpatienten waren einem klinischen Stadium (Stadium I-V nach Hoehn und Yahr) zugeordnet. Die einzelnen Patientengruppen (schwarze Säulen) wurden mit alterskorrelierten Kontrollen (schraffierte Säulen) verglichen. Wir fanden keine signifikante Korrelation zwischen dem Krankheitsstadium und der Rezeptorbindung.

Konklusion

Wir fanden eine Abnahme der Dopamin D2 Rezeptorbindung mit zunehmendem Alter bei Kontrollen sowie bei Parkinsonpatienten in gleichem Ausmaß. Diese altersabhängige Abnahme der Rezeptorbindung, die bereits in SPECT - (Brücke et al. 1991) und PET - Studien (Wong et al. 1984; Baron et al. 1986) beschrieben wurde, könnte entweder durch einen Verlust von postsynaptischen Strukturen im Striatum oder durch eine verminderte Rezeptorsynthese mit zunehmendem Alter verursacht sein. Eine bei den Parkinsonpatienten im Vergleich zur Kontrollgruppe beobachtete größere Streuung der Einzelwerte scheint auf die Tatsache zurückzuführen zu sein, daß sowohl unbehandelte Patienten als auch Patienten unter dopaminerger Therapie eingeschlossen waren. Keine Korrelation ließ sich zwischen Krankheitsstadium bzw. Erkrankungsdauer und Bindungsdichte feststellen. Dies weist daraufhin, daß es im Verlauf der Parkinson'schen Erkrankung zu keiner wesentlichen transsynaptischen Degeneration im Striatum kommt.

Mit dopaminergen Substanzen behandelte Parkinsonpatienten zeigten eine deutliche Verminderung der Rezeptorbindung im Vergleich mit altersentsprechenden Kontrollen. Dies weist auf eine "Herabregulation" der Rezeptoren durch die Therapie hin und steht mit post mortem Daten und PET Studien (Leenders et al. 1991) in Einklang. Wir fanden bei 18 Hemiparkinsonpatienten im Seitenvergleich eine signifikant höhere striatale Dopamin D2 Rezeptorbindung kontralateral der klinischen Symptomatik. Diese Seitendifferenz wurde bereits in PET Studien unter Verwendung von 11C-raclopride (Rinne et al. 1990) beschrieben und deutet auf eine Supersensitivität der Rezeptoren hin. Patienten mit progressiver supranukleärer Lähmung und Multi-System-Atrophie zeigen eine rasch progrediente extrapyramidale Symptomatik ohne bzw. mit wenig Ansprechen auf L-Dopa. Wiederum in Einklang mit post mortem Daten sowie PET Studien (Baron et al. 1986; Brooks et al. 1991) ließ sich bei dieser Patientengruppe auch an Hand unserer Untersuchungen eine im Vergleich zu den Parkinsonpatienten deutliche Abnahme der Dopamin D2 Rezeptorbindung feststellen. Diese Verminderung der Dopamin D2 Rezeptoren scheint mit einer Degeneration von GABAergen Neuronen im Striatum - an denen diese Rezeptoren lokalisiert sind - in Verbindung zu stehen und bietet eine Erklärung für die geringe therapeutische Wirksamkeit dopaminerger Substanzen bei diesen Erkrankungen.

Die vorliegenden Daten zeigen, daß unter Berücksichtigung der altersabhängigen Abnahme der D2 Rezeptordichte, IBZM-SPECT Untersuchungen die Abgrenzung von Multisystematrophien und anderen degenerativen Prozessen im Striatum, welche klinisch unter Umständen von der Parkinson'schen Erkrankung schwer zu differenzieren sind, ermöglicht. Aus den Ergebnissen kann weiters geschlossen werden, daß die fortschreitende Degeneration dopaminerger Neuronen bei der Parkinson'schen Erkrankung zu keiner wesentlichen Degeneration postsynaptischer Strukturen im Striatum führt.

Literatur

Baron JC, Maziere B, Loch C, Cambon H, Sgouropoulos P, Bonnet AH, Agid Y (1986) Loss of striatal Br-Bromospiperone binding sites demonstrated by positron tomography in progressive supranuklear palsy. J Cereb Blood Flow Metab 6: 131-136

Brooks DJ, Ibanez V, Sawle GV, Playford ED, Quinn N, Lees AJ, Marsden CD, Frackowiak RSJ (1991) Striatal D2 receptor integrity in Parkinson's disease, sriatonigral degeneration and progressive supranuclear palsy, measured with 11C-raclopride and PET. J Cereb Blood Flow metab 11 (S2): S 229

Brücke T, Podreka I, Angelberger P, Wenger S, Topitz A, Küfferle B, Müller C, Deecke L (1991a) Dopamine D2 receptor imaging with SPECT. Studies in different neuropsychiatric disorders. J Cereb Blood Flow Metab 11: 220-228

Leenders KL, Antonini A, Hess K. (1991) Brain dopamine D2 receptor density in Parkinson's disease measured with PET using 11C-raclopride. J Cereb Blood Flow Metab 11 (S2): S 818

de Paulis T, Kumar Y, Johansson L, Rämsy S, Florvall L, Hall H, Ängeby-Möller K, Ogren SO (1985) Potential neuroleptic agents. Chemistry and antidopaminergic properties of substituted 6-methoxy salicylamides. J Med Chem 28: 1263-1269

Podreka I, Baumgartner C, Suess E, Müller C, Brücke T, Lang W, Holzner F, Steiner M, Deecke L (1989) Quantification of regional cerebral blood flow with IMP-SPECT, reproducibility and clinical relevance of flow values. Stroke 20: 183-191

Rinne UK, Laihinen A, Rinne JO, Nagren K, Bergman J, Ruotsalainen U (1991) Positron emission tomography demonstrates dopamine D2 receptor supersensitivity in the striatum of patients with early Parkinson's disease. Mov Disord 5: 55-59

Wong DF, Wagner HN, Dannals RF, Links JM, Frost JJ, Ravert HT, Wilson AA, Rosenbaum AE, Gjedde A, Douglass KH, Petronis JD, Folstein MF, Toung JKT, Burns HD, Kuhar MJ (1990) Effects of age on dopamine and serotonin receptors measured by positron emission tomography in living brain. Science 226: 1393-1396

Dopaminrezeptorblockade durch verschiedene Kalziumantagonisten erklärt extrapyramidale Nebenwirkungen

C. Harasko - van der Meer, Ch. Wöber, S. Wenger, I. Podreka, T. Brücke

Neurologische Universitätsklinik Wien

Fragestellung

Es ist seit mehreren Jahren bekannt, daß die Kalziumantagonisten Flunarizin und Cinnarizin eine Parkinsonsymptomatik auslösen oder verstärken können (Chouza et al. 1986). Auch andere extrapyramidale Symptome wie Akathisie, tardive Dyskinesien und Dystonien scheinen von diesen Kalziumantagonisten verursacht werden zu können (Micheli 1989). Der Pathomechanismus dieser extrapyramidalen Nebenwirkungen ist bis jetzt noch umstritten. Tierexperimente haben sowohl Hinweise auf eine postsynaptische Dopaminrezeptorblockade im Sinne einer Neuroleptika-ähnlichen Wirkung (Ambrosio und Stefanini 1991) als auch auf eine Interaktion auf präsynaptischer Ebene ergeben (Garcia Ruiz et al. 1992).

Unser Ziel war, mittels einer Untersuchung der Dopamin D2 Rezeptoren im Striatum durch IBZM-SPECT die Effekte von Flunarizin und Cinnarizin bei Patienten zu untersuchen.

Von einem anderen Kalziumantagonisten, Verapamil, wurde in klinischen Studien eine Neuroleptika-ähnliche Wirkung beschrieben (Pickar et al. 1987). Ein erster Anfang zur Untersuchung der Effekte dieser Substanz auf Dopaminrezeptoren wurde im Rahmen der vorliegenden Arbeit gemacht.

Methodik

Wir untersuchten 33 Patienten unter Therapie mit Flunarizin (Fz) oder Cinnarizin (Cz) mittels ^{123}I-Iodobenzamid Single Photon Emission Computed Tomography (IBZM-SPECT). Mit dieser Technik ist eine selektive Darstellung der Dopamin D2 Rezeptoren im Striatum möglich. Eine genauere Beschreibung der technischen Modalitäten wurde publiziert (Brücke et al. 1991).

Die Patientengruppe bestand aus 23 Frauen und 10 Männern im Alter von 22 bis 79 Jahren (58,6±17,8 J). 27 Patienten nahmen Fz in einer Dosierung von 5 bis 15 mg/Tag, und 6 nahmen Cz in einer Dosierung von 75 bis 225 mg/Tag. Die Dauer der Therapie betrug 2 Wochen bis 6 Jahre. Die Indikation für die Einnahme dieser Substanzen war in 14 der Fälle Migräne, in 9 Vertigo und 10 Patienten hatten diese Medikamente wegen schlecht definierten Hirndurchblutungsstörungen bekommen. Alle Patienten wurden mindestens einmal neurologisch untersucht. Die Kontrollgruppe bestand aus 21 gesunden Personen im Alter von 25 bis 77 Jahren (54,1±14,7 J).

Die Ratio zwischen der mittleren Anzahl der "counts per pixel" in ROIs (regions of interest) im Striatum und im frontalen Cortex wurde berechnet. Diese Ratio minus

1 stellt das Bindungspotential (das Verhältnis zwischen spezifischer Bindung (im Striatum) und unspezifischer Bindung (im frontalen Cortex) dar. Das Bindungspotential wurde mit einem altersentsprechenden Kontrollwert verglichen, der anhand einer Regressionsanalyse der Daten der Kontrollgruppe erhalten wurde. Die statistische Bearbeitung erfolgte mittels Student's t-test.

In gleicher Weise wurden die Daten von 8 Patienten, die Verapamil nahmen, analysiert. Diese waren 32 bis 69 Jahre alt.

Ergebnisse

Flunarizin/Cinnarizin

Bei allen Patienten wurde, im Vergleich zur altersentsprechenden Kontrollperson (matched pairs), eine Reduktion der Dopamin D2 Rezeptorbindung gefunden (Abb. 1). Diese variierte von 14 bis 72% (41,4±15,0%).

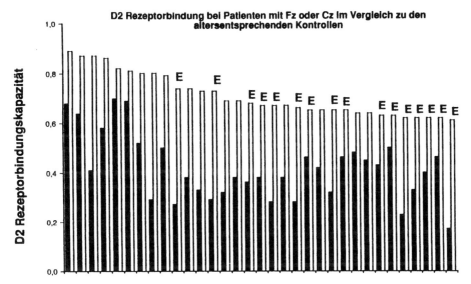

Abb.1. Dopamin D2 Rezeptorbindung bei Patienten mit Fz oder Cz (schwarze Balken) im Vergleich zu altersentsprechenden Kontrollen (weiße Balken). Die Patienten mit extrapyramidalen Symptomen sind mit einem E gekennzeichnet.

16 Patienten wiesen eine Parkinsonsymptomatik auf (bei 9 Patienten war diese vom Rigor/Akinese-, bei 7 vom Tremordominanztyp). Diese 16 Patienten waren zwischen 53 und 79 Jahre alt (Mittelwert 70,1 J). Die 17 Patienten ohne extrapyramidale Symptomatik waren deutlich jünger, nämlich 22 bis 72 Jahre alt (Mittelwert 47,7 J).

In der Gruppe mit Parkinsonsymptomatik war die Abnahme der Rezeptorbindung (Blockade der Dopaminrezeptoren) signifikant größer als in der Gruppe ohne Parkinsonsymptome (p=0,027); die Reduktion der Bindung betrug in der ersten Gruppe 21 bis 72% (47,3±14,4%), in der zweiten 14 bis 63% (35,9±13,7%).

382

Die Dauer der Einnahme von Fz und Cz war in der Gruppe mit Parkinsonsymptomatik signifikant länger als in der asymptomatischen Gruppe (p<0,001). In der ganzen Gruppe (n=33), unabhängig davon ob eine Parkinsonsymptomatik vorlag oder nicht, war die Dauer der Einnahme mit dem Ausmaß der Reduktion der Rezeptorbindung signifikant korreliert (p=0,001).

Nach Absetzen des Fz bzw. Cz erholte sich die Bindungskapazität nur langsam über mehrere Monate, parallel zu einer Verbesserung der Symptomatik (Abb. 2).

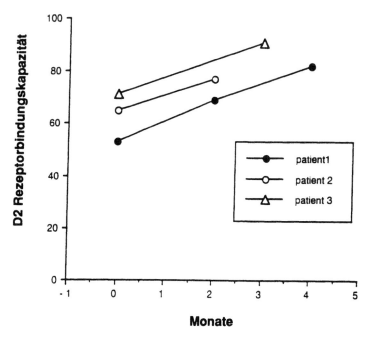

Abb.2. Verlauf der Dopamin D2 Rezeptorbindungskapazität bei 3 Patienten nach dem Absetzen von Fz oder Cz.

Verapamil

Bei 6 der Patienten lag eine verminderte Rezeptorbindung von 22 bis 44% vor, bei den anderen 2 Patienten war die Dopaminrezeptorbindung normal. Von den 8 Patienten die Verapamil nahmen, zeigten 4 eine Parkinsonsymptomatik vom Tremordominanztyp. Nur bei 2 von diesen war die Rezeptorbindung reduziert.

Konklusion

Eine striatale Dopamin D2 Rezeptorblockade scheint für die extrapyramidalen Nebenwirkungen von Fz und Cz verantwortlich zu sein. Dies deutet auf eine Neuroleptika-ähnliche Wirkung dieser Substanzen hin. Als Risikofaktor tritt vor allem das Alter des Patienten hervor: alle Patienten die Fz oder Cz nehmen zeigen eine Dopaminrezeptorblockade, aber eine klinisch wahrnehmbare Parkinsonsymptomatik tritt nur im Alter über 50 Jahre auf. Dies würde für eine altersbedingte Vulnerabilität des nigrostriatalen Systems sprechen. Es wurde bereits gezeigt, daß die Altersverteilung des vom Cz induzierten Parkinsonismus eine andere ist als die der idiopathischen Form: die Inzidenz vom Parkinsonismus bei Cz steigt mit dem Alter, die beim idiopathischen Parkinsonsyndrom zeigt einen Gipfel im Alter von 55 bis 60 Jahren (Giménez-Roldán und Mateo 1991).

Auch eine längere Dauer der Einnahme dieser Medikamente scheint die Gefahr extrapyramidaler Nebenwirkungen zu erhöhen. Allerdings kann das Alter in unserer Untersuchung einen Bias verursacht haben, da die älteren Patienten im Schnitt über längere Zeit behandelt worden waren.

Andere Kalziumantagonisten könnten einen ähnlichen Effekt wie Fz und Cz aufweisen. Unsere ersten Ergebnisse aus der Untersuchung mit Verapamil erlauben jedoch noch keine Schlußfolgerungen bezüglich der klinischen Relevanz, ob auch Verapamil als Auslöser eines Parkinsonismus in Frage kommt. Die Möglichkeit einer medikamentös induzierten Parkinsonsymptomatik sollte jedoch bei jedem Patienten eruiert werden.

Literatur

Ambrosio C, Stefanini E (1991) Interaction of flunarizine with dopamine D2 and D1 receptors. European J Pharmacol 197: 221-223

Brücke T, Podreka I, Angelberger P, Wenger S, Topitz A, Küfferle B, Müller Ch, Deecke L (1991) Dopamine receptor imaging with SPECT. Studies in different neuropsychiatric disorders. J Cereb Blood Flow Metab 11: 220-228

Chouza C, Scaramelli A, Caamaño JL, De Medina O, Aljanati R, Romero S (1986) Parkinsonism, tardive dyskinesia, akathisia and depression induced by flunarizine. Lancet 1: 1303-1304

Garcia Ruiz PJ, Mena MA, Peñafiel N, de Yébenes JG (1992) Cinnarizine-induced parkinsonism in primates. Clin Neuropharmacol 15(2): 152-154

Giménez-Roldán S, Mateo D (1991) Cinnarizine-induced Parkinsonism. Susceptibility related to aging and essential tremor. Clin Neuropharmacol 14(2): 156-164

Micheli FE, Fernandez Pardal MM, Giannaula R, Gatto M, Casas Parera I, Paradiso I, Torres M, Pikielny R, Fernandez Pardal J (1989) Movement disorders and depression due to flunarizine and cinnarizine. Mov Disord 4: 139-146

Pickar D, Wolkowitz OM, Doran AR, Labarca R, Roy A, Breier A, Narang PK (1987) Clinical and biochemical effects of verapamil administration to schizophrenic patients. Arch Gen Psychiatry 44: 113-118

Differentialdiagnostischer Einsatz der Positronen-Emissions-Tomographie in der Parkinson- Klinik

F. Fornadi[1], M. Werner[1], P. Benz[2]

[1]Parkinson-Klinik Bad Nauheim, [2]RNS Wiesbaden

Einleitung

Häufig werden Patienten mit Parkinson-Symptomen stationär eingewiesen, die auf eine L-Dopa-Therapie mit erheblichen psychischen Nebenwirkungen reagieren oder eine primäre oder sekundäre L-Dopa-Resistenz zeigen. Ein Teil dieser Patienten leidet an einer Multisystematrophie (MSA) oder an einer begleitenden cerebrovaskulären Erkrankung.

Zum Nachweis eigenständiger Krankheitseinheiten und zur differentialdiagnostischen Abgrenzung derselben untereinander entstand der klinische Bedarf nach einer hochsensitiven diagnostischen Methode, mit der nicht nur strukturelle, sondern auch funktionelle Veränderungen im Rahmen der Pathogenese nachgewiesen werden können. Anfang 1993 wurden daher in der Klinik die PET-Untersuchungen mit 18-Fluorodeoxyglukose (18-FDG) in Verbindung mit einem GEMS 4096-Ganzkörper-PET-Scan eingeführt. In der Zwischenzeit sind mehr als 100 Untersuchungen durchgeführt worden. Die klinische Bedeutung dieser diagnostischen Möglichkeiten soll anhand nachfolgender Fallbeispiele illustriert werden.

Fallbeispiele

1. F.A., männlich, 85 Jahre
Bei einer seit 6 Jahren bestehenden Parkinson-Erkrankung mit L-Dopa-Therapie traten auch bei Minimaldosierungen von L-Dopa Verwirrtheitszustände sowie Halluzinationen auf. Im EEG leichte Allgemeinveränderung, im CCT diffuse cortikale Atrophie. Die PET-Untersuchung (s. Abb. 1) zeigte einen erheblich reduzierten Glukosestoffwechsel symmetrisch parietal und occipital. Die Stoffwechselreduktion in den frontalen Anteilen und infratentoriell war hingegen weniger ausgeprägt.

Die auffällige cortikale Minderbelegung kann dem psychologischen Befund des Patienten zugeordnet werden und zum Verständnis der sehr sensitiven Reaktion auf L-Dopa beitragen. Der verminderte Glukoseumsatz mit biparietaler symmeterischer Dominanz kann zudem als Indikator für einen dementiellen Prozeß im Sinne der SDAT gewertet werden. Über den klinischen Befund hinausgehend läßt der PET-Befund auch an eine Multisystematrophie denken.

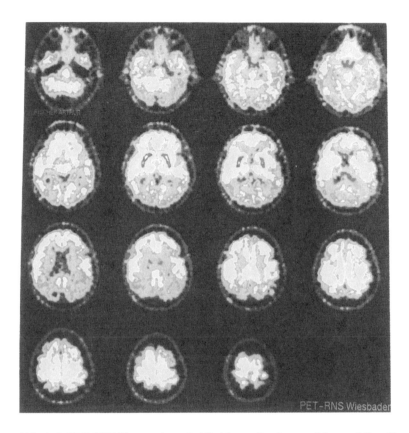

Abb. 1. 8-FDG-PET-Untersuchung bei Parkinson-Syndrom und dementiellem Prozeß (SDAT)

2. L.W., männlich, 68 Jahre

Seit 10 Jahren bestehende Artikulationsstörungen sowie Gangstörungen mit Schwindelgefühl. Seit 2 Jahren rasch progredientes Beschwerdebild mit Schluckstörungen, dysarthrischer Sprache sowie Geh- und Stehunfähigkeit. Klinisch nur mäßiger Rigor. Gang- und Standataxie, sonst keine cerebellären Zeichen. Keine Pyramidenbahnzeichen. Im CT leichte äußere und innere Atrophie. Mit Verdacht auf Multisystematrophie wurde ein 18-FDG-PET durchgeführt (s. Abb. 2).

Korrelierend zum klinischen Befund konnte mit PET eine Aktivitätsminderbelegung im Bereich des Cerebellums dargestellt werden. Geringgradig verminderter Glukosestoffwechsel war ferner supratentoriell frontal und parieto-occipital nachweisbar. Hingegen weitgehend normale Speicherung in den Basalganglien. Die durch PET gestützte Einschätzung des Krankheitsbildes im Sinne einer OPCA begrenzt somit die an eine L-Dopa-Therapie zu richtenden Erwartungen, was der klinischen Erfahrung mit diesem Patienten entsprach. Die FDG-PET-Untersuchung erwies sich somit als hilfreich sowohl bei der nosologischen Einreihung des Krankheitsbildes als auch bei der Bewertung der therapeutischen Möglichkeiten.

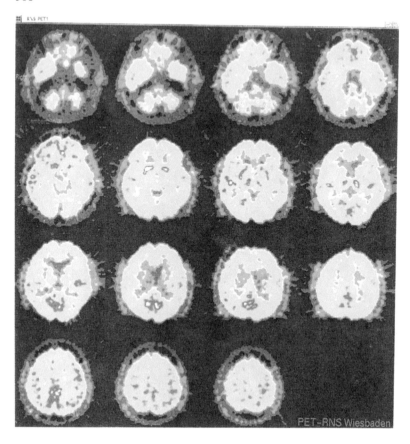

Abb. 2. 18-FDG-ET-Untersuchung bei Multisystematrophie (OPCA)

Zusammenfassung

Die 18-FDG-PET-Untersuchung hat sich in der täglichen Praxis als sensitive Methode zur differentialdiagnostischen Abklärung cerebrovasculärer, dementieller und multisystematrophischer Prozesse bewährt. Die Differentialdiagnostik im Hinblick auf das idiopathische Parkinson-Syndrom kann mit mehr Sicherheit erfolgen, Möglichkeiten und Grenzen einer L-Dopa-Therapie sind eindeutiger zu definieren und die prognostische Einschätzung vorliegender Krankheitsbilder kann mit höherer Zuverlässigkeit vorgenommen werden. Die Spezifität der PET-Diagnostik bleibt jedoch hinter der hohen Sensitivität der Methode zurück, so daß auch zukünftig umfassende klinisch-neurologische, psychometrische und elektrophysiologische Untersuchungen sowie auch andere bildgebende Methoden nicht verzichtbar sein werden.

Bereitschaftspotential bei M. Parkinson - Einfluß der Dopamin-substituierenden Medikation ?

P. Vieregge, R. Verleger, O. Thöne, K.Wessel, D. Kömpf

Klinik für Neurologie, Medizinische Universität zu Lübeck

Fragestellung

Unter den prämotorischen Komponenten bewegungsbezogener Potentiale, die von der Schädeloberfläche vor selbstinitiierten willkürlichen Hand- und Fingerbewegungen ableitbar sind, werden zwei Komponenten unterschieden (Tamas und Shibasaki 1985): Die frühe (im folgenden NS1 genannt), das Bereitschaftspotential (BP), hat - mit allmählicher Anstiegssteilheit - ihr Amplitudenmaximum in der Mittellinie und soll von bilateralen sensomotorischen Arealen und der supplementär-motorischen Area generiert werden. Die späte Komponente (NS2) findet sich, bei größerer Anstiegssteilheit, mit ihrem Amplitudenmaximum über derjenigen Hemisphäre, die kontralateral zu der sich bewegenden Extremität liegt, und soll die Aktivität dieses kontralateralen motorischen Kortex reflektieren (Deecke und Kornhuber 1978; Neshige et al. 1988).

An Patienten mit Morbus Parkinson (MP) wurde die frühe Komponente in der Amplitude gemindert (Simpson und Khuraibet 1987; Dick et al. 1989) oder normal gefunden (Barrett et al. 1986); auch bei der späten Komponente waren die Ergebnisse widersprüchlich: Amplitude gemindert (u. a. Deecke et al. 1977), normal (Barrett et al. 1986; Simpson und Khuraibet 1987; Tarkka et al. 1990) oder erhöht (Dick et al. 1989). Faktoren wie die Auswahl adäquater Kontrollgruppen, vor allem aber methodische Probleme in der Beurteilung der frühen Komponente wurden für die bisherigen divergenten Resultate ins Feld geführt: bei MP beeinflußt ein verzögerter Anstieg der EMG-Aktivität infolge Rigor, Akinese oder Tremor die Triggerung des Averagers derart, daß eine verminderte Amplitude des BP hervorgerufen werden kann (Barrett et al. 1986; Dick et al. 1989). Die nachfolgende Untersuchung lehnte sich methodisch an die Studie von Dick et al. (1989) an und hatte zum Ziel, anhand einer in Krankheitsdauer und motorischer Behinderung homogenen Patientengruppe deren Ergebnisse auf eine breitere Grundlage zustellen; außerdem wurde das BP bei bimanuellen willkürlichen Simultanbewegungen und die Rolle der Verabreichung von L-Dopa-Präparaten für die Ausprägung des BP überprüft.

Methodik

Die Untersuchung wurde an 9 MP-Patienten (1 Frau, 8 Männer; mittleres Alter 61 J.; mittlere Krankheitsdauer 4,5 J.) und an 12 alters- und geschlechtsgematchten Kontrollpersonen (5 Frauen, 7 Männer; mittleres Alter 62 J.) durchgeführt. Alle waren nach dem Edinburgh Handedness Inventory Rechtshänder. Die mittlere L-Dopa-Tagesdosis betrug 283 +/- 103 mg, der mittlere UPDRS-III- und Hoehn-Yahr-

Score hierunter 32 +/- 15 bzw. 2,1 +/- 0,6. Nach Weglassen der Morgendosis war die mittlere L-Dopa-Tagesdosis 194 +/- 81 mg, der mittlere UPDRS-III-Score 32 +/- 14 und Hoehn-Yahr-Score hierunter 2,5 +/- 0,8. Beide motorische Scores waren unter beiden Medikamentenregimes nicht signifikant unterschiedlich. - Alle Versuchspersonen drückten in 3 Durchgängen je 20mal selbstinitiiert nacheinander mit dem rechten und dem linken Zeigefinger einen Knopf sowie mit beiden simultan zwei Knöpfe (Mindestabstand 3 s). Korrektes Drücken wurde am Bildschirm 1 s nach Knopfdruck angezeigt. Mögliche Reihenfolgeeffekte der Durchgänge waren balanciert. Patienten wurden einmal mit, einmal ohne Morgendosis der Anti-Parkinson-Medikation untersucht. Abgeleitet wurden die EEG-Potentiale bei Fz, Cz, Pz, C3, C4, F3, F4 mit den verbundenen Mastoidelektroden als Referenz sowie horizontales und vertikales Elektrookulogramm (Verstärkung für EEG und EOG: 0,016 - 15 Hz; Zk 10 s). Das EMG wurde vom M. flexor digitorum profundus abgeleitet (Verstärkung: 0,5 - 15 Hz; Zk 0,3 s). Die Abtastrate betrug 50 Hz, die Aufnahmezeit erfolgte 4 s vor bis 2 s nach Knopfdruck. Artefakte wurden off-line über ein Artefakterkennungsprogramm und visuell bereinigt. Die EMG-Ableitungen wurden vor dem Aufsummieren gleichgerichtet. Alle mittleren Kurven wurden digital bei 5 Hz tiefpaßgefiltert. Im EEG, zur Kontrolle auch im EOG, wurden die beiden Parameter NS1 und NS2 mit einem interaktiven Computerprogramm wie folgt bestimmt: a) NS1 war der Amplitudenmittelwert der Epoche 800 bis 600 ms vor der Bewegung bezogen auf die Grundlinie (die ersten 1000 ms der abgeleiteten Epoche, d.h. 3000 bis 4000 ms vor der Bewegung). b) NS2 war die Amplitude des Zeitpunktes, zu dem das BP bei Cz sein Maximum erreichte und wurde erhalten, wenn von dieser Amplitude jene der NS1 subtrahiert wurde. Für das EMG wurde die Latenz des frühesten Maximums bestimmt im Zeitraum 160 ms vor bis 900 ms nach Bewegungsbeginn bestimmt. Statistische Auswertung mit Varianzanalyse ("ANOVA").

Ergebnisse

1. Die EMGs zeigten bei Patienten und Kontrollen einen zeitgleichen Aktivitätsanstieg. Die Messung des BP ausgerichtet am Knopfdruck ist daher einer Messung vergleichbar, die auf den Zeitpunkt vermehrter EMG-Aktivität getriggert ist (Dick et al. 1989). 2. Das BP zeigte bei Kontrollen einen früheren Beginn (ähnlich: Simpson und Khuraibet 1987). 3. In der Mittellinienanalyse hatten NS1 ($F(2/38)=18,1$, $p<0,001$) und NS2 ($F(2/38)=20,7$, $p<0,001$) im Vergleich mit Fz und Pz ihr Maximum bei Cz. 4. Zwischen Patienten und Kontrollen war NS1 zwar tendenziell, nicht aber statistisch signifikant unterschiedlich ($F1/19)=4,3$, $p<0,06$). 5. Die NS2 hatte in der Analyse der Seitenableitungen (Elektroden F3, F4, C3, C4) eine komplexe Wechselwirkung sowie eine Tendenz für einen Gruppenhaupteffekt ($F(1/19)=2,3$, $p<0,15$), d. h. Patienten zeigten an diesen Elektroden nur tendenziell eine höhere Amplitude als Kontrollen. 6. In der Analyse der Mittellinien- und Seitenableitungen war sowohl bei Patienten als auch bei Kontrollen die NS2-Amplitude bei bilateralen Bewegungen höher als bei nur unilateralen Bewegungen (Mittellinienanalyse: $F(2/38)=5,1$, $p<0,05$; Analyse der Seitenableitungen: $F(2/38)=5,5$, $p<0,01$). 7. Nach dem Weglassen der morgendlichen Anti-Parkinson-Medikation zeigten sich weder

Effekte auf die NS1 (größter F-Wert der Mittellinienanalyse: 0,7) noch auf die NS2 (größter F-Wert in der Analyse der Seitenableitungen: 1,8).

Konklusion

Auf dem Boden erheblicher Zuflüsse der SMA aus den Basalganglien (via Putamen - Pallidum internum - Ventrolateraler Thalamus) soll die Läsion der nigrostriären Bahn bei MP zu einer funktionellen Deafferenzierung der SMA führen. Dies soll sich klinisch als Akinese zeigen. In Fortschreibung der einleitend genannten Gedanken stützen unsere Ergebnisse die These, daß die gestörte Funktion der SMA bei MP an einer Amplitudenreduktion der Komponente NS1 des BP ablesbar ist (Dick et al. 1989; Feve et al. 1992). Im Gegensatz zu Feve et al. (1992), aber in Übereinstimmung mit Dick et al. (1989) fehlt eine statistische Korrelation zwischen Parametern des BP und den motorischen Scores. Dick et al. (1989) hatten die von ihnen gefundene erhöhte NS2-Amplitude einer vermehrten (kompensatorischen) Aktivität des motorischen Kortex angesichts einer eingeschränkten SMA-Funktion zugeschrieben. In unserer Untersuchung ist die NS2 der Patienten über den Seitenelektroden - wie in anderen Studien - nicht verändert (Barrett et al. 1986; Simpson und Khuraibet 1987; Tarkka et al. 1990; Feve et al. 1992). Es zeigt sich ferner, daß das Muster einer erhöhten Aktivierung der SMAs bei bilateralen simultanen Fingerbewegungen bei Patienten gleichsinnig wie bei Kontrollen ist (erhöhte NS1-Amplitude bei simultanen bilateralen Fingerbewegungen im Vergleich zu unilateralen).

Die wahrscheinlichste Erklärung für die meisten der o. a. divergenten Ergebnisse zum Einfluß der Medikation dürften unterschiedlich zusammengesetzte Patientengruppen sein. So könnte die fehlende Beeinträchtigung der motorischen Scores in den klinischen Untersuchungsskalen nach Wegfall der morgendlichen Anti-Parkinson-Medikation bedeuten, daß nichtdopaminerge klinische Parameter durch die gewählte Versuchsprozedur so verändert werden, daß statistisch signifikante Unterschiede der Summenscores nicht resultieren. Auf der anderen Seite mag eine 12- bis 16-stündige Medikationspause erst bei ausgeprägterer Entleerung der dopaminergen Speicher (sprich: ausgeprägterem Krankheitsstadium) Auswirkungen in klinischen Summenscores zeigen. Daß dies auch für die Ergebnisse des BP zu gelten scheint, zeigt die Studie von Feve et al. (1992), die eine NS1-Amplitude des BP bei 6 von 7 De-novo-MP-Patienten erst nach dreimonatiger dopaminerger Therapie, aber nur bei einem Patienten schon vor Therapiebeginn fanden. Wir beobachten weder eine Beeinflußbarkeit der NS1- noch der NS2-Amplitude durch Manipulationen jeglicher Anti-Parkinson-Medikation. Signifikante Veränderungen der NS2-Amplitude sind mit Veränderungen kortikaler dopaminerger Systeme in fortgeschrittenen Krankheitsstadien in Zusammenhang gebracht worden (Feve et al. 1992). Die Versuchsprozedur unserer Untersuchung beeinflußt die kortikale Dopaminkonzentration wahrscheinlich so wenig, daß Veränderungen des Bereitschaftspotentials hieraus nicht erkennbar werden.

Literatur

Barrett G, Shibasaki H, Neshige R (1986) Cortical potentials shifts preceding voluntary movement are normal in Parkinsonism. Electroencephal Clin Neurophysiol 63: 340 - 348

Deecke L, Englitz HG, Kornhuber HH, Schmitt G (1977) Cerebral potentials preceding voluntary movement in patients with bilateral or unilateral Parkinson akinesia. In: Desmedt JE (ed) Attention, voluntary contraction and event-related potentials. Progress in Clinical Neurophysiology, Vol. I. Karger, Basel, pp 151 - 163

Deecke L, Kornhuber HH (1965) An electrical sign of the mesial "supplementary" motor cortex in human voluntary finger movement. Brain Res 159: 473 - 476

Dick JPR, Rothwell JC, Day BL, Cantello R, Buruma, Gioux, Benecke R, Berardelli A, Thompson PD, Marsden CD (1989) The Bereitschaftspotential is abnormal in Parkinson's disease. Brain 112: 233 - 244

Feve AP, Bathien N, Rondot P (1992) Chronic administration of L-Dopa affects the movement-related cortical potentials of patients with Parkinson's disease. Clin Neuropharmacol 15: 100 - 108

Neshige R, Lüders H, Shibasaki H (1988) Recording of movement-related potentials from scalp and cortex in man. Brain 111: 719 - 736

Simpson JA, Khuraibet AJ (1987) Readiness potential of cortical area 6 preceding self paced movement in Parkinson's disease. J Neurol Neurosurg Psychiat 50: 1184 - 1191

Tamas LB, Shibasaki H (1985) Cortical potentials associated with movement : a review. J Clin Neurophysiol 2: 157 -171

Tarkka IM, Reilly JA, Hallett M (1990) Topography of movement-related cortical potentials is abnormal in Parkinson's disease. Brain Res 522: 172 - 175

Bilaterale Pallidumläsionen - Korrelat im Bereitschaftspotential?

P. Vieregge, R. Verleger, O. Thöne, D. Kömpf

Einleitung

Supplementär-motorische Area (SMA), prämotorischer und motorischer Kortex erhalten Zuflüsse aus dem Globus pallidum internum (GPi) über Thalamuskerne (VL, VA, CM). Die genannten Kortexabschnitte senden exzitatorische Impulse zum Putamen, das wiederum inhibitorisch auf das GPi wirkt (Alexander et al. 1986). SMA-Läsionen zeigen sich klinisch als Hypokinese, insbesondere bei selbstinitiierten Willkürbewegungen (Lang et al. 1990). Eine gestörte Funktion der SMA ist an einer Amplitudenreduktion der Komponente NS1 des Bereitschaftspotentials (BP) ablesbar (Lang et al. 1990, Feve et al. 1992). Tierexperimentell und klinisch ist bei bilateralen Pallidumläsionen ebenfalls eine Hypo- oder Akinese beobachtet worden (Percheron et al. 1990). Nachfolgend wird untersucht, ob sich derartige Pallidumläsionen, die klinisch im Gefolge einer Kohlenmonoxid-Intoxikation geringe Zeichen einer Hypokinese nach sich zogen (Vieregge et al. 1989), auch in einem veränderten BP abbilden.

Methodik

Drei Patienten (2 w, 35 und 55 J., 1 m, 23 J.) wurden jeweils (4; 3,5; bzw. 3 Jahre) nach überlebter Kohlenmonoxid-Intoxikation untersucht. Alle hatten klinisch eine geringe Hypomimie sowie geringe Merkfähigkeitsstörungen. Bei allen stellte sich im MRT eine ischämische Narbe bilateral im GPi dar. Jedem Patienten wurden zwei alters- und geschlechtsgematchte Kontrollpersonen zugeordnet. Alle untersuchten Personen waren Rechtshänder. Ihre Aufgabe war, selbstinitiiert nacheinander mit dem rechten und dem linken Zeigefinger einen Knopf sowie mit beiden simultan zwei Knöpfe im Mindestabstand von 3 s zu drücken. Das gesamte weitere experimentelle Vorgehen, einschließlich der Datenaufnahme und -auswertung ist identisch mit jenem, wie es in dem Beitrag "Bereitschaftspotential bei M. Parkinson - Einfluss der Dopamin-substituierenden Medikation ?" (Vieregge et al.) in diesem Band niedergelegt ist.

Ergebnisse

Die EMGs vom Unterarm sind zwischen Patienten und Kontrollpersonen nicht unterschiedlich. Das Averaging des BP durch Triggerung am Knopfdruck ist daher jenem vergleichbar, das auf den Zeitpunkt vermehrter EMG-Aktivität getriggert ist. In der Mittellinienableitung ist NS1 - wie zu erwarten - sowohl bei Patienten als auch bei Kontrollpersonen bei Cz größer als bei Fz bzw. Pz. Patienten bieten tendenziell kleinere Amplituden. Der Unterschied über alle Bewegungsseiten ist aber nicht signifikant (F(1/7)=2,0; p<0,20). Gleiches zeigt sich für die NS1 über den Elektroden C3 und C4 ((F(1/7)=2,4; p<0,16).

Mit bilateralen Bewegungen ist die NS2-Amplitude bei Patienten und Kontrollpersonen sowohl in der Mittellinie (F(2/14)=4,3, ε=1,0, p<0,05) als auch über den Seitenelektroden höher als mit unilateralen (F(2/14)=4,5, ε=1,0, p<0,05). Über den Seitenelektroden zeigen sich für alle Bewegungsseiten (linke, rechte, bilaterale Fingerbewegungen) keine Amplitudenunterschiede zwischen Patienten und Kontrollpersonen.

Konklusion

Entgegen der eingangs gestellten Hypothese findet sich an den hier untersuchten Patienten keine statistisch signifikante Abweichung der NS1 trotz einer strukturellen Läsion des Pallidums und trotz milder klinischer Zeichen einer Hypokinese. Neben der zu geringen Patientenzahl könnten weitere Erklärungsmöglichkeiten einer fehlenden Korrelation von Pallidumläsionen zu Veränderungen des BP sein:

a) Die Pallidumareale der hier untersuchten Patienten sind nicht ausgedehnt genug lädiert, als daß es zu einer funktionell bedeutsamen Reduktion der über ventrolaterale Thalamusgebiete führenden Zuflüsse zur SMA kommt. Entsprechend ist die Amplitude des BP nicht verändert.

b) SMA-Neurone sind in der Lage, einen verminderten Input aus dem Pallidum durch Nutzung zusätzlicher propriozeptiver und visueller Zuflüsse zumindest teilweise zu kompensieren.

Literatur

Alexander GE, DeLong MR, Strick PL (1986) Parallel organization of functionally segregated circuits linking basal ganglia and cortex. Ann Rev Neurosci 9: 357 - 381

Lang W, Goldenberg G, Podreka I, Cheyne D, Deecke L (1990) Parkinsonism as a disturbance of movement initiation. J Psychophysiol 4: 123 - 136

Feve AP, Bathien N, Rondot P (1992) Chronic administration of L-Dopa affects the movement-related cortical potentials of patients with Parkinson´s disease. Clin Neuropharmacol 15: 100 - 108

Percheron G, Parent A, Crossman A, Filion M, Mitchell IJ, Bedard P, Francois C, Yelnik J, Fenelon G (1990) Substrat anatomo-physiologique de l´akinésie chez le primate. Rev Neurol 1990; 146: 575 - 584

Vieregge P, Klostermann W, Blümm RG, Borgis KJ (1989) Carbon monoxide poisoning: clinical, neurophysiological and brain imaging observations in acute disease and follow-up. J Neurol 236: 478 - 481

Kernspintomographische Befunde bei M. Parkinson und MSA

E. Feifel[1,2], S. Schneider[1,2], D. Ott[2], M. Schumacher[2], C.H. Lücking[1], G. Deuschl[1]

[1]Neurologische Universitätsklinik und [2]Sektion Neuroradiologie, Radiologische Universitätsklinik, Freiburg/Brsg

Fragestellung

In den letzten Jahren brachten mehrere Autoren Befunde starken Signalverlusts im Hochfeld-MR bei extrapyramidalen Bewegungsstörungen mit lokalisierten pathologischen Eisenablagerungen in Verbindung.

Während bei Patienten mit M. Parkinson und multipler Systematrophie (MSA) spezifische Signalabschwächungsmuster beschrieben wurden, konnten solche bislang nur bei wenigen anderen extrapyramidalmotorischen Syndromen nachgewiesen werden. Es wurde angenommen, daß der Nachweis spezifischer Ablagerungsmuster bei M. Parkinson und MSA zur frühen Diagnose und Verlaufsbeobachtung dieser Erkrankung herzugezogen werden könnte.

Ziel dieser Studie war die Untersuchung der Beziehung zwischen Signalintensität und kalkulierten T2-Werten, sowie deren Bezug zum Alter der Probanden. Die Studie sollte auch Aufschluß darüber geben, inwieweit anhand der gemessenen Werte eine Aussage über krankheitsspezifische Muster zu machen sei.

Methodik

Im Rahmen unserer Studie wurden 27 Patienten mit M. Parkinson, 7 Patienten mit MSA und 28 gesunde Kontrollpersonen in einem 2.0 T MR-Hochfeld-System (Bruker) mit einer Multislice-Multiecho-CPMG-Sequenz untersucht. T2-Messungen erfolgten auf der Basis von 11 Schichten mit je 8 Echos. 3 verschiedene axiale Schnittebenen wurden gewählt, um Putamen, Pallidum, Nucleus ruber, Substantia nigra (unterteilt in lateralen und medialen Abschnitt) und Nucleus dentatus darstellen zu können. Die T2-Werte wurden aus dem Intensitätsabfall über 8 Echos errechnet, wobei die durch Cursor steuerbare Messung in einer "Region of Interest" von 3 Pixeln erfolgte. Zur Quantifizierung des subjektiven Schwärzungseindrucks wurden Signalintensitätsindices (SII) aus Signalabsolut- und Referenzwerten gebildet und den gemessenen T2-Werten gegenübergestellt. Der Schwärzungsindex wurde als Quotient des jeweiligen Signalabsolutwertes mit dem Meßwert der frontalen Hemisphäre der der entsprechenden Schicht definiert. Die Korrelationen wurden unter Verwendung des Pearson-Korrelationskoeffizienten berechnet.

Ergebnisse

Im Bereich der Hirnregionen ergaben sich für die T2- und SII-Absolutwerte signifikante interregionale Differenzen. Weder bei den T2-Werten noch bei den SII-Werten ergab sich ein statistisch signifikanter Unterschied zwischen Patienten und Kontrollen. Allenfalls ein Trend zu niedrigeren T2-Werten in den Pallida und Nuclei rubri der Parkinson-Patienten war nachzuweisen. Bei den MSA-Patienten fanden sich im Bereich des Pallidum signifikant erniedrigte Schwärzungsindizes im Vergleich mit altersangeglichenen Kontrollen (Abb. 1.).

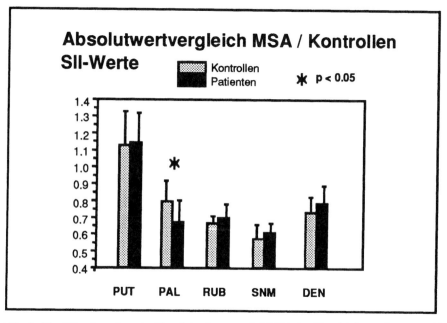

Abb. 1. Signifikant verringerte Signalabsolutwerte bei MSA im Vergleich zu altersangeglichenen Kontrollen.

Konklusion

Obwohl bei den T2-Werten von Parkinson-Patienten und Kontrollen keine altersabhängigen Unterschiede nachzuweisen waren, zeigte sich eine Altersabhängigkeit der Signalintensitätswerte. Weder T2- noch SII-Werte konnten als statistisches Trennkriterium zwischen M. Parkinson-Patienten und Kontrollen betrachtet werden. Bei den MSA-Patienten fanden sich isoliert verringerte SII- Werte im Pallidum, die als krankheitsbedingte Ablagerungen interpretiert werden können. Die Interpretation der Signalintensität im Sinne eines eindeutigen Indikators für Eisenablagerung erscheint uns nicht zulässig.

Literatur

Drayer BP, Burger P, Darwin R, Riederer S, Herfkins R, Johnson GA (1986) MRI of Brain Iron, AJR 147: 103-110

Olanow CW (1992) MRI in Parkinson's Disease. Mov Dis 7 1-21

Rutledge JN, Hilal SK, Silver AJ, Defendini R, Fahn S (1987) Study of Movement Disorder and Brain Iron by MR. AJNR 8: 397-411

Youdim MBH, Ben-Shachar D, Riederer P (1993) The Possible Role of Iron in the Etiopathology of Parkinson's Disease. Mov Dis 8: 1-12

Regelwechsel auf innere und äußere Hinweisreize bei Patienten mit behandeltem und unbehandeltem M. Parkinson

B. Fimm[1,2], G. Bartl[3], P. Zimmermann[1,3], C.-W. Wallesch[1,2]

[1]SFB 325/B9, [2]Neurologische Universitätsklinik, [3]Psychologisches Institut der Albert-Ludwigs-Universität Freiburg i.Br.

Fragestellung

Parkinsonpatienten sind bereits im frühen Stadium der Erkrankung in umschriebenen Teilbereichen kognitiver Funktionen beeinträchtigt. Zu diesen außerhalb einer Demenz und bei der Mehrzahl der Patienten auftretenden Defiziten gehört eine Störung des Strategienwechsels, die mit dem dopaminergen Defizit in Beziehung gesetzt wurde (Cools et al. 1984). Von besonderer Bedeutung für die neuere Forschung ist eine Arbeit von Brown und Marsden (1988), die eine Störung des Strategienwechsels bei behandelten Parkinsonpatienten nur dann fanden, wenn der Patient die Regel aus dem Gedächtnis abfragen mußte, nicht jedoch bei expliziter Vorgabe. Es sollte untersucht werden, ob das aufgabenabhängige Defizit des Strategienwechsels von der Medikation abhängig ist.

Methodik

Neun Patienten mit bislang unbehandeltem M. Parkinson, 19 Patienten unter dopaminerger Substitution und 15 angeglichene Kontrollpersonen wurden auf einem Schirm Serien von jeweils zwei einstelligen Zahlen präsentiert. Sie sollten eine von zwei Tasten drücken, entweder diejenige auf der Seite der kleineren Zahl oder die auf der Seite der runden Ziffer. Vor einer Serie von Aufgaben erschien in einer Bedingung auf dem Schirm entweder die Information "KLEINERE ZAHL" oder "RUNDUNG" (external cue - Bedingung) oder die Information "WECHSEL" (internal cue - Bedingung). Die Zahl von Aufgaben, die nach einem Kriterium bearbeitet werden mußten, betrug, für die Versuchsperson nicht vorhersehbar, 7, 3 oder nur eine.

Ergebnisse und Diskussion

In der internal-cue Bedingung, wenn also nur "WECHSEL" verlangt wurde, waren behandelte und, in geringerem Ausmaß und nur bei raschem Wechsel, unbehandelte Parkinson-Patienten beeinträchtigt. Dieses Ergebnis war nach Brown und Marsden (1988) zu erwarten.

Bei explizit vorgegebener Antwortregel fanden sich bei den behandelten Patienten keine vermehrten Fehlerzahlen mehr. Die unbehandelten Patienten wiesen jedoch auch unter der external-cue Bedingung hohe Fehlerzahlen auf. Bei raschem Wechsel war der Unterschied sowohl zu den behandelten Patienten als auch zu den gesunden Kontrollen signifikant. Für diese Dissoziation im Verhalten zwischen behandelten und unbehandelten Parkinsonpatienten unter der external cue -Bedingung bietet sich folgende Erklärung an: Das dopaminerge Defizit führt bei den unbehandelten Patienten zu einer erhöhten Trägheit des Systems. Das Umschalten von einem auf das andere Reaktionsmuster ist, etwa im Sinne einer Perseverationstendenz oder eines kognitiven Propulsionsphänomens, erschwert. Durch die Dopa-Substitution wird dieses Defizit ausgeglichen und die Umstellung als solche erleichtert, wenn die externen Bedingungen die Antwort vorgeben. Trotz Dopa-Substitution bleibt die Fähigkeit, Reaktionsstrategien ohne hinweisende Umweltgegebenheiten zu generieren, erheblich beeinträchtigt. Ursache dafür ist möglicherweise, daß die Zahl der dopaminergen Synapsen stark vermindert ist. Die dopaminerge Modulation erfolgt daher in einem gröberem Raster, in dem Gradienten nur in vermindertem Maße aufgebaut werden können. Die Hemmung eines kognitiven Programms und die Aktivierung eines anderen bedarf daher auch unter Dopa-Substitution des Anstoßes von außen.

Aus diesem Erklärungsansatz ergeben sich folgende Erwartungen für die Auswirkungen der Dopa-Substitution bei bislang unbehandelten Patienten: (1) die Fehlerrate in der external cue Bedingung sollte nach Behandlungsbeginn absinken, (2) in der internal-cue Bedingung hingegen unbeeinflußt bleiben. Wir haben bislang 8 unbehandelte Parkinsonpatienten vor Behandlungsbeginn und 1 Woche bis 3 Monate danach mit der Reaktionswechselaufgabe untersucht.

Das Ergebnis entsprach den genannten Erwartungen. Vor Beginn der Behandlung war die Fehlerrate in der external und internal cue Bedingung etwa gleich hoch. Die Behandlung führte zu einem Absinken der Fehlerzahl in der external, nicht jedoch in der internal cue Bedingung. Die klare Verbesserung des Reaktionswechsels in der external-cue Bedingung unter Dopa-Substitution macht deutlich, daß die medikamentöse Behandlung nicht nur motorische Funktionen, wie die Akinese, sondern auch neuropsychologische Defizite bei M. Parkinson eindeutig zu bessern vermag und belegt damit die biochemische Grundlage dieser kognitiven Funktionsbeeinträchtigungen.

Literatur

Brown RG, Marsden CD (1988) Internal versus external cues and the control of attention in Parkinson`s Disease. Brain 111: 323-345

Cools AR, van den Bercken JHL, Horstink MWI, van Spaendonck KPM, Berger HJC (1984) Cognitive and motor shifting aptitude in Parkinson`s Disease. J Neurol Neurosurg Psychiat 52: 334-337

Dopaminerge Transmission und kognitive Funktionen - neuropsychologische Untersuchungen bei M. Parkinson

C.W. Wallesch, B. Fimm, G. Bartl, P. Zimmermann

Sonderforschungsbereich 325 (TP B9), Freiburg

Fragestellung

Die klinische Symptomatik des M. Parkinson ist zum grossen Teil Ausdruck eines Defizits der nigrostriatalen dopaminergen Transmission. Parkinsonpatienten sind bereits in frühen Stadien der Erkrankung in umschriebenen Teilbereichen kognitiver Funktionen beeinträchtigt. Dabei handelt es sich insbesondere um Funktionen, für die eine Beteiligung des Frontalhirns vermutet wird, das mit den Basalganglien durch Rückkoppelungsschleifen verbunden ist. Unsere Untersuchung befasst sich mit der Frage, ob die vielfach beschriebene Störung des Strategienwechsels unter interner Regelvorgabe (vgl. z.B. Brown und Marsden 1988) Ausdruck des dopaminergen Defizits ist oder möglicherweise Veränderungen in anderen Transmissionssystemen eine Rolle spielen.

Methodik

Unbehandelten und behandelten Patienten sowie angeglichenen Kontrollen wurden Serien von jeweils zwei einstelligen Zahlen präsentiert. Die Patienten sollten entweder nach dem Kriterium Zahlenwert oder Zahlenform eine von zwei Reaktionstasten drücken. Der Kriterienwechsel wurde entweder explizit vorgegeben (external-cue- Bedingung) oder es wurde nur "WECHSEL" signalisiert (internal cue).

Ergebnisse

In der internal-cue-Bedingung wiesen, wie nach Brown und Marsden (1988) zu erwarten, beide Patientenkollektive erhöhte Fehlerraten auf, in der external-cue Bedingung nur die unbehandelten, obwohl diese klinisch deutlich geringer von der Erkrankung betroffen waren. Bei bislang unbehandelten Patienten fand sich nach Behandlungsbeginn eine deutliche Fehlerreduktion nur in der external-, nicht jedoch in der internal-cue Bedingung.

Konklusion

Wir nehmen an, daß das dopaminerge Defizit zu einer erhöhten Trägheit eines der dopaminergen Modulation unterliegenden Substrats für den Strategienwechsel ist. Durch die medikamentöse Substitution wird die Umstellung als solche erleichtert, während die Fähigkeit, Handlungsstrategien ohne explizite Umgebungshinweise zu generieren, weiter beeinträchtigt bleibt.

Literatur

Brown RG, Marsden CD. Internal versus external cues and the control of attention in Parkinson's Disease. Brain 111: 23-345

Fimm B, Bartl G, Zimmermann P, Wallesch CW. Different mechanisms underly shifting set on external and internal cues in Parkinson`s Disease. Brain Cogn, in press

Thalamusstimulation bei tremordominantem Morbus Parkinson und essentiellem Tremor

M.M. Pinter[1], F. Alesch[2], R.J. Helscher[1], H. Binder[1]

[1]Neurologisches Krankenhaus Maria Theresien Schlössel, [2]Neurochirurgische Universitätsklinik Wien

Fragestellung

Wurde in den letzten Jahren vor Thermokoagulation des Thalamuskernes immer wieder intraoperativ transient hochfrequent stimuliert, um den effektivsten neurochirurgischen Zielpunkt zur Tremorsuppression zu definieren, so versuchte Benabid 1987 erstmalig die chronische Stimulation. Als Vorteil der chronischen hochfrequenten Stimulation des Nucleus ventralis intermedius (VIM) des Thalamus gegenüber der herkömmlichen Thalamotomie beschrieben Benabid et al. (1991) an einer Population von 43 Tremorpatienten, daß nur eine funktionelle, reversible Läsion gesetzt wird und die Nebenwirkungen geringer sind - insbesondere dann, wenn die VIM-Stimulation bilateral durchgeführt wird.

In der rezenten Untersuchung sollen die Ergebnisse der chronischen Stimulation des Nucleus ventralis intermedius bei 17 therapierefraktären Patienten, davon 15 mit Morbus Parkinson mit einem duchschnittlichen Alter von 67,2 (41-77) Jahren und einer Erkrankungsdauer von 11,2 (7-23) Jahren und 2 mit essentiellem Tremor mit einem duchschnittlichen Alter von 62,4 (53-76) Jahren und einer Erkrankungsdauer von 20 (15-35) Jahren vorgestellt werden. Bei 5 der Parkinsonpatienten war bereits eine Thalamotomie unilateral vorangegangen.

Methodik

Nach vorangegangener Ventrikulographie und Errechnen des Zielpunktes basierend auf dem "Guiot's geometric diagramm" wurde die DBS-Elektrode (Deep-brain-stimulation-electrode von Medtronic) gesetzt und intraoperativ neurophysiologisch die Effizienz der Tremorsuppression ausgetestet. 7 bis 14 Tage nach wiederholten suffizienten externen Stimulationsversuchen mit einer Frequenz um rund 130 Hz unter einer Spannung von unter 2 Volt wurde die Elektrode mit einem unter der Haut implantierten Pulsgenerator (Itrel II, Medtronic) konnektiert.

Zur Dokumentation des Verlaufs wurde neben der neurologisch-klinischen Evaluierung präoperativ und postoperativ sowie nachfolgend in 3 monatigem Abstand die Unified Parkinson's Disease Rating Scale (UPDRS) bzw. die Essential Tremor Rating Scale (ETRS), eine globale funktionelle Beurteilung anhand einer 5-Punkte Skala, der Subtest "Steadiness" der Motorischen Leistungsserie nach Schoppe, eine Schriftprobe, eine Videodokumentation nach standardisierten Bedingungen und eine craniale Computertomographie durchgeführt.

Ergebnisse

Insgesamt wurden 20 Thalamusstimulationselektroden im Zeitraum von April 1990 bis Mai 1993 von Dr. Alesch implantiert, davon bei 12 Parkinsonpatienten unilateral (5 rechtshirnig, 7 linkshirnig), bei 3 Parkinsonpatienten bilateral, bei einem Patienten mit essentiellem Tremor linkshirnig und bei einem Patienten mit essentiellem Tremor bilateral. Bei allen Patienten mit Ausnahme eines Parkinsonpatienten sistierte der Tremor bei intraoperativer Reizung prompt. Eine neuerliche Suche des effizienten Zielpunktes wurde jedoch von einem Patienten abgelehnt. Dieser Patient ist auch der einzige geblieben, der von diesem Eingriff hinsichtlich der Tremorunterdrückung nicht profitierte.

Betrachtet man die Resultate bezogen auf die implantierten Stimulationselektroden, wobei die präoperativ erhobenen Daten mit den zum Zeitpunkt der letzten Untersuchung evaluierten Daten verglichen wurden, so konnte über einen Beobachtungszeitraum von durchschnittlich 15 (41-3) Monaten nach Implantation des Pulsgenerators, der eine Stimulation bis zu maximal 130 Hertz erlaubt bei einer durchschnittlichen Spannung von 2,9 (2,3-3,5) Volt und einer Impulsbreite von 184 (60-380) μsec in 11 Fällen (10 unilateral, 1 bilateral-linkshirnig) eine vollständige Tremorsuppression, in 6 Fällen (4 unilateral, 2 bilateral) eine deutliche Besserung, in nur in 2 Fällen (bilateral-rechtshirnig) eine geringe Besserung und keine Besserung bei dem bereits erwähnten inkooperativen Patienten dokumentiert werden.

Bei den Aktivitäten des täglichen Lebens zeigte sich postoperativ im Schnitt eine Verbesserung um 44,8%, bei der Motorischen Untersuchung der UPDRS um 42,5%.

Persistierende Nebenwirkungen traten bei 4 Patienten auf: 2 mit unilateraler Stimulation hatten eine leichte Dysarthrie, ein Patient mit bilateraler Stimulation zeigte postoperativ eine deutliche Dysarthrie sowie ein Patient mit bilateraler Stimulation deutliche Gleichgewichtsstörungen einhergehend mit einer leichten Dysphagie. Persistierende Parästhesien wurden von keinem Patienten berichtet, lediglich beim Ein- und Ausschalten des Itrels erlebten 15 Patienten Sekunden andauernde Parästhesien unterschiedlicher Intensität.

Konklusion

Den von Benabid beschriebenen Vorteilen der chronischen VIM-Stimulation gegenüber der herkömmlichen irreversiblen destruktiven Thalamotomie können wir nach unseren bisherigen Erfahrungen nur beipflichten. Übereinstimmend konnte in 89,7% unserer Patienten eine vollständige Tremorsuppression bzw. eine deutliche funktionelle Verbesserung durch Implantation einer DBS-Elektrode erreicht werden (Benabid et al. 1991). Beeindruckend sind die Ergebnisse insbesondere bei Patienten bei denen der Ruhe- bzw. Haltetremor im Vordergrund stehen. Bei Patienten mit Aktionstremor bzw. Intentionstremor kam es im Laufe der ersten sechs Monate intermittierend zum Aufflackern des Tremors, was zu einer Adjustierung sowohl der Impulsbreite als auch der Spannung zwang.

Literatur

Benabid AL, Pollak P, Gervason C, Hoffmann D, Gao DM, Hommel M, Perret JE, Rougemont J (1991) Long-term suppression of tremor by chronic stimulation of the ventral intermediate thalamic nucleus. Lancet 337: 403-406

Histoblot-Screening für Prion Protein: Erfahrungen mit 90 Parkinsonismus Gehirnen

K. Jendroska, L. Schelosky, W. Poewe

Abt. f. Neurologie, Universitätsklinikum Rudolf Virchow, Berlin

Fragestellung

Die Ätiologie der meisten Basalganglien-Erkrankungen, die klinisch einen Parkinsoninsmus aufweisen, ist noch unbekannt. Histopathologische Überschneidungen mit der Creutzfeldt-Jakob Erkrankung gaben uns Anlaß, eine mögliche Rolle des Prion Proteins bei folgenden Erkrankungen zu untersuchen: Morbus Parkinson, Multisystematrophie, diffuse Lewykörperchen Erkrankung, Steele-Richardson-Olszewski Syndrom, Corticobasale Degeneration und Morbus Pick. Zum Nachweis von Prion Protein (PrP), dem infektiösen Agens bei Creutzfeldt-Jakob Erkrankung, verwendeten wir Histoblots. Diese Methode hatte sich bei der Lokalisation von PrP in Gehirnen Scrapie-infizierter Hamster als wertvoll erwiesen (Taraboulos et al. 1992).

Methodik

Postmortales Hirngewebe von 90 Patienten mit Parkinson Syndromen, die als Donoren der UK Parkinson's Disease Society Brain Bank registriert waren, wurde in den Versuchen eingesetzt, darunter 52 Fälle von Morbus Parkinson, 17 Fälle von Multisystematrophie, 11 Fälle von diffuser Lewykörperchen Erkrankung, 6 Fälle von Steele-Richardson-Olszewski Syndrom und jeweils 2 Fälle von Corticobasaler Degeneration und Morbus Pick. Gewebe von vier Fällen von Creutzfeldt-Jakob Erkrankung wurde als positive Kontrolle in den Immunoblots eingesetzt. Es wurden jeweils der Okzipitallappen und eine Region mit krankheits-spezifischer Pathologie untersucht. Nach dem Tode wurden die Gehirne innerhalb von 30 Stunden entnommen; eine Hirnhälfte wurde zur neuropathologischen Diagnostik sechs Wochen in Formalin eingelegt; die andere Hemisphäre wurde bei -70° eingefroren. Für Histoblots wurden von der gefrorenen Hirnhälfte 16um Gefrierschnitte angefertigt und auf Puffer-gesättigte Nitrozellulose-Membranen aufgetragen (0.5% Nonidet P-40/0,5% Na-Deoxycholate/100 mM NaCl/10 mM TrisHCl, pH 7,8). Die Membranen wurden dann 10 min in Guanidin-thiozyanat denaturiert (3 M GdnSCN/10 mM TrisHCl, pH 7,8), in TBST gespült (100 mM NaCl/10 mM TrisHCl/0,05% Tween 20, pH 7,8) und in 1% Rinderalbumin (in TBST) geblockt. Der polyklonale Antikörper Ro66 wurde gegen Hamster PrP erzeugt (Dr.Prusiner, UC San Francisco). Die Blots wurden 18 Stunden mit dem primären Antikörper inkubiert (1:1000 in TBST), vier mal 15 min mit TBST gespült und mit einem sekundären Antikörper (Anti-Rabbit-Alkalische-Phosphatase-Konjugat; Promega, Madison, MI; 1:5000 in TBST) eine weitere Stunde inkubiert. Nach Spülung in TBST (4x15min) wurde mit den Promega-Reagenzien die Farbentwicklung durchgeführt. Die Versuche wurden doppelt angefertigt und schlossen stets eine positive Kontrolle ein.

Ergebnisse

In den Fällen mit Creutzfeldt-Jakob Erkrankung zeigte sich PrP-Immunreaktivität im zerebralen Kortex und in den Basalganglien. Die Färbung war diffus und am stärksten in den unteren Kortexschichten. Einzelne PrP-reaktive Plaques waren nicht abgrenzbar. Bei den Fällen von Basalganglien-Erkrankungen war hingegen keine Immunreaktivität für Prion Protein vorhanden.

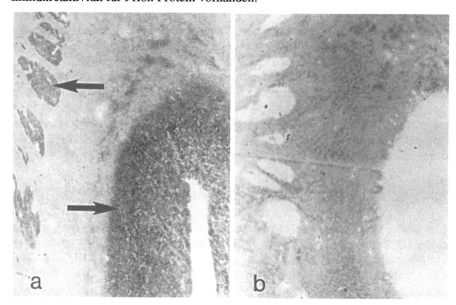

Abb. 1. a) Prion Protein in Insel-Kortex (Pfeil) und dorsalem Putamen (Pfeil) bei Creutzfeldt-Jakob Erkrankung, **b)** gleiche Regionen ohne Prion Protein bei Morbus Parkinson.

Konklusion

Die übertragbaren spongiformen Enzephalopathien (Creutzfeldt-Jakob Erkrankung, Gerstmann-Sträussler-Scheinker Syndrom, Kuru, Fatal-Familial-Insomnia) werden durch pathologisches PrP verursacht, das sich während einer langen sub-klinischen Inkubationszeit in Kortex und basaler grauer Substanz anreichert (Prusiner 1991). Die Infektiosität des Gewebes steigt proportional der Quantität an PrP (Jendroska et al. 1991); die histologischen Veränderungen co-lokalisieren mit PrP (DeArmond et al. 1992). Neben PrP konnte bislang kein weiterer Bestandteil des infektiösen Agens identifiziert werden. Die pathologischen Kennzeichen der übertragbaren spongiformen Enzephalopathien sind Nervenzellverlust mit spongiformer Degeneration, ausgeprägte astrozytäre Gliose und in vielen Fällen PrP-reaktive Amyloidplaques. Gelegentlich fehlt eine histologisch faßbare spongiöse Degeneration bei Creutzfeldt-

Jakob Erkrankung (Masters und Gajdusek 1982); andereseits kann ein Status spongiosus bei Nicht-Prion-Erkrankungen auch durch metabolische und hypoxische Gewebsschädigung im agonalen Zustand hervorgerufen werden. Bei Fällen von Steele-Richardson-Olszewski Syndrom, Morbus Pick und Corticobasaler Degeneration kann ein Status spongiosus in Hirnabschnitten mit schwerem Nervenzellverlust und Gliose auftreten. Bei der Creutzfeldt-Jakob Erkrankung sind untergehende Neurone oftmals geschwollen (balloniert). Diese vergleichsweise seltene Form des Nervenzellunterganges kann auch bei Fällen von Morbus Parkinson, Steele-Richardson-Olszewski Syndrom (eigene Beobachtungen), sowie Corticobasaler Degeneration und Morbus Pick (Clark et al. 1986) auftreten. Die Bedeutung und Spezifität dieses Prozesses ist noch unklar. Unsere Untersuchungen haben gezeigt, daß keine ätiologische Beziehung zwischen Prion-Erkrankungen und parkinsonistischen Basalganglien-Erkrankungen besteht. Die Histoblot-Methode ist einfach durchführbar und in ihren Resultaten eindeutig. Sie könnte sich in Zukunft auch in der bioptischen in-vivo Diagnostik als nützlich erweisen.

Dr. Jendroska wurde durch ein Stipendium der Schering-Forschungsgesellschaft unterstützt.

Literatur

Clark AW, Manz HJ, White CL, Lehmann J, Miller D, Coyle JT (1986) Cortical degeneration with swollen chromatolytic neurons: Its relationship to Pick's disease. J Neuropathol Exp Neurol 45: 268-284

DeArmond SJ, Jendroska K, Yang SL, Taraboulos A, Hecker R, Hsiao K, Stowring L, Scott M, Prusiner SB (1992). PrPsc accumulation correlates with neuropathology and scrapie incubation time in hamsters and transgenic mice. In: Prusiner SB, Collinge J, Powell J, Anderton B (eds) Prion Diseases of Humans and Animals.Ellis Horwood. Chichester. pp 483-496

Jendroska K, Heinzel FP, Torchia-Peterson M, Stowring L, Kretzschmar HA, Kon A, Stern A, Prusiner SB, DeArmond SJ (1991) Proteinase-resistant prion protein accumulation in Syrian hamster brain correlates with regional pathology and scrapie infectivity. Neurology 41: 1482-1490

Masters CL, Gajdusek DC (1982) The spectrum of Creutzfeldt-Jakob disease and the virus-induced spongiform encephalopathies. In: Smith WT, Cavanagh JB (eds) Recent Advances in Neuropathology-2. Churchill Livingstone. Edinburgh. pp 139-163

Prusiner SB (1991) Molecular biology of prion diseases. Science 252: 1515-1522

Taraboulos A, Jendroska K, Serban D, Yang SL, DeArmond SJ, Prusiner SB (1992) Regional mapping of prion proteins in brain. Proc Natl Acad Sci USA 89: 7620-7624

ß-Amyloid Protein in der Pathogenese der Demenz bei Morbus Parkinson

K. Jendroska, L. Schelosky, W. Poewe

Abteilung für Neurologie, Universitätsklinikum Rudolf Virchow, Berlin

Fragestellung

Das Demenzrisiko bei Morbus Parkinson ist etwa um das zweifache erhöht und liegt in der Mehrzahl der klinischen Studien bei etwa 15 bis 20% (Lees 1985). Kortikale Alzheimerveränderungen werden regelmäßig bei einer Vielzahl dieser Patienten gefunden. In einer häufig zitierten Studie war die Prävalenz seniler Plaques bei Parkinson-Patienten sechsfach höher als bei Kontrollen (Boller et al. 1980). Daraus wurde eine pathogenetisch Verknüpfung dieser zwei unterschiedlichen neurodegenerativen Erkrankungen abgeleitet. Wir haben das ß-Amyloid-Protein (AßP), den Hauptbestandteil der senilen Plaques, in 50 Parkinson-Gehirnen und 79 Kontroll-Gehirnen in koronaren Schnitten immunhistochemisch dargestellt (Histoblot-Methode, Taraboulos et al. 1992), um zu untersuchen, a) ob die Verteilungsmuster der Plaques bei Morbus Parkinson und Kontrollen identisch sind, b) ob Plaques bei Morbus Parkinson häufiger auftreten und c) welche Beziehung zwischen AßP und der Demenz bei Morbus Parkinson besteht.

Methodik

Postmortales Hirngewebe von histopathologisch gesicherten Fällen von Morbus Parkinson aus der UK Parkinson's Disease Society Brain Bank, London, wurde mit einer Serie von 79 unselektierten konsekutiven Autopsiefällen der Abteilung für Neuropathologie (Leiter: Prof. Dr. J. Cervos-Navarro) des Universitätsklinikums Rudolf Virchow, Berlin, verglichen. Die Kontrollgruppe schloß eine Anzahl von Patienten mit Alzheimer Erkrankung ein. Die Patienten mit Morbus Parkinson wurden von Neurologen der UK Parkinson's Disease Study Group über Jahre betreut und der kognitive Status war gut dokumentiert. Zur statistischen Auswertung wurden durch Setzung von Alterslimits (60<n<90 Jahre) eine Gruppe von 41 Parkinson-Fällen (mittleres Alter 76,85 Jahre) und eine Gruppe von 35 Kontrollen (mittleres Alter 72,11 Jahre) gebildet. Nach dem Tode wurde eine Hirnhälfte für die neuropathologische Diagnostik in Formalin fixiert, die andere bei -70° tiefgefroren. Für Histoblots wurden von der gefrorenen Hirnhälfte 16µm Gefrierschnitte angefertigt und auf Puffer- gesättigte Nitrozellulose-Membranen aufgetragen (0.5% Nonidet P- 40/0.5% Na-Deoxycholate/100 mM NaCl/10 mM TrisHCl, pH 7.8). Die Membranen wurden 10 min in Guanidin-thiozyanat denaturiert (3 M GdnSCN/10 mM TrisHCl, pH 7.8), in TBST gespült (100 mM NaCl/10 mM TrisHCl/0.05% Tween 20, pH 7.8) und in 1% Rinderalbumin (in TBST) geblockt. Der polyklonale Antikörper R8271 identifiziert die 28 carboxy-terminalen Aminosäuren des AßP (Dr.Prusiner, UC San

Francisco). Die Blots wurden für 1 Stunde mit dem primären Antikörper inkubiert (1:5000 in TBST), in TBST gespült und mit einem sekundären Antikörper (Anti-Rabbit-Alkalische-Phosphatase-Konjugat; Promega, Madison, MI; 1:5000 in TBST) eine weitere Stunde inkubiert. Nach Spülung in TBST wurde mit den Promega-Reagenzien die Farbentwicklung durchgeführt. Blots wurden von koronaren Scheiben der Ebenen der Frontallappen, des Corpus geniculatum laterale, des Okzipitallappens, sowie einer zerebellären Hemisphäre durch den Nucleus dentatus angefertigt. Eine Stadieneinteilung der Plaque Ausbreitung wurde wie folgt vorgenommen (Abbildung 1): Im frühesten Stadium (Stadium I) war AßP im medialen Temporallappen (Amygdala, Entorhinalis, Gyrus parahippocampalis) anzutreffen. Im Stadium II war der gesamte Temporallappen betroffen (Abbildung 1 und 2). Im Stadium III war AßP im gesamten zerebralen Kortex vorhanden.

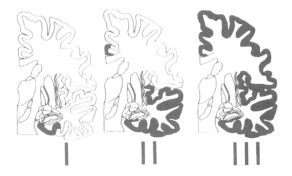

Abb. 1. Stadien (I-III) der Ausbreitung des ß-Amyloid Proteins im zerebralen Kortex.

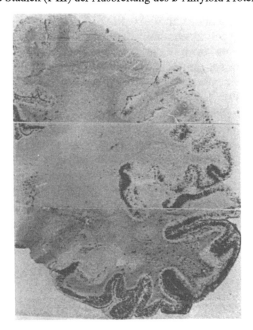

Abb. 2. Histoblot-Präparat der linken Hemisphäre eines Falles im Stadium II.

408

Ergebnisse

Einundzwanzig der 50 Parkinson-Patienten waren dement. Bei dem Altersdurchschnitt der Parkinson-Patienten (77 Jahre, SD 5,9 Jahre) entsprächen 5 bis 10% Alzheimer-Demenzen der Prävalenz dieser Erkrankung in der Normalpopulation (Tomlinson 1992). Diese Diagnose wurde bei vier der Parkinson-Patienten (8%) gestellt. Das Verteilungsmuster des AβP war bei Parkinson-Fällen und Kontrollen identisch und entsprach der Ausbreitung von Amyloid-Plaques wie sie von Braak und Braak (1991) bei Morbus Alzheimer beschrieben wurde. Die frühen subklinischen Stadien I und II der Alzheimer-Veränderungen waren im Vergleich von Parkinson- und Kontroll-Gruppen etwa gleich häufig (31,7% bei Morbus Parkinson und 37,1% der Kontrollen). Alle neun Parkinson-Patienten im Stadium III waren dement, obwohl nur vier von ihnen die histopathologischen Kriterien der Alzheimer Erkrankung erfüllten (Mirra et al. 1991). Nur einer von acht Patienten in Stadium II war dement. Bei letzterem und 11 weiteren Parkinson Patienten gab es keine Beziehung zwischen Demenz und AβP; bei zwei dieser 12 Patienten lag ein Normaldruck-Hydrozephalus vor und in einem Falle eine vaskuläre Demenz. Einige der dementen Patienten hatten hohe Dichten an kortikalen Lewykörperchen. Bei vier dementen Patienten mit wenigen oder ohne Plaques (einer Stadium I, drei Stadium 0) sowie Lewykörperchen-Dichten im Durchschnitt der nicht-dementen, blieb die Demenzursache unklar.

Konklusion

Morbus Alzheimer ist bei Parkinson Patienten nicht häufiger als bei Kontrollen und auch die früheren Stadien der Alzheimer Veränderungen sind gleich häufig anzutreffen. Bei Patienten mit Morbus Parkinson im Stadium III der AβP-Ausbreitung war regelmäßig eine Demenz zu beobachten, einschließlich der Fälle, die die histopathologischen Alzheimer-Kriterien noch nicht erfüllten. Bei diesen Patienten finden sich hauptsächlich diffuse Amyloidplaques und nur wenige senile (neuritische) Plaques. Es gibt Hinweise, daß senile Plaques aus diffusen Plaques hervorgehen (Mann et al. 1989). Unsere Befunde zeigen, daß bei Parkinson Patienten eine Demenz schon in einem früheren neuropathologischen Stadium der Alzheimer Erkrankung auftritt und erklären damit, warum Parkinson Patienten überdurchschnittlich häufig eine mit Alzheimer Veränderungen assoziierte Demenz aufweisen. Unsere Untersuchung zeigt weiterhin, daß AβP für etwa die Hälfte der Parkinson Demenzen bedeutungsvoll ist. Eine weitere Gruppe der dementen Patienten hat eine hohe Dichte kortikaler Lewykörperchen. Geläufige Erkrankungen die eine Demenz verursachen können, wie vaskuläre Demenz oder Normaldruck-Hydrozephalus, werden auch bei Parkinson Patienten angetroffen. Bei einzelnen Fällen ist histopathologisch keine Demenzursache erfaßbar; bei dieser Gruppe sind möglicherweise biochemische Defizite, oder eine Kombination jeweils subklinischer Faktoren verantwortlich. Insgesamt zeigt unsere Untersuchung die Heterogenität des Syndroms "Parkinson Demenz".

Dr. Jendroska wurde durch ein Stipendium der Schering-Forschungsgesellschaft unterstützt.

Literatur

Braak H, Braak E (1991) Neuropathological staging of Alzheimer-related changes. Acta Neuropathologica 82: 239-259

Boller F, Mizutani T, Roessmann U, Gambetti P (1980) Parkinson's disease, dementia and Alzheimer's disease: clinico-pathological correlations. Annals of Neurology 7: 329-335

Lees AJ (1985) Parkinson's disease and dementia. Lancet I: 43-4

Mann DMA, Brown A, Prinja D, Davies CA, Landon M, Masters CL, Beyreuther K (1989) An analysis of the morphology of senile plaques in Down's syndrome patients of different ages using immunocytochemical and lectin histochemical techniques. Neuropathology and Applied Neurobiology 15: 317-329

Mirra SS, Heyman A, McKeel D et al. (1991) The consortium to Establish a Registry for Alzheimer's Disease (CERAD). Part II. Standardization of the neuropathological assessment of Alzheimer's disease. Neurology 41: 479-86

Taraboulos A, Jendroska K, Serban D, Yang SL, DeArmond SJ, Prusiner SB (1992) Regional mapping of prion proteins in brain. Proc Natl Acad Sci USA 89: 7620-7624

Tomlinson BE (1992) Ageing and the dementias. In: Adams JH, Duchen LW (eds) Greenfield's Neuropathology. 5th ed. London: Edward Arnold pp. 1284-410

Multisystematrophie (MSA): Klinik, MRI-Morphologie und Dopamin Rezeptorendichte

J.B. Schulz[1], T. Klockgether[1], D. Petersen[2], M. Jauch[3], W. Müller-Schauenburg[3], S. Spieker[1], K. Voigt[2], J. Dichgans[1]

[1] Neurologische Klinik, [2] Neuroradiologie, [3] Nuklearmedizin, Universitätsklinik Tübingen

Fragestellung

Der Begriff Multisystematrophie (MSA) bezieht sich auf eine sporadisch auftretende, jenseits des 30. Lebensjahres beginnende neurodegenerative Erkrankung (Graham und Oppenheimer 1969). Die definitive Diagnose einer MSA kann nur pathologisch gestellt werden. Die MSA ist neuropathologisch gekennzeichnet durch das Auftreten von olivopontocerebellärer Atrophie (OPCA), striatonigraler Degeneration (SND) und der Degeneration der intermediolateralen Zellsäulen des Rückenmarks. Die Diagnose einer MSA ist klinisch wahrscheinlich, wenn ein Parkinsonsyndrom und/oder eine cerebelläre Ataxie in Kombination mit autonomem Versagen jenseits des 30. Lebensjahres auftreten und die Familienanamnese leer ist (Quinn 1989).

Klinisch läßt sich zwischen einem cerebellären Typ (MSA-C) und einem Parkinson-Typ (MSA-P) der MSA unterscheiden. Wir untersuchten prospektiv 16 Patienten mit klinisch wahrscheinlicher MSA neurologisch, mit Magnetresonanztomographie (MRI) und mit ^{123}I-Iodobenzamid (IBZM) Single-Photon-Emission-Computertomographie (SPECT). Zum Studium der Prognose und des klinischen Verlaufs der MSA erhoben wir retrospektiv klinische Daten von 16 zusätzlichen Patienten.

Methodik

Von 850 Patienten mit Parkinsonsyndromen und 217 Patienten mit einer cerebellären degenerativen Erkrankung, die in unserer Klinik zwischen 1983 und 1991 behandelt wurden, erfüllten 32 die folgenden diagnostischen Kriterien einer klinisch wahrscheinlichen MSA (Quinn, 1989): (1) Progressive cerebelläre Ataxie und/oder Parkinsonsyndrom, das nicht oder wenig auf L-Dopa ansprach, ohne Hinweis auf eine symptomatische Ursache der Erkrankung. (2) Schweres autonomes Versagen mit zumindest symptomatischer orthostatischer Hypotension und/oder Urininkontinenz oder -retention. (3) Keine positive Familienanamnese. (4) Kein Vorliegen einer Demenz, einer generalisierten Areflexie oder einer supranukleären Blickparese nach unten. Nach dem klinischen Erscheinungsbild wurden die Patienten in eine Gruppe mit vorwiegend cerebellären Symptomen (MSA-C, n=21) und eine Gruppe mit vorwiegend Parkinsonsymptomen (MSA-P, n = 11) eingeteilt.

Sechzehn Patienten (60,1 ± 8,3 Jahre) wurden vom gleichen Untersucher (J.B.S.) nach einem standardisierten Schema neurologisch untersucht. Am gleichen

Tag wurden eine MRI- und IBZM-SPECT Untersuchung durchgeführt. Bei weiteren 16 Patienten wurden die Krankenakten ausgewertet und die so gewonnenen Daten zur Bestimmung prognostischer Parameter (z.B. Überlebenszeit) verwendet.

Aufnahmen zum IBZM-SPECT (Brücke et al. 1991; Schwarz et al. 1992) wurden zwei Stunden nach intravenöser Applikation von 185 MBq [123]IBZM (3-Iodo-6-Methoxybenzamid) durchgeführt. Falls Patienten Dopamin-Agonisten einnahmen, wurde die Medikation unter stationären Bedingungen für 24 Stunden unterbrochen. Zur genauen anatomischen Lokalisation von Basalganglien und frontalem Cortex wurden die MRI und SPECT Aufnahmen mittels externer Landmarken (ölgefüllte Röhrchen zur Markierung der orbito-meatalen Linie) überlagert. Als semiquantitative Meßgröße der D_2-Bindungsstellen in den Basalganglien wurde mit der *region of interest* Technik für jeden Patienten ein Quotient für die IBZM Bindung in den Basalganglien und dem frontalen Cortex berechnet (BG/FC Quotient).

Vierzehn der 16 MSA Patienten erhielten eine MRI Untersuchung (1,5 T) mit lückenloser Aufnahme axialer und sagittaler T_1- und T_2-gewichteter Bilder. Anhand der T_1-gewichteten Bilder und einer speziell entwickelten Software zur Trennung von Liquor und Parenchym (Schroth et al., 1988) wurden infratentorielle Strukturen planimetrisch ausgewertet. Nach einer Vierpunkte-Skala (0-3, Stern et al. 1989) wurden Intensität und Fläche von Hypointensitäten (Schwärzungen) in den Basalganglien und Hyperintensitäten (Aufhellungen) in dem Pons und den mittleren Kleinhirnstielen (Savoiardo et al. 1990) geschätzt.

Ergebnisse

Elf der 32 Patienten mit klinisch wahrscheinlicher MSA waren weiblich, 21 männlich. Das Durchschnittsalter bei Erstauftreten eines motorischen Symptoms war 54 Jahre (Spanne: 40 bis 66 Jahre). Die berechnete mediane Überlebenszeit (Kaplan-Meier Methode) nach Erstauftritt eines motorischen Symptoms war 8,9 Jahre. Sie war signifikant kürzer bei MSA-P (4,0 Jahre) als bei MSA-C (9,1 Jahre). Die mediane Latenz bis zum Erreichen der Rollstuhlpflicht war ebenfalls kürzer bei MSA-P (3,1 Jahre) als bei MSA-C (5,0 Jahre).

Alle 16 untersuchten Patienten litten definitionsgemäß unter einer vegetativen Dysautonomie. Bei 10 Patienten (63%) gingen die Zeichen der Dysautonomie den ersten motorischen Symptomen voraus. Die häufigsten vegetativen Symptome waren Hypotension (94%) und Urininkontinenz und/oder -retention (94%). Alle männlichen Patienten klagten über erektile Dysfunktion. Patienten berichteten häufig über Symptome einer Stimmbandlähmung (81%) mit nächtlichem Stridor und/oder Heiserkeit. Drei der 16 Patienten benötigten eine Tracheotomie.

Die motorischen Symptome traten in verschiedenen Kombinationen auf. Zehn Patienten hatten eine Kombination von Parkinson- und cerebellären Symptomen (63%), 7 ohne (44%) und 3 mit positiven Pyramidenbahnzeichen (19%). Drei Patienten hatten cerebelläre Symptome und positive Pyramidenbahnzeichen ohne Parkinsonsymptome (19%). Ein rein cerebelläres Syndrom, ein ausschließliches Parkinsonsyndrom oder eine Kombination von Parkinsonsyndrom und positiven Pyramidenbahnzeichen traten bei jeweils einem Patienten auf. Bei allen Patienten mit MSA-P war das erste motorische Symptom eine Bradykinesie, bei allen mit MSA-C eine Stand- und Gangataxie. Unabhängig davon, ob das erste Symptom ein

Parkinson- oder cerebelläres Symptom gewesen war, bestimmte es den klinischen Typ des gesamten weiteren Krankheitsverlaufes.

Der BG/FC Quotient des IBZM-SPECT, der als semiquantitative Meßgröße für D_2-Dopaminrezeptor Bindungsstellen gilt (Brücke et al. 1991), war bei MSA (1,50 ± 0.16) gegenüber Patienten mit einem unbehandeltem idiopathischen Parkinsonsyndrom (1,76 ± 0,10) signifikant erniedrigt. Der BG/FC Quotient dieser de-novo Parkinson Patienten unterschied sich nicht von dem von gesunden Kontrollpersonen (Schwarz et al. 1992). Für drei der sieben Patienten mit MSA-P und sieben der neun Patienten mit MSA-C wurde ein um mehr als zwei Standardabweichungen reduzierter BG/FC Quotient ermittelt.

Die quantitative kernspintomographische Auswertung infratentorieller Gehirnstrukturen erbrachte bei MSA-C und MSA-P Patienten eine signifikante Reduktion der planimetrischen Meßwerte für den cerebellären Wurm (bei MSA-C auf 59% und bei MSA-P auf 77% der Kontrollwerte), die cerebellären Hemisphären (63% bzw. 78%), die mittleren Kleinhirnstiele (52% bzw. 80 %), die ventrale Brücke (43% bzw. 71 %) und die Medulla oblongata (75% bzw. 83 %). Das Ausmaß der Reduktion war in allen Strukturen bei MSA-C sigifikant größer als bei MSA-P (p < 0,01; ANOVA mit nachfolgendem Duncan's multiple range test). Der Durchmesser des cervikalen Rückenmarks unterschied sich bei MSA-C und MSA-P nicht von Kontrollen. Der Durchmesser der mittleren Kleinhirnstiele war mit Ausnahme zweier MSA Patienten bei allen MSA Patienten um mehr als zwei Standardabweichungen reduziert.

Die Schätzung von Intensität und Area putaminaler Hypointensität mit einer Vierpunkte-Skala (Stern et al. 1989) erbrachte signifikante Gruppenunterschiede (Kruskal-Wallis ANOVA by ranks). Die Intensität der Schwärzung war signifikant erhöht bei MSA-C und MSA-P gegenüber Kontrollen (p < 0,05; Mann-Whitney U-test). Die Fläche der Hypointensitäten war bei MSA-P signifikant größer als bei MSA-C (p < 0,05) und unterschied sich in beiden Gruppen signifikant von Kontrollen (p < 0,05). Bis auf zwei zeigten alle MSA Patienten putaminale Hypointensitäten. Dies beobachteten wir aber auch bei fünf der 14 Kontrollpersonen.

Innerhalb des Pons und in den mittleren Kleinhirnstielen identifizierten wir bei MSA Patienten Hyperintensitäten, die anatomisch im Verlauf pontocerebellärer Fasern liegen (Savoiardo et al., 1990). Diese waren bei MSA-C signifikant häufiger und intensiver als bei MSA-P (p < 0,05).

Konklusion

Bei allen Patienten bestimmte das zuerst aufgetretene motorische Symptom den weiteren klinischen Verlauf als entweder prädominanter Parkinson- (MSA-P) oder cerebellärer (MSA-C) MSA Typ. Im weiteren Krankheitsverlauf kommt es aber in der Regel zur Überlappung von cerebellären und Parkinsonsymptomen. Ferner können Pyramidenbahnsymptome auftreten, die in der Regel aber klinisch nicht im Vordergrund stehen. Die Erhebung einer detaillierten vegetativen Anamnese ergab, daß bei mehr als 60% unserer MSA Patienten Symptome des autonomen Versagens motorischen Erstsymptomen vorausgingen. Das Intervall bis zum Auftreten von motorischen Symptomen betrug bei einigen Patienten mehr als 10 Jahre. In unserem

Kollektiv hatten MSA-C Patienten eine bessere Prognose (längere Überlebenszeit, längeres Intervall bis zur Rollstuhlpflicht) als solche mit MSA-P.

Der Verlust striataler Neurone ist Bestandteil des degenerativen Prozesses bei MSA. Da D_2-Rezeptoren in den Basalganglien überwiegend postsynaptisch lokalisiert sind, kann die mit IBZM-SPECT nachgewiesene Reduktion ihrer Bindungsstellen als Marker für den Verlust von Neuronen im Striatum gelten gelten. Obwohl wir bei MSA eine statistisch signifikante Reduktion der IBZM-Bindungsstellen in den Basalganglien fanden, waren die individuellen BG/FC Quotienten nur bei 63 % der MSA Patienten um mehr als zwei Standardabweichungen reduziert. Unsere Untersuchungen ergaben ferner, das Häufigkeit und Ausmaß der IBZM-SPECT Abnormalitäten sich zwischen MSA-C und MSA-P nicht unterschieden. Insbesondere zeigten einige Patienten ohne Parkinsonsymptome pathologisch reduzierte BG/FC Quotienten bzw. einige Patienten mit MSA-P ein normales IBZM Bindungsverhalten. Die Parkinsonsymptome bei MSA sind demnach nur unzureichend erklärbar mit einer striatalen Degeneration, sondern sind möglicherweise überwiegend abhängig vom Ausmaß der nigralen Degeneration.

Die klinische Symptomatolgie spiegelt sich in der Topographie von MRI Abnormalitäten wieder. Besonders bei MSA-C, weniger deutlich ausgeprägt aber auch bei MSA-P Patienten, ergaben quantitative Areamessungen infratentorieller Strukturen die Morphologie einer olivopontocerebellären Atrophie (OPCA, Wüllner et al. 1993), z.T. auch bei Patienten ohne cerebelläre Symptome. Während putaminale Hypointensitäten ausgeprägter bei MSA-P Patienten mit prädominanten Parkinsonsymptomen waren, zeigten Patienten mit MSA-C eine deutlichere infratentorielle Atrophie und pontocerebelläre Hyperintensitäten. Putaminale oder infratentorielle Änderungen waren jedoch nicht auf eine Patientengruppe beschränkt. Die Daten der bildgebenden Verfahren, die bei allen Patienten Auffälligkeiten sowohl infratentoriell, als auch in den Basalganglien zeigten, unterstützen das Konzept, daß sporadische OPCA und SND pathologisch eng miteinander verbunden sind und unter der Diagnose MSA vereint werden sollten, auch wenn wir nach klinischen Kriterien für MSA-C eine deutlich bessere Prognose als für MSA-P fanden.

Unsere Daten zeigen ferner, daß einzelne bildgebende Kriterien, z.B. deutliche putaminale Hypointensitäten, verminderte IBZM Bindung in den Basalganglien oder cerebelläre Atrophie, nicht ohne zusätzliche klinische Anamnese und Befunde zur Diagnose MSA führen, da ihnen sowohl eine ausreichende Spezifität als auch Sensitivität fehlt.

Literatur

Brücke T, Podreka I, Angelberger P, Wenger S, Topitz A, Küfferle B, Müller C, Deece L (1991) Dopamine D2 receptor imaging with SPECT: Studies in different neuropsychiatric disorders. J Cereb Blood Flow Metab 11: 220-228

Graham JG, Oppenheimer DR (1969) Orthostatic hypotension and nicotine sensitivity in a case of multiple system atrophy. J Neurol Neurosurg Psychiat 32: 28-34

Quinn N (1989) Multiple system atrophy - the nature of the beast. J Neurol Neurosurg Psychiat 52 (special supplement): 78-89

Savoiardo M, Strada L, Girotti F, Zimmermann RA, Grisoli M, Testa D, Petrillo R (1990) Olivopontocerebellar atrophy: MR diagnosis and relationship to multisystem atrophy. Radiology 174: 693-696

414

Schroth G, Naegele T, Klose U, Mann K, Petersen D (1988) Reversible brain shrinkage in abstinent alcoholics, measured by MRI. Neuroradiology 30: 385-389

Schwarz J, Tatsch K, Arnold G, Gasser T, Trenkwalder C, Kirsch CM, Oertel WH (1992) ^{123}I-iodobenzamide-SPECT predicts dopaminergic responsiveness in patients with de novo parkinsonism. Neurology 42: 556-561

Stern MB, Braffman BH, Skolnick BE, Hurtig HI, Grossman RI (1989) Magnetic resonance imaging in Parkinson's disease and parkinsonian syndromes. Neurology 39: 1524-1526

Wüllner U, Klockgether T, Petersen D, Naegele T, Dichgans J (1993) Magnetic resonance imaging (MRI) in hereditary and idiopathic ataxia. Neurology 43: 318-325

Computertomographische Befunde bei der Multisystem Atrophie

G.K. Wenning[1], R. Jäger[1], B. Kendall[1], D. Kingsley[1], S.E. Daniel[2], N.P. Quinn[1]

[1]National Hospital for Neurology and Neurosurgery and [2]Parkinson's Disease Society Brain Bank, Institute of Neurology, London

Fragestellung

Die Bedeutung der kraniellen Computertomographie (CT) in der Diagnostik der Multisystem Atrophie (MSA) ist bislang nicht systematisch untersucht worden. Die Interpretation vorliegender Studien wird durch heterogene Krankheitsgruppen erschwert (Staal et al. 1990; Wessel et al. 1993). Insbesondere ist die Häufigkeit von Normalbefunden bei Patienten mit klinisch wahrscheinlicher MSA unbekannt.

Methodik

Kranielle CTs von 33 Patienten mit der klinischen, in 7 Fällen pathologisch gesicherten Diagnose einer MSA (Quinn et al. 1994) und von 33 altersentsprechenden Kontrollpersonen wurden blind und semiquantitativ von 2 Neuroradiologen befundet. Der Atrophiegrad verschiedener infra- und supratentorieller Gehirnstrukturen und das Ausmaß der Erweiterung von basalen Zisternen und Ventrikeln wurden auf einer 4-Punkte Skala (0 = normal, 1 = leichtgradig, 2 = mittelgradig, 3 = schwergradig) bewertet. Folgende Strukturen wurden dabei berücksichtigt: (1) Infratentoriell: zerebelläre Hemisphären, Oberwurm, Unterwurm, Pons, basale Zisternen und vierter Ventrikel, (2) Supratentoriell: zerebrale Hemisphären, dritter und Seitenventrikel. Zum Zeitpunkt der Untersuchung gaben alle Patienten Symptome einer autonomen Dysfunktion an, 32 Patienten hatten ein Parkinsonsyndrom, 26 Patienten Pyramidenbahnzeichen und 13 Patienten zerebelläre Zeichen. Das mediane Erkrankungsalter betrug 52 (40 -75) Jahre und die mediane Erkrankungsdauer bis zur CT Untersuchung 5,5 (2 - 15) Jahre.

Ergebnisse

Die Korrelation zwischen den beiden Neuroradiologen war gut (Kappa 0,61-0,80) oder sehr gut (Kappa 0,81 - 1,00) für die Mehrzahl der beurteilten Hirnareale. Normalbefunde ergaben sich bei 18% (Untersucher 1) bzw. 24% (Untersucher 2) der Patienten. Eine mittel- bis hochgradige Atrophie infratentorieller Strukturen wurde bei 36% (Untersucher 1) bzw 48% (Untersucher 2) der Patienten, eine mittel- bis hochgradige Atrophie supratentorieller Strukturen dagegen bei nur 12% (Untersucher 1) bzw. 18% (Untersucher 2) der Patienten beobachtet. Der Befund

einer Brückenatrophie wurde regelmäßig von einer Atrophie der Kleinhirnhemisphären begleitet.
Bei 5 der 13 Patienten mit zerebellärer Symptomatik ergab sich computertomographisch keine sichere Kleinhirnbeteiligung. Umgekehrt fand sich bei 5 der 20 Patienten ohne zerebelläre Symptomatik eine deutliche Kleinhirnatrophie. Die Diagnose einer MSA war in diesen Fällen jedoch zum Zeitpunkt der CT Untersuchung durch die Kombination von autonomem Versagen und Pyramidenbahnzeichen zusätzlich zum Parkinson Syndrom bereits gestellt.

Tab. 1. Schweregrad der infra- and supratentoriellen Atrophie bei 33 Patienten mit Multisystem Atrophie

infratentorielle Atrophie

	leicht	mittel	schwer	
Untersucher 1	11	11	1	22/33
Untersucher 2	9	14	2	25/33

supratentorielle Atrophie

	leicht	mittel	schwer	
Untersucher 1	9	4	0	13/33
Untersucher 2	8	6	0	14/33

Konklusion

21% der Patienten mit MSA hatten computertomographisch einen Normalbefund. Eine Atrophie infratentorieller Strukturen lag bei 42% der Patienten vor, wobei der radiologische Befund einer Kleinhirnatrophie nur schwach mit der klinischen Symptomatik korrelierte. Das CT ist zur differentialdiagnostischen Abklärung von Patienten mit Verdacht auf MSA nur von begrenzter Bedeutung.

Literatur

Quinn N. Multiple system atrophy. In: Marsden CD, Fahn S, eds. Movement disorders III. Butterworths, London (im Druck)
Staal A, Meerwaldt JD, van Dongen KJ, Mulder PGH, Busch HFM (1990). Non-familial degenerative disease and atrophy of brainstem and cerebellum. Clinical and CT data in 47 patients. J Neurol Sci 95: 259-269
Wessel K, Huss G-P, Brückmann H, Kömpf D (1993). Follow-up of neurophysiological tests and CT in late-onset cerebellar ataxia and multiple system atrophy. J Neurol 240: 168-176

Progressive supranukleäre Paralyse (Steele-Richardson-Olszewski-Syndrom): Klinisch-pathologischer Bericht über 16 Fälle

C. Bancher, K. Jellinger

Ludwig Boltzmann Institut für klinische Neurobiologie, Neurologische Abteilung des KH Lainz, Wien

Fragestellung

Die progressive supranukleäre Paralyse (PSP), eine seltene (Inzidenz: ca. 1:100 000) neurodegenerative Erkrankung, wurde erstmals von Steele, Richardson und Olszewski im Jahre 1964 an acht Patienten beschrieben, die durch eine vertikale Blicklähmung, Nackendystonie, Pseudobulbärparalyse und milde Demenz auffällig waren. Die neuropathologische Untersuchung ergab den Befund eines polytopen, zahlreiche subkortikale Neuronensysteme betreffenden Nervenzellverlustes, der mit dem Auftreten von Neurofibrillendegeneration (sog. neurofibrillary tangles, NFT) einhergeht und sich topographisch von anderen Systematrophien oder der Alzheimer Krankheit unterscheidet. Weitere klinische Symptome der Erkrankung bestehen in einem extrapyramidalen Syndrom mit Rigor und Bradykinese sowie einer Gangstörung, sodaß das klinische Bild in vielen Fällen als M. Parkinson oder als Parkinson-Plus Syndrom fehldiagnostiziert wird. Autopsiestudien an größeren Kollektiven von Parkinson-Patienten haben gezeigt, daß in 3-6% aller Fälle eine PSP nachweisbar ist, welche somit nach dem M. Parkinson selbst die zweithäufigste Ursache eines Parkinson-Syndroms darstellt (Übersicht: Golbe 1992). Da es derzeit noch keine spezifischen Labortests für die PSP gibt und auch die konventionellen bildgebenden Verfahren nur wenig hilfreiche Befunde ergeben, steht und fällt die Diagnose mit einer differenzierten klinischen Untersuchung und Anamnese-erhebung. Vor allem bei frühen Fällen und solchen, bei denen das Leitsymptom der supranukleären, vertikalen Ophthalmoplegie fehlt, ist die klinische Diagnose problematisch. Aus diesem Grunde wurden von Lees (1987) und der Gruppe um Y. Agid (Blin et al. 1990) Diagnosekriterien erarbeitet, die für Forschungsarbeiten Verwendung finden und auch im klinischen Alltag hilfreich sein können. Wir haben die Kriterien der Pariser Gruppe retrospektiv auf 16 histopathologisch gesicherte eigene Fälle angewandt und berichten über klinisch-pathologische Korrelationen, die zeigen, daß mittels der angewendeten Kriterien ein Großteil der pathologisch verifizierten Fälle klinisch identifiziert werden könnte.

Methodik

Im Autopsiegut des Ludwig Boltzmann Instituts für klinische Neurobiologie finden sich von 1970 bis 1993 insgesamt 17 histologisch verifizierte PSP Fälle, von denen 16 ausreichend klinisch dokumentiert sind. Das Alter zu Beginn der Erkrankung lag zwischen 16 und 69 Jahren (Mittel: 54,8), zum Zeitpunkt des Todes zwischen 35 und 74 Jahren (Mittel: 62,9), mit einer Verlaufsdauer von 4 bis 24 Jahren (Mittel: 9,9). Die histopathologische Diagnose beruht auf dem Vorkommen von Zellverlust und, als diagnostisches Kriterium, wechselnden Zahlen von tau-immunoreaktiven NFT (Bancher et al. 1987) in N. subthalamicus, Pallidum, Putamen, Mittelhirn inkl. Substantia nigra, periaquäduktärem Grau, Brückenfußkernen, Locus coeruleus, Medulla oblongata inkl. Olivenkernen sowie im Zahnkern des Kleinhirns bei nur geringer Beteiligung von Iso- und Allocortex der Großhirnrinde (Jellinger und Bancher 1992).

Die von der Gruppe um Y. Agid erarbeiteten klinischen Diagnosekriterien für die PSP (Blin et al, 1990) umfassen die im folgenden zusammengestellten 10 Punkte:

I. Beginn der Erkrankung jenseits eines Alters von 40 Jahren;
II. Progredientes Fortschreiten einer sporadischen, nichtfamiliären Erkrankung;
III. Dauer der Erkrankung von weniger als 10 Jahren;
IV. Fehlen herdförmiger neurologischer Ausfälle bei klinischer Untersuchung und

im CCT;
V. Parkinson Syndrom vom Rigor-Akinese Typ;
VI. Supranukleäre, vertikale Ophthalmoplegie oder andere Störungen der Optomotorik;
VII. Kognitive Störungen bzw. Frontalhirnsyndrome;
VIII. Schwere Standinstabilität und Neigung zu Stürzen ohne andere faßbare Ätiologie;
IX. Kein signifikantes Ansprechen auf Levodopatherapie;
X. Dysarthrie und/oder Pseudobulbärparalyse.

Sind alle Kriterien erfüllt, kann die klinische Diagnose einer wahrscheinlichen PSP gestellt werden. Fehlen 1 oder 2 Kriterien, ist die Diagnose einer möglichen PSP zu stellen. Das Vorkommen der Symptome wurde retrospektiv aus dem Studium der entsprechenden Krankengeschichten evaluiert.

Ergebnisse und Diskussion

Die zu Lebzeiten der Patienten gestellte klinische Diagnose war in nur 6 der 16 Fälle korrekt, während der Großteil der restlichen Fälle als M. Parkinson oder Parkinson-Plus Syndrom gelaufen war. Bei retrospektiver Anwendung der oben genannten Kriterien erwiesen sich bei 8/16 sämtliche Punkte als zutreffend. Somit konnten 50% der Fälle als wahrscheinliche PSP identifiziert werden. Acht Kriterien waren in 12 der 16 Fälle (75%) erfüllt. In diesen Fällen kann die klinische Diagnose als möglich erachtet werden. Somit ließen sich insgesamt 75% der autoptisch gesicherten PSP Fälle retrospektiv klinisch identifizieren (Tabelle 1).

Tab. 1: PSP-Diagnosekriterien in 16 histopathologisch verifizierten Fällen

Nr	Alter	Dauer	I	II	III	IV	V	VI	VII	VIII	IX	X	Krit.pos.
1	37w	14a	-	+	-	+	+	#	+	+	0	+	7/10
2	50m	24a	-	+	-	+	+	+	+	+	0	+	7/10
3	58w	19a	-	+	-	+	+	+	+	+	+/-	+	8/10
4	58w	15a	+	+	-	+	+	+	?	+	+/-	+	8/10
5	63m	5a	+	+	+	+	+	+	?	+	0	+	8/10
6	72w	5a	+	+	+	+	+	+	+	+	+/-	+	10/10
7	74m	17a	+	+	-	+	+	-	+	+	+/-	?	7/10
8	69m	9a	+	+	+	+	+	+	+	+	+	+	10/10
9	67m	3a	+	+	+	+	+	+	+/-	+	+/-	+	10/10
10	70m	4a	+	+	+	+	+	+	+/-	+	+	+	10/10
11	71w	5a	+	+	+	+	+	+	+	+	+/-	+	10/10
12	71m	7a	+	+	+	+	+	+	+/-	+	+	+	10/10
13	65m	4a	+	+	+	+	+	+	+	+	+	+	10/10
14	74w	5a	+	+	+	+	+	#	+/-	+	+/-	+	10/10
15*	35w	?a	-	?	-	-	?	?	+	?	?	+	2/10
16	72w	5,5a	+	+	+	-	?	#	+++	+	+	+	8/10

Krit. in ../16
Fällen erfüllt   12   15 10   14   14   14 14 15   12   15

0: keine dopaminerge Therapie erhalten
?: ungenügende Information in der Krankengeschichte
#: andere Störung der Optomotorik als vertikale Ophthalmoplegie
*: Fall mit atypischer Histopathologie und klinischer Diagnose einer spinocerebellären
   Degeneration
Klinikopathologische Daten der Fälle 1-9 wurden von Jellinger et al. (1980) publiziert.

Bei einem ansonsten typischen Fall wahrscheinlicher PSP bestand keine vertikale Blickparese, sondern eine "bilaterale Abducensparese". Trotzdem sind hier alle Kriterien als erfüllt zu erachten.

Bei den 4 Fällen möglicher PSP, wo 2 Kriterien unerfüllt blieben, war bei 2 Patienten die Verlaufsdauer mit 15 bzw. 19 Jahren jenseits der 10-Jahresgrenze; bei einer Frau hatte die Erkrankung bereits im Alter von 39 Jahren begonnen. Bei 2 Patienten war das Vorliegen einer Demenz nicht mit Sicherheit zu verifizieren; ein Patient hatte kein L-Dopa erhalten; bei einer Patientin bestanden eine einseitige Spastizität und Ruhetremor. Weiters war an Stelle des Kardinalsymptoms der vertikalen Blicklähmung eine internukleäre Ophthalmoplegie beobachtet worden und das Vorkommen von Bradykinese nicht dokumentiert, wahrscheinlich deshalb, weil die Patientin schwer dement und bettlägrig gewesen war.

Bei 3 Patienten waren nur 7/10 Diagnosekriterien erfüllt, sodaß hier die klinische Diagnose retrospektiv nicht nachzuvollziehen war. Bei allen lag eine zum Teil beträchtlich zu lange Krankheitsdauer vor (17-24 Jahre) und in 2 Fällen lag der Krankheitsbeginn mit 16 bzw. 26 Jahren unter der in den Kriterien festgesetzten Altersgrenze. Diese beiden Patienten hatten auch keine dopaminerge Therapie erhalten. Bei einem Patienten hatte keine Blickparese vorgelegen, während einer eine Konvergenzstörung gehabt hatte. Bei einem Patienten lagen verläßliche Angaben über eine pseudobulbäre Symptomatik nicht vor.

Bei einem histopathologisch atypischen Fall waren nur 2 Kriterien erfüllt: dabei handelt es sich um eine 35jährige Frau, die klinisch als spinocerebelläre Degeneration gelaufen war und bereits seit Kindheit unter geistiger Retardation und spastischer Tetraparese unbekannter Genese litt. Allerdings lagen für mehrere Kriterien in der Krankengeschichte nur ungenügende Informationen vor. Histopathologisch bestand eine atypische Läsionstopik mit jedoch klassischer Zytoskelettpathologie.

Bei klinisch und histologisch typischen Fällen sind es demnach in erster Linie die Kriterien des Verlaufs unter 10 Jahren sowie des fehlenden Ansprechens auf L-Dopa, welche die Hauptursache der Nichterfüllung der 10 Punkte darstellen.

Untersuchen wir die 10 von der Pariser Gruppe vorgeschlagenen Diagnosekriterien hinsichtlich ihres Auftretens bei unseren 16 Patienten, so waren 3 Punkte bei allen histologisch gesicherten Fällen mit ausreichender klinischer Information vorhanden: 1. das Vorliegen einer langsam progredienten, sporadischen Erkrankung; 2. Standinstabilität und/oder Stürze und 3. eine Pseudobulbärparalyse oder Dysarthrie. Auch ein Parkinson-Syndrom vom Rigor-Akinese-Typ sowie eine Demenz waren bei allen diesbezüglich ausreichend dokumentierten Patienten (14/16) vorhanden; das Fehlen einer neurologischen Herdsymptomatik konnte in 14/15 typischen Fällen beobachtet werden. Zu den Kriterien, die häufiger nicht erfüllt waren, zählt in erster Linie die Verlaufsdauer von weniger als 10 Jahren, die in 6/16 Fällen teils beträchtlich überschritten wurde. Weiters erscheint das fehlende Ansprechen auf dopaminerge Therapie ein unverläßliches Zeichen (in 4/16 nicht erfüllt), dazumal eine gewisse Wirksamkeit bei manchen Fällen - zumindest im Frühstadium - berichtet wird (Nieforth und Golbe 1993) und vor allem junge Patienten nicht therapiert werden. Auch das Fehlen einer typischen vertikalen Ophthalmoplegie (in 5/16 Fällen), die als Leitsymptom der PSP gilt, oft aber erst in einem späten Stadium auftritt, sollte klinisch nicht zum Ausschluß einer PSP bewegen (Davis et al. 1985). Dabei ist zu bemerken, daß bei 3 von 5 Patienten ohne vertikale Blicklähmung eine andere Störung der Optomotorik vorlag, meist im Sinne einer Konvergenzstörung oder einer internukleären Ophthalmoplegie.

Insgesamt ergibt sich bei Anwendung publizierter Diagnosekriterien eine relativ gute Korrelation zwischen klinischer Diagnose und Neuropathologie der PSP, wobei insgesamt 75% aller Fälle als zumindest mögliche PSP retrospektiv identifiziert werden konnten. Das Vorliegen einer progredienten, nicht-familiären Erkrankung mit Gangstörung und Neigung zu Stürzen, Pseudobulbärparalyse mit Dysarthrie und/oder Schluckstörung und bestehendem Parkinson-Plus Syndrom bei Fehlen neurologischer Herdsymptome macht klinisch - auch bei Fehlen der typischen vertikalen Ophthalmoplegie - die Diagnose einer PSP wahrscheinlich. Um die Sensitivität der angeführten Diagnosekriterien zu erhöhen, scheint es uns sinnvoll, in Zukunft die Dauer der Erkrankung wohl eher mit 20, als wie bisher mit 10 Jahren zu begrenzen. Selbstverständlich ergeben die erhobenen Daten keine Information über die Spezifizität der klinischen Kriterien. Diese wird in Zukunft an Kontrollgruppen mit anderen neurodegenerativen Erkrankungen zu evaluieren sein. Die Anwendung der formalisierten Diagnosekriterien auf Patienten mit extrapyramidalen Syndromen sollte jedoch mit guter Sensitivität einen großen Teil jener Patienten zu identifizieren helfen, die heute noch zu selten vor ihrem Tod als PSP erkannt werden.

Konklusion

Die progressive supranukleäre Paralyse ist eine sporadische neurodegenerative Erkrankung, die klinisch unter dem Bild eines extrapyramidalen Syndroms imponiert und häufig als M. Parkinson fehldiagnostiziert wird. In großen Autopsieserien von Parkinsonkranken kommt sie mit einer Häufigkeit von 3-6% vor. Publizierte, neudefinierte klinische Einschlußkriterien umfassen: 1. Beginn jenseits des 40. Lebensjahres; 2. Progredienter Verlauf; 3. Erkankungsdauer unter 10 Jahre; 4. Fehlen herdförmiger neurologischer Ausfälle; 5. Parkinson Syndrom vom Rigor-Akinese Typ; 6. Vertikale Ophthalmoplegie; 7. Kognitive Störungen (Frontalhirnsyndrome); 8. Standinstabilität und Neigung zu Stürzen; 9. Fehlendes Ansprechen auf L-Dopa und 10. Dysarthrie und/oder Pseudobulbärparalyse. Berichtet wird über klinisch-pathologische Korrelationen anhand von 16 histologisch gesicherten Fällen. Die zu Lebzeiten der Patienten gestellte Diagnose war nur in 6 der 16 Fälle korrekt. Bei retrospektiver Anwendung der Diagnosekriterien erwiesen sich jedoch bei 8 der 16 Fälle sämtliche Punkte als zutreffend. Mindestens 8 Kriterien wurden in 12 der 16 Fälle angetroffen. Somit konnten 50% unserer Fälle retrospektiv als wahrscheinliche PSP und 75% als zumindest mögliche PSP identifiziert werden. Untersuchen wir die 10 publizierten Diagnosekriterien hinsichtlich ihres Auftretens bei unseren 16 Patienten, so zeigt sich, daß die Kriterien des Vorliegens einer progredienten Erkrankung mit Gangstörung, Neigung zu Stürzen und Pseudobulbärparalyse bei bestehendem Parkinson-Plus Syndrom und Fehlen von Herdsymptomen regelmäßig angetroffen werden, während das Leitsymptom der PSP, die vertikale Ophthalmoplegie in 5/16 Fällen nicht vorlag. Auch das fehlende Ansprechen auf L-Dopa kann nicht als ein verläßliches Kriterium gewertet werden.

Literatur

Bancher C, Lassmann H, Budka H, Grundke-Iqbal I, Iqbal K, Wiche G, Seitelberger F, Wisniewski HM (1987) Neurofibrillary tangles in Alzheimer's disease and progressive supranuclear palsy: Antigenic similarities and differences. Acta Neuropathol 74: 39-46

Blin J, Baron JC, Dubois B, Pylon B, Cambon H, Cambier J, Agid Y (1990) Positron emission tomography study in progressive supranuclear palsy: Brain hypometabolic pattern and clinicometabolic correlations. Arch Neurol 47: 747-752

Davis PH, Bergeron C, Machlachlan DR (1985) Atypical presentation of progressive supranuclear palsy. Ann Neurol 17: 337-343

Golbe LI (1992) Epidemiology. In: Litvan I, Agid Y (eds) Progressive supranuclear palsy. Clinical and research approaches. Oxford University Press, New York, pp 34-43

Jellinger K, Riederer P, Tomonaga M (1980) Progressive supranuclear palsy: Clinicopathological and biochemical studies. J Neural Transm, Suppl 16: 111-128

Jellinger KA, Bancher C (1992) Neuropathology. In: Litvan I, Agid Y (eds) Progressive supranuclear palsy. Clinical and research approaches. Oxford University Press, New York, pp 44-88

Nieforth KA, Golbe LI (1993) Retrospective study of drug response in 87 patients with progressive supranuclear palsy. Clin Neuropharm 16: 338-346

Steele JC, Richardson JC, Olszewski J (1964) Progressive supranuclear palsy: A heterogenous degeneration involving the brain stem, basal ganglia and cerebellum with vertical gaze and pseudobulbar palsy, nuchal dystonia and dementia. Arch Neurol 10: 333-359

Untersuchung des regionalen cerebralen Glukoseverbrauchs mit FDG-PET und des rCBF mit [99m]TC-HMPAO-SPECT bei Patienten mit Morbus Huntington: ein Methodenvergleich

H. Boecker[1,3,] T. Kuwert[1], K.-J. Langen[1], H.-W. Lange[2], N. Czech[1], K. Ziemons[1], H. Herzog[1], A. Weindl[3], L.E. Feinendegen[1]

[1]Institut für Medizin, Forschungszentrum Jülich, [2]Neurologisches Therapiezentrum Düsseldorf, [3]Neurologische Klinik, Klinikum rechts der Isar, Technische Universität München

Fragestellung

Eine Degeneration des Striatums liegt einer Vielzahl unterschiedlicher extrapyramidalmotorischer Erkrankungen zugrunde. Deshalb ist die frühzeitige Erkennung derartiger Veränderungen, wie sie beispielsweise positronenemissionstomographisch durch den Nachweis eines reduzierten striatalen Glukoseverbrauchs (rCMRGlc) möglich ist, von klinischer Bedeutung. Im Rahmen der Diagnostik des Morbus Huntington (HD), welcher hier exemplarisch behandelt wird, gelingt mit Hilfe der Positronenemissionstomographie (PET) der frühzeitige Nachweis einer beginnenden striatalen Dysfunktion (Mazziotta et al. 1987; Hayden et al. 1987; Kuwert et al. 1993). Neuerdings erreichen moderne hochauflösende Drei-Kopf-SPECT-Systeme bei geringeren Kosten und insgesamt besserer Verfügbarkeit beinahe die Abbildungsqualität der PET. Das Ziel dieser Studie war es, die diagnostische Wertigkeit der SPECT mit [[99m]TC]-hexamethylpropyleneamine oxime (HMPAO) im Vergleich zur PET mit ^{18}F-Fluorodeoxyglucose (FDG) bei Patienten mit HD zu evaluieren.

Methodik

Unter Verwendung der Drei-Kopf-SPECT-Kamera TRIAD (TRIONIX) und des PET-Tomographen PC4096 (SCANDITRONIX) wurden 8 HD-Patienten (HP), 7 Huntington-Risikopersonen (RP) und 9 Normalpersonen (NP) im Zeitraum von 5/92 bis 10/92 konsekutiv mit HMPAO und FDG untersucht. Das Durchschnittsalter der HP, RP und NP betrug 49,7 ± 9,8, 38,6 ± 10,0 bzw. 35,7 ± 9,3 Jahre; die Geschlechtsverteilung war ausgeglichen. Die Gruppenzuordnung erfolgte anhand einer gesicherten Familienanamnese und dem Nachweis (HP), bzw. Ausschluß (RP) choreatischer Bewegungsstörungen (Lange et al. 1983).

Beide Messungen wurden unter Ruhebedingungen bei reduzierter Geräuschkulisse in leicht abgedunkelten Untersuchungsräumen durchgeführt. Die Kopfpositionierung erfolgte orbitomeatoparallel in einem hemizylindrischen Plastik-Kopfhalter, um eine möglichst identische Ausrichtung in beiden Verfahren zu erreichen. Die SPECT Untersuchungen wurden 10-60 Minuten nach intravenöser Injektion von 15 mCi (555 MBq) HMPAO (2,5 ml) durchgeführt. Die Aquisitionsdauer betrug 45 Minuten, wobei 180 Einstellungen (3 x 60 in 2 Grad Abständen) von 45 s Dauer in eine 256 x 128 Matrix, entsprechend einer Pixelgröße von 1,78 x 1,78 mm aufgenommen wurden. Die Rekonstruktion erfolgte mittels gefilterter Rückprojektion, die Schwächungskorrektur war erster Ordnung. Die Ortsauflösung der Kamera beträgt 12,0 mm (full width at half maximum; FWHM).

Die PET-Untersuchung erfolgte nach intravenöser Injektion von 6-8 mCi FDG. Zuvor wurde eine Transmissionsmessung zur Schwächungskorrektur durchgeführt. Während der Untersuchung wurden arterialisierte Blutproben in vordefinierten Intervallen zur Bestimmung der Plasmaaktivität entnommen. Die Berechnungen der Stoffwechselwerte erfolgten in Analogie zu vorherigen Veröffentlichungen (Kuwert et al. 1993; Kuwert et al. 1993). Die Ortsauflösung der Kamera beträgt 7,1 mm (FWHM).

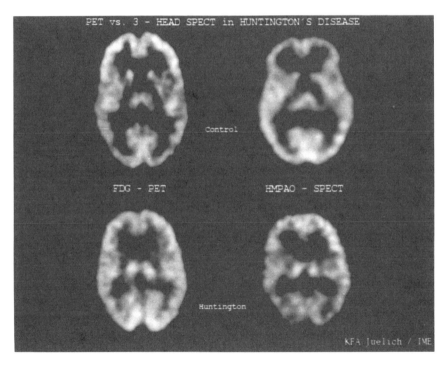

Abb. 1. FDG-PET und HMPAO-SPECT einer Kontrollperson und eines Patienten mit Morbus Huntington

Nach Reformatierung der PET - und SPECT Daten in eine identische Voxelgröße, wurden korrespondierende, einer neuroanatomischen Referenzschicht entsprechende Schichten ausgewählt. Auf den korrespondierenden Schichten beider Methoden wurden die Maximalwerte von striatalem rCMRGlc und regionalem cerebralem Blutfluß (rCBF) histographisch (Kuwert et al. 1992) in randomisierter Weise bestimmt. Gleichzeitig wurden die Mittelwerte der Gesamtschicht als Referenz manuell definiert. Die weitere Datenauswertung erfolgte anhand von Quotienten (C/S)

zwischen maximalem caudatalem HMPAO-uptake bzw. rCMRGlc und durch-
schnittlichem HMPAO-uptake bzw. rCMRGlc der Gesamtschicht. Mit Hilfe von
SAS (statistical software package) wurden lineare Regressionsanalysen vorgenommen und Korrelationskoeffizienten (Pearson) der C/S Quotienten berechnet. Als
Normbereiche wurden die 2,5% Konfidenzintervalle des Normalkollektivs bestimmt.

Ergebnisse

Repräsentative Befunde von FDG-PET und HMPAO-SPECT bei einer NP und einem
HP sind in Abb. 1 zusammengefaßt. Bei der NP kommt es zu einer symmetrischen
Darstellung des Striatums in beiden Modalitäten. Der HP zeigt ein typisches Bild mit
deutlich reduziertem HMPAO uptake im SPECT bzw. FDG Metabolismus im PET.
In Abb. 2 sind zusammenfassend die Daten der quantitativen Analyse enthalten: die
mit PET und SPECT gemessenen C/S-Quotienten korrelieren hochsignifikant und
linear (n = 24; r = 0,87; p < 0,0001). Alle 8 HP haben einen signifikant reduzierten
C/S-Quotienten im PET, bei 7 der 8 HP ist auch der mit SPECT bestimmte C/S-
Quotient pathologisch. PET identifiziert 2 der 7 RP als pathologisch, SPECT
dagegen 1 der 7 RP. Zusammenfassend liegt bei 13 von 15 Patienten bzw. Risikopersonen ein konkordantes Ergebnis vor, entsprechend einer Richtigkeit von 87%
der SPECT bezogen auf die PET Untersuchung.

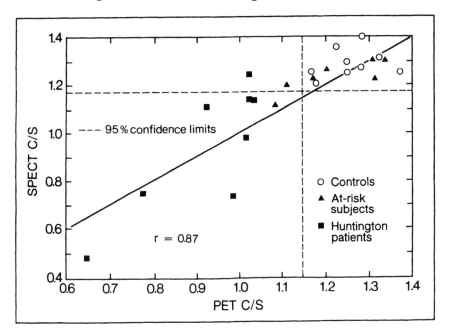

Abb. 2. Relativer caudataler HMPAO uptake (SPECT) vs. relativer caudataler rCMRGlc

Konklusion

Die hier präsentierten Daten illustrieren die verbesserten Abbildungsqualitäten eines modernen, hochauflösenden Drei-Kopf-SPECT-Systems. Die 87%ige Richtigkeit der SPECT bezogen auf den "gold standard" PET ist deutlich höher, als in bisherigen Vergleichsstudien zwischen FDG-PET und HMPAO-SPECT (Stefan et al. 1989; Ryvlin et al. 1992), welche bei geringerer räumlicher Auflösung eine ca. 50%ige Konkordanz dieser Methoden im Rahmen der Fokusdetektion bei Epilepsie-Patienten beschreiben. Durch Entwicklung der Multi-Detektor-Kameras wird die Bedeutung der SPECT in der Diagnostik degenerativer Hirnerkrankungen zu-nehmen.

Literatur

Hayden MR, Hewitt J, Stoessl AJ, Clark C, Ammann W, Martin WRW (1987) The combined use of positron emission tomography and DNA polymorphisms for preclinical detection of Huntington's disease. Neurology 37: 1441-1447

Kuwert T, Ganslandt T, Jansen P, Jülicher F, Lange H, Herzog H, Scholz D, Aulich A, Feinendegen LE (1992 a) Influence of size of regions of interest on PET evaluation of caudate glucose consumption. J Comput Assist Tomogr 16: 789-794

Kuwert T, Lange HW, Boecker H, Titz H, Herzog H, Aulich A, Wang BC, Nayak U, Feinendegen LE (1993 b) Striatal glucose consumption in chorea-free subjects at risk of Huntington's disease. J Neurol (im Druck)

Kuwert T, Noth J, Scholz D, Schwarz M, Lange HW, Töpper R, Herzog H, Aulich A, and Feinendegen LE (1993) Comparison of somatosensory evoked potentials with striatal glucose consumption measured by positron emission tomography in the early diagnosis of Huntington's disease. Movement Disorders 8: 98-106

Lange HW, Strauss W, Hassel PC, Wüller W, Tegeler J (1983) Langzeittherapie bei Huntington-Kranken.Psycho 5: 286-290

Mazziotta JC, Phelps ME, Pahl JJ, Huang S-C, Baxter LR, Riege WH, Hoffman JM, Kuhl DE, Lante AB, Wapenski JA, Markham CH (1987) Reduced cerebral glucose metabolism in asymptomatic subjects at risk for Huntington's disease. N Engl J Med 316: 357-362

Ryvlin P, Philippon B, Cinotti L, Froment JC, Le Bars D, Mauguière F (1992) Functional neuroimaging strategy in temporal lobe epilepsy: a comparative study of [18]FDG-PET and ^{99m}Tc-HMPAO-SPECT. Ann Neurol 31: 650-656

Stefan H, Pawlik G, Böcher-Schwarz HG, Biersack HJ, Burr W, Penin H, Heiss WD (1987) Functional and morphological abnormalities in temoral lobe epilepsy: a comparison of interictal and ictal EEG, CT, MRI, SPECT and PET. J Neurol 234: 377-384

Neuropsychologische Befunde bei McLeod-Neuroakanthozytose

I. Uttner, W. Frings, T.N. Witt, A. Danek

Neurologische Klinik, Klinikum Großhadern, Ludwig-Maximilians-Universität München

Einleitung

Als Neuroakanthozytose (Choreoakanthozytose) werden Syndrome bezeichnet, bei denen neurologische Symptome zusammen mit Akanthozyten, abnormen Stechapfelformen der roten Blutkörperchen, auftreten. Chorea, Psychosen, Myopathien und axonale Polyneuropathien werden ebenso beobachtet wie pathologisch-anatomisch eine Degeneration des Striatum, die der bei Huntington-Chorea vergleichbar ist. In wenigen Fällen wurden auch Störungen kognitiver Funktionen dokumentiert (Medalia et al. 1989; Delecluse et al. 1991).

Zu der ätiologisch heterogenen Gruppe gehört die Abetalipoproteinämie Bassen-Kornzweig, aber auch Fälle mit normalen Lipoproteinen. Eine seltene Form ist das McLeod-Syndrom, das durch eine X-chromosomale Variante des Kell-Blutgruppensystems (sog. McLeod-Phänotyp) charakterisiert ist und so vom Bassen-Kornzweig-Syndrom oder den Formen der Neuroakanthozytose mit normalen Kell-Antigenen oder autosomalem Erbgang abgegrenzt werden kann (Danek und Witt 1993). Beim McLeod-Syndrom fehlt das auf Xp21 durch etwa 5500 Basenpaare kodierte Protein Kx der Erythrozytenmembran. Es scheint 10 Transmembran-Domänen aufzuweisen und auch in Gehirn und Muskel exprimiert zu werden (Ho und Monaco, pers. Mitteilung).

Laborchemisch zeigt das McLeod-Syndrom die spezifische verminderte Kell-Reagibilität sowie Akanthozytose, kompensierte hämolytische Anämie und erhöhte Leber- und Muskelenzyme im Serum. Auch die Herzmuskulatur ist betroffen (Kardiomegalie, Arrhythmien, abnormes EKG, Herzinsuffizienz).

Von neurologischem Interesse beim McLeod-Syndrom ist der Befall von Muskulatur und peripherem Nervensystem (Atrophie, Areflexie). Die sich im späteren Verlauf manifestierende choreatische Bewegungsstörung zeigt, daß auch das Gehirn in den Krankheitsprozeß einbezogen ist. Ob dadurch auch höhere Hirnleistungen beeinträchtigt sind, wurde bisher nicht untersucht.

Kasuistik und Methodik

Der von uns seit dem 40. Lebensjahr betreute, jetzt 53jährige Diplom-Volkswirt M.T. mit Kardiomyopathie, subklinischer Myopathie und axonaler Polyneuropathie bei gesichertem McLeod-Phänotyp der Erythrozyten entwickelte seit etwa zwei Jahren eine zunehmende Unfähigkeit, einmal eingenommene Körperpositionen über längere Zeit beizubehalten. Jetzt zeigte er unmotivierte, kaum unterdrückbare, abrupte Bewegungen, die er selbst als "halbwillkürlich" bezeichnete. Die kontinuierlich vorhandenen Bewegungen waren distal betont (Wippen der Füße, Kreuzen der Beine, Berührungen des Rumpfes durch die Hände, selten Schulter-, Rumpf- oder Kopfbewegungen) und wurden als Chorea eingeordnet. Der Patient klagte weiterhin über ein zunehmendes Nachlassen der beruflichen und geistigen Leistungsfähigkeit. Computer- und Kernspintomogramm zeigten eine diskrete Atrophie der Nuclei caudati. Eine SPECT-Untersuchung mit dem Dopamin-D2-Rezeptor-Liganden [123]IBZM ergab eine gegenüber Normalpersonen signifikant verminderte Belegung im Striatum beidseits (Danek et al., im Druck). Vom jüngeren Bruder des Patienten, ebenfalls mit dem McLeod-Phänotyp, sind eine ausgeprägte Chorea, epileptische Anfälle und remittierte psychotische Symptome bekannt. Um eine aufgrund dieser Befunde zu erwägende Beeinträchtigung von Hirnleistungen im Rahmen des McLeod-Syndroms zu dokumentieren, wurde M.T. mit folgenden neuropsychologischen Verfahren untersucht: Revidierter Hamburg-Wechsler-Intelligenztest für Erwachsene (HAWIE-R), Wisconsin Card Sorting Test, Farbe-Wort-Interferenztest nach Stroop, Controlled Oral Word Association Test, Benton Visual Retention Test, Rey-Osterrieth Complex Figure Test, Selective Reminding, Münchner Verbaler Gedächtnistest, Wort-Paarassoziationslernen.

Ergebnisse

In der neuropsychologischen Untersuchung (Tabelle) zeigten sich Defizite in En- und Dekodierung vorgegebener Items aus dem verbalen Episoden- bzw. Sekundärgedächtnis (Selective Reminding, Münchner Verbaler Gedächtnistest, Trial 4 des Wort-Paarassoziationslernens), entsprechend einer kombinierten Lern- und Abrufstörung. Auch die kognitive Verarbeitungsgeschwindigkeit, gemessen mit dem Zahlen-Symbol-Test, und die Fähigkeit, eine zeitlich korrekte Abfolge von sequenzierbaren Einzelereignissen herzustellen (Bilderordnen), waren beeinträchtigt. Die selektive Aufmerksamkeit, respektive der Widerstand gegenüber Interferenzen, war deutlich reduziert (Farbe-Wort-Interferenztest). Eine signifikante Differenz von 30 IQ-Punkten zwischen Verbal- und Handlungsintelligenz ($p < 0{,}01$) mit konsistent niedrigerer Performanz im Handlungteil des HAWIE-R sprach für eine Hirnleistungsminderung auf organischer Grundlage.

Unbeeinträchtigt waren dagegen nonverbales episodisches und semantisches Gedächtnis (Benton Visual Retention Test, Rey-Osterrieth Complex Figure Test, Controlled Oral Word Association Test), die Fähigkeit zum abstrakten Denken und die kognitive Flexibilität (Wisconsin Card Sorting Test).

Diskussion

Über die kognitiven Defizite bei Neuroakanthozytose ist bisher nicht viel bekannt. Die wenigen vorliegenden psychometrischen Befunde belegen eine reduzierte intellektuelle Leistungsfähigkeit (besonders bei handlungsbezogenen Testanforderungen), Abrufprobleme in Gedächtnisaufgaben und Defizite sogenannter "frontaler" Leistungen wie Aufmerksamkeitsfokussierung und der Fähigkeit, komplexe Handlungen zu planen und auszuführen (Medalia et al. 1989; Delecluse et al. 1991).

Tab. 1. Ergebnisse der neuropsychologischen Untersuchung

Intelligenz (HAWIE-R)

| Gesamt-IQ: | 116 | Performance IQ: | 98 |
| | | Verbal IQ: | 128 |

Subtest-Scores ($M = 10$; $SD = 3$)

Bilderergänzen:	10	Allgemeines Wissen:	15	
Bilderordnen:	7	Zahlennachsprechen:	10	
Mosaiktest:	10	Wortschatztest:	15	
Figurenlegen:	10	Rechnerisches Denken:		17
Zahlen-Symbol-Test:	5	Allgemeines Verständnis:	17	
		Gemeinsamkeiten finden:	13	

"Frontalhirn" Tests

Wisconsin Card Sort:	Kategorien:	6	(T=50)
	Persev. Antworten:	10	(T=55)
	Persev. Fehler:	9	(T=53)
	Nichtpersev. Fehler:	10	(T=49)

| Controlled Word Association Test: | normal (PR > 25) |
| Farbe-Wort-Interferenz-Test: | gestört ($T_{interferenz}=28$) |

Gedächtnis

Visual Retention Test:	normal (8 Richtige, 4 Fehler)
Complex Figure Test:	normal
Kopie	PR > 50
Wiedergabe, unmittelbar	PR > 50
Wiedergabe, verzögert (25')	PR > 50

Selective Reminding:		
Short term recall	gestört	(2)
Long term recall	gestört	(8)
Long term storage	gestört	(8)
List learning	gestört	(6)
Recall maximum	grenzwertig	(9)

Münchner Verbaler Gedächtnistest:		
Enkodierung:	gestört	(5, 6, 10, 10, 11)
Wiedererkennen:	gestört	(12)
Wiedergabe, frei:	grenzwertig	(10, 10)
Wiedergabe, mit Hilfen	grenzwertig	(11, 11)

| Wort-Paarassoziationslernen: | normal | (2, 6, 7, 5) |

Ein gleichartiges Leistungsprofil fand sich bei unserem Patienten mit dem McLeod-Typ der Neuroakanthozytose: wir konnten Beeinträchtigungen der Handlungsintelligenz, des Langzeitgedächtnisses (verbal) und von Aufmerksamkeits- und Planungsfunktionen nachweisen.

Ähnliche Störungsmuster sind auch für das Anfangsstadium des Morbus Huntington beschrieben (Brandt und Butters 1986; Jason et al. 1988), der als klassische degenerative Erkrankung des Striatum mit Nucleus-caudatus-Atrophie und Verminderung striataler Dopamin-D2-Rezeptoren bekannt ist. Nachdem bei unserem Patienten mit McLeod-Neuroakanthozytose ebenso wie bei Fällen von Neuroakanthozytose anderen Typs praktisch identische morphologische Befunde erhoben wurden, könnten die assoziierten, einander sehr stark ähnelnden kognitiven Störungen ihr gemeinsames Korrelat in einer Dysfunktion des Striatum haben, möglicherweise infolge besonderer Beeinträchtigung der Verbindungen zwischen Striatum und frontalem Cortex (vgl. Delecluse et al. 1991). Die Deutung der kognitiven Störungen bei Neuroakanthozytose, einschließlich des hier erstmals neuropsychologisch untersuchten McLeod-Typs, und beim Frühstadium der Huntington-Erkrankung als Ausdruck einer striatalen Funktionsstörung erscheint mit neueren Befunden bei Parkinsonpatienten (z.B. Wallesch et al. 1990) sowie Patienten mit kombinierten vaskulären Läsionen des (basalen) Vorderhirns und des Striatums (Irle et al. 1992) gut vereinbar. Auch in diesen Arbeiten wird dem Striatum eine wichtige Rolle für Planungsfähigkeit, Aufmerksamkeit und die Verarbeitung episodischer Gedächtnisinhalte zugeschrieben.

Literatur

Brandt J, Butters N (1986) The neuropsychology of Huntington's disease. Trends in Neurosciences 9: 118-120

Danek A, Witt TN (1993) McLeod-Syndrom. Dtsch Med Wochenschr 118: 428-432

Danek A, Uttner I, Vogl T, Tatsch K, Witt TN (im Druck) Cerebral involvement in McLeod syndrome. Neurology

Delecluse F, Deleval J, Gerard J-M, Michotte A, Zegers de Beyl D (1991) Frontal impairment and hypoperfusion in neuroacanthocytosis. Arch Neurol 48: 232-234

Irle E, Wowra B, Kunert HJ, Hampl J, Kunze S (1992) Memory disturbances following anterior communicating artery rupture. Ann Neurol 31: 473-480

Jason GW, Pajurkova EM, Suchowersky O, Hewitt J, Hilbert C, Reed J, Hayden MR (1988) Presymptomatic neuropsychological impairment in Huntington's disease. Arch Neurol 45: 769-773

Medalia A, Merriam A, Sandberg M (1989) Neuropsychological deficits in choreoacanthocytosis. Arch Neurol 46: 573-575

Wallesch CW, Karnath HO, Papagno C, Zimmermann P, Deuschl G, Lücking CH (1990) Parkinson's disease patients behaviour in a covered maze learning task. Neuropsychologia 28: 839-849

Morbus Wilson: Klinische und morphologische Befunde bei 47 Patienten

W. Oder[1], L. Prayer[2], G. Grimm[3], L. Deecke[1]

[1]Universitätskliniken für Neurologie, [2]Radiologie und [3]Innere Medizin IV, Wien

Einleitung und Fragestellung

Der Morbus Wilson ist eine angeborene Störung der biliären Kupferausscheidung, die zu einer ausgedehnten Kupferablagerung in Leber, Niere, Kornea und Gehirn führt. Die ubiquitäre Kupferablagerung im Gehirn bedingt ein breites Spektrum neuropsychiatrischer Symptome, der Kupfergehalt im Gehirn korreliert mit der Schwere des neuropathologischen Gewebeschadens und der neurologischen Symptomatik. Die Seltenheit und die Vielfalt der Symptomatik des Morbus Wilson führen häufig zu Problemen in der Frühdiagnostik, die jedoch aufgrund der Therapierbarkeit der Erkrankung möglichst rasch gestellt werden sollte. Es erschien uns daher von Interesse an einer repräsentativen Stichprobe von 47 Patienten die Frühsymptome sowie das klinisch-neurologische Spektrum der Erkrankung herauszuarbeiten und mit morphologischen Befunden in Korrelation zu bringen.

Patienten und Methodik

47 Patienten (24 Männer, 23 Frauen, Durchschnittsalter 28,8 Jahre, Bereich 10-58) mit Morbus Wilson konnten aus ganz Österreich für diese interdisziplinäre Studie rekrutiert und prospektiv klinisch und mit MRT untersucht werden. Die Diagnose wurde mittels folgender Parameter abgesichert: erniedrigtes Plasmacoeruloplasmin, erniedrigtes Serumkupfer, erhöhte Kupferausscheidung im Harn, Nachweis eines Kayser-Fleischer'schen Kornealringes, erhöhter Kupfergehalt im Lebergewebe (Feinnadelbiopsie). Es handelte sich überwiegend um chronische Patienten, nur 7 Patienten waren kürzlich diagnostiziert worden oder hatten eine Krankheitsdauer von unter einem Jahr. Die neurologische Untersuchung erfolgte standardisiert unter Verwendung klinischer Schätzskalen zur semiquantitativen Erfassung der Symptomschwere, weiters kamen noch Fragebögen (Zerssen-Listen), einfache neuropsychologische Tests (Zahlen-Verbinde-Test, Mini-Mental-Status) und Schätzskalen zur Erfassung der Funktionsbeeinträchtigung und Depression zur Anwendung. Die MRT-Untersuchungen wurden mit einem Magnetom 63 (1, 5 Tesla; Siemens) in T1 und T2-Sequenzen durchgeführt. Die morphologisch nachweisbaren Auffälligkeiten wurden semiquantitativ in kleine (kleiner/gleich 5 mm im Durchmesser) und große (Durchmesser über 5 mm) Läsionen eingeteilt. Diverse Atrophie-Indices wurden erstellt und mit den Werten einer gesunden Kontrollgruppe verglichen (20 Männer, 20 Frauen, Durchschnittsalter 36 Jahre, Bereich 11-65). Als statistische Verfahren kamen deskriptive Tests, eine Korrelationskoeffizientenanalyse nach Pearson und eine explorative Faktorenanalyse zur Anwendung.

Ergebnisse

28 Patienten hatten zum Zeitpunkt der Studie neurologische Symptome, 13 lediglich Zeichen einer Lebererkrankung und 6 waren symptomfrei. Die für eine Frühdiagnostik relevanten Erstsymptome waren (überwiegend retrospektiv durch Patientenbefragung u/o mittels Durchsicht der Krankengeschichte erhoben) in der Gruppe der zum Zeitpunkt der neurologisch auffälligen Patienten (n = 28, in abnehmenden Häufigkeit):

Tremor		11
Haltetremor	7	
Schreibtremor	3	
Intentionstremor	1	
Dysarthrie		4
Dystonie		3
Depression		4
Ikterus		2
zerebraler Anfall		1
Gedächtnisstörung		1
vermehrte Speichelsekretion		1
Leberzirrhose bei Laparotomie		1

In der Gruppe der hepatischen Patienten (n = 13) zeigte sich ein anderes Bild der initialen Symptomatik:

Ikterus	5
Mattigkeit	3
Haltetremor	2
Abdominelle Beschwerden	2
Anämie	1

Die neurologischen Patienten waren mit einem Durchschnittsalter von 33,5 Jahren älter als die hepatischen und die symptomfreien Patienten mit 23 Jahren, auch der Krankheitsbeginn war bei den neurologischen Patienten später (21 Jahre gegenüber 16 Jahre der hepatischen Patienten). 23 der 28 neurologisch symptomatischen Patienten hatten in der Spaltlampenuntersuchung einen Kayser-Fleischer'schen Kornealring, hingegen nur 4 der 13 hepatischen Patienten und keiner der 6 asymptomatischen Patienten, die im Rahmen einer Familienuntersuchung diagnostiziert werden konnten. Die Variabilität der initialen neuropsychiatrischen Symptomatik wird auch durch die Anzahl und Art der Fehldiagnosen verdeutlicht, die bei immerhin 16 der 28 neurologischen und 10 der 13 hepatischen Patienten in der Frühphase der Erkrankungen gestellt wurden. Die häufigsten Fehldiagnose bei den neurologischen Patienten waren Depression (n=5), Paranoides Syndrom (3), Hysterie (2), M. Parkinson (3), Encephalitis (1), und Multiple Sklerose (1). Bei den hepatischen Patienten überwog - nicht überrraschend - die initiale Fehldiagnose einer Hepatitis (6).

Die neurologischen Auffälligkeiten bei diesem überwiegend chronischen Patientengut variierten stark in Art und Schwere zum Zeitpunkt der standardisierten Nachuntersuchung. Die häufigsten neurologischen Symptome waren:

Dysdiadochokinese (25 Patienten), Dysarthrie (23), Bradykinese (17), Haltetremor (15), Intentionstremor (14), Schreibtremor (14), wing-beating (14). Eine schwere kognitive Beeinträchtigung fand sich bei keinem Patienten. Die psychiatrischen Auffälligkeiten reichten von geringen Verhaltensstörungen bis zu schweren psychose-artigen Krankheitsbildern (Oder et al. 1991).

Bei 38 Patienten konnte eine MRT-Untersuchung durchgeführt werden, es fanden sich bei 18 Patienten fokale Läsionen, überwiegend im Bereich der Stammganglien, und bei 12 Zeichen einer Hirnatrophie.

Mittels einer explorativ angewandten Faktorenanalyse konnten 3 neurologische Untergruppen, die bisher in der Literatur nur empirisch beschrieben wurden, auch statistisch identifiziert werden. Auf dem erstem Faktor luden die neurologischen Symptome Bradykinese und Rigor sowie Zeichen einer kognitiven Beeinträchtigung und einer organischen Depression. Als einziger morphologischer Befund fand sich auf diesem erstem Faktor eine Erweiterung des dritten Ventrikels. Der zweite Faktor war von klinischer Seite durch Ataxie und Tremor, einhergehend mit einer Beeinträchtigung der täglichen Verrichtungen charakterisiert. Als morphologisches Korrelat dieser zweiten Untergruppe zeigten sich Thalamusläsionen. Dyskinesien, Dysarthrie, eine organische Wesensveränderung sowie umschriebene Läsionen im Putamen und Pallidum formten die dritte Untergruppe (Oder et al. 1993).

Tab. 1. Faktorenanalyse klinisch-neurologischer Entitäten und der MRT-Befunde: extrahierte Faktoren und deren Variablenladungen. Die Anzahl der Faktoren wurde mit der Kaiser-Guttmann-Regel ermittelt (es wurden ausschließlich Faktoren mit Eigenwerten >1.0 berücksichtigt).

Variable	Faktoren		
	Pseudo-Parkinson	Pseudo-Sklerose	Dyskinesie
Bradykinesie/Rigor	0.88	0.11	0.26
Depression	0.82	0.30	0.10
Number Connection T.	0.72	0.54	0.09
Erweiterung des dritten Ventrikels	0.65	-0.07	0.54
Thalamus	0.19	0.89	-0.11
Ataxie	0.46	0.82	0.07
Reduzierte Funktionskapazität	0.40	0.78	0.31
Tremor	0.58	0.74	-0.05
Putamen	0.04	-0.09	0.71
Dysarthrie	0.49	0.18	0.70
Dyskinesie	-0.06	0.16	0.69
Pallidum	0.29	-0.11	0.68
Organisches Psycho Syndrom	0.37	0.44	0.62

Zusammenfassung

In Rahmen eines interdisziplinären Forschungsprojekts wurde in einer prospektiven Querschnittsuntersuchung die *Wilson'sche Erkrankung (Hepatikolentikuläre Degeneration)* anhand einer großen Fallzahl klinisch und kernspintomographisch studiert. Das vielfältige klinische Spektrum der Erkrankung konnte dargestellt werden und Subtypen der Erkrankung - ein Pseudo-Parkinson-Typ, ein Pseudosklerose-Typ und ein Dyskinesie-Typ - herausgearbeitet werden. Die Darstellung der klinischen Charakteristika der Erkrankung sollte eine Frühdiagnose erleichtern, die Charakterisierung dieser drei Subentitäten innerhalb des breiten neurologischen Spektrums der Erkrankung könnte zur Verbesserung der Prognoseerstellung und Therapieevaluation beitragen.

Literatur

Oder W, Grimm G, Kollegger H, Ferenci P, Schneider B, Deecke L (1991) Neurological and neuropsychiatric spectrum of Wilson's disease: a prospective study in 45 cases. J Neurol 238: 281-287

Oder W, Prayer L, Grimm G, Spatt J, Ferenci P, Kollegger H, Schneider B, Gangl A, Deecke D (1993) Wilson's disease: evidence of subgroups derived from clinical findings and brain lesions. Neurology 43: 120-124

Klinische und IBZM-SPECT Befunde bei Morbus Wilson
Erste Ergebnisse einer Korrelationsstudie

W. Oder[1], T. Brücke[1], J. Spatt[1], P. Ferenci[2], S. Asenbaum[1], I. Podreka[1], L. Deecke[1]

[1]Universitätskliniken für Neurologie und [2]Innere Medizin IV, Wien

Fragestellung

Morbus Wilson ist eine behandelbare, einem autosomal rezessiven Erbgang folgende Kupferstoffwechselstörung, die zu einer mangelnden Coeruloplasminsynthese, einer erhöhter Kupferausscheidung und vermehrten Kupferablagerung im Gewebe (Leber, Kornea, Nieren und Gehirn) führt. Die neuropathologischen Veränderungen betreffen vor allem die Basalganglien, mit Schwerpunkt im Bereich des Corpus striatum. Das Corpus striatum verfügt über die höchste Konzentration an Dopamin D2-Rezeptoren, die zu über 80% postsynaptisch lokalisiert sind. Die 123-I-Iodobenzamid-Single-Photon-Emissions-Computertomographie (IBZM-SPECT) ist eine rezente Möglichkeit, die Dopamin D2-Rezeptordichte in vivo zu untersuchen. Das Benzamid-Derivat 3-Iod(I-123)methoxybenzamide (I123-IBZM) ist ein selektiver Dopamin D2-Rezeptorantagonist mit einer hohen Affinität und spezifischen Bindung an das Striatum. Es war das Ziel der vorliegenden Studie, einen möglichen Zusammenhang zwischen der Dopamin-D2-Rezeptorbindung im Corpus striatum, erfaßt mittels IBZM-SPECT, und Art und Schwere der neurologischen Symptomatik, sowie demographischen Faktoren der Erkrankung (Lebensalter, Krankheitsdauer, Intervall: Krankheitsbeginn-Therapieeinleitung) bei Patienten mit M. Wilson zu untersuchen.

Patienten und Methodik

Die Stichprobe umfaßte 8 Patienten mit M. Wilson, (4 Männer, 4 Frauen, Durchschnittsalter 27 (Median 24, SD 9,75, Bereich 19-46) Jahre). Die Krankheitsdauer betrug im Mittel 12 Jahre (Median 9, SD 11,6, Bereich 1-31), 2 der Patienten waren kurz erkrankt (Krankheitsdauer <1 Jahr) und 6 Langzeitpatienten (Krankheitsdauer 4-31 Jahre). Das Intervall Krankheitsbeginn-Therapieeinleitung streute in einem Bereich zwischen 6-36 Monaten (MW 16, Median 12). Alle Patienten wurden mit D-Penicillamin behandelt (durchschnittlich 1000 mg, Bereich 500-1500 mg), 1 Patientin erhielt zusätzlich 600 mg Zinksulfat. Die IBZM-Kontrollgruppe (n=21; Alter 53,0, SD 15,7, Bereich 25-77 Jahre) bestand aus gesunden Probanden und Patienten mit peripheren neurologischen Erkrankungen. Die Art und Schwere der neurologischen Symptomatik wurde semiquantitativ (0 - normal, 3 - schwer) mittels klinischer Schätzskalen erfaßt (Webster 1968; Starosta-Rubinstein et al. 1987; Details bei Oder et al. 1991, 1993). Das Zeitintervall zwischen neurologischer Untersuchung und IBZM-SPECT Untersuchung betrug maximal drei Wochen. Die SPECT wurde mit einer rotierenden Doppelkopf-Gamma-Kamera 60 min nach Injektion von 5 mCi [123I]S-(-)IBZM mit einer Dauer von 50 min durchgeführt. Regionen wurden nach anatomischen Vorlagen im Corpus striatum und Frontalhirn eingezeichnet. Die D2-Rezeptordichte wurde semiquantitativ in Form einer Corpus striatum/Frontalhirn-Ratio angegeben: Die Ratio zwischen der mittleren Zählrate pro Volumeneinheit (counts per pixel) im Striatum (Gesamt- Bindung) und im frontalen Cortex (unspezifische Bindung) wurde berechnet (Brücke et al. 1991). Die Corpus striatum/Frontalhirn-Ratio stellt einen semiquantitativen Index der Dopamin-D2-Rezeptorendichte dar. Als statistische Verfahren kamen der T-Test nach Student und eine lineare Regressionsanalyse zur Anwendung.

Ergebnisse

1) Vergleich IBZM-SPECT Patienten-Kontrollgruppe (Abb. 1)
Es fand sich eine hochsignifikante Abnahme der Corpus striatum/Frontalhirn-D2-Ratio bei Patienten mit M. Wilson (MW 1,48, SD 0,13) im Vergleich zu einer gesunden Kontrollgruppe (MW 1,73, SD 0,09; p<0,001; Abb.1).

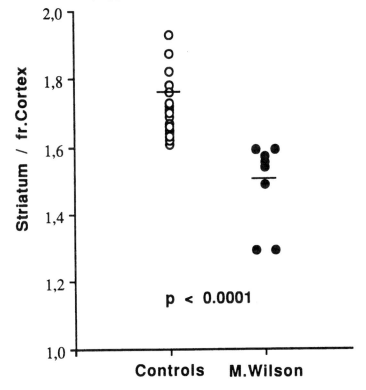

Abb.1. Die Patienten mit Morbus Wilson (schwarze Kreise) wiesen eine deutlich erniedrigte Corpus striatum/Frontalhirn-D2-Ratio (MW 1,48, SD 0,13) im Vergleich zu einer gesunden Kontrollgruppe (weiße Kreise, MW 1,73, SD 0,09; p<0,001) auf.

436

2) Korrelation IBZM-SPECT - Schwere der neurologischen Symptomatik:
Die Abb. 2 (lineare Regressionsanalyse, r=0,86, p<0,01) zeigt eine signifikante Abhängigkeit der Corpus striatum/Frontalhirn-Ratio von der Schwere der neurologischen Beeinträchtigung (= Summenscore der neurologischen items Ruhetremor,
Haltetremor, Ataxie, Nystagmus, Rigor, Bradykinese, Dystonie, Chorea, Athethose,
Dsyarthrie, Gangstörung).

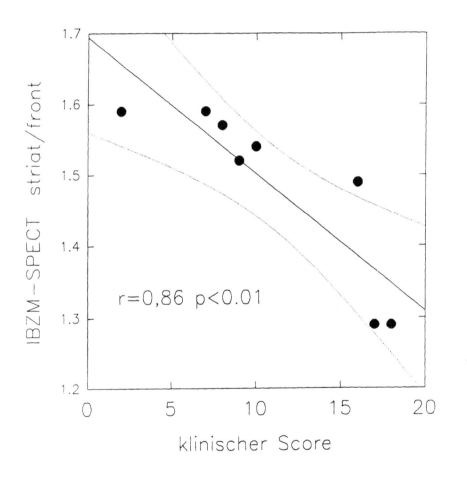

Abb. 2. Lineare Korrelation der erniedrigten IBZM-Bindungskapazität mit der Schwere der
neurologischen Beeinträchtigung (klinischer Summenscore): schwarze Kreise = Pat. mit M.
Wilson, durchzogene Linie = Regressionsgerade, gepunktete Linie = 95% Konfidenzintervall.

3) Korrelation IBZM-SPECT - neurologische Einzel-Symptome:
Lediglich für das neurologische Einzelsymptom Dysarthrie fand sich eine signifikante inverse Korrelation mit der D2-Rezeptorbindung im Corpus striatum (r=0,79,
p<0,01). Weder andere Einzelsymptome noch das jeweils dominierende neurologische Syndrom (Parkinsonoid, Dystonie, Pseudosklerose) zeigten eine wesentliche

Abhängigkeit von der D2-Rezeptorbindung im Corpus striatum. Es fand sich auch keine Beziehung zwischen dem Lebensalter der Patienten, der Krankheitsdauer, dem Zeitintervall zwischen Krankheitsbeginn und Therapieeinleitung einerseits und der D2-Rezeptorbindung im Corpus striatum andererseits.

Konklusion

Die Abnahme der D2-Rezeptorbindung im Corpus striatum weist auf eine funktionelle oder morphologische Schädigung von intrinsischen Neuronen im Corpus striatum hin. Die Ergebnisse der vorliegenden Studie stimmen gut mit der kürzlich veröffentlichten IBZM-Studie von Oertel et al. (1992) überein. Der Nachweis eines direkten Zusammenhangs der D2-Rezeptorbindung mit der Schwere der neurologischen Beeinträchtigung zeigt die Bedeutung der IBZM-SPECT als einen sensitiven Indikator der kupferbedingten Hirnfunktionsstörung auf und macht einen Einsatz im Rahmen der Therapiekontrolle und Prognoseerstellung attraktiv.

Diese Aussage wird durch die ebenfalls gute Korrelation der IBZM-SPECT mit dem neurologischen Symptom Dysarthrie gestützt, das seinerseits als Schweremarker des kupferbedingten Krankheitsprozesses angesehen wird (Berry et al. 1974; Kluin et al. 1985).

Literatur

Berry WR, Aronson AE, Darley FL, Goldstein NP (1974) Effects of penicillamine therapy and low-copper diet on dysarthria in Wilson's disease (hepaticolenticular degeneration). Mayo Clin Proc 49: 405-408

Brücke T, Podreka I, Angelberger P, et al. (1991) Dopamine D2 receptor imaging with SPECT: studies in different neuropsychiatric disorders. J Cereb Blood Flow Metab 11: 220-228

Kluin K, Starosta-Rubinstein S, Young AB et al. (1985) Dysarthria in Wilson's disease: neurological correlations. Neurology 35 (Suppl 1): 176-177

Oder W, Grimm G, et al. (1991) Neurological and neuropsychiatric spectrum of Wilson's disease: a prospective study in 45 cases. J. Neurol. 238: 281-287

Oder W, Prayer L, Grimm G, et al. (1993) Wilson's disease: evidence of subgroups derived from clinical findings and brain lesions. Neurology 43: 120-124

Oertel WH, Tatsch K, Schwarz J, et al. (1992) Decrease of D2 receptors indicated by 123I-I-iodobenzamide single-photon emission computed tomography relates to neurological deficit in treated Wilson's Disease. Ann Neurol 32: 743-748

Starosta-Rubinstein S, Young AB, Kluin K, et al. (1987). Clinical assessment of 31 patients with Wilson's disease. Correlations with structural changes on Magnetic resonance imaging. Arch Neurol 44: 365-370

Webster DD (1968) Critical analysis of the disability in Parkinson's disease. Mod. Treatment 5: 257-282

Zusammenhänge zwischen MRI-Befunden des Gehirns und klinischen, psychometrischen und laborchemischen Daten bei Leberzirrhotikern

K. Weissenborn[1], C. Ehrenheim[2], A. Hori[3], B. Rehermann[4], M. Manns[4]

[1]Neurologische Klinik mit Klinischer Neurophysiologie, Abteilungen für [2]Nuklearmedizin, [3]Neuropathologie, [4]Gastroenterologie und Hepatologie, Medizinische Hochschule Hannover

Fragestellung

In der jüngeren Vergangenheit wurde wiederholt über MRI-Veränderungen des Gehirns bei Patienten mit Leberzirrhose und hepatischer Encephalopathie berichtet (Hanner et al 1988, Uchino et al 1989, Moore et al 1989, Inoue et al 1991, Zeneroli et al 1991, Pujol et al 1991). In der Mehrzahl der genannten Veröffentlichungen wurde übereinstimmend beschrieben, daß sich bei den Patienten mit Leberzirrhose in den T1-gewichteten Bildern bilateral symmetrisch Hyperintensitäten im Bereich des Globus pallidus darstellen (Inoue et al 1991, Zeneroli et al 1991, Pujol et al 1991). Widersprüchliche Ergebnisse ergaben sich jedoch in Bezug auf eventuelle weitere Läsionen in anderen Bereichen des Gehirns, die Charakteristika der T2-gewichteten Bilder, und eventuelle Korrelationen zwischen dem Ausmaß der MRI-Veränderungen und dem Grad der Encephalopathie oder der Leberfunktionsstörung. Darüberhinaus war bisher das morphologische Substrat der MRI-Veränderungen nicht geklärt. Ziel der vorliegenden Untersuchung war es, zusätzliche Informationen zu den genannten strittigen Punkten zu bekommen.

Methodik

Insgesamt wurden 50 Patienten - 18 Frauen, 32 Männer- mit histologisch gesicherter Leberzirrhose untersucht. Das Alter der Patienten lag zwischen 18 und 72 Jahren. Die Mehrzahl der Patienten litt unter einer posthepatitischen Zirrhose, seltener waren eine primär biliäre Cirrhose, eine primär sklerosierende Cholangitis, ein α1-Antitrypsin-Mangel oder eine Hämochromatose Ursache der chronischen Leberfunktionsstörung. Patienten mit einer alkoholtoxischen Zirrhose wurden ausgeschlossen.

19 der Patienten hatten keine hepatische Encephalopathie (HE 0), 15 eine latente und 16 eine hepatische Encephalopathie Grad I (HE I). Die Stadieneinteilung erfolgte in Anlehnung an das Schema von Holm und Wieck (Holm et al. 1980). Danach spricht man von einer HE 0 bei Vorliegen einer Leberzirrhose ohne daß klinisch, psychometrisch und/oder neurophysiologisch eine cerebrale Funktionsstörung nachweisbar ist. Eine latente Encephalopathie wird bei unauffälligem klinischen Befund, jedoch Nachweis einer cerebralen Funktionsstörung mittels neurophysiologischer oder psychometrischer Methoden diagnostiziert. Von einer HE

Grad I spricht man bei Vorliegen einer psychomotorischen Verlangsamung, Schlafstörungen, Konzentrations- und Aufmerksamkeitsstörungen.

Die Diagnostik der latenten Encephalopathie erfolgte unter Einsatz des Elektroencephalogramms sowie folgender psychometrischer Tests: Number Connection Test A und B, Liniennachfahren, Kreise punktieren, Zahlen-Symbol-Test, Digit Span und Test d2 nach Brickenkamp. Bei 4 Patienten konnten Verlaufsuntersuchungen vor, bei weiteren 7 vor und nach der Lebertransplantation durchgeführt werden. Die MR-Tomographien von 1852 Patienten ohne Lebererkrankung, die im Untersuchungszeitraum in unserer Klinik untersucht wurden, wurden auf vergleichbare Veränderungen hin durchgesehen. Die MR-Untersuchungen wurden mit einem 1 Tesla-Gerät der Fa. Siemens unter Verwendung konventioneller T1- und T2-gewichteter Spin-Echo-Sequenzen durchgeführt. Es wurden transversale und coronare Schichten erstellt. Die Schichtdicke betrug 6 mm, die Schichtlücke 30-50 %. Die Signalintensität wurde im Bereich des Pallidums, des Thalamus, der weißen Substanz und des Liquors gemessen.

Das Gehirn eines Patienten, der 4 Wochen nach der kernspintomographischen Untersuchung verstarb, wurde im Hinblick auf den MR-Veränderungen zuzuordenbare morphologische Veränderungen neuropathologisch untersucht. Das Gehirn wurde dazu in Alkohol fixiert. Die Hirnschnitte wurden anschliessend in Paraffin eingebettet, bevor Hämatoxylin-Eosin-, PAS- und Berliner Blau-Färbungen vorgenommen wurden.

Ergebnisse

Der hervorstechende Befund der MRI-Untersuchungen war der Nachweis bilateral symmetrisch auftretender Hyperintensitäten des Globus pallidus in den T1-gewichteten Sequenzen. Bei Patienten mit ausgeprägten Veränderungen im Bereich des Globus pallidus fanden sich vergleichbare Signal-Hyperintensitäten im Bereich der Substantia nigra. Lediglich 4 Patienten boten einen unauffälligen kernspintomographischen Befund. Bei 8 Patienten fand sich eine leichte, bei 19 eine höhergradige und bei weiteren 19 eine ausgeprägte Hyperintensität des Pallidums. Ein Zusammenhang zwischen dem Ausmaß der MR-Veränderungen und dem Grad der Encephalopathie war nicht festzustellen. Die mittlere Signalintensität im Pallidum in den T1-gewichteten Bildern zeigte keinen signifikanten Unterschied zwischen den Gruppen HE 0, latente HE und HE I (Tabelle 1).

Tab. 1. Mittlere Signalintensität des Pallidums in den T1-gewichteten Sequenzen im Vergleich zum Grad der Encephalopathie

Grad der HE	mittlere Signalintensität	Standardabweichung	n
0	715.8	133.7	19
latente HE	686.9	91.0	15
I	755.1	88.6	16

5 der 50 Patienten zeigten im Zentrum der im T1-Bild hyperintensen Veränderungen im Bereich des Pallidums eine Hypointensität, die sich in den T2-gewichteten Bildern hyperintens darstellte.

Eine Korrelation des Ausmaßes der MR-Veränderungen mit verschiedensten Parametern der Leberfunktion - wie CHE, Quick, Albumin, Bilirubin, Ammoniak oder Methionin - war bezogen auf das Gesamtkollektiv nicht nachweisbar. Auch zum Child-Score und dem arteriellen Anteil der Leberdurchblutung fand sich keine Beziehung.

Verlaufsuntersuchungen einzelner Patienten hingegen zeigten, daß im Einzelfall die Ausprägung der MR-Veränderungen mit dem Ausmaß der Leberfunktionsstörung kovariiert. Bei allen Patienten, die im Verlauf untersucht werden konnten, fand sich mit Zunahme der Leberfunktionsstörung auch eine Zunahme der Hyperintensitäten im Pallidum in den T1-gewichteten Bildern. Bei jenen Patienten, die nach der Transplantation untersucht werden konnten, war bei verbesserter Leberfunktion eine Abnahme der Hyperintensitäten zu verzeichnen. Bei einer Patientin normalisierte sich das Kernspintomogramm innerhalb eines Jahres nach Transplantation.

Die histopathologische Untersuchung zeigte in den Arealen, die kernspintomographisch auffällig waren, eine progressive Degeneration der Astrozyten. Die Astrozytenkerne waren vergrößert und chromatinarm, das Cytoplasma war nicht erkennbar. Einzelne der Astrozyten enthielten kleinere intranukleäre Glykogeneinlagerungen. Da sich die genannten Astrozyten-Veränderungen nahezu ausschliesslich in den Berreichen fanden, die auch kernspintomographisch verändert waren, kann postuliert werden, daß die Degeneration der Astrozyten das morphologische Korrelat der MR-Veränderungen darstellt. Die unmittelbare Ursache der Signalveränderungen bleibt jedoch weiterhin unklar.

Konklusion

Ein charakteristischer, kernspintomographischer Befund bei Patienten mit fortgeschrittener chronischer Lebererkrankung sind bilateral symmetrische Hyperintensitäten vorwiegend im Globus pallidus, aber auch in der Substantia nigra und den Hirnschenkeln. Diese Hyperintensitäten scheinen für chronische Lebererkrankungen spezifisch zu sein.

Die Signalintensität der genannten Läsionen verändert sich im Einzelfall mit dem Ausmaß der Leberfunktionsstörung. Eine Korrelation zwischen Signalintensität, Grad der Encephalopathie, den Serumspiegeln verschiedenster Leberfunktionsparameter, dem Child-Score oder dem Anteil der arteriellen Leberdurchblutung ist jedoch nicht nachweisbar.

Da in den kernspintomographisch veränderten Bezirken des Gehirns histopathologisch eine progrediente Astrozytendegeneration im Sinne von Alzheimer-Typ II-Astrozyten nachgewiesen wurde, darf vermutet werden, daß den kernspintomographischen Auffälligkeiten degenerative Veränderungen der Astrozyten zugrundeliegen.

Entsprechend kann weiter geschlossen werden, daß diese astrozytären Veränderungen reversibel sind, da eine vollständige Remission der pathologischen Signalintensitäten bei Normalisierung der Leberfunktion beobachtet wurde.

Dies stünde im Einklang mit tierexperimentellen Befunden, aus denen ebenfalls auf eine Reversibilität der Astrozytenläsionen geschlossen wurde (Norenberg 1977).

Literatur

Hanner JS, Li KPC, Davis GL (1988) Acquired hepatocerebral degeneration: MR similarity with Wilson Disease. J Comp Ass Tomography 12 (6): 1076-1077

Holm E, Thiele H, Wolpert EM, Heim ME, Reimann-Werle B (1980) Neurologische und psychiatrische Symptome bei akuten und chronischen Leberkrankheiten. Therapiewoche 30: 4790-4806

Inoue E, Hori S, Narumi Y, Fujita M, Kuriyama K, Kadota T, Kuroda C (1991) Portal-Systemic Encephalopathy: Presence of Basal Ganglia Lesions with High Signal Intensity on MR Images. Radiology 179: 551-555

Moore JW, Dunk AA, Crawford JR, Deans H, Besson JAO, De Lacey G, Sinclair TS, Mowat NAG, Brunt PW (1989) Neuropsychological deficits and morphological MRI brain scan abnormalities in apparently healthy non-encephalopathic patients with cirrhosis. A controlled study. J Hepatol 9: 319-325

Norenberg MD (1977) A Light and Electron Microscopic Study of Experimental Portal-systemic (Ammonia) Encephalopathy. Progression and Reversal of the Disorder. Lab Invest 36 (6): 618-627

Pujol A, Graus F, Peri J, Mercader JM, Rimola A (1991) Hyperintensity in the globus pallidus on T1-weighted and inversion-recovery MRI: a possible marker of advanced liver disease. Neurology 41 (9), 1526-1527

Uchino A, Tasuku M, Marato O (1989) Case report - MR-Imaging of chronic persistent hepatic encephalopathy. Rad Med 7 (6): 257-260

Verlängerte T2-Zeiten des Nucleus Lentiformis bei idiopathischem Torticollis Spasmodicus im Hochfeld-MRT

S. Schneider[1,2], E. Feifel[1,2], D. Ott[2], M. Schumacher[2], C.H. Lücking[1], G. Deuschl[1]

[1]Neurologische Universitätsklinik und [2]Sektion Neuroradiologie, Universität Freiburg/Breisgau

Fragestellung

Der idiopathische Torticollis spasmodicus (iTs) ist eine häufige fokale Dystonie unklarer Genese. Im Gegensatz zur Hemidystonie werden dabei fokale Basalganglienläsionen mit bildgebenden Basismethoden nur in Einzelfällen gefunden. Kernspintomographisch ließen sich bisher keine oder nur unspezifische Veränderungen finden. Auch pathoanatomische Untersuchungen ergaben keine konsistenten Befunde. Ziel dieser Studie war es, mögliche morphologische Veränderungen der Basalganglien bei Patienten mit klinisch diagnostiziertem iTs im Hochfeld-MRT mit quantitativen Methoden zu untersuchen.

Patienten und Methodik

22 Patienten mit iTs (13 rotatorischer Torticollis, 7 Laterocollis, 1 Antero-, 1 Retrocollis) wurden in einem 2-Tesla Kernspingerät (BRUKER) mit Multislice-multiecho Carr-Purcell-Meiboom-Gill Sequenzen untersucht (11 Schichten, 8 Echobilder pro Schicht, TR 4385 ms, TE 33 ms). Als Kontrollgruppe dienten 28 altersentsprechende Normalpersonen. Zur quantitativen Beurteilung der Signalintensität in den Basalganglien erfolgten in 17 Fällen T2-Messungen bilateral im Putamen, Pallidum, Caudatum, Thalamus, N. Ruber, Substantia nigra und N. Dentatus. Zur quantifizierten optischen Signalanalyse wurde für jeden Meßpunkt außerdem ein Signalintensitätsindex errechnet (definiert als T2-Wert des 3. Echobildes/T2-Wert Marklager). Ferner wurden fokale Basalganglienläsionen, Atrophie und Hemiatrophie beuteilt.

Ergebnisse

Umschriebene Basalganglienläsionen fanden sich bei 2 Patienten, die von der weiteren Bildanalyse ausgeschlossen wurden. Die Inzidenz deutlicher morphologischer Veränderungen war im Vergleich zu den Kontrollen nicht signifikant höher. Gemessene T2-Werte im Putamen und Pallidum auf beiden Seiten waren bei den Patienten signifikant ($p < 0.005$) höher (Abb.). Im Gegensatz dazu zeigten die anderen subkortikalen Regionen keine vergleichbaren Veränderungen. Auch bei der optischen und quantifizierten optischen Signalanalyse zeigten sich keine Unterschiede in den interessierenden Regionen.

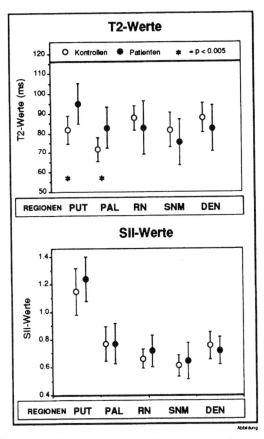

Abb. 1. (Modifiziert nach Schneider et al.) Mittelwerte und Standardabweichung von T2-Werten und Signalintensitätsindex (SII) in verschiedenen Regionen (bilateral) bei 17 Patienten und Kontrollen. Signifikante Unterschiede finden sich nur für die T2-Werte im N. lentiformis. Abkürzungen: PUT: Putamen, PAL: Pallidum, RN: Nucleus ruber, SNM: mediale Substantia nigra, DEN: Nucleus dentatus.

Konklusion

Der Hauptbefund dieser Studie waren signifikant höhere T2-Werte bilateral im Putamen und Pallidum bei Patienten mit iTs. Die Unterschiede waren allerdings so gering, daß sie sich der visuellen Bildanalyse entzogen und nur in der Gruppe statistisch hochsignifikant waren. Gerade der N. lentiformis gilt bei symptomatischen Dystonien als häufigster Läsionsort (Marsden et al. 1985). Das Fehlen signifikanter Unterschiede in allen anderen untersuchten Regionen spricht eher für einen tatsächlichen biologischen Unterschied als für ein methodisch bedingtes Artefakt. Unterschiedliche pathologische Veränderungen können einer T2-Erhöhung zugrundeliegen: entzündliche Prozesse, Ödem, Neoplasmen und Gliose. Die wenigen patho-

444

anatomischen Untersuchungen bei idiopathischer Dystonie kommen zu kontroversen Ergebnissen: Während einerseits keine histologischen Veränderungen gefunden werden (Tarlov 1970) sind Einzelfälle mit mosaikförmiger striataler Gliose beschrieben (Gibb et al. 1992). Ein umschriebener Zellverlust mit Gliose unterhalb eines visuell erfaßbaren Ausmaßes kommt als pathoanatomisches Korrelat der erhöhten T2-Werte in Frage. Unser Befund gibt einen ersten Hinweis auf morphologische Veränderungen bei iTs, der einer weiteren pathoanatomischen und biochemischen Verifizierung bedarf.

Literatur

Gibb WRG, Kilford L, Marsden CD (1992) Severe generalized dystonia associated with a mosaic pattern of striatal gliosis. Movement Disorders 7: 217-223

Marsden CD, Obeso JA, Zaranz JJ, Lang AE (1985) The anatomical basis of symptomatic hemidystonias. Brain 198: 463-483

Schneider S, Feifel E, Ott D, Schumacher M, Lücking CH, Deuschl G (1993) Prolonged MRI T2 times of the lentiform nucleus in idiopathic spasmodic torticollis. Neurology (in press)

Tarlov E (1970) On the problem of spasmodic torticollis in man. J Neurol Neurosurg Psychiatry 33: 457-463

Bereitschaftspotentiale bei Schreibkrampf

G. Deuschl[1,2], C. Toro[1], M. Hallett[1]

[1]Human Motor Control Section, National Institute of Neurological Disorders and Stroke, National Institutes of Health, Bethesda/Maryland, [2]Neurologische Klinik und Poliklinik der Universität Freiburg/Breisgau

Fragestellung

Die fokalen Dystonien (craniocervikale Dystonien wie der Blepharospasmus und der Torticollis spasmodicus, fokale Arm/Hand- oder Bein/Fuß-Dystonien) werden heute als gemeinsame Krankheitsgruppe einer Störung der Basalganglien zugeordnet. Eine Subgruppe der fokalen Dystonien zeichnet sich dadurch aus, daß die dystone Störung der Feinmotorik nur bei ganz spezifischen Tätigkeiten etwa beim Schreiben, beim Spielen von Musikinstrumenten oder im Profisport auftritt. Bis heute muß offenbleiben, ob diesen Formen andere pathophysiologische Mechanismen zugrundeliegen oder ob sie lediglich eine milde Form der klassischen, aufgabenunabhängigen fokalen Dystonien repräsentieren. Im Rahmen unterschiedlicher neurophysiologischer Untersuchungen wurden bei Patienten mit fokalen Dystonien Abweichungen von Normalbefunden nachgewiesen. Dazu zählt etwa die verminderte reziproke Hemmung zwischen antagonistischen Muskeln an der Armmuskulatur (Deuschl et al. 1992), die veränderte Rekrutierungskurve des Blink-Reflexes oder die Reduktion polysynaptischer Reflexe im Hirnnervenbereich (Nakashima et al. 1989). All diese Veränderungen sind im Sinne einer verminderten Aktivität hemmender motorischer Regelkreise zu interpretieren und lassen sind daher sinnvoll in ein pathophysiologisches Konzept einordnen, das die pathologisch gesteigerte Koaktivierung antagonistischer sowie zusätzlichen funktionell nicht sinnvoll eingebundener Muskelgruppen als myographisches Kernsymptom der Dystonien beschreibt (Hughes und McLellan 1985.)

Wenig untersucht blieben bisher zentrale Mechanismen der Verarbeitung somatosensorischer Information und der cortikalen Bewegungsvorbereitung bei Dystonien. Solche Untersuchungen könnten eventuell eine Verbindung zwischen der gestörten Basalganglienfunktion und der klinischen beobachteten Bewegungsstörung herstellen. Erste SEP-Untersuchungen zeigten dabei, daß bei generalisierten Dystonien die Amplitude der frontalen N30 des somatosensiblen evozierten Potentiales vergrößert ist. Die langsamen Hirnpotentiale, die eine Fingerbewegung begleiten, werden wahrscheinlich durch die Aktivität der Basalganglien beeinflußt (Deecke et al. 1976). Die vorliegende Arbeit sollte daher klären, ob bei einer fokalen Dystonie im Bereich der Hand Veränderungen dieser Potentiale auftreten.

446

Methodik

16 Patienten mit Schreibkrampf (15 rechtshändig, 1 linkshändig) wurden in die Studie aufgenommen. 9 Patienten litten an einem einfachen (dystone Störungen nur beim Schreiben), 7 Patienten an einem komplexen Schreibkrampf (dystone Störungen auch bei anderen feinmotorischen Tätigkeiten). Die altersangeglichene Kontrollpopulation bestand aus 15 Normalpersonen. Die Probanden wurden aufgefordert alle 10 Sekunden eine plötzliche Zeigefingerabduktion durchzuführen. Beide Seiten wurden bei allen Probanden untersucht.

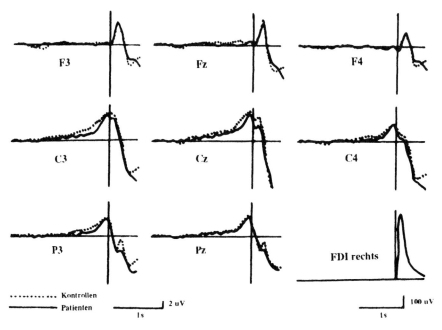

Abb. 1. Bereitschaftspotential bei einer Zeigefingerabduktion rechts im Vergleich zwischen Patienten und Kontrollen für ausgewählte Elektroden (grand-average). Die Veränderungen betreffen nur die Zeitperiode von NS.

Das EEG wurde mit 26 Gold-Elektroden mit relativ engen Abständen (siehe Abb. 2) abgeleitet, verstärkt (Grass-Verstärker), gefiltert (0.1-30Hz) und zur späteren Analyse auf einem PC (Abtastrate: 100 Hz) gespeichert. Das EMG wurde vom m. interosseus dorsalis I mit Oberflächenelektroden abgeleitet, gleichgerichtet, gefiltert (100-1000 Hz) und ebenfalls gespeichert.

Es wurde der Abschnitt 2 Sekunden vor und 1 Sekunde nach Bewegungsbeginn untersucht. Referenzpunkt war der Beginn der EMG-Aktivität. Artefaktgestörte Durchgänge wurden von der Analyse ausgeschlossen. Die EEG-Potentiale wurden im Zeitbereich -2000 bis -1750 ms normiert und aufsummiert. Das EMG wurde gleichgerichtet und summiert. Mindestens 150 Bewegungen wurden von jeder Person und Körperseite einbezogen. Zur statistischen Analyse wurden die mittleren Potentialamplituden für definierte Kurvenabschnitte oder Kurvenpeaks bestimmt und mit ANOVA und/oder t-Test verglichen.

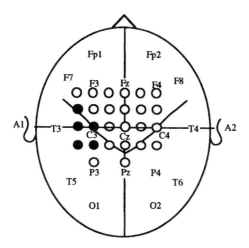

Abb. 2. Elektrodenposition der 26 Elektroden. Die ausgefüllten Kreise zeigen die Elektroden, für die signifikante Unterschiede im Zeitbereich von NS' gefunden wurden.

Ergebnisse

Bei allen Probanden waren eindeutige bewegungskorrelierte Hirnpotentialänderungen nachweisbar. Die Mittelwertskurven aller Kontrollen und Patienten sind in Abb. 1 für ausgewählte Elektroden dargestellt. Diese wurden nach Tamas und Shibasaki (1985) eingeteilt in den Abschnitt -1300 bis 400 ms vor EMG-Beginn (negative slope-NS), in den initialen steilen Anstieg (negative slope'- NS') im Zeitbereich -350 bis -50 ms vor Bewegungsbeginn und den Bereich des frontalen Gipfels des Motor Potentials (frontal peak of the motor potential-fpMP). Weder für NS noch für fpMP fanden sich Unterschiede zwischen den Patienten und Kontrollen. Nur im Zeitbereich -300 bis -100 ms waren signifikante Unterschiede (t-Test, p<0.05) mit niedrigeren Amplituden für die Patienten nachweisbar. Diese betrafen nur diejenigen Elektroden, die über dem sensomotorischen Cortex der Seite kontralateral zum bewegten Finger lokalisiert waren (Abb. 2). Die mittlere Dauer der EMG-Aktivität war gleich bei Patienten und Kontrollen, aber die Maximalamplitude war bei den Patienten größer. Seitendifferenzen zwischen rechter und linker Hand, zwischen der betroffenen und der nicht betroffenen Hand der Patienten oder zwischen rechter und linker Hand der Kontrollen waren nicht nachweisbar.

Diskussion

Die Untersuchung hat Unterschiede der cortikalen bewegungsbegleitenden Potentiale bei einer einfachen ballistischen Bewegungen gezeigt, die einen relativ engen zeitlichen Abschnitt und eine umschriebene Hirnregion betreffen. Soweit aus anderen Untersuchungen bekannt ist, kann dieser Befund nicht auf die stärkere Muskelaktivierung der Patienten zurückgeführt werden, da mit zunehmendem

Kraftaufwand sowohl die Amplitude von NS wie auch von NS' ansteigt (Kristeva et al. 1990). Dies würde daher eher zu einer größeren Amplitude bei den Patienten führen und daher den beobachteten Effekt eher noch abschwächen.

Wie läßt sich der Befund im Rahmen unserer heutigen Kenntnisse über die Pathophysiologie der Dystonien einordnen? Wir haben Veränderungen des Bereitschaftspotentiales topographisch im Bereich des kontralateralen motorischen Cortex und in einem Zeitbereich gefunden, für den eine prädominante Aktivierung dieses Cortexabschnittes bekannt ist (Toro et al. 1993). Es liegt daher nahe eine besondere Funktionsstörung der vorbereitenden Hirnaktivität im motorischen Cortex anzunehmen. Diese Ergebnisse lassen sich in Einklang bringen mit den bisher publizierten Aktivierungsstudien bei der Positronen-Emissionstomographie. Playford et al. (1992) wiesen eine verstärkte Aktivierung motorischer Areale bei Willkürbewegungen nach. Eine detailliertere Auswertung dieser Befunde ergab jedoch, daß zwar eine Mehraktivierung des prämotorischen Cortex vorliegt, daß jedoch die Aktivität im primären motorischen Cortex vermindert ist (D. Brooks, persönliche Mitteilung).

Die grundlegende Störung der Dystonie wird heute aufgrund tierexperimenteller Befunde in einer verminderten Hemmung thalamo-cortikaler Regelkreise durch das pallidum internum gesehen. In diesem Modell würde sich unser Befund als verminderte thalamo-cortikale Aktivierung des Motor Cortex vor Willkürbewegungen aufgrund einer verminderten pallidothalamischen Hemmung deuten lassen. Die Existenz solcher anatomischer Verbindungen aus dem Thalamus ist nachgewiesen. Alternativ kommt in Betracht, daß durch die verstärkte prämotorische Aktivierung sekundär eine verstärkte Hemmung des primären motorischen Cortex entsteht. Tatsächlich wird nach tierexperimentellen Studien angenommen, daß die Projektionen vom supplementär-motorischen Areal zum motorischen Cortex inhibitorisch sind.

Konklusion

Zusammenfassend zeigt die Untersuchung damit erstmals systematische Unterschiede umschriebener Anteile des Bereitschaftspotentials bei Patienten mit einer fokalen Dystonie, dem Schreibkrampf. Dieser Unterschied unterstreicht nicht nur die organische Ursache dieser Erkrankung, sondern ist darüberhinaus im Rahmen einer Funktionsstörung der Basalganglien sinnvoll interpretierbar.

Literatur

Deecke L, Grözinger B, Kornhuber HH (1976) Voluntary finger movements in man: cerebral potentials and theory. Biol Cybern 23: 99-119

Deuschl G, Seifert C, Heinen F, Illert M, Lücking CH (1992) Reciprocal inhibition of forearm flexor muscles in spasmodic torticollis. J Neurol Sci 113: 85-90

Hughes M, McLellan DL (1985) Increased co-activation of the upper limb muscles in writer's cramp. J Neurol Neurosurg Psychiatry 48: 782-787

Kristeva R, Cheyne D, Lang W, Lindinger G, Deecke L (1990) Movement-related potentials accompanying unilateral and bilateral finger movements with different inertial loads. Electroenc Clin Neurophysiol 75: 410-418

Nakashima K, Thompson PD, Rothwell JC, Day BL, Stell R, Marsden CD (1989) An exteroceptive reflex in the sternocleidomastoid muscle produced by electrical stimulation of the supraorbital nerve in normal subjects and patients with spasmodic torticollis. Neurology 39: 1354-1358

Playford ED, Passingham RE, Marsden CD, Brooks DJ (1992) Abnormal activation of striatum and supplementary motor area in dystonia: A PET study. Movement Disorders 7: Supplement P 438

Tamas LB, Shibasaki H (1985) Cortical potentials associated with movements: a review. Electroencephalogr Clin Neurophysiol 2: 157-171

Toro C, Matsumoto J, Deuschl G, Roth BJ, Hallett M (1993) Source analysis of movement-related cortical potentials. Electroencephalogr Clin Neurophysiol 86: 167-175

Blepharospasmus bei Multipler Sklerose

R. Hofreiter, B. Basedow-Rajwich, W. Pöllmann, N. König

Marianne-Stauß-Klinik, D-82335 Berg

Einleitung

Blepharospasmus ist eine fokale Dystonie. Insbesondere bei jugendlichen Patienten wird der Blepharospasmus in der Regel für psychogen gehalten und bei einer günstigen Prognose mit 96% Spontanheilungen innerhalb von 2 Jahren den Tics zugeordnet. Beim Auftreten im mittleren und höheren Lebensalter (meist 45. bis 65. Lebensjahr, v.a. Frauen) wird insbesondere beim Nachweis fokalneurologischer begleitender Defizite und langsamer Krankheitsprogredienz (Zunahme des Blepharospasmus oder Auftreten weiterer dystoner Symptome) eher eine organische Genese angenommen und der Blepharospasmus den Torsionsdystonien des Erwachsenenalters zugerechnet. Die Pathophysiologie ist weiterhin unbekannt. Marsden (1976) postulierte eine Funktionsstörung der Basalganglien. Jankovic (1983) eine des rostralen Hirnstamms (Diencephalon). Jankovic beschrieb auch die unseres Wissens einzigen 2 Patienten mit Blepharospasmus bei Multipler Sklerose. Cranial computertomographisch war bei beiden Patienten lediglich eine "mäßige diffuse Atrophie" nachweisbar.

Kasuistik

Wir berichten über eine 39-jährige Patientin mit nach den Kriterien von Bauer klinisch eindeutiger Multipler Sklerose. Nach einer Retrobulbärneuritis im 21. Lebensjahr kommt es seit 8 Jahren zu einer rechtsbetonten spastischen Paraparese und disseminierten Sensibilitätsdefiziten. 8/89 traten beidseits "Zuckungen an Augen und Mund" auf, die unter oder nach körperlicher Anstrengung zunahmen. Orale Glucocorticoidgabe führte anfänglich zu einer passageren Besserung. Bei weiterer Progredienz des Blepharospasmus und der Zuckungen des M. mentalis rechts wurde 4/90 eine Botulinum-A-Injektion im Bereich des M. orbicularis oculi durchgeführt, was für ca. 3 < Monate zu einer Beschwerdelinderung führte. 2 Monate vor Aufnahme bei uns war die letzte Injektionsbehandlung durchgeführt worden, nach der es erstmals passager zu einer Lidheberparese gekommen war.

Bereits 4 Wochen nach der letzten Gabe war es erneut zur Beschwerdeintensivierung gekommen, so daß subjektiv der Eindruck des Wirkungsverluste der Injektionsbehandlung entstand. Wir begannen eine medikamentöse Therapie mit Trihexyphendidyl einschleichend bis auf 10 mg/Tag, worunter es zur klinischen Besserung kam, weshalb die Therapie weiterhin durchgeführt wird. Die Patientin kann nun 1 Jahr nach dem Beginn der Therapie ungestört ihrer stundenweisen Bildschirmtätigkeit nachgehen. Erwähnenswert ist, daß die Patientin niemals Psychopharmaka eingenommen hat, insbesondere keine Neuroleptika, kein L-Dopa, kein Diphenylhydantoin. Familienanmnestisch ergeben sich keine Hinweise für Erkrankungen des Extrapyramidalen Systems, jedoch für Multiple Sklerose mütterlicher-seits.

Zusammenfassung

Da sich bei unserer Patientin kernspintomographisch neben einer fraglichen dis-kreten diffusen Atrophie sogenannte "White-matter-lesions" sowohl im Basalgan-glienbereich rechts als auch pontin links nachweisen ließen muß die Frage nach den pathophysiologisch möglichen ursächlichen Substanzdefekten im Rahmen der Multiplen Skleroseerkrankung offen bleiben.

In diesem Zusammenhang unterstützt eine Veröffentlichung von Blin (1991) über Blepharospasmus bei Pseudohypoparathyreoidismus mit Basalganglienverkal-kung mit klinisch und neurophysiologischen Hirnstammbefunden die Hypothese von Marsden, daß die fokalen Dystonien im Gesichtsbereich (Blepharospasmus, Meige-Syndrom) Enthemmungsphänomene bei Störungen der basalganglionären Kontroll-funktionen darstellen.

Literatur

Blin O (1991) Movement Disorders Vol. 6: 379-383
Marsden CD (1976) Neurol Neurosurg Psychiatry 39: 1204-1209
Jankovic J (1983) Neurology 33: 1237-1240

Botulinumtoxin bei kraniozervikaler Dystonie - eine Verlaufsbeobachtung an 119 Patienten

K. Wolfarth, R. Dengler, U. Bettig

Neurologische Klinik mit klinischer Neurophysiologie der Medizinischen Hochschule Hannover

Fragestellung

Der positive Wirkungseffekt von Botulinumtoxin Typ A bei der Behandlung von zervikalen Dystonien ist in den letzten Jahren mehrfach beschrieben worden (Dengler et al. 1990; Jankovic und Brin 1991). Dabei wurde in den meisten Fällen eine kleinere Fallzahl vorgestellt. Wir berichten nun über 305 Behandlungen bei 119 Patienten mit zervikaler Dystonie (71 weiblich, 48 männlich, Alter 15-84 Jahre, Durchschnittsalter 49.5 Jahre).

Methodik

Ein Teil der Patienten konnte über einen Zeitraum von 3 Jahren beobachtet werden. Diagnostische Kriterien waren (1) Anamnese und Klinik, (2) eine polygraphische EMG-Analyse zur Typisierung, (3) Bildgebung, Liquor- und Serumdiagnostik zum Ausschluß symptomatischer Dystonien sowie orthopädischer Ursachen. Die Veränderungen der Bewegungsstörungen sowie der Schmerzen wurden nach dem TSUI-Score vor und nach der Therapie beurteilt und statistisch ausgewertet (Tsui et al. 1986). Botulinumtoxin (Porton Products) wurde unter EMG-Monitoring in die jeweils aktiven Mm splenius, trapezius, sternocleidomastoideus, levator scapulae, scalenus und die tiefe Nackenmuskulatur injiziert. Die applizierte Gesamtdosis pro Behandlung betrug im Mittel 16 ng (12 bis 20 ng).

Ergebnisse

Die Wirkung des Botulinumtoxin setzte im Mittel nach 4 bis 21 Tagen ein und hielt 3 bis 4 Monate an. Im beobachteten Zeitraum kam es zu einer geringen Verlängerung der Wirkzeit des Botulinumtoxin. Nach jeder Behandlung zeigten sich signifikante Veränderungen des Tsui-Scores im Vergleich zum entsprechenden Ausgangszustand. Im Mittel konnte eine Verbesserung von 50 % erzielt werden. Nach Erstbehandlung gaben 88 % einen positiven Effekt an. Sechs Patienten (4,8 %) profitierten im Verlauf der Behandlungen im Sinne einer Symptomfreiheit. Bei 28 Patienten (25 %) konnte eine Verbesserung von 80 bis 90 % erzielt werden, bei 31 (27 %) um 50 bis 70 % und bei 40 Patienten (35 %) fand sich eine Verbesserung um 30 bis 50 %. Drei Patienten zeigten nur nach der Erstbehandlung einen therapeutischen Effekt und vier Patienten profitierten nur von den ersten beiden Behandlungen, während die folgenden Injektionen wirkungslos blieben. Möglicherweise kam es bei diesen Patienten zu einer Antikörperbildung gegen Botulinumtoxin. Sieben Patienten berichteten über wechselnden Therapieerfolg. Bei 101 Behandlungen konnte eine Schmerzfreiheit erzielt werden. Die Zahl der Patienten mit heftigsten Schmerzen verringerte sich von 15 Patienten (12,8 %) auf drei Patienten (2,9 %). Die Anzahl der Patienten mit mittelschweren Schmerzen sank von 41 (34,9 %) auf 15 (13,1 %) ab. Nebenwirkungen traten vor allem in Form von lokaler Schwäche (29,4 % der Patienten nach Erstbehandlung), Mundtrockenheit (35 % der Patienten nach Erstbehandlung) und bei einigen Patienten als Dysphagie auf. Diese unerwünschten Effekte hielten bis zu 3 Wochen an, waren also nur von begrenzter Dauer und wurden im allgemeinen gut toleriert.

Konklusion

Insgesamt läßt sich sagen, daß Botulinumtoxin auch bei längerer Anwendung meist keinen Wirkungsverlust zeigt und ein effektives Medikament zur Therapie fokaler Bewegungsstörungen darstellt.

Literatur

Dengler R, Konstanzer A, Ceballos-Baumann AO (1990) Lokale Therapie mit Botulinum Toxin A bei fokalen Dystonien. Akt Neurol 17: 133-138
Jankovic J, Brin MF (1991) Therapeutic uses of botulinum toxin. N Engl J Med 324: 1186-1194
Tsui JKC, Eisen A, Stoessl J, Calne S, Calne DB: A double-blind study on the use of botulinum toxin in spasmodic torticollis (1986) Lancet II: 245-247

Materialspezifische Gedächtnisdefizite nach bilateral asymmetrischem Thalamusinfarkt

P. Calabrese[1,2], M. Haupts[1], H.J. Markowitsch[2], W. Gehlen[1]

[1]Neurologische Universitätsklinik, Bochum-Langendreer, [2]Abteilung Physiologische Psychologie, Universität Bielefeld

Einleitung

Substanzschädigungen der diencephalen sowie der medialen Temporallappensysteme führen in vielen Fällen zu persistierenden Gedächtnisstörungen (Markowitsch 1993). Trotz funktioneller Ähnlichkeiten, bestehen bei der Einschätzung der für eine Amnesie nötigen subcortikalen Substanzdefekte, größere Uneindeutigkeiten. In den verhältnismäßig geringen und sowohl neuroradiologisch als auch psychometrisch teilweise nur unzureichend dokumentierten Kasuistiken, kommen die Autoren zu verschiedenen Ergebnissen hinsichtlich der als relevant postulierten diencephalen Strukturen. Während von Cramon und Mitarbeiter (1985) insbesondere die Regionen des mammillothalamischen Traktes und der Lamina medullaris interna als wesentliche Fasersysteme im Rahmen der mnestischen Informationsverarbeitung hervorheben, betonen andere Autoren (z.B. Mori et al. 1986) neben dem mammillothalamischen Trakt und der Lamina medullaris interna auch den ventrolateralen Nucleus sowie die centromediane parafasciculäre Kerngruppe. Auf die besondere Rolle des mammillothalamischen Traktes wird auch in einer Arbeit von Gentilini et al. (1987) hingewiesen. Schließlich verweisen Kritchevsky et al. (1987) allgemein auf "eine kritische Läsionsmasse" (besonders des mediodorsalen Nucleus), die überschritten sein muß, damit mnestische Defizite überhaupt manifest werden. In unserer vorgestellten Kasuistik wird beispielhaft zum einen nochmals auf die Materialspezifität von mnestischen Defiziten bei thalamischen Läsionen hingewiesen, zum anderen die Frage nach den relevanten subcorticalen Strukturen diskutiert.

Kasuistik

Ein 46-jähriger Gastwirt wurde nach einem Sturz auf den Hinterkopf stationär aufgenommen. Zunächst dominierten Müdigkeit und Unwohlsein, wenige Stunden später kamen Doppelbilder hinzu; im folgenden stellten sich eine rückläufige vertikale Blickparese sowie eine Adduktionshemmung des linken Auges bei Blickfolge über die Mittellinie ohne deutlichen Nystagmus ein. Es bestanden keine Pyramidenbahnzeichen. Einfachen Befehlen folgte der somnolente Patient nur auf nachdrückliche Aufforderung. Das Eingangs-CCT war zunächst unauffällig. Erst 48 Stunden nach Beginn der Symptomatik zeigte ein weiteres CCT bilaterale, linksbetonte Thalamusinfarkte.

Neuropsychologie

Aufgrund der zunächst stark eingeschränkten Vigilanz und Attentionalität wurde der Patient erst sechs Wochen nach dem Ereignis neuropsychologisch untersucht. Hierbei wurden Verfahren zur Abschätzung der allgemeinen Intelligenz (HAWIE) sowie eine Reihe von verbalen und nonverbalen Gedächtnistests (digit-span, Corsi, figurale und verbale Paarassoziationen, Gesichter-, Wort- und Objektrekognition, verbales, selektives Erinnern, verbale Merk- und Lernfähigkeit nach Rey, komplexe Figur von Rey sowie das Erlernen von Routen nach Stadtplanvorlage) unter unmittelbarer und verzögerter Reproduktionsbedingung. Daneben kamen Tests zur kognitiven Flexibilität zur Anwendung. Die testpsychologischen Untersuchungen ergaben durchschnittliche Leistungen bei Aufgaben zur Erfassung des allgemein-intellektuellen Leistungsbereiches. Während die Leistungen des Patienten (gemessen an alters- und bildungsvergleichbaren hirngesunden Probanden/Cutoffwerten) bei den nonverbalen Gedächtnistests sowohl bei unmittelbarer als auch unter verzögerter Wiedergabebedingung ebenfalls im Normbereich anzusiedeln sind, zeigen sich insbesondere bei rein verbalen Gedächtnisaufgaben die evidentesten mnestischen Defizite. Dies gilt sowohl für den freien Abruf als auch unter Rekognitionsbedingungen.

Diskussion

Neben Schädigungen der mesialen Temporallappen, die zu massiven Gedächtnisstörungen führen können, sind es die diencephalen Läsionen, und hier insbesondere die der thalamischen und subthalamischen Region, die in persistierende, überwiegend anterograde Gedächtnisdefizite münden können. Die hier vorgestellte Kasuistik verdeutlicht nochmals, daß sich - analog zu corticalen Läsionen - bereits auf subcorticaler Ebene materialspezifische Defizite nachweisen lassen. Da die über die Kernspintomographie verifizierte Läsion eine Mitbeteiligung des mammillothalamischen Traktes beim vorgestellten Patienten eher unwahrscheinlich macht, wird die Frage nach der anatomischen Eingrenzung gedächtnisrelevanter Fasersysteme durch die vorliegende Kasuistik erneut relativiert. Schließlich sei angemerkt (wenngleich in diesem Beitrag nicht dargestellt), daß auch dieser Patient über testpsychologisch nachweisbare, residuale Lern- und Behaltenskapazitäten verfügt. Diese beziehen sich auf non-deklarative, also solche Gedächtnisanteile, bei denen der Patient keinen mnestischen Zugriff auf die vorangegangene Lernerfahrung oder -episode hat.

Literatur

von Cramon DY, Hebel N, Schuri U (1985). A contribution to the anatomical basis of thalamic amnesia. Brain 108: 993-1008

Gentilini M, De Renzi E, Crisi G (1987) Bilateral paramedian thalamic artery infarcts: report of eight cases. Journal of Neurology, Neurosurgery, and Psychiatry 50: 900-909

Kritchevsky M, Graff-Radford NR, Damasio AR (1987) Normal memory after damage to medial thalamus. Archives of Neurology 44: 959-962

Markowitsch HJ (1993) Neuropsychologie des Gedächtnisses. Huber, Bern

Mori E, Yamadori A, Mitani Y (1986) Left thalamic infarction and disturbance of verbal memory: a clinicoanatomical study with a new method of computed tomographic stereotaxic lesion localization. Annals of Neurology 20: 671-676

Lokalisation supranukleärer und intraaxialer peripherer Fazialisparesen

H.C. Hopf

Universitätsklinik für Neurologie Mainz

Zentrale und periphere Fazialisparesen sind an der Aussparung bzw. dem Mitbetroffensein der M. frontalis-Funktion leicht zu unterscheiden, wenn ein kompletter Funktionsausfall vorliegt. Wenig bekannt sind Symptome, die auf eine intrapontin gelegene Läsion des peripheren (infranukleären) Fazialisstammes hinweisen oder eine nähere Lokalisation im Verlauf der zentralen Fazialisbahn ermöglichen.

Somatotopik des Fazialiskerns und seine Verbindungen

Die somatotopische Gliederung des Fazialiskerns hat Bezug zu lokalisationsdiagnostisch relevanten Funktionsausfällen. Die Motoneurone der dorsalen bzw. intermediären Kerngruppe versorgen die Mm. frontalis, orbic. oculi und occipitalis, die der lateralen Kerngruppe die Muskeln von Wange, Mund, Platysma und den M. stapedius und die der medialen bzw. dorsomedialen Kerngruppe die äußeren Ohrmuskeln (Lang 1981).

Supranukleäre pyramidale Fasern von kontra- und ipsilateral gehen zu Neuronen der dorsalen Kerngruppe während die übrigen Kernareale nur von kontralateral versorgt werden. Deszendierende Bahnen vom colliculus superior enden an der intermediären Kerngruppe (Vidal et al. 1988; Urban et al. 1993). Multisynaptische Verbindungen von den Amygdalae (Krettek und Price 1978), dem Hypothalamus (Saper et al. 1979), dem Pallidum (Haber et al. 1985; Alexander et al. 1990) und der Substantia nigra (Beckstead et al. 1979) laufen über Kerne der mesencephalen, zentralen grauen Substanz (Le Doux et al. 1987) zu Motoneuronen der perioralen Muskeln, deren funktionelle Bedeutung für emotionale Bewegungen tierexperimentell vermutet wurde (Weinstein und Bender 1943). Trigemino-faziale exterozeptive Afferenzen enden an Neuronen für den M. orbic. oculi. Der Fazialiskern erhält weiter aszendierende Verbindungen vom Nucl. retic. parvocellularis der Medulla (Fanardjian und Manvelyan 1987).

Differenzierende Merkmale zentraler Fazialisparesen

Klinisch kommt neben der "globalen" zentralen Fazialisparese mit Ausfall aller Bewegungen der perioralen und caudalen Fazialismuskeln aber Restbeweglichkeit der periorbitalen Muskeln und erhaltener Funktion der Stirnmuskeln eine isolierte Parese für Willkürbewegungen ("Willkürparese") bei erhaltener Bewegungsmöglichkeit beim Lachen von sowie andererseits eine isolierte Parese für der Willkür nicht unterworfene Bewegungen ("emotionale" Parese) bei erhaltener Willkürbeweglichkeit.

Betroffene Strukturen

Strukturen, deren Läsion zu einer Willkürparese führt, sind
- der motorische Kortex (Monrad-Krohn 1924; Hopf et al. 1992),
- das vordere Operculum (Literatur bei Weller 1993),
- die zugehörige Pyramidenbahn im Hemisphärenmark (Willoughby und Anderson 1984; Hopf et al. 1992),
- die Pyramidenbahn in der hinteren Hälfte des posterioren Schenkels der Capsula interna (Hanaway et al. 1977; Hopf 1983) und
- die Pyramidenbahn im Pons (Hopf et al. 1990)

Strukturen, deren Läsion zu einer emotionalen Parese führt, sind
- die supplementär motorische Area (Walshe 1935; Laplane et al. 1977; Gelmers 1983),
- vermutlich Teile des temporalen Kortex (Remillard et al. 1977),
- das die Stammganglien umgebende frontale Marklager bzw. die vorderen Anteile der inneren Kapsel (Adams und Victor 1989; Hopf et al. 1992),
- der Pulvinar thalami (Borst 1901, Siqueira und Frank 1974; van Buren et al. 1976) und posterior-subthalamische Strukturen (Hopf et al. 1992),
- das paramediane dorsale Mesenzephalon (Mills 1912; Weinstein und Bender 1943; Eblen et al. 1992) und
- die paramediane Basis pontis (Asfora et al. 1989; Wali 1993).

Klinische Zuordnungsmöglichkeit

Emotionale Fazialiparese und Fazialis-Willkürparese sind also Schädigungszeichen für unterschiedliche Strukturen. Eine Höhenlokalisation läßt sich aus der klinischen Symptomatik nur für 2 Situationen ableiten. Begleitende Paresen für Kieferbewegungen, Schlucken, Sprechen, Phonation und Zungenbewegungen charakterisieren das vordere Operkulum-Syndrom, das durch kortikale und/oder subkortikale Läsionen - allerdings selten einseitige - zustande kommt (Besson et al. 1991; Marchiori et al. 1991). Die Willkürparese pontinen Ursprungs scheint lediglich von Dysarthrie begleitet (Hopf et al. 1990).

Der intraaxiale periphere N. facialis

Intrapontin verläuft der N. facialis von seinem Kern nach dorsal mit leicht cranialer und medialer Richtung, beschreibt eine Kehre um den Abduzenskern (inneres Knie) und verläßt am ponto-medullären Übergang lateral den Pons. Läsionen des intrapontinen Fazialis entsprechen den klassischen gekreuzten Hirnstammsyndromen, wenn sie mit kontralateraler motorischer (Millard-Gubler) oder sensibler (Gasperini) Hemisymptomatik vergesellschaftet sind. Außerdem kann der ipsilaterale Abduzens betroffen sein (Foville). Obgleich in jedem Lehrbuch dargestellt, sind diese Syndrome sehr selten.

Klinische Merkmale peripherer intraaxialer Fazialisparesen

Die intrapontinen peripheren Fazialisparesen können bucco-oral betont sein, besonders wenn sie nicht komplett sind, und werden dann leicht als zentrale Fazialisparese verkannt. Als Begleitsymptome können in diesem Fall lokalisatorisch wegweisend sein: Myokymien, Abduzensparese und internukleäre Ophthalmoplegie (INO). Außerdem kann das Betroffensein des peripheren Fazialis durch Blinkreflexe und das Okulo-Aurikular-Phänomen (Urban et al. 1993) bewiesen bzw. ausgeschlossen werden.

Myokymien treten bevorzugt bei pontinen Läsionen (Hirnstammgliom, Multiple Sklerose) auf (Gutman 1993; Hopf 1993) und sind dann gerne mit ipsilateraler Hypakusis oder Abduzensschwäche kombiniert. Jedoch finden sich Fazialismyokymien auch bei Bell'scher Lähmung (Bettoni et al. 1988) und Fazialisparese bei GBS. In diesen Fällen sind Abduzensparese und Hypakusis nicht zu erwarten.

Die sehr seltene Kombiantion mit INO bzw. Ein-einhalb Syndrom beweist eine Schädigung im Bereich des inneren Fazialisknies (Rauh et al. 1993).

Literatur

Adams RD, Victor M (1989) Principles of Neurology. In: Mc Graw-Hill, Alexander GE et al. (eds) Basal ganglia thalamocortical circuits. Progr Brain Res 85: 119-146

Alexander GE et al (1990) Parallel substates for motor, oculo-motor, "perfrontal" and "libic" functions. In: Basal ganglia thalamocortical circuits. Progr Brain Res 85: 119-146

Asfora W, DeSalles AAF, Abe M, Kjellberg RN (1989). Is the syndrome of pathological laughing and crying a manifestation of pseudobulbar palsy? J Neurol Neurosurg Psychiat 52: 523-525

Beckstead RM et al. (1979) Efferent connections of the substantia nigra. Brain Res 175: 191-217

Besson G et al. (1991) Acute pseudobulbar palsy. Arch Neurol 48: 501-507

Bettoni L et al. (1988) Myokymia in the course of Bell's palsy. J Neurol Sci 84: 69-76

Borst M (1901) Die psycho-reflektorische Fazialisbahn. Neurol Zentralbl 20: 155-159

van Buren et al. (1976) Sensory and non-sensory portions of the nucleus ventrali posterior. J Neurosurg 45: 37-48

Eblen F et al. (1992) Automatic-voluntary dissociation. Eur Arch Psych Clin Neurosci 242: 93-95

Englander RN, Netsky MG, Adelmann LS (1975) Location of human pyramidal tract in the internal capsule: anatomic evidence. Neurology 25: 823-826

Fanardjian VV, Manvelyan LR (1987) Mechanisms regulating the activity of facial nucleus motoneurons. Neuroscience 20: 835-853

Gelmers HJ (1983) Non-paralytic motor disturbance and speech disorders JNNP 46: 1052-1054

Gutmann L (1993) Facial myokymia in brainstem disorders. In: Caplan LR, Hopf HC (eds) Brainstem Localisation and Function. Springer.

Haber SN et al (1985) Efferent connections of the ventral pallidum. J Comp Neurol 135: 322-335

Hanaway J, Youn RR (1977) Localization of the pyramidal tract in the internal capsule. J Neurol Sci 34: 63-70

Hopf HC (1983) Topische Diagnostik im Bereich des Hirnstammes am Beispiel des N. facialis. Akt Neurol 10: 6-10

Hopf HC et al. (1990) Pontine supranuclear facial palsy. Stroke 21: 1754-1757

Hopf HC et al. (1992) Localization of emotional and volitional facial paresis. Neurology 42: 1918-1923

Hopf HC (1993) Persistent tonic facial contraction: a local brainstem sign. In: Caplan LR, Hopf HC (eds) Brainstem Localization and Function. Springer 1993, pp 233-236

Krettek JE, Price JL (1978) Amygdaloid projections. J Comp Neurol 178: 225-154

Lang J (1981) Neuroanatomie der Nn opticus, trigeminus, facialis, glossopharyngeus, vagus, accessorius und hypoglossus. Arch Otorhinolaryng 231: 1-69

Laplane et al. (1977) Clinical consequences of corticotomies involving the supplementary motor area. J Neurol Sci 34: 301-314

LeDoux JE (1977) Emotion. In: Mountcasle VB, Plum F (1987) Handbook of Physiology, Bethesda

Marchiori GC et al. (1991) Labio-glosso-phyryngo-laryngeal paralysis. Ital J Neurol 12: 419-422

Mills CK (1912) Preliminary note on a new symptom complex. J Nerv Ment Dis 39: 73-76

Monrad Krohn GH (1924) On the dissociation of voluntary and emotional innervation in facial peresis. Brain 47: 22-35

Remillard et al. (1977) Facial asymmetry in temporal lobe epilepsy. Neurology 27: 109-114

Rauh J et al. (1993) One-and a half syndrome and facial palsy of peripheral type. In Caplan LR, Hopf HC (eds) Brainstem Localization and Function. Springer.

Saper et al. (1979) Autoradiographic study of the efferent connections of the lateral hypothalamus. J Comp Neurol 183: 689-706

Siqueira ER, Franks L (1974) Anatomic connections of the pulvinar. CC Thomas.

Urban PP et al. (1993) The oculo-auricular phenomenon. Brain 116

Vidal PP et al. (1988) Synaptic organization of the tecto-facial pathways. J Neurophysiol 60: 769-797

Walshe FMR (1935) On disorders of motor function following ablation of the leg area. Brain 58: 81-85

Wali GM (1993) "Fou rire prodomique" heralding a brainstem stroke. J Neur Neurosurg Psychiat 56: 209-210

Weinstein EA, Bender MB (1943) Integrated facial patterns. Arch Neurol 50: 34-42

Weller M (1993) Anterior operrcular cortex lesions cause dissociate lower cranial nerve palsies. J Neurol 240: 199-208

Willoughby EW, Anderson NE (1984) Lower cranial nerve motor function. BMJ 289: 791-794

Trigeminus-Läsionen: Klinisch-topische Diagnostik

U. Patzold

Braunschweig

Die topische Diagnose von Trigeminus-Schäden wird möglich durch die Analyse von Sensibilitätsstörungen der Gesichtsstrukturen, die Suche nach trophischen Störungen der Haut und Schleimhäute des Gesichtes, der Hornhaut und der Kaumuskulatur, die Prüfung der Kraft der Kaumuskulatur und die Prüfung der physiologischen Fremd- und Eigenreflexe, die über den Trigeminus verlaufen. Genauso wichtig ist es, begleitende Hirnnervenschäden und weitere Hirnstammsymptome zu suchen. Feinstes objektives Symptom einer Trigeminus-Schädigung ist oftmals eine Störung des Kornealreflexes.

Neurophysiologische Untersuchungen wie die Untersuchung des Trigeminus-SEP, des elektrisch ausgelösten Blink- oder Kieferöffnungsreflexes, die kortikale Magnetstimulation oder die Elektromyographie der Kaumuskulatur werden zwar häufig angewandt, tragen aber nur unwesentlich zur weiteren topischen und Art-Diagnose bei. Die Magnetresonanz-Tomographie hat dagegen die Diagnostik im Hirnstamm wesentlich erleichtert.

Eine Diagnose ist ohne grundlegende Kenntnisse der Anatomie nicht möglich. Die Lage der peripheren Nervenäste im Gesicht und an der Schädelbasis, die Lage des Ganglion Gasseri, der Trigeminus-Wurzel, des Tractus trigeminale, sowie der sensiblen und motorischen Kerngebiete und deren zentrale Verbindungen muß der Untersucher gegenwärtig haben.

I. Anatomie

Das Ganglion Gasseri liegt im Cavum Meckeli unter der Dura der mittleren Schädelgrube, ventral nahe der Spitze des Felsenbeines. Es liegt ventromedial dicht neben der Karotis interna und ist dem hinteren Anteil des Sinus cavernosus benachbart. Von der Arterie ist es häufig nur durch eine dünne Bindegewebsschicht getrennt. Die drei Hauptstämme des Nerves werden von den peripheren Fortsätzen der Ganglienzellen gebildet: Es sind dies der N. ophtalmicus (N. V. 1), der N. maxilaris (N. V. 2) und der N. mandibularis (N. V. 3).

Der V. V. 1 zieht zur Orbita als ein schmales Band von ungefähr 2,5 cm Länge durch die seitliche Wand des Sinus cavernosus, unterhalb vom III. und IV., in enger Nachbarschaft zum VI. Hirnnerv. Seine Fasern kommunizieren mit den drei genannten Nerven, aber auch mit sympathischen Fasern von der A. carotis interna. Rückläufig gibt der N. V. 1 einen Ast zum Tentorium cerebelli ab. Bevor der N. V. 1 durch die Fissura orbitalis superior zieht, teilt er sich in die Nn. lacrimalis, frontalis und nasociliaris.

Der N. V. 2 zieht etwas unterhalb vom N. V. 1 durch den Sinus cavernosus. Bevor er die Schädelgrube durch das Foramen rotundum verläßt, gibt er einen R. meningicus zur mittleren Schädelgrube ab. Er zieht durch die obere Fossa pterygopalatina, wendet sich zur Seite und verläuft auf der hinteren Oberfläche der Maxilla durch die Fissura orbitalis inferior, um schließlich als N. infraorbitalis durch den gleichnamigen Kanal und das gleichnamige Foramen den knöchernen Schädel zu verlassen. Die vielen Äste des N. maxillaris kann man einteilen in diejenigen der Fossa pterygopalatina, die des Infraorbital-Kanales und die der Gesichtshaut. Die Nn. alveolares superiores verlaufen auf ihrem Wege zu den Zähnen in den Wänden der Kieferhöhlen. Auch der N. infraorbitalis selber ist von der Kieferhöhle nur durch eine dünne knöcherne Wand getrennt, die jedoch nicht alle Menschen haben.

Der N. V. 3 verläßt unmittelbar hinter dem Ganglion Gasseri die Schädelgrube durch das Foramen ovale, um sich sofort mit den motorischen Fasern der Portio minor zu vereinigen. Er liegt hier zwischen dem M. tensor veli palatini und dem M. pterygoideus lateralis. Gleich nach Zusammenschluß der motorischen und sensiblen Fasern geht der N. spinosus ab, der gemeinsam mit der Arterie durch das Foramen spinosum zur Dura zieht. Nachdem sich die Äste für den medialen Pterygoideus abgezweigt haben, teilt sich der N. V. 3 in einen vorderen und einen hinteren Stamm. Der vordere (N. mastictorius) gibt den sensiblen N. buccalis ab und die motorischen Äste zu den MM. masseter, temporalis und pterygoideus lateralis. Der hintere Stamm teilt sich in die sensiblen Nn. auriculotemporalis, lingualis und alveolaris inferior.

Wichtig ist: Im N. lingualis verlaufen auch Geschmacksfasern, die über die Chorda tympani zum N. intermedius ziehen. Der N. lingualis liegt zunächst zwischen Tensor veli palatini und lateralem Pterygoideus, wo ihn die Chorda tympani verläßt. Unter dem Schutz des lateralen Pterygoidus zieht der Nerv abwärts und vorwärts, ventral und etwas tiefer als der N. alveolaris interior gelegen. Er schmiegt sich an die innere Oberfläche des Unterkiefers an und ist auf der medialen Seite der Wurzel des dritten Molaren nur durch die Schleimhaut des Gaumens bedeckt. In dieser Höhe zieht er in die Zunge.

Der N. alveolaris inferior zieht von der Flügelgaumengrube in das Foramen mandibulae unterhalb der Zähne durch den Mandibular-Kanal bis zum Foramen mentale, wo er als N. mentalis den knöchernen Schädel verläßt.

Die Trigeminuswurzel wird von den zentralen Fortsätzen der Ganglienzellen gebildet. Ihre Fasern vereinigen sich nach zahlreichen Anastomosen zur Pars compacta. Sie ziehen zur hinteren Schädelgrube über das Felsenbein hinweg. Man muß wissen, daß die Dura hier häufig ein separates Band bildet, das Ligamentum petroclinoidale. Nach Eintritt in die hintere Schädelgrube zieht die Wurzel über eine Strecke von etwa 2 cm bis zum Pons. In der Wurzel ist die somatotopische Gliederung der Stämme nur gob aufrechterhalten: Die Fasern drehen sich, die des N. V. 1 liegen nun dorso-medial, die des N. V. 3 postero-lateral und die des N. V. 2 dazwischen. Die Portio minor verläßt den Pons etwas rostral der Radix sensoria und verläuft dann ventral von ihr, medial am Ganglion trigeminale vorbei.

Die motorischen Kerne des N. V. liegen im oberen Teil der Brücke, medial des sensiblen Nucl. pontis pricipalis. Ob dieser Kern somatotopisch gegliedert ist, ist nicht bekannt.

Die Anantomie der sensiblen Kerngebiete ist sehr viel komplizierter. Ein kleiner Teil der afferenten Fasern zieht cranialwärts zum Nucl. tractus mesencephalici N. trigemini. Hier enden Fasern für propriozeptive Impulse aus der Kaumuskulatur, der Gesichts- und Augenmuskulatur und von den Zähnen. Die eigentlichen sensiblen Kerngebiete bestehen aus dem Nucl. pontis pricipalis und dem Nucl. spinalis N. trigemini, der sich bis weit in das Rückenmark ausdehnt - bis etwa in die Höhe von

C2 oder noch tiefer. Die in der Brücke und der Medulla oblongata zu diesen Kerngebieten ziehenden sensiblen Fasern bilden den Tractus spinalis N. trigemini. Dieser entspricht der sensiblen Hinterwurzel; der Nucl. spinalis N. trigemini ist den Hinterhornstrukturen des Rückenmarkes gleichzusetzen. Der Nucl. spinalis teilt sich in die Pars oralis, die Pars interpolaris und die Pars caudalis.

A-Fasern enden am Nucl. principalis und den verschiedenen Abschnitten des Nucl. spinalis. Die dünnen A-Delta und C-Fasern enden dagegen in der Pars caudalis des Nucl. spinalis. Sie setzen sich im dorso-lateralen Fasciculus des Hinterhornes fort. Die Fasern des N. V. 3 steigen im dorsalen Teil des Tractus ab, während die des N. V. 1 mehr ventral liegen. Die Fasern des N. V. 2 liegen dazwischen und ziehen auch nicht soweit nach caudal wie die der anderen beiden Nervenstränge.

Die protopathischen Bahnen des Trigeminus nehmen ihren Ursprung in den caudalen Anteilen des Kerngebietes. Sie kreuzen in der Medulla oblongata zur Gegenseite und schließen sich als lateraler trigemino-thalamischer Trakt dem tractus spinothalamicus an. Zusätzlich ziehen von der Pars caudalis auch ipsilateral Fasern zum Nucl. principalis. Die epikritischen zentralen Bahnen entspringen in den ventralen Partien des Nucl. principalis pontis. Sie kreuzen ebenfalls und schließen sich dem medialen Lemniscus an. Eine weitere ungekreuzte, dorsale trigeminothalamische Bahn zieht von den dorsalen Partien des Nucl. principalis zum Thalamus.

Über die funktionelle Anatomie im Nucl. spinalis N. trigemini ist wenig bekannt. Tierversuche lassen eine somatotopische Gliederung vermuten. Intra- und periorale Regionen sind mehr rostromedial repräsentiert, die Haut der vorderen Gesichtspartien dagegen mehr ventral. Laterale Gesichtspartien sind auch lateralen Anteilen zugeordnet. In der Pars caudalis ist ein zwiebelschalenartiges Arangement der Fasern nachgewiesen.

II. Analyse der sensiblen Störungen

Sensibel versorgt der N. V. das Gesicht und den Kopf bis zur Scheitelhöhe. Der hintere Anteil der Unterkieferhaut dagegen wird von C3, das Hinterhaupt von C 2 und das Ohr überwiegend vom X. Hirnnerv versorgt. Das Versorgungsgebiet des Trigeminus wird lateral durch die sogenannte Scheitel-Ohr-Kinn-Linie begrenzt - allerdings nicht scharf: Es gibt hier Überschneidungen mit dem N. auricularis. Die mediane Begrenzung des Versorgungsgebietes verläuft dagegen immer exakt in der Mitte des Gesichtes.

Der N. V. versorgt die Schleimhäute der Konjunktiven, der Mundhöhle, der vorderen Zunge, sowie die Nasenhöhle bis zu einer Grenze, die am freien Rand des weichen Gaumens und seitlich bis zur Tubenöffnung verläuft. Zusätzlich vermittelt er die sensiblen Impulse von den Augäpfel, den Augenhöhlen, den Zähnen, der Kaumuskulatur, den Schädelknochen und der harten Hirnhaut der vorderen und mittleren Schädelgrube. Der N. V. leitet auch Geschmacksfasern der vorderen zwei Drittel der Zunge.

Ein Sensibilitätsausfall des gesamten Trigeminusversorgungsgebietes kommt nur bei Läsionen der Wurzel an der Schädelbasis oder des Ganglion Gasseri vor. Sonst sind immer nur einzelne Hauptäste und deren Zweige betroffen. Bei Hirnstammschädigungen ist eine dissoziierte Sensibilitätsstörung häufig - man muß stets gezielt danach fahnden!

Nach Extirpation des Ganglion Gasseri ist die Sensibilität für alle Qualitäten komplett aufgehoben, sodaß man im Gesicht ohne Anästhesie operieren kann (O. Foerster).

Läsionen einzelner Äste führen zu einem scharf begrenzten Taubheitsgefühl, das dem anatomischen Versorgungsgebiet entspricht: Eine Verlagerung von einzelnen Versorgungsgebieten findet praktisch nicht statt. Das gleiche gilt für Läsionen kleinerer Zweige, was die topische Diagnose von Schäden einzelner Gesichtsnerven exakt möglich macht. Eine Schädigung des 1. Astes führt zu einem Ausfall vom Scheitel bis zur Nasenspitze (Versorgungsgebiet des N. ethmoidalis auf dem Nasenrücken), der Kornealreflex ist abgeschwächt oder fehlt, die Hornhautsensibilität vermindert. Eine Keratitis neuroparalytica kann sich einstellen.

Schäden einzelner Endäste von N. V. 1 kommen vor bei Verletzungen der Orbita oder bei oberflächlichen Verletzungen der Augenbraue. Besonders häufig wird hierbei der N. supraorbitalis verletzt. Dann bleibt das Versorgungsgebiet des N. frontalis an den mittleren Partien der Stirn und des Vorderhauptes, sowie das übrige Versorgungsgebiet von N. V. 1 ungestört. Der Kornealreflex ist natürlich nicht abgeschwächt.

Läsionen des N. V. 2 entstehen bei Mittelgesichtsfrakturen. Geschädigt ist besonders häufig der Infraorbitalis. Die Nn. palpebrales und cygomatico temporalis sind ausgespart. Der N. cygomatico facialis ist bei Verletzungen des Jochbeins aber häufig mitbetroffen.

Die Nasenschleimhaut ist bei Läsionen des N. V. 2 nicht gestört, denn die Innervationsgebiete des 1. und 2. Astes überschneiden sich sehr. Dagegen ist bei einer Ausschaltung des 2. Astes die Schleimhaut der Oberlippe, des Oberkiefers und des harten Gaumens total anästhetisch. Stets ist die Ovula ungestört. Die Zähne und Knochen des Oberkiefers sind allerdings nicht immer völlig unempfindlich.

Sensibilitätsstörungen im Versorgungsgebiet des 3. Astes sieht man ebenfalls bei Verletzungen des Unterkiefers, insbesondere aber auch bei Tumoren der Flügelgaumengrube. Am häufigsten kommen sie wahrscheinlich nach zahnärztlichen Eingriffen vor. Oft wird der N. lingualis bei Extraktion des dritten Molaren geschädigt. Er wird dabei zerissen und muß wieder genäht werden. Die Prognose ist sonst schlecht. Andere Ursachen sind: Füllen des Alveolenkanals unter hohem Druck, tracheale Intubation, Druckschäden durch den Retraktor, Spritzenschäden sind dagegen eher selten.

An der Schädelbasis wird der N. V. häufig gemeinsam mit anderen Hirnnerven geschädigt. Folgende Syndrome entstehen:
1. Syndrom der Fissura orbitalis superior. Läsion des N. V. 1 und der Hirnnerven III, IV und VI; zugleich Horner-Syndrom und vorübergehende Schweißsekretionsstörungen an der Stirn.
2. Syndrom der Orbita-Spitze. Wie 1. Zusätzlich Schädigung des N. opticus.
3. Syndrom des vorderen Sinus cavernosus. Schädigung des N. V. 1, des N. III, N. IV und N. VI.
4. Syndrom des mittleren Sinus cavernosus. Schädigung der gleichen Nerven wie bei 3. und Läsion des N. V. 3.
5. Syndrom des hinteren Sinus cavernosus. Störungen in allen drei Trigeminus-Ästen, manchmal auch im motorischen Anteil, Augenmuskelnnerven mehr oder weniger mitbetroffen.

6. Paratrigeminales Syndrom (Raeder 1924). Ursache ist ein Prozeß zwischen Ganglion trigeminale und A. carotis interna. Typisch ist ein heftiger Kopfschmerz im Ausbreitungsgebiet des N. V. 1, zugleich Horner und Schweißsekretionsstörungen im Bereich des N. ophtalmicus, Rötung der Conjunktiven, Tränen- und Nasenfluß (DD zum Cluster-headache).

7. Gradenigo-Syndrom. Pyramidenspitzen-Prozeß mit Schädigung des N. V. und N. VI.

8. Kleinhirn-Brückenwinkel-Syndrom. Innenohrschwerhörigkeit, Vestibularis-Ausfall, Hypalgesie im N. V. 1 mit Verlust des Kornealreflexes, Facialis-Parese, später auch Abducens-Parese, bei Wachstum nach caudal auch Glossopharyngeus-Parese.

Läsionen des Tractus spinalis N. trigemini sind exakt zu analysieren nach der Sjöquistschen Operation. Stets führt eine Traktotomie zu einer dissoziierten Sensibilitätsstörung, die lediglich Schmerz- und Temperaturfasern ausschaltet, nicht aber die epikritische Sensibilität. Je weiter caudalwärts nach C2 hin sie erfolgt, um so mehr läßt sie die mittleren Partien des Gesichtes frei. Die Sensibilitätsstörungen durch Traktotomie folgen nur selten den Sölderschen Linien, bzw. den von Dejerine beschriebenen zwiebelschalenförmigen Segmenten. Eine ventrolaterale Traktotomie führt zu einer sensiblen Störung in den oberen Gesichtspartien, eine mehr dorsale Inzision in der Nähe des Fasciculus cuneatus zu einer Analgesie in den unteren Gesichtspartien. Außerdem hat sich gezeigt, daß der 3. Ast oberhalb des Obex, der 2. Ast in Höhe des Obex und der 1. Ast in den unteren Anteilen des Nucl. spinalis N. trigemini endet.

Nukleare Schäden führen zu zwiebelschalig angeordneten Sensibilitätsstörungen. Soweit der medulläre Kernabschnitt betroffen ist, sind sie stets dissoziiert, speziell bei einer Schädigung des Nucl. caudalis, des spinalen Trigeminuskernes. Die von Sölderschen Linien entsprechen nicht exakten Dermatomen, sondern geben Verlaufsrichtungen der sensiblen Störungen an. Der orale Abschnitt des spinalen Trigeminuskerns, der in der unteren Brücke liegt, vermittelt die Sensibilität für alle Qualitäten im Bereich der Mundschleimhaut (Graham et al. 1988).

Eine ausgedehnte Schädigung des Nucl. spinalis in der Medulla oblongata, z. B. im Rahmen eines Wallenberg-Syndromes führt aber nur selten zu einer zwiebelschalenartigen Sensibilitätsstörung. Hierbei sieht man eher eine Hypalgesie im klassischen Versorgungsgebiet des 1. Trigeminusastes mit einer Störung des Kornealreflexes. Diese ist in der Regel dissoziiert. Die Kaumuskulatur bleibt dabei intakt.

Umschriebene Mißempfindungen, Parästhesien oder Taubheitsgefühle im Gesicht oder den Schleimhäuten des Mundes oder der Zunge, die sich nicht an das Versorgungsgebiet einzelner Nervenäste halten, treten gewöhnlich nur bei der Multiplen Sklerose auf. Sie sind die Folge einer nukleären Schädigung und gehen ohne Schmerzen einher. Solche Phänomene sind auch nur in der Frühphase der Multiplen Sklerose zu beobachten oder werden später von den Kranken nicht mehr angegeben. Auch bei diesen ist der Kornealreflex erhalten. Ein Tic douloureux entsteht bei der Multiplen Sklerose durch eine ponsnahe Entmarkung der sensiblen Trigeminus-Wurzel: Sie hat hier noch zentrales Myelin!

Zum Schluß soll noch auf eine häufig verkannte sensible Störung verwiesen werden: Bei einer Läsion des Tractus trigemino-thalamicus, die auch den Tractus Spinothalamicus im oberen Hirnstamm trifft, kommt es zu sensiblen Störungen um den Mund herum und an der gleichseitigen Hand. Bei diesem Syndrom beschreiben die Kranken stets eine zwiebelschalenartige Anordnung des komischen Gefühls. Fälschlicherweise wird dann an eine Läsion in der inneren Kapsel oder gar kortikaler Bezirke gedacht.

III. Analyse der Motorik

Eine einseitige Schwäche der Kaumuskulatur wird von den Kranken meist nicht bemerkt. Sie ist an der Atrophie der Kaumuskulatur und dem Abweichen des Unterkiefers zur gelähmten Seite hin leicht zu erkennen. Eine doppelseitige Lähmung der Kaumuskulatur führt zu schweren Störungen des Kauaktes. Nur selten liegt dann eine periphere Nervenschädigung vor (Hirnnerven-Polyneuropathie, Meningeal-Karzinome). Eher ist eine nukleäre oder myogene Schädigung (Myasthenie) vorhanden.

Der Trismus ist ein typisches Symptom des Tetanus. Wenig bekannt ist, daß es eine ähnliche Fehlinnervation auch bei pontinen Tumoren gibt (Rasdolskisches Zeichen). Die Kranken können dann den Mund nicht öffnen. Eine Maulsperre kann aber auch auftreten bei fehlerhafter Reinnervation der Kaumuskulatur.

Auf ein anderes charakteristisches Zeichen soll hingewiesen werden, was bei bösartigen Geschwülsten des Nasopharynx gelgentlich zu beobachten ist (Trotter-Syndrom).

1. Schmerzen im Ausbreitungsgebiet des N. mandibularis durch Ausdehnung des Tumors zum Foramen ovale.
2. Verziehen des Gaumensegels durch Infiltration des M. levator veli palatini.
3. Taubheit und Druckgefühl auf dem Ohr durch Fruck der Geschwulst auf die Tuba Eustachii.
4. Trismus durch Invasion der Geschwulst in den medialen M. pterygoidius.

Zum Schluß ein Wort zum Geschmacksschwitzen: Es wird durch gustatorische, mastikatorische oder olfaktorische Reize ausgelöst. Dem Syndrom liegt eine partielle Läsion des N. auriculo temporalis zu Grunde. Dieser Nerv enthält sympathische sekretorische Fasern. Bei einer Läsion kommt es offenbar zu einer überschießenden Reagibilität von partiell denervierten Schweißdrüsen.

Literatur

Broser F (1981) Topische und klinische Diagnostik neurologischer Krankheiten. 2. neubearbeitete und erweiterte Auflage, München

Camicheal FA, McGowan DA (1992) Incidence of nerve damage following third molar removal: a west of scotland oral surgery research group study. British Journal of Oral and Maxillofacial Surgery 30: 78-82

Graham SH, Sharp FR, Dillon W (1988) Intraoral sensation in patients with brainstem lesions. Neurology 38: 1529-1533

Hassfeld S, Meinck HM (1992) Eine elektrophysiologische Methode zur objektiven Untersuchung trigeminaler Sensibilitätsstörungen. I. Methodik und Normwerte. EEG-EMG Zeitschrift für Elektroenzephalographie, Elektromyographie und verwandte Gebiete 23: 184-189

Hayashi H (1985) Morphology of terminations of small and large myelinated trigeminal primary afferent fibers in the cat. J Comp Neurol 240: 71-89

Kunc Z (1970) Significant factors pertaining to the result of trigeminal tractotomy. In: Hassler R, Walker AE (eds) Trigeminal neuralgia. Pathogenesiss and Pathophysiology, Stuttgart, 90-100

Lang J (1981) Klinische Anatomie des Kopfes. Neurokranium. Orbita. Kraniozervikaler Übergang, Berlin

Nieuwenhuys R, Voogd J, van Hiujzen C (1988) The human central nervous system. A synopsis and atlas. Third revised edition, Berlin

Olsson KA, Westberg KG (1989) Interneurones in the trigeminal motor system. In: van Steenberghe D, De Laat A, Leuven, 19-50

Yasuda Y. et al. (1992) Cheiro-oral-pedal syndrome. European Neurology 32: 106-1084e5

Läsionen der kaudalen Hirnnerven

J.-P. Malin

Neurologische Klinik der Ruhr-Universität Bochum

Topographische Anatomie

Die kaudalen Hirnnerven sind die Nn. glossopharyngeus, vagus, accessorius und hypoglossus. Sie sind Kiemenbogennerven, d.h. sie innervieren in der Wand des Kopfdarmes Köperabschnitte visceraler Herkunft, nur der N. hypoglossus ist aus zwei oder drei Spinalnerven geformt, deren sensible Wurzelanteile zurückgebildet sind: Er wird zum motorischen Zungennerv.

Die Hirnnerven entspringen mit zusammenhängenden Bündeln aus dem Hirnstamm, wobei sich eine mehr mediale von einer lateralen Reihe unterscheiden läßt: Der N. hypoglossus gehört zur medialen, die übrigen kaudalen Hirnnerven zur lateralen Reihe. Dementsprechend findet man in der Rautengrube in Reihen angeordnet die Ursprungskerne.

Die arterielle Blutversorgung der kaudalen Hirnnerven erfolgt über die A. pharyngea ascendens, einem Ast der A. carotis externa. Sie liegt hinter der A. carotis externa, vor der A. occipitalis (Lasjaunias und Doyon 1978). Mit ihrem R. jugularis versorgt sie die Hirnnerven IX bis XI, mit dem R. hypoglossi den XII Hirnnerven. Über die A. tympanica inferior versorgt sie auch die Tuba Eustachii im Ohr. Wichtig ist die enge Lagebeziehung des N. hypoglossus zur A. carotis interna (Bradac et al. 1989).

An der knöchernen Schädelbasis bestehen besondere topographische Beziehungen: Die Nn. glossopharyngeus, vagus und accessorius ziehen gemeinsam durch das Foramen jugulare; der N. hypoglossus durch den Canalis hypoglossi. Wegen dieser engen räumlichen Beziehungen sind isolierte Läsionen besonders der Nn. glossopharyngicus und vagus selten.

Klinische Symptome kaudaler Hirnnervenläsionen

Die neurologische Symptomatik der Läsionen der einzelnen Hirnnerven (N. glossopharyngicus, N. vagus, N. accessorius, N. hypoglossus) wird als bekannt vorausgesetzt.

Syndrome mit lokalisatorischer Bedeutung
„Foramen jugulare-Syndrom": Das Betroffensein dreier Hirnnerven führt zu einseitiger Lähmung der Mm. sternocleidomastoideus und trapezius (N. XI), Gaumensegelparese (Kulissenphänomen), Rekurrensparese (Heiserkeit), Hypästhesie am weichen Gaumen und in der Tonsillennische, herabgesetztem Würgreflex und Geschmacksstörung im hinteren Zungendrittel (IX, X). Zu den Ursachen siehe Tabelle 1.

„Siebenmann-Syndrom" ist die Bezeichnung für ein traumatisch entstandenes Foramen jugulare-Syndrom infolge Schädelbasisfraktur (Roger et al. 1969; Schmidt und Malin 1986)

„Collet-Sicard-Syndrom": Hier fügt sich zu den Symptomen des Foramen jugulare-Syndroms eine Hypoglossusläsion. Die Läsion erstreckt sich dann vom Foramen jugulare in den Bereich der Okzipital-Kondylen (Canalis hypoglossi) (Malin et al. 1984). Zu den Ursachen siehe Tabelle 1.

Tab. 1. Ätiologie des Foramen jugulare- und Collet-Sicard-Syndroms

Tumore	(extra- oder intrakranielle, extra- und intrakraniell) - Glomus-jugulare-Tumore - Neurinome, Meningeome, Cholesteatome, Chondrome, Epidermoid-Tumore, Karzinome, Sarkome des Rhinopharynx, Metastasen - Plasmozytom
Traumen	- ausgedehnte Schädelbasisfrakturen (Siebenmann-Syndrom) - Schußverletzungen - Hieb- und Stichverletzungen
vaskuläre Erkrankungen	- Thrombose der Vena jugularis interna - Phlebitiden - Aneurysmen der A. carotis interna - fibromuskuläre Dysplasie
entzündliche Erkrankungen	- tuberkulöse und syphilitische Meningitis - Sarkoidose - chronische Otitiden - Pharynx-Phlegmone
andere	- basiläre Impression

Verwandte Syndrome (Tapia-Syndrom, Schmidt-Syndrom, Villaret-Syndrom) kommen durch Schädigungen im Hirnnervenkerngebiet der Medulla oblongata zustande, so daß zusätzlich zu den peripheren (nukleären) Hirnnervenausfällen Symptome der langen Bahnen zu finden sind. Eine Übersicht gibt Tabelle 2.

„Garcin-Syndrom"(Guillain-Garcin-Syndrom): Ursprünglich wurde die einseitige Lähmung aller Hirnnerven (Olfaktorius bis Hypoglossus) so bezeichnet, man spricht auch vom „Hemibasis-Syndrom" (hemibase syndrome). In der Literatur wird aber auch dann vom Garcin-Syndrom gesprochen, wenn einzelne Hirnnerven ausgespart bleiben (Roger et al. 1969; Schmidt und Malin 1986).

Tab. 2. Charakteristika einiger kaudaler Hirnnerven-Syndrome

Bezeichnung	Betroffene Hirnnerven	Horner-Syndrom	kontralaterale Symptome
Foramen-jugulare-Syndrom	IX, X, IX	-	-
Collet-Sicard-Syndrom	IX, X, XI, XII	-	-
Tapia-Syndrom	X, XII (XI)	-	(Hemiparese, Hemihypästhesie)*
Schmidt-Syndrom	X, XI, XII	-	Hemiparese, Hemihypästhesie
Villaret-Syndrom	IX, X, XI, XII	+ homolateral	-
Avellis-Syndrom	X	-	Hemiparese, Hemihypästhesie
Jackson-Syndrom	XII (X)	-	Hemiparese (Ataxie)

*Tapias ursprüngliche Beobachtungen betrafen rein periphere Hirnnervenläsionen ohne Beteiligung der langen Bahnen. Die Syndrome werden in der Literatur unterschiedlich zitiert.

Isolierte Ausfälle kaudaler Hirnnerven

Aus anatomisch-topographischen Gründen werden von den kaudalen Hirnnerven isoliert am ehesten der N. accessorius und hypoglossus betroffen, der N. glossopharyngicus und vagus dagegen meistens gemeinsam. Ausnahme ist die Glossopharyngicus-Neuralgie, die durch ihr typisches Schmerzsyndrom charakterisiert ist. Auch beim Syndrom der A. pharyngea ascendens (siehe vorne) sind über den N. glossopharyngicus hinaus die Nn. vagus, accessorius und hypoglossus beteiligt.

N. accessorius (XI): Läsionen des N. accessorius sind die häufigsten und praktisch wichtigsten, gewöhnlich Folge einer iatrogenen Schädigung. Zur radikalen Tumorentfernung wird der Nerv bewußt geopfert. Die besondere Aufklärungspflicht bei Biopsien im seitlichen Halsdreieck ist zu beachten. Folgebeschwerden bei Akzessoriusläsionen sind Abduktionsschwäche des Armes und Schmerzen. Sie werden immer wieder unterschätzt, verkannt oder als „Zervikalsyndrom" abgetan (siehe Tabelle 3) (Valtonen und Lilius 1974). Isolierte Akzessoriuslähmungen kommen sonst vor bei Schädelbasistumoren, Glomustumoren am Foramen jugulare und sind auch beschrieben nach Bienenstich oder bei Borreliose. Traumatische Ursachen sind Traumen der Nacken-Schulterregion, Stich- oder Schußverletzungen und Frakturen des Condylus occipitalis mit Beteiligung des Foramen jugulare (auf begleitende Hypoglossusschädigung achten) (Malin und Schliack 1991).

Tab. 3. Beschwerden 1-9 Jahre nach isolierter Akzessoriusläsion (n=14) (Valtonen 1974)

	n
Herabhängen der Schultern	12
Trapeziusatrophie	11
Schmerzen in Schulter und Skapula-Region	12
Aktive Abdukt. d. Schulter unter 90 Grad	11
Arbeitsbeeinträchtigung	11
Sekundäre Periarthorpathie	3

N. hypoglossus (XII): Isolierte, ein- oder doppelseitige, sich fortschreitend entwickelnde Hypoglossuslähmungen lassen denken an Tumore im Bereich der Schädelbasis (Metastasen, Clivuschordome, selten Neurinome), peripher gelegene Tumore an Zunge oder Zungengrund (Plattenepithelkarzinom) (Malin und Schliack 1991), entzündliche Prozesse (Basale Meningitis, phlegmonöse Angina, infektiöse Mononukleose, Sarkoidose), Druckschädigung (Hakenzug) oder Durchtrennung (Halsoperation, Thrombendarteriektomie), vaskuläre Prozesse (dissoziierendes Aneurysma der A. carotis interna, extremes Kinking). Zu den Ursachen siehe Tabelle 4.

Tab. 4. Ätiologie von 19 Hypoglossuslähmungen (eigenes Krankengut)

	n
Tumore	8
Iatrogen	6
Trauma	2
Diss. Aneurysma	1
PCP mit Dislokation	1
„idiopathisch"	1
Total	**19**

Differentialdiagnose der kaudalen Hirnnervenläsionen

Die Differentialdiagnose isolierter und kombinierter einseitiger Läsionen kaudaler Hirnnerven bereitet in der Regel wenig Schwierigkeiten.

472

Tab. 5. Differentialdiagnose kaudaler Hirnnerven-Läsionen

---

* Bulbärparalyse bei ALS

* bulbäre Myasthenie

* kraniale Polyneuropathien

* basale Meningitiden; Meningeosis blastomatosa

* Multiple Sklerose

* postpoliomyelitische spinale M.A.

* Myopathien

* Vaskulär:

    - Hirnstamminfarkt

    - A. pharyngea ascendens

    - diss. Karotisaneurysma

    - Pseudobulbärparalyse (Operculum-Syndrom/Foix-Chavany-Marie)

Bei beidseitigen, mehr oder weniger symmetrischen Läsionen ist die Differentialdiagnose weiter zu fassen (Bruyn und Gathier 1969; Malin und Schliack 1986;
Sonies und Dalakas 1991; Malin und Schliackc 1992; Weller 1993). Die hier
infragekommenden Erkrankungen sind in Tabelle 5 zusammengestellt.

Literatur

Bradac GB, Riva A, Stura G, Doriguzz C (1989) Spontaneous ICA Dissection presenting with
    12th nerve palsy. J Neuroradiol 16: 197-202
Bruyn GW, Gathier JC (1969) The operculum syndrome. In: Vincken PJ, Bruyn GW (eds.)
    Handbook of Clinical Neurology. 2: 776-783
Lasjaunias P Doyon D (1978) The ascending pharyngeal artery and the blood supply of the
    lower cranial nerves. J Neuroradiol 5: 287-301
Malin JP, Schliack H (1991) Läsionen kaudaler Hirnnerven. Dt Ärztebl 25: 197-201
Malin JP, Haas J, Schliack H, Vogelsang H (1984) Zur Ätiologie des Foramen jugulare und
    des Collet-Sicard-Syndroms. Akt Neurol 11: 50-53
Malin JP , Schliack H (1986) Kraniale Polyneuropathien. Akt Neurol 3: 92-98
Malin JP, Schliack H (1992) Schluckstörungen aus neurologischer Sicht. Dt Ärztebl 89 (A1,
    Heft 41): 3318-3324
Roger J, Bille J, Vigouroux RA (1969) Multiple cranial nerve palsies. In: Vincken PI, Bruyn
    GW (eds.) Handbook of clinical Neurolgy. North-Holland Publishing Company
    Amsterdam, New York. 2: 86-106
Schmidt D, Malin JP (1986) Erkrankungen der Hirnnerven. Thieme, Stuttgart, New York
Sonies BC, Dalakas MC (1991) Dysphagia in patients with the Post-Polio-Syndrome. N Engl
    J Med 324: 1162-1167
Valtonen EJ, Lilius HG (1974) Late sequelae of iatrogenic spinal accessory nerve injury. Acta
    Chir Scand 140: 453-455
Vernet M (1918) Syndrome du trou déchiré postériuer. Rev Neurol 2: 117-148
Weller M (1993) Anterior opercular cortex lesions cause dissociated lower cranial nerve
    palsies and anarthria but no aphasia: Foix-Chavany-Marie-Syndrome and „automatic
    voluntary dissociation" revisited. J Neurol 240: 199-208

Polytopiekriterien in der Diagnostik von Hirnstammläsionen

Barbara Tettenborn

Neurologische Klinik und Poliklinik der Johannes-Gutenberg-Universität Mainz

Einleitung

Bei Patienten mit akuten klinischen Zeichen einer Hirnstammläsion, versuchen wir für gewöhnlich, die Symptome und klinischen Befunde einer einzigen Lokalisation zuzuordnen. Aber selbst in dem anatomisch sehr komplex aufgebauten Hirnstamm kann eine unifokale Läsion nicht in jedem Fall alle neurologischen Ausfälle erklären. Es muß dann von mehreren kleinen Läsionen innerhalb des Hirnstamms ausgegangen werden.

Häufig fällt es schwer, die klinischen Befunde einer einzigen funktionellen oder morphologischen Läsion im Hirnstamm zuzuordnen. In der Vergangenheit war die klinisch-topographische Korrrelation kleiner Hirnstammischämien schwierig, da das Auflösungsvermögen der kranialen Computertomographie limitiert ist. Erst die Kernspintomographie ermöglichte eine präzisere topographische Analyse, die die klinischen Untersuchungsbefunde ergänzen kann (Bogousslavsky et al. 1986). Sehr kleine morphologische Läsionen können auch heute noch dem Nachweis der kernspintomographischen Untersuchung entgehen, aber auch bei rein funktionellen Schädigungen ist keine kernspintomographische Veränderung zu erwarten. In diesen Fällen können elektrophysiologische Hirnstammuntersuchungen wichtige zusätzliche Informationen zum klinischen Untersuchungsbefund geben (Ferbert und Buchner 1991; Tettenborn et al. 1992).

Befunde bei Patienten mit Hirnstammischämien

a) Klinisch-neurologische Untersuchung

An erster Stelle steht die klinische Untersuchung des Patienten. Aus der Befundkonstellation kann sich bereits der Verdacht auf ein multilokuläres Geschehen ergeben. Dabei bildet die genaue anatomische Kenntnis die wesentliche Grundlage einer korrekten Zuordnung der neurologischen Ausfälle zu bestimmten Strukturen im Hirnstamm. Leider sind nur wenige Symptome lokalisatorisch „eindeutig". So kann zum Beispiel die Dysarthrie durch Läsionen in verschiedenen Bereichen des Hirnstammes zustande kommen wie in der dorsolateralen Medulla, durch Läsion der kaudalen Hirnnerven, durch beidseitige supranukleäre Lähmung der kortikobulbären Bahnen, durch zerebelläre Läsionen, aber auch durch kortikale Schädigungen. Auch eine Halbseitensymptomatik unter Ausschluß des Gesichtes kann ihren Ursprung in verschiedenen Höhen entlang des Verlaufs der Pyramidenbahn im Hirnstamm haben und hilft lokalisatorisch nur bei der Zuordnung in ventro-dorsaler Richtung, nicht aber in der longitudinalen Topodiagnostik weiter. Ebenso verhält es sich mit halbseitigen Sensibilitätsstörungen, die durch Schädigungen irgendwo im Verlauf des Leminiscus medialis entstehen können.

Der wesentliche Beitrag zur genauen topographischen Zuordnung ist eher von dem zusätzlichen Betroffensein enzelner Hirnnerven zu erwarten. Hier hilft die periphere Fazialisparese zur Einordnung als ipsilaterale Läsion im unteren Pons, einzelne Augenmuskelparesen zur Zuordnung zu pontinen oder mesenzephalen Strukturen, sowie Stimmband- bzw. Zungenparesen als Zeichen einer medullären Läsion, jeweils entsprechend dem Kerngebiet des oder der betroffenen Hirnnerven. Die gekreuzten Syndrome (siehe Beitrag Grisold) können somit aufgrund der jeweiligen Hirnnervenläsion hinreichend genau zugeordnet werden, während die Halbseitensymptomatik ohne Gesichtsbeteiligung in dieser Hinsicht nicht hilfreich ist.

Einzelne, allerding eher seltene klinische Zeichen sind von hoher lokalisatorischen Bedeutung: das Eineinhalb-Syndrom als Hinweis auf eine untere pontine Läsion und die vertikale Blickparese als Zeichen einer mesenzephalen Schädigung. Die internukleäre Ophthalmoplegie kann irgendwo im Verlauf des Fascuculus longitudinalis von medialis mittleren Pons bis zum oberen Mesenzephalon also zwischen Abduzens- und Okulomotoriuskern entstehen.

Problematisch ist die genaue Zuordnung horizontaler Blickparesen, die sowohl pontin, als auch mesenzephal, aber auch kortikal ihren Ursprung haben können. Auch verschiedene Nystagmusformen helfen lediglich bei der Unterscheidung zwischen zentralen und peripheren verstibulären Läsionen, eine genaue topodiagnostische Zuordnung innerhalb des Hirnstammes fällt schwer. Nur der Down-beat-Nystagmus kann als Zeichen einer mittelliniennahen pontomedullären Läsion und ein Up-beat-Nystagmus als Hinweis auf eine medulläre Läsion in Höhe der unteren Olive gewertet werden. Ein horizontaler Spontan- oder Blickrichtungsnystagmus mit rotatorischer Kompotnente kann hingegen bei medullären wie auch pontinen oder zerebellären Prozessen auftreten.

Die sehr häufig geklagten Beschwerden wie Schwindel, Übelkeit, Tinnitus oder Gangunsicherheit sind ohne verwertbare lokalisatorische Bedeutung, sie treten bei Läsion verschiedener Hirnstammstrukturen auf. Entsprechende Informationen zur topographischen Zuordnung bestimmter klinischer Hirntammbefunde und -symptome gibt die Tabelle im Anhang.

b) Elektrophysiologische Hirnstammdiagnostik

Zur genaueren Informationen über die Lokalisation von Hirnstammläsionen bietet sich die elektrophysiologische Hirnstammdiagnostik an. Sie weist funktionelle Schädigungen nach und ist in dieser Hinsicht auch der Kernspintomographie überlegen. Vorteile der elektrophysiologischen Diagnostik liegen weiter in der Möglichkeit regelmäßiger Verlaufsuntersuchungen, weil es sich um nichtinvasive Verfahren handelt, und in ihren relativ geringen Kosten. Ihre Grenzen sind dadurch vorgegeben, daß die Befunde von der Kooperation des Patienten sowie von der Erfahrung des Untersuchers und des Befunders abhängig sind. Einige Untersuchungen wie die Elektronystagmographie und der Masseterreflex können nur bei Patienten ohne wesentliche Bewußtseinseinschränkung durchgeführt werden, so daß Patienten mit ausgedehnteren Hirnstammläsionen und daraus resultierender Bewußtseinstrübung nicht untersucht werden können.

Nachfolgend werden kurz einzelne elektrophysiologische Untersuchungsmethoden erläutert

Akustisch evozierte Potentiale
Die frühen akustisch evozierten Potentiale (AEP) bilden eine Folge von positiven und negativen Wellen, die innerhalb der ersten 10 ms nach einem akustischen Reiz abgeleitet werden. Die Informationen über die Generatoren stammen von intrakraniellen Ableitungen innerhalb oder nahe der subcortikalen akustischen Bahnen und von der Analyse der Auswirkungen von Läsionen beim Menschen und im Tierexperiment (Chiappa et al. 1980; Hashimoto et al. 1981; Moller und Janetta 1983; York 1985; Legatt et al. 1986; Curio und Oppel 1988; Markand et al. 1989;).
Der Generator der Welle I der AEP ist der achte Hirnnerv. Die Zuordnung der Welle II wird noch kontrovers diskutiert; mögliche Generatoren sind der proximale Anteil des achten Hirnnerven oder dessen intraaxialer Verlauf zum Nucleus cochlearis (Hopf 1985). Untersuchungsergebnisse an Patienten mit definierten Hirnstammläsionen lokalisieren den hauptsächlichen Generator der Welle III in das kaudale pontine Tegmentum. Die Wellen IV und V werden im Lemniscus lateralis innerhalb des oberen Pons und im Colliculus inferior im unteren Mittelhirn generiert. Unter Berücksichtigung dieser anatomischen Grundlagen werden Veränderungen der akustische evozierten Potentiale bei Patienten mit pontinen- und mesenzephalen Läsionen gefunden.

Elektronystagmographie
Die Elektronystagmographie (ENG) wird zur Aufzeichnung von Augenbewegungen eingesetzt. Es werden die Potentialdifferenzen zwischen der Cornea (positiver Pol) und der Retina (negativer Pol) gemessen (corneoretinales Potential). Die Blickfolge wird auf das Vorhandensein von Spontannystagmus, Blickrichtungsnystagmus oder Lagenystagmus hin untersucht. Die vestibulo-okuläre Reaktion wird unter anderem durch kalorische Reizung geprüft. Außerdem wird auf Störungen der Augenfolgebewegungen geachtet. Für die normale Funktion der Okulomotorik sind verschiedene Strukturen im Hirnstamm und im Cerebellum verantwortlich (Spector und Troost 1981; Henn et al. 1982; Bogousslavsky und Meienberg 1987). Bestimmte ENG-Befunde erlauben eine Unterscheidung zwischen einer peripheren Läsion in den Abschnitten zwischen Labyrinth über den achten Hirnnerven bis zum pontin gelegenen lateralen Vestibulariskern und einer zentralen Läsion, wobei zusätzliche Informationen über eine Lokalisation einer Läsion zentral der Vestibulariskerne (z.B. sakkadierte Blickfolge) möglich sind.

Blinkreflex
Nach elektrischer Stimulation des N. supraorbitalis werden zwei voneinander getrennte Antworten des M. orbicularis oculi ausgelöst. Die frühe ipsilaterale R1-Komponente über einen pontinen Reflexbogen und die späten ipsi- und kontralateralen R2- und R2c-Komponenten über einen etwas komplexeren Reflexbogen durch Pons und laterale Medulla. Diese anatomischen Zuordnungen stammen von Untersuchungen an Patienten mit lokalisierten Hirnstammläsionen und aus Tierexperimenten (Kimura 1975; Ongerboer de Visser und Kuypers 1978; Hacke et al. 1983; Hopf 1994). Die Latenzen der einzelnen Antworten des Blinkreflexes reflektieren die Leitung entlang des gesamten N. supraorbitalis und des N. fazialis, so daß pathologische Veränderungen nicht notwendigerweise durch einen pathologischen Prozeß innerhalb des Hirnstamms hervorgerufen sein müssen, sondern auch durch eine periphere Läsion eines dieser Nerven verursacht werden könnten. Afferente und

efferente Störungen der Reflexantworten können durch eine Analyse der R2-Komponenten sowie von Masseterreflex und Masseterhemmreflex differenziert werden (Hopf 1994). Da supratentorielle und mesenzephale Strukturen die R2-Komponente beeinflussen können (Ongerboer de Visser 1983; Kimura et al. 1985; Csecsei et al. 1988), dürfen Veränderungen von R2 und R2c nur dann als Zeichen einer medullären Läsion interpretiert werden, wenn eine Hemisphärenläsion oder ein mesenzephaler Prozeß ausgeschlossen sind. Isolierte R1-Veränderungen dagegen sind recht verläßlich pontinen Läsionen zuzuordnenkönnen (Kayamori et al. 1984; Krämer et al. 1986).

Masseterreflex
Der Masseterreflex wird mechanisch über eine rasche Dehnung des M. masseter durch Schlag mit einem Hammer ausgelöst. Der Reflexbogen läuft aszendierend durch Fasern des N. trigeminus zum mesenzephalen Nucleus und deszendieren dann zum motorischen pontinen Nucleus des N. trigeminus (Ongerboer de Visser und Goor 1976; Nomura und Mizuno 1985; Hopf 1987). Zur Bewertung der Befunde werden sowohl absolute Normalwerte als auch der Seitenvergleich der Reflexantworten herangezogen, die simultan von beiden Massetermuskeln abgeleitet werden. Latenzdifferenzen von mehr als 0,5 ms und Amplitudendifferenzen von mehr als 50% zwischen den beiden Seiten weisen auf eine unilaterale Läsion des Reflexbogens hin und können als Zeichen einer pontomesenzephalen Läsion gewertet werden (Yates et Brown 1981; Hopf 1987; Hopf 1990).

Fallbeispiele

1. Ein 60-jähriger Patient erleidet plötzlich Schwindel, Verschwommensehen und Gangunsicherheit in die Notaufnahme. Die klinisch-neurologische Untersuchung ergibt einen horizontalen Blickrichtungsnystagmus beidseits und eine Gang- und Standataxie. Nach klinischen Kriterien kann es sich um eine Läsion im Hirnstamm mittelpontin (oder) im Kleinhirn handeln (dann peripheres Hornersyndrom), sodaß eine genauere klinisch-topographische Zuordnung aufgrund dieser Symptome nicht möglich ist. Erst die Zusatzdiagnostik mit pathologischen akustisch evozierten Potentialen links und pathologischem Masseterreflex links geben Hinweise auf eine Schädigung pontomesenzephal links. Die Kernspintomographie dieses Patienten zeigte einen Kleinhirninfarkt im Versorgungsgebiet der A. cerebelli inferior posterior links. Insgesamt muß daher von einem multilokulären Geschehen im Kleinhirn links und im Hirnstamm pontomesenzephal links ausgegangen werden, wobei bei diesem Patienten die Klinik allein keine ausreichende topodiagnostische Einordnung ermöglichte.

2. Eine 67-jährige Patientin klagte über plötzlich aufgetretenen Schwindel, Übelkeit und eine Schwäche der linken Körperhälfte. Klinisch-neurologisch fand sich eine rechtsseitige Fazialisparese und eine linksseitige Hemiparese unter Ausschluß des Gesichtes. Nach klinischen Kriterien war damit eine rechts pontine Läsion als Ursache der Symptomatik zu erwarten. Im Kernspintomogramm fand sich sowohl rechts pontin als auch rechts im Kleinhirn im Versorgungsgebiet der A. cerebelli superior eine ischämische Zone, so daß auch bei dieser Patientin Läsionen sowohl im Hirnstamm als auch im Kleinhirn nachweisbar waren. Die nach AEP- und Masster-

reflexbefund belegte links pontine Läsion stellte sich dagegen nicht dar. Da sich beide elektrophysiologischen Befunde mit der klinischen Besserung normalisierten, mußte aber auch links eine akute, wohl zeigleich entstandene Läsion angenommen werden. In diesem Fall lassen sich bereits die klinischen Symptome keiner singulären Läsion im Hirnstamm zuordnen.

3. Ein 71-jähriger Patient berichtete über akut aufgetretene Doppelbilder und Gangunsicherheit. Klinisch-neurologisch fanden sich eine inkomplette äußere Okulomotoriusparese rechts und eine Fazialisparese links sowie eine Dysarthrie und Gang- und Standataxie. In diesem Fall lassen sich bereits die klinischen Symptome keiner singulären Läsion im Hirnstamm zuordnen. Vielmehr muß von einer rechts mesenzephalen und links pontinen Läsion, möglicherweise auch einer zusätzlichen medullären oder Kleinhirnschädigung ausgegangen werden. Die kernspintomographische Untersuchung sowie die elektrophysiologischen Ergebnisse bestätigen eine recths mesenzephale und beidseitige pontine Läsion.

Wertigkeit der einzelnen Untersuchungsmethoden

Klinische Zeichen von hohem lokalisatorischen Wert innerhalb des Hirnstammes sind spezifische Hirnnervenläsionen, gekreuzte Syndrome, die vertikale Blickparese, das Eineinhalb-Syndrom und die internukleäre Ophthalmoplegie (Tabelle 1).

Tab. 1. Topographische Zuordnung klinischer Hirnstammbefunde. Klinische Befunde mit hohem lokalisatorischem Wert

Hirnnervenläsionen:	genaue topographische Zuordnung innerhalb des Hirnstammes je nach befallenem Hirnnerv möglich.
Gekreuzte Syndrome:	topographische Zuordnung je nach mitbetroffenem Hirnnerven, die jeweilige Halbseitensymptomatik ist nur von untergeordneter topographischer Bedeutung
Vertikale Blickparese:	beidseitige mesenzephale Läsion; Blicklähmung nach unten bei meso-dienzephaler Läsion rostral, medial und dorsal des Nucleus ruber; Blicklähmung nach oben bei beidseitiger Läsion des Prätectum, der hinteren Kommisur oder der hinteren Mittelhirnhaube; ausnahmsweise kann auch eine einseitige mesenzephale Läsion unter Mitbeteilung der hinteren Kommissur zu einer Blickparese nach oben führen.
Eineinhalb-Syndrom:	Läsion des ipsilateralen pontinen Blickzentrums
Internukleäre Ophthaloplegie:	Läsion des Fasciculus longitudinalis medialis der ponto-mesenzephalen Haube zwischen Abduzens- und Okulomotoriuskern

Diese Befunde erlauben eine Lokalisation rostro-kaudal zu Medulla, Pons oder Mesenzephalon und dorsalen, ventralen, medialen oder lateralen Tegmentumregionen. Klinische Befunde mit geringer lokalisatorischer Wertigkeit sind andere Augenbewegungsstörungen einschließlich Nystagmus und horizontaler Blickparese, Horner-Syndrom, Hörstörungen einschließlich Tinnitus und Dysarthrie. Die häufig geklagten Beschwerden von Schwindel, Übelkeit und Tinnitus sind ebenfalls auf keine spezifische Lokalisation innerhalb des Hirnstammes oder Kleinhirns zu beziehen. Auch Hemiparese, Hemiataxie, halbseitige Sensibilitätsstörung oder Gangunsicherheit sind nur von sehr geringer oder fehlender Bedeutung in der Differenzierung zwischen medullären, pontinen und mesenzephalen Läsionen innerhalb des Hirnstammes (Tabelle 2).

Eine bessere topodiagnostische Einordnung ischämischer Läsionen im vertebrobasilären Stromgebiet erlaubt die ergänzende elektrophysiologische Hirnstammdiagnostik mit akustisch evozierten Potentialen, Blinkreflex, Masseterreflex und Elektronystagmographie. Dabei dürfen nur definitiv pathologische Befunde verwertet werden. Die Wertigkeit der elektrophysiologischen Untersuchungen ist dadurch limitiert (Hopf 1994), daß nicht für alle erwähnten Untersuchungsmethoden die Generatoren der Antworten (evozierten Potentiale) und die Reflexbögen vollständig bekannt sind..Die Einordnung der Ergebnisse hängt von der Erfahrung des Untersuchers ab. Die Mehrzahl dieser Untersuchungen erfordert auch die Kooperation des Patienten und versagt daher bei Patienten mit Bewußtseinsstörung. Die Nachteile werden zum Teil durch die Vorteile der elektrophysiologischen Diagnostik, nämlich ihre fehlende Invasivität, geringe Kosten die Möglichkeit zu häufigen Follow-up-Untersuchungen und zur Bestimmung der Akuität einer Läsion (siehe Beispiel 2) ausgeglichen.

Tab. 2. Klinische Befunde mit geringem lokalisatorischem Wert

Horizontale Blickparese:	ipsiversiv bei pontinen Läsionen, kontra- oder ipsiversiv bei mesenzephalen Läsionen (je nach Lage zur Kreuzung) aber auch bei Hemisphärenläsionen
Nystagmus:	sehr abhängig von der Art des Nystagmus; horizontaler Spontan- oder Blickrichtungsnystagmus kann sowohl bei medullären als auch bei pontinen oder zerebellären Läsionen auftreten; Konvergenz- oder Retraktionsnystagmus bei mesenzephalen Läsionen; Down-beat-Nystagmus bei mittelliniennahen Läsionen des ponto-medullären Hirnstamms mit Vestibulariskernen und unterer Olive oder des Archicerebellums mit Flokkulus; Up-beat-Nystagmus bei medullären Läsionen in Höhe der unteren Olive.
Horner Syndrom:	Läsion der zentralen Sympathikusbahn zwischen Hypothalamus und dorsolateraler Medulla oblongata, kein wesentlicher Beitrag zur Topodiagnostik in der Längsebene des Hirnstamms
Dysarthrie:	durch Läsion der kaudalen Hirnnerven in der Medulla oblongata, aber auch durch beidseitige supranukleäre Lähmung der kortikobulbären Bahnen oder durch zerebelläre Läsionen (dabei eher skandierende Sprache)

Schluckstörung:	im Hirnstammbereich durch Läsion der kaudalen Hirnnerven in der Medulla oblongata, aber auch durch Läsion der supranukleären Innervation der Mund- und Schlundmuskeln aus der vorderen Zentralwindung über die Tractus corticonukleares verlaufend.
Hemiparese:	durch Läsion der Pyramidenbahn in ihrem Verlauf, wodurch nur bei klinisch das Gesicht nicht mit einbeziehnden Hemiparesen sicher von einer Hirnstammläsion ausgegangen werden kann. Bei pontin oder medullär gelegenen Läsionen des Tractus corticospinalis vor der Pyramidenbahnkreuzung kommt es zu einer kontralateralen Hemiparese, bei sehr tief medullär gelegenen Läsionen nach der Pyramidenbahnkreuzung kann auch eine ipsilaterale Hemiparese resultieren. Andererseits kann eine mesenzephale Läsion auch eine durchgehende kontralaterale Hemiparese zur Folge haben, je nach Höhe des Läsionsortes bei Mitbetroffensein des Tractus corticobulbaris vor der Kreuzung. Klinisch sind supratentoriell bedingte Hemiparesen davon dann nicht zu differenzieren.
Hemihypästhesie:	Läsion im Verlauf des Lemniscus medialis durch den Hirnstamm in longitudinaler Ausdehnung
Hemihypalgesie:	Läsion des Tractus spinothalamicus lateralis während seines longitudinalen Verlaufs durch den Hirnstamm, aber natürlich auch supratentoriell
Dissoziierte Sensibilitätsstörung:	kontralateral zu einer Läsion des Tractus spinothalamicus lateralis von ponto medullär nach kaudal in jeder Läsionshöhe möglich
Hemiataxie:	topodiagnostisch im Hirnstamm variabel bei kontralateralen Läsionen des Nucleus ruber im Mesenzephalon oder des Tractus spinocerebellaris pontin; ipsilateral bei Läsion des Tractus spinocerebellaris in der lateralen Medulla oblongata sowie bei ipsilateralen Kleinhirnläsionen
Tetraparese:	Im Bereich der unteren Brücke und der oberen Medulla liegen die Pyramidenbahnen aus beiden Großhirnhemispheren so dicht benachbart, daß ventrale paramedian gelegene Läsionen zu bilateralen Schädigungen der Pyramidenbahn führen können.

Zur Beurteilung und topographischen Zuordnung bei Ischämien im vertebro-basilären Stromgebiet ist die Kombination der klinisch-neurologischen Untersuchungsergebnisse, der elektrophysiologischen Hirnstammdiagnostik, der vaskulären Untersuchungen, der Labordiagnostik und der bildgebenden Verfahren erforderlich, wobei die einzelnen Methoden sich gegenseitig ergänzen. Bei unseren eigenen Patienten fanden sich unter mehr als 200 Patienten mit Hirnstammischämien bei 25% der Patienten Hinweise für ein multilokuläres Geschehen. Gerade passagere klinische Abnormitäten Symptome und elektrophysiologischer Befunde können bei der Einordnung funktioneller Schädigungen ohne morphologische Veränderungen helfen. Bezüglich der Therapie und Prognose ist der zugrundeliegende Gefäßprozeß wichtig. Ob sich diesbezüglich die multilokulären ischämischen Hirnstammveränderungen von den unifokalen Läsionen unterscheiden, muß in Zukunft durch weiterführende Untersuchungen geklärt werden.

480

Literatur

Bogousslavsky J, Fox AJ, Barnett HJM, Hachinski VC, Vinitski S, Carey LS(1986) Clinico-topographic correlation of small vertebrobasilar infarct using magnetic resonance imaging. Stroke 17: 929-938

Bogousslavsky J, Meienberg O (1987) Eye-movement disorders in brainstem and cerebellar stroke. Arch Neurol 44: 141-148

Büdinger HJ, Staudacher T (1987) Die Identifizierung der Arteria basilaris mit der trans-kraniellen Dopplersonographie. Ultraschall 8: 95-101

Chiappa KH, Harrison JL, Brooks EB, Young RR (1980) Brainstem auditory evoked responses in 200 patients with multiple sclerosis. Ann Neurol 7: 135-143

Csecsei G, Christophis P, Klug N (1988) Kontralateraler Ausfall der Blinkreflex-Spätantwort bei umschriebener mesencephaler Läsion. Nervenarzt 59: 159-163

Curio G, Oppel F (1988) Intraparenchymateous ponto-mesencephalic field distribution of brain stem auditory evoked potentials in man. Electroencephalogr Clin Neurophysiol 69: 259-265

Ferbert A, Buchner H (1991) Evozierte Potentiale in der Diagnostik ischämischer Hirnstamm-läsionen. Nervenarzt 62: 460-466

Hacke W, Schaff C, Zeumer H (1983) Der Orbicularis-oculi-Reflex bei computertomo-graphisch verifizierten Läsionen der hinteren Schädelgrube. Fortschr Neurol Psychiatr 51: 313-324

Hashimoto I, Ishiyama Y, Yoshimoto S, Nemoto S (1981) Brainstem auditory evoked responses recorded directly from human brainstem and thalamus. Brain 104: 841-859

Henn V, Büttner-Ennever JA, Hepp K (1982) The primate oculomotor system: I. Motoneurons. II. Premotor system: A synthesis of anatomical, physiological, and clinical data. Hum Neurobiol 1: 77-95

Hennerici M, Rautenberg W, Schwarz A (1987) Transcranial doppler ultrasound for the assessment of intracranial flow velocity - Part 2. Surg Neurol 27: 523-532

Hopf HC (1985) Die Generatoren der AEP-Wellen II-III. Aktuel Neurol 12: 58-61

Hopf HC (1987) Vertigo and masseter paresis. A new local brainstem syndrome probably of vascular origin. J Neurol 235: 42-45

Hopf HC, Gutmann L (1990) Diabetic 3rd nerve palsy: Evidence for a mesencephalic lesion. Neurology 40: 1041-1045

Hopf HC (1993) Topodiagnostic value of brain stem reflexes. Muscle & Nerve (in press)

Kayamori R, Dickins QS, Yamada T, Kimura J (1984) Brainstem auditory evoked potential and blink reflex in multiple sclerosis. Neurology 34: 1318-1323

Kimura J (1975) Electrically elicited blink reflex in diagnosis of multiple sclerosis. Review of 260 patients over a seven year period. Brain 98: 413-426

Kimura J, Wilkinson JT, Damasio H, Adams HR jr, Shivapour E, Yamada T (1985) Blink reflex in patients with hemispheric vascular accident (CVA). J Neurol Sci 67: 15-28

Krämer G, Lowitzsch K, Besser R, Hopf HC (1986) Isolierte R1-Veränderungen des Blink-reflexes. In: Lowitzsch K (Hrsg). Hirnstammreflexe. Stuttgart: Thieme 124-131

Legatt AD, Arezzo JC, Vaughan HG Jr (1986) Short-latency auditory evoked potentials in the monkey. II. Intracranial generators. Electroencephalogr Clin Neurophysiol 64: 53-73

Markand ON, Farlow MR, Stevens JC, Edwards MK (1989) Brain-stem auditory evoked potential abnormalities with unilateral brain-stem lesions demonstrated by magnetic resonance imaging. Arch neurol 46: 295-299

Moller AR, Janetta PJ (1983) Interpretation of brainstem auditory evoked potentials: Results from intracranial recordings in humans. Scand Audiol 12: 125-133

Nomura S, Mizuno N (1985) Differential distribution of cell bodies and central axons of mesencephalic trigeminal nucleus neurons supplying the jaw-closing muscles and peridontal tissue. Brain Res 359: 311-319

Ongerboer de Visser BW, Goor C (1976) Jaw reflexes and masseter electromyograms in mesencephalic and pontine lesions: An electrodiagnostic study. J Neurol Neurosurg Psychiatry 39: 90-92

Ongerboer de Visser BW, Kuypers HGJM (1978) Late blink reflex changes in lateral medullary lesions. Brain 101: 285-294

Ongerboer de Visser BW (1983) Comparative study of corneal and blink reflex latencies in patients with segmental or with cerebral lesions. In: Desmedt JE (Hrsg). Motor Control Mechanisms in Health and Disease. New York: Raven Press 757-772

Ringelstein EB, Zeumer H, Poeck K (1985) Non-invasive diagnosis of intracranial lesions in the vertebrobasilar system. A comparison of doppler sonographic and angiographic findings. Stroke 16: 848-855

Spector RH, Troost BT (1981) The ocular motor system. Ann Neurol 9: 517-525

Tettenborn B, Caplan LR, Krämer G, Hopf HC (1992) Electrophysiology in ischemic brain stem disease. In: Berguer R and Caplan LR (Hrsg). Vertebrobasilar arterial disease. St. Louis: Quality Medical Publishing 124-129

Yates SK, Brown WF (1981) The human jaw jerk: Electrophysiologic methods to measure the latency, normal values, and changes in multiple sclerosis. Neurology 31: 632-634

York DH (1985) Correlation between a unilateral midbrain-pontine lesion and abnormalities of brain-stem auditory evoked potential. Electroencephalogr Clin Neurophysiol 65: 282-288

Elektrophysiologie versus Magnetresonanztomographie. Nachweis von Hirnstammläsionen bei Hirnnervenläsionen

F. Thömke

Klinik und Poliklinik für Neurologie, Johannes Gutenberg-Universität Mainz

Einleitung

Isolierte Hirnnervenläsionen werden gemeinhin auf eine Schädigung des Nerven in seinem peripheren Verlauf nach Austritt aus bzw. vor Eintritt in den Hirnstamm zurückgeführt. Prinzipiell sind isolierte Hirnnervenläsionen nur bei umschriebenen Schädigungen im Tegmentum möglich, da weiter ventral lokalisierte Schädigungen z.b. die Pyramidenbahn involvieren und zu einer kontralateralen Hemiparese (Weber- oder Foville-Syndrom) und eine dorsale Ausdehnung in bestimmten Höhen zu weiteren Symptomen führen würde (bilaterale Ptose und kontralaterale Parese des M. rectus superior bei einer Schädigung des Oculomotoriuskerns bzw. ipsiversive horizontale Blickparese bei einer Läsion des Abducenskerns). In den letzten Jahren wurden allerdings wiederholt einzelne Patienten beschrieben, bei denen isolierte Oculomotorius- oder Abducensparesen infolge umschriebener Hirnstammläsionen aufgetreten waren (Donaldson und Rosenberg, 1988; Keane 1988; Johnson und Helper 1989; Ksiazek et al. 1989; Collard et al. 1990; Hopf und Gutman 1990; Breen et al. 1991; Fukutake und Hirayama 1992; Leys et al. 1992). Die jeweiligen Läsionen wurden meist mit der Magnetresonanztomographie (MRT) (Johnson und Hepler 1989; Ksiazek et al. 1989; Hopf und Gutman 1990; Breen et al. 1991; Fukutake und Hirayama 1992; Leys et al. 1992), seltener mittels Computertomographie (CT) (Donaldson und Rosenberg 1988; Keane 1988; Johnson und Hepler 1989, Collard et al. 1990) oder durch elektrophysiologische Abnormitäten des Masseterreflex (MassR) (Hopf und Gutman 1990) nachgewiesen.

Nachweis von Hirnstammläsionen mit bildgebenden Verfahren

Beim Nachweis von Hirnstammläsionen mittels bildgebender Verfahren hat die MRT gegenüber der CT sicher die größere Aussagefähigkeit, wobei allerdings auch mit dieser Methode Läsionen erst ab einer bestimmten Größe nachweisbar sind. Somit schließt ein unauffälliges MRT (und natürlich CT) eine funktionell relevante Störungen der abgebildeten Strukturen nicht aus; auch kleinere Läsionen unterhalb der Nachweisgrenze können durchaus zu Hirnnervenläsionen führen (Hopf und Gutman 1990; Thömke et al. 1992). Andererseits ist ein abnormes Signalverhalten in der MRT nicht notwendigerweise mit einer funktionellen Beeinträchtigung der betroffenen Struktur verbunden (Bronstein et al. 1990), wie die bei einzelnen Patienten in MRT und CT festgestellten Mittelhirnläsionen illustrieren, bei denen wegen der Ausdehnung der Läsionen bis in den Pedunculus cerebri eine zusätzliche kontralaterale Hemiparesse zu erwarten gewesen wäre, klinisch aber nur eine partielle Oculomotoriusparese bestand (Keane 1988; Ksiazek et al. 1989).

Elektrophysiologischer Nachweis von Hirnstammläsionen

Untersuchungen von Hirnstammreflexen oder evozierter Potentiale sowie die elektronystagmographische Aufzeichnung von Augenbewegungen lassen Rückschlüsse auf funktionell relevante Störungen von Hirnstammstrukturen zu, die nicht zu kernspintomographisch faßbaren morphologischen Veränderungen führen müssen. Hiermit sind allerdings nur Läsionen faßbar, wenn Strukturen betroffen sind, über die Hirnstammreflexe verschaltet oder evozierte Potentiale und Augenbewegungen generiert werden. Wenn im Hirnstamm verlaufende infranukleäre Nervenabschnitte diesen Strukturen benachbart sind, besteht Aussicht, isolierten Hirnnervenläsionen zugrunde liegende Hirnstammläsionen elektrophysiologisch zu erfassen.

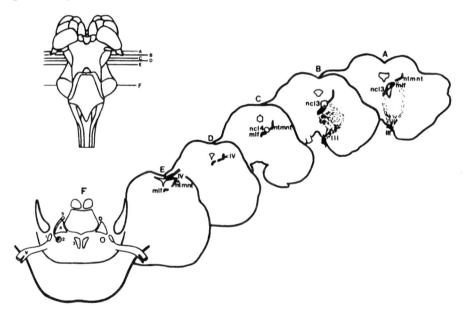

Abb. 1. Transversalschnitte durch den ponto-mesencephalen Hirnstamm, wobei die Verhältnisse in Höhe der Pedunculi cerebellares (F) schematisiert dargestellt sind. Die jeweiligen Schnittebenen sind in der Zeichnung links oben gezeigt (nach Nieuwenhuys et al. 1989) (Abkürzungen A-E: III: N. oculomotorius; IV: N. trochlearis; mlf: Fasciculus longitudinalis medialis; ntmnt: Nucleus et tractus mesencephalicus nervi trigemini; ncl3: Nucleus nervi oculomotorii; ncl4: Nucleus nervi trochlearis; Abkürzungen F: V: N. trigeminus; 1: Nucleus sensorius principalis nervi trigemini; 2: Nucleus motorius nervi trigemini; 3: Fasciculus longitudinalis medialis; 4: Nuclei vestibulares; 5: Nucleus et tractus mesencephalicus nervi trigemini)

Der MassR wird zentral über den Nucleus und Tractus mesencephalicus nervi trigemini (N&TMNT) in dessen gesamter Ausdehnung zwischen dem Nucleus motorius nervi trigemini und dem Okulomotoriuskern verschaltet und hat enge Lagebeziehungen zum intramesencephalen Verlauf der Nn. oculomotorius und trochlearis sowie zu rostralen Anteilen des N. vestibularis und der Nuclei vestibulares (Smith et al. 1968; Appenteng et al. 1985; Nomura und Mizuno 1985; Capra et al. 1985) (Abbildung 1). Bei intaktem N. trigeminus d.h. bei fehlender Parese des M. masseter, inakter Sensibilität im Versorgungsgebiet des N. trigeminus, seitengleich erhältlichem Kornealreflex (und normaler R_1-Komponenete des Blinkreflexes) impliziert ein pathologischer MassR eine ipsilaterale mesencephale (oder rostral pontine) Läsionen (Ongeboer de Visser und Goor 1976; Ferguson 1978; Yates und Brown 1981; Ongeboer de Visser 1982; Sanders ct al. 1985).

Der Fasciculus longitudinalis medialis (FLM) hat ebenfalls enge Lagebeziehungen zu den Nn. oculomotorius und trochlearis (Abbildung 1), und gleiches gilt für supranukleäre, horizontale Sakkaden vermittelnde Fasern zur paramedianen pontinen Formatio reticularis (Bender und Shanzer 1964; Hepp et al. 1989), so daß die elektronystagmographische Ableitung von Augenbewegungen subklinische, auf eine Hirnstammläsion hinweisende Störungen aufdecken könnte. Hinweise auf pontine Läsionen wären durch den Blinkreflex oder akustisch evozierte Potentiale möglich, wobei allerdings die topodiagnostische Zuordnung der Wellen II-IV noch kontrovers diskutiert wird (Kimura 1983; Chiappa 1989). Eine Besserung oder Rückbildung elektrophysiologischer Abnormitäten parallel zur Besserung oder Rückbildung der jeweiligen Hirnnervenläsion belegt die funktionelle Signifikanz der pathologischen elektrophysiologischen Befunde und würde eine gemeinsame aktuelle Läsion als Ursache klinischer und elektrophysiologischer Veränderungen höchst wahrscheinlich machen. Abnorme elektrophysiologische Befunde ohne signifikante Veränderungen im Verlauf wären hingegen nicht so eindeutig zu interpretieren, da sie Ausdruck einer vorbestehenden Läsion aber auch das Residuum einer akuten Läsion sein können.

Zur Wertigkeit elektrophysiologischer und bildgebender Verfahren bei der Detektion von Hirnstammläsionen

Mit Ausnahme der Studie von Hopf und Gutman (1990), die aufgrund pathologischer MassR-Befunde bei 10 Patienten mit diabetogenen Oculomotoriusparesen eine ursächliche Mittelhirnläsionen annahmen, die mit der MRT nur bei 3 dieser Patienten nachzuweisen war, stehen vergleichende Untersuchungen zur Wertigkeit bildgebender und elektrophysiologischer Verfahren bei der Detektion kleiner Hirnstammläsionen an einer repräsentativen Anzahl von Patienten mit isolierten Hirnnervenläsionen noch aus. Die nachfolgenden Ausführungen basieren auf der eigenen Untersuchung von 41 Patienten, die wegen akut aufgetretener Doppelbilder oder Drehschwindels zur Aufnahme kamen, die klinisch-neurologisch isolierten Hirnnervenläsionen zugeordnet werden konnten (Oculomotoriusparese: 25 Patienten; Trochlearisparese: 3 Patienten; Abducensparese: 8 Patienten; Vestibularisparese: 5 Patienten). Alle wurden mittels MRT und/oder CT, MassR, Blinkreflex (BlinkR), Elektronystagmographie (ENG), sowie akustisch evozierter Potentiale (AEP) untersucht. Bei regelrechten Latenzen der R_1, R_2 und R_{2c}-Komponenten des BlinkR sowie der Wellen II-V der AEP fanden sich bei allen MassR-Abnormitäten und/oder ENG-Veränderungen zusätzlich zur klinischen Symptomatik.

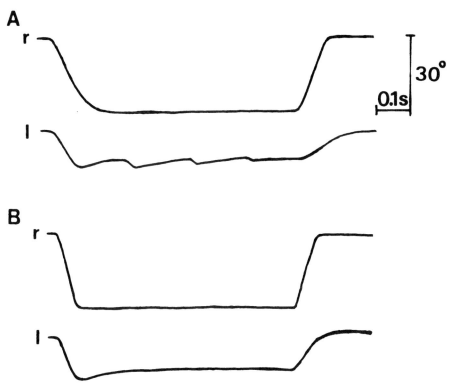

Abb. 2. A: Elektronystagmographie eines Patienten mit linksseitiger Oculomotoriusparese und verlangsamten Adduktionssakkaden des rechten Auges und eines Abduktionsnystagmus mit hypermetrischen Sakkaden des linken Auges. **B:** Mit Besserung der Oculomotoriusparese weitgehende Normalisierung der kontralateralen Adduktionssakkaden (r: rechtes Auge; l: linkes Auge; Auslenkungen nach unten: Sakkaden aus der Mittelstellung nach links; Auslenkungen nach oben: Sakkaden zurück in die Mittelstellung)

I. Patienten mit Oculomotoriusparese

Bei der klinischen Diagnose einer Oculomotoriusparese mußte neben der obligaten Parese des M. rectus medialis zumindest noch eine Parese des M. rectus superior bzw. M. obliquus inferior und/oder des M. rectus inferior vorhanden sein. Das akute Auftreten der Doppelbilder, die bestehenden sogenannten Gefäßrisikofaktoren (nur Typ II Diabetes 18x, nur Hypertonus 1x, nur Hypercholesterinämie 1x, Typ II Diabetes + Hypertonus 2x, Typ II Diabetes + Hypertonus + Hypercholesterinämie 2x), und der klinische Verlauf mit vollständiger Rückbildung oder Besserung machen eine ischämische Genese der Oculomotoriusparesem bei 24 der hier vorgestellten 25 Patienten wahrscheinlich. Bei 18 dieser Patienten bestanden MassR-Abnormitäten, ipsilateral zur Oculomotoriusparese bei 12, kontralateral bei 4 und bilateral bei 2. Über den klinischen Befund hinausgehende ENG-Veränderungen zeigten 9 Patienten mit und 7 ohne abnormem MassR, wobei sich am häufigsten kontralateral verlangsamte Adduktionssakkaden (9 Patienten, Abbildung 2.A) bzw. kontralateral verlangsamte Abduktionssakkaden (4 Patienten, Abbildung 3.A) fanden).

Fünf der 9 Patienten mit kontralateral verlangsamten Adduktionssakkaden hatten einen Abduktionsnystagmus mit hypermetrischen Abduktionssakkaden auf dem Auges mit der Oculomotoriusparese (Abbildung 2.A). Eine Besserung (12 Patienten) oder vollständige Rückbildung (6 Patienten) ging mit einer Bessserung oder Rückbildung der meisten MassR-Abnormitäten und aller zusätzlichen ENG-Veränderungen einher (Abbildungen 2.B & 3.B). Die MRT zeigte bei 3 Patienten eine ipsilaterale und bei 2 eine bilaterale Mittelhirnläsion. Bei den übrigen 20 Patienten war mittels MRT (11 Patienten), MRT und CT (4 Patienten), sowie CT (5 Patienten) keine Schädigung des Mittelhirns nachzuweisen.

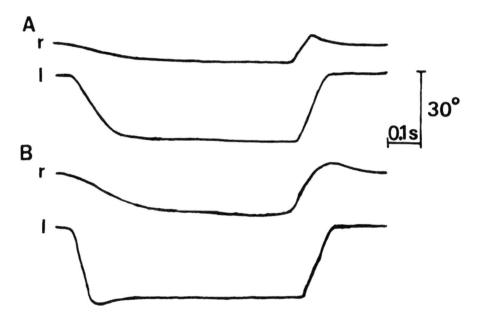

Abb. 3. A: Elektronystagmographie eines Patienten mit rechtsseitiger Oculomotoriusparese und verlangsamten Abduktionssakkaden des linken Auges. **B:** Mit Besserung der Oculomotoriusparese Normalisierung Geschwindigkeit der kontralateralen Abduktionssakkaden (r: rechtes Auge; l: linkes Auge; Auslenkungen nach unten: Sakkaden aus der Mittelstellung nach links; Auslenkungen nach oben: Sakkaden zurück in die Mittelstellung)

Der proximale intramesencephale N. oculomotorius verläuft medial und der N&TMNT laterodorsal zum Fasciculus longitudinalis medialis (FLM) (Nieuwenhuys et al. 1989) (Abbildung 1). Läsionen des FLM führen zu einer internukleären Ophthalmoplegie (INO) mit einer Adduktionsparese ipsilateral zur Läsion, derern Ausprägung von verlangsamten Adduktionssakkaden bis hin zur Unfähigkeit, das betroffenen Auge über die Mittelstellung hinaus zu adduzieren, reicht (Miller 1985). Bezüglich der arteriellen Blutversorgung ist diese Region eine sogenannte "Wasserscheide" und erhält Zuflüsse durch die Aa. centrales posteromediales (aus der A. basilaris), kleinere Äste der A. quadrigemina und des R. chorioideus posterior medialis (aus der A. cererbri posterior), Endaufzweigungen des R. mesencephalicus (aus dem R. medialis der A. cerebelli superior) sowie kleineren Ästen der A. choroidea anterior (Duvernoy 1978). Aufgrund dieser Gefäßversorgung ist bei einer verminderten Perfusion insbesondere in dieser Region eine Störung zu erwarten, die auch asymmetrisch bilateral möglich ist, da Aa. centrales posteromediales oft asymmetrische Endaufzweigungen aufweisen (Duvernoy 1978).

Oculomotoriusparesen mit ipsilateral pathologischem MassR (12 von 25 Patienten) sind bei intaktem N. trigeminus nur durch Mittelhirnläsionen erklärbar (Ongerboer de Visser und Goor 1976; Ferguson 1978; Yates und Brown 1981; Ongerboer de Visser 1982; Nieuwenhuys et al. 1989; Collard et al. 1990; Hopf und Gutman 1990). Aufgrund der Gefäßversorgung dieser Region sind aber, wenn auch seltener, kontralaterale (4 von 25 Patienten) und bilaterale (2 von 25 Patienten) MassR-Abnormitäten möglich. Neben einer Besserung oder Rückbildung der meisten MassR-Abnormitäten parallel zur klinischen Besserung oder Rückbildung der Oculomotriusparesen wird die funktionelle Signifikanz dieser Veränderungen noch durch den Verlauf von zwei Patienten illustriert: bei initial bilateral, aber ausgeprägter ipsilateral zur Oculomotoriusparese pathologischem MassR bzw. ipsilateral zur Oculomotoriusparese abnormen MassR trat parallel zum Auftreten einer INO kontralateral zur Oculomotriusparese ein Ausfall bzw. eine Latenzverzögerung kontralateral zur initial pathologischen Seite, i.e ipsilateral zur INO, mit nachfolgender Besserung auf. Läsionen, die zu einer Oculomotoriusparese mit ipsilateral pathologischem MassR führen, würden zwar den FLM wegen seiner Lokalisation zwischen dem proximalen infranukleäre N. oculomotorius und dem N&TMNT einbeziehen, die hieraus resultierende ipsilaterale internukleäre Ophthalmoplegie wäre aber durch die Adduktionsparese im Rahmen der Oculomotoriusparese überdeckt. Eine Affektion des FLM kontralateral zur Oulomotoriusparese, die wegen der oft asymmetrischen Endaufzweigungen der Aa. centrales posteromediales auftreten kann, ist die wahrscheinlichste Ursache verlangsamter Adduktionssakkaden kontralateral zur Oculomotoriusparese (9 von 25 Patienten. Diese Annahme wird durch die Entwicklung einer klinisch faßbaren Adduktionsparese beim Seitblick und erhaltener Adduktion bei Konvergenz (=INO) kontralateral zur Oculomotoriusparese innert 4 Tagen nach Auftreten der Oculomotoriusparese bei initial lediglich verlangsamten Adduktionssakkaden im ENG bei 2 unserer Patienten untermauert, was am Wahrschlichsten auf ein sich um die mesencephale Ischämie herum entwickelndes Ödem zurückzuführen sein dürfte.

Supranukleäre Fasern zur paramedianen pontinen Formatio reticularis, die horizontale Sakkaden vermitteln, kreuzen dem proximalen intramesencephalen N. oculomotorius eng benachbart in Höhe des Oculomotoriuskerns (Bender und Shanzer 1964; Hepp et al. 1989). Eine hier lokalisierte ischämische Läsion kann neben dem N. oculomotorius diese Fasern vor ihrer Kreuzung affizieren und zu verlangsamten contraversiven horizontalen Sakkaden führen (Zackon und Sharpe 1984; Bolling und Lavin 1987), i.e. verlangsamten Adduktionssakkaden ipsilateral und verlangsamten Abduktionssakkaden kontralateral zur Oculomotoriusparese (Masdeu et al. 1980). Die ipsilateral zur Läsion verlangsamten Adduktionssakkaden wären durch die vorbestehende Adduktionsparese im Rahmen der Oculomotoriusparese überdeckt, während am kontralateralen Auge verlangsamte Abduktionssakkaden   auftreten. Dies erklärt die kontralateral verlangsamten Abduktionssakkaden bei 4 unserer Patienten und entspricht dem Mechanismus einer sogenannten Pseudo-Abducensparese (Masdeu et al. 1980). Verlangsamte Abduktionssakkaden ipsilateral zur

Oculomotoriusparese (2 Patienten) sind gleichfalls mit einer Mittelhirnläsion vereinbar, da Abduktionsparesen ipsilateral zu mesencephalen Läsionen nahe des FLM auftreten können (Nashold und Gills 1967; Thömke et al. 1992).

Bei drei Patienten bestand eine Störung im Blickfolgesystem (sakkadierte Blickfolge bei 2 und erniedrigter gain der Folgebewegungen kontraversiv zur Oculomotoriusparese bei einem Patienten). An der Generierung von Blickfolgebewegungen sind neben cerebellärer Efferenzen auch die Vestibulariskernen, die Kerngebiete der okulomotrischen Hirnnerven und deren Verbindungen untereinander sowie Teile der Formatio reticularis involviert (Miller 1985; Leigh und Zee 1991). Eine Störung in diesem weitverzweigten neuronalen Netzwerk ist im Rahmen von Hirnstammischämien durchaus denkbar und dürfte die Ursache der Blickfolgestörungen unserer Patienten sein.

II. Patienten mit Trochlearisparesen

MassR Veränderungen bestanden bei 2 Patienten kontralateral und bei einem ipsilateral zum paretischen Auge, bei letzterem zeigte das ENG noch verlangsamte Adduktionssakkaden des kontralateralen Auges (Tabelle 1). Die Besserung bei Patient T3 war mit einer Normalisierung der verlangsamten Adduktionssakkaden des kontralateralen Auges und die Rückbildung bei Patientin T1 mit einer Normalisierung des pathologischen MassR assoziiert (Tabelle 1). Mit bildgebenden Verfahren (MRT und CT bei 2 sowie CT bei einem Patienten) war keine Hirnstammläsion nachweisbar.

Analog den Gefäßverhältnissen im Okulomotoriuskernniveau ist auch der Bereich des Mittelhhirns, in dem der Trochleariskern, der intramesencephale Abschnitt des N. trochlearis direkt vor und nach der Kreuzung, der FLM und der N&TMNT eng benachbart sind (Abbildung 1), eine sogenannte "Wasserscheide" (Duvernoy 1978), die auch durch lange penetrierende Arterien aus der A. basilaris versorgt. Somit ist durch eine ischämische Läsion im Versorgungsgebiet einer dieser Arterien eine gleichzeitige Schädigung dieser Strukturen möglich. Dies erklärt einerseits den pathologischen MassR kontralateral zum paretischen Auge bei den Patienten T1 und T2 und spricht für eine Schädigung des Trochleariskernes und/oder des N. trochlearis vor der Kreuzung. Ein pathologischer MassR ipsilateral zum paretischen Auge, wie bei Patient T3, weist auf eine Schädigung des intramesencephalen N. trochlearis nach der Kreuzung. Die zusätzlich verlangsamten Adduktionssakkaden des kontralateralen Auges sind am wahrscheinlichsten durch eine Affektion des FLM bedingt, so daß hier eine bilaterale Läsion anzunehmen ist, die aufgrund der möglichen asymmetrischen Endaufzweigungen der langen penetrierenden Arterien aus der A. basilaris erklärbar ist.

III. Patienten mit Abducensparesen

Vier der 8 Patienten hatten bei der seitengetrennten Prüfung der Vestibulariserregbarkeit mit Warm- und Kaltwasserspülung der äußeren Gehörgänge eine Unter-
erregbarkeit des horizontalen Bogenganges ipsilateral zur Abducensparese (im
Seitenvergleich um 33 bis 60%), bei 2 mit einem pathologischem Richtungsüberwiegen (um 31 und 37%) zu Lasten der paretischen Seite. Ein weiterer Patient
hatte bei seitengleicher Vestibulariserregbarkeit ein abnormes Richtungsüberwiegen
von 57% zu Lasten der paretischen Seite.

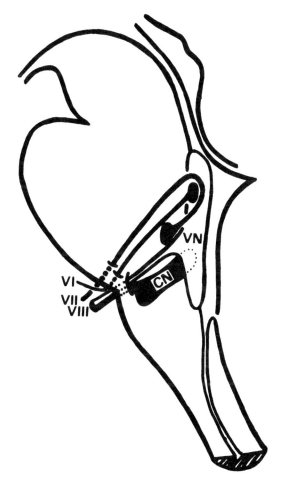

Abb. 4. Schematisierte Darstellung des intrapontinen Verlaufes der Nn. abducens, facialis
und vestibulocochlearis (nach Duus 1989; Nieuwenhuys et al. 1989) (VI: N. abducens; VII: N.
facialis; VIII: N. vestibulocochlearis: CN: Nuclei cochleares; VN: Nuclei vestibulares)

Bei 2 weiteren Patienten wurden im ENG konjugiert verlangsamte Sakkaden kontraversiv zur Abducensparese und bei einem kontralateral verlangsamte Adduktionssakkaden nachgewiesen (Tabelle 1). Die simultane Rückbildung (Patienten A1, A7,
A8) oder Besserung (Patienten A2-A6) der ENG-Abnormitäten und der Abduzens-
paresen machen auch hier eine gemeinsame aktuelle Läsion wahrscheinlich. Bei
einem dieser Patienten zeigte die MRT eine ipsilaterale pontine Läsion, bei den
übrigen war mittels MRT (3 Patienten), MRT und CT (2 Patienten), sowie CT (2
Patienten) keine Schädigung der Brücke nachzuweisen.

Die intrapontinen Abschnitte des N. abducens und des vestibulären Anteils des
N. vestibulocochlearis verlaufen eng benachbart (Duus 1989; Nieuwenhuys et al.
1989) (Abbildung 4). Diese Region wird gleichfalls hauptsächlich von langen Ästen
aus der A. basilaris versorgt (Duvernoy 1978), so daß bei einem Verschluß einer
dieser Arterien beide Nerven gleichzeitig geschädigt werden können. Die Annahme
einer derartigen kombinierten Läsion der Nn. abducens und vestibularis erklärt die
bei den Patienten A1-A4 bestehende Symptomkonstellation und wird durch die
Beobachtung einzelner Patienten mit einseitiger Vestibularisparese und zusätzlichen
Zeichen einer Hirnstammläsion (Francis et al. 1992), oder zusätzlicher ipsilateraler
Masseterparese (Hopf 1987) bzw. mit unilateraler Abducensparese und einer zentralen Tonusdifferenz der vestibulären Nystagmen nach kontralateral (11, und unser
Patient A5) weiter gestützt. Da die langen penetrierenden Arterien aus der A.
basilaris, die mediale Hirnstammareale versorgen, oft asymmetrische Endaufzwei-
gungen aufweisen, ist neben einer Schädigung des intrapontinen N. abducens auch
eine Affektion des kontralateralen Nucleus oder Nerven denkbar (Duvernoy 1978).
Eine derartige Läsion mit partieller Schädigung des kontralateralen Abducenskerns
wird von uns als wahrscheinlichste Ursache der konjugierten Verlangsamung der
Sakkaden kontraversiv zur Abducensparese der Patienten A6 und A7 angesehen.
Verlangsamte Adduktionssakkaden auf dem kontralateralen Auge (Patient A8)
wären mit einer kombinierten Läsion des intrapontinen N. abducens und des ipsilateralen FLM vor dessen Kreuzung zur Gegenseite oder infolge einer Affektion des
internukleären Motoneurone des Abducenskerns im Rahmen einer inkompletten
Kernschädigung denkbar (Pierrot-Deseilligny und Goasgguen 1984).

IV. Patienten mit Vestibularisparesen

Die Diagnose einer Vestibularisparese (peripherer Vestibularisausfall) wurde
klinisch bei akut aufgetretenem Drehschwindel mit Übelkeit und Erbrechen, rotato-
rischem Spontannystagmus, der unter der Frenzel-Brille und bei Blick in Richtung
der schnellen Nytagmusphase zunahm, und Fallneigung kontralateral zur schnellen
Nystagmusphase gestellt. Im ENG mußte ein initial nicht umkehrbarer Spontannystagmus mit intakter Fixationssuppression vorliegen. Außer einer fakulativen
Asymmetrie des optokinetischen Nystagmus zugunsten der Richtung der raschen
Phasen des Spontannystagmus mußte das ENG bezüglich Willkürsakkaden und
Blickfolge regelrecht sein. Vier der 5 Patienten hatten abnorme MassR-Befunde
ipsilateral zur Vestibularisparese und ein Patient (V5) ipsilateral verlangsamte Ab-
duktionssakkaden (Tabelle 1).

Tab. 1. Elektrophysiologische Abnormitäten und Ergebnisse kernspin- und/oder computertomographischer Untersuchungen von 3 Patienten mit Tochlearisparese (T1-T3), 8 mit Abducensparese (A1- A8) und 5 mit Vestibularisparese (V1-V5) durch wahrscheinliche Hirnstammläsionen (Abnorme MassR-Befunde sind fett gedruckt; *:signifikante Besserung im Verlauf, d.h. Latenzverkürzung um mehr als 0,8 ms ; N: Normalisierung bzw. B: Besserung im Verlauf)

Patient (Alter)	Ursache	Elektrophysiologische Befunde		
T1 (31)	ungeklärt	MassR:	ipsi	7,2 → 7,0 ms
			kontra	**7,7 → 6,9* ms**
T2 (55)	mesencephale Ischämie	MassR:	ipsi	6,3 ms
	Hypercholesterinämie		kontra	**8,0 m**
	Nikotinabusus			
T3 (74)	mesencephale Ischämie	MassR:	ipsi	**8,1 → 7,7 ms**
	Hypertonus		kontra	7,5 → 7,1 ms
	Polyglobulie	ENG: kontralateral verlangsamte Adduktionssakkaden		
A1 (58)	pontine Ischämie	ENG: ipsilaterale Untererregbarkeit des Labyrinths		
	Arteriosklerose			
	Hypercholesterinämie			
	Nikotinabusus			
A2 (54)	pontine Ischämie	ENG: ipsilaterale Untererregbarkeit des Labyrinths		
	Typ II Diabetes			
	Hypertonus			
A3 (54)	pontine Ischämie	ENG: ipsilaterale Untererregbarkeit des Labyrinths		
	Hypercholesterinämie			
	Polyglobulie			
A4 (62)	pontine Ischämie	ENG: ipsilaterale Untererregbarkeit des Labyrinths		
	Typ II Diabetes			
A5 (40)	Entzündung	END: abnormes Richtungsüberwiegen kontraversiver vestibulärer Nystagmen		
A6 (60)	pontine Ischämie	ENG: konjugierte Verlangsamung kontraversiver Sakkaden		
	Arteriosklerose			
	Nikotinabusus			
A7 (30)	Entzündung	ENG: konjugierte Verlangsamung kontraversiver Sakkaden		
A8 (38)	Entzündung	ENG: kontralateral verlangsamte Adduktionssakkaden		
V1 (37)	pontine Ischämie	MassR:	ipsi	**9,2 → 8,0* ms**
	Nikotinabusus		kontra	8,8 → 8,3 ms
V2 (37)	Entzündung	MassR:	ipsi	**8,5 →6,9* ms**
			kontra	7,9 → 7,2 ms
V3 (63)	pontine Ischämie	MassR:	ipsi	**7,5 → 6,8 ms**
	Hypertonus		kontra	6,5 → 6,5 ms
	Arteriosklerose			
V4 (65)	pontine Ischämie	MassR:	ipsi	**9,4 ms**
	Typ II Diabetes		kontra	8,7 ms
	Hypertonus			
V5 (20)	ungeklärt	ENG: ipsilateral verlangsamte Abduktionssakkaden		

Dabei ging eine Besserung (Patienten V1, V3, V5) oder vollständige Rückbildung (Patient V2) mit einer Bessserung oder Normalisierung pathologischer MassR-

Befunde bzw. der Normalsierung der Abduktionssakkaden einher (Tabelle 1). Mit bildgebenden Verfahren (MRT bei 2 Patienten; MRT und CT bei 1 Patient; CT bei 2 Patienten) war keine pontine Schädigung nachzuweisen. Lateral des Vestibulariskernkomplexes lokalisierte Läsionen können gleichzeitig die Verbindung zwischen dem caudalen Anteil des N&TMNT und dem Nucleus motorius n. trigemini sowie den intrapontinen N. vestibularis schädigen (Nieuwenhuys et al. 1989; Hopf 1987) (Abbildung 1). Diese Region ist ebenfalls eine "Wasserscheide" und wird vorwiegend aus Ästen der Rr. lateralis et medialis aus den Aa. pontis und Ästen der A. cerebelli anterior inferior versorgt (Duvernoy 1978). Derartig lokalisierte Läsionen wären, wie bei den Patienten V1-V4 durch eine peripher vestibuläre Läsion mit ipsilateral pathologischem MassR gekennzeichnet (Hopf 1987). Die intrapontinen Abschnitte des N. abducens und des vestibulären Anteils des N. vestibulocochlearis verlaufen eng benachbart (Duus 1989; Nieuwenhuys et al. 1989) (Abbildung 4). Bei einer Ischämie in dieser Region durch Verschluß eines der langen Äste aus der A. basilaris (Duvernoy 1978) können nicht nur im Vordergrund stehende Abducensparesen mit subklinischen Vestibularisläsionen (Patienten A1-A5) sondern auch, wie bei Patient V5, Vestibularisparesen mit subklinischen Abducensläsionen auftreten.

Schlußfolgerungen

Bei 41 Patienten mit isolierten Hirnnervenläsionen (N. oculomotorius: 25 Patienten; N. trochlearis: 3 Patienten; N. abducens: 8 Patienten; vestibulärer Anteil des N. vestibulocochlearis: 5 Patienten) wiesen abnorme ENG- und/oder MassR-Befunde auf eine ursächliche umschriebene, zumeist ischämische Hirnstammläsion. Mittels MRT wurden 31 dieser Patienten untersucht, wobei nur bei 6 Patienten (5 mit Oculomotoriusparese, einer mit Abducenzparese) entsprechende Hirnstammläsionen nachzuweisen waren. Bei den übrigen 10, nur mit CT untersuchten Patienten war keine Hirnstammläsion festzustellen. Diese Befunde belegen die Überlegenheit elektrophysiologischer Methoden gegenüber bildgebenden Verfahren bei der Detektion kleiner Hirnstammläsionen und weisen darauf hin, daß isolierte Hirnnervenläsionen offenbar häufig aufgrund umschriebener Hirnstammschädigungen entstehen.

Literatur

Appenteng K, Donga R, Williams RG (1985) Morphological and electrophysiological determinations of the projections of the jaw-elevator muscle spindle afferents in rats. J. Physiol. 369: 93-113

Bender MB, Shanzer S (1964) Oculomotor pathways defined by electric stimulation and lesions in the brainstem of monkey. In: Bender MB, ed. The Oculomotor System. New York: Harper & Row 81-140

Bolling J, Lavin PJM (1987) Combined palsy of horizontal saccades and pursuit contralateral to a midbrain haemorrhage. J Neurol Neurosurg Psychiatry 50: 789-791

Breen LA, Hopf HC, Farris BK, Gutmann L (1991) Pupil-sparing oculomotor palsy due to midbrain infarction. Arch Neurol 48: 105-106

Bronstein AM, Morris J, Du Boulay G, Gresty MA, Rudge P (1990) Abnormalities of horizontal gaze. Clinical, oculographic and magnetic resonance imaging findings.I Abducens palsy. J Neurol Neurosurg Psychiatry 53: 194-199

Capra NF, Anderson KV, Atkinson RC (1985) Localization and morphometric analysis of masticatory muscle afferent neurons in the nucleus of the mesencephalic root of the trigeminal nerve in the cat. Acta Anat (Basel) 122: 115-125

Chiappa KH (1989) Brain stem auditory potentilas: Interpretation. In: Chiappa KH, ed. Evoked Potentials in Clinical Medicine, 2nd ed. New York: Raven Press 223-305

Collard M, Saint-Val C, Mohr M, Kiesmann K (1990) Paralysie isolée du nerf moteur oculaire commun par infarctus de ses fibres fasciculaires. Rev Neurol (Paris) 146: 128-132

Donaldson D, Rosenberg NL (1988)Infarction of abducens nerve fascicle as cause of isolated sixth nerve palsy related to hypertension. Neurology 38: 1654

Duus P (1989) Brainstem. In: Duus P Topical Diagnosis in Neurology, 2nd ed. Stuttgart-New York: Thieme 70-150

Duvernoy AM (1978) Human brainstem vessels. Berlin: Springer

Ferguson IT (1978) Electrical study of jaw and orbicularis oculi reflexes after trigeminal nerve surgery. J Neurol Neurosurg Psychiatry 41: 819-823

Francis DA, Bronstein AM, Rudge P, du Boulay EPGH (1992) The site of brainstem lesions causing semicircular canal paresis: an MRI study. J Neurol Neurosurg Psychiatry 55: 446-449

Fukutake T, Hirayama K (1992) Isolated abducens nerve palsy from pontine infarction in a diabetic patient. Neurology 42: 2226

Hepp K, Henn V, Vilis T, Cohen B (1989) Brainstem regions related to saccade generation. In: Wurtz RH, Goldberg ME, eds. The neurobiology of saccadic eye movements. Amsterdam: Elsevier 1989: 105-212

Hopf HC (1987) Vertigo and masster paresis A new local brainstem syndrome probably of vascular origin. J Neurol 235:42-45

Hopf HC, Gutman L (1990) Diabetic 3rd nerve palsy: evidence for a mesencephalic lesion Neurology 40: 1041-1045

Johnson LN, Hepler RS (1989) Isolated abducens nerve paresis frm intrapontine, fascicular abducens nerve injury. Am J Ophthalmol 108:459-461

Keane JR (1988) Isolated brain-stem third nerve palsy. Arch Neurol 45: 813-814

Kimura J (1983) Electrodiagnosis in diseases of nerve and muscle. Philadelphia: FA Davis 323-351

Ksiazek SM, Repka MX, Maguire A, Harbour RC, Savino PJ, Miller NR, Sergott RC, Bosley TM (1989) Divisional oculomotor nerve paresis caused by intrinsic brainstem disease. Ann Neurol 26: 714-718

Leigh RJ, Zee DS (1991) Smooth pursuit and visual fixation. In: Leigh RJ, Zee DS. The Neurology of Eye Movements. 2nd ed. Philadelphia: F.A. Davis 139-179.

Leys D, Nègre, Rondepierre P, Soto Ares G, Godefroy O (1992) Small infarct limited to the ventromedial part of the red nucleus: partial, transient and isolated unilateral oculomotor nerve palsy. Cerebrovasc Dis 2: 378-379

Masdeu J, Brannegan R, Rosenberg M, Dobben G (1980) Pseudo abducens palsy with midbrain lesions. Ann Neurol 8: 103

Miller NR (1985) Topical Diagnosis of Neuropathic Ocular Motility Disorders. Lesions of the supranuclear ocular motor pathways. In: Miller NR. Walsh and Hoyt's Clinical Neuro-Ophthalmology, Vol. 2, 4th ed. Baltimore: Williams & Wilkins 652-784

Nashold BS, Gills JP (1967) Ocular signs from brain stimulation and lesions. Arch Opthalmol 77: 609-618.

Nieuwenhuys R, Voogd J, van Huijzen C (1989) The human central nervous system, 3rd ed. Berlin: Springer

Nomura S, Mizuno N (1985) Differential distribution of cell bodies and central axons of mesencephalic trigeminal nucleus neurons supplying the jaw-closing muscles and periodontal tissue. Brain Res. 359: 311-319

Ongerboer de Visser BW (1982) Afferent limb of the human jaw reflex: electrophysiologic and anatomic study. Neurology 32: 563-566

494

Ongerboer de Visser BW, Goor C (1976) Jaw reflexes and masseter electromyograms in mesencephalic and pontine lesions. J. Neurol. Neurosurg. Psychiatry 39: 90-92

Pierrot-Deseilligny C, Goasguen J (1984) Isolated abducens nucleus damage due to histiocytosis X. Electro-oculographic analysis and physiological deductions. Brain 107: 1019-1032

Sanders EACM, Ongerboer de Visser BW, Barendswaard EC (1985) Jaw, blink and corneal reflex latencies in multiple sclerosis. J. Neurol. Neurosurg. Psychiatry 48: 1284-1289

Smith RD, Marcarian MQ, Niemer WT (1968) Direct projections from the masseteric nerve to the mesencephalic nucleus. J Comp Neurol 133: 495-502

Thömke F, Hopf HC, Krämer G (1992) Internuclear opththalmoplegia of abduction. Clinical and electrophysiological data on the existence of an abduction paresis of prenuclear origin. J Neuro Neurosurg Psychiatry 55: 105-111

Yates SK, Brown WF (1981) The human jaw jerk: Electrophysiologic methods to measure latency, normal values and changes in multiple sclerosis. Neurology 31: 632-634

Zackon DH, Sharpe JA (1984) Midbrain paresis of horizontal gaze. Ann Neurol 16: 495-504

Hirnstamm: Klinisch-neuropathologische Korrelationen

W. Grisold

Neurologische Abteilung Kaiser Franz Josef Spital - Wien, Ludwig Boltzmann
Institut für klinische Neurobiologie

Einleitung

Vaskuläre Hirnstammläsionen werden mit historischen Eigennamen (Currier 1969;
Loeb 1969; Fog und Hein-Sorensen 1975) bezeichnet. Nach anatomischen Gesichtspunkten (Nieuwenhuys 1988; Jellinger et al. 1990) lassen sich Läsionen des subthalamischen Überganges, des Mittelhirnes, der Brücke, der Medulla oblongata oder
überschreitende ("Pan-") Läsionen wie bei den A. Basilaristhrombosen festlegen.
Zusätzlich zur rostro-kaudalen Einteilung läßt sich der Hirnstamm in anterior-
posteriore Richtung gliedern, wobei ventral motorische, intermediär sensible Bahnen
und dorsal ventrikelnahe vorwiegend Kerngebiete zugeordnet sind (Bing 1949;
Jellinger 1990). Neben diesen anatomisch - strukturellen Verhältnissen sind Besonderheiten der vaskulären Versorgungsgebiete zu berücksichtigen (Gillilan 1964). Die
"klassischen" Hirnstammsyndrome waren nicht alle vaskulärer Genese und sind fast
nie exakt in der beschriebenen Symptomkonstellation vorzufinden. Auch die
"gekreuzte" Symptomatik, beispielsweise homolaterale Hirnnervenläsion und kontralaterale Störung der langen Bahnen treffen nicht bei allen Hirnstammläsionen zu.
Dies trifft besonders auf ventrale oder ventrolaterale pontine, lakunäre pontine
Läsionen und dorsale oblongata Syndrome (Fisher 1982) zu.
  Zur Unterstützung der klinischen Diagnostik haben sich neben einer Reihe von
elektrophysiologischen Methoden bildgebende Verfahren, insbesondere MRI, bewährt. Unter Ausnützung bildgebender und morphometrischer Verfahren (Bronstein
et al. 1990; Franciset al. 1992; Lopez et al. 1992) wird versucht, Morphologie und
klinische Symptome enger zu korrelieren. Die vaskulären Hirnstammsyndrome
werden im folgenden nach Läsionsniveaus (thalamomesencephal, mesencephal,
pontin, medullär) beschrieben und durch eigene Daten aus Autopsieserien ergänzt.

Thalamomesencephale Läsionen

Thalamomesencephale Läsionen sind oft durch Störungen des optomotorischen
Systems gekennzeichnet (Caplan 1980; Bogousslavsky 1987; Mehler 1989). Läsion
des riMLF führt zu vertikalen Blickparesen (up/downgaze, vertical one and a half)
(Weder und Meienberg 1983; Hommel und Bogouslavsky 1991) und horizontalen
uni- (Tatemichi et al. 1992) oder bilateralen Blickparesen.
  Bei einseitiger Läsion des Nucleus Cajal kommt es zu einer Kopfschräghaltung
("head tilt") (Halmagyi et al. 1990), die als Pseudotrochlearisparese bezeichnet
wird. Beidseitige Läsionen des N. Cajal und der Formatio retikularis führt zu einer
konstanten Blickabweichung nach unten (Sonnenuntergangphänomen)
(Bogousslavsky und Meienberg 1987). Die Pseudoabducensparese (Masdeu et al.

1980; Drlicek und Grisold 1992) dürfte auf einem exzessiven Konvergenztonus beruhen. Bei einer supranukleären Läsion der optomotorischen Bahnen zum Mittelhirn kommt es auch zu einer Blickdeviation zur Läsionsseite ("wrong eye signs") (Tatemichi et al. 1992).

Assoziert sind Vigilanzstörungen, Amnesie (Büttner et al. 1991; Steinke et al. 1992) und das seltene Bild der "pedunkulären Halluzinose" (Bogousslavsky et al. 1986; Feinberg und Rapcsak 1989; McKee 1990; Kölmel 1991). Die thalamopedunkulären Infarkte (Castaigne et al. 1981) sind durch Hypersomnie bis Coma, amnestische Syndrome (Malamut et al. 1992) und Demenz gekennzeichnet.

Mesencephale Hirnstammsyndrome

Das Mesencephalon liegt zwischen den caudalen Anteilen des Thalamus und der Brücke. In den ventralen Abschnitten befindet sich der Tractus frontopontinus, corticospinalis und corticobulbaris. Knapp dorsal davon liegen Substantia nigra, N. ruber und dessen Verbindungen mit dem oberen Kleinhirnstiel. Dorsale und periventrikuläre Strukturen sind eng mit dem optomotorischen System verbunden. Der MLF zieht als Koordinationsverbindung neben den Kerngebieten zu seiner rostralen Begrenzung, dem interstitiellen Nukleus des MLF (riMLF).

Gefäßläsionen bei mesencephalen und thalamomesencephalen Infarkten

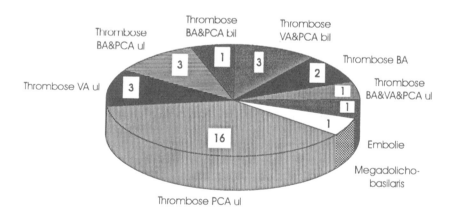

Abb. 1. Verteilung mesenzephaler Läsionen

Im laterodorsalen Abschnitt des Mesencephalons liegen Lemniscus medialis und Tractus spinothalamicus, während der Lemniscus lateralis eine noch weiter lateral gelegene Position einnimmt. Der Tractus mesencephalicus N. trigemini befindet sich in der lateralen Begrenzung des Mittelhirnes. Ein wesentlicher Aspekt ist die Formatio retikularis deren Läsion im Mesencephalon mit Störungen der Bewußtseinslage einhergeht. Aufgrund der anatomischen Situation des Mittelhirnes gehen vaskulär bedingte mesencephale Läsionen oft mit Störungen der Optomotorik einher.

Neben motorischen und sensiblen Ausfällen können zusätzlich Bewußtseins- und extrapyramidale Störungen vorkommen. Die vaskuläre Versorgung ist durch die A. basilaris und die A. cerebri posterior gewährleistet. Die rostralen Anteile weisen eine Anastomosierung mit dem Circulus arteriosus Willisi auf. In einer Autopsieserie von 31 Fällen mit Infarkten im Mesencephalon fand sich die in Abb. 1. beschriebene Verteilung von Gefäßläsionen.

Mediale Läsionen
Prinzipiell lassen sich 2 Syndrome unterscheiden:
(a) Ein ventrales mediales Syndrom der Fossa interpeduncularis mit einer Läsion des faszikulären Abschnittes des Nervus oculomotorius, wobei je nach lateraler Ausdehnung eine Mitbeteiligung des Tr. corticobulbaris oder Tr. corticospinalis zu erwarten ist. Cortikobulbäre Fasern sind in diesem Niveau noch ungekreuzt, so daß kontralateral eine zentrale Fazialisparese auftreten kann. Die faszikulären N. Oculomotoriusläsionen sind aufgrund ihrer topographischen Besonderheiten zu erkennen (Abdollah et al. 1990; Castro et al. 1990; Hopf und Gutmann 1990).
(b) Beim dorsalen medialen Syndrom kommt es zusätzlich zu einer nukleären Oculomotoriusläsion, die oft bilateral ist und die rostralen Teile des Kernkomplexes verschont. In Anbetracht der rostralen Position der Kerne für den Lidheber geht daher eine nukleäre Läsion des Nucleus oculomotorius ohne Ptose und wenn mit Ptose ("Am Schluß fällt der Vorhang"), dann mit bilateraler Ptose einher.
Differentialdiagnostische Kriterien für die Differenzierung nukleärer und faszikulärer N. oculomotorius Läsionen wurden beschrieben (Keane 1988; Collard et al. 1990; Brazis 1991; Liu et al. 1991; Grisold et al. 1993). Die kritische historische Betrachtung der mesencephalen Hirnstammsyndrome erfolgte erst rezent durch Liu et al. (1992).

Ventrale Läsionen
Die ventrale Läsion mit Pyramidenbahnschädigung wird deskriptiv als "Weber Syndrom" bezeichnet, umfaßt aber unterschiedliche Ausfallstypen.

Paramediane Läsionen
Es lassen sich 3 Syndrome differenzieren.
(a) Unteres Nucleus ruber ("Benedikt ") Syndrom mit faszikulärer Läsion des N. oculomotorius, fakultativ MLF Läsion mit internukleärer Ophthalmoplegie (INO) kombiniert mit kontralateraler Ataxie (oberer Kleinhirnstiel bereits gekreuzt), fakultativ auch extrapyramidale Symptome wie Tremor (Felice et al. 1990) und Rigor.
(b) Das "obere Nucleus ruber Syndrom ("Chiray Foix Nicolesco Syndrom"). Die Läsionen sind rostral des N. oculomotorius und zeigen kontralaterale Ataxie (fakultativ Hemiparese, zäsierende Sprechstörung). Je nach Ausdehnung wird auch der Lemniscus medialis oder Tractus spinothalamicus einbezogen.
(c) Das "Claude" Syndrom stellt die Kombination einer faszikulären Oculomotorius-Parese und einer isolierten kontralateralen Ataxie dar.

Dorsale Läsionen
Dorsale Läsionen des MH sind seltener vaskulär bedingt (25 %, meist Thalamusblutung, Keane 1990): "Parinaud Syndrom" (vertikale Blickparese und Konvergenz-

parese), "Nothnagel Syndrom" (bilaterale Ataxie, choreatische Unruhebewegungen), "Aquaedukt Syndrom". Lidretraktion wurde bei Läsion des rostralen Nucleus ruber beschrieben (Galetta et al. 1993).

Hohe ventrale Läsionen

Ventrale Läsionen des thalomesencephalen Überganges zeigen Bewußtseinsstörungen bis Coma (Castaigne et al. 1931). Die exakte topische Zuordnung ist nicht bekannt. Vergleichende morphometrische MRI Untersuchungen (Reich et al. 1993) lassen die postulierte Kompression des Mittelhirnes bestätigt erscheinen.

Neben den "klassischen" Syndromen weisen Einzelsymptome auf eine mesencephale Lokalisation hin: Störungen der Pupillen (Fisher 1980; Ropper 1990), Lidnystagmus (Brusa), Oculomotoriusparese (Pierrot-Deseillingny et al. 1981; Ksiazek et al. 1989; Abdollah und Francis 1990; Castro et al. 1990; Hopf und Gutmann 1990), N. Trochlearisparese (Vanooteghem et al. 1992), Konvergenzparese (Oliva et al. 1990; Lindner et al. 1992), und andere komplexe optomotorische Störungen (Bogousslavsky et al. 1983, Bogousslavsky und Regli 1984; Tames et al. 1984; Mehler 1989; Heide et al. 1990; Brandt 1991; Marshall et al. 1991).

Bei bilateralen ventralen Mittelhirnprozessen kann es auch zu "Locked in Syndromen" (Meienberg et al. 1979) kommen. Aufgrund der erhaltenen Optomotorik ist die klinische Unterscheidung von ventralen Ponsinfarkten (Grisold et al. 1991) oder selten gemeinsam auftretenden bilateralen Hemisphäreninfarkten (Sloan und Haley 1990) schwierig.

Pontine Läsionen

In einer eigenen Autopsieserie von 83 Ponsinfarkten läßt sich feststellen, daß Verschlüsse oder Stenosen der A.basilaris etwa in der gleichen Zahl als Ursache vorliegen. Die pontinen Läsionen treten nicht immer isoliert, sondern oft mit anderen Läsionen (Cerebellum, Thalamus) auf, was klinisch die Zuordnung erschwert.

Die Einteilung der pontinen Läsionen erfolgt nach der bekannten Einteilung gemäß der Gefäßversorgung (Gillilain 1964) in: mediale, paramediane und laterale Brückeninfarkte.

Ia. Das rostrale mediale pontine Syndrom (Raymond-Cestand) zeigt ein sensibles Hemisyndrom (Leminiscus medialis und Tractus spinothalamicus) und kontralaterale Ataxie. Fakultativ: extrapyramidale Symptome (rubraler Tremor, Ballismus) bei Läsion des oberen Kleinhirnstieles.

Ib. Das mittlere-mediale pontine Syndrom (Grenet) hat zusätzlich zu Typ I a eine homolaterale sensible N. Trigeminusstörung.

Ic. Das untere mediale pontine Syndrom (Millard-Gubler) betrifft Pyramidenbahn (kontralaterale Hemiparese) und Faszikel des VI. und VII. Hirnnerven, fakultativ den Lemniscus medialis und den homolateralen MLF (INO) (Bogousslavsky et al. 1984).

II. Paramediane pontine Syndrome ("Dejerines vorderes pontines Syndrom") zeigen kontralaterale supranukleäre Fazialisparese - fakultativ Dysarthrie (Hopf et al 1990) - oder Hemiparese - fakultativ mit Ataxie ("clumsy hand") auch supranukleären Störungen der kaudalen Hirnnerven. Uncharakteristische motorische Ausfälle wie Fallfuß kommen vor (Fisher 1982).

IIIa. "Syndrom der oralen Brückenhaube" mit Läsion des oberen Kleinhirnstiels (kontralaterale Ataxie, fakultativ extrapyramidale Symptomatik, Intentionstremor, Hypotonie), MLF (INO) und Tractus spinothalamicus (kontralaterale Sensibilitätsstörung), fakultativ auch der zentralen Sympathicusbahn.

IIIb. Laterales mittleres Pons Syndrom (Marie-Foix) betrifft den mittleren Kleinhirnstiel, Tractus spino - thalamicus und den Lemniscus medialis. Klinisch bestehen homolaterale Ataxie, sensible Störungen im Gesicht (N. trigeminus) und kontralaterale Sensibiltätsstörung für alle Qualitäten.

IIIc. Anterolaterales Pons Syndrom (Brissaud-Siccard). Klinisch bestehen kontralaterale Hemiparese (Pyramidenbahnläsion) und ipsilaterale (faszikuläre) Läsion des N. Facialis mit tonischen Kontraktionen.

III. Unteres laterales pontines Syndrom (Foville). Klinisch bestehen INO, homolateraler Blickparese oder "one and a half Syndrom" (Bogousslavsky und Meienberg 1987). Kontralaterale dissoziierte Sensibilitätsstörungen (Tractus spino-thalamicus) ohne motorische Ausfälle.

IV. Pontomedulläre Syndrome. Bei pontomedullären Läsionen kommt eine Skew-deviation sowohl ipsiversiv (lateraler Ponsinfarkt) als auch kontraversiv (paramedianer Ponsinfarkt) vor (Brandt und Dieterich 1993). Intraorale Sensibilitätsstörungen resultieren bei Läsionen des rostralen spinalen Trigeminuskerns (Graham et al. 1988).

Hirnstammsyndrome der Medulla oblongata

Klinisch Bedeutung für Läsionen im dorsalen Abschnitt der Medulla oblongata hat, daß die sonst als lokalisatorisch hinweisenden motorischen und sensiblen Bahnen weit ventral liegen. Symptome dorsaler und dorsolateraler Läsionen können somit auf vegetative Syndrome beschränkt bleiben.

a) Die mediane medulläre Läsion ("Dejerine" Syndrom) ist selten. Sie betrifft den N. hypoglossus nukleär oder supranukleär und die Pyramidenbahn (kontralaterale Hemiparese), bilaterale (mediane Gefäßäste) Pyramidenbahnläsionen (Milandre) kommen vor.

b) Das paramediane medulläre Syndrom ("Jackson") betrifft neben der Pyramidenbahn auch die untere Olive und ist in isolierter Form kaum zu finden. Es liegt fast immer eine Kombination mit einer ventralen oder lateralen Läsion vor.

bb) Die Kombination von medialer und lateraler Läsion ist das Babinski-Nageotte Syndrom.

c) Das häufigste laterale medulläre Syndrom (Wallenberg Syndrom) bietet als Hauptkennzeichen Hypalgesie und Thermanästhesie ipsilateral im Gesicht und kontralateral an Extremitäten und Stamm, ipsilaterale Lähmung von weichem Gaumen und Stimmband, Dysphagie, Dysarthrie, Vertigo, Nausea, ipsilaterale cerebelläre Ataxie und ipsilaterales Hornersyndrom. Fakultativ sind Störungen der okulären Achsen (ocular alignement, Skew deviation, Ocular tilt reaction, environmental tilt (Charles et al. 1992; Dieterich und Brandt 1992), Nystagmus, Augenlid-Nystagmus, Störungen des Smooth pursuit und Sakkadenabnormitäten (Brazis 1992). Aufgrund der Gefäßversorgung (PICA) können gleichzeitig cerebelläre Läsionen auftreten.

d) Selten sind rein dorsale medulläre Ausfälle (Fisher 1982), wobei die Nucl. vestibularis, cuneatus und ambiguus N. vagi betroffen sind und außerdem aufgrund der Versorgung durch die PICA eine Läsion des angrenzenden Kleinhirnes auftreten kann. Durch fehlende motorische oder sensible Ausfälle werden diese Infarkte vielfach klinisch vestibulären Störungen zugeordnet und nicht diagnostiziert (Fisher 1982).

Andere noch nicht definitiv zugeordnete Symptome

Schluckauf (Askenasy 1990, Jansen et al. 1990), cardiovaskuläre Symptome (Barman 1991), "neurogenes Lungenödem" (Simon et al. 1991) sind klinisch bekannte Phänomene bei medullären Hirnstammsyndromen. Neuroanatomische Angaben über medulläre Läsionen, die zu Störungen der automatischen Respiration, führen sind selten. Für willkürliche und automatische Respiration scheinen aber zwei verschiedene Bahnsysteme veranwortlich zu sein (Munschauer et al. 1991). Ausfall der automatischen Respirationstätigkeit wurde bei lateralen medullären Syndromen und gleichzeitiger Läsion des N. ambiguus und der Formatio retikularis beschrieben (Bogousslavsky et al. 1990).

„PAN"-Syndrome- Arteria basilaris Thrombose

Ausgedehnte Thrombosierung im vertebrobasilären System wird durch Gefäßverschluß der Aa. vertebrales oder der verschiedenen Abschnitten der A. basilaris verursacht. Morphologische Veränderungen kommen in allen Ebenen vor und verursachen polytope Läsionen, die klinisch zu uncharakteristischen Symptomkombinationen führen und bei maximaler Ausprägung ein "Locked in" Syndrom verursachen.

Die Einteilung kann in segmentale (obere, mittlere und untere), plurisegmentale und extensive oder totale Verschlüsse erfolgen. In einer Übersicht über 150 Fälle liegen 58.3 % als segmentaler Verschluß vor (23 % im oberen Anteil, 3.5 % an der Bifurkation, 19 % im mittleren Anteil und 15.5 % im unteren u. 11.7 % im untersten Segment). Plurisegmentale Verschlüsse bestehen bei 23.3 %. Bei 18.2 % ist der Truncus basilaris zur Gänze verschlossen (Labauge et al. 1981). Neuropathologisch sind die Infarkte fast nie auf den Hirnstamm beschränkt sondern betreffen fakultativ Cerebellum, Diencephalon, Thalami und Occipitiallappen.

Vom zeitlichen Ablauf sind zwei Erscheinungsformen bekannt: einerseits akute Symptomatik mit dem Vollbild der Ausfälle zu Beginn der Symptomatik, oder Beginn mit Prodromen einer "klassischen" Hirnstammsymptomatik mit langsamer Progredienz bis zum Vollbild der A.Basilaristhrombose.

Ia. Die obere A.Basilaristhrombose (Mehler 1989) führt zu Mittelhirnläsion mit ophthalmoneurologischen Symptomen und Bewußtseinsstörung. Bei Verschluß der Verzweigung der Arteria cerebri posteriores kommt es zu Posteriorinfarkten mit Gesichtsfeldausfällen. Motorisch besteht eine Hemi-, oder Quadruplegie (Meienberg et al. 1979; Chia 1992).

Ib. Bei der mittleren A.Basilaristhrombose ist die Brücke bis zum pontomedullären Übergang betroffen. Als Erstsymptome liegen Schwindel, Übelkeit, Störungen der Optomotorik durch Läsion des PPRF, der Nucleus oder Fasciculus des N. abducens und des MLF vor. Eine bilaterale supranukleäre Läsion der corticobulbären Bahnen führt zu pseudobulbären Symptomen.

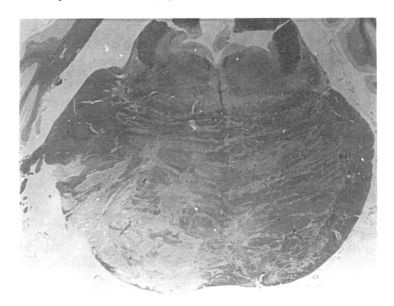

Abb. 2. Ventraler Ponsinfarkt (Klüver Barrera). Ausgedehnte vaskuläre Läsion im ventralen (motorischen) Abschnitt. Verschonung der mittleren und dorsalen (ventrikelnahen) pontinen Abschnitte.

Die Übersicht über die "klassischen Hirnstammsyndrome" soll die in der Literatur beschriebenen Muster in systematischer Weise darstellen. Es ist zu beachten, daß die exakte klinische Symptomatologie nur in Grundzügen möglich ist und, daß oft von "fakultativen" Symptomen die Rede ist. Anatomisch kann diese scheinbare Diskrepanz durch die Ausdehnung der vaskulären Läsionen auf die umgebenden und angrenzenden Strukturen erklärt werden.

Die PAN Syndrome, oder Basilaristhrombosen, stellen aufgrund der unterschiedlichen Verteilung ebenso keine einheitliche Symptomatik dar. Während eine akute ausgedehnte A. Basilaristhrombose klinisch mit großer Wahrscheinlichkeit erkannt wird, stellen fluktuierende und progressive Verlaufsformen für Kliniker Problemfälle dar, weil zu Beginn oder im Verlauf sogenannte "klassische", definierte Hirnstammsyndrome auftreten können und damit an die Möglichkeit einer A. Basilaristhrombose nicht mehr gedacht wird. Unter Ausnützung aller derzeit zur Verfügung stehenden diagnostischen Maßnahmen, müssen diese klinischen Aspekte berücksichtigt werden, um bei solchen Patienten durch den Einsatz von therapeutischen Maßnahmen eine mögliche Progredienz zu verhindern.

502

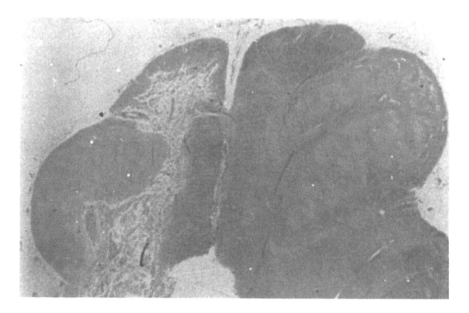

Abb. 3. Untere Arteria basilaris Thrombose. Ausgedehnter, fast kompletter halbseitiger medullärer Infarkt mit Läsion der Pyarmidenbahn, partiell der Olive und des dorsalen medullären Abschnittes.

Literatur

Abdollah A, Francis GS (1990) Intraaxial divisional oculomotor nerve paresis suggests intraaxial fascicular organization. Ann Neurol 28: 589-590

Askenasy JJM (1992) About the mechanism of hiccup. Eur Neurol 32: 159-163

Barman S M(1991) Brainstem control of cardiovascular function. Brainstem mechanisms of behaviour. J Wiley & Sons 353-381, N 780

Bing R (1948) Kompendium der topischen Gehirn und Rückenmarksdiagnostik. B Schwabe Verlag Basel

Bogousslavsky J, Regli F, Ghika J (1983) Internuclear ophthalmoplegia, praenuclear paresis of contralateral superior rectus, and bilateral ptosis. J Neurol, 230: 197-203

Bogousslavsky J, Regli F (1984) Atteinte intraaxiale du nerf moteur oculaire commun dans les infarctus mesencephaliques. Rev Neurol 140: 263-270

Bogousslavsky J, Regli F (1984) Upgaze palsy and monocular paresis of downward gaze from ipsilateral thalamo - mesencephalic infarction: a vertical "one and a half" syndrome. J Neurol 231: 43-45

Bogousslavsky J, Miklossy J, Regli F et al. (1984) One and a half syndrome in ischemic locked -in state: a clinico pathological study. J Neurol Neurosurg Psychiatry 47: 927- 935

Bogousslavsky J, Regli F, Assal G (1986) The syndrome of unilateral tuberothalamic artery territory infarction. Stroke 17: 434-441

Bogousslavsky J, Meienberg O (1987) Eye movement disorders in brain stem and cerebellar stroke. Arch Neurol 44: 141-148

Bogousslavsky J, Khurana R, Deruaz JP et al. (1990) Respiration failure and unilateral caudal brainstem infarction. Ann Neurol 28: 668- 673

Brandt T, Dieterich M (1987) Pathological eye-head coordination in roll: tonic ocular tilt reaction in mesencephalic and medullary lesions. Brain 110: 649-666

Brandt Th (1991) Ocular tilt reaction. In: Vertigo. Its multisensory symptoms (Brandt Th Hrsg.) Springer 117-128

Brandt Th (1991) Classification of vestibular brainstem disorders according to vestibular ocular reflex planes. Klin Wochenschr 69: 121-123

Brandt Th, Dieterich M (1993) Skew deviation with ocular torsion: a vestibular brainstem sign of topographic diagnostic value. Ann Neurol 33: 528- 534

Brazis PW (1991) Localisation of lesions of the oculomotor nerve: recent concepts. Mayo Clin Proc 66: 1029-1035

Brazis PW (1992) Ocular motor abnormalities in Wallenberg's lateral medullary syndrome. Mayo Clin Proc 67: 365- 368

Bronstein AM, Rudge P, Gresty MA et al. (1990) Abnormalities of horizontal gaze. Clinical oculographic and magnetic resonance imaging findings. II gaze palsy and internuclear ophthalmoplegia. J Neurol Neurosurg Psychiatry 53: 200- 207

Brusa A, Massa S, Piccardo A (1984) Le nystagmus palpebral . Rev Neurol 140: 288-292

Büttner Th, Schilling G, Hornig CR et al. (1991) Thalamusinfarkte - Klinik, neuropsychologische Befunde, Prognose. Fortschr Neurol Psychiatr 59: 479- 487

Caplan LR (1980) "Top of the basilar " syndrome. Neurology (Minneap) 30: 72-79

Castaigne P, Lhermite F, Buge A et al. (1981) Paramedian thalamic and midbrain infarcts: clinical and neuropathological study. Ann Neurol 10: 127-148

Castro O, Johnson LN, Mamourian AC (1990) Isolated inferior oblique paresis from brain stem infarction. Arch Neurol 47: 235-237

Charles N, Froment C, Rode G et al (1992) Vertigo and upside down vision due to an infarct in the territory of the medial branch of the posterior inferior cerebellar artery caused by dissection of a vertebral artery. J Neurol Neurosurg Psychiatry 55: 188-189

Chia GL (1991) Locked in syndrome with bilateral ventral midbrain infarcts. Neurology 41: 445-446

Collard M, Saint-Val Cl, Mojr M (1990) Paralysie isolee'du nerf moteur oculaire commun par infarctus de ses fibres fasciculaires. Rev Neurol 146: 128-132

Currier RD (1969) Syndromes of the medulla oblongata. In: Handbook of Clinical Neurology. Vinken PJ, Bruyn GW (Hsrg). North Holland Publ. Comp. Band 2: 217-237

Dieterich M, Brandt Th (1992) Wallenberg's syndrome: lateropulsion, cyclorotation and subjective visual vertical in 36 patients. Ann Neurol 31: 399 - 408

Drlicek M, Grisold W (1992) Pseudoabducens paresis and ataxic hemiparesis in thalamomesencephalic infarct. J Neurol (Suppl 2) 239: S 43

Feinberg WM, Rapcsak SZ (1989) "Peduncular hallucinosis" following paramedian thalamic infarction . Neurology 39: 1535- 1536

Felice KJ, Keilson GR, Schwart WJ (1990) "Rubral" gait ataxia. Neurology 40: 1004-1005

Fisher CM (1980) Oval pupils. Arch Neurol 37: 502-503

Fisher CM (1982) Lacunar strokes and infarcts: a review. Neurology (NY) 32: 871-876

Fog M, Hein-Sorensen O (1975) Mesencephalic syndromes. In: Vinken PJ, Bruyn GW (Hrsg). Handbook of clinical neurology. North Holland Publishing Company, Amsterdam, Band 2: 272-285

Francis DA, Bronstein AM, Rudge P et al. (1992) The site of brainstem lesions causing semicircular canal paresis. J Neurol Neurosurg Psychiatry 55: 446- 449

Galetta S; Gray LG, Raps EC, Schatz NJ (1993) Pretectal eyelid retraction and lag. Ann Neurol 33: 554- 557

Gillilan LA (1964) The correlation of the blood supply to the human brain stem with clinical brain stem lesions. J Neuropathol Experiment Neurol 23: 78-108

Graham SH, Sharp FR, Dillon W (1988) Intraoral sensation in patients with brainstem lesions; the role of the rostral spinal trigeminal nuclei in pons. Neurology 38: 1529-1533

Grisold W, Drlicek M, Jellinger K et al. (1991) Ophthalmoneurologische Symptome bei Basilaristhrombosen. Intensiv - und Notfallbehandlung 16: 195-200

504

Grisold W, Jellinger K, Drlicek M, Volc D (1993) Nuclear and fascicular oculomotor nerve lesions in brain stem infarcts: a clinicomorphological study. In: Caplan LR, Hopf HC (Hsrg). Brainstem localization and fun-ction. Springer Verlag Berlin-Heidelberg 139-145

Halmagyi GM, Brandt Th, Dieterich M et al. (1990) Tonic contraversive ocular tilt reaction due to unilateral meso - diencephalic lesion. Neurology 40: 1503-1509

Heide W, Fahle M, Koenig E et al. (1990) Impairment of vertical motion detection and downgaze palsy due to rostral midbrain infarction. J Neurol 237: 432-440

Hommel M, Bogousslavsky J (1991) The spectrum of vertical gaze palsy following unilateral brainstem stroke. Neurology 41: 1229-1234

Hopf HC, Gutmann L (1990) Diabetic 3rd nerve palsy: evidence for a mesencephalic lesion. Neurology 40: 1041-1045

Hopf HC, Tettenborn B, Krämer G (1990) Pontine supranuclear facial palsy. Stroke 21: 1754-1757

Hopf HC, Ellrich J, Hundemer H (1992) The pterygoid reflex in man and its clinical application . Muscle & Nerve 15: 1278 -1283

Jansen PHP, Joosten EMG, Vingerhoets HM (1990) Persistent periodic hiccups following brain abscess. J Neurol Neurosurg Psychiatry 53: 83-84

Jellinger K (1986) Neuropathology and clinical signs of brainstem disorders. In: Clinical problems of brainstem disorders. Kunze K, Zangemeister WH, Arlt A (Hrsg). G. Thieme Verlag Stuttgart 17-29

Jellinger K (1990) Anatomy of the human brain stem. In: Vascular brain stem diseases (Hofferberth B et al Hrsg). Karger, Basel 1-16

Keane JR, Zaias B, Itabashi HH (1984) Levator sparing oculomotor nerve palsy caused by a solitary midbrain metastasis. Arch Neurol 41: 210-212

Keane JR (1988) Isolated brain-stem third nerve palsy. Arch Neurol 45: 813-814

Keane JR (1990) The pretectal syndrome. Neurology 40: 684- 690

Kölmel HW (1991) Peduncular hallucinations. J Neurol 238: 457-459

Ksiazek SM , Repka MX, Maguirc A et al. (1989) Divisional oculomotor nerve paresis caused by intrinsic brainstem disease Ann Neurol 26: 714- 718

Labauge R, Pages M, Marty-Double C et al. (1981) Occlusion du tronc basilaire. Rev Neurol (Paris) 137: 545 - 571

Lindner K, Hitzenberger P, Drlicek M, Grisold W (1992) Dissociated unilateral convergence paralysis in a patient with thalamotectal haemorrhage. J Neurol Neurosurg Psychiatry 55: 731- 733

Liu GT, Carrazana EJ, Charness ME (1991) Unilateral oculomotor palsy and bilateral ptosis from paramedian midbrain infarction. Arch Neurol 48: 983- 986

Liu GT, Crenner CW, Logigian EL (1992) Midbrain syndromes of Benedikt, Claude and Nothnagel: Setting the record straight. Neurology 42: 1820- 1822

Loeb C, Meyer JS (1969) Pontine Syndromes. In.: Handbook of clinical Neurology , Vol 2. Vinken PJ, Bruyn GW (Hrsg) North Holland Publishing Comp Amsterdam. 238-271

Lopez L, Bronstein AM, Gresty MA et al. (1992) Torsional nystagmus. A neuro-otological and MRI study of thirty five cases. Brain 115: 1107-1124

Malamut BL, Graff-Radford N, Chawluk J et al. (1992) Memory in a case of thalamic infarction. Neurology 42: 163-169

Marshall RS, Sacco RL, Kreuger R, et al. (1991) Dissociated vertical nystagmus and internuclear ophthalmoplegia from a midbrain infarction. Arch Neurol 48: 1304-1305

Masdeu J, Brannegan R, Rosenberg M et al. (1980) Pseudo abducens palsy with midbrain lesion (abstract). Ann Neurol 8: 103

McKee AC, Levine DN, Kowall NW et al. (1990) Peduncular hallucinosis associated with isolated infarction of the substantia nigra pars reticulata. Ann Neurol 27: 500-504

Mehler MF (1988) The neuro-ophthalmological spectrum of the rostral basilar artery syndrome. Arch Neurol 45: 966-971

Mehler MF (1989) The rostral basilar artery syndrome. Neurology 39: 9-16

505

Meienberg O, Mumenthaler M, Karbowski K (1979) Quadriparesis and nuclear oculomotor palsy with total bilateral ptosis mimicking coma. Arch Neurol 36: 708-710

Meienberg O, Büttner-Ennever JA, Kraus-Ruppert R (1981) Unilateral paralysis of conjugate gaze due to lesion of the abducens nucleus. Neuro-ophthalmology 2: 47-52

Metzinger H, Zülch KJ (1971) Vertebro-Basilar occlusion and its morphologic sequelae. In: Cerebral circulation and stroke (Hrsg. Zülch KJ) Springer Verlag Berlin 67-81

Milandre L, Habib M, Hassoun J, Khalil R (1990) Bilateral infarction of medullary pyramids. Neurology 40: 556

Munschauer FE, Mador MJ, Ahuja A et al. (1991) Selective paralysis of voluntary but not limbically influenced automatic respiration Arch Neurol 48: 1190-1192

Nieuwenhuys R, Voogd J, van Huijzen Chr (1988) The central nervous system. Springer Verlag, Berlin Heidelberg New York

Nordgren RE, Marlesbery WR, Fukuda K (1971) Seven cases of cerebromedullospinal disconection: The "locked in " syndrome. Neurology 21: 1140-1148

Oliva A; Rosenberg RL: Convergence evoked nystagmus. Neurology 1990;40: 161-162

Pessin MS, Caplan LR (1986) Heterogeneity of vertebrobasilar occlusive disease. In: Clinical problems of brainstem disorders (Kunze K,Zangemeister WH, Arlt A Hsrg.). G. Thieme Verlag, Stuttgart 30-37

Pierrot-Deseilligny C, Schaison M, Bousser MG (1981) Syndrome nucleaire du nerv moteur oculaire commun: A propos de deux observations cliniques. Rev Neurol 137: 217-222

Reich JB, Sierra J, Camp W et al. (1993) Magnetic resonance imaging measurements and clinical changes accompanying transtentorial and foramen magnum brain herniation. Ann Neurol 33: 159- 170

Ropper AH (1989) A preliminary MRI study of the geometry of brain displacement and level of consciousness with acute intracranial masses. Neurology 39: 622-627

Ropper AH (1990) The opposite pupil in herniation. Neurology 40: 1707-1709

Salvesen R (1989) Pontine tumor with central neurogenic hyperventilation. J Neurol Neurosurg Psych 52: 1441-1442

Simon RP, Gean-Marton AD, Sander JE (1991) Medullary lesion inducing pulmonary edema: a magnetic resonance imaging study Ann Neurol 30: 727-730

Sloan MA , Haley EC (1990) The syndrome of bilateral hemispheric border zone ischemia. Stroke 21: 1668- 1673

Steinke W, Sacco RL, Mohr JP et al (1992) Thalamic stroke. Presentation and prognosis of infarcts and hemorrhages. Arch Neurol 49: 703-710

Tatemichi TK, Steinke W, Duncan C et al. (1992) Paramedian thalamopeduncular infarction: clinical syndromes and magnetic resonance imaging. Ann Neurol 32: 162-171

Thames PB, Trobe JD, Ballinger WE (1984) Upgaze paralysis caused by lesion of the periaquaeductal gray matter. Arch Neurol 41: 437-440

Vanooteghem P, Dehaene I, Casselman J (1992) Combined trochlear nerve palsy and internuclear ophthalmoplegia. Arch Neurol 49: 108-109

Weder B, Meienberg O (1983) Downgaze paralysis due to brainstem infarction. Neuro-ophthalmology 3: 29-35

Computerunterstützte Analyse der Topographie von Hirnstammläsionen

F. Kruggel, B. Conrad

Neurologische Klinik, Klinikum Rechts der Isar, München

Fragestellung

Die Bezeichnung von CCT, MRT und PET als "bildgebende Verfahren" ist insofern unzutreffend, als sie Informationen über Gewebseigenschaften und Strukturen liefern, die weit über die einfache Darstellung als Bild ausgewertet werden können. Eine computerunterstützte Weiterverarbeitung dieser Daten liefert eine Qualitätsverbesserung, eine höhere Anschaulichkeit durch Rekonstruktion in der dritten Dimension und eine Interpretation durch Überlagerung anatomischer Masken. Mit Hilfe dieser Verfahren ist es möglich, exaktere Informationen über die Ausdehnung von Hirnläsionen, ihre geweblichen Eigenschaften, die Art der beteiligten Strukturen sowie ihre Veränderungen mit der Zeit zu erhalten. Ergebnisse dieser Analysen sind quantitative Beschreibungen von Hirnschädigungen nach anatomischen und radiologischen Kriterien, die als verfeinerte Basis zur Untersuchung von Struktur/Funktionsbeziehungen dienen.

Insbesondere im Hirnstamm und in den Stammganglien ist die exakte topographische Zuordnung einer Läsion anhand von Filmmaterial nur schwierig zu leisten. Auf der Basis bekannter anatomischer Atlanten wurde eine dreidimensionale Beschreibung von Hirnstammstrukturen entwickelt, die interaktiv auf den aktuellen Datensatz angepaßt werden kann. Über diese Anpassung erfolgt eine qualifizierte und anatomisch exaktere Analyse des Datenmaterials. Die zugrundeliegende Wissensbasis ist benutzererweiterbar; eine Verfeinerung und Übertragung auf verwandte Problembereiche ist somit möglich (Kruggel und von Einsiedel 1992).

Dieser Artikel gibt einen Überblick über die Möglichkeiten einer computerunterstützten MRT-Analyse und erläutert die hierfür erforderlichen Werkzeuge.

Methodik

Die konventionelle Dokumentation einer radiologischen Untersuchung erfolgt nach der Datengewinnung durch Filterung und Fensterung direkt durch Ausgabe auf einem Film. Zwischen die Untersuchung und die Darstellung kann eine Sequenz von Verarbeitungsprozessen geschoben werden, mit denen spezifische Funktionen auf die Daten angewendet werden. Dieses zur bildlichen Darstellung führende Flußdiagramm wird in der Informationstechnik "Rendering Pipeline" genannt (Abb. 1) und soll in der Folge erläutert werden.

Im Anschluß an die Untersuchung des Patienten werden die gerätespezifischen Rohdaten auf eine Workstation zur Weiterbearbeitung transferiert und dort in ein geräteunabhängiges Datenformat gewandelt. Vor Einspeisung in das Datenbanksystem wird eine Aufarbeitung durchgeführt. Zunächst wird eine Gammakorrektur, eine Fensterung sowie eine Transformation in das stereotaktische Koordinatensystem durchgeführt, wobei die Lage der Commissura anterior und posterior vom Benutzer vorgegeben wird. In diesem Schritt wird zumeist eine dreidimensionale Interpolation der Daten vorgenommen, um ein in allen drei Raumrichtungen homogenes Koordinatensystem zugrunde legen zu können. Diese Interpolation wird im allgemeinen mit einer Tiefpaßilterung der Daten verknüpft, um Treppenartefakte in der späteren Darstellung zu minimieren (Antialiasing). Optional wird eine Rauschfilterung mit einem optimal linearen Filter eingefügt.

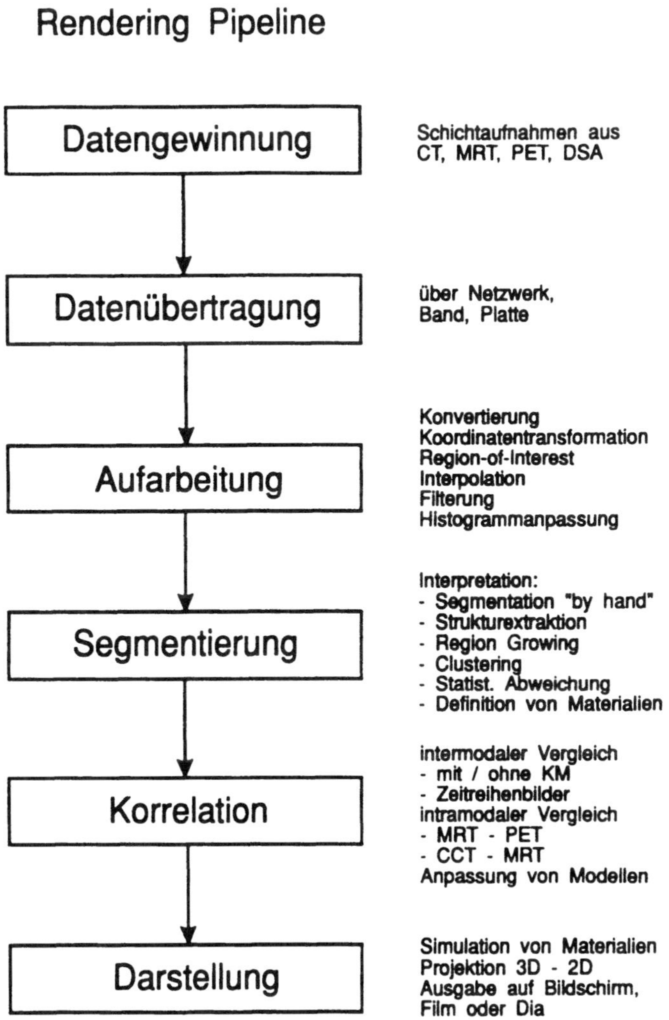

Rendering Pipeline

Datengewinnung	Schichtaufnahmen aus CT, MRT, PET, DSA
Datenübertragung	über Netzwerk, Band, Platte
Aufarbeitung	Konvertierung Koordinatentransformation Region-of-Interest Interpolation Filterung Histogrammanpassung
Segmentierung	Interpretation: - Segmentation "by hand" - Strukturextraktion - Region Growing - Clustering - Statist. Abweichung - Definition von Materialien
Korrelation	intermodaler Vergleich - mit / ohne KM - Zeitreihenbilder intramodaler Vergleich - MRT - PET - CCT - MRT Anpassung von Modellen
Darstellung	Simulation von Materialien Projektion 3D - 2D Ausgabe auf Bildschirm, Film oder Dia

Abb. 1. Schema des Datenflusses von der Untersuchung bis zur Darstellung

Der Segmentierungsschritt dient dazu, interessierende Strukturen im untersuchten Volumen herauszuarbeiten und somit eine Interpretation der Daten vorzunehmen. Ziel einer Segmentation ist die "Erkennung" relevanter Abschnitte vor der Visualisierung. In einem Bildeditor kann mit Hilfe von vektororientierten Zeicheninstrumenten interaktiv eine Markierung (z.B. eines Tumors) oder eine Retusche irrelevanter Bildabschnitte vorgenommen werden. Neben diesen zeitaufwendigen manuellen Verfahren stehen verschiedene Segmentierungsalgorithmen zur Verfügung. Diese Verfahren analysieren entweder morphologische Details oder die lokale Grauwerteverteilung. Hierzu zählen die Kantenextraktion, das "Region Growing" sowie das Clustering. Ziel ist hier eine deutlichere Abtrennung von anatomischen Strukturen wie z.B. den Stammganglien oder einer infarzierten Region.

Im optional folgenden Korrelationsschritt kann der vorliegende Datensatz mit anderen Untersuchungen verglichen werden. Hierbei kann es sich sowohl um einen intramodalen Vergleich (z.B. MRT vor und nach Kontrastmittel) wie einen intermodalen Vergleich (z.B. MRT-PET) handeln. Da die eine Koordinatentransformation für PET-Datensätze aufgrund der geringen Raumauflösung nicht ausreichend sicher vorgenommen werden kann, wird hier eine Anpassung des PET-Datenvolumens auf das MRT vorgenommen. Im Bildeditor wird dazu ein Netzgitter über eine MRT-Schicht gelegt; zu einer Untermenge der Gitterpunkte werden äquivalente Punkte im PET-Schnitt manuell identifiziert (Warping). Zwischen den Gitterpunkten wird eine dreidimensionale, lokal-lineare Interpolation des Datensatzes mit der niedrigeren Auflösung (PET) auf den Referenzsatz (MRT) vorgenommen.

In diesem Schritt kann ebenfalls die Anpassung von anatomischen Masken erfolgen. Ausschnitte bekannter anatomischer Atlanten (Schaltenbrand und Wahren 1977) wurden mit einem Scanner erfaßt, die Konturen wesentlicher Strukturen nachgearbeitet und im Vektorformat abgelegt. Die anatomischen Strukturen wurden in konsekutiven Schichten verfolgt und als dreidimensionale Objekte definiert (Triangulation). Ergebnis dieser Arbeiten ist eine Datenbank anatomischer Objekte (z.B. Vestibulariskerne) mit ihrer räumlichen Definition. Hierbei wurde zunächst eine Beschränkung auf den Hirnstamm vorgenommen, da hier die anatomischen Verhältnisse gut bekannt und Variationen gering sind. Die Anpassung an z.B. einen MRT-Datensatz erfolgt mit Hilfe der o.a. Paßpunktmethode für die Konturen des Hirnstamms. Anschließend können beliebige Objekte aus der anatomischen Datenbank ausgewählt werden, die auf das aktuelle Datenvolumen transformiert werden. Die so angepaßten Masken können im Vektorformat zusammen mit dem Datensatz abgespeichert werden. Die logische Trennung von Maske und Originaldaten ermöglicht sowohl spätere Modifikationen wie eine Verrechnung mit Strukturen aus dem oben beschriebenen Segmentierungsschritt.

Die so aufgearbeiteten Daten können anschließend im Bildeditor als zweidimensionale Schnitte quantitativ ausgewertet und in verschiedene Datenformate zur Ausgabe umgewandelt werden. Die Visualisierung von Volumendatensätzen erfolgt durch Projektion des Volumens auf eine zweidimensionale Ebene. Dieser Schritt wird als "Volume Rendering" bezeichnet; von den zahlreichen Verfahren wurden vier verschiedene Algorithmen implementiert (Elvins 1992). Zwei Verfahren, das Grey-Level Gradient Shading und der Marching-Cubes-Algorithmus arbeiten oberflächenorientiert. Ihre Vorteile liegen in der Geschwindigkeit des Bildaufbaus und ihrer geringen Parameteranzahl. Zwei andere Verfahren, das Vbuffer Rendering und der Levoy-Algorithmus, arbeiten volumenorientiert, nutzen die gesamte Information des Datensatzes aus und erlauben, auch inhomogene und semitransparente Oberflächen darzustellen sowie verschiedene Materialien gleichzeitig abzubilden. Nachteile bestehen im relativ hohen Rechenaufwand und der für ein gutes Abbildungsergebnis kritischen Wahl der Abbildungsparameter. Der Levoy-Algorithmus erlaubt als hybrider Renderer zusätzlich die Darstellung von dreidimensionalen vektorbasierten Objekten (Abb. 2).

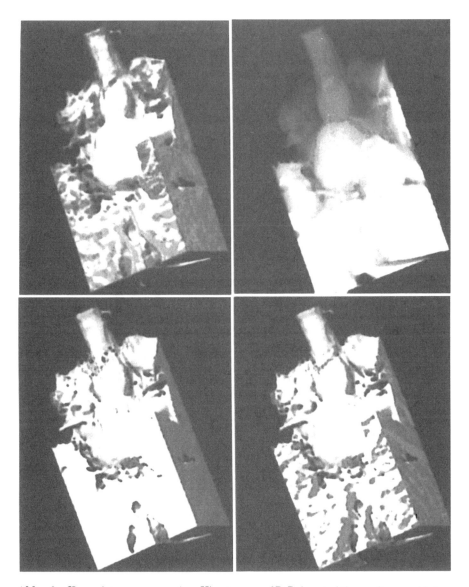

Abb. 2. Kernspintomogramm des Hirnstamms: 3D-Rekonstruktion mit verschiedenen Techniken. Oben links: Grey-Level-Gradient-Shading; oben rechts: Marching-Cubes-Algorithmus; unten links: VBuffer-Algorithmus; unten rechts: Levoy-Algorithmus

Durch dieses Volumen können in beliebigen Raumrichtungen zweidimensionale Schnitte gelegt werden. Im Bildeditor werden dann z.B. Gewebsläsionen nach Ihrer Ausdehnung und Ihren Eigenschaften in Relation zu den betroffenen Hirnstrukturen ausgewertet. Diese Daten laufen automatisch in ein integriertes Tabellenkalkulationsprogramm (Abb. 3), wo sie für eine statistische Weiterverarbeitung zur Verfügung stehen. Alle Auswertungen und Bilder können ebenfalls in der Datenbank patientenorientiert abgelegt werden.

Diskussion

Ziele einer computerunterstützten Analyse von CCT-, MRT- und PET-Daten liegen in der Gewinnung einer höheren Anschaulichkeit und einer anatomischen Interpretation durch Überlagerung von Masken. Eine tiefergehende Materialanalyse wird durch Integration anderer Untersuchungsverfahren und eine Quantifizierung radiologischer Befunde erzielt.

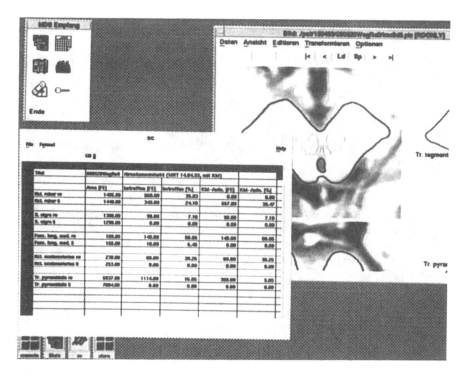

Abb. 3. Ansicht des integrierten Tablellenkalkulationsprogramms zur quantitativen Auswertung von morphometrischen Daten

Die Idee einer Datennachbearbeitung besteht nahezu seit der Entwicklung der radiologischen Verfahren selbst. Mit der Weiterentwicklung der Computertechnik wurden jedoch zahlreiche neue, der Problemstellung besser angepaßte Algorithmen entwickelt (Coatrieux und Barillot 1990; Tiede et al. 1990). Mit dem Preisverfall der heute erhältlichen hochleistungsfähigen Workstations ist es vor kurzer Zeit möglich geworden, diese Verarbeitungsschritte von den datenerzeugenden Geräten unabhängig zu machen und einem breiteren Benutzerkreis zur Verfügung zu stellen. Von den heute erhältlichen geräteunabhängigen Softwarepaketen zur Nachbearbeitung medizinischer Daten sind insbesondere Analyze (Robb 1990), AVS (Upson et al. 1989) und Ape (Dyer 1990) zu nennen. Unter der Bezeichnung Medizinisches Dokumentationssystem (MDS) wurde in unserem Haus ein Softwarepaket entwickelt, in dem nicht nur Texte und numerische Daten, sondern auch Bildmaterial, Sprache und Kurven (z.B. EKG und EEG) gespeichert werden können (Kruggel et al. 1992). Die hier beschriebenen Bildverarbeitungswerkzeuge sind in diesem Paket integriert. Im Vergleich zu den kommerziellen Paketen steht Analyse mit seiner medizinischen Orientierung dem hier beschriebenen MDS am nächsten; es ist dagegen ein geschlossenes System. Die beiden anderen genannten Pakete sind offene, benutzererweiterbare Lösungen, die jedoch ein hohes Maß an Interaktion für diese Form von Analysen bedürfen und nicht auf medizinische Fragestellungen optimiert sind. Das MDS zeichnet sich insbesondere durch die zugrundeliegende Patientendatenbank und die damit verbundene problemorientierte Arbeitsweise aus.

In der Vergangenheit hat es einige Ansätze zur Integration computertomographischer und anatomisch-morphologischer Informationen gegeben (Greitz et al. 1991; Kretschmann et al. 1992; Kosugi et al. 1993). Als Datenbasis dienten hierbei entweder anatomische Atlanten oder Hirnschnitte. Das Problem der Schaffung eines "allgemeingültigen" Atlas ist die interpersonelle Variabilität der Hirnstrukturen, die vom Hirnstamm zum Neocortex zunimmt. In der vorliegenden Arbeit wurde daher bewußt zunächst eine Beschränkung des Atlas auf den Hirnstamm vorgenommen, da hier die Variabilität relativ gering und die Strukturen gut bekannt sind. Zudem sind die klinischen Auswirkungen von Hirnstammschädigungen gut bekannt und dienen somit auch zur Evaluation der Verfahren. Da die Strukturen im Hirnstamm eng gepackt und komplex sind, die tomographischen Verfahren diese Region nur gering auflösen, erscheint gerade hier der Einsatz von nachbearbeitenden Visualisierungsverfahren sinnvoll.

Die Anzahl der auf diese Weise analysierten Patientendatensätze ist noch zu klein, um Angaben über die Allgemeingültigkeit und Validität einer solchen Anpassung zu erlauben. Auch bedarf eine solche Analyse derzeit noch ein hohes Maß an Interaktion und somit einen zu hohen Zeitbedarf, um in der klinischen Routine praktikabel zu sein. Einige Schritte in der Segmentation und der Korrelation scheinen jedoch durch Einsatz "intelligenterer" Verfahren automatisierbar, so daß ein Ablauf der Nachbearbeitungsschritte ohne wesentlichen Benutzereingriff in vielen Fällen möglich erscheint.

Für die explorative Untersuchung ausgesuchter Fälle stellt diese Methode dagegen heute schon ein brauchbares Mittel zur exakteren Korrelation zwischen erlittener Gewebsschädigung und neurologischem Befund dar.

Literatur

Coatrieux JL, Barillot C (1990) A survey of 3D display techniques to render medical data. In: In Höhne KH (ed.) 3D imaging in medicine. NATO ASI Series Vol. F60, Springer Berlin

Dyer DS (1990) A dataflow toolkit for visualization. IEEE Comput Graph Appl 10: 60-69

Elvins TT (1992) A survey of algorithms for volume visualization. Computer Graphics 26: 194-201

Greitz T, Bohm C, Holte S, Eriksson L (1991) A computerized brain atlas: construction, anatomical content, and some applications. J Comp Assist Tomogr 15: 26-38

Kosugi Y, Sase M, Kuwatani H, Kinoshita N, Momose T, Nishikawa J, Watanabe T (1993) Neural network mapping for nonlinear stereotactic normalization of brain mr images. J Comp Assist Tomogr 17: 455-460

Kretschmann HJ, Vogt H, Schutz T, Gerke M, Riedel A, Buhmann C (1992) Dreidimensionale Rekonstruktionen in der Neuroanatomie. Radiologie 31: 481-488

Kruggel F, Gräfin von Einsiedel H (1992) Computer-aided analysis of cranial CT and MRT images. J Neurol 239 Suppl. 3: S42

Robb RA (1990) A software system for interactive and quantitative analysis of biomedical mages. In: Höhne KH (ed.) 3D imaging in medicine. NATO ASI Series Vol. F60, Springer Berlin

Schaltenbrand G, Wahren W (1977) Atlas for stereotaxy of the human brain. Thieme Stuttgart

Tiede U, Höhne KH, Bomans M, Pommert A, Riemer M, Wiebecke G (1990) Investigation of medical 3D-rendering algorithms. IEEE Comput Graph Appl 10: 41-53

Upson C, Faulhaber T, Kamins D, Laidlaw D, Schlegel D, Vroom J, Gurwitz R, van Dam A (1989) The application visualization system: a computational environment for scientific visualization. IEEE Comput Graph Appl 9: 30-42

Kernspintomographische Darstellung des Tractus/Nucleus spinalis nervi trigemini bei postzosterischer Neuralgie

R. Harvarik[1], D. Schwandt[1], C. Fünsterer[2], A. Müller-Jensen[1]

[1]Allgemeines Krankenhaus Altona, Neurologische Abteilung, [2]Röntgenpraxis, Dres.Pressler&Fünsterer, Hamburg-Altona

Bei den Zosterinfektionen des N. trigeminus ist die Beteiligung seiner Hirnstammbahnen und -kerne histopathologisch, sogar mit lokalem Nachweis von Varizella-Zoster-Virus-Antigen (Rosenblum 1989), bzw. -DNA (Schmidbauer et al. 1992) belegt. Nachfolgend wird kernspintomograpisch erstmals die Beteiligung des Nucleus/Tractus spinalis nervi trigemini bei einem Fall von frischer postzosterischer Neuralgie gezeigt.

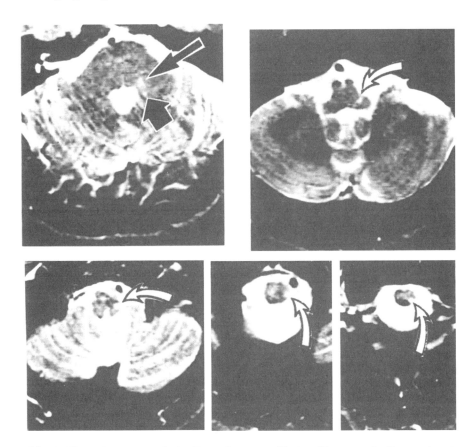

Abb. 1. Kernspintomographische Darstellung des Nucleus/Tractus spinalis n. trigemini (offene Pfeile), der pontinen Trigeminuskerne (langer Pfeil), des Nucleus mesencephalicus (kurzer Pfeil) in T2-Gewichtung.

Kasuistik

76-jähriger Patient ohne Immun- oder Systemerkrankung. Sechs Wochen nach Zoster im 1.und 2. Trigeminusast links stationäre Aufnahme wegen postzosterischer Neuralgie. Im Liquor Schrankenstörung ohne autochthone IgG-Produktion. Elektroneurographisch Blinkreflex beidseits mit regelrechter R1- und R2-, bzw. R 2' - Latenz. Cerebrale Kernspintomographie 7 Wochen nach Krankheitsbeginn (4 mm-Schnitte): in T-2-Gewichtung Hyperintensität im gesamten Verlauf des linken Tractus/Nucleus spinalis n. trigemini (Abbildung). Einmalig im Schnitt durch den oberen Pons geringere Hyperintensität in Projektion auf das pontine Kerngebiet des N. trigeminus und den Nucleus mesencephalicus links.

Bei NMR-Kontrolle drei Monate später nur noch geringe Hyperintensität in T2-Gewichtung in Projektion auf den Tractus/Nucleus spinalis n. trigemini. Liquor jetzt normal. Bei geringen Schmerzen kein Analgetikabedarf.

Diskussion

Wir zeigen bei einer frischen postzosterischen Neuralgie des N. trigeminus kernspintomographisch in Projektion auf den Tractus bzw. Nucleus spinalis nervi trigemini in T2-Gewichtung eine Verlängerung der Signalantwort. Diese werten wir als Ausdruck entzündlicher Veränderungen. Da der kernspintomographische Befund sich zusammen mit den klinischen Beschwerden und der Liquorschrankenstörung zurückbildete, kann die nachgewiesene Signalveränderung des Tractus/Nucleus spinalis n.trigemini durchaus in ursächlichem Zusammenhang mit der Genese der post zosterischen Neuralgie stehen.

Elektrophysiologisch blieb die R2-Antwort des Orbicularis-Oculi-Reflexes (OOR) trotz der kernspintomographisch nachweisbaren Veränderung im Verlauf des Tractus spinalis N.trigemini normal. Dies zeigt, daß der kernspintomographische Befund nicht einer Unterbrechung der Reflexbahn entspricht. Ross et al.(1992) zeigen einen regelrechtem OOR bei einem kernspintomographisch nachgewiesen asymptomatischen Multiple-Sklerose-Plaque im selben Gebiet. Wir meinen, daß die Kernspintomographie bei der Zostererkrankung die Beteiligung zentraler Bahnen darstellen kann und so einen Beitrag leistet zum Verständnis der Erkrankung und ihrer Folgen.

Literatur

Rosenblum MC (1989) Bulbar encephalitis complicating trigeminal zoster in the acquired immune deficiency syndrome. Human Pathology 20: 292-95

Ross MA et al. (1992) Normal conduction in pathways traversing an asymptomatic multiple sclerosis plaque. Electroencephalography and Clin Neurophysiol 85: 42-45

Schmidbauer M et al. (1992) Presence, distribution and spread of productive varicella zoster virus infection in nervous tissues. Brain 115: 383-398

Dreidimensionale Analyse des vestibulookulären Reflexes bei Patienten mit vestibulären Läsionen

M. Fetter, D. Sievering, F. Sievering, D. Tweed, E. Koenig

Neurologische Universitätsklinik Tübingen

Fragestellung

Der vestibulookuläre Reflex (VOR) dient der Stabilisierung des Netzhautbildes bei beliebigen Kopfbewegungen. Für eine optimale Bildstabilisierung sollte die Augengeschwindigkeit in Gegenrichtung der Kopfgeschwindigkeit genau entsprechen, unabhängig von der Bewegungsrichtung des Kopfes. Durch herkömmliche Methoden (Drehstuhlanlage mit erdvertikaler Drehachse; Kalorisation) und Ableitung der Augenbewegungen mit Elektrookulographie werden überwiegend nur die horizontalen Bogengänge untersucht. Durch den Einsatz einer dreidimensionalen (3-D) Drehstuhlanlage und 3-D magnetischen Search-Coil- Registrierungen (Robinson 1963; Collewijn et al. 1975) der Augenbewegungen wurde es nun erstmals möglich, den VOR in allen Freiheitsgraden bei Normalpersonen und Patienten mit verschiedenen periphervestibulären Läsionen zu untersuchen. In dieser Arbeit soll exemplarisch die Anwendung dieser Technik bei Patienten mit vestibulären Läsionen dargestellt werden.

Methodik

Sechs gesunde Versuchspersonen und fünf Patienten mit verschiedenen periphervestibulären Läsionen wurden im Dunkeln sinusförmig mit 0.3 Hz und 41.2 Grad/s Maximalgeschwindigkeit um die körpervertikale, nasookzipitale und interaurale Achse sowie in den vertikalen Bogengangsebenen (Kopf jeweils 45° nach rechts bzw. links gedreht) rotiert. Rotationen erfolgten um die erdvertikale Achse (horizontaler VOR) und um eine erdhorizontale Achse (vertikaler und torsionaler VOR). Zusätzlich wurde einer der Patienten (mit benignem paroxysmalen Lagerungsschwindel (BPPV)) in der betroffenen vertikalen Bogengangsebene mit einer Beschleunigung von $160°/s^2$ aus der aufrechten Haltung in eine 30° Kopfhängelage gekippt.

Zur Beschreibung der Reflexantwort wurde aus dreidimensionalen Search-Coil-Spannungen die torsionale, vertikale und horizontale Komponente der Winkelgeschwindigkeit des linken Auges errechnet (Tweed et al. 1990) und jeweils für positive und negative Drehrichtung die maximalen Reizantworten über einen Zeitraum von 20 s gemittelt.

Ergebnisse

Normalpersonen

Zunächst wurden die maximalen Augengeschwindigkeitsvektoren der sechs gesunden Normalpersonen bei Kopfrotationen um die vertikale (horizontaler VOR), interaurale (vertikaler VOR) und nasookzipitale (torsionaler VOR) Drehachse sowie in den beiden vertikalen Bogengangsebenen berechnet. Die durchschnittliche torsionale Reizantwort ist am kleinsten mit einem Gain von 0,3, während der vertikale und horizontale Gain jeweils etwa 0,7 beträgt. Die gemittelten Daten der Normalpersonen werden als Vergleich bei der Darstellung der Patientendaten herangezogen.

Patienten

In Abbildung 1 sind die Daten eines 45-jährigen Patienten mit akutem Labyrinthausfall links gezeigt. Er erkrankte 11 Tage vor der Untersuchung akut mit Drehschwindel sowie Stand- und Gangataxie, kalorisch war das linke Labyrinth nicht erregbar.

In der Abbildung stellt jeder Datenpunkt die Spitze eines Geschwindigkeitsvektors dar, dessen Länge die Geschwindigkeit und dessen Position die Orientierung der Drehachse des Auges angibt. Die Daten des Patienten (Dreiecke) zeigen einen Spontannystagmus (Mittelpunkt der Datenkreuze) mit einer horizontalen (langsame Phase nach links), vertikalen (nach unten) und torsionalen (Gegenuhrzeigersinn) Komponente. Passend zu einer linksseitigen Läsion ist der horizontale VOR bei Drehung nach links und der torsionale VOR bei Drehung im Gegenuhrzeigersinn (Rollen zum kranken Ohr) vermindert, während der vertikale VOR annähernd symmetrisch ist. Die Stimulation in den vertikalen Bogengangsebenen zeigt darüberhinaus eine ausgeprägte Asymmetrie mit jeweils geringerer Antwort bei Stimulation der linksseitigen vertikalen Bogengänge, so daß hier ein Betroffensein aller linksseitigen Bogengänge anzunehmen ist.

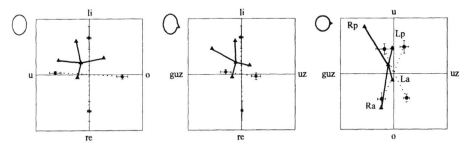

Abb. 1. Durchschitt und Standardabweichungen der Augengeschwindigkeiten der Normalpersonen sowie Daten eines Patienten mit Labyrinthausfall links (Dreiecke) für den horizontalen (Ordinate) und vertikalen VOR (Abszisse) (linke Abbildung), für den torsionalen VOR (Abszisse) (mittlere Abbildung) und für die Reizantworten in den vertikalen Bogengangsebenen (rechte Abbildung) (u= unten, o= oben, re= rechts, li= links, uz= Uhrzeigersinn, guz = Gegenuhrzeigersinn, Rp/Ra= rechter hinterer/ vorderer Bogengang, Lp/La= linker hinterer/vorderer Bogengang; Länge der Achsenabschnitte = maximale Kopfgeschwindigkeit von 41,2°/s).

Völlig andere Muster fanden sich bei den anderen Patienten, so zeigte eine 26-jährige Patientin mit progredientem idiopathischem bilateralem Vestibularisausfall (gekennzeichnet durch seit sechs Jahren zunehmende Oszillopsien und beidseits kalorisch nicht erregbaren Labyrinthen) keinen Spontannystagmus und einen symmetrisch in alle Richtungen reduzierten VOR entsprechend einer symmetrischen, bilateralen Vestibularisschädigung.

Bei einer 49-jährigen Patientin mit Morbus Menière des rechten Ohres seit ihrem 30. Lebensjahr und einem rechts kalorisch nicht erregbaren Labyrinth fand sich ein diskreter Spontannystagmus mit langsamer Phase nach rechts und oben. Passend zu einer rechtsseitigen Läsion war der horizontale VOR bei Drehung nach rechts vermindert. Der vertikale und torsionale VOR waren dagegen annähernd symmetrisch, so daß bei dieser Patientin nur der rechte horizontale Bogengang betroffen zu sein schien.

Bei einem 60-jährigen Patienten mit Ausfall des rechten Labyrinthes vor 14 Jahren wegen eines Akustikusneurinoms mit fehlender kalorischer Erregbarkeit des rechten Labyrinthes fand sich ein normaler 3-D VOR trotz Fehlen eines Vestibularorganes.

Abbildung 2 zeigt die Daten eines 26-jährigen Patienten mit benignem paroxysmalen Lagerungsschwindel bei Lagerung auf das rechte Ohr. Er hatte einen weitgehend normalen 3-D VOR (bis auf einen auffällig großen torsionalen Gain). Bei Lagerung auf das rechte Ohr kam es mit kurzer Latenz zu einem Nystagmus, der sowohl eine horizontale, als auch vertikale und torsionale Komponente aufwies. Die 3-D Darstellung der maximalen Anwort (Sekunde 5-8) des Lagerungsnystagmus zeigt, daß die verschiedenen Nystagmuskomponenten sehr genau der Drehrichtung entsprechen, die man von einer isolierten Stimulation des rechten hinteren Bogenganges erwarten würde (erwartete Drehrichtungen entnommen aus anatomischen Daten zur Lage der Bogengänge im Kopf; Blanks et al. 1975).

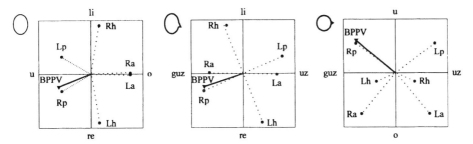

Abb. 2. In gleicher Ansicht wie in Abbildung 1 Orientierungen der sechs Bogengänge sowie die durchschnittliche Drehrichtung des Nystagmus eines Patienten mit benignem paroxysmalen Lagerungsschwindel (BPPV; Dreieck) (Lh/Rh= linker/rechter horizontaler Bogengang, ansonsten Abkürzungen wie in Abbildung 1)

518

Konklusion

Die vorgestellte 3-D Analyse des vestibulookulären Reflexes erlaubt eine genauere Eingrenzung der betroffenen Bogengänge bei Patienten mit akuten vestibulären Läsionen basierend auf der Richtung des Spontannystagmus und Asymmetrien bei der Stimulation in den Bogengangsebenen. Beim benignen paroxysmalen Lagerungsschwindel ist eine Zuordnung zum verursachenden Bogengang möglich.

Bei kompensierten einseitigen Labyrinthausfällen sind diese Asymmetrien bei der angewandten Stimulationstechnik nicht mehr zu finden (hier sind höhere Reizgeschwindigkeiten erforderlich).

Literatur

Blanks RHI, Curthoys IS, Markham CH (1975) Planar relationships of semicircular canals in man. Acta Otolaryngol 80: 185-196

Collewijn H, Van der Mark F, Jansen TC (1975) Precise recording of human eye movements. Vision Res 15: 447-450

Robinson DA (1963) A method of measuring eye movement using a scleral search coil in a magnetic field. IEEE Trans Bio-Med Electron BME 10: 137-145

Robinson DA (1982) The use of matrices in analyzing the three-dimensional behavior of the vestibulo-ocular reflex. Biol Cybern 46: 53-66

Tweed D, Cadera W, Vilis T (1990) Computing three-dimensional eye position quaternions and eye velocity from search coil signals. Vision Res 30: 97-110

Vergleich von exteroceptiven Suppressionsperioden der Temporalismuskelaktivität und Blinkreflex bei MS-Patienten mit Hirnstammläsionen

H. Albrecht, W. Pöllmann, N. König

Marianne-Strauss-Klinik, Berg-Kempfenhausen

Fragestellung

Der Blinkreflex (Orbicularis-oculi-Reflex) ist ein etabliertes neurophysiologisches Verfahren zum Nachweis von Leitungsstörungen in der Ponsregion sowie im medullären Kerngebiet des N. trigeminus (Kimura 1970; Dengler und Struppler 1981).

Die späte (ES2) exteroceptive Suppressionsperiode der Temporalismuskelaktivität findet in den letzten Jahren vor allem hinsichtlich ihres Stellenwerts für die Kopfschmerz-Klassifizierung Beachtung (Göbel 1992). Die mutmaßlichen Reflexwege (Ongerboer de Visser 1983; Göbel 1992) lassen die Beurteilung pontiner Leitungsstörungen durch die bisher wenig berücksichtigte frühe silent period (ES1) erwarten.

Die vorliegende Untersuchung sollte zur Klärung der Frage beitragen, ob bei klinischem Verdacht auf Hirnstammläsionen im Vergleich zur alleinigen Ableitung des Blinkreflexes zusätzliche Informationen durch die Ableitung der exteroceptiven Suppressionsperioden der Temporalisaktivität gewonnen werden können.

Methodik

29 Patienten (12m, 17w) mit klinisch eindeutiger (n=23) bzw. wahrscheinlicher (n=6) Multipler Sklerose [Durchschnittsalter 45,9 (26-69), mittlere Krankheitsdauer 14,8 (3-39) Jahre, durchschnittlicher Behinderungsgrad nach der Kurtzke-EDSS-Skala von 5,6 (2,0-8,0)] wurden untersucht. Bei 20 Patienten bestand ein chronisch-progredienter, bei den übrigen ein schubförmig-remittierender Krankheitsverlauf. 21 Patienten zeigten neuroophthalmologische Hinweise auf ein- oder beidseitige pontine Läsionen (internucleäre Ophthalmoplegie, horizontale Blickparese, dissoziierter horizontaler Blickrichtungsnystagnus, nucleäre Abducensparese) bzw. auf einen Fixationspendelnystagmus. 4 Patienten hatten Sensibilitätsstörungen im Trigeminus-bereich, 3 mutmaßlich symptomatische Trigeminusneuralgien. Facialisparesen waren bei 3, zusätzliche tonische Hirnstammanfälle bei 1 Patient auffällig. Kernspintomographisch zeigten 10 Patienten pontine oder sonstige Hirnstammherde, 6 ein im Bereich des Hirnstamms unauffälliges MRT. Von 3 Patienten lagen keine kernspintomographischen Untersuchungen vor.

Bei allen Patienten wurden jeweils beiderseits Blinkreflex und exteroceptive Suppressionsperioden (ES1 und ES2) abgeleitet.

Blinkreflex: Seitengetrennte Stimulation mit Oberflächen-Filzelektroden über dem supraorbitalen Trigeminusast, Reizdauer 0,1 ms, Reizstromstärke 35-45 mA,

Triggerung manuell mit mindestens 5 Sekunden Pause zwischen den Stimuli, simultane Ableitung (Silber-Silberchlorid-Napfelektroden) bds. über dem infraorbitalen Anteil des M.orbicularis oculi, Referenz am Nasenrücken, Filter 10 Hz und 2 kHz, Zeitachse 100 ms (10 ms/div.), Empfindlichkeit 400 μV/div., Superposition von 10 Durchgängen mit Bestimmung der jeweils kürzesten Latenzen für ipsilaterale frühe (R1) und späte (R2) sowie contralaterale späte (R2') Reflexantwort.

ES1/ES2: Seitengetrennte Stimulation simultan an Ober- und Unterlippe mit Oberflächen-Filzelektroden während maximaler aktiver Innervation der Kaumuskulatur, Reizdauer 0,1 ms, Reizstromstärke 20 mA, Triggerung manuell mit mindestens 10 Sekunden Pause zwischen den Stimuli, simultane Ableitung (Silber-Silberchlorid-Napfelektroden) bds. über den Temporalmuskeln, Skalp-Referenz über C'z, Filter 10 Hz und 3 kHz, Zeitachse 200 ms (20 ms/div., predelay 40 ms), Empfindlichkeit 200 μV/div., Superposition von 10 Durchgängen mit Bestimmung der kürzesten Latenzen für die frühe (ES1) und die späte (ES2) Suppressionsphase (= Minderung der Summen-EMG-Aktivität um mindestens 90 % bei visueller Auswertung).

Ergebnisse

Bei 16 Patienten (= ca. 55 %) fand sich eine komplette Übereinstimmung der Ergebnisse von Blinkreflex und ES1, bei den restlichen 13 Fällen gelang durch die Bestimmung der frühen exteroceptiven Suppressionsperioden der Temporalismuskelaktivität der Nachweis pontiner Leitungsstörungen, die bei der Blinkreflexableitung auf derselben Seite nicht auffällig waren (normale R1-Antwort): in 5 dieser Untersuchungen konnte bei pathologischem Blinkreflex auf einer Seite eine zusätzliche Läsion auf der Gegenseite durch eine ES1-Verzögerung nachgewiesen werden, bei den restlichen Patienten konnte bei beiderseits normaler R1-Komponente im Blinkreflex durch die Ableitung der ES1 eine uni- (n=2) bzw. bilaterale (n=6) Ponsläsion nachgewiesen werden. 3 dieser im Blinkreflex nicht auffälligen bilateralen und 3 der durch die ES1-Ableitung zusätzlich diagnostizierten unilateralen Ponsläsionen waren auch kernspintomographisch nicht nachweisbar.

Bei den Patienten mit normaler ES1 war in jedem Fall auch die R1-Antwort derselben Seite unauffällig, in den Fällen mit verzögert auftretender R1-Komponente fand sich regelmäßig auch eine entsprechend pathologische ES1.

Konklusion

Die gefundenen Resultate weisen auf eine wahrscheinlich größere Sensitivität der ES1-Bestimmung bei pontinen Läsionen im Vergleich zur Blinkreflex-Untersuchung hin. Somit ist die Ableitung der frühen exteroceptiven Suppressionsperioden der Temporalismuskelaktivität zumindest als eine sinnvolle Ergänzung der neurophysiologischen Hirnstammdiagnostik anzusehen. Insbesondere der im Gegensatz zum Orbicularis-oculi-Reflex (N. Trigeminus + N. Facialis) rein trigemino-trigeminal verlaufende Reflexbogen (Ongerboer de Visser 1983; Göbel 1992) erlaubt weitere diagnostische Differenzierungen (insbesondere z.B. bei gleichzeitigem Vorliegen von pontinen Läsionen und Facialisparesen).

Literatur

Dengler R, Struppler A (1981) Beurteilung der Lokalisation und Ausdehnung von Hirnstamm-affektionen mit Hilfe des Orbicularis-oculi-Reflexes. Z EEG-EMG 12: 50-55

Göbel H (1992) Schmerzmessung: Theorie, Methodik, Anwendungen bei Kopfschmerz. G.Fischer, Stuttgart

Kimura J (1970) Alteration of the orbicularis oculi reflex by pontine lesions. Study in multiple sclerosis. Arch Neurol 22: 158-161

Ongerboer de Visser BW (1983) Anatomical and Functional Organization of Reflexes Involving the Trigeminal System in Man: Jaw Reflex, Blink Reflex, Corneal Reflex, and Exteroceptive Suppression. Adv Neurol 39: 851-853

Intraoperative Identifikation und Überwachung von Kerngebieten des Hirnstamms durch direkte elektrische Stimulation

C. Strauss, J. Romstöck, O. Ganslandt, C. Nimsky, R. Fahlbusch

Neurochirurgische Klinik der Universität Erlangen-Nürnberg

Fragestellung

Die zuverlässige intraoperative Identifizierung von Kerngebieten des Hirnstamms könnte bei intramedullären Prozessen zu einer Erweiterung der operativen Möglichkeiten beitragen. Operationen bei raumfordernden Prozessen im Hirnstamm können durch die Konzentration von Bahnensystemen und Kerngebieten in ihrem Ausmaß limitiert sein (Epstein 1988; Heffez 1990). Die guten funktionellen Ergebnisse bei cavernösen Hämangiomen des Hirnstamms zeigen, daß trotz der Konzentration von Bahnen und Kerngebieten abgegrenzte Prozesse ohne zusätzliche Defizite entfernt werden können (Fahlbusch 1991; Weil 1990).

Voraussetzung für die sich an anatomischen Gegebenheiten orientierende Operation ist zunächst die Identifizierung oberflächlich gelegener funktionell wichtiger nervaler Strukturen vor Beginn der Dissektion im Hirnstamm. Man muß davon ausgehen, daß zwischen der Oberfläche des Hirnstamms und der eigentlichen Läsion gerade bei cavernösen Hämangiomen intaktes und funktionell wichtiges Hirnstammgewebe liegt. Für den traditionellen Zugang zu Pons und Medulla oblongata über den IV. Ventrikel bedeutet dies die Lokalisierung von Kernen und Bahnen der Optomotorik und der motorischen Hirnnerven. Unter der Oberfläche liegen unter der Fossa rhomboidea die Kerngebiete für den Nervus hypoglossus (0,5 -2,6 mm) und den Nervus facialis (4-5 mm) sowie die Fasern des N. facialis, weiterhin die optomotorischen Kerne und Bahnen des Nervus abducens und des Fasciculus longitudinalis medialis (0,25 mm) (Matsushima 1982).

Anatomische Landmarken der Fossa rhomboidea - Striae medullares, Colliculus facialis, Trigonum hypoglossii - variieren bereits unter normalen Verhältnissen um bis zu 6 Millimeter (Lang 1991). Dies gilt umso mehr unter den Bedingungen eines raumfordernden Prozesses im Hirnstamm (Fahlbusch 1991). Sie können daher für die Identifizierung von Kerngebieten und Bahnen nicht von Nutzen sein.

In dieser Arbeit wird ein an unserer Klinik entwickeltes elektrisches Stimulationsverfahren vorgestellt, das speziell für die intraoperative Lokalisierung motorischer Hirnnervenkerne und Bahnen in der Rautengrube bei raumfordernden Prozessen im Hirnstamm (Strauss 1993) konzipiert ist.

Methodik

Seit Juli 1990 haben wir eine Serie von 16 Patienten mit dem neuen Verfahren intraoperativ untersucht. Bei 7 Patienten handelte es sich um Raumforderungen im Hirnstamm, vorwiegend cavernöse Hämangiome. 9 Patienten wurden wegen Raumforderungen am Hirnstamm operiert mit Beteiligung des IV. Ventrikels.

Ziel der Untersuchung war die Identifikation des Colliculus facialis mit den peripheren N. facialis-Fasern und dem Nucleus N. abducentis sowie des Trigonum hypoglossii als oberflächlichste motorische Areale vor Beginn der Dissektion im Hirnstamm.

Nach Freilegung des IV. Ventrikels über eine suboccipitale Trepanation der hinteren Schädelgrube wurden die Stimulationelektroden auf dem Ependym der Fossa rhomboidea plaziert. Die Ableiteelektroden wurden beidseits im Musculus orbicularis oris und oculi sowie im M. genioglossus und für den M. rectus lateralis in Bereich der lateralen Periorbita plaziert. Das EMG wurde, getriggert durch die elektrische Stimulation mehrkanalig, simultan und beidseits abgeleitet. Wir führten sowohl bipolare als auch monopolare Stimulationen durch unter Verwendung von Konstantstrom- und Konstantspannungs - Technik. Hierbei wurden maximal 2 mA bzw. 1V appliziert bei einer Reizdauer von 100 bis 400 ms und einer Stimulationsfrequenz von maximal 10 Hz. Nebenwirkungen der Stimulation insbesondere von Seiten des sympathischen oder parasympathischen Systems traten nicht auf. Die Operationen wurden unter totaler intravenöser Anästhesie (TIVA) durchgeführt unter Verwendung von Alfentanil und Propofol. Muskelrelaxierende Substanzen und Inhalationsnarkotika kamen außer bei Narkoseeinleitung nicht zum Einsatz.

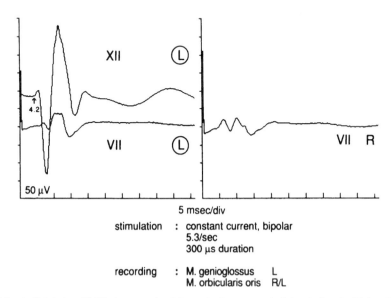

Abb. 1. Selektive EMG-Antwort im M. genioglossus nach Stimulation in Höhe des Trigonum hypoglossii bei einem Pat. mit einem Lymphom im Bereich der Rautengrube.

Ergebnisse

Bei allen Patienten konnten selektive EMG-Antworten nach Stimulation über dem Colliculus facialis und dem Trigonum hypoglossii abgeleitet werden. Lediglich bei einem Patienten mit einer spontanen Ponsblutung konnte auf der Seite der Läsion entsprechend den neurologischen Ausfällen kein Stimulationseffekt erreicht werden. Bei allen anderen Patienten konnten selektive EMG-Antworten sowohl auf der Seite der Läsion als auch kontralateral abgeleitet werden. Die Reizantworten waren begrenzt auf die Seite und den Ort der Stimulation (Abb. 1). Die elektrische Reizung in Höhe des Colliculus facialis hatte eine selektive EMG-Antwort der ipsilateralen vom N. facialis innervierten Muskulatur und des entsprechenden M.rectus lateralis zur Folge. Zunächst wurde unter kontinuierlicher Stimulation die Stimulationselektrode über die Oberfläche des IV. Ventrikels geführt vom Obex cranialwärts in Richtung Aquäduct bis sich im EMG in den Mm. orbiculares oris und oculi eine motorische Antwort ableiten ließ. Anschließend wurde die Stimulationsstärke auf die motorische Schwelle abgesenkt und so der Colliculus facialis identifiziert. Das gleiche wurde anschließend auf der Gegenseite vorgenommen zum Seitenvergleich und zur Beurteilung des raumfordernden Effektes. Das Trigonum hypoglossii wurde mit der gleichen Technik identifiziert (Abb. 1). Entsprechend den Ergebnissen des "mapping" wurde die Dissektion in den Hirnstamm variiert. So wurde bei 3 Patienten mit pontinen cavernösen Hämangiomen die Incision in den Hirnstamm nicht im Bereich der maximalen Vorwölbung vorgenommen sondern um mehrere Millimeter variiert. Dies führte zu einer Schonung des Colliculus facialis mit Erhalt der darunterliegenden Fasern des N. facialis und der entsprechenden optomotorischen Strukturen bei vollständiger Entfernung des Cavernoms.

Bei den Patienten mit neoplastischen Läsionen und invasivem Wachstum in die oberflächlichen Schichten des Hirnstamms konnte durch eine Lokalisierung der motorischen und optomotorischen Strukturen außerhalb des Areals der Infiltration eine vollständige Entfernung des Tumors im Bereich des IV. Ventrikels erreicht werden.

Während der Tumordissektion wurde die Funktion der motorischen Strukturen durch intermittierende elektrische Stimulation überwacht. Bei den letzten 7 Fällen führten wir während der Tumorentfernung zusätzlich EMG-Ableitungen im Sinne eines kontinuierlichen Monitoring durch. Dabei fiel auf, daß sowohl mechanische Dissektion als auch der Einsatz der bipolaren Diathermie eine erhöhte Entladungsfrequenz im EMG zur Folge hatte. Die EMG-Aktivität normalisierte sich in der Regel nach Beendigung der Manipulation, persistierte jedoch gelegentlich über mehrere Sekunden. Bei 3 Patienten mit wiederholt auftretender erhöhter Aktivität im EMG während der Dissektion kam es postoperativ zu transienten Paresen des N. facialis und des N. hypoglossus.

Konklusion

Die intraoperative elektrische Stimulation im IV. Ventrikel hat sich bei einer Serie von 16 Patienten während Operationen im Hirnstamm als eine hilfreiche, sichere und schnelle Methode zur Lokalisierung oberflächlicher gelegener motorischer Kerne und Bahnen erwiesen (Fahlbusch 1991, Strauss 1993).

Für das Mapping der Hirnstammoberfläche hat sich dabei folgendes Vorgehen bewährt: Zunächst wird mit kontinuierlicher supramaximaler Stimulation die Oberfläche mit der Stimulationssonde abgetastet. Im Bereich der maximalen EMG-Amplituden wird eine schrittweise Absenkung der Reizintensität vorgenommen bis zum Erreichen der motorischen Schwelle. In unmittelbarer Nähe der stimulierten Struktur findet sich regelhaft die niedrigste motorische Schwelle. Mit zunehmender räumlicher Entfernung von diesem Areal veringert sich bei gleicher Stimulationsintensität die EMG-Amplitude. Dadurch lassen sich sowohl der Colliculus facialis als auch das Trigonum hypoglossii zuverlässig identifizieren. Die motorischen Effekte der Stimulation sind selektiv und begrenzen sich auf die unmittelbare Umgebung des stimulierten Areals. Eine Stimulation des Colliculus facialis evoziert keine motorische Antwort aus dem M genioglossus. Damit ist eine Stimulation im Bereich der Wurzelaustritte ausgeschlossen. Wahrscheinlich setzt der Effekt im Bereich der Axonhügel des 2. motorischen Motoneurons an. Obwohl keine Nebenwirkungen von Seiten des sympathischen oder parasympathischen Nervensystems beobachtet wurden, begrenzen wir unsere maximale Stimulationsstärke auf 2 mA und Reizfrequenzen, die 10 Hz nicht überschreiten. Die elektrophysiologische Identifikation oberflächlicher motorischer Areale hatte wesentlichen Einfluß auf den operativen Zugang in den Hirnstamm. Die Ergebnisse führten zu einer Modifikation des Zuganges, wenn über der maximalen Raumforderung und Vorwölbung im Boden des Ventrikels der Colliculus facialis lokalisiert werden konnte. Bei keinem Patienten kam es zu postoperativ zu permanenten neurologischen Ausfällen von Seiten des VI. und VII. Hirnnerven. Der operative Zugang in Hirnstamm im Boden der Rautengrube wird allgemein als kritische Phase für die Funktion dieser beiden Hirnnerven angesehen (Heffez 1990; Fahlbusch 1991; Weil 1991).

Auch bei der Operation von Tumoren außerhalb des Hirnstamms und Infiltration oberflächlicher Strukturen im Bereich des IV. Ventrikels hat sich das elektrische Mapping als hilfreich erwiesen. Bei Patienten mit infiltrativ in den Hirnstamm einwachsenden Neoplasien ermöglicht elektrische Stimulation die Lokalisierung des Colliculus und des Trigonum außerhalb des Areals der Infiltration und damit eine radikale Tumorentfernung (Strauss 1993). Die intermittierende Stimulation hat sich als hilfreich für die intraoperative Funktionsüberwachung während der eigentlichen Dissektion im Hirnstamm erwiesen. Dies und die kontinuierliche Ableitung von EMG-Aktivität könnte in Ergänzung zu den konventionellen Monitoringverfahren der evozierten Potentiale (FAEP, SSEP, MEP) zu einer verbesserten intraoperativen Überwachung von Hirnstammfunktionen führen. Diesem ersten Schritt in Richtung Hirnstamm-Mapping muß die Identifikation weiterer motorischer Kerne und Bahnen folgen. Beide Methoden, sowohl die direkte Stimulation als auch die kontinuierliche EMG-Ableitung könnte wesentlich zu einer radikalen funktionserhaltenden Chirurgie von raumfordernden Prozessen im Hirnstamm und infiltrativ wachsenden Tumoren beitragen.

Literatur

Epstein F, Wisoff JH (1988) Intrinsic brainstem tumors in childhood. Surgical indications. J Neurooncol 6: 309-317

Fahlbusch R, Strauss C, Huk W, Röckelein G, Kömpf G, Ruprecht KW (1990) Surgical removal of pontomesencephalic cavernous hemangiomas. Neurosurgery 26: 449-457

526

Fahlbusch R, Strauss C (1991) The surgical significance of brainstem cavernous hemangiomas. Zent Bl Neurochir 52: 25-32

Heffez DS, Zinreich SJ, Long DM (1990) Surgical resection of intrinsic brainstem lesions: An overview. Neurosurgery 27:789-799

Lang J Jr, Ohmachi N, Lang J Sen (1991) Anatomical landmarks of the rhomboid fossa, its length and its width. Acta Neurochir 113: 84-90

Matsushima T, Rhoton Jr AL, Lenkey C (1982) Microsurgery of the fourth ventricle: Part 1. Neurosurgery 11: 631-667

Strauss C, Romstöck J, Nimsky C, Fahlbusch R (1993) Intraoperative identification of motor areas of the rhomboid fossa using direct stimulation. J Neurosurgery 32, in press

Weil SM, Tew Jr JM (1990) Surgical management of brain stem vascular malformations. Acta Neurochir (Wien) 105: 14-23

Unilateraler Masseterspasmus, Eineinhalbsyndrom, periphere Fazialisparese und sensible Trigeminusstörung bei unterem Ponssyndrom

J. R. Rauh, K. Gardill, K.-F. Druschky

Neurologische Klinik, Städtisches Klinikum Karlsruhe

Kasuistik

10 Jahre nach Retrobulbärneuritis links bemerkte eine 30-jährige Frau Schwere- und Pelzigkeitsgefühl des linken Armes, Schwindel, Übelkeit, Gefühllosigkeit und Lähmung der rechten Gesichtshälfte sowie daß sie den Mund nicht mehr richtig öffnen könne, sodaß Sprechen und Nahrungsaufnahme gestört waren.

Im neurologischen Aufnahmebefund waren: Visus links 1/15, Papille abgeblaßt. Konjugierte horizontale Blickparese nach rechts. Internukleäre Ophthalmoplegie rechts mit Parese des M. rectus medialis und Nystagmus des linken Auges bei Abduktion. Hypästhesie und Hyperalgesie im Versorgungsbereich des N. trigeminus rechts. Der Mund kann bei palpabler Daueranspannung des M. masseter rechts nur wenige Millimeter geöffnet werden, die Patientin spricht durch die Zähne. Mittelgradige Fazialisparese aller Äste rechts. Muskeleigenreflexe der Beine linksbetont. Zentral verteilte Hypalgesie des linken Armes und Hypästhesie des linken Beines. Stand- und Gangataxie mit Fallneigung nach links.

Im Liquorbefund bestand eine autochthone IgG-Bildung, die oligoklonalen Banden waren positiv. Lokale Antikörperproduktion gegen Masern- und Varicella-Zoster-Virus . Die Elektromyographie der Masseteren ergab rechts eine tonische Dauerinnervierung. Der elektrisch ausgelöste Kieferöffnungsreflex ergab bei überschwelliger Stimulation links eine gut ausgeprägte frühe und späte Hemmphase links, rechts fehlende Hemmphasen (efferente Störung). Bei Stimulation rechts bestanden beidseits keine Hemmphasen (afferente Störung). Die Werte des elektrisch ausgelösten Blinkreflexes sind in Tabelle 1 angegeben.

Tab. 1. Blinkreflex

Stimulus links:	R_1 8,8msec	R_2 37,8msec	R_{2k} fehlt
Stimulus rechts:	R_1 fehlt	R_2 63,0msec	R_{2k} 50,0msec

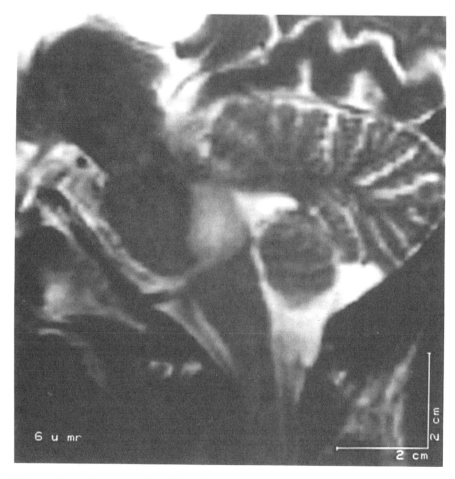

Abb. 1. Kernspintomographie: T2-gewichtete paramediane sagittale Schnittführung (TR: 1980, TE: 66-176), die einen hyperintensen Herd, der die untere Hälfte des rechten pontinen Tegmentums einnimmt, zeigt.

Die Kernspintomographie zeigte multiple periventrikuläre hyperintense Herde. Im rechten unteren pontinen Tegmentum bestand ein hyperintenser Herd (Abb. 1.).

Die Patientin wurde mit Corticosteroiden behandelt, anfangs intravenös hochdosiert. Nach acht Tagen klang der Masseterspasmus ab. Interkurrente hemifaziale Myokymie rechts. 3 Monate später Rückbildung der Symptome bis auf Dysästhesie der Wange, Fazialismundastschwäche rechts, Hypästhesie des linken Unterarmes und -schenkels sowie leichtes Schwanken im Romberg-Versuch. Normalisierung des Blinkreflexes. Mehr als zweifache Erhöhung der Auslöseschwelle des Kieferöffnungsreflexes rechts im Seitenvergleich.

Diskussion

Beim vorgestellten Fall bestanden ein tonischer Masseterspasmus, ein Eineinhalb-syndrom, eine Fazialisparese vom peripheren Typ (Rauh et al. 1993), eine sensible Trigeminusstörung sowie eine zentrale Ataxie als Ausdruck einer unilateralen pontinen Läsion bei Multipler Sklerose. Das Auftreten eines unilateralen tonischen Masseterspasmus wurde, soweit uns zugänglich, seit der Erstbeschreibung bei Pons-tumoren durch Rasdolsky (1935) nicht mehr publiziert. Dagegen wurden Kasuistiken über paroxysmalen, unilateralen Masseterspasmus bei Hemiatrophia facialis, Sclero-dermia circumscripta und aus idiopathischer Ursache veröffentlicht. Bei idiopa-thischen Fällen wurde in Analogie zum Spasmus hemifacialis eine chronische Irri-tation des Nerven durch aberrierende Gefäße diskutiert (Auger et al. 1992).

Im dargestellten Fall wurde das seltene neurologische Symptom des unilateralen Masseterspasmus durch eine Läsion des pontinen Tegmentums verursacht. Eine zu-sätzlich bestehende sensible Trigeminusstörung konnte im elektrisch ausgelösten Kieferöffnungsreflexes (Haßfeld und Meinck 1992) dokumentiert werden.

Literatur

Auger GA, Litchy J, Cascino TL, Ahlskog JE (1992) Hemimasticatory spasm: Clinical and electrophysiological observations. Neurology 42: 2263-2266

Haßfeld S, Meinck HM (1992) Der Kieferöffnungsreflex: Eine neue elektrophysiologische Methode zur objektiven Untersuchung trigeminaler Sensibilitätsstörungen - I. Methodik und Normwerte. Z EEG EMG 23: 184-189

Rasdolsky I (1935) Dorsal-pontines Tumorsyndrom. Z Gesamte Neurol Psychiatr 152: 530-537

Rauh JR, Obhof W, Esser W, Druschky KF (1993) One-and-a-half Syndrome and Facial Palsy of Peripheral Type: A rare Brain-Stem Syndrome. In: Caplan L, Hopf HC (eds) Brain-Stem Localization and Function. Springer Verlag, New York, Berlin, Heidelberg, in Druck

530

Isolierte posttraumatische INO in der neurophysiologischen und kernspintomographischen Diagnostik

C. Strauss, O. Ganslandt, R. Naraghi, W.J. Huk

Neurochirurgische Klinik der Universität Erlangen-Nürnberg

Fragestellung

Eine unilaterale internukleäre Ophthalmoplegie (INO) als einziges Symptom einer traumatischen Hirnstammläsion ist selten. In der Regel tritt die INO bei vaskulären und demyelinisierendenErkrankungen auf, seltener bei Tumoren und als Rarität posttraumatisch, meist gemeinsam mit weiteren Hirnstammsymptomen (Baker 1979; Alexander et al. 1991). Dies erschwert die topographische Diagnostik, sowohl mit der Kernspintomographie, als auch mit neurophysiologischen Verfahren (Atlas et al. 1987). Die folgende Arbeit beschäftigt sich mit der Lokalisation von Hirnstammläsionen mit Hilfe der Kernspintomographie und akustisch evozierter Potentiale.

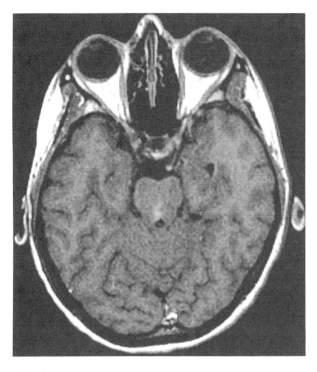

Abb. 1.

Methodik

Bei zwei Fällen mit isolierter internukleärer Ophthalmoplegie nach Schädel-Hirn-Trauma wurde initial bei Aufnahme eine Kernspintomographie durchgeführt und akustisch evozierte Potentiale (BAEP) abgeleitet. Bei einem Fall erfolgte eine zusätzliche audiologische Diagnostik. Verlaufskontrollen mit Wiederholung der Untersuchungen erfolgten in 3, 6, 9, und 12 Monaten.

Ergebnisse

Im Rahmen der Untersuchung konnte mit Hilfe der Kernspintomographie und akustisch evozierter Hirnstammpotentiale (BAEP) jeweils eine kleine Läsion im Bereich des Hirnstamms anatomisch genau lokalisiert werden. Dabei ließ sich im ersten Fall eine Kontusion in Höhe der Colliculi superiores ventral und paramedian rechts des Aquäductus sylvii lokalisieren, im zweiten Fall lag die Läsion in der dorsalem Pons in Höhe des Fasciculus longitudinalis medialis. Eine pathologische Amplitudenminderung und Verlängerung der Interpeaklatenz der Welle I-V, bei Fehlen der Welle III, im Fall 1 konnte klinisch und audiologisch einer Mittelohrschwerhörigkeit bei Hämatotympanon, bzw. einer Läsion im intracisternalen Verlauf des N. VIII zugeordnet werden. Nach Rückbildung des Hämatotympanons normalisierten sich die BAEP-Befunde wieder. Im zweiten Fall waren die Hirnstammpotentiale bei ungestörtem audiologischen Status unauffällig.

Konklusion

An Hand der Befunde wird die Bedeutung der Kernspintomographie als Mittel der Wahl für die Topodiagnostik kleinster Hirnstammläsionen gezeigt. Die Verbindung mit neurophysiologischen Untersuchungsverfahren erlaubt eine zuverlässige topographische Diagnostik (Thömke und Hopf 1992).

Literatur

Alexander JA, Castillo M, Hoffman JC (1991) Magnetic resonance findings in a patient with INO. J Clin Neuro Ophthalmol 11(1): 58-61

Atlas SW, Grossmann RI, Savino PJ et al. (1987) Internuclear ophthalmoplegia: MR - anatomic relation. AJNR 8 (2): 243-247

Baker RS (1979) Internuclear ophthalmoplegia following head injury. J Neurosurg 51: 552-555

Thömke F, Hopf HC (1992) Abduction nystagmus in internuclear ophthalmoplegia. Acta Neurol Scand 86: 365-370

Untersuchungsverfahren zur Bewertung der binauralen Interaktion

W. Haas, J. Knauß

Neurologische Abteilung des Wilhelm-Griesinger-Krankenhauses, Berlin

Fragestellung

Psychoakustische Phänomene des binauralen Hörens stellen eine Widerspiegelung integrativer Hörleistungen dar, die in wesentlichen Teilen ihr Substrat im Verlauf der Hörbahn von der medullären bis zu der dienzephalen Hirnstammebene haben. Diese integrativen Hirnstammfunktionen sind mittels psychophysiologischer Untersuchungsverfahren meßbar zu bewerten.

Methodik

Für drei praktikable psychoakustische Untersuchungsverfahren wurde ein transportables Untersuchungsgerät konstruiert.

1. Mittels Kopfhörer auf beide Ohren applizierte Töne ohne Frequenzdifferenz erzeugen beim Probanden den subjektiven Eindruck eines Tones. Wird zwischen beiden Kopfhörern eine geringe Frequenzdifferenz erzeugt, entsteht der subjektive Eindruck eines pulsierenden Tons. Bei langsamer Erzeugung einer interauralen Frequenzdifferenz wird der Schwellenwert Δf registriert, bei dem der Proband den binauralen Rhythmus wahrnimmt.

2. Die Darbietung binaural zeitgleicher Clicks erzeugt beim Probanden den Höreindruck eines Clicks in der Kopfmitte. Die Erzeugung einer interauralen Zeitdifferenz der Clicks (regelbar 1 - 1000 μs) bewirkt die Wahrnehmung einer Lateralisation des Clicks zur nichtverzögerten Seite. Der Schwellenwert Δt wird als Meßgröße der binauralen Fusion registriert.

3. Wird auf beide Ohren ein Testsignal und ein verdeckendes Rauschen in einem für die Wahrnehmbarkeit des Testsignals kritischen Störabstand appliziert, so verbessert sich die Wahrnehmbarkeit des Testsignals deutlich, wenn es eine interaurale Zeit- oder Phasendifferenz erfährt. Die Mithörschwelle (Masking Level Difference) ist dabei als der Schalldruckpegel eines Testsignals definiert, bei dem dieses gerade noch neben dem verdeckenden Rauschen wahrgenommen wird. Die Binaural Masking Level Difference BMLD entspricht der Differenz der Mithörschwellen eines binaural phasengleich und phasendifferent dargebotenen Signals. Der mit einer Intensität von zunächst 50 dB dargebotene interaural phasengleiche Sinuston ist für den Probanden in einem kohärenten Rauschen von 70 dB deutlich wahrnehmbar. Der Untersucher regelt die Intensität des Testtones langsam bis zur Wahrnehmungsschwelle herab. Dieser Intensitätswert wird notiert (ML 1). Eine plötzliche interaurale Phasenverschiebung des Testtones um 90° oder 180° macht den Testton wieder deutlich wahrnehmbar. Durch weitere Reduzierung der Intensität des Test-

tons wird erneut die Wahrnehmungsschwelle ermittelt (ML 2). Die Differenz beider Werte ist die BMLD. Bei einer schwellenaudiometrisch hörgesunden Probandengruppe (N = 27) wurden die Normwerte der Meßgrößen 1.) binauraler Rhythmus bei 300 Hz und 1000 Hz Grundfrequenz, 2.) binaurale Fusion bei 10 und 15 Hz Clickfrequenz jeweils für die rechte und linke Seite und 3.) BMLD bei 90° und 180° interauraler Phasenverschiebung ermittelt.

Ergebnisse

Wie bei jeder psychophysiologischen Methode ist auch die Aussagekraft der hier vorgestellten Untersuchungsverfahren durch Kriterien der Mitarbeit des Probanden/Patienten limitiert.

Den Problemen der Vigilanz, der Motivation und Mitarbeitsbereitschaft, dem Instruktionsverständnis, sowie der Mnestik und Konzentration sind demzufolge bei der Indikationsstellung, Versuchsdurchführung und -bewertung die adäquate Beachtung zu schenken. In diesem Sinne liegen Handicaps gegenüber der objektiven Einschätzung der binauralen Interaktion durch die Bestimmung der binauralen Interaktionskomponente BIC der BAEP vor, die aber so schlecht quantifizierbar ist, daß sie bislang keinen Eingang in die klinische Diagnostik finden konnte.

Konklusion

Die nichtinvasiv, reproduzierbar und mit relativ geringem Aufwand zu erhaltenen Meßergebnisse psychoakustischer Phänomene ermöglichen über eine Bewertung integrativer Hörbahnfunktionen Rückschlüsse auf die Hirnstammfunktion. Es erscheint möglich, hiermit klinisch latente Hirnstammfunktionsstörungen zu erfassen und im Verlauf zu beobachten.

Die diagnostische Wertigkeit ausgewählter Meßmethoden der binaueralen Interaktion bei Multipler Sklerose

W. Haas, J. Knauß

Neurologische Abteilung des Wilhelm-Griesinger-Krankenhauses, Berlin

Fragestellung

Demyelinisierungsherde im Hirnstamm sind von besonderer Bedeutung für das Ausmaß neurologischer Funktionsausfälle bei Patienten mit Multipler Sklerose. Kenntnisse über sich entwickelnde oder klinisch latente Hirnstammläsionen ermöglichen eine höhere Sicherheit bei Einschätzung der Verlaufsdynamik der Erkrankung und erforderlichen therapeutischen Aktivitäten. Integrative Prozesse innerhalb der zentralen Hörbahn, von der medullo-pontinen bis zur dienzephalen Ebene (Kuwada et. al. 1983, 1984; Moushegian et al. 1975; Sontheimer et al. 1984) sind durch Läsionen, wie z.B. Demyelinisierungsherde, in den beteiligten Strukturen meßbar gestört (Noffsinger 1982). Die binaurale Interaktion ist durch psychophysiologische Verfahren gut beurteilbar. Als Meßmethoden kamen der binaurale Rhythmus (BR), die binaurale Fusion (BF) und die binaural masking level difference (BMLD) zur Anwendung (Haas et al. 1994).

Methodik

Es wurden 42 Patienten mit gesicherter Multipler Sklerose (14 mit; 28 ohne klinische Hirnstammsymptomatik) untersucht und die Ergebnisse mit den Normwerten 27 gesunder Versuchspersonen (VP) verglichen.

Tab. 1. Mittelwerte ($\varnothing$) und Standardabweichungen (σ) der einzelnen Meßgrößen in den einzelnen Gruppen

Meßgröße	GRUPPE 1		GRUPPE 2		GRUPPE 3		GRUPPE 4	
	$\varnothing$	σ	$\varnothing$	σ	$\varnothing$	σ	$\varnothing$	σ
BR1000 in Hz	2,75	0,31	3,05	0,23	3,52	0,85	4,25	1,30
BR300 in Hz	1,16	0,25	1,34	0,31	1,69	0,75	2,55	1,68
BF10L in µs	42,20	11,50	111,41	71,91	459,22	303,63	421,20	304,35
BF10R in µs	41,94	11,48	107,04	74,51	401,11	255,83	494,40	342,34
BF15L in µs	39,10	11,92	98,00	69,75	470,03	319,58	412,32	363,35
BF15R in µs	42,61	12,15	102,05	69,64	407,33	260,16	456,92	378,08
BM180	9,13	1,65	6,97	2,50	2,80	1,89	3,32	2,54
BM90	4,89	1,44	4,02	2,01	1,22	1,21	1,06	1,01

BR1000/300 = Binauraler Rhythmus bei 1000/300 Hz Grundfrequenz
BF10/15L/R = Binaurale Fusion bei 10/15 Hz Klickfrequenz links/rechts lateralisiert
BM180/90 = BMLD bei 180/90 Grad interauraler Phasenverschiebung

Um Einflußgrößen von Seiten der Probanden, die verfälschend auf die Untersuchungsergebnisse einwirken könnten, zu minimieren, wurden Probanden mit Hypakusis > 15 dB, anderen neurologischen Erkrankungen außer MS, hirnorganischer Leistungsminderung, vigilanzmindernder Medikation, verminderter Motivation und Probanden, die älter als 60 Jahre waren von der Teilnahme an der Untersuchungsreihe ausgeschlossen. Die Abweichung der in Tabelle 1 aufgeführten Meßwerte der Patienten von Normalpersonen wurde mit Hilfe des F-Tests und der Diskriminanzanalyse statistisch geprüft.

Ergebnisse

Die Ergebnisse des F-Tests zeigen statistisch signifikante Unterschiede hinsichtlich der einzelnen Meßgrößen zwischen den Gruppen der VP und Gesamtgruppe MS sowie zwischen VP und der Gruppe MS ohne klinisch faßbare Hirnstammsymptomatik. Die Ergebnisse der Diskriminanzanalyse ergaben die Trennung der Gesamtgruppe MS von der Gruppe VP mit einer Sensitivität von 80% und Spezifität von 92% sowie eine Trennung der Gruppe der MS ohne klinische Hirnstammsymptomatik von der Gruppe der VP mit einer Sensitivität von 80%, Spezifität von 81% und Effektivität von 81%.

Konklusion

Das Messen und Bewerten der Binauralen Interaktion mit psychophysiologischen Meßmethoden stellt ein noninvasives und wenig aufwendiges Verfahren zur Beurteilung der Funktionsfähigkeit wichtiger Hirnstammstrukturen dar. Daß aus deutlich erhöhten Meßwerten der Binauralen Interaktion Rückschlüsse auf pathomorphologische Veränderungen im Hirnstamm zu ziehen sind, konnte durch eine sehr hohe Koinzidenz von pathologischen MRT-Befunden und gestörter BI gezeigt werden (van der Poel et al. 1988). Die Kombination mehrerer Meßmethoden der Binauralen Interaktion in dem zur Anwendung gebrachten Methodenset erlaubt den Nachweis auch klinisch latenter Hirnstammläsionen bei Patienten mit MS mit hoher Sensitivität und Spezifität.

Die Methode konkurriert selbstverständlich nicht mit der MRT als überlegener Methode zum Nachweis morphologischer Befunde und Verlaufsdynamik bei MS. Sie stellt vom Ansatz her ein funktionsdiagnostisches Verfahren mit entsprechenden Leistungsparametern dar.

Literatur

Haas W, Knauß J, Diepold F (1994) Untersuchungsverfahren zur Bemerkung der ninauralen Interaktion. Dieser Buchband

Kuwada S et al. (1983/84) Binaural interaction in low-frequency neurons in inferior colliculus of the cat. J Neurophysiol 50: 981-1018; 1306-1324

Noffsinger D (1982) Clinical applications of selected binaural effects. Scand Audiol 15: 157-167

Sontheimer D et al. (1985) Intra- and extracranially recorded auditory evoked potentials in the cat.II. Effects of interaural time and intensity differences. Electroenceph clin Neurophysiol 61: 539-547

van der Poel JC et al. (1988) Sound localization, brainstem auditory evoked potentials and magnetic resonance imaging in multiple sclerosis. Brain 111: 1453-1474

Funktionelle topische Diagnostik der zentralen pontinen Myelinolyse - Befunde von 12 Patienten

H. Menger, H. Johannsen, J. Jörg

Neurologische Klinik Wuppertal

Die zentrale pontine Myelinolyse (ZPM) wurde aus klinischer Sicht bisher fast ausschließlich in kasuistischen Beiträgen dargestellt. Angaben zur Häufigkeit lassen sich deshalb nur umfangreichen pathologischen Untersuchungen entnehmen. Pathologisch-anatomisch sind solitäre Entmarkungsherde in der Brücke die Regel, wobei jedoch auch multiple Herdbildungen, vorwiegend beidseits im lateralen Brückenfuß vorkommen können. Extrapontine Läsionen sind in bis zu einem Drittel der Fälle mit Bevorzugung des Kleinhirns und des Corpus geniculatum laterale beschrieben worden. Ziel unserer Arbeit war die Darstellung eines charakteristischen neurologischen Syndroms, typischer CCT- und kranialer MRT-Befunde sowie wegweisender neurophysiologischer Parameter zur diagnostischen Zuordnung der ZPM unter Berücksichtigung anamnestischer und laborchemischer Daten bei 12 alkoholkranken Patienten.

Tab. 1

Neuroradiologische Befunde

Pat.	CCT	MRT
1	Keine Ponsaffektion	Zentrale Ponsaffektion mit mäßigem KM-Enhancement. Nach 2 Jahren liquorintens ohne KM-Enhancement (Abb. 1a+b).
2	Nicht durchgeführt	Ca. 2 cm große zentrale liquorintense Ponsaffektion ohne KM-Enhancement. Nach 4 Wochen status idem.
3	Keine Ponsaffektion	Fleckförmige zentrale Ponsaffektion mit KM-Enhancement. Nach 3 Jahren status idem ohne KM-Enhancement.
4	Flaue Hypodensität im Pons ohne KM-Anreicherung (Abb. 2a)	Ca. 2,5 x 1 cm große zentrale Ponsaffektion mit peripherem KM-Enhancement (Abb. 2b).
5	Nicht durchgeführt	Zentrale Ponsaffektion ohne KM-Enhancement.
6	Keine Ponsaffektion	Ca. 2 cm große, zentrale Ponsaffektion ohne KM-Enhancement. Li. frontal 8 mm großer signalintenser Herd.
7	Ca. 2,5 cm große hypodense Affektion fronto-basal rechts	Ca. 0,5 cm große zentrale Ponsaffektion ohne KM-Enhancement. Fronto-temporal re. signalintense Marklagerläsion.
8	Nicht durchgeführt	Fleckförmige Ponsaffektion ohne KM-Enhancement
9	Ca. 1 cm große zentrale Hypodensität im Pons. Kleine hypodense Läsion li. Hypothalamus	Ca. 0,5 cm große zentrale Ponsaffektion ohne KM-Enhancement. Signalintenser Herd im Stammganglienbereich li. (Abb. 3a+b)
10	Nicht durchgeführt	Zentrale ausgedehnte Ponsaffektion ohne KM-Enhancement. Ca. 1,5 cm großer signalintenser Herd im Stammganglienbereich re.
11	Nicht durchgeführt	Zentrale Ponsaffektion ohne KM-Enhancement.
12	Keine Ponsaffektion	Zentrale kleine Ponsaffektion ohne KM-Enhancement.

538

Dabei kamen wir zu folgenden Ergebnissen:

1. Klinisch deuten lebhafte bis gesteigerte MDR mit Gangataxie und Pseudobulbär- und/oder Hirnnervensymptomatik sowie Symptomen einer exogenen Psychose bei entsprechender Anamnese auf eine ZPM hin. Gleichzeitige Hinterstrangsymptome und Pyramidenbahnzeichen sind häufigste Hinweise auf eine abgelaufene ZPM.

2. Neuroradiologisch gestattete die kraniale MRT im Gegensatz zur CCT in allen Fällen den Nachweis einer ZPM (Tabelle 1). Supratentorielle extrapontine Myelinolysen ließen sich mit beiden Verfahren nachweisen. Zwischen MRT-morphologischem Ausmaß der Ponsschädigung und dem Schweregrad der klinischen Ausfälle bestand keine Beziehung. Die Ausdehnung der initialen Ponsläsion blieb im Verlauf weitgehend unverändert.

3. Neurophysiologisch sprachen die pathologischen Amplitudenerniedrigungen der Tibialis-Cortex-SEP bei fehlendem Polyneuropathie-Nachweis für eine Affektion des Lemniskus medialis und/oder der Hinterstrangbahnen. Die MEP-Befunde korrelierten mit der klinisch nachweisbaren Pyramidenbahnschädigung vor allem der langen Bahnen. Eine zusätzlich verzögerte zentral-motorische Leitungszeit zu den oberen Extremitäten trat bei den klinisch schwerstbetroffenen Patienten auf. 4 Patienten zeigten pathologische AEP-Befunde unterschiedlicher Ausprägung ohne Korrelation zur Klinik. Insgesamt waren die von uns angesetzten Hirnstammpotentiale zur topischen Zuordnung der ZPM wenig hilfreich.

4. Unsere laborchemischen Ergebnisse lassen aufgrund der klinischen Gemeinsamkeiten der ZPM mit der funikulären Myelose und der neurophysiologisch anzunehmenden Schädigung des Lemniskus medialis und/oder der Hinterstrangbahnen sowie der Pyramidenbahnen einen Zusammenhang zwischen Vitamin B12-Malabsorption und der Entstehung der ZPM - neben anderen Ursachen wie z.B. Elektrolytstörungen - vermuten.

5. Bei neurophysiologisch differenten Befunden und unterschiedlicher Ausdehnung der pontinen Läsion zeigten alle Patienten eine gute Rückbildung der neurologischen Ausfälle trotz MRT-morphologisch weitgehend unverändertem Befund während bis zu fast 5-jähriger klinischer Verlaufsbeobachtung. Die Prognose der ZPM ist somit als günstig sowohl quoad restitutionem als auch quoad vitam einzuschätzen.

Literatur

Gocht A, Colmant HJ (1987) Central pontine and extrapontine myelinolysis: A report of 58 cases. Clinical Neuropathology 6: 262 - 270

Riethdorf L, Warzok R, Schwesinger G (1991): Die Alkoholenzephalopathie im Obduktionsgut. Zentralblatt Pathologie 137: 48 - 56

Menger H, Johannsen H, Schwalen S et al. (1993): Zentrale pontine Myelinolyse - Prognostischer Wandel einer Hirnstammerkrankung. Aktuelle Neurologie in Druck

Hirnnervenausfälle bei Tumorpatienten

A. Urmann[1], E. Wondrusch[1], M. Drlicek[3], P. Hitzenberger[1], W. Kumpan[2],
E. Machacek[2], U. Zifko[1], W. Grisold[1]

[1]Neurologische Abteilung Kaiser Franz Josef Spital, Wien, [2]Zentralröntgeninstitut
und Pathologie Kaiser Franz Josef Spital, Wien, [3]Ludwig Boltzmann Institut für
klinische Neurobiologie Wien

Einleitung

Hirnnervenausfälle bei Patienten mit malignen Tumoren können neoplastische oder
nicht neoplastische Ursachen haben. Zentrale Hirnnervenparesen sind vorwiegend
durch Metastasen oder lokale Tumoreinwirkung verursacht, seltener sind auch nicht
tumorbedingte Begleiterkrankungen anzuführen. Periphere Hirnnervenläsionen
können durch Schädelbasismetastasen, Meningealkarzinosen, lokale Weichteilinfiltration, iatrogene Ursachen (chirurgische Eingriffe, Fibrosen nach Bestrahlung,
Chemotherapie) oder sehr selten paraneoplastisch bedingt sein.

Methodik

Retrospektiv wurde eine nicht selektierte, konsekutive Serie von 320 Patienten mit
malignen Tumoren, die in der neuroonkologischen Ambulanz im Zeitraum von 1990
bis 1993 untersucht wurden, nach Hirnnervenausfällen, Tumorart, Alter und Geschlechtsverteilung analysiert. Hirnnervenläsionen wurden in einerseits zentrale und
periphere, andererseits in tumorbedingte und nicht tumorbedingte eingeteilt. Als
tumorbedingt wurden Hirnnervenläsionen eingestuft, wenn entweder Primärtumor
oder Metastase als Ursache nachweisbar war. Iatrogene Läsionen wurden gesondert
bewertet. Als nicht tumorbedingt wurden Hirnnervenläsionen eingestuft, wenn vaskuläre, entzündliche oder andere Ursachen identifiziert werden konnten. Die Ursache zentralnervöser Läsionen konnte mit CCT und NMR ausreichend geklärt
werden. Bei peripheren Läsionen ist neben sorgfältiger klinischer Lokalisation der
Einsatz von Liquorzytologie, Schädelbasisröntgen und CT, CT der Halsweichteile,
elektrophysiologischer Methoden (NLG, EMG, Reflexuntersuchungen), und Untersuchung der Schweißsekretion notwendig.

Ergebnisse

320 onkologische Patienten (männlich 182, weiblich 138) mit neurologischen Symptomen wurden untersucht. Das mittlere Alter betrug 64 Jahre, die Altersgruppen
reichten von 20 bis 92 Jahre. Die am stärksten vertretene Altersgruppe lag zwischen
60 und 70 Jahren (n = 101).

Häufigster Primärtumor war das Lungenkarzinom (88/27.5%), gefolgt von
Mammakarzinomen (39/12,2%), Tumoren im HNO-Bereich (34/10,6%) (Pharynx 8,

Larynx 6, Gaumenbogen 6, Zungengrund 5, Tonsille 4, Nasennebenhöhlen 2, branchiogene Karzinome 2, Zunge 1), Dickdarmkarzinomen (28/8.7%) und anderen (ZNS-Tumore, Prostatakarzinome, Nierenkarzinome, Lymphome, maligne gynäkologische Tumore, Leukosen, Myelome, maligne Lebertumore, Magenkarzinome, Ösophaguskarzinome, maligne Hodentumore, Melanome, Pankreaskarzinome, Gallenblasenkarzinome, Karzinoide, Chondrom, Osteosarkom, Schilddrüsenkarzinom, Thymom, histologisch unklar definierte) deren Anteil jeweils unter 10 % lag.

Tab. 1. Ätiologie peripherer Hirnnervenläsionen

Primärtumor	Hirnnerv	Ursache der Läsion
Chondrom	IX, X, XI, XII	Tumoröse Destruktion des Clivus, und der Schädelbasis li. bis For. magnum, For. jugulare
Nierenkarzinom	III, IV, V	zerebrale Metastase re. temp, Ausdehnung in mittlere Schädelgrube, Fissura orbitalis sup. u. Orbitaspitze
Prostatakarzinom	XII	Metastase an occipitaler Schädelbasis re.
Plasmozytom	III	Metastase Clivus, (IgG, Kappa) Sella turcica, Sinus cavernosus
Gaumenbogenkarzinom	III, V	Metastase Orbita und M. rectus sup.
Maligner Nasennebenhöhlentumor	V/2	Tumorextension in NNH u. Cavum nasi
Mammakarzinom	VII	Meningealkarzinose
Mammakarzinom	III	Meningealkarzinose
Epipharynxkarzinom	II	Meningeale Infiltration des N. II, Chiasmas und re. Temporallappens
Branchiogenes Karzinom	XII	Weichteilinfiltration von Epipharynxwand, Zungengrund
Gaumenbogenkarzinom	IX, X	Weichteilinfiltration lokal weicher Gaumen

Hirnnervenausfälle fanden sich bei 74 Patienten (23%)

Am häufigsten lagen zentral bedingte Hirnnervenläsionen (n = 40) vor, wobei 9 primäre ZNS-Tumore, 18 metastatische Prozesse extraneuraler Primärtumore (11 Bronchi, 2 Mammae, je einmal Prostata, Niere, Melanom, Colon, unklar) und 13 vaskuläre Ursachen vorlagen. Zentrale Facialisparesen stellten das klinische Leitsymptom dar. Periphere Hirnnervenläsionen lagen bei insgesamt 21 Patienten vor. Davon waren bei 11 Patienten neoplastische (Tabelle 1) und bei zehn Patienten iatrogene Ursachen nachzuweisen. Bei den Patienten mit peripheren Läsionen manifestierten sich die Hirnnervenausfälle zwischen 7 und 24 Monate nach der Tumordiagnose und waren nicht das Erstsymptom. Bei den neoplastisch verursachten peripheren Hirnnervenläsionen lagen bei 6 Patienten Schädelbasismetastasen, bei 3 Patienten Meningealkarzinosen und zweimal direkte Ausbreitung des Tumors in die umgebenden Weichteilstrukturen vor (Tabelle 1). Iatrogene periphere Hirnnervenläsionen lagen bei 10 Patienten vor (5 Gaumenbogen-, 3 Zungengrund- und 2 Larynxkarzinome), wobei es als Folge chirurgischer Eingriffe (Neck dissection, Laryngektomie, Hemimandibulektomie, Gaumenoperationen, Lymphknotenexstirpation) und/oder als Bestrahlungsfolge zu Ausfällen der kaudalen Hirnnerven (Nn. IX, X, XI, XII) kam. Einmal wurde als Bestrahlungsfolge eine reversible Geschmacksstörung festgestellt. Paraneoplastisch bedingte Hirnnervenausfälle konnten in unserer Patientenserie nicht festgestellt werden. Bei weiteren 13 Patienten lagen Symptome im Hirnnervenbereich vor, die weder mit dem Tumorleiden in Zusammenhang standen, noch einer eindeutigen anderen Ursache zugeordnet werden konnten (reversible Bell'sche Lähmung, Ptose, Anisocorie, Gesichtsasymmetrie etc).

Zusammenfassung

Zentrale Hirnnervenläsionen bei Patienten mit bekannten Tumorleiden sollten zuerst an die Möglichkeit von intrazerebralen Metastasen denken lassen. Vor allem bei Lungen- und Mammakarzinomen sowie bei Melanomen ist mit zentral metastatischen Absiedelungen zu rechnen (Clouston et al. 1992). Ein Anteil von 13 nicht tumorbedingten zentralen Hirnnervenausfällen (Altersverteilung: 62 bis 87 Jahre) zeigt, daß Karzinompatienten auch an anderen, nicht neoplastisch bedingten Erkrankungen, wie cerebrovaskulären Prozessen leiden können. Entsprechend der Altersgruppe der Patienten muß diese Differentialdiagnose gestellt werden. Die Diagnose kann in der Mehrzahl der Fälle mit bildgebenden Verfahren gesichert werden. Periphere Hirnnervenläsionen bei Tumorpatienten sind mit 7,8 % in einer vergleichbaren Untersuchung selten (Clouston et al. 1992) und lagen in unserer Serie in 6,5 % vor (neoplastisch bedingt: 3, 5 %, iatrogen: 3%). Das Auftreten einer peripheren Hirnnervenläsion sollte eine sorgfältige Analyse der Ätiologie und Pathogenese (Schädelbasismetastase, Meningealkarzinose, Weichteilinfiltration oder iatrogene Ursachen) nach sich ziehen. Schädelbasismetastasen mit Hirnnervenläsionen sind seltene Ereignisse (Clouston et al.1992: 2,7 %, eigene Serie 1,3 %), die aber eine klinisch typische Symptomatik bieten.

Fünf Hauptsyndrome werden beschrieben (Greenberg et al.1981): 1) Metastasen am okzipitalen Kondylus mit Schmerzen im Hinterhauptsbereich und Ausfällen des N. XII; 2) Foramen jugulare-Metastasen (Vernets-Syndrom) mit Heiserkeit, Dysphagie, Paresen der Nn. XI und XII; 3) Metastasen der mittleren Schädelgrube mit Läsion des Ganglion semilunare und fakultativer Beteiligung der Nn. III, IV und VI; 4) Metastasen im Sinus cavernosus mit Orbitaschmerzen, Lähmung der Nn. III, IV, VI ohne Exophthalmus; 5) Orbitametastasen im Bindegewebe oder der Muskulatur mit Orbitaschmerzen und Exophthalmus. Primärtumoren im Bereich der Schädelbasis oder des knöchernen Schädels sind selten und fanden sich in unserem

Patientengut in nur zwei Fällen (Chondrom, Nasennebenhöhlentumor). Übereinstimmend mit den Ergebnissen unserer Serie sind auch in der Literatur bei Schädelbasismetastasen die Hirnnerven III, VI, V und VII, sowie die kaudalen Hirnnerven (Gupta et al. 1990) am häufigsten betroffen. Die Diagnostik der Schädelbasismetastasen wird neben der klinischen Symptomatik mit Hilfe bildgebender Verfahren möglich.

Meningealkarzinosen werden am häufigsten bei Lungenkarzinom, Mammakarzinom und Melanom beschrieben. Klinisches Leitsymptom ist ein Symptomenkomplex aus Störung der Bewußtseinslage, Hirnnervenausfällen und spinalen Symptomen, die lokalisatorisch auf ein multilokuläres Geschehen hinweisen. Die Häufigkeit wird in der Literatur zwischen 7,5 und 5,1 % angegeben, in unserer Serie lag der Anteil bei 1 %. Als am häufigsten befallene Hirnnerven werden die Nn. III, IV, VI, sowie die kaudalen Hirnnerven und der N. II genannt (Grisold 1989). Die Diagnose erfolgt mittels Untersuchung des Liquor cerebrospinalis, wobei eine einmalige negative Zytologie bei klinischem Verdacht Anlaß zu einer Wiederholung der Punktion geben muß. Die zytologische Diagnostik beruht vorwiegend auf konventionellen morphologischen Kriterien, während spezielle Techniken (Immunhistochemie) noch keine praktischen Fortschritte erbrachten. Die Diagnostik ist von praktischer klinischer Bedeutung, da der Liquorraum nur durch Bestrahlung und intrathekale Therapie effektiv zu behandeln ist.

Weichteilinfiltrationen müssen differentialdiagnostisch vor allem bei Tumoren im Pharynx- und Epipharynxbereich berücksichtigt werden (Schmidt und Malin 1986). In diesem Zusammenhang kommen besonders dem CT und der sonographischen Untersuchung der Halsweichteile Bedeutung für die Diagnose zu. Auch bei Augenmuskelmetastasen handelt es sich um seltene Vorkommnisse, klinisch ist hierbei mit Einschränkung der Bulbusmotilität und Exophthalmus zu rechnen. Iatrogene Läsionen sind hauptsächlich Folge lokaler chirurgischer Eingriffe, bei denen Schädigungen der im Operationsgebiet verlaufenden Hirnnerven nicht zu vermeiden sind. Hierbei sind vor allem kiefer- und gesichtschirurgische Eingriffe, sowie otorhino-laryngologische Operationen zu erwähnen. Nervenschädigung durch Bestrahlung beruht vorwiegend auf reaktiven Mechanismen in der unmittelbaren Umgebung des Nervens, wie Gefäßobliteration durch Fibrose oder durch strahleninduzierte Endothelproliferation (Stöhr 1980). Auch die Schädigung von Hirnnerven durch systemische Chemotherapie ist bekannt (Lugassy und Shapira 1990).

Paraneoplastisch verursachte Hirnnervenausfälle, wie das "visual paraneoplastic syndrome" (Grunwald et al. 1988) oder das "numb chin syndrome" (Grisold 1989) werden beschrieben, dürften im klinischen Alltag aber nur eine untergeordnete Bedeutung haben.

Die Differentialdiagnose der Gesichtsschmerzen verdient besondere Beachtung. In einer rezenten Untersuchung (Bongers et al. 1992) werden bei Patienten mit Lungenkarzinomen und atypischen Gesichtsschmerzen Fernwirkungen des Tumors über den N. vagus angenommen.

Literatur

Bongers KM, Willigers HMM, Koehler PJ (1992) Referred facial pain from lung carcinoma. Neurology 42: 1841-1842

Clouston PD, DeAngelis LM, Posner JB (1992) The spectrum of neurological disease in patients with systemic cancer. Ann Neurol 32: 100-102

Greenberg HS, Deck MDF, Vikram B, Chu FCH, Posner JB (1981) Metastasis to the base of the skull: Clinical findings in 43 patients. Neurology 31: 530-537

Grisold W (1989) Neuromuskuläre Läsionen bei Malignomen. Springer, Berlin

Grunwald GB, Klein R, Simmonds MA, Kornguth SE (1988) Visual paraneoplastic syndrome: A retinal autoimmune complication associated with small cell lung carcinoma. In: Spector NH (ed), Neuroimmunomodulation, Gordon & Breach, New York, pp 291-292

Gupta SR, Zdonczyk DE, Rubino FA (1990) Cranial neuropathy in systemic malignancy in a VA population. Neurology 40: 997-999

Lugassy G, Shapira A (1990) Sensorineural hearing loss associated with vincristine treatment. Blut 61: 320-321

Schmidt D, Malin JP (1986) Erkrankungen der Hirnnerven. Thieme, Stuttgart, pp 293-296

Stöhr M (1980) Iatrogene Nervenläsionen. Thieme, Stuttgart

Beidseitige subakute Schallempfindungsschwerhörigkeit als Leitsymptom eines primären Non-Hodgkin-Lymphoms des Zentralnervensystems

H.R. Siebner, S. Berndt

Neurologische Klinik, Vincenzkrankenhaus Paderborn

Kasuistik

Bei einer 67jährigen Patientin setzt sechs Wochen vor stationärer Aufnahme innerhalb weniger Tage eine hochgradige Hörminderung ein. Des weiteren besteht seit vier Monaten ein morgendlicher Drehschwindel einhergehend mit Übelkeit und Brechreiz, sowie ein ständiges unsystematisches Schwindelgefühl. Die neurologische Aufnahmeuntersuchung vom 11.08.1992 zeigt neben einer beidseitigen hochgradigen Hypakusis einen unerschöpflichen bilateralen horizontalen Blickrichtungsnystagmus, sowie einen inkonstanten Up-Beat-Nystagmus. Die Zeigeversuche, die Stand- und Gangprüfungen fallen pathologisch aus. Eine HNO-ärztliche Untersuchung ergibt eine bilaterale deutliche Schallempfindungsschwerhörigkeit. Liquordiagnostisch zeigt sich eine lympho-monozytäre Pleozytose (52/3 Zellen), eine mittelschwere Störung der Blut-Liquor-Schranke und eine lokale IgG-Synthese im Zentralnervensystem. Malignomver-dächtige Zellen oder Erreger lassen sich im Liquor nicht nachweisen. Die Laborparameter einschließlich der Infektionsserologie sind unauffällig. Eine Magnetresonanztomographie des Schädels vom 12.08.1992 zeigt inhomogene, circa 15 mm große, bilaterale Kleinhirnbrückenwinkeltumore. Nach Gabe von Gadolinium-DTPA kommt es zu einer deutlichen Signalintensitätsanhebung in diesen Raumforderungen - darüber hinaus auch im Ependym des vierten Ventrikels und des Aquädukts. Zusätzlich zeigt sich jetzt supratentoriell im Trigonum des linken Seitenventrikels ein weiterer signalintensiver Tumor und eine deutliche Volumenvermehrung des Plexus choroideus. Ein cerebrales Computertomogramm nach Kontrastmittelgabe bestätigt den kernspintomographischen Befund. Unter einer Glukokortikoidtherapie bessern sich Brechreiz, Schwindel und Gleichgewichtsstörung - nicht jedoch die hochgradige beidseitige Hypakusis. Nach neurochirurgischer Entfernung des linken Kleinhirnbrückenwinkeltumors am 02.09.1992 erbringt die pathologisch-anatomische Untersuchung durch Prof. Dr. med. L. D. Leder in Essen die Diagnose "polymorphes, zentroblastisches Lymphom vom B-Zelltyp". Das Tumorstaging zeigt keine weiteren Lymphommanifestationen.

Diskussion

Bei den primären Non-Hodgkin-Lymphome des Zentralnervensystems handelt es sich meistens um solitäre oder multilokuläre intra-cerebrale Tumoren - häufig in Nachbarschaft zum inneren Liquorraum (Hutschenreuter et al. 1991; Schabet 1993).

Eine subakute, beidseitige Hörminderung verursacht durch Lymphome in beiden Kleinhirnbrückenwinkeln wurde unseres Wissens bisher noch nicht beschrieben.

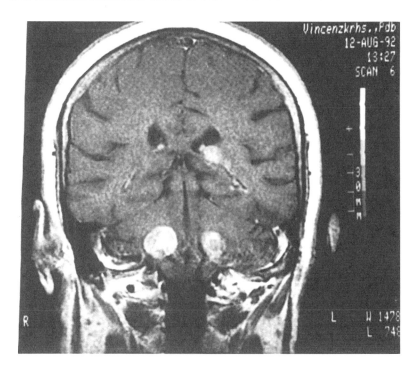

Abb. 1. T$_1$-gewichtetes, coronares Magnetresonanztomogramm nach Gadolinium-DTPA-Gabe mit Darstellung der bilateralen Kleinhirnbrückenwinkeltumoren und dem Tumor am Boden des linken Seitenventrikels

Die Kleinhirnbrückenwinkeltumoren auf Höhe der Foramina Luschkae lassen sich als primäre Lymphominfiltrate des Plexus choroideus des IV. Ventrikels auffassen - vergleichbar den Plexuspapillomen im Kleinhirnbrückenwinkel. Aber auch eine primär supratentorielle Lymphommanifestation im linken Seitenventrikel mit Ausbreitung entlang der inneren Liquorwege und Absiedlung in beide Kleinhirnbrückenwinkel ist zu diskutieren.

Literatur

Hutschenreuter M, Wildemann B, Schackert G, Herrmann R, Hacke W (1991) Die primären Non-Hodgkin-Lymphome des zentralen Nervensystems. Nervenarzt 62: 69-79

Schabet M (1993) Maligne Lymphome des Zentralnervensystems. In: Brandt T, Dichgans J, Diener HC (Eds) Therapie und Verlauf neurologischer Erkrankungen. 2. Auflage, Kohlhammer, Stuttgart, 739-750

Computerunterstützte 3D Magnetresonanz-Volumetrie des Kleinhirns

J.Burtscher[1], G.Luef[2], Ch.Kremser[1], G.Birbamer[1,2], S.Felber[1,2], F.Aichner[1,2]

[1]Gemeinsame Einrichtung für Magnetresonanztomographie und Spektroskopie, Innsbruck, [2]Universitätsklinik für Neurologie, Innsbruck

Fragestellung

Volumensverluste des Kleinhirns bei zerebellären heredoataktischen Erkrankungen, Intoxikationen und anderen Pathogenesen sind beschrieben.

Die vorliegende Arbeit versucht die Erfassung von KH-Volumina gesunder Probanden mittels 3D-FLASH Gradientenechosequenzen. Die Beurteilung zerebellärer Atrophien aufgrund herkömmlicher Schnittbildvefahren ist limitiert durch Partialvolumeneffekte oder die artefaktüberlagerte Bilddarstellung der hinteren Schädelgrube (CT). Die Weiterentwicklung der MRT mit der Einführung von 3D-Gradientenechosequenzen und computergestützten Segmentationsverfahren führten von einer rein morphologischen zu einer zusätzlich quantitativen bildgebenden Technik. 3D-Gradientenechosequenzen erlauben eine morphologisch hochaufgelöste Bilddarstellung (Schichtdicke: 0,8-1,2 mm), multiplanare Schichtführung und mittels spezieller mathematischer Algorithmen, die volumetrische Berechnung von Hirnstrukturen mit minimalen Partialvolumeneffekten.

Methodik

Ein klinisch geschulter Operator definiert durch die manuelle Vorgabe einer Maske die ROI (region of interest), die das zu untersuchende Objekt enthält. Anschließend werden nach der Wahl eines geeigneten Schwellwertes(threshold) jene Bildpunkte, die nicht zum betrachteten Objekt gehören, diskriminiert (Segmentation). Dieser Vorgang wird für alle Schichtbilder mit der zu untersuchenden Region wiederholt.

Um die ROI zu bestimmen, wird mit der Computer-Mouse das gewünschte Objekt auf jedem zu bearbeitenden Bild umfahren (Tracing). Dies erfordert den größten Zeitaufwand beim Segmentationsprozess. Deshalb haben wir die Tracing und Tresholding Technik verbessert und eine semiautomatische Bearbeitung jedes Schnittbildes ermöglicht. Ist die ROI definiert, wird die gezeichnete Maske automatisch auf jedes folgende Bild übernommen. Sollte sie erneuert werden müssen, so kann sie ebenso wie der Schwellwert vom Untersucher jederzeit abgeändert werden. Wenn nicht, wird der Untersuchungsgang deutlich beschleunigt.

Bei unseren Untersuchungen wird die, das Kleinhirn enthaltende ROI auf einem sagittalen FLASH-3D Gradientenechobild manuell am Computer eingezeichnet. Die entsprechnde Schwellwerteingabe ermöglicht dann die KH-Segmentation innerhalb der ROI (Abb. 1). Für das Nachbearbeiten wird das segmentierte Bild in Form einer binären Abbildung gespeichert, zuvor jedoch vergleicht es der Untersucher am Computer mit dem Original und ändert, wenn nötig, die ROI oder den Schwellwert.

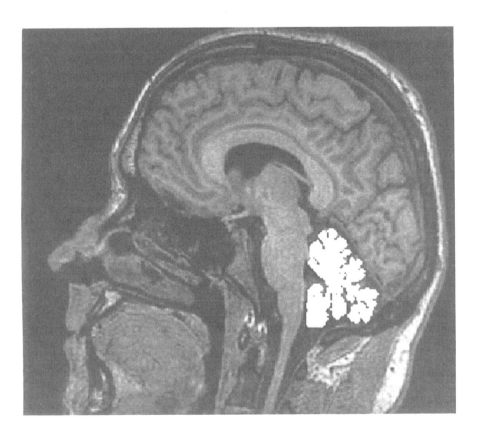

Abb. 1. Auswahl der Bildpunkte (Pixel), welche am Segmentationsprozeß teilnehmen, durch den Computer nach Schwellwerteingabe.

Die Realisierung von 3D Gradientenechosequenzen erfolgt, indem ein ganzer Gewebsblock im Magnetfeld angeregt wird, während es bei der herkömmlichen MR-Bilgebung nur einzelne Schichten sind. Das MR-Signal wird durch einen Phasenkodiergradienten den Einzelschichten zugeordnet. Bei verbessertem Signal/Rauschverhältnis können Schichtdicken von ca. 1 Millimeter erzielt werden. Die Untersuchungszeit beträgt für die von uns verwendete T1 gewichtete 3D-FLASH Sequenz mit einer Repetitionszeit von 40 Millisekunden und 128 Schichten (Partitionen) ca. 16 Minuten. Die Sequenz ergibt mit einer Echozeit von 6 Millisekunden und einem Auslenkwinkel von 40 ° eine relative T1 Gewichtung mit optimaler Kontrastierung von grauer und weißer Substanz. Die 1 Millimeter dicken Schnittbilder ermöglichen eine nahezu isotrope Auflösung des angeregten Gesamtvolumens mit einem Voxelvolumen von 0,9 x 0,9 x 1 Millimeter. Die Bilder (ca. 80/Probant) werden dann zu einer externen "Workstation" überspielt, welche mit einem speziellen mathematischen Algorithmus das Nachbearbeiten und somit die KH-Volumensbestimmung durchführt.

Ein Vorteil der FLASH-3D Gradientenecho-Bilder liegt in der sehr dünnen Schnittführung, wodurch der angeregte Gewebsblock in Kleinsteinzelvolumina von nahezu isotroper Auflösung (0,9 x 0,9 x 1 Millimeter) zerlegt wird. Diese kleinen Voxel oder Würfel passen sich sehr genau in anatomisch unregelmäßig begrenzte Oberflächenstrukturen, wie z.B. den arbor vitae cerebelli ein. Dies steigert die Exaktheit des Segmentationsprozesses und stellt einen erheblichen Vorteil gegenüber den herkömmlich verwendeten spin-echo Sequenzen dar, die mit Schichtdicken von etwa 5 Millimeter nie eine annähernd isotrope Bildauflösung erreichen können. Der mit den 3D-FLASH Bildern und relativer T1 Gewichtung erzielbare exzellente grau-weiß Kontrast ermöglicht komplizierteste anatomische Strukturen innerhalb des Hirnparenchyms exakt voneinander und von den umliegenden Liquorräumen abzugrenzen, ein großer Vorteil ,wenn die ROI manuell bestimmt werden soll.

Tab.1.

PROBAND	KH-VOL. (ml) weibl.	KH-VOL. (ml) männl.
1	112,3	141,2
2	113,4	120,0
3	113,8	107,5
4	115,8	129,9
5	124,9	145,1
6	114,3	139,7
7	125,8	119,7
8	122,6	109,4
9	110,3	139,8
10	140,0	104,6
VOL-MIN.	110,3	104.6
VOL-MAX.	140,0	145,1
VOL-Durchschnitt	119,3	125,7
ALTER-MIN. (a)	20	21
ALTER-MAX. (a)	35	41
ALTER-Durchschnitt (a)	26	29

Ergebnisse

Anhand der Kleinhirnsegmentation von 10 freiwilligen und gesunden männlichen sowie weiblichen Probanden wird die Methodik vorgestellt und ein representativer Überblick der Streubreiten normaler KH-Volumina erbracht.

Konklusion

Die Genauigkeit der Messmethode wurde mit anatomischen Präparaten mittels Wasserverdrängung nach archimedischem Prinzip überprüft. Die von uns ermittelten Durchschnittsvolumina sind mit jenen in der Literatur vergleichbar, welche nach dem Archimedischen Prinzip ermittelt wurden und korrelieren ebenso wie die Streubreiten in etwa mit den Daten von Escalona et al. (1991). Die geschlechtsspezifische Streuung der KH-Volumina wurde von uns bestätigt. Bezüglich einer möglichen altersabhängigen physiologischen KH-Volumensreduktion konnte von uns aufgrund des niedrigen Durchschnittsalters der Probanden keine Aussage gemacht werden.

Die vorgestellte Methode der computergestützten in vivo 3D-MR Volumetrie erlaubt eine exakte und rasche KH-Volumensbestimmung. Hochaufgelöste MR-Bildsequenzen (kleines Voxelvolumen), multiplanare Schnittführung und artefaktfreie Bildqualität begründen die Überlegenheit dieser Segmentationsmethode. Vergleiche zwischen den KH-Volumina von Patienten mit bestimmten neurologischen und psychiatrischen Erkrankungen und ihren klinischen Daten könnten in Zukunft ein besseres Verständis für die Äthiopathogenese dieser Erkrankungen erbringen.

Literatur

Aichner F, Benesch H, Birbamer G (1993) Clinical impact of MR-volumetry in brain disorders. In: Aichner F et al. (eds) 3D-MRI: An integrated clinical update, 3D-imaging and 3D-postprocessing. Blackwell Überreuter-Verlag Berlin

Escalona PR, Mc Donald WM, Doraiswamy PM (1991) In vivo stereological assessment of human cerebellar volume: effects of gender and age. AJNR 12: 927-929

Felber S, Birbamer G, Benesch H, Aichner F (1990) Isotropic 3D MR Imaging applied to degenerative disorders of the brain. In: Schneider G et al. (Eds): Digitale Bildgebung-Interventionelle Radiologie-Integrierte digitale Radiologie. Blackwell Überrreuter Wissenschafts-Verlag pp 282-285

Felber S, Aichner F, Birbamer G (1990) 3D-Postprocessing in der MRT. Biomedizinische Technik 35: 240-241

Jack C, Bentley M, Twomey C (1990) MR imaging based volume measurments of the hippocampal formation and anterior temporal lobe:validation studies. Radiology 176: 205-209

Luef G, Marosi M, Felber S, Birbamer G, Aichner F, Bauer G (1993) Kleinhirnatrophie und Phenytoinintoxikation. Eine MR-Studie. Nervenarzt 64: 548-551

In-Vivo 3D-Magnetresonanzvolumetrie des Cerebellums bei Epilepsie-Patienten nach Phenytoinüberdosierung

G. Luef[1], J. Burtscher[2], S. Felber[1,2], Ch. Kremser[2], F. Aichner[1,2]

[1]Universitätsklinik für Neurologie, [2]Gemeinsame Einrichtung für Magnetresonanztomographie und Spektroskopie, Innsbruck

Fragestellung

Phenytoinmedikation, insbesondere bei Überdosierung, wurde ursächlich mit Kleinhirndegeneration in Zusammenhang gebracht. In der Beurteilung der hinteren Schädelgrube hat sich die Kernspintomographie aufgrund der hohen Weichteilkontraste und der eingeschränkten Strahlenartefakte als überlegen erwiesen (Luef et al. 1993). Ziel dieser Studie war es zu untersuchen, ob cerebelläre Schädigungen bei Patienten bei ein- oder mehrmaliger DPH-Intoxikation mit Magnetresonanztomographie bzw. mit Hilfe der MR-Volumetrie nachgewiesen werden können.

Methodik

Aus dem Patientenkollektiv unserer Anfallsambulanz selektieren wir 11 konsekutive Fälle, die langjährig 250 bis 500 mg Diphenylhydantoin pro Tag als Mono- oder Kombinationstherapie erhalten hatten und bei regelmäßigen Blutspiegelkontrollen ein- oder mehrfache, zum Teil erhebliche Überschreitungen (21,4 mg/ml bis 95,6 mg/ml; Mittelwert: 33,14 mg/ml) des sogenannten therapeutischen Bereiches (10 - 20 mg/ml) aufwiesen (Luef et al. 1991). Es handelte sich um 5 weibliche und 6 männliche Patienten, die zum Zeitpunkt der Untersuchung zwischen 19 und 59 Jahre alt waren (Mittelwert: 32,7). Über einen Zeitraum von 2 bis 15 Jahren (Mittelwert: 6,9) standen 9 Patienten unter Monotherapie mit Phenytoin und zwei erhielten Phenytoin im Rahmen einer Kombinationstherapie. Die zugrundeliegende Ätiologie war bei 4 Patienten ungeklärt, bei 7 wird ein weniger bis ausgeprägter Perinatalschaden angenommen. Die Dauer des Anfallsleidens reichte von 10 bis 57 Jahren (Mittelwert: 24,8). 1 Patient wurde im Stadium der klinischen Intoxikation bei Überdosierung der Medikation in einem auswärtigen Krankenhaus untersucht, die übrigen Patienten wiesen zum Zeitpunkt der MR-Untersuchung keine Kleinhirnsymptome auf. Bei 8 dieser 10 Patienten wurden bei neurologischen Kontrollen zum Zeitpunkt erhöhter Serumspiegel auch klinisch passagere Intoxikationszeichen beobachtet.

Alle Patienten wurden an einem 1.5 Tesla Magnetom (Siemens, Erlangen) mit einer zirkular polarisierten Kopfspule untersucht. Nach einem Standardprotokoll wurden dabei sagittal orientierte, T1 gewichtete Bildern in 4 mm Schichtdicke sowie axiale und coronare T1, PD und T2 gewichtete Bilder in 5 mm Schichtdicke angefertigt. Das Untersuchungsprotokoll beinhaltete neben herkömmlichen Spinechosequenzen eine dreidimensionale Gradientenechomessung mit relativer T1-Gewichtung (3D-FLASH, TR = 40 ms, TE = 5-8 ms, Alpha = 40 Grad). Die Partition betrug 128 mit einer Schichtdicke von 1,1 bis 1,4 mm und nahezu isotroper Auflösung (Voxelgröße: 0,9x0,9x0,2 mm). Die 3D-Sequenz erfolgte in sagittaler Schnittführung, das Kleinhirn wurde manuell vom umliegenden Gewebe abgegrenzt (Abb. 1). Dies erfolgte an einer 3D-Konsole (Vision, Kontron, München). Durch die kombinierte Thresholding-/Tracing-Technik wurde das Kleinhirngewebe markiert und automatisch Schicht für Schicht volumetriert. Zur rascheren Durchführung des Programmes wurde von uns eine, die "Region of interest" definierende Maske generiert, die automatisch auf jedes neue Schnittbild übertragen wurde. Der Untersucher kontrollierte und änderte - wenn notwendig - die Maske und die Schwellwerte.

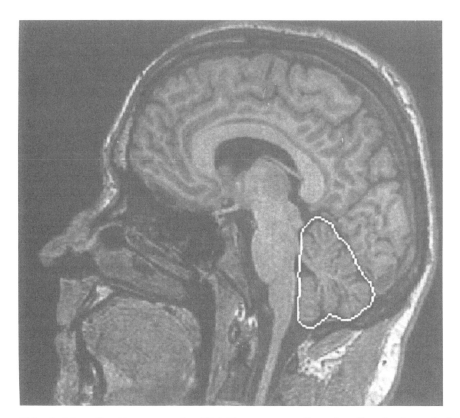

Abb. 1. Manuelle Abgrenzung des Kleinhirnes vom umliegenden Gewebe in sagittaler Schnittführung.

Ergebnisse

Der magnetresonanztomographische Befund des Großhirnes war bei 4 Patienten normal, bei 4 Patienten konnten kleinere, unspezifische Veränderungen der weißen Substanz nachgewiesen werden. Bei einer Patientin bestand eine temporale Zyste und bei einem weiteren Patienten ein Zustand nach Kallosotomie. Eine Patientin wies eine Substanzminderung über beiden Occipitallappen auf. Der Hirnstamm war bei allen Patienten unauffällig konfiguriert und von normaler Signalgebung. Befunde im Sinne einer cerebellären Substanzminderung konnten bei insgesamt 6 Patienten erhoben werden, wobei in drei Fällen die Kleinhirnhemisphären und der Vermis betroffen waren und bei zwei weiteren Patienten eine Substanzminderung des Vermis cerebelli bestand. Das Kleinhirnvolumen, untersucht durch die MR-Volumetrie, war zwischen 67,66 ml und 131,08 ml. Die Patienten mit dem niedrigsten Kleinhirnvolumen zeigten klinische Zeichen einer Intoxikation. Die Patienten wiesen im klinischenVerlauf Zeichen einer einmaligen reversiblen Intoxikation auf, wobei bei vier dieser Patienten das Kleinhirnvolumen der "Age-matched" Kontrollgruppe entsprach. Ein Patient mit einem Lennox-Gastaut-Syndrom wurde auswärts mit hohen Dosen DPH behandelt und mit dem Vollbild einer Intoxikation mit ausgeprägtem Nystagmus, Stand- und Gangataxie, in somnolentem Zustandsbild an unsere Klinik transferiert. Zu diesem Zeitpunkt betrug der DPH-Spiegel 95,6 mg/ml. MR-tomographisch zeigte sich lediglich eine geringe Substanzminderung des Kleinhirnwurmes. Ebenso betrug das Kleinhirnvolumen nicht weniger als das der gesunden Kontrollgruppe. Eine Übereinstimmung zwischen dem Alter der Patienten bzw. der Anfallsdauer oder der Dauer der Phenytoinmedikation und dem Befund einer cerebellären Substanzminderung konnte nicht nachgewiesen werden (Tabelle).

Tab. 1.

Geschlecht	Alter	Dauer Epi	Dauer DPH	max. DPH Konzentrat.	KH-Symptomatik	DPH-Dosierung	Volumen
m	41	24	13	30	gering	300	93,9
m	28	26	7	32,5	gering	400	111,097
m	42	27	5	95,6	ausgeprägt	300	105,518
m	41	23	3	46,5	gering	400	112,063
m	23	23	9	42,1	kaum-gering	500	128,51
m	21	19	6	37	gering	400	102,412
w	59	57	6	26	keine	450	94,866
w	19	18	1	35,6	keine	250	67,656
w	33	32	15	25	kaum-gering	300	131,076
w	24	18	6	39	gering	400	128,51
w	29	17	10	31,8	gering	350	97

Konklusion

Kleinhirnatrophien bei Epilepsie-Patienten sind ätiologisch uneinheitlich. Es besteht nach wie vor eine kontroversielle Diskussion, ob die häufig zu beobachtende Kleinhirnatrophie Folge wiederholter Anfälle mit Hypoxie und Hirnödem (Dam 1982) oder Folge der Therapie mit Antiepileptika ist (Masur et al. 1989). Auch besteht die Möglichkeit, daß die Kleinhirnatrophie, z. B. im Rahmen einer perinatalen Hypoxie, schon vor Beginn des Anfallsleidens bestanden hatte und mit der Ätiologie desselben zusammenhängt. In der Literatur werden sowohl reversible cerebelläre Symptome (Selhorst et al. 1972) nach milder Überdosierung, als auch irreversible Zeichen einer cerebellären Dysfunktion bei längerer Gabe von Diphenylhydantoin (Lindvall und

Nielsson 1984) beschrieben. Wir untersuchten 11 Patienten, welche ein- bzw. mehrmalig einen erhöhten Phenytoinspiegel aufwiesen mittels MRT und verwendeten ebenso eine 3D-FLASH-Sequenz, um das Kleinhirnvolumen zu bestimmen. Mit Hilfe des MR-Imaging können kleinere Veränderungen leicht analysiert werden und die Entwicklung der volumetrischen Messung erlaubt eine rasche, genaue und effiziente Evaluierung des Volumens von anatomischen Strukturen. Die in der MRT festgestellte cerebelläre Atrophie korrelierte nicht mit der klinischen Symptomatik und nicht alle Patienten zeigten bei erhöhten Blutspiegelwerten oder einer cerebellären Symptomatik eine Kleinhirndegeneration im MRI bzw. eine Volumensverminderung in der MR-Volumetrie. Bei jenen Patienten, wo eine cerebellären Atrophie und ein Volumensverlust diagnostiziert wurden, bestand auch keine Korrelation zu anderen Variablen, wie Dauer der Anfallskrankheit und deren Behandlung mit Phenytoin (Tabelle). Aus unseren Untersuchungen geht hervor, daß nicht alle Blutserumspiegel im sogenannten toxischen Bereich auch zur klinischen Intoxikation führen, weshalb der Terminus "toxischer Bereich" nicht unbedingt verwendet werden sollte. Es zeigt sich auch, daß eine einmalige DPH-Intoxikation nicht unbedingt zu einer cerebellären Degeneration führt. Daß eine Kleinhirnatrophie bei Epilepsie-Patienten häufiger als in der Durchschnittspopulation beobachtet wird, scheint gesichert. In welchem Zusammenhang sie mit der DPH-Medikation steht und ob diese alleinige Ursache ist, bleibt ungeklärt.

Literatur

Dam M (1982) Phenytointoxicity: Neurologic aspects to toxicity. In: Woodbury DM, Penry JK, Pippenger CD (eds.) Antiepileptic drugs. Raven Press, New York, pp 247-256

Lindvall O, Nielsson B (1984) Cerebellar atrophy following phenytoin intoxication. Ann Neurol 16: 258-260

Luef G, Marosi M, Pohl P, Bauer G (1991) Serumkonzentrationskontrollen der Antiepileptika in der Schwangerschaft. Nervenarzt 62: 750-753

Luef G, Marosi M, Felber S, Birbamer G, Aichner F, Bauer G (1993) Kleinhirnatrophie und Phenytoinintoxikation. Eine MR-Studie. Nervenarzt 64: 548-551

Masur H, Elger CE, Ludolph AC, Galanski M (1989) Cerebellar atrophy following acute intoxication with phenytoin. Neurology 3: 432-433

Selhorst JP, Kaufman B, Horwitz SJ (1972) Diphenylhydantoin induced cerebellar degeneration. Arch Neurol 27: 453-455

Änderungen der regionalen Hirndurchblutung während einer willkürlichen, sequentiellen Fingerbewegung bei Patienten mit cerebellärer Degeneration

K. Wessel, T. Zeffiro, C. Toro, M. Hallett

Human Motor Control Section, Medical Neurology Branch, NINDS, National Institutes of Health, Bethesda

Fragestellung

Das Cerebellum spielt über offene und geschlossene Projektionsschleifen für die Planung und Ausführung von Bewegungen eine wichtige Rolle (Allen und Tsukahara 1974). Man kann deshalb annehmen, daß verschiedene, insbesondere auch supratentorielle Hirnareale bei Patienten mit Kleinhirndegeneration infolge des cerebellären Defizites eine veränderte Funktion aufweisen. Der Nachweis einer diffuseren und bilateralen topographischen Verteilung bewegungsbezogener langsamer Hirnpotentiale bei diesen Patienten weist in diese Richtung (Wessel et al. 1991; Tarkka et al. 1993). Wir haben deshalb mit der Methode der Positronenemissionstomographie (PET) Änderungen der regionalen Hirndurchblutung während einer willkürlichen sequentiellen Fingerbewegung bei Patienten mit cerebellärer Degeneration im Vergleich zu einer altersentsprechenden normalen Kontrollgruppe untersucht.

Methodik

8 Patienten mit einer autosomal dominanten (N = 1) oder idiopathischen (N = 7) cerebellären Atrophie ohne Hinweise für eine cerebelläre Systemüberschreitung wurden untersucht. Patienten und Kontrollen führten mit der rechten Hand eine willkürliche sequentielle Fingerbewegung in der Art aus, daß die Daumenspitze akkurat und so schnell wie möglich nacheinander die Fingerspitzen II bis V berührte. Instruktion war weiterhin, zwischen jeder Bewegungssequenz eine Pause von 2-4 s einzulegen. Bei allen Patienten und Kontrollen wurden jeweils 10 PET-Scans durchgeführt, 5 bei Ruhe und 5 während der sequentiellen Fingerbewegung (Ruhe-Scan und Bewegungs-Scan jeweils alternierend).

Zur Messung von Veränderungen der regionalen Hirndurchblutung mittels PET wurde eine modifizierte autoradiographische Technik angewandt (Raichle et al. 1983). Bilder des cerebralen Blutflusses wurden dadurch erhalten, daß die Aktivität nach dem ersten Auftreten einer gesteigerten cerebralen Radioaktivität nach intravenöser Bolus-Injektion von 30 mCi 15-O-markiertem Wasser für einen Zeitraum von 60 s summiert wurde. Die Erfassung und funktionelle Lokalisation der bewegungsbezogenen Aktivierung wurde im ersten Schritt durch die Generierung einer statistischen parametrischen map einschließlich stereotaktischer Normalisierung durchgeführt, was ein interindividuelles Averaging und die quantitative Bestimmung der Signifikanz von Änderungen in der regionalen Hirndurchblutung erlaubte (Friston et al. 1991). Die individuell reorientierten, linear reskalierten und neu formatierten Bilder entsprachen dem stereotaktischen Atlas von Talairach und Tournoux (1988). Die Analyse bestand in einer Pixel-für-Pixel-Analyse der Kovarianz. Darüberhinaus wurde ein Vergleich zwischen den Gruppen (Patienten und Kontrollen) vorgenommen, indem die adjustierte regionale Hirndurchblutung in 10 x 10 x 12 mm großen "volumes-of-interest" (VOI) bestimmt wurde, die zentralen Pixel in diesen VOIs entsprachen jeweils den lokalen Maxima. Eine ANOVA für wiederholte Messungen wurde benutzt, um die unterschiedlichen Effekte von Gruppe (Patienten und Kontrollen) und Bedingung (Ruhe und Bewegung) auf die regionale Hirndurchblutung zu erfassen.

Ergebnisse

Zwischen Patienten und Kontrollpersonen ergab sich kein signifikanter Unterschied in der Bewegungsdurchführung. Patienten und Kontrollen zeigten signifikante Anstiege in der regionalen Hirndurchblutung während der Fingerbewegung mit der rechten Hand im primären motorischen Cortex (MI), in der linken ventralen prämotorischen Area (PMv), in der supplementär motorischen Area (SMA), in der motorischen Area des Cingulum (CMA), im Putamen (PUT) und Lobus parietalis inferior (LPI) auf beiden sowie im Cerebellum (CB) rechts.

Der durchschnittliche Anstieg in der regionalen Hirndurchblutung während der Bewegung war in der Kontrollgruppe bei der Analyse mittels statistischem parametrischem map am größten im CB rechts (11,5 %), gefolgt von der rostralen CMA (10,3 %) und dem MI links (10,1 %). Der durchschnittliche Anstieg der regionalen Hirndurchblutung war 8,2 % in der SMA, 8,0 % in der PMv links, 7,7 % im PUT rechts, 6,4 % im PUT auf der linken Seite, 6,1 % im LPI links, 6,0 % im LPI rechts, 4,8 % im präfrontalen Cortex (PFC) links. Die schwache Aktivierung im PFC rechts erreichte nicht den Signifikanzlevel (p < 0,001; Z > 3,09).

Der durchschnittliche Anstieg der regionalen Hirndurchblutung während der Bewegung bei den Patienten mit cerebellärer Degeneration war am größtem im MI links (18,5 %), gefolgt vom CB rechts (12,3 %), und der SMA (11,4 %). Der durchschnittliche Anstieg in der regionalen Hirndurchblutung war 7,5 % im PUT rechts, 6,9 % im PUT links, 5,5 % in der caudalen CMA, 5,5 % in der PMv, 4,6 % im LPI links, 4,4 % im LIP rechts und 4,0 % in der rostralen CMA. Die schwache Aktivierung im PFC erreichte nicht den Signifikanzlevel.

Der Vergleich der Anstiege in der regionalen Hirndurchblutung während der Bewegung zwischen der Kontrollgruppe und der Patientengruppe ergab, daß folgende Hirnareale signifikant mehr in der Kontrollgruppe aktiviert waren: CB, rostrale CMA, PMv und PFC und LPI beidseits. Folgende Areale waren in der Patientengruppe mehr aktiviert: MI links, SMA, caudale CMA und PUT mehr auf der linken als auf der rechten Seite. Bei Ruhe war die regionale Hirndurchblutung im CB in der Patientengruppe, verglichen mit den Kontrollen, um 19,2 % erniedrigt.

Die Analyse der VOIs bestätigte die durch stereotaktische Normalisation und Generierung einer statistischen parametrischen map erhaltenen Resultate. Die folgenden Hirnareale waren in der Kontrollgruppe relativ mehr aktiviert: CB rechts, rostrale CMA, PMv links, LPI und PFC beidseits. Folgende Areale waren in der

556

Patientengruppe relativ mehr aktiviert: MI links, SMA, PUT beidseits und caudale CMA. Die zweifaktorielle ANOVA belegte, daß alle diese beschriebenen Unterschiede zwischen Patienten und Kontrollgruppe signifikant waren (F > 4,3; P < 0,05).

Konklusion

Das Aktivierungsmuster während der willkürlichen sequentiellen Fingerbewegung bei den normalen Kontrollpersonen ist vergleichbar mit dem ähnlicher, vorausgegangener Untersuchungen (Deiber et al. 1991). Die regionale Hirndurchblutung unter Ruhe- bedingungen war bei den Patienten im Kleinhirn klar erniedrigt, zusätzlich war im Cerebellum die Aktivierung während der Bewegung bei den Patienten reduziert. Bei den Kontrollen fanden sich signifikant stärkere Anstiege der regionalen Hirndurchblutung im PMv, in der rostralen CMA, im PFC und im LPI. Möglicherweise führt die cerebelläre Dysfunktion bei den Patienten zu einer geringeren Aktivierung dieser an der motorischen Kontrolle beteiligten Hirnareale. Andererseits fanden sich bei den Patienten, verglichen mit den Kontrollen, signifikant höhere Anstiege der regionalen Hirndurchblutung im MI, in der SMA, in der caudalen CMA und im PUT. Diese stärkere Aktivierung bei Patienten kann Folge kompensatorischer Mechanismen sein. Offensichtlich spielt das mediale prämotorische System, in dem der SMA eine zentrale Funktion zukommt, bei den Patienten eine größere Rolle. Passend hierzu ist die SMA auch kaum von cerebellärem Input abhängig und erhält starke Projektionen von den Basalganglien (Alexander et al. 1986). Das laterale prämotorische System, in dem dem prämotorischen Cortex eine zentrale Funktion zukommt und das von cerebellärem Input abhängig ist, ist bei den Patienten weniger aktiviert. Thalamo-corticale Regelschleifen über die Basalganglien und die Erregung des primären motorischen Cortex sind für die Planung und Ausführung willkürlicher sequentieller Fingerbewegungen bei Patienten mit cerebellärer Degeneration von größerer Bedeutung.

Literatur

Alexander GE, DeLong MR, Strick PL (1986) Parallel organization of functionally segregated circuits linking basal ganglia and cortex. Ann. Rev. Neurosci. 9: 375-381.
Allen GI, Tsukahara N (1974) Cerebrocerebellar communication systems. Physiol Rev 54: 957-1001
Deiber MP, Passingham RE, Colebatch JG, Friston KJ, Nixon PD, Frackowiak RSJ (1991) Cortical areas and the selection of movement: a study with positron emission tomography. Exp. Brain Res 84: 393-402
Friston KJ, Frith CD, Liddle PF, Frackowiak RSJ (1991) Comparing functional (PET) images: the assessment of significant change. J Cereb Blood Flow Metab 11: 690-699
Raichle ME, Martin WRW, Herscovitch P, Mintun MA, Markham J (1983) Brain blood flow measured with intravenous H2O15. II. Implementation and validation. J Nucl Med 24: 790-798
Talairach J, Tournoux P (1988) Coplanar Stereotaxic Atlas of the Human Brain. G Thieme, Stuttgart
Tarkka IM, Massaquoi S, Hallett M (1993) Movement-related cortical potentials in patients with cerebellar degeneration. Acta Neurol Scand (in press)

Wessel K, Verleger R, Nazarenus D, Huss GP, Kömpf D (1991) Bereitschaftspotential bei zerebellärer Ataxie. In: Firnhaber W, Dworschak K, Lauer K, Nichtweiß M (eds) Verhandlungen der Deutschen Gesellschaft für Neurologie 6. Springer-Verlag, Berlin, New York, Tokyo, pp 678-679

Ganganalyse mittels einer neuen Methode zur Messung von 3D Rotationen im Raum

E. Koenig, F. Sievering, D. Sievering, J. Konczak

Neurologische Klinik, Universität Tübingen

Fragestellung

Ganganalysen im dreidimensionalen Raum basieren auf Zeit-Positionsdaten von Markern an relevanten Gelenkachsen (Winter 1987). Herkömmliche Methoden gestatten die Analyse von 3D Translationen. Bei dieser Analyse ist die Berechnung von 3D Rotationen auf eine Ebene beschränkt. Die tatsächlich auftretenden Rotationen finden jedoch in mehreren Ebenen statt. Mit Hilfe einer neuartigen kinematischen Analyse, basierend auf der Mathematik der Quaternionen, sind wir in unserem Labor in der Lage, die Rotationen um alle Raumachsen zuverlässig zu berechnen. Die Position und die Orientierung von Körpersegmenten im Raum können mit dieser Methode vollständig beschrieben werden.

Methodik

Zur Erfassung der Bewegung eines Körpersegmentes verwenden wir T-förmige Elemente, an deren Enden punktförmige Marker, die Infrarotlicht reflektieren, angebracht sind (s. Abb. 1). Die Zeit-Positionsdaten dieser Markerpunkte werden mit einem optoelektronischen Bewegungsanalyse-System (Elite) mit einer Abtastrate von 100 Bildern/Sekunde aufgezeichnet. Aus diesen Daten läßt sich zusätzlich zur Position, beschrieben durch drei kartesische Koordinaten, auch die Orientierung z.B. als drei Drehwinkel (Eulersche Winkel) oder aber als Rotationsvektor (mittels Quaternionen) mit der von uns entwickelten Software berechnen. Dieses Verfahren eröffnet die Möglichkeit, die Bewegung der Segmente einzeln im Raum oder aber die Bewegung der Segmente relativ zueinander zu beschreiben.

Untersucht wurden die Gangprofile von 6 gesunden Erwachsenen (mittl. Alter: 28 J.). Dazu wurde am rechten Oberarm, Unterarm, Hand sowie am rechten Oberschenkel, Unterschenkel, Fuß je ein T-Element befestigt (s. Abb. 1 rechts). Die Versuchspersonen erhielten die Anweisung, langsam, normal oder schnell zu gehen. Nach einer Anlaufstrecke (Ganginitiierung) wurde der Gang über eine Distanz von 3.50 m aufgezeichnet. Das Hauptaugenmerk unserer Analyse lag auf den Rotationen von Arm und Bein in sagittaler, horizontaler und frontaler Ebene.

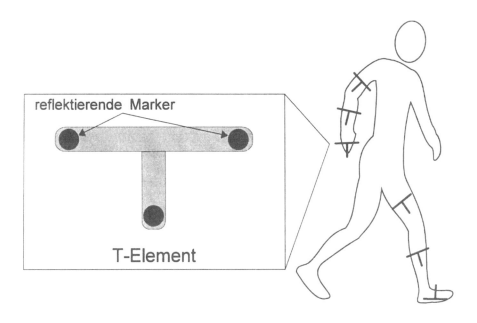

Abb. 1. Datenerfassung mit T-Elementen zur Ganganalyse.

Ergebnisse

Beim Gang dominieren bekanntermaßen die Rotationen in der sagittalen Ebene. Die auftretenden Amplituden hängen dabei wesentlich von der Ganggeschwindigkeit ab. Die Rotationen in der horizontalen und der frontalen Ebene weisen nur kleinere Amplituden auf, werden aber mit unserer Methode gut erfaßt. Die Bewegungen in diesen Ebenen sind stark vom individuellen Gangstil geprägt (Inman et al. 1981).

Wir haben uns bei der Auswertung für die Koordination zwischen den einzelnen Segmenten, insbesondere zwischen Arm- und Beinsegmenten interessiert. Dazu stellen wir den Rotationswinkel jeweils eines Segments in einer Ebene gegenüber dem Rotationswinkel eines anderen Segmentes (nicht notwendig in derselben Ebene) graphisch in einem sogenannten Phasenplot dar. Abb. 2, die im folgenden näher erläutert werden soll, zeigt dies am Beispiel von Oberarm und Oberschenkel. Auf der x-Achse ist der Rotationswinkel des Oberarms in der sagittalen Ebene dem Rotationswinkel des Oberschenkels, ebenfalls in sagittaler Ebene, auf der y-Achse gegenübergestellt. Im rechten Schaubild sind zwei Schrittzyklen eines langsamen Gangs gezeigt (Ganggeschwindigkeit etwa 0.8 m/s). Zu Beginn schwingt der Oberarm vor (Beginn beim Pfeil, s. Abb. 2 A), zugleich schwingt der Oberschenkel zurück, der Oberarm erreicht seinen vorderen Umkehrpunkt und verbleibt dort kurze Zeit. Anschließend erreicht der Oberschenkel seinen hinteren Umkehrpunkt, der Arm schwingt zurück, während das Bein nach vorn geht. Das Bein erreicht seinen vorderen Umkehrpunkt noch während der Rückschwingphase des Arms und ändert die Bewegungsrichtung bevor der Arm seinen hinteren Umkehrpunkt errreicht und dann wiederum nach vorn schwingt, womit der Zyklus von vorn beginnt. Vergleicht man die beiden dargestellten

Zyklen in Abb. 2 A, so stellt man Unterschiede in den Amplituden fest, das Koordinationsmuster ist jedoch stabil. In Abb. 2 B ist der gleiche Zusammenhang beim schnellen Gang dargestellt (nur ein Zyklus, Ganggeschwindigkeit etwa 1.6 m/s). Die Amplituden sind hier gößer, aber auch die Form der Kurve unterscheidet sich deutlich von der im rechten Bild, was auf eine geänderte Koordination schließen läßt. Der hintere Umkehrpunkt des Arms und der vordere Umkehrpunkt des Beins liegen dichter beieinander, der vordere Umkehrpunkt des Arms und der hintere Umkehrpunkt des Arms fallen zusammen. Die relativen Geschwindigkeiten von Arm zu Bein ändern sich kaum, im Gegensatz zum langsamen Gang, wo z.B. beim Vorschwingen der Arm zunächst langsamer ist als das Bein, dann schneller wird, dann wieder langsamer wird.

Betrachtet man analoge Phasenplots für die Rotationswinkel in der horizontalen oder frontalen Ebene, so zeigen sich hier charakteristische Koordinationsmuster für jede einzelne Versuchsperson, Mittels der Phasenplots erhält man eine Art *Finger-print* des Ganges, die Individualität der Profile in diesen Ansichten ist unabhängig von der Ganggeschwindigkeit.

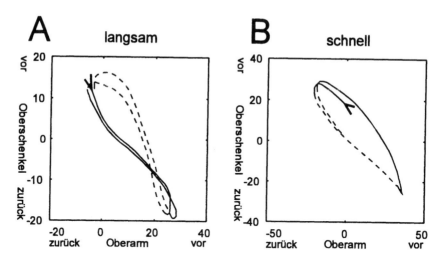

Abb. 2. Phasenplots für Rotationen von Oberarm und Oberschenkel in sagittaler Ebene. Durchgezogene Linie = Standphase (Fuß hat Bodenkontakt), gestrichelte Linie = Schwung-phase.

Konklusion

Wir sind optimistisch, mit dieser Methode kinematische Unterschiede in Gang-bildern darstellen zu können, die von traditionellen Verfahren vernachlässigt werden. Unsere Methode ist nicht nur anwendbar auf die biomechanische Unter-suchung von Gangbildern bei Gesunden, sondern erlaubt ohne großen Aufwand die Quantifizierung von Ganganomalien bei entsprechenden Patientengruppen.

Literatur

Inman VT, Ralston HJ, Todd F (1981) Human Walking, Williams & Wilkins, Baltimore/London
Winter DA, Yack HJ (1987) EMG profiles during normal human walking: Stride-to-stride and inter-subject variability. EEG Clin Neurophysiol 67: 402-411

Familiäre paroxysmale Ataxie

Boegner F., Podschus J., Marx P.

Abteilung für Neurologie, Klinikum Steglitz, FU-Berlin

Einleitung

Die Analyse paroxysmaler neurologischer Störungen umfaßt zunächst immer das Spektrum epileptischer Phänomene. Anhand der Darstellung des gehäuften Auftretens von intermittierenden zerebellären Störungen in einer Familie wird zunächst die Abgrenzung zum Formenkreis epileptischer Störungen vollzogen. Die betroffenen Patienten weisen im Intervall nur minimale ataktische Störungen und einen grobschlägigen Blickrichtungsnystagmus nach rechts und links auf. Die anfallsartigen Verstärkungen dauern zwischen 10 und 30 Minuten und führen zu ausgeprägter Gangataxie und Dysarthrie sowie Akzentuierung des Nystagmus. Innerhalb der Familie war der Ausprägungsgrad der Störungen sehr variabel - von lediglich leichten Nystagmusformen auf der einen Seite bis zu schwerster Betroffenheit, die zur Berufsunfähigkeit führte, auf der anderen Seite. Die Kenntnis des Krankheitsbildes der paroxysmalen Ataxie ist wesentlich, da gute therapeutische Beeinflussung durch Gabe von Carboanhydrasehemmern gegeben ist. Der stärkst betroffene Patient wies unter solcher Therapie eine eindrucksvolle Befundbesserung auf; paroxysmale Verstärkungen sind in den von uns erfaßten nachfolgenden 6 Wochen nicht mehr aufgetreten.

Kausuistiken

Es wird eine Familie (Familie K.) mit 22 Mitgliedern aus 3 Generationen vorgestellt, in der insgesamt 8 Fälle von paroxysmaler Ataxie bekannt sind.

1. Der verstorbene Großvater der Familie stürzte häufig bei körperlicher Belastung. Die Ehefrau berichtete von attackenförmiger Gangunsicherheit, die nicht mit Alkohol in Verbindung gebracht werden konnte. Er ist an einem Herz-Kreislaufversagen verstorben.

2. Bernd-Peter K., geboren am 1.5.1953, berichtete, seit früher Jugend unter belastungsabhängigen Ataxieattacken zu leiden. Im Untersuchungsbefund fiel ein horizontaler unerschöpflicher grobschlägiger Blickrichtungsnystagmus auf. Die Koordinationsprüfung war im Intervall regelrecht.

3. Wolfgang K., geboren am 15.2.1956, wurde mehrfach wegen der starken Ausprägung seines anfallsartigen ataktischen Syndroms stationär behandelt. Bei ihm traten derartige Attacken seit seinem 18. Lebensjahr auf und führten zu Stürzen auf der Arbeitsstelle im Baugewerbe. Unter dem Verdacht auf eine genuine Epilepsie wurde er über Jahre mit Antiepileptika behandelt. Dabei kam es zu einer Symptomver-

schlechterung. In den letzten 2 1/2 Jahren dauerten die Attacken 10 bis 30 Minuten und traten bis zu fünfmal täglich auf. Während einer Attacke bot sich folgender Untersuchungsbefund: Ausgeprägte Standataxie, die zu ausgeprägter Standunfähigkeit führte, ausgeprägt dysarthrische Sprache, grobschlägiger horizontaler unerschöpflicher Blickrichtungsnystagmus (darüber hinaus Adduktionsparese des rechten Auges nach Schieloperation). Der übrige neurologische Befund war regelrecht. Im Intervall wies der Patient lediglich den geringer ausgeprägten Blickrichtungsnystagmus sowie eine leichte Standataxie auf. Mehrfache EEG-Ableitungen im Intervall und während anfallsartiger Verstärkung zeigten keine epilepsiespezifische Aktivität, im MRT war allenfalls eine diskrete Oberwurmatrophie darstellbar, umfangreiche Laboruntersuchungen ergaben keine pathognostischen Hinweise. Mit dem Carboanhydrasehemmer Acetazolamid konnten die Attacken vollständig unterdrückt werden.

4. Andrea-Bettina K., geboren am 24.5.1961, berichtete über Ataxieattacken und zeigte im Intervall einen horizontalen grobschlägigen unerschöpflichen Blickrichtungsnystagmus bei sonst regelrechtem neurologischen Befund.

5. Die 6-jährige Sandra K. wies einen horizontalen grobschlägigen unerschöpflichen Blickrichtungsnystagmus auf bei sonst regelrechtem neurologischen Befund, ohne daß bisher anfallsartige Verstärkungen berichtet wurden.

6. Die 4-jährige Sabrena K. zeigte den horizontalen grobschlägigen unerschöpflichen Blickrichtungsnystagmus bei sonst regelrechtem Untersuchungsbefund und anamnestisch bisher fehlenden Hinweisen auf paroxysmale Verstärkungen.

7. Die 8-jährige Tochter Andrea-Bettina K. zeigte den horizontalen grobschlägigen unerschöpflichen Blickrichtungsnystagmus bei sonst unauffälligem neurologischen Befund ohne paroxysmale Verstärkung.

8. Beatrice J., geboren am 8.12.1989 (Tochter von Ramona J., geborene K.), wies im Untersuchungsbefund wiederum den horizontalen unerschöpflichen grobschlägigen Nystagmus auf.

Diskussion

Seit 1946 sind in der Literatur ca. 20 Familien mit dem autosomal-dominant vererbten Krankheitsbild der paroxysmalen Ataxie beschrieben worden (Wolt 1980; Brunt und Van Weerden 1990; Hawkes 1992). Das Kernsyndrom ist gekennzeichnet durch 10 bis 30 Minuten andauernde Attacken ausgeprägter Ataxie und häufig Dysarthrie mit horizontalem Blickrichtungsnystagmus. Im Intervall ist der neurologische Untersuchungsbefund regelrecht oder nur in minimaler Ausprägung erhalten, wobei der Nystagmus am häufigsten persistiert, gefolgt vom Symptom der Gangataxie. Abortivformen bei einigen Familienmitgliedern sind lediglich durch Nystagmus und/oder Ataxie ohne paroxysmale Verstärkungen charakterisiert. Klinisch werden die Paroxysmen häufig - teilweise über mehrere Jahre hinweg - als epileptische Anfälle verkannt (Hawkes 1992). Bei unserem Patienten Wolfgang K.

war es ambulant unter kombinierter Therapie mit Carbamazepin und Vigabatrin zu einer Zunahme der Attackenfrequenz gekommen, die nach Absetzen derselben wieder auf das vorbestehende Maß zurückging. In der Literatur (Wolt 1980; Brunt und Van Weerden 1990; Hawkes 1992) wird ein günstiges Ansprechen der Paroxysmen auf den Carboanhydrasehemmer Acetazolamid berichtet, ohne daß der zugrundeliegende Pathomechanismus bisher eindeutig analysiert werden konnte. Auch bei unserem Patienten Wolfgang K. kam es unter einer Tagesdosis von 500 mg Acetazolamid zu einem vollständigen Sistieren der paroxysmalen Ataxie über einen Zeitraum von bisher 6 Wochen. Auch der Untersuchungsbefund im Intervall (Nystagmus, Ataxie) war deutlich verbessert. Die Symptomenvielfalt variiert in den bisher beschriebenen Familien erheblich. Beispielsweise wird über die Kombination mit einer kontinuierlichen Myokymie berichtet (Brund und Van Weerden 19901).

Als interessanten Nebenbefund konnten wir bei Ramona J. (Schwester von Wolfgang K.) eine Aplasie des Musculus depressor anguli oris feststellen. Dieses Phänomen fand sich auch bei 2 ihrer 3 Kinder. Für einen eindeutigen Zusammenhang mit der familiären paroxysmalen Ataxie gibt es zur Zeit keine ausreichenden Anhaltspunkte, offenbleiben muß zur Zeit auch, ob es sich bei den Kindern möglicherweise um einen organischen Schaden oder lediglich um eine Imitation der Störung der Mutter handelt.

Literatur

Brunt ERP, Van Weerden TW (1990) Familial paroxysmal kinesigeric ataxia and continous myokomia. Brain 113: 1361-1382

Hawkes CH (1992) Familia paroxysmal ataxia: report of a family. J Neurol Neurosurg Psychiat 55: 212-213

Wolf P (1980) Familiäre episodische Ataxie. Nervenarzt 51: 355-358

Farbcodierte Duplexsonographie der A. vertebralis. Normale und pathologische Befunde

K. Pfadenhauer, H. Müller

Neurologische Klinik, Zentralklinikum Augsburg

Fragestellung

Mit Einführung leistungsstarker Duplexsonographiesysteme und der Farbkodierung von Dopplersignalen hat die Untersuchung der A.vertebralis (AV) zunehmendes Interesse gefunden. Ziel der Untersuchung war die Messung von Strömungsgeschwindigkeit in der AV in einem Normalkollektiv in Abhängigkeit von Gefäßdurchmesser (GDM), Alter und systemischem Blutdruck. Im Vergleich dazu wurden Patienten mit zerebrovaskulärer ischämischer Symptomatik und stenosierenden Prozessen an den extrakraniellen hirnversorgenden Arterien untersucht. Weiterhin sollte die farbcodierte Duplexsonographie (FKDS) an der AV in Bezug auf Reproduzierbarkeit, Darstellbarkeit und Sensitivität/Spezifität im Vergleich zur Angiographie geprüft werden.

Methodik

Alle Untersuchungen wurden mit einem ACUSON 128 Duplexsonographiesystem und einem 7,5 MHz Linearschallkopf durchgeführt. GDM, Strömungsrichtung und Flußgeschwindigkeiten wurden in der Regel in Höhe C5/6 gemessen. Strömungsgeschwindigkeiten wurden nach Eingabe des Beschallungswinkels als systolische (Max), enddiastolische (Min) und zeitgemittelt (TAMX) Maximalgeschwindigkeit in m/s angegeben.

Normalbefunde wurden an 85 Personen erhoben und verglichen mit Befunden von 155 Pat. mit mindestens einer sonographisch >70% igen Stenose an den hirnversorgenden extrakraniellen Arterien und 11 Pat. mit vertebrobasilärer TIA ohne pathologischen Befund an der AV.

Ergebnisse

Reproduzierbarkeit: 2 Untersucher erreichten Korrelationskoeffizienten von 0,82 (Max), 0,79 (Min), 0,74 (TAMX), 0,76 (GDM).

Sensitivität/Spezifität im Vergleich zur Angiographie: 13 normale und 6 verschlossene AV wurden übereinstimmend beurteilt, in 3 Fällen wurden 50-70%ige Abgangsstenosen mit der FKDS übersehen. Damit ergibt sich eine Sensitivität von 66,7 % bei einer Spezifität von 100%.

Darstellbarkeit: Intravertebrale Abschnitte der AV wurden in allen Fällen dargestellt, der Abgang rechts in 67, links in 82 %.

Normalbefunde: Mittelwerte und Standardabweichungen für die Gesamtgruppe: Max
= 0,59+/-0,17, Min = 0,19+/-0,08, TAMX = 0,31+/- 0,10 m/s. GDM rechts: 3,0,
links: 3,4 mm. Im Vergleich zum GDM ergab sich für Min die stärkste, für Max die
geringste Abhängigkeit. Keine systematischen signifikanten Abhängigkeiten ergaben
sich für Alter und Blutdruck.

Pathologische Befunde bei Stenosierungen der AV: Bei 79 AV wurden >70%ige
Stenosen gefunden, davon 19 am Abgang, 32 distal von C3/4. In 28 Fällen lagen
langstreckige Verschlüsse vor, erkennbar an fehlenden Dopplersignalen in einer
morphologisch klar darstellbaren AV bei häufig gut darstellbarer Strömung in der
parallel laufenden Vene. Häufigster Befund bei distalen Verschlüssen der AV war
das Fehlen des enddiastolischen Teiles des Strömungssignales bei kurzem Rück-
strom in der frühen Diastole in 84%. Bei hochgradigen Obstruktionen der AV am
Abgang kam es bevorzugt zu einer Reduktion des systolischen Teils des Strömungssignales in distalen Abschnitten der AV sowie zur Ausbildung zervikaler
Kollateralnetze, die in 63% mit der FKDS gut darstellbar waren.

VA als Kollaterale: Unter diesen Umständen kommt es zu signifikanter Zunahme von Strömungsgeschwindigkeiten und GDM mit höchsten Werten in der
orthograden AV beim subclavian-steal-Syndrom (Zusammenfassung Siehe Abb.).

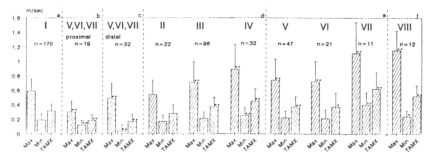

Abb. 1. Mittlere Flußgeschwindigkeiten (Max, Min, TAMX) der rechten und linken AV (a),
aller proximal (b) und distal (c) stenosierten AV, der rechten und linken AV (d), der offenen
AV (e) und der AV mit orthograder Flußrichtung in den untersuchten Patientengruppen (I =
Normalbefunde, II = unauffälliger Gefäßbefund bei vertebrobasilärer Symptomatik, III = 1
ACI-Stenose, IV = 2 ACI-Stenosen, V = 1 AV-Stenose, VI = je 1 ACI-und AV-Stenose, VII =
2 ACI-und 1 AV-Stenose, VIII = SSS)
 • entspricht einem Signifikanzniveau p<0,05
 •• entspricht einem Signifikanzniveau p<0,01 gegenüber beiden AV des Normalkollektivs

Konklusion

Die FKDS erleichtert das Aufsuchen und die Identifizierung der AV. Sie ermöglicht
einen schnelle Beurteilung von Flußgeschwindigkeit, Strömungsstörungen,
Flußrichtung, Verlaufs- und Anlageanomalien.

Die Differenzierung Hypoplasie/distaler Verschluß der AV ist sicherer möglich.
Schwierigkeiten bestehen wegen der anatomisch bedingten Unzugänglichkeit in der
Erkennung vor allem nieder- und mittelgradiger Stenosen am Abgang der AV. Die
Duplexsonographie ermöglicht die Quantifizierung von Strömungsgeschwin-
digkeiten und GDM. Unsere Ergebnisse decken sich bezüglich der Normwerte, der

Darstellbarkeit, Spezifität/Sensitivität und der Beurteilung der Vorteile der FKDS mit den Beobachtungen und Angaben anderer Autoren (Trattnig et al. 1990; Maul et al. 1992)

Literatur

Trattnig S, Hübsch P, Schuster D, Pölzleitner D (1990) Color-coded doppler imaging of normal vertebral arteries. Stroke 21: 1222-1225

Maul R, Langholz H, Heidrich H (1992) Was bietet die farbcodierte Duplexsonographie der Vertebralarterien im Vergleich zur i.a.DSA? Vasa suppl. 35: 11-12

Dopplersonographische Diagnostik atherosklerotischer intrakranieller vertebrobasilärer Läsionen

W. Müllges[1], E.B. Ringelstein [2]

[1]Neurologische Klinik der Universität Würzburg , [2]Neurologische Klinik der Universität Münster

Fragestellung

Die klinisch oft schwierige Unterscheidung lakunärer, embolischer und autochthon-thrombotischer Infarkte im vertebrobasilären (VABA) Stromgebiet ist Voraussetzung für differenzierte Therapieansätze. Die Arteriographie kann diagnostisch am besten weiterhelfen, ist jedoch ungeeignet für wiederholte Untersuchungen. Wir überprüften daher die Treffsicherheit der nichtinvasiven und großzügig indizierbaren extra-(ECD) und transkraniellen (TCD) Dopplersonographie (DS) bei Patienten (Pt) mit isoliert intrakraniellen (ic) atherosklerotischen VABA-Läsionen.

Methodik

Von 154 aufeinanderfolgenden wegen eines Hirnstamminfarkts selektiv arteriell angiographierten Pt wurden ausgeschlossen Fälle mit fibromuskulärer Dysplasie, BA-Migräne, symptomatischem Subclavian steal, hämodynamisch wirksamen proximalen VA-Läsionen, isolierten BA-Verschlüssen mit nachgewiesener kardialer Emboliequelle und klinisch rasch-progredienter BA-Thrombose sowie die Fälle, in denen die DS erst nach Angiographie durchgeführt werden konnte. So konnten bei 38 Pt gesicherte isolierte icVABA-Läsionen mit 38 ECD- und 30 TCD-Befunden verglichen werden.

Die DS wurde in üblicher Weise mit 4MHz-cw-Technik am Mastoid und mit 2MHz-pw-Technik transnuchal mit Gefäßverfolgung nach kranial und kaudal durchgeführt. Im ECD wurde ein vermehrt pulsatiles VA-Signal als Hinweis auf distale okkludierende Läsionen gewertet. Im TCD wurden Signaldispersion und Flußgeschwindigkeitszunahme als Hinweis auf Stenosen, eine proximal erhöhte Pulsatilität mit distal fehlendem Signal als Verschluß gewertet. Als "pathologisch" wurden Befunde rubrifiziert mit verdämmernden Signalen ab 85 mm Tiefe oder ein Nebeneinander verschieden gerichteter Flußsignale.

Ergebnisse

Angiographisch wurden bei den 38 Pt insgesamt 22 Vertebralisstenosen (VAST), 16 Vertebralisverschlüsse (VAV), 9 Basilarisstenosen (BAST), 4 Basilarisverschlüsse (BAV), 1 Megadolichobasilaris festgestellt. VAST wurden in 31% mittels ECD vermutet und in 61% mittels TCD lokalisiert. Einmal wurde eine Kollaterale als pathologisch identifiziert. Bei 22% wurden DS-Normalbefunde erhoben. Diese hatten entweder Stenosen <50% (3/22 Fälle), für ECD zu weit distal gelegene VAST (6/22) und einmal war eine Kollaterale beschallt worden. TCD-Fehlbefunde gab es bei je 2 niedergradigen und weit proximal liegenden VAST sowie einer Kollateralenbeschallung. In 2 Fällen konnte das stenosierte Gefäß nicht identifiziert werden. Bei den 16 VAV wurde im ECD in 81% Pulsatilitätserhöhung festgestellt. Das verschlossene Gefäß war mittels TCD in 63% nicht auffindbar, bei 2 Pt mit bds.VAV wurde die richtige Diagnose über ein BA-lowflow-Signal gestellt. Ursachen für falsche DS-Diagnosen waren in der ECD in 3 von 4 Fällen eine weit distale Läsionslokalisation und zweimal die Verwechslung mit einer Kollaterale. Insgesamt wurde mit der DS in 10 von 11 Fällen (91%) die korrekte Diagnose gestellt. Nur 1 von 9 BAST zeigte im ECD bds. erhöhte Pulsatilität in den VA. Mittels TCD wurde die richtige Diagnose in 6 von 8 Fällen gestellt (75%), in den beiden übrigen lag der Stenosegrad unter 50%. Bei allen 4 BAV war die VA-Pulsatilität bds. am Mastoid erhöht, allerdings hatten zwei Patienten auch zusätzliche VA-Läsionen. In diesen beiden Fällen ließ sich die BA mittels TCD nicht auffinden; in den beiden anderen wurde der BAV exakt diagnostiziert.

Konklusion

Die ECD kann BAV und icVAV mit hoher Spezifität und Sensitivität dargestellen (Ringelstein et al. 1985a). Dies bestätigt unsere Untersuchung. Dabei können ihr aber weit distal gelegene Läsionen entgehen. Bei BAST ist die TCD eindeutig überlegen (Ringelstein 1985b). Insgesamt ist die ECD zur zuverlässigen Diagnostik von icVABA-Läsionen nicht geeignet (in 71% falsch normale Befunde). Zur Aussagekraft der TCD bei icVABA-Läsionen gibt es unseres Wissens nur eine größere Untersuchung (53 Pt; Tettenborn et al. 1990) mit 79% richtigen Befunden. Bei unserer Patienten wurde die diagnostische Treffsicherheit der ECD durch ergänzende TCD deutlich erhöht: bei nur 6 von 30 Pt (20%) wurden die Läsionen nicht erkannt (niedergradige Stenosen, als intakte Arterie fehlgedeutete Kollaterale). Mit Hilfe von ECD plus TCD konnte eine exakte Läsionslokalisation bei 93% VAV, 67% VAST, 100% BAV, 75% BAST vorgenommen werden. Eine Kollaterale und eine Megadolichobasilaris wurden unspezifisch als "pathologisch" diagnostiziert. Insgesamt entsprach die DS-Diagnose in 82% der angiographisch festgestellten Läsion. Ein falsch positiver DS-Befund wurde nicht erhoben. Art und Ausmaß der Läsionen konnte aber häufig nur angiographisch exakt festgelegt werden. Das entspricht auch den Erfahrungen von Mull et al. (1990).

Zur Diagnostik von icVABA-Läsionen muß die ECD durch TCD ergänzt werden. Pathologische DS-Befunde sind für klinische Belange hinreichend treffsicher. Eine Angiographie sollte durchgeführt werden, wenn DS-Befunde nicht eindeutig sind oder wenn sich trotz Normalbefundes der klinische Verdacht auf icVABA-Läsionen verdichtet.

Literatur

Mull M, Aulich A, Hennerici M (1985) Transcranial Doppler ultrasonography for assessment of the vertebrobasilar circulation. J Clin Ultrasound 18: 539-549

Ringelstein EB, Zeumer H, Poeck K (1985a) Non-invasive diagnosis of intracranial lesions in the vertebrobasilar system. A comparison of Doppler sonographic and angiographic findings. Stroke 16: 848-855

Ringelstein EB (1985b) Ultrasound diagnosis applied to the vertebrobasilar system: II. Transnuchal diagnosis of intracranial vertebrobasilar stenoses using a novel pulsed Doppler system. Ultraschall 6: 60-67

Tettenborn B, Estol C, Kraemer G, Pessin M, Caplan LR (1990) Accuracy of transcranial Doppler in the vertebrobasilar circulation. J Neurol 237: 159 (abstr.)

Klinik und Verlauf intrakranieller atherosklerotischer vertebrobasilärer Läsionen

W. Müllges[1], C. Doherty[2], J. Dorr[2], E.B. Ringelstein[3]

[1]Neurologische Klinik der Universität Würzburg, [2]Neurologische Klinik der RWTH Aachen, [3]Neurologische Klinik der Universität Münster

Fragestellung

Die Klassifizierung von Hirnstamminfarkten unter pathogenetischen Gesichtspunkten in lakunär, cardial-embolisch, arterioarteriell embolisch und autochthonthrombotisch ist erforderlich zur Entwicklung eines differenzierten Therapiekonzepts (Caplan 1986). Nach Ausschluß mikroangiopathischer Infarkte sind etwa die Hälfte der Insulte jeweils auf lokale vertebrobasiläre (VABA) Atherosklerose und auf Embolien zurückzuführen (Caplan 1986, Caplan und Tettenborn 1992); die pathogenetische Unterscheidung gelingt klinisch nicht, sondern bedarf angiologischer Zusatzuntersuchungen (Angiographie bzw. extra- und transkranielle Dopplersonographie; Müllges und Ringelstein 1993). Die Prognose intrakranieller (ic) VABA-Atherosklerose wird allgemein als ungünstig angesehen, insbesondere weil einige Patienten mit solchen Läsionen sich erst im Stadium der meist letalen akuten BA-Thrombose präsentieren (Ferbert et al. 1990). Systematisch ist der Verlauf von Patienten mit streng ic lokalisierten VABA atherosklerotischen Läsionen an einem größeren Patientenkollektiv noch nicht untersucht worden.

Methodik

Bis 1990 wurde bei 142 Aachener Patienten (Pt) dopplersonographisch (DS) in der üblichen Technik eine intrakranielle VABA-Läsion diagnostiziert (nach unserer Erfahrung zuverlässig; Müllges und Ringelstein 1993). Ausgeschlossen wurden Pt mit klinisch rasch progredienter BA-Thrombose (n=55) oder mit zusätzlichen extrakraniellen hämodynamisch wirksamen oder emboligenen VABA-Läsionen (n=24). Übrig blieben 63 Pt mit gesicherten (in 38 Fällen angiographisch; 63 ECD + 55 TCD) atherosklerotischen icVABA-Läsionen (V=Verschluß, ST=Stenose: 28 VAST, 33 VAV, 12 BAST, 8 BAV, 1 MegadolichoBA). Eine kardiale Emboliequelle war bei allen Patienten echokardiographisch unwahrscheinlich. In allen Fällen wurde ein CCT durchgeführt. Die Patienten wurden 1993 klinisch und dopplersonographisch ohne Kenntnis des Vorbefunds erneut untersucht, um Verlauf und Prognose der VABA-Verschlußkrankheit genauer bestimmen zu können.

Ergebnisse

Die 63 Pt (41 Männer, 22 Frauen) hatten im Alter von durchschnittlich 58,1 (25-80) Jahren einen Infarkt im VABA-Stromgebiet erlitten. 58 von 63 Pt hatten durchschnittlich 2,2 vaskuläre Risikofaktoren, 36 hatten 2 oder 3. Führend waren Hypertonie (n=37), Hyperlipämie (n=28), Nikotin (n=24), Adipositas (n=16) und Koronare Herzkrankheit (n=16). 21 der 63 Pt (33%) hatten keine, 30 (48%) mehrere vorausgehende TIA über einen Zeitraum von meist bis zu 2 Monaten, bei 7 Pt aber auch bis zu 5 Jahren erlebt. Am häufigsten (Abb.1) waren dabei motorische Hemiparesen (n=15), Drehschwindel (n=17), Nausea mit Emesis (n=17), sensible Hemiparesen (n=13) und Fallneigung (n=12). Zum Zeitpunkt der Aufnahme wurden bei den 63 Pt 220 pathologische Befunde erhoben (3,7/Pt). Am häufigsten (Abb.1) waren motorische Hemiparese (n=41), Okulomotorikstörungen (n=24), Fallneigung (n=23), sensible Hemiparese (n=19) und extraokuläre Hirnnervenläsionen (n=19), Dysarthrie (n=18) und Hemiataxie (n=17). 8 Pt hatten eine Bewußtseinsstörung. Im cranialen CT wurden 2 medulläre, 13 pontomesencephale und 10 thalamische Infarkte festgestellt sowie 4 Infarkte im Versorgungsgebiet der SCA, 15 der PICA und 12 der PCA. Dreimal ließen sich Lakunen nachweisen, 15mal war das CT unauffällig. Medulläre Infarkte wurden nur bei VA-Läsionen gefunden, alle übrigen Infarkte ließen sich nicht mit der angiologischen Läsionslokalisation korrelieren. Behandelt wurden 3 Pt mit Fibrinolyse+Antikoagulation (AK), 9 mit AK für ca. 1 Monat und nachfolgend ASS, 4 mit AK für länger als 1 Jahr und nachfolgend ASS, 19 nur mit AK, 22 nur mit ASS. 6 Pt erhielten keinerlei angiologische Behandlung.

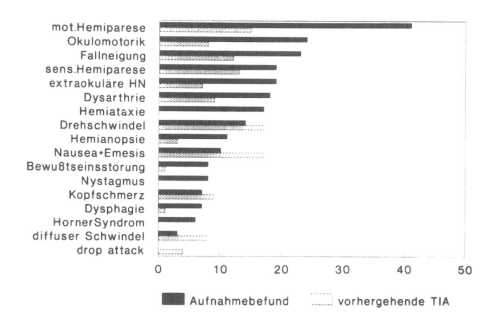

Abb.1. Symptome bei Aufnahme und vorhergehender TIA

Die Nachuntersuchung fand durchschnittlich 5,5 (3-12) Jahre nach dem Insult statt. 2 Pt waren nicht auffindbar, 1 Pt verweigerte die Untersuchung. 17 von 61 Pt (28%) waren nach durchschnittlich 17 Monaten gestorben; 8 aus kardialen Gründen (durchschn. 29 Monate), 5 an Pneumonie (1,7 Monate), 3 an BA-Thrombose (13 Monate). Alle an Pneumonie Gestorbenen hatten u.a. kaudale Hirnnervenparesen und waren bettlägerig. Die an BA-Thrombose Gestorbenen hatten als zugrundeliegende Läsionen VAV, BAST und VAV+BAST. Die überlebenden 43 Pt hatten nur noch durchschnittlich 1,1 vaskuläre Risikofaktoren. Von 155 initialen Insultsymptomen (3,6/Pt) waren bei der Nachuntersuchung noch 57 (1,3/Pt) nachweisbar. Klinisch hatten sich 3 Pt (6%) verschlechtert (zweimal Lakunen, 1x Subarachnoidalblutung), 5 (12%) waren unverändert, 35 (81%) hatten sich gebessert. 14 Pt (33%) waren klinisch unauffällig, 25 (58%) waren nur leicht behindert, 4 (9%) waren nicht selbständig wegen schwerer Behinderung. Bei der DS-Untersuchung wurde in 27 der 43 Fälle (63%) ein identischer Befund erhoben. In 13 Fällen (30%) waren neue Kollateralen zu diagnostizieren. Bei 3 Pt (7%) hatte sich der DS-Befund verschlechtert: in je einem Fall wurde eine ehemals proximale BAST jetzt auch in einer VA nachgewiesen, ein ehemals distaler VAV war jetzt bereits kurz oberhalb der Atlasschleife lokalisiert, einmal hatte sich eine VAST zu VAV entwickelt.

Konklusion

Eine symptomatische ic-VABA-Atherosklerose ist nicht nur eine Erkrankung des höheren Lebensalters, sondern betrifft auch junge Pt (Caplan et al. 1979; Levine et al. 1989). Eine häufige Ursache ist die frühe und ausgeprägte Belastung mit atherogenen Risikofaktoren (Levine 1989). Vorausgehende TIA wurden mit 70% bei unserem Patientenkollektiv häufiger beobachtet als bei BA-Thrombosen (50%; Ferbert et al. 1990). Dies kann durch den großen Anteil kardial-embolischer Genese bei Basilaristhrombosen erklärt werden, die in der Regel ohne TIA ablaufen. Daß TIA zum Teil über Monate und Jahre ohne entsprechende Diagnosestellung toleriert werden, weist auf eine verbesserungsbedürftige Aufklärung über das Krankheitsbild hin. Die zur Aufnahme führenden Insulte unterscheiden sich von der BA-Thrombose (Ferbert et al. 1990) nicht nur durch die fehlende Progredienz, sondern auch durch den Schweregrad: Insulte durch chronische intrakranielle vertebrobasiläre okkludierende Läsionen gehen selten mit tiefer Bewußtseinstrübung, kombinierten Okulomotorikstörungen und Tetraparesen einher. Die topodiagnostische Zuordnung der TIA-Symptome und Infarktsymptome als auch CCT-Befund lassen nur insofern auf die Lokalisation der VABA-Läsion schließen, als diese weiter proximal liegen muß; die Variabilität des Symptom- und Infarktmusters im CT unterstreicht die meist arteriell-arterielle, embolische Infarktgenese.

Zum Zeitpunkt der Nachuntersuchung (3-12, durchschnittlich 5,5 Jahre nach Insult) waren 28% der Patienten gestorben. Ursache waren rasch letale (Aspirations)Pneumonien infolge kaudaler Hirnnervenparesen und Bettlägerigkeit oder, bei der Hälfte der Gestorbenen, kardiale Gründe. An einer sekundären Basilaristhrombose starben nur 5% der Pt nach 2-24 Monaten. Somit ist die Koronare Herzkrankheit für die Prognose bedeutsamer als Thrombose der VABA-Atherosklerose. Eine ähnlich gute Prognose wurde bei kleineren und zT. inhomogenen Patientenkollektiven bereits beschrieben (Bogousslavsky et al. 1986, Pessin et al

1987), aber andere Autoren berichten auch von einer 50-100%igen Letalität ähnlich der der BA-Thrombose. Von den Überlebenden aus unserer Gruppe hatten sich zudem 81% gebessert und zwei Drittel waren sogar klinisch unauffällig oder für die Verichtungen des täglichen Lebens nur leicht behindert. Ein Grund für die günstige Prognose scheint in der signifikanten Reduktion vaskulärer Risikofaktoren zu liegen. Parallel dazu hatte sich der DS-Befund nur bei 7% verschlechtert. Bei 30% der Pt konnten früher nicht detektierbare Kollateralen im Bereich der okkludierenden Läsion identifiziert werden. Diese Kompensationsfähigkeit des Gefäßsystems dürfte auch wesentlich zur Rezidivfreiheit beitragen. Die auch in unserem Kollektiv unterschiedliche Behandlungsstrategie mit Thrombozytenhemmung oder mit Antikoagulation spiegelt die therapeutische Unsicherheit wider. Welches Regime günstiger ist, bleibt weiterhin ungelöst.

Literatur

Bogousslavsky J, Gates PC, Fox AJ, Barnett HJM (1986) Bilateral occlusion of vertebral artery: clinical patterns and long-term prognosis. Neurology 36: 1309-1315

Caplan LR (1979) Occlusion of the vertebral or basilar artery: follow-up analysis of some patients with benign outcome. Stroke 10: 277-282

Caplan LR (1986) Vertebrobasilar occlusive disease. In: Barnett HJM, Stein BM, Mohr JP, Yatsu FM: Stroke. Churchill Livingstone. New York, Edinburgh, London, Melbourne pp 549-619

Caplan LR, Tettenborn B (1992) Vertebrobasilar occlusive disease: Review of selected aspects. 2. Posterior circulation embolism. Cerebrovasc Dis 2: 320-326

Ferbert A, Brückmann H, Drummen R (1990) Clinical features of proven basilar artery occlusion. Stroke 21: 1135-1142

Levine SR, Quint DJ, Pessin MS, Boulos RS, Welch KMA (1989) Intraluminal clot in the vertebrobasilar circulation: clinical and radiologic features. Neurology 39: 515-522

Müllges W, Ringelstein EB (1993) Dopplersonographische Diagnostik atherosklerotischer intrakranieller vertebrobasilärer Läsionen. Arbeitstagung der Deutschen Gesellschaft für Neurologie und Sektion Neurologie der Gesellschaft Österreichischer Nervenärzte und Psychiater. Wien

Pessin MS, Gorelick PB, Kwan ES, Caplan LR (1987) Basilar artery stenosis:middle and distal segments. Neurology 37: 1742-1746

Topik und Verlauf vertebrobasilärer Zirkulationsstörungen

K. Kunze, S. Scharein

Neurologische Klinik, Universitätskrankenhaus Hamburg Eppendorf

Einleitung

Vertebrobasiläre Zirkulationsstörungen bieten gegenüber Zirkulationsstörungen im Carotis-Versorgungsgebiet die Problematik, daß einerseits flüchtige Attacken ohne Residuen häufiger sind, andererseits aber aus ganz unspezifischen Allgemeinsymptomen heraus sich plötzlich eine schwere lebensbedrohliche Situation entwickeln kann. Damit stellen die vertebrobasilären Erkrankungen eine große und heterogene Gruppe von Erkrankungen dar, die bei klinischen Klassifikationsversuchen meistens Schwierigkeiten machen, weshalb größere Studien immer neuropathologische Befunde berücksichtigt haben.

Die erste größere derartige Studie von Kubik und Adams (1946) bezog sich auf 18 Patienten im Alter von 32 bis 82 Jahren (12 Männer, 6 Frauen), die alle einen fatalen Ausgang aufwiesen. Der klinische Verlauf war gekennzeichnet durch einen abrupten Beginn und vorübergehende Remissionen. Bei fast der Hälfte der Patienten bestand zum Zeitpunkt der Aufnahme bereits eine Bewußtseinsstörung oder ein Koma. Alle Patienten zeigten im Verlauf spastische Paresen und Pyramidenbahnzeichen. Trotz dieser schweren Symptomatik kam es bei etwas mehr als einem Drittel der Fälle zu intermittierenden leichten Besserungen. Alle zeigten späte Basilarisverschlüsse, 9 proximal, 3 im mittleren Anteil und 6 distal. Silverstein (1964) wertete die Befunde bei 83 Patienten aus und führte aufgrund der neuropathologischen Untersuchungen exakte topische Zuordnungen durch. Am häufigsten waren paramediane unilaterale Syndrome (52%), während bilaterale paramediane Syndrome bei 22% der Patienten auftraten. Dies entspricht in etwa unseren klinisch erhobenen Daten aus 1986, bei denen unilaterale paramediane Syndrome in 66% und bilaterale paramediane Syndrome in 21% der Fälle auftraten (Arlt et al. 1986).

Aber auch die Patienten von Silverstein waren eine Auswahl von schweren klinischen Manifestationen. Über die Hälfte der Patienten befanden sich im Stupor und Koma und weitere 22% waren somnolent. 60% waren hemiplegisch. Caplan (1979) fand dagegen in 5 von 6 Fällen einen benignen Verlauf. Bei seinen Fällen war nur zum Teil ein plötzlicher Beginn der Symptomatik vorhanden, vor allem aber kamen viele TIA vor. Die angiographische Untersuchung ließ Basilariszirkulationsstörungen in 2 Fällen im proximalen Anteil, in 4 Fällen im mittleren Anteil erkennen. Damit ist sozusagen die Frage nach dem vielfältigen klinischen Spektrum angesprochen, welches von leichteren Residuen bis zu tödlichen Verläufen reicht.

Eigene Untersuchungen und Ergebnisse

Bei einer retrospektiven Analyse unseres Krankengutes von 235 nicht ausgewählten Patienten (36,4% Frauen, 63,6% Männer) mit einem mittleren Alter von 60 Jahren zeigten später 67,7% leichte und 6,4% keine neurologischen Ausfälle, wohingegen 12,3% schwere Defizite aufwiesen und 13,6% gestorben waren. 30,4% der Patienten mußten auf der Intensivstation überwacht und behandelt werden. Vergleicht man die klinische Symptomatik dieser beiden Patientengruppen, also die, die auf der Allgemeinstation behandelt werden konnten und jene, die auf die Intensivstation mußten (Abb. 1), dann zeigt sich, wie zu erwarten, daß die Patienten auf Intensivstation wesentlich schwerer krank waren, was nicht nur anhand der Häufigkeit der einzelnen Symptome deutlich wurde, sondern auch bezogen auf das Behandlungsergebnis, wobei die Anzahl der Patienten, die verstorben sind und die schwere neurologische Defizite aufwiesen wesentlich größer war. Darüber hinaus gab es auch qualitative Unterschiede. So wiesen die Patienten auf der Intensivstation vor allem motorische Ausfälle (spastische Hemi-und Tetraparesen) und Vigilanzstörungen auf und charakterisieren damit besonders die Schwere der Ausfälle.

Unter den Prodromi steht der Schwindel an erster Stelle, aber auch Nausea, Doppelbilder, Dysarthrie und Gangstörungen kamen bis zu einer Häufigkeit von 20% vor. Prädiktoren ließen sich daraus nicht ableiten, diese Prodromi kamen sowohl bei gutem als auch bei schlechtem Outcome und Tod vor. Vergleicht man die Häufigkeit der Prodromi überhaupt mit dem Outcome (leichte Ausfälle, schwere Ausfälle, Tod) dann zeichnet sich ein Trend dahingehend ab, daß das ungünstige Behandlungsergebnis bei den Patienten mit den geringsten Prodromi vorhanden war. Unter den Risikofaktoren ergab sich eine Priorität in der Reihenfolge Hypertonie, Nikotinabusus, Diabetes, kardiale Erkrankungen (inklusive Rhythmusstörungen) und Adipositas.

Von 101 angiographischen Untersuchungen waren 74 pathologisch, wobei sich in 35 Fällen Basilarisdurchblutungsstörungen (22 komplette Verschlüsse und 13 inkomplette Verschlüsse mit 6 proximalen, 3 mittleren und 4 distalen Verschlüssen) und 39 Vertebralisstenosen bzw - verschlüsse fanden. Bei den Patienten mit komplettem Basilarisverschluß zeigten 4 einen Infarkt im Okzipitallappen, 2 im Mesencephalon, 6 in der Pons und 6 im Cerebellum, 5 Patienten konnten topologisch anhand eines CCT oder NMR Befundes nicht zugeordnet werden. Bei den Patienten mit proximalem Basilarisverschluß hatten 3 einen Infarkt im Okziptallappen, 2 im Mesencephalon, einer in der Pons. Von den Patienten mit einem Verschluß im mittleren Anteil der Basilaris zeigte einer einen Infarkt im Mesencephalon und 2 eine Läsion in der Pons. Bei distalem Basilarisverschluß wiesen jeweils 2 Patienten einen Infarkt im Okzipitallappen und 2 einen Infarkt in der Pons auf.

Eine Thrombolyse wurde in 23 Fällen durchgeführt, wobei aus dieser Gruppe unter Berücksichtigung der Spättodesfälle 10 verstorben sind und nur 4 leichte Residuen aufwiesen. Bei allen anderen Patienten waren die sorgfältige Überwachung der Kreislaufverhältnisse und übrigen Vitalparameter und ggf. eine Heparinbehandlung die entscheidenden Therapiemaßnahmen.

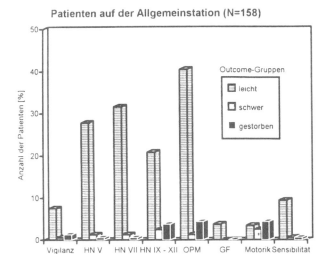

Patienten auf der Allgemeinstation (N=158)

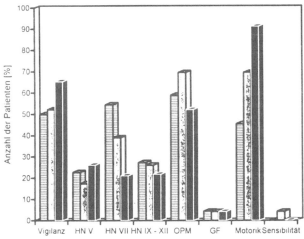

Patienten auf der Intensivstation (N=69)

Abb.1. Neurologische Befunde bei Patienten mit vertebrobasilärer Zirkulationsstörung, auf der Allgemeinstation (oben) und der Intensivstation (unten). Die Befunde sind getrennt für verschiedene Outcome-Gruppen (s. Inset) dargestellt. HN = Hirnnerv, OPM = Oculopupillomotorik, GF = Gesichtsfeldstörung.

Zusammenfassung

Bei einer retrospektiven Studie an 235 nicht ausgewählten Patienten mit vertebrobasilären Zirkulationsstörungen fanden sich in 13,6 % Todesfälle und in 12,3 % schwere neurologische Ausfälle. Im Vordergrund standen unilaterale paramediane Lokalisationen der Ausfälle. Eigentliche Prädiktoren für den klinischen Verlauf ließen sich nicht herausarbeiten. Therapeutisch kam vor allem eine sorgfältige Stabilisierung der Kreislaufverhältnisse in Frage und ggf. eine Heparinbehandlung. Dabei war bei 30,4 % der Patienten eine Behandlung auf der Intensivstation erforderlich. Bei 23 Patienten wurde eine Thrombolyse durchgeführt.

Literatur

Arlt A, Scharein S, Kunze K (1986) Clinical topology and outcome of vertebro-basilar insufficiency. In : Kunze K, Zangemeister WH, Arlt A (eds) Clinical problems of brainstem disorders. Thieme, Stuttgart, pp 38-42

Caplan LR (1979) Occlusion of the vertebral of basilar artery. Stroke 10: 277-282

Kubik CS, Adams RD (1946), Brain 69: 73-121

Silverstein A (1964) Acute infarction of the brainstem in the distribution of the basilar artery. Confin Neurol 24: 37-61

Prognostische Parameter transitorisch-ischämischer Attacken im vertebrobasilären Strombahngebiet

C. Lammers, C.R. Hornig, Th. Nüsse, O. Hoffmann, W. Dorndorf

Neurologische Universitätsklinik Gießen

Fragestellung

Das Ziel der Untersuchung war, Kenntnisse über die Langzeitprognose nach vertebrobasilären transitorisch-ischämischen Attacken zu gewinnen. Besonders interessierten uns Reinsult-, Myokardinfarktgefährdung und Sterblichkeit, sowie Parameter, die im einzelnen den weiteren Verlauf entscheidend beeinflussen.

Methodik

Von 211 konsekutiven Patienten mit vertebrobasilären TIA aus den Jahren 1983 bis 1990 wurden anamnestische, klinische und apparative Befunde in einer Datenbank erfaßt. Die Verlaufsbeobachtung erfolgte mittels Fragebögen, die an die Patienten und deren Hausärzte verschickt wurden. Sie ergab ausreichende Informationen über das weitere Schicksal von 202 Patienten (95,7%). Die Beobachtungszeit betrug zwischen 1 und 8 Jahre.

Ergebnisse

Mehr als die Hälfte der Patienten waren jünger als 60 Jahre. 39,8% der Patienten hatten bereits in der Vorgeschichte TIA im vertebrobasilären Strombahngebiet erlitten. Die häufigsten kardiovaskulären Risikofaktoren waren Hypercholesterinämie und arterielle Hypertonie.

Während einer durchschnittlich vierjährigen Verlaufsbeobachtung erlitten 11,4% der 202 Patienten mit ausreichenden Informationen einen Schlaganfall. Nach Kaplan-Meier-Schätzungen betrug das kumulative Risiko eines Reinsults nach einem Jahr 3,6% und nach fünf Jahren 14,3%. 4,9% der Kranken bekamen einen Myokardinfarkt, die Sterblichkeit lag insgesamt bei 13,9%. Die Überlebenswahrscheinlichkeit ohne zerebralen Insult und Myokardinfarkt war nach einem Jahr 91% und nach 5 Jahren 73,6%.

Konklusion

Die einzigen unabhängigen Faktoren, die in einem Proportional Hazards Model (Tabelle 1) die Schlaganfallgefährdung nach einer vertebrobasilären TIA signifikant erhöhten, waren ein Alter über 70 Jahre und eine arterielle Hypertonie. Zwei andere Studien, die allerdings Patienten mit TIA unterschiedlicher Gefäßterritorien unter-

suchten, fanden keine Faktoren, die das Risiko eines Schlaganfalls signifikant erhöhten (Muuronen und Kaste 1982; Baumgartner et al. 1989). Nur tendenziell war
das Schlaganfallrisiko in unserer Untersuchung erhöht für Kranke mit Hypercholesterinämie oder rezidivierenden TIA. Bereits ein Alter von über 60 Jahren
führte zu einer herabgesetzten Überlebenswahrscheinlichkeit ohne Schlaganfall und
Myokardinfarkt. Keinen erkennbaren Einfluß auf das Risiko eines zerebralen Insults
bzw. die Überlebenswahrscheinlichkeit ohne Myokardinfarkt und Schlaganfall
hatten Diabetes, Rauchen, koronare Herzerkrankung, Polyglobulie, einzelne
klinische Symptome, ein pathologischer Dopplerbefund der Karotiden oder
Vertebralarterien, ein Infarktnachweis im cranialen Computertomogramm oder
bestimmte angiographische Befunde; insbesondere lag auch bei schwerer Gefäß-
erkrankung im Angiogramm keine wesentlich erhöhte Gefährdung der Patienten
vor. Entsprechend wurde auch von zwei anderen Autoren (Caplan 1979;
Bogousslawsky et al. 1986) eine unerwartet günstige Langzeitprognose für Patienten
mit beidseitigen Vertebralarterienstenosen bzw. -verschlüssen beschrieben.

Tab. 1. Faktoren, die die Wahrscheinlichkeit eines zerebralen Insults bzw. zerebralen Insults, Myokardinfarkts oder Todes nach einer vertebrobasilären TIA erhöhen (Proportional Hazards Model; b: Korrelationskoeffizient; exp(b): relatives Risiko; CI: Konfidenzintervall des relativen Risikos; fett: als signifikant gewertetes Ergebnis [p < 0,05])

	exp(b)	95 % CI zerebraler Insult	p
Hypertonie	**3,40**	**1,4-8,5**	**0,0088**
Alter über 70 J.	**3,03**	**1,2-7,4**	**0,0176**
Hypercholesterinämie	2,43	1,0-5,9	0,0518
rezidivierende TIA	2,20	0,0-5,3	0,0822
	zerebraler Insult, Myokardinfarkt, Tod		
Alter über 70 J.	**2,35**	**1,2-4,7**	**0,0142**
Alter über 60 J.	**1,80**	**1,0-3,1**	**0,0490**
Hypertonie	1,70	0,9-3,0	0,0778

Literatur

Baumgartner C, Zeiler K, Oder W et al. (1989) Prognostische Faktoren für Langzeitmortalität
und Schlaganfallrisiko bei Patienten mit transitorisch-ischämischen Attacken. Wien Klin
Wochenschr. 101: 160-166
Bogousslawsky J, Gates PC, Fox AJ et al. (1986) Bilateral occlusion of vertebral artery:
Clinical patterns and long-term prognosis. Neurology 36: 1309-1315
Caplan LR (1979) Occlusion of the vertebral or basilar artery: Follow up analysis of some
patients with benign outcome. Stroke 10: 277-282
Muuronen A, Kaste M (1982) Outcome of 314 patients with transient ischemic attacks. Stroke
13: 24-31

Prognostische Parameter infratentorieller Hirninfarkte

C. Lammers, C.R. Hornig, Th. Nüsse, O. Hoffmann, W. Dorndorf

Neurologische Universitätsklinik Gießen

Fragestellung

Es war das Ziel unserer Untersuchung, Informationen über die Prognose nach infra-tentoriellem Hirninfarkt zu gewinnen. Dabei interessierten uns neben dem allge-meinen klinischen Verlauf die Faktoren, die möglichst frühzeitig einen schwer-wiegenden Ausgang des Schlaganfalls erkennen lassen.

Methodik

Zwischen 1983 und 1990 wurden in unserer Neurologischen Klinik 404 konsekutive Patienten wegen eines infratentoriellen Hirninfarkts behandelt. Anamnestische, klinische und apparative Befunde wurden in einer Datenbank retrospektiv erfaßt.

Ergebnisse

Das Durchschnittsalter der Gesamtgruppe betrug 62,2 $\pm$ 12,2 Jahre. Die häufigsten kardiovaskulären Risikofaktoren waren arterielle Hypertonie (62,4 %) und Hyper-cholesterinämie (40,3 %). Etwa 20 % der Patienten hatten in der Vorgeschichte bereits einen oder mehrere ischämische zerebrale Insulte erlitten.

Die häufigsten klinischen Befunde bei Aufnahme der 404 Patienten waren Ataxie, Sensibilitätsstörungen und Paresen. 18,1 % der Kranken hatten eine Tetra-parese, 30 % eine Bewußtseinsstörung und 10,9 % Pupillenstörungen. Von den 371 Patienten, die ein craniales Computertomogramm erhalten hatten, wiesen 128 (34,5 %) einen infratentoriellen Infarkt auf, der 69 mal im Hirnstamm und 85 mal im Kleinhirn lokalisiert war. Die Angiographie des hinteren Hirnstromkreislaufs ergab bei etwa der Hälfte der 185 untersuchten Patienten einen ein- oder beidseitigen pathologischen Befund im Bereich der Vertebralarterien. Die Arteria basilaris war 45 mal krankhaft verändert.

Insgesamt 75 Kranke (18,6 %) verstarben während des Krankenhaus-aufenthaltes, etwa ein Drittel davon innerhalb der ersten vier Tage nach dem Schlaganfall. Die mittlere Überlebenszeit betrug 11,7 $\pm$ 12,8 Tage. Die häufigste Todesursache war bei 60 % der Patienten die Zerstörung des Hirnstamms, nur bei 24 % führten sekundäre Komplikationen zum Tode; bei 16 % war die Todesursache unklar.

Die frühe Reinsultrate innerhalb von vier Wochen nach dem initialen Ereignis betrug 2,5 %. 5 Patienten erlitten einen weiteren Infarkt im vertebrobasilären Strom-bahngebiet, der zweimal tödlich war. Bei 2 anderen Patienten führte ein Reinfarkt im Bereich der Hemisphären zum Tode. 3 Kranke bekamen transitorisch-ischämische Attacken im Karotisstrombahngebiet.

Die resultierende funktionelle Behinderung zum Zeitpunkt der Entlassung wurde anhand einer modifizierten Ranking-Skala bewertet. Danach hatten 169 der 329 überlebenden Patienten (51,4 %) einen leichten Schlaganfall erlitten und nur gering-gradige Ausfälle zurückbehalten; von den übrigen 160 Kranken (48,6 %) mit schwerem Schlaganfall benötigten im täglichen Leben nach Entlassung 96 Patienten (29,2 %) gelegentliche Hilfe, 37 (11,2 %) brauchten regelmäßige Unterstützung und 27 (8,2 %) waren ständig pflegebedürftig.

Konklusion

Die Parameter von vermutlich prognostischer Relevanz wurden mit Hilfe einer stu-fenweise durchgeführten logistischen Regressionsanalyse in einer multivariaten Ana-lyse getestet. Unabhängige Variablen für einen schweren oder letalen Ausgang nach infratentoriellem Hirninfarkt (major or fatal stroke) waren ein Alter über 60 Jahre, Diabetes mellitus, initiale Somnolenz oder Koma, Tetraparese, bestimmte Pupillen-störungen und Dysarthrie (Abb. 1). Eine Tetraparese erhöhte die Wahrscheinlichkeit eines schweren oder tödlichen Schlaganfalles um das 23fache, eine Bewußt-seinsstörung um das 8fache. Eine Bewußtseinsstörung ist ein bekannter Hinweis auf einen schweren Verlauf nach vertebrobasilärem Insult (Patrick et al. 1980; Mamoli et al. 1991). In der Untergruppe der Patienten mit cranialem Computertomogramm verdoppelte der Nachweis eines infratentoriellen Infarktes in unserer Untersuchung das Risiko eines schwerwiegenden Ausgangs.

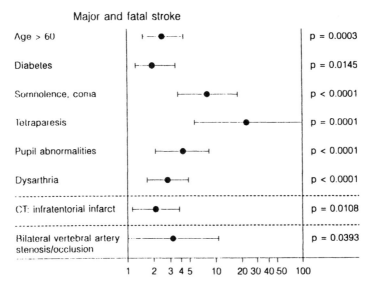

Abb. 1. Klinische Zeichen, CT und angiographische Befunde, die unabhängig das Risiko eines schweren oder letalen Ausgangs nach intratentoriellem Infarkt erhöhen.

Aus der Untergruppe von Kranken mit zerebraler Angiographie war nur die bilaterale Vertebralarterienerkrankung ein unabhängiger Risikofaktor für einen schweren oder tödlichen Schlaganfall.

Unabhängige Faktoren, die das Auftreten nur eines tödlichen Ausgangs (fatal stroke) statistisch signifikant beeinflußten, waren initiale Bewußtseinsstörung und Tetraparese; die Wahrscheinlichkeit, an dem Schlaganfall zu sterben, war jeweils etwa um das 5fache erhöht. In der Untergruppe der Patienten mit zerebraler Angiographie erhöhte nur ein Verschluß der A. basilaris unabhängig die Gefahr eines tödlichen Ausgangs, und zwar um das 14fache (Abb. 2.).

Das Risiko eines fatalen Schlaganfalls war geringer bei Patienten mit partiellem Verschluß der A. basilaris im Vergleich mit Kranken, deren Gefäß vollständig thrombosiert war. Sowohl spontane oder therapeutische Lyse als auch eine ausreichende Kollateralisation im Falle eines Teilverschlusses könnten zu einem günstigeren Ausgang führen (Caplan und Rosenbaum 1975; Caplan 1979; Hacke et al. 1988).

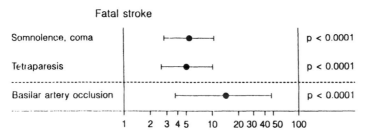

Abb. 2. Klinische Zeichen und angiographische Befunde, die unabhängig das Risiko eines letalen Ausgangs nach intratentoriellem Infarkt erhöhen.

Literatur

Caplan LR (1979) Occlusion of the vertebral or basilar artery: Follow-up analysis of some patients with benign outcome. Stroke 10: 277-282

Caplan LR, Rosenbaum AE (1975) Role of cerebral angiography in vertebrobasilar occlusive disease. J Neurol Neurosurg Psychiatry 38: 601-612

Hacke W, Zeumer H, Ferbert A et al. (1988) Intraarterial thrombolytic therapy improves outcome in patients with acute vertebrobasilar occlusive disease. Stroke 19: 1216-1222

Mamoli A, Camerlingo M, Casto L, Censori B, Ferraro B, Gazzaniga GC (1991) Factors influencing short-term prognosis in patients admitted to a stroke unit within 6 hours from acute stroke. J Neurol 238: 118

Patrick BK, Ramirez-Lassepas M, Snyder BD (1980) Temporal profile of vertebrobasilar territory infarction. Prognostic implications. Stroke 11: 643-648

"Geisteskrankheiten sind Hirnkrankheiten" - Zur Hirnlokalisation psychischer Krankheiten vor Wilhelm Griesinger

D. John

Landesversicherungsanstalt Hessen

Zu Beginn des 19. Jahrhunderts bestanden verschiedene Auffassungen zur Ursache von Geisteskrankheiten oder Seelenstörungen: (1) "Psychische Krankheiten seyen in jedem Falle als unmittelbare Affection oder Krankheiten der Seele, als eines vom Körper verschiedenen und eigenthümlichen Wesens anzusehen." (2) "Geisteskrankheiten" werden "lediglich als Reflexe organischer oder körperlicher Anomalien betrachtet." (Amelung und Bird 1832)

Hiergegen setzt der erste hessische Psychiater Dr. Franz Ludwig Amelung seine Thesen: (1) "Dass die sogenannten psychischen Störungen, sobald sie auf den Namen einer Krankheit Anspruch machen, lediglich durch körperliche krankhafte Verhältnisse zustande kommen, oder dadurch bedingt werden." (2) "Dass, wenn es auf Erörterung der nächsten Ursache, oder des unmittelbaren Sitzes der Störung ankommt, welche den abnormen psychischen Erscheinungen zugrunde liegt, jedenfalls nur das Organ in Betracht kommen kann, welches als das unmittelbare Werkzeug der psychischen Thätigkeit angesehen werden muss, nämlich das Gehirn." (Amelung und Bird 1832)

Zu Anfang des letzten Jahrhunderts setzten sich die sogenannten Psychiker, hier vor allem Heinroth, mit den Somatikern (z. B. Jacoby) heftig auseinander. Erstere waren der Auffassung, daß der Lebenswandel Schuld an den Geisteskrankheiten sei und behandelten mit Sturzbädern und Zwangsstühlen. Letztere sahen die Ursache des Irreseins in Erkrankungen des Körpers, vor allem der Säfte und des Blutes. Später entstand eine dritte Richtung, die den Sitz der Geisteskrankheiten in das Gehirn lokalisierte. Einer der Repräsentanten war Amelung, später faßte Wilhelm Griesinger diese wissenschaftliche Auffassung zusammen. Ihm wurde der Satz zugeschrieben: "Geisteskrankheiten sind Hirnkrankheiten".

Amelung, 1798 geboren, übernahm 1821 das traditionsreiche Hospital zu Hofheim bei Darmstadt. Er starb 1849, weil ihn ein Hospitalinsasse in einer "Mania homocide" niederstach. Seine wissenschaftlichen Beiträge zu den Geisteskrankheiten umfaßten Kasuistiken (z.B. seine Schilderung eines Frontalhirnsyndroms: "Ein Mädchen ....., in Melancholie verfallen, zerschmetterte sich mit einer Pistole den vorderen Theil des Hirnschädels. Ungeachtet der bedeutenden Verletzung des großen Gehirns wurde sie weder des Lebens beraubt noch zeigte sie später irgend eine Lähmung in den zur Erhaltung und Fortdauer des Lebens nothwendigen Organen. Wohl aber ist sie in vollkommenen Blödsinn mit periodischen Paroxismen der Tobsucht versunken, so dass sie nur noch vegetirt und blos noch Verlangen zur Befriedigung der physischen Bedürfnisse zeigt, die ihr zur Selbsterhaltung nothwendig sind. Uebrigens hat kein Sinnesorgan gelitten. Sie hört, sieht, riecht und schmeckt, aber der Geist ist gelähmt und das Gefühlsvermögen auf die niederste Stufe der Empfindung herabgesunken." Amelung und Bird 1832)

Amelung wurde zum Wegbereiter des Gedankens der Einheitspsychose. Er nahm an, daß der Wahnsinn die Endstrecke der Geisteszerrüttung sei, die mehrere Ursachen haben könnte. "Es giebt zwei verschiedene Zustände der Geisteszerrüttung. Bei beiden entsteht in ihrem Verlaufe Delirien, beide gehen in Verstandeszerrüttung ueber, und können in unheilbarem Wahnsinn sich endigen; so daß Delirium, Verstandeszerrüttung und Wahnsinn, als verschiedene Grade der Geisteskrankheiten angesehen werden können." (Amelung 1826)

Literatur

Amelung FL (1826) Ueber Geisteszerrüttung. Darmstadt
Amelung FL, Bird F (1832) Beiträge zur Lehre von den Geisteskrankheiten. Darmstadt und Leipzig
Großherzoglich Hessisches Regierungsblatt, Darmstdt, mehrere Bände, 1821 bis 1849

Die Lokalisationsdiskussion vor 60 Jahren und heute

B. Holdorff

Schloßpark-Klinik Berlin, Neurologische Abteilung

Um das Jahr 1930 erfährt die Lokalisationsdiskussion mit ihren Exponenten O. Foerster, K. Goldstcin, V. v. Weizsäcker noch einmal einen Höhepunkt, indem zum Thema "Restitution nach Hirnverletzungen" Foerster eine Reorganisation im Sinne der Neuübernahme von Funktionen oder Leistungen in nicht lädierten Gebieten annimmt, während Goldstein dies verneint und von Weizsäcker ihm darin beipflichtet (Verhandlungen der Gesellschaft Deutscher Nervenärzte 1930) Foerster: "... wenn von mehreren Gliedern, die gemeinschaftlich einer Leistung dienen, einen Arbeitsverband bilden, ein Glied ausscheidet und nun nach anfänglicher völliger Leistungsunfähigkeit des Gesamtverbandes doch früher oder später die restierenden Glieder des Verbandes die Leistung wieder vollkommen oder einigermaßen vollbringen, warum man in diesem Falle nicht sagen soll, die restierenden Glieder sind für den ausgeschiedenen Arbeitsgenossen eingetreten." Goldstein: "Niemals kann das Ganze aus den Teilen zusammengesetzt werden, da die Teile nicht wirkliche Teile des Ganzen, sondern durch das isolierende Denken künstlich, abstraktiv herausgeholte Momente des Ganzen darstellen, die erst bei der Betrachtung vom Ganzen ihre Bestimmung erfahren. Andererseits können wir nur von den Teilen ausgehen. ..." Von Weizsäcker, auf Foerster anspielend: "Und es bedarf keiner Häufung experimenteller und mutilierender Beispiele, um dies zu beweisen, was man doch nicht erklären kann. Was aber im pathologischen Zustand an den Erscheinungen anders ist, das ist nicht Aufbau, Neuerwerb oder Reorganisation, sondern Abbauerscheinung, in seiner Minderwertigkeit Folge der Störung. Etwas zugespitzt ließe sich in diesem Sinne sagen: Exakt wissenschaftlich untersuchen und analysieren können wir überhaupt niemals den Aufbau, sondern nur den Abbau der Leistungen. Wenn ich an das Schöpferische in ihnen glaube, dann mache ich es nicht zum Gegenstand einer Wissenschaft." An anderer Stelle (von Weizsäcker 1931): "Ist die Spezifität einer Leistung an den Ort oder ist sie an die Art der Erregung gebunden? Haben wir es mit Strukturfunktionen oder mit Funktionsstrukturen zu tun?" Auch hier führt v. Weizsäcker seine eigenen Begriffe und Vorstellungen vor, die er in seinem Gestaltkreis ausführlicher erläutert: "Herdläsionen bedingen nicht etwa einen Ausfall von Teilfunktionen, sondern gesetzmäßig der Gesamtfunktion" (Strukturwandel, Funktionswandel, Leistungswandel).

Wohl noch unter dem Einfluß der vorangegangenen Diskussion hält O. Foerster 1934 sein großes Referat (Foerster 1934), worin er drei Betrachtungsweisen unterscheidet: 1. Die Somatotopik (Beziehung eines Körperteils zu einem bestimmten Abschnitt des Nervensystems), die er mit großer Meisterschaft beherrschte. Seine Abhandlung über die Primärfelder der Motorik und Sensibilität sind noch heute aktuell, ebenso wie die von ihm beschriebene Beteiligung des sensiblen postzentralen Kortex am Zustandekommen von Willkürbewegungen. Die motorische und sensible Supplementär-Area war als solche noch nicht identifiziert, Foersters Zuordnung dieser Region zu den "extrapyramidalen" Rindenfeldern wurde später verworfen. Nachfolgende Kartographien (Homunculus von Penfield) sind von zweifelhafter Präzision, wo Fakten und Fantasie vermischt wurden (Schott 1993). 2. Die Lokalisation von Leistungen bzw. Funktionen; Foersters Konzept komplexer funktioneller Verbindungen (Arbeitsgemeinschaft) war den Ganzheitsansätzen v. Weizsäckers und K. Goldsteins noch zu eng; die Tatsachen ließen nur eine Lokalisation der Defekte, nicht der Funktionen zu. Die Neuropsychologie (damals hirnpathologische Störungen) gehörte nicht zu Foersters Gegenstand, übertriebene Lokalisationsversuche (etwa von Kleist) haben an Gewicht verloren gegenüber einem Ganzheitskonzept von K. Goldstein. Frühere Annahmen einer Äquipotentialität der Rinde für neuropsychologische Funktionen sind der einer stark vernetzten Aktivität gewichen. Unterschiedliche Wahrnehmungsfelder der Rinde, etwa modalitätsspezifischer (unimodaler) Cortex, polymodaler sensorischer und modalitätsübergreifender (supramodaler) Assoziationscortex sind erst in jüngerer Zeit differenziert worden. Der historische Streit zur Lokalisation von Funktionen scheint bis heute unentschieden, auch im Lichte der Ergebnisse des funktionellen Neuro-Imaging. Für die von Foerster angenommene Regeneration im Sinne der Neuübernahme von Funktionen und Leistungen in nicht lädierten Gebieten (Plastizität) gibt es ebenso genügend Argumente (siehe die Ergebnisse der Arbeitsgruppe Merzenick et al.) wie auch für ihr Gegenteil. 3. Die Lokalisation der Symptome (Semiologie mit der daraus abgeleiteten Syndromdiagnose) ist das eigentliche Handwerk der Neurologie. Kortikal sind Störungen im Bereich der Primärfelder noch am besten lokalisierbar, aber selbst die Defektlokalisation aufgrund klinischer Symptome ist oft mangelhaft, z.B. bei Infarkten der Hirnkonvexität (Mohr et al. 1993). Die heutige Unterscheidung zwischen epileptogenem und iktogenem Fokus, die weit auseinanderliegen können, relativieren Foersters Regel, daß das "Gepräge" des fokalen Anfalls auf einen bestimmten kortikalen Ursprungsort schließen lasse. Eine weitere vierte Betrachtungsweise, die seinerzeit in der Diskussion keine Rolle spielte, wäre hinzuzufügen: Die röntgen-morphologische oder patho-anatomische Prozeßlokalisation, daraus oft folgend die ätiologische Diagnose (Nosologie).

Die damals auf hohem Niveau geführte Diskussion hat heute nichts an Aktualität verloren.

Literatur

Foerster O (1934) Über die Bedeutung und Reichweite des Lokalisationsprinzips im Nervensystem. Verh dtsch Ges Inn Med 46: 117-211

Mohr J.P, Foulkes MA, Pholis AT, Heir DB, Case CS, Price TR, Tatemichi TK, Wolf PA (1993) Infarct topography and hemiparesis profiles with cerebral convexity infarction: the Stroke Data Bank. J Neurol Neurosurg Psychiat 56: 344-351

Schott GD (1993) Penfield's homunculus: A note on cerebral cartography. J Neurol Neurosurg and Psychiat 56: 329-333

Verh Ges Dtsch Nervenärzte, 20. Jahresvers. Dresden 1930, Dtsch Zeitschr Zschr 115: 2-314; 116, 28-31, 42-45

v. Weizsäcker V (1931) Die Neuroregulationen. Verh Dtsch Ges Inn Med 43: 13-24

Neuroimaging in der Psychosenforschung

G. Huber, G. Gross

Zentrum für Nervenheilkunde der Universität Bonn

Morphologische und funktionale Neuroimaging Verfahren können nur in enger Verbindung mit der Klinik zu Fortschritten in der Erforschung idiopathischer Psychosen führen. Dies zeigten schon unsere klinisch-neuroradiologischen Korrelationsstudien an 437 Patienten mit endogenen und 535 Patienten mit organischen Psychosen, die in den Monographien von 1957 und 1961 und in der "Psychiatrie der Gegenwart" 1964 dargestellt wurden und auf eine Inbeziehungsetzung klinisch-psychopathologischer und morphologischer Befunde gerichtet waren (Huber 1957, 1961, 1964). Es ergab sich, trotz der Diskrepanzen im Einzelfall, eine positive Korrelation: Häufigkeit und Ausmaß der atrophischen Veränderungen waren mit dem Grad der psychopathologischen Dauerveränderung korreliert.

So fand sich eine Hirnatrophie bei den leichteren Ausprägungsgraden: Pseudoneurasthenische Syndrome und organische Persönlichkeitsveränderungen in 66%, bei den Demenzen (228 Fälle) in 91%, dabei eine kortikale Atrophie in der ersten Gruppe nur in 28%, bei den Demenzzuständen dagegen in 74%. Diese sind in der Regel durch generalisierte oder am Kortex überwiegende Atrophien gekennzeichnet, die organischen Persönlichkeitsveränderungen (auf der Basis von in erster Linie traumatischen, genuin epileptischen und vaskulären Affektionen) durch das Prävalieren von ventrikelnahen Atrophien. Diese Befunde wurden mit CT bei 260 Patienten mit unterschiedlichen Hirnerkrankungen bestätigt: Von den Patienten mit irreversiblen organischen Psychosyndromen (n=176) zeigen 80,7% ein pathologisches CT i.S. einer Hirnatrophie; von den Patienten ohne irreversibles organisches Psychosyndrom nur 13%. Es besteht eine signifikante positive Korrelation zwischen im CT nachweisbarer Hirnatrophie und irreversiblem organischem Psychosyndrom (Gross et al. 1982, s. in Huber 1994).

Die Versuche der Psychosenforschung, mittels bildgebender Verfahren bestimmten Symptomen oder Syndromen bestimmte strukturelle oder funktionale zerebrale Störungen zuzuordnen, führten zu uneinheitlichen und widersprüchlichen Ergebnissen (Huber und Gross 1992). Bei den Bemühungen, Neuroimaging Befunde mit Diagnosen-Haupt-und Subkategorien zu korrelieren, ist diese Inkonsistenz vor allem auch durch die unzureichende Berücksichtigung des psychopathologischen Befundes bedingt. In den neuromorphologischen Studien wird die Unterscheidung reversibler und irreversibler Psychosyndrome nicht berücksichtigt, bei den Studien mit funktionellen bildgebenden Methoden die Differenzierung in prozeßaktive und prozeßinaktive Stadien, die bei Schizophrenien anhand des aktuellen klinisch-psychopathologischen Syndroms z.Z. der Erhebung z.B. neurochemischer oder elektroenzephalographischer Befunde erfolgen muß. Anstelle einer "Select-by-Diagnosis"-Strategie wurde daher von uns seit 1968, ausgehend von der Deskription der dynamischen und kognitiven Basissymptome idiopathischer Psychosyndrome, als nosologieübergreifende Forschungsstrategie das Prozeßaktivitätskonzept entwickelt (Huber und Penin 1968; Penin, Gross und Huber 1982; Klosterkötter, Gross und Huber 1989, s. in Huber und Gross 1992). Das aktuelle psychopathologische Syndrom wird hinsichtlich des Grades der Prozeßaktivität (PA) mittels operational definierter Kriterien bestimmt und so der intraindividuellen Verlaufsfluktuation Rechnung getragen, die besonders in den aktiven Stadien des Übergangs kognitiver Basissymtome in produktiv-psychotische Erstrangsymptome der Schizophrenie stark ausgeprägt ist.

Bei Korrelationsstudien mit Neuroimaging Methoden werden in der Regel als Probanden- und Vergleichsgruppe Patienten mit einer bestimmten Diagnosekategorie nach ICD-9 oder DSM-III-R, z.B. paranoide oder nichtparanoide Schizophrenie, schizoaffektive oder affektive Psychosen ausgewählt. Damit fehlt bei Studien mit funktionellen bildgebenden Verfahren die wichtigste Bezugsgröße für die Korrelation, nämlich der Grad der - klinisch-psychopathologisch zu ermittelnden - PA zum Untersuchungszeitpunkt. Nur bei Bestimmung dieses Merkmals lassen sich aber von der PA abhängige "State-Marker" identifizieren und von "Trait-Markern" abgrenzen.

Das PA-Konzept ermöglicht also gegenüber der Select-by-Diagnosis- und der Select-by-Marker-Strategie, eine Inbeziehungsetzung z.B. von PET-Befunden mit dem aktuellen psychopathologischen Syndrom. Bei der Suche nach neurobiologischen Determinanten oder Markern von Psychosen erfolgt die Auswahl der Patienten nosologieübergreifend nach dem Grad der PA des idiopathischen Psychosyndroms. So läßt sich z.B. durch sukzessive Verlaufsuntersuchungen nachweisen, daß bestimmte biologische Parameter zeitstabil und zustandsunabhängig vor und nach psychotischen Episoden vorkommen und demnach als Trait-Marker anzusehen sind, auf die die diagnoseorientierte Strategie vom Ansatz her abzielt. Andererseits lassen sich nur in prozeßaktiven Stadien der Psychose zu erwartende State-Marker identifizieren. Dies trifft z.B., wie wir in klinisch-elektroenzephalographischen Korrelationsstudien (1968, 1982, s. in Huber und Gross 1992) bei Schizophrenien zeigten, für das EEG-Muster der Parenrhythmie - abnorme Rhythmisierung, vor allem α- und ϑ-Parenrhythmie - zu, während inaktiven Stadien der reinen asthenischen Defizienz ein normalisiertes abgeflachtes Kurvenbild entspricht.

Analoge klinische Differenzierungen hinsichtlicher der PA sind zu beachten, wenn mittels PET, SPECT oder BEAM Stoffwechselvorgänge untersucht werden sollen. Auch hier ist bei der Suche nach State-Markern die PA des psychotischen Syndroms von Bedeutung. So fanden wir bei prozeßaktiven unbehandelten Schizophrenien (n=165) im Vergleich zu normalen Kontrollen DA, 5-HT und NA im Blut erhöht, in inaktiven Stadien dagegen niedrige Konzentrationen der gleichen Neurotransmitter (Gross et al. 1990, s. in Huber und Gross 1992). Nur eine prozeßaktive und prozeßinaktive Syndrome differenzierende Strategie ist geeignet, neurobiologische Parameter zu erfassen, die das jeweilige Stadium der positiven oder Minus-Symptomatik reflektieren, und sich in der einen oder anderen Richtung von normalen Kontrollen abheben.

Kriterien stärkerer PA sind Syndrome, die vor allem durch Stufe-2-Basissymptome, z.B. kognitive Denk-, Wahrnehmungs- und Handlungsstörungen, Coenästhesien und Symptome 1. Ranges in statu nascendi, Fluktuation und rasche Entwicklung dieser Phänomene bis zum Untersuchungszeitpunkt gekennzeichnet sind. Die sehr unterschiedlichen Befunde, die mit PET, ERP oder SPECT erhoben wurden, lassen sich damit erklären, daß in Abhängigkeit vom Grad der klinischen PA sehr differente pathophysiologische Muster vorkommen. So fanden sich beispielsweise erhöhte oder erniedrigte globale Werte des Energiestoffwechsels, bi-

laterale oder linksseitige oder keine "Hypofrontalität", relativer Hyper-oder Hypometabolismus der subkortikalen gegenüber der kortikalen Aktivität, erhöhte oder -
gegenüber Gesunden normale Konzentrationen der DA-Rezeptoren in bestimmten
Hirnregionen (s. in Huber und Gross 1992). Dies kann schon allein dadurch bedingt
sein, daß funktional-dynamische Parameter vom Grad der klinischen PA der
Psychose abhängig sind, der in den Untersuchungen nicht berücksichtigt wurde.

Eine Beziehung von psychiatrischen Syndromen und Veränderungen neuromorphologischer Strukturen und der an sie gebundenen Funktionen wurde schon seit
Beginn des Jahrhunderts postuliert, bei den idiopathischen Psychosen von Kraepelin
und Eugen Bleuler, bis 50 Jahre später dieses Postulat (M. Bleuler 1951, s. in Huber
1957) nahezu ganz aufgegeben und nur von wenigen Außenseitern, so im Gefolge
von K. Schneider von uns, weiter verfolgt wurde, weitgehend ignoriert oder begleitet
von jenem "slight indulgent sneer", das seinerzeit Bernard Sachs apostrophierte. In
einer Reihe von Arbeiten seit 1953 haben wir das Thema "Zerebrale Struktur und
Symptomatologie" und "Neuroimaging in der Psychosenforschung" behandelt, und
dabei gegenüber der Select-by-Diagnosis-Strategie die Überlegenheit des seither
schrittweise entwickelten Basissymptomkonzeptes belegt.

Die mangelnde Konsistenz und Replizierbarkeit von Ergebnissen der Forschung
mit neuroradiologischen Verfahren ist auch hier, wie bei den funktionellen bildgebenden Verfahren, auf uneinheitliche und klinisch-psychopathologisch unzureichende, in der Regel ausschließlich diagnoseorientierte Definition der Stichproben
zurückzuführen. Diagnoseorientiert bedeutet hier auch, daß zum Schizophrenie-
bzw. Dementia praecox-Begriff Kraepelin's und ebenso der modernen, an Diagnose-
systemen wie DSM-III-R orientierten Psychiatrie obligat die "Demenz", der
"Defekt", und gleichsinnig die negative Symptomatologie (Andreasen) oder das Typ-
II-Syndrom (Crow) gehört. Nun zeigen aber unsere, von einer Mannheimer Gruppe
(Häfner und Maurer, s. in Huber 1994) bestätigten Untersuchungen, daß die von
Kraepelin, Andreasen und Crow konzipierten Verlaufsmodelle der Schizophrenien
nicht aufrecht erhalten werden können: Negative Symptome, genauer:
Basissymptome, gehen den positiven Symptomen viele Jahre voraus; negative
Schizophrenien gehen in positive über und umgekehrt; differente, auch hinsichtlich
eines potentiellen neuropathologischen Substrates ganz unterschiedlich zu
bewertende Syndrome, nämlich Strukturverformungen, typisch schizophrene
Defektpsychosen, gemischte Defizienzsyndrome sowie reversible und irreversible
reine, dynamisch-kognitive Defizienzsyndrome werden pauschal als "negative
Schizophrenie" diagnostiziert und mit morphologischen Befunden korreliert. Bei der
Suche nach zerebralen Strukturveränderungen ist aber als klinisches Kriterium eine
bestimmte psychopathologische Dauerveränderung mit der Komponente eines
zumindest 3 Jahre persistierenden reinen dynamisch-kognitiven Defizienzsyndroms
entscheidend, das nur mittels differenzierter Erhebung des psychopathologisch-
phänomenologischen Befundes in Verbindung mit der Beobachtung des Verlaufs
identifizierbar ist (Huber 1961; Gross et al. 1982; Huber und Gross 1992; Huber
1994).

Andere persistierende psychopathologische Syndrome sind potentiell reversibel
oder es sind nicht primär morbogen-enzephalogene, vielmehr auf der Basis einer
prämorbiden Persönlichkeitsdisposition sich entwickelnde und fixierende Strukturverformungen. Die Konsequenz ist, daß die Diagnose "Schizophrenie" keineswegs
regelmäßig mit zerebralen Strukturveränderungen assoziiert ist (Huber und Gross

1992; Huber 1994). So fanden sich in unserer Bonner CT-Studie an 117 schizophrenen Psychosen (Gross et al. 1982) nur 28% pathologische Befunde, deren Rate
aber bei den vollremittierten Patienten nur 3%, bei den irreversiblen reinen
Defizienzsyndromen dagegen 69% beträgt. Die Befunde betreffen regelmäßig den 3.
Ventrikel, selten (11%) die Seitenventrikel und in keinem Fall die Hirnrinde (Gross
et al. 1982).

Der durchschnittliche Mittelwert des 3. Ventrikels ist (mit 7,6 mm) bei den reinen Defizienzsyndromen signifikant höher als bei den Patienten mit Vollremissionen
(4,6 mm) und den Kontrollprobanden (mit 4,2 mm). Bei den Patienten wie den
normalen Probanden kann vor dem 50. Lebensjahr eine Altersabhängigkeit der
Befunde ausgeschlossen werden (Huber 1964; Gross et al. 1982).

Bei idiopathischen Schizophrenien und Zyklothymien sind neuroradiologische
Normabweichungen nur zu erwarten, wenn die Patientenkollektive statt nach der
Diagnose nach Vorhandensein und Art eines irreversiblen Psychosyndroms differenziert werden. Die Verhältnisse sind ähnlich wie bei idiopathischen Epilepsien, die
nur in knapp einem Drittel (von 117 Fällen) pathologische Befunde aufweisen, eine
Rate, die annähernd dem Prozentsatz bei den Bonner schizophrenen Patienten (28%)
entspricht. Doch lassen sich auch hier bei den Patienten mit irreversiblen
organischen Psychosyndromen (65 Fälle) signifikant häufiger (43%) hirnatrophische
Befunde nachweisen als bei den psychisch intakten Patienten (19% - Huber 1964).

Von Bedeutung ist der bei Schizophrenien (41%) und Epilepsien häufiger als bei
anderen Krankheitsgruppen und Kontrollen nachweisbare Befund kleiner dysplasti-
scher Seitenventrikel. Hierauf stützt sich unsere Hypothese von 1957, daß Schizophrenien mit kleinen dysplastischen Ventrikeln und gegenüber organischen Psycho-
sydromen am deutlichsten qualitativ heterogenen Persönlichkeitsverformungen vielleicht eine Kerngruppe genuiner Schizophrenien sind (Huber 1957).

Wir sahen, daß in der Gruppe der Schizophrenien neuroradiologische Veränderungen nur bei der allein morbogen-organischen Teilgruppe mit irreversibler
dynamisch-kognitiver Defizienz zu erwarten sind, nicht bei den Vollremissionen
(22%) und einer Kerngruppe mit psychotischen Strukturverformungen. In Abhängigkeit von der Häufigkeitsverteilung dieser Subtypen in einem Kollektiv von
Schizophrenien variiert die Häufigkeit neuromorphologischer Normabweichungen.
So fanden sich bei unseren 195 Heidelberger Schizophreniepatienten (Huber 1957)
68,7%, bei den 212 chronischen Schizophrenien eines Landeskrankenhauses (Huber
1961) 82% mit pathologischen neuroradiologischen Befunden. Hinsichtlich der
Lokalisation sind Seitenventrikel und Hirnrinde nur in 34% bzw. 25%, der 3. Ventrikel dagegen in 71% beteiligt (Huber 1961).

Das 1953 von uns vermutete Vorkommen eines Subtyps einer "mit Hirnatrophie
einhergehenden Schizophrenie" (s. in Huber 1957, Huber 1964) wurde in den letzten
4 Jahrzehnten bestätigt und gezeigt, welche psychopathologischen und Verlaufskriterien diesen Subtyp kennzeichnen. Nach Dewan wurde durch unsere systematische Studie von 1957 erstmals eine Korrelation zwischen psychopathologischen
und neuroradiologischen Befunden bei bestimmten Schizophrenien, den "pure
residual syndromes", und darüberhinaus bei 24 Patienten eine zeitlich parallel
laufende Progredienz der hirnatrophischen und psychopathologischen Veränderungen nachgewiesen (Dewan 1987).

Die angeführten Korrelationen, dabei auch die topische Prädilektion, weisen auf eine
gleichwie geartete Beziehung der von uns als Atrophie gedeuteten Befunde zur schi-

592

zophrenen Erkrankung hin. Die These, daß sog. sporadische Schizophrenien ohne genetische Belastung signifikant häufiger Ventrikelerweiterungen aufweisen als Schizophrenien mit genetischer Belastung (Murray, Reveley et al.), konnte an den eigenen Kollektiven (406 Patienten) nicht bestätigt werden (Gross und Huber 1988, s. in Huber und Gross 1992).

Eigene und Ergebnisse anderer Autoren, z.B. neuropathologische und CT-Befunde von Stevens (1982) und Dewan (1987), die quantitativ-morphometrischen und MRI-Veränderungen von Anteilen des limbischen Systems (Hippocampus, Mandelkern und Wandstrukturen des 3. Ventrikels - Bogerts 1985; Johnstone et al. 1989; Bogerts et al. 1990, s. in Huber 1994) und neurophysiologische Befunde der Kornhuber-Gruppe sind Indizien, daß für eine Teilgruppe schizophrener Erkrankungen Störungen in limbischen Schlüsselstrukturen von Bedeutung sind, die die Basissymptome mit den aus ihnen hervorgehenden Erstrangsymptomen erklären können (Huber 1980; Gross et al. 1987; Klosterkötter 1988, s. in Huber und Gross 1992; Huber 1994).

Literatur

Dewan MJ (1987) Cerebral structure and symptomatology. In: Harvey PD, Walker EF (eds) Positive and Negative Symptoms of Psychosis. Erlbaum, Hillsdale, pp 216-242

Gross G, Huber G, Schüttler R (1982) Computerized tomography studies on schizophrenic diseases. Arch Psychiat Nervenkr 231: 519-526

Gross G, Huber G, Klosterkötter J, Linz M (1987) BSABS. Bonner Skala für die Beurteilung von Basissymptomen (Bonn Scale for the Assessment of Basic Symptoms). Springer, Berlin Heidelberg New York

Huber G (1957) Pneumencephalographische und psychopathologische Bilder bei endogenen Psychosen. Monographien aus dem Gesamtgebiete der Neurologie und Psychiatrie H.79. Springer, Berlin Göttingen Heidelberg

Huber G (1961) Chronische Schizophrenie. Synopsis klinischer und neuroradiologischer Untersuchungen an defektschizophrenen Anstaltspatienten. Hüthig, Heidelberg

Huber G (1964) Neuroradiologie und Psychiatrie. In: Gruhle HW, Jung R, Mayer-Gross W, Müller M (Hrsg) Psychiatrie der Gegenwart Bd.I/1B. Springer, Berlin Göttingen Heidelberg, pp 253-290

Huber G (1994) Psychiatrie. Systematischer Lehrtext für Studenten und Ärzte. 5. Aufl. Schattauer, Stuttgart New York

Huber G, Gross G (1992) Somatische Befunde bei Psychosen. In: Battegay R, Glatzel J, Pöldinger W, Rauchfleisch U (Hrsg) Handwörterbuch der Psychiatrie. 2. Aufl. Enke, Stuttgart, pp 556-574

Hyperfrontalität und Psychopathologie am Ketamin- und Psilocybin-Modell der Schizophrenie - Nachweis mit FDG-PET

F.X. Vollenweider[1], A. Antonini[2], Ch. Scharfetter[2], J. Angst[1], K.L. Leenders[2]

[1]Psychiatrische Universitätsklinik Zürich, [2]Paul-Scherrer-Insitut, PET Zentrum, Villigen

Einleitung

Mit Hilfe des PET konnte bei Patienten mit chronischer Schizophrenie in einer Reihe von Studien ein verminderter Stoffwechsel im frontalen Kortex und/oder ein verminderter metabolischer Gradient von frontal nach okzipital beobachtet werden. In anderen PET-Untersuchungen wurde beidseits im temporalen Kortex ein erhöhter Stoffwechsel und ein von subkortikal nach nach kortikal ansteigender Gradient gefunden; der verminderte Metabolismus im frontalen Kortex konnte allerdings nicht bestätigt werden. Cleghorn et al. fanden sogar bei Patienten mit akuter Schizophrenie einen frontal erhöhten und parietal erniedrigten Glucosestoffwechsel. Weitere Studien zeigen eine Korrelation von Minus-Symptomatik mit einem frontal verminderten Stoffwechsel, während die Plus-Symptomatik einem frontal gesteigerten Metabolismus entsprechen dürfte (Cleghorn et al. 1989). Wiesel et al. betonen, daß die Ursachen, dieser unterschiedlichen Resultate noch weitgehend unklar sind (Wiesel et al. 1989).

Unsere Arbeitsgruppe hat sich auf das Psilocybin- und das Ketamin/PCP-Modell der Psychose konzentriert, um die Zusammenhänge zwischen akut psychotischen Symptomen und cerebralem Stoffwechsel studieren zu können. Die Untersuchungen wurden mit PET und dem Radioligand (18-F)-Fluorodeoxyglucose (Vollenweider et al. 1989) durchgeführt.

Methoden

15 gesunde Probanden wurden ausgewählt. Jeder Proband wurde dreimal, in Abständen von je einem Monat, einer dynamischen FDG-PET Untersuchung unterzogen. Die Probanden erhiehlten, nach einem randomisierten Verfahren, entweder eine Standard-PET-Untersuchung, oder eine PET- Untersuchung unter dem Einfluß des ausgewählten Medikamentes. Psilocybin wurde 90 Minuten, die Ketamin Infusion (0,02-0,03 mg/kg/min, i.v.) 10 Minuten vor Applikation von FDG (15 mg, p.o.) verabreicht. Psychopathologische Tests wurden mehrfach vor und nach der Medikamenteneinnahme durchgeführt. Verwendet wurden die "Altered States of Consciousness Assesment scale (APZ)", die AMDP, die Ego-Psychopathologie (EPP) und die EWL-Bewertungsskalen. Blutabnahmen wurden durchgeführt, um die Blutspiegel der verabreichten Medikamente zu bestimmen.

Das Ketamin/PCP Modell der Psychose gilt als geeignetes, pharmakologisches Modell, um mögliche pathophysiologische Mechanismen der Schizophrenie untersuchen zu können, denn Ketamin und PCP können Plus - und Minus - Symptomatik der Schizophrenie induzieren (Vollenweider, 1992). Psilocybin kann vor allem die affektiven Veränderungen und die Plus-Symptomatik der Schizophrenie imitieren Hermle et al. 1992). Für die Glutamat-Hypothese der Schizophrenie (Kornhuber et al. 1986; Vollenweider, 1992) spricht die Beobachtung, daß Ketamin in subanästhetischer Dosis vor allem die glutamaterge, NMDA-Rezeptor vermittelte Neurotransmission blockiert. Psilocybin wirkt vermutlich über eine direkte Aktivierung der serotonergen 5-HT2-A Rezeptoren.

Ergebnisse

Basierend auf dem kortikal-subkortikalen Modell der sensorischen Informationsverarbeitung und pharmakologischen Modellen der psychotomimetischen Medikamentenwirkung, haben wir die Hypothese aufgestellt, daß die sensorische Reizüberflutung und die damit verbundene metabolische Überaktivität des frontalen Cortex (Hyperfrontalität) ein gemeinsames Merkmal der durch Ketamin und Psilocybin ausgelösten akuten Psychose darstellt.

Psychopathologie
Mit dem APZ-Fragebogen konnte festgestellt werden, daß Ketamin und Psilocybin signifkante, psychotische Zustände induzieren können. Generell bewirkte Ketamin deutlichere psychotische Effekte, ausgedrückt durch den Mittelwert der APZ-Kategorie für "ozeanische Selbstentgrenzung" (OSE: 9,3; SD 2,5/7,3; SD 2,5), durch "visionäre Umstrukturierung" (VUS: 9,3; SD 3,8/7,6; SD 2,7), und durch "Gefahr der Ich-Auflösung" (AIA: 7,6; SD 4,9/6,9; SD 2,6). Ketamin bewirkte auch Störungen, wie Angst und Apathie, welche mit dem AMDP-Bewertungsbogen quantifiziert werden konnten.

Absolute Stoffwechsel-Werte für Glucose
Die Ketamin- und Psilocybinbehandlung erhöhte den Gesamtstoffwechsel (8-16%) und die Glucose-Stoffwechselwerte in mehreren der untersuchten Hirnregionen. Ketamin und Psilocybin stimulierten den Stoffwechsel bilateral im frontomedialen (22-28%), im frontolateralen (28-30%) und im parietalen Kortex (26-28%), sowie im Thalamus (23-32%) (Wilcoxon, p<0,01, n=10). Nach Ketamin-Applikation wurden bilateral geringere Anstiege im Nucleus caudatus und im Putamen gefunden (18-23%). Das ventrale Striatum wurde nur in der rechten Hemishäre signifikant stimuliert (16%). Der geringste Anstieg wurde im okzipitomedialen Kortex verzeichnet (14%). In den Temporallappen wurden keine signifikanten Änderungen der Stoffwechselwerte beobachtet. Durch Psilocybin wurde das Putamen im gleichen Ausmaß bilateral stimuliert (21-23%) wie nach Ketamin. Der geringste Anstieg wurde wieder im okzipitomedialen Kortex gefunden (13-16%). Weder das ventrale Striatum, noch der Nucleus caudatus und die Temporallappen wurden signifikant stimuliert.

Die relativen Stoffwechselwerte

Die relativen Stoffwechselwerte (rCMRglu) wurden errechnet, indem der absolute Wert einer bestimmten Hirnregion durch den Wert des Gesamtstoffwechsels dividiert wurde. Die Normalisierung minimierte den Einfluß von Änderungen des Gesamtstoffwechsels auf regionale Änderungen. Abbildungen 1a und 1b vergleichen die mittleren relativen Stoffwechseländerungen (rCMRglu) unter Psilocybin und Ketamine, und zwar bezogen auf die Werte vor der Medikation. Der Vergleich der beiden Abbildungen zeigt, daß das Muster der Änderungen, zumindest was die rechte Hemisphäre anbetrifft, bei beiden Medikamenten sehr ähnlich ist.

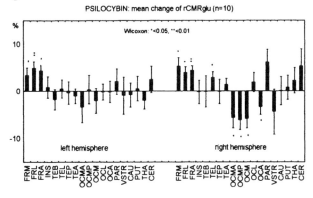

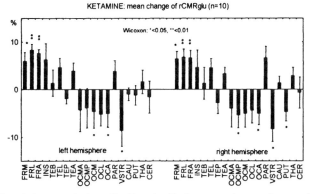

Abb. 1a. Die mittleren, relativen Stoffwechseländerungen (mean change of rCMRglu) nach Gabe von Psilocybin, dargestellt für folgende Strukturen der rechten bzw. linken Hemisphäre: FRM (frontomedial), FRL (frontolateral), FRA (frontaler Cortex gesamt), INS (Insula), TEB (temporo basal), TEL (temporo lateral), TEP (Temporalpol), TEA (temporo anterior), OCMA (occipito-medial, anterior), OCMP (occipito-medial, posterior), OCM (occipito-medial, gesamt), OCL (occipito lateral), PAR (parietaler Cortex), VSTR (ventrales Striatum), CAU (Nucleus caudatus), PUT (Putamen), THA (Thalamus), CER (Cerebellum).

Abb. 1b. Die mittleren, regionalen Stoffwechseländerungen für die o.g. Regionen nach Gabe von Ketamin. Wie Psilocybin (1a.) erhöht auch Ketamin den relativen Stoffwechselindex im frontalen Cortex beidseits.

Ketamin beeinflußt den Stoffwechsel in beiden Hemisphären gleich. Hingegen hat Psilocybin einen stimulierenden Effekt auf die rechte Hemisphäre. Sowohl Ketamin, als auch Psilocybin erhöhen bilateral die rCMRglu im frontalen Kortex.

Metabolische Gradienten und Psychopathologie

Um die Muster der PET-Aktivierung zwischen Modell-Psychosen und Schizophreniepatienten vergleichen zu können, wurden die Verhältnisse der Stroffwechselparameter zwischen corticalen und subcorticalen Regionen berechnet. Ketamin veränderte diesen kortikal-subkortikalen Gradienten signifikant in beiden Hemisphären - Psilocybin vor allem in der rechten Hemisphäre. Die Bedeutung der metabolischen Gradienten wurde durch Korrelation zu psychopathologischen Syndromen validiert (APZ, AMDP).

Ketamin erhöhte den frontal-okzipitalen Gradienten (13-16%, p<0,02), und kehrte den Gradienten vom frontalen Kortex zum ventralen Striatum in beiden Hemisphären um. Psilocybin hingegen, kehrte den Gradienten nur in der rechten Hemisphäre um (11%, p<0,02). Dieser frontal-striatale Gradient der Hemisphäre korreliert mit dem schizophrenen Syndrom nach Ketamin- und Psilocybinmedikation.

Der frontal-okzipitale Gradient der rechten Hemisphäre korreliert mit dem schizophrenen Syndrom, einschließlich dem Subsymptom Halluzinationen, nach Einnahme von Psilocybin. Nach Ketaminapplikation korreliert dieser Gradient nur mit Halluzinationen.

Diskussion

Die meisten, der bisher mit PET durchgeführten Stoffwechselstudien begnügten sich damit, frontale Defizite bei chronischer Schizophrenie aufzuzeigen.. Wenige Untersuchungen hatten den Anspruch, die neurochemischen Mechanismen der Defizite bei akuter Schizophrenie zu untersuchen. Die kortiko-striato-thalamo-kortikalen Rückkoppelungsschleifen und die "Filtertheorie des Thalamus" sind ein einfaches sensorisches Modell der Informationsverarbeitung und geeignet, die psychotomimetischen Effekte von Medikamenten auf den Energiestoffwechsel des Gehirns zu interpretieren (Carlsson und Carlsson 1990; Vollenweider 1992). Das Modell sagt voraus, daß Ketamin - entweder über eine Verminderung der corticostriatalen, glutamatergen neuronalen Übertragung oder über eine Steigerung der mesostriatalen dopaminergen Übertragung - psychotische Symptome auslösen kann, und zwar durch Öffnen des „thalamischen Filters" mit Reizüberflutung des Frontalhirns. Exzessive Aktivierung der ansteigenden serotonergen Bahnen zu Teilen des corticostriato-thalamo-corticalen Systems durch Psilocybin könnte das Gleichgewicht von Serotonin und Dopamin in diesem System stören und psychotische Symptome verursachen. Obwohl das Modell eine Vereinfachung darstellt, besteht die Möglichkeit, daß die dopaminerge Erregungsübertragung eine zentrale Rolle bei der Entstehung psychotischer Symptome, insbesondere von Plus-Symptomen spielt.

Die Ergebnisse dieser Studie zeigen, daß Ketamin und Psilocybin die absoluten (20-30%, p<0,01) und die relativen (2-14%, p<0,02) Stoffwechselwerte im frontalen Kortex erhöhen. Ketamin und Psilocybin rufen mentale Zustände hervor, die in das nosologisch weite Feld der Schizophrenie fallen (Scharfetter 1987). Die durch

Ketamin und Psilocybin induzierte metabolische Hyperfrontalität bestätigt die Ergebnisse von PET-Untersuchungen bei Patienten mit akuter Schizophrenie; sie steht aber im Gegensatz zur "Hypofrontalität", wie sie bei chronisch Schizophrenen beobachtet wurde (Cleghorn et al. 1989). Nach Einnahme von Ketamin, korreliert die Änderung des frontal-okzipitalen Gradienten der rechten Hemisphäre mit dem schizophrenen Syndrom, einschließlich dem Subsymptom der Halluzinationen; nach Ketamin korreliert der Gradient aber ausschließlich mit dem Subsymptom Halluzinationen. Für Korrelationsanalysen erscheint ein symptomatologischer Untersuchungsansatz geeigneter als ein nosologischer.

Literatur

Carlsson M, Carlsson A (1990) Schizophrenia: A subcortical neurotransmisson imbalance syndrom? Schizophrenia Bull. 16: 425-432

Cleghorn JM, Garnett ES, Nahmias C, Firnau G, Brown GM, Kaplan R, Szechtman H, Szechtman B (1989) Increased frontal and reduced parietal glucose metabolism in acute untreated schizophrenia. Psychatry Res 28: 119-133

Hermle L, Spitzer M, Borchardt D, Gouzoulis E (1992) Beziehungen der Modell-bzw. Drogenpsychosen zu schizophrenen Erkrankungen. Fortschr Neurol Psychiat 60: 383-392

Kornhuber ME, Kornhuber J, Zettlmeissel H, Kornhuber HH (1986) Phencyclidin und das glutamaterge System. In W. Keup (ed): Biologische Psychiatie. Berlin: Springer-Verlag pp. 176-180

Scharfetter C (1987) Paranoid-halluzinatorische Zustandsbilder bei drogeninduzierten Psychosen. In H.M. Olbrich (ed): Halluzination und Wahn. Berlin: Springer-Verlag pp: 42-51

Vollenweider FX (1992) Die Anwendung von Psychotomimetika in der Schizophrenieforschung unter besonderer Berücksichtigung der Ketamin/PCP-Modellpsychose. Sucht 38: 389-409

Vollenweider FX, Antonini A, Lenders KL, Angst J (1992) Zerebraler Energiemetabolismus (PET/FDG) bei gesunden Probanden während Ketamin- und Psilocybin-induzierten Modell-Psychosen. Fortschr Neurol Psychiat 60, Sonderheft 2

Wiesel FA (1989) Positron emission tomography in psychiatry. Psychiatr Dev 1: 19-47

Zur Hypofrontalität im HMPAO-SPECT bei akuten Psychosen

T. Zeit und V. Schär

Abteilung für klinische Psychiatrie an der Ruhr-Universität Bochum, Psychiatrische Abteilung des Evang. Krankenhauses Gelsenkirchen

Einleitung

Seit Kraepelin haben die morphologischen und neuropsychologischen Untersuchungsverfahren bei der Schizophrenie zu keinem sicheren Korrelat geführt. Mit den neuen nuklearmedizinischen Methoden PET und SPECT wurde in Studien bei Patienten mit einer Schizophrenie eine sog. "Hypofrontalität" gezeigt. Dieses Phänomen wurde jedoch nur bei einem Teil dieser Patienten beobachtet. Eine gesicherte Erklärung dafür gibt es bisher nicht.

Methodik

Im Rahmen unserer Studie wurden 26 Patienten, 11 Männer und 15 Frauen mit einem Durchschnittsalter von 29,8 Jahren, mit einer akuten Psychose in Form von paranoiden Ideen, Wahn oder Halluzinationen mit dem Technetium-99m-HMPAO-SPECT untersucht. Nach dem DSM-III-R wurde bei 18 Patienten die Diagnose Schizophrenie (295.13-4, 295.33-4 und 295.93-4) und bei 8 schizophreniforme Störung (295.40) gestellt.

Tab. 1. Vergleich verschiedener Parameter zwischen Untergruppe I (Pat. mit Schizophrenie und "Hypofrontalität") und Untergruppe II (Pat. mit Schizophrenie und Normalbefund im HMPAO-SPECT).
p > 0,05 nicht signifikant (n.s.), p < 0,01 signifikant (**)

	Untergruppe I Pat. mit Schizophrenie u. Hypofrontalität (n=9)	Untergruppe II Pat. mit Schizophrenie u. Normalbefund (n=6)	
Parameter	Mittelwert	Mittelwert	u-Test
Lebensalter in Jahren	33,4	27,8	n.s.
Monate seit Erkrankungsbeginn	102	31	**
Anzahl der Krankheitsepisoden	2,8	1,6	n.s.
Einnahme von Neuroleptika in Monaten	28	14	n.s.

Ergebnisse

Alle Patienten mit einer schizophreniformen Störung hatten einen unauffälligen HMPAO-SPECT-Befund und keiner dieser Patienten zeigte eine "Hypofrontalität". Bei der Hälfte der Patienten mit einer Schizophrenie (n=9) fand sich eine seitenbetonte "Hypofrontalität". 6 Patienten mit Schizophrenie hatten einen Normalbefund und 3 zeigten sonstige Perfusionsauffälligkeiten. Die Patienten mit einer Schizophrenie und "Hypofrontalität" unterschieden sich signifikant in der Gesamtdauer der Erkrankung von den Patienten mit einer Schizophrenie und einem Normalbefund im HMPAO-SPECT (Tabelle 1).

Konklusion

Das HMPAO-SPECT konnte keinen Beitrag zur Diagnose bzw. Differentialdiagnose einer Schizophrenie leisten. Pathologische Veränderungen in Form einer "Hypofrontalität" wurden bei keinem der Patienten mit einer schizophreniformen Störung gesehen. Bei den Patienten mit einer Schizophrenie zeigten nur die Hälfte einen in diesem Sinne pathologischen Befund. Als Ergebnis ist hervorzuheben, daß scheinbar erst nach einer Krankheitsdauer von einigen Jahren die Mechanismen auftreten, die zu einer "Hypofrontalität" führen. Die Fragen, ob bei der Schizophrenie das Frontalhirn überhaupt der Ort des Pathomechanismus ist und ob die "Hypofrontalität" nicht eine Folge veränderten Stoffwechsels in den Basalganglien ist, wird kontrovers diskutiert. In PET-Untersuchungen (z.B. Sheppard et al. 1983) konnte auch eine Stoffwechselminderung im Bereich der Basalganglien/Striatum beobachtet werden. Es besteht die Hypothese, daß bei der Schizophrenie die "Hypofrontalität" durch gestörte Verbindungen zwischen den Basalganglien und dem Frontalhirn bedingt ist. Insbesondere ist dabei eine Störung des mesokortikalen Trakts zu diskutieren. Diese dopaminerge Bahn steht mit dem Striatum durch den nigrostriatalen Trakt in Verbindung. Diese Veränderungen sind nach Angaben in der Literatur (z.B. Berman et al. 1986, Volkow et al. 1986) keine Folge einer Neuroleptika-Therapie. In Studien (Cantor-Graae et al. 1991) wurde gezeigt, daß es auch nach langjähriger Neuroleptikaeinnahme zu keiner Änderung der zerebralen Perfusions- und Metabolisierungsbefunde kommt.

Literatur

Berman KF, Zec RF, Weinberger DR (1986) Physiologic dysfunction of dorsolateral prefrontal cortex in schizophrenia. II. Role of neuroleptic treatment, attention and mental effort. Arch Gen Psychiatry 43:126-135
Cantor-Graae E, Warkentin S, Franzèn G, Risberg J, Ingvar DH (1991) Aspects of stability of regional cerebral blood flow in chronic schizophrenia: An 18-year followup study. Psychiatry Res 40:253-266

600

Sheppard G, Gruzelier J, Manchanda R, Hirsch SR, Wise R, Frackowiak R, Jones T (1983) 15-O positron emission tomographic scanning in predominantly never-treated acute schizophrenic patients. Lancet 1448-1452

Volkow ND, Brodie JD, Wolf AP, Angrist B, Russell J, Cancro R (1986) Brain metabolism in patients with schizophrenia before and after acute neuroleptic administration. J Neurol Neurosurg Psychiatry 49:1199-1202

Hirnmorphologische und psychometrische Befunde bei Jugendlichen mit genetischem Schizophrenierisiko

H. Schreiber[1], K. Seack[1], J. Born[3], B. Wallner[2], J.M. Friedrich[2], H.H. Kornhuber[1]

Abteilungen [1]Neurologie und [2]Radiologie der Universität Ulm, [3]Klinische Forscher-gruppe der Universität zu Lübeck

Fragestellung

Verschiedene Studien bei Schizophrenen deuten darauf hin, daß morphologische und funktionelle Veränderungen insbesondere im Frontal- und Temporallappen sowie im limbischen System bestehen (Suddath et al. 1990; Cleghorn et al. 1991; Swayze et al. 1992). Ungeklärt ist bislang, ob die strukturellen und funktionellen Veränderungen bereits prämorbid oder erst mit Manifestation der Krankheit entstehen. Wir unter-suchten deshalb die Frage, ob sich klinisch gesunde Nachkommen schizophrener Eltern in der Kernspintomographisch beurteilbaren Morphologie des Gehirns sowie in bestimmten Hirnleistungen von Nachkommen psychisch gesunder Eltern unter-scheiden.

Methodik

Die Risikogruppe (RG) umfaßte 15 Jugendliche (8 Jungen, 7 Mädchen) im Alter von 11,8-18,9 Jahren (mittleres Alter, + SD: 14,8 + 2,7 Jahre). In einem Fall waren beide Eltern an Schizophrenie erkrankt, ansonsten jeweils ein Elternteil. Die Kontroll-gruppe (KG) bestand ebenfalls aus 8 Jungen und 7 Mädchen, im Alter von 11,2-19,2 Jahren (Durchschnittsalter 14,8 + 2,7 Jahre). Alle Eltern der Kontrollen waren anamnestisch psychisch gesund. Risiko- und Kontrollpersonen waren individuell nach Alter, Geschlecht, Bildung und sozialem Hintergrund angeglichen.

Es wurden folgende psychonetrische Tests durchgeführt: (1) Allgemeine Intelli-genz: Reduzierter Wechsler Intelligenztest (WIP 72), (2) Frontalhirntests: Wisconsin Card Sorting Test (WCST, nonverbaler Strategietest), Turm von Hanoi (TvH, non-verbaler Strategietest), Five-Point-Test nach Regard und Perret (nonverbale Flüssig-keit, rechtshemisphärisch), F-Test (verbale, orthographische Flüssigkeit, links-hemisphärisch), Animal-Naming (verbale, semantische Flüssigkeit, linkshemisphä-risch), (3) Temporalhirntests: Verbaler Lern- und Merkfähigkeitstest (VLMT, links-hemisphärisch), Recurring Figures von Kimura (nonverbale Merkfähigkeit, rechts-hemisphärisch).

Die Kernspintomographie (NMR) wurde an einem 1,5-Tesla-Gerät durchgeführt (Magnetom 63 SP, Firma Siemens). Als Sender und Empfänger diente eine zirkulär polarisierte Schädelspule. Die Sequenzen beinhalten Schichtdicken von jeweils 5 mm in lückenloser Folge: (1) T1-transversal (n=11 Schichten), (2) T1-sagittal (n=11), (3) T2-transversal (n=38), (4) T1-koronar (n=15), geplant am Mediosagit-talschnitt. Die Schichtbilder wurden zunächst qualitativ ausgewertet. Quantitative

Analysen erfolgten planimetrisch am Mediosagittalschnitt und an allen Koronar-schnitten (Programm "Area Calculation", Medical Engineering Group Siemens MRI, Erlangen). Koronare Meßparameter waren: (1) Frontallappen: auf allen 15 Schichten, Unterteilung in präfrontalen und posterioren Anteil durch Genu corporis callosum. (2) Temporallappen: auf allen Schichten, die Temporallappenanteile zeigten, (3) Hippokampus-Amygdala-Komplex und Seitenventrikel: auf allen Schichten, die die Regionen zeigten; in vierfacher Vergrößerung, (4) Ventricle-Brain-Ratio des 3. Ventrikels als Größe des dritten Ventrikels relativ zu koronarem Gesamtdurchmesser. Mediosagittale Meßparameter waren: (1) Corpus callosum, (2) Verhältnis vom präfrontalen zum fronto-okkzipitalen Gesamtdurchmesser. Volumina wurden aus allen Flächenwerten berechnet (ausgenommen Corpus callosum), aus Seitenventrikel- und Frontallappengröße wurden Ventricle-Brain-Ratios (VBR) berechnet.

Ergebnisse

Beim WIP 72 lag der Gesamt-IQ im Trend (ns) in der KG niedriger als in der RG. Signifikant besser schnitt die RG dabei im WIP-Untertest "Allgemeines Wissen" ab (p<0,05). Die Leistungen in Gemeinsamkeitenfinden, Bilderergänzen und Mosaiktest waren in der RG ebenfalls etwas besser, jedoch ohne Signifikanz. Bei den Frontalhirn-assoziierten Strategietests (Turm von Hanoi, WCST) ergaben sich keinerlei signifikante Gruppenunterschiede, wenn auch in allen Parametern die RG etwas besser abschnitt. Die Wörterzahl lag im F-Test bei den Kontrollen sogar signifikant niedriger als bei den Risikos (p<0,05). Beim Animal-Naming-Test war für die Wörterzahl ein trend (ns) in derselben Richtung zu verzeichnen. Demgegenüber war die nonverbale Flüssigkeit im Five-Point-Test in beiden Gruppen nahezu gleich. Auch in den Temporalhirn-assoziierten Tests ergaben sich sowohl hinsichtlich der nonverbalen (Kimura) als auch der verbalen Merkfähigkeit (VLMT) keine signifikanten gruppenspezifischen Unterschiede, wobei die RG im VLMT und die KG im Test nach Kimura etwas höhere Werte erzielte.

Die qualitative Auswertung der NMR-Bilder ergab in der RG und in der KG keinerlei pathologische Befunde. Es wurden allerdings folgende Auffälligkeiten ("soft signs") entdeckt: (1) erweiterte Basalzisternen (RG: n=1; KG: n=2); (2) erweiterte Seitenventrikel (RG: 3; KG: 4); (3) Seitenventrikelasymmetrie (RG: 4; KG: 5); (4) Prominenz des vierten Ventrikels (RG: 2; KG:2); (5) intrakranielle Zysten (RG: 1; KG:2); (6) Cholesterolzyste (RG: 0; KG:2). Es ergaben sich dabei jedoch weder in der Art der Auffälligkeiten noch in deren Häufigkeit und Ausprägung verwertbare Unterschiede zwischen den Gruppen.

Die quantitative Auswertung der NMR-Meßwerte ergab, daß der rechte Hippokampus-Amygdala-Komplex in der RG im Trend (p=0,09) kleiner war als in der KG (s. Abb. 1). Das Verhältnis vom rechten zum linken Hippokampus-Amygdala-Komplex war bei der Kontrollgruppe signifikant größer (p<0,05).

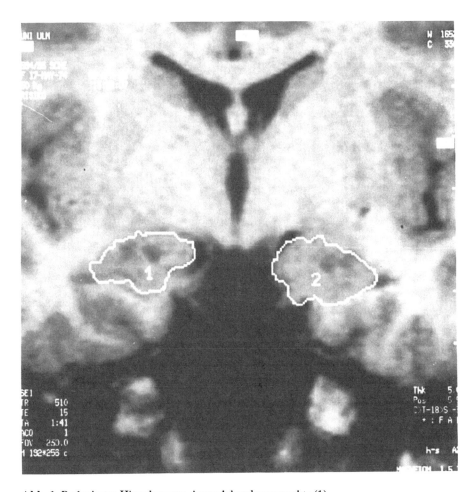

Abb. 1. Reduziertes Hippokampus-Amygdalavolumen rechts (1)

Beim Vergleich der auf den Schädelumfang normierten Volumina ergab sich ein signifikant kleinerer Hippokampus-Amygdala-Komplex für die RG (p<0,05), (s. Abb. 2). Demgegenüber wiesen die beiden Gruppen keine signifikanten Unterschiede im rechten, linken und gesamten Temporallappen, noch in dessen Seitenverhältnis rechts zu links auf. Gleiches galt für Präfrontallappen, posterioren Frontallappen, gesamten Frontallappen und Seitenventrikel. Ähnlich verhielt es sich bei den Ventricle-Brain-Ratios (VBR) der rechten und linken Hemisphäre sowie des vierten Ventrikels. Das Verhältnis vom präfrontalen zum mediosagittalen Gesamtdurchmesser betrug in der RG 23,8% und bei den Kontrollen 23,7% (ns).

Bei den Korrelationen zwischen NMR-Werten und Psychometrie-Ergebnissen war eine negative Korrelation für die Anzahl der benötigten Züge zum Erreichen des Zwischenzielfeldes beim Turm von Hanoi (TvH) und dem posterioren Frontallappenvolumen beidseits zu veerzeichnen (rechts r=-0,528, links r=0,522). Die Anzahl der Fehler beim ersten Versuchsdurchgang (TvH) korrelierte positiv mit der Größe des rechten Seitenventrikels (r=0,478) bzw. mit der rechten VBR (r=0,483). Der

604

Gesamt-IQ stand mit der Größe des Temporallappens in einem negativen Zusammenhang (links r=0,412, rechts r=0,441).

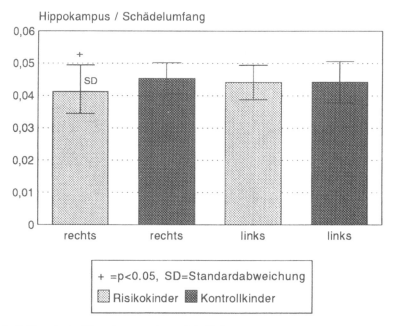

Abb. 2. Normiertes Hippokampus-Amygdala-Volumen

Konklusion

Die vorliegenden Befunde deuten darauf hin, daß die meisten der bei Schizophrenie gefundenen neuroradiologischen Veränderungen kein angeborenes oder prämorbides Phänomen sind, sondern wahrscheinlich eine Folge des Krankheitsprozesses. Eine Ausnahme könnte der Hippokampus-Amygdala-Komplex bilden, der bei der Risikopersonen eine im Verhältnis auffällige Reduktion in der rechten Hemisphäre aufwies. Veränderungen der Hippokampus-Amygdala-Region wurden bei Schizophrenie mehrfach beschrieben (Suddath et al. 1990, Breier et al. 1992; Buchanan et al. 1993), so daß eine pathogenetische Bedeutung dieses Befundes denkbar ist. Andere bei Schizophrenie beobachteten Befunde konnten von uns im Risikokollektiv nicht bestätigt werden. Auch nach Ergebnissen von Rossi et al. (1990) konnten bei weniger schwer erkrankten Schizophrenen außer einer Temporallappenreduktion keine weiteren Befunde erhoben werden. Die fehlenden Gruppenunterschiede, in den psychometrischen Tests, stehen eventuell mit dem geringeren Gesamt-IG in der KG in Zusammenhang.

Literatur

Breier A, Buchanan RW, Elkashef A, Munson RC, Kirkpatrick B, Gellad F (1992) Brain morphology and schizophrenia; A megnetic resonance imaging study of limbic, prefrontal cortex, and caudate structures. Arch Gen Psychiatry 49: 921-926

Buchanan RW, Breier A, Kirkpatrick B, Elkashef A, Munson RC, Gellad F, Carpenter WT (1993) Structural abnormalities in deficit and nondeficit schizophrenia. Am J Psychiatry 150: 59-65

Cleghorn JM, Zipursky RB, List SJ (1991) Structural and functional brain imaging in schizophrenia. J Psychiatr Neurosci 16: 53-74

Rossi A, Stratta P, D`Albenzio L, Tartaro A, Schiazza G, di Michele V, Bolino F, Casacchia M (1990) Reduced temporal lobe areas in schizophrenia: preliminary evidences from a controlled multiplanar magnetic resonance imaging study. Biol Psychiatry 27: 61-68

Suddath RL, Christison GW, Torrey EF, Casanova MF, Weinberger DR (1990) Anatomical abnormalities in the brains of monozygotic twins discordant for schizophrenia. N Eng J Med 322: 789-794

Swayze VW, Andreasen NC, Allinger RJ, Yuh WTC, Ehrhardt JC (1992) Subcortical and temporal structures in affective disorder and schizophrenia: a magnetic resonance imaging study. Biol Psychiatry 31: 221-240

Topische Aspekte im neurologischen und typologische Aspekte im psychopathologischen Befund akuter organischer Psychosen – empirische Ergebnisse und methodologische Überlegungen

J. F. Spittler

Neurologische Universitätsklinik – Knappschaftskrankenhaus, Ruhr-Universität Bochum

Fragestellung und Methodik

Im stationären, notfall-ambulanten und konsiliarischen Beobachtungsbereich einer neurologischen Klinik wurden 300 akute organische Psychosen erfaßt. Der allgemein körperliche, neurologische und psychopathologische Befund, die Syndrome, nosologischen Primär-Diagnosen, Ergebnisse der apparativen Verfahren und Entlaß-Diagnosen wurden nominal- bzw. ordinalskaliert erfaßt sowie häufigkeitsstatistisch und insgesamt nach Beschreibungsdimensionen dargestellt. Mit Rangkorrelationen, prädiktivem Wert, einem prädiktiven Index sowie mittels Schätz-Einstufung (Indikativität) wurde das Hinweisen der Befunde und der diagnostischen Abschnitte auf die Diagnose abgebildet.

Ergebnisse

Neurologische Befunde enthalten in erster Linie läsions-topische Information. Neurologische Syndrome liegen bei etwa 50% der akuten organischen Psychosen vor. Die ebenso wie bei den psychopathologischen Befunden (mit der Herausarbeitung von Syndromen) unternommene Suche nach einer inneren Struktur des neurologischen Befundes ergab bei den Rangkorrelationen niedrige Werte <0,30, nur selten höhere Korrelationen bis 0,49, die weniger als 25% der Varianz erklären. Teilweise unplausible Korrelationen sind am ehesten als Ausreißer aufgrund kleiner Fallzahlen zu interpretieren. In Kontingenztafeln lassen neurologische Befundgruppen signifikante, nach der Erfahrung zu erwartende Häufungen bei bestimmten Diagnosegruppen nachweisen, ein Ausdruck der topisch, d.h. fokal oder diffus wirksamen Pathogenese.

CCT und MRT wurden gemeinsam ausgewertet. In 16% wurde kein bildgebendes Verfahren durchgeführt, weil eine rasche Besserung die Untersuchung verhinderte oder überflüssig machte (z. B. postiktale Umdämmerung notfall-ambulant); in 16% fanden sich Normalbefunde; in 19% fanden sich ausschließlich diffuse Atrophien ohne Kombination mit fokalen Läsionen; insgesamt wurden also in ca. 50% fokale Läsionen gefunden.

Diskussion

In Abhängigkeit von den angelegten Kriterien finden sich in je ca. 50% der Beobachtungen fokale und diffuse pathogene Prozesse, teilweise kombiniert. Eine weitere statistische Analyse zeigt plausible, fast triviale, jedoch diagnostisch kaum hilfreiche Ergebnisse. Eine graphische Darstellung der topischen Häufigkeitsverteilung ist zwar anschaulich, bietet für die klinische Diagnosefindung aber keine wesentliche Hilfe. Der Versuch einer systematischen Darstellung nach diffuser, funktionssystembezogener, seitenbetont fokaler und querschnittsartiger Pathogenese ist plausibel. Für die weitere systematische Differenzierung bietet sich eine Unterteilung nach dem Läsionsniveau an. Schließlich kann ein unspezifisch stimulierendes bzw. sinnesmodales/motorisches System unterschieden werden. Damit läßt sich die Bewußtseinsstörung akuter organischer Psychosen als Mitbetroffensein der unspezifisch stimulierenden Systeme im Rahmen einer diffusen oder fokalen Störung verstehen. Kombinierte Läsionen sind nicht selten und relativieren den praktischen Wert einer systematischen Unterscheidung. Eine wirklichkeitsnahe Systematik topischer Gesichtspunkte wird bei größerer Vollständigkeit selbst wieder komplex und unübersichtlich.

Konklusion

Wissenschaftliche Forschung erreicht größtmögliche Quantifizierung (mittels elektrischer und Labor-Parameter), eine Objektivierung von Befunden und eine Minimierung intersubjektiver Variation (mittels bildgebender Verfahren) mit einer Reduktion der biologischen Komplexität. Die primärdiagnostischen phänomenologischen Verfahren der Anamneseerhebung, des neurologischen und psychopathologischen Befundes sind komplex und nur bedingt quantifizierbar. Wissenschaftlicher Fortschritt wird heute eher in der zunehmenden Spezialisierung der objektiveren physikalischen und chemischen Methoden gesucht.

Diese Entwicklung führt nicht nur in ein ökonomisches, sondern mit abnehmender Überschaubarkeit und problematischer Relevanz auch in ein babylonisches Dilemma der Wissenschaften. Dieses folgt aus einem eng verstandenen Quantifizierungs- und Reduktionismus-Dogma und kann gegenwärtig nur von einem metatheoretischen Blickwinkel beschrieben werden, eine Auflösung ist nicht in Sicht. Immerhin ist die Notwendigkeit zu erkennen, die primärdiagnostisch entscheidenden, phänomenologischen Verfahren (Anamnesebewertung, neurologische, psychopathologische Befunderhebung) methodenkritisch zu untersuchen. Über der Flut spezialisierter quantifizierender Methoden und Daten darf die komplexe primäre klinische Diagnostik weder als ärztliche Kunst von wissenschaftlicher Untersuchung ausgenommen werden, noch wegen unbefriedigender Erfolgsaussichten von wissenschaftlichem Interesse ignoriert werden.

Literatur

Blois MS (1980) Clinical judgment and computers. N Engl J Med 303: 192-197

Lauter H (1988) Die organischen Psychosyndrome. In: Kisker KP, Lauter H, Meyer JE, Müller C, Strömgren E (Eds): Psychiatrie der Gegenwart, Bd. 6, Organische Psychosen. Springer, Berlin, Heidelberg, New York, 3. Aufl. 3-56

Saper CB, Plum F (1985) Disorders of consciousness. In: Vinken PJ, Bruyn GW (Eds): Elsevier, Amsterdam, Handbook of Clinical Neurology 45: 107-128

Spittler JF (1993) Allgemeine Aspekte des diagnostischen Prozesses bei akuten organischen Psychosen. Schweiz Arch Neurol Psychiatr 144: 101-111

Psychiatrische Befunde bei intracerebralen Raumforderungen unterschiedlicher Lokalisation und Genese

W. Wittgens[1,3], W.v. Tempelhoff[3], F.J. Schuier[2], F. Ulrich[3]

[1]Hans-Prinzhorn-Klinik Hemer, [2]Neurologische Abteilung der Rheinischen Landes- und Hochschulklinik Düsseldorf; Psychiatrische Klinik der Heinrich-Heine-Universität, [3]Neurochirurgische Klinik der Heinrich-Heine-Universität Düsseldorf

Einleitung

Die klinische Verdachtsdiagnose einer intracerebralen Raumforderung ergibt sich im allgemeinen über den Nachweis fokalneurologischer Ausfälle, wobei neben unspezifischen Symptomen wie Kopfschmerzen oder epileptischen Anfällen vor allem der Nachweis von Paresen zu nennen ist, gefolgt vom hirnorganischen Psychosyndrom (Rieder 1992). Insbesondere beim Vorliegen vorrangig psychopathologischer Auffälligkeiten und Fehlen zusätzliche fokalneurologischer Symptome, werden Patienten mit intracerebralen Raumforderungen immer wieder initial psychiatrischen Kliniken zugewiesen. Hierbei, wie auch bei anderen neurologischen Erkrankungen des Gehirns, kann z. B. psychopathologisch durchaus das Bild einer endogen anmutenden Schizophrenie vorliegen (Wittgens 1992). Wenngleich die Literatur oft die Korrelation zwischen psychoorganischen Symptomen und Lokalisation der Raumforderung, insbesondere bei Tumoren, belegt (Grote 1986), so ist dies, wie auch unsere Untersuchung zeigt, nicht immer möglich. Ziel der Ausarbeitung unserer Kasuistiken war es, zu untersuchen, wie oft eine enge Korrelation zwischen Lokalisation, Genese und Psychopathologie intracranieller Raumforderungen möglich ist.

Patient und Methodik

Binnen eines Jahres wurden der Psychiatrischen Universitätsklinik Düsseldorf zehn Patienten zugewiesen, die psychopathologisch durch psychotische, hirnorganische oder Affektstörungen auffällig geworden waren und im weiteren Verlauf der Diagnostik, insbesondere der routinemäßig durchgeführten cerebralen Computertomographie, als Ursache dessen eine intracerebrale Raumforderung aufwiesen. Ätiologisch fanden wir drei Meningeome, ein Glioblastom, drei Hydrocephali sowie drei subdurale Hämatome, letztere in einem Fall durch eine zusätzliche temporale Hirncontusion kompliziert.

Ergebnisse

In den Fällen der Patienten mit nachgewiesenem Hydrocephalus internus imponierte psychopathologisch zum Zeitpunkt der Aufnahme ein hirnorganisches Psycho-

610

syndrom mit Störungen im Bereich der Orientierung, der Merkfähigkeit, der Konzentration, und des Gedächtnisses. Die Einweisungsdiagnosen waren in zwei Fällen die einer präsenilen Demenz, in einem die einer chronisch schizophrenen Psychose. Zwei weitere Patienten ähnlicher Symptomatik und Verdachtsdiagnose wiesen als Ursache fronto-basale Meningeome auf. Ein weiterer Patient mit einem rechts parietalen Meningeom sowie ein Patient, der an einem links parieto-occipitalem Glioblastom litt, wurden unter der Verdachtsdiagnose einer psychoneurotischen Störung mit vegetativer Begleitsymptomatik, insbesondere diffuser Schwindelsensationen, eingewiesen. Bei zwei an Chorea Huntington erkrankten Patientinnen waren massive Affektstörungen mit Affektinkontinenz und Affektlabilität, die als Verschlechterung der bestehenden hirnorganischen Veränderungen der Grunderkrankung angesehen wurden, durch ausgedehnte, zum einen bi- zum anderen rechtshemisphärische subdurale Hämatome bedingt. Eine weitere Patientin mit linksseitigem subduralen Hämatom und zusätzlicher linkstemporaler Contusion wies Zeichen einer akut exacerbierten schizophrenen Psychose vom desorganisierten Typus auf.

Diskussion

Zusammengefaßt konnten wir aufgrund unserer kasuistischen Beobachtungen nur in 50 % der Fälle Topographie, Ätiologie und Psychopathologie korrelieren, während weitere 50 % der Patienten eine psychiatrische Symptomatik zeigten, die der cerebralen Lokalisation der Raumforderungen nicht entsprach. Im Falle der drei Hydrocephalus-Patienten wie auch der beiden Patienten mit frontalen Menigeomen entsprach die klinische Psychopathologie durchaus den typischen Symptomen, die für derartige Raumforderungen als typisch angesehen wird (Lumenta und Schirmer 1984). Sehr untypisch hingegen erwies sich die Psychopathologie der fünf weiter aufgeführten Patienten. Insbesondere die Chorea-Patienten imponierten durch eine massive affektive Verschlechterung ihrer Befindlichkeit, wie sie durchaus im Verlauf des Morbus zu sehen ist. Patienten mit parietalen Tumoren bzw. temporaler Contusion imponierten durch psychogen bzw. psychotisch anmutende Symptome, ohne daß hieraus eine exakte topographische Zuordnung im engeren Sinne hätte vorgenommen werden können. Dies mag erneut als Hinweis für die Notwendigkeit exakter neurologischer Diagnostik, einschließlich bildgebender Verfahren bei auch klassisch wirkenden psychiatrischen Krankheitsbildern dienen. In den von uns geschilderten Fällen konnten die Patienten einer neurochirurgischen Therapie zugeführt werden, die zur Remission der psychiatrischen Leitsymptomatik führte.

Literatur

Grote W (1986) Neurochirurgie, G. Thieme, Stuttgart N.Y.
Lumenta CHR, Schirmer M (1984) Symptoms of brain tumors, Clinical Pharmacology Vol. 7: 332-37
Rieder G (1992) Neoplasien und Mißbildungen, In: Brandt T, Dichgans J, Diener HCHR (Hrsg.) Therapie und Verlauf neurologischer Erkrankungen. Kohlhammer, Stuttgart Berlin Köln, pp 689-738
Wittgens W (1992) Schizophrenia mimicked by neurological diseases. Anales de Psychiatria Vol. 8 Supl. I : 71

ERP-Topographie bei Patientinnen mit menopausalem Syndrom

H.V. Semlitsch[1], P. Anderer[1], B. Saletu[1], N. Brandstätter[1], M. Metka[2]

[1] Universitätsklinik für Psychiatrie, [2] I. Universitätsfrauenklinik, Wien.

Fragestellung

Im Rahmen einer doppelblinden, placebokontrollierten Studie über den therapeutischen Effekt von Östrogenen (Estraderm TTSR) bei Frauen in der Menopause sollten kognitive informationsverarbeitende Prozesse mittels topographischer Analyse ereigniskorrelierter Potentiale untersucht werden. Das besondere Interesse galt dabei der P300 Komponente, deren Kennwerte - Latenz, Amplitude, Topographie - nicht nur eine klare Altersabhängigkeit zeigen, sondern auch bei verschiedenen neurologischen und psychiatrischen Erkrankungen von der Norm abweichen und durch verschiedene chemische Substanzen und Manipulationen gezielt beeinflußt werden können (z.B. Semlitsch et al. 1991; 1992; in press). Die Fragen die hier mit Hilfe ereigniskorrelierter Potentiale ("Event-Related Potentials", ERPs) untersucht werden sollten waren: (1) Gibt es Unterschiede in den ERPs zwischen Frauen in der Menopause ohne Beschwerden, mit klimakterischen Beschwerden aber ohne depressive Verstimmung und einer Gruppe von Frauen mit Beschwerden und einer Depression? (2) Gibt es eine Beziehung zwischen ERPs und der aktuellen subjektiven Befindlichkeit? (3) Gibt es eine Beziehung zwischen ERPs und dem Schweregrad der Depression?

Methodik

Untersucht wurden 74 Frauen in der Menopause im Alter zwischen 45-60 Jahren (E2 < 30 pg/ml; FSH > 30 mu/ml): 42 Frauen mit einem menopausalen Syndrom und Depressionen (Kupperman-Index > 15; DSM-III-R: "Major Depression"), 14 Frauen mit einem menopausalen Syndrom ohne Depressionen (Kupperman-Index > 15) und 18 Frauen ohne Beschwerden (Kontrollgruppe).

Nach Applikation der Elektroden und dem Ausfüllen einer Eigenschaftswörterliste (EWL-K) wurden in einem "two-tone oddball-paradigm" insgesamt 330 Töne mit konstantem Interstimulusintervall von 1 s dargeboten. Die Auftrittswahrscheinlichkeit lauter Töne (Nicht-Zielreize) betrug 0,9; die Auftrittswahrscheinlichkeit leiser Töne (Zielreize) betrug 0,1. Die Patienten wurden aufgefordert, die leisen Töne im Kopf zu zählen und das Ergebnis am Ende des Experiments mitzuteilen.

Das EEG wurde von 17 Elektroden gegen gemittelte Mastoidableitungen abgeleitet (Zeitkonstante: 1,0 s; obere Grenzfrequenz: 70 Hz; Abtastfrequenz: 256 Hz). Zusätzlich wurde auch das vertikale und horizontale EOG abgeleitet. Nach Minimierung okulärer Artefakte (Semlitsch et al. 1986; Anderer et al. 1992) und visueller Artefaktkontrolle wurden die Potentialverläufe über die 17 Ableitungsorte gemittelt und daraus für Nicht-Zielreize die Latenzen der Komponenten N1 und P2 und für Zielreize die Latenz der Komponente P300 (P3b) bestimmt. Die Amplituden der Komponenten wurden zum Zeitpunkt der jeweiligen Latenz relativ zu einer prestimulus baseline (0-100 ms vor Reizbeginn) berechnet.

Die deskriptive Datenanalyse umfaßte t-Tests für unabhängige Stichproben und Spearman-Rangkorrelationen mit einer Irrtumswahrscheinlichkeit $p < 0{,}05$.

Ergebnisse

Unterschiede in den ERPs zwischen den Gruppen: Die 3 Gruppen unterschieden sich nicht hinsichtlich der Latenzen und der Amplituden der Komponenten N1 und P2. Es fanden sich auch keine Unterschiede zwischen den Gruppen in der P300 Latenz (Menopausales Syndrom mit Depression: 365 ms + 35 ms; ohne Depression: 364 ms + 31 ms; Kontrollgruppe: 370 ms + 44 ms). Hinsichtlich der P300 Amplitude zeigte die Gruppe der Frauen mit Depressionen im Vergleich zur Kontrollgruppe über dem gesamten frontalen Bereich eine verminderte P300 Amplitude (F7, F3, F4, F8, T3: $p < 0{,}05$), besonders stark ausgeprägt links frontal und links temporal; die Gruppe der Frauen ohne Depressionen hingegen zeigte keine Unterschiede zur Kontrollgruppe

Beziehung zwischen ERPs und der aktuellen subjektiven Befindlichkeit: Es gab keine deutlichen Korrelationen zwischen der aktuellen subjektiven Befindlichkeit (EWL-K) und der P300 Komponente.

Beziehung zwischen ERPs und Schweregrad der Depression: Es fand sich eine signifikante negative Korrelation bis zu -0,35 zwischen der P300 Amplitude und dem Hamilton Depressions-Score (F7, F3, Fz, T3, C3, Cz: $p < 0{,}05$), besonders stark ausgeprägt links- frontal bis links-temporal.

Konklusion

Die mit den Komponenten N1 und P2 verbundenen Prozesse, die eine eher automatisch ablaufende Informationsverarbeitung widerspiegeln, unterschieden sich nicht in den 3 Gruppen (Menopausales Syndrom mit Depressionen, menopausales Syndrom ohne Depressionen, Kontrollgruppe). Auch die aus der P300 Latenz ableitbare, von der Reaktionszeit unabhängige Reizverarbeitungszeit war für die 3 Gruppen gleich. Die besonders auf der linken Hemisphäre verminderte P300 Amplitude bei depressiven menopausalen Patientinnen und die signifikante negative Korrelation zwischen dem Schweregrad der depressiven Verstimmung und der P300 Amplitude auf der linken Hemisphäre könnte als eine mit einer Depression einhergehenden Störung der kognitiven Informationsverarbeitung betrachtet werden. Diese Ergebnisse stützen die Hypothese einer linkshemisphärischen Dysfunktion bei depressiven Störungen.

Literatur

Anderer P, Semlitsch HV, Saletu B, Barbanoj MJ (1992) Artifact processing in topographic mapping of electroencephalographic activity in neuropsychopharmacology. Psychiatry Res Neuroimaging 45: 79-93

Semlitsch HV, Anderer P, Saletu B, Hochmayer I (1991) Topographic mapping of cognitive event-related potentials in a double-blind placebo-controlled study with the hemoderivative actovegin in age-associated memory impairment. Neuropsychobiology 24: 49-56

Semlitsch HV, Anderer P, Saletu B (1992) Topographic mapping of long latency "cognitive" event-related potentials (P300): A double-blind, placebo-controlled study with amantadine in mild dementia. J Neural Transm [P-D Sect] 4: 319-336

Semlitsch HV, Anderer P, Saletu B, Binder GA, Decker KA (in press) Acute effects of the novel antidepressant venlafaxine on cognitive event-related potentials (P300), eye blink rate and mood in young healthy subjects. Int Clin Psychopharm

Depressive Störungen bei Aphasikern - Klinische Symptome und pathoanatomische Korrelate

M. Herrmann[1,2], C. Bartels[1,3], C.-W. Wallesch[1,3]

[1]Forschungsschwerpunkt Neuropsychologie/Neurolinguistik, [2]Abteilung Rehabilitationspsychologie, [3]Neurologische Universitätsklinik der Albert-Ludwigs-Universität Freiburg i.Br.

Einleitung

Depressive Störungen nach cerebrovaskulären Insulten sind für die Rehabilitation der Patienten von erheblicher Bedeutung. Sie sind nach linkshirnigen Infarkten, insbesondere solche mit Aphasie, häufiger und schwerer als nach rechtshirnigen (Übersicht bei Herrmann und Wallesch 1993). Bei linkshirnigen Infarkten scheint nach der Literatur für die organisch bedingte Depression in der frühen Phase nach Insult eine Beziehung zur vorderen Begrenzung der Läsion und zum Aphasietyp zu bestehen (Robinson et al. 1984 a,b; Herrmann et al. 1993). Im weiteren Verlauf der Behinderung scheinen dagegen psychosoziale Belastungen als Ursache der depressiven Verstimmung in den Vordergrund zu treten (Herrmann und Wallesch, 1993).

Methodik

Wir untersuchten depressive Veränderungen bei je 21 Patienten mit akuter und chronischer Aphasie nach erstem cerebralem Insult mittels der Cornell Scale for Depression (CDS, Alexopoulos et al. 1988). Patienten mit cerebralen oder psychiatrischen Vorerkrankungen sowie gravierenden anderen Erkrankungen wurden ausgeschlossen.

Ergebnisse

Akute Aphasiker wiesen verglichen mit chronischen Patienten signifikant schwerere Ausprägungen von körperlichen und biozyklischen Symptomen einer Depression auf. Bei den akuten, nicht jedoch den chronischen Aphasikern fand sich eine Beziehung zwischen Aphasiesyndrom und Schweregrad der depressiven Symptomatik, die bei akuten nichtflüssigen Aphasien besonders gravierend war. Die Höhe des CDS-Scores war bei akuten Aphasikern negativ mit der Entfernung der vorderen Läsionsgrenze vom Frontalpol korreliert. Die Grösse der Läsion war für das Ausmass der depressiven Symptomatik ohne Bedeutung. Eine bedeutsame Korrelation mit der Schwere der Hemiparese bestand weder in der akuten noch in der chronischen Gruppe.

Patienten, die die Kriterien einer "Major Depression" (nach Spitzer et al. 1978) erfüllten, fanden sich nur in der akuten Gruppe. Diese Patienten wiesen eine gemeinsame Läsion im Bereich des basalen Putamens, externen Pallidumsegments, der medialen Anteile des hinteren Schenkels der inneren Kapsel und Teilen von Caudatumkopf und parietalem periventrikulärem Marklager auf. Dieser Bereich war bei einer Kontrollgruppe akut aphasischer Patienten mit vergleichbar großer Läsion nicht betroffen.

Diskussion

Wir nehmen an, dass das Auftreten einer major depression in der Postakutphase nach linkshirnigen Insulten durch die Läsion subcortikaler Strukturen bedingt ist. Starkstein et al. (1990) benennen drei mögliche pathogenetische Mechanismen: (a) die Läsion könnte einen frontalen Hypometabolismus bedingen, der wiederum die Depression hervorruft, (b) die Schädigung aszendierender monaminerger Systeme könnte die Depression auslösen, (c) die Basalganglienläsion selbst könnte Ursache der Depression sein. Die von uns gefundene Läsion favorisiert Erklärung (c). Im pathogenetischen Modell von Swerdlow und Koob (1987) ist die bei Patienten mit dem klinischen Bild der major depression gefundene gemeinsame Läsion kritisch für das Auftreten einer Depression.

Literatur

Alexopoulos GS, Abrams RC, Young RC, Shamoian CA (1988) Cornell scale for depression in dementia. Biol Psychiat 23: 271-284

Herrmann M, Bartels C, Wallesch CW (1993) Depression in acute and chronic aphasia: symptoms, pathoanatomical-clinical correlations and functional implications. J Neurol Neursurg Psychiat 56: 672-678

Herrmann M, Wallesch CW (1993) Depressive changes in stroke patients. Disab Rehab 15: 55-66

Robinson RG, Kubos KL, Starr LB, Rao K, Price TR (1984a) Mood disorders in stroke patients - importance of location of lesion. Brain 107: 81-93

Robinson RG, Starr LB, Lipsey JR, Rao K, Price TR (1984b) A two-year longitudinal study of post-stroke mood disorders: dynamic changes in associated variables over the first six months of follow-up. Stroke 15: 510-517

Spitzer RL, Endicott J, Robins E (1978) Research diagnostic criteria: Rationale and reliabiliy. Arch Gen Psychiat 35: 773-782

Starkstein SE, Cohen BS, Fedoroff P, Parikh RM, Price TR, Robinson RG (1990) Relationship between anxiety disorders and depressive disorders in patients with cerebrovascular injury. Arch Gen Psychiat 47: 246-251

Swerdlow NR, Koob GF (1987) Dopamine, schizophrenia, and depression: Toward a unified hypothesis in cortico-striato-pallido-thalamic function. Behav Brain Sci 10: 197-245

Der Habenularkomplex der Säugetiere - neue morphologische und cytochemische Kriterien zur Unterteilung dieser limbisch-mesencephalen Schaltstation in funktionsrelevante Unterkerne

R.W. Veh[1], E.W. Petrasch-Parwez[2], J.B. Goldschmidt[2], A. Görtzen[3], K.H. Andres[2]

[1]Zentrum für Molekulare Neurobiologie, Universität Hamburg, [2]Abteilung für Neuroanatomie, Universität Bochum, [3]Neurologische Abteilung des St. Josef-Hospitals, Oberhausen

Fragestellung

Von erheblicher Bedeutung für das Verständnis der neurobiologischen Grundlage zahlreicher psychiatrischer Erkrankungen ist die genaue Kenntnis, wie die Aktivität monoaminerger Neurone im Zentralnervensystem reguliert wird. Dabei gilt im Zusammenhang mit der "Dopamin-Hypothese" der Schizophrenie den dopaminergen Neuronen der Area tegmentalis ventralis (catecholaminerge Zellgruppe A10) seit langem eine besondere Beachtung, wie den serotonergen Neuronen der Raphe-Kerne im Zusammenhang mit affektiven Psychosen und Schlafstörungen. Beide Gebiete erhalten Afferenzen aus zahlreichen Regionen, von denen zwei als Quelle mächtiger Projektionen herausragen. Zum einen sind es die hypothalamischen Kerne, deren Efferenzen im medialen Vorderhirnbündel verlaufen, zum anderen der Habenularkomplex (Wang und Aghajanian 1977).

Der epithalamische, direkt unter dem Ependym des dritten Ventrikels gelegene Nucleus habenularis (Habenularkomplex) empfängt über die Stria medullaris thalami Afferenzen aus septalen und hypothalamischen Kernen, aber auch aus dem Nukleus entopeduncularis, der dem inneren Segment des Globus pallidus der Primaten homolog ist. Seine Efferenzen entläßt er über den Fasciculus retroflexus hauptsächlich zu mesencephalen Kernen. Über dieses System, das auch als "dorsales diencephales Leitungssystem" dem basal gelegenen "medialen Vorderhirnbündel" gegenübergestellt wird, können limbische und pallidale Strukturen die Aktivität dieser serotonergen und dopaminergen Neurone modulieren (Sutherland 1982).

Läsionsstudien, sowie elektrophysiologische und metabolische Untersuchungen haben nachweisen können, daß der Habenularkomplex an einer Vielfalt von Funktionen beteiligt ist. Dazu gehören Schmerzverarbeitung, Regulation von Schlaf-Wach-Rhythmus und des Sexualverhaltens (Sutherland 1982). Im Einklang mit anatomischen Befunden, zeigen auch physiologische Experimente, daß der Nukleus habenularis erheblichen Einfluß auf die Aktivität der Raphe-Neurone ausübt. Nach Stimulation des lateralen Habenularkomplexes wurde eine Inhibierung von mehr als 90% der Neurone (serotonerger wie nicht-serotonerger) in der dorsalen Raphe beobachtet (Stern et al. 1979). Über diesen Mechanismus könnte der Habenularkomplex auch den bereits erwähnten Funktionen beteiligt sein. So findet sich dort ein gesteigerter Glucose-uptake während des REM-Schlafes, wobei die Aktivität der serotonergen Neurone gleichzeitig abnimmt.

Die zahlreichen neuroaktiven Substanzen, die im Habenularkomplex in sehr heterogener Verteilung nachgewiesen werden konnten, lassen eine komplexe Steuerung der erwähnten Funktionskreise vermuten, aber hierüber ist nur wenig bekannt. Eine Voraussetzung für ein Verständnis dieser Prozesse bildet die Aufklärung von Morphologie und Chemoarchitektur des Habenularkomplexes.

Mit klassischen morphologischen Methoden wurde der Nukleus habenularis in einen medialen (MHb) und einen lateralen Kern (LHb) unterteilt. Neuere, an Semidünnschnitten erhobene Befunde, haben einen wesentlich komplexeren Aufbau enthüllt (Andres et al. in Vorbereitung) und zur morphologischen Identifizierung von 13 verschiedenen Subnuklei geführt. Zur Klärung der Frage, ob morphologisch definierte Subnuklei und cytochemisch unterscheidbare Kompartimente einander entsprechen, wird in unserer Gruppe derzeit die Verteilung einer Vielzahl neuroaktiver Substanzen im Habenularkomplex untersucht. An dieser Stelle soll über die Verteilung der Acetylcholinesterase (AChE), die sich in vielen Regionen des ZNS als ausgezeichneter cytochemischer Marker erwiesen hat, sowie dreier Neuropeptide berichtet werden, die häufig mit Funktionen in Zusammenhang gebracht werden, in die der Habenularkomplex involviert ist. Substanz P und das endogene Opioid Met-Enkephalin sind entscheidend an der Schmerzverarbeitung beteiligt, und dem Neuropeptid Y wird unter anderem eine Rolle in der Regulation des Sexualverhaltens und der circadianen Rhythmik zugeschrieben.

Methodik

Ausgewachsene Sprague-Dawley Ratten wurden in tiefer Anästhesie mit einem Glutaraldehyd-Fixierungsgemisch perfundiert. Die AChE-Reaktion wurde an 50 µm dicken Vibratomschnitten durchgeführt, wobei eine modifizierten Karnofsky-Technik zum Einsatz kam (Schätz und Veh 1987), bei der die nachgewiesene Enzymaktivität sehr einfach auf eine optimale Diskriminierung abgestimmt werden kann. Die immuncytochemischen Untersuchungen wurden an frei flottierenden 25 µm Krystat-Schnitten über die ABC-Technik (Hsu et al, 1981) durchgeführt. Die morphologische Identifizierung der Subnuklei erfolgte an Semidünnschnitten von 200 µm dicken Hirnscheiben, die flach in Araldit eingebettet worden waren.

Ergebnisse

Die AChE-Aktivität im Habenularkomplex zeigt deutliche regionale Unterschiede. Dabei konnten die Gebiete unterschiedlicher Aktivität einzelnen morphologisch definierten Subnuclei zugeordnet werden. So fand sich beispielsweise in der LHb eine hohe Aktivität in der Pars spongiosa und der Pars magnocellularis lateralis, eine mittlere in der angrenzenden Pars magnocellularis centrobasalis und nur geringe Aktivität in der Pars magnocellularis dorsalis. Auch die untersuchten Neuropeptide fanden sich scharf begrenzt in einzelnen Subnuclei. SP-positive Zellen, umgeben von M-Enk-Fasern lagen in hoher Dichte in der Pars glomerulosa superior der MHb, SP-

618

Fasern in der Pars spongiosa und M-Enk-Fasern in der Pars magnocellularis der LHb. NPY-Fasern fanden sich ausschließlich in der Pars commissuralis der MHb.

Konklusion

Die morphologisch definierten Subnuclei des Habenularkomplexes sind gleichermaßen mit cytochemischen Methoden voneinander abgrenzbar. Auch in anderen Untersuchungen beobachteten wir niemals eine offensichtliche Diskrepanz zwischen Chemoarchitektur und morphologischer Gliederung. Die insgesamt 13 Subnuclei stellen also offensichtlich kleinere, funktionelle Einheiten dar, die vermutlich in einem komplizierten Zusammenspiel die Aktivität bestimmter Neuronen des Mittelhirns in unterschiedliche Richtung modulieren können. Die Aufklärung ihrer Funktion im Einzelnen erfordert physiologische Untersuchungen auf der Basis der neuen morphologischen und cytochemischen Befunde, aber auch vergleichend anatomische Studien können hierzu einen Beitrag leisten. Während bisher nur MHb und LHb als Ganzes zwischen verschiedenen Spezies verglichen werden konnten, wird jetzt ein Vergleich der Zahl und der relativen Größe einzelner Subnuclei möglich, der noch erleichtert wird, wenn cytochemische Markersubstanzen für einzelne Subnuclei definiert sind. So finden sich NPY-Fasern exklusiv in der Pars commissuralis der MHb, einem bei der Ratte relativ kleinen Unterkern. Bei einem Tier mit ausgeprägter saisonaler Rhythmik, dem nordamerikanischen Erdhörnchen, zeigt sich aber an gleicher Stelle eine wesentlich ausgedehntere und dichtere NPY-Innervation (Reuss et al 1990), die darauf schließen läßt, daß in dieser Spezies die pars commissuralis relativ und absolut stärker ausgeprägt ist als bei der Ratte. Man mag dies mit aller Vorsicht als Indiz für eine Beteiligung dieses Subnucleus an chronobiologischen Prozessen werten, ehe umfangreicheres Material diese Frage näher klären kann. Berücksichtigt man einmal die dominierende Rolle des Ncl. habenulae auf die serotonergen Neurone der Raphe-Kerne und die "Aminmangelhypothese" für das Entstehen depressiver Symptomatik, so könnte die Beantwortung solcher Fragen für die Psychiatrie von einigem Interesse sein, z.B in Zusammenhang mit Erkrankungen wie der "seasonal affective disease".

Literatur

Hsu SM, Rine L, Fanger H (1981). Use ov Avidin-Biotin-Peroxidase Complex ABC in immunoperoxidase techniques: a comparison between ABC and unlabeled antibody PAP procedures. J Histochem Cytochem 29:577-580

Reuss S, Hurlbut EC, Speh JC, Moore RY (1990). Neuropeptide-Y Localization in Telencephalic and Diencephalic Structures of the Ground Squirrel Brain. Amer J Anat 188:163-174

Schätz CR, Veh RW (1987). High-resolution Localization of Acetylcholinesterase at the Rat Neuromuscular Junction. J Histochem Cytochem 35:1299-1307

Stern WC, Johnson A, Bronzino JD, Morgane PJ (1979). Effects of electrical stimulation of the lateral habenula on single-unit activity of raphe neurons. Exp Neurol 65:326-342

Sutherland RJ (1982). The dorsal diencephalic conduction system: A review of the anatomy and functions of the habenular complex. Neurosci Biobehav Rev 6:1-13

Wang RY, Aghajanian GK (1977). Physiological evidence for habenula as major link between forebrain and midbrain raphe. Science 197:89-91

Neurotensin im Habenularkomplex der Ratte - die feinstrukturelle Lokalisation des "endogenen Neuroleptikums" korreliert mit morphologisch und cytochemisch definierten Subnuklei

A. Görtzen[1], J.B. Goldschmidt[2], E.W. Petrasch-Parwez[2], R.W. Veh[3]

[1]Neurologische Abteilung des St.Josef-Hospitals, Oberhausen, [2]Abteilung für Neuroanatomie, Universität Bochum, [3]Zentrum für Molekulare Neurobiologie, Universität Hamburg

Fragestellung

Die Schizophrenie ist eine der häufigsten und schwersten Erkrankungen in der Psychiatrie. Morphologische und molekulare Untersuchungen konnten pathologische Veränderungen vor allem im limbischen System aufzeigen. Eine besondere Bedeutung kommt dabei dem Dopaminsystem zu, welches enge Wechselwirkungen mit dem Neurotensinsystem zeigt. So wird die Dopamin-Ausschüttung in der Substantia nigra und im Nucleus caudatus durch Neurotensin erhöht (Faggin et al. 1990), umgekehrt führt eine Blockade der D2-Rezeptoren durch typische Neuroleptika wie Haloperidol im Nucleus accumbens und Striatum zu einem Anstieg der Neurotensinkonzentration (Levant et al. 1991).

Durch seine Faserverbindungen stellt der Habenularkomplex ein Bindeglied zwischen limbischen und pallidalen Strukturen einerseits und Mittelhirnstrukturen wie Raphekernen und Locus coeruleus andererseits dar. Dadurch ist er an vielen Funktionen beteiligt, die auch bei der Schizophrenie gestört sind. Recht gut untersucht ist sein Einfluß auf die Schmerzverabeitung, den Schlaf-Wachrhythmus, das Sexualverhalten, die Nahrungsaufnahme, sowie den Salz- und Wasserhaushalt (Sutherland 1982).

Durch morphologische und enzymzytochemische Analysen dieses Kernkomplexes in Vibratom- und Semidünnschnitten konnten 13 Subnuklei identifiziert werden (Andres et al, in Vorbereitung). Um die funktionelle Bedeutung dieser Unterteilung weiter zu untermauern, wurde in der vorliegenden Untersuchung die Lokalisation von Neurotensin, des "endogenen Neuroleptikums" (Nemeroff 1980), innerhalb des Habenularkomplexes analysiert.

Methodik

Ausgewachsene Sprague-Dawley Ratten wurden in tiefer Anästhesie mit einem Glutaraldehyd-Fixierungsgemisch perfundiert. Die immuncytochemischen Untersuchungen wurden an frei flottierenden 25 μm Krystat-Schnitten über die ABC-Technik (Hsu et al. 1981) durchgeführt. Als Erstantikörper wurde ein eigener, polyklonaler Kaninchen-anti-Neurotensin-Antikörper eingesetzt. Nach der Flacheinbettung in Araldit wurden Semidünnschnitte alternierend mit Toluidinlösung gefärbt und mit Paraffinöl eingedeckt.

Ergebnisse

Bereits auf der normalen, lichtmikroskopischen Ebene konnte an Vibratomschnitten durch den Habenularkomplex der Ratte zeigte sich eine inhomogene Verteilung der Neurotensin-Immunoreaktivität, die mit der Lage einiger Subnuklei zu korrelieren schien. Um jedoch die exakte Zuordnung zu den Unterkernen zu erhalten, die über ihre charakteristischen Kriterien nur an Semidünnschnitten identifizierbar sind, mußte die Neurotensin-Immunoreaktivität nach dem Preembedding Staining an Semidünnschnitten lokalisiert werden. Mit dieser Technik und im Vergleich mit den gefärbten Nachbarschnitten konnte gezeigt werden, daß die intrahabenuläre Lokalisation von Neurotensin sehr gut mit Lage und Ausdehnung individueller Subnuklei korreliert.

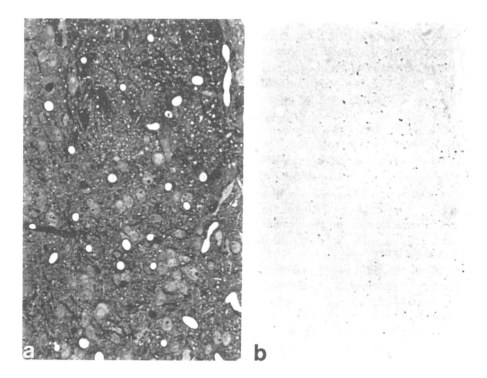

Abb. 1. Neurotensin-Immunreaktion im lateralen Habenularkomplex der Ratte. Im ungefärbten Semidünnschnitt (b) lassen sich Neurotensin-positive Punkte erkennen, deren Areal im Vergleich zum benachbarten, Toluidinblau-gefärbten Schnitt (a) der Pars spongiosa superior zugeordnet werden kann. Sie kann an Hand der vielen, quergetroffenen Dendriten mit ihren unterschiedlichen Durchmessern identifiziert wurden, die diesem Subnucleus sein charakteristisches spongiöses Aussehen verleihen.

Eine kräftige Neurotensin-Immunoreaktivität fand sich in der Pars parvocellularis dorsalis (LHbM1) und besonders in der Pars spongiosa superior (LHbM2), die sich am ungefärbten Semidünnschnitt (b) im Vergleich zum Nachbarschnitt (a) eindeutig identifizieren ließen. In der Pars mediobasalis (LHbM4) war die Dichte der positiven Strukturen geringer und nahm in der Pars spongiosa inferior (LHbM3) noch weiter ab. Keine Immunoreaktivität fand sich in den anderen Subnuclei des lateralen und des medialen Habenularkomplexes.

Konklusion

Durch seine Faserverbindungen und seine Beteiligung an den oben genannten Funktionen ist der Habenularkomplex eine wichtige Schaltzentrale zwischen pallidalen, limbischen und Mittelhirn- strukturen. Insbesondere auch dopaminerge Projektionen von limbischen Arealen und dem pallidalen System erreichen den lateralen Habenularkomplex (Phillipson et al. 1980).

Aufgrund der Lokalisation von Dopamin und Neurotensin im mittleren Teil des LHbM sind auch in diesem Bereich des Habenularkomplexes Dopamin-Neurotensin-Wechselwirkungen anzunehmen, zumal der laterale Habenularkomplex an der Kontrolle des Dopaminspiegels beteiligt ist (Christoph et al. 1986).

Bei der Schizophrenieforschung wurden bislang von den limbischen Strukturen vorrangig Nucleus accumbens, Nucleus amygdaloideus und Hippocampus untersucht. Unter Berücksichtigung der möglichen Bedeutung der DA-NT-Wechselwirkung bei der Schizophrenie einerseits und der nachgewiesenen Lokalisation beider Modulatoren im Habenularkomplex andererseits, könnte auch dieses Kerngebiet bei der Pathogenese der Schizophrenie oder ihrer Symptome eine Rolle spielen.

Für diese Annahme spricht zudem, daß sich bei Schizophreniepatienten neben den typischen psychopathologischen Symptomen fast immer zusätzliche Symptome wie Schlafstörungen, Appetitstörungen und Änderungen der Schmerzverarbeitung und des Sexualverhaltens zeigen. Da der Habenularkomplex an all diesen Funktionen beteiligt ist, wäre denkbar, daß zumindest manche im Rahmen einer Schizophrenie auftretenden Symptome durch Fehlfunktionen im Bereich des Habenularkomplexes bedingt sind. Gerade in diesem Zusammenhang könnten nun die seit kurzem bekannten Subnuclei eine bedeutende Rolle spielen.

Bisher konnten die durch Tracerversuche objektivierten Faserverbindungen nur insgesamt dem medialen oder lateralen Habenularkomplex zugeordnet werden. Nach Kenntnis der Subnuclei müssen nun weitere Untersuchungen zeigen, wie verschiedene Neurotransmitter sowie ihre Rezeptoren verteilt sind und welche biologische Bedeutung den einzelnen Unterkernen zukommt. Bei geeigneter Lokalisation von charakteristischer Rezeptor-Subtypen in Subnuklei des Habenularkomplexes wären in der Zukunft neue Therapieverfahren zur Behandlung zumindest einiger Symptome der Schizophrenie durch hochspezifische Agonisten oder Antagonisten denkbar.

Literatur

Christoph GR, Leonzio RJ, Wilcox KS (1983). Electrical stimulation of the lateral habenula inhibits single dopamine-containing neurons in the substantia nigra and ventral tegmental area. Soc Neurosci Abst 292: 10

Faggin BM, Zubieta JK, Rezvani AH; Cubeddu LX (1990). Neurotensin-induced dopamine release in vivo and in vitro from substantia nigra and nucleus caudate. J Pharmacol Exp Ther 252:817-825

Hsu SM, Rine L, Fanger H (1981). Use ov Avidin-Biotin-Peroxidase Complex ABC in immunoperoxidase techniques: a comparison between ABC and unlabeled antibody PAP procedures. J Histochem Cytochem 29:577-580

Levant B, Bissette G, Widerlöv E, Nemeroff CB (1991). Alterations in regional brain neurotensin concentrations produced by atypical antipsychotic drugs. Reg Peptides 32:193-201

Nemeroff CB (1980). Neurotensin: Perchance an endogenous neuroleptic? Bio Psychiat 15:283-302

Phillipson OT, Griffith AC (1980). The neurones of origin of the mesohabenular dopamine pathway. Brain Res 197:213-218

Sutherland RJ (1982). The dorsal diencephalic conduction system: A review of the anatomy and functions of the habenular complex. Neurosci Biobehav Rev 6:1-13

Zirkadiane Blutdruckvariabilität und kardiovaskuläre Parameter als Indikatoren einer Hemisphärenasymmetrie der sympathischen Aktivierung nach Hirninfarkt

D. Sander, J. Klingelhöfer

Neurologische Universitätsklinik, Klinikum rechts der Isar, München

Fragestellung

Die pathologische Aktivierung des sympathiko-adrenergen Systems wird als wesentlicher Faktor für die erhöhte Inzidenz kardialer Arrhythmien und des plötzlichen Herztodes nach einem Hirninfarkt angesehen (Oppenheimer et al. 1990). Experimentelle Befunde weisen auf eine Hemisphärenasymmetrie dieser sympathischen Aktivierung mit einer rechtsseitigen Dominanz für sympathische Effekte hin (Hachinski et al. 1992). Um zu überprüfen, ob auch beim Menschen nach einer infarktbedingten Aktivierung des autonomen Nervensystems eine Hemisphärenasymmetrie besteht, haben wir den Einfluß von rechts- und linksseitigen Infarkten auf die zirkadiane Blutdruckvariabilität, die Serumnoradrenalinkonzentration und kardiovaskuläre Parameter untersucht.

Methodik

Bei 35 Patienten (mittleres Alter 65 ± 10 Jahre, 22 Männer) mit einem auschließlich einseitigen thromboembolischen Territorialinfarkt wurden initial und nach 7-10 Tagen die 24h-Blutdruckprofile (Spacelabs ABD Monitor 90207) aufgezeichnet. Als Kontrolle dienten 30 normotone Patienten (54 ± 13,1 Jahre) und 26 Patienten mit einer Hypertonie ohne bisherige kardiovaskuläre Ereignisse (60 ± 13,8 Jahre). Die zirkadiane Blutdruckvariabilität ist als prozentuale Änderung des nächtlichen Blutdruckes im Vergleich zu den Tageswerten definiert. Physiologischerweise findet sich eine nächtliche Blutdruckreduktion über 10%. Die Infarktlokalisation und - ausdehnung wurde morphometrisch nach den CCT/MRT-Befunden erfaßt. 15 (42,9%) der Patienten wiesen einen rechtsseitigen, 20 (57,1%) einen linksseitigen Infarkt auf. Die Serumnoradrenalinkonzentration wurde am Tag der Blutdruckmessung mittels HPLC-Verfahren (n=18) bestimmt. Neben der Erfassung des QT-Intervalls erfolgte eine Analyse von Herzrhythmusstörungen aus dem Langzeit-EKG. Eine Verlängerung der frequenzkorrigierten QTc-Zeit über 115%, ein AV-Block ≥ 2.° oder ventrikuläre Extrasystolen ≥ 2.° (nach Lown) wurden als signifikante Veränderungen gewertet.

Ergebnisse

Zwischen beiden Infarktgruppen bestanden bezüglich Alter, Infarktgröße sowie Ausmaß und Häufigkeit einer Beteiligung des Inselkortex keine signifikanten Unterschiede. Im Vergleich zu beiden Kontrollgruppen ließ sich initial unabhängig von der Infarktlokalisation eine deutlich reduzierte zirkadiane Blutdruckvariabilität nachweisen. Zwischen Blutdruckvariabilität und Serumnoradrenalinkonzentration bestand eine signifikante lineare Korrelation ($r=0,82$; $p<0,01$). Allerdings zeigten Patienten mit rechtsseitigem Infarkt eine ausgeprägtere Veränderung der physiologischen Blutdruckvariabilität (nächtliche Blutdruckänderung: $+0,27\%$ $\pm$ $4,1\%$ vs. $-5,2\%$ $\pm$ $6,0\%$; $p<0,05$) mit signifikant häufigeren nächtlichen Blutdruckanstiegen ($46,7\%$ vs. 35%; $p<0,05$). Ein solches pathologisches Blutdruckmuster wies kein normotoner und lediglich ein hypertoner Patient ($3,9\%$) auf. Gleichzeitig war ein rechtsseitiger Infarkt mit einem signifikant höheren Serumnoradrenalinspiegel (546 ± 171 pg/ml vs. 405 ± 181 pg/ml; $p<0,05$) und dem häufigeren Auftreten einer verlängerten QTc-Zeit ($53,3\%$ vs. 35%; $p<0,05$) sowie kardialer Arrhythmien ($66,7\%$ vs. 20%; $p<0,005$) assoziiert. Dementsprechend entwickelten 2 Patienten mit rechtsseitigem Hirninfarkt ($13,3\%$) einen Myokardinfarkt. Unabhängig von der betroffenen Hemisphäre ließen sich bei Beteiligung des Inselkortex häufiger ein pathologischer nächtlicher Blutdruckanstieg (rechts: $66,7\%$ vs. $33,3\%$, $p<0,001$; links: $55,6\%$ vs. 18%; $p<0,001$) und höhere Serumnoradrenalinspiegel (rechts: 541 ± 131 pg/ml vs. 327 ± 262 pg/ml, $p<0,05$; links: 478 ± 231 pg/ml vs. 271 ± 169 pg/ml, $p<0,05$) nachweisen. Diese Veränderungen gingen mit dem signifikant häufigeren Auftreten einer QTc-Verlängerung und kardialer Arrhythmien nach einem Infarkt mit Inselbeteiligung einher.

Konklusion

Unsere Ergebnisse weisen auf eine zerebrale Lateralisierung des Ausmaßes der sympathischen Aktivierung nach einem Hirninfarkt hin und lassen eine rechtsseitige Dominanz für sympathische Effekte vermuten. Diese Befunde stimmen mit Untersuchungen überein, die eine asymmetrische Verteilung der Noradrenalinkonzentration im menschlichen Thalamus (Oke et al. 1978) nachweisen konnten. Die Analyse der zirkadianen Blutdruckvariabilität ist ein zusätzlicher Parameter, um das Ausmaß dieser Aktivierung abzuschätzen. Eine ausgeprägte Aktivierung ließ sich unabhängig von der betroffenen Hemisphäre bei einer Beteiligung des Inselkortex beobachten. Dies unterstreicht die besondere Bedeutung der Inselregion für die zentrale Regulation des Sympathikotonus auch beim Menschen und deckt sich mit tierexperimentellen Befunden (Smith et al. 1986). Patienten mit rechtsseitigem Infarkt unter Einbeziehung der Inselregion und nächtlichem Blutdruckanstieg haben das größte Risiko kardialer Komplikationen und des plötzlichen Herztodes.

Literatur

Hachinski HC, Oppenheimer SM, Wilson JX, Guiraudon C, Cechetto DF (1992) Asymmetry of sympathetic consequences of experimental stroke. Arch Neurol 49: 697-702

Oke A, Keller R, Meford I, Adams RN (1978) Lateralization of norepinephrine in human thalamus. Science 200: 1411-1413

Oppenheimer SM, Cechetto DF, Hachinski VC (1990) Cerebrogenic cardiac arrhythmias. Cerebral electrocardiographic influences and their role in sudden death. Arch Neurol 47: 513-519

Smith KE, Hachinski VC, Gibson CJ, Ciriello J (1986) Changes in plasma catecholamine levels after insula damage in experimental stroke. Brain Res 375: 182-185

Autonome Testung bei monofokalen Hirnläsionen: Topographische Aspekte des zentralen Sympathikus

D. Linden, S. Ernst, P. Berlit

Klinik für Neurologie mit Klinischer Neurophysiologie, Alfried Krupp Krankenhaus Essen

Fragestellung

Autonomen Störungen bei neurologischen Erkrankungen wird zunehmend Aufmerksamkeit geschenkt. Gegenstand intensiver Forschung waren bislang periphere, spinale und Hirnstammbahnen des autonomen Nervensystems. Hemisphärische Einflüsse auf die autonome Steuerung z.B. kardialer oder sudomotorischer Funktionen sind beim Menschen nicht untersucht. Tierexperimentelle Studien haben allerdings Änderungen des Sympathikotonus nach einem Schlaganfall nachweisen können (Hachinski et al. 1992), wobei rechts- und linkshemisphärische Läsionen unterschiedliche Konsequenzen hatten. Dies ist von Belang, da 6 % der Schlaganfallpatienten wahrscheinlich aufgrund fataler Arrhythmien plötzlich versterben (Silver et al. 1984) und diese sehr wahrscheinlich zentralen Ursprungs sind.

Thermoregulatorisches Schwitzen wurde in neueren Studien an Patienten mit Hirnstamm- und hemisphärischen Ischämien untersucht (Korpelainen et al. 1993). Eine ipsilaterale Hypohidrose fand sich bei Hirnstammläsionen aufgrund einer Unterbrechung ungekreuzter hypothalamo-spinaler Sympathicusbahnen. Bei Hemisphären-Infarkten fand sich allerdings eine kontralaterale Hyperhidrose, die die Autoren auf eine zentrale Disinhibition zurückführten.

Wir untersuchten mittels der sympathischen Hautantwort (sympathetic skin response, SSR) Patienten mit monofokalen Hirnläsionen, um Informationen über den Verlauf der sympathischen Bahnen zu erhalten, die das emotionelle Schwitzen vermitteln.

Methodik

Alle 30 Patienten erhielten ein MRT oder CT mit zumindest einer Verlaufskontrolle. Die hierbei nachgewiesenen monofokalen Läsionen standen im Einklang mit der klinischen Symptomatik. Ursache der monofokalen Läsionen waren Hirnstamm- (n=9) oder Media-Infarkte (n=21). Patienten mit stark ausgeprägtem perifokalen Ödem, sekundärer Einblutung oder solche, die Anticholinergika oder Sympathikolytika einnahmen, wurden ausgeschlossen. Die SSR wurde simultan bipalmar und biplantar abgeleitet, die Raumtemperatur betrug 22-24° C, die Hauttemperatur am Meßort über 30° C. Fünf elektrische Stimuli (40 mA und 0,1 ms Dauer) wurden in zufälligen Intervallen (> 10 s) über beiden Nn. supraorbitales appliziert. Mittelwerte für Latenzen, Amplituden und deren Seitendifferenzen wurden berechnet. Die Kontrollgruppe (n=30) war bezüglich Alter und Körpergröße vergleichbar. Die Herzfrequenzvariation (heart beat variation, HBV) wurde mittels Ausmessung der RR-Intervalle unter 6/Minute vertiefter Atmung bestimmt und mit der Kontrollgruppe verglichen.

Ergebnisse

Das mittlere Alter der Patienten betrug 56,7 Jahre. Darunter waren linksseitige Mediainfarkte (n=12), rechtsseitige (n=9), Ponsinfarkte (n=7) (einmal bilateral, vier links, zwei rechts) und zwei linksseitige Medulla-Infarkte. Klinisch war die Sudomotorik bei allen Patienten unauffällig. Drei Patienten hatten eine verminderte HBV, wobei einmal ein pontiner Infarkt zugrunde lag, bei zwei weiteren eine PNP vorlag. Bei einem weiteren Patienten mit ausgedehntem bilateralen Ponsinfarkt war die HBV erloschen. Drei Patienten waren bereits asymptomatisch zum Zeitpunkt der Untersuchung, bei diesen fand sich eine normale SSR. Alle anderen Patienten hatten sensible und/oder motorische Ausfälle. Bei 25 der 27 Patienten war eine pathologische SSR festzustellen. In 14 Fällen war sie kontralateral zur zentralen Läsion lokalisiert mit zusätzlicher biplantarer Amplitudenreduktion in 4 Fällen. Ein Patient hatte eine ipsilaterale Amplitudenminderung der plantaren SSR (kontralateral zur Parese). Bilaterale Amplitudenminderungen waren bei 10 Patienten festzustellen, nur in 3 Fällen durch eine PNP erklärbar. In den Tabellen 1 und 2 sind die Häufigkeiten der SSR-Veränderungen dargestellt. Amplitudenminderungen (absolut oder im Seitenvergleich), gefolgt von fehlender SSR, ließen sich oft nachweisen, Latenzerhöhungen waren selten. Kontralaterale SSR-Veränderungen waren ausgeprägter bei Patienten mit schwererer Symptomatik. Jedoch fand sich auch noch nach Ausschluß von Patienten mit PNP eine statistisch signifikante ipsilaterale Amplitudenminderung im Vergleich zu Normalpersonen. Dies gilt für hemisphärische wie für Hirnstamminfarkte, war jedoch bei den letztgenannten ausgeprägter.

Tab. 1. SSR-Veränderungen aller Extremitäten (n=120)

normal	n=49	40,8%
pathologisch	n=71	59,2%
-Latenzerhöhung	n=3	2,5%
-Ampl.minderung	n=62	51,7%
-beides	n=6	5%

Tab. 2. Asymmetrische SSR mit pathologischer rechts/links-Amplituden-ratio

-bei hemisphärischen Läsionen	10/21
davon	9/21 contralateral
	1/21 ipsilateral
-bei Hirnstammläsionen	4/9
	alle contralateral

Konklusion

Sympathische Neurone, die das emotionelle Schwitzen vermitteln, scheinen Einflüsse überwiegend von der kontralateralen Hemisphäre zu erhalten. Pontine Infarkte führten ebenso zu einer überwiegend kontralateral verminderten SSR. Diese Befunde sprechen in Übereinstimmung mit einer älteren Studie (Sourek 1965) für ein Kreuzen dieser Fasern unterhalb des Hirnstammes. Allerdings ist zu berücksichtigen, daß bei Hirnstammläsionen - weniger auch bei hemisphärischen Insulten - eine ipsilaterale Amplitudenminderung zu verzeichnen war. Dies macht die Komplexität der Organisation des zentralen Sympathikus deutlich mit polysynaptischer Verschaltung, wobei mit Inselregion, limbischem System und Hypothalamus sicher noch nicht alle suprapontinen Schaltstellen genannt sind. Die ipsilateralen Veränderungen sind sicherlich nicht durch ungekreuzte Bahnen hinreichend erklärbar, da bei immerhin zwei Patienten mit ausgeprägter Hemisymptomatik keinerlei kontralaterale bei normaler ipsilateraler SSR zu verzeichnen war. Die das emotionelle Schwitzen vermittelnde Bahnen sind daher nicht mit denen des thermoregulatorischen Systems identisch und haben wahrscheinlich eine differente Topographie. Einzelfallberichte von Ponsinfarkten mit einer Hyperhidrose hatten bereits zu Spekulationen über die Unterbrechung von sympatho-inhibitorischen Bahnen Anlaß gegeben. In einem Fall (Awada et al. 1991) war der Infarkt rostral lokalisiert mit ansonsten rein motorischer Symptomatik. In einer eigenen Studie an Multiple Sklerose-Patienten fand sich eine hohe Interkorrelation von pathologischen SSR, Hinweis für einen engen topographischen Bezug des sensomotorischen und emotionell-sudomotorischen Systems sein.

Literatur

Awada A, Ammar A, Al-Rajeh S, Borollosi M (1991) Excessive sweating: an uncommon sign of basilar artery occlusion. J Neurol Neurosurg Psychiatry 54: 277-278

Berlit P, Linden D, Ernst S, Diehl R (1993) Subclinical autonomic dysfunction in multiple sclerosis. Electroenceph Clin Neurophysiol 87: S118

Hachinski VC, Oppenheimer SM, Wilson JX et al. (1992) Asymmetry of sympathetic consequences of experimental stroke. Arch Neurol 49: 697-702

Korpelainen IT, Sotaniemi KA, Myllylä VV (1993) Asymmetric sweating in stroke: A prospective quantitative study of patients with hemispherical brain infarction. Neurology 43: 1211-1214

Korpelainen JT, Sotaniemi KA, Myllylä VV (1993) Ipsilateral hypohidrosis in brainstem infarction. Stroke 24: 100-104

Silver FL, Norris JW, Lewis AJ, Hachinski VC (1984) Early mortality following stroke: a prospective review. Stroke 15: 492-496

Sourek K (1965) The nervous control of skin potentials in man. Rozpravy Cekoslovenske Akademie Ved Roenik (Prague) 75: 1-97

Elektrophysiologischer Nachweis autonomer Funktionsstörungen bei HIV-Infektion

R. Malessa, J. Rimpel, P. Ohrmann, T. Kloß

Neurologische Klinik der Universität Essen

Fragestellung

Ungewöhnliche, z.T. ausgeprägte autonome Fehlregulationen bei Patienten, die mit dem Humanen Immundefizienz-Virus (HIV-1) infiziert sind, werfen die Frage auf, ob eine autonome Dysfunktion als weitere, umschriebene neurologische Komplikation dieser Infektion angesehen werden muß. Nach kontroversen Diskussionen in der Literatur, wurden im Rahmen neuerer Studien verschiedener Arbeitsgruppen Hinweise auf eine frühe fakultative Beteiligung des autonomen Nervensystems gefunden. Methodisch fanden dabei in erster Linie Herzraten- und Blutdruck-Reaktionstests Anwendung. Wir wählten PASP (Peripheral Autonomic Surface Potentials) zur Evaluierung sympathisch vermittelter elektrodermaler Aktivität, um mögliche subklinische Affektionen des autonomen Nervensystems bei HIV-seropositiven Patienten zu erfassen (Shahani et al. 1984; Knezevic und Bajada 1985; Baba et al. 1988; Elie und Guiheneuc 1990).

Methodik

PASP-Registrierungen wurden bei 56 HIV-seropositiven homosexuellen Männern (Stadium WR 1-6) und bei 20 seronegativen Kontrollpersonen vergleichbaren Alters (im Mittel 39 J.) vorgenommen (mittl. Körpergrößen: 179 ± 7,7 vs. 1,78 ± 7,3 cm). Drogen- und Alkoholkonsum sowie relevante, nicht HIV-assoziierte neurologische Vorerkrankungen führten zum Ausschluß. Die Ableitung von PASP erfolgte in einem wohl temperierten Raum (22 - 24°C.). PASP wurden an der linken Handfläche nach standardisierter Stimulation des N. medianus am kontralateralen Handgelenk abgeleitet. Es wurden vier elektrische Rechteckimpulse appliziert (Impulsdauer 0,1 s, Impulsstärke 20 mA) mit einem randomisierten Interstimulusintervall von 3 - 5 Minuten. Die Potentialkonfiguration wurde visuell analysiert und die mittlere Onset-Latenz bestimmt.

Ergebnisse

Bei allen HIV seronegativen Personen konnte mit der beschriebenen Technik ein palmares PASP evoziert werden. Die mittlere PASP Onset Latenz betrug 1,56 +/- 0,13 s. Als oberer Normwert der PASP Onset Latenz wurde der Mittelwert des Norm kollektivs + 2,5 Standardabweichungen definiert (1,89 s). Die mittleren PASP Onset Latenzen der HIV-Seropositiven waren signifikant erhöht im Vergleich zum

630

Normkollektiv (1,79s vs 1,56s, p<0.01). Der prozentuale Anteil pathologischer Befunde im HIV-Kollektiv betrug 25 %. Eine signifikante Verzögerung des PASP Onset zeigte sich darüber hinaus in der Untergruppe HIV-Seropositiver mit besonders ausgeprägtem Immundefizit (CD4-Zellen < 100/μl) (p<0,001) (siehe Abb. 1).

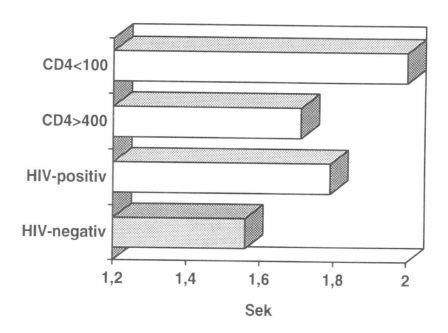

Abb. 1. Mittlere PASP Onset Latenzen bei HIV-seropositiven und seronegativen Männern

Konklusion

Die Ableitung von PASP ist geeignet, um subklinische HIV-assoziierte Alterationen des autonomen Nervensystems nachzuweisen. Autonome Funktionsstörungen finden sich bereits in frühen Phasen der HIV-Infektion und zeigen eine Progredienz bei fortgeschrittenem Immundefizit.

Literatur

Baba M, Watahiki Y, Matsunaga M, Takebe K (1988) Sympathetic skin response in healthy man. Electromyogr clin Neurophysiol 28: 277-283

Elie B, Guiheneuc P (1990) Sympathetic skin response: normal results in different experimental conditions. Electroencephalogr Clin Neurophysiol 76: 258-267

Knezevic W, Bajada S (1985) Peripheral Autonomic Surface Potential. J Neurol Sci 67: 239-251

Shahani BT, Halperin JJ, Boulu P, Cohen J (1984) Sympathetic skin response - a method of assessing unmyelinated axon dysfunction in peripheral neuropathies. J Neurol Neurosurg Psychiatry 47: 536-542

Peripher autonome Oberflächenpotentiale bei Patienten mit sympathischer Reflexdystrophie

O. Rommel[1], M. Tegenthoff[1], U. Pern[2], M. Strumpf[2], M. Zenz[2], J.-P. Malin[1]

[1]Neurologische Klinik, [2]Klinik für Anästhesiologie, Intensiv- und Schmerztherapie, Ruhr-Universität Bochum, BG-Kliniken Bergmannsheil

Fragestellung

Peripher autonome Oberflächenpotentiale (PAOP) werden als Hautantwort durch die synchronisierte Aktivierung von Schweißdrüsen über das sympathische Nervensystem hervorgerufen. In der vorliegenden Studie sollten Patienten mit einer sympathischen Reflexdystrophie mit Hilfe der PAOP untersucht und die gewonnenen Daten sowie der klinische Befund mit einem Normalkollektiv, den Nervenleitgeschwindigkeiten, dem Ninhydrin-Schweißtest und den evozierten Potentialen verglichen werden. Ziel der Studie war es, die Häufigkeit pathologischer Befunde bei den verschiedenen Untersuchungsmethoden zu ermitteln und mit der klinischen Ausprägung der Erkrankung zu korrelieren.

Methodik

Die Ableitung der PAOP erfolgte bei 20 Normalpersonen sowie bei 24 Patienten mit sympathischer Reflexdystrophie. Die Patienten wurden nach klinischen Kriterien in 3 Gruppen eingeteilt. (A: diskrete-, B: mittelgradige-, C: ausgeprägte Symptomatik.) 17 Patienten waren vorbehandelt (Plexuskatheter, Grenzstrangkatheter oder diagnostische Sympathikusblockade). Bei 21 Patienten wurde ein Ninhydrin-Schweißtest durchgeführt, bei 20 Patienten wurde ein Medianus- bzw. Tibialis-SEP abgeleitet und die entsprechenden Nervenleitgeschwindigkeiten gemessen. Zur Ableitung der PAOP wurden AgCl-Elektroden beidseits an der Handinnenfläche bzw. Fußsohlenmitte (differente Elektrode) befestigt und gegen eine indifferente Elektrode auf dem Hand- bzw. Fußrücken verschaltet. Die Reizung erfolgte in Stirnmitte über Rechteckreize (7 mA), welche 4 mal in unregelmäßigen Abständen von mindestens 60 Sekunden verabreicht wurden. Ausgewertet wurden die Latenzen des Potentialabganges, die Potentialform (Phasenzahl) sowie die Amplituden. Die Seitendifferenzen wurden absolut und relativ berechnet.

Ergebnisse

Bei den Ableitungen der PAOP im Normalkollektiv fanden sich bei wiederholter Stimulation intraindividuell unterschiedliche mono-, bi-und triphasische Potentiale, im Rechts-Links-Seitenvergleich war die Potentialform jedoch konstant. Bei 15 der 24 Patienten mit sympathischer Reflexdystrophie fand sich ein pathologischer Befund bei der Ableitung der PAOP. In der Gruppe A (9 Patienten) mit diskreter Symptomatik waren die PAOP lediglich in zwei Fällen pathologisch (1 x Formdifferenz, 1 x Latenzverzögerung). In der Gruppe B (9 Patienten) mit mittelgradig ausgeprägter Symptomatik fand sich bei 7 Patienten ein pathologisches Ergebnis (5 x Formdifferenz; 1 x Amplitudenminderung; 1 x Latenzverzögerung). In der Gruppe C (6 Patienten) mit ausgeprägter Symptomatik waren die PAOP bei allen Patienten pathologisch. (4 x Amplitudenminderung; 2 x Formdifferenz). Bei 17 vorbehandelten Patienten fanden sich in 10 Fällen pathologische PAOP, bei 7 unvorbehandelten Patienten waren die PAOP in 5 Fällen pathologisch.

Bei der Ableitung der evozierten Potentiale sowie der Nervenleitgeschwindigkeiten fand sich jeweils in 4 Fällen ein pathologischer Befund, die PAOP waren in diesen Fällen ebenfalls pathologisch. Der Ninhydrin-Schweißtest war bei 6 Patienten pathologisch, in 5 Fällen fanden sich ebenfalls pathologische PAOP. Bei 3 Patienten, welche zur Therapie eine Lokalanästhetikagabe über einen Plexuskatheter, einen Grenzstrangkatheter oder eine Sympathikusblockade bekamen, wurden vor und 15 sowie 30 Minuten nach der Blockade PAOP abgeleitet. Hier zeigte sich bei 2 Patientinnen mit initialer Formdifferenz der PAOP eine Formangleichung im Rechts-Links-Vergleich. Bei einer Patientin mit initial ausgeprägter Amplitudenminderung auf der erkrankten Seite zeigte sich keine Veränderung.

Konklusion

Bei der Ableitung der PAOP bei Patienten mit sympathischer Reflexdystrophie fanden sich in 62,5 % pathologische Befunde. Insbesondere bei Patienten mit ausgeprägter klinischer Symptomatik fanden sich meist pathologische Befunde, bei Patienten mit lediglich diskreter Symptomatik zeigte sich häufiger ein unauffälliger Befund. Bei diskreter und mittelgradiger Ausprägung fanden sich häufiger Formdifferenzen. Je schwerer die Symptomatik ausgeprägt war, desto häufiger zeigte sich eine Amplitudenminderung auf der erkrankten Seite. Zur Diagnose einer sympathischen Reflexdystrophie im Frühstadium sind die PAOP somit nur eingeschränkt verwertbar; pathologische PAOP können die Diagnose stützen, sofern ein peripherer Nervenschaden nicht vorliegt, ein unauffälliges PAOP schließt diese jedoch nicht aus. Unter Sympathikusblockade oder Lokalanästhetikagabe über einen Grenzstrangkatheter oder Plexuskatheter zeigten initial formdifferente PAOP eine Formangleichung, bei bereits vorbestehender Amplitudenminderung auf der erkrankten Seite fanden sich keine wesentlichen Veränderungen. Ausgeprägte Formdifferenzen der PAOP im Rechts-Links-Vergleich bei Patienten mit sympathischer Reflexdystrophie sind somit möglicherweise als Zeichen für eine Funktionsstörung des sympathischen Nervensystems anzusehen. Mit längerer Dauer und zunehmender Schädigung kommt es vermehrt zu einer Amplitudenminderung. Unter der Sympathikusblockade ist eine Formangleichung der PAOP eventuell im Sinne einer "Normalisierung" der Sympathikusfunktion zu werten, was bei fortgeschrittener Schädigung in Form einer Amplitudenminderung nicht mehr möglich scheint.

Exemplarische Beobachtungen zur neurologischen Genese des Ödems der sympathischen Reflexdystrophie

H. Blumberg[1], U. Hoffmann[2], M. Mohadjer[1]

[1]Neurochirurgische Klinik, [2]Anaesthesiologische Klinik der Universität Freiburg

Fragestellung

Das klinische Bild einer sympathischen Reflexdystrophie (SRD) ist durch die Trias von autonomen, motorischen und sensiblen Störungen gekennzeichnet (Jänig et al. 1991, Blumberg 1993).

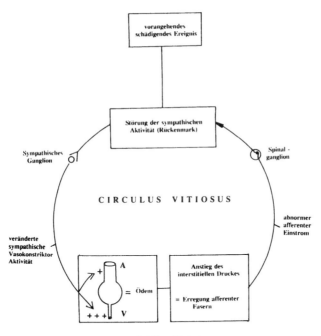

Abb.1 Hypothese zur Entstehung des Ödem der SRD.
Nach einem vorangehenden schädigenden Ergeignis (über den dadurch ausgelösten noxischen Input?) entsteht eine zentralnervöse Störung der sympathischen Aktivität, die sich über die sympathischen Ganglien auf die distale Mikrozirkulation auswirkt. Kommt es hierüber zu einer vermehrten Engstellung der Venolen im Vergleich zu der Weite der Arteriolen des gleichen Kapillargebiets, so resultiert eine venöse Abflußbehinderung und somit das Ödem der SRD. Dies führt zu einer Erhöhung des interstitiellen Druckes, wodurch afferente Fasern (Nozizeptoren) erregt werden. Der abnorme afferente Einstrom unterhält nun auf zentralnervöser Ebene (Rückenmark?) die Störung der sympathischen Innervation, wodurch ein circulus vitiosus entstanden ist. A = Arteriole , V = Venole.

634

Als Teil der autonomen Störungen ist hierbei das Ödem häufig ein führendes Symptom der SRD, welches an der betroffenen Extremität meist distal generalisiert auftritt. Die Pathogenese dieses Symptoms der SRD ist bisher nicht geklärt (Bonica 1990; Devor et al. 1991).

Vor einiger Zeit wurde eine Hypothese vorgelegt, mit der versucht wurde, die Entstehung und Aufrechterhaltung des Ödems der SRD unter Einbeziehung des sympathischen Nervensystems zu deuten (Blumberg 1988). Diese Hypothese ist in Abb. 1 schematisch dargestellt. Danach soll, ausgelöst durch ein vorangehendes, schädigendes Ereignis, eine abnorme sympathische Innervation der peripheren Mikrozirkulation das Ödem der SRD über eine abflußbehindernde Engstellung der Venolen erzeugen. Über den so entstehenden Anstieg des interstitiellen (intraossären) Druckes werden gleichzeitig die Nozizeptoren erregt und so die Schmerzen der SRD bewirkt. Der resultierende abnorme afferente Einstrom unterhält nun auf zentralnervöser Ebene die abnorme sympathische Innervation - ein circulus vitiosus ist geschlossen. Eine besondere Bedeutung kommt dabei möglicherweise den zentralnervös stark repräsentierten distalen Afferenzen zu.

Nach dieser Hypothese wäre das Ödem der SRD als neurologisches, d.h. sympathisch vermitteltes Symptom anzusehen. Eine Sympathikolyse sollte daher - unabhängig von der gewählten Form (z.B. intravenöse regionale Guanethidinblockade, Spinalanaesthesie) - über eine Weitstellung der Venolen akut und im Falle einer Unterbrechung des circulus vitiosus auch dauerhaft zu einer Beseitigung des Ödem der SRD führen. Hierzu läuft seit kurzem an der Universitätsklinik Freiburg eine interdisziplinäre Studie. Hieraus sollen zwei Fälle vorgestellt werden. Gemäß dem antiödematösen Effekt der Sympathikolyse ließ sich bei diesen exemplarischen Fällen ein enger Zusammenhang zwischen der sympathischen Innervation und dem Ödem der SRD erkennen.

Kasuistik

Während der Schulzeit erhielt die 15jährige H.S. einen Tritt auf den rechten Fuß, ohne daß die Haut sichtbar verletzt wurde. In der kommenden Nacht entwickelten sich in dem Fuß diffuse Spontanschmerzen, begleitet von einer distal generalisierten Schwellung. Wegen dieser Symptomatik erfolgte am nächsten Tag chirurgische Diagnostik mit Blick auf eine mögliche strukturelle Läsion, welche sich auch radiologisch nicht finden ließ. Bei Persistenz der Symptomatik erfolgte später eine Phlebographie, ohne daß ein pathologischer Befund erhoben werden konnte. Die Diagnose einer SRD (Morbus Sudeck) wurde erst gestellt, als sich im Verlauf eine diffuse fleckige Entkalkung des Fußskelettes nachweisen ließ. Daraufhin wurde auswärts eine Periduralanaesthesie durchgeführt, was einen Rückgang der Spontanschmerzen und eine gewisse Abschwellung bewirkte. Drei Monate nach der initialen Schädigung wurde uns die Patientin zugewiesen.

Der klinisch-neurologische Befund ergab am betroffenen Fuß die für eine SRD typische Trias von autonomen, motorischen, und sensiblen Störungen in distal generalisierter Form. Im Vordergrund standen eine erhebliche Schwellung des rechten Fußes und Unterschenkels, sowie eine Plegie für alle motorischen Funktionen des rechten Fußes. Spontanschmerzen wurden nicht geklagt, jedoch heftige Schmerzen beim Auftreten mit dem rechten Fuß.

Nach erfolgter stationärer Aufnahme 4 Tage später in der Kinderklinik der Universität Freiburg wurde zur geplanten Sympathikolyse unter Vollnarkose neurochirurgisch ein Spinalkatheter (Spitze: D10) mit Anschluß an ein Portsystem implantiert.

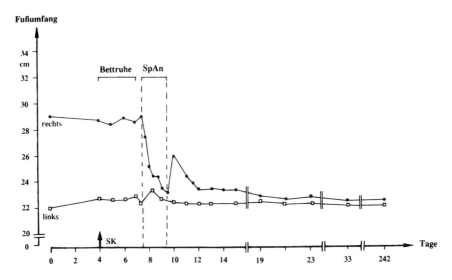

Abb.2 Verlaufsbeobachtung und Therapie des Ödems der SRD. Fall 1 (H.S.).
Dauer der SRD: 3 Monate. Nach Implantieren eines Spinalkatheters erfolgte eine dreitägige Kontrollperiode mit Hochlagern des betroffenen rechten Beines. Die anschließende Sympathikolyse, welche über 43 Stunden mittels 0,5%igem Bupivacain (1,4ml/Stunde) gehalten wurde, führte zu einem kontinuierlichen und vollständigen Rückgang des Ödems des rechten Fußes. Nach kurzzeitigem Rezidiv sistierte das Ödem über den gesamten Beobachtungszeitraum. SpAn = Spinalanaesthesie, SK = Spinalkatheter implantiert

Anschließend erfolgte unter striktem Hochlagern des rechten Beines eine dreitätige Beobachtungsphase mit Messung des Umfangs der Füße, um einen etwaigen Einfluß des Eingriffs bzw. des Hochlagerns auf das Ödem nicht zu übersehen. Danach wurde auf der Intensivstation der Anaesthesiologischen Klinik mittels 0,5%igem Bupivacain eine sympathikolytische Spinalanaesthesie eingeleitet. Bereits 15 Minuten nach Erreichen der Sympathikolyse (Anstieg der Hauttemperaturen der Zehen beidseits auf Werte um 36°C), konnte klinisch bei Zunahme der Hautfältelung eine Abnahme des Ödems beobachtet werden. Die Ödemreduktion setzte sich über den gesamten Zeitraum der 43stündigen Sympathikolyse (mittels 1,4ml Bupivacain/Stunde) fort (Abb. 2). Nach Erreichen eines seitengleichen Umfanges an den Füßen wurde die Spinalanaesthesie beendet. Am Tag danach kam es zu einem Ödemrezidiv, welches in der Folge spontan wieder abklang. Das Ödem sistierte fortan über den gesamten Beobachtungszeitraum (Abb. 2). Bei einer abschließenden Untersuchung 8 Monate später mit weiter unauffälligen Verhältnissen am rechten Fuß wurde das Portsystem komplikationslos wieder entfernt.

636

Kasuistik 2

Direkt nach Entfernung eines retroperitonealen Hämatoms traten bei dem 51jährigen dialysepflichtigen Patienten K.R. ins linke Bein ausstrahlende Schmerzen auf. Noch auf der Intensivstation der Gefäßchirurgie liegend erfolgte eine neurologische Untersuchung, wonach eine S1- Reizsyndrom angenommen wurde. Zwei Tage später kam es zu einem Schmerzwechsel, indem die Schmerzen nun vornehmlich diffus im linken Fuß geklagt wurden. Gleichzeitig fiel dort sowie am Oberschenkel eine Umfangsvermehrung auf. Der linke Fuß war fortan deutlich gegenüber dem rechten überwärmt. Die Schwellung des linken Beines nahm in den nächsten Tagen stark zu. Daraufhin erfolgte eine Phlebographie, welche keine Erklärung des Ödems ergab. Neun Tage nach dem Eingriff wurde nach den gleichen Kriterien wie oben die Diagnose einer SRD gestellt. Nach einem dreitägigen Beobachtungszeitraum mit konstantem Hochlagern des linken Beines erfolgte erstmals eine intravenöse regionale Guanethidin- Blockade (Abb. 3).

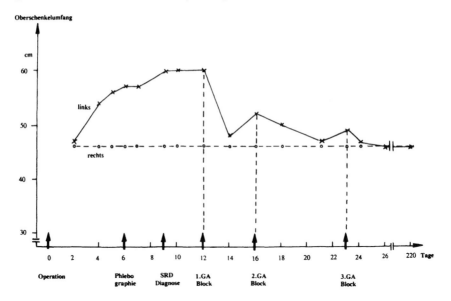

Abb.3 Verlaufsbeobachtung und Therapie des Ödems der SRD. Fall 2 (K.R.)
Zwei Tage nach Operation eines retroperitonealen Hämatoms wurde erstmals eine Umfangsvermehrung am betroffenen linken Bein mit Betonung des Oberschenkels bemerkt. Nach rascher Zunahme des Ödems erfolgte eine Phlebographie ohne pathologischen Befund. Nach Diagnose der SRD wurde nach dreitägigem Beobachtungszeitraum mit konstantem Ödem und bei striktem Hochlagern des betroffenen linken Beines eine GuanethidinBlockade durchgeführt. Direkt danach kontinuierliche Abnahme des Ödems. Nach jeweiligem Wiederanstieg des Oberschenkelumfangs und zwei weiteren distalen Guanethidin- Blockaden sistierte das Ödem über den gesamten Beobachtungszeitraum (sieben Monate). GA = Guanethidin

Diese Blockade wurde in einer von uns modifizierten Form vorgenommen (Hoffmann und Blumberg 1993). Hierzu wurden, distal einer direkt oberhalb des linken Sprunkgelenkes angebrachten und arteriell komprimierenden Blutdruckmanschette, 5mg Guanethidin gelöst in 10ml NaCl, intravenös injiziert. Nach Öffnen der Manschette etwa 15 Minuten später (Zeit für die Aufnahme des Guanethidins in die sympathischen Endigungen und damit Vermeiden des Übertritts in den Kreislauf) sistierten die Spontanschmerzen. Wenig später setzte klinisch sichtbar eine dann über zwei Tage kontinuierlich verlaufende Ödemreduktion ein. Nach jeweils erneutem Schwellungsanstieg, jeweils verbunden mit Wiederauftreten der diffusen Schmerzen im linken Fuß, bewirkten zwei weitere gleichartige Blockaden erneut eine Ödemabnahme. Das Ödem sistierte danach dauerhaft über den gesamten siebenmonatigen Beobachtungszeitraum (Abb.3).

Konklusion

In zwei Fällen war das Ödem einer SRD akut und dauerhaft therapiert worden. In beiden Fällen erfolgte die dazu eingesetzte sympathikolytische Therapie nach einer mehrtägigen Beobachtungszeit. Im zweiten Fall konnte - was sicher nur ausnahmsweise gelingt - der gesamte Verlauf der SRD von ihrer Entstehung an beobachtet werden. Im Gegensatz zum ersten Fall mit dreimonatiger Dauer der SRD, kann im zweiten Fall ein Spontanverlauf nicht ausgeschlossen werden. Der sehr rasche Verlauf der Ödemreduktion nach der ersten Guanethidinblockade sowie ein gleichartiges Verhalten nach zwei weiteren Blockaden sprechen jedoch auch in diesem Fall für einen spezifischen Therapieeffekt.

Mehrtägiges Hochlagern hatte in beiden Fällen keinen Einfluß auf das Ödem des betroffenen Fußes/Beines. Andere Therapieverfahren waren im Beobachtungszeitraum nicht eingesetzt worden. Somit kann - erstmals - als nachgewiesen gelten, daß eine sympathikolytische Therapie das akut entstehende distal generalisierte Ödem der SRD akut und auch dauerhaft beseitigt. Zur sympathikolytischen Therapie des Ödems einer lokalisierten Form der SRD hatten wir kürzlich einen Fallbericht vorgelegt (Blumberg et al. 1993). Darüberhinaus wurde nach unserem Wissen bisher nur in einer anderen Arbeit zum Einfluß einer sympathikolytischen Therapie auf das Ödem der SRD berichtet, ohne daß allerdings ein akuter Effekt dieser Therapieform auf das Ödem der SRD dokumentiert wurde (Davidoff 1988).

Die dargestellten Beobachtungen stimmen mit den o.g. theoretischen Vorstellungen über die Entstehung und Aufrechterhaltung des Ödems der SRD überein (Blumberg 1988; Blumberg und Jänig 1993). Bemerkenswert ist, daß sowohl eine rein proximal (bei der Spinalanaesthesie) als auch eine streng distal einsetzende Sympathikolyse (beim Guanethidinblock) einen auch im Zeitablauf gleichartigen Einfluß auf das Ödem der SRD ausübte. Für die distale Sympathikolyse war weiterhin auffallend, daß hierdurch das Ödem der gesamten Extremität beseitigt wurde. Aufgrund der Blockadetechnik (15 minütige Stauung) muß als unwahrscheinlich gelten, daß das Guanethidin auch am Oberschenkel Vasokonstriktorendigungen blockieren konnte. Stattdessen erscheint eine andere Erklärung plausibel: Die in den circulus vitiosus eingebundenen distalen Afferenzen und der zugehörige abnorme afferente Einstrom haben bei der SRD eine besondere Bedeutung für die Aufrechterhaltung der sympathischen Innervationstörung der betroffenen Extremität. Eine distale sympathisch- afferente Entkopplung (über die distale Guanethidin- Blockade) unterbricht den circulus vitiosus, woraufhin sich reflektorisch die Störung der sympathischen Innervation für die gesamte Extremität zurückbildet.

638

Insgesamt erlauben die Beobachtungen, das Ödem einer SRD als neurologisches, d.h. sympathisch vermitteltes Symptom anzusehen.

Danksagung: Diese Arbeit wurde durch das Bundesministerium für Forschung und Technologie im Rahmen des Förderschwerpunktes "Chronischer Schmerz" unterstützt.

Literatur

Bonica JJ (1990) Causalgia and other reflex sympathetic dystrophies. In: Bonica JJ (eds). The management of Pain (2nd Ed.), Lea and Fibiger, Philadelphia, London, pp. 220-243

Blumberg H (1988) Zur Entstehung und Therapie des Schmerzsyndroms bei der sympathischen Reflexdystrophie. Der Schmerz, 2: 125-143

Blumberg H (1993) Sympathische Reflexdystrophie. In: Zenz M, Jurna J (Hrsg.) Lehrbuch der Schmerztherapie. Wissenschaftliche Verlagsgesellchaft, Stuttgart, pp.369-376

Blumberg H, Jänig W (1993) Clinical manifestations of reflex sympathetic dystrophy and sympathetically maintained pain. In: Wall P, Melzack R (eds) Textbook of Pain. Churchill Livingston, Edinburgh, 2nd ed., in Press

Blumberg H, Hoffmann U, Mohadjer M (1993) Die lokalisierte Form der sympathischen Reflexdystrophie - Ein Fallbericht. Der Schmerz, 6: 196-198

Davidoff G, Morey K, Amann M, Stamps J (1988) Pain measurement in reflex sympathetic dystrophy syndrome. Pain, 32: 27-34

Devor M, Basbaum AJ, Bennett GJ et al. (1991) Mechanisms of neuropathic pain following peripheral injury. In: Basbaum AJ, Besson JM (eds). Towards a new pharmacotherapy of pain. Dahlem Workshop Reports, J, Wiley and sons, Chichester, pp. 417-440

Hoffmann U, Blumberg H (1993) Relevante Modifikationen der GuanethidinBlockade zur Diagnostik der sympathischen Reflexdystrophie. Der Schmerz, eingereicht

Autonom neuropathische Veränderungen der Haut bei Diabetes mellitus: eine neue Methode zur Quantifizierung

P. Költringer, F. Reisecker, W. Langsteger, O. Eber

Krankenhaus der Barmherzigen Brüder Graz-Eggenberg

Fragestellung

Polyneuropathiesyndrome sind im Rahmen von zahlreichen anderen Krankheiten weit verbreitet. An erster Stelle ist hier der Diabetes mellitus zu nennen, jedoch auch andere metabolische, toxische und ischämische Grundprozesse sowie viele weitere Erkrankungen verursachen diesbezügliche Nervenveränderungen (Canal et al. 1978; Neundörfer 1974).

Meist treten bei diesen Syndromen schon sehr früh Störungen des autonomen Nervensystems auf, welche bis heute routinemäßig nur schwer erfaßt werden konnten. Lediglich die autonomen Störungen am Herzen werden im klinischen Alltag sowohl qualitativ als auch quantitativ erfaßt.

Mittels zweier neu entwickelten Methoden zur Austestung der autonomen Nervenfunktion in der Haut ist nun die routinemäßige Untersuchung möglich, welche in der vorliegenden Studie an insgesamt 100 Probanden dokumentiert wird.

Methodik

Die beiden neu entwickelten Techniken, welche als "Hypertherme Laser-Doppler-Flowmetrie" und als "Hypertherme Temperatur-Spectral-Analyse" bezeichnet werden, beruhen auf einem einfachen Grundprinzip: Ein leistungsmäßig exakt definierter Hitzereiz an der Haut führt nach einer genau bestimmbaren Zeitspanne zu einer Perfusionszunahme im entsprechenden Gewebeareal. Diese Zeitspanne wird als "Hyperthermie-Perfusions-Latenz (HTPL) bzw. als "Hyperthermie-Temperatur-Latenz (HTTL)" bezeichnet und kann in Sekunden angegeben werden. Die Messung der Perfusion in der Haut erfolgt bei der Hyperthermen Laser-Doppler-Flowmetrie mittels Helium-Neon-Laser, bei der Hyperthermen Temperatur-Spectralanalyse mittels hochempfindlicher percutaner Hauttemperatursonde (Shepard und Riedel 1982; Micheels und Sorensen 1984). Grafik 1 zeigt schematisch das Ansprechen der Mirkozirkulations auf einen Hitzereiz bei einem gesunden Probanden sowie bei einem Patienten mit autonomer Nervenfunktionsstörung und pathologisch verlängerten Werten.

Insgesamt wurden 100 Probanden in die Untersuchung aufgenommen: 50 davon waren seit mehr als 10 Jahren an einem peroral gut eingestellten Diabetes mellitus erkrankt, die restlichen 50 stellten altersangepaßte Freiwillige dar. Patienten mit manifester oder latenter peripher arterieller Verschlußkrankheit wurden nicht in die Studie aufgenommen. Nach einer Ruhephase von 5 Minuten wurden die Messungen

640

bei einer Raumtemperatur von 24 Grad Celsius und einer relativen Luftfeuchtigkeit von 40 - 60% am dorsum pedis des rechten Beines durchgeführt.

Zur statistischen Auswertung wurde der parameterfreie Signifikanztest von Whithney und Mann verwendet.

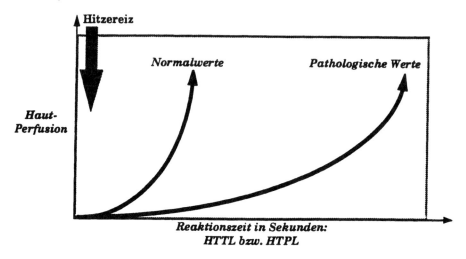

Abb.1. Ansprechverhalten der Mikrozirkulation auf Hitzeinduktion mittels Infrarotstrahlung

Ergebnisse

Im Kollektiv mit Diabetes mellitus fand sich eine HTPL von 211 ± 47 Sekunden, die HTTL betrug 203 ± 39 Sekunden. Im Gegensatz dazu fanden sich in der Kontrollgruppe Werte von 61 ± 18 Sekunden für die HTPL beziehungsweise 78 ± 20 Sekunden als HTTL. Der Unterschied zwischen den beiden Kollektiven war für beide Meßtechniken signifikant.

Konklusion

Mit diesen beiden Methoden fanden sich somit eindeutige Unterschiede in den Kollektiven von Diabetikern und gesunden Versuchspersonen, welche durch die verminderte autonome Regulationsfähigkeit der Mikrozirkulation bedingt sind. Beide Methoden scheinen zur Differenzierung im Verhältnis zu gesunden Personen geeignet, wobei jedoch aus der bisherigen Erfahrung hervorgeht, daß die Hypertherme Laser-Doppler-Flowmetrie etwas früher bereits auf pathologische Veränderungen anspricht als die Hyperthermen Temperatur-Spectral-Analyse. Dieser Tatsache ist hingegenzuhalten, daß es sich bei zweiterer Methode um eine kostengünstige Einrichtung handelt, was für den routinemäßigen Einsatz von nicht unwesentlicher Bedeutung ist.

Literatur

Canal N, Comi G, Saibene V, Musch B, Pozza G (1978) The relationship between peripheral and autonomic neuropathy in insulin dependent diabetes: A clinical instrumental evaluation. In: Canal N, Pozza B (eds) Peripheral Neuropathies. Elsevier, Amsterdam, pp 247-255

Micheels J, Aslbjorn B, Sorensen B (1984) Laser Doppler Flowmetry. A new non-invasive measurement of microcirculation in intensive care? Resuscitation 12: 31-39

Neundörfer B (1974) Die alkoholische Polyneuropathie. Acta Neurol 6: 169-177

Shepherd A, Riedel G (1982) Continuous measurement of intestinal mucosal bloodflow by Laser-Doppler-Velocimetry. Am J Physiol 242: 669-672

Stimulations-NIR-Flowmetrie zur Quantifizierung vasomotorischer Innervationsdefekte. Diagnostik autonomer Störungen am Beispiel diabetischer Polyneuropathien

G. Reichel, M. Krauß

Neurologische Abteilung der Paracelsus Klinik Zwickau

Fragestellung

Störungen der peripheren Vasomotorik treten bei einer Vielzahl von Erkrankungen auf, insbesondere sind sie bei nahezu allen Arten von Polyneuropathien und Polyneuritiden aber auch bei umschriebenen Sympathikusstörungen anzutreffen. Bei einigen Syndromen, wie der sympathischen Reflexdystrophie oder der akuten Pandysautonomie bestimmen sie wesentlich das klinische Bild. Neben den lokalen Beschwerden in den Extremitäten ist es vor allem die orthostatische Dysregulation, die die Lebensqualität des Betroffenen einschränkt. Für die Bewertung des Funktionszustandes vasomotorischer Nervenfasern gab es bislang keine einfach durchführbare, den klinischen Erfordernissen entsprechende Methode. Wir haben ein Verfahren entwickelt, bei dem Änderungen der Mikrozirkulation nach Auslösung einer sympathischen vasomotorischen Erregungswelle gemessen werden.

Methodik

Zur Sympathikuserregung sind akustische Stimuli geeignet. Etwa zwei Sekunden nach dem akustischen Reiz kommt es zur generalisierten Vasokonstriktion an den Extremitäten. Zur Bewertung der Auswirkung der sympathischen Stimulation auf die Mikrozirkulation wird das nach Einstrahlung in das Gewebe (Finger, Zehe) reflektierte (Naherot-) Infrarotlicht (NIR) genutzt. Infrarotsender und -empfänger sind in ein System integriert. Es wird gepulstes Infrarotlicht genutzt, um hohe Intensität mit geringer thermischer Belastung zu verbinden. Bewertet werden die durch Sympathikusstimulation ausgelösten Änderungen der NIR-Intensitätskurven.

Ergebnisse

Bei 100 untersuchten Gesunden im Alter von 20 bis 69 Jahren ließ sich stets eine vasomotorische Antwort auslösen. Unter Berücksichtigung der dabei ermittelten Normwerte zeigten dagegen nur 28 % der untersuchten Diabetiker, die an einer manifesten sensomotorischen symmetrischen Polyneuropathie litten, vasomotorische Antworten am Fuß, die innerhalb der Normgrenzen lagen.

Konklusion

Die Stimulation-NIR-Flowmetrie ist für eine qualitative und quantitative Einschätzung der vasomotorischen Innervationsgüte geeignet. Im Gegensatz zu anderen Methoden bewertet sie nicht nur die reaktive Hautdurchblutungsänderungen sondern den Einfluß der sympathischen Innervation auf das gesamte System der Mikrozirkulation. Die Methode ist nichtinvasiv, apparativ wenig aufwendig und erfordert nur wenige Minuten Untersuchungszeit.

Literatur

Joyner MJ, Shepherd JT (1993) Autonomic control off circulation. In: Low PA (eds) Clinical autonomic disorders. Little, Brown and Company, Boston, 55-68
Krauß M, Bilz D, Laumann H, Waldmann J (1993) Systemdiagnostik der Mikro- und Makrogefäße. Teil I: Modellierung. Laumann-Mitteilung Nr. 4
Reichel G (1993) Apparative Diagnostik peripherer vegetativer Funktionsstörungen. Psyche 19: 319-326

Morphologische Charakterisierung arteriosklerotischer Karotis–Plaques anhand von MRI–Signalintensitäten

M. Görtler[1], A. Goldmann[2], W. Mohr[3], B. Widder[1]

[1]Neurologische Klinik, [2]Radiologische Klinik, [3]Pathologisches Institut, Universität Ulm

Fragestellung

Arteriosklerotische Plaques und Stenosen der A. carotis sind eine häufige Ursache zerebraler Durchblutungsstörungen. Die morphologische Zusammensetzung derartiger Gefäßwandveränderungen stellt neben dem Stenosierungsgrad ein wesentliches Kriterium für das Auftreten zerebral ischämischer Symptome dar (Lusby et al. 1983). So weisen intramurale Plaqueeinblutungen und atheromatöses Debrisgewebe gegenüber "einfachen", fibrösen und fibroatheromatösen Plaques ein 2-6fach erhöhtes Insultrisiko auf (Imparato et al. 1983; AbuRahma et al. 1990).

Unter Berücksichtigung dieser prognostisch und therapeutisch hohen Bedeutung läßt sich die Plaquemorphologie in vivo bisher, im Gegensatz zum Stenosegrad, nur unzureichend bestimmen. So besitzen diagnostische Verfahren wie Angiographie, CT oder Ultraschallsonographie methoden- bzw. untersucherbedingt diesbezüglich eine nur geringe Treffsicherheit (Widder et al. 1990).

Hohe Sensitivität für unterschiedliche Gewebsarten, hohe Detailauflösung und meßbare Signalintensitäten lassen die Kernspintomographie als eine geeignete Alternative erscheinen.

Ziel unserer Studie war, anhand von in vitro Untersuchungen Vorbedingungen zu klären, unter denen mittels MRI–Messungen eine Klassifizierung und Differenzierung prognostisch und therapeutisch relevanter Plaquetypen der A.carotis möglich sein könnte.

Methodik

Die MRI-Signalintensitäten von Karotisplaques wurden an 17 endarterektomierten Gefäßzylindern bestimmt. Die Auswahl erfolgte zufällig, Präparate mit operationsbedingten Plaqueverletzungen oder -einblutungen waren ausgeschlossen worden. Die Präparate wurden bis zur MRI-Untersuchung (innerhalb von 24 Stunden postoperativ) in physiologischer NaCl-Lösung bei 4 Grad Celsius gelagert.

Die Messungen erfolgten bei Raumtemperatur mit einem 1,5 Tesla Magnetom 63 SP (Siemens) unter Verwendung einer Oberflächenspule. Die Signalintensität der Plaque wurde an transversalen 3mm Schichten (Schichtabstand 1mm) in drei Spinecho-Sequenzen (TR/TE 450ms/15ms, 2000/20, 2000/90) und in drei Gradientenecho-Sequenzen bestimmt (TR/TE 520ms/18ms, FLASH-Winkel 15, 40, 90 Grad). Zum Ausgleich gerätebedingter Meßschwankungen erfolgte eine Normierung des

Signals auf jeweils mitgemessene physiologische NaCl-Lösung (Plaqueintensität –
NaCl–Intensität / SD NaCl-Intensität).

Nach Formalinfixierung (4%ig, pH 7,4) des Gefäßzylinders wurden 3 mm dicke
Blöcke analog der vorangegangenen MRI-Schichtung geschnitten. Die Plaquemorphologie wurde makroskopisch (fibrös, fibroatheromatös, intramurale Einblutung, Debris) und histologisch klassifiziert (fibröse Intimaverdickung, Herd intra-
zellulärer Lipidablagerung, Atheromherd mit Cholesterinkristallen, Kalksalzherd,
intramurale Einblutung mit überwiegend Erythrozyten, Debris nach Einblutung mit
überwiegend Blutabbauprodukten verschiedenen Alters). Gemessene MRI–Signalintensitäten und Morphologieklassen wurden anschließend verglichen (Wilcoxon
Test).

Ergebnisse

Die 17 endarterektomierten Karotiszylinder wurden in insgesamt 40, jeweils 3 mm
dicke, transversale Querschnittblöcke aufgeschnitten. An diesen Blockpräparaten
ließen sich insgesamt 53 "Regions of interest" (ROI) bilden, gut von ihrer Umgebung
differenzierbare Plaqueareale eines histologisch weitgehend einheitlichen Gewebe-
typs. Diese 53 ROIs konnten auf den entsprechenden MRI–Schnittbildern anhand
ihrer Signalintensität ebenfalls abgegrenzt werden und zeigten folgende histologische Verteilung: 17 fibröse Intimaverdickungen, 2 Lipidherde, 15 Atheromherde,
7 Kalksalzherde, 3 intramurale Einblutungen, 9 Debrisherde. Makroskopisch ließen
sich Lipid- und Atheromherde nicht differenzieren bzw. zeigten sich häufig mit
Kalkherden assoziiert. Derartige Plaques waren daher in Anlehnung an die bisherige
Literatur makroskopisch als fibroatheromatös (17) beschrieben und fibrösen, einge-
bluteten und Debrisgewebe enthaltenden Plaques gegenübergestellt worden.

Plaquequerschnitte, die fibröses, Lipid- oder atheromatöses Gewebe enthielten
zeigten identische MRI–Signalintensitäten in allen untersuchten Sequenzen und
konnten mit den gewählten MRI–Einstellungen nicht differenziert werden (Vinitski
et al. 1991). Dies galt ebenso für die Gruppe der Plaquequerschnitte mit einer intra-
muralen Einblutung oder Debrisgewebe. Die in Abb.1 hinsichtlich ihres Signalver-
haltens gegenübergestellten Karotisplaques sind daher bereits den prognose-
relevanten Klassen "fibrös/fibroatheromatös" (34), "Einblutung/Debris" (12) sowie
"Kalzifizierung" (7) zugeordnet worden.

Hochsignifikante Signalunterschiede zwischen fibrös/fibroatheromatösen
Plaques einerseits und eingebluteten/Debrisplaques andererseits ergaben sich in den
T2- und T1–gewichteten SE–Sequenzen ($p < 0{,}001$), wobei sich bei der
T1–Gewichtung beide Plaquetypen ebenfalls hochsignifikant von Kalkherden diffe-
renzieren ließen ($p < 0{,}0001$) (Abb.1).

Konklusion

Die MRI-Technik bietet neben einer hohen Sensitivität und Ortsauflösung die Möglichkeit, Signale quantitativ zu messen. MRI-Untersuchungen arteriosklerotischer
Gefäßwandveränderungen, insbesondere im Bereich der Karotiden, sind bisher nur
in begrenztem Umfang durchgeführt worden, überwiegend mit dem Ziel, frühzeitige

646

Lipideinlagerungen in arterielle Gefäßwände nachzuweisen (Altbach et al. 1991; Vinitski et al. 1991).

Demgegenüber haben zahlreiche klinisch-chirurgische Untersuchungen zeigen können, daß die morphologische Zusammensetzung eines Karotisplaque von wesentlicher Bedeutung für das von ihr ausgehende Schlaganfallrisiko ist. Dieses scheint deutlich erhöht, wenn es zu einer Einblutung in die Gefäßwand bzw. Plaque gekommen ist, was bisher aber nur retrospektiv im Rahmen der Thrombendarterektomie mit Sicherheit diagnostiziert werden kann.

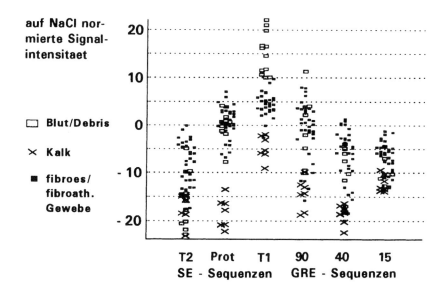

Abb. 1. Signalintensitäten aller 53 Einzelmessungen, jeweils auf physiologische Kochsalzlösung normiert, für die untersuchten Spinecho– (T2-, Protonen-, T1–gewichtet) und Gradientenecho–Sequenzen (FLASH–Winkel 90, 40, 15 Grad) jeweils getrennt aufgetragen (vertikalen Punktwolken). Hochsignifikante Differenzierbarkeit mit hoher Trennschärfe von eingebluteten/Debrisplaques gegenüber fibrös/fibroatheromatösen und kalzifizierten Plaques in der T1–gewichteten Spinecho-Sequenz.

Unsere in vitro an thrombendarterektomierten Karotisplaques gewonnenen Ergebnisse deuten darauf hin, daß kernspintomographisch mittels einer T1-gewichteten Spinecho-Sequenz jedoch bereits eine in vivo Differenzierung prognostisch und therapeutisch wesentlicher Plaquemorphologien zuverlässig möglich ist. Neben einer hochsignifikante Differenzierbarkeit der Plaquekollektive zeigten diese zudem eine so hohe Trennschärfe, daß die Signalmessung einzelner Plaques deren Zuordnung zu einer der drei Morphologieklassen erlauben würde, eine für den praktischen klinischen Einsatz wesentliche Voraussetzung (Abb.1). Verantwortlich für die signalreiche Darstellung intramuraler Plaqueeinblutungen und damit letztlich für deren Differenzierung gegenüber "einfachen" Plaques ist das am zweiten bis dritten Tag nach der Einblutung entstehende und über mehrere Monate nachweisbare Methämoglobin (Fe^{3+}).

Der Übertragung des experimentellen Ansatzes in die klinische Diagnostik sind derzeit jedoch noch methodische Grenzen gesetzt. So sind aufgrund der kleinen Dimensionen derartiger Plaques und der damit erforderlichen hohen Detailauflösung relativ lange Untersuchungszeiten notwendig, um ein ausreichendes Signal/Rausch-Verhältnis zu erhalten. Bewegungsartefakte, sei es durch den Patienten selbst oder durch nicht ausreichend EKG–triggerbare Gefäßpulsationen z.B. im Rahmen cardialer Arrhythmien, können zu nicht unerheblichen Meßstörungen führen. Falls sich derartige Schwierigkeiten überwinden lassen, könnte hier eine Methode vorliegen, durch die Stenosen der A.carotis, welche mit einem erhöhten Schlaganfallrisiko einhergehen, erkannt werden können.

Literatur

AbuRahma AF, Boland JP, Robinson P, Decanio R (1990) Antiplatelet therapy and carotid plaque hemorrhage and its clinical implications. J Cardiovasc Surg 31: 66-70

Altbach MI, Mattingly MA, Brown MF, Gmitro AF (1991) Magnetic resonance imaging of lipid deposits in human atheroma via a stimulated–echo diffussion–weighted technique. Magn Reson Med 20: 319-326

Imparato AM, Riles TS, Mintzer R, Baumann FG (1983) The importance of hemorrhage in the relationship between gross morphologic characteristics and cerebral symptoms in 376 carotid artery plaques. Ann Surg 197: 195-203

Lusby RJ, Ferrell LD, Wylie EJ (1983) The significance of intraplaque hemorrhage in the pathogenesis of carotid atherosclerosis. In: Bergan JJ, Yao JST (eds) Cerebrovascular insufficiency. Grune & Stratton, New York, pp 41-55

Vinitski S, Macke Consigny P, Shapiro MJ, Janes N, Smullens SN, Rifkin MD (1991) Magnetic resonance chemical shift imaging and spectroscopy of atherosclerotic plaque. Invest Radiol 26: 703-714

Widder B, Paulat K, Hackspacher J et al. (1990) Morphological characterization of carotid artery stenoses by ultrasound duplex scanning. Ultrasound Med Biol 16: 349-354

Farb-Duplexsonographie der A. cerebri media

N. Skiba

Nervenkrankenhaus Oberfranken

Fragestellung

Die transkranielle Dopplersonographie und hier insbesondere die Darstellung der A. cerebri media hat in den letzten Jahren als nicht invasives und wenig aufwendiges Untersuchungsverfahren einen bedeutenden Stellenwert erlangt. Aufgrund des hohen technischen Standards der heute zur Verfügung stehenden Farb-Duplexsonographie-Geräte gelingt auch die Darstellung des Media-Hauptstammes. Ziel der Untersuchung war die Überprüfung der Darstellbarkeit der mittleren Hirnarterie bei einem Normalkollektiv.

Methodik

Es wurden 34 Normalpersonen im Alter von 17 bis 77 Jahren untersucht. Das Durchschnittsalter betrug 48,8 Jahre. Bei allen Probanden wurde vor Durchführung der transkraniellen Farb-Duplexsonographie eine konventionelle Ultraschall-Diagnostik aller hirnversorgender Gefäße durchgeführt. Für die Farb-Duplex-Untersuchungen wurde ein Gerät der Firma Acuson (XP 128/10) mit einer 2,5 MHz Sektorsonde (V 219) verwendet.

Ergebnisse

Bei 33 Personen konnte die A. cerebri media auf beiden Seiten gut dargestellt werden, bei einer älteren Patientin gelang die Untersuchung des Gefäßes nur auf der rechten Seite. Die Darstellung des Hauptstammes der A. cerebri media war durchschnittlich in einer Tiefe ab 37,4 mm mit einer durchschnittlichen Gesamtstrecke von 26,3 mm möglich. Neben der farbcodierten B-Bilddarstellung des Gefäßes erfolgte in jedem Fall die winkelkorrigierte Messung der maximalen systolischen und diastolischen Flußgeschwindigkeit durch Einsatz des gepulsten Dopplers. Die durchschnittliche maximale systolische Flußgeschwindigkeit lag bei 0,85 m/s, die durchschnittliche diastolische Flußgeschwindigkeit bei 0,39 m/s. Die mittlere Tiefenposition des Meßvolumens betrug 51 mm.

Konklusion

Bei den hier untersuchten Gefäßgesunden konnte der Hauptstamm der A. cerebri media in 33 von 34 Fällen beidseits gut dargestellt werden. Lediglich bei einer älteren Patientin über 70 Jahre gelang die Darstsellung des Gefäßes nur auf einer

Seite. Es kann somit gefolgert werden, daß bei allen Personen, bei denen die A. cerebri media durch die üblichen temporalen Knochenfenster mit der konventionellen Methode dargestellt werden kann, auch mit der transkraniellen Farb-Duplexsonographie die Untersuchung des Gefäßes gelingt. Die Methode stellt insofern einen diagnostischen Fortschritt dar, da das Meßvolumen des gepulsten Dopplers exakt in suspekte Gefäßabschnitte plaziert werden kann und die Reproduzierbarkeit der Darstellung durch verschiedene Untersucher verbessert wird. Winkelkorrigierte Messungen erlauben eine genauere Quantifizierung der Strömungsgeschwindigkeit.

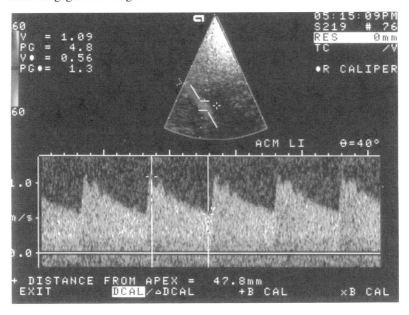

Abb. 1. Farb-Duplexdarstellung einer A. cerebri media. Winkelkorrigierte Flußgeschwindig-keitsbestimmung in einer Tiefe von 47.8 mm

Transkranielle Farbduplexsonographie intrakranieller arterio-venöser Malformationen

E. Bartels[1], S.-O. Rodiek[2], K.A. Flügel[1]

[1]Abteilung für Neurologie und Klin. Neurophysiologie, [2]Abteilung für Röntgendiagnostik und Nuklearmedizin, Städtisches Krankenhaus Bogenhausen, München

Fragestellung

Mit Hilfe der Farbkodierung des Dopplersignals ist es möglich, die Blutströmung in den Arterien des Circulus Willisii durch den intakten Schädelknochen sichtbar zu machen (Becker et al.1990; Bogdahn et al. 1990; Kaps et al.1992). Im folgenden soll der Wert der transkraniellen Farbduplexsonographie (FTCD) für die Diagnostik intrakranieller arterio-venöser Malformationen besprochen werden.

Methodik

Sonographische Befunde von 15 Patienten im Alter von 22-80 Jahren mit intrakraniellen arterio-venösen Mißbildungen werden vorgestellt. Die Untersuchungen wurden mit dem Farbdoppler-Gerät Acuson 128 XP 10 mit der 2 MHz Sektor-Sonde durchgeführt.

Die basalen Hirnarterien wurden aufgrund ihres typischen anatomischen Verlaufs in bezug auf die echogenen Strukturen des Hirnstamms identifiziert. Die Farbkodierung der Gefäße erfolgte entsprechend ihrer Strömungsrichtung. Bei transtemporaler Beschallung wurde die A.cerebri media und der P1 Abschnitt der A.cerebri posterior (ACP) bei einer Strömung auf die Sonde zu rot kodiert, der P2 Abschnitt der ACP, die A.cerebri anterior sowie die kontralaterale A.cerebri media bei einer Strömung von der Sonde weg, blau kodiert dargestellt. Bei der Beschallung durch das Foramen magnum wurden die Aa.vertebrales und die A.basilaris blau kodiert abgebildet. Der Beschallungswinkel konnte unter visueller Kontrolle eingestellt werden, wodurch eine exaktere Messung der Strömungsgeschwindigkeit in einem bestimmten Gefäßabschnitt erfolgte (Bartels 1993). Kriterien, welche wir für die Identifizierung der Gefäßversorgung eines Angioms verwendet haben, sind der Tabelle 1 zu entnehmen.

Tab. 1. Kriterien für die Identifizierung der Gefäßversorgung eines Angioms

1- Systolische Geschwindigkeit > 140 cm/s
2- Diastolische Geschwindigkeit > 80 cm/s
3- Pulsatilitätsindex niedriger als 0,6
4- Asymmetrische Strömungsgeschwindigkeiten zwischen den Hemisphären > 20%

Ergebnisse

In Übereinstimmung mit zerebraler Angiographie und MRT konnte eine Gefäßmal-
formation bei 13 Patienten durch den Nachweis vermehrter, unterschiedlich ko-
dierter Farbsignale (typisch für die multidirektionale Blutströmung sowie für die
erhöhten Strömungsgeschwindigkeiten im Bereich der Gefäßschlingen eines Angioms) auf den ersten Blick auf dem Bildschirm erkannt werden. (Abb.1a,b).
Schwierigkeiten ergaben sich bei der Darstellung einer a.-v. Malformation mit Lokalisation im parietalen Abschnitt der Großhirnhemisphären. Bei einem Patienten
wurde bei vermehrter Schlingenbildung in der A.basilaris fälschlicherweise eine
Gefäßmißbildung vermutet.

Bei 2 Patienten mit erstmalig aufgetretenen epileptischen Anfällen und bei einer
Patientin mit migräneartigen Kopfschmerzen wurde die Diagnose einer a.-v. Malformation primär mit Hilfe der transkraniellen Farbduplexsonographie gestellt und anschließend durch die Kernspintomographie und durch die Angiographie bestätigt.

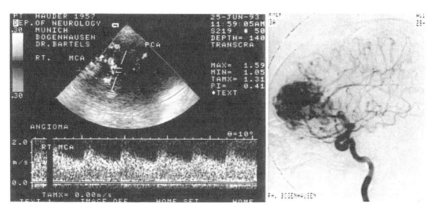

Abb. 1. Arterio-venöse Mißbildung rechts frontobasal bei einem 35-jährigen Patienten mit
zerebralen Anfällen.
1a: Pathologischer farbduplexsonographischer Befund bei der transtemporalen Beschallung
rechts. Unterschiedliche Farbkodierung (verschiedene Farbtöne zwischen rot, blau bis türkis -
Aliasing Phänomen) bei multidirektionaler Blutströmung in den Gefäßkonvoluten. Erhöhte
systolische und diastolische Strömungsgeschwindigkeiten (max syst. Strömungsgeschwindigkeit 159 cm/s) mit niedriger Pulsatilität der Strömungspulskurve. Der deutlich verminderte
Pulsatilitätsindex (O,41) weist auf einen erniedrigten peripheren Widerstand in den
pathologischen Gefäßen hin.
1b: Angiographischer Nachweis eines Angioms rechts frontobasal mit der Blutversorgung
über das A.carotis-interna-Stromgebiet.

Konklusion

Die transkranielle Farbduplexsonographie ist eine geeignete Methode zur nichtin-
vasiven Diagnostik und zu Verlaufskontrollen von Gefäßmalformationen in basalen
Hirnabschnitten. Bei Patienten mit epileptischen Anfällen und mit migräneartigen
Kopfschmerzen sollte sie als Screening-Verfahren eingesetzt werden.

652

Literatur

Bartels E (1993) Transkranielle farbkodierte Duplexsonographie: Möglichkeiten und Grenzen der Methode im Vergleich zur konventionellen transkraniellen Dopplersonographie. Ultraschall in Med. 14: im Druck

Becker GM, Winkler E, Hoffmann E, Bogdahn U (1990) Imaging of cerebral arterio-venous malformations by transcranial colour-coded real-time sonography. Neuroradiology 32: 280-288

Bogdahn U, Becker G, Winkler J et al.(1990) The transcranial colour coded real-time sonography in adults. Stroke 21: 1680-1688

Kaps M, Seidel G, Bauer T, Behrmann B (1992) Imaging of the intracranial vertebrobasilar system using colour-coded ultrasound. Stroke 23: 1577-1582

Transkranielle Farb-Duplexsonographie im akuten Schlaganfall

G. Seidel, M. Kaps, W. Dorndorf

Neurologische Klinik der Justus-Liebig-Universität Giessen

Fragestellung

Die transkranielle Farb-Duplexsonographie (TCCS) ermöglicht die Messung des Doppler-Frequenz-Spektrums der basalen Hirnarterien und die Darstellung des Hirnparenchyms in einem Arbeitsgang im Echt-Zeit-Verfahren (real-time) (Bogdahn 1990; Becker 1993). In der vorliegenden Studie werden die ersten Ergebnisse unserer prospektiven Untersuchung zu den diagnostischen Möglichkeiten beim akuten Schlaganfall vorgestellt.

Methodik

Wir untersuchten eine konsekutive Serie von 63 Patienten (34 Männer, 29 Frauen, Alter 63,2 ± 15,4 Jahre) mit akutem Schlaganfall innerhalb der ersten 48 Stunden nach Auftreten der Symptome. Nach der neurologischen Untersuchung wurde die TCCS transtemporal mit einer 2,5 MHz-Sektor Sonde in Ausrichtung auf die orbito-meatal-Linie durchgeführt. Innerhalb der ersten 72 Stunden nach Eintritt des Insultes wurde ein kraniales Computertomogramm zur Diagnosesicherung angefertigt.

Ergebnisse

Ischämischer Insult

Bei 40 Patienten kam es zu einem Hirninfarkt (Tabelle 1), darunter hatten 14 einen Verschluß der A. cerebri media. Nur bei der Untergruppe der Mediaverschlüsse wurde eine Verlaufsbeobachtung zur Diagnosesicherung durchgeführt. Zwei Patienten mit ausgedehnten Infarkten im Versorgungsgebiet der A. cerebri media und posterior bzw. anterior verstarben, bei den 12 Patienten mit einem Infarkt, der sich auf das Mediastrombahngebiet beschränkte, kam es im Verlauf von 3 Monaten zu einer Rekanalisation. Drei dieser Patienten entwickelten eine computertomographisch gesicherte hämorrhagische Transformation des Infarktes, die duplexsonographisch sichtbar war. Sieben Patienten erlitten eine transitorisch ischämische Attacke, wobei lediglich ein Patient initial eine Zunahme der Flußgeschwindigkeit in der betroffenen A. cerebri media (> 20 cm/s im Seitenvergleich) aufwies.

Intracerebrale Blutungen

11 Patienten erlitten eine computertomographisch gesicherte Hirnblutung, wobei das intracerebral gelegene Blutkoagel in 10 Fällen mittels TCCS identifiziert werden konnte; der Nachweis eines Ventrikeleinbruchs von Blut gelang bei 4 von 5 Patienten. Drei Patienten hatten eine Subarachnoidalblutung wobei angiographisch bei zwei Patienten Aneurysmen darstellbar waren. Ein 10 mm großes Aneurysma der A. communicans anterior konnte eindeutig dargestellt werden, zwei kleine Aneurysmen in der Trifurkation der A. cerebri media (4 und 5 mm Durchmesser) entgingen dem Nachweis.

Tab. 1. Schlaganfalluntergruppen und Ergebnisse der transkraniellen Farb-Duplexsonographie
Ergebnisse der TCCS Untersuchung an 63 Patienten mit akutem Schlaganfall (34 Männer, 29 Frauen, Alter 63,2 ± 15,4 Jahre). Infarkt und transitorisch ischämische Attacken im Versorgungsgebiet der A.cerebri media (MCA), posterior (PCA), anterior (ACA) oder in Kombination als Hemisphäreninfarkt (HEM) sowie in vertebrobasilären Strombahngebiet (VA-BA). Sekundäre hämorrhagische Transformation bei Mediaverschluß = hämorrhag. Trans. Intracerebrale Hämatome (ICH) im Stammganglienbereich (Stggl), Putamen (Put), Thalamus (Thal) oder als Lobärhämatom (Lob). Subarachnoidalblutung (SAB) mit angiographischem Nachweis eines Aneurymas der A. communicans anterior (ACoA-A) und A. cerebri media (MCA-A). AVM =Arteriovenöse Malformation, Gliom = apoplektisches Glioblastom.

	N	MCA-Verschluß	PCA-Verschluß	hämorrhag. Trans
Infarkt				
MCA	32	12	3	
PCA	1		1	
MCA/PCA	1	1	1	
MCA/ACA	1			
HEM	1	1		
VA-BA		4	1	
TIA				
MCA	4			
VA-BA		3		

		Hämatom (echoreich)	Aneurysma	AVM (echoreich/arm)	Tumor
ICH					
Stggl	5	5			
Put	1	1			
Thal	1	1			
Lob	4	3			
SAB					
ACoA-A		1	1		
MCA-A		2	0		
AVM	1			1	
Gliom	1				1

Intracerebrale Tumoren
In einem Fall konnte eine arterio-venöse Mißbildung als Blutungsquelle gesichert werden. Bei einer Patientin mit einem apoplektischen Gliom gelang die Darstellung einer echoreich begrenzten, zentral echoarmen Struktur in der symptomatischen Hemisphäre.

Konklusion

Die TCCS ist ein wenig belastendes bildgebendes Verfahren, das unmittelbar nach Aufnahme des Patienten wegweisende Informationen über die Pathogenese des Schlaganfalls liefern kann. Neben den hämodynamischen Veränderungen sind Einblutungen ins Hirnparenchym erkennbar (Seidel 1993). Die Identifikation der basalen Hirnarterien ist bei Arterienverschlüssen aufgrund des B-Bildes auch ohne Doppler Signale, alleine aufgrund von topographischen Merkmalen möglich. Durch die winkelkorrigierte Messung der Flußgeschwindigkeiten wird die Meßgenauigkeit und Reproduzierbarkeit erhöht (Tsuchiya 1989).

Nachteile der TCCS sind das geringe räumliche Auflösungsvermögen im Vergleich zur Computer- und Magnetresonanztomographie und die Abschwächung des Ultraschalls an der Schädelkalotte. Aus diesen Gründen gelang bei 19% der Patienten unseres Kollektivs keine ausreichende Darstellung der intrazerebralen Strukturen.

Literatur

Bogdahn U, Becker G, Winkler J, Greiner K, Perez J, Meurers B (1990) Transcranial color-coded real-time Sonography in adults. Stroke; 21: 1680-1688

Becker G, Winkler J, Hofmann E, Bogdahn U (1993) Differentiation between ischemic and hemorrhagic stroke by transcranial color-coded real-time sonography. J Neuroimag; 3: 41-47

Seidel G, Kaps M, Dorndorf W (1993) Follow-up of intracerebral hemorrhages by transcranial color flow imaging in adults. Stroke; 24 (3): 514

Tsuchiya T, Yasaka M, Yamaguchi T, Hasegawa Y, Kimura K, Omae T (1989) Transcranial real-time color-flow doppler ultrasonography: Part I. Imaging of basal cerebral arteries and measurement of blood velocity. 1st International Stroke Congress, Kyoto, Japan, October 15-19, 1989

Korrelationen zwischen transkranieller Dopplersonographie und EEG unter Hyperventilation bei Gesunden, Migränepatienten und Patienten mit ischämischen Hirninfarkten

J. Liepert, M. Tegenthoff, J.-P. Malin

Neurologische Klinik der Ruhruniversität, BG-Kliniken Bergmannsheil Bochum

Fragestellung

Hyperventilation (HV) führt über eine Verminderung des Kohlendioxidpartialdruckes zu einer Alkalose und bewirkt eine Verminderung der intrazerebralen Blutströmungsgeschwindigkeit. Dieser Effekt läßt sich u.a. durch die transkranielle Dopplersonographie nachweisen und wird vorwiegend durch eine Veränderung des Arteriolendurchmessers bewirkt (Widder 1991). Zudem können durch HV EEG-Veränderungen mit Zunahme langsamerer Frequenzen, die vergleichbar mit Befunden bei Patienten mit akuter zerebraler Ischämie sind, hervorgerufen werden (Kraaier et al. 1991). Die vorliegende Arbeit beschäftigt sich mit der Frage der dynamischen Beziehung zwischen EEG-Veränderungen und intrazerebralen Blutströmungsverminderungen unter HV bei Gesunden, Migränepatienten und Patienten mit ischämischen Hirninfarkten.

Methodik

20 Gesunde (12 weibl., 8 männl., x=48,5 J.), 10 Migränepatienten (6 weibl., 4 männl., x=35,8 J.) und 10 Patienten mit einem ischämischen Infarkt im Versorgungsbereich der A. cerebri media (5 weibl., 5 männl., x=68,3 J., zerebrale Ischämie 5-8 Wochen zuvor) führten eine dreiminütige Hyperventilation durch. Drei Minuten vor, während und bis zu 5 Minuten nach HV wurde die intrazerebrale Blutströmungsgeschwindigkeit in der A. cerebri media mittels transkranieller Dopplersonographie in Abständen von 10 Sekunden in 60 mm Tiefe bestimmt. Gleichzeitig erfolgte eine EEG-Ableitung mit 8 Kanälen. Die Bestimmung der Grundaktivität (GA) erfolgte visuell, wobei Mittelwerte über Zeiträume von jeweils 5 Sekunden gebildet wurden und Meßwerte in 10-Sekunden-Abständen erhoben wurden.

Ergebnisse

Migräne-Patienten

Unter HV verlangsamte sich die EEG-GA um 26 %, die niedrigsten Frequenzen wurden nach ca. 33 sec erreicht. 53 sec nach HV wurde die vorbestehende EEG-GA wieder erreicht. Die Blutströmungsgeschwindigkeit nahm unter HV um 46,4 % ab;

das Minimum war nach ca. 30 sec erreicht. 105 sec nach HV entsprach die Strömungsgeschwindigkeit wieder dem Ausgangswert. In 42,8 % der Fälle kam es zu Beginn der HV zuerst zu einer GA-Verlangsamung, in 21,4 % zuerst zu einer Strömungsverlangsamung, in 35,8 % traten die Veränderungen zeitgleich auf. Die durchschnittliche Zeitdifferenz zwischen Veränderungen beider Parameter betrug 10 sec. Nach HV normalisierte sich die EEG GA schneller als die Strömungsgeschwindigkeit. Bei 35,7 % war die EEG-Frequenz nach HV höher als vorher, bei 50 % lag die Strömungsgeschwindigkeit nach HV über dem Ausgangswert.

Patienten mit ischämischen Hirninfarkten
Unter HV verlangsamte sich die EEG-GA um 17,7 %. Die niedrigsten Frequenzen wurden nach ca. 66 sec erreicht. Insgesamt war der Verlauf von Fluktuationen geprägt. Die Blutströmungsgeschwindigkeit nahm unter HV um 23 % ab. Das Minimum war nach ca. 60 sec erreicht. Auch während HV kam es zu ausgeprägten Fluktuationen. Bei 28 % wurden zeitgleiche, gleichsinnige Veränderungen beobachtet, bei 72% ergaben sich keine parallelen Veränderungen. Bei 38 % war die EEG-Frequenz nach HV höher als vorher, bei 30 % lag die Strömungsgeschwindigkeit nach HV über dem Ausgangswert.

Gesunde Probanden
Unter HV kam es zu keiner relevanten oder richtungsweisenden Verlangsamung der EEG-GA. Die Strömungsgeschwindigkeit nahm unter HV um 38,4 % ab. Das Minimum war nach ca. 65 sec erreicht. 130 sec nach HV entsprach die Strömungsgeschwindigkeit wieder dem Ausgangswert. Bei 17,5 % war die EEG-Frequenz nach HV höher als vorher, bei 24% lag die Strömungsgeschwindigkeit nach HV über dem Ausgangswert.

Konklusion

Migränepatienten wiesen unter HV eine deutliche Abnahme von EEG-GA und intrazerebraler Strömungsgeschwindigkeit auf, während es bei Gesunden zu Strömungsverlangsamungen ohne EEG-Veränderungen kam. Patienten mit ischämischen Hirninfarkten zeigten Fluktuationen von EEG-Aktivität und Strömungsgeschwindigkeit. Die Strömungsverlangsamung trat bei Migränepatienten am schnellsten auf und deutet somit auf eine gesteigerte Vasoreaktivität hin. Da die wesentlichen Veränderungen innerhalb von 40 sec zu beobachten waren, ist für eine Beurteilung der Dynamik die Anfangsphase der HV besonders wichtig. EEG-Verlangsamung und Strömungsverminderung waren bei Migränepatienten zeitlich eng gekoppelt, wobei GA-Verlangsamungen häufiger vor den Strömungsverlangsamungen zu erkennen waren. Als Ursache .erscheint aufgrund dieses zeitlichen Zusammenhanges eine HV - bedingte Alkalose wahrscheinlicher als eine vasokonstriktionsbedingte Ischämie. Die Tatsache, daß Gesunde zwar deutliche Strömungsverminderungen, jedoch keine konsistenten EEG-Veränderungen zeigten, weist auf eine zusätzlich erhöhte Reaktivität neuronaler Systeme bei Migränepatienten hin.

Patienten mit ischämischen Hirninfarkten zeigten unter HV eine relativ geringere Veränderung der Strömungsgeschwindigkeit als Ausdruck einer reduzierten Vasoreaktivität. Die im Vergleich zu Gesunden ausgeprägteren

Schwankungen der EEG-GA deuten auf eine erhöhte Irritabilität neuronaler Systeme hin.

Literatur

Kraaier V et al. (1991) Nimodipine tested in a human model of cerebral ischaemia. Eur J Clin Pharmacol 40: 17-21

Widder B (1991) Doppler- und Duplex-Sonographie der hirnversorgenden Arterien. Springer Verlag Berlin, Heidelberg

Zerebraler Vasospasmus nach posttraumatischer Subarachnoidalblutung

J. Klingelhöfer, D. Sander

Neurologische Klinik und Poliklinik der Technischen Universität München

Fragestellung

Die transkranielle Dopplersonographie (TCD) wird bei der Beurteilung des zerebralen Vasospasmus nach einer spontanen Subarachnoidalblutung (SAB) als Routineuntersuchung eingesetzt. Der Bedeutung eines Vasospasmus nach einer posttraumatischen SAB wurde im Gegensatz dazu bisher allerdings weniger Beachtung geschenkt, obwohl auch hier Abbauprodukte des subarachnoidalen Blutes Verengungen der basalen Hirnarterien verursachen, die bereits vor mehreren Jahren angiographisch beschrieben wurden (Suwanwela und Suwanwela 1972). Der Verlauf und die Häufigkeit eines Vasospasmus nach einem schweren Schädel-Hirn-Trauma waren daher erst Gegenstand weniger TCD-Untersuchungen Gomez et al. (1991). Ziel der vorliegenden Studie war es, die Änderungen intrakranieller Strömungsparameter nach einer posttraumatischen SAB unter besonderer Berücksichtigung des Hirndrucks zu untersuchen und mit den Befunden nach einer spontanen SAB zu vergleichen.

Methodik

38 Patienten mit einer posttraumatischen SAB nach einem schweren Schädel-Hirn-Trauma und 30 Patienten mit spontaner SAB, bei denen die erste TCD-Untersuchung (EME TC2-64B, Überlingen) innerhalb von 24 Stunden nach SAB-Beginn erfolgte und eine epidurale Hirndruckmessung durchgeführt wurde, wurden in die Studie einbezogen. Bei der Klinikaufnahme wiesen 14 Patienten mit posttraumatischer SAB einen Glasgow Koma Scale-Wert von 3 oder 4, 6 Patienten von 5 und 18 Patienten von 6 oder 7 auf. Entsprechend der Einteilung nach Hunt und Hess zeigten 3 Patienten mit spontaner SAB einen klinischen Schweregrad von 2, 16 Patienten von 3 und 11 Patienten von 4. Eine Beurteilung nach der Glasgow Outcome Scale wurde bei jedem Patienten 6 Monate nach Schädel-Hirn-Trauma durchgeführt. Das Ausmaß der SAB wurde nach der Klassifikation von Fisher et al. (1980) eingeteilt.

Ergebnisse

Während der ersten 48 Stunden wies kein Patient mit posttraumatischer SAB und lediglich ein Patient mit spontaner SAB (Abb. 1) in der A. cerebri media eine mittlere Strömungsgeschwindigkeit (MFV) über 120 cm/s auf.

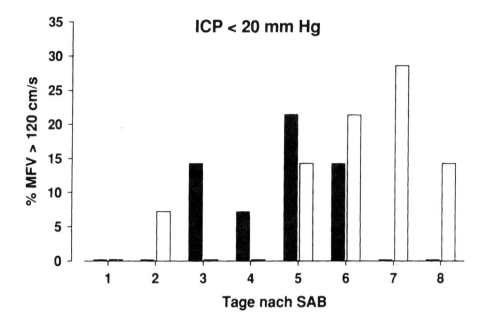

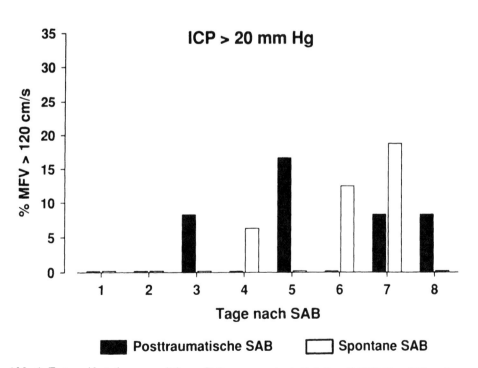

Abb. 1. Erstmanifestation von mittleren Strömungsgeschwindigkeiten (MFV) über 120 cm/s bei posttraumatischer SAB (n=38) und spontaner SAB (n=30) mit einem ICP < 20 mmHg (oben) und einem ICP > 20 mmHg (unten) während der ersten 8 Tage nach SAB.

Zwischen dem 3. und 5. Tag entwickelten die Patienten mit posttraumatischer SAB unabhängig vom Hirndruck (ICP) signifikant häufiger (p<0,01) erstmals eine MFV über 120 cm/s (ICP < 20 mmHg: 43,2%; ICP > 20 mmHg: 25%) als die Patienten mit spontaner SAB (ICP < 20 mmHg: 14,3%; ICP > 20 mmHg: 6,3%). Im Gegensatz dazu wiesen während des 6. bis 8. Tages signifikant mehr Patienten mit spontaner SAB erstmals eine MFV über 120 cm/s auf. Die Häufigkeit einer MFV über 120 cm/s war bei beiden SAB-Gruppen vom ICP abhängig. Während die Patienten mit einem ICP < 20 mmHg zu 85,8 % (spontane SAB) bzw. 57,5% (posttraumatische SAB) eine MFV über 120 cm erreichten, entwickelten nur 37,6% (spontane SAB) bzw. 41,6% (posttraumatische SAB) der Patienten mit einem ICP > 20 mmHg solche Geschwindigkeitswerte.

Bei beiden SAB-Gruppen mit einem ICP < 20 mm Hg stieg die durchschnittliche MFV am 4./5. Tag an und erreichte ihre Maximalwerte nach ca. 10 Tagen (Abb. 2). Diese Maximalwerte waren bei der Gruppe mit spontaner SAB signifikant größer (p<0,001). Der Strömungswiderstandsindex nahm bei den Patienten mit spontaner SAB mit zunehmender MFV ab und war während der Tage 7 bis 15 ausnahmslos größer als 0,5. Im Gegensatz dazu zeigte sich bei der Gruppe mit posttraumatischer SAB nur eine leichte Abnahme des Widerstandsindex, ohne daß Werte unter 0,5 erreicht wurden. Die TCD-Parameter der Patienten mit einem ICP > 20 mmHg zeigten einen ähnlichen zeitlichen Verlauf (Abb. 2).

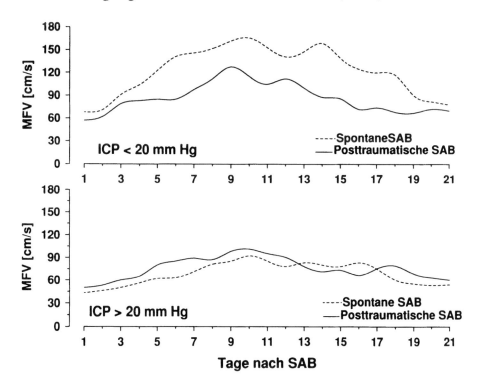

Abb. 2. Zeitlicher Verlauf der durchschnittlichen Werte der mittleren Strömungsgeschwindigkeiten (MFV) bei posttraumatischer SAB (n=38) und spontaner SAB (n=30) mit einem ICP < 20 mmHg (oben) und einem ICP > 20 mmHg (unten) während der ersten 21 Tage nach SAB.

Allerdings lagen die maximalen MFV-Werte deutlich unter denen der Patienten mit einem ICP <20 mmHg. Der Strömungswiderstandsindex war während der Phase der hohen MFV-Werte zwar leicht vermindert, lag aber während des gesamten Verlaufs bei beiden Gruppen deutlich über den Werten der Patienten mit einem ICP < 20 mm Hg.

Eine Korrelationsanalyse ergab für beide SAB-Gruppen eine signifikante Korrelation zwischen klinischem Outcome und ICP, Widerstandsindex sowie der Glasgow Koma Scale bzw. der Einteilung nach Hunt und Hess. Während sich für die maximale MFV bei den Patienten mit spontaner SAB eine mittlere Korrelation fand, bestand bei den Patienten mit traumatischer SAB eine lediglich geringe, nicht signifikante Beziehung. Das Alter hatte in beiden Gruppen keinen wesentlichen Einfluß auf den klinischen Outcome.

Konklusion

Patienten mit posttraumatischer SAB und einem ICP < 20 mmHg entwickelten signifikant seltener eine MFV über 120 cm/s und wiesen während des klinischen Verlaufs durchwegs geringere Strömungsgeschwindigkeiten auf als Patienten mit spontaner SAB. Während der durchschnittliche ICP und p_aCO_2 vergleichbar waren, zeigten diese Patienten einen signifikant geringeren CT-Score nach Fisher. Im Gegensatz dazu wiesen die Strömungsgeschwindigkeiten der beiden SAB-Gruppen mit einem ICP > 20 mm Hg keinen wesentlichen Unterschied auf. In beiden SAB-Gruppen fanden sich keine signifikanten Unterschiede für den ICP, p_aCO_2 und den CT-Score. Diese Ergebnisse sprechen dafür, daß die Entwicklung und das Ausmaß eines Vasospasmus auch bei Patienten mit posttraumatischer SAB von der Menge des subarachnoidalen Blutes abhängig sind und damit ein ähnlicher pathogenetischer Mechanismus wie nach einer spontanen SAB zu diskutieren ist. Das frühere Auftreten einer MFV über 120 cm/s nach posttraumatischer SAB unabhängig vom ICP weist darauf hin, daß zusätzliche Faktoren bei der Bewertung dieser pathologisch erhöhten Strömungsgeschwindigkeiten nach posttraumatischer SAB zu berücksichtigen sind. Verschiedene Untersuchungen konnten nachweisen, daß nach einem Schädel-Hirn-Trauma während der ersten 24 Stunden zunächst eine zerebrale Hypoperfusion, anschließend aber meist eine "Luxusperfusion" auftritt (Obrist et al. 1979; Marion et al. 1991). Von daher ist zu diskutieren, daß das frühe Auftreten einer Strömungsgeschwindigkeit über 120 cm/s nach posttraumatischer SAB durch eine Kombination aus beginnendem Vasospasmus und gleichzeitig bestehender Hyperperfusion verursacht ist und nicht unbedingt auf einen ausgeprägteren Spasmus hinweist (Klingelhöfer et al. 1991). So konnten Weber et al. (1990) bei 46% der Patienten mit schwerem Schädel-Hirn-Trauma und erhöhter MFV auch eine Zunahme der Strömungsgeschwindigkeit der gleichzeitig untersuchten ipsilateralen A. carotis interna beobachten, was für eine Hyperperfusion und weniger für einen Vasospasmus spricht. Weiterhin konnte bei den untersuchten Patienten mit posttraumatischer SAB keine prognostische Bedeutung einer frühzeitig erhöhten MFV über 120 cm/s nachgewiesen werden (Sander und Klingelhöfer 1993). Diese Befunde decken sich mit der Hypothese, daß ischämisch neurologische Defizite nach einer posttraumatischen SAB von multifaktorieller Genese sind.

Literatur

Fisher CM, Kistler JP, Davis JM (1980) Relation of cerebral vasospasm to subarachnoid hemorrhage visualized by computerized tomographic scanning. Neurosurgery 6: 1-9

Gomez CR, Backer RJ, Buchholz RD (1991) Transcranial Doppler ultrasound following closed head injury: vasospasm or vasoparalysis? Surg Neurol 35: 30-35

Klingelhöfer J, Sander D, Holzgraefe M, Bischoff C, Conrad B (1991) Cerebral vasospasm evaluated by transcranial Doppler ultrasonography at different intracranial pressures. J Neurosurg 75: 752-758

Marion DW, Darby J, Jonas H (1991) Acute regional cerebral blood flow changes caused by severe head injuries.J Neurosurg 74: 401-414

Obrist WD, Gennarelli TA, Segawa H, Dolinskas CA, Langfitt DW (1979) Relation of cerebral blood flow to neurological status and outcome in head-injured patients. J Neurosurg 51: 292-300

Sander D, Klingelhöfer J (1993) Cerebral vasospasm following post-traumatic subarachnoid hemorrhage evaluated by transcranial Doppler ultrasonography. J Neurol Sci (in press)

Suwanwela C, Suwanwela N (1972) Intracranial arterial narrowing and spasm in acute head injury. J Neurosurg 36: 314-323

Weber M, Grolimund P, Seiler RW (1990) Evaluation of posttraumatic cerebral blood flow velocities by transcranial Doppler ultrasonography. Neurosurgery 27: 106-112

Magnetoenzephalographische Untersuchung von Patienten mit zerebraler Ischämie

A. Rosengart[1], C.M. Kessler[1], H.-A. Wischmann[2], M. Fuchs[2], O. Dössel[2]

[1]Klinik für Neurologie, Ernst-Moritz-Arndt-Universität, Greifswald, [2]Philips Forschungslaboratorien, Forschungsabteilung Technische Systeme Hamburg

Einführung

Die Magnetoenzephalographie (MEG) ist eine neue Untersuchungsmethode, mit der nichtinvasiv die durch neuronale Aktivität erzeugten Magnetfelder über der Hirnoberfläche registriert werden können. Konventionell bildgebende Untersuchungen, wie z.B. die Kernspintomographie (NMR), erlauben zwar die genaue Darstellung der ischämisch bedingten Läsionen, jedoch ist die weitergehende Differenzierung zwischen irreversibel geschädigten und potentiell noch neuronal aktiven Infarktarealen nicht möglich. Um eventuell erhaltende neuronale Aktivität in Infarktgebieten nachweisen zu können, untersuchten wir die Infarktareale von Patienten mit zerebraler Ischämie mit einem Philips 31-Kanal-SQUID-System und verglichen die Ergebnisse mit den mittels 3-dimensionaler-NMR (3D-NMR) nachgewiesenen struktuellen Läsionen.

Methodik

Drei Patienten, 44, 52 und 51 Jahre alt (w, w, m), mit embolisch-bedingten Territorialinfarkten im Stromgebiet der A. cerebri media wurden 4 Wochen, 5 Wochen bzw. 18 Monate nach dem akuten Infarktereignis mit dem MEG untersucht.

In einem Zeitraum von 5-11 Tagen vor der MEG-Untersuchung wurden bei allen drei Patienten das 3D-NMR (Siemens Impact 1T) durchgeführt, wobei 128 T1-Schnitte in sagittaler Orientierung mit einem Gesichtsfeld von 250 mm und einer Schichtdicke von 1,25 mm bzw. 1,33 mm aufgenommen wurden. Die Daten wurden auf einer optischen Diskette gespeichert

Die MEG Untersuchung wurde mit einem Philips 31-Kanal-SQUID-System durchgeführt. Für jeden Patienten wurden an 2 Positionen (auf der Infarktseite jeweils im frontalen und parieto-occipitalen Bereich) je 20 Epochen zu je 2048 Meßpunkten bei einer Abtastrate von 100 Hz aufgenommen. Die Daten wurden bei der Aufnahme analog (mit einem Bandpaß von 0,5 Hz bis 30 Hz) und vor der Auswertung digital (mit einem Hanning-Fenster, das von 0,5 Hz bis 2,5 Hz vom Wert 1 auf den Wert 0 abfällt) gefiltert. Anschließend wurde für jede Epoche und für jeden Meßpunkt eine Dipolanpassung durchgeführt und diejenigen Ergebnisse ausgewählt, die eine relative Abweichung von weniger als 15% zwischen gemessenen und angepaßten Feldwerten aufwiesen.

Dabei ergaben sich Pakete zeitlich benachbarter, guter Anpassung, von denen nur diejenigen beibehalten wurden, in denen mindestens 5 oder alle Dipole (dann aber mindestens 3) innerhalb eines Würfels der Kantenlänge 4 mm um den Schwerpunkt der Dipole dieses Paketes lagen. Somit wurden nur diejenigen Dipole ausgewählt, die sich aus einer zuverlässigen Anpassung ergaben und die zudem auf der Zeitskala des digitalen Filters stabil waren.

Ergebnisse

Für die ersten beiden Patienten ergaben sich 210 bzw. 230 berechnete Dipole, von denen im Anschluß 14 bzw. 27 von Hand verworfen wurden, da sie außerhalb der betroffenen Hirnhälfte lagen. Für den dritten Patienten fanden sich mit den o.a. Kriterien nur 3 Dipole und selbst bei einer Vergrößerung des Würfels auf eine Kantenlänge von 8 mm stiegt die Anzahl der Dipole nur auf 6. Die gefundenen Dipole konzentrierten sich bei der ersten Patientin auf ein Gebiet im inneren, unteren Viertel des Infarktgebietes. Dasselbe gilt für etwa die Hälfte der Dipole bei der zweiten Patientin, während die übrigen Dipole sich weiter hinten und unten im Bereich eines zweiten, kleineren Infarktareales konzentrierten.

Konklusion

Im Stadium der subakuten zerebralen Ischämie (Patientinnen 1 und 2) konnte langsame Aktivität innerhalb der Infarktareale und an den angrenzenden Gebieten nachgewiesen werden. Diese langsame Aktivität ist als Nachweis noch funktionsfähiger Neuronenverbände innerhalb der ischämischen Läsion im subakuten Stadium zu werten. Im chronischen Residualzustand (Patient 3) hingegen ließ sich keine langsame neuronale Tätigkeit nachweisen, vermutlich als Ausdruck permanenten Funktionsverlustes. Die MEG ist eine erfolgversprechende, neue Untersuchungsmethode zur Beurteilung des funktionalen neuronalen Zustandes bei zerebro-vaskulären Erkrankungen.

EEG-Mapping im Vergleich zu Standard-EEG und Computertomographie in der Frühphase zerebraler ischämischer Insulte

W. Greulich, U. Cohrs, W. Gehlen

Neurologische Universitätsklinik Knappschaftskrankenhaus Bochum-Langendreer

Fragestellung

Da die bisher erhobenen Befunde des EEG-Mappings zur Diagnostik zerebraler ischämischer Insulte uneinheitlich sind (Jonkman et al. 1985), haben wir die Bedeutung dieses Untersuchungsverfahrens für die Frühdiagnostik zerebraler Ischämien (innerhalb der ersten 24 Stunden) untersucht und die Ergebnisse mit denen des Standard- EEGs und der craniellen Computertomographie verglichen.

Methodik

Untersucht wurden 18 Patienten (9 Frauen und 9 Männer) mit klinischem Hinweis auf einen zerebralen ischämischen Insult. Voraussetzung für die Aufnahme in die Studie war ein initial unauffälliges cranielles Computertomogramm. Patienten mit TIA wurden ausgeschlossen. In allen Fällen war das Versorgungsgebiet der A. cerebri media betroffen. Das mittlere Alter der Patienten betrug 72,6 Jahre. Pro Patient wurden je drei Brain-Mapping- und EEG-Untersuchungen durchgeführt: innerhalb der ersten 24 Stunden nach Eintritt der Symptomatik, am 2. und 4. Tag danach. Zur Ermittlung von Referenzwerten wurden einmalig 15 Kontrollpersonen mittels EEG-Mapping untersucht (12 Frauen, 3 Männer; mittleres Alter= 57,9 Jahre). Ausgeschlossen wurden Personen mit zentralen neurologischen oder psychiatrischen Erkrankungen in der Anamnese und Probanden unter Einnahme zentral wirkamer Medikation. Standard-EEG: 19 Elektroden wurden nach dem 10:20-System plaziert. Der Ableitungsmodus sowie die Ableitungsprogramme und die Dauer der Aufzeichnung entsprachen den Richtlinien der Deutschen EEG-Gesellschaft. Artefakte durch vertikale oder horizontale Augenbewegungen sowie das EKG wurden durch zusätzliche Elektroden aufgezeichnet.

EEG-Mapping: Der Ableitungsmodus und die Elektrodenplazierung erfolgte entsprechend der Standard-EEG-Ableitung. Als Referenz diente die Mittelwertreferenz nach Goldmann. Die Übergangswiderstände lagen unter 5 kOhm. Die visuelle Artefakteliminierung wurde offline durchgeführt. Zur Erstellung der EEG-Kartographien lagen EEG-Epochen von 1 Minute zugrunde. Dabei wurden folgende Frequenzbereiche festgelegt: Delta: 1,5-4 Hz; Theta: 4-7 Hz; Alpha: 7-12 Hz; Beta: 12-15,5 Hz. Zur Auswertung wurden die Amplitudenwerte eines Patienten innerhalb der Frequenzbänder denen des Kontrollkollektivs gegenübergestellt.

Ergebnisse

Innerhalb der ersten 24 Stunden nach zerebraler Ischämie zeigten 11 (61,1 %) der 18 Patienten sowohl im Standard-EEG als auch im EEG-Mapping fokale Veränderungen. In 4 Fällen (22,2%) wies weder das EEG noch das Mapping einen pathologischen Befund auf. 3 (16,7%) hatten ein mittelschwer bis schwer allgemeinverändertes EEG. Dies zeigte auch das Brain-Mapping.

Somit konnte im Gegensatz zur craniellen Computertomographie in 77,8% die klinisch gestellte Verdachtsdiagnose eines ischämischen Insultes sowohl durch das Standard-EEG als auch durch das Brain-Mapping bestätigt werden. Die Ergebnisse der zweiten Untersuchung entsprachen den Obengenannten. Lediglich am 4. Tag zeigten 2 Patienten, die zuvor sowohl ein pathologisches EEG als auch ein fokal verändertes Brain-Mapping aufwiesen, wieder einen Normalbefund.

Bei der Verlaufsbeobachtung der klinischen Symptomatik und der Ergebnisse der Brain-Mapping-Ableitungen zeigte sich, daß in 50 % der Fälle beides über den Beobachtungszeitraum von 4 Tagen gleichermaßen pathologisch blieb. Verbesserte sich das klinische Bild, blieb das Mapping in 17% fokal verändert, in 11% verdeutlichte sich der Herdbefund noch. Bei 3 Patienten waren die Mapping-Befunde rückläufig, obwohl das klinische Bild konstant blieb. In einem Fall war beides rückläufig.

Konklusion

Die computervermittelte Analyse der interhemisphärischen Amplitudendifferenzen, sowie deren Vergleich mit Normalwerten konnte in der Frühdiagnostik zerebraler ischämischer Insulte keine Hilfestellung leisten. Mittels EEG-Mapping konnten die pathologischen Befunde des konventionellen EEGs bestätigt werden, Patienten mit normalem Standard-EEG waren jedoch auch im Brain-Mapping unauffällig.

Ebenso wie Zschocke et al. (1990) fanden wir, daß Hemisphärendifferenzen im EEG-Mapping, die nur die Alpha-Grundaktivität betrafen, keinen zuverlässigen Hinweis auf die Seite der Prozeßlokalisation gaben. Die quantitative Weiterverarbeitung der EEG-Rohdaten durch das Brain-Mapping bietet in der klinischen Routine zur Frühdiagnostik eines zerebralen Insultes gegenüber der visuellen Beurteilung des Standard-EEGs keine Vorteile. Zudem bedarf die quantitative Auswertung eines großen zeitlichen und instrumentellen Aufwandes.

Die eindrucksvolle bildliche Darstellung eines pathologischen Befundes begünstigt bei unvorsichtiger Handhabung falsch positve Ergebnisse, da apparative und körpereigene Artefakte, wie z.B. Bulbusbewegungen eine langsame Aktivität vortäuschen können (Maurer und Dierks 1987). Unter diesem Gesichtspunkt ist auch die Aussagekraft eines Brain-Mappings vigilanzgeminderter und unruhiger Patienten fragwürdig. Die Durchführung des EEG-Mappings zur Frühdiagnostik zerebraler ischämischer Insulte ist daher für die klinische Routine von geringem Nutzen.

668

Literatur

Jonkman E, Poortvliet D, Veering M, De Weerd A, John E (1985) The use of neurometrics in the study of patients with cerebral ischemia. Electroencephalogr Clin Neurophysiol 61: 333-341

Maurer K, Dierks T (1987) Brain-Mapping - Topographische Darstellung des EEGs und der evozierten Potentiale in Psychiatrie und Neurologie. Z EEG-EMG 18: 4-12

Zschocke S, Heidrich V, Kuhlmann E (1990) Mapping des Spontan-EEG bei Herdstörungen. Z EEG-EMG 21: 233-242

Neurologische Befunderhebung und „Electrical Brain Mapping" bei als symptomatisch (TIA) oder asymptomatisch bewerteten einseitigen hochgradigen Carotis-interna-Stenosen

A. Taghavy, H. Hamer, J. Puff

Neurologische Universitätsklinik Erlangen

Fragestellung

Hochgradige asymptomatische Stenosen der arteria carotis interna (> 70 %) werden oft als Zufallsbefund bei peripherer arterieller Verschlußkrankheit oder koronarer Herzkrankheit gefunden. Auf der anderen Seite führt eine Carotis-Stenose oft zu transitorischen ischämischen Attacken (TIAs).

Nach der klinischen Definition hinterlassen beide Bedingungen keine andauernden Parenchymschäden des Gehirns. 1976 fanden jedoch Kinkel und Jacobs bei einigen Patienten mit einer typischen TIA frische Infarkte im CT was später als "cerebral infarction with transient symptoms (CITS)" bezeichnet wurde. Auch "pattern reversal visual evoked potentials (PVEPs)" waren noch Wochen nach TIAs im Carotis-Stromgebiet pathologisch verändert trotz normaler CTs und EEGs. Diese wurden als "brain electrical abnormalities with transient symptoms (BEATS)" bezeichnet (Taghavy und Hamer 1992).

In dieser Arbeit wollen wir durch das sensitivere Mapping von PVEPs nicht nur bei Carotis-Stenosen mit TIA Symptomatik sondern auch bei als asymptomatisch bewerteten Carotis-Stenosen etwaige Defizite aufdecken und so beide Gruppen miteinander elektrophysiologisch vergleichen.

Darüber hinaus wurde bisher bei diesen Patienten nicht untersucht, ob Anhäufungen mikroneurologischer Befunde, die auf eine hemisphärische Beeinträchtigung ipsilateral zur Stenose hinweisen, existieren und so auch klinisch obige morphologische und elektrische Konzepte als "cluster of microneurological signs (COMS)" ergänzen.

Methodik

28 Patienten (21 männl.; 7 weibl.; 68,3 ± 8,1 J) davon 15 asymptomatisch und 13 mit einer abgelaufenen hemisphärischen TIA (range: 2 min - 24 Std.) wurden untersucht und mit einer gesunden alters- und geschlechtsgematchten Kontrolle von ähnlichem sozialen Hintergrund verglichen. Alle Patienten hatten eine angiographisch gesicherte einseitige schwere (> 80%) ICA Stenose, wobei die kontralaterale Seite einen Normalbefund zeigte. Kein Patient hatte eine Amaurosis fugax erlitten und ihre neurologische Routineuntersuchung wurde als normal erachtet.

670

Tab. 1. Cluster of microneurological signs (COMS)

1 Hirnnerven:
- Verstreichung der
  Nasolabialfalte (N VII)   1
- Augenbewegung auf Kommando
  und/oder als Folgebewegung

---

2 Motorik und Koordination:
- Armvorhalteversuch in Supination
  - Pronation   1
  - Schweregefühl in einem Arm   2
  - Absinketendenz eines Arms   2
- Beinvorhalteversuch in 90 Grad
  Kniebeugung
  - Schweregefühl in einem Bein   2
  - Absinketendenz eines Beines   2
- Dysdiadochokinese   1
- Verminderte Mitbewegung
  eines Arms beim Gehen   2

---

3 Reflexe:
- Hoffmann (Trömner)   2
- Rossolimo   2
- Greif-Reflex   1
- Eigenreflexzonenverbreiterung   2
- Seitendifferenzen von
  Eigenreflexen
  - +   1 oder
  - ++   2 oder
  - +++   3   3
- Bauchhautfremdreflex   2

---

4 Sensibilität:
- Visuelle simultane
  Doppelstimulation   2
- Somato-sensorische
  simultane Doppelstimulation   2
- "Pathologischer Funktionswandel"   2
- Vibration (graduiert: 0 - 8;
  pathologisch: < 4)   2
- 2-Punkt-Diskrimination
  (pathologisch: > 3 mm Differenz)   2
- Sensibilitätsstörung   3

Gesamtpunktzahl   40

Als visuellen Reize wurden Schachbrettmusterumkehrungen von 1,9 Hz als Ganz-feldreize (16 Grad Sehwinkel) angewendet. Die Potentiale wurden von 16 Elektroden (Int. 10/20-System) durch 2 EOG-Kanäle kontrolliert gegen verbundene Mastoide abgeleitet (Sensitivität: 100 µV; Frequenzfenster. 1 - 30 Hz). Die Amplituden von N80 und P100 wurden "peak to baseline" gemappt und ihre Latenzen.

Da wir an der Information von jeder Patientenhemisphäre einzeln interessiert waren (d.h. ipsi- oder kontralateral zur Stenose), erstellten wir "maps" die nur die Daten einer Hemisphäre enthielten, indem wir die Potentiale einer Hemisphäre auch auf die andere Seite spiegelten. Dies wurde bei Patienten und Kontrollen (hier rechts und links hemisphärische "maps") durchgeführt. So konnten wir ipsilaterale und kontralaterale Patientenhemisphären einzeln mit der Kontrollen und auch untereinander vergleichen.

Darüber hinaus wurden 26 der Patienten und die Kontrolle prospektiv einer sehr detaillierten mikroneurologischen Untersuchung unterworfen, die aus 22 quantifizierbaren Items bestand (Tabelle 1). (= "cluster of microneurological signs; COMS").

Ergebnisse

Zwischen linken und rechten Hemisphären der Kontrolle bestanden weder in den Amplituden von N80 und P100 noch in ihren Latenzen irgendwelche signifikanten Unterschiede. Zwischen asymptomatischen und TIA Patienten ergaben sich ebenfalls weder ipsilateral noch kontralateral zur Stenose in keinem der untersuchten Parameter signifikante Abweichungen. Daher wurden alle Patienten hinsichtlich der PVEPs in einer Gruppe zusammengefaßt (n = 28) und mit der Kontrolle verglichen. Die Latenzen der Patientenpotentiale wichen nicht signifikant von den Kontrollatenzen ab.

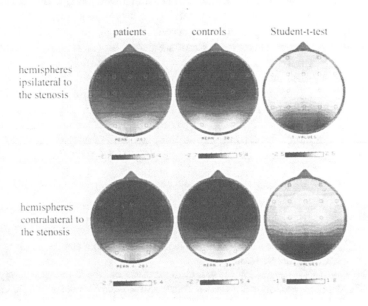

Abb. 1. Signifikante Verkleinerung der P100 Amplituden über zur Stenose ipsilateralen Patientenhemisphären ($t \geq 2{,}39$; $p \leq 0{,}02$) aber nicht über kontralateralen ($t < 2{,}02$; $p > 0{,}05$) im Vergleich zu Kontrollhemisphären.

Im Vergleich zur Kontrolle zeigten die Patienten-maps von N80 eine signifikante (p ≤ 0,05) Änderung der Potentialverteilung auf der Kopfhaut - mehr über der kontralateralen als über der ipsilateralen Hemisphäre. Das P100 Potential war gleichverteilt, aber in seiner Amplitude ipsilateral zur Stenose (p ≤ 0,05) signifikant verkleinert (Abb. 1). Die Kontrolle erreichte in Bezug auf die "cluster of microneurological signs (COMS)" einen Wert von 1,15 ± 1,19, die asymptomatischen Patienten einen Wert von 3,25 ± 2,46 und die TIA Patienten 6,4 ± 3,69. Damit zeichneten sich die beiden Patientengruppen durch einen signifikant (p ≤ 0,05) höheren Wert gegenüber der Kontrolle aus. Auch untereinander unterschieden sich die beiden Patientengruppen signifikant (p ≤ 0,05). 50 % der asymptomatischen (p ≤ 0,05) und 70 % der TIA- Patienten (p ≤ 0,01) zeigten eine Anhäufung zur Stenose contralateraler mikroneurologischer Befunde von mehr als 2 Standardabweichungen (SD) über dem Kontrolldurchschnitt (d.h. Punktwerte > 4). Das N80-Potential wich vor allem in frontalen und centralen Elektroden in beiden Patientengruppen in 71% (asympt. Pat.) bzw. 70 % (TIA Pat.) der Fälle (p ≤ 0,02) um mehr als 2 SD vom Kontrolldurchschnitt ab, P100 dagegen nur in 23 % bzw. 30 % der Fälle. Im chi-Quadrat-Test verhielten sich COMS und die PVEP-Mappings von N80 unabhängig voneinander (chi^2 = 0,509; p > 0,05).

Konklusion

COMS unterscheiden signifikant zwischen TIA und asymptomatischen Patienten und zwischen Patienten und der Kontrolle. Sie weisen selbst bei asymptomatischen Patienten auf zur Stenose ipsilaterale Nervenzelluntergänge hin. Die durch electrical brain mapping gefundenen signifikanten Potentialabweichungen (P100 zur Stenose ipsilateral und N80 "paradox lateralisiert" (Taghavy und Hamer 1993)) sprechen dafür, daß neben oben genannter Nervenzelluntergänge die Hirndurchblutung aufgrund der schweren einseitigen Carotis-Stenose hinter erhöhten metabolischen Anforderungen während der Aufgabenverarbeitung zurückbleibt. Die klinische Relevanz dieser Befunde ist z.B. in Bezug auf Einblutungen in bestehende Hirninfarkte oder Lakunen zu sehen, die mit einer Inzidenz von 0,3 - 0,6 % und einer Mortalität von 50 % nach einer Carotis-Endartierektomien auftreten (Onesti et al. 1993). Daher ist zu fordern, daß in jedem Fall von einer hochgradigen Carotis-Stenose mit oder ohne TIA-Symptomatik nicht nur ein Schädel-CT sondern auch die COMS und wo möglich electrical brain mapping präoperativ durchgeführt werden sollten.

Literatur

Kinkel WR, Jacobs L (1976). Computerized axial transverse tomography in cerebrovascular disease. Neurology 26: 924-930

Onesti ST, Quest DO, Correll JW (1993). Complications in carotid endarterectomy. In: Post KD, Friedman E, McCormick P (Eds.). Postoperative complications in intracranial neurosurgery. Thieme-Verlag, Stuttgart, New York.

Taghavy A, Hamer H (1992). Parenchymal "damage" in transient ischemic attacks and prolonged reversible ischemic neurologic deficits: the role of CCT and EEG. Intern. J. Neuroscience 66: 251-261

Taghavy A, Hamer H (1993). Electrical brain mapping of responses to visual lateral half-field stimulation in comparison to full-field stimulation. Brain Topogr 5/3: 294

Die prognostische Wertigkeit von evozierten Potentialen bei Patienten im Rahmen akuter Hypoxie

R. Lo Presti[1], G. Luef[1], P. Pollicino[1], P. Lechleitner[2], P. Bramanti[3], L. Saltuari[1]

[1]Universitätsklinik für Neurologie, [2]Universitätsklinik für Innere Medizin, Universität Innsbruck, [3]"Centro Neurolesi Lungodegenti", Universität Messina

Fragestellung

Die frühzeitige Prognosebeurteilung eines Patienten ist aus medizinischen, ethischen und ökonomischen Gründen sehr von Bedeutung. Wir haben uns in einer prospektiven Studie das Ziel gesetzt, die prognostische Wertigkeit von evozierten Potentialen der Einschätzung der neurologischen Situation, bei Patienten nach prähospitaler kardiopulmonaler Reanimation, zu evaluieren.

Methodik

39 Patienten (mittleres Alter 63 Jahre, 26 Männer, 12 Frauen) wurden mittels evozierter Potentiale untersucht. Laut Protokoll erfolgte am 1., 3. und 7. Tag nach primär erfolgreicher cardiopulmonaler Reanimation aus kardialer Ursache, ncbcn der kliniscshen Untersuchung die Durchführung der somatosensorisch evozierten Potentiale (SSEP), akustisch evozierten Potentiale (BAEP) und motorisch evozierten Potentiale (MEP).

Die Durchführung der somatosensorisch evozierten Potentiale erfolgte mittels Medianusstimulation am Handgelenk mit einer Reizdauer von 0,1 ms, Reizfrequenz von 3 Hz. Die Filterbreite betrug 10 Hz bis 3 kHz. Beurteilt wurden die Potentiale über dem Erb'schen Punkt (EP), über dem 7. Halswirbelkörper (N13) und über dem Skalp (N20) in Hinblick auf Latenzzeiten, zentrale Überleitungszeiten (N13-N20) und Verlust von Potentialen. Das Ausmaß der Veränderungen wurde in drei Typen eingeteilt: Typ I (N20 bilateral verhanden und zentrale Überleitungszeit normal), Typ II (N20 bilateral vorhanden, jedoch verlängerte Überleitungszeit) und Typ III (ein- oder beidseitig fehlende N20).

Gemessen wurden frühe akustisch evozierte Potentiale durch einseitige Stimulation mittels Klick (80-10 dB, 0,1 ms, Polarität alternierend) in einer Frequenz von 10 Hz bei gleichzeitiger Abdeckung der Gegenseite mit weißem Rauschen. Die Filterbreite betrug 30 Hz bis 1,5 kHz. Beurteilt wurden die positiven Wellen I-II-III-IV-V in Hinblick auf Latenzen, Latenzdifferenzen und der Verlust von Potentialen. Auch hier wiederum Einteilung in drei Typen: Typ I (alle Wellen I-V und Latenzdifferenzen im Normbereich), Typ II (alle Wellen I-V ableitbar, jedoch die Latenzdifferenzen I-III oder III-V ableitbar waren verlängert), Typ III (alle Latenzdifferenzen verlängert oder Fehlen ein- oder beidseitig der Wellen III und V).

Die motorisch evozierten Potentiale wurden am Thenar beidseitig nach transcranieller und cervicaler Stimulation gemessen. Bei Bedarf wurde die Stimulation bis zu 100 % erhöht. Die Filterbreite betrug 30 Hz bis 1,5 kHz, Analysezeit war 100 oder 50 ms. Beurteilt wurden die Latenzzeiten, die zentrale motorische Überleitungszeit (CMCT) und der Verlust von Potentialen. Das Ausmaß der Veränderungen wurde wiederum in drei Typen unterteilt: Typ I (Muskelantworten beidseits ableitbar und CMCT im Normbereich), Typ II (CMCT ein- oder beidseits verlängert), Typ III (Fehlen von ein- oder beidseitiger Muskelantworten nach transcranieller Stimulation, jedoch ableitbar nach cervicaler Stimulation).

Ergebnisse

Bei der Unterscheidung von Patienten mit guter (Glasgow-Pittsburgh-Kategorie 1 und 2) und schlechter Prognose (Kategorie 4 und 5, d.h. apallisches Syndrom oder Tod) (Cummins et al. 1991) bestanden folgende Vorhersagewahrscheinlichkeiten der frühzeitig erhaltenen Parameter: Alter, akustisch evozierte Potentiale und motorisch evozierte Potentiale hatten keinen zuverlässigen prädiktiven Wert hinsichtlich der Prognose. Die somatosensorisch evozierten Potentiale hatten die beste Vorhersagewahrscheinlichkeit (positiver prädiktiver Wert 93%, negativer prädiktiver Wert 100). Die Ergebnisse zeigten, daß bereits die in der Akutsituation durchgeführten somatosensorisch evozierten Potentiale mit dem Outcome der Patienten korrelierten, wobei die Verlaufsuntersuchung am 3. Tag die Vorhersagewahrscheinlichkeit verbesserte und am 7. Tag keine entscheidenden zusätzlichen Informationen lieferte.

Konklusion

Durch die Bestimmung der neuronalen Fortleitung zwischen der cervikalen N13 und cortikalen N20 Potentiale, sowie der cortikalen N20 Amplitude können die somatosensorisch evozierten Potentiale (SSEP) funktionelle und strukturelle Hirnschädigungen überprüfen (Cant und Shaw 1986). Die SSEP werden durch Sedativa nicht beeinflußt und sind sensitiv in Hinblick auf cerebrale Hypoxie und verminderten Blutfluß (Grundy und Villani 1988).

Die akustisch und motorisch evozierten Potentiale sind in der Prädiktion des neurologischen Outcomes nicht aussagekräftig. Bei Durchführung der somatosensorisch evozierten Potentialen am 3. Tag nach der Reanimation überlebten in unserer Studie 13 (93 %) von 14 Patienten mit bilateral vorhandener N20 und normaler zentraler Überleitungszeit (Typ I) ohne neurologisches Defizit, während alle Patienten mit bilateral vorhandener, aber verlängerter zentraler Überleitungszeit (Typ II) bzw. mit ein- oder beidseits fehlender N20 (Typ III) in der Folge apallisch wurden oder verstarben. Die Ergebnisse unserer Studie bestätigen frühere Berichte, daß eine fehlende corticale Antwort der SSEP ein früher und zuverlässiger Hinweis für ausgedehnte Hirnschädigung verbunden mit schlechtem neurologischen Ergebnis ist (Madl et al. 1993). Bei weiterem Ausbau des Notarztsystemes wird die Durchführung der somatosensorisch evozierten Potentiale zunehmend an Bedeutung gewinnen.

Literatur

Cant BR, Shaw MA (1986) Central somatosensory conduction time: method and clinical applications. In: Cracco R, Bodis-Wolner I (eds) Evoked potentials. Liss. New York 56-68

Cummins RO, Chamberlain DA, Abramson NS et al. (1991) Recommended guidelines for uniform reporting of data from out-of-hospital cardiac arrest: the Utstein style. Ann Emerg Med 20: 861-74

Grundy BL, Villani RM (1988) Evoked potentials. Intraoperative and ICU monitoring. Springer. Vienna

Madl C, Grimm G, Kramer L et al. (1993) Early prediction of individual outcome after cardiopulmonary rescitation. Lancet 341: 855-858

Prognostische Prädiktoren bei apallischen Syndromen hypoxischer Genese anhand einer retrospektiven Studie

M.S. Hiller, M.M. Pinter, R.J. Helscher, E. Bem, H.K. Binder

Neurologisches Krankenhaus Maria Theresien Schlössel, Wien

Fragestellung

Der Einsatz moderner medizinisch-technischer Methoden im Rahmen der CPR (Cardio-pulmonale Reanimation) führte in den letzten Jahrzehnten zu einer Verbesserung der kurzfristigen Überlebenschancen von Patienten mit Herzkreislaufstillstand. Patienten, die während der CPR einen hypoxischen Hirnschaden erlitten, können anschließend an das anoxische Koma ein apallisches Syndrom entwickeln. Ihre Anzahl wird in Studien, die sich mit dem "Outcome" nach Eintritt in ein nicht-traumatisches Coma beschäftigen, mit zwischen vier und fünfzehn Prozent angegeben (Snyder et al. 1980; Levy et al. 1985). Da viele hypoxisch-apallische Patienten einer Neurorehabilitation zugeführt werden, stellt sich die Frage nach Kriterien für ihre Prognose sowie nach Zeitabschnitten, innerhalb derer ein gewisser Remissionserfolg erzielt sein sollte. Erste Erkenntnisse dazu versuchten wir aus den Krankengeschichten von 21 Patienten zu erhalten, die zwischen 1990 und 1993 in unserem Haus wegen eines nicht-traumatischen apallischen Syndroms aufgenommen worden waren.

Aufgrund zusätzlicher cerebraler Schäden (Blutung, Insult) mußten vier Patienten ausgeschieden werden; von den übrigen 17 (8 Frauen und 9 Männer, Durchschnittsalter 53 Jahren [28-71a]) hatten 16 einen out-of-hospital-Herzstillstand erlitten, eine Frau einen postoperativen Herz- und Atemstillstand. Alle waren nach CPR auf einer Intensivstation aufgenommen. Das Vollbild des apallischen Syndroms ist nach spätestens 14 Tagen ausgebildet (Gerstenbrand 1967); die folgenden Daten beruhen auf dem klinisch neurologischen Status, der vier bis sechs Wochen nach CPR erhoben wurde (Vollbild oder Remissionsstadium I-II), und auf den Krankengeschichten.

Ergebnisse

Innerhalb von neun Monaten nach CPR erlebten acht von siebzehn Patienten eine gewisse Remission (R). Neun Patienten blieben nahezu unverändert so wie im initialen Status beschrieben (NR). Sechs von neun NR-Patienten erreichten nie das Stadium der Blickfixation (Remissionsstadium II), die anderen erst zwischen fünf und acht Monaten nach CPR, ab da konnte keine Besserung mehr verzeichnet werden. Vier von acht R-Patienten zeigten bereits im initialen Status Blickfixation, alle anderen hatten das Remissionsstadium II nach drei Monaten erreicht.

Die Patienten mit Remission hatten zu 90 Prozent eine bessere Ausgangssituation (u.a. durchwegs positive Lichtreaktion, pos. Cornealreflex, spontane kon-

jugierte Bulbusbewegungen und holokinetische spontane Extremitätenbewegungen).
Alle R-Patienten zeigten im zweiten bzw. dritten Monat nach CPR deutliche Remissionstendenzen.

Nach sieben bis acht Monaten hatten alle Patienten einen Stillstand erreicht.
Ebenfalls nach sieben bis acht Monaten zeigten sechs von neun Patienten der NR-Gruppe einen low-voltage-Beta-Rhythmus im EEG. In der R-Gruppe konnten bis zuletzt Mischtypen (Alpha, Beta, Theta) abgeleitet werden.

Anzahl oder Art der Vorerkrankungen ergaben keine eindeutigen prognostischen Hinweise; einige Patienten der NR-Gruppe hatten jedoch eine ungünstige Anamnese, etwa lange Hypoxie oder Laienreanimation, labile Blutzuckerwerte, instabile zum Teil exzessive Hypertonie etc. Genaue Angaben vor allem zur Reanimation waren den uns vorliegenden Daten zumeist nicht zu entnehmen.

Konklusion

Vor allem spontane konjugierte Bulbusbewegungen sowie die Fähigkeit zur Blickfixation spätestens zwei Monate nach dem ursächlichen Ereignis sind Hinweise auf eine bessere Prognose beim apallischen Syndrom hypoxischer Genese. Ist das Remissionsstadium II nach vier Monaten nicht erreicht, kann die Prognose als schlecht gelten. Vier bis sechs Wochen nach CPR sollten spontane Extremitätenbewegungen vorhanden sein, die motorische Antwort besser als Beugebewegungen. Ein lowvoltage Beta-Rhythmus war in allen Fällen einer fehlenden Remission zuordenbar.

Insgesamt muß die Prognose des apallischen Syndroms nach Hypoxie auch bei intensiver Rehabilitation als schlecht eingestuft werden. Neun von siebzehn Patienten blieben nicht ansprechbar. Auch die "besseren Patienten" konnten nach Monaten bestenfalls als Korsakow-Syndrom oder schweres organische Psychosyndrom eingestuft werden (vgl. Gerstenbrand und Binder 1974). Sie blieben in Antrieb und Mnestik gestört und stark frontal überlagert, sodaß selbt bei guten motorischen Voraussetzungen der physiotherapeutische Erfolg limitiert blieb. Das Ziel der Neurorehabilitation kann also bei diesen Patienten lediglich eine Reduktion des Pflegeaufwandes und eine verbesserte Kontaktierbarkeit sein, nie jedoch eine Restitutio zu einem mäßigen Defektzustand oder gar ad integrum.

Wir danken Frau OA Dr. S. Balasz für die neurophysiologischen Befunde.

Literatur

Gerstenbrand F (1967) Das traumatische apallische Syndrom, Springer Verlag
Gerstenbrand F, Binder H (1974) Neurologische Aspektre des Comas. Jansen
Levy DE, Caronna JJ, Singer BH, Lapinslki RH, Frydman H, Plum F (1955) Predicting outcome from hypoxic-ischemic coma. JAMA 253, 10: 1420-1426
Snyder BD, Loewenson RB, Gumnit RJ, Hauser AW, Leppik JE, Ramirez-Lassepas H (1980) Neurologic prognosis after cardiopulmonary arrest: II, Level of consciousness. Neurology 30: 52-58

Moyamoya-Syndrom: seltene Ursache zerebraler Gefäßprozesse bei jungen Erwachsenen

N. Rösler, D. Bengel, G. Huffmann

Neurologische Universitätsklinik mit Poliklinik Marburg

Einleitung

Das Moyamoya-Syndrom ist eine in Europa selten diagnostizierte Hirngefäßerkrankung. Die japanische Bezeichnung bedeutet soviel wie "Rauchschwaden" und weist auf die charakteristischen, ein Netzwerk bildenden feinen Anastomosen hin. Wir schildern anhand eines eigenen Falles die Krankheitserscheinungen und weitere Ursachen des zerebralen Gefäßprozesses junger Erwachsener.

Falldarstellung

Die 21jährige, bisher gesunde Studentin K. K. wurde am 14.12.1992 eingewiesen. Vor einer Woche habe sie erstmals minutenlang ein Taubheitsgefühl der linken Hand bemerkt, das seither mehrfach aufgetreten sei. Jetzt habe sie plötzlich Schwäche und Taubheit der linken Körperhälfte verspürt. Bei der neurologischen Untersuchung fand sich eine brachiofazial betonte Hemiparese links. Das Elektroenzephalogramm zeigte einen Hemisphärenbefund rechts. Kraniale Computer- und Magnetresonanztomographie wiesen multiple Grenzzonenischämien beiderseits nach. Labor- und Liquorparameter waren normal. Die transfemorale Katheterangiographie stellte Stenosierungen und Verschlüsse des Systems der A. carotis interna beiderseits mit ausgeprägten Moyamoya-Netzen dar; die Veränderungen entsprachen dem Stadium III bis IV nach Suzuki und Takaku (1969). Unter hämorheologischer und physikalischer Therapie bildete sich die Symptomatik innerhalb von drei Monaten nahezu vollständig zurück.

Diskussion

Beim Moyamoya-Syndrom können Hirninfarkte, intrazerebrale und subarachnoidale Blutungen vorkommen. Unsere junge erwachsene Patientin erkrankte nach rezidivierenden transitorischen zerebralen Ischämien an einem Hirninfarkt rechts mit protrahierter Rückbildung der kontralateralen Hemiparese.

Bei dem im Jahre 1957 von Takeuchi und Shimizu beschriebenen Krankheitsbild handelt es sich im engeren Sinne um einen bilateralen zerebralen Gefäßprozeß; kennzeichnend ist die progressive Stenosierung des Endabschnittes der A. carotis interna und des Circulus arteriosus cerebri Willisi.

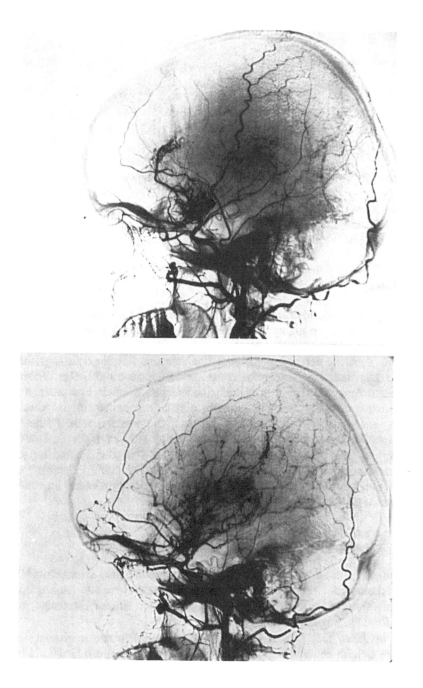

Abb. 1. Moyamoya: Transfemorale Katheterangiographie der Arteria carotis interna rechts (oben) und links (unten); Patientin K.K., 21 J.

Als Folge dieser langsam bis zum Verschluß voranschreitenden Stenosierung kommt es zu den an ein Rete mirabile erinnernden Anastomosierungen. Die nach angiographischen Kriterien von Suzuki und Takaku (1969) vorgeschlagene Einteilung in sechs Stadien berücksichtigt die Ausbreitung der Verschlüsse, das Ausmaß der Kollateralisierung sowie das Auftreten transduraler Anastomosen. Wenn auch Hinweise auf entzündlich-immunologische und genetische Komponenten wiederholt diskutiert worden sind, ist die Ätiologie des Leidens ungeklärt. Allerdings sind moyamoya-ähnliche Veränderungen nach Gefäßverschlüssen entzündlicher, embolischer oder raumfordernder Genese beschrieben worden und weisen auf die Adaptationsfähigkeit besonders des jugendlichen Gefäßsystems hin (Übersicht bei Berlit und Meyer-Wahl 1988).

Neben der konservativen Therapie wurden operative Methoden entwickelt, die Indikation ist jedoch beim Erwachsenen zurückhaltender als beim Kind zu stellen. Das Prinzip der Verfahren besteht in der Verlagerung extrakranieller Gefäße nach intrakraniell, wonach aussprossende Gefäße zur zerebralen Perfusion beitragen können. So werden bei der Encephaloduroarteriosynangiose (EDAS) Teile der A. temporalis superficialis mit Galeagewebe zur Dura mater transponiert.

Arterielle zerebrale Durchblutungsstörungen beim jungen Erwachsenen geben zu umfangreichen differentialätiologischen Überlegungen Anlaß. Nach der Literatur und eigenen Erfahrungen kommen spontane und traumatische Dissektionen der A. carotis, Störungen der Blutzusammensetzung und des Gerinnungssystems, kardiale Embolien, die fibromuskuläre Dysplasie, primäre und sekundäre Vaskulitiden, mitochondriale Enzephalomyopathien, die Migräne sowie die typischen Risikofaktoren in Betracht. Ausgehend von unserem Fallbericht ist als weitere seltene Ursache das Moyamoya-Syndrom zu berücksichtigen; die Verdachtsdiagnose läßt sich durch die Befunde der zerebralen Angiographie bestätigen, wobei gefäßreiche Tumoren und arteriovenöse Angiome abzugrenzen sind.

Danksagung: Wir danken Herrn Professor Dr. A. Lütcke, Leiter der Abt. Neuroradiologie der Philipps-Universität Marburg, für die Anfertigung des zerebralen Angiogramms.

Literatur

Berlit P und Meyer-Wahl JG (1988) Das Moyamoya-Syndrom. Nervenarzt 59: 379-382
Suzuki J, Takaku A (1969) Cerebrovascular moyamoya disease. Arch. Neurol. 20: 288-299
Takeuchi K, Shimizu K (1975) Hypoplasia of the bilateral internal carotid arteries. Brain Nerve 9: 37-43

682

Seltene familiäre Form multipler cerebraler Cavernome-Wertigkeit der Kernspintomographie

R. van Schayck, J. Pantel, J. Faiss, T. Kloß, M. Keidel, H.C. Diener

Neurologische Universitätsklinik Essen

Einleitung und Methode

In der Literatur sind bislang 21 Familien mit hereditären, cerebralen Cavernomen beschrieben (Bicknell et al. 1978; Traverso et al. 1991; Steichen-Gersdorf et al. 1992). Die erblichen Cavernome treten als solitäre und multiple Gefäßmalformationen überwiegend in Familien spanisch-mexikanischer Herkunft auf (Bicknell 1989). Wir berichten über den nach unserer Kenntnis ersten Fall einer deutschstämmigen Familie, in der mehrere Familienangehörige multiple, cerebrale Cavernome aufweisen. Die intrakraniellen cavernösen Hämangiome wurden mittels Kernspintomographie in T1- und T2-Gewichtung, sagittaler und transversaler Schichtführung sowie nach Gadolinium-Gabe abgebildet.

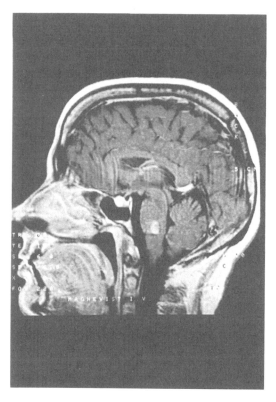

Abb. 1. Hirnstammcavernom mit frischer Einblutung, Fall 1

Fall 1

Eine 50-jährige Patientin erlitt zwei generalisierte, cerebrale Krampfanfälle im 21. und 44. Lebensjahr. 1992 trat eine akute Hirnstammsymptomatik mit Ptosis, kompletter Abducensparese und Facialisparese links sowie kontralateraler Hemihypästhesie auf. Eine kraniale Computertomographie im Jahr 1986 führte zu keiner Klärung der Klinik. Die multiplen, infra- und supratentoriellen Verkalkungen wurden als intracerebrale Blutungen fehlgedeutet. Erst kernspintomographisch gelang der Nachweis teilverkalkter, cavernöser Hämangiome in Marklager und Rinde beider Großhirnhemisphären und in der linken Kleinhirnhemisphäre. Die akute Hirnstammsymptomatik war durch eine frische Einblutung in ein Hirnstammcavernom des unteren Pons verursacht (Abb. 1.).

Fall 2 und Fall 3

Bei der 46-jährigen Schwester ereignete sich im 32. Lebensjahr ein generalisierter, cerebraler Krampfanfall. Postiktal waren eine Aphasie und eine sensible Hemisymptomatik feststellbar. Später traten fokale, sensible Krampfanfälle auf. Computertomographisch fand sich 1978 eine intracerebrale Blutung und Raumforderung unklarer Genese links temporo-parietal. Das aktuelle Kernspintomogramm deckte drei linkshemisphärische Cavernome mit Hämosiderinsaum auf (Abb. 2.).

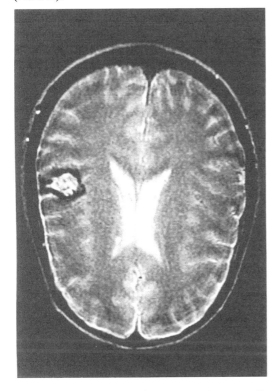

Abb. 2. Symptomatisches Cavernom links zentral, Fall 2

684

In der Familienanamnese wird über eine an cerebralen Krampfanfällen leidende und angeblichen Hirntumor verstorbene Tante berichtet. Das Vorliegen von intracerebralen Cavernomen ist retrospektiv wahrscheinlich. Eine autoptische Diagnosesicherung liegt jedoch nicht vor.

Konklusion

Bei klinischer Manifestation cerebraler Cavernome muß an eine seltene Form mit familiärer Häufung gedacht werden. Diese kann nach unseren Beobachtungen auch in deutschstämmigen Familien auftreten, worüber bislang nicht berichtet wurde. Die Kernspintomographie stellt hierbei das sensitivste und hinsichtlich Artdiagnose aussagekräftigste bildgebende Verfahren dar. Als Screeningmethode bei den Angehörigen betroffener Familien ist die Kernspintomographie der Computertomographie im Nachweis solitärer und disseminierter, auch klinisch asymptomatischer intracranieller Cavernome überlegen. Die betroffenen Familienangehörigen sollten über neurologische Komplikationen, insbesondere hinsichtlich möglicher Einblutungen aufgeklärt werden.

Literatur

Bicknell JM, Carlow TJ, Kornfeld M, Stovring J, Turner P (1978) Familial cavernous angiomas. Arch Neurol 35: 746-749
Bicknell JM (1989) Familial cavernous angioma of the brain stem dominantly inherited in hispanics. Neurosurgery 24: 102-105
Steichen-Gersdorf E, Felber S, Fuchs W, Russeger L, Twerdy K (1992) Familial cavernous angiomas of the brain: observations in a four generation family. Eur J Pediatr 151: 861-863
Traverso F, Passeri F, Pedrinazzi E, Reduzzi L (1991) A family with hereditary intracerebral cavernous angiomas. Riv Neurol 61: 71-73

Neuropsychologische und kernspintomographische Untersuchung bei 21 Patienten mit Sneddon-Syndrom

K. Weissenborn[1], Ch. Ehrenheim[2], Ch. Goetz[3], S. Schellong[4], N. Rückert[3], J. Haas[1], H. Hundeshagen[2]

[1]Neurologische Klinik, [2]Nuklearmedizin, [3]Neurochirurgische Klinik, [4]Angiologie, Medizinische Hochschule Hannover

Fragestellung

Das Sneddon-Syndrom ist durch das Zusammentreffen von rezidivierenden Hirninfarkten, einer Livedo racemosa generalisata, eines Hypertonus, Herzklappenfehlern und einer Raynaud-Symptomatik gekennzeichnet. Nach den bisherigen Erfahrungen bilden sich sensomotorische Defizite nach einem Hirninfarkt bei Sneddon Syndrom gut zurück. Bei mehr als der Hälfte der Patienten soll jedoch im Laufe der Erkrankung eine dementielle Entwicklung auftreten (Rebollo et al. 1983, Weissenborn et al. 1989). Ziel der vorliegenden Untersuchung war es, Häufigkeit und Ausprägung kognitiver Leistungsdefizite bei Patienten mit Sneddon-Syndrom zu analysieren und sie mit Krankheitsverlauf und kernspintomographischen Befunden in Beziehung zu setzen.

Methodik

Untersucht wurden 21 Patientinnen im Alter von 18 bis 59 Jahren. Die mittlere Erkrankungsdauer betrug 12 Jahre. Bei allen Patienten wurden neben der klinisch-neurologischen Untersuchung folgende psychometrische Tests durchgeführt: HAWIE-R, AAT, Test d2, NCT A und B, Luria-Wörterliste, Rey-Figur und ein neuentwickelter Wort-Bild-Gedächtnistest (Recognition-Test). Bei 20 Patienten wurde eine craniale Kernspintomographie durchgeführt (Magnetom 1 Tesla, konventionelle T1- und T2-gewichtete Spin-Echo-Sequenzen in transversalen und coronaren Schichten, Schichtdicke 6 mm, Schichtlücke 50 %).

Ergebnisse

Die eingesetzten psychometrischen Testverfahren wurden neun Leistungsbereichen zugeordnet (Sprache, visuelle und akustische Aufmerksamkeit, Konzentrationsfähigkeit, visuelle Wahrnehmung, visuell-räumliche Konstruktion, Rechnen, figurales und verbales Gedächtnis). 19 von 21 Patienten zeigten kognitive Funktionsstörungen; davon 7 in 1-3 Leistungsbereichen, 4 in 4-5 Leistungsbereichen, 8 in 6-9 Leistungsbereichen. Defizite fanden sich vorwiegend für die Bereiche visuelle Wahrnehmung, visuell-räumliche Konstruktion und Aufmerksamkeit. Seltener waren das Gedächtnis, die Sprache oder das rechnerische Denken betroffen.

Patienten mit Funktionsstörungen in 1-3 Leistungsbereichen erzielten im HAWIE-R im Mittel noch unauffällige Ergebnisse, es deutete sich lediglich eine Diskrepanz zwischen Verbal- und Handlungs-IQ an. Bei zunehmender Ausprägung der kognitiven Beeinträchtigung sank zunächst der Handlungs- später der Verbal-IQ in den pathologischen Bereich. 9 von 21 Patienten hatten einen Handlungs-IQ <80, 6 einen Verbal-IQ <80.

Charakteristische kernspintomographische Befunde waren Grenzzoneninfarkte im Media- und Posteriorstromgebiet, eine parieto-occipitale Atrophie, Kleinhirnischämien, kleinfleckige Marklagerläsionen und stumme Infarkte. 4 Patienten zeigten keinen pathologischen MRI-Befund, bei 4 Patienten fand sich ausschliesslich die parieto-occipitale Atrophie, jedoch keine Infarkte, 12 Patienten wiesen neben der Atrophie auch Infarkte auf.

Es fand sich keine Korrelation zwischen der Erkrankungsdauer und dem Ausmaß der kognitiven oder motorischen Funktionsstörung, der Zahl der Hirninfarkte und dem Ausmaß der Atrophie. Korrelationen bestanden jedoch zwischen dem Ausmaß der kognitiven Funktionsstörung und der Zahl der nachweisbaren Hirninfarkte bzw. der Ausprägung der Hirnatrophie. Die Lokalisation der kernspintomographisch nachweisbaren Substanzdefekte und die neuropsychologischen Defizite stimmten gut überein. Klinische Symtomatik und MRI-Befunde differierten zum Teil insofern, als sowohl stumme Infarkte als auch klinische Infarktereignisse ohne entsprechendes morphologisches Korrelat vorkamen.

Schlussfolgerungen

Der Krankheitsverlauf des Sneddon-Syndromes ist durch das rezidivierende Auftreten von Hirninfarkten und eine progrediente parieto-occipital betonte Hirnatrophie gekennzeichnet. Es resultiert eine merkliche Einschränkung der cognitiven Leistungsfähigkeit bei etwa der Hälfte der Patienten, die nur bei der Minderzahl von funktionell bedeutsamen motorischen Defiziten begleitet ist. Im Gegensatz zu jungen Patienten mit Hirninfarkten anderer Ursache wird bei Patienten mit Sneddon-Syndrom aufgrund der hohen Rezidivquote zum einen und der resultierenden zunehmenden kognitiven Beeinträchtigung zum anderen vielfach schon früh im Krankheitsverlauf eine Berentung notwendig (Bogousslavsky und Regli 1987; Berlit et al. 1991).

Die ganz überwiegende Beschränkung der Hirnatrophie auf die parieto-occipitale Region unterscheidet Patienten mit Sneddon-Syndrom von Patienten mit anderen Vaskulopathien. Die Ursachen dieser lokalen Atrophie bedürfen weiterer Klärung.

Literatur

Berlit P, Endemann B, Vetter P (1991) Zerebrale Ischämien bei jungen Erwachsenen. Fortschr Neurol Psychiat 59: 322-327

Bogousslavsky J, Regli F (1987) Ischemic Stroke in Adults Younger Than 30 Years of Age - Cause and Prognosis. Arch Neurol 44: 479-482

Rebollo M, Val JV, Carijo F, Quintana F, Berciano J (1983) Livedo reticularis and cerebro-vascular lesions (Sneddon's syndrome): Clinical, radiological and pathological features in eight cases. Brain 106: 965-974

Weissenborn K, Lubach D, Schwabe C, Becker H (1989) Sneddon's syndrome:clinical course and outcome. J Neurol 236: 34-37

Topik von hemisphäriellen Durchblutungsstörungen bei Polycythaemia vera rubra

W.G. Franke[1], J. Pinkert[1], O. Thiersch[1], F. Weller[1], H. Lerch[1], B. Kunath[2], J. Müller[2]

Kliniken für [1]Nuklearmedizin und [2]Neurologie der Medizinische Akademie Dresden

Fragestellung

Bei Polycythaemia vera rubra (P.v.), einer mit gesteigerter Proliferation der Blutzellen einhergehenden Knochenmarkserkrankung, treten häufig neurologische Störungen auf. Sie werden übereinstimmend auf zerebrale Durchblutungsstörungen zurückgeführt (Bodechtel 1974; Humphrey et al. 1979; Frick 1985; Mas et al. 1985). In einer neueren Auswertung (Unger 1990) fanden sich bei 107 mit Radiophosphor behandelten Patienten neurologische Symptome, die in 32 Fällen dem Großhirn und in 8 Fällen dem vertebrobasilären Bereich zugeordnet werden konnten. In 7 Fällen lag ein Parkinsonsyndrom vor, in 27 Fällen eine Polyneuropathie und in 60 Fällen psychische Auffälligkeiten, insbesondere hirnorganische Psychosyndrome. Dennoch wurden bisher außer einer ersten Mitteilung eigener vorläufiger Resultate (Franke et al. 1993) keine Ergebnisse systematischer nuklearmedizinischer Hirnperfusionsstudien bei P.v. vorgelegt. Es scheint somit gerechtfertigt, hier einen Teil unserer neueren Erfahrungen mit Radionukliduntersuchungen bei diesem Krankheitsbild mitzuteilen. Diese waren sowohl auf die Erfassung der Gesamtdurchblutung als auch regionaler Zirkulationsstörungen ausgerichtet.

Methodik

127 Patienten mit P.c., die eine oder mehrere 32P-Therapien erhielten, wurden bisher, häufig mehrfach, nuklearmedizinisch untersucht. Ca. 75% zeigten neurologische Auffälligkeiten unterschiedlicher Ausprägung. Da die Untersuchungen über fast 20 Jahre verteilt waren, änderte und erweiterte sich das methodische Spektrum während dieser Zeit. Zusätzlich wurden stets EEG und zunehmend auch CT und MRT durchgeführt. Hier sollen zwei Patientenkollektive vorgestellt werden, die mit unterschiedlichen Methoden untersucht wurden.

In Gruppe 1 (n=17) wurde die Gesamthirndurchblutung mit 133Xe und spätestens 14 Tage später die regionale Perfusion mit 99mTc-HMPAO-SPECT, jeweils vor und nach i.v. Applikation von 1g Acetazolamid. Bei der 133Xe-Untersuchung wurde der initiale Steigungsindex (Initial Slope Index, ISI; in ml/min/100g) berechnet; ausgewertet wurden Absolutwert (Basiswert) sowie der absolute und relative Anstieg nach Acetazolamid. Im 99mTc-HMPAO-SPECT wurde die regionale Impulsrate in einer Läsion im Vergleich zur Gegenseite vor und nach Gabe von Acetazolamid sowie die Änderung dieses Parameters berechnet.

In Gruppe 2 (n=28) wurde das Verteilungsmuster von 99mTc-HMPAO mittels einer hochauflösenden SPECT-Einrichtung, zum Teil vor und nach i.v. Applikation von 1g Acetazolamid berechnet. Die Beurteilung erfolgte visuell, die Untersuchung wurde mit einer Doppelkopfkamera durchgeführt.

Ergebnisse

Gruppe 1
Die Mittelwerte der Gesamtdurchblutung unterschieden sich für Patienten mit P.v. signifikant von diesen Werten bei Personen ohne Hirndurchblutungsstörungen. Nur in je 4 Fällen lag der Basiswert oder die relative Durchblutungszunahme unter Acetazolamid im Normbereich.

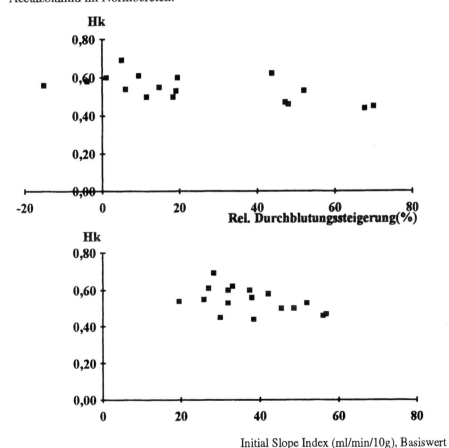

Abb. 1. Korrelationen zwischen zerebralen Durchblutungsparametern und Hämatokrit bei Patienten mit P.v. (Gruppe 1). Der Basiswert der Gesamtdurchblutung (Initial Slope Index in ml/min/100mg) korreliert negativ mit dem Hämatokrit (unten dargestellt). Auch die relative Zunahme der Gesamtdurchblutung korreliert negativ mit dem Hämatokrit (oben dargestellt).

690

Da jedoch sowohl eine Einschränkung der Durchblutungszunahme bei normaler Basisdurchblutung als auch die umgekehrte Konstellation vorkamen, ergab sich nur in 3 Fällen kein Anhaltspunkt für eine Perfusionsbeeinträchtigung.

Sowohl Basiswerte als auch relative Durchblutungszunahmen ergaben eine inverse Korrelation mit dem Hämatokrit (Abbildung 1). Umschriebene Durchblutungsstörungen (regional verminderte Impulsraten) oder Läsionen fanden sich, einzeln bzw. mehrfach, in 14 HMPAO-Szintigrammen (in 10 nur vor, in 6 nur nach Gabe von Acetazolamid). Da 5 Patienten Normabweichungen in beiden Situationen aufwiesen, hatten nur 3 Patienten keine regionale Perfusionsminderung. Aus einer Synopsi der mit beiden Verfahren gewonnenen Ergebnisse geht hervor, daß nur ein einziger Patient der Gruppe 1 weder generalisierte noch lokale Durchblutungsstörung hatte.

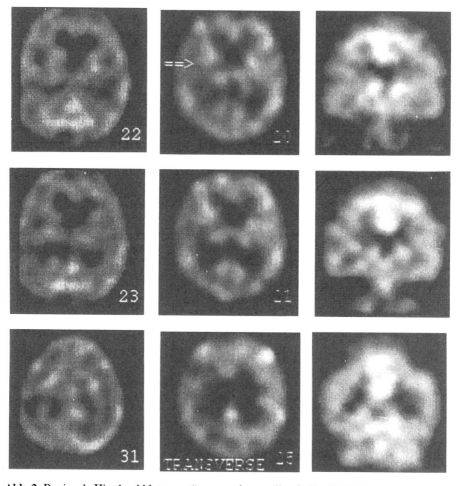

Abb. 2. Regionale Hirndurchblutungsstörungen, dargestellt mit 99mTc-HMPAO-SPECT.

Gruppe 2

Jeder Patient zeigte mehr oder weniger ausgeprägt, meist mehrfach auftretende regionale Perfusionsbeeinträchtigungen, obwohl nur in 3 Fällen EEG-Veränderungen leichten Grades gesehen wurden. Meist fanden sich einseitige, präzental gelegene Lokalisationen in der Großhirnrinde. Vereinzelt fanden sich auch bitemporale und biparietale Speicherungsminderungen, in einem Fall von vermehrter Speicherung in der Umgebung begleitet. In 25 Fällen fielen umschriebene reduzierte Speicherungen in den Basalganglien (Nucleus caudatus, Putamen, Globus pallidum) auf, meistens unilateral lokalisiert und unterschiedlich ausgeprägt.

In 5 Fällen war die Durchblutung einer Kleinhirnhemisphäre gesenkt. Als gut stimulierbar erwies sich partiell die Perfusion der Basalganglien und des Thalamus, nur gering stimulierbar die Großhirnrinde (Abbildung 2). Bei den Patienten, die klinisch ein Parkinsonsyndrom aufwiesen, blieb die striatale und thalamische Perfusion nach Acetazolamid herabgesetzt. Wie in Gruppe 1 waren Ausmaß und Intensität der Durchblutungsminderung am stärksten ausgeprägt bei Patienten mit beträchtlich erhöhtem Hämatokrit. Sie wurden auch bei Patienten ohne neurologische oder psychische Störungen und auch mit normalen Blutzellwerten gefunden. Diese Patienten waren allerdings zuvor mit 32P behandelt worden.

Falldarstellung Patient E.B. (obere Reihe): 67 jähriger Patient, anamnestisch fraglicher Schlaganfall rechts, klagt über Schwindel und Schlafstörungen, bei der Untersuchung finden sich: weitschweifiger Gedankengang, nivellierte Persönlichkeit, mnestische Störungen, Hyperthermie im Gesicht, extrapyramidales Syndrom mit zerebellären Störungen. Im SPECT fanden sich Speicherminderung bzw. -verlust im mittleren frontalen Gyrus links, der rechten Temporalregion, dem linken Putamen sowie geringe Differenzen zwischen den Kleinhirnhälften.

Falldarstellung Patient K.R. (mittlere und untere Reihe): 74 jähriger Patient, "neurologisch und psychisch" unauffällig, viermal 32P-Therapie. HMPAO-SPECT ohne Acetazolamid (mittlere Reihe) ergibt Speicherminderungen in folgenden Regionen: mittlerer frontaler Gyrus, rechter oberer Temporalbereich, rechte Insula, linker Nucleus caudatus und linkes Striatum. Drei Monate danach wurde ein HMPAO-SPECT mit Acetazolamid (untere Reihe) durchgeführt. Der Patient war weiter weiterhin neurologisch und psychisch unauff[llig. Basalganglline kommen deutlich zur Darstellung, Großhirn nivelliert, Perfusionsreserve in den Basalganglien gut erhalten.

Diskussion

Unter der berechtigt erscheinenden Annahme, daß auch bei P.v. - wie auch bei anderen Krankheitbildern vorausgesetzt - die Bedingungen für die Durchblutungsberechnungen unter Verwendung von 133Xe gegeben sind und 99mTc-HMPAO die regionale Perfusion widerspiegelt, weisen die Untersuchungen aus, daß generalisierte Durchblutungsstörungen sehr oft, lokalisierte praktisch immer auftreten. Sofern Hämatokrit und Blutzellzahlen erhöht sind, lassen sich diese Durchblutungsstörungen mühelos sowohl für die Mikro- als auch für die Makrozirkulation aus Blutviskositätssteigerung mit Strömungsverlangsamung und intravasalen Verschlüssen erklären (Gadermann 1952; Humphrey et al. 1979). Thrombosen und Thromboembolien durch Thrombozytenaggregation mögen fördernd hinzutreten.

692

Nicht immer waren jedoch Durchblutungsstörung an erhöhte Blutzellzahlen geknüpft, z.B. nicht, wenn vorangegangene 32P-Therapien zu einer Zellzahlreduzierung geführt hatten. Als Erklärung für die Perfusionseinschränkung kommt eine durch die vorangegangene Hypervolämie bedingte irreversible Gefäßwandalteration in Betracht, die auch nach Normalisierung der Viskosität keinen normalen Durchfluß bzw. keine ausreichende Regulation mehr gestattet. Die Lokalisationen waren stets gut mit den neurologischen Störungen vereinbar. Es entsteht der Eindruck, daß psychische Störungen öfters mit multiplen Durchblutungsstörungen gekoppelt sind. Die durchgeführten Untersuchungen vermögen nicht zu erklären, warum in einigen Fällen trotz ausgeprägter Zirkulationseinschränkung keine neurologischen oder psychischen Normabweichungen zu finden waren. Möglicherweise spielen sehr subtile Differenzen in der lokalen Perfusionsreserve eine wichtige Rolle dabei.

Konklusion

Das Vorkommen umschriebener Durchblutungsstrungen bei normalem oder posttherapeutisch erniedrigtem Hämatokrit unterstützt die vermutete Existenz einer zusätzlichen Gefäßschädigung bei P.v. Die Häufigkeit von umschriebenen Einschränkungen der Perfusion im thalamostriatären Bereich festigt die Vermutung einer vaskulären Genese des Parkinsonsyndroms bei P.v. Obwohl eine umfassende Reevaluation, die auch den klinischen Wert weiter ausweisen soll, noch aussteht, zeichnet sich ab, daß die Untersuchung der Hirndurchblutung bei P.v. frühzeitig - ohne daß neurologische Befunde vorliegen oder psychische Störungen bestehen müssen - Ausmaß und bevorzugte Topik der Perfusionsstörung auszuweisen vermögen. Ein derartiges Momentanbild der Hirndurchblutung könnte sich als wichtigster objektiver Parameter für die Steuerung der P.v. Therapie erweisen.

Literatur

Bodechtel G (1974) Polycythaemia vera. Differentialdiagnose neurologischer Krankheitsbilder. Georg Thieme Verlag Stuttgart 229

Bonte FJ, Devous MD, Reisch JS (1988) The effect of acetazolamide on regional cerebral blood flow in normal human subject as measured by single-photon-emission compuled tomography. Invest Radiol 23: 564-560

Franke W-G, Unger L, Müller J (1993) Untersuchungen des zererbralen Blutflusses bei Polycythaemia vera rubra mit nuklearmedizinischen Methoden. Der Nuklearmediziner 16 (2): 125-133

Frick R (1985) Polyzythämie und Polyglobulie. In: Hornbostel H, Kaufmann W, Siegenthaler W (ed) Innere Medizin in Praxis und Klinik, Georg Thieme Verlag Stuttgart, pp. 11, 86

Gadermann E (1952) Über das Verhalten des Kreislaufs bei der Polycythaemia rubra vera. Klin Wschr 30: 884

Humphrey PRD, Bonlay GH, Pearson TC, Symon L, Zilka E (1979) Cerebral blood flow and viscosity in relative polycythaemia. Lancet II: 813

Mas JR, Guequen B, Bouche B, Derouvesné C, Varet B, Castaigne P (1985) Chorea and polycythaemia. J Neurol 232: 169-171

Unger L (1990) Neurologisch-psychiatrische Komplikationen bei Polycythaemia vera im Krankheitsverlauf. Dissertation, Dresden

Cerebrovaskuläre Erkrankungen und Antikardiolipin Antikörper

L. Perju-Dumbrava[1], K. Zeiler[2], L. Deecke[2]

[1]Abteilung Neurologie der Universität für Medizin und Pharmazie, Cluj-Napoca, Rumänien, [2]Universitätsklinik für Neurologie Wien

Einleitung

Anticardiolipin Antikörper (ACA) sind erworbene Antiphospolipid Antikörper, welche typischer Weise bei Patienten mit systemischem Lupus erythematodes oder verwandten Autoimmunerkrankungen gefunden werden. Zahlreiche Untersuchungen haben Zusammenhänge zwischen ACA und verschiedenen neurologischen Erkrankungen, insbesondere cerebrovaskulären Störungen, aufgezeigt (Love und Santoro 1990; Petri 1992; Sampol und Sie 1992). ACA wird als Marker für eine erhöhte Thromboseneigung gewertet, und zwar als unabhängiger Faktor oder in Verbindung mit anderen Risikofaktoren (McNeil et al. 1991; Vrethem et al. 1992; Hess et al. 1993).

Methodik

Die 65 Patienten in dieser Studie (36 Männer, 29 Frauen; mittleres Alter: 63,4 Jahre; Altersverteilung: 25-91) wurden konsekutiv innerhalb von 8 Monaten (Oktober 1992 - Mai 1993) an der Universitätsklinik für Neurologie aufgenommen. Bei allen Patienten wurde Krankengeschichte und körperliche Status vollständig erhoben. Besondere Aufmerksamkeit wurde auf das Vorhandensein bzw. das Fehlen von (1) Risikofaktoren für einen Schlaganfall (cardiale Erkrankung, Diabetes mellitus, Hypercholesterinämie und/oder Hypertriglyzeridämie, Rauchverhalten, Alkoholkonsum, Einnahme von oralen Kontrazeptiva), und von (2) relevanten Erkrankungen (systemischer Lupus erythematodes, spontane Fehlgeburt, andere Thrombosen, Thrombozythämie) gerichtet. Bei allen Patienten wurden vollständige Laboruntersuchungen durchgeführt, einschließlich Zählungen der Blutkörperchen, Glukosekonzentration, Gesamtcholesterin, HDL-Cholesterin, Triglyzeride, Fibrinogenkonzentration, PTT, aktivierte PTT (aPTT) und VDRL. gG- und IgM-ACA wurden mittels "micropin enzyme linked immunosorbent assay" (Melisa Cambridge Life Sciences) gemessen. Eine Einheit (U) war definiert als Bindungsaktivität von Cardiolipin an 1ug/ml gereinigtem anti-IgG/anti-IgM-Cardiolipin Antikörper eines Standardplasmas. Standardplasma der Hersteller des Testkits wurde für die Herstellung der Standardkurven verwendet. Die Normbreite für IgG-ACA und IgM-ACA wurde durch Messung der Werte für IgG-ACA und IgM bei 110 normalen Kontrollpersonen bestimmt. Spiegel, welche die 99% Perzentile der Kontrollgruppe überschritten (IgG-ACA: 25 U/ml; IgM-ACA: 12,5 U/ml) wurden als "erhöht" definiert (Kapiotis et al. 1991).

694

Ergebnisse

Die neurologischen Diagnosen der 65 Patienten sind in Tabelle 1 aufgelistet.

Tab.1. Diagnosen der 65 unselektierten Patienten mit cerebrovaskulären Störungen

Gruppe	Diagnosen	(n)	n	%
A	Ischämie		55	84,6
	- transient	(10)		
	- manifest	(45)		
B	Nicht-ischämische cerebrovaskuläre Erkrankungen		10	15,4
	- tiefe intrakranielle Blutung	(5)		
	- chronisch subdurales Hämatom	(3)		
	- Intrakranielles Aneurysma	(2)		

Die klinischen Ergebnisse und Resultate der Laboruntersuchungen der fünf Patienten mit erhöhtem ACA-Titer sind in Tabelle 2 aufgelistet.

Tab.2. Klinische Befunde und Ergebnisse der Labor-Untersuchungen von 5 ACA-positiven Patienten

	Patienten				
	# 1	#2	#3	#4	#5
Alter (Jahre	58	51	83	51	79
Geschlecht (m/f)	m	f	f	f	m
Aktuelle Erkranung	Schlaganfall	Schlaganfall	Schlaganfall	Schlaganfall	TIA
Systemic disease	-	-	-	-	-
Risikofaktoren für Schlaganfall	D/S	S	H/D/A	H	-
Cholesterin (< 200 mg/dl*)	192	190	197	220	194
Triglyceride < 172 mg/dl*)	236	142	134	234	128
Früheres thrombotisches Ereignis	Schlaganfall	-	-	-	-
ACA IgG (< 25 U/ml*)	39	29	38	3	40
ACA IgM (< 12,5 U/ml*)	15	5	6	24	10
aPTT (30-42 sec*)	40	38	40	41	33
Blutplättchen (150-350 x 10*)	96	123	178	219	232
VDRL	neg.	neg.	neg.	neg.	neg.
Andere Gerinnungs-störungen	-	-	-	-	-
Antinukleäre Antikörper	-	-	-	-	-
Behandlung	Antikoag				

ACA = Anticardiolipin Antikörper; aPTT = aktivierte PTT; D = Diabetes mellitus, S = Raucher/in; H = Hypertonie; A = Angina pectoris; ASA = Acetylsalicylsäure; Antikoag = Antikoagulation

Die Prävalenz der Risikofaktoren für einen Schlaganfall und andere relevante Erkrankungen wird in Tabelle 3 getrennt für Patienten mit positivem ACA-Befund und mit negativem Befund aufgeführt. Mit einer einzigen Ausnahme fand sich bei diesen Parametern keine Unterschiede der Prävalenz zwischen den beiden Gruppen. Nur die Thrombozytopenie war signifikant häufiger bei Patienten mit positivem ACA-Befund (2/5) als bei Patienten mit negativem Befund (0/60).

Tab.3. Prävalenz von Risikofaktoren und relevanter Erkrankungen bei ACA-positiven und ACA-negativen Patienten.

Risikofaktoren / relevante Erkrankungen	ACA-pos n=5	ACA-neg n=60
Cardiale Erkrankung	1	11
Hypertonie	3	32
Diabetes Mellitus	2	21
Hypercholesterinämie/Hypertriglyzeridämie	2	16
Rauchen	2	18
Alkoholmißbrauch	0	1
Einnahme von Kontrazeptiva	0	1
Kein Risikofaktor	1	11
Ein Risikofaktor	2	25
Mehrere Risikofaktoren	2	34
Relevante Erkrankungen		
Systemischer Lupus erythematodes	0	0
Spontane Fehlgeburt	0	0
Andere Thrombosen	1	4
Thrombozythopenie	2**	0

Prävalenz höher bei ACA positiven Patienten als bei ACA negativen Patienten (** $p < 0,01$; chi-Quadrat-Test)

Diskussion

Die Studie behandelt 65 unselektierte Patienten mit cerebrovaskulären Erkrankungen. Dabei fanden sich bei 7,6% der Patienten positive ACA Titer. Erhöhte ACA-Titer fanden sich nur in der Gruppe mit ischämischen cerebrovaskulären Erkrankungen (Gruppe A; Tabelle 1). In dieser Gruppe betrug die Prävalenz für erhöhte ACA-Titer 9,1% (5/55). Dieser Wert ist etwas höher als der von Montalban et al. (1991) angegebene Wert, ist aber mit den Werten von Hess et al. (1991) vergleichbar (8,2% für IgG-ACA; 9,1% für IgM-ACA). Unsere ACA-positiven Patienten mit TIA/manifestem Insult hatten in der meisten Fällen hohe IgG-ACA Titer, was mit den meisten früheren Beobachtungen einer erhöhten Prävalenz dieses Parameters bei cerebraler Ischämie übereinstimmt (Sampol und Sie 1992).

696

Die Prävalenz von Risikofaktoren für einen Schlaganfall war vergleicbar bei Patienten mit positiven und bei Patienten mit negativen ACA-Befunden. Obwohl den ACA in den letzten 10 Jahren viel Aufmerksamkeit gewidmet wird, sind ihre Bedeutung und ihr pathophysiologischer Mechanismus noch nicht geklärt (Levine et al. 1990; McNeil et al. 1991). Forschungen in jüngerer Zeit betonen die Bedeutung von ß2-glycoprotein I (ß2GPI), das für die Interaktion zwischen ACA und der anionischen Phospholipidmembran benötigt wird (Jones 1992). ß2GPI ist in der Tat das Epitop, gegen welches ACA gerichtet ist (Sampol und Sie 1992). Es konnte gezeigt werden, daß ß 2GPI den intrinsischen Weg der Blutgerinnung, die ADP-vermittelte Plättchenaggregation und die Aktivität der Prothrombinase hemmt. Aus diesem Grund könnte die Interaktion zwischen ACA und dem an die anionischen Phospholipide gebundenen ß2GPI ein wesentlicher Mechanismus dafür sein, wie ACA die Thromboseneigung beeinflußt (Coull et al. 1992; Vlachoyiannopoulos et al. 1992).

Literatur

Coull BM, Levine SR, Brey RL (1992) The Role of Antiphospholipid Antibodies in Stroke. In: Barnett HJM, Hachinski VC (eds) Cerebral Ischemia: Treatment and Prevention. Neurologic clinics 10;1: 125-143

Czlonkowska A, Meurer M, Palasik W et al. (1992) Anticardiolipin antibodies, a disease marker for ischemic cerebrovascular events in a younger patient population? Acta Neurol Scand 86: 304-307

Hess DC, Krauss J, Adams RJ et al. (1991) Anticardiolipin Antibodies: A study of frecuency in TIA and stroke. Neurology 41: 525-528

Jones JV (1992) Antiphospolipid Antibodies: New Perspectives on Antigenic. Specifity Reumatol 19: 1774-1777

Kapiotis S, Speiser W, Papinger-Fasching I et al. (1991) Anticardiolipin antibodies in Patients with Venous Thrombosis. Haemostasis 21: 19-24

Levine SR, Deegan MJ, Furtell N et al. (1990)Cerebrovascular and neurologic disease associated with antiphospholipid antibodies: 48 cases. Neurology 40: 1181-1189

Love P, Santoro S (1990) Anticardiolipin and the Lupus Anticoagulant in Systemic Lupus Erithematoses (SLE) and in Non SLE. Disorders: Prevcalence and clinical significance. Ann Intern Med 112: 682-698

McNeil HP, Chesterman CN, Krilis SA (1991) Immunology and Clinical Importance of Antiphospholipid Antibodies. In: Dixon FJ (eds) Advances in Immunology. Academic Press, Inc 49: 193-281

Montalban I, Codina A, Ordi J et al. (1991) Antiphospholipid Antibodies in Cerebral Ischemia. Stroke 22: 750-753

Petri M (1992) Antiphospholipid antibodies: Lupus anticoagulant and anticardiolipin antibodies. Curr Probl Dermatol IV, 5: 121-195

Sampol J, Sie P (1992) Anticoagulants circulants, Antiphospholipides et thrombose. Rev Prot (Paris) 42(5): 601-605

Vlachoyiannopoulos PG, Krilis SA, Hunt JE et al. (1992) Patients with anticardiolipin antibodies with and without antiphosphokipid syndrome: their clinical features and glycoprotein I plasma levels. Eur J Clin Invest 22: 482-487

Vrethem M, Ernerudh J, Lindstrom F, Olsson JE (1992) Cerebral ischemia associated with anticardiolipin antibodies. Acta Neurol Scand 85: 412-417

Pathologie des Zentralnervensystems bei AIDS. Ein Überblick über 217 Autopsien

U. Liszka[1], M. Drlicek[1], W. Grisold[2], F. Lintner[1], A. Steuer[1], E. Wondrusch[2], K. Jellinger[3]

[1]Pathologisch - Bakteriologisches Institut, Psychiatrisches Krankenhaus Baumgartner Höhe, Wien, [2]Neurologische Abteilung, Kaiser Franz Josef Spital, Wien, [3]Ludwig Boltzmann Institut für klinische Neurobiologie, Krankenhaus Lainz, Wien

Einleitung

Bei der HIV Infektion wird ein breites Spektrum an HIV induzierten Veränderungen, opportunistischen Infektionen und Tumoren des Zentralnervensystems (ZNS) beschrieben. Die Häufigkeitsverteilung der Läsionen wird durch geographische und demographische Faktoren mitbestimmt. In der folgenden Arbeit geben wir für den Zeitraum 1984 - 1993 einen Überblick über neuropathologische Veränderungen in 217 Gehirnen von an AIDS Verstorbenen in Wien.

Methodik

Nach Fixation (Formalin 10%) wurden histologisch routinemäßig 12 - 16 Gewebsblöcke aus unterschiedlichen ZNS Regionen und zusätzlich Gewebe aus jedem makroskopisch auffälligen Herd aufgearbeitet. Standardfärbungen waren Hämatoxylin - Eosin, Kresylviolett und Klüver - Barrera. Histochemische Färbungen (Gram, PAS, Giemsa, Ziehl - Neelson, Grocott) und immunhistochemische Untersuchungen (Cytomegalievirus, Herpes simplex Virus, Toxoplasma gondii und HIV gp41 und p24) wurden bei entsprechendem Verdacht mit einer Streptavidin - Biotin Methode durchgeführt. In-situ-Hybridisierungen wurden mit biotinilierten DNA-Proben entsprechend dem Herstellerprotokoll für CMV, HSV und SV 40 durchgeführt.

Ergebnisse

Von 217 Patienten zeigten 138 (64%) Läsionen im ZNS, die entweder HIV induziert, im Rahmen einer Sekundärinfektion oder neoplastisch bedingt waren. Die Häufigkeitsverteilung ist in Tabelle 1 angeführt. 58 Gehirne (26%) hatten unspezifische Veränderungen. 21 (10%) waren neuropathologisch unauffällig.

Toxoplasmose
Toxoplasma - gondii Infektionen des ZNS waren in unserer Serie am häufigsten. Wir sahen 47 Fälle (22%). In absteigender Häufigkeit fanden wir Läsionen in Großhirn-

hemisphären, Stammganglien, Kleinhirn und Hirnstamm. Eine Beteiligung der Meningen sahen wir in einem Fall bei gleichzeitiger Parenchymläsion. Die Herdgröße schwankte zwischen wenigen Millimetern und mehreren Zentimetern. In 29 Fällen bestanden multiple Herde. Gleichzeitiges Bestehen akuter, unscharf begrenzter Läsionen und chronischer, scharf begrenzter Läsionen war in mehr als der Hälfte zu beobachten. Histologisch ist die zentrale Nekrosezone der akuten Läsion durchsetzt von freien Tachyzoiten und Pseudozysten mit randständiger granulozytär, lymphozytärer Infiltration. Die chronische Läsion zeigt in der Randzone der Nekrose Lymphozyten, Makrophagen und Gliose und manchmal in Zysten gelagerte Toxoplasmen. In einem Fall fand sich eine diffuse Toxoplasmoseenzephalitis. Das intakte oder ausgedehnt nekrotische Hirngewebe wird dabei von freien und in Zysten gelagerten Tachyzoiten durchsetzt.

Tab.1. Häufigkeitsverteilung zerebraler Läsionen bei 217 AIDS Patienten

	n	%
Sekundärinfektion		
Toxoplasmose	47	22
Cytomegalievirus	39	18
Papovavirus	17	8
Herpes simplex virus	1	0,5
Candida species	8	4
Cryptococcus neoformans	4	2
Aspergillus species	3	1
Bakterien	7	3
HIV assoziiert		
HIV-Enzephalitis	23	11
HIV - Leukoenzephalopathie	8	4
Vakuoläre Myelopathie	1	0,5
Vakuoläre Leukoenzephalopathie	1	0,5
Neoplasien		
Primäre B Zell - Lymphome	13	6
Sekundäre B Zell - Lymphome	4	2

Cytomegalie - Virus (CMV) - Infektion

CMV war in unserer Serie die zweithäufigste opportunistische Infektion. Wir fanden 39 Fälle (18%). Das Ventrikelependym der Vorderhörner der Seitenventrikel und der Boden des vierten Ventrikels sind am häufigsten betroffen. Makroskopisch imponiert das Ependym verdickt und von kleinen Blutungen durchsetzt. Von hier erfolgt eine ventrikulofugale Ausbreitung der Infektion in das Parenchym. Histologisch ist die typische CMV Infektion durch unscharf begrenzte Nekroseherde mit charakteristischen Riesenzellen, die intranukleäre und intrazytoplasmatische Viruseinschlüsse zeigen, gekennzeichnet. Seltener liegt eine Mikrogliaknötchenencephalitis vor, wobei in den Knötchen typische CMV Riesenzellen vorliegen können. Dieses Erscheinungsbild sahen wir in 8 Fällen. Liegen keine typischen Zellen vor, so muß mittels immunhistochemischer und in - situ - Hybridisierungstechniken der CMV Nachweis erbracht werden.

Progressive multifokale Leukoencephalopathie (PML)
Der Erreger dieser opportunistischen Infektion ist das JC - Virus aus der Papova-
virusgruppe. In unserer Serie fanden wir 17 Fälle (8%).

Die PML ist makroskopisch charakterisiert durch multiple mottenfraßartige,
konfluierende, graue Herde der weißen Substanz mit bevorzugtem Sitz an der
Rindenmarkgrenze. Fortgeschrittene Fälle zeigen oft zerfließliche Erweichungen
großer Teile der weißen Substanz unter Mitbeteiligung der Stammganglien. Das
Kleinhirn ist seltener betroffen. Histologisch diagnostische Kennzeichen der PML
sind: multiple Demyelinisierungsherde mit bizarren, oft mehrkernigen Astrozyten
und vergrößerten Oligodendrozyten mit intranukleären Viruseinschlüssen. In akuten
Fällen kann man eine beträchtliche perivasale lymphozytäre - plasmazelluläre Infiltration sehen.

Herpes - simplex - Virus (HSV) - Infektion
HSV Typ - 1 Enzephalitis fanden lag in unserer Serie nur einmal vor. Makroskopisch sahen wir kein typisches Bild da gleichzeitig eine PML und Toxoplasmose
vorlagen. Histologisch bestand das typische Bild einer HSV - Enzephalitis mit
kleinen Nekrosearealen und Viruseinschlüssen in Nerven - und Gliazellen.

Bakterielle Infektionen
Infektionen des ZNS durch obligat pathogene Bakterien fanden wir in 7 Fällen (3%).
Am häufigsten lagen multiple Abszesse im Rahmen einer hämatogenen Dissemi-
nation vor. In· einem Fall bestand eine Leptomeningitis, einmal eine diffuse bakterielle Enzephalitis. Aus dem Autopsiematerial war durch Gramfärbung der histologischen Präparate nur eine grobe Zuordnung der Bakterien möglich. Bakterielle
Kulturen aus dem Autopsiematerial standen nicht zur Verfügung.

Pilzinfektionen
Candida species Infektionen des ZNS waren in unserer Serie die häufigste Pilz-
infektion. Wir sahen sie 8 mal (4%). Makroskopisch lagen Abszesse in der grauen
und weißen Sunstanz vor. Histologisch fanden wir zentrale Nekrosezonen mit charakteristischen Pilzelementen umgeben von einer granulozytär - monozytären Entzündungsreaktion und vereinzelter Mikroglia.

Cryptococcus neoformans konnte in 5 Fällen (2%) nachgewiesen werden.
Typisch ist eine zumeist nur gering ausgeprägte Trübung der Meningen. Selten
lassen sich im Parenchym scharf begrenzte, glasig aussehende Herde abgrenzen. Im
histologischen Präparat sieht man bekapselte Cryptococcus neoformans Sporen in
Virchow Robinson`schen Räumen, ohne wesentliche umgebende Entzündungs-
reaktion. In abszeßartigen Cryptococcomen findet man Pilzelemente in randständiger Anordnung mit begleitender Entzündungsreaktion.

Aspergillus fumigatus sahen wir in 3 Fällen (1%). Makroskopisch imponierten
sie als hämorrhagische Erweichungsherde. Histologisch sahen wir in Nekrosezonen
typische septierte Hyphen mit 45 Grad Verzweigung. Pilzelemente waren auch in
den benachbarten Gefäßen intraluminal und in der Gefäßwand zu sehen .

HIV - assoziierte Veränderungen
Die HIV - Enzephalitis wurde in 23 Autopsien (11%) nachgewiesen. Makroskopisch
ist häufig eine vermehrte intrazerebrale Gefäßzeichnung hinweisend. Das charakte-

ristische histologische Bild zeigt kleine, überwiegend perivasal gelegene Herde aus Mikroglia, Makrophagen und mehrkernigen Riesenzellen.

Eine HIV - Leukoenzephalopathie, charakterisiert durch diffuse Myelinschädigung mit reaktiver Astrogliose, Makrophagen und mehrkernigen Riesenzellen sahen wir 8 mal (4%).

Eine vakuoläre Myelopathie sahen wir nur in einem Fall (0,5%). Um kleine Myelinvakuolen mit erhaltenen Axonen finden sich ein und mehrkernige Makrophagen.

Die vakuoläre Leukoenzephalopathie fanden wir einmal (0,5%) mit einzelnen verstreuten Vakuolen in der weißen Substanz.

HIV assoziierte Neoplasien
Primäre ZNS Lymphome sahen wir in 13 Fällen (6%). 12 Lymphome waren multizentrisch. Eine diffuse meningeale Beteiligung lag in 5 Fällen vor. Makroskopisch imponieren die Lymphome zumeist herdförmig unscharf begrenzt und partiell nekrotisch bis hämorrhagisch. Histologisch lagen ausschließlich zentroblastisch - zentrozytische B- Zell Lymphome vor. Eine sekundäre ZNS Beteiligung fanden wir in 4 Fällen (2%) als Meningoencephalosis Lymphomatosis bei extracerebralen zentroblastischen B - Zell Lymphom.

Konklusion

ZNS - Befall durch opportunistische Erreger, HIV - induzierte Läsionen und Lymphome fande wir bei 138 Patienten (64%). Andere, entsprechend große Autopsieserien berichten über ZNS Veränderungen zwischen 50 und 90 % (Anders et al. 1986; Lang et al. 1989; Girolami et al. 1990; Burns et al. 1991; Chimelli et al. 1991). Im Gesamtspektrum der Läsionen unterscheiden sich die Berichte nicht, lediglich die Häufigkeitsverteilung weist Unterschiede auf. So liegt die Toxoplasmoserate in amerikanischen Serien deutlicher unter der europäischen und südamerikanischen Inzidenz. Infektionen durch CMV sind in den meisten Studien in vergleichbarer Häufigkeit angegeben. Infektionen durch Papovaviren sind in unserer Serie häufiger als in der Literatur. Seit 1992 sehen wir eine deutliche Zunahme an PML, möglicherweise bedingt durch eine bessere Prophylaxe und Therapie anderer opportunistischer Erreger.

Auffallend ist das seltene Auftreten der Herpes simplex Encephalitis in allen berichteten Serien. Ebenso sind ZNS Infektionen durch obligat pathogene Erreger und Pilze sehr selten. Mycobakterielle Infektionen, die in amerikanischen Serien häufig angegeben sind, konnten wir in keinem Fall sehen.

HIV - assoziierte Läsionen sahen wir in 33 Gehirnen. Die morphologischen Diagnosekriterien sind in vielen Arbeiten unterschiedlich und sind sicher mitverantwortlich für die unheinheitlichen Häufigkeitsangaben in der Literatur (Budka 1991; Sharer 1992)

Primäre ZNS Lymphome werden bei AIDS Patienten generell häufiger gefunden als bei immunkompetenten Personen und sind oft multizentrisch (Jellinger und Paulus 1992). Histologisch sind sie meist hoch maligne B Zell- Lymphome. Aufgrund der ausgeprägten Polymorphie ist eine klare Zuordnung entsprechend der New Working Formulation nicht immer möglich.

702

Mehrfachinfektionen und/oder Lymphome konnten wir bei 27 Patienten finden. Dieser Umstand ist klinisch bedeutsam, da die ätiologische Zuordnung multifokaler Läsionen dadurch zusätzlich erschwert wird. Dieser Umstand ist auch bei stereotaktischen Biopsien zu beachten, da die Diagnose einer Läsion noch nicht konklusiv für die Ätiologie weiterer Herde sein muß.

Literatur

Anders K, Guerra W, Tomiyasu U, Verity M, Vinters H (1986) The neuropathology of AIDS.UCLA experience and review.Am J Pathol 124: 537-558

Budka H (1991) Neuropathology of human immunodeficiency virus infection. Brain Pathology 1: 163-175

Burns D, Risser R, White C (1991) The neuropathology of immunodeficiency virus infection. The Dallas, Texas, experience. Arch Pathol Lab Med 115: 1112-1124

Chimelli L, Rosemberg S, Hahn M, Lopes M, Barretto Netto M (1992) Pathology of the central nervous system in patients with the human immunodeficiency virus (HIV). Neuropathol Appl Neurobiol 18: 478-488

Girolami U, Smith T, Henin D, Hauw N (1990) Neuropathology of the acquired immunodeficiency syndrome. Arch Pathol Lab Med 114: 643-655

Jellinger K, Paulus W (1992) Primary cebtral nervous lymphoma- an update. J Cancer Res Clin Oncol 119: 7-27

Lang W, Mikloosy J, Derauz J (1989) Neuropathology of the acquired immune deficiency syndrome (AIDS): a report of 135 consecutive autopsy cases from Switzerland. Acta Neuropathol (Berl) 77: 379-390

Sharer L (1992) Pathology of HIV - 1 infection of the central nervous system. A review. J Neuropathol Exp Neurol 51: 3-11

Morphometrische Aspekte bei HIV-1 Infektion

S. Weis[1], H. Haug[2], P. Mehraein[1]

[1]Institut für Neuropathologie, Ludwig-Maximilians Universität München, [2]Institut für Anatomie, Medizinische Universität Lübeck

Fragestellung

Die Veränderungen der unterschiedlichen Zellsysteme im Gehirn von HIV-1 infizierten, verstorbenen Patienten wurden mit morphometrischen Methoden untersucht.

Methodik

Die numerische Dichte der Nervenzellen, der Astrocyten und der Gefäße in der Hirnrinde wurden, unter Anwendung des systematic row samplings, mittels model-based stereologischen Verfahren gezählt.

Tab. 1. Ergebnisse der morphometrischen Untersuchungen der Hirnrinde.
MW: Mittelwert, SD: Standardabweichung
NZ: Nervenzelle, PVF: Perikaryon-Volumen-Fraktion
AG: Astrocyt; GFAP: saures Gliafaserprotein

	Kontrolle MW	(SD)	AIDS MW	(SD)	p
Area 11					
Dichte NZ	22781	(3606)	18694	(3248)	0.000
PVF	3.05	(0.72)	2.10	(0.68)	0.000
Dichte AG	21357	(1735)	21499	(2330)	0.94
Dichte GFAP-neg AG	20371	(1248)	14740	(1513)	0.002
Dichte GFAP-pos AG	986	(299)	6659	(1070)	0.000
Area 7					
Dichte NZ	25432	(5189)	26406	(4475)	0.48
PVF	2.70	(0.59)	2.98	(0.49)	0.07
Dichte AG	22230	(1271)	23981	(1791)	0.19
Dichte GFAP-neg AG	21831	(936)	17445	(876)	0.008
Dichte GFAP-pos AG	399	(96)	6536	(1263)	0.000

Ergebnisse

Es kommt zu einem signifikanten Nervenzellverlust im fronto-orbitalen Cortex während in der oberen Parietalrinde keine signifikanten Zelluntergänge zu finden sind (Ketzler et al. 1990; Weis et al. 1993a)(Tabelle 1). Der Neuronenverlust korreliert nicht mit dem, im übrigen Gehirn beschriebenen Vorhandensein HIV-spezifischer neuropathologischer Veränderungen. Die Astrocyten zeigen ein spezifisches Reaktionsmuster: die Zahl der GFAP positiven Astrocyten nimmt signifikant zu, während die Zahl der GFAP-negativen parallel dazu abnimmt (Weis et al. 1993b) (Tabelle 1). Die Gesamtzahl aller Astrocyten ist jedoch zahlenmäßig nicht verändert. Veränderungen des Gefäßsystems finden sich in Form eines erweiteren Durchmessers, erhöhter Oberflächendichte und Volumendichte (Weis 1992). Ebenso finden sich auf elektronenmikroskopischer Ebene Verdünnungen der Basalmembran sowie Veränderungen der Endothelzelle. Die Microglia ist in allen Regionen des Gehirns aktiviert. Diese Aktivierung hängt weder mit dem Vorhandensein von HIV-Antigen noch mit dem anderer viraler Erreger zusammen.

Konklusion

Eine corticale Beteiligung während der HIV-1 Infektion konnte anhand morphmetrischer Untersuchungen gezeigt werden. Alle Zellsysteme sind betroffen. Ein direkter Nachweis von HIV-1 in Nervenzellen, Astrocyten und Gefäßen konnte jedoch nicht geführt werden. Somit sind die beschriebenen Veränderungen möglicherweise durch indirekte, cytotoxische Effekte des HIV-1 hervorgerufen. Diese sind wahrscheinlich durch Microglia/Makropohagen oder die mehrkernigen Riesenzellen mediiert.

Literatur

Ketzler S, Weis S, Haug H, Budka H (1990) Loss of neurons in the frontal cortex of AIDS brains. Acta Neuropathol 80: 92-94

Weis S (1992) Morphometric aspects of the brain in HIV-1 infection. In: Weis S, Hippius H (eds) HIV-1 Infection of the Central Nervous System. Seattle, Toronto, Göttingen, Bern: Hogrefe & Huber Publishers, pp 199-224

Weis S, Haug H, Budka H (1993 a) Neuronal damage in the cerebral cortex of AIDS brains: a morphometric study. Acta Neuropathol 85: 185-189

Weis S, Haug H, Budka H (1993 b) Astroglial changes in the cerebral cortex of AIDS brains: a morphometric and immunohistochemical investigation. Neuropathology and Applied Neurobiology 19: 329-335

Prospektive Studie neurologischer, elektroencephalographischer und psychometrischer Parameter bei 100 HIV-infizierten hämophilen Patienten

Ch. Norra[1], P. Clarenbach[1,7], R.-R. Riedel[2], P. Bülau[3,4], Ch. Helmstaedter[4], D. Niese[5], H.-H. Brackmann[6], F. Jerusalem[7]

[1]Neurologische Klinik, Evg. Johanneskrankenhaus Bielefeld, [2]Psychiatrische Klinik, RWTH Aachen, [3]Westerwaldklinik für Rehabilitation, Waldbreitbach, [4]Epileptologische Klinik, [5]Medizinische Klinik, [6]Institut für Hämatologie, [7]Neurologische Klinik, Universität Bonn

Fragestellung

In der vorliegenden prospektiven Studie wurde untersucht, inwieweit sich klinische Einbußen als Hinweise auf eine HIV-Infektion des peripheren und zentralen Nervensystems finden ließen und welche Veränderungen in allen, insbesondere den frühen Infektionsstadien, im Verlauf eines Jahres, zu beobachten waren.

Methodik

Vorgestellt werden die Daten von 100 HIV-Ak seropositiven hämophilen Männern, die von März 1987 bis Dezember 1988 aus der Universitätsnervenklinik Bonn überwiesen und über einen Zeitraum eines Jahres in viertel- bis halbjährlichen Intervallen ambulant untersucht wurden. 30 HIV-Ak seronegative Hämophile, meist Geschwister, stellten sich als Kontrollpersonen zur Verfügung.

Die Einordnung in das aktuelle Krankheitsstadium erfolgte nach den immunologischen Kriterien von Walter-Reed (Redfield et al. 1986): So wurden dem Stadium WR 1 {48} Patienten zugeordnet, dem Stadium WR 2 {23}, WR 3-5 {16} und WR 6, d.h. dem Stadium AIDS, {13} Patienten. Nach Ablauf eines Jahres wies dieses Kollektiv eine deutliche Stadienprogredienz der HIV-Infektion auf: Im Stadium WR 1 befanden sich nun {24} HIV-Infizierte, im Stadium WR 2 {21}, WR 3-5 {31}, WR 6 {24} Patienten; etwa die Hälfte der Patienten eines Stadiums verschlechterten sich immunologisch im Verlauf um ein bis zwei Stadien (Tabelle 1).

Die Erhebung umfaßte neben einer strukturierten Anamnese ein standardisiertes Untersuchungsprogramm:

706

1. Ein ausführlicher neurologischer Status wurde erhoben mit abschließender Diagnosestellung in den Kategorien
   a. Unauffälliger Befund.
   b. Kontrollbedürftiger Befund
   c. Polyneuropathie
   d. Myelopathie
   e. Kraniale Neuropathie (isolierte Hirnnervenausfälle)
   f. Enzephalopathie

Tab.1. Erfassung der HIV-AK seropositiven Patienten gemäß der Klassifikationskriterien nach Walter-Reed

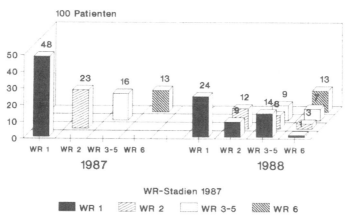

2. Ein Elektroencephalogramm wurde nach dem 10-20 System einschließlich Hyperventilation abgeleitet. Die Auswertung wurde rein visuell durch zwei unabhängige Untersucher vorgenommen unter Berücksichtigung der Parameter:
   a. Grundaktivität
   b. Paroxysmale Dysrhythmien
   c. Vigilanzschwankungen
   d. Schlaf-Wach-Störungen
   e. Allgemeinveränderungen
   f. Cerebrale Krampfaktivitäten
   g. Herdbefunde

3. Als neuropsychologische Testinstrumente fanden Anwendung:
   a. der Mehrfachwortschatzintelligenztest MWT-B (Lehrl 1978): Prämorbides allgemeines Intelligenzniveau (Eingangstest zum Ausschluß wesentlicher intellektueller Differenzen innerhalb des Kollektivs)

Folgende vier Tests gingen in die Bewertung der psychometrischen Leistung ein:
b. der Cerebrale Insuffizienz-Test, C.-I. Test (Lehrl und Fischer 1984)) mit Untertest "SZ" und "I": Visuelle Aufnahmegeschwindigkeit,
c. die Zeichenform des Benton-Tests (Benton 1972): Visuelle Gedächtnisleistung,
d. eine deutsche Adaptation des Auditory Verbal Learning Tests AVLT (Rey 1964):Verbale Merkfähigkeit,
e. der Aufmerksamkeitsbelastungstest D2 (Brickenkamp 1984): Allgemeiner Leistungs- und Konzentrationstest
Zum Ausschluß wesentlicher Einflüsse der psychischen Befindlichkeit auf die Testleistung
f. die Paranoid-Depressivitätsskala (von Zerssen und Koeller 1986): Selbstbeurteilung der Stimmungslage

4. Ergaben sich während der routinemäßigen Erhebungen Anhalte für eine manifeste cerebrale Beteiligung, stand der Einsatz zusätzlicher Untersuchungsmethoden wie Lumbalpunktion, EMG, o.a. zur Verfügung.

In einer abschließenden, stadienunabhängigen Befundbewertung erhielt jeder Patient jeweils null Wertpunkte für ein unauffälliges (neurologischer Befund; EEG; max. ein pathologischer psychometrischer Test > 2 SD), einen Wertpunkt für ein grenzwertiges (Zeichen peripherer Nervensystembeteiligung; Vigilanzschwankungen/Dysrhythmien; zwei pathologische psychometrische Tests) und zwei für ein auffälliges Ergebnis (Zeichen zentraler Nervensystembeteiligung; alpha-Grundaktivität<9/sec./Allgemeinveränderung/Fokus; 3-4 pathologische psychometrische Tests).

Ergebnisse

Neurologie
In der neurologischen Untersuchung ließen sich initial bei 78% der Patienten aller Stadien unauffällige oder kontrollbedürftige Befunde ohne Krankheitswert erheben. Im Verlauf eines Jahres jedoch zeigte sich eine ausgeprägte Abnahme in der Anzahl der nicht pathologischen Befunde auf 38%. Vornehmlich die eingangs bereits als kontrollbedürftig angesehenen Befunde gingen in der Nachuntersuchung signifikant häufiger in eine blande Enzephalopathie (p<0.007) oder Myelopathie (p<0.003) über. Beteiligungen des peripheren Nervensystems wurden in der Erstuntersuchung bei 13%, in der Nachuntersuchung bei 18% der Patienten diagnostiziert. Nicht in der Voruntersuchung, sondern erst in der Nachuntersuchung fanden sich bei 12% der Patienten Zeichen einer myelopathischen Beteiligung, zumeist der Stadien WR 3-5. Isolierte Hirnnervenläsionen (meist III-VI und IX/X) zeigten sich zunächst bei zwei, später bei 14 Patienten. Klinische Zeichen einer Encephalopathie wurden eingangs bei 7%, ausgangs bei 20% der Patienten gefunden.- Im Kontrollkollektiv wurden zweimal klinisch polyneuropathische Syndrome, einmal eine Hirnnervenparese diagnostiziert.

EEG

Die Elektroencephalographie bot eine Zunahme pathologischer Ableitungen von insgesamt 23% auf 61% im Verlauf. Intraindividuell zeigten nur 39% der Patienten in beiden Untersuchungen unauffällige EEG Befunde. Bei drei der dreißig Kontrollpatienten wurden visuell die EEG-Aufzeichnungen als pathologisch bewertet.

Die mittlere Grundaktivität (WR 1: 10,02/s, WR 2: 10,17/s, WR 3-5: 9,63/s, WR 6: 9,50) zeigte sich gegenüber der Kontrollgruppe (WR 0: 10,47/s) vermindert und nahm stadienkorreliert (p<0,02) im Verlauf ab (WR 1: 9,82/s, WR 2: 9,67/s, WR 3-5: 9,47/s, WR 6: 9,23/s). Interkorrelationen zeigten sich zwischen einer anfänglich niedrigen alpha-Grundaktivität und im Verlauf zunehmenden kontrollbedürftigen neurologischen Befunden (p<0,01), denen einer Myelopathie (p<0,03) und einer Enzephalopathie (p<0,01).

Im Verlauf wurden deutlich vermehrt Dysrhythmien (26 auf 47%) sowie Vigilanzschwankungen neben Schlaf-Wach-Störungen (gemeinsam 53%) gesehen, die anderen Parameter verblieben im Verlauf stabil.

Neuropsychologie

Kognitive Defizite besaßen selten klinische Relevanz: Eine Demenz gemäß DSM-III wurde nur bei einem Patienten des Stadiums WR 1 mit rascher Progression in das Stadium AIDS beobachtet. Psychopathologisch imponierte bei einem einzigen Patienten in der Folgeuntersuchung eine akute halluzinatorische Psychose.

Tab.2. Graphische Darstellung des Punktescores (0,1,2 Punkte) stadienabhängig für die Kategorien Neurologie, EEG und Psychometrie sowie stadienunabhängig als Addition aller drei Kategorien in einem Punktescore für die Nervensystemmanifestation

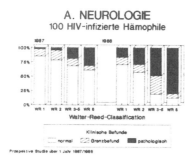

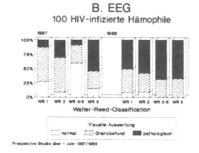

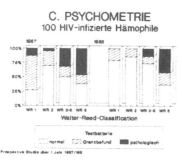

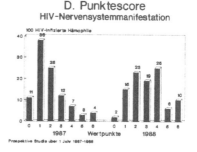

Insgesamt verbesserten sich die psychometrischen Testleistungen bei den Patienten aller Infektionsstadien. In Vor- und Nachuntersuchung diskriminierten die psychometrischen Tests zwischen den frühen und späten Stadien der Infektion: Im AVLT- Test (p<0,001-0,01) und im Benton-Test (p<0,005 bzw. p<0,01) schnitten Patienten der Stadien WR 1-2 signifikant besser ab als die der Stadien WR 3-5, im C.-I.-Test (p<0,001 eingangs; p<0,0001 ausgangs) und im Aufmerksamkeitsbelastungstest ("GZ": p<0,001 bzw. "GZ-F": p<0,00001) signifikant besser als die der Stadien WR 3-6. Das Kontrollkollektiv wies keine besseren Testleistungen auf, z.T. bei nicht gleich hoher Motivationslage sogar schlechtere Ergebnisse als die asymptomatisch HIV-Infizierten. Die AIDS-Patienten dieser Studie boten im C.I.-Test und im D2-Test in beiden Untersuchungsgängen signifikant schlechtere Testleistungen als alle anderen Gruppen, in den spezifischeren Tests, dem AVLT und dem Benton-Test jedoch nicht wesentlich schlechter Ergebnisse als die übrigen symptomatisch HIV-Infizierten. Im Testprofil zeigte der Parameter der Wiedererkennensleistung, der "Cued Recall", bei fast allen Infektionsstadien, ausgenommen die Patienten mit hohem prämorbiden IQ (p<0,00005), Einbußen in der Folgeuntersuchung und korrelierte (p<0,05) mit dem ebenso verschlechterten C.I- Untertest "SZ". In der Selbstbeurteilungsskala konnte nur eine Tendenz zu einer depressiveren Stimmungslage der WR 3-6 HIV-Infizierten gemessen werden. Für Patienten der Stadien WR 1 und 2 bestand eine mangelnde Krankheitseinsicht (p<0,0004).

Varianzanalysen offenbarten nur geringfügig signifikante Korrelationen der untersuchten Parameter zu den verschiedenen Infektionsstadien; häufiger wurden individuelle Krankheitsverläufe verfolgt. Herausragend ist die aus allen Infektionsstadien bestehende Subpopulation der Individuen mit klinisch neurologischem Befund einer encephalopathischen Beteiligung von eingangs sieben, ausgangs zwanzig Patienten. Sie zeichneten sich in sämtlichen Untersuchungsgängen durch signifikant schlechtere psychometrische Ergebnisse (p<0,01-0,0001) sowie einer verlangsamten alpha-Grundaktivität im EEG (p<0,001) aus.

Bei Betrachtung der Befundkategorien Neurologie, EEG und Psychometrie (Tabelle 2) ist in dieser Studie eine Überlegenheit neurologischer und EEG-Parameter gegenüber den psychometrischen zu erkennen. In einem stadienunabhängigen Summenscore ist für die HIV-Nervensystemmanifestation, ausgeprägter als in den Einzelverläufen, eine deutliche Verschlechterung des Kollektivs im Jahresverlauf ersichtlich (Tabelle 2).

Konklusion

Die Ergebnisse dieser an einem in hohem Maße homogenen Kollektiv durchgeführten Studie sprechen für eine z.T. frühe, meist subklinische und im Verlauf der HIV-Infektion progrediente cerebrale Affektion. Subtile, hirnorganisch erfaßbare Zeichen lassen sich in allen Infektionsstadien auffinden.

Eine vielerorts zunächst angenommene direkte Korrelation neurologischer und kognitiver Defizite zu den immunologischen Verlaufsparametern ist nicht zu verzeichnen; vielmehr erfolgt eine klinische Verschlechterung größtenteils stadienunabhängig sowie interindividuell unterschiedlich und betrifft primär eine Subpopulation.

Literatur

Redfield RR, Wright DC, Tramont EC (1986) The Walter-Reed-Classification for HTLV-III/LAV infection. New England Journal of Medicine: 131-132

Lehrl S (1978) Mehrfachwahl-Wortschatz-Test MWT-B. Straube, Erlangen

Lehrl S, Fischer B (1984) Test zur raschen Objektivierung cerebraler Insuffizienzen. Vless, Ebersberg

Benton AL (1972) Benton-Test. Bearbeitung von O. Spreen. Huber, Bern

Rey A (1964) L'examen clinique en psychologie. Presses universitaires de France, Paris: 58-64

Brickenkamp R (1981)Aufmerksamkeits-Belastungstest (d2). Verlag für Psychologie Dr. CJ Hofgrefe, Göttingen, Toronto, Zürich: 7. Auflage

Zerssen Dv, Koeller D-M (1986) Die Paranoid-Depressions-Skala. In: Klinische Selbstbeurteilungsskalen KSb-S aus PSYCHIS München. Beltz Verlag, Weinheim

Frühdiagnose der Herpes simplex Enzephalitis aus kleinen Liquorvolumina mit der Polymerase Kettenreaktion (PCR) und einem nicht-radioaktiven Detektionssystem

S. Bamborschke, M. Warnke, A. Porr, W.-D. Heiss

Klinik und Poliklinik für Neurologie und Psychiatrie der Universität zu Köln-Neurologie

Fragestellung

Die Frühdiagnose der Herpes simplex Enzephalitis (HSE) ist entscheidend für die rechtzeitige Einleitung einer spezifischen virustatischen Therapie. Da eine spezifische intrathekale Antikörpersynthese nur selten vor Ablauf der ersten Krankheitswoche zu erwarten ist (Felgenhauer et al. 1982), konzentrierten sich die diagnostischen Bemühungen in letzter Zeit auf den direkten Erregernachweis mit Hilfe molekularbiologischer Methoden. Dabei hat sich der Nachweis von virusspezifischen DNA-Sequenzen im Liquor mittels in-situ-Hybridisierung (Bamborschke et al. 1990) und PCR (Aurelius et al. 1991) bewährt. In der vorliegenden Studie wird ein in der Literatur beschriebenes PCR-Primersystem (Aurelius et al. 1991) an kleinen Liquorvolumina und mit einem nichtradioaktiven Detektionssystem (Podbielski et al. 1990) erprobt.

Methodik

Es wurde je eine Liquorprobe aus der ersten Krankheitswoche von 18 Patienten mit nachgewiesener HSE und 20 Patienten mit anderen entzündlichen ZNS-Erkrankungen (Tabelle 2) verwendet. Für die PCR wurde in getrennten Ansätzen je Liquorprobe ein kleines Liquorvolumen (15 ul) und ein größeres Liquorvolumen (250 ul) eingesetzt. Nach Vorbehandlung mit SDS und Proteinase K wurde die DNA mit der Phenol-Chloroform-Methode extrahiert, nach Zugabe von Hefe-t-RNA in kaltem Äthanol ausgefällt und für die PCR verwendet. Es kam die in der Literatur (Aurelius et al. 1991) beschriebene nested-primer-Methode zur Anwendung, bei der ein 221bp langes DNA-Fragment (äußere Primer) bzw. ein 138bp langes DNA-Fragment (innere Primer) aus dem Glycoprotein-D-Gen des Herpes simplex Virus amplifiziert wird. Die Sequenzen der Primer und ihre Position auf dem Virusgenom sind in Tabelle 1 aufgeführt. Die Amplifikate wurden in 2% Agarosegel chromatografiert, und nach Ethidiumbromidfärbung mit UV-Licht visualisiert. Zusätzlich wurde von jedem Amplifikat ein Dot-blot auf Nylon angefertigt und mit einer spezifischen digoxigeninmarkierten DNA-Sonde hybridisiert. Die Detektion der positiven Hybridisierung erfolgte mit einem Alkalische-Phosphatase-konjugierten Anti-Digoxigeninantikörper und dem Chemilumineszenzsubstrat AMPPD auf Röntgenfilm (Podbielski et al. 1990).

Tabelle 1: Position und Sequenzen der PCR-Primer und der DNA-Sonde auf dem HSV-Glykoprotein-D-Gen

Nukleotid	Sequenz	Position
A1	ATCACGGTAGCCCGGCCGTGTGACA	19 – 43
A2	CATACCGGAACGCACCACACAA	218 – 239
B1	CCATACCGACCACACCGACGA	51 – 71
B2	GGTAGTTGGTCGTTCGCGCTGAA	166 – 188
PROBE	TACGAGGAGGAGGGGTATAACAAAGTCTGT	96 – 125

A1/A2 = äußere Primer, B1/B2 = innere Primer, PROBE = DNA-Sonde. Erwartete Länge amplifizierten DNA-Fragmente: A1/A2 221bp, B1/B2 138bp.

Ergebnisse

Eine Zusammenstellung der PCR-Ergebnisse findet sich in Tabelle 2. Bei Einsatz des kleinen Liquorvolumens (15ul) war die PCR bei 15 der 18 HSE- Patienten (83%) positiv. Bei Einsatz des größeren Liquorvolumens (250ul) waren 17 der 18 Patienten (94%) positiv. Alle nicht-HSE-Patienten waren negativ.

Tabelle 2: Patienten und PCR-Ergebnisse

Diagnose	Patienten	positives PCR-Ergebnis (15 ul)	(250 ul)
HSE	18	15 (83%)	17 (94%)
Virale Enzephalitis o.Err.	8	0	0
Virale Meningitis o.Err.	2	0	0
Mumpsmeningitis	3	0	0
Bakterielle Meningitis	4	0	0
Encephalomyelitis disseminata	2	0	0
Neuroborreliose	1	0	0

HSE = Herpes simplex Enzephalitis, o.Err. = ohne Erregernachweis

Konklusion

Das verwendete PCR-System zur Frühdiagnose der Herpes simplex Enzephalitis führt in über 80% der Fälle auch bei einem Liquorvolumen von nur 15 ul zur Diagnose. Dies dürfte insbesondere bei der Untersuchung von Neugeborenen bedeutsam sein. Die erfolgreiche Anwendung des nichtradioaktiven AMPPD-Systems ermöglicht die Durchführung des Tests außerhalb eines Isotopenlabors.

Literatur

Aurelius E, Johansson B, Sköldenberg B, Staland A, Forsgren M (1991) Rapid diagnosis of herpes simplex encephalitis by nested polymerase chain reaction assay of cerebrospinal fluid. Lancet 337: 189-192

Bamborschke S, Porr A, Huber M, Heiss WD (1990) Demonstration of herpes simplex virus DNA in CSF cells by in situ hybridisation for early diagnosis of herpes encephalitis. J. Neurol. 237: 73-76

Felgenhauer K, Nekic M, Ackermann R (1982) The demonstration of locally synthesized herpes simplex IgG antibodies in CSF by a Sepharose 4B linked enzyme immunoassay. J. Neuroimmunol. 3: 149-158

Podbielski A, Kühnemund O, Lüttiken R (1990) Identification of group A type 1 streptococcal M protein gene by a non-radioacative oligonucleotide detection method. Med. Microbiol. Immunol. 179: 255-262

Diagnose der progressiven multifokalen Leukoencephalopathie durch den Nachweis von JC-Virus DNS im Liquor cerebrospinalis

T. Weber[1], R. W. Turner[1], W. Enzensberger[2], R. Malessa[3], W. Lüke[4], S. Frye[1,4], J. Haas[5], G. Hunsmann[4], K. Felgenhauer[1]

[1]Neurologische Klinik der Universität Göttingen, [2]Neurologische Klinik der Universität Frankfurt, [3]Neurologische Klinik der Universität Essen, [4]Abteilung Virologie und Immunologie des Deutschen Primatenzentrums, Göttingen, [5]Neurologische Klinik der Medizinischen Hochschule Hannover

Fragestellung

Bei der progressiven multifokalen Leukoenzephalopathie (PML) handelt es sich um eine sehr seltene, subakut demyelinisierende Erkrankung des zentralen Nervensystems (ZNS). Etwa 2 % bis 7% aller mit dem humanen Immundefizienzvirus (HIV) Infizierten entwickeln eine PML. Anhand kernspintomographisch nachweisbarer, nicht Kontrastmittel anreichernder, in der T_2-Wichtung hyperintenser und in der T_1-Wichtung hypointenser Läsionen überwiegend der weißen Substanz läßt sich eine klinisch wahrscheinliche Diagnose stellen (Whiteman et al., 1993). Eine eindeutige Abgrenzung von einer HIV Leukenzephalitis/Enzephalopathie (HIVE), zerebralen Toxoplasmose, einem malignen Lymphom oder Hirntumoren ist dagegen nur bioptisch möglich. Da selbst die Biopsie nur eine Sensitivität von etwa 61 % (Whiting et al. 1992) bis 96 % (Levy et al. 1992) aufweist, ist ein nicht-invasives Verfahren zum Virusnachweis dringend erforderlich. Mittels der Polymerase-Ketten-Reaktion (PCR) steht ein hochempfindliches und spezifisches Verfahren zur Verstärkung virusspezifischer Nukleinsäuren zur Verfügung.

Methodik

Es wurden 34 Liquorproben von 28 Patienten mit einer PML sowie 31 Liquorproben von 23 Patienten mit einer zerebralen Toxoplasmose, 18 Liquorproben von 10 Patienten mit HIVE und 67 Liquorproben von 50 weiteren Patienten untersucht. Bei 13 Patienten konnte die PML autoptisch bzw. bioptisch gesichert werden, bei 15 Patienten wurde sie anhand von klinischen und kernspintomographischen Befunden als sehr wahrscheinlich angenommen. Bei den PML Patienten wurden 31 Kernspintomographien (KST) und 27 Computertomographien (CT) ausgewertet, während bei den Kontrollengruppen 47 KSTs und 56 CTs ausgewertet wurden. Von 39 asymptomatischen, HIV-positiven Patienten wurden 22 zur Abklärung von Kopfschmerzen und Parästhesien und 17 zum Ausschluß einer opportunistischen Infektion bzw. eines zerebralen Lymphoms lumbalpunktiert. In vier Fällen wurde eine Kryptokokkenmeningitis nachgewiesen, je drei Patienten hatten ein zerebrales Lymphom (zwei HIV-positiv, einer HIV-negativ) bzw. eine HIV-assoziierte Myelopathie, während ein Patient eine Cytomegalovirus-Enzephalitis hatte. Die klinischen Merkmale und Überlebenszeiten der PML Patienten, der Patienten mit einer zerebralen Toxoplasmose, derjenigen mit einer HIVE sowie den asymptomatischen Kontrollen sind in Tabelle 1 zusammengefaßt. Die Nukleinsäureextraktion aus dem Liquor cerebrospinalis wurde mittels sequentiellem Vergleich verschiedener Extraktionsverfahren optimiert. Mittels der Polymerase-Ketten-Reaktion (PCR) wurde die Spezifität der Amplifikation von JC Virus-(JCV), BK Virus- (BKV) und SV40-Desoxyribonukleinsäure (DNS) optimiert. Aus einer Zahl von acht Primerpaaren wurden zwei Primerpaare ausgewählt, von denen eines, JC 26/29 im Bereich des 3'-Endes des VP1-Gens und des 3'-Endes des T-Gens liegt, während das Primerpaar JC 36/39 im Bereich des T-Gens liegt. Die amplifizierten Sequenzen (Amplikons) wurden mittels Agarosegel-Elektrophorese getrennt, mit Ethidiumbromid gefärbt und anschließend mit einer internen Gensonde in der radioaktiven Festphasen- und/oder Flüssigphasen-Hybridisierung nachgewiesen.

Alle Untersuchungen wurden mindestens dreimal wiederholt, durch fünf Positiv- bzw. Negativ-Kontrollen pro Experiment wurde eine rigorose Kontaminationskontrolle gewährleistet.

Tab. 1. Klinische Merkmale der verschiedenen Patientengruppen und Überlebenszeiten nach Diagnosestellung.

	PML	zerebrale Toxoplasmose	HIVE	andere[1]
männlich	26	21	8	30
weiblich	3	2	2	9
Alter (Jahre)	41 ± 8	38 ± 10	37 ± 10	37 ± 12
Median	41	36	39	34
Bereich	(25 - 56)	(26 - 68)	(22 - 54)	(17 - 70)
Alter der HIV-negativen Patienten	65, 65, 63, 62	–	–	–
Mittlere Überlebenszeit (Tage ± 2SD)	142±113	193±149	–	659 ± 466
Median	113	149	–	682
Bereich	(42 - 483)	(30 - 501)	–	(42 - 1304)

[1] In dieser Gruppe sind 39 HIV-positive Patienten ohne nachweisbare opportunistische Infektionen bzw. Tumoren des zentralen Nervensystems zusammengefaßt.

Ergebnisse

Für das Primerpaar JC 26/29 lag die untere Nachweisgrenze bei 1000 Molekülen JCV-DNS pro µl, während das Primerpaar JC 36/39 eine untere Nachweisgrenze von 10 Molekülen JCV-DNS pro µl aufwies. Mit dem ersten Primerpaar ließen sich auch 10^{10} Moleküle BKV- und SV40-DNS nicht amplifizieren, während das zweite Primerpaar diese Menge nachwies, aber nicht mehr 10^9 Moleküle BKV- und SV40-DNS verstärkte. Mit dem Primerpaar JC 26/29 konnte JCV-spezifische DNS bei 43 % der PML-Patienten (12/28) nachgewiesen werden, während das Primerpaar JC 36/39 eine Amplifikation in 82 % der Fälle (23/28) erlaubte (Tabelle 2). Bei drei autoptisch gesicherten PML-Fällen und bei zwei als klinisch wahrscheinlich eingestuften Fällen, war die PCR mit beiden Primerpaaren negativ. Bei drei Patienten waren serielle Liquorproben verfügbar, von denen jeweils die erste vor der klinischen und kernspintomographischen Manifestation einer PML gewonnen worden waren. In diesen Fällen war die PCR vor Manifestation der PML negativ und wurde mit Erkrankungsbeginn positiv. In zwei Fällen war die PCR im Verlauf nur mit dem Primerpaar JC 36/39 positiv, in einem Fall war sie initial nur mit diesem Primerpaar positiv und wurde drei Wochen später mit beiden Primern positiv.Mittels der radioaktiven Hybridisierung ließ sich für beide Primerpaare die Sensitivität um je 17 % steigern. Falsch-positive Ergebnisse wurden nicht beobachtet.

Tab. 2. Ergebnisse der PCR des Liquor cerebrospinalis bei 28 PML Fällen

		positiv		% positiv	
Diagnose	n	JC 26/29	JC 36/39	JC 26/29	JC 36/39
autoptisch/bioptisch ge-sichert	13	4/13	10/13	31	77
klinisch wahrscheinlich	15	8/15	13/15	53	87
insgesamt	28	12/28	23/28	43	82

Konklusion

Eine nicht-invasive Diagnose der PML ist mittels der PCR mit einer Sensitivität von 82 % bei einer Spezifität von 100 % möglich. Diese Empfindlichkeit stimmt sehr gut mit der von anderen Arbeitsgruppen berichteten von 75 % bis 77 % überein (Cinque et al. 1993; Gibson et al. 1993). Die untere Nachweisgrenze von JCV-DNS ließ sich durch Zugabe hochmolekularer Heringssperma-DNS zu dem nativen Liquor cerebrospinalis vor der Verdauung mit Proteinase K und SDS, anschließender Phenol-Chloroform-Isoamyl-Alkohol-Extraktion (v:v:v) um mindestens das Zehnfache erhöhen. Dieser methodische Unterschied erklärt die vergleichbare Empfindlichkeit aller bisherigen Untersuchungen, da in anderen Arbeiten keine Vorbehandlung der Zerebrospinalflüssigkeit erfolgte (Gibson et al. 1993). Interessanterweise lag die Sensitivität bei Verwendung des Primerpaares JC 26/29 aus dem 3'-Ende des großen T-Gens sowie von VP1 mit 43 % in der gleichen Größenordnung wie die von Gibson und Mitarbeitern für ein Primerpaar aus dem VP1 Gen gefundene Sensitivität von 46 % (Gibson et al. 1993). Die geringere Empfindlichkeit der JCV-PCR bei Verwendung von VP1-spezifischen Primern läßt sich aufgrund von Mutationen in dieser Region erklären, die eine molekulare Unterscheidung in JCV Typ 1 und JCV Typ 2 gestatten (Ault und Stoner 1992). Für die Zuverlässigkeit und Reproduzierbarkeit des Verfahrens sprechen die Verlaufsuntersuchungen von drei Patienten, bei denen vor der klinischen und neuroradiologischen Manifestation der PML aus dem Liquor keine JCV-spezifischen Nukleinsäuren verstärkt werden konnten, bei denen mit Auftreten klinischer Symptome und im KST nachweisbarer Entmarkungsherde die PCR dann positiv wurde. In einigen Fällen war die Diagnose der Erkrankung bereits am ersten Tag der klinischen Manifestation möglich. Unsere Untersuchungen erbrachten keine Hinweise für das Vorliegen einer inapparenten oder "subklinischen" Infektion des zentralen Nervensystems mit JCV (Quinlivan et al. 1992). Einige Ursachen für eine Rate von etwa 18 % bis 25 % falsch negativen Ergebnissen der bisherigen PCR-Untersuchungen können in den Entnahme bzw. Lagerungsbedingungen der Zerebrospinalflüssigkeit, der Größe und/oder Lage der Entmarkungsherde in Relation zum Liquorraum und/oder Mutationen im Genom von JCV liegen, die die Primeranlagerung beeinträchtigen könnten (Ault und Stoner

1992). Mittels der PCR läßt sich eine der konventionellen *slow virus* Erkrankungen des Gehirns mit ausreichender Sensitivität bei ausgezeichneter Spezifität durch Analyse des Liquor cerebrospinalis diagnostizieren. Somit reflektiert das Liquorkompartiment, analog der Herpes-simplex-Virus-Enzephalitis, auch im Fall der PML die im Parenchym ablaufende Virusreplikation (Aurelius et al. 1991). Die Möglichkeit der nicht-invasiven Diagnose der PML erlaubt zudem eine Überprüfung der bisher nur kasuistisch berichteten Therapieversuche dieser Erkrankung mit Cytarabin und/oder Interferon-alpha.

Literatur

Ault GS, Stoner GL (1992) Two major types of JC virus defined in progressive multifocal leukoencephalopathy brain by early and late coding region DNA sequences. J Gen Virol 73: 2669-78

Aurelius E, Johansson B, Sköldenberg B, Staland A, Forsgren M (1991) Rapid diagnosis of herpes simplex encephalitis by nested polymerase chain reaction assay of cerebrospinal fluid. Lancet 337: 189-92

Cinque P, Brytting M, Parravicini C, Castagna A, Vago L, Zanchetta N, D'Aminio Monforte A, Wahren B, Lazzarini A, Linde A (1993) DNA amplification of cerebrospinal fluid (CSF) for diagnosis of viral infections and primary lymphoma of the central nervous system. Zitiert nach Inhaltsangabe des Vortrages in: Winter Meeting of the European Group for Rapid Viral Diagnosis. Lisabon, Portugal p20

Gibson PE, Knowles WA, Hand JF, Brown DW (1993) Detection of JC virus DNA in the cerebrospinal fluid of patients with progressive multifocal leukoencephalopathy. J Med Virol 39: 278-81

Levy RM, Russell E, Yungbluth M, Hidvegi DF, Brody BA, Dal Canto MC (1992) The efficacy of image-guided stereotactic brain biopsy in neurologically symptomatic acquired immunodeficiency syndrome patients. Neurosurgery 30: 186-9

Quinlivan EB, Norris M, Bouldin TW, Suzuki K, Meeker R, Smith MS, Hall C, Kenney S (1992) Subclinical central nervous system infection with JC virus in patients with AIDS. J Infect Dis 166: 80-5

Whiteman ML, Post MJ, Berger JR, Tate LG, Bell MD, Limonte LP (1993) Progressive multifocal leukoencephalopathy in 47 HIV-seropositive patients: Neuroimaging with clinical and pathologic correlation. Radiology 187: 233-240

Whiting DM, Barnett GH, Estes ML, Sila CA, Rudick RA, Hassenbusch SJ, Lanzieri CF (1992) Stereotactic biopsy of non-neoplastic lesions in adults. Cleve Clin J Med 59: 48-55

Rezidivierendes Fisher-Syndrom als Differentialdiagnose zur Encephalomyelitis disseminata

D. Bengel, N. Rösler, G. Huffmann

Neurologische Universitätsklinik mit Poliklinik, Marburg, Deutschland

Einleitung

Das von Fisher im Jahre 1956 beschriebene Syndrom ist durch die Trias Ophthalmoplegie, Areflexie und Ataxie definiert. Er betonte aufgrund der zytoalbuminären Dissoziation im Liquor cerebrospinalis die enge Beziehung zur idiopathischen Polyneuritis (Guillain et al. 1916).

Grippale Infekte der oberen Atemwege, die meist mit einer Latenz von ein bis zwei Wochen vor Einsetzen der neurologischen Symptomatik auftreten, sind häufig. Im überwiegenden Teil der Fälle ist eine spontane und vollständige Rückbildung der Krankheitserscheinungen die Regel.

Kasuistik

Die 39jährige Patientin (U.H.) wurde am 2.1.1993 in unserer Klinik aufgenommen. An Vorerkrankungen wurde ein grippaler Infekt mit bronchitischen Beschwerden, welcher sich zwei Wochen zuvor manifestierte, erwähnt. Die Symptomatik hatte einen Tag vor Aufnahme mit Kribbelparästhesien in den Händen, kurze Zeit später in den Füßen und beiden Unterschenkeln begonnen. Am Aufnahmetag traten Doppelbilder auf. Innerhalb weniger Stunden entwickelte sich eine Gangunsicherheit. Bereits sieben Jahre zuvor befand sich die Patientin mit gleicher Symptomatik und Entwicklung der Erscheinungen in ähnlicher zeitlicher Folge in unserer stationären Behandlung.

Bei der Aufnahme fand sich eine erheblich eingeschränkte horizontale Blickmotorik mit Angabe von Doppelbildern beim Blick nach rechts und einem dissoziierten Nystagmus. Die Muskeleigenreflexe waren erloschen, die Bauchhautreflexe lebhaft auslösbar. Sensibilitätsstörungen bestanden in Form einer symmetrischen strumpf- und handschuhförmigen Hypästhesie, -algesie sowie Pallhypästhesie. Das Gehen war ataktisch und ohne Unterstützung nicht möglich. Die Pupillen reagierten zunächst normal; am vierten Tag waren sie weit und zeigten keine Lichtreaktion, und es entwickelte sich eine nahezu vollständige externe und interne Ophthalmoplegie. In psychischer Hinsicht bestanden zu keinem Zeitpunkt Auffälligkeiten. Das Elektroenzephalogramm, hirnstammbezogene evozierte Potentiale, die kraniale Magnetresonanztomographie und periphere Nervenleitgeschwindigkeiten ergaben Normalbefunde. Serologisch waren ebenfalls keine Normabweichungen feststellbar. Sämtliche Beschwerden bildeten sich innerhalb von drei Monaten vollständig zurück.

Der initial entnommene Liquor cerebrospinalis war regelrecht, wohingegen die Kontrolluntersuchung am 18. Krankheitstag nach Auftreten des Rezidivs einen deutlich erhöhten Albuminquotienten bei normaler Zellzahl erkennen ließ. Oligoklonale Banden, quantitativer Nachweis intrathekaler Immunglobulinproduktion sowie Antikörper gegen Masern-, Röteln- und Zostervirus fanden sich zu keinem Zeitpunkt.

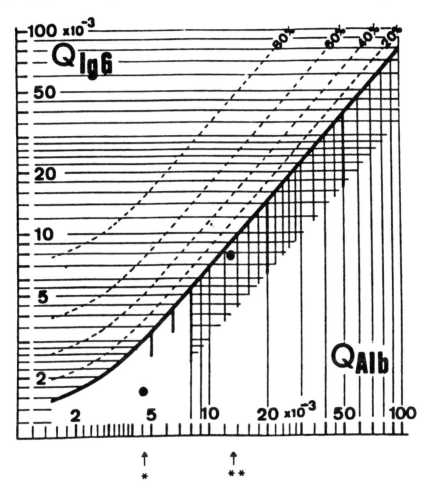

Abb. 1. Fisher-Syndrom: Liquorproteinprofil im Schema nach Reiber am 2. (*) und 18. (**) Krankheitstag; Patientin U.H., 39 J.

Konklusion

Die neurochemischen Veränderungen beim Fisher-Syndrom sind zwar qualitativ ähnlich, häufig jedoch geringer ausgeprägt und treten später auf als bei der idiopathischen Polyneuritis. Unter Annahme einer Liquorflußstörung als Ursache einer pathologisch erhöhten Proteinkonzentration im Liquor (Reiber 1991) könnte dies bedeuten, daß eine Verlangsamung des Liquorflusses beim Fisher-Syndrom später als bei der Guillain-Barré-Strohl'schen Erkrankung auftritt. Ob dies mit einer geringeren oder gar fehlenden Beteiligung der spinalen Wurzeln zusammenhängt, bleibt offen.

Rezidive eines Fisher-Syndroms sind nach unserer Kenntnis bisher nur selten beschrieben worden. Sind bei diesem Krankheitsbild hauptsächlich die Wernicke-Enzephalopathie, Hirnstamminfarkte, -enzephalitiden und -tumoren differentialdiagnostisch abzugrenzen, ließ in unserem Fall vor allem das schubartige Verlaufsprofil an das Vorliegen einer Encephalomyelitis disseminata denken.

In unserem Fall erlaubte besonders die sequentielle Liquoruntersuchung die Stellung der Diagnose.

Literatur

Fisher M (1956) An unusual variant of acute idiopathic polyneuritis (syndrome of ophthalmoplegia, ataxia and areflexia). New Engl J Med 255: 57-65

Guillain G, Barré J, Strohl A (1916) Sur un syndrome de radiculonévrite avec hyperalbuminose du liquide céphalo-rachidien sans réaction cellulaire. Remarques sur les charactères cliniques et graphiques des réflexes tendineux. Bul Soc Méd Hôp Paris 40: 1462-1470

Reiber H (1991) Decreased flow of cerebrospinal fluid (CSF) as origin of the pathological increase of protein concentration in CSF. Abstract: International Quincke Symposium, "Barrier Concepts and CSF Analysis", Göttingen

Intravenöse und intrathekale Behandlung der schubförmig verlaufenden Multiplen Sklerose mit natürlichem Interferon-Beta

E. Lensch, R. Röder, H. Dieringer, M. Cichorowski

Klinik und Poliklinik für Neurologie der Universität Mainz

Fragestellung

Die Pathogenese der Multiplen Sklerose (MS) ist noch immer ungeklärt. Immunologische Mechanismen stehen im Mittelpunkt des Interesses. Das zur Zeit favorisierte Modell zur Immunpathogenese der MS geht von einer T-Zell vermittelten Autoimmunreaktion mit einem nach wie vor unbekanntem Antigen aus. Als Bestandteil der unspezifischen humoralen Abwchr moduliert Fibroblasteninterferon (INF-ß) die Entzündungsreaktion. Aufgrund experimenteller Daten ist eine therapeutische Wirksamkeit von INF-ß bei MS-Patienten zu erwarten. Jacobs et al. (1982,1987) konnte eine Senkung der Schubrate nach intrathekaler INF-ß Gabe nachweisen. Neuere Arbeiten beschreiben eine vergleichbare Wirksamkeit auch bei subcutaner Gabe (IFNB Study Group 1993). Ziel unserer Untersuchung war neben einer Bestätigung der Wirksamkeit der Vergleich von intrathekaler mit intravenöser Applikation des INF-ß.

Methodik

Die Therapie erfolgte im Rahmen einer offenen Phase-II-Studie. Es wurden 14 Patienten (10 weibliche, 4 männliche; Durchschnittsalter 32,4 Jahre; mittlere Erkrankungsdauer 6,3 Jahre) mit klinisch sicherer, schubförmig remittierend oder schubförmig progredient verlaufender MS mit natürlichem INF-ß behandelt (Fiblaferon, Dr. Rentschler Arzneimittel GmbH). Zu den Einschlußkriterien zählten neben dem Verlaufstyp eine Schubrate vor Behandlungsbeginn von 0,5 bis 2,5 pro Jahr sowie ein Behinderungsgrad von 0 bis 6 nach der EDSS-Skala von Kurtzke. Das Medikament wurde je 7 Patienten randomisiert intravenös bzw. intrathekal verabreicht. Beide Gruppen wurden über 6 Monate therapiert. Das intrathekale Therapieschema bestand - in Anlehnung an Jacobs - in 9 Applikationen von je 1 Mio. Einheiten (einmal pro Woche über einen Monat, einmal pro Monat über weitere fünf Monate). Die intravenöse Verabreichung erfolgte in doppelter Zahl der Applikationen und mit insgesamt sechsfach höherer Dosis. Der Nachbeobachtungszeitraum betrug zwei Jahre. Exazerbationen während der Therapiephase wurden nach einem oralen Kortisontherapieschema behandelt. Meßgrößen waren neben der Schubfrequenz pro Jahr die Länge des letzten (bzw. ersten) Schubintervalls vor (bzw. nach) Therapiebeginn sowie die krankheitsbedingte Behinderung, gemessen mit Hilfe der EDSS-Skala nach Kurtzke. Die Festlegung der Länge des Schubintervalls nach Therapiebeginn erfolgte im Fall eines einzigen Schubes durch die

Bestimmung des maximalen Abstandes Therapiebeginn - Schub und Schub - Studienende. Ein Krankheitsschub wurde nach den Kriterien von Poser (1983) festgelegt. Nebenwirkungen wurden für die Symptome Fieber, Kopfschmerz, Übelkeit, Myalgie und Abgeschlagenheit von den Patienten auf einer Analogskala quantifiziert. Bei Bedarf wurde als Begleitmedikation bis zu 200 mg Indometacin oral verabreicht.

Ergebnisse

Unter der Therapie traten während der 30-monatigen Beobachtungszeit bei neun Patienten weiterhin (insgesamt 31) Schübe auf. 3 Patientinnen erfuhren bei unverändertem EDSS-Score keine schubförmige Verschlechterung. In drei Fällen wandelte sich der Krankheitsverlauf in eine chronisch progrediente Form, wobei es in einem Fall zunächst noch zu zwei schubförmigen Verschlechterungen kam. Zwei Patienten konnten wegen des Beginns einer immunsuppressiven Therapie nur 18 Monate lang nachbeobachtet werden. Die mittlere Schubrate aller Patienten vor Therapiebeginn betrug 1,45 Schübe pro Jahr und verringerte sich unter der Therapie auf 1,20 Schübe pro Jahr. Getrennt nach Applikationsart ergab sich für die intravenöse Gruppe eine Reduktion der mittleren Schubfrequenz von 1,34 Schüben pro Jahr vor der Behandlung auf 1,14 Schübe pro Jahr nach Therapie. In der Gruppe der intrathekal behandelten Patienten stand einem Ausgangswert von 1,55 eine Frequenz von 1,25 nach Therapie gegenüber. Zwischen beiden Gruppen ergab dies - bei statistisch nicht differenten Ausgangswerten - keine signifikante Differenz der Mittelwerte (t-Test).

In der Gruppe der intravenös behandelten Patienten verlängerte sich das ersten Schubintervalls nach Therapiebeginn im Vergleich zum letzten Schubintervall vor Therapie nicht signifikant: die Wochenzahl erhöhte sich von 49 auf 53. Anders in der intrathekal therapierten Patientengruppe: hier verlängerte sich das erste Schubintervall nach Therapiebeginn statistisch signifikant ($p < 0,01$) auf 69 Wochen gegenüber dem letzten Schubintervall vor Therapiebeginn von 29 Wochen. Im Mittel beider Gruppen ergab sich mit einer Änderung von 39 Wochen vor Therapiebeginn auf 61 Wochen nach Therapie keine statistisch signifikante Verlängerung des Schubintervalls.

Tab. 1. Schubrate, Schubintervall und EDSS-Score vor und nach Therapie.

	Gesamtkollektiv		intrathekal		intravenös	
	vor Therapie	nach Therapie	vor Therapie	nach Therapie	vor Therapie	nach Therapie
Schubrate (Schübe pro Jahr)	1,45	1,20	1,55	1,25	1,34	1,14
Schubintervall (Wochen)	39	61	29	69	49	53
EDSS-Score	1,58	2,42	1,33	2,00	1,83	2,83

Der mittlere EDSS-Score aller Patienten verschlechterte sich innerhalb des 30monatigen Beobachtungszeitraumes von 1,58 auf 2,42. Dabei kam es in der intravenös behandelten Gruppe zu einer Zunahme von 1,83 auf 2,83. In der intrathekal behandelten Gruppe erhöhte sich der Ausgangsscore von 1,33 auf 2,00 Punkte.

Die Nebenwirkungen wurden in beiden Behandlungsgruppen etwa gleich ausgeprägt empfunden: als mittlere Werte ergaben sich auf der oben erwähnten Analogskala 2,13 Punkte für die intrathekale Behandlung bzw. 1,85 Punkte für die intravenöse Therapie. Tabelle 1 gibt die Ergebnisse zusammenfassend wieder.

Diskussion

Die vorliegenden Ergebnisse ergänzen die Befunde der Untersuchungen von Jacobs bzw. der amerikanischen IFNB Multiple Sclerosis Study Group. Zwar konnte die von Jacobs gefundene deutliche Senkung der Schubrate unter intrathekaler Therapie nicht bestätigt werden. Es war jedoch eine Verringerung der Schubrate sowohl im Gesamtkollektiv, als auch beider Untergruppen in einer Größenordnung zu beobachten, die den Daten der IFNB Multiple Sclerosis Study Group entspricht. Ebenfalls mit dieser Untersuchung vergleichbar war die beobachtete Verlängerung des ersten Schubintervalls nach Therapiebeginn im Vergleich zum letzten Intervall vor der Therapie. Für beide Meßgrößen ergab sich auf Grund des zu geringen Gesamtkollektivs jedoch keine statistische Signifikanz. Vorrangiges Ziel unserer Untersuchungen war der Vergleich zwischen intrathekaler und intravenöser Applikation des INF-ß. Für die Entwicklung der Schubrate zeigte sich hierbei keine signifikante Differenz zwischen den Behandlungsgruppen. Das erste Schubintervall nach Therapiebeginn dagegen zeigte sich in der intrathekal behandelten Gruppe signifikant verlängert, wohingegen dies in der intravenös behandelten Gruppe nicht der Fall war. Es muß einschränkend beachtete werden, daß die beiden Ausgangswerte deutlich unterschiedlich waren, auch wenn sich dies statistisch nicht auswirkte.

Unbefriedigend bleibt die Zunahme der EDSS-Scores beider Einzelgruppen. Ein Sistieren des EDSS-Scores (über zwei Jahre oder länger) konnte allerdings bisher in keiner MS Therapiestudie gezeigt werden. Dies mag zum einen die therapeutische Hilflosigkeit insgesamt widerspiegeln. Zum anderen liegen vergleichbare Daten über den natürlichen Verlauf in einem heterogenen Patientenkollektiv nicht vor.

Der Angriffspunkt des INF-ß innerhalb der Immunpathogenese der MS ist nach wie vor unklar. An immunologischen Befunden bieten sich insbesondere eine Interferon-gamma-Synthesehemmung und die Hemmung der hiervon abhängigen Expression von MHC-(major histocompatibility complex) Antigenen der Klasse II auf der Oberfläche antigenpräsentierender Zellen an (Noronha 1991; Ransohoff 1991). Als unspezifischere Erklärungsmöglichkeit einer INF-ß Wirkung dient die bekannte Steigerung der Aktivität der NK-(natural killer) Zellen durch INF-ß. Schließlich muß auch die völlig unspezifische Möglichkeit einer Verringerung viraler Allgemeininfekte und damit eines möglichen Triggers neuer Schübe berücksichtigt werden.

Auf der Basis dieser theoretischen Vorstellungen zeigt sich in der vorliegenden Untersuchung ein tendentiell positiver, bezüglich des Schubintervalls in der intrathekal behandelten Gruppe auch statistisch signifikanter Effekt der INF-ß Therapie. Nach unseren Ergebnissen ist nicht auszuschließen, daß die intrathekale Applikationsform der intravenösen Verabreichung bei einem Dosisverhältnis 1:6 überlegen ist. Auch aus Kostengründen sollte diese Frage in einer größer angelegten Studie untersucht werden.

Literatur

Jacobs L et al. (1982) Intrathecal Interferon in multiple sclerosis. Arch Neurol 39: 609-615

Jacobs L et al. (1987) Intrathecally administered natural human fibroblast interferon reduces exacerbations of multiple sclerosis. Arch Neurol 44: 589-595

Noronha A, Toscas A, Jensen MA (1991) IFN-beta down-regulates IFN-gamma production by activated T cells in MS. Neurology, 41 (suppl 1): 219

Poser CW, Paty DW, Scheinberg L et al. (1983) New diagnostic criteria for multiple sclerosis: Guidelines for research protocols. Ann Neurol 13: 227-231

Ransohoff RM, Devajyothi C, Estes M et al. (1991) Interferon-beta specifically inhibits interferon-induced class II major histocompatibility complex gene transcription in a human astrocytoma cell line. J Neuroimmunol 33: 103-112

The IFNB Multiple Sclerosis Study Group (1993) Interferon beta-1b is effective in relapsing-remitting multiple sclerosis: clinical results of a multicenter, randomized, double-blind, placebo-controlled trial. Neurology 43: 655-661

Meningeosis Neoplastica - CT- und MRT-Befunde

P. Oschmann, T. Bauer, M. Kaps, S. Trittmacher, W. Dorndorf

Neurologische und Neuroradiologische Universitätsklinik Gießen

Fragestellung

Eine Meningeosis neoplastica (MN) entwickelt sich im Laufe der Erkrankung bei 5 - 30% aller Patienten mit Mamma-Karzinom, Bronchialkarzinom, malignem Melanom, Non-Hodgkin-Lymphom, Leukämie oder malignem hirneigenem Tumor (Schabet et al. 1992). Die Diagnose wird gesichert durch den Nachweis von Tumorzellen im Liquor cerebrospinalis. Positive zytologische Ergebnisse finden sich jedoch bei der Erstpunktion nur in etwa 50%.

Das Ziel der Studie war die Überprüfung der diagnostischen Aussagekraft von kranialen und spinalen CT- und MRT-Untersuchungen bei Patienten mit leptomeningealer Metastasierung.

Methodik

Es wurden 38 Patienten mit einer autoptisch oder liquorzytologisch nachgewiesenen symptomatischen MN untersucht. Das Alter der Patienten betrug im Durchschnitt 54 Jahre (Spannweite 5 - 77 Jahre). Unter den Primärtumoren befanden sich Karzinome (n = 29), ein Sarkom (n = 1), Leukämien (n = 6), ein primäres ZNS-Lymphom und ein Medulloblastom.

Für die kranialen (n = 35) und spinalen (n = 4) computertomographischen Untersuchungen (CT) wurden ein Siemens HIQ-Gerät sowie Ultravist (1 mg/kg Körpergewicht) als Kontrastmittel (KM) verwendet. Die kranialen (n = 17) und spinalen (n = 11) Magnetresonanztomogramme (MRT) wurden auf einem Siemens SP mit und ohne Magnevist (0,1 mmol/kg Körpergewicht) durchgeführt. In 17 Fällen wurden im durchschnittlichen Abstand von 8 Tagen (Spannweite: 1 - 18 Tage) ein kraniales CT und MRT durchgeführt.

Als direkte radiologische Zeichen der Meningeosis neoplastica wurden pathologisches meningeales Enhancement (fokal bzw. flächenförmig) oder/und subarachnoidal gelegene Knötchen ausgewertet. Ein Knötchen wurde definiert als eine lokalisierte pathologische Kontrastmittelanreicherung mit einem Durchmesser von mehr als 2 mm.

Ergebnisse

Das CT mit KM (n = 35) war bei 57 % der Patienten auffällig - eine leptomeningeale Metastasierung ließ sich jedoch nur in 4 Fällen (11 %) nachweisen (Tab. 1). Weitere pathologische Befunde waren ein Hydrocephalus internus (n = 6) sowie intraparenchymale Metastasen (n = 14). Das spinale CT war nur bei einem der 4 Patienten positiv und zeigte eine intramedulläre Metastase.

Tab. 1. CT-Befunde bei Meningeosis neoplastica

Befunde	KM-CT (n = 35)	
pathologisch	57 %	(20)
Meningeosis neoplastica	11 %	(4)
meningeale Anreicherung	6 %	(2)
subarachnoidale Knötchen	9 %	(3)
parenchymale Metastasen	40 %	(14)
Hydrocephalus	17 %	(6)

Kombinierte kraniale CT- und MRT-Untersuchungen (Tab. 2) wurden bei 17 Patienten durchgeführt. Pathologische Befunde zeigten sich in 15 MRT- und 9 CT-Untersuchungen. Eine Meningeosis neoplastica war im MRT in 76% (13/17) und im CT in 18% (3/17) nachweisbar. Bei 10 dieser Patienten waren zusätzlich parenchymale Metastasen im MRT und bei 7 im CT zu erkennen. Die Zahl der kontrastmittelanreichernden Metastasen war im MRT größer als im CT.

Tab. 2. Vergleich von CT- und MRT-Befunden bei Meningeosis neoplastica

Befunde	KM-CT (n = 17)		Gd-MRT (n = 17)	
pathologisch	53 %	(9)	88 %	(15)
Meningeosis neoplastica	18 %	(3)	76 %	(13)
mening.Anreicherung	6 %	(1)	53 %	(9)
subarachn.Knötchen	12 %	(2)	41 %	(7)
parenchymale Metastasen	41 %	(7)	59 %	(10)

Als radiologisches Zeichen der MN zeigte sich bei 9 Patienten im MRT eine zumeist fokale meningeale Anreicherung mit individuell unterschiedlicher Lokalisation (Sulcus, Dura, Tentorium), in 4 von diesen Patienten als einziger Hinweis auf eine MN. Ein zusätzliches subependymales Enhancement hatte ein Patient mit einem Melanom. Das CT zeigte nur in einem dieser Fälle eine pathologische Anreicherung (primäres intrazerebrales Lymphom). Subarachnoidale Knötchen waren in 2 CT- und bei zusätzlich 5 weiteren MRT-Untersuchungen nachweisbar. In 2 Fällen war bei initial negativer Zytologie ein positiver MRT-Befund zu erheben.

Bei 9 von 11 (82%) mit spinalen MRT untersuchten Patienten war eine pathologische Anreicherung erkennbar. In 7 Fällen fanden sich im Subarachnoidalraum gelegene knötchenförmige Metastasen, während bei 3 Patienten eine flächige zum Teil manschettenförmige Ausbreitung nachweisbar war.

Konklusion

Das kraniale CT (n = 35) war in 57% aller Fälle pathologisch, ein meningeales Enhancement oder subarachnoidale Knötchen als radiologische Zeichen der MN waren jedoch nur bei 2 bzw. 3 Patienten nachweisbar. In der Literatur finden sich vergleichbare Sensitivitäten bezüglich intrakranieller Abnormalitäten (26 - 56%) (Chamberlain et al. 1990). Über den Nachweis pathologischer meningealer Anreicherungen (36 - 39%) oder subarachnoidaler Knötchen (9 - 36%) wurde häufiger berichtet. Möglicherweise befanden sich unsere Patienten in einem früheren Krankheitsstadium mit geringerer leptomeningealer Infiltration.

Das T1-gewichtete MRT mit Gadolinium war in unserer Studie dem CT mit KM eindeutig überlegen. Besonders geeignet war es zum Nachweis meningealer Anreicherungen (53% versus 6%) aber auch bei dem radiologischen Kriterium "subarachnoidale Knötchen" war es sensitiver als das kraniale CT (41% versus 12%)".

In zwei Studien mit insgesamt 33 Patienten (Sze et al. 1989; Chamberlain et al. 1990) lag die Sensitivität des kranialen MRT bezüglich meningealem Enhancement mit 56 bzw. 71% deutlich über dem CT mit 33 bzw. 66%. Subarachnoidale Knötchen wurden mit beiden Methoden gleich häufig erfaßt (17 bzw. 36%). Immer wenn sich in diesen Studien ein pathologisches Enhancement auch im CT zeigte, war es begrenzt auf die basalen Zisternen oder Sulci. Dies deutet daraufhin, daß die im CT vorliegenden Knochenartefakte verantwortlich sind für die geringere Sensitivität.

Vergleichbar mit Sze et al. (1987) (5 von 6 Patienten positiv) erwies sich auch in unserer Studie (9 von 11 Patienten positiv) die hohe Sensitivität des spinalen MRT bei der Meningeosis neoplastica.

Die Spezifität lokalisierter oder diffuser meningealer Anreicherung muß jedoch nach unseren Erfahrungen als gering eingestuft werden. Sie kann z. B. bei Infektionen oder auch anderen entzündlichen Erkrankungen (z. B. Sarkoidose) oder als Traumafolge auftreten. Kürzlich sahen wir ein fokales meningeales Enhancement bei 3 Neuroborreliose-Patienten und in einem Fall einer Hirnstammencephalitis. Auch leptomeningeale Knötchen wurden bei anderen Erkrankungen beschrieben (Sze et al. 1989).

Trotz der diagnostischen Überlegenheit des MRT gegenüber dem CT traten falsch-negative Ergebnisse in 24% unserer Patienten auf. In anderen Studien (Sze et al. 1989; Chamberlain et al. 1990) lag die Quote sogar noch höher (30 bzw. 28%). Ein normales MRT oder CT schließt eine MN nicht aus.

Aussagekräftig war das MRT zur Beurteilung der Ausbreitung und Befallsform der meningealen Metastasierung. Dies kann für die Therapieplanung sowie Kontrolle nützlich sein.

Zusammenfassend erfolgt der Nachweis einer Meningeosis neoplastica weiterhin primär durch zytologische oder immunzytochemische Methoden. Unter den radiologischen Untersuchungen hat das T1-gewichtete MRT mit Gadolinium die höchste Sensitivität und kann für die Diagnostik sowie Therapieplanung der MN wegweisend sein.

Literatur

Chamberlain MC, Sandy AD, Press GA (1990) Leptomeningeal metastasis: A comparison of gadolinium,enhanced MR und contrast enhanced CT of the brain. Neurology 40: 435-439

Davis PC, Freedmann NC, Fry SM (1987) Leptomeningeal metastasis: MR imaging. Radiology 163: 449-545

Schabet M, Bamberg M, Dichgangs I (1992) Diagnose und Therapie der Meningeosis neoplastica. Nervenarzt 63: 317-327

Sze G, Abramson A, Krol G (1987) Gadolinium - DTPA in the Evaluation of intradural, Extramedullary Spinal Disease. AJNR 9: 153-163

Sze, G, Soletsky S, Bronen R, Krol G (1989) MR imaging of the cranial meninges with emphasis on, contrast enhancement and meningeal carcinomatosis. AJNR 10: 965-975

Aussagekraft von Liquorzytologie, Immunzytochemie und Tumormarkern in der Diagnostik der meningealen Carcinomatose

P. Oschmann, M. Kaps, I. Völker, W. Dorndorf

Neurologische Klinik und Abteilung für Klinische Chemie und Pathobiochemie der Justus-Liebig-Universität Gießen

Fragestellung

Die konventionelle Liquorzytologie sichert die Diagnose einer autoptisch bestätigten Leptomeningealkarzinose bei der Erstpunktion in etwa 50%, bei wiederholten Untersuchungen in bis zu 90% aller Fälle (Pfadenhauer et al. 1990). In vorliegender Studie wurde daher geprüft, ob durch die Immunzytochemie und die Bestimmung von Tumormarkern (TM) im Liquor eine Erhöhung der initialen diagnostischen Sensitivität erzielt werden kann. Zusätzlich sollte die Aussagekraft dieser Parameter bezüglich einer Therapiekontrolle überprüft werden.

Methodik

Es wurden 50 konsekutive Proben (Ommaya Reservoir: n = 17, Lumbalpunktion: n = 33) von 12 Patienten (Alter: 40-72 Jahre) mit einer über die Zeitachse zytologisch bzw. autoptisch gesicherten Meningeosis carcinomatosa (Mamma-CA (4), Bronchial-Ca (2), Melanom (1), Plattenepithel-CA (4), Adeno-Ca ungeklärter Herkunft (1)) untersucht. 6 Patienten wurden intrathekal mit Methotrexat behandelt. In allen 50 Liquorproben wurde sowohl eine Zytologie, Immunzytochemie als auch die Bestimmung der Tumormarker durchgeführt. Für die Immunzytochemie wurde die APAAP-Methode mit monoklonalen Antikörpern (Epitheliale Tumore: anti-panzytokeratin (KL1, Dianova), anti-CEA (Boehringer Mannheim) anti Vimentin (Dako, Deisenhofen); Melanom: anti S-100, anti-melanoma (Dako, Deisenhofen)) angewandt. Die Bestimmung der Tumormarker erfolgte mit auf Liquor adaptierten Immunoassays (Ca 15-3, Ca12-5, CEA, Ca 19-9: Enzyme Test [R], Boehringer Mannheim, SCC: MEIA, Abbot GmbH, Wiesbaden). Um den Anteil einer passiv aus dem Serum übergetretenen von einer im ZNS lokal produzierten Tumormarkerfraktion zu unterscheiden, wurden analog zur Immunglobulindifferenzierung Liquor/Serum TM-Quotienten gebildet und zum Zustand der Blut-Liquor-Schranke gemessen am Albumin-Quotienten in Bezug gesetzt. Die lokal produzierte TM-Fraktion wurde in Analogie zum IgG nach folgender Formel berechnet (Jacobi et al. 1986).

$$TM_{loc} = \frac{TM_{Liquor} - 0{,}7 \, (\text{Albumin Liquor/Serum} \times 10^3) \times TM \, \text{Serum}}{1000}$$

Ergebnisse

Zytologie und Immunzytochemie

Tumorzellen zeigten sich zytologisch in 78% und immunzytochemisch in 90% aller untersuchten Proben (n = 50). Bei der Erstpunktion konnten durch die konventionelle Zytologie 10 von 12 Fällen richtig zugeordnet werden, durch immunzytochemische Färbemethoden waren alle Fälle eindeutig klassifizierbar. Dieses Ergebnis konnte jedoch nur durch den Einsatz mehrerer unterschiedlicher monoklonaler Antikörper erzielt werden (Tabelle 1).

Tab. 1. Vergleich von Liquorzytologie und Immunzytochemie

Patient Nr.	Primär-tumor	Zytologie ini-tial	total *	Immunozyto-chemie * initial	total	Antizyto-keratin * pan	Anti-CEA *	Anti- * Vimentin	Anti-S100*	Anti-mela-noma*
1	Mamma	+	5/6	+	3/6	2/6	3/6	1/1		
2	Bronchial	-	4/8	+	8/8	8/8	7/8	1/2		
3	Plattene-pithel-Ca	+	3/5	+	4/5	4/5	0/5	1/1		
4	Mamma	+	12/12	+	12/12	12/12	0/2			
5	Mamma	+	6/6	+	6/6	0/6	6/6	4/4		
6	Adeno-Ca.	+	4/5	+	4/5	0/5	4/5	1/1		
7	Melanom	+	1/1	+	1/1	0/1	0/1		1/1	1/1
8	Plattene-pithel-Ca	-	0/3	+	3/3	3/3	0/1	1/1		
9	Mamma	+	1/1	+	1/1	1/1	1/1			
10	Bronchial	+	1/1	+	1/1	1/1	0/1	1/1		
11	Plattene-pithel-Ca	+	1/1	+	1/1	1/1	0/1	1/1		
12	Plattene-pithel-Ca	+	1/1	+	1/1	1/1	0/1	1/1		

* Positive Resultate / Gesamtzahl

Tumormarker

Intrathekal produzierte Tumormarker waren in 94% aller Liquores (n = 50) nachweisbar (Tabelle 2). In mehreren Fällen waren bestimmte Tumormarker nicht nachweisbar, z.B. CEA in 5 von 12 Patienten. Die Kombination von jedoch mindestens 2 Tumormarkern erbrachte in 11 von 12 Fällen bei der Erstpunktion ein positives Ergebnis. Dies war besonders nützlich in den Fällen 2 und 8, welche initial eine negative Zytologie zeigten.

Zytologie, Immunzytochemie und Tumormarker unter intrathekaler Zytostase

Unter einer intrathekalen Zytostase (n = 6) stabilisierte sich in allen Fällen das klinische Bild, die Zellzahl, Laktat und Geamteiweiß zeigten eine rückläufige Tendenz unterschiedlichen Ausmaßes. Die Zytologie und Immunzytochemie zeigten voneinander abweichende Resultate in Fall 2 und 6 (Tabelle 3). Im Gegensatz dazu verschwand oder reduzierte sich die lokal produzierte Tumormarkerfraktion in allen Fällen. Bei einer Patientin stieg das lokal produzierte Ca 15-3 vor erneutem Auftreten von Tumorzellen nach zehn Monaten wieder an.

Tab. 2. Intrathekal produzierte Tumormarker

Patient Nr.	intrathek.Produktion[1] initial	total[2]	CEA [2]	Ca 15-3 [2]	SCC [2]	Ca 19-9 [2]	Ca 12-5 [2]
1	-	4/6	4/6	0/6			
2	+	8/8	8/8				
3	+	5/5	4/5		4/5		
4	+	12/12	0/10	12/12			0/1
5	+	6/6	6/6	0/6		3/3	
6	+	5/5	5/5			5/5	
7	-	0/1	0/1				
8	+	3/3	0/3		3/3		
9	+	1/1	1/1	0/1			1/1
10	+	1/1	1/1				
11	+	1/1	0/1		1/1		
12	+	1/1	0/1		1/1		

[1] Siehe Quotientendiagramm (Abbildung 1)
[2] Positive Resultate/Gesamtzahl

Diskussion

Durch zusätzliche immunzytochemische Methoden konnte die diagnostische Treff-sicherheit der konventionellen Liquorzytologie verbessert werden. Bei der Erst-punktion war in allen Fällen eine korrekte Zuordnung möglich. Dieses Resultat ließ sich jedoch nur durch den Einsatz eines Antikörperspektrums erzielen, da die Tumore unterschiedliche Antigene exprimierten (z.B. CEA nur in 5 Fällen). Nach unserer Erfahrung ist daher der kombinierte Einsatz von anti-CEA und anti-pan-zytokeratin bei epithelialen Tumoren sowie anti-S100 und anti-melanoma bei Me-lanom sinnvoll. Anti-Vimentin ist aufgrund seiner Kreuzreaktivität mit lymphoiden Zellen nicht empfehlenswert. In der Literatur wird über vergleichbare Ergebnisse berichtet. Coakham et al. (1984) erhöhten durch zusätzliche Anwendung der Immunzytochemie die Sensitivität von 25% auf 100% (n = 6) und Pfadenhauer et al. (1990) von 50% auf 90% (n = 10).

Tab. 3. Liquorparameter über den Verlauf von 2 Monaten unter intrathekaler zytostatischen Therapie

Pat. Nr.	Zell-zahl vor	nach	Gesamtei-weiß (g/l) vor	nach	Laktat (mmol/l) vor	nach	Tumorzel-len [1](%) vor	nach	CEA pos. Zelle[1](%) vor	nach	Cytokeratin[1] pos.Zelle(%) vor	nach	CEA loc[2] (ng/ml) vor	nach	Ca15-3 loc[2](U/ml) vor	nach
1	18	1	2.13	1.13	4.3	2.5	<10%	neg.	< 1%	neg.	< 1%	neg.	0.75	neg.	neg.	neg.
2	72	15	1.50	1.15	3.95	2.97	neg.	< 1%	< 1%	neg.	< 1%	< 1%	275	233	--	--
3	6	2	0.21	0.19	3.05	1.75	<10%	< 1%	neg.	neg.	< 10%	< 1%	0.68	neg.	--	--
4	14	0	1.19	0.44	5.23	1.32	<10%	< 1%	neg.	neg.	< 10%	< 1%	neg.	neg.	67	21
5	1	1	0.95	0.36	5.59	2.80	<10%	< 1%	< 1%	< 1%	< 10%	< 1%	246	164	neg.	neg.
6	21	8	0.79	0.30	1.81	1.62	< 1%	<10%	< 1%	< 1%	neg.	neg.	147	53	--	--

[1] Berechnet als Prozentsatz von ausgezählten Zellen
[2] Berechnet nach der Gleichung

$$Tumormarker_{loc} = Tumormarker_{Liquor} - \frac{0.7 \times Liquor / Serum\ albumin \times 1000 \times Tumormarker\ Serum}{1000}$$

Bei der Bestimmung von Tumormarkern im Liquor muß die aktuelle Funktion der Blut-Liquor-Schranke berücksichtigt werden. Dies kann in Analogie zur Immunglobulindifferenzierung durch Kalkulation von Tumormarker-Quotienten geschehen, die in Relation gesetzt werden zum Albuminquotienten (Reiber et al. 1980; Jacobi et al. 1986). Dies ist möglich, da das Molekulargewicht von CEA (180000 Da) (Jacobi et al., 1988), Ca 15-3 (300000 Da) (Price et al., 1988), SCC (48000 Da) (Kato et al., 1977), Ca 19-9 (36000 Da) (Kaprowsky et al., 1979) und Ca 12-5 (200000 Da) vergleichbar ist mit IgG (150000 Da) und Albumin (69000 Da). Unter dieser Voraussetzung konnte eine lokale Synthese von Tumormarkern in 11 von 12 Fällen nachgewiesen werden. Wichtig war erneut die gleichzeitige Messung mehrerer Tumormarker, da sich z.B. CEA nur in 7 von 12 Fällen fand. In anderen Studien betrug die Sensitivität von CEA alleine zwischen 31 bis 81% (Jacobi et al. 1986; Klee et al. 1986; Twynstra et al. 1986; von Zanten et al. 1991). Über die übrigen Tumormarker gibt es keine weiteren Publikationen.

Zur Therapiekontrolle (d.h. prozentuale Abnahme der Tumorzellen) eigneten sich Zytologie und Immunzytochemie nur eingeschränkt, da zytologisch tumorverdächtige von stimulierten Entzündungszellen nicht immer eindeutig abzugrenzen waren. Eine Quantifizierung durch immunzytochemische Methoden wird dadurch erschwert, daß nicht alle Tumorzellen das markierte Epitop exprimieren. Indirekte Marker der meningealen Entzündung (Zellzahl, Laktat, Eiweiß) sind ebenso unzuverlässig, da sie zusätzlich beeinflußt werden durch das Ommaya-Reservoir und die zytostatische Therapie. Am zuverlässigsten korrelierten die Tumormarker mit der klinischen Remission (n = 6) und dem späteren Rezidiv (n = 2). Dies beruht darauf, daß es sich hierbei um quantitative Parameter handelt, die von einer Exfoliation von Tumorzellen in den Liquor unabhängig sind.

Besonders nützlich schien die serielle Tumormarkerbestimmung zur längerfristigen Therapiekontrolle und Rezidiverkennung. Von vergleichbaren Fällen mit CEA produzierten Tumoren berichteten Schold et al. (1980) und Jacobi et al. (1986).

Zusammenfassung und Konklusion

In vorliegender Studie wurde geprüft, ob durch die Immunzytochemie (Panzytokeratin, CEA, Vimentin, S100) und die Bestimmung von Tumormarkern (TM) (CEA, Ca15-3, SCC, Ca12-5, Ca 19-9) im Liquor eine Erhöhung der diagnostischen Sensitivität der konventionellen Liquorzytologie erzielt werden kann. Es wurden 50 Proben von 12 Patienten mit einer Meningeosis carcinomatosa (M.C.) untersucht. Tumorzellen zeigten sich zytologisch in 78% und immunzytochemisch in 90% aller untersuchten Proben (n = 50). Intrathekal produzierte Tumormarker waren in 94% aller Liquores nachweisbar. Bei der Erstpunktion konnte allein die Immunzytochemie alle Fälle richtig zuordnen. Zytologie und biochemische Tumormarker waren in 10 bzw. 11 Fällen diagnostisch wegweisend, kombiniert erreichten sie eine 100%ige Sensitivität. Unter einer intrathekalen Zytostase korrelierten die Tumormarker am besten mit der klinischen Remission (n = 6) und dem späteren Rezidiv (n = 2). Diese Resultate wurden nur durch den kombinierten Einsatz von mehreren unterschiedlichen monoklonalen Antikörpern und biochemischen TM-Assays erreicht. Wir schlußfolgern, daß die diagnostische Treffsicherheit der

Liquordiagnostik sowie Therapiekontrolle der M.C. durch den zusätzlichen Einsatz von Immunzytochemie und Tumormarkerbestimmung verbessert werden kann.

Nach unserer Erfahrung ist die zusätzliche Immunzytochemie dann empfehlenswert, wenn in Verdachtsfällen die konventionelle Liquorzytologie keinen Tumorzellnachweis erbringt. Um das diagnostische Potential vollständig zu nutzen, müssen Antikörperspektren angewandt werden. Der zusätzliche Nachweis von Tumormarkern kann in einzelnen Fällen die diagnostische Sensitivität weiter erhöhen. Zur Therapiekontrolle scheinen sie jedoch allen anderen Laborverfahren überlegen.

Literatur

Coakham HB, Brownell B, Harper EI et al. (1984) Use of monoclonal antibody panel to identify malignant cells in cerebrospinal fluid. Lancet: 1095-1097

Jacobi C, Reiber H, Felgenhauer K (1986) The clinical relevance of locally produced carcinoembrionic antigen in cerebrospinal fluid. J Neurol 233: 358-361

Kato H, Torigoe T (1977) Radioimmuno assay for tumor antigen of human cervical squamous cell carcinoma. Cancer 40: 1621

Klee GG, Tallmann DR, Göllner JR et al. (1986) Elevation of carcinoembrionic antigen in cerebrospinal fluid among patients with meningeal carcinomatosis. Mayo Clinic Proc. 61: 9-13

Koprowsky H, Steplewski Z, Mitchell K et al. (1979) Colorektal carcinoma antigens detected by hypridoma antibodies. Som Cell Gen 5: 957

Pfadenhauer K, Schlimok G (1990) Leptomeningealkarzinose - Neue diagnostische Möglichkeiten durch Tumorzellmarkierung mit monoklonalen Antikörpern. Nervenarzt 61: 228-230

Price MR (1988) High molecular weight epithelial mucins as markers in breast cancer. Eur J Cancer Clin Oncol 24: 1799

Schold SC, Wasserstrom WR, Fleischer M et al. (1980) Cerebrospinal fluid biochemical markers of central nervous system metastasis. Ann Neurol 8: 597-604

van Zanten AP, Twynstra A, deVisser B (1991) Cerebrospinal fluid tumor markers in patients treated for meningeal malignancy. J Neurol, Neurosurg Psychiat 54: 119-123

Dopamin D2-Rezeptor SPECT mit [Jod 123] S(-) IBZM: Untersuchungen bei 15 Patienten mit Hypophysentumoren

W. Pirker[1], T. Brücke[1], M. Riedl[2], M. Clodi[2], A. Luger[2], S. Asenbaum[1], I. Podreka[1]

[1]Neurologische Universitätsklinik, Wien, [2]Universitätsklinik für Innere Medizin III, Wien

Fragestellung

Dopaminagonisten, die wie Dopamin am membrangebundenen D2-Rezeptor der Adenomzellen binden, finden weite Anwendung in der medikamentösen Therapie von Prolaktinomen und GH-sezernierenden HVL-Adenomen. Bei einem Teil der Patienten besteht allerdings eine Resistenz für Dopamin-Agonisten, die auf einer Störung der dopaminergen Regulationsmechanismen der Adenomzellen, besonders auf einer Verminderung der D2-Rezeptor-Dichte, beruhen dürfte. Bis vor kurzem konnte eine Resistenz für Dopamin-Agonisten nur nach einer länger dauernden dopaminergen Therapie festgestellt werden (Pellegrini et al. 1989). Wir stellten uns die Frage, ob eine Messung der D2-Rezeptor-Dichte in HVL-Adenomen Aufschluß über eine mögliche Resistenz für Dopamin-Agonisten geben kann. Bergström et. al. (1991) gelang die in-vivo-Darstellung von D2-Rezeptoren an Prolaktinomen und GH-sezernierenden HVL-Adenomen mit PET. Ziel des vorliegenden Projekts war, nachzuweisen, ob solche Untersuchungen auch mit der wesentlich billigeren SPECT-Technik durchführbar sind, und damit zu klären, ob sich aus den D2-Rezeptor-SPECT-Studien Hinweise für die Artdiagnostik von Hypophysentumoren und insbesondere auf die zu erwartende Wirksamkeit einer dopaminergen Therapie ergeben.

Methodik

15 Patienten im Alter von 26 bis 80 Jahren, davon fünf Frauen und zehn Männer, wurden untersucht. Unter diesen waren acht Patienten mit Prolaktinom, zwei mit Akromegalie, einer mit Morbus Cushing und vier mit endokrin inaktiven Hypophysentumoren. Bei Patient 2 wurde nach zwei Jahren, bei Patient 11 nach 4 Monaten und bei Patient 12 nach 6 Wochen eine zweite SPECT-Studie durchgeführt, alle anderen Patienten wurden jeweils einmal untersucht.

Die Tabelle zeigt neuroradiologische und endokrinologische Befunde und die dopaminerge Therapie der untersuchten Patienten zum Zeitpunkt der SPECT-Untersuchung sowie ihre Reaktion auf die dopaminerge Therapie.

Tab. 1. Neuroradiologische und endokrinologische Befunde der untersuchten Patienten. Reaktion auf die dopaminerge Therapie.

Patient	Geschlecht	SPECT-Studie Nr.	Alter (J.)	Krankheits-dauer (J.)	Tumorausmaße im MR[a] zum Zeitpunkt der SPECT-Untersuchung	S-PRL S-GH in ng/ml		dopaminerge bzw. anti-dopaminerge Therapie	Normalisierung des S-PRL unter dopaminerger Therapie
Prolaktinom									
1	M	1	33	1	Makroadenom [h]	615		20 mg Bromocriptin	-
2	M	1	42	17	Makroadenom + PSA[c]	30,1		0,075 mg CV205-502 [d]	+
		2	44	19	Makroadenom + PSA	1100		0,075 mg CV205-502 [d]	-
3	W	1	35	4	Makroadenom	100			- [g]
4	M	1	45	9	Makroadenom + SSA + PSA	1000			+ [h]
5	M	1	31	9	Makroadenom + PSA	2003		30 mg Bromocriptin [e]	-
6	W	1	44	21	ev Tumorrest von wenigen mm	533,2		0,0375 mg CV205-502 [f]	-
7	M	1	26	2	ev Tumorrest von wenigen mm	32,9		0,075 mg CV205-502 [f]	+
8	W	1	44	15	ev Tumorrest von wenigen mm	1070			
Akromegalie									
9	M	1	35	8	Makroadenom + PSA		3,4		
10	M	1	39	<1	Makroadenom + SSA	39,9	31,7		
Morbus Cushing									
11	W	1	44	<1	Makroadenom + SSA	8,2			
		2	44	<1	kein Hinweis auf Resttumor				
endokrin inaktiver Hypophysentumor, nicht klassifiziert									
12	M	1	80	<1	Makroadenom + SSA [c]	21,5		0,5 mg Flupentixol	
		2	80	<1	Makroadenom + SSA [c]				
13	M	1	74	<1	Makroadenom + SSA	10,4			
endokrin inaktives chromophobes Adenom									
14	W	1	29	<1	Makroadenom + SSA + PSA	32,2			
15	M	1	56	4	Makroadenom + SSA + PSA	2,4			

a Makroadenom: intraselläres Adenom mit Durchmesser ≥10mm, SSA: suprasselläre Ausdehnung, PSA: parasselläre Ausdehnung, b im MR neun Monate vor der SPECT-Studie, c im CT, d wurde jeweils eine Woche vor der SPECT-Studie abgesetzt, e wurde am Tag der SPECT-Studie ausgesetzt, f wurde jeweils zwei Wochen vor der SPECT-Studie abgesetzt, g Patient 3 erhielt nach der SPECT-Studie 0,15 mg CV205-502 (Tagesdosis), h Patient 4 erhielt nach der SPECT-Studie und darauffolgender Operation 10 mg Bromocriptin (Tagesdosis)

Neun Patienten (2-9, 15) waren vor der SPECT-Studie ein oder mehrmals auf transfrontalem bzw. -sphenoidalem Weg operiert worden. Fünf Patienten wurden nach (4, 10, 14, 15) bzw. zwischen (11) den SPECT-Studien operiert. Bei allen operierten Patienten wurde die Diagnose histologisch verifiziert. Drei Patienten (1, 12, 13) wurden nicht operiert und nicht histolopathologisch klassifiziert.

Fünf der acht Prolaktinompatienten standen zum Zeitpunkt der SPECT-Untersuchung unter dopaminerger Therapie mit Bromocriptin (1, 5) bzw. CV205-502 (2, 6, 7). Patient 3 erhielt nach der SPECT-Untersuchung CV205-502, Patient 4 begann nach Untersuchung und folgender Operation mit einer Bromocriptin-Therapie. Unter dopaminerger Therapie kam es bei Patient 4 und 7 zu einer Normalisierung des Serum-Prolaktinspiegels, nicht dagegen bei Patient 1, 3, 5 und 6. Patient 2 zeigte unter einer Tagesdosis von 0,075 mg CV205-502 im Zeitraum der ersten Untersuchung ein normales Serum-Prolaktin, seit etwa sechs Monaten vor der zweiten SPECT-Studie unter gleichbleibender Therapie deutlich ansteigende Serum-Prolaktinwerte. Die beiden Akromegaliepatienten standen weder vor noch nach der Untersuchung unter dopaminerger Therapie. Die dopaminerge Therapie mit CV205-502 wurde bei den Patienten 6 und 7 zwei Wochen, bei Patient 2 jeweils eine Woche vor der Untersuchung abgesetzt. Bei Patient 5 wurde Bromocriptin am Tag der SPECT-Studie ausgesetzt, Patient 1 erhielt auch am Tag der Untersuchung Bromocriptin. Nach Blockade der Jodaufnahme in die Schilddrüse erhielten die Patienten eine intravenöse Bolusinjektion mit 5 mCi [Jod 123] S(-) IBZM.

Die SPECT-Studien wurden mit einer rotierenden Doppelkopf-Szintillationskamera (Siemens Dual Rota ZLC37) durchgeführt. Synthese von [Jod 123] S(-) IBZM, Datenaufnahme und -verarbeitung sind an anderer Stelle im Detail beschrieben worden (Podreka et al 1984; Podreka et al.1989; Brücke et al. 1991).

Die Summation von fünf rekonstruierten Einzelschichten ergab 15,6 mm dicke überlappende Schichten. Von diesen wurde jene ausgewählt, auf der das Striatum am besten sichtbar war. Regionen im Bereich des rechten und linken Striatums und im Bereich des frontolateralen Cortex als unspezifische Region wurden gezeichnet. Die mittlere Impulszahl/Pixel in den Regionen wurde in mehreren benachbarten Schichten berechnet. Schließlich wurde eine Ratio zwischen der mittleren Impulszahl/Pixel im Striatum (Schicht mit der höchsten Count-Zahl für jedes Striatum) und im frontolateralen Cortex errechnet und mit dem altersentsprechenden Normwert (Brücke et al. 1993) verglichen. Weiters wurde nach einer Aktivitätsanreicherung im Bereich des Hypophysentumors gesucht. Bei Patient 2 wurde jeweils eine Region im Bereich des Adenoms gezeichet und eine Ratio zwischen der mittleren Impulszahl/Pixel in der Region Adenom und im frontolateralen Cortex berechnet. Die berechnete Ratio wurde jeweils als semiquantitativer Index für die D2-Rezeptordichte gewertet.

Ergebnisse

Spezifische Bindung im Bereich des Adenoms

Patient 2 zeigt in der ersten SPECT-Studie auf den Schichten im Bereich um die Kanthomeatallinie rechts parasellär eine umschriebene Aktivitätsanreicherung (siehe Abb.). Dieses Ergebnis korreliert deutlich mit dem neuroradiologischen Befund (intraselläres Makroadenom mit rechts parasellärer Ausdehnung). Die Ratio Adenom/frontolateraler Cortex beträgt 1,32. Dies entspricht bei einer Ratio Striatum/frontolateraler Cortex von 1,62 etwa 52% der spezifischen Bindung im Bereich des Striatums.

Diese Aktivitätsanreicherung im Bereich des Adenoms findet sich, allerdings weniger deutlich, auch in der nach zwei Jahren durchgeführten zweiten SPECT-Studie. Die Ratio Adenom/frontolateraler Cortex beträgt nun 1,23. Dies entspricht bei der Ratio Striatum/frotolateraler Cortex von 1,59 etwa 39% der spezifischen Bindung im Striatum.

Bei keinem der anderen untersuchten Patienten, darunter auch vier Prolaktinom- und zwei Akromegaliepatienten mit Makroadenomen, konnte eine spezifische Bindung im Bereich des Adenoms nachgewiesen werden.

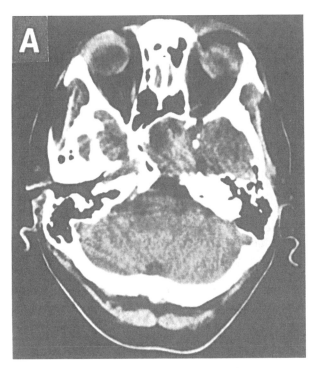

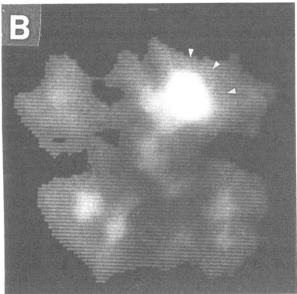

Abb. 1. Patient 2, Studie 1: Eine axiale CT-Schicht in Höhe der Kanthomeatallinie zeigt den intrasellär und rechts parasellär gelegenen Tumor (A). In der korrespondierenden SPECT-Schicht findet sich die umschriebene Iodobenzamidanreicherung im Bereich des Adenoms (B, Pfeile).

Spezifische Bindung im Bereich des Striatums

Die Gruppe der Hypophysentumorpatienten zeigt eine gegenüber der Kontrollgruppe signifikant verminderte Ratio Striatum/frontolateraler Cortex (Patienten: Mittelwert 1,66; Standardabweichung 0,10; Bereich 1,52 bis 1,85; n = 15; Studie 2 bei Pat.12, andere Pat.: Studie 1; altersentsprechende Normwerte: Mittelwert 1,78; Standardabweichung 0,07; Bereich 1,61 bis 1,87; p = 0,0005).

Konklusion

Nur bei einem von 15 untersuchten Patienten konnte eine spezifische Rezeptorbindung im Bereich des Adenoms nachgewiesen werden. Die Darstellung des Adenoms gelang bei diesem Patienten mit Makroprolaktinom auch in einer nach zwei Jahren durchgeführten zweiten SPECT-Studie, allerdings war nun die IBZM-Bindung im Adenom bei unverändertem radiologischen Befund deutlich geringer. Der Patient, bei dem die dopaminerge Therapie im Zeitraum der ersten SPECT-Studie zu einer Normalisierung des Serum-Prolaktins geführt hatte, zeigte unter unveränderter Therapie im letzten halben Jahr vor der zweiten Studie deutlich ansteigende Prolaktinwerte. Die in der Zweituntersuchung gemessene verminderte D2-Rezeptordichte im Bereich des Adenoms könnte die abnehmende Sensitivität für die dopaminerge Therapie erklären.

Vier Prolaktinompatienten mit Makroadenomen zeigten entgegen unseren Erwartungen keine spezifische IBZM-Bindung im Bereich des Adenoms. Drei dieser Patienten reagierten schlecht auf die dopaminerge Therapie, was mit einer niedrigen D2-Rezeptordichte im Adenom vereinbar wäre. Bei einem der Makroprolaktinompatienten ohne spezifischer Bindung im Bereich des Adenoms (Patient 4) führte die nach der SPECT-Untersuchung begonnene dopaminerge Therapie jedoch zu einer Normalisierung des Serum-Prolaktins. Dies ist ein eindeutiger Hinweis auf die zu geringe Sensitivität der angewandten Methode.

Die in Membranbindungsstudien gemessene D2-Rezeptordichte in GH-sezernierenden Adenomen ist wesentlich niedriger als in Prolaktinomen (Peillon et al. 1991). Die in den IBZM-Studien bei Prolaktinompatienten festgestellte zu geringe Sensitivität der Methode erklärt die fehlende Darstellung des Adenoms bei den zwei Akromegaliepatienten.

Die IBZM-Bindung im Striatum lag in der Mehrzahl der 18 durchgeführten SPECT-Studien unter dem altersentsprechenden Normwert. Mögliche Ursachen dafür wären ein durch postoperative Substanzdefekte bedingter partieller Volumseffekt (siehe die große Zahl von vor der Untersuchung operierten Patienten), eine Blockade oder Down-Regulation von D2-Rezeptoren als Folge der dopaminergen Therapie und bei Patient 12 eine Rezeptorblockade durch Flupentixol. Ein Einfluß dieser Faktoren auf die Darstellbarkeit des Adenoms in der SPECT wäre denkbar.

Wir schließen also, daß eine in-vivo-Darstellung von D2-Rezeptoren an Hypophysenadenomen auch mit der SPECT-Technik möglich ist, die Sensitivität der von uns angewandten Methode, vermutlich aufgrund einer zu geringen D2-Rezeptoraffinität von Jodobenzamid, jedoch zu gering ist. Eine ausreichende Sensitivität und damit die Möglichkeit einer semiquantitativen Bestimmung der D2-Rezeptordichte in Hypophysenadenomen mit SPECT könnte durch die Verwendung von Liganden mit einer höheren Affinität für D2-Rezeptoren wie Epideprid erreicht werden.

Literatur

Bergström M, Muhr C, Lundberg P, LangströmB (1991) PET as a tool in the clinical evaluation of pituitary adenomas. J Nucl Med 32: 610-615

Brücke T, Podreka I, Angelberger P, Wenger S, Topitz A, Küfferle B, Müller C, Deecke L (1991) Dopamin D2-receptor imaging with SPECT. Studies in different neuropsychiatric disorders. J Cereb Blood Flow Metab 11: 220-228

Brücke T, Wenger S, Asenbaum S, Fertl E, Pfafflmeyer N, Müller C, Podreka I, Angelberger P (1993) Dopamine D2 Receptor Imaging and Measurement with SPECT. Adv Neurol 60: 494-500

Peillon F, Le Dafniet M, Brandi AM, Racadot J, Joubert D (1991) Receptor Studies in Endocrine Diseases with Special Reference to Pituitary Tumors. In: Kovacs K, Asa SL (eds) Functional Endocrine Pathology. Blackwell Scientific Publications,Boston, pp 877-888

Pellegrini I, Rasolonjanahary R, Gunz G, Bertrand P, Delivet S, Jedynak CP, Kordon C, Peillon F, Jaquet P, Enjalbert A (1989) Resistance to bromocriptine in prolactinomas. J Clin Endocrinol Metab 69: 500-509

Podreka I, Höll K, Dal-Bianco P, Goldenberg G (1984) Klinische und technische Aspekte der SPECT-Hirnszintigraphie mit [Jod 123]-N-Isopropyl-Amphetamin. Nuc Compact 15: 305-314

Podreka I, Baumgartner C, Suess E, Müller C, Brücke T, Lang W, Holzner F, Steiner M, Deecke L (1989) Quantification of regional cerebral blood flow with IMP-SPECT, reprodrucibility and clinical relevance of flow values. Stroke 20: 183-191

Lokale Chemotherapie maligner Gliome

St. Wiehler[1], M. Rauch[1], H. Pannek[2]

Kliniken für [1]Neurologie und [2]Neurochirurgie der Krankenanstalten Gilead (VBA) Bethel, Bielefeld

Fragestellung

Beim malignen supratentoriellen Gliom (Astrozytom III und IV WHO) ist die Prognose heute auch bei maximaler, kombinierter Therapie, d.h. Operation, Bestrahlung und Chemotherapie nicht günstig. Die mittlere Überlebenszeit liegt bei einem Jahr. Es wurde versucht, die Prognose durch eine risikoadaptierte, individuelle Therapie zu verbessern. Wenig belastend ist die lokale Chemotherapie über das OMMAYA-Reservoir. Vorteilhaft sind hohe lokale Zytostatika-Konzentrationen bei einfacher praktischer Handhabung und fehlenden systemischen Nebenwirkungen.

Methodik

Im Rahmen einer Pilotstudie wurden vier Patienten behandelt. Bei der Tumoroperation (möglichst makroskopische Totalresektion) wurde in die Resektionshöhle ein OMMAYA-Reservoir implantiert. Lokal, über subcutane-Punktion, erfolgte die Gabe von 15 mg Methotrexat täglich einmal von Tag 1-3. Wiederholung alle vier Wochen, bis zu zwölf mal. In einem Fall wurde zunächst eine Chemotherapiesequenz mit zwölf Zyklen Alexan, täglich 20 mg lokal, an Tag 1-3, Wiederholung alle vier Wochen, vorgeschaltet. Die errechnete Konzentration von Methotrexat in der Tumorresektionshöhle liegt mit 1,5 mg/ml wesentlich höher als z.B. der Gewebsspiegel bei normal dosierter systemischer i.v. Gabe (0,4mg/kgKG) mit 0,00057 mg/ml oder bei High-Dose- i.v. Gabe (300mg/kgKG) mit 0,42 mg/ml. Für Alexan beträgt die Konzentration bei lokaler Gabe 2,0 mg/ml und bei systemischer i.v.-Gabe (3mg/kgKG) 0,0043 mg/ml. Die Therapie ist prinzipiell auch ambulant durchführbar.

Kasuistik

Fall 1, m. 26 J.: 3.3.1984 OP eines Astrozytoms II. 5.10.1986 Rezidiv-OP, jetzt Astrozytom IV, Glioblastom. Radiatio 60 Gy. 1986-1987 systemische Chemotherapie mit COMP, BCNU. 8.9.1987 erneute Rezidiv-OP und Implantation eines OMMAYA-Reservoirs. Lokale Chemotherapie von 12/87 bis 1/89 mit Alexan, kumulierte GD 600mg. Klinisch guter AZ, Karnofsky 70%, Dysphasie, seltene fokale Anfälle. Im CT narbig-zystischer Tumorrest, schrumpfend. 3/89-7/90 weitere lokale Chemotherapie mit Methotrexat, kumulierte GD 495 mg. Klinisch stabil. 7/92 erneute Rezidiv-OP. Ab 12/92 weitere lokale Chemotherapie mit Thiotepa, 3 Zyklen. Kein Ansprechen. Am 28.6.93 verstorben. Überlebenszeit ab

Diagnosestellung Glioblastom: 6 Jahre 4 Monate, davon seit Beginn der lokalen Chemotherapie: 5 Jahre 6 Monate.

Fall 2, m 31 J: 25.2.91 Erstdiagnose, OP eines Glioblastoms rechts parietooccipital 3-5/91 Radiatio 60 Gy. 3/91-12/91 systemische Chemotherapie mit BCNU und VM-26. Klinisch guter AZ, Karnofsky 90%. 10.2.92: Rezidiv-OP. Glioblastom mit sarkomatöser Komponente. 2/92-4/93 lokale Chemotherapie mit Methotrexat. 7/92 abakterielle Meningitis und Territorialinfarkt der A. cerebri posterior rechts. Karnofsky 80%. 22.3.93 OP zweier Lungenmetastasen des Gliosarkoms. Im Schädel-CT weiterhin kein Lokalrezidiv. 8.5.93 Akute Paraparese bei Metastase im BWK 5. Am 9.6.93 verstorben. Überlebenszeit ab Diagnosestellung Glioblastom: 2 Jahre und 4 Monate, ab Beginn der lokalen Chemotherapie: 1 Jahr und 4 Monate.

Fall 3, m, 28 J.: Nach OP des Glioblastoms 10-12/91 lokale Chemotherapie mit Methotrexat. Überlebenszeit ab Diagnosestellung Glioblastom: 13 Monate, davon 1.: 3 Monate lokale Chemotherapie bis zum Rezidiv, 2.: 6 Monate systemische Chemotherapie.

Fall 4, w, 21 J.: 7.8.92 Rezidiv-OP eines Gliosarkoms. 9/92 lokale Chemotherapie mit Methotrexat. Überlebenszeit ab ED Glioblastom: 21 Monate, davon 4 Monate systemische Chemotherapie bis zum 2. Rezidiv, 1 Monat lokale Chemotherapie bis zum 3. Rezidiv.

Diskussion

Es fand sich ein sehr unterschiedliches Ansprechen auf die lokale Chemotherapie. Die mittlere Überlebenszeit betrug 24,25 Monate mit starker Streuung von 2-66 Monaten, die rezidivfreie Überlebenszeit betrug 18 (1-55) Monate. Ein gutes Ansprechen fand sich bei ausgeprägter Tumorzyste bzw. Resektionshöhle (Fall 1), fehlendes Ansprechen bei frühem solidem Rezidiv (Fall 3 und 4). Offenbar werden kompakte Tumormassen durch die lokale Zytostatika-Gabe nicht erreicht, während in einer Zystenrandzone eine relativ gute Wirksamkeit besteht. Bemerkenswert ist im Fall 2, daß unter lokaler Chemotherapie über 13 Monate kein Lokalrezidiv, jedoch die sonst sehr seltenen extrazerebralen Metastasen in Lunge und Wirbelsäule auftraten. Hiergegen kann die lokale Chemotherapie nicht wirksam sein.
Die Verträglichkeit war gut, es kam weder zu Übelkeit oder Erbrechen noch zu Hämatotoxizität. An Komplikationen traten in Fall 2 und 4 lokale Infektionen (Meningitis) auf, die zu beherrschen waren, sowie ein Infarkt (Fall 2), dessen Einordnung als Therapiefolge offen bleiben muß. Der im Fall 1 überraschend günstige Verlauf ermutigt zu einer Prüfung an größeren Patientenzahlen. Möglicherweise läßt sich hier eine Alternative zur konventionellen systemischen Chemotherapie entwickeln.

Ein künstliches neuronales Netzwerk zur Klassifikation dementer Patienten basierend auf der topographischen Verteilung der langsamen EEG Aktivität

P. Anderer[1], B. Saletu[1], B. Klöppel[2], H.V. Semlitsch[1], H. Werner[2]

[1]Universitätsklinik für Psychiatrie Wien, [2]Mathematik/Informatik, Universität Kassel

Fragestellung

Der deutlichste elektroenzephalographische (EEG) Befund sowohl bei senilen Demenzen vom Alzheimertyp als auch bei Multiinfarktdemenzen ist eine im Vergleich zu gesunden Kontrollen erhöhte langsame Aktivität. Topographisch zeigte sich die absolute Leistung im Delta & Theta Frequenzbereich (1,3-7,5 Hz) über allen Hirnarealen (ausgenommen occipital) vermehrt, besonders aber über den temporalen und fronto-temporalen Bereichen (John et al. 1988; Saletu et al. 1988, 1991, 1992). Weiters war diese Zielvariable in allen unseren bisherigen Studien sensitiv in Diagnose und Therapie dementer Patienten (Saletu et al. 1988, 1991, 1992) und zeigte signifikante Korrelationen zu CT-Maßen, zu psychopathologischen Maßen und zu psychometrischen Maßen (Saletu et al. 1991).

Wir haben daher, basierend auf der absoluten Delta & Theta Leistung, eine Klassifikation dementer Patienten und Kontrollen mit Hilfe eines nicht-linearen künstlichen neuronalen Netzwerks (NN) durchgeführt und die Ergebnisse mit linearen Verfahren - z-Statistik und Diskriminanzanalyse - verglichen.

Methodik

Die Daten stammen von zwei psychopharmakologischen Untersuchungen an mild bis mäßig dementen Patienten und von gesunden Kontrollen. 111 hospitalisierte Patienten (77 Frauen, 34 Männer) im Alter von 58 bis 98 Jahren (Mittelwert: 82 Jahre) mit einer Demenz nach DSM-III-Kriterien wurden in die Studie I einbezogen (Saletu et al. 1988). In Studie II wurden 96 hospitalisierte Patienten (72 Frauen, 24 Männer) im Alter von 61 bis 96 Jahren (Mittelwert: 82 Jahre) ebenfalls mit einer Demenz nach DSM-III-Kriterien einbezogen (Saletu et al. 1992). Die Patienten waren zumindest 14 Tage vor der Aufnahme psychopharmakafrei und hatten einen SCAG ("Sandoz Clinical Assessment Geriatric") Score von 40 bis 90 und einen MMS ("Mini-Mental State") Score von 10 bis 25. Als Kontrollgruppe wurden 56 gesunde Versuchspersonen (37 Frauen, 19 Männer) im Alter von 60 bis 87 Jahren (Mittelwert: 68 Jahre) untersucht. Die Studien wurden in Übereinstimmung mit der Deklaration von Helsinki und nach einer Bewilligung durch die Ethikkommission durchgeführt. Weiters lag eine schriftliche Einverständniserklärung der Versuchspersonen vor. Eine Hälfte der Daten der Kontrollgruppe wurde zur Bestimmung der "Normdaten" und, zusammen mit den Daten der Patienten aus Studie I, zur Bestimmung der Diskriminanzfunktion bzw. zum Training des NNs verwendet.

Die andere Hälfte der Kontrollgruppe und die Daten der Patienten aus Studie II wurden zur Validierung des jeweiligen Klassifikationsverfahrens verwendet.

Ein 3-minütiges vigilanzkontolliertes EEG mit geschlossenen Augen wurde an 17 Kanälen (Fp1, Fp2, F7, F3, F4, F8, T3, C3, Cz, C4, T4, T5, P3, P4, T6, O1 und O2) gegen gemittelte Mastoid-Elektroden abgeleitet und on-line digitalisiert. Nach Umrechnung auf die Durchschnittsreferenz ("Common Average Reference") wurden artefaktfreie Abschnitte mit Hilfe einer automatischen Prozedur, die EEG-Kennwerte aus dem Zeit- und Frequenzbereich bewertet, bestimmt (Anderer et al. 1987). Nach visueller Kontrolle der Validität der automatischen Artefaktbewertung wurden die mittleren spektralen Leistungsdichtekurven für jede der 17 Elektroden berechnet und daraus die absolute Leistung im Delta & Theta Frequenzbereich ermittelt. Als Eingangsmuster für die drei Klassifikationsverfahren wurde die logarithmierte und z-transformierte absolute Leistung verwendet. Die z-transformierten Werte geben die Abweichung von der Norm - gemessen in Standardabweichungen - an.

Zur Beschreibung der Klassifikationleistung haben wir die aus der Signal-Erkennungstheorie kommende sogenannte ROC ("Relative Operating Characteristic") Analyse verwendet, wobei die Fläche unter der ROC-Kurve als Maß für die Güte der Klassifikation gilt (Swets 1988).

Die erste Klassifikationsmethode beruhte auf der linearen z-Statistik wobei alle Versuchspersonen mit $z > z_{Krit}$ an einer der 17 Elektroden als "dement" klassifiziert wurden. Das zweite Verfahren beruhte auf einer linearen Diskriminanzanalyse mit schrittweiser Variablenselektion. Als drittes Klassifikationsverfahren wurde ein NN, das aus 17 Eingangs-Neuronen einer Schicht mit 6 verdeckten Neuronen und einem Ausgangs-Neuron bestand, verwendet. Alle Eingangs-Neurone waren mit allen verdeckten Neuronen verbunden und alle verdeckten Neuronen waren mit dem Ausgangs-Neuron verbunden. Der Lernalgorithmus basierte auf der verallgemeinerten Delta-Regel mit Fehlerrückmeldung (Klöppel 1993).

Ergebnisse

Aus den ROC-Kurven, die in Abb. 1 dargestellt sind, kann man die Sensitivität der drei Klassifikationsverfahren für unterschiedliche Spezifitätswerte ablesen.

Im diagnostisch relevanten Spezifitätsbereich ist die Sensitivität, die mit der NN-Methode erreicht wird, deutlich höher als mit einem der beiden linearen Verfahren. So wurden bei einer Spezifität von 100% (d.h. alle Kontrollpersonen wurden richtig klassifiziert) nur 50% bzw. 57% der Patienten richtig mittels z-Statistik und Diskriminanzanalyse bewertet, während mittels NN bereits 70% der Patienten richtig klassifiziert wurden. Bei einer Spezifität von 90% steigt die Sensitivität von 67% für die z-Statistik auf 74% für die Diskriminanzanalyse und auf 83% für das NN. Die Flächen unter der ROC-Kurve erhöhen sich von 0,84 für die z-Statistik auf 0,87 für die Diskriminanzanalyse und auf 0,90 für das NN.

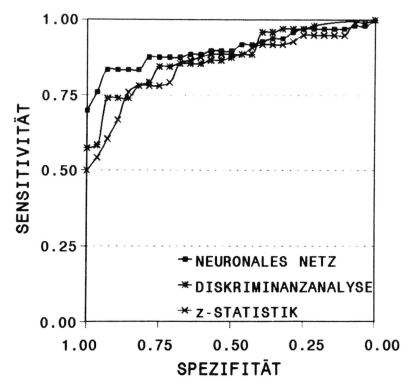

Abb. 1. ROC ("Relative Operating Characteristic") Kurven für die Klassifikation dementer Patienten (N:96) im Vergleich zu gesunden Kontrollen (N:28) basierend auf der absoluten Delta & Theta Leistung. Die Kurven zeigen die Überlegenheit der NN-Methode gegenüber z-Statistik und Diskriminanzanalyse, vor allem für klinisch relevante Spezifitätswerte zwischen 1 und 0,8

Konklusion

Diese Arbeit soll die Vorteile des NNs für die Unterscheidung dementer Patienten und gesunder Kontrollen basierend auf der topographischen Verteilung der langsamen EEG Aktivität aufzeigen.

Um Vergleiche der diagnostischen Genauigkeit zwischen den verschiedenen Klassifikationsverfahren vornehmen zu können, wurde das Konzept der ROC-Analyse verwendet. Dieses Konzept wurde auf dem Gebiet der Signal-Erkennungstheorie entwickelt und in mehreren Studien mit medizinischen Imaging-Verfahren angewandt (Swets 1988). Es konnte gezeigt werden, daß die Fläche unter der ROC-Kurve der Wahrscheinlichkeit einer richtigen Klassifikation in einem Test mit zwei Alternativen, wobei sich der Beurteiler für eine der beiden zu entscheiden hat, entspricht (Swets 1988).

Mehrere Gründe haben uns bewogen, die Klassifikation mittels NN vorzunehmen (Klöppel 1993). NN können implizit nicht formulierbares Wissen lernen. Daher müssen weder die Hirnregion noch die Grenzwerte für eine bestimmte Klassifikationsaufgabe vorgegeben werden. Weiters können NN sogar sich widersprechende Daten verarbeiten. Dies ist z.B. der Fall, wenn eine Kontrollperson und ein Patient eine ähnliche topographische EEG-Verteilung aufweisen. Somit können NN auch Gruppen mit überlappenden Verteilungen und Varianzen trennen.

Andererseits sind bei der Anwendung NN für Klassifikationsprobleme noch Fragen offen. So existiert leider keine allgemein gültige Theorie, die helfen könnte eine optimale Netzwerktopologie für eine bestimmte Fragestellung zu finden. Wir haben für unsere Klassifikationsaufgabe ein Netzwerk ohne Rückkopplung ("Feed-Forward"-Netz) mit strengem Schichtenaufbau gewählt, da es für zeitinvariante Mustererkennungsaufgaben eine gut geeignete Netzwerktopologie ist (Klöppel 1993).

Weiters können aus den NN-Ergebnissen keine Schlüsse auf die Entscheidungskriterien des NNs gezogen werden. NN können somit nicht zum Entdecken neuer Zusammenhänge oder zur Erstellung neuer Regeln benutzt werden.

Nach Berücksichtigung dieser Punkte erwies sich die NN Technik allerdings als reliable und robuste Methode zur Unterscheidung dementer Patienten von gesunden Kontrollen, da nicht nur die Werte an den einzelnen Elektroden, sondern auch deren topographische Verteilung in die Beurteilung einbezogen wurden. Mit Hilfe des NNs wurde somit eine Klassifikationsgüte von 90% erzielt.

Damit war die NN-Methode sowohl im Vergleich zur z-Statistik als auch zur Diskriminanzanalyse überlegen und bestätigt die von Kippenhan et al. (1992) berichteten Ergebnisse. Sie klassifizierten senile Demenzen vom Alzheimertyp und gesunde Kontrollen basierend auf PET Scan Daten von 8 Hirnregionen mit Hilfe eines NNs und verglichen die Resultate mit den Ergebnissen aus einer Diskriminanzanalyse und einer visuellen Befundung durch Experten. Während die ROC-Kurven für die Expertenbefundung und für das NN einander überlagerten, zeigte die Kurve für die Diskriminanzanalyse deutlich niedrigere Sensitivitätswerte für fast den gesamten Spezifizitätsbereich. Die von Kippenhan et al. (1992) gefundene Erhöhung der Klassifikationsgenauigkeit von 80% für die Diskriminanzanalyse auf 85% für das NN entspricht in etwa der auch bei unseren EEG Daten gefundenen Verbesserung der Klassifikationsgüte.

Obwohl diese Arbeit keine differentialdiagnostische Fragestellung beinhaltete, ermutigt uns der hohe Prozentsatz richtiger Klassifikationen, weitere Anwendungen NN basierend auf topographischen EEG Daten zu entwickeln. So soll eine zukünftige Studie mehr als eine Krankheitskategorie und zusätzlich zum EEG weitere Daten berücksichtigen. Da NN bezüglich der Art ihrer Eingangsdaten keinerlei Beschränkungen haben, könnten zur Verbesserung der Klassifikationsleistung EEG Daten mit Daten aus ereigniskorrelierten Potentialen (z.B. P300 Latenz) und/oder mit CT-Daten (z.B. kortikale Dichte) und/oder mit psychometrischen Daten (z.B. Zahlegedächtnis) und/oder mit psychpathologischen Befunden kombiniert werden.

Literatur

Anderer P, Saletu B, Kinsperger K, Semlitsch H (1987) Topographic brain mapping of EEG in neuropsychopharmacology - Part I. Methodological aspects. Meth Find Exp Clin Pharmacol 9: 371-384

John ER, Prichep LS, Fridman J, Easton P (1988) Neurometrics: Computer-assisted differential diagnosis of brain dysfunction. Science 239: 162-169

746

Kippenhan JS, Barker WW, Shlomo P, Nagel J, Duara R (1992) Evaluation of a neural-network classifier for PET scans of normal and Alzheimer's disease subjects. J Nucl Med 33: 1459-1467

Klöppel B (1993) Neural networks as a new method for EEG analysis. Neuropsychobiology (in press)

Saletu B, Anderer P, Paulus E, Grünberger J, Wicke L, Neuhold A, Fischhof PK, Litschauer G, Wager G, Hatzinger R, Dittrich R (1988) EEG brain mapping in SDAT and MID patients before and during placebo and xantinolnicotinate therapy: Reference considerations. In: Samson-Dollfus D (ed) Statistics and topography in quantitative EEG. Elsevier, Paris, pp 251-275.

Saletu B, Anderer P, Paulus E, Grünberger J, Wicke L, Neuhold A, Fischhof PK, Litschauer G (1991) EEG brain mapping in diagnostic and therapeutic assessment of dementia. Alzheimer Dis Assoc Disord 5 Suppl 1: 57-75

Saletu B, Anderer P, Fischhof PK, Lorenz H, Barousch R, Böhmer F (1992) EEG Mapping and psychopharmacological Studies with denbufylline in SDAT and MID. Biol Psychiatry 32: 668-681

Swets JA (1988) Measuring the accuracy of diagnostic systems. Science 240: 1285-1293

Enkodierungsdefizite bei gerontopsychiatrischen Patienten - Eine differentialdiagnostische "Testing-the-Limits"-Studie

I. Uttner[1], L. Lewandowski[2]

[1]Neurologische Klinik, LMU München, [2]Abteilung für Psychiatrie, Universität Göttingen

Einleitung

Kognitive Störungen, wie sie bei frühen Demenzen, Depressionen und normalen Altersabbauerscheinungen auftreten, sind mit statusdiagnostisch orientierten Testverfahren nur unzureichend voneinander abgrenzbar.

Differentialdiagnostisch vielversprechend ist demgegenüber die prozeßdynamische Alternative des "Testing-the-Limits"-Ansatzes (TtL), der im Unterschied zu traditionellen Instrumenten nach dem Prinzip der Meßwiederholung arbeitet und auf die Erfassung von Leistungspotentialen abzielt (Kühl und Baltes 1988). Seine Bedeutung gewinnt das Verfahren auf dem Hintergrund von Arbeiten, die zeigen, daß Demente bereits initial weniger von Enkodierungs- bzw. Gedächtnishilfen profitieren als Depressive oder Gesunde und daß infolge erhöhter Störanfälligkeit im Alter mit unspezifischen Verzerrungen der Testperformanz zu rechnen ist (Grafman et al. 1990).

Die vorliegende Studie untersucht Beziehungen zwischen den Leistungen in einem TtL-Verfahren und erkrankungsspezifischen Merkmalen unausgelesener gerontopsychiatrischer Patienten.

Methoden

Untersucht wurden 30 gerontopsychiatrische und 30 gesunde Personen (Alter der Patienten: M=67,03, SD=8,86; Alter der Senioren: M=67,70, SD=7,59). Bei zwei Patienten bestand eine fortgeschrittene Demenz nach ICD-10.

Experimentiert wurde mit einem auf die Enkodierungsproblematik Älterer abgestimmten Wiedererkennungsparadigma. Als Stimulusmaterial dienten zu Diapositiven weiterverarbeitete Comicbilder. Jeder Untersuchungsabschnitt (Prätest, Orientierungsaufgabe, Posttest) bestand aus einer Lern- und einer Wiedererkennungseinheit, die neben den 10 Lernvorlagen 40 Distraktorbilder enthielt. 20 Distraktoren unterschieden sich von den targets nur durch den Handlungsgang. Seine Verbalisierung im zweiten Testdurchgang (Orientierungsaufgabe) sollte die elaborierte Enkodierung der entsprechenden Lernvorlagen sicherstellen. Anhand standardisierter Verfahren (u.a. "Strukturiertes Interview für die Diagnose einer Demenz, SIDAM"; "Global Deterioration Scale, GDS-DEM"; "Hamilton Depression Scale, HAMD"; "Geriatric Depression Scale, GDS-DEP") wurden die Patienten klinisch beschrieben.

Die Datenauswertung erfolgte mittels MANOVA, t-Tests (alpha=0,10; beta=0,20) und kritischer Effekte. Die Wiedererkennungsleistungen der Patienten wurden einer Clusteranalyse unterworfen, die sich auf die Anzahl der Rekognitionsfehler in Orientierungsaufgabe und Posttest bezog.

Ergebnisse

Das Patientenkollektiv zeigte unter allen Testbedingungen signifikant niedrigere Wiedererkennungsleistungen als die Kontrollpersonen (p<0,001). Beide Gruppen erzielten die höchsten Wiedererkennensraten in der Orientierungsaufgabe (p<0,001). Die meisten Fehler wurden im Prätest gemacht (p<0,001).

Clusteranalytisch konnten drei Patientengruppen identifiziert werden. Cluster 1 umfaßte Patienten, deren Wiedererkennungsleistungen denen der Gesunden glichen. Letztere profitierten allerdings stärker von der Enkodierungsinstruktion (p<0,01). Symptomatologisch zeigten sich überwiegend leichte depressive Störungen (HAMD: M=18,58; SD=5,84; GDS-DEP: M=7,33; SD=5,12) ohne Hinweis auf kognitive Beeinträchtigungen (SIDAM: M=49,50; SD=4,25; GDS-DEM: M=2,08; SD=0,67). Cluster 2 zeichnete sich gegenüber Cluster 1 durch signifikant niedrigere (p<0,01), gegenüber Cluster 3 durch deutlich höhere Wiedererkennungsraten in Orientierungsaufgabe und Posttest aus (p<0,01). Die Prätestleistungen von Cluster 2 und 3 unterschieden sich nicht (p>0,10). Die Patienten waren affektiv schwer gestört (HAMD: M=25,17; SD=5,67; GDS-DEP: M=10,08; SD=3,15), jedoch nicht dement (SIDAM: M=47,17; SD=4,63; GDS-DEM: M=2,50; SD=0,52). Ausgeprägte Wiedererkennungsdefizite fanden sich bei den Patienten des dritten Clusters, die ihre Leistungen als einzige durch die Enkodierungshilfe nicht steigern konnten (p=0,95, aber: d-emp=1,182 < d-krit=1,572). Diagnosen, unauffällige Depressionsscores (HAMD: M=21,16; SD=10,85; GDS-DEP: M=7,00; SD=3,58) und stark reduzierte kognitive Kompetenzen (SIDAM: M=39,67; SD=9,43; GDS-DEM: M=3,50; SD=1,38) legten eine Demenz nahe.

Konklusion

Trotz klarer Vorzüge hat der TtL-Ansatz in der Frühdiagnostik dementieller Erkrankungen bislang kaum Beachtung gefunden. In der vorliegenden Studie konnte gezeigt werden, daß ein derartiges Verfahren nicht nur zwischen Extremgruppen, sondern offensichtlich auch zwischen initialen Demenzen, depressiven Störungen und normalen Altersverläufen differenziert (Uttner 1992). Ursächlich hierfür ist neueren Befunden zufolge ein erkrankungsspezifisch deutlich variierendes Ausmaß an kognitiver bzw. neuronaler Plastizität (Gertz 1989), das differentialdiagnostisch genutzt wird, um die nach Einmaluntersuchung stark überlappenden Testleistungsverteilungen zu entzerren. Verlaufsstudien werden zeigen müssen, inwieweit die berichteten Ergebnisse reproduzierbar sind und welche Konsequenzen sich hieraus für die Anwendbarkeit rehabilitationspsychologischer Konzepte auf Demenzerkrankungen ergeben.

Literatur

Kühl KP, Baltes MM (1988) Zur testpsychologischen Diagnostik der Demenz: Aspekte traditioneller Vorgehensweisen und der "Testing-the-Limits"-Ansatz. Zeitschrift für Gerontopsychologie und -psychiatrie 1: 83-93

Gertz HJ (1989) Neuronale Plastizität bei degenerativen Hirnerkrankungen. Zeitschrift für Gerontopsychologie und -psychiatrie 2: 250-253

Grafman J, Weingartner H, Lawlor B, Mellow AM, Thompson-Putnam K, Sunderland T (1990) Automatic memory processes in patients with dementia-Alzheimer's type (DAT). Cortex 26: 361-371

Uttner I (1992) Enkodierungsdefizite bei gerontopsychiatrischen Patienten. Dipl.-Arbeit, Institut für Psychologie der Georg-August-Universität Göttingen

Dementielle Syndrome unterschiedlicher Ätiologie - Klinische, neuroradiologische, elektrophysiologische und neurochemische Untersuchungsergebnisse

M. Erdmann[1], D. Müller[1], U. Kauerz[2], H. Wagner[3], P. Revey[4]

Universitätsklinik für [1]Neurochirurgie und [3]Psychiatrie Hamburg,
[2]Universitätsklinik für Neurochirurgie Kiel, [4]Beckmann Instruments, Nyon, Schweiz

Fragestellung

Für die prognostische Aussage und therapeutische Entscheidung ist die Differenzierung von unterschiedlichen Ätiologien einer dementen Entwicklung wie auch die Abgrenzung zum physiologischen Alterungsprozeß und seinen Veränderungen unentbehrlich.

Methodik

In einer retrospektiven Studie (1985-1990) untersuchten wir in Liquor cerebrospinalis und Serum (Gesamt-Eiweiß, Albumin, IgG, IgA, IgM, Alpha 1-Antitrypsin, Alpha 1-Antichymotrypsin, oligoklonale Banden, Zellzahl) von 510 Referenzpersonen (Männer und Frauen im Alter von 55-85 Jahren), die sich zum Ausschluß einer neurologischen Erkrankung einer Lumbalpunktion unterzogen.

45 Patienten mit gesicherter Demenz (Demenz vom Alzheimer-Typ n=14, M. Pick n=3, Demenz vaskulärer Genese n=10, Demenz metabolischer Genese n=5, Demenz anderer Ätiologie n=13) wurden in Bezug auf Unterscheidungsmerkmale überprüft, die sich bezüglich biochemischer, neuroradiologischer (CCT), elektrophysiologischer (EEG) und klinischer Untersuchungen (neurologischer und psychopathologischer Befund) ergaben. Zusätzlich wurden der Hachinski Ischemic Score, neurologische und internistische Begleiterkrankungen berücksichtigt.

Ergebnisse

Bei Patienten mit Demenz vom Alzheimer Typ fanden sich inbesondere: formale Denkstörungen, Antriebsstörungen und bei Demenzen mit begleitender vaskulärer Komponente Hirnwerkzeugstörungen.

Beim Morbus Pick fielen Enthemmung, Änderungen der Persönlichkeit, Störungen des Urteils- und Kritikvermögens sowie des Antriebs auf. Die ergänzende Diagnostik zeigte vorwiegend ein normales Alpha-EEG und eine frontotemporal betonte Atrophie im CCT.

Bei der Mehrzahl der Patienten mit einer Demenz vaskulärer Genese fand sich im neurologischen Befund eine fokale Symptomatik. In der ergänzenden Diagnostik erwies sich sowohl das CCT mit subkortikalen Läsionen und Dichteminderungen des

Marklagers als auch der Hachinski Ischemic Score mit den Kriterien "Fluktuierender Verlauf, Hochdruckanamnese, fokale neurologische Symptomatik" als Unterscheidungsmerkmal. Internistisch überwogen kardiovaskuläre Begleiterkrankungen (z.B. Herzinsuffizienz, Hypertonus).

Wegweisend für die Diagnose eines Wernicke-Korsakoff-Syndroms war der neurologische Befund mit Störungen der Bulbusmotilität und der Pupillomotorik, Nystagmus und Sensibilitätsstörungen ebenso wie chronischer Alkoholismus als internistische Begleiterkrankung. Psychopathologisch fanden sich vorwiegend formale Denkstörungen.

Die Proteindiagnostik der gesamten Demenz-Gruppe ergab im Vergleich zu den Referenzpersonen im Serum diskret erniedrigte Konzentrationen für Immunglobulin G und Albumin bzw. eine deutlich erniedrigte Konzentration für Alpha1-Antichymotrypsin. Alpha1-Antitrypsin war diskret erhöht. Im Liquor cerebrospinalis zeigte sich bei den Demenz- Patienten eine diskrete Erhöhung von Gesamteiweiß und Albumin bzw. eine deutliche Erhöhung von Alpha1-Antitrypsin.

Konklusion

Die wesentliche Differenzierung erfolgte in eine primär degenerative Verlaufsform, eine vaskuläre Form und eine Demenz metabolischer Genese. Führend für die Diagnosestellung bleibt die Vorgeschichte, der psychopathologische Befund sowie als zusätzliche apparative Diagnostik das cerebrale Computertomogramm und das Elektroenzephalogramm.

Literatur

Frölich L, Kornhuber J, Ihl R, Fritze J, Maurer K, Riederer P (1991) Integrity of the Blood-CSF Barrier in Dementia of Alzheimer Type: CSF/Serum Ratios of Albumin and Ig G. Eur Arch Psychiatry Clin Neurosci 240: 363-366

Hachinski VC, Iliff LD, Zilhka E, Du Boulay GH, Mc Allister VL, Marshall J, Ross Russell RW, Symon L (1975) Cerebral blood flow in dementia. Arch Neurol 32: 632-637

Mc Khann G, Drachman D, Folstein M, Katzman R, Price D, Stadlau EM (1984) Clinical diagnosis of Alzheimer's disease: Report of the NINCDS-ADRDA Work Group under the auspices of Department of Health and Human Services Task Force on Alzheimer's disease. Neurology 34: 939-944

Matsubara E, Shunsaku H, Amari M, Shoji M, Yamaguchi H, Okamoto K, Ishiguro K, Harigaya Y, Wakabayashi K (1990) Alpha 1-Antichymotrypsin as a possible biochemical marker for Alzheimer-Type Dementia. Ann Neurol 28: 561-567

Positive Medikationseffekte auf ereignisbezogene EEG-Potentiale bei Demenz

E. Wascher, R. Verleger, D. Kömpf

Neurologische Universitätsklinik Lübeck

Fragestellung

Die Messung elektrischer Hirnpotentiale hat gezeigt, daß im Alter eine Verzögerung von kognitiven Prozessen auftritt (Goodin et al. 1978) und daß sich bei dementen Patienten diese Verlangsamung im Vergleich zu gesunden Altersgenossen verstärkt (siehe Überblick von Polich 1991). Hirnelektrische Parameter bieten sich daher als Meßinstrument kognitiver Veränderungen bei Behandlung mit Zerebraltherapeutika an. In dieser Pilotstudie sollte geklärt werden, welche Auswirkungen eine 12-wöchige Behandlung mit Nimodipin in hirnelektrischen Parametern sowohl für Patienten mit vaskulären Demenzen (Multiinfarktdemenz = MID) als auch für Patienten mit Demenzen vom Alzheimer Typ (DAT) hat.

Methoden

Wir untersuchten 8 DAT-Patienten und 8 MID-Patienten, welche an einer 12-wöchigen Therapiestudie teilnahmen. Nur Patienten mit eindeutig nach DSM-III-R gesicherter Diagnose wurden in die Untersuchung aufgenommen. Die erste EEG-Sitzung war zugleich der Beginn der medikamentösen Therapie mit Nimodipin (Nimotop®, 3 x 30 mg). Nach 12 Wochen erfolgte eine zweite EEG-Sitzung. Als psychometrisches Verlaufsmaß wurde der Syndrom-Kurztest verwendet. In beiden Sitzungen hatten die Patienten an je drei Experimenten teilzunehmen. Zuerst wurde ihnen eine Tonunterscheidungsaufgabe dargeboten, bei der sie auf seltene (20%) hohe Töne (2000 Hz) mit einem Knopfdruck zu reagieren hatten, bei tiefen Tönen (80%, 1000 Hz) nicht. Danach folgte eine Farbunterscheidungsaufgabe, in der Zielreize (20%) grüne Kreise, Nicht-Zielreize blaue Kreise waren. Auch in diesem Experiment hatten die Patienten einen Knopf zu drücken. Zum Abschluß wurde den Patienten nochmals die Tonunterscheidungsaufgabe dargeboten, jedoch mit der Instruktion, die selteneren Töne nur zu zählen. Jeder dieser drei Blöcke bestand aus 250 Reizen, die mit einem Abstand von 1,5 s dargeboten wurden. Die P3 wurde als der größte positive Gipfel zwischen 300 und 600 ms nach dem Reiz an der parietalen Elektrode gemessen.

Ergebnisse

Die Behandlung von dementen Patienten mit Nimodipin erbrachte Verbesserungen im SKT von 14,9 auf 12,8 Punkte. Reaktionszeiten veränderten sich nicht, es gab jedoch eine leichte Verbesserung der Fehlerrate.

Die Latenz der P3 veränderte sich in allen drei Bedingungen, es gab jedoch keine statistisch signifikanten Unterschiede hinsichtlich der Diagnose. Insgesamt verkürzte sich die Latenz der P3 bei 6 der 8 MID-Patienten (Wilcoxon $z=-2,1$, $p<0,05$) und bei 7 von 8 DAT-Patienten ($z=-2,4$, $p<0,01$) in der akustischen "Drücken"-Bedingungen im Verlauf der Therapie. In der visuellen Aufgabe zeigten in beiden Gruppen 6 Patienten eine Verkürzung der P3-Latenz (DAT: $z=-2,2$, $p<0,05$; MID : $z=-1,6$, $p=0,054$). In der "Zählen"-Bedingung verkürzte sich die P3-Latenz bei nur 3 der 8 MID-Patienten ($z=0,2$), jedoch bei 5 von 8 DAT-Patienten ($z=-1,6$, $p=0,058$).

Diskussion

Mit hirnelektrischen Parametern konnten Therapieeffekte für zerebral wirksame Medikamente gut nachgewiesen werden. Diese "Beschleunigung" kognitiv evozierter Potentiale hatte jedoch keinen Einfluß auf die Reaktionszeiten, sondern eher auf die Qualität der Reaktionen im Sinne einer geringeren Fehlerrate. Dabei zeigte sich auch in diesem Experiment, daß es sich bei der P3 um keine handlungskorrelierte Komponente des EEGs handelt, sondern um einen Parameter, der mit der Informationsgewinnung in Zusammenhang steht. Die Tendenz der Patienten, Handlungen qualitativ besser durchführen zu können, könnte auch in Übereinstimmung mit den subjektiven Beurteilungen von Patienten und Angehörigen stehen, die eine Erhöhung von Aktivität und zum Teil eine Wiederaufnahme alter Tätigkeiten berichteten. Hirnelektrische Parameter zeichnen sich im Vergleich zu anderen Methoden im Bereich der Therapiekontrolle und der Verlaufsdiagnostik durch eine Reihe von Vorteilen aus: Geringer Therapeuteneffekt, geringe psychische Belastung, keine subjektive Verzerrungen durch den Versuchsleiter und Wiederholbarkeit.

Zusammenfassend könnte man sagen, daß in der Statusdiagnostik psychometrische Tests zur Erfassung der kognitiven Leistungsfähigkeit durch evozierte Potentiale bislang nicht abgelöst werden können, sehr wohl jedoch im Bereich der Verlaufsdiagnostik die Vorteile hirnelektrischer Verfahren überwiegen.

Literatur

Goodin DS, Squires KC, Henderson BH, Starr A (1978) Age-related variations in evoked potentials to auditory stimuli in normal human subjects. Electroencephalography and Clinical Neurophysiology, 44:447-458

Polich J (1991) P300 in the evaluation of aging and dementia. In: CHM Brunia, G Mulder and MN Verbaten (Eds.), Event-Related Brain Research. Electroencephalography and Clinical Neurophysiology, Suppl.42, Elsevier, Amsterdam, 304-323

Magnetresonanztomographische (MRT) und protonenspektroskopische (MRS) Verlaufsuntersuchung bei einem 3,5 jährigen Knaben mit dekompensierter Ahornsirupkrankheit

A. Chemelli, S.R Felber, W. Sperl, Ch. Murr, U. Wendel

Gemeinsame Institutseinrichtung für Magnetresonanztomographie und Spektroskopie, Universität Innsbruck

Einleitung

Die Ahornsirupkrankheit ist eine seltene autosomal rezessiv vererbte Stoffwechselstörung, welche auf einem angeborenen Defekt in der oxydativen Decarboxylierung der verzweigtkettigen Aminosäuren beruht. Die Folge ist eine Akkumulation der Aminosäuren Leucin, Isoleucin und Valin, sowie deren Ketosäuren (2-Ketoisocapronsäure, 2-Keto-3-methylvaleriansäure, 2-Ketoisovaleriansäure) im Gewebe und Blutserum. Besonders die erhöhten Leucin- und 2-Keto-isocapronsäurekonzentrationen werden als Ursache der zum Teil schweren neurologischen Ausfälle und Todesfälle diskutiert. Die Prognose der Erkrankung läßt sich durch eine frühzeitige Diagnose und diätetische Behandlung verbessern.

Wir berichten serielle MR-tomographische und MR-spektroskopische Befunde bei einem 3,5 Jahre alten Kind während einer akuten Dekompensation einer bekannten Ahornsirupkrankheit.

Kasuistik

Die Diagnose unseres Patienten wurde am achten Lebenstag gestellt. Laborchemisch fand sich in kultivierten Fibroblasten eine Aktivität des Dehydrogenase Komplexes der verzweigtkettigen Aminosäuren unter 1% des Normalwertes. Unter diätetischer Behandlung (Restriktion der verzweigtkettigen Aminosäuren) zeigte der Knabe eine normale psychomotorische Entwicklung und ein unauffälliges Wachstum entlang der 50iger Perzentile. Im Alter von 3,5 Jahren wurde der Patient, 3 Tage nach einem fieberhaften Infekt der oberen Luftwege, komatös eingeliefert. Neurologisch bestand ein Opistotonus, gesteigerte Sehnenreflexe und ein erhöhter Muskeltonus an den Extremitäten. Das Routinelabor zeigte eine metabolische Azidose (ph=7,15; BE=-16,4), die Plasmaelektrolyte, Transaminasen, Ammoniak, Gerinnungsfaktoren, Blutbild, Zellzahl und Proteingehalt im Liquor waren normal.

Die verzweigtkettigen Aminosäuren im Blutserum und Liquor waren deutlich erhöht und normalisierten sich 72 Stunden nach Therapie. Das Koma bestand fünf Tage, anschließend besserte sich der klinische Zustand kontinuierlich bis zur klinisch vollständigen Erholung am 14. Tag.

Therapie

Die Behandlung bestand aus einer kontinuierlicher arteriovenöser Hämofiltration über eine Dauer von 2 Tagen. Das Kind wurde über einen zentralen Venenkatheter hochkalorisch ernährt (150 kcal/kg Körpergewicht/Tag: 25 g Glucose pro kg Körpergewicht/Tag; 4g Lipide pro kg Körpergewicht/Tag). Über eine Magensonde wurde eine diätetische Nahrung zugeführt (Milupa MSUD II: 1,5 g/kg Körpergewicht/Tag, Maltodextrin, sufflower oil (80 kcal/100 ml).

MR-Tomographie und MR-Spektroskopie

Das Kind wurde an den Tagen 1, 4, und 14 MR-tomographisch und MR-spektroskopisch an einem 1,5 Tesla Gerät (Magnetom, Siemens) mit einer zirkular polarisierten Kopfspule untersucht.

Das bildgebende Protokoll umfaßte sagittal T1 gewichtete und axial protonendichte und T2 gewichtete Spinechosequenzen.

Die lokalisierte Protonenspektroskopie wurde mit einer stimulierten Echo Sequenz (STE: TR=1500 ms, TE=270 ms, 384 Aquisitionen) im Anschluß an die Bildgebung durchgeführt. Das 27 ml Zielvolumen wurde in die zentrale weiße Substanz positioniert. Die gesamte Untersuchungsdauer betrug 55-75 Minuten.

Ergebnisse

MR-tomographisch fand sich am Tag der Aufnahme (Tag 1) eine diffuse Hirnschwellung, sowie eine Signalerhöhung des Marklagers, der subcorticalen U-Fasern, der Basalganglien, des insulären Cortex und des Hirnstammes. Am 4. Tag war das Hirnödem weniger deutlich ausgeprägt, die Signalanhebungen waren unverändert. Am 14. Tag hatten sich alle Veränderungen weitgehend zurückgebildet.

Die lokalisierte Protonenspektroskopie ergab am Tag 1 ein abnormes Spektrum, wobei das Verhältnis von N-Acetyl-Aspartat (NAA) zu Cholin und Creatin-Phosphocreatin (Cr) vermindert war. Bei 1,3 ppm ließ sich Lactat nachweisen. Eine zusätzliche, bis dahin nicht beschriebene Resonanz zeigte sich bei 1,00 ppm. Anhand von in-vitro Analysen konnten wir diese Resonanz den verzweigtkettigen Aminosäuren zuordnen. Diese Untersuchungen wurden mit denselben Sequenzparametern wie die Patientenuntersuchung durchgeführt (Felber et al. 1993).

Unter Therapie waren die Resonanzlinie der verzweigtkettigen Aminosäuren am Tag 4 und 14 nicht mehr nachweisbar. Die erhöhte Lactatresonanz sowie das Verhältnis von NAA zu Cholin und Cr zeigten am Tag 14. normale Werte.

756

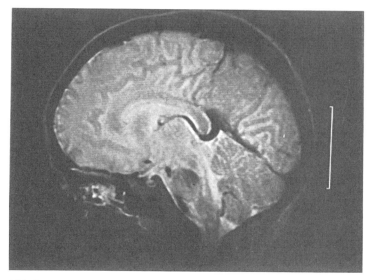

Abb.1.

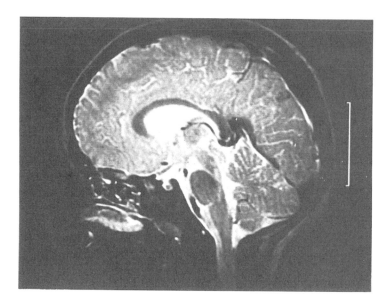

Abb.2.
Die Abbildungen 1 und 2 zeigen sagittale T2 gewichtete Schnittbilder (TR=2500ms, TE=90 ms, Schichdicke=4mm). Am Tag der Aufnahme (Tag 1, Abbildung 1) bestand ein diffuses Hirnödem, welches bis in den Hirnstamm reichte und zu einer Verschmälerung der corticalen und cerebellären Subarachnoidalräume, sowie der Fossa interpeduncularis führte. Signalanhebungen zeigten sich in der weißen Substanz, den Basalganglien sowie den Hirnstammstrukturen.
Die Abbildung 2 zeigt die Reduktion des Hirnödems am vierten Tag nach Therapiebeginn. Die intraparenchymalen Signalanhebungen sind unverändert.

Laborchemische Untersuchungen von Liquor und Blut

Die verzweigtkettigen Aminosäuren und deren Ketosäuren waren am Tag 1 im Liquor und Serum deutlich erhöht. Die Konzentrationen im Liquor waren für Leucin 342 µmol/l (6,5-15,7 µmol/l); Isoleucin 109 µmol/l (2,5-6,5); Valin 143 µmol/l (3,7-18,3); 2-Ketoisocapronsäure 165 µmol/l, (keine Normalwerte verfügbar); 2-Ketoiso-valeriansäure 94,3 µmol/l (keine Normalwerte verfügbar); 2-Keto-3-methylvalerian-säure 107 µmol/l (keine Normalwerte verfügbar). Die Plasmakonzentrationen waren für Leucin 1392 µmol/l (40-160 µmol/l); Isoleucin 912 µmol/l (26-94); Valin 1803 µmol/l (57-260 µmol/l); 2-Ketoisocapronsäure 1214,3 µmol/l (44,3 µmol/l); 2-Ke-toisovaleriansäure 171,3 µmol/l (14,5 µmol/l); 2-Keto-3-methylvaleriansäure 324 µmol/l (23 µmol/l). Am 4. Tag bestand bereits eine weitgehende Normalisierung der Liquor und Plasmaspiegel.

Diskussion

Trotz optimaler medizinischer Betreuung und angepaßter diätetischer Behandlung können interkurrente Infekte eine akute Dekompensation der Ahornsirupkrankheit auslösen. Dies stellt eine ernste Komplikation dar, welche potentiell tödlich ver-laufen kann. Daher ist eine rasche diagnostische Abklärung und eine frühzeitige Therapie notwendig.

Unser Patient zeigte am Aufnahmetag ein diffuses Hirnödem, welches bis in den Hirnstamm und in die Medulla oblongata reichte. Das Verteilungsmuster war ver-gleichbar zu früheren Beobachtungen an Säuglingen, die bei der ersten metabo-lischen Krise MR-tomographisch untersucht wurden (Brismar et al.1990).

Die Entstehung des Hirnödemes bei der Ahornsirupkrankheit und die damit ver-bundene intrakranielle Drucksteigerung ist noch nicht endgültig geklärt. Das Weiter-bestehen des Hirnödemes unter erfolgreicher Therapie nachdem die Konzentration der verzweigtkettigen Aminosäurenmetabolite im Serum, Liquor bereits normalisiert war, spricht gegen die Vorstellung, daß eine toxische Wirkung der Metabolite der alleinige pathophysiologische Faktor ist. Diese Überlegung wurde durch unsere pro-tonenspektroskopischen Resultate, welche die Resonanz der verzweigtkettigen Amino- und Ketosäuren am 4. Tag auch im Gehirn nicht mehr nachweisen konnte, untermauert. Das Fortbestehen des Hirnödems und insbesonders der Nachweis von intracerebralem Lactat in der Spektroskopie deuten auf einen zusätzlichen patho-physiologischen Faktor hin, der möglicherweise einer Störung der Blut/Hirnschranke oder der Gefäßendothelien zuzuordnen ist.

Unter konsequenter Fortsetzung der Therapie konnten wir eine nahezu vollstän-dige Rückbildung des Hirnödems und der Signalveränderungen beobachten, und dabei aufzeigen, daß sich MRT und MRS sowohl zur Diagnose als auch zur Thera-piekontrolle bei dekompensierter Ahornsirupkrankheit eignet.

Literatur

Brismar J, Aqeel A, Brismar G, et al. (1990) Maple syrup urine disease: findings on CT and MR scans of the brain in 10 infants. AJNR 11: 1219-1228

758

Felber SR, Sperl W, Chemelli A, Murr Ch, Wendel U (1993) Maple syrup urine disease: Metabolic decompensation monitored by proton magnetic resonance imaging and spectroscopy. Ann Neurol 33: 396-401

Frahm J, Bruhn H, Gyngell ML, et al. (1989) Localized high-resolution proton NMR spectroscopy using stimulated echoes: initial applications to human brain in vivo. Magn. Reson. Med. 9: 79-93

Gaull GE, Tallan HH, Lajtha A, Rassin DK (1975) Pathogenesis of brain dysfunction in inborn errors of amino acid metabolism. In: Gaull GE, (ed.) Biology of brain dysfunction, vol 3. Plenum: New York: 47-143

Hüppi PS, Posse S, Lazeyras F, et al. (1991) Magnetic resonance in preterm and term newborns: 1H-spectroscopy in developing human brain. Pediatr Res 30:574-578

Michaelis T, Bruhn H, Gyngell ML, et al. (1990) On the identification of cerebral metabolites in localized proton NMR spectra (STEAM) of the human brain in vivo. In: Book of abstracts, vol 2. 9th Annual Conference of the Society of Magnetic Resonance in Medicine, San Francisco, CA: 984

Van der Meulin JA, Klip A, Grinstein S. (1987) Possible mechanisms for cerebral edema in diabetic ketoacidosis. Lancet 2: 306-308

Veränderungen der cerebralen Durchblutung während des REM-Schlafes bei Patienten mit Narkolepsie - eine ^{99m}Tc HMPAO SPECT Studie

S. Asenbaum[1], J. Zeitlhofer[1], R. Frey[2], I. Podreka[1], L. Deecke[1]

[1]Neurologische und [2]Psychiatrische Universitätsklinik Wien

Fragestellung

Die Einführung der SPECT (single photon emission tomography) Technik in die Medizin erlaubt eine nicht invasive, dreidimensionale Darstellung der cerebralen Durchblutung. Der dafür in den letzten Jahren häufig verwendete, mit ^{99m}Technetium radioaktiv markierte Tracer, das Hexamethyl-propylene-amine-oxime (HMPAO), lagert sich dabei entsprechend den intracerebralen Perfusionsverhältnissen ab. Dies läßt Rückschlüsse auf regionale cerebrale Aktivierungen zu.

In der vorliegenden Untersuchung sollte nun mit dieser Methode die cerebrale Durchblutung während des Schlafes bei Patienten mit Narkolepsie untersucht werden. Während des NREM (non rapid-eye-movement)-Schlafes konnte in Abhängigkeit vom erreichten Schlafstadium bereits wiederholt eine Reduktion der Durchblutung dargestellt werden. Das Ziel der vorliegenden Studie war es aber, die cerebralen Perfusionverhältnisse speziell im REM (rapid-eye-movement)-Schlaf aufzuzeigen, wobei in erster Linie die regionalen Veränderungen des cerebralen Blutflusses von Interesse waren.

Methodik

Sechs Patienten (3 Frauen, 3 Männer; alle rechthändig; Alter 17-51 Jahre) mit klinisch gesicherter Narkolepsie sowie positivem Multiplen-Schlaf-Latenz-Test und HLA-DR 2 Typ wurden 2x mit ^{99m}Tc HMPAO SPECT untersucht. Bei der ersten Studie erfolgte zunächst unter polysomnographischer Kontrolle die Tracerapplikation 2 Minuten nach Beginn der ersten REM-Phase (sleep onset REM, SOREM). Weitere 4 Minuten später wurden die Patienten geweckt und im Anschluß daran die SPECT Aufnahme vorgenommen. Vier Patienten gaben an, geträumt zu haben, ohne jedoch detaillierte Angaben über den Inhalt zu geben. Eine Kontroll-SPECT Untersuchung im Wachzustand fand eine Woche danach statt.

Die SPECT Aufnahmen wurden mit einer rotierenden Siemens Doppelkopfkamera, ausgerüstet mit HRES Kollimatoren, durchgeführt. Die Aufnahmezeit betrug 30 Minuten für 60 (2x30) Projektionen. Bei der Rekonstruktion der 3.12 mm dicken transversalen Schichten wurde ein Shepp-Logan Filter sowie die Schwächungskorrektur nach Bellini angewandt. Für die weitere Auswertung wurden sieben dieser Schichten summiert.

Die Beurteilung der Studien erfolgte zunächst visuell. Beruhend auf einer Systemkalibrierung wurde weiters die globale cerebrale HMPAO Aufnahme in % der verabreichten Dosis/100 ml Gehirnvolumen berechnet. Es wurden händisch auf 4 repräsentativen Schichten 32 cerebrale Regionen (ROI) eingezeichnet und anschließend ein regionaler Index (RI=(mittlere Impulszahl pro Voxel einer Region/mittlere Impulszahl pro Voxel aller Regionen) sowie ein Asymmetrie-Index (AI=[(mittlere Impulszahl pro Voxel rechte Region-mittlere Impulszahl pro Voxel linke Region)/((mittlere Impulszahl pro Voxel rechte Region+mittlere Impulszahl pro Voxel linke Region)/2)]x100) für diese Regionen eruiert. Mittels gepaartem T-test wurden die cerebrale HMPAO Aufnahme, der RI und AI auf signifikante Unterschiede zwischen beiden Untersuchungen (REM-Phase vs. Wachzustand) überprüft.

Ergebnisse

Die visuelle Auswertung zeigte eine relativ erhöhte HMPAO Aufnahme während des REM-Schlafes in der rechten Inselregion/supratemporal in 4 der 6 Patienten, rechts fronto-basal bzw. im rechten ventralen Temporallappen in jeweils 2 Patienten. Kein signifikanter Unterschied bestand hinsichtlich der globalen (t=1,2; p<0.2) und hemisphärischen cerebralen HMPAO Aufnahme in beiden Untersuchungen. Die Berechnung des RI ergab eine signifikante Erhöhung in der rechten Inselregion (t=3,5; p<0.01) bzw. Erniedrigung links supratemporal (t=-3,6; p<0.01), jeweils während des REM-Schlafes. Der AI war im REM-Schlaf supratemporal zugunsten von rechts signifikant höher als während des Wachzustandes (t=3,3; p<0.01), trendweise auch im Bereich der Inselregion (t=2,2; p<0.07). -In den restlichen cerebralen Regionen (z.B. im occipitalen Cortex) fanden sich keine signifikanten Unterschiede zwischen den beiden Untersuchungen hinsichtlich des RI und des AI.

Konklusion

Während in älteren Untersuchungen (Sawaya und Ingvar 1989) eine Erhöhung des cerebralen Blutflusses (CBF) während des REM-Schlafes beschrieben wurde, fanden Madsen et al.(1991a) keine Veränderung der globalen Hirndurchblutung im Vergleich zum Wachzustand. Auch die in der vorliegenden Arbeit durchgeführte Berechnung der cerebralen HMPAO Aufnahme erbrachte keinen Hinweis auf unterschiedlichen CBF während der REM Phase gegenüber dem Wachzustand. Die cerebrale Aktivität während des REM-Schlafes scheint ähnlich der des Wachzustandes zu sein.

Die visuelle Beurteilung als auch die Berechnung des RI bzw. AI während des REM Schlafes zeigten bei den untersuchten Narkoleptikern eine Aktivierung und damit Perfusionsanhebung im Bereich der rechten Inselregion/ rechts supratemporal bzw. eine relative Verminderung der HMPAO Speicherung links supratemporal auf. Dies würde die von Sawaya und Ingvar (1989) diskutierte These stützen, daß der REM Schlaf als rechtshirnige Funktion anzusehen ist bzw. daß die rechte Hemisphäre im Schlafzyklus vor der linken aktiviert oder deaktiviert würde.

Eine zuvor beschriebene relative CBF Erhöhung (Madsen et al. 1991b) im assoziativen visuellen Cortex bzw. relative Erniedrigung inferior frontal konnte nicht dargestellt werden. In der vorliegenden Studie wurde allerdings der Tracer knapp nach Beginn einer REM-Phase appliziert, sodaß sich eine solche regionale Tracerverteilung auch erst im weiteren Verlauf der REM-Phase herausbilden könnte. Zusätzlich ist zu berücksichtigen, daß HMPAO in Gebieten mit hohem Blutfluß, wie z.B. dem occipitalen Cortex, nicht streng proportional zu dieser abgelagert wird und daher eine Perfusionssteigerung nicht entsprechend zur Darstellung kommen könnte.

Inwieweit die angeführten Ergebnisse aber spezifisch für SOREM-Phasen von Narkolepsiepatienten sind, kann erst durch vergleichbare Untersuchungen an Normalpersonen geklärt werden.

Literatur

Madsen PL, Schmidt JF,Wildschiodtz G, Friberg L, Holm S, Vorstrup S, Lassen NA (1991a) Cerebral O_2 metabolism and cerebral blood flow in humans during deep and rapid-eye-movement sleep. J Appl Physiol 70(6): 2597-2601

Madsen PL, Holm SH, Vorstrup S, Friberg L, Lassen NA, Wildschiodtz G (1991b) Human regional cerebral blood flow during rapid-eye-movement sleep. J Cereb Blood Flow Metab 11: 502-507

Sawaya R and Ingvar DH (1989) Cerebral blood flow and metabolism in sleep (1989). Acta Neurol Scand 80: 481-491

Neuropsychologische Defizite nach zerviko-zephaler Beschleunigungsverletzung

M. Keidel, J. Freihoff, L. Yagüez, H. Wilhelm, H.C. Diener

Neurologische Klinik mit Poliklinik der Universität Essen

Fragestellung

HWS-Schleudertraumen als eine der häufigsten Folgen von Verkehrsunfällen sind durch Kopf- und Nackenschmerzen gekennzeichnet (Keidel und Diener 1993). Darüberhinaus klagen Patienten mit HWS-Schleudertrauma oft über eine mitunter längerdauernde Minderung von Auffassung, Konzentration und Gedächtnis (Krämer 1980; Diener und Keidel 1994). Rasche Erschöpfbarkeit und vegetative Begleitbeschwerden können hinzutreten (Wiesner und Mumenthaler 1975). In der Literatur wird häufig von einem im Subjektiven verhafteten und damit nicht objektivierbaren pseudo-neurasthenischen Syndrom ausgegangen.

In der hier vorgestellten Studie wurde dementgegen untersucht, ob sich subjektiv erlebte Leistungseinbußen nach HWS-Schleudertrauma mittels standardisierter neuropsychologischer Testverfahren objektivieren und quantifizieren lassen.

Es wurde eine prospektive Längsschnittstudie durchgeführt, die den postakzidentellen Leistungsverlauf der akut schleudertraumatisierten Patienten über ein Vierteljahr erfaßte.

Methodik

Zum Erhalt einer homogenen Stichprobe wurden nur Patienten in die Studie einbezogen, die folgende Kriterien erfüllten:

Schleudertrauma der HWS mit zerviko-zephalem Syndrom ohne neurologische Ausfallerscheinungen (Grad I oder I-II bzw. leicht - mittelschwer; Erdmann 1973; Schmidt 1989); akutes Trauma, nicht älter als 14 Tage; kein direktes Nackentrauma; kein begleitendes Schädel-Hirn-Trauma; kein klinisch faßbares neurologisches Defizit; keine zerebralen Vorerkrankungen (z.B. entzündlich, toxisch, hypoxisch, traumatisch); keine Kopfschmerzanamnese (z.B. Migräne, Spannungskopfschmerz); keine psychiatrische Erkrankung (z.B. Depression); keine medikamentöse (z.B. analgetische, antiphlogistische oder muskelrelaxierende) Therapie.

30 in diesem Sinne geeignete Patienten nahmen an der ersten Messung teil. Diese Patientenstichprobe wies einen Altersdurchschnitt von 28 Jahren auf und setzte sich zusammen aus 16 Frauen mit einem mittleren Alter von 29 Jahren und 14 Männern mit einem Durchschnittsalter von 27 Jahren. Frauen überwogen in dem untersuchten Kollektiv. Ein geschlechtsbezogener signifikanter Unterschied des jeweiligen Durchschnittsalters lag nicht vor.

Die Patienten wurden zu drei verschiedenen Zeitpunkten getestet. Die Untersuchungstermine wurden folgendermaßen festgelegt:

Die erste Messung hatte innerhalb der ersten 14 Tage nach dem Unfall zu erfolgen, wobei diese bei unserem Patientenkollektiv im Mittel 5,6 Tage nach dem Unfall durchgeführt wurde. Die zweite Messung wurde 6 und die dritte Messung 12 Wochen nach dem Unfall durchgeführt. Die psychologischen Testungen wurden mit den Versuchspersonen einzeln durchgeführt und dauerten jeweils etwa 2 Stunden. Zu jedem der drei Meßzeitpunkte wurden folgende Funktionen untersucht:

Die Konzentration für anhaltende Arbeit wurde mit dem Revisionstest (Rev.T) nach Stender gemessen. Zur Quantifizierung von Aufmerksamkeit, Wahrnehmungstempo und kognitiver Verarbeitungsgeschwindigkeit wurde der Zahlenverbindungs-Test (ZVT) nach Oswald eingesetzt. Mit den drei Subtests des Farbe-Wort-Interferenztests (FWIT) nach Stroop wurden ebenfalls die Aufmerksamkeits- und Konzentrationsleistungen der Patienten gemessen. Das Leistungsprüfsystem (LPS) nach Horn wurde eingesetzt, um kognitive Funktionen wie räumliche Vorstellung und Analyse, verbale Flüssigkeit und allgemeines Bildungsniveau zu erfassen. Die verbalen Gedächtnisfunktionen wurden anhand des Münchener verbalen Gedächtnis-Tests (MVGT) nach Ilmberger überprüft. Hierbei wurden die Aufmerksamkeitsspanne sowie das Kurzzeit- und Langzeitgedächtnis überprüft. Mit dem Recurring Figures-Test wurde das figurale Gedächtnis untersucht. Es wurden die Parallelformen der Tests ZVT, LPS und MVGT verwandt.

Ergebnisse

Alle untersuchten neuropsychologischen Funktionen zeigten im intraindividuellen, prospektiven Verlauf eine signifikante Erholung. Es ergaben sich keine Geschlechtsunterschiede.

Sowohl die Konzentration für anhaltende Arbeit (Rev.T) als auch die kognitive Vearbeitungsgeschwindigkeit und Arbeitstempo (ZVT) zeigten schon 6 Wochen nach dem Unfall eine deutliche Verbesserung, die bis zum dritten Meßzeitpunkt nach 12 Wochen noch zunahm. Die Informationsverarbeitungsgeschwindigkeit und Aufmerksamkeitsleistung in der FWIT-Aufgabe "Farbworte lesen" veränderte sich über die 12 Wochen nicht. Allerdings zeigten sich in den Aufgaben "Farbe benennen" und "Interferenz" nicht nach 6, sondern erst nach 12 Wochen signifikannte Verbesserungen.

Die Leistungen in den LPS-Subtests 7-9 für das visuell-räumliche Vorstellungs- und Planungsvermögen sowie die Leistung im Subtest 10 für die visuellen kontextabhängigen Analysefähigkeiten besserten sich innerhalb der ersten 6 Wochen nach dem Schleudertrauma signifikant. Auch in den folgenden 6 Wochen zeigte sich in diesem Bereich eine weiterhin fortschreitende Besserung, so daß bei der zweiten Kontrolluntersuchung nach 12 Wochen hochsignifikante Verbesserungen nachgewiesen werden konnten. Auch verbale oder sprachliche Funktionen wie Worteinfall (LPS6) zeigten signifikante Verbesserungen nach 6 und 12 Wochen. Das Erkennen von Schreibfehlern fragmentarisch wiedergegebener Wörter im Subtest 12 zur Überprüfung verbaler Wahrnehmungs- und Analysefähigkeiten war bei Erst- und Zweituntersuchung gleich ausgeprägt und zeigte erst nach 12 Wochen, also bei der dritten Messung, eine hochsignifikante Verbesserung.

12 Wochen nach dem zervikozephalen Beschleunigungstrauma hatte sich das verbale Gedächtnis der Patienten deutlich gebessert. Sämtliche Testvariablen des MVGT (ausgenommen MVGT 3+6) ergaben signifikant höhere Werte als bei der Erstuntersuchung. Die somit in der Frühphase der Beschleunigungsverletzung auftretenden Beeinträchtigungen der intraindividuellen verbal-mnestischen Funktionen bestanden zumindest für einen Zeitraum von 6 Wochen, da sich zum Zeitpunkt der ersten Follow-up-Untersuchung noch keine signifikante Besserung (MVGT 1-2, 4-6) zeigte. Sowohl die Leistungen nach Vorlage der Interferenzliste als auch die des Langzeitgedächtnisses bezogen auf freie Wiedergabe und Wiedergabe mit semantischen Hinweisen zeigten 6 Wochen nach dem Unfall noch keine Erholung. Signifikante Besserungen dieser Werte zeigten sich erst nach 12 Wochen.

Ähnlich den verbalen Gedächtnisleistungen nahmen auch die nicht verbalen, figuralen Gedächtnisfunktionen der Patienten in dem Recurring Figures Test innerhalb des ersten Vierteljahres nach dem Trauma signifikant zu. Abweichend von dem langsameren post-akzidentellen Erholungsverlauf der Beeinträchtigung des verbalen Gedächtnisses, der erst ein Vierteljahr nach dem Unfall zu signifikant höheren Testergebnissen führte, zeigte sich hier eine raschere signifikante Besserung der figuralen Gedächtnisleistung, die sich schon in der Zweituntersuchung nach 6 Wochen abzeichnete und sich nach einem Vierteljahr noch deutlicher manifestierte.

Der intraindividuelle Erholungsverlauf der Leistungseinbußen konnte somit in der prospektiven Verlaufsanalyse über ein Vierteljahr objektiviert werden (Yagüez et al. 1992, Keidel et al. 1992). Zum sicheren Ausschluß von Lerneffekten trotz Verwendung von Test-Parallelformen und der Wahl großer Intervalle zwischen den einzelnen Untersuchungsterminen erfolgte zwischenzeitlich auch der Vergleich der Testergebnisse der Patienten mit einer bezüglich Alter und Geschlecht parallelisierten Gruppe von Normalpersonen, die mit den identischen Testverfahren prospektiv in gleichen Zeitabständen testpsychologisch analysiert wurden. Initiale Leistungseinbußen, die sich im Verlauf wieder erholten, konnten auch in diesem parallelisierten Gruppenvergleich nachgewiesen werden und bestätigen somit die dargestellten Ergebnisse, die unter Bezug auf die (an Hand der Eichkollektive gewonnenen) Testnormen erhoben worden waren.

Konklusion

Es konnte in dieser Studie gezeigt werden, daß sich verbale Gedächtnis- und Abstraktionsleistungen, kognitive Selektivität (Informationsverarbeitungsgeschwindigkeit) sowie Interferenz-bedingte mnestische und kognitive Defizite erst 12 Wochen nach dem Unfall signifikant erholten. Konzentration, anhaltende Aufmerksamkeit, visuelles Vorstellungs- und Analysevermögen und visuell-figurales Gedächtnis besserten sich sowohl innerhalb der ersten 6 Wochen als auch in den nachfolgenden 6 Wochen.

Es ist somit gelungen, 'pseudo'-neurasthenisch anmutende Beschwerden im Leistungsbereich auch bei nur leichtgradigen zerviko-zephalen Beschleunigungstraumen zu objektivieren und ein testpsychologisches Korrelat eines damit 'real'-neurasthenischen Syndroms nachweisen zu können (Keidel et al. 1992, 1993). Eine ausführliche Diskussion der Ergebnisse im Literaturvergleich findet sich in Keidel et al. 1992.

Die Untersuchungsergebnisse sind von besonderer Relevanz für Therapie und Begutachtung. Zum einen ermöglicht der frühe Nachweis von Leistungseinbußen auch den frühen Einsatz von z.b. rehabilitativen Leistungstrainingsprogrammen ergänzend zu den konventionellen physikalischen Therapiemaßnahmen, um möglicherweise so die Zahl der Langzeitverläufe zu reduzieren (Yagüez et al. 1992). Zum anderen ergibt sich für manche Begutachtungsfragen der diagnostische Beleg eines real-neurasthenischen Syndroms nach HWS-Schleudertrauma und es empfielt sich Zurückhaltung bei der diagnostischen Annahme einer Pseudo-Neurasthenie (Keidel et al. 1992, 1993). Es wird derzeit untersucht, ob in der Akutphase erhobene neuropsychologische Testergebnisse prädiktive Aussagen über eine eventuelle verzögerte Beschwerderückbildung erlauben.

Literatur

Diener HC, Keidel M (1994) Aktuelle Entwicklungen im Bereich der Migräne und des HWS-Schleudertraumas. In: Elger CE, Dengler R (Hrsg) Jahrbuch der Neurologie 1994. Biermann, Zülpich; in Druck

Erdmann H (1973) Die Schleuderverletzung der Halswirbelsäule - Erkennung und Begutachtung. Die Wirbelsäule in Forschung und Praxis, Bd. 56. Hippokrates, Stuttgart

Keidel M, Yagüez L, Wilhelm H, Diener HC (1992) Prospektiver Verlauf neuropsychologischer Defizite nach zervikozephalem Akzelerationstrauma. Nervenarzt 63: 731-740

Keidel M, Diener HC (1993) Schleudertrauma der Halswirbelsäule. In: Brandt T, Dichgans J, Diener HC (Hrsg) Therapie und Verlauf neurologischer Erkrankungen, 2., überarbeitete und erweiterte Auflage. Kohlhammer, Stuttgart, Berlin, Köln, pp 642-652

Keidel M, Yagüez L, Wilhelm H, Vandenesch P, Rieschke P, Jüptner M, Diener HC (1993) Zervikozephales Beschleunigungstrauma. Gutachterliche Aspekte neurophysiologischer und neuropsychologischer Auffälligkeiten. Nervenheilkunde 12: 239-242

Krämer G (1980) Das zerviko-zephale Beschleunigungstrauma ("HWS-Schleudertrauma") in der Begutachtung. Unter besonderer Berücksichtigung zentralnervöser und psychischer Störungen. Akt Neurol 7: 211-230

Yagüez L, Keidel M, Wilhelm H, Diener HC (1992) Nachweis neuropsychologischer Defizite nach HWS-Schleudertrauma: Relevanz für die Rehabilitation. In: Mauritz K-H, Hömberg V (Hrsg) Neurologische Rehabilitation 2. Huber, Bern, Göttingen, Toronto, pp 54-60

Schmidt G (1989) Zur Biomechanik des Schleudertraumas der Halswirbelsäule. Versicherungsmedizin 4: 121-125

Wiesner H, Mumenthaler M (1975) Schleuderverletzungen der Halswirbelsäule. Eine katamnestische Studie. Arch Orthop Unfall-Chir 81: 13-36

Neuropsychologische Befunde bei myotoner Dystrophie

W. Sauermann, B. Kunath, B. Irmer

Klinik und Poliklinik für Neurologie und Psychiatrie, Medizinische Akademie
Dresden

Fragestellung

Neuropsychologische Befundabweichungen gehören zur Myotonien Dystrophie
(MD), weisen jedoch eine ausgeprägte Variabilität auf. Korrelationen zum Schweregrad der Myopathie fanden sich bisher nicht. Damit steht die Frage, ob bestimmte
Leistungsstörungen für phänotypische Untergruppen der Krankheit kennzeichnend
sind.

Methodik

Ein Typisierungsversuch der MD unter Berücksichtigung von 600 klinischen und
paraklinischen Merkmalen (unter Ausschluß psychologischer Untersuchungsergebnisse) an 86 MD- Patienten führte nach Faktorenanalyse und Clusterung der Faktorausprägung der Sippenangehörigen zu drei sich unterscheidenden MD- Phänotypen.
46 MD- Patienten und 42 gesunde Familienangehörige wurden mit HAMBURG-
WECHSLER -Intelligenztest, Konzentrationsverlaufstest (ABELS), d 2 - Test
(BRICKENKAMP), Intelligenzstrukturtest (AMTHAUER), Entscheidungsver-
haltenstest (WOLFRAM) und Freiburger Persönlichkeitsinventar untersucht.

Ergebnisse

Mittels der Clusteranalyse lassen sich in ihrer Faktorausprägung signifikant drei unterschiedliche Phänotypiegruppen der MD- Patienten erkennen, die durch folgende
Faktoren besonders kennzeichnet sind. Cluster I: ausgeprägte, auch proximale Myotonie bei sonst geringen pathologischen Abweichungen. Cluster II: distal betonte
Myopathie, Affektion des peripheren Nervensystems (Muskeleigenreflexe abgeschwächt, NLG- Verminderung), Fundus-oculi Besonderheiten. Cluster III: proximal
betonte Myopathie, distale Myotonie, Affektion innerer Organe, Laborwertab-
weichungen (Fett, Immunglobuline), ausgeprägte Katarakte. Die Einschränkungen
der einzelnen Phänotypiegruppen gegenüber Gesunden im psychologischen Leistungsbereich sind in der Abbildung dargestellt. Die signifikanten Minderungen des
Intelligenzquotienten (IQ), von Konzentration, Gedächtnis und Entscheidungs-
verhalten (gemessen in Punkten, Norm = 100) lassen eine besondere Betroffenheit
des Clusters II erkennen. Daneben zeigen bei der Persönlichkeitsbeurteilung alle drei
Phänotypiegruppen erhöhte Depressivität und verminderte Gelassenheit (nach dem
FPI).

Tab. 1.

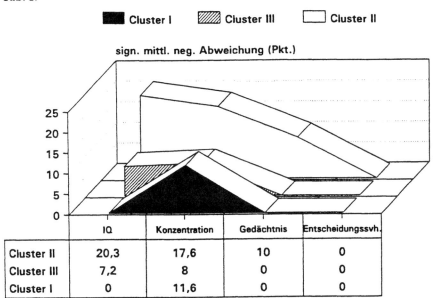

	IQ	Konzentration	Gedächtnis	Entscheidungssvh.
Cluster II	20,3	17,6	10	0
Cluster III	7,2	8	0	0
Cluster I	0	11,6	0	0

Konklusion

Die Untersuchungen bestätigen, daß bei der myotonen Dystrophie neben den verschiedenen Organmanifestationen mit individueller Ausprägung auch im neuropsychologischen Bereich Abweichungen nachgewiesen werden können. Korrelationen zum Ausprägungsgrad einzelner bekannter Symptome bestehen nach allgemeiner Meinung nicht. Erst bei Zusammenfassung von mathematisch ermittelten Ausprägungskonstellationen aus einer Vielzahl von Einzelsymptomen der Patienten verschiedener Sippen zu Phänotypiegruppen (Clustern) lassen unsere Untersuchungen doch derartige Korrelationen erkennen. Die ausgeprägtesten Minderungen im Leistungsbereich finden sich bei der Phänotypiegruppe, die neben einer distalen Myopathie betont auch eine Betroffenheit des peripheren Nervensystems und Augenhintergrundsveränderungen aufweist. Obwohl für alle Gruppen im FPI eine erhöhte Depressivität angezeigt wird, hat die o.g. Phänotypiegruppe Charakteristika eines depressiven Syndroms im weiteren Sinne. Die Ergebnisse der neuropsychologischen Untersuchung unterstreichen die Klassifizierbarkeit Betroffener, was zur Überprüfung genomischer Grundlagen anregt.

Untersuchungen zur Kohärenz und evozierten Kohärenz des EEG bei neurotoxisch Exponierten

D. Jackisch, H.-J.Volke, P. Dettmar

TU Dresden, Institut für Humanbiologie

Fragestellung

Im Zusammenhang mit dem verbreiteten Einsatz chemischer Substanzen in weiten Bereichen der Wirtschaft stellt sich die Frage nach möglichen Schädigungen der Exponierten. Wegen seiner bekannten neurotoxischen Wirkung kommt hierbei dem Schwefelkohlenstoff (CS_2), einer insbesondere bei der Viskoseherstellung verwendeten Chemikalie, besondere Bedeutung zu. In der vorliegenden Arbeit wird der Aussagewert des EEG hinsichtlich der Früherkennung neurotoxischer Schädigungen durch CS_2 untersucht.

In bisherigen Untersuchungen zu dieser Thematik wurden zumeist visumanuelle Methoden der EEG-Auswertung verwendet, während automatische Verfahren wenig bzw. reduziert auf die Berechnung von Amplituden und Frequenzen der Einzelableitungen eingesetzt wurden. Das Gehirn als ein außerordentlich komplexes Organ ist jedoch in seiner Funktionsweise maßgeblich charakterisiert durch die Art und Weise des Zusammenwirkens seiner einzelnen Teile. Dieses Zusammenwirken findet seinen Ausdruck jedoch nicht in der elektrischen Hirnaktivität einzelner Ableitorte als vielmehr in den Beziehungen derselben untereinander. Aus diesem Grund wird der Frage nachgegangen, ob ggf. subtile Änderungen der EEG ihren Ausdruck in veränderten Kohärenzen finden, noch bevor die Amplituden und Frequenzen der Einzelableitungen signifikante Unterschiede zeigen.

Methodik

Untersucht wurden 14 lang (10 Jahre u.z.T. berufskrank) und 14 mittelfristig (ca. 10 Jahre) CS_2 exponierte Arbeiter sowie 2 Kontrollgruppen. Das Jahr des durchschnittlichen Expositionsbeginns fällt für Gruppe 1 auf 1961, mit einem Expositionsangebot von ca. 60 mg/m^3. Das Jahr des CS_2-Expositionsbeginns fällt für Gruppe 2 auf 1971, mit einem Expositionsangebot von ca. 37 mg/m^3.

Von allen Probanden wurde das EEG (16-kanalig, reduziertes 10-20-System) unter Ruhe und Belastung sowie zur EP-Gewinnung bei Applikation akustischer Reize (Odd-Ball-Paradygma) abgeleitet. Die Auswertung erfolgte auf der Grundlage der zeitvariaten Spektralanalyse (Volke und Dettmar 1990) hinsichtlich der topologischen Amplituden- und Frequenzverteilung unter besonderer Berücksichtigung ihrer Variabilität sowie der Kohärenzen zwischen den Ableitpunkten für den Alpha- und Thetabereich. Für das Zeitintervall im unmittelbaren Anschluß an den Reiz erfolgte die Berechnung einer evozierten Kohärenz sowohl für den Standardton (St) und den abweichen Ton (At). Zudem wurde zur Berechnung einer Gesamtkohärenz pro Komponente die elektrischen Hirnaktivität der 16 Ableitorte miteinander kreuzkorreliert - für ST und Atanalog.

Ergebnisse

Sowohl die Auswertung der topologischen Mittelwerte von Amplitude und Frequenz der einzelnen Komponenten als auch deren zeitliche Varianz erbrachten keine signifikanten Unterschiede zwischen den Gruppen. Deutliche Unterschiede ließen sich jedoch bereits in der einfachen kohärenzanalytischen Untersuchung mit P_z als Referenzpunkt nachweisen. Im Kohärenzmaß wird bei den Geschädigten im Gegensatz zu den Gesunden nach frontal eine Auflösung der konzentrisch angeordneten Ringe sichtbar. Zudem läßt sich eine signifikant höhere minimale Kohärenz, insbesondere für die Alpha- u. Thetakomponente nachweisen. Bei der evozierten Kohärenz nach St wird für beide Gruppen die Einbeziehung der Temporallappen sichtbar, was der Lokalisation der primären akustischen Hirnrinde entspricht. Die Geschädigten zeigen eine flächenmäßig ausgeprägtere evozierte Kohärenz im parietal auditiven Projektionsfeld. Im Kohärenzmuster auf abweichende Töne wird nunmehr verstärkt die linke Hemisphäre (Alpha-Komponente) in die zentralnervöse Informationsverarbeitung einbezogen. Bei den Geschädigten lassen sich diese Zuordnungen nicht mehr so eindeutig finden. Erste statistische Betrachtungen zur Gesamtkohärenz bestätigen die bisher nur in einigen exemplarisch dargestellten Befunden auffälligen Kohärenzmuster sowohl für die Gesamtkohärenz als auch für die evozierte Kohärenz zwischen den Gruppen. Auffällig erscheint auch die bedeutend höhere Anzahl signifikanter Variablenunterschiede innerhalb der Thetakomponente. Eine mögliche Erklärung hierfür könnte das Auftreten des hippocampalen Thetarhythmus (Creutzfeld 1983) sein, der ja insbesondere in der frühen Einprägungsphase, die nur das Kurzzeitgedächtnis betrifft, eine Rolle spielt (Markowitsch 1992).

Konklusion

Zusammenfassend kann gesagt werden, daß die Kohärenzwerte zwischen der Gruppe der Gesunden und der der Kranken im Alpha- und Thetaband signifikant differieren, während die Mittelwerte der Amplituden und Frequenzen eine solche Differenzierung nicht leisten. Das Kurzzeitkohärenzmapping schien deshalb eine im Vergleich zu herkömmlichen Methoden genauere Bewertung der elektrischen Hirnaktivität zu ermöglichen, auch im Hinblick auf Fragen der zentralnervösen Informationsverarbeitung und zur Hemisphärenlateralität.

Literatur

Creutzfeld OD (1983) Cortex Cerebri. Springer Verlag, Berlin
Markowitsch HJ (1992) Neurophysiologie des Gedächtnisses. Verlag für Psychologie, Hogrefe, Göttingen
Volke HJ, Dettmar P (1990) Time-variant spectral Analysis of Electroencephalograms. In: Biom J 32, 3: 303 - 317

Zum qualitativen Verhalten horizontaler Blickzielbewegungen bei Patienten mit Hemiplegie

R. Fötzsch, U. Ley

Klinik für Neurologie der Medizinischen Akademie Dresden

Fragestellung

Finden sich bei Patienten mit Hemiplegie Abweichungen des qualitativen Verhaltens visuell evozierter horizontaler Saccaden (VES)? Lassen sich die von anderen Autoren (Troost et al. 1972; Girotti et al. 1981; Kimura et al. 1981; Bogousslavsky 1987) bei zerebralen Läsionen beschriebenen Auffälligkeiten bestätigen?

Methodik

Die Untersuchungen waren 1981 an 12 Patienten mit einer Hemiplegie (7 mal re., 5 mal li., Dauer des Bestehens 0,5 bis 15 Jahre und Alter 33 bis 72 Jahre) und 12 gesunden Personen (Alter 22 bis 73 Jahre) vorgenommen worden.

In jedem Fall wurden 32 VES über Winkel von 10, 20, 30 und 40 Grad in zufälliger Reihenfolge elektronystagmographisch untersucht (elektronischer Blickpunktgeber, bipolare monokulare Ableitung, RC-Verstärkung, Zeitkonstante 1,5 s, Frequenzblende 70 Hz, Papiervorschub 30 mm/s, max. Schreibbreite +- 14 mm). Die Untersuchungen erfolgten am sitzenden Patienten/ Probanden 300 cm vor einem Tangentenschirm. Die registrierten VES wurden manuell-visuell nach folgenden qualitativen Merkmalen beurteilt: normometrisch, negativ zielabweichend, positiv zielabweichend, mehrstufig.

Ergebnisse

Im Einzelfall entsprachen die Anteile der verschiedenen Bewegungsarten denen gesunder Personen. In der Gruppe der Patienten mit Hemiplegie fanden sich weniger normometrische und mehr positiv zielabweichende sowie mehrstufige, bei 10 Grad - VES mehr positiv zielabweichende und bei 30 Grad - VES häufiger mehrstufige Bewegungen. Unterschiede zwischen ipsi- und kontra-lateral zur Hemiplegie ausgeführten Bewegungen waren nicht signifikant, Unterschiede zwischen re.- und li.zerebralen Läsionen nicht feststellbar.

Konklusionen

Patienten mit Hemiplegie können Abweichungen im qualitativen Verhalten der VES zeigen. Die normometrische Ausführung von Saccaden ist seltener. Die Refixation wird häufig über positiv zielabweichende und mehrstufige Abweichungen realisiert.

Fehlende Unterschiede im Verhalten der Bewegungen ipsilateral und kontralateral zur zerebralen Läsion erklären sich möglicherweise aus dem längeren Bestehen der Halbseitenlähmung.

Literatur

Bogousslavsky J (1987) Impairment of visually evoked eye movements with a unilateral parieto-occipital lesion, J Neurol 234: 160-162

Girotti F, Casazza M, Boeri R, Musicco M, Avanzini G (1981) Eletrooculographic study of saccades in lesions of the cerebral hemispheres with alterations of visual exploration, 6 th Internat. Congr. of Neurogenet. and Neuro-Ophthalm. June, 9-12. 1981 Zürich

Kimura Y, Kato I (1980) Modification of saccade by various central nervous system dysfunctions, Annals of the New york Akademy of Sciences; vol. 374, pp. 755-763

Troost BT, Weber RB, Daroff RB (1972) Hemispheric Control of Eye Movements, Arch Neurol 27: 441-448

Chronischer Analgetika-induzierter Kopfschmerz: abnorme Hämorheologie?

B. Oder, W. Oder, K. Zeiler, E. Gantner, H. Kollegger, S. Aull, M. Mraz, J. Spatt, P. Wessely

Universitätsklinik für Neurologie, Wien

Fragestellung

Die Blutviskosität ist eine der bestimmenden Größen des cerebralen Blutflusses. Eine pathologisch erhöhte Viskosität mit der damit verbundenen Verschlechterung der Sauerstoffversorgung des ZNS könnte ein ätiopathogenetischer Faktor von vaskulären Kopfschmerzen wie Migräne und Spannungskopfschmerz sein. Eine prolongierte und tägliche Analgetikaeinnahme mündet bei vielen dieser Patienten in einen chronischem Kopfschmerz. Übelkeit, Gereiztheit, Konzentrationsschwäche, depressive Verstimmung und Schlafstörungen sind häufige Begleitsymptome. Der chronische Analgetika-induzierte Kopfschmerz bessert sich dramatisch durch eine Entzugstherapie, welche die Medikamentenabhängigkeit abrupt beendet. Bis heute ist wenig über die pathophysiologischen Mechanismen des Analgetika-induzierten Kopfschmerz bekannt. Es erschien uns daher von Interesse, mögliche Zusammenhänge zwischen den Fließeigenschaften des Blutes und Analgetika-induzierten, chronischen Kopfschmerz zu untersuchten.

Patienten und Methodik

Die Viskoelastizität des Vollblutes von 28 Patienten mit chronischem Analgetika-induziertem Kopfschmerz wurde mit 28 gesunden Probanden unter Berücksichtigung der Kovariablen Alter, Geschlecht, Nikotinabusus und der Einnahme oraler Kontrazeptiva verglichen. 15 der untersuchten Patienten litten ursprünglich an Migräne, 13 an Spannungskopfschmerz. Die am häufigsten eingenommenen Medikamente waren Koffein (90% der Patienten), Propyphenazon (55%), Ergotalkaloide (50%), Phenylbutazon (45%) und Paracetamol (40%). Mischpräparate waren bevorzugt. Eine standardisierte, stationäre Entzugstherapie für 10 Tage wurde durchgeführt: A) Tag 1-6: 320 mg Prothipendyl, 10 mg Diazepam, 2,5 mg Metamizol, 10 mg Metocloperamid und 12 g Piracetam. B) Tag 7-10: 240 mg Prothipendyl, 5 mg Diazepam, 1 mg Metamizol und 12 g Piracetam.

Bei allen Patienten vermerkten wir eine deutliche Besserung. Die Bestimmung der rheologischen Meßgrößen erfolgte mittels eines oszillierenden Kapillarrheometers (OCR-D, Fa. Paar, Graz). Die statistische Auswertung erfolgte mittels univariater Analyse.

Ergebnisse

Vor der Entzugstherapie wurden die rheologischen Parameter erstmals erhoben (Tabelle 1A). Die Blutviskosität bei Scherraten von 10/s und 50/s, Blutelastizität bei 50/s (korrigiert auf einen Hämatokrit von 45%) und die errechnete Scherresistenz der Erythrozyten waren bei Patienten mit Spannungskopfschmerz signifikant höher als bei gesunden Probanden. Hingegen war bei Patienten mit Migräne die elastische Komponente der komplexen Vollblutviskoelastizität bei 50/s die einzige rheologische Meßgröße, die signifikant im Vergleich zur gesunden Kontrollgruppe erhöht war. 30 Tage nach der Entzugstherapie wurden die rheologischen Meßgrößen erneut bestimmt (Tabelle 1B): Lediglich die Patienten mit Spannungskopfschmerz hatten eine erhöhte Blutelastizität bei einer Scherrate von 50/s. Bei Patienten mit Migräne konnten wir zu diesem Zeitpunkt keine abnorme Rheologie mehr nachweisen.

A) RHEOLOGISCHE PARAMETER VOR DER ENTZUGSBEHANDLUNG					
VARIABLE	MIGRÄNE	SPANNUNGS-KS	KONTROLLEN	F-WERT	p-WERT
(mPas.s)	(n=15)	n=13)	n=28		
PV 10/s	1,26(0,05)	1,3(0,04)	1,31(0,08)	3.09	0.054
BV 10/s	6,26(0,66)	6,7(0,82)	5,93(0,95)	3.51	0,036*
BV 50/s	4,6(0,43)	4,89(0,52)	4,41(0,63)	3.26	0.046
BE 10/s	1,47(0,28)	1,72(0,35)	1,43(0,4)	2.29	0.062
BE 50/s	0,27(0,09)	0,35(0,11)	0,23(0,08)	6.38	0,003*
AI corr.	1,07(0.17)	1,12(0,21)	1,02(0,25)	0.84	0.437
SR corr.	1,01(0,22)	1,39(0,38)	1,00(0,26)	8.91	0,000*
FI corr.	0,98(0,11)	1,01(0,1)	0,93(0,12)	2.05	0.139

B) RHEOLOGISCHE PARAMETER NACH DER ENTZUGSBEHANDLUNG					
VARIABLE	MIGRÄNE	SPANNUNGS-KS	KONTROLLEN	F-WERT	p-WERT
(mPas.s)	(n=15)	n=13)	n=28		
PV 10/s	1,29(0,07)	1,29(0,04)	1,31(0,08)	0.76	0.473
BV 10/s	6,56(1,54)	6,74(0,78)	5,93(0,95)	2.46	0.095
BV 50/s	4,79(0,96)	4,94(0,48)	4,41(0,63)	2.39	0.101
BE 10/s	1,59(0,62)	1,70(0,42)	1,43((0,04)	1.48	0.236
BE 50/s	0,28(0,1)	0,33(0,09)	0,23(0,08)	4.51	0,016*
AI corr.	1,06(0,53)	1.10(0,64)	1,02(0,25)	0.25	0.78
SR corr.	1,13(0,52)	1,31(0,45)	1(0,26)	2.57	0.086
FI corr.	0.99(0,17)	1,01(0,08)	0,93(1,12)	1.98	0.148

PV = Plasmaviskosität					
BV = Blutviskosität					
BE = Blutelastizität					
AI corr. = errechneter Aggregationsindex					
SR corr. = errechnete Scherresistenz					
FI corr.= errechneter Filtrationsindex					

Tab. 1. Rheologische Parameter

Konklusion

Blutviskosität (10/s), Blutelastizität (50/s) und die Scherresistenz sind im Intoxikationsstadium bei Patienten mit Spannungskopfschmerz signifikant erhöht, bei Patienten mit Migräne weist nur die Elastizität (50/s) veränderte Werte auf. Mög-

774

licherweise bedingt der größere Konsum von Analgetika, welcher der ersteren Patientengruppe eigen ist, diesen Unterschied. 30 Tage nach der Entzugstherapie normalisieren sich weitgehend die untersuchten hämorheologischen Parameter.

Die Ergebnisse unserer Studie weisen somit auf eine mögliche Bedeutung erhöhter hämorheologischer Parameter in der Pathogenese des Analgetika-induzierten, chronischen Kopfschmerzes hin.

Über die Bedeutung kombinierter dynamographischer und elektromyographischer Untersuchungsverfahren bei neuromuskulären Erkrankungen

A. Wagner, H. Rühl, H. Woldag, A. Reinshagen

Klinik für Neurologie, Universität Leipzig

Fragestellung

Die funktionelle Diagnostik neuromuskulärer Erkrankungen stützt sich im wesentlichen auf klinische und nadelelektromyographische Befunde. Biomechanische Parameter bleiben dabei unberücksichtigt. Anliegen der Untersuchungen war es deshalb, motorische Funktionen wie Kraft, Ausdauer, Koordination mit in die Analyse einzubeziehen und die dynamographischen, oberflächen- und nadelelektromyographischen Methoden so zu kombinieren, daß eine komplexe und quantitative Beurteilung neuromuskulärer Funktionsstörungen möglich wird.

Methodik

Die Untersuchungen wurden mit dem computergestützten isometrisch/isokinetischen Meß- und Belastungssystem "Biodex", dem integrierten polyelektromyographischen Meßsystem "Myosystem 2000" (Noraxon) und einem Nadel-EMG-Gerät ("Counterpoint", Dantec) durchgeführt. Sie erfolgten am Kniegelenk unter standardisierten Belastungs- und Ableitbedingungen. Untersuchungsablauf und Bewertungskriterien sind in einer früheren Arbeit beschrieben worden (Wagner et al. 1992).

Für die Untersuchungen standen 34 gesunde Personen (18 männl. und 16 weibl. in den zwei Altersgruppen von 23 bis 40 bzw. 41 bis 72 Jahren) und 24 Patienten mit neuromuskulären Erkrankungen und Störungen (spinale Muskelatrophien, progessive Muskeldystrophien, lumbale Radikulopathien) zur Verfügung.

Ergebnisse

Bei den gesunden Personen unterschieden sich die biomechanischen Kenngrößen (Kraft, Leistung) und die Amplitudenwerte im Oberflächen-Elektromyogramm in Abhängigkeit vom Geschlecht statistisch signifikant. Das traf für die Nadel-EMG-sowie kombinierten Parameter und die Altersgruppenunterschiede nicht zu.

Die Korrelations- und Regressionsberechnungen ergaben nur zwischen den biomechanischen Kenngrößen Maximalkraft und Leistung einen hochsignifikanten Zusammenhang.

Bei den Patienten ließen sich nicht nur das Kraftdefizit, sondern auch Störungen der intermuskulären Koordination quantitativ beschreiben. Strukturelle Veränderungen im Nadel-EMG spiegelten sich nur unvollständig im Oberflächen-EMG wider. Für die syndromdiagnostische Beurteilung boten sich bei Patienten mit Myopathien und Störungen der elektromechanischen Ankopplung der Ökonomisierungsquotient und bei Patienten mit peripher-neurogenen Störungen die Absolutwerte der Kraft und der mittleren EMG-Aktivität als geeignete quantitative Bewertungskriterien an.

Tab. 1. Übersicht über die Befunde der gesunden Personen und in Gegenüberstellung dazu je ein Befundbeispiel von einem Patienten mit einer myogenen (progressive Muskeldystrophie) und neurogenen (Radikulopathie L_3/L_4) Störung

| | Normalwerte | | Befundbeispiel | |
			myogen	neurogen
Geschlecht	männl.	weibl.	weibl.	männl.
Anzahl (n)	18	16	Patn. H.F.	Pat. R.Z.
Alter (in Jahren)	34,0±13,8	41,7±19,0	34	73
Biomechan. Parameter				
maximale Kraft				
abs. (Nm)	168±44	102±29	10	2
Leistung				
abs. (Watt)	265±67	145±40	13,8	0,8
Oberflächen-EMG				
mittlere Amplitude (µV)	266±131	170±82	87	2
kombinierte Parameter				
Ökonomisierungsquotient				
(µV/N)	1,76±0,58	1,92±0,41	4,67	2,7
Nadel-EMG				
Rekrutierungsmuster				
Dichte				
Turn/s	550±152	573±197	826	62
mean Frequenz (Hz)	209±87	186±63	156,2	253
Amplitude (µV)				
maximal	4391±1626	3960±2701	1415	92,8
MRV	410±200	364±197	311	274
komb. Parameter				
ratio	0,60±0,2	0,87±0,45	1,59	0,13
MUAP				
Dauer (ms)	7,8±1,5	7,8±2,7	6,3	11,4
Amplitude (µV)	1764±873	1716±1120	2200	535
Polyphasien (%)	< 20	< 20	90	35

Bei prä- und postoperativen Verlaufsuntersuchungen an 5 Patienten mit lumbalen Radikulopathien und motorischen Wurzelausfallserscheinungen zeigten die biomechanischen Parameter und die gemittelte EMG-Amplitude die zunehmende Kraftentfaltung als Ausdruck der klinischen Besserung quantitativ an. Der Anstieg des Ökonomisierungsquotienten deutete auf eine Dissoziation im Bereich der elektromechanischen Ankopplung hin. Die Nadel-EMG-Parameter ließen Rückschlüsse auf die pathophysiologischen Veränderungen zu, die der Kraftzunahme zugrunde lagen. Auf diese Weise ist es gelungen, Reinnervationstendenzen im Einzelfall zu verfolgen und quantitativ zu erfassen.

Konklusion

Nach den bisher vorliegenden Ergebnissen ergänzt das beschriebene Methodeninventar die diagnostischen Möglichkeiten in der neuromuskulären Funktionsdiagnostik und bietet sich besonders für Studien zur quantitativen Verlaufsbeurteilung an.

Die Untersuchungen wurden vom Bundesministerium für Forschung und Technologie gefördert

Literatur

Wagner A, Rühl H, Mielke U, Zett HJ, Schimrigk K (1992) Neue Möglichkeiten der neuromuskulären Funktionsdiagnostik zur Verlaufsbeurteilung und Therapeikontrolle neuromuskulärer Erkrankungen. In: Schimrigk K, Haaß A, Hamann G (eds) Verhandlungen der Deutschen Gesellschaft für Neurologie. Band 7, Conrad & Bothner, Zweibrücken, 839-843

Komplexe elektrophysiologische Untersuchungsverfahren zur Verbesserung der Diagnostik bei neuromuskulären Erkrankungen

H. Rühl, A. Wagner, H. Woldag, A. Reinshagen

Klinik für Neurologie, Universität Leipzig

Fragestellung

Für die Diagnostik neuromuskulärer Erkrankungen sollte ein Methodenspektrum geschaffen werden, das neben den intramuskulären Veränderungen, die bereits mit dem klinischen EMG in der neurologischen Praxis erfaßt werden, auch die Veränderungen in der motorischen Leistungsfähigkeit quantitativ erfaßbar macht. Dazu kombinierten wir die Nadelelektromyographie mit der Oberflächenelektromyographie und Dynamographie. Aus diesen drei Untersuchungskomplexen mußte ein Parameterspektrum entwickelt werden, das (1) differenziertere Aussagen zu neuromuskulären Erkrankungen liefert und (2) quantitative Aussagen zur Wirksamkeit ausgewählter Therapieformen möglich macht. In der vorliegenden Arbeit wird vornehmlich der methodische Aspekt behandelt. Für die klinische Untersuchung wird auf den Beitrag von Wagner et al. an gleicher Stelle verwiesen.

Methodik

Zur Erfassung der erbrachten Kraft und Belastungssteuerung diente ein isokinetischer Meßplatz (Biodex Corp., USA). Für die vorliegenden Untersuchungen wurde ein isometrisches Belastungsprogramm gewählt, das aus fünf Anspannungen (3 sec. Dauer 5 sec. Pause) für das Kniegelenk in Extensions- und Flexionsrichtung bestand. Als Vorgabe wurde 70 % der Maximalkraft gewählt. Parallel erfaßten wir die oberflächenelektromyographische Aktivität von vier Muskeln entsprechend dem untersuchten Gelenk mit einem 8-Kanal-EMG-Verstärkersystem (Myosystem 2000, Noraxon OY, Finnland). Die nadelelektromyographischen Untersuchungen wurden mit einem 4-Kanal-EMG-Verstärker (Counterpoint, Dantec, Dänemark) in üblicher Weise vorgenommen (maximale und mäßige Anspannung, Ruheaktivität).

Bisher wurden 213 isometrische Untersuchungen (Einzel- und Wiederholungsuntersuchungen) an 100 Personen (45 Normalpersonen und 55 Patienten mit neuromuskulären Erkrankungen) im Alter von 23 bis 72 Jahren durchgeführt. Die Ableitungen erfolgten am Knie- (n=65), Fuß- (n=20), Schulter- (n=12), Ellenbogen- (n=4) und Hüftgelenk (n=1). Eine Übersicht ist in Tabelle 1 angefügt.

Tab.1. Probandenübersicht

Normalpersonen

	weiblich		männlich	
	< 40	≥	< 40	≥ 40
Knie	9	6	13	6
Fuß	1	2	2	5
Hüfte				
Schulter			1	
Ellenbogen				
n	10	8	16	11
MW ± SD	24,6±2,7	57,8±7,0	26,9±1,9	53,7±8,0

Patienten

	weiblich		männlich	
	< 40	≥ 40	< 40	≥ 40
Knie	4	13	5	8
Fuß	1	1	1	6
Hüfte	1			
Schulter		3	1	7
Ellenbog.	1		2	1
n	7	17	9	22
MW ± SD	36,3±2,1	56,8±8,0	31,4±5,0	54,3±9,

Die Auswertung erfolgte computergestützt mit den Signalanalyseprogrammen der Teilkomplexe (EMG, isokinetischer Meßplatz) und mit den in der Programiersprache Spike 2 (Cambridge Electronic Design Limited, Großbritannien) erstellten Programmen. Die motorische Leistung wird durch folgende Parameter beschrieben: (1) Biomechanische Parameter: mittleres Kraftmoment, mittlere Leistung, mechanischer Koordinierungsquotient (Kraftmomente der bidirektionalen Anspannungen), (2) Oberflächenelektromyographische Parameter: mittlere Amplitude, Frequenzspektrum, Intervallhistogramm, (3) Nadelelektromyographische Parameter: maximale Amplitude, Frequenzspektrum, Intervallhistogramm und (4) Verknüpfte Parameter: Ökonomisierungsquotient (Agonistenaktivität/Kraftmoment), Koordinierungsquotient (Agonisten-/Antagonistenaktivität). Alle Parameter wurden in DBASE IV in einer Datenbank eingegeben und verwaltet. Die statistische Bearbeitung erfolgte mit STATGRAPH.

Ergebnisse

Die durchgeführten Untersuchungen zeigen, daß die Funktionsanalyse des neuro-muskulären Systems in dieser komplexen Form eine Normwerterstellung hinsicht-lich Alter, Geschlecht, Gelenk und Anspannungsrichtung voraussetzt. In einer ersten Phase wurden dehalb an Normalpersonen unterschiedlichen Alters die ent-sprechenden Bezugswerte ermittelt. Für das Kniegelenk sind sie bei Wagner et al. im vorangehenden Beitrag dargestellt.

Eine Validierung und Spezifizierung der eingesetzten Parameter wurde einer-seits durch den Vergleich dieser Normalwerte mit ausgewählten Patienten mit neuro-muskulären Störungen (Signifikanztest nach STUDENT) und anderseits durch Korrelation der verschieden Parameter erreicht.

Auf der Grundlage dieser Daten sind nicht nur Aussagen zu speziellen Aspekten der Kraftfähigkeit (Maximalkraft, Kraftausdauer, Schnellkraft), Koordination und Ermüdung möglich, sondern es gelingt z. B. auch bei Paresen muskuläre Asymme-trien und Dysbalancen quantitativ zu beschreiben.

Konklusion

Damit besitzen die mit diesem Untersuchungsansatz gewonnenen Informationen für die Neurologie nicht nur diagnostisches Interesse, sondern sie sind auch für ein wis-senschaftlich begründetes Therapievorgehen bei neuromuskulären Erkrankungen und deren Rehabilitation von grundsätzlicher Bedeutung.

Dic Untersuchungen wurden vom Bundesministerium für Forschung und Techno-logie gefördert

TOPONET - Multimediales Informationssystem zur zentralen neurologisch-topischen Diagnostik

K. Spitzer

Institut für Biometrie und Medizinische Informatik der Universität Heidelberg

Zusammenfassung

TOPONET ist ein wissensbasiertes System, in dem multimediale Informationen zur topischen Diagnostik des Gehirns gespeichert sind. Es enthält 5 Wissensbanken: Literatur (Abstracts und Originalarbeiten), Textbausteine (Definitionen, topische Regeln), Bilder, Schemata, Tondokumente und Animationen. An die Datenbanken ist ein regelbasiertes Expertensystem zur topischen Diagnostik gekoppelt. TOPONET ist auf MS-DOS-Rechnern implementiert und zur Unterstützung des Arztes in der neurologisch-topischen Diagnostik und in der klinischen Ausbildung eingesetzt.

Fragestellung

Neurologisch-topisches Wissen umfaßt verschiedenste Arten von Informationen: Texte, in denen Zusammenhänge erklärt werden, neuroanatomische Bilder, Schemata, akustische Informationen in der Sprachdiagnostik und Bewegungsinformationen. Der Einsatz eines Hypertextsystems bietet sich an. Hypertext und in seiner Verallgemeinerung Hypermedia bezeichnet ein Computerdokument, das multimediale Informationen selektiv und sequentiell zur Verfügung stellt (Gloor 1990).

Methoden

TOPONET besteht aus Wissensbanken, einem Expertensystem und einem Hypertextsystem.

Wissensbanken

Abstracts werden in klassischer Frame-Slot-Repräsentation nach MEDLINE-Charakteristika in einer Freitext-Datenbank verwaltet. Originalarbeiten werden als Pixel-Dateien gespeichert (Literaturdatenbank). Die Textdatenbank besteht aus Textelementen, die auf eine Bildschirmgröße von 20 mal 70 Zeichen limitiert sind. Textelemente, die ohne Zusammenhang verstanden werden können, heißen kontextunabhängige Elemente, sequentiell zusammengestellte Textelemente heißen kontextabhängig. Scroll-Elemente können unlimitiert sein und werden durch Scanner und optische Zeichenerkennung erfaßt. Limitierte Textelemente sind in einer relationalen Datenbank, unlimitierte in einer Freitext-Datenbank gespeichert. Bilder werden eingescannt und in einer Pixel-Datenbank archiviert (Bilddatenbank). Die Schemata-

Datenbank besteht aus einer Vektor-Datenbank. Die Audiodatenbank enthält einerseits digitalisierte Sprachdokumente als Erklärungstexte, andererseits als VOC-Dateien gespeicherte Patienten-Tondokumente. Die Animationen-Datenbank umfaßt bewegte schematisierte Computer-Grafiken. Sie werden durch verschiedene Editierprogramme erzeugt und archiviert. Die Elemente der Wissensbanken sind Monografien und Zeitschriftenartikeln entnommen.

Expertensystem
Zur Mustererkennung verwendet das regelbasierte Expertensystem TOPOSCOUT (Spitzer et al. 1989) 300 topische Regeln in einem Backtracking-Algorithmus.

Hypertextsystem
TOPONET basiert auf der Hypertext-Abstract-Machine (HAM) (Campbell und Goodman 1988). Die Knoten des Hypertextsystems sind die Elemente der Datenbanken. Pfade sind von den Autoren festgelegte Sequenzen von Wissenselementen. TOPONET wurde mit objektorientierten Programmiersprachen (Tompa 1989) realisiert: HYPERPAD 2.2 (Brightbill-Roberts®), Turbo Pascal 7.0 (Borland®) und Turbo-Vision 2.0 (Borland®). TOPONET läuft auf MS-DOS-Rechnern.

Ergebnisse

TOPONET kann als computergestütztes Nachschlagewerk benutzt werden, wobei Informationen selektiv nach Index oder Querverweis abgerufen werden. Der Benutzer kann auch größere zusammenhängende Texte sequentiell am Bildschirm lesen. Je nach Informationsbedürfnis oder Vorkenntnissen können zu einzelnen Begriffen weitere Informationen abgerufen werden.

Abbildung 1 zeigt einen Ausschnitt aus einem Textelement über globale Dysphasien (1), in dem das Wort Gliedmaßenapraxie vorkommt. Zu diesem Begriff steht ein ausführlicher Erklärungstext zur Verfügung (2). Schemata (3) und neuroradiologische Bilder (4) werden ebenfalls dargestellt. Auf Wunsch können verschiedene Dysphasie-Tondokumente (5), Literatur (6), und ein bewegtes Schema (7) zur Illustration der zerebralen Perfusion abgerufen werden. Außerdem kann in das Expertensystem TOPOSCOUT verzweigt werden. TOPOSCOUT erhält als Eingabe neurologische Symptome des Patienten, schließt daraus auf Hirnstamm- und hemisphärielle Defizite, erkennt etwa 50 neuroanatomische und zerebrovaskuläre Muster und stellt eine Seitendiagnose des Defizits.

783

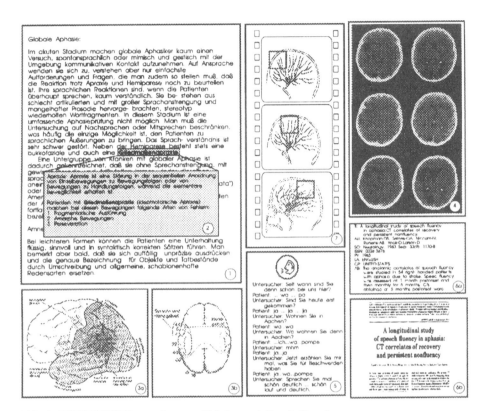

Abb. 1. TOPONET-Wissenselemente (Inhalte nach Poeck, Duus).

Die Wissensdatenbanken enthalten im einzelnen in derLiteraturdatenbank sind ca. 4000 Literaturreferenzen zur topischen Diagnostik sind als Abstracts, 300 als Originalarbeiten gespeichert. Die Textdatenbank umfaßt 900 kontext-unabhängige Textelemente, zumeist Definitionen, Erklärungen und kurze Abhandlungen zur topischen Diagnostik. Etwa 100 kontext-abhängige Textelemente enthalten sequentiell angeordnete Texte zu ausgewählten Gebieten der klinischen Diagnostik und zu funktionellen Zusammenhängen. 40 Scroll-Elemente sind Texte ungekürzt erfaßter Originalarbeiten. Die Bilddatenbank enthält 100 Bilder aus der Neuroradiologie, Neuropathologie und der Neurophysiologie (EEG's, VEP's, AEP's). In der Schemata-Datenbank finden sich etwa 100 Wissenselemente bestehen aus Schemata und Erklärungsgrafiken zur funktionellen Neurologie, z.B. Assoziationsbahnen, Diagnoseschemata, topische Zuordnungsdiagramme. In der Audiodatenbank sind 12 Dysphasie-Syndrome und 30 Erklärungstexte zu komplexen topischen Zusammenhängen gespeichert. Die Animations-Datenbank enthält 20 Animationen mit schematisierten Bewegungsabläufen und Grafiken zur Darstellung dynamischer Prozesse.

Konklusion

Das Hypertextsystem TOPONET ist ein elektronisches Dokument, das mehr, einfacher zu aktualisierende, schneller und insbesondere individueller abrufbare Informationen enthält als das Buch. Es kann als Nachschlagewerk, durch die sequentiell angeordneten Lerninhalte auch zur Ausbildung eingesetzt werden. Dabei soll es den klinischen Diagnostiker und Lehrer nicht ersetzen, sondern unterstützen.

Literatur

Campbell B, Goodman JM (1988) HAM: A general purpose hypertext abstract machine. Communications of the ACM 31: 856-861

Gloor PA (1990) Hypermedia-Anwendungsentwicklung. Leitfäden der Angewandten Informatik. Teubner, Stuttgart

Spitzer K, Thie A, Caplan LR, Kunze K (1989) The TOPOSCOUT expert system for stroke localization. Stroke 20: 1195-1201

Tompa FWM (1989) A data model for flexible hypertext database systems. ACM Transactions on Information Systems 7: 85-100

Langzeit-Überwachungssystem für die erweiterte, prächirurgische Epilepsiediagnostik

G. Lindinger[1], F. Benninger[2], C. Baumgartner[1], M. Feucht[2], L. Deecke[1]

[1]Universitätsklinik für Neurologie Wien, [2]Universitätsklinik für Neuropsychiatrie des Kindes- und Jugendalters Wien

Fragestellung

Elektrophysiologische Methoden stellen den Grundpfeiler in der präoperativen Epilepsiediagnostik dar. Interiktale epileptiforme Entladungen, die im Routine-EEG leicht erfaßt werden können, definieren die irritative Zone. Die epileptogene Zone, deren Resektion für den operativen Behandlungserfolg entscheidend ist, kann verläßlich nur durch simultane Registrierung von klinischem Anfallsbild und EEG-Ableitung mittels prolongiertem Video-EEG-Monitoring lokalisiert werden. Die Anforderungen an ein modernes Video-EEG-Überwachungssystem lassen sich daher aus den obigen Ausführungen wie folgt ableiten: Kontinuierliche Aufzeichnung einer großen Zahl von EEG-Kanälen - bei nicht-invasiven Ableitungen von ca. 48, bei invasiven Ableitungen von bis zu 128 Kanälen; exakte zeitliche Synchronisation von Video und EEG; Flexibilität bei der Datenauswertung wie z.B. beliebige Reformatierung, Änderung der Amplitude und Papiergeschwindigkeit bis hin zur gehobenen Auswertemethoden wie Spline-Interpolation, Stromquellendichte-Analyse, Hauptkomponenten- und Dipolanalyse.

Methodik

Das vorgestellte System (Übersicht siehe Abb. 1) besteht aus zwei Datenaufnahmerechnern mit den dazu notwendigen EEG-Verstärkern (ein 128-Kanal und ein 48-Kanal Verstärker), einem Server mit optischer Platte und DAT-Tape, einem Auswerterechner sowie einer HP-Workstation. Als Computer für die Datenaufnahme und die Routineauswertung werden Industriestandard PC verwendet, da diese sehr preisgünstig sind. Die Unix-Workstation (HP-Apollo 715) wird für spätere rechen- und grafikintensive Prozesse wie Dipolanalyse, Hauptkomponentenanalyse, MR-Korrelation etc. verwendet. Die Basissoftware hat alle Fähigkeiten einer Digital-EEG-Maschine, wobei spezielle Zusätze für die Langzeitüberwachung eingefügt wurden. Als Server wird ebenfalls ein Industriestandard PC, als Netzwerk wird NOVELL verwendet.

Die Daten werden im EEG-Verstärker digitalisiert und über Lichtleiter zu den Aufnahmecomputern übertragen. Die Abtastfrequenz beträgt üblicherweise 256 Hz. Die Acquisitionssoftware bringt die EEG-Signale in Echtzeit auf den Monitor. Die EEG-Ableitung erfolgt grundsätzlich gegen eine gemeinsame Referenz, die Berechnung anderer, beliebig wählbarer Montagen wird vom Computer durchgeführt. Die Datenaufnahmesysteme speichern die EEG-Daten kontinuierlich am Server, wobei

die maximale Aufzeichnungsdauer durch die zur Verfügung stehende Festplatten-
kapazität limitiert wird. Parallel dazu muß regelmäßig an der Auswertestation befundet und relevante Abschnitte gesichert werden.

Der Patient wird kontinuierlich mit zwei S-VHS-Videokameras (eine Farb-
kamera für Tagaufnahmen, eine S/W-Infrarotkamera für Nachtaufnahmen) überwacht und auf Videoband gespeichert. Die Synchronisation der Aufnahmecomputer
mit dem Videosystem wird über einen vom Computer steuerbaren LTC-Timecode-
generator durchgeführt. Die Zeit wird vom Aufnahmecomputer am Timecode-
generator eingestellt und gleichzeitig in die gespeicherten EEG-Daten integriert. Bei
der Aufnahme wird die Zeit zusätzlich in das Videobild eingeblendet, sodaß das
Videobild einerseits eine eigenständige und eindeutige Zeitinformation besitzt,
andererseits kann bei der Auswertung vom Auswertecomputer die den EEG-Daten
entsprechende Videosequenz am Videoband gesucht und am Videomonitor gezeigt
werden.

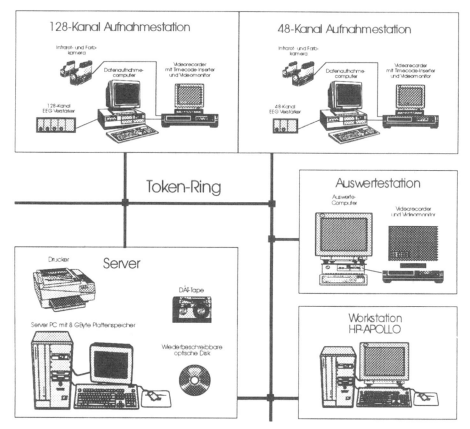

Abb. 1. Übersicht über die Konfiguration: 2 Datenaufnahmestationen, eine Auswertestation,
ein Server und eine Unix-Workstation. Die Vernetzung wird über ein (im gesamten AKH
installiertes) Token Ring Netzwerk durchgeführt.

Ergebnisse

Die hier vorgestellte Konfiguration ist an der Universitätsklinik für Neurologie installiert. Eine ähnliche Konfiguration wird an der Universitätsklinik für Neuropsychiatrie des Kindes- und Jugendalters eingesetzt.

Es zeigte sich bei den bisher untersuchten Patienten, daß dieses doch sehr kostengünstige System ausgezeichnete Ergebnisse liefert und den gehobenen Bedürfnissen der prächirurgischen Epilepsiediagnostik vollkommen gerecht wird.

Zur Topographie von EEG-Veränderungen im Schlaf

J. Zeitlhofer, P. Anderer, P. Schimicek, S. Aull, B. Saletu, L. Deecke

Universitätsklinik für Neurologie, Wien

Fragestellung

Die klassische Schlafstadienklassifizierung basiert nur auf einer EEG-Ableitung (C4/A1 oder C3/A2) sowie auf 2 EOG- und 1 EMG-Ableitung. Topographische Unterschiede wurden als unwichtig angesehen und waren wegen der Datenmenge auch technisch schwierig auswertbar.

Methodik

In dieser Studie wurde bei 10 gesunden Probanden (3 Männer, 7 Frauen, Alter 20-35 Jahre) eine Schlafpolygraphie (nach den Kriterien von Rechtschaffen und Kales, 1968) durchgeführt. Zusätzlich wurden 18 EEG Kanäle (Fp1, F7, F3, Fz, F4, F8, T8, T3, C3, Cz, C4, T4, T5, P3, Pz, P4, T6, O1, O2 gegen gemittelte Mastoidreferenz) abgeleitet. Die Schlafableitung wurde nach den Kriterien von Rechtschaffen und Kales (1968) visuell ausgewertet, sämtliche EEG-Kanäle (Anderer et al. 1987) auch einer automatischen Spektralanalyse (Hewlett-Packard-Vectra-System) unterworfen, wobei die Gesamtableitung in 10-Minuten-Perioden unterteilt wurde (7 Minuten wurden kontinuierlich digitalisiert, 3 Minuten wurden für die Datenspeicherung benötigt). Insgesamt konnten 45-48 solcher 7-Minuten-EEG-Abschnitte (84 Epochen von 5 Sekunden Länge) zur Analyse verwendet werden. Für jedes Schlafstadium (S1-S4, REM) waren ausreichend lange EEG-Abschnitte vorhanden. Schließlich wurden die einzelnen, automatisch analysierten Abschnitte den visuell klassifizierten zugeordnet und - nach Stadien geordnet - zusammengefaßt.

Ergebnisse

a) Topographie von EEG-Veränderungen während der verschiedenen Schlafstadien. Die Gesamtleistung (0,5-30 Hz) zeigte eine ähnliche topographische Verteilung in den Stadien Wach, REM und S1, es fand sich eine Zunahme der Leistung von S2-S4, insbesondere über den frontalen, zentralen und occipitalen Regionen. Die relative Leistung im Deltabereich (besonders der langsamen Delta-Aktivität: 0,5-2,0 Hz) (siehe Abbildung) nahm von Stadium S1-S4 zu, vor allem über den frontotemporalen und zentralen Ableitungen; sie zeigte eine ähnliche Verteilung in den Stadien S1 und REM. Die relative Leistung im langsamen (7,5-10,5 Hz) und raschen (10,5-13 Hz) Alphabereich, zeigte eine Abnahme im REM-Stadium sowie in allen Schlafstadien verglichen mit dem Wachzustand. Die relative Leistung im langsamen Beta-Bereich (13-16 Hz) nahm langsam während REM und S1, stärker während S2 und S3 zu, wobei vor allem die zentralen Regionen betroffen waren. Die relative

Leistung im Frequenzbereich 11,5-16 Hz (womit die Spindelaktivität inkludiert ist) zeigte ein Maximum im Wachzustand über den hinteren Regionen und ein zweites Maximum im Stadium 2 in den zentralen Ableitpunkten (C4, C3). Die dominante Alpha-Frequenz lag zwischen 9,0 und 10,6 Hz im Wachzustand, zwischen 8,0 und 9,2 Hz im REM-Stadium, zwischen 8,4 und 9,0 Hz im Stadium 1, zwischen 8,4 und 9,8 Hz im Stadium 2, zwischen 7,8 und 9,2 Hz im Stadium 3 und zwischen 7,8 und 9,0 Hz im Stadium 4 mit unterschiedlicher topographischer Verteilung (siehe Abbildung).

a) Relative Leistung (%) im langsamen Deltaband (0.5-2 Hz)

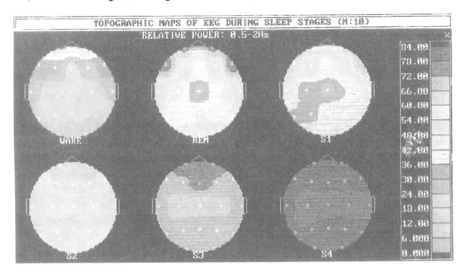

b) Dominante Frequenz des Alphabands (in Hz)

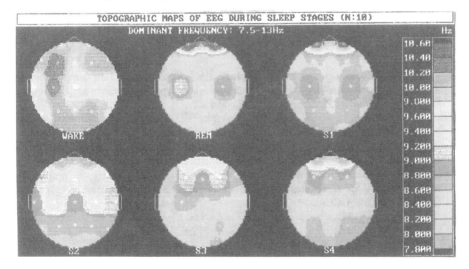

Abb. 1. Topograpnhische Darstellung von EEG-Variablen im Wachzustand und im Schlaf

b) EEG-Veränderungen in den verschiedenen Schlafstadien im Vergleich zum Wachzustand.

Die Ergebnisse zeigen - wie erwartet - eine Zunahme der langsamen Delta-Aktivität und eine Abnahme der langsamen Alpha-Aktivität (7,5-10,5 Hz) vom Wachzustand zu den Schlafstadien. Dargestellt in "significance probability maps" fand sich eine signifikante (p < 0,05) Zunahme der langsamen Deltaaktivität (0,5-2,0 Hz) über den hinteren Ableitregionen (O1, O2, T6, Tz, Cz) im Stadium S1 und REM. Die absolute und relative Leistung im Alphabereich (7,5-13 Hz, insbesondere 7,5-10,5 Hz) nahm in allen Regionen und allen Schlafstadien (von S1-S4 und im REM-Stadium) signifikant ab (p < 0,01). Die relative Leistung im Frequenzbereich der Spindelaktivität (11,5-16 Hz) nahm in den Schlafstadien S1 und S4 sowie im REM ebenfalls signifikant ab (p < 0,01). Die dominante Alpha-Frequenz zeigte eine Abnahme in allen Schlafstadien.

Konklusion

Diese Ergebnisse geben weitere Information über die Verteilung von EEG-Leistungsspektren in den verschiedenen Schlafstadien. Wegen des großen technischen Aufwandes blieben topographische Darstellungen auf Einzelbeobachtungen beschränkt (Etevenon und Guillou 1986; Maurer et al. 1989). Generell wird durch die Ergebnisse der Topographie der EEG-Leistungsspektren die Wahl von C3 oder C4 (nach Rechtschaffen und Kales) für die Klassifizierung der Schlafstadien unterstützt: die Veränderungen der langsamen Deltaaktivität können über diesen Ableitpunkten besonders gut beobachtet werden.

Die topographische Darstellung von EEG-Variablen im Schlaf (S1-S4, REM) sowie deren Vergleich mit dem Wachzustand gibt nur einen kleinen Einblick in die physiologische Bandbreite Schlafgesunder. Zukünftige Studien werden zeigen, ob topographische Aspekte auch zu Differentialdiagnose von Schlafstörungen beitragen.

Literatur

Anderer P, Saletu B, Kinsperger K, Semlitsch H (1987) Topographic brain mapping of EEG in neuropsychopharmacology. Part I. Methodological aspects. Methods and Findings in Experimental Clinical Pharmacology 9: 371-384
Etevenon P, Guillou S (1986) EEG cartography of a night of sleep and dreams. Neuropsychobiology 16: 146-151
Maurer K, Dierks T, Rupprecht R (1989) Computerized electroencephalographic topography (CET) during sleep: topographic hypnograms. Psychiatry Research 29: 435-438
Rechtschaffen A, Kales A (1968) A manual of standardized terminology, techniques and scoring system for sleep stages of human subjects. Brain Information Service/Brain Research Institute, UCLA

Zeitdruckeffekte im Ereigniskorrelierten Potential (EKP)

M. Falkenstein, J. Hohnsbein, J. Hoormann

Institut für Arbeitsphysiologie an der Universität Dortmund

Fragestellung

In der vorliegenden Studie wurde der Einfluß von unterschiedlichem Zeitdruck bei Wahlreaktionsaufgaben auf das EKP, insbesondere auf den späten positiven Komplex, untersucht. Verschiedene Arbeiten berichten über Zeitdruckeffekte auf die Latenz und vor allem auf die Amplitude der P300. Kürzlich zeigten wir, daß die P300 ein Komplex aus mindestens zwei sich in der Regel stark überlappenden Subkomponenten ("P-SR" und "P-CR") ist, welche vermutlich den Abschluß der Reizauswertung (P-SR) und der Reaktionswahl (P-CR) markieren (Falkenstein et al. 1993). Daher stellt sich die Frage nach differentiellen Zeitdruckeffekten auf die Subkomponenten, wodurch sich u.U. die beobachteten Effekte auf den P300-Komplex einfacher als bisher erklären lassen. Die Resultate sollen jedoch vor allem zur Klärung der Frage beitragen, welche Verarbeitungsprozesse durch Erhöhung des Zeitdrucks beeinflußt werden, und welche nicht.

Methodik

Hochtrainierte Versuchspersonen führten bimanuelle 2-Weg-Wahlreaktionen auf visuelle oder auditorische Buchstabenreize durch, welche in getrennten Blöcken mit einem mittleren Interstimulus-Intervall von 1500 ms randomisiert dargeboten wurden. Der Zeitdruck wurde durch ein Rückmeldesignal bei Überschreitung von fixen Reaktionszeitgrenzen erzeugt. Der Zeitdruck wurde scharf (350 ms RT-Grenze) oder moderat (550 ms RT-Grenze) eingestellt. In getrennten Blöcken führten die Versuchspersonen darüberhinaus Einfachreaktionen auf die gleichen Reize aus. Um die Überlappung der Subkomponenten zu verringern und damit ihre Latenzbestimmung zu verbessern, wurden in einem zweiten Experiment die Reizmodalitäten innerhalb eines Blocks gemischt, was zu einer Verzögerung der P-CR (aber nicht der P-SR) nach auditorischen Reizen und daher zu einer Verringerung der Überlappung führt (Hohnsbein et al. 1991).

Das EEG wurde in beiden Experimenten von Fz, Cz, Pz, und Oz abgeleitet und stimulusgetriggert über eine Epoche von 750 ms gemittelt.

Ergebnisse

Die Wahlreaktionszeiten waren unter scharfem Zeitdruck ca. 65 ms kürzer als bei moderatem Zeitdruck, und die Fehlerrate stieg um ca. 11% an. Die frühen Komponenten waren im wesentlichen unbeeinflußt durch den Zeitdruck, während die Basislinie (die ersten 50 ms der Meßstrecke) etwas negativer unter scharfem Zeitdruck war. Die Basislinie war signifikant am größten in Pz. Die Amplitude des P300-Komplexes war ebenfalls größer unter scharfem als unter moderatem Zeitdruck, bei nur geringfügig früherer Latenz.

Latenz und Amplitude der P300 unter scharfem Zeitdruck hatten ähnliche Werte wie bei schnellen Reaktionen unter moderatem Zeitdruck, während bei langsamen Reaktionen unter moderatem Zeitdruck die P300 in zwei Teilkomponenten mit kleineren Amplituden zerfiel. Um die P-CR zu isolieren, wurden die EKPs von Einfach- und Wahlreaktionen voneinander subtrahiert, da die P-SR (jedoch nicht die P-CR) ebenfalls in Einfachreaktionen auftritt (Hohnsbein et al. 1991). In den Differenzkurven war eine Positivierung mit Maximum in Pz sichtbar, welche als Schätzung der P-CR diente. Die Latenz dieser P-CR war 40 ms kürzer unter scharfem als unter moderatem Zeitdruck, während ihre Amplitude konstant war.

Im zweiten Experiment mit verzögerter P-CR war wie erwartet die Überlappung der Teilkomponenten nach auditorischen Reizen geringer, so daß die Latenzen von P-SR und P-CR direkt gemessen werden konnten. Die Latenz der direkt und der in den Differenzkurven gemessenen P-CR war exakt gleich und wiederum kürzer bei scharfem als bei moderatem Zeitdruck (30 ms Verschiebung), während die Latenz der P-SR stabil blieb.

Konklusion

Beide Experimente zeigen, daß die P-SR bei Erhöhung des Zeitdrucks unbeeinflußt blieb, während die Latenz der P-CR sich (bei konstanter Amplitude) verringerte. Dadurch ergab sich eine stärkere Überlappung von P-SR und P-CR, was die Amplitude des P300-Komplexes erhöhte, und die Latenz geringfügig verkürzte. Hieraus ergibt sich, daß die Reizauswertungszeit bei Zeitdruckverschärfung konstant blieb, während die Reaktionswahl (P-CR) beschleunigt wurde. Dies ist plausibel, da die Reizerkennung bei Buchstabenreizen automatisch erfolgt und daher kaum beeinflußt werden kann, während die Reaktionswahl ein kontrollierter Prozeß ist. Da ein solcher Prozeß nicht beliebig beschleunigt werden kann, wurde die offene Reaktion mehr beschleunigt als der Reaktionswahlprozeß, was folgerichtig in einer Erhöhung der Fehlerrate zum Ausdruck kam (speed-accuracy tradeoff). Die stärkere Negativierung der Basislinie zeigt die intensivere Vorbereitung auf die Aufgabe unter hohem Zeitdruck. Das Maximum der Basislinie in Pz deutet an, daß die meisten Verarbeitungsressourcen nicht für die motorische Reaktion zur Verfügung gestellt werden, sondern für die Reaktionswahl, welche offenbar (wie in der P-CR sichtbar) einen parietalen Fokus hat.

Literatur

Falkenstein M, Hohnsbein J, Hoormann J (1993) Late visual and auditory ERP components and choice reaction time. Biol Psychol 35: 201-224

Hohnsbein J, Falkenstein M, Hoormann J (1991) Effects of crossmodal divided attention on late ERP components. I. Simple and choice reaction tasks. Electroenceph Clin Neurophysiol 78: 438-446

EEG und Schmerz: Amplituden- und Kohärenzanalysen

A.C.N. Chen[1], P. Rappelsberger[2]

[1]Neurocognition Institute, Los Angeles, [2]Institut für Neurophysiologie, Universität Wien

Fragestellung

Schmerz ist eine fundamentale bewußte Verarbeitung noxischer Information im Gehirn. Zwei kürzlich erschienene Übersichtsartikel zeigen den Stand der Schmerzforschung (Chen 1993a, 1993b). In dem vorliegenden kurzen Artikel wird die Methode der EEG Amplituden- und Kohärenzanalyse beim Studium zerebraler Schmerzverarbeitung beschrieben. Mit EEG Kohärenzanalysen können kortikale Kopplungen von Gruppen von Nervenzellen aufgezeigt werden (Rappelsberger und Petsche 1988). Bei einem bestimmten Aktivierungszustand können sowohl lokale Kopplungen als auch Kopplungen zwischen entfernten Arealen auftreten, z.B. interhemisphärisch. Wir erwarteten deshalb, daß EEG Kohärenzanalysen unser Verständnis der zerebralen Verarbeitungsprozesse bei Schmerz erweitern würden. Unsere Fragestellungen waren demnach:

1) Wie äußert sich Schmerz in der EEG Topographie? Können kortikale Aktivierungszentren mittels Amplitudenanalysen gefunden werden?
2) Kann eine Kopplung oder Entkopplung von Hirnarealen bei Schmerz mit Kohärenzanalysen gefunden werden?

Methodik

An der Studie beteiligten sich 8 gesunde Männer und 11 gesunde Frauen. Das Alter lag im Mittel bei 23 Jahren. Schmerz wurde mit einem Eiswürfel (2x1x1.5 cm) induziert, der in jeweils eine der beiden Handflächen gelegt wurde. Die Versuchspersonen hatten die subjektive Schmerzempfindung einer Skala von 0 bis 10 zuzuordnen. EEG Aufnahmen wurden sowohl mit offenen als auch mit geschlossenen Augen gemacht. Das ergab insgesamt 4 Ableitungen mit Schmerzstimulation. Zusätzlich wurden Kontroll-EEG ohne Schmerzstimulation abgeleitet. Diese dienten als Bezug zur Bestimmung der Veränderungen unter Schmerz. EEG wurde mit 19 Elektroden aufgezeichnet und mittlere Amplituden, lokale Kohärenzen zwischen benachbarten Elektroden und interhemisphärische Kohärenzen zwischen einander entsprechenden Orten beider Hemisphären für 6 Frequenzbänder (Delta, Theta, Alpha, Beta1, Beta2, Beta3) errechnet. Den EEG Parametern lagen 1 bis 2 Minuten artefakfreies EEG zugrunde. Die Ergebnisse bei Einzelpersonen und der Gruppenstudie wurden in Spektralparameter Maps dargestellt. Zur statistischen Abschätzung der EEG Veränderungen während der Schmerzstimulation bezogen auf das jeweilige Kontroll EEG wurden gepaarte Wilcoxon Teste gerechnet. Die erhaltenen deskriptiven Irrtumswahrscheinlichkeiten wurden in Probability Maps dargestellt (Rappelsberger und Petsche 1988).

Ergebnisse

Die Mehrzahl der Versuchspersonen konnte den Schmerz über die vorgegebene Zeit von 2 Minuten ertragen und die mittlere Schmerzeinstufung betrug etwa 6 nach der 10-teiligen Skala. Es ergaben sich keine wesentlichen Unterschiede bezüglich der Schmerzeinstufung zwischen Männern und Frauen, zwischen linksseitiger und rechtsseitiger Stimulation und zwischen Augen-auf und Augen-zu Bedingungen.

Mit dem durch den kalten Eiswürfel induzierten Schmerz waren etliche EEG Veränderungen verknüpft: Im Theta-, Alpha- und Beta1-Band wurden globale Amplitudenreduktionen gefunden, in den höheren Beta-Bändern vor allem posterior hingegen ein Amplitudenanstieg. Im Zentralbereich und zwischen frontal und zentral, besonders betont im Alpha und Beta2-Band, ergaben sich starke lokale Kohärenzzunahmen. Starke Zunahmen der zentralen interhemisphärischen Kohärenz wurden im Alpha-Band und der zentralen und parietalen interhemisphärischen Kohärenz im Beta2-Band beobachtet.

Genauere Untersuchungen zeigten Seitendifferenzen bei den Amplituden-änderungen über den primären sensorischen Arealen (C3, C4) abhängig von der Stimulation. Bei rechtshändiger Stimulation war die Alpha-Reduktion bei C3 größer als bei C4 und umgekehrt. Einen ähnlichen kontralateralen Effekt ergaben die Kohärenzuntersuchungen. In den fronto-zentralen Gebieten wurden kontralateral zum Reiz jeweils größere Kohärenzzunahmen gefunden.

Konklusion

Schmerz induziert globale Amplitudenreduktionen besonders in den fronto-zentralen Regionen im Theta- und Alpha-Band, in den hohen Beta-Bändern kommt es hingegen zu einem Amplitudenanstieg. Die globalen Amplitudenreduktionen deuten auf eine generelle Arousal-Reaktion bei Schmerzempfindung hin.

Unter Schmerz nehmen die lokalen Kohärenzen, besonders in den zentralen und fronto-zentralen Arealen zu. Dies betrifft vor allem das Alpha- und Beta2-Band. In denselben Frequenzbändern kommt es zentral und parietal zu einem interhemisphärischen Kohärenzanstieg. Der Kohärenzanstieg in den zentralen Arealen kann als Indikator für die kortikale Aktivierung während der Schmerzstimulation angesehen werden.

Die kontralateralen EEG Effekte sind Ausdruck einer somatosensorischen Informationsverarbeitung während der Schmerzstimulation.

Die zentrale Aktivierung in Form lokaler Kohärenzzunahmen und zentraler und posteriorer interhemisphärischer Kohärenzzunahmen weist auf kortikale und subkortikale Verarbeitung noxischer Informationen in diesen spezifischen Arealen hin.

Literatur

Chen ACN (1993a) Human brain measures of clinical pain, a review: Part-1, topographic mapping. Pain 54(2)

Chen ACN (1993b) Human brain measures of clinical pain, a review: Part-II, tomographic imaging. Pain 54(2)

Rappelsberger P, Petsche H (1988) Probability mapping: power and coherence analyses of cognitive processes. Brain Topography 1: 46-54

Topographie von Attraktoren im Elektroenzephalogramm

R.H. Jindra[1], R. Vollmer[2]

[1]Ludwig Boltzmann Institut für Klinische Onkologie und Photodynamische Therapie, und für [2]Klinische Neurobiologie

Fragestellung

Das Konzept des deterministischen Chaos hat sich in verschiedensten naturwissenschaftlichen Disziplinen als wertvolles Werkzeug zur Beschreibung dynamischer nichtlinearer Systeme mit mehreren Freiheitsgraden bewährt. Berücksichtigt man den komplexen und weder physikalisch noch physiologisch vollständig beschreibbaren Mechanismus der Entstehung des Elektroenzephalogramms (EEG), lag es nahe, dieses Instrument auch zur Beschreibung der hirnelektrischen Tätigkeit heranzuziehen (siehe z.B. Basar 1976; Babloyantz 1988), um weitere Informationen darüber zu gewinnen. Die Gültigkeit eines chaotischen Verhaltens des EEG muß allerdings an einer, seit Jahren in physiologischen, pathologischen oder pharmakologisch beeinflußten Statusanalyse gemessen werden, nämlich die auf einer stochastisch beschreibbaren EEG Tätigkeit. Die vorliegende Arbeit zeigt, daß die jeweiligen Voraussetzungen - stochastisch oder chaotisch - nicht allgemein gültig erfüllt sind, weder in der zeitlichen noch in der räumlichen Abhängigkeit des EEG's. Dieses Verhalten wird unter Berücksichtigung der die hirnelektrische Tätigkeit beschreibenden Feldgleichungen untersucht.

Methodik

Die EEG Aufnahmen erfolgten im 10/20 System mit analog-digital-Konvertierung entsprechend einer Nyquist-Frequenz von 32 Hz (mittels vorgeschaltetem Analogfilter eingehalten) und nachfolgender Speicherung auf der Systemplatte einer PDP11/23. Es. stehen somit 16 EEG Kanäle unipolar registriert für die Dauer einer Minute zur Verfügung. Da es sich dabei um elektrische Potentiale handelt, wird das den 16 Elektroden zugeordente Feld unter der Gültigkeit der Poisson'schen Gleichung berechnet:

$$\text{div}(\text{grad}(u(x,t))) = -e.d(x,t) \qquad (1)$$

mit u(.) als Potentialfunktion, e als Dielektrizitätskonstante und d(.) als Ladungsdichte. Die Zeitabhängigkeit von t wird durch sukzessive Lösungen der Gleichung mit der Nyquist-Frequenz berücksichtigt. Die Lösungen selbst werden durch Überführen der partiellen Differentialgleichung in die zugeordnente Euler'sche Integralgleichung und deren Lösung mit Hilfe der Methode der finiten Elemente bestimmt (z.B. Zienkiewicz 1984). Da die zur Verfügung stehende Knotenanzahl zu gering ist, werden weitere Punkte des Potentials mittels Strukturfunktion abgeschätzt (Jindra 1990), zusätzliche Punkte der Ladungsverteilung mit der Kontinuitätsgleichung. Die diskretisierte Euler'sche Integralgleichung in Matrixform wird mittels Moore-Penrose Algorithmus (Singulärwertzerlegung) gelöst (Schwarz 1986). Entsprechend der Elektrodenkonfiguration werden für jeden Zeitpunkt 8 Felder zu je 10x10 Punkten berechnet.

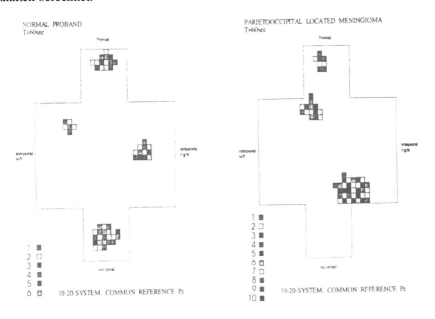

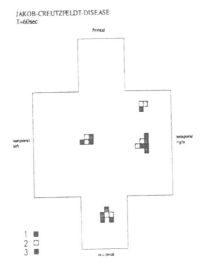

Abb. 1.

Jede einem Feldpunkt entsprechende Zeitkurve wird auf die Eigenschaft stochastisch oder chaotisch untersucht, im letzteren Fall wird die Dimensionalität des Attraktors berechnet. Da chaotische Eigenschaften auf topologischen Aussagen beruhen, wird mittels einer Metrik eine Topologie definiert. Dazu wird die integrale Korrelationsfunktion (Grassberger und Procaccia 1983) herangezogen:

$$C(r) = 1/N^2 . \sum H(r\text{-abs}(x_i - x_j)) \qquad (i = j) \qquad (2)$$

mit H als Heaviside-Funktion und für festes x_i im Phasenraum werden alle Abstände zu den übrigen Punkten x_j berechnet. Da andrerseits (für kleine r) gilt

$$C(r) = r^d$$

mit d als der Dimensionalität des Attraktors, kann aus dem Sättigungsverhalten von d gegen das Einbettungsmaß doppeltlogarithmisch aufgetragen, seine Dimension bestimmt werden. Kann dagegen eine monotone Steigung festgestellt werden, muß ein stochastisches Verhalten angenommen werden.

Ergebnisse

Das zeitabhängige Feld am Skalp wurde für 3 Probanden berechnet: 1. Normalproband, 2. Proband mit parietookzipital lokalisiertem Meningeom, und 3. Proband mit Jakob-Creutzfeldt Erkrankung. In der Abbildung sind nur jene Attraktorfelder mit d_2 Dimension dargestellt, welche ein definiertes chaotisches Verhalten zeigen. Andere Felder sind entweder gemischt chaotisch-stochastisch oder rein stochastisch. Beim Normalproband fällt das chaotische Verhalten frontal und okzipital auf, das Meningeom führt zu einer wesentlichen Erhöhung der Dimension, welche mit der Topographie des Tumors korreliert. Die Jakob-Creutzfeldt Erkrankung zeigt lediglich Attraktoren einer sehr niedrigen Dimension.

Konklusion

Die Erhöhung der Attraktordimension ist physikalisch durch eine erhöhte Energiedichte im betrachteten Areal beschreibbar. Somit kann die Beschreibung des EEG's mittels chaotischem Verhalten funktionelle und morphologische Besonderheiten aufdecken. Es muß allerdings hinzugefügt werden, daß der Großteil der topographisch dargestellten EEG Tätigkeit stochastisches Verhalten zeigt, das mit chaotischen Eigenschaften verbunden sein kann.

Literatur

Babloyyantz A (1988) Chaotic dynamics in the brain activity. In: Basar E(ed) Dynamics of sensory and cognitive processing of the brain. Springer, Berlin, Heidelberg, New York. pp 196-202

Basar E (1976) Biophysical and physiological system analysis. Addison Wesley Reading.

Jindra RH (1990) Topographical EEG mapping by use of the strucutre function. Med & Biol Eng & Computing, 28: 386-388

Grassberger P, Procaccia I. Measuring the strangeness of strange atractors. Physica 9 :183-208

Zinkiewicz OC (1984) Methode der Finiten Elemente. Hanser Verlag München

Beta- und Theta/Delta-Schwerpunkte bei strukturellen neuronalen und Faserhirnläsionen, lokalisiert mit Hilfe der Magnetoenzephalographie (MEG)

D. Ulbricht, J. Vieth, H. Kober, P. Grummich, H. Pongratz

Abteilung für experimentelle Neuropsychiatrie, Universität Erlangen-Nürnberg

Fragestellung

Kürzlich konnten wir und andere zeigen, daß die Quellen spontaner langsamer magnetischer Aktivität bei kortikalen Läsionen schalenförmig um die Läsion angeordnet sind (Vieth et al. 1992; Gallen et al. 1992). Vergleichbare Untersuchungen hinsichtlich spontaner fokaler Beta-Aktivität (12,5 - 30 Hz) oder der pathologischen Spontanaktivität bei Marklagerläsionen wurden unseres Wissens bisher nicht unternommen. Wir untersuchten daher die pathologische Spontanaktivität im Beta-Frequenzbereich bei Läsionen des Kortex und des Marklagers im Vergleich mit der langsamen magnetischen Aktivität (2 - 6 Hz). Die Frage war, wie eng die Schwerpunkte von Beta-Aktivität mit kortikalen Läsionen zusammenhängen und mit denen der langsamen Aktivität übereinstimmen, und wo andererseits sich pathologische Aktivität bei Marklagerläsionen zeigt.

Methodik

Wir untersuchten 19 Patienten: 9 hatten kortikale Läsionen (4 Meningeome, 3 Gliome, 1 Zyste, 1 Hirninfarkt), 10 Faserhirnläsionen (8 Multiple Sklerose, 2 lakunare Infarkte). Die Messung des spontanen MEG erfolgte mit einem 37-kanaligen biomagnetischen System (Siemens KRENIKON[R]). Die Meßdaten wurden digital von 2 - 6 Hz für langsame bzw. von 12,5 - 30 Hz für Beta-Aktivität gefiltert.
 Die Zuordnung der gemessenen Felder zum Kopf und zum Pixelsystem unseres 3-D-Magnetresonanztomogrammes (MR) geschieht mit Hilfe eines von uns entwickelten Kontur-fit. Dabei wird die Lage prominenter Schädelpartien digital in Relation zur Meßapparatur vermessen und an die aus dem MR rekonstruierte Schädeloberfläche angenähert. Der maximale Fehler des Verfahrens beträgt 2 mm (Kober et al. 1994).
 Zur Lokalisation der pathologischen Spontanaktivität nutzten wir das 1-Quellen-Modell. Um angesichts der Vielquellenaktivität des Gehirnes ein solches Modell adäquat anwenden zu können, werden aus den gefilterten Daten zunächst mittels einer Hauptkomponentenanalyse (PCA) die Zeitabschnitte einer Messung selektiert, während derer eine Komponente das Gesamtsignal zu einem bestimmten Anteil dominiert. Das Ausmaß der Dominanz ist wählbar, bei langsamer Aktivität z.B. 90%, bei Beta-Aktivität z.B.70%. Nur diese Zeitabschnitte werden mit Hilfe des 1-Dipol-Modells lokalisiert (Volumenleitermodell Kugel). Durch die geforderte minimale Korrelation von gemessenem und berechnetem Feld von mindestens 0,87

wird eine weitere Selektion durchgeführt. Um durch die noch vorhandene spontane Streuung nicht irreführende Ergebnisse zu erhalten, werden diese Lokalisationen anschließend über eine wählbare Zeit integriert und die Dipole, die das 2-Sigma-Intervall der Fehlerverteilung überschreiten, verworfen. Bei dieser von uns entwickelten Methode (Kober et al. 1992) resultiert ein räumlicher Average von Einzeldipolen (Dipol-Dichte-Plot, DDP), dessen Ergebnis mittels Isokonturlinien in korrespondierenden MR-Schichten dargestellt wird.

Als Normalkollektiv verwendeten wir die DDP-Auswertungen von 48 Probandenmessungen. Dafür wurden 12 gesunde Freiwillige je zweimal links und rechts temporal abgeleitet. Die Spitzenwerte dieser DDP wurden für verschiedene Prozentsätze der dominanten Komponente der PCA gemittelt und die Varianz berechnet (Vieth et al. 1994).

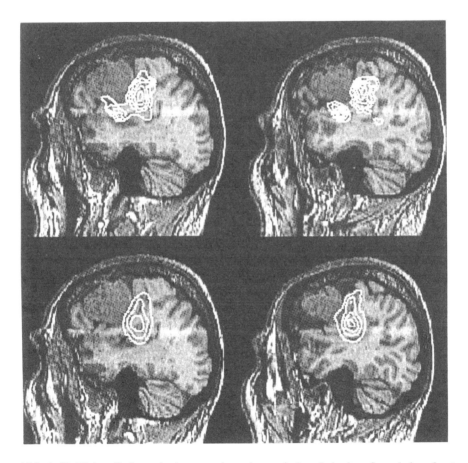

Abb. 1. 59-jähriger Patient mit einer vorwiegend motorischen Aphasie aufgrund eines fronto-temporalen Meningeoms. Langsame (obere Reihe) und Beta-Aktivität (untere Reihe) sind in sagittaler Bildfolge dargestellt. Bemerkenswerterweise zeigt sich der Herd im Bereich des Broca-Areals nur in der langsamen Aktivität.

Ergebnisse

Bei allen Patienten zeigte der DDP eine hohe Dipoldichte, die bei Patienten mit kortikalen Läsionen in Rindenarealen dicht bei der Läsion zu finden ist. Diese Dipoldichten sind eindeutig von jenen Gesunder abgrenzbar, da sie mindestens 4-mal höher als die des Probandenpools und, nicht wie diese, nahezu zufällig gestreut verteilt sind.

Die Topographie von Herden langsamer und Beta-Aktivität ist gut vergleichbar.

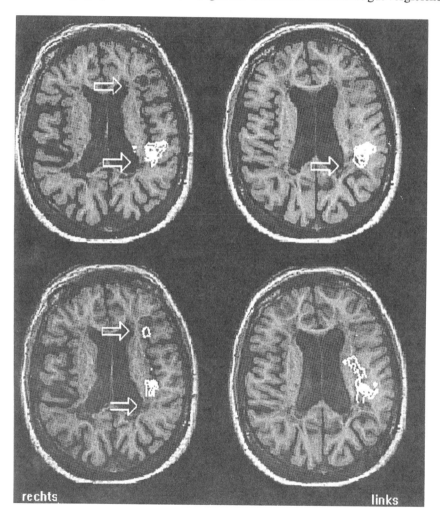

Abb. 2. 30-jährige Patientin mit seit 15 Jahren bekannter MS. Vergleiche langsame (obere Reihe) und Beta-Aktivität (untere Reihe) bei identischer Schichtfolge. Der Schwerpunkt im Bereich der rostralen Insel ist nur im Beta-Bereich darstellbar. Zwei große Entmarkungsherde an den Ventrikelhörnern sind mit Pfeilen markiert. Lokalisationen in der rechtshirnigen Rinde sind nicht dargestellt, da die Meßapparatur links temporal plaziert war und kontrahemisphärische Aktivität praktisch nicht erfaßt. Die rechtshirnigen Lokalisationen sind den gezeigten vergleichbar.

Allerdings zeigen sich einige Herde in beiden Frequenzbereichen unterschiedlich stark oder nur in einem Frequenzbereich(Abb. 1 und 2). Bei Faserhirnläsionen konnten wir die pathologische Spontanaktivität nur kortikal finden.

Konklusion

Nicht nur langsame magnetische Aktivität, die den aus dem klinischen EEG bekannten "slow-wave"-Herden entspricht, läßt sich präzise den strukturellen Läsionen zuordnen, sondern auch magnetische Aktivität im Beta-Frequenzbereich. Das wäre, soweit uns bekannt, der erste Nachweis lokalisierbarer, herdförmiger Aktivität in diesem Frequenzband. Im EEG wurde bei der Analyse von Routine-Ableitkurven bisher sowohl eine Amplitudenminderung als auch -mehrung im Beta-Bereich über einem geschädigten Hirnareal oder ein Beta-Focus bei Epilepsien gesehen (Vogel und Götze 1962; Sharbrough 1993).

Bei Faserhirnläsionen fanden wir die pathologische langsame und Beta-Aktivität kortikal, wobei anzunehmen ist, daß diese kortikalen Lokalisationen funktionell an die geschädigten Fasern im Marklager gebundene Areale darstellen, ohne daß wir derzeit in der Lage sind, pathologische Rindenaktivität einzelnen Marklagerläsionen zuzuordnen. Auch die bekannten anatomischen Daten (Rose 1935) erlauben keine weitergehenden Schlüsse.

Ob die aus dem klinischen EEG bekannten Beta-Normvarianten (Vogel und Götze 1962) oder pharmakogene Einflüsse (z.B. Kortikoide, Antiepileptika) unsere fokalen Befunde beeinflussen, ist von uns nicht systematisch untersucht. Bei unseren Patienten waren diese Normvarianten nicht vorhanden. Wir nehmen an, daß Pharmaka sowohl einen Herd unterdrücken als auch ihn akzentuieren können.

Wichtig erscheint uns, daß unsere Lokalisationsergebnisse langsamer und Beta-Aktivität bei den eindeutigen kortikalen Läsionen so zuverlässig sind, daß wir es für möglich halten, auch pathologische Aktivität ohne strukturelles Korrelat im MRI oder CT zu lokalisieren, beispielsweise bei transitorisch-ischämischen Attacken im Großhirnbereich.

Literatur

Gallen C, Schwartz B, Pantev C, Hampson S, Sobel D, Hirschkoff E, Rieke K, Otis S, Bloom F (1992) Detection and localization of delta frequency activity in human strokes. In: Hoke M, Erne SN, Okada YC, Romani GL (eds.) Biomagnetism: Clinical aspects. Elsevier Science Publisher B.V., Amsterdam, London, New York,Tokyo, pp 301-305

Kober H, Vieth J, Grummich P, Daun A, Weise E, Pongratz H (1992) The factor analysis used to improve the dipole-density-plot (DDP) to localize focal concentrations of spontaneous magnetic brain activity. Biomedical Engineering 37 (Suppl. 2): 164-165

Kober H, Grummich P, Vieth J (1994) Fit of the digitized head surface with the surface reconstructed from MRI-tomography. In: Deecke L, Baumgartner C (eds.): Proceedings of BIOMAG ´93, Vienna. Elsevier Science Publishers, Amsterdam (im Druck).

Rose M (1935) Cytoarchitektonik und Myeloarchitektonik der Großhirnrinde. In: Bumke O, Foerster O: Handbuch der Neurologie, Band I, Springer, Berlin, pp. 588-778.

Sharbrough FW (1993) Nonspecific abnormal EEG patterns. In: Niedermeyer E, Lopes da Silva F (Hrsg.): Electroencephalography. Williams & Wilkins. Baltimore, Philadelphia, Hong Kong, London, Munich, Sydney, Tokyo, pp. 197-215

Vieth J, Kober H, Weise E, Daun A, Moeger A, Friedrich S, Pongratz H (1992) Functional 3D-localization of cerebrovascular accidents by magnetoencephalography. Neurological Research 14: Suppl. 132-134

Vieth J, Kober H, Grummich P, Pongratz H, Ulbricht D, Brigel C, Daun A (1994) Slow wave and beta wave activity associated with white matter structural brain lesions, localized by the Dipole 'Density Plot (DDP). In: Deecke L, Baumgartner C (eds.): Proceedings of BIOMAG '93, Vienna. Elsevier Science Publishers, Amsterdam (im Druck).

Vogel F, Götze W (1962) Statistische Betrachtungen über die Beta-Wellen im EEG des Menschen. Dtsch Z Nervenheilk 184: 112-136

Vergleich von MEG und PET Daten anhand eines CNV Paradigmas

K.M. Stephan[1], G.R. Fink[1], A.A. Ioannides[2], P. Grummich[3], H. Kober[3], K.C. Squires[4], D. Lawson[4], P. Fenwick[5], J. Lumsden[6], J. Vieth[3], R.S.J. Frackowiak[1]

[1]MRC Cyclotron Unit, Hammersmith Hospital, London, [2]Physics Department, The Open University, Milton Keynes, [3]Abteilung für experimentelle Neuropsychiatrie, Universität Erlangen, [4]Biomagnetic Technologies Inc., [5]Institute of Psychiatry, London, [6]Broadmoor Hospital, Berkshir

Einleitung

Die Positronen-Emissions-Tomographie (PET) und die Magnetoenzephalographie (MEG) geben auf unterschiedliche Weise Informationen über die Funktion des Gehirns: PET kann Veränderungen der Hirndurchblutung meßen, während MEG Änderungen magnetischer Felder erfaßt.

Diese unterschiedlichen physiologischen Prozesse bestimmen auch die Grenzen der zeitlichen und räumlichen Auflösung beider Verfahren: regionale metabolische Veränderungen und damit korrelierende Veränderungen der Hirndurchblutung benötigen mehrere hundert Millisekunden und können von PET höchstens im Sekundenbereich aufgelöst werden; elektrische Aktivität im Gehirn erzeugt ein externes magnetisches Feld, MEG Messungen haben eine zeitliche Auflösung, die genausogut ist wie die Meßfrequenz, welche meist 1/ms beträgt. Andererseits können die Gebiete, in denen eine Änderung der Hirndurchblutung stattfindet mit Hilfe von MRI und PET auch in subkortikalen Bereichen so genau lokalisiert werden, daß z.B. neuronale Aktivierungen verschiedener Kerngruppen innerhalb des Thalamus unterscheidbar werden (z.B. Fink et al. 1993); hingegen ist dies für die Foci magnetoelektrischer Aktivität nicht möglich.

PET und MEG scheinen sich daher ideal zu ergänzen: PET für die Lokalisierung von Aktivierungen und MEG für ihre zeitliche Beschreibung. Ziel dieser Pilotstudie war es, die Ergebnisse beider Methoden miteinander zu vergleichen und erste Erfahrungen zu gewinnen, wie die gewonnenen Informationen sinnvoll kombiniert werden können. Dabei wurde auf vorhandene MEG-Daten (aus Erlangen und aus San Diego) in einem Probanden (J.L.) zurückgegriffen und für die PET-Studie ein möglichst vergleichbares Aktivierungsparadigma durchgeführt.

Methoden

In den MEG-Experimenten wurde ein Paradigma benutzt, bei dem der Proband auf einen Ton hin entweder eine Bewegung mit einem Finger der rechten Hand ausführte (GO-Bedingung) oder sie unterdrückte (NOGO-Bedingung, Brown et al. 1988). Ein Warnton S1 teilte dem Probanden durch die benutzte Frequenz die Art des Durchganges mit (GO = 2 kHz, NOGO = 1 kHz). 3,5 s später folgte der imperative Ton S2. Vom Aufbau her entspricht die Versuchsdurchführung einem CNV = 'Contingent Negative Variation' Paradigma. GO- und NOGO-Durchgänge wurden in zufälliger Abfolge präsentiert, der zeitliche Abstand zwischen den Durchgängen betrug 5 bis 15 s. Um mit den PET-Daten eine Subtraktionsanalyse durchführen zu können, wurde das experimentelle Design leicht verändert. Die 6 Aktivierungs-meßungen enthielten einheitlich nur 'GO-Bedingungen'. Sie wechselten mit 6 Ruhe-messungen ab.

Während des MEG-Experimentes wurden die Sensoren mit jeweils 37 Kanälen parieto-zentral (Erlangen) oder fronto-zentral (San Diego) positioniert. Artefaktfreie GO- und NOGO-Durchgänge wurden separat gemittelt. Die primäre Flußdichte J wurde mit Hilfe eines Programmes zur Analyse verteilter Quellen (Ioannides et al., 1990) bestimmt. I J^2 I wurde über die Zeit integriert und das Verfahren der Magnet-Feld-Tomographie (MFT, z.B. Ioannides et al. 1993) zur Darstellung der Verteilung der Aktivität im Raum genutzt.

Als Radiotracer für das PET-Experiment diente H$_2$^{15}O. Die Mittelwerte der Messungen der regionalen Hirndurchblutung (rCBF) der beiden Bedingungen wurden für jeden Pixel einzeln errechnet und mit Hilfe einer T-Statistik verglichen (SPM = Statistical Parametric Mapping, Friston and Frackowiack 1991). Die PET Bilder wurden mit dem kernspintomographischen Bild (MRI) koregistriert und die rCBF-Veränderungen auf das MRI projiziert. Das MRI diente als gemeinsame ana-tomische Referenz für beide Methoden.

Ergebnisse

Das PET zeigte vermehrten rCBF bilateral im lateralen prämotorischen Kortex, me-dial in der Supplementär motorischen Area (SMA) und links lateral im Übergang zwischen motorischem und prämotorischem Gebiet. Weitere Aktivierungen befanden sich im frontalen Kortex und bilateral im Temporallappen und im inferioren Pa-rietallappen. In der Tiefe des Sulcus centralis ließ sich im linken primär motorischen Kortex ebenfalls eine Aktivierung beobachten, die jedoch keine statistische Signifi-kanz erreichte.

Im MEG fanden sich während der GO- und während der NOGO-Bedingung im linken sensomotorischen Kortex zwei Maxima jeweils 120 bis 180 ms nach S1 und S2. Während bei der NOGO-Bedingung der erste Spitzenwert nach S1 deutlicher ausgeprägt war, war es bei der GO-Bedingung das Maximum nach dem imperativen Signal S2. Nach Anwendung eines Hochpaßfilters von 3Hz hoben sich die Maxima deutlicher aus der Gesamtkurve heraus, als ohne diesen Filter. Noch deutlicher wurden diese Maxima wenn der Zeitbereich auf die Zeit kurz vor und kurz nach S2 eingeschränkt wurde. Ohne Einsatz eines Hochpaßfilters fanden sich sowohl während der GO- und in geringerem Maße auch während der NOGO-Bedingung Zeichen für Aktivität mehrere hundert Millisekunden nach dem Beginn der Bewe-gung. Nach Filterung (Hochpaßfilter bei 3 Hz) traten auch hier die Maxima deut-licher hervor, in der NOGO-Bedingung früher als in der GO-Bedingung. Im medialen prämotorischen Kortex war das Kurvenmaximum deutlich vor S2 zu beo-bachten, während der NOGO-Bedingung 1,5 s vor S2 und während der GO-Bedin-gung etwas später, 1,2 s vor S2.

Konklusion

Die MEG-Resultate aus Erlangen (gemittelte Daten, Filter bei 3 und 20 Hz) zeigten Aktivitätsmaxima im Temporallappen (ca. 100 ms nach S1 und S2), im motorischen und prämotorischen Kortex und im Parietallappen besonders vor S2 (Fenwick et al. 1993). Bis auf den in der Tiefe des Sulcus centralis gelegenen Teil des primär motorischen Kortex (siehe unten) fanden sich auch im PET Aktivierungen in allen diesen Arealen.

Die MEG-Resultate verdeutlichen weiterhin den schnellen Wechsel kortikaler Aktivitätsmuster. So fanden sich im linken primären sensomotorischen Kortex zwar klar erkennbare, aber nur kurzfristig andauernde Aktivierungen. Im PET waren in diesem Bereich des primär motorischen Kortex in der Tiefe des Sulcus centralis keine signifikanten Aktivierungen zu beobachten, obwohl bei vielen Studien, bei denen Fingerbewegungen ein Teil des Paradigmas waren, Aktivierungen in diesem Bereich beobachtet wurden. Beim PET wurde die gemessene Aktivität über die Zeit zu einer Gesamtaktivität aufsummiert. Wahrscheinlich waren, ähnlich wie im MEG, in diesem Teil des primär motorischen Kortex nur kurzfristige Aktivierungen vorhanden, so daß die resultierende Erhöhung der Gesamtaktivität zu gering war, um statistische Signifikanz zu erreichen.

In diesem Experiment fanden sich im PET bei dem Probanden Aktivierungen in lateralen und medialen prämotorischen Arealen. So ist es wahrscheinlich, daß beide Areale - wenn auch vielleicht zu unterschiedlichen Zeitpunkten - im Versuchsverlauf aktiv waren. Diese Beobachtung ist interessant, da ausgehend von Beobachtungen elektrischer und magnetoelektrischer Potentiale vor der eigentlichen Bewegungsausführung, die Frage der Beteiligung medialer oder lateraler prämotorischer Areale während der Bewegungsvorbereitung lebhaft diskutiert wird (z.B. Kristeva et al. 1991).

Diese Pilotstudie zeigte auch technische Schwierigkeiten und Probleme auf: MEG mißt zum Beispiel eine Magnetfeld, zu dem die intrazelluläre von mehreren hunderttausenden oder millionen Neuronen beiträgt. Eine wichtige Quelle für das Magnetfeld sind dabei die post-synaptischen Aktivierungen. Da sie eine lange Dauer haben, wird beim Einsatz eines Hochpaßfilters (z.B. bei 3 Hz) am ehesten ihr Anteil am Spektrum des magnetischen Feldes vermindert. Zum Vergleich beider Datensätze wurde die individuelle Anatomie des Hirns, wie sie mit Hilfe eines MRIs beschrieben wurde, herangezogen. Für einen genauen Vergleich der Daten ist darüber hinaus auch ein gemeinsames Koordinatsystem für beide Systeme hilfreich und wird entwickelt werden.

Die physiologischen und technischen Grenzen beider Verfahren erschweren den qualitativen Vergleich zwischen PET und MEG. Unsere Resultate zeigen aber, daß trotz dieser Schwierigkeiten die Kombination von PET und MEG die Möglichkeit eröffnet, neue Informationen über die physiologischen Vorgänge während der Bewegungsvorbereitung und -ausführung zu gewinnen.

Literatur

Brown C, Fenwick PBC and Howard RC (1988) The Contingent Negative Variation (CNV) in a GO/NOGO avoidance task: relationships with personality, subjective state. International Journal of Psychophysiology, 7: 35-45

Fenwick PBC, Ioannides AA, Fenton GW, Lumsden J, Grummich P, Kober H, Daun A, Vieth J (1993) Estimates of Brain Activity Using Magnetic Field Tomography in a GO/NOGO Avoidance Paradigm. Brain Topography 5: 275-282

Fink GR, Adams L, Watson JDG, Innes JA, Wuyam B, Kobayashi J, Corfield DR, Murphy K, Frackowiak RSJ, Jones T, Guz A (1993) Motor cortical activation in exercise-induced hyperpnoea in man: evidence for involvement of suprabrainstem structures in control of breathing. J Physiology, in press

Friston KJ and Frackowiak RSJ (1991) Imaging functional anatomy. In: Brain and mental activity. Quantitative studies with radioactive tracers. In: Lassen NA, Ingvar DH, Raichle ME and Friberg L (eds.) Copenhagen, Munskgaard pp 267-279

Ioannides AA, Bolton JPR and Clarke CJS (1990) Continuous probalistic solutions to the biomagnetic inverse problem. Inverse Problems 6: 523-542

Ioannides AA, Singh KD, Hasson R, Baumann SB, Rogers RL, Guinto FC and Papanicolaou AC (1993) Comparison of current dipole and magnetic field tomography analyses of the cortical response to auditory stimuli. Brain Topography, in press

Kristeva R, Cheyne D and Deecke L (1991) Neuromagnetic fields accompanying unilateral and bilateral voluntary movements: topography and analysis of cortical sources. Electroencephalography and clinical Neurophysiology 81: 284-298

Schlagwortverzeichnis

Schlagwörter in alphabetischer Reihenfolge, geordnet nach folgenden Überbegriffen (Seitenangaben beziehen sich auf den Beginn der betreffenden Arbeit):

1. Struktur

1.1 Lobus frontalis

Broca Area 95, 99, 115
Inselkortex, 49 623, 759
Präfrontaler Cortex 40, 49, 53, 66, 95, 112, 130, 593, 598, 601
Prämotorischer Cortex 57, 204, 294, 299, 554,
Supplementär motorische Area 1, 8, 27, 40, 49, 53, 57, 61, 180, 193, 198, 299, 391, 554, 805

1.2 Zentralregion

Gyrus postcentralis 6, 95, 173, 225, 231
Gyrus präzentralis 6, 61, 95, 173, 189, 215, 231, 294
Operkulum 215, 475
Primärer motorischer Cortex (Area 4) 6, 142, 158, 180, 185, 189, 193, 217, 299, 314, 319, 445
Primärer somatosensibler Cortex (Area 1, 3b) 6, 189, 217, 221
Sulcus centralis 6, 217, 221, 231
Tractus corticospinalis 142, 162, 166, 208,
Zentralregion 95, 185, 189, 198, 204 , 231, 319

1.3 Lobus parietalis

Parietaler Cortex 53, 57, 106, 121, 125, 130, 239,

1.4 Lobus temporalis

Amygdala 77, 601
Gyrus temporalis superior 95, 99, 115
Hippocampus 68, 91, 106, 290, 303, 312
Planum temporale (PT) 118, 334
Primärer auditorischer Cortex (Area 41) 6
Temporaler Cortex 66, 68, 73, 87, 91, 106, 112, 278, 282, 287, 303, 312, 324, 406, 454, 593, 601, 759
Wernicke Area 95, 99, 115, 314

1.5   Lobus occipitalis

1.6   Corpus callosum

1.7   Gyrus cinguli

1.8   Basalganglien

1.9   Diencephalon

2. Funktion

2.1 Kognition

2.2 Motorik

4.2   Computer-Tomographie (CT)

4.3   Emissions-Tomographie

4.4   Elektrophysiologie

5.2   Epilepsie

5.3   Degenerative Erkrankungen

5.4   Cerebrovasculäre Erkrankungen

Autorenverzeichnis

A. K. Asbury, H. Budka, Elfriede Sluga (eds.)

Sensory Neuropathies

1995. 64 figures. X, 207 pages.
Soft cover DM 118,–, öS 826,–, approx. US $ 79.00
ISBN 3-211-82642-4

While motor neuropathies and neuronopathies and mixed sensory–motor neuropathies have been met with adequate interest by clinical and basic researchers and physicians, pure sensory neuropathies and neuronopathies have received comparably less attention, despite of the considerable morbidity they may cause in the individual patient. In this volume, a faculty of experienced authorities in the field gives an overview on the physiology, pharmacology, pathology, and clinical signs and symptoms of the sensory nervous system. In addition, specific aspects of morphometry, clinical testing, disease classification, experimental models, and metabolic, infectious and immune–mediated disorders including AIDS are addressed in more detail. The contributions of this volume represent a valuable reference for clinical, physiological, biochemical and pathomorphological studies on the sensory nervous system for which similarly comprehensive data are difficult to locate.

L. Deecke, P. Dal-Bianco (eds.)

Age-associated Neurological Diseases

1991. 30 figures. VIII, 165 pages.
Soft cover DM 98,–, öS 690,–
Reduced price for subscribers to "Journal of Transmission":
Soft cover DM 89,–, öS 621,–
ISBN 3-211-82261-5

(Journal of Neural Transmission, Supplementum 33)

Prices are subject to change without notice

Springer-Verlag Wien New York

Sachsenplatz 4–6, P.O.Box 89, A-1201 Wien · 175 Fifth Avenue, New York, NY 10010, USA
Heidelberger Platz 3, D-14197 Berlin · 3-13, Hongo 3-chome, Bunkyo-ku, Tokyo 113, Japan

K. A. Jellinger, G. Ladurner, M. Windisch (eds.)

New Trends in the Diagnosis and Therapy of Alzheimer's Disease

1994. 33 figures. VII, 146 pages.
Soft cover DM 118,–, öS 826,–
ISBN 3-211-82620-3

(Key Topics in Brain Research)

Prices are subject to change without notice

Alzheimer's Disease (AD), the most frequent cause of mental decline in the elderly represents one of the major health problems facing modern society. Despite considerable progress in the clinical diagnosis, epidemiology, structural basis, biochemistry, molecular genetics, and pharmacological aspects of AD, its etiology, molecular backgrounds, and treatment challenges are still poorly understood. This volume based on the 2nd International Symposium of EBEWE Research Initiative in October 1993 in Salzburg, Austria, is conceived as a review of our current knowledge of morphology, diagnostic clinical and imaging techniques, methodological approaches of cognitive assessment, trial designs, outcome variables and possibilities of therapy of AD and other neurodegenerative disorders. The book's coverage is broad and it should be of interest for investigators, clinicians, and researchers involved in the problems of AD.

Springer-Verlag Wien New York

Sachsenplatz 4–6, P.O.Box 89, A-1201 Wien · 175 Fifth Avenue, New York, NY 10010, USA
Heidelberger Platz 3, D-14197 Berlin · 3-13, Hongo 3-chome, Bunkyo-ku, Tokyo 113, Japan

Christoph Baumgartner

Clinical Electrophysiology of the Somatosensory Cortex

A Combined Study Using Electrocorticography, Scalp-EEG, and Magnetoencephalography

1993. 53 figures. XII, 198 pages.
Soft cover DM 128,–, öS 896,–
ISBN 3-211-82391-3

Prices are subject to change without notice

The clinical electrophysiology of the human somatosensory cortex was investigated with a combined approach using cortical stimulations and somatosensory evoked responses on electrocorticography, scalp-EEG, and magnetoencephalography, a new neurophysiological technique. The spatiotemporal structure of the evoked response was studied with novel biophysical modeling techniques which allowed identification of the three-dimensional intracerebral location, time activity, and interaction of the neuronal sources in human somatosensory cortex. Thus, new aspects on the functional anatomy of the human somatosensory cortex could be elicited. Furthermore, the somatotopy of the hand somatosensory cortex was investigated. Clinically, the results of comparison of the different techniques can improve the non-invasive localization criteria for primary motor and somatosensory cortex which is important in patients undergoing neurosurgical procedures adjacent to central fissure.

Springer-Verlag Wien New York

Sachsenplatz 4–6, P.O.Box 89, A-1201 Wien · 175 Fifth Avenue, New York, NY 10010, USA
Heidelberger Platz 3, D-14197 Berlin · 3-13, Hongo 3-chome, Bunkyo-ku, Tokyo 113, Japan

Springer-Verlag
und Umwelt

ALS INTERNATIONALER WISSENSCHAFTLICHER VERLAG
sind wir uns unserer besonderen Verpflichtung der
Umwelt gegenüber bewußt und beziehen umwelt-
orientierte Grundsätze in Unternehmensentschei-
dungen mit ein.

VON UNSEREN GESCHÄFTSPARTNERN (DRUCKEREIEN,
Papierfabriken, Verpackungsherstellern usw.) verlangen wir, daß sie sowohl beim Herstellungsprozeß
selbst als auch beim Einsatz der zur Verwendung
kommenden Materialien ökologische Gesichtspunkte berücksichtigen.

DAS FÜR DIESES BUCH VERWENDETE PAPIER IST AUS
chlorfrei hergestelltem Zellstoff gefertigt und im
pH-Wert neutral.

Printed in the United States
By Bookmasters